生物安全风险防控与治理研究丛书

全球变化下的生物入侵

李 博 吴纪华 万方浩 等 编著

科学出版社　　｜　　山东科学技术出版社
　北　京　　　　　　　　　济　南

内 容 简 介

生物入侵是全球关注的三大生态环境问题之一，全球变化将进一步加剧生物入侵问题。本书针对生物入侵与全球变化主要要素（如气候变化、大气组成变化、土地利用变化、氮沉降等）的相互作用及其后果进行深度综述，尤其关注全球变化背景下生物入侵发生发展的生态学过程、暴发灾变机制、对生态系统/社会系统/经济系统的威胁、对粮食安全与人类健康的威胁等。本书较全面地反映了该领域近期国内外重要研究进展以及发展趋势，将为未来研究提供重要参考。

本书可供生态学、生物学、环境科学、地理学和植物保护等领域的研究生、教师、科研人员以及环境管理人员参考。

审图号：GS 京（2025）1023 号

图书在版编目（CIP）数据

全球变化下的生物入侵 / 李博等编著. -- 北京：科学出版社；济南：山东科学技术出版社，2025.5.（生物安全风险防控与治理研究丛书）. -- ISBN 978-7-03-082448-6

Ⅰ.Q16

中国国家版本馆 CIP 数据核字第 2025JK6624 号

责任编辑：王　静　李秀伟　付丽娜 / 责任校对：宁辉彩
责任印制：肖　兴 / 封面设计：无极书装

科 学 出 版 社 和山东科学技术出版社出版
北京东黄城根北街 16 号
邮政编码：100717
http://www.sciencep.com

北京中科印刷有限公司印刷
科学出版社发行　各地新华书店经销

*

2025 年 5 月第 一 版　开本：787×1092　1/16
2025 年 5 月第一次印刷　印张：34 1/4
字数：810 000
定价：398.00 元
（如有印装质量问题，我社负责调换）

资 助 项 目

本书相关的研究工作得到如下项目的支持：

国家重点研发计划项目/课题

生物多样性抵御生物入侵的响应机制与受损系统的生态恢复（2022YFC2601100）

重大外来入侵动植物对自然生态系统的危害和防控技术（2024YFF1307500）

湿地生态系统修复与生物多样性提升技术（2023YFF1304504）

国家自然科学基金项目

互花米草入侵对我国盐沼湿地土壤生物多样性地理分布格局的影响及机制（32030067）

植物入侵过程中防御的进化（31961133028）

高温事件对滨海盐沼碳源汇过程影响的机制与预测（32430065）

外来有害植物美洲商陆入侵成灾及对乡土药用植物商陆影响的机理研究（U2102218）

喜旱莲子草功能性状纬度格局的形成机制及其对种群扩张的调控（32171585）

入侵植物美洲商陆富集重金属增强其入侵性的地上地下联合机制（32371751）

入侵植物防御广食性昆虫相关性状进化的纬度变异及成因（32171661）

栖息地扰动加速入侵两栖类分布区扩展的作用机制研究（32301459）

其 他 项 目

外来物种入侵与生态安全（202405AS350011）（云南省科技厅）

高黎贡山外来植物入侵的影响与防控研究（23015810100）（上海市科学技术委员会）

"生物安全风险防控与治理研究丛书"编委会

总主编 刘德培

医学生物安全领域

主　　编　沈倍奋

副主编　郑　涛

编　　委（按姓氏汉语拼音排序）

贾雷立　李振军　刘　术　陆　兵　马　慧

石正丽　宋宏彬　王友亮　周冬生　祖正虎

农林生物安全领域

主　　编　万建民

副主编　万方浩　仇华吉

编　　委（按姓氏汉语拼音排序）

储富祥　李　博　李云河　李志红　刘从敏

刘万学　王笑梅　吴纪华　吴孔明　杨念婉

张礼生　张星耀　周雪平

食品生物安全领域

主　编　陈君石

副主编　吴永宁

编　委（按姓氏汉语拼音排序）

　　　　曹建平　陈　坚　陈　卫　董小平　李凤琴
　　　　沈建忠　吴清平　谢剑炜　张建中

环境生物安全领域

主　编　朱永官

副主编　杨云锋　苏建强

编　委（按姓氏汉语拼音排序）

　　　　陈　红　吴庆龙　徐耀阳　要茂盛　张　彤
　　　　周宁一

伦理与法律领域

主　编　邱仁宗

副主编　雷瑞鹏　贾　平

编　委（按姓氏汉语拼音排序）

　　　　寇楠楠　马永慧　欧亚昆　王春水　张　迪

《全球变化下的生物入侵》编辑委员会

主　任　　李　博　　吴纪华　　万方浩

副主任　　丁建清　　鞠瑞亭　　战爱斌　　聂　明

编　委（按姓氏汉语拼音排序）

丁建清　董云伟　杜道林　桂富荣　何维明

贺　强　胡俊韬　黄　伟　鞠瑞亭　李　博

刘　宣　卢新民　马方舟　聂　明　潘晓云

万方浩　王　毅　吴纪华　徐　晓　战爱斌

张宜辉　赵　斌

作者单位及撰写分工

包晓宇　中国科学院植物研究所，北京；第二章
毕景文　复旦大学湿地环境保护与生态修复全国重点实验室，上海；第十六章
曹志勇　云南农业大学大数据学院，昆明；第十九章
陈　菁　生态环境部南京环境科学研究所，南京；第二十章
陈欣淙　福建师范大学地理科学学院，福州；第十八章
陈亚平　云南农业大学植物保护学院，昆明；第十九章
陈义永　中国科学院生态环境研究中心，北京；第十三章
成方妍　复旦大学湿地环境保护与生态修复全国重点实验室，上海；第九章
程　才　复旦大学湿地环境保护与生态修复全国重点实验室，上海；第十六章
戴海啸　复旦大学湿地环境保护与生态修复全国重点实验室，上海；第十六章
丁建清　河南大学生命科学学院，开封；第六章
董云伟　中国海洋大学水产学院海水养殖教育部重点实验室，青岛；第十四章
杜道林　江苏大学环境与安全工程学院，镇江；第十七章
杜鄂巍　云南农业大学植物保护学院，昆明；第十九章
杜元宝　中国科学院动物研究所动物多样性保护与有害动物防控全国重点实验室，北京；第四章
顾世民　中国科学院动物研究所动物多样性保护与有害动物防控全国重点实验室，北京；第四章
桂富荣　云南农业大学植物保护学院，昆明；第十九章
桂淅婷　复旦大学湿地环境保护与生态修复全国重点实验室，上海；第二十一章
郭耀霖　复旦大学湿地环境保护与生态修复全国重点实验室，上海；第二十一章
何敏艳　中国科学院武汉植物园，武汉；第十二章
何维明　中国科学院植物研究所，北京；第二章
贺　强　复旦大学湿地环境保护与生态修复全国重点实验室，上海；第九、十六章
胡俊韬　复旦大学湿地环境保护与生态修复全国重点实验室，上海；第五章
胡利莎　中国海洋大学深海圈层与地球系统前沿科学中心，青岛；第十四章
黄　昊　厦门大学环境与生态学院，厦门；第十八章
黄　伟　中国科学院武汉植物园，武汉；第十二章
黄雪娜　中国科学院生态环境研究中心，北京；第十三章

鞠瑞亭	复旦大学湿地环境保护与生态修复全国重点实验室，上海；第十六、二十一章
李　博	云南大学植被结构功能与建造全国重点实验室，昆明/复旦大学生命科学学院，上海；第一、七、八、九、十六、二十一章
李冠霖	江苏大学环境与安全工程学院，镇江；第十七章
李金全	复旦大学湿地环境保护与生态修复全国重点实验室，上海；第十五章
李世国	中国科学院生态环境研究中心，北京；第十三章
李心诚	复旦大学湿地环境保护与生态修复全国重点实验室，上海；第九章
刘　浩	复旦大学湿地环境保护与生态修复全国重点实验室，上海；第十五章
刘　宣	中国科学院动物研究所动物多样性保护与有害动物防控全国重点实验室，北京；第四章
刘文文	厦门大学环境与生态学院，厦门；第十八章
刘盈麟	复旦大学湿地环境保护与生态修复全国重点实验室，上海；第九章
刘泽康	复旦大学湿地环境保护与生态修复全国重点实验室，上海；第十六章
卢　蒙	云南大学植被结构功能与建造全国重点实验室，昆明；第七章
卢稷楠	复旦大学湿地环境保护与生态修复全国重点实验室，上海；第二十一章
卢新民	华中农业大学植物科学技术学院，武汉；第三章
马方舟	生态环境部南京环境科学研究所，南京；第二十章
孟山栋	中国科学院生态环境研究中心，北京；第十三章
聂　明	复旦大学湿地环境保护与生态修复全国重点实验室，上海；第十五章
潘晓云	复旦大学湿地环境保护与生态修复全国重点实验室，上海；第八章
潘志立	云南大学植被结构功能与建造全国重点实验室，昆明；第十章
彭　丹	深圳大学生命与海洋科学学院，深圳；第十八章
邵钧炯	浙江农林大学林业与生物技术学院，杭州；第七章
施筱迪	生态环境部南京环境科学研究所，南京；第二十章
孙可可	复旦大学湿地环境保护与生态修复全国重点实验室，上海；第二十一章
陶至彬	中国科学院武汉植物园，武汉；第十二章
田宝良	河南大学生命科学学院，开封；第六章
万方浩	中国农业科学院植物保护研究所，北京；第一章
万金龙	中国科学院武汉植物园，武汉；第十二章
王　燕	云南大学植被结构功能与建造全国重点实验室，昆明；第十章
王　毅	云南大学植被结构功能与建造全国重点实验室，昆明；第十章
王晨彬	生态环境部南京环境科学研究所，南京；第二十章
王佳瑜	厦门大学环境与生态学院，厦门；第十八章
卫书娟	复旦大学湿地环境保护与生态修复全国重点实验室，上海；第七章

吴纪华	兰州大学生态学院，兰州/复旦大学生命科学学院，上海；第一、七、九、十六章
吴乐婕	复旦大学湿地环境保护与生态修复全国重点实验室，上海；第十六章
武长路	复旦大学湿地环境保护与生态修复全国重点实验室，上海；第九章
冼晓青	中国农业科学院植物保护研究所，北京；第二十一章
熊 薇	中国科学院生态环境研究中心，北京；第十三章
徐 晓	云南大学植被结构功能与建造全国重点实验室，昆明；第七章
徐云剑	云南大学植被结构功能与建造全国重点实验室，昆明；第十章
姚 佳	复旦大学湿地环境保护与生态修复全国重点实验室，上海；第十五章
易佳慧	中国科学院武汉植物园，武汉；第十二章
于宏伟	河北农业大学林学院，保定；第六章
于双恩	中国海洋大学水产学院海水养殖教育部重点实验室，青岛；第十四章
战爱斌	中国科学院生态环境研究中心，北京；第十三章
张考萍	中国科学院武汉植物园，武汉；第十二章
张日谦	中国科学院植物研究所，武汉；第二章
张彦静	厦门大学环境与生态学院，厦门；第二十章
张宜辉	厦门大学环境与生态学院，厦门；第九、十八章
张宇洋	中国海洋大学水产学院海水养殖教育部重点实验室，青岛；第十四章
赵 斌	复旦大学湿地环境保护与生态修复全国重点实验室，上海；第十一章
赵浩翔	中国农业科学院植物保护研究所，北京；第二十一章
赵玉杰	复旦大学湿地环境保护与生态修复全国重点实验室，上海；第二十一章

丛 书 序

习近平总书记反复强调,安全是发展的前提,发展是安全的保障。党的二十大报告指出,要完善国家安全法治体系、战略体系、政策体系、风险监测预警体系、国家应急管理体系,健全生物安全监管预警防控体系。当今时代,人类社会的发展正面临着诸多威胁,而生物威胁无疑是其中最为突出和严峻的挑战之一。从 2001 年美国炭疽邮件生物恐怖袭击事件,到 2003 年的严重急性呼吸综合征(SARS)重大疫情,再到后续一系列如禽流感、甲型 H1N1 流感、埃博拉出血热、寨卡病毒病、非洲猪瘟、新型冠状病毒感染、猴痘等重大疫情的暴发,不仅给民众的生命健康带来了严重危害,更引发了持续的社会动荡,对全球政治、经济、安全、科技、文化格局等产生了深远影响。与此同时,外来有害生物入侵、食品安全等问题长期存在,而生物技术的飞速发展在为全球经济社会带来新机遇的同时,也带来了滥用风险以及新的伦理问题。传统生物安全问题与新型生物安全风险相互交织,使生物安全风险呈现出范围广泛、危害巨大、影响深远、意识形态浓厚等诸多新特点,进而成为国际社会高度重视的治理主题,已成为 21 世纪迫切需要国际社会高度重视的重大安全问题。

2021 年 4 月 15 日,《中华人民共和国生物安全法》正式施行,这一具有里程碑意义的法律,为我国生物安全治理和能力建设奠定了法律基础。该法构建了生物安全风险防控的基本框架,从防控重大新发突发传染病、动植物疫情,到生物技术研究、开发与应用安全管理;从病原微生物实验室生物安全管理,到人类遗传资源与生物资源安全管理等多个维度,全方位地助力我国生物安全防控与治理体系不断完善。在国际舞台上,生物安全问题是全球性挑战,迫切需要各国携手合作、共同应对。习近平总书记提出的"全球发展倡议""全球安全倡议",以及构建"人类卫生健康共同体""地球生命共同体"等理念,为我国积极参与国际生物安全治理提供了行动指南,其"坚持共同、综合、合作、可持续的安全观"的治理理念具有很强的全球共识价值,对维护世界和平与安全、促进人类文明进步具有重要意义。

我国政府历来重视人民生命健康安全,习总书记强调"坚持人民至上、生命至上"。十八大以来,党和政府高度重视生物安全工作,把生物安全纳入国家安全战略体系,生物安全治理成效突出,生物安全科学研究与能力建设取得显著进步,为战胜百年不遇的新冠疫情发挥了重要支持保障作用。在此背景下,科学出版社紧扣国家发展与安全协调大局所需,精心组织我国生物安全领域资深专家和一批优秀一线研究人员,坚持"四个面向"的国家战略,坚持"时代性、科学性、系统性"的内在要求,立足"高层次、高水平、高质量"的学术精品定位,分工合作,全面梳理和研究生物风险威胁的发展趋势与治理策略,彰显了"生物安全风险防控与治理研究丛书"所肩负的时代责任。丛书全面介绍了国内外生物安全形势的现状与趋势,聚焦生物风险防范和威胁应对,内容兼具知识性、经验性、启发性、可鉴性和前瞻性，是生物安全领域研究与实践高度结合的产物。丛书系统反映了我国在生物安全领域的风险威胁来源演化，总结了生物安全建设的历程与经验，展望了未来的治理路径，对于促进我国生物安全理论研究与学科发展、提升国家生物安全治理水平、推动生物安全能力建设、加强国际合作交流以及构建我国生物安全领域知识体系，都将发挥不可替代的作用。相信本丛书将延续科学出版社此前相关经典著作的学术影响力，在国际上成为生物安全领域研究成果汇辑出版的首创之作，为全球生物安全事业贡献中国智慧和中国方案。

最后，希望这套丛书能够成为广大读者了解生物安全知识、推动生物安全事业发展的重要参考，也期待更多的有识之士投身于生物安全领域的研究与实践，共同为维护人类的生命健康和全球的安全稳定而努力。

丛书编委会

2025 年 3 月

前　言

在当今全球化加速推进的时代，生物安全问题日益凸显。为应对这一挑战，2020年10月，第十三届全国人民代表大会常务委员会第二十二次会议通过了《中华人民共和国生物安全法》，并于2021年4月正式实施。这是我国总体国家安全领域的一件大事。为积极推进生物安全相关领域的理论与实践建设，保障生物安全战略全面实施，科学出版社启动了生物安全重大出版工程——"生物安全风险防控与治理研究丛书"，邀请中国工程院刘德培院士担任总主编，从医学、农林、食品、环境以及伦理与法律五大领域进行布局，计划出版一批能够系统全面反映生物安全领域重要成果和前沿进展的学术著作。

2021年8月，丛书主编邀请我们编写《全球变化下的生物入侵》分册。当时，我们内心充满热忱，因为我们深知生物入侵是全球变化的一个重要组成部分，与其他要素相互作用，正深刻影响着生态系统结构、功能和生物多样性，对全球生态安全、经济发展以及人类健康构成了严峻的威胁。作为生物入侵领域的工作者，自然肩负着将这个领域进展带给同行和公众的责任。然而，我们也深感犹豫，因为要编写这样一部能反映全球变化背景下生物入侵领域的重要成果和前沿进展的著作，是一个很大的挑战。这个领域涉及的面很广且发展迅速，要完成这样一项任务不是一蹴而就的事，不敢妄为。犹豫之中，我们联系了多位同行，出乎意料的是，大家都非常支持，这给了我们极大的信心，我们便欣然接受了这项任务。就这样，在科学出版社王静副总编辑和李秀伟编辑的参与下，我们很快就开始讨论本书的框架和结构，于2021年底便顺利完成本书的大纲，并邀请到了各个章节的作者。

坦白地说，本书的出版殊为不易，从最初构思到最终付梓，几乎经历了四年时间。本书汇聚了众多生物入侵领域同行的智慧和心血，以全球变化为背景，系统探讨了生物入侵的过程、影响以及防控策略。书中不仅有对入侵科学理论的严谨剖析，还结合了丰富的实际案例，力求使读者能够更加直观地了解生物入侵的复杂性和严峻性。同时，本书也关注生物入侵研究领域的最新动态和发展趋势，旨在为相关领域的科研工作者、政策制定者以及对生态环境问题感兴趣的广大读者提供较为全面且前沿的知识。

对于广大科研工作者而言，本书是深入研究全球变化背景下生物入侵机制、多维度影响和防治的重要参考资料。对于政策制定者而言，本书提供了大量案例和科学依据，有助于他们制定更加合理有效的生物入侵防控政策和管理措施。而对于普通读者来说，本书能够帮助他们增强对生物入侵问题的认识和理解，提高生态保护意识，进而更加积极地参与到维护地球生态安全的行动中来。

在本书即将出版之时，我们要向丁建清、鞠瑞亭、战爱斌和聂明教授表示特别的感谢，他们额外承担了相关章节的审稿任务。我们更要向本书所有作者致以最诚挚的感谢，正是他们的辛勤付出，以及扎实的专业知识和严谨的态度，才使得这部著作得以顺利完成。他们在生物入侵领域的深入探索和卓越贡献，为我们更好地应对全球变化下的生物入侵问题提供了宝贵的知识和智慧。我们相信，本书的出版将为推动生物入侵研究的发展、促进生物多样性保护事业做出积极的贡献。由于全球变化背景下的生物入侵复杂多变，书中若有不足之处，责任悉由我们承担，请同行们批评指正。

最后但同样重要的是，在本书的整个编辑和出版过程中，科学出版社的王静副总编辑给予了诸多指导；李秀伟和付丽娜两位编辑在近四年的时间里始终参与本书讨论，并提供了耐心和专业的编辑服务。在此，我们谨向科学出版社致以由衷的谢忱。

李 博（云南大学/复旦大学）

吴纪华（兰州大学/复旦大学）

万方浩（中国农业科学院）

2025 年 5 月

目　录

第一篇　绪　论

第一章　全球变化与生物入侵概述 ... 3
第一节　生物入侵 ... 3
第二节　生物入侵是全球变化的重要组成部分 ... 5
第三节　生物入侵与全球变化主要要素的相互作用 ... 9
　　一、气候变化 ... 10
　　二、大气 CO_2 浓度升高 ... 11
　　三、氮富集 ... 13
　　四、土地利用变化 ... 14
　　五、野火 ... 15
　　六、国际贸易 ... 16
第四节　本书结构 ... 17
参考文献 ... 18

第二篇　全球变化与生物入侵过程

第二章　气候变暖对入侵植物的影响 ... 25
第一节　我国入侵植物概况 ... 25
　　一、入侵植物数量特征 ... 25
　　二、入侵植物分布 ... 27
第二节　气温升高对外来入侵植物的影响 ... 28
　　一、影响植物入侵的气候假说 ... 29
　　二、气温升高对外来入侵植物个体的影响 ... 29
　　三、气温升高对外来入侵植物种群的影响 ... 30
　　四、气温升高对外来入侵植物群落的影响 ... 31
第三节　全球气候变暖对植物入侵范围的影响 ... 32
　　一、气候变暖对典型植物入侵范围的影响 ... 32
　　二、气候变暖对我国外来植物入侵范围的影响 ... 35

第四节　展望 ·· 37
　　　　一、气候变暖背景下的植物入侵风险 ··· 37
　　　　二、气候变暖背景下的植物入侵防控 ··· 38
　　参考文献 ·· 41

第三章　气候变化下入侵植物的适应 ··· 47
　　第一节　气候变化下植物面临的挑战与应对策略 ··· 47
　　　　一、气候变化对植物的影响 ··· 47
　　　　二、植物应对气候变暖的策略 ··· 49
　　第二节　植物适应气候变暖和入侵的共同机制 ··· 50
　　　　一、表型可塑性 ··· 50
　　　　二、适应 ··· 51
　　第三节　植物适应气候变暖的研究方法 ··· 53
　　　　一、生态学方法 ··· 53
　　　　二、分子生物学方法 ··· 54
　　第四节　外来植物对气候变暖的适应 ··· 54
　　　　一、外来植物对入侵地气候条件的预适应 ··· 54
　　　　二、外来植物对入侵地气候的快速适应 ··· 55
　　第五节　展望 ·· 56
　　参考文献 ·· 57

第四章　入侵陆栖脊椎动物分布区对气候变化的响应 ··· 62
　　第一节　气候变化与入侵陆栖脊椎动物分布区动态概述 ······························· 62
　　第二节　入侵陆栖脊椎动物分布区大小对气候变化的响应 ··························· 63
　　　　一、影响陆栖脊椎动物分布区大小的理论假说 ······································· 63
　　　　二、陆栖脊椎动物入侵过程的气候生态位偏移 ······································· 67
　　第三节　入侵陆栖脊椎动物分布区扩张对气候变化的响应 ··························· 70
　　　　一、入侵陆栖脊椎动物在全球化时代的加速扩张 ··································· 70
　　　　二、入侵陆栖脊椎动物分布区扩张过程中对气候变化的跟踪 ··············· 73
　　第四节　入侵陆栖脊椎动物生物地理格局对气候变化的响应 ······················· 77
　　　　一、入侵陆栖脊椎动物重塑传统生物地理格局 ······································· 77
　　　　二、塑造入侵陆栖脊椎动物生物地理格局的主要理论假说 ··················· 80
　　第五节　总结与展望 ·· 82
　　　　一、总结 ··· 82
　　　　二、展望 ··· 82
　　参考文献 ·· 83

第五章 气候变化下入侵动物的进化 ········· 96
第一节 入侵动物表型可塑性进化 ········· 96
一、表型可塑性进化的概念 ········· 96
二、入侵动物表型可塑性进化的方式 ········· 97
三、诱导表型可塑性进化产生的分子机制 ········· 99
四、入侵动物表型可塑性进化案例分析 ········· 100
第二节 入侵动物遗传适应性进化 ········· 101
一、遗传适应性进化的概念与类型 ········· 101
二、遗传适应性进化与表型可塑性进化的关系与相对重要性 ········· 102
三、入侵动物遗传适应性进化案例分析 ········· 103
第三节 入侵动物进化与气候变化关系的分析方法 ········· 104
一、与环境适应相关遗传变异位点的筛选 ········· 105
二、预测入侵动物种群的遗传适应性 ········· 106
三、全球变化驱动的入侵动物进化与扩散趋势预测案例分析 ········· 106
第四节 中国入侵动物案例分析 ········· 107
第五节 结论与展望 ········· 108
参考文献 ········· 108

第六章 气候变暖对入侵物种种间关系的影响 ········· 116
第一节 种间关系与生物入侵 ········· 116
一、种间竞争与生物入侵 ········· 116
二、协同进化与植物入侵 ········· 118
三、互利共生与植物入侵 ········· 118
第二节 气候变暖对入侵植物与土著植物关系的影响 ········· 119
第三节 气候变暖对入侵植物与动物关系的影响 ········· 120
一、植食性昆虫 ········· 120
二、传粉昆虫 ········· 122
三、多级营养 ········· 122
第四节 气候变暖对入侵植物与微生物关系的影响 ········· 123
第五节 气候变暖对入侵动物及其种间关系的影响 ········· 123
第六节 展望 ········· 124
参考文献 ········· 125

第七章 中国的入侵物种对气候变化的响应 ········· 129
第一节 引言 ········· 129
一、入侵物种多样性和地理分布 ········· 130

二、外来入侵物种的地理起源地分布 132
　　三、外来物种的入侵生境及影响 133
　第二节　中国的生物入侵和气候变化 134
　　一、气温升高的影响 135
　　二、降水格局改变的影响 137
　　三、极端气候事件的影响 139
　　四、大气 CO_2 浓度升高的影响 141
　第三节　展望 144
　第四节　小结 146
　参考文献 146

第八章　CO_2 浓度增加对入侵物种的影响 155
　第一节　CO_2 浓度增加对入侵植物的影响 155
　　一、对入侵植物个体和种群的影响 155
　　二、对植物种间竞争的影响 157
　第二节　CO_2 浓度增加对入侵动物的影响 159
　第三节　CO_2 浓度增加对群落和生态系统的影响 161
　　一、对群落的影响 161
　　二、水生陆生生态系统的差异 164
　第四节　结论与预测 165
　参考文献 166

第九章　海平面上升与盐沼生物入侵 173
　第一节　海平面上升概况 173
　　一、全球海平面上升趋势 173
　　二、海平面上升的驱动因素 175
　　三、海平面上升背景下盐沼湿地的演变 176
　第二节　海平面上升对盐沼生物入侵主要过程的影响 177
　　一、盐沼生物入侵概况 177
　　二、潮汐过程 178
　　三、水盐过程 180
　　四、水沙过程 180
　　五、生物互作 181
　第三节　海平面上升对主要盐沼入侵生物类群的影响 182
　　一、入侵植物 182
　　二、入侵动物 185

　　　　三、其他入侵生物 186
　第四节　结论与展望 187
　参考文献 189

第十章　环境污染与植物入侵 197
　第一节　与植物入侵相关的环境污染类型概述 197
　　　　一、土壤污染 197
　　　　二、水体污染 198
　　　　三、大气污染 200
　　　　四、新兴污染物 201
　第二节　环境污染对入侵植物的影响 202
　　　　一、入侵植物具有更强的耐受环境污染能力 202
　　　　二、污染物提高了入侵植物的抗虫性与抗病能力 203
　　　　三、环境污染增强了入侵植物的竞争能力 204
　第三节　入侵植物对环境污染的响应 205
　　　　一、入侵植物富集和转移污染物 205
　　　　二、入侵植物对长期低剂量持续污染的响应 206
　　　　三、入侵植物对土壤污染的响应 208
　　　　四、入侵植物对水体污染的响应 210
　　　　五、入侵植物对大气污染的响应 210
　　　　六、入侵植物对新兴污染物的响应 211
　　　　七、入侵植物对复合污染的响应 212
　第四节　中国入侵植物与环境污染研究案例分析 213
　　　　一、美洲商陆 213
　　　　二、紫茎泽兰 215
　参考文献 216

第十一章　土地利用变化与生物入侵 224
　第一节　土地覆盖与土地利用变化 224
　　　　一、人类活动与土地利用变化 224
　　　　二、气候/气象与土地利用变化 225
　　　　三、土地利用变化的根源及复杂性 225
　第二节　土地利用变化加剧生物入侵 226
　　　　一、农业生产用地改变与生物入侵 228
　　　　二、城市用地变化与生物入侵 228
　　　　三、景观变化与植物入侵 229

四、以土地利用史预测入侵植物分布 ……………………………………………… 230
　第三节　生物入侵促进土地利用变化 ……………………………………………… 230
　　一、多年生木本植物入侵放牧生态系统 …………………………………………… 231
　　二、柽柳对美国西南部河岸恢复的影响 …………………………………………… 231
　　三、银荆入侵南非对景观的塑造作用 ……………………………………………… 232
　　四、欧洲青蟹入侵与新英格兰南部滩涂恢复 ……………………………………… 233
　第四节　展望 ………………………………………………………………………… 233
　　一、土地利用变化为入侵创造机会之窗 …………………………………………… 233
　　二、土地利用和气候变化的综合影响 ……………………………………………… 234
　　三、土地利用规划如何减少入侵 …………………………………………………… 234
　　四、栖息地恢复中的入侵物种控制 ………………………………………………… 235
　　五、生物入侵的文化层面及积极影响 ……………………………………………… 235
　参考文献 ……………………………………………………………………………… 235

第十二章　城市化与生物入侵 ……………………………………………………… 239
　第一节　城市化 ……………………………………………………………………… 239
　　一、城市化概念 ……………………………………………………………………… 239
　　二、城市化发展现状 ………………………………………………………………… 239
　　三、城市化导致的环境问题 ………………………………………………………… 240
　第二节　城市化过程中驱动生物入侵的因素 ……………………………………… 243
　　一、环境因素 ………………………………………………………………………… 243
　　二、人为因素 ………………………………………………………………………… 245
　　三、生物因素 ………………………………………………………………………… 245
　第三节　城市化对不同入侵阶段的影响 …………………………………………… 246
　　一、引入阶段 ………………………………………………………………………… 246
　　二、定殖阶段 ………………………………………………………………………… 247
　　三、建群阶段 ………………………………………………………………………… 248
　　四、扩散阶段 ………………………………………………………………………… 248
　第四节　生物入侵对城市生态系统的影响 ………………………………………… 249
　　一、城市生物区系 …………………………………………………………………… 249
　　二、城市环境 ………………………………………………………………………… 251
　　三、基础设施 ………………………………………………………………………… 251
　　四、人类健康 ………………………………………………………………………… 251
　第五节　结论与展望 ………………………………………………………………… 252
　参考文献 ……………………………………………………………………………… 252

第十三章　国际贸易和入侵物种的扩张 259

第一节　国际贸易与生物入侵概述 259
一、国际贸易引起生物入侵 259
二、国际贸易引起生物入侵的特点 260
三、国际贸易引起生物入侵的危害 263

第二节　国际贸易与生物入侵的关系 264
一、国际贸易对生物入侵的直接影响 264
二、国际贸易对生物入侵的间接影响 265
三、生物入侵对国际贸易的影响 266

第三节　国际贸易引致生物入侵的途径 267
一、人为有意引入 267
二、人为无意引入 269

第四节　国际贸易引致生物入侵对我国的影响 272
一、对生态系统功能的影响 272
二、对经济社会发展的影响 273
三、对人类健康的影响 275

第五节　国际贸易引致的入侵物种扩张管理 276
一、入侵物种的预防策略 276
二、入侵物种的治理策略 278

第六节　面临的挑战 279

参考文献 281

第十四章　全球变化与海洋生物入侵 285

第一节　气候变化和人类活动与海洋生物入侵现状 286
一、海洋生物入侵现状 286
二、全球变暖与海洋热浪 288
三、海平面上升 290
四、海岸带人工建筑 291
五、海洋运输 293
六、海水养殖 295

第二节　气候变化和人类活动影响下海洋生物入侵的过程与机制 297
一、气候变化和人类活动对海洋生物扩散与种群连通性的影响 298
二、海洋生物入侵中的跳板作用与避难所效应 299
三、海洋生物入侵中的生理生化机制 300

第三节　气候变化和人类活动影响下海洋生物入侵的后果 ······ 301
　　　　一、气候变化和人类活动影响下海洋生物入侵的生态效应 ······ 301
　　　　二、海洋生物入侵对滨海产业的影响 ······ 303
　　第四节　案例分析 ······ 304
　　　　一、黄海大型藻类暴发 ······ 304
　　　　二、潮间带底栖生物分布变化 ······ 305
　　参考文献 ······ 307

第三篇　全球变化与生物入侵相互作用的后果

第十五章　植物入侵、气候变化和生态系统过程 ······ 319
　　第一节　生态系统过程 ······ 320
　　　　一、碳循环 ······ 320
　　　　二、氮循环 ······ 321
　　　　三、其他循环 ······ 322
　　第二节　植物入侵对生态系统过程的影响 ······ 324
　　　　一、植物入侵对初级生产力的影响 ······ 324
　　　　二、植物入侵对土壤呼吸的影响 ······ 330
　　　　三、植物入侵对生态系统碳库的影响 ······ 330
　　　　四、植物入侵对净生态系统碳交换的影响 ······ 331
　　　　五、植物入侵对固氮的影响 ······ 332
　　　　六、植物入侵对生态系统氮库的影响 ······ 333
　　　　七、植物入侵对生态系统氮输出的影响 ······ 334
　　第三节　气候变化对生态系统过程的影响 ······ 334
　　　　一、气候变化对碳循环的影响 ······ 334
　　　　二、气候变化对氮循环的影响 ······ 336
　　第四节　气候变化与植物入侵相互作用的潜在影响 ······ 336
　　第五节　展望 ······ 338
　　参考文献 ······ 339

第十六章　全球变化下生物入侵对生物多样性的影响 ······ 347
　　第一节　外来生物入侵对土著生物多样性的影响 ······ 347
　　　　一、生物入侵对遗传多样性的影响 ······ 348
　　　　二、生物入侵对物种多样性的影响 ······ 349
　　　　三、生物入侵对生态系统多样性的影响 ······ 349

  第二节 生物入侵对生物多样性影响的文献计量分析 ································· 350
  第三节 不同全球变化要素影响下生物入侵对生物多样性的影响 ················ 351
    一、气候变暖背景下生物入侵对生物多样性的影响 ······························ 351
    二、氮沉降背景下生物入侵对生物多样性的影响 ································ 354
    三、干旱背景下生物入侵对生物多样性的影响 ···································· 355
    四、土地利用方式改变背景下生物入侵对生物多样性的影响 ················ 357
  第四节 生物入侵影响生物多样性的机制 ·· 358
    一、直接影响机制 ··· 358
    二、间接影响机制 ··· 362
  第五节 未来研究方向 ·· 364
    一、生物快速进化 ··· 364
    二、多营养级联系 ··· 365
    三、本地生态系统的敏感性及反馈 ·· 365
  参考文献 ·· 365

第十七章 生物入侵对生态系统服务的影响 ·· 373
  第一节 生态系统服务概述 ··· 373
    一、生态系统服务概念 ··· 373
    二、生态系统服务类型 ··· 375
  第二节 生物入侵影响生态系统服务的作用机制 ······································· 379
    一、生物入侵对生态系统供给服务的影响 ··· 380
    二、生物入侵对生态系统调节服务的影响 ··· 384
    三、生物入侵对生态系统文化服务的影响 ··· 386
    四、生物入侵对生态系统支持服务的影响 ··· 388
  第三节 展望 ··· 391
  参考文献 ·· 392

第十八章 全球变化下生物入侵对滨海湿地生态系统的影响 ······························ 398
  第一节 滨海湿地生态系统生物入侵现况 ··· 398
    一、滨海湿地入侵生物概况 ·· 398
    二、入侵植物 ··· 398
    三、入侵动物 ··· 400
  第二节 全球变化要素与滨海湿地生物入侵的相互作用及其后果 ············· 402
    一、气候变暖 ··· 402
    二、极端气候事件 ··· 403

        三、海平面上升 404
        四、污染 404
        五、土地利用变化 405
    第三节 案例分析 406
        一、互花米草在滨海盐沼湿地的入侵 406
        二、木本红树植物的入侵 411
    第四节 展望 419
    参考文献 420

第十九章 全球变化下生物入侵对农业生态系统与粮食安全的影响 434
    第一节 全球变化下我国重要农业外来入侵物种的发生趋势 434
        一、入侵植物 434
        二、入侵害虫 436
        三、入侵病原微生物 438
    第二节 全球变化下生物入侵对农业生态系统的影响 441
        一、生物入侵对农业生态系统的影响 441
        二、生物入侵对农业生产的影响 445
    第三节 全球变化下生物入侵对粮食安全的影响 447
        一、生物入侵对粮食生产的影响 447
        二、全球变化下生物入侵对粮食安全的新挑战 448
    第四节 加强全球变化下农业生物入侵管控 450
        一、农业入侵物种野外智能化监测 451
        二、农业入侵物种大数据平台建设 452
    参考文献 455

第二十章 全球变化下生物入侵的经济影响 459
    第一节 全球变化下生物入侵对经济的影响方式 459
        一、全球生物入侵经济影响的动态变化 459
        二、全球外来物种入侵经济损失评估 460
        三、外来入侵物种资源化利用的经济效益 463
    第二节 全球变化背景下的生物入侵经济学 464
        一、基于 InvaCost 数据库的外来入侵物种经济损失核算 464
        二、外来入侵物种防控的货币化评估体系 467
    第三节 结论与展望 467
    参考文献 468

第四篇 全球变化下生物入侵的应对

第二十一章 全球变化背景下生物入侵的应对对策及防控措施 ············· 473
 第一节 将生物入侵管理纳入全球变化应对的整体框架 ············· 473
  一、生物入侵与全球变化关系 ············· 473
  二、完善生物入侵防控与全球变化应对法制建设 ············· 475
  三、全球变化应对与生物入侵管理架构完善 ············· 480
  四、全球变化背景下生物入侵全民防控网络建设 ············· 482
 第二节 结合全球变化影响完善生物入侵风险分析体系 ············· 483
  一、生物入侵风险分析概述 ············· 483
  二、生物入侵风险分析进展 ············· 484
  三、全球变化背景下生物入侵风险分析面临的挑战与对策 ············· 491
 第三节 加强全球变化背景下入侵生物预警防控技术研发及应用 ············· 493
  一、开展全国性普查，完善国家重点管控对象 ············· 493
  二、结合传统技术与新兴技术，加强入侵物种的有效监测 ············· 494
  三、结合传统技术与新兴技术，加强入侵物种的科学预警及防控 ············· 496
  四、结合全球变化框架，建设入侵物种预警防控技术标准化体系 ············· 502
  五、制定国家和地方行动计划，推进生物入侵预警防控方案落实 ············· 505
  六、加强国际合作，建设生物入侵防控区域协作网络 ············· 505
 第四节 缓解全球变化对入侵的影响，加强受损生境生态修复与效益评估 ············· 506
  一、结合全球变化影响，厘清生态系统入侵受损趋势 ············· 506
  二、入侵受损生境生态修复技术及应用 ············· 507
  三、制定国家和地方行动计划，持续推进入侵受损系统重大生态修复工程实施 ············· 509
  四、结合全球变化影响，开展生物入侵治理与生态修复工程的效果及效益评估 ············· 510
 第五节 将全球变化应对和生物入侵防控纳入公民生态科学教育体系 ············· 511
  一、结合全球变化与生物入侵科学，加强转化科学家人才培育体系建设 ············· 511
  二、应对全球变化，防控生物入侵，加强公民生态科学教育 ············· 511
 参考文献 ············· 512

第一篇

绪论

第一章　全球变化与生物入侵概述

第一节　生 物 入 侵

纵观人类发展的历史长河，其发展史可以说是一部对地球资源包括生物多样性资源利用的历史，也是一部对地球生态系统改造的历史，所以地球上无处不留下人类的足迹，且当今的地球已成为一个以人类为"关键种"（key species）的巨型生态系统（Vitousek et al.，1997），甚至被认为已进入"人类世"（Anthropocene）。目前，世界人口已突破81亿，而且还在快速增长。如果用国内生产总值和人均消费来评价世界的财富，那么我们人类的财富正在不断地增长；但如果我们用生物圈的健康状况来衡量世界的财富，那么我们所拥有的财富正在不断地减少，以至于严重影响到人类的福祉（IPBES，2019）。所以，今天的我们比过去任何时候都会感到不踏实。原因很简单，我们所居住行星的水圈、大气圈和生物圈等正在经历着快速的变化，而且这种变化的速率比过去任何时候都快得多；更令人担忧的是，这种变化已对我们人类的福祉和地球生态系统的完整性和健康产生了深刻而不可逆转的影响。化石燃料的燃烧改变了大气中的化学组成，从而导致全球气候的变化；人类活动造成了环境污染、土地利用方式的改变、生境丧失或破碎化，最终导致生物多样性的丧失；人类活动带来的生物地理区之间生物区系的交换导致了生物物种种群的重新分布，从而导致生物入侵（biological invasion）等。

简单地说，生物入侵是由生物有机体在生物地理区之间的非自然交换造成的，即由外来物种在其非自然分布区内的种群暴发所导致。在正式定义生物入侵之前，我们先定义外来物种，以及与外来物种相对的土著物种。

土著物种（native species 或 indigenous species）：是指出现在其自然分布区及其自然传播范围内（即在其自然占领的或无须人类的直接或间接引种也能占领的分布区内）的物种、亚种或更低的分类群。我国领土从北到南 5500 km，从东到西 5200 km，跨越约 50 个纬度，从南到北包含热带、亚热带、暖温带、中温带、寒温带等多个气候带，而且生态系统多种多样，因而蕴藏着非常丰富的土著物种。《中国生物物种名录》2022 版共收录物种及种下单元 13.8 万多个，其中物种 12.5 万多个。人们熟知的土著物种如银杏（*Ginkgo biloba*）、稻（*Oryza sativa*）、大熊猫（*Ailuropoda melanoleuca*）、川金丝猴（*Rhinopithecus roxellana*）等。丰富的土著物种构成了我国独特的生态系统类型，实现各种生态系统功能与服务，成为我国得以可持续发展的环境基础和自然资本。

外来物种（alien species）：是指由于直接或间接的人类活动致使其分布区发生改变而出现在本来不存在的地区或生态系统内的分类群（包括其种子、卵、孢子或其他形式的能使其种族繁衍的生物材料），文献中常用的其他英文名称还有：exotic species、introduced species、non-native species 或 non-indigenous species 等。生态系统中外来物种的存在与人类活动密切相关，是人类有意和无意引入的结果。据统计，美国的外来物种数量非常之巨，达 53 000 种之多（Pimentel，2001），但到目前为止，我国尚缺乏外来物种的完整清单，因此具体的数量还不得而知。

事实上，许多"外来物种"是人类的宝贵财富，如玉米（*Zea mays*）、小麦（*Triticum aestivum*）、大麦（*Hordeum vulgare*）、稻（*Oryza sativa*）、马铃薯（*Solanum tuberosum*）、家鸡（*Gallus gallus domesticus*）、黄牛（*Bos taurus*）等重要的经济植物或动物，对大多数国家或地区来说也是外来物种，但它们提供了世界 98%以上的食物资源（Pimentel，2001），仅 15 种广泛栽培的植物便为世界人口提供了 90%左右的食物，为人类社会的可持续发展做出了巨大贡献。然而，也有许多外来物种已对所到国家或地区的环境和经济造成了巨大的损失，如凤眼莲（*Eichhornia crassipes*）、微甘菊（*Mikania micrantha*）、互花米草（*Spartina alterniflora*）、非洲大蜗牛（*Achatina fulica*）、烟粉虱（*Bemisia tabaci*）、松材线虫（*Bursaphelenchus xylophilus*）、草地贪夜蛾（*Spodoptera frugiperda*）就是典型的有害外来物种。

文献中，生物入侵的定义比较混乱。由于生物入侵是相对于人类行为的现象，也是人类活动的结果，我们所关心的常常是那些对生态系统结构、功能和服务以及人类经济活动造成影响的外来物种。这里，我们综合不同的观点提供如下的生物入侵定义：当外来物种进入一个过去不曾分布的地区，并能存活、繁殖，形成野化种群（feral population），其种群的进一步扩张已经或将造成不可忽视的生态环境、经济和社会后果，这一过程称为生物入侵；而导致生物入侵的物种称为外来入侵物种（invasive alien species，IAS）（李博和陈家宽，2002）。所以，根据这一定义，一个外来入侵物种应同时满足如下 4 个基本条件：①地理属性：不属于所考虑国家或生物地理区域原产的物种；②种群趋势：已在新分布区归化（naturalization）且正在逐渐增加其多度或分布越来越广；③对入侵地的影响：在某种程度上已成为有害物种，或至少给所在区域的生态环境或人类的某些经济活动带来严重的负面影响或麻烦；④人类在其中的地位：人类往往是这些物种最初的有意或无意引种的责任者。另一个值得考虑的方面是，外来物种的入侵能力不仅由一个物种的生物学特征所决定，生境的有效性、气候和土壤类型等非生物因素以及竞争和捕食等生物因子等均起着非常重要的作用。

生物入侵影响被入侵区的生态系统结构与功能、生物多样性、经济和人类健康，所以有关其研究已形成了一个重要的生态学分支——入侵生态学，甚至将其冠以"入侵科学"（invasion science）的名称（Ricciardi et al.，2017）。入侵生态学主要研究如下 3 个方面（Davis，2009）。

入侵机制：研究外来物种成为入侵物种所经历的一系列过程（即抵达、建群、归化、扩张、成灾）及其影响因素，进而认识外来物种入侵成功的生态与进化机制。

入侵影响：评价入侵物种对所入侵区域的生态环境（如生物多样性、生态系统结构、过程和服务以及环境要素）、经济和社会的影响。

入侵管理：研究针对入侵物种的管理对策，达到预防、早期诊断、控制与根除入侵物种，从而使区域面临的入侵压力及生态环境、经济和健康影响最小化的目的。

第二节 生物入侵是全球变化的重要组成部分

早在 1958 年,英国的动物生态学之父查尔斯·埃尔顿(Charles Elton)就在其力作《动植物入侵生态学》(*The Ecology of Invasions by Animals and Plants*)中警告:一定不能犯糊涂,我们正在目睹一场世界动植物区系的重大的历史性灾变。Vitousek 等(1996,1997)认为生物入侵是全球变化的一个重要组成部分,这有几方面的原因。首先,生物入侵现象无处不在,是全球性的,世界各大洲无论是陆地、海洋还是岛屿均在发生,就连保护区域生物多样性独特性和完整性的自然保护地也未能幸免,只是其分布呈现出不均匀的格局(表 1-1)。其次,尽管单个入侵物种所造成的影响可能是局部的,但是将生物入侵作为一个整体来看,它对生物多样性、生态环境、经济和社会的影响是全球性的;例如,最近的一项研究(Diagne et al., 2021)表明,过去几十年(1970~2017 年)全球各国报告的生物入侵治理总成本至少有 1.288 万亿美元,年平均耗费为 268 亿美元,到 2017 年估计耗资 1627 亿美元,而这些成本显然被大大低估,且其增长趋势没有任何放缓的迹象,每 10 年约增长 3 倍。最后,生物入侵与全球变化的其他要素之间存在强烈的相互作用(图 1-1),例如,国际贸易和交通的发展加速了生物入侵过程,大气中 CO_2 浓度的升高和全球气候变化、火灾频率和强度的变化、环境污染等也会影响生物入侵过程;生物入侵也反过来影响这些全球变化过程的规模和速率,如入侵植物的扩张可能改变生态系统的野火特征(如火灾发生的时令、频度、强度和影响等)。

表 1-1 部分国家/地区/岛屿植物区系中已定居的外来维管植物多样性、占总区系的百分比(据此排序)和外来物种密度(数据来自 Vitousek et al., 1997; Pimentel, 2011)

国家/地区/岛屿	土著物种数	外来物种数	外来物种数百分比	外来物种密度(面积对数)
国家				
新西兰	2000	1800	47.4	331.5
挪威	1195	580	32.7	105.3
加拿大	3270	940	22.3	134.3
巴哈马	1104	246	18.2	59.1
芬兰	1250	247	16.5	44.7
秘鲁	1790	314	14.9	51.4
智利	4437	678	13.3	115.3
波兰	2250	275	10.9	50.1
法国	4350	480	9.9	83.6
澳大利亚	25000	2681	9.7	389.4
吉布提	641	44	6.4	10.1
古巴	5790	376	6.1	74.3
埃及	2015	86	4.1	14.3
斯威士兰	2715	110	3.9	25.9
巴拿马	7123	263	3.6	53.8

续表

国家/地区/岛屿	土著物种数	外来物种数	外来物种数百分比	外来物种密度（面积对数）
卢旺达	2500	93	3.6	21.1
圭亚那	8030	287	3.5	50.6
乌干达	4848	152	3.0	28.3
纳米比亚	3159	60	1.9	10.1
地区				
纽约（美国）	1940	1083	35.8	210.7
维多利亚（澳大利亚）	2773	1190	30.0	222.3
安大略（加拿大）	2056	805	28.1	133.5
珀斯（澳大利亚）	1510	547	26.6	136.1
密苏里（美国）	1920	634	24.8	121.1
新南威尔士州（澳大利亚）	4677	1253	21.1	212.4
不列颠哥伦比亚（加拿大）	2048	547	21.1	91.5
布宜诺斯艾利斯（阿根廷）	1369	363	21.0	74.1
佛罗里达中部（美国）	1746	440	20.1	90.9
明尼苏达（美国）	1618	392	19.5	73.5
蒙得维的亚区（乌拉圭）	843	180	17.6	63.8
加利福尼亚（美国）	4844	1025	17.5	182.6
昆士兰（澳大利亚）	7535	1161	13.4	186.3
波多黎各（美国自治邦）	2449	356	12.7	90.1
美国大陆（美国）	17300	2100	10.8	304.6
阿拉斯加（美国）	1229	144	10.5	23.3
得克萨斯（美国）	4498	492	9.9	84.2
墨西哥谷（墨西哥）	1910	161	7.8	41.5
摩尔曼斯克（俄罗斯）	983	82	7.7	16.1
北领地（澳大利亚）	3293	262	7.4	42.8
加利福尼亚半岛（墨西哥）	2480	183	6.9	35.5
俄罗斯北极地区（俄罗斯）	1,403	104	6.9	15.9
好望角（南非）	8270	441	5.1	88.9
加拿大西北地区（加拿大）	1055	53	4.8	8.1
恰帕斯（墨西哥）	6650	206	3.0	42.3
乔科（哥伦比亚）	3818	48	1.2	10.4
岛屿				
阿森松岛（南大西洋，英属）	25	>120	>82.8	>60.8
罗得里格斯岛（毛里求斯）	132	305	69.8	190.4
特里斯坦-达库尼亚群岛（南大西洋，英属）	58	119	67.2	59.3
百慕大群岛（北大西洋，英属）	165	303	64.7	174.9
不列颠群岛（英国和爱尔兰）	1500	1642	52.3	304.8
洛德豪岛（澳大利亚）	206	173	45.6	63.1
夏威夷（美国）	1143	891	43.8	210.9
关岛（美国）	327	185	36.1	66.8

续表

国家/地区/岛屿	土著物种数	外来物种数	外来物种数百分比	外来物种密度（面积对数）
加那利群岛（西班牙）	1254	680	35.2	176.2
圣胡安群岛（美国）	546	283	34.1	109.2
马尔维纳斯群岛（南大西洋，英国称福克兰群岛）	163	83	33.7	20.4
马里恩岛（南非）	21	10	32.3	4.1
天使岛（美国）	282	134	32.2	280.9
加拉帕戈斯群岛（厄瓜多尔）	604	260	30.1	66.7
圣克鲁斯岛（美国）	462	157	25.4	65.8
纽芬兰岛（加拿大）	906	292	24.4	56.6
火地岛（阿根廷和智利）	417	128	23.5	27.3
夏洛特皇后岛（加拿大）	469	116	19.8	29.3
奥克兰（新西兰）	187	41	18.0	15.5
瓜达卢佩岛和马提尼克岛（加勒比海，法属）	1668	360	17.8	105.3
格什姆岛/霍尔木兹岛（伊朗）	230	49	17.6	15.8
格陵兰（丹麦）	427	86	16.8	15.6
开曼群岛（西加勒比海，英属）	536	65	10.8	26.9
麦夸里岛（澳大利亚）	44	5	10.2	2.6
萨哈林岛（库页岛）（俄罗斯）	1081	92	7.8	18.9
扬马延岛（北冰洋，挪威）	57	4	6.5	1.6
克里特岛（希腊）	1586	92	5.5	23.4

图 1-1　全球变化对生物入侵的影响以及入侵物种对全球变化的反馈（引自李博等，2013）

不同全球变化要素可能影响入侵物种的多样性与多度，图中全球变化的多个要素包括交通和贸易对外来物种有利，导致入侵物种的数量以及所入侵区域的增加；由于入侵物种越来越普遍，它们将改变生态系统结构、过程以及性质，而且这些变化还将与全球变化的要素之间存在强烈的相互作用。入侵物种的反馈可以是正（+）也可以是负（−），取决于入侵物种与全球变化要素相互作用的性质

然而，生物入侵作为全球变化要素的观点提出之时，支持这一观点的学者并不多，甚至连研究生物入侵的学术群体也是如此。这一方面表明个人空间观的自然局限，另一方面又反映了对全球变化理解的片面性，即他们强调全球的气候变化而排斥可能同等重要的、人类导致的全球变化的其他方面。现在，越来越多的学者开始接受生物入侵是全球变化组成部分的观点，并强调全球变化的其他要素与生物入侵的相互作用。特别值得注意的是，全球变化领域的旗舰刊物 Global Change Biology 将"全球变化"定义为"过去、现在或预计的任何持续的环境趋势，这些趋势影响到地球的大部分地区"；该刊物所涵盖的范围包括但不限于如下 17 个方面（https://onlinelibrary.wiley.com/journal/13652486?journalRedirectCheck=true）。

- 对流层臭氧、CO_2、SO_2 浓度的升高（rising tropospheric ozone, carbon dioxide and sulphur dioxide concentrations）
- 全球辐射的变化与平流层臭氧的消耗（changing global radiation and stratospheric ozone depletion）
- 生态系统与生物群系崩溃（ecosystem and biome collapse）
- 物种与生态系统韧性机制（mechanisms of species and ecosystems resilience）
- 具有全球影响的污染物及污染源影响（contaminant and pollutant impacts of global relevance）
- 生物适应与进化过程（biological adaptations and evolutionary processes）
- 面向气候变化的管理（management in the face of climate change）
- **入侵物种（invasive species）**
- 城市化（urbanisation）
- 野火（wildfire）
- 全球气候变化（global climate change）
- 大气微量气体的生物汇和源（biological sinks and sources of atmospheric trace gases）
- 生物地球化学循环的扰动（perturbations of biogeochemical cycling）
- 土地利用变化与系统连通性（land use change and system connectivity）
- 生物多样性丧失（loss of biodiversity）
- 气候变化的生物反馈（biological feedback on climate change）
- 大气变化的生物减缓（biological mitigation for atmospheric change）

上面的清单表明，入侵物种是 Global Change Biology 这一旗舰刊物所关注的重要议题之一。通过 Web of Science 检索发现，该刊物自 1995 年创刊至 2024 年，以生物入侵为主题的论文（共 455 篇）占到该刊物所发表论文总数的 5.4%，这显然是一个不小的比重。进一步分析发现，该刊物在 1995 年创刊以后的头 10 年里，发表的与生物入侵有关的论文数的确相对较少，之后所发表的论文数量呈现出快速增长的趋势，2024 年达到了 53 篇（图 1-2）。这些均说明生物入侵现象作为全球变化研究的一个重要组分已得到了同行的广泛认可，且越来越受关注；这可能也是生物入侵研究领域发展迅猛的重要原因之一。

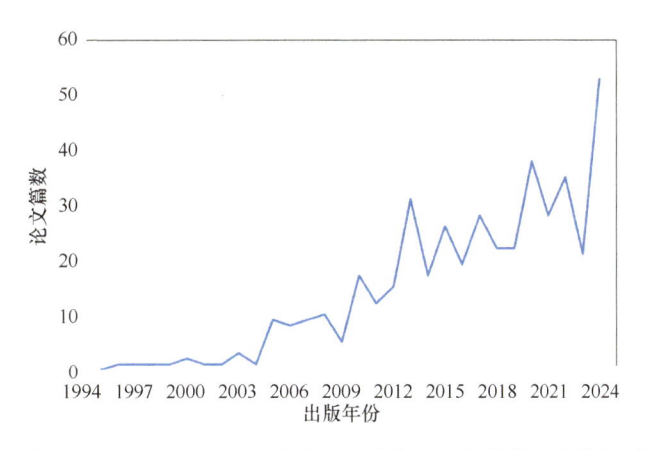

图 1-2　期刊 *Global Change Biology* 发表的与生物入侵相关的论文数随时间的变化

第三节　生物入侵与全球变化主要要素的相互作用

生物入侵是全球变化的重要要素之一，还与其他要素之间存在强烈的相互作用（图 1-1），即受到其他要素的影响，从而使全球变化影响生物入侵的全过程（图 1-3），生物入侵也对其他要素具有不同程度的反馈效应（Hobbs and Mooney，2005；Ricciardi et al.，2020；IPBES，2023），所以当今的生物入侵科学最好能在全球变化的框架下进行研究。前面提到，全球变化的要素很多，而且随着对全球变化问题认识的深入，其内容将可能进一步拓展；但这里我们根据早期的综述（李博等，2013），只对生物入侵与全球变化主要要素之间的相互作用做一简要的概述，本书的其他章节将对这一问题做详细的

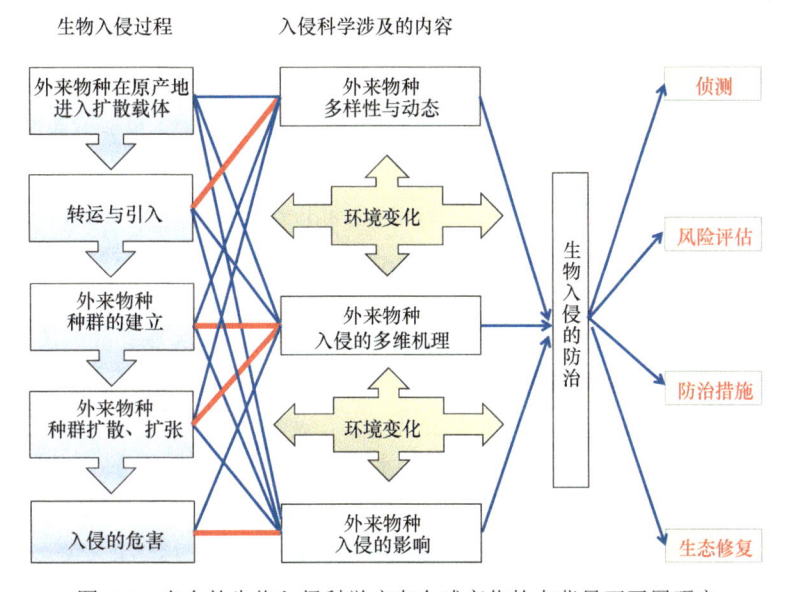

图 1-3　当今的生物入侵科学应在全球变化的大背景下开展研究
全球变化对外来物种入侵过程的影响：图中中间 3 项研究内容受左边的多个生物入侵过程的影响（以蓝线与红线连接，其中红线代表主要过程），而这些过程均又受到全球变化的影响

介绍。值得注意的是，尽管本书试图概述生物入侵与全球变化主要要素的相互作用，但已有的研究大多强调全球变化对生物入侵的影响，而有关生物入侵对全球变化反馈的研究相对较少。因此，我们也主要强调气候变化、大气 CO_2 浓度增加、氮富集、土地利用变化、野火和国际贸易对生物入侵的影响。

一、气候变化

人类活动引起的气候变化是全球变化的最重要因素。气候变化将影响生物入侵过程的各个阶段（Hellmann et al.，2008；Theoharides and Dukes，2007；Ricciardi et al.，2020；亦见第二至第七章）。在引入（introduction）阶段，外来物种需越过物理障碍从原产地到达目的地。通常情况下，外来物种借助人类活动来完成这一阶段。未来气候变化可能改变人类活动的各个方面，如农林牧业、贸易和旅游，从而影响外来物种的引入（Hellmann et al.，2008），但也有研究表明气候变化会减小繁殖体压力从而降低入侵风险（Gray，2017）。在拓殖（colonization）阶段，外来物种受到各种非生物因子如温度、水分、空间等的限制，未来的气候变化若倾向于移除这些限制，则有利于外来物种的拓殖，若倾向于产生或加剧这些限制，则不利于外来物种的拓殖。在建成（establishment）阶段，外来物种要成功地在所到区域建成，需要较快地生长并在与土著物种的竞争中取得优势。气候变化可能直接促进外来物种生长，增加外来物种竞争力；也可能使土著物种在改变的环境下竞争力降低，从而间接使外来物种成功建成。在扩张（spread）阶段，当气候的改变能够增加外来物种的竞争力或扩张速度时，将有助于已建成的外来物种成为入侵物种，或使已入侵成功的外来物种的分布区扩展。然而，当某些地区的气候条件超出外来物种的适应范围时，也会使它们丧失已有的分布区。

气候变化对生物入侵产生深刻影响的 3 个重要维度是气候变暖、降水格局变化以及极端气候事件的增加。温度是影响生物生长、发育和分布的最重要的环境因子，温度的升高，使得低温的限制得到缓解，生长季长度增加，冰雪的覆盖减少，从而使生物能够更好地生长，具有更强的竞争力，进而成功拓殖、建成或使原有的分布区向纬度更北、海拔更高的区域扩展（Hellmann et al.，2008；Walther et al.，2009；Ziska et al.，2011）。温度的升高可以通过遗传和代谢的变化，促进外来物种的生长、发育与繁殖，甚至影响其繁殖体的传播，从而促进植物入侵（Sun et al.，2022）。当然，全球变暖并非总是有利于外来物种。此外，对于植物入侵者而言，C_3 和 C_4 植物对气候变暖的响应会有所不同，C_3 入侵植物的分布区在气候变暖的未来情景下收缩，而 C_4 入侵植物的分布区可能会总体表现出扩张趋势（Parker-Allie et al.，2009）。

水分是另一个影响生物生长和分布的重要环境变量，未来的气候变化将可能使各个区域的降水格局发生改变。在水分限制的干旱半干旱生态系统中，降雨量的增加无疑会促进物种的存活和生长，从而有利于某些外来物种的入侵，增加入侵物种的优势度（Dukes and Mooney，1999）。尽管许多研究认为降雨的增加会有助于外来物种入侵（Ratcliffe et al.，2023），但相反的结果也同时存在：更加干旱的气候并不会促进入侵或改变相应的生态系统过程（Larson et al.，2017），而在美国西部，较干旱的气候条件可能还有利于入侵河岸的柽柳属（*Tamarix*）植物的拓殖（Bradley et al.，2012）。此外，干旱通常会有利于 C_4 植物（Dukes and Mooney，1999），因为在 C_4 光合途径中，CO_2 的吸收和固定在空间上的分离使得其在干旱条件下水分丧失较少，从而提高了水分的利用效率。降雪作为降水的一种形式，也会有助于外来物种入侵（Blumenthal et al.，2008）。

同时考虑到未来温度和降水改变的模型研究，往往得到入侵物种的潜在分布区在未来会进一步扩展的结论，但气候变化也会使原先适合入侵物种的生境变得不再适合其生存（Hellmann et al.，2008），从而导致入侵物种竞争力的降低或分布区的收缩（Bradley et al.，2009）。

全球范围内，极端气候事件强度和频度的增加也是未来气候变化的一个趋势。目前所研究的极端气候事件主要包括热浪、飓风、洪水、干旱等。极端气候事件对外来物种的影响，主要有 3 种机制（Diez et al.，2012）。第一种机制是增加外来物种扩散的机会；第二种机制是极端气候事件的干扰产生资源（包括空间）的脉冲，从而能促进外来物种的拓殖、建成和扩散；第三种机制是极端气候事件产生的环境压力会降低土著群落对入侵生物的阻抗，降低土著物种的竞争力，从而有利于外来入侵物种的建成和扩张。

然而，与其他气候变化要素一样，极端气候事件的发生并不总是有利于外来物种（Larson et al.，2017）。例如，尽管干旱可能有助于外来物种的最初拓殖，但对于干旱生态系统中的土著物种而言，它们能更好地适应长期的干旱，从而比外来物种更耐旱，在干旱条件下的水分利用效率降低得更少（Diez et al.，2012）。

总之，目前关于气候变化对入侵物种影响的研究，既有正面影响的结果，又有负面影响的结果。但从总体看来，未来的气候变化会更有利于外来物种，这和气候变化以及外来物种本身的特征有关。

二、大气 CO_2 浓度升高

大气 CO_2 浓度持续升高是全球变化中的重要因素之一，长期以来备受关注，因此相关的实验研究比较多（详见第八章）。大气 CO_2 浓度升高对植物入侵的影响非常复杂，因为 CO_2 不仅作为光合底物，直接通过"施肥效应"影响光合作用进而对植物产生影响，它还能通过改变其他环境因素，如温度、水分等，间接地对植物产生影响。通常情况下，我们认为能够成功入侵的植物往往在竞争能力、繁殖力、扩散能力，以及对恶劣环境的耐受力方面具有优势，这些优势有助于它们在面对变化的环境时能够更快速地适应，获得更多的有限资源，从而在竞争中胜过或取代土著植物（Pyšek and Richardson，2007；Vilà et al.，2007；Bradley et al.，2010）。

随着 CO_2 浓度升高，入侵植物倾向于生长、发育更快，个体更大，因此在与土著植物的竞争中占有更大优势。大量单个个体或单一物种培养的实验研究结果支持了这一观点（Dukes，2000）；许多入侵植物在 CO_2 浓度升高后，生产力和光合作用速率增加，超过土著植物（Smith et al.，1987；Belote et al.，2004；Song et al.，2009）。CO_2 浓度升高不仅能促进入侵植物的生长和发育，还会影响植物的生物量分配、能量同化、投资和分配模式，导致植物组织 N 含量降低（Cotrufo et al.，1998），非结构性碳水化合物含量增加（Curtis et al.，1989），从而影响植物增加生物量时的能量消耗（Griffin，1994），即生物量构造价（biomass construction cost）增大。与土著植物相比，入侵植物的生物量构造价降低，因此入侵植物生长得更快，植物个体更大，产生更多的种子，从而使其入侵能力增强（Nagel et al.，2004）。

值得注意的是，由于 C_3 植物的 CO_2 饱和点较高，因此大气 CO_2 浓度升高将可能更有利于 C_3 植物，而对 C_4 和景天酸代谢植物（CAM 植物）的影响尚缺少预见性。在当前的大气 CO_2 浓度下，C_4 植物较 C_3 植物有着更高的 CO_2 利用效率。随着 CO_2 浓度升高，C_3 植物的光合作用将会大大增强，其增强程度将会远高于 C_4 植物。因此，CO_2 浓度升高可能将更有利于 C_3 植物入侵到以 C_4 植物为优势植物的群落中。当前入侵植物中的 C_4 植物类群，或许在未来其入侵力会减弱，其危害有所缓解（Poorter and Navas，2003）。然而，目前还没有充分的依据来断言外来 C_3 或 C_4 植物在未来 CO_2 浓度进一步升高条件下的命运。至于群落水平上 C_3 和 C_4 植物竞争平衡的变化更加难以预测，因为相关的研究非常缺乏。

随着 CO_2 浓度的升高，植物生长加快，其他环境因素也会因此改变，如土壤温度、湿度、营养水平、自然干扰体系等，从而间接地影响植物入侵过程（Kriticos et al.，2003；Grigulis et al.，2005；Thuiller et al.，2007）。一般认为，大气 CO_2 浓度升高会导致植物气孔张开度降低，甚至部分关闭，从而使蒸腾作用降低，水分流失减少，土壤含水量会因此增加（Field et al.，1995；Drake et al.，1997）。这可能打破干旱地区的环境限制，有助于外来植物成功入侵到土著植物群落中。

动物对 CO_2 浓度的升高也有响应，有关蓟马（thrips）的研究发现，在 CO_2 浓度升高的条件下，入侵蓟马比土著蓟马具有更强的适应性和竞争能力（Zhang et al.，2024）。不过，大多数情况下，动物对 CO_2 浓度升高的响应不会是直接而是间接的，即建立在植物对 CO_2 浓度升高反应的基础之上。植物组织质量、物候特征（即生活史时期的时令）以及植物分布等的变化将可能对动物产生重要的后果（Cannon，1998）。不过，尽管已记录到一些动物对 CO_2 浓度变化所导致的植物变化产生的反应，但有关外来动物与土著动物反应差异的研究并不多。

有关 CO_2 浓度升高对入侵动物的影响研究大都集中在昆虫（即草食性昆虫）上。大多数情况下，当昆虫幼虫以高 CO_2 浓度下所培养叶片为食时，其表现要比以正常 CO_2 浓度下所培养的叶片为食的幼虫差（Cannon，1998），入侵北美的舞毒蛾（*Lymantria dispar*）就属于这种情况（Lindroth et al.，1993）。也有研究认为，外来蚜虫种群会随着 CO_2 浓度的升高而增加，一方面是由于其生育力增加（Awmack et al.，1996），另一方面是由于定居时间（settling time）的延长（Smith，1996）。与昆虫一样，这种现象也可能取决于宿主物种。

由于在 CO_2 浓度升高的环境中产生的凋落物含有较高的木质和较高的 C：N，外来动物消耗来自高 CO_2 浓度环境中的凋落物较少（Cotrufo et al.，1998）。CO_2 浓度升高的环境中，水分状况会因此改变，外来土壤动物不仅受根的生长和质量变化的影响，而且也会受土壤水分改变的影响（Zaller and Arnone，1997）。CO_2 浓度的升高还将改变某些植物的发育速度，这就意味着这些植物的物候会有所改变（Dukes，2000）；如果这种改变的幅度很大，CO_2浓度的升高就会使这些植物开花的时间与其传粉者出现的时间错开，其后果是植物和外来动物种群数量均会减少。而外来入侵物种大都是广谱性的，因而不大可能受到影响。

不过，目前还不清楚的是，CO_2浓度的升高是否会影响外来动物的成功入侵。对大多数植物而言，CO_2浓度的升高所导致的物候特征的变化将不会太大，组织和凋落物质量的变化可能会影响许多食草动物和食腐动物，但是并不清楚这种变化是对土著物种有利还是对外来物种有利。同样，CO_2浓度的升高所导致的土壤水分的变化可能影响蚯蚓以及其他的土壤动物，但是并不一定影响入侵物种的普遍性。

三、氮富集

所有生物有机体均需要氮元素来维持生命活动。在人类活动开始改变氮的自然循环过程之前，对生态系统来说，氮是限制性元素。事实上，在一些生态系统中目前仍是如此。所以，氮是控制许多生态系统动态、生物多样性和生态系统机能的主要限制因子之一（LeBauer and Treseder，2008）。一般来说，氮富集将直接与间接地对植物入侵产生影响（详见第十六章）。直接作用是通过增加环境中资源的可利用性，促进入侵植物的生长发育，提高其入侵力；间接作用则是通过改变土著植物与外来入侵植物之间的竞争平衡，可能促进或抑制植物入侵过程（Questad et al.，2021）。

入侵植物的很多性状，如生长快速、繁殖率高等，将有助于它们在营养丰富的环境中较生长缓慢的土著植物显示出更强的响应和竞争优势，加速入侵过程或加剧入侵后果（Schumacher et al.，2009；Valliere et al.，2017）。有研究表明，在土壤营养贫瘠的生态系统，尤其在沙漠、草地和沼泽中（Brooks，2003；Bradley et al.，2010；李博等，2022），增加氮的可利用性能够促进植物入侵，降低群落的物种多样性（Stevens et al.，2010）。我们在盐沼的研究中发现，氮的富集显然有利于入侵植物互花米草，而不利于土著物种芦苇。在互花米草与芦苇的混生群落中，随着时间的推移，互花米草的优势度越来越明显（李博等，2022）；而当水体中氮的有效性降低时，互花米草相对于土著物种的优势度得到明显的控制（Xu et al.，2024）。然而，也有研究显示，在竞争环境中即使提高土壤中氮的可利用性，入侵植物与土著植物的表现也都没有增强（Seastedt and Suding，2007）。Bradford等（2007）研究了河岸植物群落中的入侵植物与土著植物，结果发现施氮并不像预期的那样，会对入侵植物的相对竞争能力有明显提高。因此，我们必须慎重对待单个个体与单物种栽培实验所获得的结果，或许与自然群落中实际产生的结果有很大出入，环境因素与其他生物因素的存在均会影响氮素增加对入侵植物的作用。

生物入侵尤其是植物入侵也可通过改变氮循环过程而影响土壤中氮的有效性，特别是当入侵植物为固氮植物时更是如此（Liao et al.，2008）。最著名的例子是火树（*Myrica faya*）入侵美国夏威夷的火山迹地；这种系统本是缺氮的环境，而火树是固氮植物，其入侵通过固氮加快了氮循环速率，迅速增加了土壤氮的有效性，从而加速了入侵，最终改变了生态系统的发育（Vitousek et al.，1987）。其实，植物入侵增加生态系统土壤氮有效性并不是个案。Liao 等（2008）的整合分析发现，植物入侵会上调几乎所有与氮循环相关的指标，包括土壤氮的有效性，这显然是入侵植物悖论（invasive plant paradox）（Rout and Callaway，2009）。按理来说，入侵植物较土著物种生长快，光合作用速率更高，应该会降低土壤氮的有效性，但事实上，入侵植物会与新环境中的土壤生物相互作用而加速氮循环，从而提高氮的有效性（Rout and Callaway，2009）。尽管这种氮有效性的增加可能并不会导致氮的富集，但会导致对植物入侵的正反馈，从而加速植物入侵的过程（Liao et al.，2008；李博等，2022）。

四、土地利用变化

土地利用变化作为全球变化的重要组成部分，对生态系统造成了不可忽视的影响，同时也与植物入侵存在强烈的相互作用（详见第十一章）。土地利用变化会导致环境的大范围改变，这种改变往往快速而强烈，使原先生长在稳定环境中的土著物种难以在短时间内做出调整和响应，同时也降低了生态系统对入侵物种的抵抗能力（Hobbs and Mooney，2005）。土地利用的历史变化格局强烈地影响着入侵物种的分布和多度；森林、农田、居住和商业用地之间的转变，都可能使不同的入侵物种获利（Mosher et al.，2009）。干扰的程度、范围以及入侵物种自身的生物学性状等都会共同作用于入侵物种的扩张。

一方面，土地利用变化加速了生物入侵。土地利用方式的变化本身也常常是因为利用了引入的物种（Hobbs，2000；Oroboade et al.，2023），例如，为了发展牧业而引入新的牧草，为了发展林业而引入外来的树种，为了绿化和改善环境而引入绿化植物和草种等。这类物种往往在全球范围内广泛引种，而很少考虑其潜在的扩散，并导致潜在的环境问题，这样的例子很多，如车轴草属（*Trifolium*）、米草属（*Spartina*）、松属（*Pinus*）、桉属（*Eucalyptus*）等的一些物种。一个经典的例子是北半球的松树在南半球广泛引种，在其新的分布区内，这些树种用于木材的生产，它们也的确为引种地创造了可观的财富，但是当其入侵邻近的生态系统，对本地生态系统的生物多样性造成了巨大威胁，并降低了生态系统的服务功能时，它们也确实导致了许多的问题（Richardson et al.，1994；van Wilgen et al.，1996）。

土地利用变化通常从两个方面助长了生物区系的交换过程：一方面是对生态系统的改造而为生物入侵提供了机遇，另一方面是将外来物种从不同的生物地理区带到了新的被改变了的生态系统过程（Hobbs，2000）。一个生态系统中生物区系改变的程度以及入侵的严重性取决于该地区管理的目标。例如，从全世界范围来看，城区生物区系发生了根本性的变化（详见第十二章），如上海植物区系的一半以上是外来物种（李博等，2001），这一方面是由于过去存在于该生态系统中的主要生物种群已经被清除，另一方面是将已被驯化的以及与人类关系密切的动植物引进了城市。当然，这本身不是什么问题，但前提是这些物种不对城区的残存土著植被造成任何威胁，或不妨碍生态系统的主要服务功能的发挥。

另一方面，生物入侵加速了土地的转化。像土地利用变化的结果一样，外来物种的入侵本身也是土地转变的主要推动力（Hobbs，2000）。只要入侵物种的存在可以导致生态系统的某些变化，土地转变就可能发生。所以，当一个入侵物种在现存的植被中成为优势物种，并最终能改变植被的类型时，土地转变就会发生。例如，入侵树种可以将草地或灌木林变成森林；当林地皆伐或林火出现将林地变成裸地时，入侵禾草也可以将多年生的林地改变成开阔的草地（D'Antonio and Vitousek，1992；Richardson et al.，1994）。

入侵并改变生态系统结构和功能的外来物种即便所导致的变化并不极端，这种变化有时也会导致土地利用价值的严重降低，其后果有两种可能：要么土地只能用作他用，要么只有提高现有的管理水平，才能维持目前的用途。

在许多情况下，土地转变与入侵之间的关系是盘旋形式的，土地利用的变化或连续不断的不合理利用可能为入侵物种的定居和扩张提供了条件。譬如，牧场生态系统常常就是这样的情况，不合理的放牧或野火特征很容易导致灌木和禾草的入侵（Ludwig et al.，1997），之后，入侵物种开始进一步改变生态系统的结构与功能，最终需要对土地的利用进行调整，或需要加强管理以维持现有的土地利用方式。所以，土地利用变化与外来物种入侵之间存在强烈的相互作用，并相互促进（详见第十一章）。

五、野火

作为一种重要的全球变化要素，火可以是人类有意用来控制生态系统的手段，也可以是自然发生的野火。D'Antonio（2000）曾总结指出，大多数研究表明，野火增加了外来物种的入侵，如果用火来控制入侵物种，在火烧后，要么目标入侵物种并未有效减少，要么其他非目标入侵物种增加。对于自然易发火灾的生态系统，如南非的凡波斯（fynbos）灌丛或加利福尼亚的沿海灌木林，如果入侵物种火后有繁殖体可用，或者如果自然火的特征被严重改变，就可能受到更为严重的入侵。

入侵物种尤其是入侵植物也可以直接改变野火的特征（D'Antonio，2000；Brooks et al.，2004）；即便是一年生禾草也可以改变森林景观的野火行为和生态系统的恢复力（Tortorelli et al.，2023）。生态系统中的野火特征通常取决于植物组织（即可燃物）的含水量和化学组成，以及可燃物负荷、连续性和填充比（Brooks et al.，2004）。一个物种的引入只要改变这些参数，就可能改变野火特征。一般来说，如果一个入侵物种与土著物种在生活型上总体相似，其倾向于只改变单位面积上的燃料生物量，可能只影响火灾的强度，或只对已有的野火特征产生一定的影响，即没有质的变化。相比而言，只要入侵物种在所入侵的生态系统中没有燃料特征上的相似性（如当一年生或多年生禾草入侵荒漠灌丛林），就可能改变野火的总体特征，包括火灾发生的季节性、概率、火灾的强度、范围以及扩散速率，并可能将火引到不曾产生过进化效应的生态系统（D'Antonio，2000；Lippincott，2000；Brooks et al.，2004）。值得注意的是，就目前的研究状况来看，很少有研究表明在入侵的生态系统中，入侵物种具有降低火灾扩散的潜力，因而此方面值得进一步的关注。

全球变化的其他要素也可能影响野火的特征及其与入侵物种的相互作用。气候变化导致的暖干化可能会促进植被着火或火灾蔓延，植物入侵引起的植被生物量的增加（Liao et al., 2008）会使火灾的强度增加。另外，增加的大气氮沉降可能作为肥料，促进快速生长的入侵植物的蔓延，这反过来可能影响火灾的频率和严重程度。尽管生物质燃烧确实是全球温室气体增加的重要驱动力之一，但涉及入侵物种的火灾只占这一增长的一小部分，所以入侵引起的火灾不太可能对大气成分的变化产生显著的影响（Hobbs and Mooney, 2005）。

六、国际贸易

国际贸易是外来物种（如杂草、昆虫、病原体）传入的最重要途径之一（IPBES, 2023；亦见第十三章）。事实上，大多数有害的外来入侵物种是通过贸易过程抵达新地点的（OTA, 1993；Levine and D'Antonio, 1999, 2003；IPBES, 2023）。例如，20 世纪 80 年代后期由美国联邦当局所截获的外来杂草中，80%是通过商业运输带入的（OTA, 1993）；在新西兰和澳大利亚，75%的已经归化的水生植物是通过贸易进入这两个国家的（Champion et al., 2010）。借助于贸易的外来物种引入可分为无意的和有意的；对于后者，由于人们往往会选择那些生存能力较强的物种，因而其风险可能更大（Hulme, 2021）。无论是我国还是世界其他国家，因为贸易路线和市场的拓展、新产品的开发、货运船只的大型化和快速化，以及空运的增加（Meyerson and Mooney, 2007），国家之间的贸易量将有增无减，而且这种增加的趋势将是指数型的。所以，可以预见的是，在这种背景下外来物种随货物的迁移机会也将会大大增多（Ju et al., 2025）。

当然，由于进入一个地区的外来物种数量与贸易量之间的关系是非线性的，Levine 和 D'Antonio（2003）曾对美国自 1920 年以来的数据进行了系统分析，他们所考虑的分类群包括外来软体动物、植物病原生物和昆虫，并发现不同外来分类群的物种数与货物进口量之间的关系，就所有的物种而言，每船带入新外来物种的概率将随货物量的增加而降低，但是将来的入侵率还取决于预测的贸易量的变化。同时，他们还用从历史数据中所获得的参数估计，对 2000~2020 年美国外来物种丰度的增加趋势进行了预测；结果表明，Michaelis-Menten 模型预测 2000~2020 年还将增加 3%~6%。

可见，贸易量-外来物种累积丰度的关系类似于群落生态学中经典的物种-面积曲线关系，对美国做出的预测亦表明，该国将会继续接收新的外来物种，即便是最保守的估计，也会在未来的 20 年内，从世界各地接收 115 种昆虫和 5 种植物病原生物（Levine and D'Antonio, 2003）。Bradley 等（2012）对美国的进口贸易和外来植物的关系所做的研究显示，美国 29%的入侵植物的原产地是那些和美国新近才有贸易往来的国家，而 54%的入侵植物的原产地是那些和美国建立了稳固贸易关系的国家。未来，从新贸易伙伴国家引入入侵物种的风险会很大，应当给予足够的重视。

绝大多数已有的研究全球环境变化对生物入侵影响的实验往往只检测单一的因素，如增温、氮富集、CO_2 浓度升高、降水增加等，但随着研究的深入，越来越多的研究开始关注全球环境变化诸多因素之间的综合效应对生物入侵的影响（Ricciardi et al.,

2020)。例如，Hwang 和 Lauenroth（2008）的研究发现，土著植物与入侵植物的竞争不会受到施氮的影响，但增加降雨量会有利于入侵植物对施氮的响应，从而增加其竞争优势。而 Dukes 等（2011）的研究结果则显示，尽管降雨量变化、CO_2 浓度升高、温度升高、氮富集及自然干扰均对入侵植物长刺矢车菊（*Centaurea solstitialis*）有明显的促进作用，但是各处理因子之间并不存在显著的交互作用；最新的一项整合分析（Lopez et al.，2022）表明，全球环境变化更多的是抵消而不是加剧了生物入侵的有害影响。

第四节　本 书 结 构

生物入侵是全球关注的重大生态环境问题，也是全球变化的主要要素之一；全球变化的其他要素与生物入侵之间存在强烈的相互作用，并产生严重的生态后果，常常可能加剧生物入侵。本书围绕这些方面，从国际视野对该领域近期国内外所取得的重要研究进展以及发展趋势加以总结。本书共包括 21 章，除本章做全书的概述外，其余 20 章将被安排成 3 篇进行介绍。

气候变化作为全球变化研究中最为关注的要素，也是对生物入侵影响最为深刻的要素，尤其影响生物入侵过程，而生物入侵过程又是生物入侵研究的核心内容；所以本书对其也特别关注。第二篇专门介绍全球变化与生物入侵过程，该篇由 13 章组成。温度是影响生物有机体行为、生长繁殖和分布的最重要的环境因子；无论是土著物种还是入侵物种均会对气候变暖极为敏感，并产生一系列响应变化。大量研究表明，入侵物种可能比土著物种对温度变化的适应能力更强（Hellmann et al., 2008; Ricciardi et al., 2020）。所以，本篇首先主要回顾气候变暖对入侵植物生态（第二章）和进化适应的影响（第三章）、对入侵动物分布（第四章）和进化的影响（第五章），然后再分析入侵物种种间关系如何因气候变暖而改变（第六章）；之后，我们再讨论在气候变化条件下的中国入侵物种问题（第七章）。影响生物入侵的其他全球变化要素还很多，但由于篇幅限制，不能一一考虑，这里只考虑了与生物入侵密切相关的几个要素，有些要素（如氮富集）未能独立成章，但在相关章节有所涉及。CO_2 浓度升高是气候变暖的元凶之一，第八章阐述其对入侵物种的影响；气候变化的后果之一是导致海平面上升，而后者将改变海岸带环境，可能加速盐沼生物入侵，这在第九章回顾；相对于土著物种，入侵物种往往对环境胁迫具有更强的耐受或适应能力，第十章综述了污染环境中外来植物的入侵潜力；土地利用变化与生物入侵存在强烈的相互作用，前者助长生物入侵，而生物入侵亦可加速土地利用的改变，该方面的研究进展在第十一章概述；城市化作为土地利用变化的重要方式之一，第十二章回顾了其过程如何助长生物入侵；国际贸易是外来物种引入的最重要途径，无疑是入侵物种扩张的重要机制，第十三章对其进行阐述；全球变化对海洋生态系统物理环境产生深刻影响，第十四章探讨全球变化对海洋生物入侵过程的影响。这些全球变化要素对生物入侵的影响构成了本书的第二篇。

生物入侵对被入侵区域或生态系统具有深刻影响，这是全球关注生物入侵的重要原因之一，而其与全球变化要素的相互作用不仅影响入侵的过程，从而加速生物入侵，更为重要的是，这种相互作用会产生一系列生态系统后果，尤其是可能放大生物入侵的影响（但见 Lopez et al., 2022）。本书第三篇则关注生物入侵与全球变化要素相互作用的多方面后果，包括对生态系统过程（第十五章）、生物多样性（第十六章）、生态系统服务（第十七章）、滨海湿地（第十八章）、农业生态系统与粮食安全（第十九章）以及社会经济（第二十章）的影响。

全球变化对生物入侵产生的影响最终可能影响生物入侵的管理，所以，本书的第四篇，我们讨论了全球变化下生物入侵的应对，该篇仅包括1章，即全球变化背景下生物入侵的应对对策及防控措施（第二十一章）。

（本章作者：李　博　吴纪华　万方浩）

参 考 文 献

李博, 陈家宽. 2002. 生物入侵生态学: 成就与挑战. 世界科技研究与发展, 24(2): 26-36.

李博, 马志军, 吴纪华, 等. 2022. 植物入侵生态学: 互花米草案例研究. 北京: 高等教育出版社.

李博, 邵钧炯, 卫书娟, 等. 2013. 全球变化与植物入侵//邬建国, 安树青, 冷欣. 现代生态学讲座6: 全球气候变化与生态格局及过程. 北京: 高等教育出版社: 66-94.

李博, 徐炳声, 陈家宽. 2001. 从上海外来杂草区系特征剖析植物入侵的一般特征. 生物多样性, 9(4): 446-457.

Awmack C S, Harrington R, Leather S R, et al. 1996. The impacts of elevated CO_2 on aphid-plant interactions. Aspects of Applied Biology, 45: 317-322.

Belote R T, Weltzin J F, Norby R J. 2004. Response of an understory plant community to elevated CO_2 depends on differential responses of dominant invasive species and is mediated by soil water availability. New Phytologist, 161(3): 827-835.

Blumenthal D, Chimner R A, Welker J M, et al. 2008. Increased snow facilitates plant invasion in mixedgrass prairie. New Phytologist, 179(2): 440-448.

Bradford M A, Schumacher H B, Catovsky S, et al. 2007. Impacts of invasive plant species on riparian plant assemblages: interactions with elevated atmospheric carbon dioxide and nitrogen deposition. Oecologia, 152(4): 791-803.

Bradley B A, Blumenthal D M, Early R, et al. 2012. Global change, global trade, and the next wave of plant invasions. Frontiers in Ecology and the Environment, 10(1): 20-28.

Bradley B A, Blumenthal D M, Wilcove D, et al. 2010. Predicting plant invasions in an era of global change. Trends in Ecology & Evolution, 25(5): 310-318.

Bradley B A, Oppenheimer M, Wilcove D S. 2009. Climate change and plant invasions: restoration opportunities ahead? Global Change Biology, 15(6): 1511-1521.

Brooks M L, D'Antonio C M, Richardson D M, et al. 2004. Effects of invasive alien plants on fire regimes. BioScience, 54(7): 677-688.

Brooks M L. 2003. Effects of increased soil nitrogen on the dominance of alien annual plants in the Mojave Desert. Journal of Applied Ecology, 40(2): 344-353.

Cannon R J C. 1998. The implications of predicted climate change for insect pests in the UK, with emphasis on non-indigenous species. Global Change Biology, 4(7): 785-796.

Champion P D, Clayton J S, Hofstra D E. 2010. Nipping aquatic plant invasions in the bud: weed risk assessment and the trade. Hydrobiologia, 656(1): 167-172.

Cotrufo M F, Ineson P, Scott A. 1998. Elevated CO_2 reduces the nitrogen concentration of plant tissues. Global Change Biology, 4(1): 43-54.

Curtis P S, Drake B G, Whigham D F. 1989. Nitrogen and carbon dynamics in C_3 and C_4 estuarine marsh plants grown under elevated CO_2 *in situ*. Oecologia, 78(3): 297-301.

D'Antonio C M. 2000. Fire, plant invasions, and global changes//Mooney H A, Hobbs R J. Invasive Species in a Changing World. Washington, DC: Island Press: 65-93.

D'Antonio C M, Vitousek P M. 1992. Biological invasions by exotic grasses, the grass/fire cycle, and global change. Annual Review of Ecology and Systematics, 23(1): 63-87.

Davis M A. 2009. Invasion Biology. Oxford: Oxford University Press.

Diagne C, Leroy B, Vaissière A C, et al. 2021. High and rising economic costs of biological invasions worldwide. Nature, 592(7855): 571-576.

Diez J M, D'Antonio C M, Dukes J S, et al. 2012. Will extreme climatic events facilitate biological invasions? Frontiers in Ecology and the Environment, 10(5): 249-257.

Drake B G, Gonzàlez-Meler M A, Long S P. 1997. More efficient plants: a consequence of rising atmospheric CO_2? Annual Review of Plant Physiology and Plant Molecular Biology, 48(1): 609-639.

Dukes J S. 2000. Will increasing atmospheric CO_2 affect the success of invasive species//Mooney H A, Hobbs R J. Invasive Species in a Changing World. Washington, DC: Island Press: 95-113.

Dukes J S, Chiariello N R, Loarie S R, et al. 2011. Strong response of an invasive plant species (*Centaurea solstitialis* L.) to global environmental changes. Ecological Applications, 21(6): 1887-1894.

Dukes J S, Mooney H A. 1999. Does global change increase the success of biological invaders? Trends in Ecology & Evolution, 14(4): 135-139.

Elton C S. 1958. The Ecology of Invasions by Animals and Plants. London: Methuen Press.

Field C B, Jackson R B, Mooney H A. 1995. Stomatal responses to increased CO_2: implications from the plant to the global scale. Plant Cell and Environment, 18(10): 1214-1225.

Gray D R. 2017. Climate change can reduce the risk of biological invasion by reducing propagule size. Biological Invasions, 19(3): 913-923.

Griffin K L. 1994. Calorimetric estimates of construction cost and their use in ecological-studies. Functional Ecology, 8(5): 551-562.

Grigulis K, Lavorel S, Davies I D, et al. 2005. Landscape-scale positive feedbacks between fire and expansion of the large tussock grass, *Ampelodesmos mauritanica* in Catalan shrublands. Global Change Biology, 11(7): 1042-1053.

Hellmann J J, Byers J E, Bierwagen B G, et al. 2008. Five potential consequences of climate change for invasive species. Conservation Biology, 22(3): 534-543.

Hobbs R J, Mooney H A. 2005. Invasive species in a changing world: the interactions between global change and invasives//Mooney H A, Mack R N, McNeely J A, et al. Invasive Alien Species: A New Synthesis. Washington, DC: Island Press: 310-331.

Hobbs R J. 2000. Land-use changes and invasions//Mooney H A, Hobbs R J. Invasive Species in a Changing World. Washington, DC: Island Press: 55-64.

Hulme P E. 2021. Unwelcome exchange: international trade as a direct and indirect driver of biological invasions worldwide. One Earth, 4(5): 666-679.

Hwang B C, Lauenroth W K. 2008. Effect of nitrogen, water and neighbor density on the growth of *Hesperis matronalis* and two native perennials. Biological Invasions, 10(5): 771-779.

IPBES (the Intergovernmental Science-Policy Platform on Biodiversity and Ecosystem Services). 2019. Summary for policymakers of the global assessment report on biodiversity and ecosystem services of the Intergovernmental Science-Policy Platform on Biodiversity and Ecosystem Services. Bonn: IPBES Secretariat.

IPBES (the Intergovernmental Science-Policy Platform on Biodiversity and Ecosystem Services). 2023. Chapter 1: Introducing biological invasions and the IPBES thematic assessment of invasive alien species and their control//Roy H E, Pauchard A, Stoett P, et al. Thematic Assessment Report on Invasive Alien Species and their Control of the Intergovernmental Science-Policy Platform on Biodiversity and Ecosystem Services. Bonn: IPBES Secretariat.

Ju R T, Gui X T, Measey J, et al. 2025. How can China curb biological invasions to meet Kunming-Montreal Target 6? Frontiers in Ecology and the Environment, https://doi.org/10.1002/fee.2853.

Kriticos D J, Brown J R, Maywald G F, et al. 2003. SPAnDX: a process-based population dynamics model to explore management and climate change impacts on an invasive alien plant, *Acacia nilotica*. Ecological Modelling, 163(3): 187-208.

Larson C D, Lehnhoff E A, Rew L J. 2017. A warmer and drier climate in the northern sagebrush biome does not promote cheatgrass invasion or change its response to fire. Oecologia, 185(121): 763-774.

LeBauer D S, Treseder K K. 2008. Nitrogen limitation of net primary productivity in terrestrial ecosystems is globally distributed. Ecology, 89(2): 371-379.

Levine J M, D'Antonio C M. 2003. Forecasting biological invasions with increasing international trade. Conservation Biology, 17(1): 322-326.

Li B, Wei S J, Li H, et al. 2014. Invasive species of China and their responses to climate change//Ziska L, Dukes J. Invasive Species and Global Climate Change. Boston: CABI Publishing: 198-216.

Liao C Z, Peng R H, Luo Y Q, et al. 2008. Altered ecosystem carbon and nitrogen cycles by plant invasion: a meta-analysis. New Phytologist, 177(3): 706-714.

Lindroth R L, Kinney K K, Platz C L. 1993. Responses of deciduous trees to elevated atmospheric CO_2: productivity, phytochemistry, and insect performance. Ecology, 74(3): 763-777.

Lippincott C L. 2000. Effects of *Imperata cylindrica* (L.) Beauv. (Cogongrass) invasion on fire regime in Florida sandhill (USA). Natural Areas Journal, 20(2): 140-149.

Lopez B E, Allen J M, Dukes J S, et al. 2022. Global environmental changes more frequently offset than intensify detrimental effects of biological invasions. Proceedings of the National Academy of Sciences of the United States of America, 119(22): e2117389119.

Ludwig J, Tongway D, Freudenberger D, et al. 1997. Landscape Ecology, Function and Management: Principles from Australia's Rangelands. Melbourne: CSIRO Publishing.

Meyerson L A, Mooney H A. 2007. Invasive alien species in an era of globalization. Frontiers in Ecology and the Environment, 5(4): 199-208.

Mosher E S, Silander J A, Latimer A M. 2009. The role of land-use history in major invasions by woody plant species in the northeastern North American landscape. Biological Invasions, 11(10): 2317-2328.

Nagel J M, Huxman T E, Griffin K L, et al. 2004. CO_2 enrichment reduces the energetic cost of biomass construction in an invasive desert grass. Ecology, 85(1): 100-106.

Oroboade J, Awotoye O, Jegede M, et al. 2023. Land use effects on plant invasion, plant communities and soil properties in Southwestern Nigeria. Acta Ecologica Sinica, 43(5): 853-860.

OTA. 1993. Harmful Non-Indigenous Species in the United States. Washington, DC: U.S. Government Printing Office.

Parker-Allie F, Musil C F, Thuiller W. 2009. Effects of climate warming on the distributions of invasive Eurasian annual grasses: a South African perspective. Climatic Change, 94(1): 87-103.

Pimentel D. 2001. Biological Invasions: Economic and Environmental Costs of Alien Plant, Animal, and Microbe Species. Boca Raton: CPC Press.

Pimentel D. 2011. Biological Invasions: Economic and Environmental Costs of Alien Plant, Animal, and Microbe Species. 2nd ed. Boca Raton: CPC Press.

Poorter H, Navas M L. 2003. Plant growth and competition at elevated CO_2: on winners, losers and functional groups. New Phytologist, 157(2): 175-198.

Pyšek P, Richardson D M. 2007. Traits associated with invasiveness in alien plants: where do we stand?//Nentwig W. Biological Invasions. Berlin: Springer: 97-125.

Questad E J, Fitch R L, Paolini J, et al. 2021. Nitrogen addition, not heterogeneity, alters the relationship between invasion and native decline in California grasslands. Oecologia, 197(3): 651-660.

Ratcliffe H, Kendig A, Vacek S, et al. 2023. Extreme precipitation promotes invasion in managed grasslands. Ecology, 105 (1): ecy.4190.

Ricciardi A, Blackburn T M, Carlton J T, et al. 2017. Invasion science: a aorizon scan of emerging challenges and opportunities. Trends in Ecology & Evolution, 32(6): 464-474.

Ricciardi A, Iacarella J C, Aldridge D C, et al. 2020. Four priority areas to advance invasion science in the face of rapid environmental change. Environmental Review, 29(2): 119-141.

Richardson D M, Williams P A, Hobbs R J. 1994. Pine invasions in the Southern Hemisphere: Determinants of spread and invadability. Journal of Biogeography, 21(5): 511-527.

Rout M E, Callaway R M. 2009. An invasive plant paradox. Science, 324(5928): 734-735.

Schumacher E, Kueffer C, Edwards P J, et al. 2009. Influence of light and nutrient conditions on seedling growth of native and invasive trees in the Seychelles. Biological Invasions, 11(8): 1941-1954.

Seastedt T R, Suding K N. 2007. Biotic constraints on the invasion of diffuse knapweed (*Centaurea diffusa*) in North American grasslands. Oecologia, 151(4): 626-636.

Smith H. 1996. The effects of elevated CO_2 on aphids. Antenna London, 20(3): 109-111.

Smith S D, Strain B R, Sharkey T D. 1987. Effects of CO_2 enrichment on four Great Basin grasses. Functional Ecology, 1(2): 139-143.

Song L, Wu J, Li C, et al. 2009. Different responses of invasive and native species to elevated CO_2 concentration. Acta Oecologica-International Journal of Ecology, 35(1): 128-135.

Stevens C J, Thompson K, Grime J P, et al. 2010. Contribution of acidification and eutrophication to declines in species richness of calcifuge grasslands along a gradient of atmospheric nitrogen deposition. Functional Ecology, 24(2): 478-484.

Sun Y, Zuest T, Silvestro D, et al. 2022. Climate warming can reduce biocontrol efficacy and promote plant invasion due to both genetic and transient metabolomic changes. Ecology Letters, 25(2): 1387-1400.

Theoharides K A, Dukes J S. 2007. Plant invasion across space and time: factors affecting nonindigenous species success during four stages of invasion. New Phytologist, 176(2): 256-273.

Thuiller W, Richardson D M, Midgley G F. 2007. Will climate change promote alien plant invasions? Ecological Studies, 193: 197-211.

Tortorelli C M, Kim J B, Vaillant N M, et al. 2023. Feeding the fire: annual grass invasion facilitates modeled fire spread across Inland Northwest forest-mosaic landscapes. Ecosphere, 14(2): e4413.

Valliere J M, Irvine I C, Santiago L, et al. 2017. High N, dry: experimental nitrogen deposition exacerbates native shrub loss and nonnative plant invasion during extreme drought. Global Change Biology, 23(10): 4333-4345.

van Wilgen B W, Cowling R M, Burgers C J. 1996. Valuation of ecosystem services: a case study from South African fynbos ecosystems. BioScience, 46(3): 184-189.

Vilà M, Pino J, Font X. 2007. Regional assessment of plant invasions across different habitat types. Journal of Vegetation Science, 18(1): 35-42.

Vitousek P M, D'Antonio C M, Loope L L, et al. 1996. Biological invasions as global environmental change. American Scientist, 84: 468-478.

Vitousek P M, D'Antonio C M, Loope L, et al. 1997. Introduced species: a significant component of human-caused global change. New Zealand Journal of Ecology, 21(1): 1-16.

Vitousek P M, Walker L R, Whiteaker L D, et al. 1987. Biological invasion by *Myrica faya* alters ecosystem development in Hawaii. Science, 238(4828): 802-804.

Walther G R, Roques A, Hulme P E, et al. 2009. Alien species in a warmer world: risks and opportunities. Trends in Ecology & Evolution, 24(12): 686-693.

Xu X, Li S S, Zhang Y, et al. 2024. Reducing nitrogen inputs mitigates *Spartina invasion* in the Yangtze estuary. Journal of Applied Ecology, 61(3): 588-598.

Zaller J G, Arnone J A. 1997. Activity of surface-casting earthworms in a calcareous grassland under elevated atmospheric CO_2. Oecologia, 111(2): 249-254.

Zhang T, Wang C, Jiang F, et al. 2024. Elevated CO_2 affects interspecific competition between the invasive thrips *Frankliniella occidentalis* and native thrips species. Journal of Pest Science, 97: 1605-1621.

Ziska L H, Blumenthal D M, Runion G B, et al. 2011. Invasive species and climate change: an agronomic perspective. Climatic Change, 105(1): 13-42.

第二篇

全球变化与生物入侵过程

第二章　气候变暖对入侵植物的影响

第一节　我国入侵植物概况

随着全球化的不断深入，不同国家/地区间的贸易往来愈发频繁，外来入侵植物正在以极其迅猛的态势快速扩散，在生态、环境、经济等方面造成日益严重的后果（Hulme，2009；Catford et al.，2012；van Kleunen et al.，2015；Courchamp et al.，2017；Diagne et al.，2021）。我国土地广袤、生态系统多样、经济日益发达，这些特征为外来植物在我国的入侵提供了条件，其后果日趋严重（万方浩等，2009；徐海根和强胜，2018）。过去 30 年，我国学者对外来植物入侵状况开展了大量研究工作。需要说明的是，由于资料来源、入侵植物界定、分析方法等存在差异，我国入侵植物物种数量存在多种不同的统计结果。农业农村部从 2022 年开始在全国范围内开展系统性调查，这项工作将提供更加全面、可靠的相关信息。本章的分析是基于现有的相对权威的资料，旨在提供一些关于入侵植物状况的参考信息。这种考虑并不代表作者对其他工作的不认可。统计结果显示：①目前我国入侵植物 515 种，隶属于 72 科，其中菊科、豆科、禾本科为种数最多的 3 科，占据总种数的近一半。②外来入侵植物生活型主要为草本植物，其中又以一年生（或二年生）草本植物为主。③恶性或严重入侵我国的外来植物中，菊科、禾本科和苋科种数位于前 3 名。④我国的外来入侵植物来源广泛，种类繁多，但主要起源于南美洲和北美洲。⑤我国外来入侵植物种类数量分布由东南沿海和西南边境向内陆呈逐步减少的趋势，且前者外来入侵植物种类数量是后者的 3~4 倍。

一、入侵植物数量特征

（一）科属类群

图 2-1 表明，中国外来入侵植物主要为菊科、豆科、禾本科植物，3 科共计 222 种，占总种数的近一半；其中以菊科种类最多。这些结果与张帅等（2010）的研究结果一致。从各科的物种数分析，有 11 个科大于等于 10 种（图 2-1），11 个科有 5~9 种，22 个科有 2~4 种，28 个科仅有 1 种。从各属的物种数分析，大戟属植物种类最多，有 15 种，苋属 14 种，茄属 13 种。其中 192 个属仅有 1 种，占总属数的 68.1%（闫小玲等，2014）。

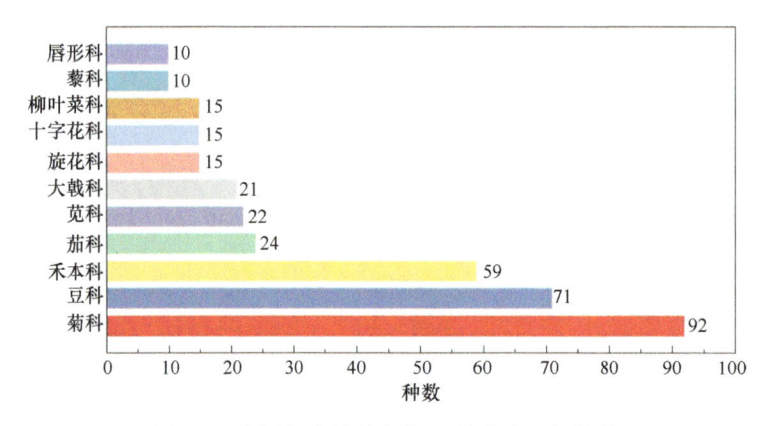

图 2-1　我国物种数最多的 11 科外来入侵植物

数据来源于中国外来入侵植物名录：https://www.biodiversity-science.net/fileup/PDF/w2014-069-1.pdf

（二）生活型特征

草本植物共 432 种（83.9%），其中 26 种为草质藤本。一年生（或二年生）草本植物为 255 种，占所有草本植物的一半以上。木本植物共 83 种（占 16%），其中灌木共 62 种（仅占 12%），乔木为 21 种（占 4%）。

草本植物具有幼苗生长速度快、单位时间内开花次数多、生活史短、繁殖能力强、种子数量多、个体小、容易扩散及繁殖方式多样等特点。这些生活史特征使草本植物在竞争中具有明显的优势，对其入侵、生存、种群建立及扩张极为重要（李博等，2001；黄建辉等，2003）。一年生植物比多年生植物更有可能是世界性物种，因此，一年生植物可能更具有气候可塑性，能够入侵更多省份（Huang et al.，2010）。

（三）入侵等级

根据生物学/生态学特性、原产地自然地理分布信息、入侵范围及危害程度等将入侵植物划分为恶性入侵植物（1 级）、严重入侵植物（2 级）、局部入侵植物（3 级）、一般入侵植物（4 级）、有待观察类（5 级）共 5 个等级（闫小玲等，2014）。其中，有待观察的入侵植物为 247 种，局部入侵植物和一般入侵植物分别为 85 种和 80 种，严重入侵植物为 69 种，恶性入侵植物为 34 种。值得注意的是，在恶性入侵和严重入侵等级中，菊科、禾本科和苋科种数位于前 3 名。

菊科植物从形态结构上看，其种子小而轻且数量多，易随风力扩散至远方；其钩刺等结构易附着于人畜身上，进一步促进其传播。从生活型上来看，菊科植物多为一年生植物，其种子的休眠特性及较长的休眠期可帮助它抵御恶劣的气候以及较为严重的环境干扰，增加种子的存活率（闫小玲等，2014；Bassett and Crompton，1975）。代表入侵物种有加拿大一枝黄花（*Solidago canadensis*）、豚草（*Ambrosia artemisiifolia*）、紫茎泽兰（*Ageratina adenophora*）等。

一年生禾本科植物种子小，易随风力扩散至远方；另外其生长发育快、适应性广、繁殖力强，可以在短时间内完成整个生活史。这些特性都为禾本科植物的成功入侵提供了有利条件（曹婧等，2020）。代表入侵物种有节节麦（*Aegilops tauschii*）、假高粱（*Sorghum halepense*）、少花蒺藜草（*Cenchrus spinifex*）等。

苋科入侵植物主要分布于苋属植物中，其具备较强的种子繁殖能力，种子小而多（几百粒种子/花序），且易脱落，因此易受环境因素（如风力、水力）及外力（如人畜活动）等影响而传播至远方；较强的适应能力也使得其在相对恶劣的生境中占据竞争优势（向国红等，2010）。另外，部分苋属植物因自身具备一定的经济价值而被人为大量有意引进，如喜旱莲子草（*Alternanthera philoxeroides*）曾在 20 世纪 30 年代作为马饲料引入我国（陈倬，1964）。同时，一些苋属植物可通过化感作用抑制土著物种的生长发育和繁殖，增强自身在进入入侵地后的竞争力，如反枝苋（*Amaranthus retroflexus*）（刘爽和马丹炜，2009），喜旱莲子草（余柳青等，2007）等。代表入侵物种有喜旱莲子草、长芒苋（*Amaranthus palmeri*）、反枝苋等。

二、入侵植物分布

（一）入侵植物原产地

入侵我国的外来植物来源广泛，但原产地之间的物种数量分布却大不相同。入侵我国的 515 种外来植物的原产地共计 638 个频次（部分原产地间有重叠），其中有 34.6% 原产于南美洲，21.5% 原产于北美洲，16.0% 原产于欧洲，14.6% 原产于亚洲，9.8% 原产于非洲，2% 原产于大洋洲。另外，6 种原产地不详和 4 种杂交起源或栽培起源的植物占比达到 1.5%。南美洲、北美洲和欧亚大陆是中国入侵植物最主要的 3 个地理来源。来自南美洲入侵植物的分布，特别是多年生植物，主要由生物地理因素决定，而来自北美洲和欧亚大陆入侵植物的分布，特别是一年生植物，主要由社会经济因素决定（Huang et al.，2011）。入侵我国的外来植物的原产地分布频次由大到小依次为南美洲、北美洲、欧洲、亚洲、非洲、大洋洲（张帅等，2010）。

南美洲、北美洲和欧亚大陆是中国入侵植物最主要地理来源的原因如下：南美洲与中国南方省份气候类型相似，主要为热带气候，有利于南美洲入侵植物的扩散和定居（吴晓雯等，2006；冯建孟等，2011）。根据大陆漂移假说，东亚与北美洲的植物应该有相似的遗传背景，因而来自北美洲的外来物种在我国生存与成功扩散的概率较大（冯建孟等，2009；彭程等，2010）。而我国与欧美发达国家频繁的贸易交流，也进一步促进了这些外来物种有意或无意地流入我国。

（二）入侵植物在我国的空间分布格局

我国外来入侵植物种数分布由东南沿海和西南边境向内陆逐步减少，前者的外来入侵植物种数是后者的 3~4 倍（闫小玲等，2014）。外来入侵植物分布最集中、种类最丰富的是西南边境地区，达到 210 种以上；其次为东南沿海地区（其中浙江省和福建省均为 174 种，而广东省为 255 种，数量居全国首位）；中部地区入侵植物种数普遍维持在 110~150 种；而西部内陆地区入侵植物种数相对较少，新疆、西藏等地区虽然地域广袤，但入侵植物种数甚至不及广东省的 1/3。同样位于该区域的宁夏地区因其区域面积小而入侵植物种数较少（34 种）。总体来看，中国外来入侵植物种类的水平分布格局为"东南多，西北少"，东南沿海和西南边境种类丰富；中部地区次之；北部地区较为贫乏，尤以西北地区的入侵植物种类最为贫乏，尽管面积相差数倍，其入侵状态却明显好于南部地区（闫小玲等，2014）。

形成这种分布格局的主要原因如下：第一，人类活动促进外来植物入侵。例如，我国南方沿海地区活跃的海外贸易和国际旅游交流为物种传播与扩散创造了有利条件，而我国西北地区人类活动相对较弱，不利于外来物种的传播（Levine and D'Antonio，2003）。第二，相似的气候条件。例如，南美洲与我国南方省份气候类型相似，入侵植物较多；北方地区较为寒冷的气候条件限制了南美洲植物的生存与定居，因此入侵植物较少（Huang et al.，2011）。总的来说，频繁的人类活动为外来植物入侵创造了机会，适宜气候为外来物种的成功定居及扩散提供了有利条件。社会经济因素（如人口规模和 GDP 总量）、生物地理因素（如纬度和土著植物物种丰富度）及物种特性（如地理起源和生命周期）的叠加共同决定了外来入侵植物在我国的分布格局。

我国外来入侵植物虽主要分布在南方热带地区，但是温带地区入侵植物的平均传播速度更高。其中气候因子是决定我国外来入侵植物总体分布格局的主要因素之一（Bai et al.，2013），年降雨量、年均温度、年极端低温、无霜期和年均积温是影响我国外来入侵物种空间分布格局的主要气象因素，年极端高温和年日照时数的影响相对较小（张帅等，2010）；值得注意的是，在气候变化背景下，未来几十年我国华南地区（云南、广西和广东）和华东中部沿海地区（山东、河北、江苏）的被入侵风险较高（Bai et al.，2013）。

第二节　气温升高对外来入侵植物的影响

全球变暖是未来气候变化的趋势。在过去的 100 年中，地球气温上升了近 1.0℃；据预测，在 21 世纪末，平均气温将继续上升 3℃，然而，如果气候变暖继续以目前的速度发展，2030～2052 年，平均气温升温可能会突破 1.5℃（Tollefson，2018；IPCC，2018，2021）。气候变暖还会导致海平面上升、降雨量改变及极端气候事件的量级和频率增大等一系列现象（伍米拉，2012）。

从生物入侵的几个阶段来看，全球气候变化主要从 3 个方面对入侵生物有利：为引入提供新的机会；使建群和成功定殖变得更容易；使入侵种群持久性和传播能力更强（Walther et al.，2009）。全球气候变化在促进生物入侵的同时，反过来也会进一步影响全球变化的趋势，如改变生态系统的生物地球化学循环过程以及温室气体排放的种类、过程、数量与速率等（伍米拉，2012；邓自发等，2010）。

目前，有不少气候假说支持气候变暖会对入侵植物产生影响，如气候匹配假说（Williamson，1996；Mack et al.，2000）、起源地气候假说（Drake et al.，2015）、气候变异度假说（Chan et al.，2016）、气候生态位保守假说（Liu et al.，2020）。一般认为气候变暖对多数入侵植物是有利的，因为入侵植物往往是普适种，能够较好地适应气候变暖所带来的一系列影响，通过增强其个体水平上的竞争能力从而提高其种群水平上的入侵性与竞争性。土著植物往往由于不能更好地适应气候变化，其在与入侵物种的竞争中逐渐处于劣势地位，甚至消亡。因此，在未来气候变暖的背景下，植物入侵态势很可能会得到进一步加强。

一、影响植物入侵的气候假说

气候匹配假说认为，当物种被引入气候与其自然分布区更相似的地区时，它们会有更高的入侵成功率（Williamson，1996；Mack et al.，2000）。气候变暖会改变人类的土地利用类型，增加人类的引种需求，此举可能有助于入侵植物实现长距离扩散。由于脱离土著昆虫类及微生物天敌的控制，入侵植物很可能在气候适宜的新生境成为优势种，进而改变整个生态系统的现有植被类型。

起源地气候假说认为，入侵植物起源地的气候条件决定了入侵植物对被入侵区域气候变暖的响应格局。气候变暖有助于寒冷地区来源的入侵植物扩散，而对热带地区来源的入侵植物扩散影响较小，甚至可能是负面效应（Drake et al.，2015）。最近的母体效应研究间接地支持这一假说（Zhou et al.，2022），但坚实的直接证据依然不足。

气候变异度假说认为，随着纬度或海拔增高，生物所处的气候变动幅度会加大，其生理上对气候变异度的耐受性也会增加（Chan et al.，2016）。随着气候变暖，一些外来入侵植物会不可避免地扩散到高纬度和高海拔地区，而良好的表型可塑性和较宽的生态幅往往是它们能够广泛入侵的典型特征（Godoy et al.，2011；van Kleunen et al.，2010）。相对于入侵植物而言，若其天敌不能适应这种较大的气候变动幅度，则可能使它们无法在此长期定居，从而使外来入侵植物摆脱天敌限制，导致入侵事件的发生。

气候生态位保守假说认为，多数入侵物种在原产地与入侵地的气候生态位相似，即生态记忆在物种成功入侵中扮演重要角色（Liu et al.，2020）。该假说是基于经典的生态位概念，为物种分布格局提供了一种可能的解释。需要指出的是，物种生态位一直是生态学中长期有争议的问题，有效量化物种生态位是一个富有挑战的命题。

二、气温升高对外来入侵植物个体的影响

温度是限制植物生存、生长和繁殖的重要因素。气候变暖可以解除低温对某些植物生长发育和繁殖的限制（赵紫华，2021），还可直接影响微生物对凋落物分解和氮矿化过程的速率，从而增加营养物质的可利用性，提高植物的养分利用率（Rustad et al.，2001）。温度会通过影响植物的光合作用和呼吸作用，进而影响入侵植物的发育速率。例如，生长于亚热带地区的喜旱莲子草，增温可显著提高喜旱莲子草的净光合速率，可能使喜旱莲子草的入侵潜力得以增强（王琼等，2017）。在一定温度区间内增温促进植物入侵，但过高的温度对入侵植物可能是一种胁迫。例如，在热带地区对入侵我国的喜旱莲子草全天模拟增温2℃，喜旱莲子草的总生物量、贮藏根生物量、分枝强度和茎端取食率均显著降低（黄河燕等，2021）。在繁殖力方面，温度会通过影响入侵植物的资

源分配进而使入侵物种采取不同的繁殖策略（赵紫华，2021）。例如，增温提高了喜旱莲子草的根冠比和地下生物量，气候变暖背景下喜旱莲子草可能会将更多的资源分配至地下部分以应对物种多样性的竞争作用（吴昊等，2020）。对于入侵植物加拿大一枝黄花而言，增温会降低其地上生物量，但能增加其分蘖数，使资源更多地分配到无性繁殖上，这在降低其个体生长能力的同时，促进其进一步入侵扩散（高苑苑等，2021）。

温度是植物物候最重要的驱动因素。由于外来物种具有独特的物候或物候敏感性，往往能比土著物种更密切地跟踪气候变化，因此气候变暖对入侵植物物候的影响是深刻的（Wolkovich and Cleland，2014）。如果土著物种不能准确快速地跟踪气候变化，那么气候变化很可能会造成物候生态位的空缺，使外来入侵植物有机会占据这些空缺生态位，进而促进入侵（Wolkovich and Cleland，2014）。增温2℃会延迟加拿大一枝黄花第一个花序芽的出现、开花、结实和枯死，未来气候变暖可能会延迟秋季开花入侵植物的物候序列，并且一些物候期还会随着入侵阶段而改变，从而更有利于植物入侵（Peng et al.，2018）。另外，全球变暖可能会增加有利于外来入侵物种优先效应的强度，具有较好表型可塑性的外来入侵植物可能会因气温上升而提前开花，更早的开花会允许其更早地接触传粉者和资源，而土著植物可能对变暖没有反应，从而增加了土著物种和外来入侵物种在开花时间上的差异，有利于入侵植物优先繁殖和结实（Zettlemoyer et al.，2019）。最近的研究表明：气候变暖的负面效应可被增加的降水部分或全部抵消（Bao et al.，2022）。

三、气温升高对外来入侵植物种群的影响

气候变暖会通过影响入侵植物个体水平上生长、繁殖、养分利用等生理过程，进而影响入侵植物种群水平上的种群动态变化、分布及扩散趋势。入侵植物可利用其良好的表型可塑性对环境变化产生积极响应，如提高根冠比，增加无性繁殖上的资源分配等，从而快速提高种群数量，增强种群竞争性（吴昊等，2020；高苑苑等，2021）。温度上升引起的环境变化会影响入侵物种与土著物种在群落内的优势度。例如，更温暖的冬季改变了落叶林的环境空间，使其现在更适合常绿阔叶树种生活（Berger et al.，2007）。因此，土著物种可能会越来越不适应当地环境，从而降低土著植物群落抵抗入侵的能力，使得适应能力更好的外来入侵植物在新的环境条件下更具竞争力。变暖还会解除低温对某些植物种群的限制，提高其种群数量，而温暖的冬季则有助于提高外来物种的越冬存活率（赵紫华，2021），如水生入侵植物大薸（*Pistia stratiotes*）和凤眼莲（*Eichhornia crassipes*）以漂浮的营养体组织越冬，较高的水温可以防止叶子和根被霜冻杀死，越冬植物生物量会对升温做出快速反应，因此气候变化将加剧它们的入侵，并增加它们的负面影响（Santos et al.，2011；Hussner et al.，2014；You et al.，2014）。

温度是限制生物分布的重要因素。气候变暖会直接影响当地环境条件，从而改变入侵植物的种群分布（赵紫华，2021）。越来越多的证据表明，气候变暖使得外来物种能够扩展到它们以前无法生存和繁殖的地区，如果把外来物种引入与其原生分布区气候相似的地区，它们则更有可能存活下来（Walther et al.，2009）。气候变暖会促使入侵植物向高纬度或高海拔地区扩散，但其昆虫天敌若不能良好地适应新环境，则可能使入侵植

物解除天敌限制，从而加剧其入侵形势。例如，作为中国主要水生入侵植物之一的喜旱莲子草，其原产于南美洲，20世纪30年代作为饲料物种引入我国。在过去十年中，它已经沿着纬度梯度扩展（从34.7°N到36.8°N）（Lu et al., 2015）。气候变暖可能会向北扩展喜旱莲子草及其天敌莲草直胸跳甲（*Agasicles hygrophilus*）的分布范围，并改变它们之间的相互作用，可能有利于喜旱莲子草入侵新生境（Lu et al., 2013, 2015；Wu et al., 2016）。另外，表型可塑性增强进化假说预测，成功进入新环境中的入侵植物种群具有演化出更强表型可塑性的潜力（Richards et al., 2006），这会提高外来入侵物种在与土著物种竞争资源过程中的优势。例如，在高寒地区模拟全天增温2℃对喜旱莲子草是有利的，可显著提高喜旱莲子草总生物量、地上生物量、贮藏根生物量和毛根生物量，降低分枝强度和比茎长，从而促进喜旱莲子草在引入地的种群扩散（邓铭先等，2021）。

气候变暖背景下的人类活动影响也不容忽视。一方面，随着干旱和半干旱地区人口的增加（如美国西南部）（Mackun et al., 2011），人们对引进耐热耐旱植物的需求也在增加（Seager and Vecchi, 2010）。另一方面，气候变暖降低了温带气候条件下观赏类植物的抗寒潜力，人类会利用更加适宜的气候条件在温带引进观赏类热带植物（Bradley et al., 2012）。这似乎会进一步加剧植物入侵态势，因为由人为引进造成的生物入侵事件已不在少数。例如，原产于巴西的凤眼莲，起初由于其较好的观赏价值被引入中国，但进入入侵地后，由于缺乏天敌限制，该入侵植物过度繁殖，阻塞水道，给我国带来了严重的经济损失，现广布于中国长江、黄河流域及华南各省，并已扩散到温带地区（徐汝梅和叶万辉，2003）。另外，气候变暖可能会导致夏季北极冰盖消退，从而提供一条横穿北方海洋的季节性贸易路线。人类活动造成的旅游及贸易往来会使外来物种克服地理屏障，为冷水物种进入大洋提供通道，造成入侵物种迁移和扩大活动范围，促使植物入侵事件的发生（Reid et al., 2007）。同样，人类会通过水路将地理上相距遥远的盆地连接起来，以克服气候变化或农业用地灌溉增加导致的用水短缺，此举可能会增加现有或新入侵植物种群的分布范围（Nentwig, 2007）。

四、气温升高对外来入侵植物群落的影响

由于不同植物对温度的响应不同，在未来气候变暖的背景下，入侵植物与土著植物对当地环境变化的响应差异改变入侵物种与土著物种间的相互作用，打破外来物种与土著物种间的竞争平衡（Walther et al., 2009；Anderson and Cipollini, 2013），从而对土著植物群落结构及多样性产生积极或消极的影响。

气候变暖对土著植物的影响大多是不利的。例如，气候变暖会使土著传粉昆虫降低对土著植物的传粉效率，不利于土著物种的繁殖，但会增加土著传粉昆虫对外来植物的传粉作用（Schweiger et al., 2010），从而有利于入侵物种取得优势地位，进一步压缩土著植物的生存空间。但这并不意味土著植物在面对外来植物入侵时会坐以待毙，它们也会为抵御植物入侵而产生一些适应性性状。例如，在一个由入侵植物喜旱莲子草和土著植物马唐（*Digitaria sanguinalis*）组成的植物群落中，随温度升高，入侵植物喜旱莲子草会较土著物种马唐具有更高的多度和植被覆盖度，作为一种适应，该群落中的马唐会

倾向于具有较高的株高，以应对喜旱莲子草的入侵（Wu et al., 2016）。

气候变暖除了会影响被入侵植物群落中物种的生长发育和表型特征，还会进一步影响当地植物群落的结构与组成。一般认为成功入侵物种往往具备多种优势（如竞争力、扩散力、耐受性）（Richards et al., 2006）。这些优势将使入侵物种比土著物种能更迅速地对气候变化做出反应，从而占据更多的可利用资源和上层生态位，并在竞争中获胜，加剧当地植物群落被入侵的程度。例如，增温导致德国境内 37 种外来植物及 26 种土著植物的存活率、克隆繁殖等指标均呈明显下降趋势。这可能是由于气温上升，生境土壤中的水分含量锐减，在一定程度上同时降低了外来植物和土著植物的生长能力（出苗率、开花数等），但增温对土著植物的负效应高于外来植物，即气候变暖相对提高了外来植物的定殖成功率，进而加速其入侵进程，导致土著植物群落被进一步入侵（Haeuser et al., 2017）。在人工构建的多物种群落中，增温提高了入侵植物飞机草（*Chromolaena odorata*）的入侵性，降低了原生群落［长波叶山蚂蝗（*Desmodium sequax*）、臭灵丹（*Laggera pterodonta*）和狼尾草（*Pennisetum alopecuroides*）］的生产力，即增温通过增强入侵者和抑制土著植物共同促进土著植物群落被外来植物成功入侵（Shi et al., 2022）。值得注意的是，越来越多的证据表明气候变暖主要是由夜间气温上升造成的，即日最高气温上升速度低于日最低气温上升速度（Karl et al., 1993；Easterling et al., 1997；Davy et al., 2017）。这种不对称的气候变暖会影响入侵物种与土著植物群落之间的关系。例如，夜间增温有助于喜旱莲子草匍匐茎和分株的伸长，从而快速扩展并占据有利生境，加剧其对土著群落的入侵（褚延梅等，2014）。也有研究结果表明，不对称气候变暖可能不会在耐受性、生长和可塑性方面给入侵植物带来比土著植物更多的收益，并不会加剧入侵植物与土著植物的资源竞争（He and He, 2020）。

第三节　全球气候变暖对植物入侵范围的影响

一、气候变暖对典型植物入侵范围的影响

低温忍耐假说认为，在寒冷地区，很多物种由于不能忍受寒冬而无法生存（Currie and Francis, 2004）。在许多高纬度及高海拔地区，如果低温是限制某些入侵植物分布的主要因素，那么这种限制则很可能会随气候变暖的进程而被解除，从而有助于入侵植物扩散到该地区，形成新一轮的植物入侵。

（一）气候变暖对植物入侵范围的直接影响

气候变暖会导致入侵植物突破环境限制，提高某些本不能适应入侵地气候条件的外来物种在该地的存活率和定殖概率，从而扩大其入侵范围。在高纬度或高海拔地区，低温对入侵物种的限制将降低；而在低纬度或低海拔地区，高温对入侵物种的限制将增加（Hellmann et al., 2008）。温度升高对温带地区外来物种的扩散影响最大，因为极端低温或冰雪覆盖使许多外来物种的扩散受到了限制（Grodowitz et al., 1991；Owens and Madsen, 1995；Owens et al., 2004）。在过去的 100 年中，地球气温上升了近 1℃，预

测 21 世纪末平均气温将继续上升 3℃（IPCC，2018）。由此将造成冬季降雪减少，冰层冻融频率增加，季节性冰盖融化提早发生，反射率的下降将导致吸热增加，使局部温度进一步上升，那么会有许多入侵物种的分布范围将向高纬度和高海拔地区转移（Körner，1999；Bradley et al.，2004；Strecker et al.，2004；Karlsson et al.，2005）。

其他环境因子如土壤湿度、野火频率、沿海和河口盐度等也可根据气候变化而变化（Burkett and Kusler，2000；VöRösmarty et al.，2000；任海等，2002；邓自发等，2010），并且地球平均温度的增加并非简单地增加高温天气，而是导致气候系统不稳定，使极热极寒事件、干旱洪涝事件更加频繁地发生（黄超明和刘海龙，2021）。这些现象可能会加剧入侵植物的传播，如改变的大气环流会使入侵物种传入原本很少有外来物种到达的区域（伍米拉，2012）；若气候变化使飓风变得更加频繁而强烈，则会使更多入侵植物的繁殖体得以远距离传播。同时，极端事件会对相对稳定的生态系统产生较大干扰，这些干扰会导致空余生态位的存在，使得外来植物成功入侵（Lozon and MacIsaac，1997），从而拓展入侵物种的扩散范围。值得注意的是，许多从温暖地区引进的观赏植物和人工培养植物，本身就会不可避免地流入自然生境，但由于气候限制而不能在野外定殖，需要在室内越冬才能存活。

近年来，由于冬季条件普遍较温和，棕榈（*Trachycarpus fortunei*）在户外常年存活（Francko，2003；Walther et al.，2007），气候持续变暖将增加这些逃逸物种在野外定殖的可能。例如，园林植物与观赏植物是世界范围内许多入侵植物的来源（Mack and Lonsdale，2001），这得益于其广泛的气候耐受性以及对花卉的高资源分配（Mack，2005）。如果它们能对变化的气候表现出良好的适应性，那么原本依赖于人工气候的外来植物，就有可能会在逸生野外后成功入侵。如在美国加利福尼亚州，由于干旱地区变得湿润，那里的观赏性植物已经逃逸并入侵到许多新地区（Keeley，1993）。此外，对欧洲商业植物苗圃的分析表明，许多园林物种已经种植并可存活到比它们已知自然分布范围更北 1000 km 的地方（van der Veken et al.，2008）。

（二）气候变暖对植物入侵范围的间接影响

气候变暖会使许多人类行为发生改变。人类的农业耕作方式和森林生产将会因气候变暖而发生大范围变化，农产品运输路径也会因此改变，这就使许多外来物种获得了新的传播机会。如全球变化会改变人类的引种需求，具备高度抗逆性的物种将得到偏好，从而使更多的繁殖体在运输过程中存活，而运输过程中的逃逸会增加外来物种传播的可能性（万方浩等，2011）。一般情况下，由于高山海洋等地理阻隔，外来物种往往被限制在某一区域内（赵紫华，2021），但气候变暖背景下，原本的旅游业或商业区域可能会被改为他用。许多研究都表明区域的经济选择对于气候是高度敏感的（Fukushima et al.，2002），土地利用的改变可能会将原本独立分开的地区连接起来，从而消除了某些外来物种传播的地理障碍（Nentwig，2007）。国际运输方式也会因气候变暖而改变。持续升温将导致北冰洋冰层融化，新航线的开辟会增加国际贸易往来，一些由人类有意或无意携带的外来物种则可借此传播到其自身无法到达的地区，为其拓展新入侵地提供有利机会。

(三)气候变暖影响入侵植物空间分布范围的两个案例

1. 气候变暖对马缨丹 (*Lantana camara*) 入侵范围的影响

马缨丹原产于中美洲、南美洲北部和加勒比海 (Taylor et al., 2012),主要生长在高温潮湿且阳光充足区域,对土肥条件要求较低 (林英等,2008),繁殖能力强,能快速形成高密度的片状覆盖区。植株产生的化感物质可起到抑制其他植物生长的效果,易形成单优势群落,对入侵地的动植物生存繁衍构成了巨大威胁,严重破坏了当地生态系统结构 (Sharma et al., 2005);同时,马缨丹能直接或间接地导致农田、果园和牧草减产,损害农林业及畜牧业发展,造成农业经济损失(林英等,2008),被世界自然保护联盟 (IUCN) 列为世界上 100 种最严重的外来入侵物种之一。

由于马缨丹具有较好的观赏价值,早在 16 世纪就被欧洲作为园艺植物大量引进,并在欧洲经历了大量的园艺育种,目前它以许多不同形式和品种存在于世界各地 (Howard, 1969)。其全球分布纬度范围包括 35°N~35°S 的约 60 个国家和岛屿 (Day et al., 2003)。据报道,其生态和经济影响在东非、南非、南亚、澳大利亚和太平洋岛屿最为严重 (Holm et al., 1991)。在中国,马缨丹 (*L. camara*) 于 1645 年就作为观赏花卉由荷兰引入中国台湾,而后逸为野生 (朱小薇和李红珠,2002),现在中国的台湾、海南、云南、广东、福建等地大量分布 (丁莉等,2006)。目前,马缨丹 (*L. camara*) 已经成为许多国家和地区的主要生态问题,其成功入侵已造成土著物种多样性减少、土壤肥力下降、土壤性质的化感作用改变以及生态系统过程改变等一系列生态问题 (Taylor et al., 2012; Day et al., 2003)。

为了有效控制马缨丹的入侵态势,已有不少学者对其在气候变暖背景下的适应对策展开了深入研究。温度升高减少了马缨丹幼株对地下生物量的分配,而增加了其对茎的生物量分配,并使其利用有限的叶生物量分配扩大叶面积,即在高度和广度两方面增加对光能的获取 (张桥英和彭少麟,2018)。这些响应有利于增强其同化作用从而提高其竞争力,这也是马缨丹在全球气候变暖背景下扩大其分布范围的有效策略。另外,马缨丹的化感作用也会随温度升高而增强 (Zhang et al., 2014)。种种证据表明全球变暖会增强马缨丹的入侵能力。但是上述实验是在周围没有植物竞争的情况下进行的。事实上,与周围土著物种的竞争是影响外来植物入侵结果的最重要因素之一。在未来气候背景下,土著物种和入侵物种都可能会更加活跃 (Anderson and Cipollini, 2013),这可能会影响入侵栖息地的竞争互动,从而影响马缨丹在未来气候下的分布状况。

气候是影响物种潜在分布范围的主要决定因素之一。为了解马缨丹在未来气候下的可能分布,制定更好的防控策略,有研究预测了马缨丹在未来的潜在分布。未来全球适合马缨丹的气候区域将会收缩。在南美洲,如阿根廷北部、乌拉圭、玻利维亚、秘鲁、巴拉圭、巴西大部分地区、法属圭亚那、苏里南、圭亚那、委内瑞拉沿海和哥伦比亚,适合马缨丹生长的气候区域将显著减少;在中美洲的巴拿马、哥斯达黎加、尼加拉瓜、洪都拉斯和危地马拉也可以看到类似的趋势。到 2030 年,预计所有这些国家中适合马缨丹生长的气候区域都将减少,到 2070 年这一趋势将会加剧,预计美洲、非洲和亚洲的潜在分布会总体减少，但在局部地区仍有扩大的风险，北非、欧洲和澳大利亚的一些地区可能会变得气候适宜，可能导致马缨丹在这些地区扩大分布范围。而在南非和中国，其潜在分布可能会进一步向内陆扩展到新的地区（Taylor et al.，2012）。

2. 气候变暖对微甘菊（*Mikania micrantha*）入侵范围的影响

微甘菊原产于拉丁美洲，在南亚和东南亚大陆及众多岛屿具有高度入侵性。微甘菊生长迅速，适应性广，繁殖力强，其化感作用可抑制邻近植物的生长（邵华等，2003），已对其入侵范围内的天然林、种植园和农业系统造成了广泛的经济和生态影响（Michael et al.，2016），被IUCN列为世界上100种最严重的外来入侵物种之一。

已有研究通过模拟不同温度处理（22℃、26℃和30℃）对入侵植物微甘菊生理生化特征的影响，来探讨其化感作用和入侵能力对气候变暖的响应。温度升高可显著增加微甘菊茎的生长及生物量分配，还能促进微甘菊种子的萌发和生长，同时增强其化感作用（王瑞龙等，2012）。该研究支持变暖进一步增强微甘菊在此种情景下的入侵能力的观点。

随着微甘菊对土著生物多样性的负面影响日益凸显（冯惠玲等，2002；Bellard et al.，2017；黄乔乔等，2016），遏制微甘菊的入侵态势已成为保护区域生物多样性的重要手段，而预测未来气候变化背景下微甘菊的潜在分布对制定相应的防控策略意义重大。未来微甘菊的入侵范围可能会呈现扩大趋势，适合微甘菊生长的气候区域可能会发生地理转移（Banerjee et al.，2019），预计印度中部、缅甸、泰国、中国南部和澳大利亚（尤其是北部）的部分地区以及美国南部和西部沿海地区可能会成为微甘菊的气候适宜区，由于海洋屏障可能会阻碍海洋岛屿气候变化后的物种迁移，因此气候变化对物种分布的影响将会在大陆国家更为明显（Banerjee et al.，2019）。

二、气候变暖对我国外来植物入侵范围的影响

中国是一个拥有众多不同生态系统的大国，涵盖了从热带、亚热带到暖温带、温带和寒温带的五大气候带，大多数外来植物都有机会在中国找到适宜生境进行定居和归化（Chen et al.，2017），部分外来植物还会由于缺乏环境限制而成为入侵植物，特别是改革开放以来，我国对外贸易与交流增多，外来入侵植物的种类和危害也随之急剧增加。如加拿大一枝黄花、喜旱莲子草、反枝苋、互花米草（*Spartina alterniflora*）、紫茎泽兰、豚草等中国主要外来入侵植物（李振宇和解焱，2002），已对中国的经济、生态、生物多样性以及社会环境和人类生活安全等造成了非常严重的威胁（闫小玲等，2014）。入侵物种一般都具有较强的抵御极限温度的能力，因而具有较宽的温度适应范围，能够在不同地区广泛分布。入侵物种可通过提高表型可塑性和遗传多样性以适应入侵地的环境变化，其分布范围与其抗低温及高温胁迫的能力有直接关系（郑景明和马克平，2010）。

越来越多的证据表明，气候变暖可能增强我国外来入侵物种的入侵能力（邓铭先等，2021；张万灵等，2013；王瑞龙等，2011），如模拟增温显著促进了入侵植物北美车前

(*Plantago virginica*)的生长,提高了同化产物向繁殖器官的投资比例以及花和种子数量,使其繁殖能力和入侵性增强(张万灵等,2013)。引入地种群的适合度性状对模拟全天增温2℃的响应比原产地种群更强,而其光能利用相关性状和防御性状的响应可能提升了其在高寒地区的适合度。上述研究表明,在未来全球气候变暖的背景下,温度升高可能更有利于高寒地区喜旱莲子草引入地种群的定殖和扩散(邓铭先等,2021)。也有研究发现,气候变暖并不会提高入侵植物的入侵能力,反而会起到抑制作用,但这似乎与气候变暖增强入侵物种入侵能力的观点并不冲突。因为气候变暖不仅会影响入侵物种的生长发育,其对被入侵植物群落的影响也是不容忽视的。同理,气候变暖在增强植物入侵能力时,也可能会增强土著植物对入侵植物的抵御能力,而入侵植物与被入侵植物群落对气候变暖的响应差异才是决定入侵植物能否成功入侵的关键。例如,在升温和加氮处理下,土著植物[马唐、稗(*Echinochloa crusgalli*)、狼尾草和蓼]比入侵植物加拿大一枝黄花获益更多。气候变暖和氮沉降可以通过增强土著植物的入侵抗性来降低加拿大一枝黄花的入侵成功率。另外,加拿大一枝黄花的丰度并不随土著植物的丰富度改变,而是随土著植物的特性改变(Wang et al.,2021)。因此,气候变暖对入侵植物的影响也要具体问题具体分析。

气候变暖对外来植物入侵范围的影响并不能简单地考虑温度升高对入侵植物入侵能力的影响。气候变暖还会引起大气成分变化,降雨模式改变,极端气候频发,人类活动及土地利用改变等各种变化。因此,不少学者基于大数据分析和模型构建预测了气候变暖背景下我国入侵植物的入侵趋势(Tu et al.,2021;Fang et al.,2020),研究气候变暖对我国外来植物入侵范围的影响。前人研究表明人为因素(如当地经济水平、交通密度)在很大程度上为外来物种的传播和定居创造了机会,但当地的生物多样性和气候因素(如年平均温度、年最低温度、温差和年平均降水量)是影响中国植物入侵模式的主要因素(张帅等,2010;Wu et al.,2010)。已有研究基于野外调查数据和在线数据库,利用最大熵模型模拟了紫茎泽兰、喜旱莲子草、豚草和微甘菊这4种入侵植物在未来气候下的国内分布动态。预测结果表明,4种入侵植物的所有适宜栖息地面积都将在未来显著扩大,但扩大程度不尽相同。另外,4种入侵植物的生境中心都会向我国北方和高海拔地区移动,其中喜旱莲子草、豚草和微甘菊将向西北移动,紫茎泽兰将向东北方向移动。种群密度、温度和降雨量是影响这些植物分布的重要变量。由于未来中国整体气温将呈现上升趋势,北方降水将增加,这些植物很可能会从气候变化中大幅受益(Tu et al.,2021)。

已有研究通过构建高精度集成模型,使用包括气候、土壤、地形和人类活动在内的样本地点和环境变量来模拟和预测紫茎泽兰、飞机草、微甘菊3种菊科入侵杂草未来在我国的入侵趋势。结果表明,气候是影响3种外来植物入侵扩散的最重要变量。其中温度和降水变量对紫茎泽兰和飞机草有相似的影响,而微甘菊则对温度更敏感。在未来情景下,这3种外来植物会明显向北入侵云南、四川、贵州、江西和福建等省份(Fang et al.,2020)。近年对入侵植物南美蟛蜞菊在我国的适生区的预测结果表明,未来南美蟛蜞菊的总适生区面积变化不大,但分布格局将发生改变,最佳适生区有向西南地区转移的趋势,降水量是影响南美蟛蜞菊分布的主导因子(肖雨沙等,2021)。上述研究表明,气候变暖会直接或间接影响我国外来植物的入侵范围，可能会使其入侵面积改变，也可能会使其入侵区域转移。虽然一般认为气候变暖会加速外来植物的入侵扩散，并使其有向高纬度地区迁移的趋势（Walther et al.，2002；Root et al.，2003），但并非所有的研究结果都是如此。一方面，不同入侵物种本身与周围环境及其所在植物群落对气候变暖的响应不尽相同，另一方面，通过模型构建等方法的预测精确度也不可能达到100%，研究方法的不同最终会影响预测结果的可信度。

第四节 展 望

一、气候变暖背景下的植物入侵风险

评估气候变暖背景下的植物入侵风险可为人类开展入侵植物的有效防控提供理论依据。不少学者通过模型预测入侵植物在未来气候背景下的潜在分布来评估气候变暖背景下的植物入侵风险，如 MaxEnt 模型预测（Tu et al.，2021）、CLIMEX 模型预测（Taylor et al.，2012）等。另外，由于部分外来植物现在尚未形成入侵，但其存在转变为入侵植物的潜在风险。因此随着气候变暖的进程，我们需要警惕此类外来物种转变为入侵物种的可能。也有学者基于此对部分外来植物进行了预警性研究，通过构建生态风险评价体系，采用层次分析法评估外来植物的入侵风险（缪丽华等，2010；王南媛等，2022；胡冬梅等，2020）。

不少研究表明，气候变暖会影响现有入侵植物向新区域扩散的风险。有模型研究预测，在气候变暖背景下，一些入侵植物的潜在分布范围会缩小（Taylor et al.，2012），还有一些入侵植物的潜在分布范围变化不明显（Fang et al.，2020），但大多数预测结果显示，未来许多入侵植物的潜在分布范围会因气候变暖而扩大，气候变暖背景下的植物入侵风险可能会进一步提升。例如，未来互花米草的适宜分布区会沿着海岸线向内陆一侧不断扩展，我国沿海地区中高纬度（山东、江苏、上海、浙江和福建）的海岸带有被互花米草入侵的风险，因此未来应密切关注互花米草在这些地区的入侵状况（陈思明，2021）。未来加拿大一枝黄花的适生区面积仍会增加，我国的辽宁省南部、河南省西部地区以及陕西省部分地区会有较高的入侵风险（潘铭心等，2022）；气候变化会增加肿柄菊（*Tithonia diversifolia*）在我国云南省的潜在分布，并可能导致该地区的多个生物多样性保护区面临被入侵的风险（Dai et al.，2020）。

气候变暖可能会增加外来植物转变为入侵植物的风险。与土著物种相比，外来植物可能会对气候变暖产生更为积极的响应。如在水生生态系统中，温度和 CO_2 浓度升高在很大程度上会抑制土著物种生存，而外来物种往往表现为对有利条件的积极响应以及对不利条件的消极响应，因此气候变暖很可能会导致水生生态系统容易受到外来物种入侵（Sorte et al.，2013）。如外来植物再力花（*Thalia dealbata*），其入侵风险主要表现在3个方面：①侵占能力强，能在地上和地下高密度占领生境；②繁殖速度快，既可通过根茎营养繁殖，又可以种子繁殖；③根除难度大，再力花为挺水植物，通常生长于水深60 cm及以下的水域，营养繁殖体根茎生长在水下淤泥之中，人工根除过程中，根茎的残留仍

然可以作为繁殖体长出新的植株,并且快速繁殖,扩大其生长面积。再力花的入侵风险程度极高,属于"不可引入"物种(缪丽华等,2010)。根据 MaxEnt 预测,再力花在北京—郑州—西安—成都—丽江一线以东都可以生长,江浙一带以及安徽省东南部尤其适合再力花的生长。再力花一旦在国内的一个或几个地区形成入侵,其扩散空间会相当广泛(陈思和丁建清,2011)。因此我们需时刻警惕此类外来物种在气候变暖背景下转变为入侵植物的风险。

二、气候变暖背景下的植物入侵防控

(一)植物入侵的预防

1. 强化顶层设计,关口前移

我国的植物入侵防控特别需要顶层设计,充分发挥制度优势。我国幅员辽阔,生态系统多样,自然环境多变,这为外来植物入侵提供了天然的有利条件。目前的行政单位划分无法满足有效防控外来植物入侵的需要。这方面的工作可由国家相关部委牵头负责,建立一个生物入侵风险评估体系,组织一个跨部门的专家队伍。建立外来入侵生物风险评估体系,可以采取课题组的方式开展工作。风险的影响应当包括经济影响、环境影响和社会影响,特别应当重视外来入侵生物的长期生态影响(姜运菊,2007)。不仅要评估已进入我国的外来物种的入侵风险,还要密切关注国外植物入侵形势,评估未进入我国的外来物种的入侵风险。评估结果可作为外来物种及入侵物种检验检疫工作的依据。边境及海关部门则须严格遵守检测标准,谨慎检查境外人员的行李、货物等,降低人们有意及无意携带外来物种进入我国的风险。

2. 加强立法,落实责任制度

目前我国在外来生物入侵防范方面的法律保障体制不够完善,相关部门之间缺乏协调机制,信息共享不畅,甚至存在部门间信息壁垒的现象,相关部门的责任制度也尚未得到良好的落实,造成总体工作呈现一定的混乱局面(张润志和康乐,2003)。因此,出台相关的法律法规,落实好各部门之间的责任,协调好各部门之间的紧密联系,加强不同职能部门专家间的交流合作,或许可为入侵管理提供新思路,使人员优势进一步发挥,提高整体工作效率。另外,由于对破坏生态环境及生物多样性行为的惩处力度不足,部分人员及企业敢于为一己私利,私自引入外来植物用于饲养或售卖,为入侵植物进入我国提供了有利机会,严重威胁到我国生物安全管理。因此政府部门应加大惩处力度,以强制手段抵制非法引入外来植物的危险行为。

3. 加强宣传教育,提高公众意识

外来入侵植物种类繁多,形态多样,普通民众往往不具备对入侵植物的识别能力,而常将其与土著物种混淆,甚至会因其不错的观赏价值对其进行有意或无意的移栽和售卖,这在一定程度上增加了外来入侵植物的防控难度。因此,建议媒体可通过加强外来

入侵植物科普知识宣传来增进公众对入侵物种形态和危害方面的认识，如在中央电视台上播放一些入侵植物的专栏节目，开设相关的微信、微博公众号等。同时，为了调动公众参与入侵植物防控的积极性，可以设置合适的奖励制度，鼓励公众寻找入侵植物，并及时向有关部门报告，使有关部门可在入侵植物还未大规模泛滥成灾时即可做出快速反应，最大限度地降低植物入侵所造成的危害。

（二）植物入侵的控制

1. 物理防治

物理防治即利用物理或机械作用对有害生物的生长、发育、繁殖等进行干扰，主要依赖于人工作业，但由于其费时费力，不利于大面积推广，仅适宜于那些刚刚引入、种群刚建立或处于停滞期，还没有大面积扩散的入侵植物，如小叶冷水花（*Pilea microphylla*）、蝇子草（*Silene gallica*）、凹头苋（*Amaranthus blitum*）等（李嵘和邓涛，2021）。

2. 化学防治

化学防治见效快且使用方便，相对物理防治更易于大面积推广。化学药剂主要通过抑制植物光合作用、干扰其呼吸作用，影响其细胞分裂、伸长、分化，破坏植物体内水分平衡，阻碍有机物运输等对其进行清除（高峰，2014）。然而，在采用化学手段防除入侵植物时，往往容易杀灭许多土著植物，对当地环境造成破坏，因而必须合理适度地使用化学防除剂（李嵘和邓涛，2021）。

3. 生物防治

生物防治弥补了物理和化学防治的不足，利用生物种间关系，将入侵植物的种群密度控制在生态和经济危害阈值之下。对于遍布田间、影响严重的入侵生物，在采用人工拔除时耗时耗力，而采用化学防治又容易对作物或环境造成危害，此时可以考虑生物防治的方法（李嵘和邓涛，2021）。但生物防治在防除入侵植物的同时，存在一定的生态风险，外来天敌的引进可能会带来新的物种入侵，产生更为严重的入侵后果（Thomas and Reid，2007；李鸣光等，2012）。

4. 生态控制

外来入侵植物的生态控制方法是指通过对生态系统中植物、微生物和生态环境要素进行生态调控，从而防控外来入侵植物的方法。生态控制措施主要包括土著植物控制、植物病原菌和病毒控制、化感控制、环境控制4个方面。尽管目前外来入侵植物的生态控制还未形成成熟的模式，但其能遏制反复暴发并驱动土著群落通过自组织的方式逐步形成高入侵抵抗力的群落。这种模式在长远上看，明显较传统模式更具优势（廖慧璇等，2021）。

土著植物控制：利用土著植物进行生态替代。替代控制是利用次生演替中的自然过程，在短时间内通过植物竞争或在更长的时间范围内通过次生演替（涉及一系列植物群落的更复杂的过程）实现对有害植物的替代（Piemeisel and Carsner，1951）。一般替代控制采用当地的物种或者经过长期种植证明不会对当地物种构成威胁，且具有与外来入侵植物相似的高资源竞争力和高生长速率特征的植物，作为竞争植物与外来入侵植物进行竞争以抑制其生长，其一般不会对当地其他有益植物造成危险，而且还有利于生物的多样性（廖慧璇等，2021）。

植物病原菌和病毒控制：根据外来植物与土壤微生物之间的负反馈作用，利用植物病原菌和病毒来进行外来植物入侵的生态控制（廖慧璇等，2021）。一方面，直接利用植物病原菌和病毒对外来入侵植物进行专一性生态控制。然而，目前只有少量研究证明了病原菌和植物病毒控制入侵植物的作用，如前人曾从一些自然生长且出现叶片枯萎症状的微甘菊（*M. micrantha*）中鉴定出新的侵染病毒（Wang et al.，2008）。虽然植物病原菌和病毒控制入侵植物的可行性还有待进一步证实，但是在不影响土著物种的前提下利用微生物专一性控制外来入侵植物不失为一种理想的控制思路。另一方面，我们可以通过改变土壤微生物与入侵植物之间的相互关系，间接降低入侵植物的竞争优势从而对其达到控制目的。如外来植物与互利微生物的反馈作用会受到土壤磷养分的影响，丛枝菌根真菌在低磷条件下会增强入侵植物对土著植物的竞争优势，但在高磷条件下会减弱这种优势（Chen et al.，2020）。无论是降低入侵植物对土著植物的竞争优势，还是增强土著植物对入侵植物的抵抗能力都可以达到抑制入侵植物的效果。

化感控制：化感作用不仅可以作为入侵植物开拓新生境的有效手段，还可作为土著植物抵御入侵的屏障。利用土著植物与外来入侵植物之间的性状差异，尤其是利用土著植物的化感作用性状，可有效控制外来入侵植物（廖慧璇等，2021）。如土著群落优势植物欧洲越橘（*Vaccinium myrtillus*）的凋落物对北美入侵植物黑云杉（*Picea mariana*）有较强的化感抑制作用，而对土著伴生植物欧洲云杉（*P. abies*）的化感作用较弱（Mallik and Pellissier，2000）。此外，有研究发现土著豆科树种的凋落叶对入侵杂草甜根子草（*Saccharum spontaneum*）的化感抑制作用高于非豆科树种，可用于构建具有入侵抵抗力的森林群落（Cheema et al.，2013）。

环境控制：利用生态学和恢复生态学原理，通过改变群落中各种非生物因子间的关系来防控外来入侵植物的方法（廖慧璇等，2021）。它的实施需要从生态系统的总体功能出发，在了解生态系统的结构、功能、演替规律及生态系统与环境的基础上，对生态系统进行改造，以期控制甚至清除外来入侵植物（D'Antonio and Meyerson，2002）。由于外来植物能否成功入侵，以及入侵后的生长繁殖状况在很大程度上依赖于生境中的可利用非生物资源，因此，人为调控生态环境要素，尤其是光照、水分、养分等要素可有效实现对外来植物入侵的控制（廖慧璇等，2021）。如土壤氮含量的增加可进一步增强很多外来植物的入侵性（Ehrenfeld，2003；Lee et al.，2012）。那么，通过降低土壤氮含量将不利于外来入侵植物。另外，一些土著植物由于长期适应低氮环境，它们的凋落物碳氮比高，因此凋落物分解后能够降低土壤中氮的可利用性，这将进一步促进土著植物生长而抑制入侵植物蔓延，由此形成了土著植物对入侵植物的控制（Perry et al.，2010）。

(本章作者：张日谦　包晓宇　何维明)

参 考 文 献

曹婧, 徐晗, 潘绪斌, 等. 2020. 中国草地外来入侵植物现状研究. 草地学报, 28(1): 1-11.

陈思, 丁建清. 2011. 外来湿地植物再力花适生性分析. 植物科学学报, 29(6): 675-682.

陈思明. 2021. 互花米草(*Spartina alterniflora*)在中国沿海的潜在分布及其对气候变化的响应. 生态与农村环境学报, 37(12): 1575-1585.

陈倬. 1964. 空心苋雄蕊雌化的现象. 植物学报, 12(2): 133-138.

褚延梅, 杨健, 李景吉, 等. 2014. 三种增温情景对入侵植物空心莲子草形态可塑性的影响. 生态学报, 34(6): 1411-1417.

邓铭先, 黄河燕, 沈诗韵, 等. 2021. 喜旱莲子草在青藏高原对模拟增温的可塑性: 引入地和原产地种群的比较. 生物多样性, 29(9): 1198-1205.

邓自发, 欧阳琰, 谢晓玲, 等. 2010. 全球变化主要过程对海滨生态系统生物入侵的影响. 生物多样性, 18(6): 605-614.

丁莉, 杜凡, 张大才. 2006. 云南外来入侵植物研究. 西部林业科学, 35(4): 98-103, 108.

冯惠玲, 曹洪麟, 梁晓东, 等. 2002. 薇甘菊在广东的分布与危害. 热带亚热带植物学报, 10(3): 263-270.

冯建孟, 董晓东, 徐成东, 等. 2011. 中国外来入侵植物的风险评价及空间分布格局. 西南大学学报(自然科学版), 33(2): 57-63.

冯建孟, 董晓东, 徐成东. 2009. 中国外来入侵植物区系组成的大尺度格局及其气候解释. 武汉植物学研究, 27(2): 159-164.

高峰. 2014. 化学除草剂的除草原理及应用. 山西林业, (1): 32-33, 42.

高苑苑, 车路璐, 彭培好, 等. 2021. 增温加氮对两种不同来源加拿大一枝黄花子一代生长的影响. 东北林业大学学报, 49(8): 51-55.

胡冬梅, 叶红, 邱艳霞, 等. 2020. 卧龙亚高山公路沿线外来植物入侵风险评估. 四川大学学报(自然科学版), 57(5): 1002-1008.

黄超明, 刘海龙. 2021. 气候变暖如何影响天气变化? 上海交通大学学报, 55(S1): 72-73.

黄河燕, 朱政财, 吴纪华, 等. 2021. 喜旱莲子草对模拟全天增温的可塑性: 引入地和原产地种群的比较. 生物多样性, 29(4): 419-427.

黄建辉, 韩兴国, 杨亲二, 等. 2003. 外来种入侵的生物学与生态学基础的若干问题. 生物多样性, 11(3): 240-247.

黄乔乔, 沈奕德, 李晓霞, 等. 2016. 海南典型有害植物的入侵扩散机理研究进展. 生物安全学报, 25(1): 1-6.

姜运菊. 2007. 外来生物入侵的预防和治理策略. 鄂州大学学报, 14(2): 50-53.

李博, 徐炳声, 陈家宽. 2001. 从上海外来杂草区系剖析植物入侵的一般特征. 生物多样性, 9(4): 446-457.

李鸣光, 鲁尔贝, 郭强, 等. 2012. 入侵种薇甘菊防治措施及策略评估. 生态学报, 32(10): 3240-3251.

李嵘, 邓涛. 2021. 云南外来入侵植物现状和防控策略. 西部林业科学, 50(5): 23-35.

李振宇, 解焱. 2002. 中国外来入侵种. 北京: 中国林业出版社.

廖慧璇, 周婷, 陈宝明, 等. 2021. 外来入侵植物的生态控制. 中山大学学报(自然科学版), 60(4): 1-11.

林英, 戴志聪, 司春灿, 等. 2008. 入侵植物马缨丹(*Lantana camara*)入侵状况及入侵机理研究概况与展望. 海南师范大学学报(自然科学版), 21(1): 87-93.

刘爽, 马丹炜. 2009. 不同发育期反枝苋对黄瓜根缘细胞的化感作用. 生态学报, 29(8): 4392-4396.

缪丽华, 陈煜初, 石峰, 等. 2010. 湿地外来植物再力花入侵风险研究初报. 湿地科学, 8(4): 395-400.

潘铭心, 朱思睿, 张震. 2022. 外来入侵植物加拿大一枝黄花在中国的适生区预测. 西安文理学院学报(自然科学版), 25(1): 90-96.

彭程, 宿敏, 周伟磊, 等. 2010. 北京地区外来植物组成特征及入侵植物分布. 北京林业大学学报, 32(S1): 29-35.

任海, 张倩媚, 彭少麟, 等. 2002. 植物入侵与其它全球变化因子间的相互作用. 热带地理, 22(3): 275-278.

邵华, 彭少麟, 张弛, 等. 2003. 薇甘菊的化感作用研究. 生态学杂志, 22(5): 62-65.

万方浩, 郭建英, 张峰, 等. 2009. 中国生物入侵研究. 北京: 科学出版社.

万方浩, 谢丙炎, 杨国庆, 等. 2011. 入侵生态学. 北京: 科学出版社.

王南媛, 潘曲波, 郑成洁, 等. 2022. 南滇池国家湿地公园外来园林植物生态风险评价. 生物安全学报, 31(1): 46-55.

王琼, 唐娅, 谢涛, 等. 2017. 入侵植物喜旱莲子草和本地种接骨草光合生理特征对增温响应的差异. 生态学报, 37(3): 770-777.

王瑞龙, 韩萌, 梁笑婷, 等. 2011. 三叶鬼针草生物量分配与化感作用对大气温度升高的响应. 生态环境学报, 20(6-7): 1026-1030.

王瑞龙, 钟秋华, 徐武兵, 等. 2012. 外来入侵植物薇甘菊(*Mikania micrantha*)对温度升高的响应. 生态学杂志, 31(7): 1659-1664.

吴昊, 张辰, 代文魁. 2020. 气候变暖和物种多样性交互效应对空心莲子草入侵的影响. 草业学报, 29(3): 38-48.

吴晓雯, 罗晶, 陈家宽, 等. 2006. 中国外来入侵植物的分布格局及其与环境因子和人类活动的关系. 植物生态学报, 30(4): 576-584.

伍米拉. 2012. 全球气候变化与生物入侵. 生物学通报, 47(1): 4-6.

向国红, 王云, 彭友林. 2010. 洞庭湖区外来物种苋属植物的种类、分布及危害调查. 贵州农业科学, 38(7): 103-106.

肖雨沙, 郑洁宁, 李红春, 等. 2021. 气候变化背景下南美蟛蜞菊在中国的潜在适生区预测. 生态科学, 40(4): 75-82.

徐海根, 强胜. 2018. 中国外来入侵生物. 北京: 科学出版社.

徐汝梅, 叶万辉. 2003. 生物入侵理论与实践. 北京: 科学出版社.

闫小玲, 刘全儒, 寿海洋, 等. 2014. 中国外来入侵植物的等级划分与地理分布格局分析. 生物多样性, 22(5): 667-676.

余柳青, Fujii Y, 周勇军, 等. 2007. 外来入侵杂草空心莲子草与本土杂草莲子草的化感作用潜力比较. 中国水稻科学, 21(1): 84-89.

张桥英, 彭少麟. 2018. 增温对入侵植物马缨丹生物量分配和异速生长的影响. 生态学报, 38(18): 6670-6676.

张润志, 康乐. 2003. 外来物种入侵的预警与立法管理. 中国科学院院刊, (6): 413-415.

张帅, 郭水良, 管铭, 等. 2010. 我国入侵植物多样性的区域分异及其影响因素——以74个地区数据为基础. 生态学报, 30(16): 4241-4256.

张万灵, 肖宜安, 闫小红, 等. 2013. 模拟增温对入侵植物北美车前生长及繁殖投资的影响. 生态学杂志, 32(11): 2959-2965.

赵紫华. 2021. 入侵生态学. 北京: 科学出版社.

郑景明, 马克平. 2010. 入侵生态学. 北京: 高等教育出版社: 107.

朱小薇, 李红珠. 2002. 马缨丹化学成分与生物活性. 国外医药(植物药分册), 17(3): 93-96.

Anderson L J, Cipollini D. 2013. Gas exchange, growth, and defense responses of invasive *Alliaria petiolata* (Brassicaceae) and native *Geum vernum* (Rosaceae) to elevated atmospheric CO_2 and warm spring temperatures. American Journal of Botany, 100(8): 1544-1554.

Bai F, Chisholm R, Sang W G, et al. 2013. Spatial risk assessment of alien invasive plants in China. Environmental Science & Technology, 47(14): 7624-7632.

Banerjee A K, Mukherjee A, Guo W, et al. 2019. Spatio-temporal patterns of climatic niche dynamics of an invasive plant *Mikania micrantha* Kunth and its potential distribution under projected climate change. Frontiers in Ecology and Evolution, 7: 291.

Bao X Y, Wang Z X, He Z S, et al. 2022. Enhanced precipitation offsets climate warming inhibition on *Solidago canadensis* growth and sustains its high tolerance. Global Ecology and Conservation, 34: e02023.

Bassett I J, Crompton C W. 1975. THE BIOLOGY OF CANADIAN WEEDS: 11. *Ambrosia artemisiifolia* L. and *A. psilostachya* DC. Canadian Journal of Plant Science, 55(2): 463-476.

Bellard C, Rysman J F, Leroy B, et al. 2017. A global picture of biological invasion threat on islands. Nature Ecology & Evolution, 1(12): 1862-1869.

Berger S, Sohlke G, Walther G R, et al. 2007. Bioclimatic limits and range shifts of cold-hardy evergreen broad-leaved species at their northern distributional limit in Europe. Phytocoenologia, 37(3-4): 523-539.

Bradley B A, Blumenthal D M, Early R, et al. 2012. Global change, global trade, and the next wave of plant invasions. Frontiers in Ecology and the Environment, 10(1): 20-28.

Bradley S R, Keimig F T, Diaz H F. 2004. Projected temperature changes along the American cordillera and the planned GCOS network. Geophysical Research Letters, 31(16): L16210.

Burkett V, Kusler J. 2000. Climate change: potential impacts and interactions in wetlands of the United States. Journal of the American Water Resources Association, 36(2): 313-320.

Catford J A, Vesk P A, Richardso D M, et al. 2012. Quantifying levels of biological invasion: towards the objective classification of invaded and invasible ecosystems. Global Change Biology, 18(1): 44-62.

Chan W P, Chen I C, Colwell R K, et al. 2016. Seasonal and daily climate variation have opposite effects on species elevational range size. Science, 351(6280): 1437-1439.

Cheema Z A, Farooq M, Wahid A. 2013. Allelopathy: Current Trends and Future Applications. Berlin, Heidelberg: Springer-Verlag.

Chen C, Wang Q H, Wu J Y, et al. 2017. Historical introduction, geographical distribution, and biological characteristics of alien plants in China. Biodiversity and Conservation, 26(2): 353-381.

Chen E, Liao H, Chen B, et al. 2020. Arbuscular mycorrhizal fungi are a double-edged sword in plant invasion controlled by phosphorus concentration. New Phytologist, 226(2): 295-300.

Courchamp F, Fournier A, Bellard C, et al. 2017. Invasion biology: specific problems and possible solutions. Trends in Ecology & Evolution, 32(1): 13-22.

Currie D J, Francis A P. 2004. Regional versus climatic effect on taxon richness in angiosperms: reply to Qian and Ricklefs. The American Naturalist, 163(5): 780-785.

D'Antonio C, Meyerson L A. 2002. Exotic plant species as problems and solutions in ecological restoration: a synthesis. Restoration Ecology, 10(4): 703-713.

Dai G H, Wang S, Geng Y P, et al. 2020. Potential risks of *Tithonia diversifolia* in Yunnan Province under climate change. Ecological Research, 36(1): 129-144.

Davy R, Esau I, Chernokulsky A, et al. 2017. Diurnal asymmetry to the observed global warming. International Journal of Climatology, 37(1): 79-93.

Day M D, Wiley C J, Playford J, et al. 2003. *Lantana*: Current management Status and Future Prospects. Canberra: Australian Centre for International Agricultural Research.

Diagne C, Leory B, Vaissière A C, et al. 2021. High and rising economic costs of biological invasions worldwide. Nature, 592(7855): 571-578.

Drake J, Aspinwall M J, Pfautsch S, et al. 2015. The capacity to cope with climate warming declines from temperate to tropical latitudes in two widely distributed *Eucalyptus* species. Global Change Biology, 21(1): 459-472.

Easterling D R, Horton B, Jones P D, et al. 1997. Maximum and minimum temperature trends for the globe. Science, 277(5324): 364-367.

Ehrenfeld J G. 2003. Effects of exotic plant invasions on soil nutrient cycling processes. Ecosystems, 6(6): 503-523.

Fang Y, Zhang X, Wei H, et al. 2020. Predicting the invasive trend of exotic plants in China based on the ensemble model under climate change: a case for three invasive plants of Asteraceae. Science of the

Total Environment, 756: 143841.
Francko D A. 2003. Palms Won't Grow Here and Other Myths: Warm-Climate Plants for Cooler Areas. Portland: Timber Press.
Fukushima T, Kureha M, Ozaki N, et al. 2002. Influences of air temperature change on leisure industries: case study on ski activities. Mitigation and Adaptation Strategies for Global Change, 7(2): 173-189.
Godoy O, Valladares F, Castro-Diez P. 2011. Multispecies comparison reveals that invasive and native plants differ in their traits but not in their plasticity. Functional Ecology, 25(6): 1248-1259.
Grodowitz M J, Stewart R M, Cofrancesco A F, et al. 1991. Population dynamics of water hyacinth and the biological control agent *Neochetina eichhorniae* (Coleoptera: Curculionidae) at a southeast Texas location. Environmental Entomology, 20(2): 652-660.
Haeuser E, Dawson W, van Kleunen M. 2017. The effects of climate warming and disturbance on the colonization potential of ornamental alien plant species. Journal of Ecology, 105(6): 1698-1708.
He Z S, He W M. 2020. Asymmetric climate warming does not benefit plant invaders more than natives. Science of the Total Environment, 742: 140624.
Hellmann J J, Byers J E, Bierwagen B G, et al. 2008. Five potential consequences of climate change for invasive species. Conservation Biology, 22(3): 534-543.
Holm L G, Plucknett D L, Pancho J V. 1991. The World's Worst Weeds: Distribution and Biology. Hawaii: University of Hawaii Press.
Howard R A. 1969. A check list of cultivar names used in the genus *Lantana*. Arnoldia, 29(11): 73-109.
Huang Q Q, Qian C, Wang Y, et al. 2010. Determinants of the geographical extent of invasive plants in China: effects of biogeographical origin, life cycle and time since introduction. Biodiversity & Conservation, 19(5): 1251-1259.
Huang Q Q, Wang G X, Hou Y P, et al. 2011. Distribution of invasive plants in China in relation to geographical origin and life cycle. Weed Research, 51(5): 534-542.
Hulme P E. 2009. Trade, transport and trouble: managing invasive species pathways in an era of globalization. Journal of Applied Ecology, 46(1): 10-18.
Hussner A, Heidbuechel P, Heiligtag S. 2014. Vegetative overwintering and viable seed production explain the establishment of invasive *Pistia stratiotes* in the thermally abnormal Erft River (North Rhine-Westphalia, Germany). Aquatic Botany, 119: 28-32.
IPCC. 2018. IPCC Special Report: Global Warming of 1.5℃. Geneva: Intergovernmental Panel on Climate Change.
IPCC. 2021. Climate Change 2021: The Physical Science Basis. Cambridge: Cambridge University Press.
Karl T R, Jones P D, Knight R W, et al. 1993. A new perspective on recent global warming: asymmetric trends of daily maximum and minimum temperature. Bulletin of the American Meteorological Society, 74(6): 1007-1023.
Karlsson J, Jonsson A, Jansson M. 2005. Productivity of high-latitude lakes: climate effect inferred from altitude gradient. Global Change Biology, 11(5): 710-715.
Keeley J E. 1993. Interface Between Ecology and Land Development in California. California: Southern California Academy of Sciences: 103-110.
Körner C. 1999. Alpine Plant Life: Functional Plant Ecology of High Mountain Ecosystems. Berlin: Springer-Verlag.
Lee M R, Flory S L, Phillips R P. 2012. Positive feedbacks to growth of an invasive grass through alteration of nitrogen cycling. Oecologia, 170(2): 457-465.
Levine J M, D'Antonio C M. 2003. Forecasting biological invasions with increasing international trade. Conservation Biology, 17(1): 322-326.
Liu C, Wolter C, Xian W, et al. 2020. Most invasive species largely conserve their climatic niche. Proceedings of the National Academy of Sciences of the United States of America, 117(38): 23643-23651.
Lozon J D, MacIsaac H J. 1997. Biological invasions: are they dependent on disturbance? Environmental Reviews, 5(2): 131-144.

Lu X, Siemann E, He M, et al. 2015. Climate warming increases biological control agent impact on a non-target species. Ecology Letters, 18(1): 48-56.

Lu X, Siemann E, Shao X, et al. 2013. Climate warming affects biological invasions by shifting interactions of plants and herbivores. Global Change Biology, 19(8): 2339-2347.

Mack R N. 2005. Predicting the identity of plant invaders: future contributions from horticulture. Hortscience, 40(5): 1168-1174.

Mack R N, Lonsdale W M. 2001. Humans as global plant dispersers: getting more than we bargained for. Bioscience, 51(2): 95-102.

Mack R N, Simberloff D, Lonsdale W M, et al. 2000. Biotic invasions: causes, epidemiology, global consequences, and control. Ecological Applications, 10(3): 689-710.

Mackun P, Wilson S, Fischetti T, et al. 2011. Population Distribution and Change: 2000 to 2010. Washington, DC: US Census Bureau.

Mallik A U, Pellissier F. 2000. Effects of *Vaccinium myrtillus* on spruce regeneration: testing the notion of coevolutionary significance of allelopathy. Journal of Chemical Ecology, 26(9): 2197-2209.

Michael D D, David R C, Christine G, et al. 2016. Biology and impacts of Pacific Islands invasive species. 13. *Mikania micrantha* Kunth (Asteraceae). Pacific Science, 70(3): 257-285.

Nentwig W. 2007. Biological Invasions: Why It Matters. Berlin: Springer Verlag: 59-74.

Owens C S, Madsen J D. 1995. Low temperature limits of water hyacinth. Journal of Aquatic Plant Management, 33: 63-68.

Owens C S, Smart R M, Stewart R W. 2004. Low temperature limits of giant salvinia. Journal of Aquatic Plant Management, 42: 91-94.

Peng Y, Yang J X, Zhou X H, et al. 2018. Warming delays the phenological sequences of an autumn-flowering invader. Ecology and Evolution, 8(12): 6299-6307.

Perry L G, Blumenthal D M, Monaco T A, et al. 2010. Immobilizing nitrogen to control plant invasion. Oecologia, 163(1): 13-24.

Piemeisel R L, Carsner E. 1951. Replacement control and biological control. Science, 113(2923): 14-15.

Reid P C, Johns D G, Edwards M, et al. 2007. A biological consequence of reducing Arctic ice cover: arrival of the Pacific diatom *Neodenticula seminae* in the North Atlantic for the first time in 800, 000 years. Global Change Biology, 13(9): 1910-1921.

Richards C L, Bossdorf O, Muth N Z, et al. 2006. Jack of all trades, master of some? On the role of phenotypic plasticity in plant invasions. Ecology Letters, 9(8): 981-993.

Root T L, Price J T, Hall K R, et al. 2003. Fingerprints of global warming on wild animals and plants. Nature, 421(6918): 57-60.

Rustad L E, Campbell J L, Marion G M, et al. 2001. A meta-analysis of the response of soil respiration, net nitrogen mineralization, and aboveground plant growth to experimental ecosystem warming. Oecologia, 126(4): 543-562.

Santos M J, Anderson L W, Ustin S L. 2011. Effects of invasive species on plant communities: an example using submersed aquatic plants at the regional scale. Biological Invasions, 13(2): 443-457.

Schweiger O, Biesmeijer J C, Bommarco R, et al. 2010. Multiple stressors on biotic interactions: how climate change and alien species interact to affect pollination. Biological Reviews, 85(4): 777-795.

Seager R, Vecchi G A. 2010. Greenhouse warming and the 21st century hydroclimate of southwestern North America. Proceedings of the National Academy of Sciences of the United States of America, 107(50): 21277-21282.

Sharma G P, Raghubanshi A S, Singh J S. 2005. *Lantana* Invasion: an overview. Weed Biology and Management, 5(4): 157-165.

Shi X, Zhen Y L, Liao Z Y. 2022. Effects of warming and nutrient fluctuation on invader *Chromolaena odorata* and natives in artificial communities. Plant Ecology, 223(3): 315-322.

Sorte C J B, Ibanez I, Blumenthal D M, et al. 2013. Poised to prosper? A cross-system comparison of climate change effects on native and non-native species performance. Ecology Letters, 16(2): 261-270.

Strecker A L, Cobb T P, Vinebrooke R D. 2004. Effects of experimental greenhouse warming on phytoplankton and zooplankton communities in fishless alpine ponds. Limnology and Oceanography, 49(4): 1182-1190.

Taylor S, Kumar L, Reid N, et al. 2012. Climate change and the potential distribution of an invasive shrub, *Lantana camara* L. PLoS ONE, 7(4): e35565.

Thomas M B, Reid A M. 2007. Are exotic natural enemies an effective way of controlling invasive plants? Trends in Ecology & Evolution, 22(9): 447-453.

Tollefson J. 2018. IPCC says limiting global warming to 1.5℃ will require drastic action. Nature, 562(7726): 172-173.

Tu W, Xiong Q, Qiu X, et al. 2021. Dynamics of invasive alien plant species in China under climate change scenarios. Ecological Indicators, 129: 107919.

Van der Veken S, Hermy M, Vellend M, et al. 2008. Garden plants get a head start on climate change. Frontiers in Ecology and the Environment, 6(4): 212-216.

van Kleunen M, Dawson W, Essl F, et al. 2015. Global exchange and accumulation of non-native plants. Nature, 525(7567): 100-104.

van Kleunen M, Weber E, Fischer M. 2010. A meta-analysis of trait differences between invasive and non-invasive plant species. Ecology Letters, 13(2): 235-245.

VöRösmarty C J, Fekete B M, Meybeck M, et al. 2000. Global system of rivers: its role in organizing continental land mass and defining land-to-ocean linkages. Global Biogeochemical Cycles, 14(2): 599-621.

Walther G R, Gritti E S, Berger S, et al. 2007. Palms tracking climate change. Global Ecology and Biogeography, 16(6): 801-809.

Walther G R, Post E, Convey P, et al. 2002. Ecological responses to recent climate change. Nature, 416(6879): 389-395.

Walther G R, Roques A, Hulme P E, et al. 2009. Alien species in a warmer world: risks and opportunities. Trends in Ecology & Evolution, 24(12): 686-693.

Wang R L, Ding L W, Sun Q Y, et al. 2008. Genome sequence and characterization of a new virus infecting *Mikania micrantha* H.B.K. Archives of Virology, 153(9): 1765-1770.

Wang Z X, He Z S, He W M. 2021. Nighttime climate warming enhances inhibitory effects of atmospheric nitrogen deposition on the success of invasive *Solidago canadensis*. Climatic Change, 167(1-2): 20.

Williamson M. 1996. Biological Invasions. London: Chapman & Hall.

Wolkovich E M, Cleland E E. 2014. Phenological niches and the future of invaded ecosystems with climate change. AoB Plants, 6: plu013.

Wu H, Ismail M, Ding J. 2016. Global warming increases the interspecific competitiveness of the invasive plant alligator weed, *Alternanthera philoxeroides*. Science of the Total Environment, 575: 1415-1422.

Wu S H, Sun H T, Teng Y C, et al. 2010. Patterns of plant invasions in China: taxonomic, biogeographic, climatic approaches and anthropogenic effects. Biological Invasions, 12(7): 2179-2206.

You W H, Yu D, Xie D, et al. 2014. Responses of the invasive aquatic plant water hyacinth to altered nutrient levels under experimental warming in China. Aquatic Botany, 119: 51-56.

Zettlemoyer M A, Schultheis E H, Lau J A. 2019. Phenology in a warming world: differences between native and non-native plant species. Ecology Letters, 22(8): 1253-1263.

Zhang Q, Zhang Y, Peng S, et al. 2014. Climate warming may facilitate invasion of the exotic shrub *Lantana camara*. PLoS ONE, 9(9): e105500.

Zhou X H, Li J J, Gao Y Y, et al. 2022. Maternal effects of climate warming and nitrogen deposition vary with home and introduced ranges. Functional Ecology, 36(3): 751-762.

第三章 气候变化下入侵植物的适应

全球性气候变化给土著和外来植物均带来巨大挑战。虽然多数植物试图通过改变时间（如物候）和空间（如种群扩散）生态位来逃逸气候变化带来的不利影响，但复杂的生物和非生物环境限制了逃逸速率，致使部分物种/种群/基因型遭受气候变化危害而种群减小或消亡。因此，能否快速响应或适应局域气候的快速变化，对于植物种群维持和暴发至关重要。鉴于此，过去几十年中，学者围绕植物能否以及如何快速适应气候变化这一科学问题，以外来入侵植物和土著植物为对象，整合实验生态学和分子生物学等手段开展了大量研究，并取得丰硕成果，初步阐明了表型可塑性和适应分化在植物适应气候变化及其诱发的新型生物间的相互作用、外来物种入侵等生态过程中的重要作用和机制。这些成果拓展了人们对植物适应环境变化、外来物种入侵等生态过程的理解，丰富了生态学、进化生物学和入侵生物学理论，也为生物多样性保护和农作物育种提供了新的思路。

第一节 气候变化下植物面临的挑战与应对策略

一、气候变化对植物的影响

植物个体适合度（包括生长和繁殖能力）、种群增长速率和扩散潜力等同时受到生物（如地上地下生物群落）和非生物（如气候）因子的调控。如耐受性假说指出，植物对气候（如温度、降雨等）具有一定的生理耐受范围（即仅在一定气候范围内植物能够存活，这一范围被称为气候生态位）（Currie et al., 2004）。人们围绕耐受性假说开展了大量研究，发现植物气候生态位具有明显的种间和种内变异，且同一物种低纬度种群的气候生态幅较其高纬度种群更窄。基于物种气候生态位的保守性特点，人们开发出多种模型（如 MaxEnt 模型）来预测物种种群扩散潜力和外来物种入侵风险。此外，气候能够改变生物间相互作用（如动植物相互作用），从而间接影响植物生长和扩散。与动物相比，自然条件下植物依赖风、水、动物等传播种子，且传播距离有限。因此，气候能够直接或间接（通过改变生物间相互作用）调控植物个体适合度、种群增长和扩散，且气候对植物的影响可能高于对动物的影响。

（一）直接影响

气候变化背景下，局域范围内的气候可能偏离当地植物物种或种群的气候生态位，如发生极端干旱或高温事件，直接诱发植物个体死亡或种群数量下降；而全球范围内，气候变化可能诱发现有部分气候消失或形成新的气候，导致部分植物物种（如仅局域发生的物种）、种群或基因型气候生态位的丧失（Williams et al.，2007）。如模型预测结合多年的群落动态监测结果均发现，温度升高和降雨格局改变导致土壤含水量和大气湿度降低，诱发美国加利福尼亚州一些温度高度敏感的土著植物种群或基因型消亡，降低了该地区植物物种多样性、功能多样性和遗传多样性（Li et al.，2019；Harrison et al.，2020）。伴随温度升高，1990~2017年意大利特伦托省44种分布于山区的兰科植物种群数量显著降低，且低海拔地区物种的种群下降速率较快（Geppert et al.，2020）。模型预测，至2080年，温度升高和降雨格局改变将威胁欧洲1350种植物中一半以上物种（尤其是分布于山区的物种），可能导致部分物种种群消亡（Thuiller et al.，2005）。基于全球131项研究的荟萃分析（meta-analysis），Urban（2015）预测未来气候条件下全球7.9%的物种可能消亡，且发生概率随温度升高的幅度增大而增加。

物种消亡将威胁全球生物多样性和生态系统服务功能。如Klein等（2004）在青藏高原开展的模拟增温实验（生长季增温幅度在0.6~2.0℃）发现，仅4年内（1998~2001年）温度升高就使植物多样性降低了26%~36%，且干旱样方中多样性降低幅度较大。Ma等（2017）在青藏高原开展了长期的模拟增温和控雨实验，发现温度升高降低了高寒草地群落中优势种物候年际稳定性和种间物候同步性，导致植物群落初级生产力年际变异增大，而降水格局的改变对群落稳定性无显著影响。此外，Saladin等（2020）发现第四纪气候的波动显著降低了中欧和北欧种子植物遗传多样性和β多样性，导致群落组成均质化，且这种影响在未来可能更加剧烈。

（二）间接影响

气候变化将改变动植物时空生态位耦合程度、扰乱长期协同进化形成的生物间互利共生关系，间接影响植物个体适合度、种群增长和扩散。首先，种子的扩散传播是植物种群和基因多样性维持的一个重要途径，而大量植物种子扩散依赖动物。一项研究表明，气候变暖将显著降低澳大利亚45种食果动物对1345种植物种子在中等距离（100 m以内）和长距离（2250 m以内）内的扩散能力（Mokany et al.，2014）。其次，全球90%的开花植物依赖于动物（尤其是传粉昆虫）传粉。大量研究发现，气候变化（如气候变暖）可能在全球范围内降低植物与主要传粉昆虫在时间和空间生态位耦合程度，改变传粉昆虫群落结构，大范围诱发传粉昆虫种群消亡；仅少数研究发现，局部地域气候变化能够提高传粉昆虫多样性、植物花期和传粉昆虫物候的匹配程度（Bartomeus et al.，2011，2013）。因此，气候变化总体上可能降低植物传粉效率、威胁植物种群维持（Soroye et al.，2020）。如1888~2010年，美国伊利诺伊州卡林维尔地区平均温度升高约2℃，土地利用方式发生剧烈变化，使得45%的蜂类昆虫种群消亡，部分传粉昆虫春季发生时间明显早于植物开花时间。这一变化显著降低了种子植物-传粉昆虫间相互作用网络的复杂性和昆虫的传粉效率（Burkle et al.，2013）。气候变化还可能对传粉昆虫的形态结构产生定向选择，降低其传粉效率或专一性。如1966~2014年，伴随气候变暖和主要蜜源植物数量降低，美国落基山脉传粉昆虫大黄蜂（*Bombus balteatus*、*B. sylvicola*）口器缩短约24.4%，降低了它们对部分开花植物的授粉效率（Miller-Struttmann et al.，2015）。

气候变化（包括温度升高、干旱加剧和大气CO_2浓度升高等）还可能加剧拮抗生物对植物的危害。首先，气候变化（如温度升高）可能提高拮抗生物（如病原菌和植食性昆虫）个体能量消耗水平和种群增长速率，驱动拮抗生物种群向高纬度或高海拔地区扩张（Bebber et al.，2013；Deutsch et al.，2018）；其次，气候变化（如大气 CO_2 浓度升高）可能降低植物对拮抗生物的防御水平（Zavala et al.，2008；Johnson and Zust，2018）；最后，气候变化可能降低抗性物种或基因型与拮抗生物分布区的耦合程度。如由于气候变暖和夏季降雨减少，分布于美国和加拿大的中欧山松大小蠹（*Dendroctonus ponderosae*）生活史从一代转为两代、种群逐渐向高纬度和高海拔地区扩散。高纬度地区新的寄主植物美国白皮五针松（*Pinus albicaulis*）对该虫的物理和化学防御水平较低纬度原始寄主植物美国扭叶松（*Pinus contorta*）更低。因此，中欧山松大小蠹在美国和加拿大暴发，造成大面积美国白皮五针松死亡，显著降低了暴发区域内森林生态系统的固碳能力（Kurz et al.，2008；Mitton and Ferrenberg，2012；Raffa et al.，2013）。大气 CO_2 浓度升高显著抑制大豆叶片中半胱氨酸蛋白酶抑制剂的表达，降低了植株对日本金龟子（*Popillia japonica*）和玉米根萤叶甲（*Diabrotica virgifera*）的防御能力（Zavala et al.，2008）。此外，气候变暖还能够改变植物种间竞争关系。如通过开展群落水平的操控实验，Gedan 和 Bertness（2009）发现，温度升高（约4℃）显著增大群落中优势种狐米草（*Spartina patens*）的竞争优势，降低其他物种发生量（甚至导致其消亡）和群落 α 多样性。

二、植物应对气候变暖的策略

（一）气候生态位平移或减小

气候变化将导致植物适宜气候在时间尺度上发生平移。因此，植物常通过改变物候，提高变化后气候与自身气候生态位的拟合程度，降低气候变化对个体和种群适合度的不利影响。物候是指植物种子萌发、开花、结果等一系列重要生命活动的发生时间，是植物长期适应非生物环境的结果。通过历史数据（如遥感数据或长期野外监测数据）比较分析、开展人工模拟气候变化实验、纬度或海拔梯度野外调查（基于"以空间代替时间"的研究理念）等，人们发现：①伴随气候变暖，多数植物的出苗时间和开花时间显著提前，秋季物候（如叶片枯黄等）显著推迟，导致植物生长周期延长；②不同物种的物候对气候变化的敏感性（即同等气候变化幅度下，物种物候变化的方向和程度）存在较大差异，且少量物种出苗或开花时间显著推迟（Cleland et al.，2006；Cook et al.，2012）。如 1954~1990 年和 1991~2000 年之间，英国 385 种植物首次开花时间平均提前了 4.5 天，其中 16% 的物种首次开花时间显著提前，而 3% 的物种开花时间显著推迟（Fitter and Fitter，2002）。进一步研究发现，现有的研究结论受到研究方法、研究区域基准温度等的影响（Wolkovich et al.，2012；Montgomery et al.，2020）。如基于 1980~2014 年植物物候的连续监测，Wang 等（2020）发现，伴随温度升高，我国青藏高原高山草地植物群落春季物候显著提前、植株生长加快，但秋季干旱导致植物生长周期缩短。基于 1982~2006 年遥感数据比较，Yu 等（2010）发现，早期青藏高原高山草甸和草地春季物候随温度升高而提前；20 世纪 90 年代中期之后，伴随冬季温度升高，植物春季物候逐渐推迟、生长周期缩短。因此，为更加准确地探明植物物候对气候变化的响应，亟须整合多种方法严谨论证。

气候变化还将导致植物适宜气候在空间尺度上发生平移。多数植物通过向新的地域（如高纬度或高海拔地区）扩散，降低气候变化对个体和种群适合度的不利影响。如由于气候变暖和高山冰川融化，1802～2012年，钦博拉索山（位于厄瓜多尔中部）自然分布的51种开花植物中有47种植物的分布边界向高海拔移动，物种分布边界和植被带平均扩散距离超过500 m（Morueta-Holme et al., 2015）。植物响应气候变化的扩散速率受到生态位可获得性、种间相互作用等的影响，因此不同物种的扩散速率存在较大的差异，且同一物种不同地理种群的扩散速率亦存在差异。如基于全球43个样点2798个植物种群沿海拔扩张事件的分析发现，基准森林覆盖面积、森林覆盖面积变化水平和当地基准温度共同调控植物向高海拔地域扩散的速率；森林覆盖率低有助于推动基准温度较高区域的植物向高海拔扩散（Guo et al., 2018）。

虽然大量植物通过改变物候和空间分布来应对气候变化，但物种时空生态位变化速率能否有效耦合气候变化的速率，仍然是一个富有争论的话题。Sharma 等（2022）报道，北美洲西部森林扩散速率与气候生态位迁移速率耦合，而大陆东部部分地区森林扩散速率显著低于气候生态位迁移速率，这些区域的植物种群存在消亡的风险。除气候外，植物物候和种群扩散速率还受生物间相互作用、光周期、生境片段化等的影响。这些因素可能提高或降低物种响应气候变化而发生的扩散或物候改变的速率（Saikkonen et al., 2012）。如海拔梯度移植实验发现，新地域的地上（如植物）和地下（如土壤生物）生物群落显著降低了植物适合度。因此，气候变化背景下新的种间相互作用可能抑制植物种群扩散（Alexander et al., 2015）。

（二）适应性变化

较弱的扩散能力、复杂的生物间相互作用和非生物环境可能抑制植物响应气候变化的速率，导致植物时间和空间生态位迁移速率低于局域气候变化的速率。因此，植物个体生长和种群适合度将受到气候变化的不利影响，这也是气候变化诱发一些植物种群消亡的重要原因。基于这一现象，植物能否快速适应局域气候变化将决定种群能否维持。长期以来，人们普遍认为物种应对环境变化产生适应性进化的速率显著慢于生态响应，然而近年的一些研究表明生物能够快速响应环境变化发生适应性变化。如对芜菁（*Brassica rapa*）同时施加昆虫取食和传粉交互处理，仅6个世代后，不同实验组植株花的结构表现出显著差异，表现在：与人工授粉植株相比，由熊蜂授粉植株的花对传粉昆虫具有较高的吸引力；当食叶昆虫和传粉昆虫同时存在时，植物发展出有利于自交授粉的特征（Ramos and Schiestl, 2019）。

第二节　植物适应气候变暖和入侵的共同机制

一、表型可塑性

表型可塑性（phenotypic plasticity）指植物某一个基因型在不同环境条件下产生不

同的生理或形态结构特征。一些研究表明，植物表型可塑性是表观遗传学变化的结果，能够垂直遗传若干世代，因此部分学者认为表型可塑性是遗传适应的重要中间环节（Levis and Pfennig，2016）。

（一）表型可塑性提高植物应对环境变化的能力

表型可塑性是植物应对剧烈环境变化（如气候变化）和耐受不利环境的一种重要策略（Nicotra et al.，2010）。具体研究中，人们常选取同种植物不同地理种群为对象，设置非生物环境（如温度、干旱等）梯度，计算各种群个体适合度对环境梯度的响应斜率，即表型可塑性水平。基于现有研究成果，诸学者普遍认为环境波动或异质环境有利于植物表型可塑性的演化。如基于121项（来自非洲、澳大利亚、俄罗斯和印度的研究）涉及362个案例的整合分析，研究人员发现，植物叶片形态、生理、资源分配策略、植株大小和适合度等表现出明显的表型可塑性，且部分性状的表型可塑性水平与气候关联。如叶片形状、个体大小和生理可塑性水平随年均温升高而增大，冬季低温抑制了生理可塑性的演化（Stotz et al.，2021）。

（二）高表型可塑性促进植物入侵

具有较高的表型可塑性被认为是一些外来物种能够快速适应新的环境以提高其竞争力的一个重要机制。表型可塑性假说认为：①外来植物入侵地种群比原产地种群进化出更强的表型可塑性，提高物种生存和繁殖能力；②外来植物相对于土著植物具有更高的表型可塑性，在有利和不利环境条件下赋予外来植物竞争优势（Richards et al.，2006）。大量研究对该假说进行了论证。Gao 等（2010）发现，基因组甲基化修饰显著提高入侵植物喜旱莲子草对水分变化的表型可塑性，后者增强了该物种相对于土著植物莲子草的竞争能力。通过常规单核苷酸多态性和甲基化敏感单核苷酸多态性分析，Richards 等（2012）发现纽约长岛入侵植物虎杖（*Fallopia japonica*）的16个种群基因多态性低、表观遗传多态性高。据此推测：表观遗传多态性使得该地区虎杖种群有效突破遗传瓶颈，从而提高了虎杖入侵种群适应该地区复杂生物和非生物环境的能力。Zettlemoyer 等（2019）选取美国密歇根州42种常见外来和土著植物开展了模拟增温（+3℃）实验，结果发现总体上外来植物开花时间显著早于土著植物，且外来植物开花时间对温度变化表现出较高的可塑性水平。这些发现表明较早的开花时间和较高的可塑性水平可能共同促进了这些外来植物的入侵。一项基于全球75对土著和外来植物表型可塑性的整合分析发现：整体上外来植物表型可塑性显著高于土著植物，这可能是资源贫瘠条件下外来物种的适合度显著高于土著物种的一个重要原因（Davidson et al.，2011）。

二、适应

（一）适应提高植物应对环境变化的能力

适应（adaptation）指应对环境变化，生物体通过基因突变、重组、种内不同基因型个体杂交或种间杂交、染色体倍性变化等发生遗传性改变，且这种变异能够稳定遗传给后代个体。适应性分化有利于提高群体遗传多样性，一方面有利于植物适应复杂的生物和非生物环境（提高物种生态位宽度），另一方面为自然选择提供了材料。如长距离（最长达 3000 km）同种不同种群间的基因交流显著提高了树木如火炬松（*Pinus taeda*）适应气候变化的能力（Kremer et al.，2012）。Ward 等（2000）采用模式植物拟南芥（*Arabidopsis thaliana*）为实验对象，开展了多代选育实验，结果发现，低浓度 CO_2（20 Pa）选育的植株在低浓度 CO_2 条件下适合度显著高于高浓度 CO_2（70 Pa）下选育的植株；高浓度 CO_2 选育的植株生长周期缩短，生物量保持不变，而低浓度 CO_2 选育的植株生长周期延长，生物量降低 35%。这一结果表明气候变化背景下植物可能快速发生遗传变异。

（二）快速适应促进植物入侵

能够快速响应入侵地与原产地生物和非生物环境的剧烈变化，并快速适应入侵地新的环境，被认为是外来植物成功入侵的一个重要原因。因此，入侵植物已成为探讨物种快速适应环境变化的理想研究材料。如研究发现，相对于原产地种群，一些植物的入侵地种群往往逃逸了具有协同进化历史的专一性天敌的调控（即天敌逃逸假说）（Keane and Crawley，2002）。响应天敌调控强度的变化，一些植物入侵地种群改变了资源分配策略，主要表现在将部分原先分配于防御的物质或能量用于生长，提高了与土著共存植物的竞争能力（进化竞争力增强假说）（Blossey and Notzold，1995）。如 Feng 等（2009）发现，原产于墨西哥、入侵我国的紫茎泽兰（*Ageratina adenophora*）在我国很少遭受病原菌或植食性昆虫危害，植物种群因此降低了氮分配于细胞壁等防御组织的比例，用于提高植株光合作用能力和生长速率。

然而，专一性天敌昆虫的危害能够逆转这种适应性分化，从而降低外来植物的入侵性，这为开展入侵植物生物防治提供了理论基础。如原产于北美洲的豚草（*Ambrosia artemisiifolia*）于 20 世纪 30 年代初传入我国，成为我国首批公布的入侵物种之一。该植物的专一性天敌昆虫豚草条纹萤叶甲（*Ophraella communa*）在 21 世纪初无意引入我国，并在部分地区对豚草造成严重危害。Wan 等（2019）研究发现，遭受豚草条纹萤叶甲取食的豚草种群对该虫的抗性水平显著高于未被取食种群的植株。为控制入侵植物喜旱莲子草，我国于 1986 年引入其专一性天敌昆虫莲草直胸跳甲（*Agasicles hygrophilus*）开展生物防治。Lu 和 Ding（2012）研究发现，遭受该虫取食的喜旱莲子草种群将更多资源分配给地下组织，对昆虫危害的耐受性水平显著高于未被取食的种群。原产于欧洲的欧防风（*Pastinaca sativa*）于 1609 年被引入北美洲，之后逃逸成为入侵物种。欧防风含有抗虫物质呋喃并香豆素。1869 年其专一性天敌昆虫防风草织蛾（*Depressaria pastinacella*）被无意引入北美洲。通过分析不同时间采集的欧防风标本中呋喃并香豆素含量，研究人员发现，与 1889 年之前植物标本相比，后期（专一性天敌扩散并对植物造成危害后）采集的植物标本中呋喃并香豆素含量显著提高（Zangerl and Berenbaum，2005）。新西兰于 2004 年首次引入防风草织蛾防控欧防风，研究发现新西兰种群植株中多种抗虫物质含量与欧洲和北美洲种群差异显著（Zangerl et al.，2008）。

基因组倍性分化和杂交融合同样可以提高植物对环境的适应能力和入侵性。如

Cheng 等（2021）对来自全球 471 个样点的 2062 份加拿大一枝黄花（*Solidago canadensis*）材料进行了细胞地理学分析，结果发现，加拿大一枝黄花的倍性水平与纬度分布呈显著负相关关系，与温度呈显著正相关关系；20~24℃等温线是二倍体和多倍体气候生态位的差异分化带，因为同源多倍化显著提高了植株耐热性。采用原产地和入侵地的二倍体、四倍体、六倍体 6 种地理细胞型植株开展同质园实验，结果发现，多倍体（尤其是入侵地多倍体）演化出更有效的耐热生理机制，表明这种倍性依赖的耐热性以及有性生殖特性的演化是预适应和入侵后迅速演化共同作用的结果，促进了加拿大一枝黄花在全球范围内的入侵。

第三节 植物适应气候变暖的研究方法

一、生态学方法

目前研究植物适应气候变化的实验生态学方法主要有：沿纬度或海拔梯度野外调查、纬度或海拔梯度移植实验（translocation experiment）、同质园实验、长期历史数据比较和模拟气候变化实验等。大量研究发现，随纬度升高，温度、生物多样性和生物间相互作用强度等逐渐降低；植物的一些生物学特征，如生长速率、抗虫性、耐低温能力等往往表现出明显的纬度或海拔格局，为研究物种如何适应气候变化提供了天然实验室（De Frenne et al.，2013）。

基于"空间代替时间"的思想，人们尝试：①开展大尺度野外调查，明确植物生物学性状（如植物抗虫性、生长速率、物候等）和生物间相互作用沿纬度或海拔梯度的变化规律，通过与气候和其他生物及非生物环境因子的线性拟合，预测植物生物学性状和生物间相互作用对气候变化的适应及潜在驱动因子。②纬度或海拔梯度移植实验：将同种植物不同地理种群植株种植于原有分布区和未来潜在分布区，比较不同实验点不同种群植株适合度。如果植物种群在原有发生地适合度最高，则认为物种发生了局域适应。③同质园实验：将同种植物不同种群植株种植于相同环境中，探讨植物生物学性状是否表现出明显的纬度或海拔格局。如果存在，则认为植物种群对局域气候产生了适应性变化。这些方法目前广泛被用于探讨物种和种间相互作用关系如何响应或适应气候变化，但这些方法存在以下不足：①无法排除表型可塑性、复杂生物和非生物环境等的影响，结果值得商榷；②结果依赖于关联分析，因此植物如何对气候变化产生适应性分化、其分化速率和关键驱动因素无法确定。

通过分析长期的历史数据、研究长期收集的植物标本，能够更加准确研判植物是否对气候变化产生适应性分化和分化速率。如基于过去 150 年间采集的 3429 份植物标本和采集点气候重建，Wu 和 Colautti（2022）发现，在入侵北美洲初始的 100 年间，千屈菜（*Lythrum salicaria*）物候沿纬度梯度发生多次适应分化，而近 50 年间分化速率显著降低。但是这种研究也无法确定关键驱动因素。目前而言，持续的人工定向选择实验仍然是探讨物种如何适应气候变化及其速率的最有效方法。由于植物生命周期较长，此类研究目前还局限于浮游生物和微生物（Riebesell et al.，2000）。

二、分子生物学方法

实验生态学方法仅能依据生物学性状是否发生变化来判断物种是否对气候变化产生了适应性分化,而无法明确物种适应气候变化的遗传学基础和分子机制。此外,一些研究发现表型可塑性变化能够垂直转移若干代(如环境遗留效应)。因此,基于实验生态学结果而做出的结论仍有待商榷。近年来,伴随分子生物学方法的快速发展,少数研究尝试采用基因组、转录组等分子手段探讨物种适应气候变化的遗传基础,为开展相关研究提供了新的技术支撑和思路。如 Fitzpatrick 和 Keller(2015)沿环境梯度采集香脂杨(*Populus balsamifera*)样本,通过基因组重测序获得单核苷酸多态性数据,采用线性拟合剖析了单核苷酸多态性和气候参数的线性关系,结果发现调控昼夜节律的植物基因 *GIGANTEA-5* 受到气候(尤其是温度)选择。Lovell 等(2021)将 732 个四倍体柳枝稷(*Panicum virgatum*)植株沿纬度梯度(美国,约 1800 km)种植于 10 个同质园。实验结束收集植物材料并进行基因组重测序,通过挖掘气候-基因-生物量耦合关系,发现不同地理种群间的基因交流和多倍体特性使得该植物能够快速适应气候变化,进而促进其种群扩张。

第四节 外来植物对气候变暖的适应

一、外来植物对入侵地气候条件的预适应

外来物种入侵包括引入、定殖、扩散和暴发等几个阶段。在引入初期,外来植物是否具有适应性生物学特征(如较快生长速率、较高环境耐受能力),对于外来物种能够快速适应新的环境(尤其是气候和其他非生物环境)并成功定殖至关重要。分子生态学的研究发现,多数外来入侵植物存在多次引入事件,增加了物种遗传多样性。如 Schlaepfer 等(2010)通过开展同质园实验,比较了 14 对原产于欧洲、成功入侵或未能入侵北美洲的同属植物生物学特性,结果表明,相较于无入侵性的物种,入侵物种种子萌发速率快、生物量大,且开花植物占比较大。

越来越多的研究表明,亲缘关系较近的植物生态位相似,并与其他生物形成相似的种间相互作用。据此,外来物种也被认为容易入侵有近缘土著物种的生态系统或生物群落(即预适应假说,pre-adaptation hypothesis)。学界开展了大量实验对该假说进行了论证,部分结果有力支持了该假说。如 Li 等(2015)分析了北美洲 480 个样方 40 年的入侵事件,发现与群落中原有物种近缘的外来植物更加容易入侵植物群落,导致土著近缘物种逐渐被竞争替代。通过构建美国加利福尼亚州植被区系 202 种土著、外来归化种、外来入侵物种系统发育关系,Park 和 Potter(2013)发现,与土著植物亲缘关系较近的物种成为入侵物种的概率较高。

二、外来植物对入侵地气候的快速适应

（一）外来植物气候生态位扩张事件

生态位反映了一个物种对生物和非生物环境的适应能力。气候生态位的保守性，即一个物种的气候生态位是稳定不变的，是当前预测物种分布、气候变化下种群扩散和入侵的基本假定。虽然多数外来植物在入侵地域气候生态位未发生显著变化，但部分物种的气候生态位迅速扩张。如基于北美洲和欧洲 50 种入侵植物在原产地和入侵地气候生态位的比较研究发现，相较于原产地气候生态位，有 15%的植物物种入侵地气候生态位有所扩张，且扩张幅度在 10%以内；原产于欧洲、入侵美洲的斑点矢车菊（*Centaurea stoebe*）在美洲的气候生态位较原产地气候生态位扩张了 50%以上，这可能是与土著物种发生了种间杂交的结果（Blair and Hufbauer，2010；Petitpierre et al.，2012）。

一个物种的生态位包括基础生态位和现实生态位，前者反映了物种对非生物环境的最大耐受程度（即物种最大生态位），后者指物种在自然生态系统中所占据的实际生态位。一个物种的现实生态位是生物和非生物环境综合作用的结果，往往小于其基础生态位。越来越多的研究尝试以入侵物种为对象，探讨植物气候生态是否具有保守性，但这些研究的结果受生态位计算方法、数据来源、所选气候参数、外来物种引入时间等的影响，存在较大差异（Liu et al.，2020；Bates and Bertelsmeier，2021）。因而亟须整合宏观和微观手段，综合考虑复杂生物和非生物因素的影响，严谨论证外来物种在入侵地气候生态位等是否扩张。

（二）外来植物对纬度或海拔气候梯度的快速适应

伴随纬度升高，温度和生物多样性逐渐降低，植食性昆虫对植物的危害逐渐减弱（Schemske et al.，2009）。据此可以推测，伴随纬度或海拔升高，植物一些物候（如花期和春季出芽时间）逐渐推迟，抗虫性等逐渐降低（如纬度食草动物防御假说）（Sparks and Menzel，2002；Johnson and Rasmann，2011）。快速形成纬度格局被认为是入侵物种适应气候变化的一个直接证据，目前典型的案例有以下几个物种。

入侵植物喜旱莲子草（*Alternanthera philoxeroides*），于 1930 年左右传入我国，目前已广泛分布于我国 36.8°N 以南的广大区域。在我国，喜旱莲子草目前主要受到专一性天敌昆虫莲草直胸跳甲（*Agasicles hygrophilus*）、土著昆虫虾钳菜披龟甲（*Cassida piperata*）、南方根结线虫等的危害（Lu et al.，2015）。随纬度升高，危害该植物的植食性昆虫、南方根结线虫和土壤病原真菌的丰富度均逐渐降低，因此可能对该物种的抗性产生定向选择（Lu et al.，2018，2019）。科研人员采集了 14 个入侵种群和 14 个原产地种群，并采用这些植物种群在我国广州和烟台开展同质园实验，发现：入侵种群植株抗虫物质三萜皂苷类总含量随纬度升高而降低，生长速率随纬度升高而升高；而原产地种群植株抗虫物质含量随纬度升高而降低，入侵地种群形成一个特有的综合抗性特征（Liu et al.，2021；Yang et al.，2021）。

互花米草（*Spartina alterniflora*）原产于美国，于 1979 年首次被引入我国，目前在东部沿海地区广泛分布（分布区跨 19 个纬度）。科研人员整合多年的纬度梯度野外调查和移植实验发现，随纬度升高互花米草的种子产量逐渐增大，且这种格局在同质园实验中保持不变，表明植物繁殖策略可能发生适应性分化；株高和首次开花时间沿纬度均呈现钟形特征，且主要受表型可塑性影响（Liu et al.，2017，2020；Chen et al.，2021）。Qiao 等（2019）基于 2 年的同质园实验发现，该植物首次开花时间随纬度升高而推迟，花期同步性随纬度升高而增大。基于叶绿体基因组 11 个微卫星位点的分析，发现互花米草存在多次引入事件，不同基因型间杂交显著提高了个体竞争能力，促进了该植物的种群扩张；我国中纬度和北方地区互花米草种群的繁殖能力、株高和不定芽再生能力等显著高于原始种群。

在入侵地北美洲，随纬度升高，千屈菜（*Lythrum salicaria*）的花期逐渐缩短、植株大小逐渐变小，而首次开花时间逐渐提前。纬度梯度移植实验结果表明，这种适应分化显著提高了植株在采集地（原先发生地）的适合度（Colautti and Barrett，2013）。美国入侵型和土著芦苇对昆虫的物理防御（韧性）和化学防御（单宁含量）水平均随纬度升高而降低，但两者变化幅度存在差异（Bhattarai et al.，2017）。

（三）外来植物对新生物间相互作用的快速适应

生物间相互作用在物种入侵和响应气候变化等过程中均发挥着重要作用。虽然在新的地域，外来物种往往逃逸了具有协同进化历史专一性天敌的调控，但外来物种逐渐与土著昆虫和土壤生物形成新的相互作用。如基于我国 50 余种土著和外来植物根际真菌群落分析，Wei 等（2021）发现植物来源对根际微生物的调控作用微弱，且外来和土著物种根际特有真菌（包括致病真菌）运算分类单元（OTU）数量无显著差异，表明这些外来物种与土著土壤真菌已形成新的相互作用关系。一些外来植物在入侵地与土著或引入的共生生物形成新的相互作用关系，后者促进植物入侵。新西兰豆科外来植物，如银荆（*Acacia dealbata*）、长叶金合欢（*Acacia longifolia*）、合欢（*Albizia julibrissin*）、金雀花（*Cytisus scoparius*）、荆豆（*Ulex europaeus*）等，与当地慢生根瘤菌属（*Bradyrhizobium*）细菌形成共生固氮体系（Weir et al.，2004）。

这些新的相互作用关系可能抑制或促进物种入侵及其对气候变化的响应。如一些入侵植物（如喜旱莲子草）根际能够聚集大量土著广谱性致病微生物，后者不对称抑制共发生土著植物，从而促进植物入侵（Gao et al.，2023；Lu et al.，2018）。干旱处理显著改变土壤理化性状和生物群落结构，这种土壤遗留效应显著抑制共发生土著植物生长、赋予入侵植物竞争优势（Meisner et al.，2013）。

第五节　展　　望

植物能否快速应对和适应气候变化是目前生命科学研究的一个热点和难点，也是一个亟待解决的重大科学问题，相关成果对于物种保护、农作物育种等均具有重要价值。外来物种入侵为相关研究提供了宝贵的体系，拓展了人们对物种快速适应环境的理解。

虽然已有大量研究探讨了外来入侵植物对气候变化的响应和适应，但目前仍然缺乏强有力的分子证据表明入侵植物能够快速适应气候变化进而促进其入侵。其原因在于，现有研究尚存在以下不足。首先，多数研究基于同种植物不同地理种群生物学性状的比较（且多数仅进行了一代植株生物学性状的比较）、植物生物学性状和气候因子的拟合分析，而缺乏分子水平（如基因组或基因变异）的证据。其次，少数研究采用了多组学手段且发现部分基因序列与气候因素关联，但是这些基因序列的功能、气候变化是否对这些序列产生选择等核心科学问题仍不清楚。因此，植物响应气候变化能否快速发生适应性变化，仍然有待进一步整合宏观和微观实验进行严谨论证。

入侵植物响应气候变化能够快速发生适应性或表型可塑性变化，但这种变化能否促进植物入侵或种群扩张仍不清楚。物种入侵和种群扩张是个体遗传特性和生物学性状、种间相互作用、非生物环境等综合作用的结果。现有研究往往侧重于孤立探讨入侵植物对气候变化的响应或适应，或仅对土著和外来物种的响应或适应进行简单比较，忽视了种间竞争和其他环境对物种响应或适应气候变化的影响。此外，很多学者往往假定气候是植物生物学性状发生适应性变化的主要驱动因素，但局域的研究表明生物间相互作用同样会对物种性状产生选择。因此，未来有必要在生物群落水平开展实验研究，探讨外来植物对气候变化的响应或适应及气候变化对入侵的反馈作用。这些研究有望发展入侵生物学理论，拓展人们对物种适应气候变化的理解。

（本章作者：卢新民）

参 考 文 献

Alexander J M, Diez J M, Levine J M. 2015. Novel competitors shape species' responses to climate change. Nature, 525(7570): 515-518.

Bartomeus I, Ascher J S, Wagner D, et al. 2011. Climate-associated phenological advances in bee pollinators and bee-pollinated plants. Proceedings of the National Academy of Sciences of the United States of America, 108(51): 20645-20649.

Bartomeus I, Park M G, Gibbs J, et al. 2013. Biodiversity ensures plant-pollinator phenological synchrony against climate change. Ecology Letters, 16(11): 1331-1338.

Bates O K, Bertelsmeier C. 2021. Climatic niche shifts in introduced species. Current Biology, 31(19): R1252-R1266.

Bebber D P, Ramotowski M A T, Gurr S J. 2013. Crop pests and pathogens move polewards in a warming world. Nature Climate Change, 3(11): 985-988.

Bhattarai G P, Meyerson L A, Anderson J, et al. 2017. Biogeography of a plant invasion: genetic variation and plasticity in latitudinal clines for traits related to herbivory. Ecological Monographs, 87(1): 57-75.

Blair A C, Hufbauer R A. 2010. Hybridization and invasion: one of North America's most devastating invasive plants shows evidence for a history of interspecific hybridization. Evolutionary Applications, 3(1): 40-51.

Blossey B, Notzold R. 1995. Evolution of increased competitive ability in invasive nonindigenous plants: a hypothesis. Journal of Ecology, 83(5): 887-889.

Burkle L A, Marlin J C, Knight T M. 2013. Plant-pollinator interactions over 120 years: loss of species, co-occurrence, and function. Science, 339(6127): 1611-1615.

Chen X, Liu W, Pennings S C, et al. 2021. Plasticity and selection drive hump-shaped latitudinal patterns of flowering phenology in an invasive intertidal plant. Ecology, 102(5): e03311.

Cheng J, Li J, Zhang Z, et al. 2021. Autopolyploidy-driven range expansion of a temperate-originated plant to pan-tropic under global change. Ecological Monographs, 91(2): e01445.

Cleland E E, Chiariello N R, Loarie S R, et al. 2006. Diverse responses of phenology to global changes in a grassland ecosystem. Proceedings of the National Academy of Sciences of the United States of America, 103(37): 13740-13744.

Colautti R I, Barrett S C H. 2013. Rapid adaptation to climate facilitates range expansion of an invasive plant. Science, 342(6156): 364-366.

Cook B I, Wolkovich E M, Parmesan C. 2012. Divergent responses to spring and winter warming drive community level flowering trends. Proceedings of the National Academy of Sciences of the United States of America, 109(23): 9000-9005.

Currie D J, Mittelbach G G, Cornell H V, et al. 2004. Predictions and tests of climate-based hypotheses of broad-scale variation in taxonomic richness. Ecology Letters, 7(12): 1121-1134.

Davidson A M, Jennions M, Nicotra A B. 2011. Do invasive species show higher phenotypic plasticity than native species and, if so, is it adaptive? A meta-analysis. Ecology Letters, 14(4): 419-431.

De Frenne P, Graae B J, Rodríguez-Sánchez F, et al. 2013. Latitudinal gradients as natural laboratories to infer species' responses to temperature. Journal of Ecology, 101(3): 784-795.

Deutsch C A, Tewksbury J J, Tigchelaar M, et al. 2018. Increase in crop losses to insect pests in a warming climate. Science, 361(6405): 916-919.

Feng Y L, Lei Y B, Wang R F, et al. 2009. Evolutionary tradeoffs for nitrogen allocation to photosynthesis versus cell walls in an invasive plant. Proceedings of the National Academy of Sciences of the United States of America, 106(6): 1853-1856.

Fitter A H, Fitter R S R. 2002. Rapid changes in flowering time in British plants. Science, 296(5573): 1689-1691.

Fitzpatrick M C, Keller S R. 2015. Ecological genomics meets community-level modelling of biodiversity: mapping the genomic landscape of current and future environmental adaptation. Ecology Letters, 18(1): 1-16.

Gao L, Geng Y, Li B, et al. 2010. Genome-wide DNA methylation alterations of *Alternanthera philoxeroides* in natural and manipulated habitats: implications for epigenetic regulation of rapid responses to environmental fluctuation and phenotypic variation. Plant, Cell and Environment, 33(11): 1820-1827.

Gao L, Wei C, He Y, et al. 2023. Aboveground herbivory can promote exotic plant invasion through intra- and interspecific aboveground-belowground interactions. New Phytologist, 237(6): 2347-2359.

Gedan K B, Bertness M D. 2009. Experimental warming causes rapid loss of plant diversity in New England salt marshes. Ecology Letters, 12(8): 842-848.

Geppert C, Perazza G, Wilson R J, et al. 2020. Consistent population declines but idiosyncratic range shifts in *Alpine orchids* under global change. Nature Communications, 11(1): 5835.

Guo F Y, Lenoir J, Bonebrake T C. 2018. Land-use change interacts with climate to determine elevational species redistribution. Nature Communications, 9: 1315.

Harrison S, Spasojevic M J, Li D. 2020. Climate and plant community diversity in space and time. Proceedings of the National Academy of Sciences of the United States of America, 117(9): 4464-4470.

Johnson M T J, Rasmann S. 2011. The latitudinal herbivory-defence hypothesis takes a detour on the map. New Phytologist, 191(3): 589-592.

Johnson S N, Zust T. 2018. Climate change and insect pests: resistance is not futile? Trends in Plant Science, 23(5): 367-369.

Keane R M, Crawley M J. 2002. Exotic plant invasions and the enemy release hypothesis. Trends in Ecology & Evolution, 17(4): 164-170.

Klein J A, Harte J, Zhao X Q. 2004. Experimental warming causes large and rapid species loss, dampened by simulated grazing, on the Tibetan Plateau. Ecology Letters, 7(12): 1170-1179.

Kremer A, Ronce O, Robledo-Arnuncio J J, et al. 2012. Long-distance gene flow and adaptation of forest trees to rapid climate change. Ecology Letters, 15(4): 378-392.

Kurz W A, Dymond C C, Stinson G, et al. 2008. Mountain pine beetle and forest carbon feedback to climate change. Nature, 452(7190): 987-990.

Levis N A, Pfennig D W. 2016. Evaluating 'plasticity-first' evolution in nature: key criteria and empirical approaches. Trends in Ecology & Evolution, 31(7): 563-574.

Li D, Miller J E D, Harrison S. 2019. Climate drives loss of phylogenetic diversity in a grassland community. Proceedings of the National Academy of Sciences of the United States of America, 116(40): 19989-19994.

Li S P, Cadotte M W, Meiners S J, et al. 2015. The effects of phylogenetic relatedness on invasion success and impact: deconstructing Darwin's naturalisation conundrum. Ecology Letters, 18(12): 1285-1292.

Liu C, Wolter C, Xian W, et al. 2020. Most invasive species largely conserve their climatic niche. Proceedings of the National Academy of Sciences of the United States of America, 117(38): 23643-23651.

Liu M, Pan Y, Pan X, et al. 2021. Plant invasion alters latitudinal pattern of plant-defense syndromes. Ecology, 102(12): e03511.

Liu W, Strong D R, Pennings S C, et al. 2017. Provenance-by-environment interaction of reproductive traits in the invasion of *Spartina alterniflora* in China. Ecology, 98(6): 1591-1599.

Liu W, Zhang Y, Chen X, et al. 2020. Contrasting plant adaptation strategies to latitude in the native and invasive range of *Spartina alterniflora*. New Phytologist, 226(2): 623-634.

Lovell J T, MacQueen A H, Mamidi S, et al. 2021. Genomic mechanisms of climate adaptation in polyploid bioenergy switchgrass. Nature, 590(7846): 438-444.

Lu X, Ding J. 2012. History of exposure to herbivores increases the compensatory ability of an invasive plant. Biological Invasions, 14(3): 649-658.

Lu X, He M, Ding J, et al. 2018. Latitudinal variation in soil biota: testing the biotic interaction hypothesis with an invasive plant and a native congener. The ISME Journal, 12(12): 2811-2822.

Lu X, He M, Tang S, et al. 2019. Herbivory may promote a non-native plant invasion at low but not high latitudes. Annals of Botany, 124(5): 819-827.

Lu X, Siemann E, He M, et al. 2015. Climate warming increases biological control agent impact on a non-target species. Ecology Letters, 18(1): 48-56.

Ma Z Y, Liu H Y, Mi Z R, et al. 2017. Climate warming reduces the temporal stability of plant community biomass production. Nature Communications, 8: 15378.

Meisner A, Deyn G B D, Boer W D, et al. 2013. Soil biotic legacy effects of extreme weather events influence plant invasiveness. Proceedings of the National Academy of Sciences of the United States of America, 110(24): 9835-9838.

Miller-Struttmann N E, Geib J C, Franklin J D, et al. 2015. Functional mismatch in a bumble bee pollination mutualism under climate change. Science, 349(6255): 1541-1544.

Mitton J B, Ferrenberg S M. 2012. Mountain pine beetle develops an unprecedented summer generation in response to climate warming. The American Naturalist, 179(5): E163-E171.

Mokany K, Prasad S, Westcott D A. 2014. Loss of frugivore seed dispersal services under climate change. Nature Communications, 5: 3971.

Montgomery R A, Rice K E, Stefanski A, et al. 2020. Phenological responses of temperate and boreal trees to warming depend on ambient spring temperatures, leaf habit, and geographic range. Proceedings of the National Academy of Sciences of the United States of America, 117(19): 10397-10405.

Morueta-Holme N, Engemann K, Sandoval-Acuña P, et al. 2015. Strong upslope shifts in Chimborazo's vegetation over two centuries since Humboldt. Proceedings of the National Academy of Sciences of the United States of America, 112(41): 12741-12745.

Nicotra A B, Atkin O K, Bonser S P, et al. 2010. Plant phenotypic plasticity in a changing climate. Trends in Plant Science, 15(12): 684-692.

Park D S, Potter D. 2013. A test of Darwin's naturalization hypothesis in the thistle tribe shows that close relatives make bad neighbors. Proceedings of the National Academy of Sciences of the United States of America, 110(44): 17915-17920.

Petitpierre B, Kueffer C, Broennimann O, et al. 2012. Climatic niche shifts are rare among terrestrial plant invaders. Science, 335(6074): 1344-1348.

Qiao H, Liu W, Zhang Y, et al. 2019. Genetic admixture accelerates invasion via provisioning rapid adaptive evolution. Molecular Ecology, 28(17): 4012-4027.

Raffa K F, Powell E N, Townsend P A. 2013. Temperature-driven range expansion of an irruptive insect heightened by weakly coevolved plant defenses. Proceedings of the National Academy of Sciences of the United States of America, 110(6): 2193-2198.

Ramos S E, Schiestl F P. 2019. Rapid plant evolution driven by the interaction of pollination and herbivory. Science, 364(6436): 193-196.

Richards C L, Bossdorf O, Muth N Z, et al. 2006. Jack of all trades, master of some? On the role of phenotypic plasticity in plant invasions. Ecology Letters, 9(8): 981-993.

Richards C L, Schrey A W, Pigliucci M. 2012. Invasion of diverse habitats by few Japanese knotweed genotypes is correlated with epigenetic differentiation. Ecology Letters, 15(9): 1016-1025.

Riebesell U, Zondervan I, Rost B, et al. 2000. Reduced calcification of marine plankton in response to increased atmospheric CO_2. Nature, 407(6802): 364-367.

Saikkonen K, Taulavuori K, Hyvönen T, et al. 2012. Climate change-driven species' range shifts filtered by photoperiodism. Nature Climate Change, 2(4): 239-242.

Saladin B, Pellissier L, Graham C H, et al. 2020. Rapid climate change results in long-lasting spatial homogenization of phylogenetic diversity. Nature Communications, 11(1): 4663.

Schemske D W, Mittelbach G G, Cornell H V, et al. 2009. Is there a latitudinal gradient in the importance of biotic interactions? Annual Review of Ecology, Evolution, and Systematics, 40(1): 245-269.

Schlaepfer D R, Glättli M, Fischer M, et al. 2010. A multi-species experiment in their native range indicates pre-adaptation of invasive alien plant species. New Phytologist, 185(4): 1087-1099.

Sharma S, Andrus R, Bergeron Y, et al. 2022. North American tree migration paced by climate in the West, lagging in the East. Proceedings of the National Academy of Sciences of the United States of America, 119(3): e2116691118.

Soroye P, Newbold T, Kerr J. 2020. Climate change contributes to widespread declines among bumble bees across continents. Science, 367(6478): 685-688.

Sparks T H, Menzel A. 2002. Observed changes in seasons: an overview. International Journal of Climatology, 22(14): 1715-1725.

Stotz G C, Salgado-Luarte C, Escobedo V M, et al. 2021. Global trends in phenotypic plasticity of plants. Ecology Letters, 24(10): 2267-2281.

Thuiller W, Lavorel S, Araújo M B, et al. 2005. Climate change threats to plant diversity in Europe. Proceedings of the National Academy of Sciences of the United States of America, 102(23): 8245-8250.

Urban M C. 2015. Accelerating extinction risk from climate change. Science, 348(6234): 571-573.

Wan J, Huang B, Yu H, et al. 2019. Reassociation of an invasive plant with its specialist herbivore provides a test of the shifting defence hypothesis. Journal of Ecology, 107(1): 361-371.

Wang H, Liu H, Cao G, et al. 2020. Alpine grassland plants grow earlier and faster but biomass remains unchanged over 35 years of climate change. Ecology Letters, 23(4): 701-710.

Ward J K, Antonovics J, Thomas R B, et al. 2000. Is atmospheric CO_2 a selective agent on model C_3 annuals? Oecologia, 123(3): 330-341.

Wei C, Gao L, Tang X, et al. 2021. Plant evolution overwhelms geographical origin in shaping rhizosphere fungi across latitudes. Global Change Biology, 27(16): 3911-3922.

Weir B S, Turner S J, Silvester W B, et al. 2004. Unexpectedly diverse *Mesorhizobium* strains and *Rhizobium leguminosarum* nodulate native legume genera of New Zealand, while introduced legume weeds are nodulated by *Bradyrhizobium* species. Applied and Environmental Microbiology, 70(10): 5980-5987.

Williams J W, Jackson S T, Kutzbach J E. 2007. Projected distributions of novel and disappearing climates by 2100 AD. Proceedings of the National Academy of Sciences of the United States of America, 104(14): 5738-5742.

Wolkovich E M, Cook B I, Allen J M, et al. 2012. Warming experiments underpredict plant phenological

responses to climate change. Nature, 485(7399): 494-497.
Wu Y, Colautti R I. 2022. Evidence for continent-wide convergent evolution and stasis throughout 150 years of a biological invasion. Proceedings of the National Academy of Sciences of the United States of America, 119(18): e2107584119.
Yang Y, Liu M, Pan Y, et al. 2021. Rapid evolution of latitudinal clines in growth and defence of an invasive weed. New Phytologist, 230(2): 845-856.
Yu H, Luedeling E, Xu J. 2010. Winter and spring warming result in delayed spring phenology on the Tibetan Plateau. Proceedings of the National Academy of Sciences of the United States of America, 107(51): 22151-22156.
Zangerl A R, Berenbaum M R. 2005. Increase in toxicity of an invasive weed after reassociation with its coevolved herbivore. Proceedings of the National Academy of Sciences of the United States of America, 102(43): 15529-15532.
Zangerl A R, Stanley M C, Berenbaum M R. 2008. Selection for chemical trait remixing in an invasive weed after reassociation with a coevolved specialist. Proceedings of the National Academy of Sciences of the United States of America, 105(12): 4547-4552.
Zavala J A, Casteel C L, DeLucia E H, et al. 2008. Anthropogenic increase in carbon dioxide compromises plant defense against invasive insects. Proceedings of the National Academy of Sciences of the United States of America, 105(13): 5129-5133.
Zettlemoyer M A, Schultheis E H, Lau J A. 2019. Phenology in a warming world: differences between native and non-native plant species. Ecology Letters, 22(8): 1253-1263.

第四章 入侵陆栖脊椎动物分布区对气候变化的响应

第一节 气候变化与入侵陆栖脊椎动物分布区动态概述

气候变化和生物入侵作为两大全球变化要素，对生物多样性、经济可持续发展、野生动物及人类健康造成重大威胁。探讨两者之间的互作关系，对制定气候变化背景下的外来入侵物种防控策略至关重要（Dukes and Mooney，1999）。其中，分布动态是物种响应气候变化的最基础且综合的表现形式，探讨外来入侵物种分布区对气候变化的响应，不仅有助于理解气候在塑造外来物种入侵过程中的作用，也有助于在当今和未来气候变化下对外来入侵物种扩散进行科学防控。

在众多外来动物类群中，兽类、鸟类、两栖爬行类等陆栖脊椎动物处于食物链的上游，对调控生态系统的能量循环和物质流动、维持生态系统的功能和稳定非常重要，对生物多样性的危害也尤为显著。例如，世界自然保护联盟（IUCN）评估的全球最具危害的 100 种外来入侵物种中，22%是入侵陆栖脊椎动物（包括兽类 14 种、鸟类 3 种、两栖类 3 种、爬行类 2 种）（Lowe et al.，2000），全球 30 种捕食性入侵兽类已导致 738 种脊椎动物的濒危和灭绝（Doherty et al.，2016），美洲牛蛙（*Lithobates catesbeianus* = *Rana catesbeiana* = *Aquarana catesbeianus*）等两栖类入侵物种作为自然宿主可以传播两栖类壶菌病，该病已导致全球超过 500 种两栖类种群数量的下降，其中 90 种被证实或推测已在野外灭绝（Scheele et al.，2019），这也被认为是地球"第六次生物大灭绝"的标志性灾难事件之一（Wake and Vredenburg，2008）。揭示外来兽类、鸟类和两栖爬行类分布区动态对气候变化的响应，将有助于发展各类群的入侵风险管控策略，也有助于预判气候变化下的入侵危害范围和强度变化。

气候变化驱动的入侵陆栖脊椎动物分布区变化主要包括适宜栖息地变化、物种行为可塑性和生理耐受性变化，以及人类活动所导致的物种扩散范围变化，这些过程将最终综合影响外来物种在未来气候变化背景下分布区的变化。从不同类群来看，分布区变化一方面与物种自然扩散能力的强弱有关，如鸟类因其飞行扩散能力通常强于涉水移动的龟鳖类和大部分两栖类，而更容易发生长距离的分布区扩张；另一方面与物种受人类协助引入的难易程度有关，如个体较小的两栖类较易因贸易运输而有意或无意地发生隐秘扩散。除气候因子、物种自然扩散能力和人类协助扩散因素外，分布区变化还与栖息地可利用性、景观异质性、物种生活史特征，以及种间互作等因素有关（Zhu et al.，2012；Corlett and Westcott，2013）。因此，亟须在不同时空尺度、考虑各类因素的影响下，通过标记重捕、分子技术和大尺度空间分析等方法，为当前和未来气候变化下外来物种的分布动态提供科学指导。

总体来看，外来入侵物种分布对气候变化的响应主要包括物种分布区大小、扩散速率，以及物种分布区变化引发的生物地理格局的改变。本章以此为主线，首先介绍气候因子在塑造入侵陆栖脊椎动物原产地和入侵区分布区大小中的作用，随后介绍入侵区相比原产地气候生态位的动态变化及其影响因素，同时介绍入侵区与原产地间气候匹配在外来物种分布区扩张中的作用，最后从生物地理区划的角度，介绍气候因子在塑造生物地理分区中的作用（图4-1）。

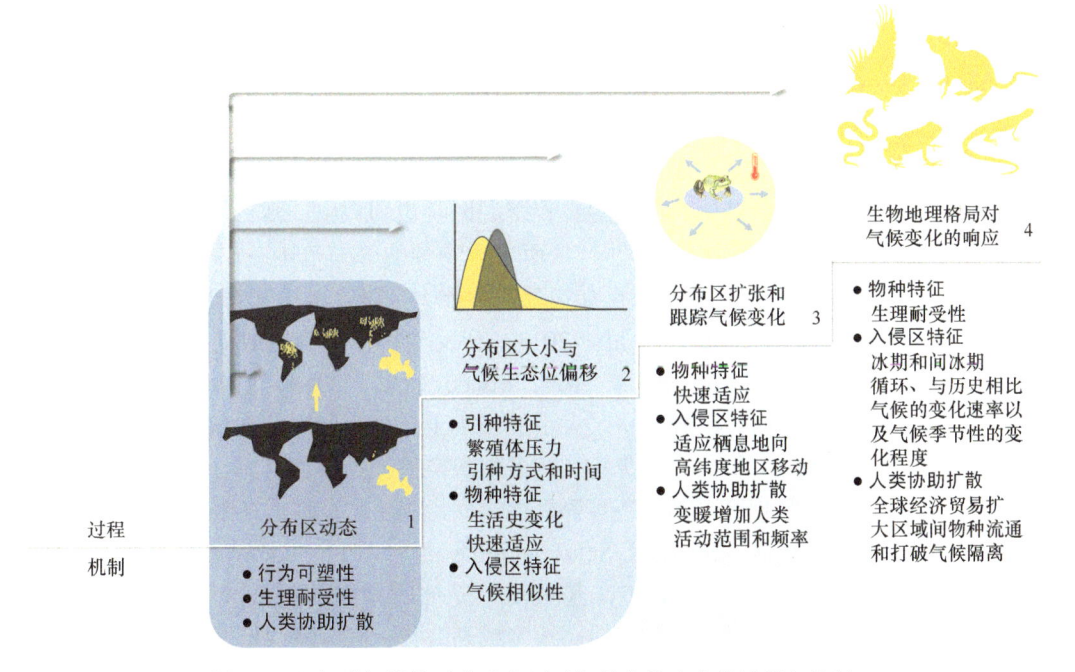

图4-1 入侵陆栖脊椎动物分布区对气候变化响应的过程和机制

第二节 入侵陆栖脊椎动物分布区大小对气候变化的响应

一、影响陆栖脊椎动物分布区大小的理论假说

（一）影响陆栖脊椎动物原产地分布区大小的气候因子

了解物种分布区大小的时空格局及其影响因素，不仅对揭示物种多样性的分布规律至关重要（Jetz and Rahbek，2002），也可作为重要理论依据用于预测未来物种分布对气候变化的响应（Brown et al.，1996；Gaston，2009）。兽类、鸟类、两栖爬行类等陆栖脊椎动物由于具备较为详细的地理分布资料（Brown et al.，1996；Gaston，2009），通常具有较为全面的生活史特征、生理耐受性指标和栖息地信息（Sunday et al.，2011；Araújo et al.，2013；Khaliq et al.，2014），被认为是探讨物种分布区大小影响因素的理想对象。

气候因子作为决定物种地理分布的重要基础生态位，在影响物种分布区大小中起着非常关键的作用（Gaston，2009）。研究表明，物种在原产地长期进化历史过程中，对温度和降水及其平均值、变异值和极端值等产生了不同的适应机制。因此，这些不同气候维度变量对物种分布的影响具有差异（Janzen，1967）。但长期以来，学界对气候变量（尤以极端天气相关变量）在影响物种分布区大小中的作用了解甚少。一项基于500余种陆栖脊椎动物（主要包括兽类、鸟类和爬行类）的综合性研究发现，经历了更高极端高温或更低极端低温（即热生态位范围较宽）或更大极端降水的物种，其自然分布区的范围也通常更大（Li et al.，2016）。此外，陆栖脊椎动物分布区大小还和长期气候变化有关，但由于受到研究类群和空间尺度的影响而至今未能得出统一的格局规律。例如，研究发现，狭域分布的兽类、鸟类和两栖类的分布与末次盛冰期以来的气候变化速率有关（Sandel et al.，2011）；基于全球尺度陆栖脊椎动物分布区大小的研究也发现兽类、鸟类和爬行类的分布区大小与气候变化速率呈正相关关系（Li et al.，2016）。但也有研究发现两栖类的分布区大小与长期气候变化速率关系不大（Whitton et al.，2012）；相比温度变化，降水的季节性变化对动物的食物资源影响更为突出，剧烈的季节性降水波动往往会降低动物食物资源的可获得性，从而导致物种的分布范围减小（Bonebrake and Mastrandrea，2010）。同时，物种特征如自然扩散能力（Li et al.，2016）、表征种群增长率潜力的变量如窝卵数（Laube et al.，2013）和反映物种对气候耐受性的生理指标等（Calosi et al.，2010；Bozinovic et al.，2011；Sunday et al.，2014）也会影响物种的分布区大小。生理耐受性指标对物种分布区大小的影响至今尚无普适性的统一规律，其主要原因是，很多兽类、鸟类和爬行类普遍具有多种多样的行为调节方式，可以通过建造或使用隐蔽场所如洞穴等规避高温、高寒等极端天气，或通过夏眠或冬眠等方式躲避过热或过冷或季节性气候变化（Kronfeld-Schor and Dayan，2013；Sunday et al.，2014）。因此，很多陆栖脊椎动物通常会分布在其生理耐受性所预测的更低或更高的地理范围（Sunday et al.，2012）。但是，物种在向高纬度或高海拔、低纬度或低海拔进行扩散时通常会受到环境中其他物种的种间互作效应的限制，从而通常无法完全占据其潜在基础生态位的地理空间。尤其对于分布在低海拔或低纬度地区的物种，由于其所在区域的物种多样性较高海拔或高纬度地区更为丰富，面临的种间互作限制力会更强（Sunday et al.，2012）。此外，地理异质性如海拔梯度等也会影响物种的自然扩散过程，如高山等会对两栖爬行类等自然扩散能力偏弱类群的分布区扩张产生影响（Smith and Green，2005）；海洋也会对大陆和岛屿间以及岛屿间的淡水动物迁徙造成天然屏障而限制其在岛屿上的分布范围（Bellemain and Ricklefs，2008）。最后，由于生态学研究具有尺度依赖性，陆栖脊椎动物分布区大小的影响因素在不同空间尺度上的相对重要性会发生改变。理论预测，在小尺度下，由于气候因素的变化或空间异质性有限，影响物种分布更多的是种间互作效应；在大尺度下，随着气候空间变异增大，气候因素对物种分布区大小影响的相对重要性会变大（Cohen et al.，2016）。

（二）陆栖脊椎动物入侵区分布区大小的主控因子

物种原产地分布主要受到气候等基础生态位因素的影响（Peterson，2003）。由于外来物种入侵过程通常与人类活动有关，外来物种入侵区大小的因素则会受物种自然扩散能力以及人类协助扩散等相关因素的共同影响（Leibold et al.，2004；Hubbel，2005）。根据引种—建群—扩散的生物入侵过程（Blackburn et al.，2011），影响这一过程的因素覆盖了引种特征、物种特征和入侵区特征等不同层面的变量，既直接受到引种次数、引种数量等相关繁殖体压力变量的影响，也与物种生活史、生理或遗传特征有关，同时还受到气候、植被、水源等栖息地非生物因子，和土著物种竞争、捕食，以及与同域其他入侵物种互作效应的调节（Jeschke，2014）。

影响外来物种入侵成功后分布区大小的引种特征因素包括引种努力量、引种时间和引种途径。引种努力量，即繁殖体压力，是影响外来物种在新的地区野生种群建立的最基础的驱动力，一般包括物种被引入新地区的次数和每次引种的个体数量（Lockwood et al.，2009；Simberloff，2009），由于现实中很难掌握外来物种引入野外的群体数量，因而学界一般主要基于外来物种的引种次数来量化繁殖体压力（Lockwood et al.，2009；Simberloff，2009），同时也会使用一些间接变量来指代繁殖体压力（Liu et al.，2012）。高繁殖体压力有助于外来物种快速适应新的环境，克服由奠基者效应等产生的遗传瓶颈，进而成功建立野生种群。同时，高繁殖体压力还可以促进物种在建群初期的种群增长，占据更多的栖息地资源，从而有利于通过自身和人类协助等多种方式向更多适宜栖息地扩散，扩大其在入侵区的地理分布范围。

外来物种的引种途径对其入侵过程以及分布区的大小也会产生很大影响（Wilson et al.，2009）。以入侵陆栖脊椎动物为例，其引种途径主要包括人为有意或无意引入两种方式。有意引入主要指由于人类的某种需求进行的引种行为，如与经济活动密切相关的一些鸟类、龟鳖类和蜥蜴类等宠物贸易物种，因养殖引入的美洲牛蛙和美洲水貂（*Neovison vison = Neogale vison*）等，以及用于生物防治和科学研究或捕猎等娱乐活动的物种（Kraus，2009）。无意引入主要包括伴随人类活动的"搭便车"或"偷渡式"引入，如温室蟾（*Eleutherodactylus planirostris*）通过盆景、观赏性植物等林木栽培业伴随国际贸易和交通工具传播而被引入（Kraus，2009）。外来物种在入侵区经人类活动而无意识地反复引种是造成其分布区扩张的重要因素，而且无意识引种普遍缺少相应的预警方案，对其管控的难度也普遍更大，往往会造成更快的分布区扩张。同时，外来物种在入侵区的分布范围还会受到入侵时间的影响，越早引种和建群的物种通常意味着有更多的时间进行分布区扩张，也因此会产生更广阔的入侵分布范围（Liu et al.，2014）。

物种特征尤其是生活史特征是影响物种成功建群和分布区扩张的重要因素。这些生活史特征主要包括物种本身的生理特征、繁殖能力、竞争能力和适应能力等相关指标。例如，基于系统发育比较分析的研究发现，反映物种种群快速增长等初期建群能力的生活史指标，如繁殖频率和窝卵数等，对外来两栖爬行类的建群和扩散非常重要（Allen et al.，2017）；同样，基于外来兽类在不同入侵阶段影响因素的研究发现，表征种群快速增长率的高繁殖投入特征是影响外来兽类种群建立和扩散的重要因素（Capellini et al.，2015）。同时，影响外来物种入侵过程的因素还包括那些能够反映物种是否能通过快速进化而适应新环境的能力（Davidson et al.，2011）。入侵物种在变化环境中面对新的选择压力时，通常会发生一些重要种群特征和生活史特征的快速进化或表型变化，这被认为是入侵物种快速适应环境变化的重要特征之一（Sax et al.，2007）。入侵陆栖脊椎动物为了克服新环境中的各种新的选择压力，从而向更多适宜栖息地扩散，通常会表现出更快的表型变化甚至快速的遗传变化。例如，巨型海蟾蜍又名甘蔗蟾蜍（*Rhinella marina*），在澳大利亚的入侵表现出扩散前锋种群的后腿不断向更长的方向变化（Phillips et al., 2006）；东方铃蟾（*Bombina orientalis*）从我国山东烟台原产地引入到北京樱桃沟及周边地区后，雄性个体表现出相对后肢长变长等一系列可能与扩散能量投入增加相关的形态特征的改变（Qi et al., 2025）；安乐蜥（*Anolis* spp.）在引种到加勒比群岛后，表现出腿长和蹼长在不同岛屿栖息地环境中的快速变化（Stroud and Losos，2016）。相同引种来源的美洲牛蛙入侵到我国不同气候带后，个体大小已出现显著变化：高海拔种群的个体比低海拔种群明显变小（Liu et al., 2010），暗示美洲牛蛙为适应不同气候而发生个体特征的快速地理变异。

入侵区的栖息地适宜性对外来物种的分布区扩张也非常重要。栖息地适宜性主要包括入侵区与原产地的气候相似性、土著物种丰富度、已入侵外来物种丰富度、栖息地扰动和地理扩散限制等。根据气候生态位保守性假说（climatic niche conservatism hypothesis）（见下节内容），入侵区的气候适宜性是影响外来物种的种群建立和分布区扩张的重要基础性假说（Duncan et al., 2001；Bomford et al., 2008；van Wilgen et al., 2009）。该假说推测，入侵区的气候适宜性一般量化为入侵区气候特征和物种原产地或历史分布区的气候相似性。例如，基于伊比利亚半岛的外来入侵鸟类的研究表明，入侵区与原产地的气候相似性对解释外来入侵鸟类的分布格局非常重要（Abellan et al., 2017）；在控制了一系列引种特征和物种特征后，入侵区和原产地的气候匹配性是解释伊比利亚半岛外来鸟类分布区大小的最重要因素。基于 19 种全球最具危害外来入侵陆栖脊椎动物在 135 个国家或地区发生的 363 次入侵事件的分析发现，入侵区大小与入侵区和原产地间的气候相异性存在显著负相关关系，这意味着外来入侵物种在与原产地更加相似的气候环境下，其入侵扩张范围更广，支持气候生态位保守性假说的理论预测（Du et al., 2024）。但气候生态位保守性假说近些年也饱受争议，基于外来物种在入侵区占据的实际气候生态位（realized climate niche）与原产地的比较研究发现，外来物种在入侵区通常可以占据不同于原产地的新的生态位（Early and Sax，2014；Li et al., 2014；Parravicini et al., 2015；Liu et al., 2017；Atwater et al., 2018；Cardador and Blackburn，2020）。例如，基于在我国正快速北扩的大型热带水鸟——钳嘴鹳（*Anastomus oscitans*）的研究表明，当仅考虑气候变量时，钳嘴鹳在北扩过程中发生了实际气候生态位的偏移；然而当加入了福寿螺（*Pomacea canaliculata*）等钳嘴鹳喜食螺类后，钳嘴鹳的生态位扩张占比降低 50% 以上，即实际生态位更加趋于保守（Han et al., 2023）。除了捕食等种间互作因素，外来物种在自然扩散过程中通常会受到海洋边界或不适宜生存的栖息地障碍等地理环境阻隔的影响（Bellemain and Ricklefs，2008），但人类活动可以帮助外来物种克服这些地理阻遏，同时通过干扰栖息地等为外来物种提供更多新的空缺生态位（Tingley et al., 2013），减弱土著捕食者和竞争者对外来物种的扩散限制（Rodda and Tyrrell，2008）或促进远距离扩散（Wilson et al., 2009）等方式协助外来物种在入侵区的分布区扩张。例如，基于美洲牛蛙在我国典型入侵生境的 492 个水体多年野外调查，并借助地理信息系统工具对美洲牛蛙入侵 30 年来的栖息地遥感卫片进行解译，研究发现，美洲牛蛙在人类干扰栖息地中会加快入侵，但其扩散增速和栖息地扰动间约有 5 年的时滞效应。这一现象说明，外来物种入侵暴发之前可能存在一个有效管控的黄金窗口期。在当前和未来栖息地持续变化的背景下，识别并把握这一窗口期，对于遏制外来物种的快速扩散具有重要意义（Wang et al.，2022）。当然，人类活动多的地区也往往预示着更高的捕杀压力，这可能会减小外来物种的繁殖体压力，从而限制外来物种的分布区扩张（Jeschke and Strayer，2006；Hong et al.，2024）。外来入侵物种和当地群落不同物种间的相互作用也会影响外来物种在入侵区的分布范围。例如，达尔文的预适应假说（pre-adaptation hypothesis）预测，外来物种入侵成功率会随着与其系统发育关系相似性高的土著物种的多样性增加而变大（Darwin，1859）。这是因为具有较高系统发育相似性的物种往往具有相似的生活史特征和栖息地偏好，从而使外来物种在这些栖息地中具有更强的适应能力，进而更容易入侵成功和分布区扩张（Darwin，1859）。以此为基础发展的环境拮抗假说（environmental resistance hypothesis）则预测，更高的土著物种组成相似性更有利于入侵物种的扩散（Lovell et al.，2021）。例如，基于全球外来鸟类分布扩散动态的模拟发现，外来鸟类在不同区域的迁移扩散主要受到土著鸟类群落组成相似性的影响（Lovell et al.，2021）；土著鸟类组成越相似的区域，它们之间的气候、种间互作等非生物和生物环境特征也更相似，这样会产生更低的环境拮抗，从而有助于外来鸟类的分布区扩张。但是该假说的验证需要明确外来物种最初的建群地点，同时也需要在更多动物类群进行验证。根据"入侵熔断"假说（invasional meltdown hypothesis），外来物种的入侵还会受到历史上其他入侵物种的影响，栖息地内入侵物种多样性越高，其可能通过消除天敌等过程给新的外来物种带来越多的正向驱动效应，从而可以促进新的外来物种的入侵（Herren，2020）。但是，"生物抵抗"假说（biotic resistance hypothesis）和"达尔文归化"假说（Darwin's naturalization hypothesis）同时预测，近缘物种的存在会增加与外来物种对有限资源的竞争，从而会使外来物种遭遇更大的生物拮抗，进而降低入侵成功率（Darwin，1859），最终影响外来物种在入侵区的扩散动态。

二、陆栖脊椎动物入侵过程的气候生态位偏移

（一）气候生态位保守性假说

在当今"人类世"时代，伴随全球经济一体化的进程，各国外来物种数量也在急剧增加。目前，全球范围内包括外来动物、植物和微生物在内的各种外来入侵物种已超过16 000 种（Seebens et al.，2017），对全球生物多样性和可持续发展构成了严重威胁（Pyšek et al.，2020；Zhang et al.，2022），并且该增长趋势至少在近30年内不会改变（Seebens et al.，2021b）。由于外来物种一旦入侵成功后便很难完全根除其野生种群（Blackburn et al.，2011），因此，如何预测外来物种的早期入侵风险、筛查需要重点避避的物种和区域，对发展外来入侵物种的早期防控策略十分重要（Fournier et al.，2019）。由于物种的基础生态位通常难以量化，以物种在环境中实际占据的气候生态位为主的生态位模型（ecological niche modeling）也称物种分布模型（species distribution modeling）是当前的主要预测工具（Guisan et al.，2013），其理论基础是气候生态位保守性假说（Peterson，2011），即物种气候生态位在空间和时间上趋于保守（不变）的特性。该假说被广泛应

用到外来物种在当今气候和未来气候变化下潜在入侵风险预测研究之中（Guisan et al.，2013）。然而，气候生态位保守性假说一直存在很大争议（Losos，2008；Wiens et al.，2010），其中长期缺少物种气候生态位随其地理空间发生变化的动态量化框架是主要问题之一。外来物种在入侵区的气候生态位动态量化方法经历了多个发展阶段，主要包括早期的简单基于物种地理分布空间的气候均值，比较到近年来基于物种地理空间投射到环境空间的核密度函数比较方法（Broennimann et al.，2012）。后者在近些年取得了飞速发展，瑞士洛桑大学 Antonie Guisan 教授团队首次将物种的地理空间转化为环境（气候）空间并将其网格化，进而将核平滑函数应用于物种环境空间并计算物种占据气候生态位的空间密度，利用经典 Schoener D 指数（Schoener，1970）度量了原产地和入侵区范围内物种气候密度的重叠及相似程度（Broennimann et al.，2012）。在此基础上，该团队继续以外来植物为例，创造性地将外来物种在入侵区和原产地的实际气候生态位动态的非重叠部分划为缺失（unfilling）、扩张（expansion）和稳定（stability）三部分，但只有扩张（expansion）部分才量化为实际气候生态位的偏移（Petitpierre et al.，2012），这一方法能够准确捕获到外来物种在入侵区实际气候生态位发生变化的部分（Guisan et al.，2014）。该量化框架发表以后，在学界引起了极大反响并被广泛应用于各种外来生物类群在入侵区的实际气候生态位动态研究之中。基于该框架，他们分析发现从北美洲入侵到欧洲和大洋洲的外来植物的实际气候生态位整体上趋于保守（Petitpierre et al.，2012）。然而，后期一项涵盖更多区域的对五大洲 815 种外来植物气候生态位的研究发现，65%～100%的物种都发生了实际气候生态位的变化（Atwater et al.，2018），同时基于澳大利亚 26 种入侵植物、北美洲 51 种入侵植物（Gallagher et al.，2010；Early and Sax，2014）的研究都不支持气候生态位保守性假说。这提示我们在对外来物种的入侵分布区进行预测评估时需要考虑气候生态位的变化，这可能会影响我们预测外来物种潜在入侵风险的准确性与可靠性。时至今日，外来物种在入侵过程中的实际气候生态位是否保守仍是入侵生态学和保护生物地理学领域的前沿科学问题之一。虽然一项基于多类群在不同入侵区的综合性荟萃分析仍然支持气候生态位保守性假说（Liu et al.，2020），但总体来看，不同类群的气候生态位动态量化结果仍差异较大，主要原因包括外来物种气候生态位量化方法的细节如背景空间的选择、分布模型技术、空间分辨率（网格大小）偏差、地理空间和环境空间等存在差异，以及外来物种原产地分布区大小、引种时间和引种地理位置等在不同研究中也具有差异（Fitzpatrick et al.，2007；Peterson and Nakazawa，2008；Guisan et al.，2012；Liu et al.，2013）。

（二）陆栖脊椎动物入侵过程的气候生态位动态

围绕陆栖脊椎动物入侵过程的气候生态位动态已开展了大量研究，研究类群覆盖兽类（Broennimann et al.，2021）、鸟类（Strubbe et al.，2013；Cardador and Blackburn，2020）、两栖爬行类（Li et al.，2014；Tingley et al.，2014），其中许多外来脊椎动物被发现在入侵区可以迅速发生气候生态位的偏移，但也有一些类群表现出较为稳定的气候生态位动态。例如，作为迁徙能力较强的类群，鸟类经常发生自然分布区的扩张。鸟类自然分布区扩张过程中的气候生态位动态一直是科学家长期关注的科学问题。早在 21 世纪初，就有学者对美国加利福尼亚州内华达山脉鸟类的气候生态位进行了量化研究。令人惊奇的是，该研究通过比较鸟类气候生态位中心的相对变化方向，发现有 90.6%的鸟类在分布区扩张过程中都在跟踪它们的气候生态位（Tingley et al.，2009）。此外，在 464 种澳大利亚鸟类、欧洲非土著鸟类以及瑞典鸟类的气候生态位研究中均发现了类似的在分布区扩张过程中追踪气候变化的现象（Strubbe et al.，2013；Vanderwal et al.，2013；Tayleur et al.，2015），这在一定程度上支持了气候生态位保守性假说。其中 Strubbe 等（2013）的研究指出，欧洲外来鸟类在分布区扩张过程中的气候生态位是尚未填充其原产地分布区已占据的气候生态位，而不是在入侵区发生了新的气候生态位偏移（Strubbe et al.，2013）。基于全球 150 种外来鸟类土著和入侵区的研究发现，其气候生态位整体上仍趋向保守，只有不到 15%的鸟类在新的地区发生了气候生态位的偏移。影响外来鸟类气候生态位偏移的因素主要包括其在原产地对干扰栖息地的耐受程度和首次引种时间（Cardador and Blackburn，2020）。对全球 173 种外来兽类 979 个引种事件的研究发现，在与原产地实际气候生态位更相似的区域，外来兽类入侵的成功概率更大（Broennimann et al.，2021），这些结果都直接或间接地支持外来鸟类和外来兽类在入侵过程中的气候生态位保守性假说。但外来两栖爬行类（Li et al.，2014；Tingley et al.，2014）和入侵到地中海的印-太平洋热带鱼类（Parravicini et al.，2015）在入侵过程中都发生了实际气候生态位的快速偏移。例如，对全球 71 种外来两栖爬行类在 101 个入侵区的研究中发现，57%的物种（51%的两栖类和 61%的爬行类）均在入侵区发生了气候生态位偏移，其中那些原产地分布区较小的物种如岛屿物种及引种时间越早、入侵到比其原产地纬度范围更低区域的外来物种更容易发生气候生态位偏移（Li et al.，2014）。对入侵到地中海海域的印-太平洋热带鱼类的研究发现，接近 80%的外来热带鱼在地中海入侵海域发生了气候生态位偏移。进一步通过物种分布模型的研究发现，仅使用原产地分布区的气候生态位确实无法准确预测这些外来热带鱼的入侵风险（Parravicini et al.，2015）。此外，对新西兰外来淡水无脊椎动物、昆虫和外来淡水鱼的研究也均不支持气候生态位保守性假说（Lauzeral et al.，2011；Hill et al.，2017；Torres et al.，2018）。

（三）陆栖脊椎动物入侵过程中的保守性气候生态位

造成上述不同类群的外来物种在入侵过程中气候生态位动态差异性的原因之一，是物种可能在长期进化历史过程中对气候生态位的不同维度（如温度和降水的平均值、季节性变化以及极端值等）产生了不同的适应力，从而可能会表现出在不同气候生态位维度下的动态差异。例如，已有研究发现，土著物种在不同气候生态位维度下的保守性是不同的（Sunday et al.，2012；Araújo et al.，2013），某一气候生态位维度下发生的偏移并不能代表在其他气候生态位维度下的保守性。例如，基于生理耐受性生态位的研究发现，变温动物的高温耐受性生态位更加趋向保守（Sunday et al.，2012；Araújo et al.，2013）。利用气候生态位动态模型对全球 128 种外来两栖爬行类在 19 个反映不同温度和降水的气候生态位维度下的研究发现，外来两栖爬行类虽然在大部分气候生态位维度下可以发生偏移，但最热月最高温度和最热季平均温度这两个反映物种热耐受性的生态位指标表现出高度的保守性（Liu et al.，2017），而且这一高温耐受保守性除受物种原产地分布区大小的影响外，与其在入侵区的定居时间、入侵区的纬度位置、引种努力量、窝卵数和个体大小等物种特征均没有相关性。这一发现不仅从不同气候生态位维度的动态角度解释了外来物种在入侵过程中气候生态位动态的复杂性，也提示我们在应用物种分布模型量化外来物种潜在入侵风险时需要重视变量选择问题，应优先选择保守性气候生态位进行物种分布模型构建，以最大限度地提高模型预测能力和研究结果的可靠性。

第三节　入侵陆栖脊椎动物分布区扩张对气候变化的响应

一、入侵陆栖脊椎动物在全球化时代的加速扩张

在过去的几个世纪，人类将物种转移到其本土范围之外的入侵速度一直在大幅增加（Hulme，2009；Tittensor et al.，2014；Blackburn et al.，2015），这不仅导致了生物类群区系的同质化（Winter et al.，2009），还重新定义了经典的生物地理边界（Capinha et al.，2015），并对本地生态系统功能、人类健康和经济产生了深远影响（Hulme，2009；Pyšek and Richardson，2010；Simberloff et al.，2013）。例如，从外来物种引入的全球模式来看，在1500~1800年，全球首次记录的外来物种入侵事件数量较低，平均每年7.7个新入侵事件。但是，1800年之后，新入侵事件记录数不断增加，到1996年达到最高水平（共585个事件，平均每天超过1.5个新记录）（Seebens et al.，2017）。除兽类和鱼类外，各个类群入侵大陆或岛屿的事件数量至今仍然持续上升（Seebens et al.，2017）。全球化下，愈加频繁的人类活动通过贸易（Hulme，2009）、土地利用变化（Pauchard and Alaback，2004）和气候变化（Diez et al.，2012）等推动着外来物种入侵区范围的加速扩张（Zhang et al.，2024）。在未来气候变化情景下，以气候生态位建模为基础的预测发现，除部分外来鸟类和两栖类外，大量的外来物种分布区都将进一步扩张（Bellard et al.，2013）。欧洲、北美洲北部和大洋洲潜在外来入侵物种的数量也将进一步增加（Polaina et al.，2021）。生物入侵已成为全球生物多样性致危的五大因子之一（IPBES，2019），探究外来物种分布区变化对当前和未来气候情景的响应以及驱动因子，对于全球性的入侵风险预警和防控策略制定都具有十分重要的科学和社会意义（Sax and Gaines，2008；Walther et al.，2009）。

（一）"人类世"下入侵陆栖脊椎动物全球分布区的快速扩张

外来物种的引入有着广泛的动机。例如，1500~1800年，旅居世界各地的欧洲探险家释放了兽类和鸟类等许多外来物种（Drake et al.，1989）。而在当下，大规模的国际贸易、交通运输业或人类放生活动等进一步促进了外来物种的入侵（Liu et al.，2012；Blackburn et al.，2015；Saul et al.，2017；Du et al.，2024；Yan et al.，2024）。研究显示，几个世纪以来，全球入侵速率并没有放缓或出现区域性的饱和迹象。例如，Seebens等（2017）基于全球尺度外来物种首次报道并已建群的数据集，分析了不同类群在不同地理区域的入侵事件随时间的积累情况，发现除了兽类和鱼类的有意引种速率下降，其他脊椎动物类群并无下降趋势。并且，外来物种数量和各类群的引入事件近100~150年

明显提速且无放缓迹象。因此，我们可以预期在不久的将来还会发生更多的新入侵事件。对 1500～2010 年全球范围内外来物种首次记录的年份和区域间传播的统计显示，1700 年以前引入的物种中有超过 90%的物种都分布在一个以上的区域，并且跨区域传播通常需要持续几个世纪之久；但到了 1800 年之后，区域间传播速度急剧增加，如鸟类的传播速度在 20 世纪末达到峰值（Seebens et al., 2021b）。虽然兽类和鱼类的传播速度在区域间传播表现出抛物线式的下降，但整体上随时间推移，外来物种区域间的传播速度仍在不断增加（Seebens et al., 2021b）。

上述外来物种主要有两类快速扩张模式。第一种模式为 1950 年后才出现微弱增长，但此后呈指数增长。这种模式主要针对藻类、昆虫、甲壳动物、软体动物等无脊椎动物，主要是作为运输媒介或随货物商品无意引入的，这些类群的扩张速率与各自国家进口商品的贸易量高度相关（Seebens et al., 2017）。对于陆栖脊椎动物，外来鸟类和爬行类的快速扩张也符合该种模式，因为这些类群中诸多物种是作为宠物而有意引入的（Smith et al., 2009）。第二种模式是从 1800 年开始到 1950 年前后均呈现持续上升，1950 年之后逐渐下降的单峰增长模式，典型的类群是外来兽类和鱼类。虽然这两种模式较为常见，但是细分到分类群水平或不同大陆间水平，新入侵事件的累计增长速率并没有统一的模式（Seebens et al., 2017）。由于外来物种库的耗尽或区域饱和，外来物种在新分布区的建群速率理论上在某个时段后将放缓。但是，在考虑了可能会延迟入侵进程的阿利效应（Allee's effect）后，模型预测分析表明，外来物种数量未来积累趋势在很大程度上取决于更多潜在引种库的大小以及引种频率如何随时间变化，但是最终外来物种数量随时间的增长趋势仍是不变的（Seebens et al., 2017, 2021a）。

（二）未来全球变化下入侵陆栖脊椎动物分布区的持续扩张

入侵物种在未来全球变化下的分布区动态一直备受关注。例如，早期基于 CLIMEX 模型预测了外来物种甘蔗蟾蜍随着澳大利亚气温的升高，其潜在适生区的范围将扩大（Sutherst et al., 1996）。基于物种分布模型预测了红耳彩龟（*Trachemys scripta elegans*）在意大利中北部地区会随着当地气温、日照辐射量和降水量的升高，逐渐扩张新的繁殖地（Ficetola et al., 2009）。Seebens 等（2021a）基于全球首次记录的外来物种引入数据库，通过模型预测发现，到 2050 年全球大陆新发外来入侵物种的数量将平均提高 36%。相关学者根据原产地物种库大小和历史入侵动态（Seebens et al., 2021a），参考了未来经济和气候模式情景（IPCC, 2014; IPBES, 2016），利用回溯法重建了 1950～2005 年外来物种数量的动态，对 38 个分类群-大陆组合进行了 3790 次随机模拟。研究发现，欧洲的外来物种数量增长率最高（64%），而且未来预计将继续大幅增加；其次是亚洲温带地区（50%）、北美洲（23%）和南美洲（49%）；澳大拉西亚（Australasia，澳大利亚、新西兰和邻近的太平洋岛屿的统称）的相对值增长率最低（16%），而太平洋岛屿（132 种）的绝对值增长率最低。从具体类群上看，除了澳大拉西亚和其余太平洋岛屿的鸟类增长趋于饱和，其他区域的鸟类外来物种的数量均急剧增加；兽类整体呈现增加趋势，但关于兽类的样本较少，预测该类群的变化趋势具有较大不确定性。外来物种新入侵事件对未来分布区的增加具有重要的预测参考意义，然而新入侵事件随时间的积累因分类群和大陆而异（Seebens et al.，2017）。不同大洲的地理位置差异等对外来物种引入和建群也具有重要影响，其中包括地理隔离度（Fridley and Sax，2014）、史前和现代人类殖民化程度（Ellis et al.，2013）、过去的社会经济活跃水平（Drake et al.，1989）以及促进外来物种引入和建群的当前社会经济活动因素等（Dyer et al.，2017；Pyšek et al.，2020）。例如，贸易、人口密度和土地利用强度等外来物种引入和建群的重要驱动因素在各大洲之间表现出非常大的差异（Ellis et al.，2013）。同一大洲不同分类群的外来物种的引入途径、生物互作和栖息地环境特征等均不相同，这直接导致外来入侵物种数量随时间的积累模式可能在空间和类群间存在显著差异（Essl et al.，2015）。

除了大洲和类群间的差异，大陆和岛屿间外来物种数量累积增长的动态曲线也不尽相同。虽然整体上大陆和岛屿在2005~2050年外来物种数量累积曲线表现出较高的相似性且处于同一数量级，但不同类群外来物种入侵大陆和岛屿的数量存在差异。具体来看，模型预测未来鸟类入侵大陆和岛屿的增长速率较为接近，而大陆地区兽类的增长趋势较岛屿更为陡峭（Seebens et al.，2021a）。对比2005年前后45年以来外来物种数量随时间的变化趋势，除兽类外，欧洲地区大部分类群新报道的外来物种数量预计会加速增长；而澳大拉西亚外来物种数量预计将持续下降。从潜在物种库的贡献来看，亚洲温带地区对未来兽类和澳大拉西亚地区外来鸟类新报道物种数的贡献将下降，但其他地区的潜在物种库对全球未来外来兽类和鸟类的贡献将增加（Seebens et al.，2021a），因此整体来看，未来新发外来物种数量在全球尺度还会有较大概率的持续提升，不会出现放缓迹象（Aukema et al.，2010；Blackburn et al.，2015；Liebhold et al.，2017；Seebens et al.，2017；Muñoz-Mas and García-Berthou，2020）。而且，一项关于生物入侵驱动因素的综合研究发现，贸易和运输极有可能在推动外来物种数量增长方面发挥主导作用，其他驱动因素如气候变化、生物多样性丧失和土地利用变化，在社会经济高速发展的背景下对外来物种入侵的促进效应可能会进一步增强（Essl et al.，2020）。

近几十年来，虽然与外来物种有关的立法数量有所增加（Turbelin et al.，2017），但世界上大多数地区应对外来物种的入侵能力仍然较低（Early et al.，2016）。因此，在模型预测全球外来脊椎动物分布范围会随新入侵事件增加而不断扩张的背景下，未来全球应对外来物种入侵的挑战依然非常严峻。但需要特别指出的是，未来对外来物种分布区的预测特别是基于预测模型判断的新发外来物种持续增加的趋势仍然存在较多不确定性（Seebens et al.，2021a），例如：①目前对未来外来物种增加模式的预测是基于历史新发外来物种的累积曲线，但是未来外来物种增长模式可能会随着生物安全监管能力的加强和民众意识的增强而表现出和历史增长不同的规律，如澳大利亚和新西兰目前已优化的监管模式（Sikes et al.，2018），全球标准化的多式联运集装箱运输网络（Cudahy，2006），以及应对加速气候变化和土地利用变化下，加快开发生物质燃料等，但这些驱动因素目前很难纳入对未来生物入侵风险预测的模型之中。②除了通过潜在外来物种库进行推算，未来影响新物种入侵和已入侵物种分布区扩张的驱动因素信息仍然较为缺乏，而且不同类群外来物种的驱动因素也不尽相同（Early et al.，2016；Seebens et al.，2018），这将导致通过历史发生率外推未来入侵事件的错误风险提高。

二、入侵陆栖脊椎动物分布区扩张过程中对气候变化的跟踪

生物入侵的不同阶段均会受到气候变化的影响。在建群期，气候变化导致土著物种的种群数量下降，这也将为外来物种提供可占据的空缺生态位。与此同时，土著物种的适合度下降也可以间接地削弱与外来物种的竞争关系（Walther et al.，2009）。此外，在极端天气事件发生后，外来动物相比土著动物在种群数量、分布，以及群落结构方面均具有较低的敏感性，并且外来动物在经历极端天气事件后种群恢复能力也更强（Gu et al.，2023）。这意味着极端天气事件频发可能会促进外来物种的拓殖（Diez et al.，2012）。气候变化下外来物种分布区的加速扩张与两方面因素有关，其一是全球变暖增加了外来物种适宜栖息地的范围（Hellmann et al.，2008），其二是与适应气候变化相关性状的表型具有较强的可塑性（Angert et al.，2011）。例如，气候变化会改善原本无法满足外来物种生存和繁衍的栖息地，从而促进外来物种从零星分布扩张到广域的适宜生境（Liu et al.，2011）。在这一过程中，高纬度地区的增温效应尤其显著，高纬度地区温度升高为来自温带的外来物种建群提供了适宜环境，进而促进外来物种向高纬度和高海拔地区扩散（Walther et al.，2009）。除温度升高外，区域性降水格局的改变会促使偏好高温高湿类群的分布范围的扩张（Dukes and Mooney，1999；Walther et al.，2009）。

探究限制物种地理分布的因素是生态学的核心话题之一（MacArthur，1984），这也是当今气候变化下精准预测物种分布范围、发展早期生物入侵预警和防控的关键。预测外来物种分布范围的基础是基于物种已占据的气候生态位的保守性（Pearman et al.，2008；Jiménez-Valverde et al.，2011），进而，利用生态位模型建立已记录分布点与气候和栖息地等环境变量的函数关系，预测物种潜在的分布范围（Pearman et al.，2008；Elith et al.，2010；Petitpierre et al.，2012）。然而，根据生态位理论（Hutchinson，1957），除了环境变量，物种的地理分布范围还受到生理耐受性、生物互作以及扩散屏障的综合影响。而且，外来物种入侵成功后还可能出现生态位偏移的现象，一类是随着外来物种逐渐适应新环境的胁迫而发生的基础生态位偏移（Müller-Schärer et al.，2004；Huey and Pascual，2009）；另一类是外来物种突破了扩散屏障或生物条件的限制，快速占据历史未经历的生物和气候条件而发生的实际生态位偏移（Broennimann et al.，2007；Alexander and Edwards，2010；da Mata et al.，2010）（详见第二节）。在当前气候变化背景下，验证和探讨外来物种在其原产地和入侵区气候生态位的动态变化，对构建外来物种入侵风险的预警框架具有重要意义（Peterson et al.，1999；Losos et al.，2003）。

（一）陆栖脊椎动物在原产地自然分布区对气候变化的跟踪

对于陆栖脊椎动物，物种所在区域的纬度、经度和海拔范围定义了其地理分布范围，而任何一个维度发生变化都可以代表该物种分布区发生了改变（Lenoir and Svenning，2013）。随着气候变化速率的提高（Loarie et al.，2009），越来越多的物种难以适应新的气候而被迫选择新的适宜栖息地，从而表现出跟踪气候变化向更高纬度和更高海拔地区移动（Parmesan and Yohe，2003；Bradshaw and Holzapfel，2006）。虽然早期大量研究报

道了气候变暖下物种原产地分布区已发生改变,但仍然缺乏升温导致物种分布区改变的因果证据。这一方面是由于部分地区的变暖增幅有限,而物种的分布范围发生了巨大变化(Thomas,2010;Chen et al.,2011);另一方面,虽然温度与纬度范围在空间上具有自相关关系,但对于具有纬度依赖性的物种,其分布区向极地或高海拔地区移动的趋势往往不能由气温升高单独解释(Lenoir and Svenning,2013)。基于欧洲、北美洲和马达加斯加等地兽类、鸟类和两栖爬行类的整合分析发现(Chen et al.,2011),各类群均有向高海拔地区移动的趋势,其中兽类和鸟类向高纬度地区移动的平均速度为每年1.69 km。跨类群分析来看,虽然不同类群间分布区变化的速率具有较大差异,但整体上物种分布区的变化能够满足物种适应当前的变暖条件。这也进一步说明全球变暖与陆栖脊椎动物类群分布区扩张间存在因果联系。随着气候变暖,全球等温线已向两极移动(Loarie et al.,2009;Burrows et al.,2011),陆栖物种分布区变化与等温线的移动方向和速率是否一致,对判断物种分布区能否跟踪气候变化具有重要意义(Pinsky et al.,2019,2020)。为此,相关学者构建了基于30 534个物种的分布区变化数据集,分析发现陆栖脊椎动物的分布区变化与等温线移动方向和速率具有高度的相似性,但其跟踪等温线移动的平均速率只有海洋类群的1/6(Lenoir et al.,2020)。主要原因包括两个方面:第一,陆地环境可以为动物提供躲避高温的避难所,同时陆地环境地理阻隔较多也会限制陆栖类群迅速跟踪气候变化;第二,人类频繁活动如农业开垦造成的自然生境破碎化(Warren et al.,2001)、人工基础设施建设造成的扩散屏障(Hansen et al.,2001)和潜在栖息地丧失(Segan et al.,2016)等也会阻碍物种沿纬度跟踪等温线的移动,甚至部分类群向等温线移动方向的相反方向扩散(Lenoir et al.,2020)。除此之外,气候变化速率的加快会导致部分陆栖动物难以迅速跟踪气候变化并占据新的适宜栖息地。例如,基于西半球493种兽类的扩散距离和扩散频率分析发现,约10%的物种难以跟踪气候变化,个别区域甚至高达39%的物种无法跟踪气候变化;进一步分析还发现,约20%的物种由于扩散能力有限而难以自然扩散到适宜的栖息地(Schloss et al.,2012)。因此,人类活动干扰和不同类群间扩散能力差异是造成陆栖脊椎动物跟踪气候变化存在较高不确定性的重要原因。

温度变化还对物种的分布区边界具有较强的限制作用(Sexton et al.,2009)。以温度对陆栖脊椎动物分布区扩张影响的研究为例,发现分布于热带地区的部分陆栖变温动物已达到其热耐受上限。随着气候持续变暖,这类物种的分布区将向极地方向扩张而无法向赤道方向移动(Sunday et al.,2012)。北美地区的研究发现,原先受到北方寒冷气候限制的类群,随着气候变暖,分布区向北部高纬度地区扩张的趋势在不同陆栖类群间是较为一致的。例如,太平洋东北部的绿海龟(*Chelonia mydas*)偶尔会在北至墨西哥下加利福尼亚半岛的开普地区筑巢,但冬季升温会使绿海龟将其筑巢地点向北延伸到加利福尼亚湾。据估计,未来将有越来越多的绿海龟向其历史分布范围以北的区域迁徙(Sandoval-Lugo et al.,2020;Osland et al.,2021)。海龟生命周期的许多阶段都对冬季极端温度响应异常敏感,这会给海龟未来气候变化下北迁带来诸多不确定性。例如,海龟等爬行类胚胎发育中的性别与卵的孵化温度具有密切关系。随着孵化温度的升高,雌性胚胎的比例将会增加(Yntema and Mrosovsky,1982),进而增加海龟种群雌性化的风险（Jensen et al., 2018），海龟筑巢范围扩大到更偏北、更凉爽的海滩可能有助于维持性比。北美的佛罗里达州南部是唯一一个同域分布着温带和热带爬行类的特殊地区，如耐寒的密西西比短吻鳄（*Alligator mississippiensis*）和冷敏感的美洲鳄（*Crocodylus acutus*）均分布于此（Osland et al., 2021）。相较于美洲鳄，密西西比短吻鳄能够分布到更高纬度地区，其部分原因在于密西西比短吻鳄可通过增加日照时间补偿所需热量以应对寒潮事件（Mazzotti et al., 2016），这种行为热调节的适应策略也被认为是解释诸多陆栖变温动物分布区能够向极地方向扩张的重要原因（Sunday et al., 2012）。随着对物种原产地分布区跟踪温度变化研究的深入和细化，也有越来越多的研究开始关注降水变化（Root et al., 2003）以及温度-降水变化的综合作用对物种分布区动态的影响。例如，基于澳大利亚过去 60 年气候变化的研究发现，温度和降水的迅速改变已造成 464 种鸟类的适宜气候区向赤道等多个方向移动，移动速率为每年 0.1~7.6 km（Vanderwal et al., 2013）。相比较传统认知上只考虑鸟类分布区向两极移动，该研究发现有 26%的温带物种和 95%的热带物种的分布区可以在更多方向上跟踪气候变化（Vanderwal et al., 2013）。

（二）陆栖脊椎动物入侵区扩张过程中对气候变化的跟踪

随着全球变暖加剧，外来入侵物种受到北界低温的限制程度逐渐减弱。其中一个典型的现象是冬季变暖，导致近热带-温带过渡区的极端寒潮事件频率和强度上均有所下降，从而致使冷敏感的热带外来物种向高纬度地区扩张（Osland et al., 2021）。例如，缅甸蟒（*Python bivittatus*）由宠物贸易引入北美洲，集中分布在大沼泽地国家公园（Dorcas et al., 2012; McCleery et al., 2015; Sovie et al., 2016），已导致当地多种小型兽类种群的快速下降和物种灭绝（Dorcas et al., 2012）。缅甸蟒对极端低温非常敏感（Mazzotti et al., 2011, 2016）。随着冬季气温升高，缅甸蟒分布区预计将向北进一步扩张（Jacobson et al., 2012）。除了基于实际生态位模型预测的气候变暖下潜在适宜栖息地的增加，生理耐受性指标对预测未来外来物种在气候变化下的响应也非常关键。例如，室内低温模拟实验发现缅甸蟒的耐受低温可低至 0℃（Avery et al., 2010; Dorcas et al., 2011）。基因组水平的对比分析发现，2010 年美国佛罗里达州南部发生寒潮事件前后，缅甸蟒与热适应、行为调节和生理响应相关的基因表达出现了显著上调（Card et al., 2018），与冷适应相关基因的进化速度明显加快，综合反映出该物种对暖冬的进化适应和分布区进一步北扩的潜力。其他类群如绿鬣蜥（*Iguana iguana*）、沙氏变色蜥（*Anolis sagrei*）和尼罗河巨蜥（*Varanus niloticus*）等热带入侵爬行类，它们对寒冷敏感，但是在逐渐暖化的冬季也有较大概率向北扩张（Dalrymple, 1980; Krysko et al., 2007; Kolbe et al., 2014）。除美国佛罗里达州南部外，为了应对极端低温，分布于墨西哥湾（即得克萨斯州、路易斯安那州、密西西比州和亚拉巴马州）、大西洋（即佐治亚州）沿岸，以及北美干旱和半干旱地区热带-温带过渡带的爬行类正在改变它们的北部分布边界。例如，对低温敏感的沙氏变色蜥已在美国得克萨斯州、路易斯安那州、佐治亚州和加利福尼亚州成功建立种群（Early Detection & Distribution Mapping System, 2020）；绿鬣蜥已经从墨西哥北部的活动范围扩张到美国得克萨斯州南部（Hibbitts and Hibbitts, 2015）。在索诺拉沙漠，研究发现新热带藤蔓蛇（*Oxybelis aeneus*）的分布区范围也受到了冬季温度的影响（Van

Devender et al., 1994)。虽然该物种的扩散能力有限，但是随着宠物贸易，该物种仍然可能会引种到更高纬度地区并占据冬季变暖后的生境（Osland et al., 2021）。金线雨蛙（*Eleutherodactylus coqui*）对低温非常敏感，该物种在美国佛罗里达州已建立种群，经历了1977年的寒潮事件后其野外种群绝灭（Wilson and Porras, 1983），但随着全球变暖和寒潮事件频率下降，金线雨蛙重新定居的概率也将逐渐提高（Rödder, 2009）。除了上述北美案例，欧洲现有入侵鸟类主要是19世纪和20世纪初欧洲殖民国家有意引入。然而，在过去的几十年里，全球范围鸟类宠物贸易的引种，已经彻底改变了原有欧洲鸟类入侵物种的分布格局。Abellan等（2017）构建了伊比利亚半岛过去100年记录的外来鸟类入侵数据集，发现入侵区气候条件与物种原产地气候的相似程度是决定外来鸟类在入侵区分布区扩张的关键因素。以往研究也发现了外来鸟类的成功入侵与原产地和入侵区之间的气候相似性密切相关（Blackburn et al., 2009；Redding et al., 2019），部分外来鸟类未能建立种群与其引入后完全不适应新环境有关（Blackburn and Duncan, 2001；Duncan et al., 2001；Cardador et al., 2016）。但也有报道表明，有些外来鸟类在入侵区内占据的实际气候生态位与外来物种原产地范围可能存在较大差异（Cardador and Blackburn, 2020；Jin et al. 2025），相关原因还需要进一步研究。

外来物种在其入侵区（Torchin et al., 2003；Colautti et al., 2004）常会突破生物相互作用和扩散屏障的限制，这为探讨物种生态位的时空保守性提供了自然模式系统。当前检验入侵物种生态位是否发生偏移，主要通过比较物种原产地和入侵区占据的气候生态位的差异来判断（Broennimann et al., 2007, 2012；Fitzpatrick et al., 2007；Petitpierre et al., 2012）。例如，自1935年甘蔗蟾蜍作为生防物种被引入到澳大利亚以来，其入侵区范围已经扩大到了120多万平方千米（Urban et al., 2007）。前期研究发现生理热耐受性（Kolbe et al., 2010；McCann et al., 2014）和运动能力的快速适应（Phillips et al., 2010）可能是促进该物种入侵区大规模扩张的关键因素。但是，Tingley等（2014）通过对比甘蔗蟾蜍在其原产地南美地区和入侵区澳大利亚的潜在分布范围及气候条件，发现该物种在入侵区占据的实际生态位和原产地并不相同，这可能与澳大利亚境内频繁发生极端干旱事件有关（Elith et al., 2010；Tingley et al., 2014），虽然甘蔗蟾蜍南美原产地也频繁发生干旱、热浪事件，但该物种并未在其原产地占据这些恶劣气候条件的区域（Tingley et al., 2014），而是在引入澳大利亚后其分布范围迅速扩张并成功定殖在干燥、高温的气候区域（Urban et al., 2007），这验证了气候生态位变化对入侵区分布扩张所起到的决定性作用（Glennon et al., 2014）。Guisan等（2014）对180个案例的回顾性分析，也发现近半数的案例中外来物种在入侵区发生了实际气候生态位的偏移，这为进一步通过生态位保守性假说来推测这些物种可能发生扩张的区域范围增加了难度。

如前文所述，种间互作也在影响着外来物种分布区扩张中对气候因子的跟踪。例如，基于甘蔗蟾蜍在澳大利亚的实际气候生态位预测其在原产地南美洲以南具有潜在适宜分布范围，但通过实地观测发现，该物种未能分布到该区域。对甘蔗蟾蜍原产地南美洲地区气候特点的分析发现，可能的原因是在巴西南部较冷和较干燥的地区存在与甘蔗蟾蜍密切相关的同属种 *Rhinella schneideri*，该物种阻碍了甘蔗蟾蜍在其现有范围以南的适宜栖息地定殖（Tingley et al., 2014）。事实上，巴西南部山脉边缘地区发现甘蔗蟾蜍与

其同属种 *R. schneideri* 已发生了杂交（Sequeira et al.，2011），即使种间杂交率很低，但也形成了稳定的同属不同种的分布界线（Goldberg and Lande，2006）。此外，甘蔗蟾蜍与其同属种 *R. schneideri* 的分布范围共同填充了甘蔗蟾蜍在原产地的基础生态位。因此，整体上甘蔗蟾蜍在澳大利亚所占据的气候与其同属种 *R. schneideri* 在南美洲所占据的气候相似（Tingley et al.，2014）。基于原产地实际生态位的最大熵模型预测到该物种的潜在分布范围包括原产地范围以及入侵区澳大利亚北部的部分地区，但模型预测结果未能捕捉到昆士兰州和新南威尔士州北部干燥和较冷地区已入侵的种群（Tingley et al.，2014）。因此，基于原产地范围的模型低估了物种在入侵区的分布范围，暗示了在入侵区特殊气候条件下发生了生态位的偏移。同时也说明，在没有扩散限制和其他共进化类群的入侵区澳大利亚，甘蔗蟾蜍正开始填补与原产地相比较未被填充的基础生态位。

最后，人类活动在协助外来物种克服不利气候、完成分布区的扩张过程中具有非常重要的作用（Strubbe and Matthysen，2009）。例如，"热岛效应"是城市气候重要特征之一（Collins et al.，2000），城市区域的温度普遍比周边自然生境更高。在气候条件恶劣、食物供应不足的冬季，人类居住区可能对外来鸟类的生存反而是有利的，会促进外来鸟类向城市生境的分布扩张。扩散限制可能会影响一些自然扩散能力弱的两栖类北上应对暖冬的能力，而人类的协助扩散在此情况下能够助力这些物种的分布区扩张。例如，古巴树蛙（*Osteopilus septentrionalis*）和金线雨蛙（*Eleutherodactylus coqui*）通过热带观赏植物的长途运输（>100 km）成功在新的地区建立了种群。与此类似，一些物种通过园艺运输的无意引种从佛罗里达州和其他热带地区转运到美国温带地区的苗圃园（Kraus and Campbell，2002；Glorioso et al.，2018；Morningstar and Daniel，2020），因此，即使在气候变暖背景下，通过人类干预下的长距离扩散，也可能会促进两栖类向高纬度适宜气候区分布和建群。从更长时间尺度来看，自大约 19 000 年前的末次盛冰期以来，气温变暖促使对冷敏感的热带生物北移 2000～3000 km 至北美北部区域（Pielou，1991；Woodroffe and Grindrod，1991；Zink and Gardner，2017）。这些案例说明物种本身确实存在着对气候变化的巨大适应能力，但当今乃至未来几个世纪的气候将是前所未有的，加之各种极端天气事件的频发，未来气候变化下的外来物种分布动态仍有诸多不确定性，尚需更长时间尺度的监测和研究（Abellan et al.，2017）。

第四节　入侵陆栖脊椎动物生物地理格局对气候变化的响应

一、入侵陆栖脊椎动物重塑传统生物地理格局

（一）陆栖脊椎动物原产地分布区的生物地理格局

生物地理格局是物种在地质历史事件（如板块运动）和气候事件（如冰期-间冰期循环）共同作用下空间集群的结果，反映了不同生物地理区系独特的进化历史和地理隔离程度（Holt et al.，2013；Cox et al.，2016）。动物区系（fauna）是由许多分类地位明确并在地理分布上重叠的物种所组成的。1876 年，阿尔弗雷德·拉塞尔·华莱士第一次

公布了全球陆栖脊椎动物区系，成为现代生物地理学研究的基石。地球上的陆地被海洋所分隔，即使在同一个大陆内部，也常被山脉、沙漠与河流等地理障碍所分隔，从而形成相对独立的动物区系。长期以来，华莱士陆栖脊椎动物区系划分包括6个界：澳洲界（Australian realm）、新热带界（Neotropical realm）、埃塞俄比亚界（Ethiopian realm）、东洋界（Oriental realm）、古北界（Palearctic realm）、新北界（Nearctic realm）（Wallace，1877；Briggs，1995）。Holt 等（2013）基于包括兽类、鸟类和两栖类在内的 21 037 个陆栖脊椎动物的分布数据，利用谱系 β 多样性的方法对全球陆栖脊椎动物地理区系进行更新和补充，将全球划分为 11 个动物区系和 20 个动物区系亚区，阐明了不同陆栖脊椎动物区系之间进化历史的独特性，也为全球生物多样性保护策略的制定提供了宝贵的理论依据。

除动物地理区系外，由于温度、降水和热量等非生物因素随纬度梯度的变化，陆栖脊椎动物多样性也呈现出随纬度变化的空间格局。以动物的形态特征为例，陆栖脊椎动物的个体大小、形态和颜色等随环境梯度尤其是纬度梯度呈现出明显的变化格局。生态学和生物地理学的先辈们通过大量的实证和观察，总结出了一系列生物地理法则。例如，Bergmann（1848）发现在相同的环境条件下，恒温动物每单位体表面积所散发的热量相等，进而提出了贝格曼法则（Bergmann's rule）：寒冷条件下更大的恒温脊椎动物有相对更小的体表面积比，从而导致动物的个体大小随纬度升高有增大趋势（Ashton et al.，2000；Ashton and Feldman，2003；Meiri and Dayan，2003；Blackburn and Hawkins，2004）；艾伦法则（Allen's rule）则指出动物附肢有随着纬度升高而变短的规律（Nudds and Oswald，2007；Danner and Greenberg，2015；Olsen et al.，2019）；格洛格尔律（Gloger's rule）聚焦动物的毛色，发现生活在温暖、湿润环境中的动物较生活在寒冷、干燥环境中的动物的毛色更深（Delhey，2017，2019）。除此之外，Rapoport（1982）通过比较美洲大陆不同兽类的地理分布区大小，发现低纬度物种比高纬度物种趋于更小的地理分布范围，被后人命名为拉波波特法则（Rapoport's rule）。该法则又被不断延伸用于验证不同类群分布区大小的纬度梯度变化格局（Gaston et al.，1998；Arita et al.，2005；Pintor et al.，2015）。

与大陆相比，岛屿生态系统受到地理隔离、岛屿面积等因素的影响，也形成了经典的岛屿生物地理学。例如，根据物种-面积关系（area-species relationship）法则预测，较大面积的岛屿由于更大的地理空间和更加丰富的栖息地类型，可以孕育更加丰富的物种多样性（Connor and McCoy，1979；Palmer and White，1994）。根据种-隔离度关系（isolation-species relationship）法则，距离大陆越远的岛屿，其物种多样性会越低（Baiser et al.，2019）。上述传统生物地理经验法则虽然不能在所有类群和不同尺度下得到验证（Ashton et al.，2000；Ashton and Feldman，2003），但在一定程度上可以证明生物地理格局是物种在漫长的进化历史中对分布区域内生物和非生物环境适应的结果。

（二）入侵陆栖脊椎动物对生物地理格局的改变

在当今"人类世"下，由人类活动介导的外来物种入侵正在突破物种原产地分布区的地理和气候隔离，逐步打破传统的生物地理格局（Helmus et al.，2014；Capinha et al.，

2015；Liu et al.，2021）。例如，外来物种的入侵正在改变全球鸟类和两栖类的动物地理格局，以及欧亚大陆和非洲大陆兽类的传统地理区系，加速生物同质化（Bernardo-Madrid et al.，2019）。通过对比外来两栖爬行类入侵前后的生物地理区划，Liu 等（2021）发现外来物种的入侵正导致全球两栖爬行类生物地理格局的同质化。外来物种入侵也在冲击传统的岛屿生物地理学法则。以加勒比群岛的外来爬行类安乐蜥（*Anolis* spp.）为例，研究发现不同岛屿的人类活动正在主导加勒比群岛外来爬行类的岛间入侵（Helmus et al.，2014）。在此过程中，外来物种正驱动土著物种-面积关系曲线发生改变，表现在传统物种-面积关系曲线的拐点消失，物种-面积关系呈现完全线性增长的规律，而传统的地理隔离对外来爬行类丰富度的影响被逐渐弱化（Helmus et al.，2014）；在全球尺度的研究发现，与其邻近大陆相比，岛屿两栖爬行类的群落构建过程在物种和谱系两方面均具有明显的独特性，但该独特性正随外来物种入侵而不断下降，其中远洋海岛与火山岛受入侵影响最为严重（Tu et al.，2024）；对美国 250 多个国家公园的研究显示，与当地鸟类相比，外来鸟类丰富度与国家公园面积的正相关趋势线的斜率显著降低（Li et al.，2018）；基于西印度群岛的外来两栖爬行类（Gao and Perry，2016）、南太平洋岛屿和全球岛屿的外来鸟类（Chown et al.，1998；Blackburn et al.，2008，2016，2021）的研究则呈现出与传统土著物种较为类似的物种-面积规律：外来物种丰富度与岛屿面积整体上呈显著正相关关系；基于已发表的涵盖多个类群的 35 个岛屿和陆地外来物种分布数据集的研究发现，随着入侵强度增加，所有物种（土著物种+入侵物种）的物种-面积关系显著增强（Guo et al.，2021）。整体来看，已有的研究仅限于较为简单的外来物种数量和岛屿面积线性关系的探讨，拟合的模型多为连续的物种-面积关系模型，如经典的 $S=C \times A^Z$ 模型（A：物种占据的空间面积；S：面积 A 中出现的物种数目；C：模型参数，表示每增加单位面积所增加的物种数目；Z：模型参数，表示单位面积中的物种数目）（Blackburn et al.，2021），而忽略了分段物种-面积关系模型。关于加勒比群岛安乐蜥的研究已经证实，物种多样性与岛屿面积间并非简单的线性关系（Helmus et al.，2014），亟须通过应用更加复杂的非线性模型方法如断点回归技术探讨不同外来动物类群、全球不同群岛的物种-面积关系。基于全球 54 个群岛 4277 个岛屿上已成功建群的 769 种外来兽类、鸟类和两栖爬行类数据集，最新的研究发现，入侵陆栖脊椎动物的物种数量与岛屿面积间并非呈现经典的线性物种-面积关系，而是当岛屿面积小于某一阈值时，出现物种数不随岛屿面积增大的小岛屿效应，当达到这一小岛屿面积阈值后，岛屿上外来入侵物种数量会突然激增（Li et al.，2024）。岛屿生物地理学的另一经典格局是物种-隔离关系，即岛屿物种多样性会随着岛屿与大陆的隔离距离的增加而降低（Kadmon and Pulliam，1993；Weigelt and Kreft，2013）。然而，人类活动导致的外来物种入侵正在改变传统岛屿的物种组成和丰富度。基于全球海岛上的外来和土著的兽类、鸟类和爬行类的研究发现，物种-隔离关系与传统格局截然相反：入侵脊椎动物丰富度随岛屿与大陆的隔离距离而增加，其主要原因之一是偏远岛屿上土著物种多样性低，因此抵御外来物种入侵的能力不足。同时，偏远岛屿上较低的土著物种多样性还可以为外来物种提供更多的空缺生态位，进而会造成更多外来物种的入侵（Moser et al.，2018）。

入侵陆栖脊椎动物在重塑生物地理格局的同时，也可能会改变人们对传统生物地理法则的认识。虽然近期针对外来鸟类体型大小的研究表明外来鸟类个体大小仍然符合贝格曼法则（Blackburn et al., 2019），但其他外来脊椎动物类群的入侵分布区、形态特征等是否符合贝格曼法则、艾伦法则和拉波波特法则等传统生物地理学法则仍亟须深入研究。

二、塑造入侵陆栖脊椎动物生物地理格局的主要理论假说

（一）影响入侵陆栖脊椎动物原产地分布区生物地理格局的主要因素

传统生物地理格局是地质历史事件、气候因素、地形因素共同作用的结果。对陆栖脊椎动物而言，其生物地理格局主要受到区域气候（气候假说，climate hypothesis）（Araújo et al., 2008）、生物间互作（生物因子假说，biotic hypothesis）（Huston, 1979）、能量（能量假说，energy hypothesis；水热平衡假说，water-energy balance hypothesis）（Lennon et al., 2000）、环境异质性假说（environmental heterogeneity hypothesis）（Lennon et al., 2000; Vetaas et al., 2019）、区域进化历史假说（regional evolutionary history hypothesis）和物种生态位保守性假说（niche conservatism hypothesis）（Stevens, 1989; Wiens and Graham, 2005）、空间几何限制（中域效应，mid-domain effect）（Colwell and Lees, 2000）、物种分化速率假说（species diversification rate hypothesis），以及区域累积进化时间假说（time-for-specification hypothesis）（Fjeldså et al., 2012; Quintero and Jetz, 2018）等因素的综合影响。在 Holt 等（2013）对全球生物地理格局研究的基础上，Ficetola 等（2017）通过空间回归分析对全球生物地理格局的边界形成因素进行了系统性研究，发现板块运动、气候（年均温和降水量的季节性变化）和地形是塑造土著物种生物地理格局最主要的因素。值得一提的是，不同陆栖脊椎动物类群的生物地理区系边界的限制因子有所不同：板块运动、气候变化和地理屏障在兽类地理区系边界形成过程中起主要作用，而气候变化是驱动鸟类和两栖类地理区系边界形成的主要因素（Ficetola et al., 2021）。

（二）影响陆栖脊椎动物入侵后生物地理格局的主要因素

陆栖脊椎动物入侵后的生物地理格局是外来物种在入侵生物群落中不断累积的结果。因此，外来入侵物种与土著物种在组成新的群落中的互作关系直接影响陆栖脊椎动物入侵后的生物地理格局。达尔文在《物种起源》中曾经提出两个相互矛盾的理论用于解释外来入侵物种与土著物种间的关系，又被誉为"达尔文归化谜团"（Darwin's naturalisation conundrum）（Jones et al., 2013; Li et al., 2015; Cadotte et al., 2018; Qian and Sandel, 2022）：当外来物种与土著物种的亲缘关系较近时，外来物种由于在入侵区受到与原产地相似的环境过滤作用而更容易形成入侵；另外，与土著物种亲缘关系较近的物种会与土著物种产生更强烈的种间竞争关系，因而更难入侵成功。针对上述两种假说，大量学者围绕不同生物入侵阶段展开了系统性研究和验证，但学界仍然没有达成统一的认识（Thuiller et al., 2010; Liu et al., 2014; Li et al., 2015）。现代物种共存理论的提出和不断完善有助于回答上述两个假说的一些潜在矛盾问题（Chesson, 2000, 2011,

2012，2018）。从物种共存和群落构建的角度来说，外来物种能否入侵成功取决于外来物种和土著物种的生态位差异和适合度差异的相对大小（Chu and Adler，2015；Chesson，2018；Yu and Li，2020）：当外来物种与土著物种亲缘关系较近时，二者生态位差异和适合度差异均较小，外来物种与土著物种间的种间竞争较强，不利于共存；当外来物种与土著物种亲缘关系较远时，二者生态位差异和适合度差异均较大，外来物种与土著物种间的种间竞争较弱，从而有利于二者共存。除此之外，外来物种还可能通过占领入侵区未被土著物种占据的空余生态位或资源而实现入侵（空余生态位假说，empty niche hypothesis；资源机遇假说，resource opportunity hypothesis）；当土著物种多样性较高时，区域内资源利用率较高，空余生态位也较少，从而降低生物入侵的风险（生物拮抗假说，biotic resistance hypothesis）（Elton，2020）。与空余生态位假说相关的还包括干扰假说（disturbance hypothesis）和资源波动假说（fluctuating resources hypothesis）：当群落受到干扰或环境资源发生波动变化时，群落中空余生态位增加，从而促进了区域生物入侵（Lozon and MacIsaac，1997；Davis et al.，2000）。当入侵区环境异质性较高时，群落中往往具有更多的生态位，从而能够促进外来物种的种群建立，进而实现入侵（即环境异质性假说，environmental heterogeneity hypothesis）（Melbourne et al.，2007）。

在全球化背景下，人类活动以及气候等自然因素在塑造外来物种入侵后的生物地理格局中均发挥着重要作用。一方面，全球经济贸易通过促进区域间外来物种入侵，从而对物种组成相似度具有重要影响。Capinha 等（2015）基于全球 54 个地区腹足纲动物多样性的研究表明，由贸易所导致的外来物种入侵正在打破经典生物地理格局，即不同地区之间物种的组成相似性与区域间空间距离的递减速率显著下降。另一方面，外来入侵物种生物地理格局与温度、降水等气候因素的相似性联系紧密。例如，最高气温、降水季节性变化等气候因素的相似性对外来两栖爬行类的生物地理格局具有较高的解释度，说明气候因素在外来入侵物种生物地理格局中的重要塑造作用（Liu et al.，2021）。

（三）影响入侵陆栖脊椎动物生物地理格局的关键气候过滤因子

气候因子是预测外来物种全球生物地理格局形成的关键因素之一（Capinha et al.，2015；Liu et al.，2021），这也是当代物种分布模型技术能够应用于外来物种入侵风险评估与早期探测的重要理论基础。然而，受生活史和生理等特征差异的影响，不同动物类群往往对相同气候因子的依赖程度有所不同。与此同时，同一外来物种对于不同气候因子的依赖性和保守性也会不同。例如，通过分析 697 种变温动物、227 种恒温动物及 1816 种植物对热耐受和冷耐受的保守性，Araújo 等（2013）发现不同类群对热耐受性表现出一致的保守性，而对冷耐受的保守性表现则因类群而异。Sunday 等（2011）则发现分布在较高纬度的物种具有更宽的冷耐受幅；陆栖变温动物的耐受温度的上限随纬度变化很小，而耐受温度的下限则随纬度升高而降低。虽然不同入侵陆栖脊椎动物类群由于生理和生活史特征的不同，对气候因子具有不同程度的依赖性，但气候极值（Gaston and Chown，1999）和气候变异性（Stevens，1989）对不同动物类群的空间分布普遍具有较强的过滤作用。一方面，极端天气能通过影响生物体正常生理功能而直接影响物种的分布；另一方面，极端天气和气候变异性能够通过影响水和食物等关键资源的可获得性间接影响物种的分布（Hurlbert and Haskell，2003）。例如，通过对比研究外来两栖爬行类入侵前后分布区的生物地理格局，Liu 等（2021）发现空间距离是外来两栖爬行类原产地生物地理格局的主要驱动因子，而最高气温、降水的季节性变化则是外来两栖爬行类入侵分布区生物地理格局形成的主要过滤因子。但整体来看，关于外来物种在改变传统生物地理格局中的关键气候过滤因子，仍缺少跨类群的普适性规律的探讨，同时长期气候变化在塑造外来物种生物地理格局中的作用也不清楚。

第五节 总结与展望

一、总结

物种响应气候变化后分布区的改变，已被认为是当前全球变化的重要后果之一（Pecl et al.，2017）。尤其对于外来入侵物种，随着全球变暖幅度和速率加剧（IPCC，2021），其全球分布格局正在发生巨大改变。探讨气候变化下外来入侵物种的分布动态，对于全球生物多样性和生态功能的保护和维持，预警外来入侵物种对全球环境的负面效应都具有重要意义。从空间尺度来看，外来物种在入侵区的分布范围整体表现出向高纬度和高海拔地区移动（Thomas，2010；Osland et al.，2021）。从长时期序列来看，多数入侵陆栖脊椎动物类群在全球的入侵事件呈逐年增加的态势（Seebens et al.，2017）。外来入侵物种响应气候变化而发生分布区的改变，可能源于 3 个方面：①全球气候变暖后，中低纬度的生境由于温度升高而不适于外来物种建群，但是高纬度地区温度升高、寒冷气候缓解，这为外来物种提供了适宜生存和繁衍的栖息地，外来物种分布区域随之扩张；②外来物种本身在面对气候变化的自然筛选下，逐渐适应入侵区气候而发生分布区扩张（Abellan et al.，2017）；③全球变暖会通过改变人类活动的范围，人类协助扩散的范围、方式和强度等，进而影响外来物种的分布区扩张。例如，气候变暖带来夏季北极冰盖消融，延长了海上运输航道的通航期，连接了北大西洋和太平洋海域，为不同海域的类群提供了扩散通道（Reid et al.，2007）。

二、展望

虽然基于基础生态位的机制模型和基于实际生态位的相关模型都可以预测入侵陆栖脊椎动物的潜在分布（Kearney and Porter，2009；Strubbe et al.，2023），但两者都会出现入侵区理论上可以占据但实际尚无分布的地理区域。研究空间尺度的精确度问题可能是重要影响因素，充分利用更多系统发育相近的同类物种占据的生态位或者发展精确度更高的微生境模型是未来外来物种分布对气候变化响应研究需要重点考虑的方面（Tingley et al.，2014）。并且，结合实验室或野外受控试验的方法对生态模型的预测结果加以验证，将有助于更加深入地理解物种原产地和入侵区如何响应气候变化而发生分布区扩张。

当前对外来入侵物种分布区研究存在局限性的另一重要原因来自外来入侵物种检

测和报道的延迟、研究能力和采样强度的时空差异等造成的分布数据的偏差。为了更加可靠地评估气候变化下入侵陆栖脊椎动物分布区的扩张趋势，未来研究中需要充分考虑所用数据库中外来物种名单全面性和分布数据完整性的问题（Leung et al., 2014；Hulme，2015）。由于诸多外来入侵物种在其原产国未被认定存在生态安全问题，因此这些物种的基础生物学特征往往缺乏系统性研究，对其分布区范围等的了解可能也有待深入。因此，在探究入侵陆栖脊椎动物随气候变化的未来入侵分布动态时，我们需要考虑造成外来物种分布和数量不确定性的来源，将不同地理区域的潜在数据采样偏差整合入模型预测中，为外来陆栖脊椎动物的早期入侵风险构建更加准确的预警框架，助力遏制外来陆栖脊椎动物入侵的科学策略的制定。

（本章作者：刘　宣　杜元宝　顾世民）

参 考 文 献

Abellan P, Tella J L, Carrete M, et al. 2017. Climate matching drives spread rate but not establishment success in recent unintentional bird introductions. Proceedings of the National Academy of Sciences of the United States of America, 114(35): 9385-9390.

Alexander J M, Edwards P J. 2010. Limits to the niche and range margins of alien species. Oikos, 119(9): 1377-1386.

Allen W L, Street S E, Capellini I. 2017. Fast life history traits promote invasion success in amphibians and reptiles. Ecology Letters, 20(2): 222-230.

Angert A L, Crozier L G, Rissler L J, et al. 2011. Do species' traits predict recent shifts at expanding range edges? Ecology Letters, 14(7): 677-689.

Araújo M B, Ferri-Yáñez F, Bozinovic F, et al. 2013. Heat freezes niche evolution. Ecology Letters, 16(9): 1206-1219.

Araújo M B, Nogués-Bravo D, Diniz-Filho J A F, et al. 2008. Quaternary climate changes explain diversity among reptiles and amphibians. Ecography, 31(1): 8-15.

Araújo M B, Thuiller W, Pearson R G. 2006. Climate warming and the decline of amphibians and reptiles in Europe. Journal of Biogeography, 33(10): 1712-1728.

Arita H T, Rodriguez P, Vazquez-Dominguez E. 2005. Continental and regional ranges of North American mammals: Rapoport's rule in real and null worlds. Journal of Biogeography, 32(6): 961-971.

Ashton K G, Feldman C R. 2003. Bergmann's rule in nonavian reptiles: turtles follow it, lizards and snakes reverse it. Evolution, 57(5): 1151-1163.

Ashton K G, Tracy M C, de Queiroz A. 2000. Is Bergmann's rule valid for mammals? American Naturalist, 156(4): 390-415.

Atwater D Z, Ervine C, Barney J N. 2018. Climatic niche shifts are common in introduced plants. Nature Ecology & Evolution, 2(1): 34-43.

Aukema J E, McCullough D G, Von Holle B, et al. 2010. Historical accumulation of nonindigenous forest pests in the Continental United States. BioScience, 60(11): 886-897.

Avery M L, Engeman R M, Keacher K L, et al. 2010. Cold weather and the potential range of invasive Burmese pythons. Biological Invasions, 12(11): 3649-3652.

Baiser B, Gravel D, Cirtwill A R, et al. 2019. Ecogeographical rules and the macroecology of food webs. Global Ecology and Biogeography, 28(9): 1204-1218.

Bellard C, Thuiller W, Leroy B, et al. 2013. Will climate change promote future invasions? Global Change Biology, 19(12): 3740-3748.

Bellemain E, Ricklefs R E. 2008. Are islands the end of the colonization road? Trends in Ecology &

Evolution, 23(8): 461-468.
Bergmann C. 1848. Über die Verhältnisse der Wärmeökonomie der Thiere zu ihrer Grösse. Göttingen: Vandenhoeck und Ruprecht.
Bernardo-Madrid R, Calatayud J, González-Suárez M, et al. 2019. Human activity is altering the world's zoogeographical regions. Ecology Letters, 22(8): 1297-1305.
Blackburn T M, Cassey P, Lockwood J L. 2008. The island biogeography of exotic bird species. Global Ecology and Biogeography, 17(2): 246-251.
Blackburn T M, Cassey P, Pyšek P. 2021. Species-area relationships in alien species: pattern and process//Triantis K A, Whittaker R J, Matthews T J. The Species-Area Relationship: Theory and Application. Cambridge: Cambridge University Press.
Blackburn T M, Delean S, Pyšek P, et al. 2016. On the island biogeography of aliens: a global analysis of the richness of plant and bird species on oceanic islands. Global Ecology and Biogeography, 25(7): 859-868.
Blackburn T M, Duncan R P. 2001. Determinants of establishment success in introduced birds. Nature, 414(6860): 195-197.
Blackburn T M, Dyer E, Su S, et al. 2015. Long after the event, or four things we (should) know about bird invasions. Journal of Ornithology, 156(1): 15-25.
Blackburn T M, Hawkins B A. 2004. Bergmann's rule and the mammal fauna of northern North America. Ecography, 27(6): 715-724.
Blackburn T M, Lockwood J L, Cassey P. 2009. Avian Invasions: The Ecology and Evolution of Exotic Birds. Oxford: Oxford Univ Press.
Blackburn T M, Pyšek P, Bacher S, et al. 2011. A proposed unified framework for biological invasions. Trends in Ecology & Evolution, 26(7): 333-339.
Blackburn T M, Redding D W, Dyer E E. 2019. Bergmann's rule in alien birds. Ecography, 42(1): 102-110.
Bomford M, Kraus F, Barry S C, et al. 2008. Predicting establishment success for alien reptiles and amphibians: a role for climate matching. Biological Invasions, 11(3): 713.
Bonebrake T C, Mastrandrea M D. 2010. Tolerance adaptation and precipitation changes complicate latitudinal patterns of climate change impacts. Proceedings of the National Academy of Sciences of the United States of America, 107(28): 12581-12586.
Bozinovic F, Calosi P, Spicer J I. 2011. Physiological correlates of geographic range in animals. Annual Review of Ecology, Evolution, and Systematics, 42(1): 155-179.
Bradshaw W E, Holzapfel C M. 2006. Evolutionary response to rapid climate change. Science, 312(5779): 1477-1478.
Briggs J C. 1995. Global Biogeography. Amsterdam: Elsevier.
Broennimann O, Fitzpatrick M C, Pearman P B, et al. 2012. Measuring ecological niche overlap from occurrence and spatial environmental data. Global Ecology and Biogeography, 21(4): 481-497.
Broennimann O, Petitpierre B, Chevalier M, et al. 2021. Distance to native climatic niche margins explains establishment success of alien mammals. Nature Communications, 12(1): 2353.
Broennimann O, Treier U A, Müller-Schärer H, et al. 2007. Evidence of climatic niche shift during biological invasion. Ecology Letters, 10(8): 701-709.
Brown J H, Stevens G C, Kaufman D M. 1996. THE GEOGRAPHIC RANGE: size, shape, boundaries, and internal structure. Annual Review of Ecology and Systematics, 27(1): 597-623.
Burrows M T, Schoeman D S, Buckley L B, et al. 2011. The pace of shifting climate in marine and terrestrial ecosystems. Science, 334(6056): 652-655.
Cadotte M W, Campbell S E, Li S P, et al. 2018. Preadaptation and naturalization of nonnative species: Darwin's two fundamental insights into species invasion//Merchant S S. Annual Review of Plant Biology. Vol. 69. Palo Alto: Annual Review Inc.
Calosi P, Bilton D T, Spicer J I, et al. 2010. What determines a species' geographical range? Thermal biology and latitudinal range size relationships in European diving beetles (Coleoptera: Dytiscidae). Journal of Animal Ecology, 79(1): 194-204.
Capellini I, Baker J, Allen W L, et al. 2015. The role of life history traits in mammalian invasion success.

Ecology Letters, 18(10): 1099-1107.

Capinha C, Essl F, Seebens H, et al. 2015. The dispersal of alien species redefines biogeography in the Anthropocene. Science, 348(6240): 1248-1251.

Card D C, Perry B W, Adams R H, et al. 2018. Novel ecological and climatic conditions drive rapid adaptation in invasive Florida Burmese pythons. Molecular Ecology, 27(23): 4744-4757.

Cardador L, Blackburn T M. 2020. A global assessment of human influence on niche shifts and risk predictions of bird invasions. Global Ecology and Biogeography, 29(11): 1956-1966.

Cardador L, Carrete M, Gallardo B, et al. 2016. Combining trade data and niche modelling improves predictions of the origin and distribution of non-native European populations of a globally invasive species. Journal of Biogeography, 43(5): 967-978.

Chen I C, Hill J K, Ohlemüller R, et al. 2011. Rapid range shifts of species associated with high levels of climate warming. Science, 333(6045): 1024-1026.

Chesson P. 2000. Mechanisms of maintenance of species diversity. Annual Review of Ecology and Systematics, 31(1): 343-366.

Chesson P. 2011. Ecological niches and diversity maintenance//Pavlinov I. Research in Biodiversity: Models and Applications. Rijeka: InTech: 43-60.

Chesson P. 2012. Species competition and predation//Leemans R. Ecological Systems: Selected Entries from the Encyclopedia of Sustainability Science and Technology. New York: Springer: 223-256.

Chesson P. 2018. Updates on mechanisms of maintenance of species diversity. Journal of Ecology, 106(5): 1773-1794.

Chown S L, Gremmen N J M, Gaston K J. 1998. Ecological biogeography of southern ocean islands: species-area relationships, human impacts, and conservation. The American Naturalist, 152(4): 562-575.

Chu C, Adler P B. 2015. Large niche differences emerge at the recruitment stage to stabilize grassland coexistence. Ecological Monographs, 85(3): 373-392.

Cohen J M, Civitello D J, Brace A J, et al. 2016. Spatial scale modulates the strength of ecological processes driving disease distributions. Proceedings of the National Academy of Sciences of the United States of America, 113(24): E3359-E3364.

Colautti R I, Ricciardi A, Grigorovich I A, et al. 2004. Is invasion success explained by the enemy release hypothesis? Ecology Letters, 7(8): 721-733.

Collins J P, Kinzig A, Grimm N B, et al. 2000. A New urban ecology: modeling human communities as integral parts of ecosystems poses special problems for the development and testing of ecological theory. American Scientist, 88(5): 416-425.

Colwell R K, Lees D C. 2000. The mid-domain effect: geometric constraints on the geography of species richness. Trends in Ecology & Evolution, 15(2): 70-76.

Connor E F, McCoy E D. 1979. The statistics and biology of the species-area relationship. The American Naturalist, 113(6): 791-833.

Corlett R T, Westcott D A. 2013. Will plant movements keep up with climate change? Trends in Ecology & Evolution, 28(8): 482-488.

Cox C B, Moore P D, Ladle R J. 2016. Biogeography: An Ecological and Evolutionary Approach. New York: John Wiley & Sons.

Cudahy B J. 2006. The containership revolution: Malcom McLean's 1956 innovation goes global. Transportation Research News, 246: 5-9.

da Mata R A, Tidon R, Côrtes L G, et al. 2010. Invasive and flexible: niche shift in the drosophilid *Zaprionus indianus* (Insecta, Diptera). Biological Invasions, 12(5): 1231-1241.

Dalrymple G H. 1980. Comments on the density and diet of a giant anole *Anolis equestris*. Journal of Herpetology, 14: 412.

Danner R M, Greenberg R. 2015. A critical season approach to Allen's rule: bill size declines with winter temperature in a cold temperate environment. Journal of Biogeography, 42(1): 114-120.

Darwin C. 1859. On the Origin of Species. London: John Murray.

Davidson A M, Jennions M, Nicotra A B. 2011. Do invasive species show higher phenotypic plasticity than native species and, if so, is it adaptive? A meta-analysis. Ecology Letters, 14(4): 419-431.

Davis M A, Grime J P, Thompson K. 2000. Fluctuating resources in plant communities: a general theory of invasibility. Journal of Ecology, 88(3): 528-534.

Delhey K. 2017. Gloger's rule. Current Biology, 27(14): R689-R691.

Delhey K. 2019. A review of Gloger's rule, an ecogeographical rule of colour: definitions, interpretations and evidence. Biological Reviews, 94(4): 1294-1316.

Diez J M, D'Antonio C M, Dukes J S, et al. 2012. Will extreme climatic events facilitate biological invasions? Frontiers in Ecology and the Environment, 10(5): 249-257.

Doherty T S, Glen A S, Nimmo D G, et al. 2016. Invasive predators and global biodiversity loss. Proceedings of the National Academy of Sciences, 113(40): 11261-11265.

Dorcas M E, Willson J D, Gibbons J W. 2011. Can invasive Burmese pythons inhabit temperate regions of the southeastern United States? Biological Invasions, 13(4): 793-802.

Dorcas M E, Willson J D, Reed R N, et al. 2012. Severe mammal declines coincide with proliferation of invasive Burmese pythons in Everglades National Park. Proceedings of the National Academy of Sciences of the United States of America, 109(7): 2418-2422.

Dormann C F, Schymanski S J, Cabral J, et al. 2012. Correlation and process in species distribution models: bridging a dichotomy. Journal of Biogeography, 39(12): 2119-2131.

Drake J A, Mooney H A, di Castri F, et al. 1989. Biological Invasions: A Global Perspective. New York: John Wiley & Sons.

Du Y, Wang X, Ashraf S, et al. 2024. Climate match is key to predict range expansion of the world's worst invasive terrestrial vertebrates. Global Change Biology, 30(1): e17137.

Du Y, Xi Y, Yang Z, et al. 2024. High risk of biological invasion from prayer animal release in China. Frontiers in Ecology and the Environment, 22(2): e2647.

Dukes J S, Mooney H A. 1999. Does global change increase the success of biological invaders? Trends in Ecology & Evolution, 14(4): 135-139.

Duncan R P, Bomford M, Forsyth D M, et al. 2001. High predictability in introduction outcomes and the geographical range size of introduced Australian birds: a role for climate. Journal of Animal Ecology, 70(4): 621-632.

Dyer E E, Cassey P, Redding D W, et al. 2017. The global distribution and drivers of alien bird species richness. PLoS Biology, 15(1): e2000942.

Early Detection & Distribution Mapping System(EDDMapS). 2020. The University of Georgia-Center for Invasive Species and Ecosystem Health. Available online at https://www.eddmaps.org.

Early R, Bradley B A, Dukes J S, et al. 2016. Global threats from invasive alien species in the twenty-first century and national response capacities. Nature Communications, 7(1): 12485.

Early R, Sax D F. 2014. Climatic niche shifts between species' native and naturalized ranges raise concern for ecological forecasts during invasions and climate change. Global Ecology and Biogeography, 23(12): 1356-1365.

Elith J, Kearney M, Phillips S. 2010. The art of modelling range-shifting species. Methods in Ecology and Evolution, 1(4): 330-342.

Ellis E C, Kaplan J O, Fuller D Q, et al. 2013. Used planet: a global history. Proceedings of the National Academy of Sciences of the United States of America, 110(20): 7978-7985.

Elton C S. 2020. The Ecology of Invasions by Animals and Plants. Berlin:Springer Nature.

Essl F, Bacher S, Blackburn T M, et al. 2015. Crossing frontiers in tackling pathways of biological invasions. BioScience, 65(8): 769-782.

Essl F, Lenzner B, Bacher S, et al. 2020. Drivers of future alien species impacts: an expert-based assessment. Global Change Biology, 26(9): 4880-4893.

Ficetola G F, Mazel F, Falaschi M, et al. 2021. Determinants of zoogeographical boundaries differ between vertebrate groups. Global Ecology and Biogeography, 30(9): 1796-1809.

Ficetola G F, Mazel F, Thuiller W. 2017. Global determinants of zoogeographical boundaries. Nature Ecology & Evolution, 1(4): 1-7.

Ficetola G F, Thuiller W, Padoa-Schioppa E. 2009. From introduction to the establishment of alien species: bioclimatic differences between presence and reproduction localities in the slider turtle. Diversity and Distributions, 15(1): 108-116.

Fitzpatrick M C, Weltzin J F, Sanders N J, et al. 2007. The biogeography of prediction error: why does the introduced range of the fire ant over-predict its native range? Global Ecology and Biogeography, 16(1): 24-33.

Fjeldså J, Bowie R C K, Rahbek C. 2012. The role of mountain ranges in the diversification of birds. Annual Review of Ecology, Evolution and Systematics, 43: 249-265.

Fournier A, Penone C, Pennino M G, et al. 2019. Predicting future invaders and future invasions. Proceedings of the National Academy of Sciences of the United States of America, 116(16): 7905-7910.

Fridley J D, Sax D F. 2014. The imbalance of nature: revisiting a Darwinian framework for invasion biology. Global Ecology and Biogeography, 23(11): 1157-1166.

Gallagher R V, Beaumont L J, Hughes L, et al. 2010. Evidence for climatic niche and biome shifts between native and novel ranges in plant species introduced to Australia. Journal of Ecology, 98(4): 790-799.

Gao D, Perry G. 2016. Species-area relationships and additive partitioning of diversity of native and nonnative herpetofauna of the West Indies. Ecology and Evolution, 6(21): 7742-7762.

Gaston K J, Blackburn T M, Spicer J I. 1998. Rapoport's rule: time for an epitaph? Trends in Ecology & Evolution, 13(2): 70-74.

Gaston K J, Chown S L. 1999. Elevation and climatic tolerance: a test using dung beetles. Oikos, 86(3): 584-590.

Gaston K J. 2009. Geographic range limits: achieving synthesis. Proceedings of the Royal Society B: Biological Sciences, 276(1661): 1395-1406.

Glennon K L, Ritchie M E, Segraves K A. 2014. Evidence for shared broad-scale climatic niches of diploid and polyploid plants. Ecology Letters, 17(5): 574-582.

Glorioso B M, Waddle J H, Muse L J, et al. 2018. Establishment of the exotic invasive Cuban treefrog (*Osteopilus septentrionalis*) in Louisiana. Biological Invasions, 20(10): 2707-2713.

Goldberg E, Lande R. 2006. Ecological and reproductive character displacement on an environmental gradient. Evolution, 60(7): 1344-1357.

Gu S, Qi T, Rohr J R, et al. 2023. Meta-analysis reveals less sensitivity of non-native animals than natives to extreme weather worldwide. Nature Ecology & Evolution, 7(12): 2004-2027.

Guisan A, Petitpierre B, Broennimann O, et al. 2012. Response to comment on "Climatic Niche Shifts Are Rare Among Terrestrial Plant Invaders". Science, 338(6104): 193.

Guisan A, Petitpierre B, Broennimann O, et al. 2014. Unifying niche shift studies: insights from biological invasions. Trends in Ecology & Evolution, 29(5): 260-269.

Guisan A, Tingley R, Baumgartner J B, et al. 2013. Predicting species distributions for conservation decisions. Ecology Letters, 16(12): 1424-1435.

Guo Q, Cen X, Song R, et al. 2021. Worldwide effects of non-native species on species-area relationships. Conservation Biology, 35(2): 711-721.

Han L, Zhang Z, Tu W, et al. 2023. Preferred prey reduce species realized niche shift and improve range expansion prediction. Science of the Total Environment, 859(2): 160370.

Hansen A J, Neilson R P, Dale V H, et al. 2001. Global change in forests: responses of species, communities, and biomes: interactions between climate change and land use are projected to cause large shifts in biodiversity. BioScience, 51(9): 765-779.

Hellmann J J, Byers J E, Bierwagen B G, et al. 2008. Five potential consequences of climate change for invasive species. Conservation Biology, 22(3): 534-543.

Helmus M R, Mahler D L, Losos J B. 2014. Island biogeography of the Anthropocene. Nature, 513(7519): 543-546.

Herren C M. 2020. Disruption of cross-feeding interactions by invading taxa can cause invasional meltdown in microbial communities. Proceedings of the Royal Society B: Biological Sciences, 287(1927): 20192945.

Hibbitts T D, Hibbitts T J. 2015. Texas Lizards: A Field Guide. Austin: University of Texas Press.

Hill M P, Gallardo B, Terblanche J S. 2017. A global assessment of climatic niche shifts and human influence in insect invasions. Global Ecology and Biogeography, 26(6): 679-689.

Holt B G, Lessard J P, Borregaard M K, et al. 2013. An update of Wallace's zoogeographic regions of the world. Science, 339(6115): 74-78.

Hong Y, Yuan Z, Liu X. 2024. Global drivers of the conservation-invasion paradox. Conservation Biology, e14290.

Hubbel S P. 2005. Neutral theory in community ecology and the hypothesis of functional equivalence. Functional Ecology, 19(1): 166-172.

Huey R B, Pascual M. 2009. Partial thermoregulatory compensation by a rapidly evolving invasive species along a latitudinal cline. Ecology, 90(7): 1715-1720.

Hulme P E. 2009. Trade, transport and trouble: managing invasive species pathways in an era of globalization. Journal of Applied Ecology, 46(1): 10-18.

Hulme P E. 2015. Invasion pathways at a crossroad: policy and research challenges for managing alien species introductions. Journal of Applied Ecology, 52(6): 1418-1424.

Hurlbert A H, Haskell J P. 2003. The effect of energy and seasonality on avian species richness and community composition. The American Naturalist, 161(1): 83-97.

Huston M. 1979. A general hypothesis of species diversity. The American Naturalist, 113(1): 81-101.

Hutchinson G E. 1957. Concluding remarks//Cold Spring Harbor Symposia on Quantitative Biology. Vol. 22. New York: Cold Spring Harbor Laboratory Press:415-427.

IPBES. 2016. Summary for policymakers of the methodological assessment of scenarios and models of biodiversity and ecosystem services of the Intergovernmental Science-Policy Platform on Biodiversity and Ecosystem Services. Bonn: Secretariat of the Intergovernmental Science-Policy Platform on Biodiversity and Ecosystem Services.

IPBES. 2019. Summary for policymakers of the global assessment report on biodiversity and ecosystem services of the Intergovernmental Science-Policy Platform on Biodiversity and Ecosystem Services. Bonn: IPBES Secretariat.

IPCC. 2014. Climate change 2014: synthesis report. Contribution of working groups I, II and III to the fifth assessment report of the Intergovernmental Panel on Climate Change. Geneva: IPCC.

IPCC. 2021. Climate Change 2021: The Physical Science Basis. Contribution of Working Group I to the Sixth Assessment Report of the Intergovernmental Panel on Climate Change. Cambridge: Cambridge University Press.

Jacobson E R, Barker D G, Barker T M, et al. 2012. Environmental temperatures, physiology and behavior limit the range expansion of invasive Burmese pythons in southeastern USA. Integrative Zoology, 7(3): 271-285.

Janzen D H. 1967. Why mountain passes are higher in the tropics. The American Naturalist, 101(919): 233-249.

Jensen M P, Allen C D, Eguchi T, et al. 2018. Environmental warming and feminization of one of the largest sea turtle populations in the world. Current Biology, 28(1): 154-159.

Jeschke J M. 2014. General hypotheses in invasion ecology. Diversity and Distributions, 20(11): 1229-1234.

Jeschke J M, Strayer D L. 2006. Determinants of vertebrate invasion success in Europe and North America. Global Change Biology, 12(9): 1608-1619.

Jetz W, Rahbek C. 2002. Geographic range size and determinants of avian species richness. Science, 297(5586): 1548-1551.

Jiménez-Valverde A, Peterson A T, Soberón J, et al. 2011. Use of niche models in invasive species risk assessments. Biological Invasions, 13(12): 2785-2797.

Jin L, Jiang Y, Han L, et al. 2025. Big-brained alien birds tend to occur climatic niche shifts through enhanced behavioral innovation. Integrative Zoology, 20(2):407-418.

Jones E I, Nuismer S L, Gomulkiewicz R. 2013. Revisiting Darwin's conundrum reveals a twist on the relationship between phylogenetic distance and invasibility. Proceedings of the National Academy of

Sciences of the United States of America, 110(51): 20627-20632.
Kadmon R, Pulliam H R J E. 1993. Island biogeography: effect of geographical isolation on species composition. Ecology, 74(4): 977-981.
Kearney M, Porter W. 2009. Mechanistic niche modelling: combining physiological and spatial data to predict species' ranges. Ecology Letters, 12(4): 334-350.
Khaliq I, Hof C, Prinzinger R, et al. 2014. Global variation in thermal tolerances and vulnerability of endotherms to climate change. Proceedings of the Royal Society B: Biological Sciences, 281(1789): 20141097.
Kolbe J J, Ehrenberger J C, Moniz H A, et al. 2014. Physiological variation among invasive populations of the brown anole (*Anolis sagrei*). Physiological and Biochemical Zoology, 87(1): 92-104.
Kolbe J J, Kearney M, Shine R. 2010. Modeling the consequences of thermal trait variation for the cane toad invasion of Australia. Ecological Applications, 20(8): 2273-2285.
Kraus F, Campbell E W. 2002. Human-mediated escalation of a formerly eradicable problem: the invasion of Caribbean frogs in the Hawaiian Islands. Biological Invasions, 4(3): 327-332.
Kraus F. 2009. Alien Reptiles and Amphibians: A Scientific Compendium and Analysis. Dordrecht: Springer Science and Business Media B.V.
Kronfeld-Schor N, Dayan T. 2013. Thermal ecology, environments, communities, and global change: energy intake and expenditure in endotherms. Annual Review of Ecology, Evolution, and Systematics, 44(1): 461-480.
Krysko K L, Enge K M, Donlan E M, et al. 2007. Distribution, natural history, and impacts of the introduced green iguana (*Iguana iguana*) in Florida. Iguana, 14(3): 142-151.
Laube I, Korntheuer H, Schwager M, et al. 2013. Towards a more mechanistic understanding of traits and range sizes. Global Ecology and Biogeography, 22(2): 233-241.
Lauzeral C, Leprieur F, Beauchard O, et al. 2011. Identifying climatic niche shifts using coarse-grained occurrence data: a test with non-native freshwater fish. Global Ecology and Biogeography, 20(3): 407-414.
Leibold M A, Holyoak M, Mouquet N, et al. 2004. The metacommunity concept: a framework for multi-scale community ecology. Ecology Letters, 7(7): 601-613.
Lennon J J, Greenwood J J D, Turner J R G. 2000. Bird diversity and environmental gradients in Britain: a test of the species-energy hypothesis. Journal of Animal Ecology, 69(4): 581-598.
Lenoir J, Bertrand R, Comte L, et al. 2020. Species better track climate warming in the oceans than on land. Nature Ecology & Evolution, 4(8): 1044-1059.
Lenoir J, Svenning J C. 2013. Latitudinal and elevational range shifts under contemporary climate change//Levin S A. Encyclopedia of Biodiversity. 2nd ed. New York: Academic Press.
Leung B, Springborn M R, Turner J A, et al. 2014. Pathway-level risk analysis: the net present value of an invasive species policy in the US. Frontiers in Ecology and the Environment, 12(5): 273-279.
Li D, Monahan W B, Baiser B. 2018. Species richness and phylogenetic diversity of native and non-native species respond differently to area and environmental factors. Diversity and Distributions, 24(6): 853-864.
Li S P, Cadotte M W, Meiners S J, et al. 2015. The effects of phylogenetic relatedness on invasion success and impact: deconstructing Darwin's naturalisation conundrum. Ecology Letters, 18(12): 1285-1292.
Li Y, Li X, Sandel B, et al. 2016. Climate and topography explain range sizes of terrestrial vertebrates. Nature Climate Change, 6(5): 498-502.
Li Y, Liu X, Li X, et al. 2014. Residence time, expansion toward the equator in the invaded range and native range size matter to climatic niche shifts in non-native species. Global Ecology and Biogeography, 23(10): 1094-1104.
Li Y, Wang Y, Liu X. 2024. Half of global islands have reached critical area thresholds for undergoing rapid increases in biological invasions. Proceedings of the Royal Society B: Biological Sciences, 291: rspb.2024.0844.
Liebhold A M, Brockerhoff E G, Kimberley M. 2017. Depletion of heterogeneous source species pools

predicts future invasion rates. Journal of Applied Ecology, 54(6): 1968-1977.

Liu C, Wolter C, Xian W, et al. 2020. Most invasive species largely conserve their climatic niche. Proceedings of the National Academy of Sciences of the United States of America, 117(38): 23643-23651.

Liu X, Guo Z W, Ke Z W, et al. 2011. Increasing potential risk of a global aquatic invader in Europe in contrast to other continents under future climate change. PLoS ONE, 6(3): e18429.

Liu X, Li X, Liu Z, et al. 2014. Congener diversity, topographic heterogeneity and human-assisted dispersal predict spread rates of alien herpetofauna at a global scale. Ecology Letters, 17(7): 821-829.

Liu X, Li Y, Monica M. 2010. Geographical variation in body size and sexual size dimorphism of introduced American bullfrogs in southwestern China. Biological Invasions, 12(7): 2037-2047.

Liu X, McGarrity M E, Li Y. 2012. The influence of traditional Buddhist wildlife release on biological invasions. Conservation Letters, 5(2): 107-114.

Liu X, Petitpierre B, Broennimann O, et al. 2017. Realized climatic niches are conserved along maximum temperatures among herpetofaunal invaders. Journal of Biogeography, 44(1): 111-121.

Liu X, Rohr J R, Li X, et al. 2021. Climate extremes, variability, and trade shape biogeographical patterns of alien species. Current Zoology, 67(4): 393-402.

Liu X, Rohr J R, Li Y. 2013. Climate, vegetation, introduced hosts and trade shape a global wildlife pandemic. Proceedings of the Royal Society B: Biological Sciences, 280(1753): 20122506.

Loarie S R, Duffy P B, Hamilton H, et al. 2009. The velocity of climate change. Nature, 462(7276): 1052-1055.

Lockwood J L, Cassey P, Blackburn T M. 2009. The more you introduce the more you get: the role of colonization pressure and propagule pressure in invasion ecology. Diversity and Distributions, 15(5): 904-910.

Losos J B, Leal M, Glor R E, et al. 2003. Niche lability in the evolution of a Caribbean lizard community. Nature, 424(6948): 542-545.

Losos J B. 2008. Phylogenetic niche conservatism, phylogenetic signal and the relationship between phylogenetic relatedness and ecological similarity among species. Ecology Letters, 11(10): 995-1003.

Lovell R S L, Blackburn T M, Dyer E E, et al. 2021. Environmental resistance predicts the spread of alien species. Nature Ecology & Evolution, 5(3): 322-329.

Lowe S, Browne M, Boudjelas S, et al. 2000. 100 of the World's Worst Invasive Alien Species: A Selection from the Global Invasive Species Database. Vol. 12. Auckland: Invasive Species Specialist Group.

Lozon J D, MacIsaac H J. 1997. Biological invasions: are they dependent on disturbance? Environmental Reviews, 5(2): 131-144.

MacArthur R H. 1984. Geographical Ecology: Patterns in the Distribution of Species. Princeton: Princeton University Press.

Mazzotti F J, Cherkiss M S, Hart K M, et al. 2011. Cold-induced mortality of invasive Burmese pythons in south Florida. Biological Invasions, 13(1): 143-151.

Mazzotti F J, Cherkiss M S, Parry M, et al. 2016. Large reptiles and cold temperatures: do extreme cold spells set distributional limits for tropical reptiles in Florida? Ecosphere, 7(8): e01439.

McCann S, Greenlees M J, Newell D, et al. 2014. Rapid acclimation to cold allows the cane toad to invade montane areas within its Australian range. Functional Ecology, 28(5): 1166-1174.

McCleery R A, Sovie A, Reed R N, et al. 2015. Marsh rabbit mortalities tie pythons to the precipitous decline of mammals in the Everglades. Proceedings of the Royal Society B: Biological Sciences, 282(1805): 20150120.

Meiri S, Dayan T. 2003. On the validity of Bergmann's rule. Journal of Biogeography, 30(3): 331-351.

Melbourne B A, Cornell H V, Davies K F, et al. 2007. Invasion in a heterogeneous world: resistance, coexistence or hostile takeover? Ecology Letters, 10(1): 77-94.

Morningstar C R, Daniel W M. 2020. *Osteopilus septentrionalis* (Duméril and Bibron, 1841): U.S. Geological Survey, Nonindigenous Aquatic Species Database. https://nas.er.usgs.gov/queries/FactSheet.aspx?speciesID=57.

Moser D, Lenzner B, Weigelt P, et al. 2018. Remoteness promotes biological invasions on islands worldwide. Proceedings of the National Academy of Sciences of the United States of America, 115(37): 9270-9275.

Müller-Schärer H, Schaffner U, Steinger T. 2004. Evolution in invasive plants: implications for biological control. Trends in Ecology & Evolution, 19(8): 417-422.

Muñoz-Mas R, García-Berthou E. 2020. Alien animal introductions in Iberian inland waters: an update and analysis. Science of The Total Environment, 703: 134505.

Nudds R L, Oswald S A. 2007. An interspecific test of Allen's rule: evolutionary implications for endothermic species. Evolution, 61(12): 2839-2848.

Olsen B J, Froehly J L, Borowske A C, et al. 2019. A test of a corollary of Allen's rule suggests a role for population density. Journal of Avian Biology, 50(9): e02116.

Osland M J, Stevens P W, Lamont M M, et al. 2021. Tropicalization of temperate ecosystems in North America: the northward range expansion of tropical organisms in response to warming winter temperatures. Global Change Biology, 27(13): 3009-3034.

Palmer M W, White P S. 1994. Scale dependence and the species-area relationship. The American Naturalist, 144(5): 717-740.

Parmesan C, Yohe G. 2003. A globally coherent fingerprint of climate change impacts across natural systems. Nature, 421(6918): 37-42.

Parravicini V, Azzurro E, Kulbicki M, et al. 2015. Niche shift can impair the ability to predict invasion risk in the marine realm: an illustration using Mediterranean fish invaders. Ecology Letters, 18(3): 246-253.

Pauchard A, Alaback P B. 2004. Influence of elevation, land use, and landscape context on patterns of alien plant invasions along roadsides in protected areas of South-Central Chile. Conservation Biology, 18(1): 238-248.

Pearman P B, Guisan A, Broennimann O, et al. 2008. Niche dynamics in space and time. Trends in Ecology & Evolution, 23(3): 149-158.

Pecl G T, Araújo M B, Bell J D, et al. 2017. Biodiversity redistribution under climate change: impacts on ecosystems and human well-being. Science, 355(6332): eaai9214.

Peterson A T, Nakazawa Y. 2008. Environmental data sets matter in ecological niche modelling: an example with *Solenopsis invicta* and *Solenopsis richteri*. Global Ecology and Biogeography, 17(1): 135-144.

Peterson A T, Soberón J, Sánchez-Cordero V. 1999. Conservatism of ecological niches in evolutionary time. Science, 285(5431): 1265-1267.

Peterson A T. 2003. Predicting the geography of species' invasions via ecological niche modeling. The Quarterly Review of Biology, 78(4): 419-433.

Peterson A T. 2011. Ecological niche conservatism: a time-structured review of evidence. Journal of Biogeography, 38(5): 817-827.

Petitpierre B, Kueffer C, Broennimann O, et al. 2012. Climatic niche shifts are rare among terrestrial plant invaders. Science, 335(6074): 1344-1348.

Phillips B L, Brown G P, Webb J K, et al. 2006. Invasion and the evolution of speed in toads. Nature, 439(7078): 803.

Phillips B L, Kelehear C, Pizzatto L, et al. 2010. Parasites and pathogens lag behind their host during periods of host range advance. Ecology, 91(3): 872-881.

Pielou E C. 1991. After the Ice Age: The Return of Life to Glaciated North America. Chicago: University of Chicago Press.

Pinsky M L, Eikeset A M, McCauley D J, et al. 2019. Greater vulnerability to warming of marine versus terrestrial ectotherms. Nature, 569(7754): 108-111.

Pinsky M L, Selden R L, Kitchel Z J. 2020. Climate-driven shifts in marine species ranges: scaling from organisms to communities. Annual Review of Marine Science, 12(1): 153-179.

Pintor A F V, Schwarzkopf L, Krockenberger A K. 2015. Rapoport's rule: do climatic variability gradients shape range extent? Ecological Monographs, 85(4): 643-659.

Polaina E, Soultan A, Part T, et al. 2021. The future of invasive terrestrial vertebrates in Europe under climate and land-use change. Environmental Research Letters, 16(4): 044004.

Pyšek P, Hulme P E, Simberloff D, et al. 2020. Scientists' warning on invasive alien species. Biological Reviews, 95(6): 1511-1534.

Pyšek P, Richardson D M. 2010. Invasive species, environmental change and management, and health. Annual Review of Environment and Resources, 35(1): 25-55.

Qi T, Wang Y, Yu J, et al. 2025. Sex-specific shift in age and morphological traits of a non-native toad introduced to Beijing about 100 years ago. Asian herpetological research, https://doi.org/10.3724/ahr.2095-0357.2024.0047

Qian H, Sandel B. 2022. Darwin's preadaptation hypothesis and the phylogenetic structure of native and alien regional plant assemblages across North America. Global Ecology and Biogeography, 31(3): 531-545.

Quintero I, Jetz W. 2018. Global elevational diversity and diversification of birds. Nature, 555(7695): 246-250.

Rapoport E H. 1982. Areography: Geographical Strategies of Species. Oxford: Pergamon.

Redding D W, Pigot A L, Dyer E E, et al. 2019. Location-level processes drive the establishment of alien bird populations worldwide. Nature, 571: 103-106.

Reid P C, Johns D G, Edwards M, et al. 2007. A biological consequence of reducing Arctic ice cover: arrival of the Pacific diatom *Neodenticula seminae* in the North Atlantic for the first time in 800000 years. Global Change Biology, 13(9): 1910-1921.

Rodda G H, Tyrrell C L. 2008. Introduced species that invade and species that thrive in town: are these two groups cut from the same cloth//Mitchell J C, Jung Brown R E, Bartholomew B. Urban Herpetology. Salt Lake City: SSAR Herpetological Conservation: 327-341.

Rödder D. 2009. 'Sleepless in Hawaii'–Does anthropogenic climate change enhance ecological and socioeconomic impacts of the alien invasive *Eleutherodactylus coqui* Thomas 1966 (Anura: Eleutherodactylidae)? North-Western Journal of Zoology, 5(1): 16-25.

Root T L, Price J T, Hall K R, et al. 2003. Fingerprints of global warming on wild animals and plants. Nature, 421(6918): 57-60.

Sandel B, Arge L, Dalsgaard B, et al. 2011. The influence of late quaternary climate-change velocity on species endemism. Science, 334(6056): 660-664.

Sandoval-Lugo A G, Espinosa-Carreón T L, Seminoff J A, et al. 2020. Movements of loggerhead sea turtles (*Caretta caretta*) in the Gulf of California: integrating satellite telemetry and remotely sensed environmental variables. Journal of the Marine Biological Association of the United Kingdom, 100(5): 817-824.

Saul W C, Roy H E, Booy O, et al. 2017. Assessing patterns in introduction pathways of alien species by linking major invasion data bases. Journal of Applied Ecology, 54(2): 657-669.

Sax D F, Gaines S D. 2008. Species invasions and extinction: the future of native biodiversity on islands. Proceedings of the National Academy of Sciences of the United States of America, 105(supplement 1): 11490-11497.

Sax D F, Stachowicz J J, Brown J H, et al. 2007. Ecological and evolutionary insights from species invasions. Trends in Ecology & Evolution, 22(9): 465-471.

Scheele B, Pasmans F, Skerratt L F, et al. 2019. Amphibian fungal panzootic causes catastrophic and ongoing loss of biodiversity. Science, 363(6434): 1459-1463.

Schloss C A, Nuñez T A, Lawler J J. 2012. Dispersal will limit ability of mammals to track climate change in the Western Hemisphere. Proceedings of the National Academy of Sciences of the United States of America, 109(22): 8606-8611.

Schoener T W. 1970. Nonsynchronous spatial overlap of lizards in patchy habitats. Ecology, 51(3): 408-418.

Seebens H, Bacher S, Blackburn T M, et al. 2021a. Projecting the continental accumulation of alien species through to 2050. Global Change Biology, 27(5): 970-982.

Seebens H, Blackburn T M, Dyer E E, et al. 2017. No saturation in the accumulation of alien species worldwide. Nature Communications, 8(1): 14435.

Seebens H, Blackburn T M, Dyer E E, et al. 2018. Global rise in emerging alien species results from increased accessibility of new source pools. Proceedings of the National Academy of Sciences of the

United States of America, 115(10): E2264-E2273.

Seebens H, Blackburn T M, Hulme P E, et al. 2021b. Around the world in 500 years: inter-regional spread of alien species over recent centuries. Global Ecology and Biogeography, 30(8): 1621-1632.

Segan D B, Murray K A, Watson J E M. 2016. A global assessment of current and future biodiversity vulnerability to habitat loss-climate change interactions. Global Ecology and Conservation, 5: 12-21.

Sequeira F, Sodré D, Ferrand N, et al. 2011. Hybridization and massive mtDNA unidirectional introgression between the closely related Neotropical toads *Rhinella marina* and *R. schneideri* inferred from mtDNA and nuclear markers. BMC Evolutionary Biology, 11: 264.

Sexton J P, McIntyre P J, Angert A L, et al. 2009. Evolution and ecology of species range limits. Annual Review of Ecology, Evolution, and Systematics, 40(1): 415-436.

Sikes B A, Bufford J L, Hulme P E, et al. 2018. Import volumes and biosecurity interventions shape the arrival rate of fungal pathogens. PLoS Biology, 16(5): e2006025.

Simberloff D, Martin J L, Genovesi P, et al. 2013. Impacts of biological invasions: what's what and the way forward. Trends in Ecology & Evolution, 28(1): 58-66.

Simberloff D. 2009. The role of propagule pressure in biological invasions. Annual Review of Ecology, Evolution, and Systematics, 40(1): 81-102.

Smith K F, Behrens M, Schloegel L M, et al. 2009. Reducing the risks of the wildlife trade. Science, 324(5927): 594-595.

Smith M A, Green D M. 2005. Dispersal and the metapopulation paradigm in amphibian ecology and conservation: are all amphibian populations metapopulations? Ecography, 28(1): 110-128.

Sovie A R, McCleery R A, Fletcher R J, et al. 2016. Invasive pythons, not anthropogenic stressors, explain the distribution of a keystone species. Biological Invasions, 18(11): 3309-3318.

Stevens G C. 1989. The latitudinal gradient in geographical range: how so many species coexist in the tropics. The American Naturalist, 133(2): 240-256.

Stroud J T, Losos J B. 2016. Ecological opportunity and adaptive radiation. Annual Review of Ecology, Evolution and Systematics, 47: 507-532.

Strubbe D, Broennimann O, Chiron F, et al. 2013. Niche conservatism in non-native birds in Europe: niche unfilling rather than niche expansion. Global Ecology and Biogeography, 22(8): 962-970.

Strubbe D, Jiménez L, Barbosa A M, et al. 2023. Mechanistic models project bird invasions with accuracy. Nature Communications, 14(1): 2520.

Strubbe D, Matthysen E. 2009. Establishment success of invasive ring-necked and monk parakeets in Europe. Journal of Biogeography, 36(12): 2264-2278.

Sunday J M, Bates A E, Dulvy N K. 2011. Global analysis of thermal tolerance and latitude in ectotherms. Proceedings of the Royal Society B: Biological Sciences, 278(1713): 1823-1830.

Sunday J M, Bates A E, Dulvy N K. 2012. Thermal tolerance and the global redistribution of animals. Nature Climate Change, 2(9): 686-690.

Sunday J M, Bates A E, Kearney M R, et al. 2014. Thermal-safety margins and the necessity of thermoregulatory behavior across latitude and elevation. Proceedings of the National Academy of Sciences of the United States of America, 111(15): 5610-5615.

Sutherst R W, Floyd R B, Maywald G F. 1996. The potential geographical distribution of the cane toad, *Bufo marinus* L. in Australia. Conservation Biology, 10(1): 294-299.

Tayleur C, Caplat P, Massimino D, et al. 2015. Swedish birds are tracking temperature but not rainfall: evidence from a decade of abundance changes. Global Ecology and Biogeography, 24(7): 859-872.

Thomas C D. 2010. Climate, climate change and range boundaries. Diversity and Distributions, 16(3): 488-495.

Thuiller W, Gallien L, Boulangeat I, et al. 2010. Resolving Darwin's naturalization conundrum: a quest for evidence. Diversity and Distributions, 16(3): 461-475.

Tingley M W, Monahan W B, Beissinger S R, et al. 2009. Birds track their Grinnellian niche through a century of climate change. Proceedings of the National Academy of Sciences of the United States of America, 106(supplement 2): 19637-19643.

Tingley R, Phillips B L, Letnic M, et al. 2013. Identifying optimal barriers to halt the invasion of cane toads *Rhinella marina* in arid Australia. Journal of Applied Ecology, 50(1): 129-137.

Tingley R, Vallinoto M, Sequeira F, et al. 2014. Realized niche shift during a global biological invasion. Proceedings of the National Academy of Sciences of the United States of America, 111(28): 10233-10238.

Tittensor D P, Walpole M, Hill S L L, et al. 2014. A mid-term analysis of progress toward international biodiversity targets. Science, 346(6206): 241-244.

Torchin M E, Lafferty K D, Dobson A P, et al. 2003. Introduced species and their missing parasites. Nature, 421(6923): 628-630.

Torres U, Godsoe W, Buckley H L, et al. 2018. Using niche conservatism information to prioritize hotspots of invasion by non-native freshwater invertebrates in New Zealand. Diversity and Distributions, 24(12): 1802-1815.

Tu W, Du Y, Stuart Y, et al. 2024. Biological invasion is eroding the unique assembly of island herpetofauna worldwide. Biological Conservation, 300:110853.

Turbelin A J, Malamud B D, Francis R A. 2017. Mapping the global state of invasive alien species: patterns of invasion and policy responses. Global Ecology and Biogeography, 26(1): 78-92.

Urban M C, Phillips B L, Skelly D K, et al. 2007. The cane toad's (*Chaunus* [*Bufo*] *marinus*) increasing ability to invade Australia is revealed by a dynamically updated range model. Proceedings of the Royal Society B: Biological Sciences, 274(1616): 1413-1419.

Van Devender T R, Lowe C H, Lawler H E. 1994. Factors influencing the distribution of the Neotropical vine snake *Oxybelis aeneus* in Arizona and Sonora, Mexico. Herpetological Natural History, 2(1): 25-42.

van Wilgen N J, Roura-Pascual N, Richardson D M. 2009. A quantitative climate-match score for risk-assessment screening of reptile and amphibian introductions. Environmental Management, 44(3): 590-607.

Vanderwal J, Murphy H T, Kutt A S, et al. 2013. Focus on poleward shifts in species' distribution underestimates the fingerprint of climate change. Nature Climate Change, 3(3): 239-243.

Vetaas O R, Paudel K P, Christensen M. 2019. Principal factors controlling biodiversity along an elevation gradient: water, energy and their interaction. Journal of Biogeography, 46(8): 1652-1663.

Wake D B, Vredenburg V T. 2008. Are we in the midst of the sixth mass extinction? A view from the world of amphibians. Proceedings of the National Academy of Sciences of the United States of America, 105(supplement 1): 11466-11473.

Wallace A R. 1877. The geographical distribution of animals: general conclusions. The American Naturalist, 11(3): 157-165.

Walther G R, Roques A, Hulme P E, et al. 2009. Alien species in a warmer world: risks and opportunities. Trends in Ecology & Evolution, 24(12): 686-693.

Wang X, Yi T, Li W, et al. 2022. Anthropogenic habitat loss accelerates the range expansion of a global invader. Diversity and Distributions, 28(8): 1610-1619.

Warren M S, Hill J K, Thomas J A, et al. 2001. Rapid responses of British butterflies to opposing forces of climate and habitat change. Nature, 414(6859): 65-69.

Weigelt P, Kreft H J E. 2013. Quantifying island isolation-insights from global patterns of insular plant species richness. Ecography, 36(4): 417-429.

Whitton F J S, Purvis A, Orme C D L, et al. 2012. Understanding global patterns in amphibian geographic range size: does Rapoport rule? Global Ecology and Biogeography, 21(2): 179-190.

Wiens J J, Ackerly D D, Allen A P, et al. 2010. Niche conservatism as an emerging principle in ecology and conservation biology. Ecology Letters, 13(10): 1310-1324.

Wiens J J, Graham C H. 2005. Niche conservatism: integrating evolution, ecology, and conservation biology. Annual Review of Ecology, Evolution, and Systematics, 36: 519-539.

Wilson J R U, Dormontt E E, Prentis P J, et al. 2009. Something in the way you move: dispersal pathways affect invasion success. Trends in Ecology & Evolution, 24(3): 136-144.

Wilson L D, Porras L. 1983. The ecological impact of man on the South Florida herpetofauna. Lawrence:

Natural History Museum, University of Kansas.

Winter M, Schweiger O, Klotz S, et al. 2009. Plant extinctions and introductions lead to phylogenetic and taxonomic homogenization of the European flora. Proceedings of the National Academy of Sciences of the United States of America, 106(51): 21721-21725.

Woodroffe C D, Grindrod J. 1991. Mangrove biogeography: the role of quaternary environmental and sea-level change. Journal of Biogeography, 18(5): 479-492.

Yan Z, Hu S, Du Y, et al. 2024. Social media unveils the hidden but high magnitude of human-mediated biological invasions in China. Current Biology, 34(2): R47-R49.

Yntema C L, Mrosovsky N. 1982. Critical periods and pivotal temperatures for sexual differentiation in loggerhead sea turtles. Canadian Journal of Zoology, 60(5): 1012-1016.

Yu W, Li S. 2020. Modern coexistence theory as a framework for invasion ecology. Biodiversity Science, 28(11): 1362-1375.

Zhang L, Rohr J, Cui R, et al. 2022. Biological invasions facilitate zoonotic disease emergences. Nature Communications, 13(1): 1762.

Zhang Q, Wang Y, Liu X. 2024. Risk of introduction and establishment of alien vertebrate species in transboundary neighboring areas. Nature Communications, 15(1): 870.

Zhu K, Woodall C W, Clark J S. 2012. Failure to migrate: lack of tree range expansion in response to climate change. Global Change Biology, 18(3): 1042-1052.

Zink R M, Gardner A S. 2017. Glaciation as a migratory switch. Science Advances, 3(9): e1603133.

第五章　气候变化下入侵动物的进化

第一节　入侵动物表型可塑性进化

一、表型可塑性进化的概念

表型可塑性（phenotypic plasticity）是指同一基因型个体在不同环境中表现出不同表型的现象（Pigliucci，2005）。表型可塑性作为动物应对环境变化过程中的重要应对策略，可在动物因栖息地破碎化（habitat fragmentation）或屏障（barrier）而无法从不宜生存的环境迁移（migration）至适宜环境时快速提供适合度较高的表型，并作为需较长时间产生的适应性进化（adaptive evolution）的垫脚石（stepping stone），为动物个体及种群在变化环境中的延续（persistence）提供帮助。入侵生物通常由个体数量较小的奠基种群（founding population）开始在入侵地扩散，受到非适应性过程（maladaptive process），如遗传瓶颈、遗传漂变、奠基效应的影响，其种群遗传多样性通常较低，进化潜力受限。而成功入侵的动物物种通常表现出较高的竞争力和对入侵地的快速适应性。因此，研究表型可塑性的产生和调控机制，对于理解不同时间尺度下发挥作用的机制间的互作，即表型可塑性与进化间的互作在外来动物种群成功入侵中的作用具有重要意义。

根据产生的表型是否可在新环境中提升动物种群的适合度，表型可塑性通常被分为适应性可塑性（adaptive plasticity）及非适应性可塑性（maladaptive plasticity）。适应性可塑性可以帮助入侵动物种群尽快产生入侵地环境中的最适表型，提升入侵动物的适合度和在入侵地种群持续性（population persistence）的时间。因此，适应性可塑性可为进化救援（evolutionary rescue，即处于灭绝边缘的种群因自然选择作用于可遗传变异而延续下来）的出现争取时间，提升入侵动物种群中有益遗传变异出现的概率。然而，适应性可塑性在可以提升入侵动物在入侵地的适合度的同时，也可能使得被其遮掩的遗传变异无法受到自然选择的影响，从而阻碍进化的产生。此外，表型可塑性本身也可发生进化（Kelly，2019）。目前的大部分研究认为，在自然选择过程中，表型可塑性可作为垫脚石，通过自身进化改变反应规范（reaction norm，即同一基因型控制的表型在不同环境中的连续表达谱）的截距（intercept）和/或斜率（slope），从而影响适应性进化结果（Pigliucci，2005；Hendry，2016）。反应规范的截距和斜率的生态学意义为：当截距变化时，可塑性水平（即表型对环境的敏感性）不发生改变，但受其影响的适应性进化的结果表现为表型均值（trait means）的改变；而当斜率变化时，可塑性水平会发生改变，并最终通过遗传机制对适应性进化产生影响。由于入侵地与原产地环境的不同，入侵动物通常需要通过表型可塑性快速产生新的表型以适应入侵地环境，并介导因入侵地新的自然选择压力而产生的进化。综上所述，在入侵动物种群的进化研究中，表型可塑性的进化已经逐渐成为研究前沿和研究核心。以下我们就表型可塑性进化的方式、产生的分子机制及案例进行分析介绍。

二、入侵动物表型可塑性进化的方式

调控表型可塑性进化的遗传调节机制通常包含两种形式：①遗传同化（genetic assimilation），即当因可塑性产生的表型接近新环境中适合度最高的表型时，可塑性水平将会首先提升，之后如果环境稳定，可塑性水平又会下降。②遗传补偿（genetic compensation），即因可塑性产生的表型在新环境中为非适应（maladaptive）表型，即适合度较低时，可塑性的丧失会作为一种适应机制，阻碍原表型在新环境中产生较大变化（Fox et al., 2019; Kelly, 2019）。虽然最终结果均为可塑性丧失，但遗传同化与遗传补偿的区别在于，前者导致了种群表型的改变，但中和了表型应对环境再次变化的能力；而后者虽未改变种群表型，但保留了表型应对环境再次变化的能力。以下我们将分别就遗传同化与遗传补偿对表型可塑性进化的调控作用进行深入分析阐述。

（一）遗传同化

遗传同化概念最早由 Waddington（1942）及 Schmalhausen（1949）分别独立提出，且均有远见地认为遗传同化将成为表型进化的重要调控机制之一。在之后的半个世纪以来，关于遗传同化与表型进化关系的理论发展一直是生物学家讨论的热点之一。然而，关于遗传同化与表型可塑性在现代进化论（modern evolutionary theory）中的角色目前仍存在争论。这些争论的焦点如下：首先，并不是所有的表型可塑性都可提升生物的存活率或繁殖能力。一些可塑性表型的产生单纯由于生物本身的生化、生理或发育特性带来的不可避免的限制。其次，虽然可塑性可以体现在由环境变化引起的行为、生化、生理或发育层面，但不同层面上的可塑性其可逆性不同，如生化和生理可塑性在短期可逆，而发育可塑性通常不可逆。最后，可塑性类型和水平在不同性状和环境间并不同，如某些性状在温度变化时可塑，而在盐度变化时不可塑。因此，由于可塑性本身的复杂性，在讨论遗传同化对可塑性的影响时会更加复杂。

尽管遗传同化的概念由 Waddington 首先提出，但是 Schmalhausen 稍后提出的概念更接近目前使用的定义。遗传同化的经典例子是 Waddington 在 1942 年和 1953 年的两个实验。他将果蝇暴露在乙醚蒸气中，发现一部分胚胎在发育后发生了根本性的表型变化，即长出第二个胸部。在反复选择果蝇这一双胸表型超过约 20 代后，他发现，一些果蝇即使未暴露在乙醚环境中也可产生双胸的表型。他在 1953 年进行了类似的实验，发现在最初由热刺激诱导的表型，在经历多代选择后，也可在未暴露于热刺激下的个体中产生（Waddington, 1953）。这两个实验中在果蝇中"获得"的表型被 Waddington 解释为发育过程中目标性状被激活的阈值受到了自然选择，同时引入了"遗传同化"这个名词用以指代这种表型被固定的现象。而 Schmalhausen 认为可塑性丧失的原因是新环境将隐藏的变异暴露在稳定选择环境下，导致适应性响应的出现和反应规范的最终固定。近期的研究发现，表型可塑性可以帮助适合度较高的表型在新环境，如迁徙至新栖息地环境中被表达出来，使得种群在新环境中延续下去。自然选择在选择新环境中产生的新表型的同时改变了反应规范，即产生了可塑性进化，提升了种群在新环境中的表现，最终导致了遗传同化的出现，固定了新环境中产生的表型（Pigliucci and Murren，2003；Wood et al.，2021）。这些关于遗传同化和表型可塑性研究的结果，对于解释入侵动物的生态和进化过程，如入侵动物克服时滞期并成功建群扩散有一定的启示作用。

（二）遗传补偿

如上面介绍，可塑性虽然由环境变化诱导，但由可塑性产生的表型并不一定适应变化的环境。祖先可塑响应（ancestral plastic response）对于进入新环境中的生物的适合度可能没有影响，甚至会降低其适合度。这一现象已被证实在自然界动物种群中非常普遍（Ghalambor et al.，2007）。因此，遗传机制导致的可塑性降低从而抵消非适应性可塑性的现象被称为遗传补偿（Grether，2005）。遗传补偿最早被定义为祖先表型在导致表型改变的环境刺激中被恢复的现象。最初的研究中假设祖先环境与新环境中的最适表型一致。然而近期研究发现这一假设并不一定成立。因此，目前最常使用的遗传补偿的概念被延展为通过自然选择抑制非适应性可塑性的产生，以使得生物在新环境中表现最适表型的现象（Morris and Rogers，2013）。

尽管我们目前对非适应性可塑性在进化中的具体作用仍然无法完全理解，但近期多项研究发现非适应性可塑性可以增强自然选择对进入新环境中的种群的作用，通过改变反应规范影响新环境中的种群的适应路径（adaptive trajectory）（Ghalambor et al.，2007，2015；Lancaster et al.，2016；Gibbons et al.，2017；Ho and Zhang，2018；Ho et al.，2020；Swaegers et al.，2020）。对非适应性可塑性的概念的理解通常需要对比两个环境中的种群：一个为通过进化已经适应的处于祖先环境中的种群，另一个为由祖先环境进入新环境中需要适应新环境的种群。非适应性可塑性产生的原因通常被认为与新环境中的环境因子胁迫及资源匮乏有关。在这样的情况下，非适应性可塑性作为扰乱生物稳态或缺乏某种关键资源的产物，限制了生物对本可在新环境中获得的反应规范，阻止了生物产生新环境中适合度最高的表型。非适应性可塑性的进化结果体现在，新环境中的种群处于祖先环境以外的新环境中，且响应新环境产生的表型与新环境中适合度最高表型间存在差异（Ghalambor et al.，2007；Crispo，2008）。非适应性可塑性与进化的互作产生的背景为：尽管新环境诱导的表型在祖先环境表现为中适应性或者中性，但在新环境中适合度较低。因此，非适应性可塑性的出现会将在祖先环境中被遮盖的控制反应规范的隐秘遗传变异（cryptic genetic variation）暴露在新环境中，并使得反应规范直接受到选择并朝着新环境中最适表型方向进化（Murren et al.，2015）。

近期在比较入侵动物原产地和入侵地种群的分析中发现，在物种水平上，入侵生物的可塑性水平较非入侵生物更高，说明可塑性的产生可能有助于入侵事件的发生（Davidson et al.，2011）。同时大量研究发现，可塑性表型可在入侵过程中发生进化。因此入侵的产生可能不仅仅由表型可塑性带动，同时有可塑性的进化参与。因此，原产地与入侵地种群间反应规范的分化，说明入侵动物在入侵并适应入侵地环境过程中发生可塑性进化的现象非常普遍。然而，由可塑性机制产生的表型是否在新环境中为适应性表型，存在种群和物种特异性。因此,遗传同化与遗传补偿作为遗传调和(genetic accommodation,即因可塑性而产生的表型被遗传变异调控而固定下来的过程)的两种最主要的形式,在调控表型可塑性的进化过程中发挥了重要作用。通过比较不同种群对新环境的响应有助于区分这两种遗传机制在入侵动物对入侵地环境适应中的相对作用,然而目前尚未有研究解析这两种形式在入侵不同阶段的相对贡献。

三、诱导表型可塑性进化产生的分子机制

诱导表型可塑性进化产生的分子机制多种多样。以下我们就两种近期研究较多且相关的机制,即可变剪接(alternative splicing)和表观遗传(epigenetic inheritance),对可塑性及其进化的影响进行分析。

(一)可变剪接与入侵动物表型可塑性进化

可变剪接作为转录调控的一种,是指从一个 mRNA 前体中通过选择不同的剪接位点组合,产生不同的 mRNA 剪接异构体(isoform),并最终转录为不同蛋白质的过程(Kornblihtt et al., 2013)。产生不同的 mRNA 剪接异构体过程通常为在转录出 mRNA 分子过程中包含或去除不同的外显子和内含子。可变剪接主要分为四类,分别为外显子跳读(exon skipping)、5′端或 3′端可变剪接(use of alternative 5′ or 3′ sites or transcription initiation site)、内含子保留(intron retention)、外显子选择性跳跃(exon shuffling)。其中,外显子跳读是动物中最常见的可变剪接现象,至少占已知可变剪接数量的 1/3。可变剪接在发现之初被认为是一种转录异常,直到高通量测序时代到来时,可变剪接才被发现在几乎所有模式脊椎动物的多外显子基因中存在(Merkin et al., 2012)。此外,过去的研究认为可变剪接仅作为一种转录后调控形式存在,而近期研究发现可变剪接可由于染色质结构的影响与转录同时发生(Jabre et al., 2019)。因此,转录与剪接的耦合说明表观遗传不仅可以调控基因如何表达,还可调控基因如何剪接。

以细胞种类作为标准评估的生物复杂程度的研究发现,生物的复杂程度与发生可变剪接的基因比例间通常存在正相关关系(Chen et al., 2014)。尽管可变剪接是一种重要的转录、蛋白多样性及表型变异来源,但目前对于可变剪接对入侵生物适应环境过程中作用的研究相对较少(Jacobs and Elmer, 2021;Singh and Ahi, 2022)。究其原因,主要是绝大多数现有转录组研究主要关注与原有测序技术和生物信息工具相关的基因表达变异(Somero, 2018)。然而,可变剪接有着利用既有遗传变异(standing genetic variation)和隐秘遗传变异快速调控表型可塑性,从而产生表型多样性的巨大潜力(Pleiss et al., 2007;Verta and Jacobs, 2021;Singh and Ahi, 2022)。例如,在自然界动物种群中,可变剪接被发现与熊类的冬眠(Tseng et al., 2022),鸟类的性别决定(Rogers et al., 2021),鱼类冷胁迫和盐度驯化、平行进化、物种分化及性别差异(Singh et al., 2017;Healy and Schulte, 2019;Naftaly et al., 2021;Tian et al., 2022),以及昆虫的季节、形态、性别和发育可塑性(Kijimoto et al., 2012;Grantham and Brisson, 2018;Price et al., 2018)相关。综上所述,可变剪接与表型可塑性间的关系已逐步在其他动物类群中被证明,但

目前我们对于可变剪接在入侵动物中的作用并不十分明确。研究可变剪接与入侵动物可塑性间的关系，以及可变剪接对入侵动物种群进化潜力的影响，对理解入侵动物种群如何缓冲入侵地新环境带来的胁迫并最终建群扩散具有重要意义。

（二）表观遗传修饰与入侵动物表型可塑性进化

表观遗传（epigenetic inheritance）修饰，作为既可对基因表达产生可遗传影响而又不改变 DNA 序列的分子机制，是一类重要的非遗传机制。表观遗传修饰包括三类：DNA 甲基化（DNA methylation）、组蛋白修饰（histone modification）以及基于 RNA 的修饰（Hu and Barrett，2017）。DNA 甲基化是目前在入侵动物中研究最广泛的机制，其对基因表达的调控作用已经得到了广泛认可（Jones，2012）。动物中的 DNA 甲基化主要发生在胞嘧啶-磷酸-鸟嘌呤（CpG）这一情形中，体现为胞嘧啶上嘧啶环的第五位添加一个甲基基团。根据甲基化发生的位置，DNA 甲基化可对基因的表达水平进行上调或下调，也可对可变剪接进行调控，产生不同的异构体（Schubeler，2015）。甲基化分布模式在脊椎动物和无脊椎动物中有一定差别：脊椎动物的基因组通常甲基化水平较高，且甲基化通常以 CpG 岛（CpG island）的模式存在于胞嘧啶上，仅在启动子（promoter）区域存在少量甲基化水平较低的 CpG 岛。而无脊椎动物的甲基化水平较脊椎动物通常偏低，甲基化在基因组中出现的区域更加分散，且倾向于出现在基因体（gene body）区域（Roberts and Gavery，2012）。DNA 甲基化通过调控转录因子与基因组特定区域的结合来影响基因表达水平和可变剪接。DNA 甲基化修饰的出现速度在不同入侵动物中可能并不一致，如在入侵海鞘中，DNA 甲基化可在温度胁迫后的 1 h 内出现（Huang et al.，2017）。而在另一种入侵性蜥蜴中，DNA 甲基化变异在个体被移植到新环境中 4 天后出现（Hu et al.，2019）。此外，在环境胁迫时出现的 DNA 甲基化变异维持的时间可能较短，在数周后即可能消失（Venney et al.，2023）。组蛋白修饰主要发生在组蛋白的 N 端，并可影响染色质的结构，以及常染色质与异染色质间的转换，控制基因表达的启动和沉默。基于 RNA 的表观遗传修饰机制在动物中的研究相对于 DNA 甲基化与组蛋白修饰较少。目前我们对基于 RNA 的表观遗传修饰的理解主要来源于非编码 RNA（noncoding RNA），如小干扰 RNA（small interfering RNA，siRNA）和微 RNA（microRNA）等小分子 RNA，可引起 mRNA 的降解从而调控基因表达水平。此外，siRNA 还可以通过调控转座子、与 DNA 甲基化和组蛋白修饰的互作等形式调控基因转录（Holoch and Moazed，2015）。

四、入侵动物表型可塑性进化案例分析

入侵动物通常被认为是遗传悖论（genetic paradox）的代表，入侵动物种群通常具有较低的遗传多样性，但可以适应有时与原产地完全不同的环境。因此，它们是研究表观遗传修饰与表型可塑性间关系的理想材料。随着探测表观遗传修饰技术和实验技术的发展，虽然研究数量较少，但已经有研究开始尝试将表观遗传变化与适应性变化联系起来（Feil and Fraga，2012；Verhoeven et al.，2016；Hu and Barrett，2017）。现有大部分研究在水生动物中开展，如人工孵化或海洋变暖环境可对鱼类的 DNA 甲基化产生影响，

且部分甲基化变异可以跨代遗传，使得 DNA 甲基化水平在不同生长环境的鱼类种群间产生了分化。产生分化的位点的功能与环境适应和适合度密切相关（Anastasiadi et al.，2017；Anastasiadi and Piferrer，2019；Podgorniak et al.，2019，2022；Le Luyer et al.，2021；Leitwein et al.，2021，2022）。此外，已有的在珊瑚中的研究表明，DNA 甲基化与珊瑚应对海水 pH 变化过程中产生的生长与应激反应相关，发生甲基化变化的区域主要在基因组中的基因体区域且可跨代遗传，表明甲基化对减少环境胁迫下的异常转录有重要作用（Li et al.，2018b；Liew et al.，2018，2020）。

在入侵动物的研究中发现，表观遗传可塑性也可以用于解释多种入侵动物对环境变化的适应（Hawes et al.，2018）。在入侵性无脊椎动物的研究中发现，DNA 甲基化水平下降被发现与一种入侵性贝类（*Xenostrobus secures*）的表型可塑性水平上升以及栖息地扩张相关（Ardura et al.，2017）。DNA 甲基化水平的下降也被发现与烟粉虱的耐热性下降相关（Dai et al.，2018）。最著名的研究在小龙虾中开展，大理石纹螯虾（marbled crayfish，*Procambarus virginalis*）是一种原产于非洲马达加斯加的入侵性无脊椎动物，在 2003 年被无意引入欧洲。由同源多倍化事件造成的无性繁殖使其在欧洲多国快速扩张。在这一物种中的研究发现，大理石纹螯虾拥有保守且活跃有效的 DNA 甲基化调控机制：发生在基因体（gene body）中的甲基化使得大理石纹螯虾可以快速调控基因表达水平和基因表达变异性，使得这一入侵物种可以快速适应从非洲到欧洲差异巨大的不同环境（Gutekunst et al.，2018）。在入侵性脊椎动物中的研究发现，家麻雀（*Passer domesticus*）种群中存在的 DNA 甲基化变异被发现与其对环境胁迫的适应密切相关（Liebl et al.，2013；Hanson et al.，2020）。此外，DNA 甲基化分化在沙氏变色蜥（brown anole lizard，*Anolis sagrei*）这一入侵动物的奠基种群与源种群间产生（Hu et al.，2019）。这一研究发现，在被引入新环境 4 天的时间内，奠基种群即产生了与源种群不同的甲基化模式。差异甲基化位点的功能与信号转导、免疫响应和生理节律等与适合度密切相关的表型有关。

需要注意的是，部分现有研究表观遗传与可塑性进化关系的研究，在分析 DNA 甲基化时使用的是间接手段（如甲基化敏感性扩增片段长度多态性，methylation-sensitive amplified fragment length polymorphism，MS-AFLP），从而需要利用高通量测序技术对其结果进行验证。此外，环境如何影响表观遗传变异的机制目前并不明确。综上所述，以上近期研究案例说明，表观遗传修饰特别是 DNA 甲基化修饰与入侵动物的表型可塑性及对环境的适应性密切相关，是影响入侵动物入侵能力的重要分子调控机制之一。但今后的研究需要更加全面地在入侵动物中分析表观遗传对基因表达的调控，以深入理解和预测表观遗传修饰与表型可塑性进化的关系。

第二节 入侵动物遗传适应性进化

一、遗传适应性进化的概念与类型

遗传适应性是指在自然选择压力下，生物种群中适合度高的等位基因替代适合度低的等位基因的现象。适合度高的等位基因的来源一般有两种：已有遗传变异（standing genetic variation）和新突变（new mutation）。有研究预测，在快速入侵发生过程中，可以立即提供适合度高的等位基因的已有遗传变异被认为是主要的适应性进化遗传机制。此外，因为入侵种群在入侵地经常遇到与原产地不同的环境条件，在原产地中性甚至有害的等位基因可能在入侵地转变为有利等位基因。近期在种群遗传理论领域的研究进展发现，已有遗传变异与新突变在基因组中留下了不同的印记（Barrett and Schluter, 2008），使得区分这两种不同的遗传适应性进化机制成为可能。通过将理论与基因组扫描（genome scanning）结合，可以获得入侵生物使用已有遗传突变或新突变作为主要遗传适应性机制的信息。以下我们将就两类典型的遗传适应性进化机制进行介绍。

由于入侵种群通常由个体数量较少、基因流较低的种群进入入侵地，遗传瓶颈（genetic bottleneck）被广泛认为与生物入侵相关（Dlugosch and Parker, 2008）。遗传瓶颈是否限制了入侵动物的快速适应，是入侵生物学领域的核心问题之一。传统观点认为，由于减少了种群内部的遗传多样性，遗传瓶颈降低了入侵动物适应性进化的潜力（Van Buskirk and Willi, 2006）。然而近期的理论研究发现，由于可将上位遗传变异（epistatic genetic variation）转换为加性遗传变异（additive genetic variation），瓶颈效应可以促进快速适应性进化。也有相反观点认为，近期理论模型无法准确预测瓶颈效应带来的大量的上位遗传变异转换为加性遗传变异的事件，且由上位遗传变异控制的性状变异程度有限（Turelli and Barton, 2006）。因此瓶颈效应很可能在大多数情况下都会限制入侵动物适应性进化的速率，仅在某些特定极端情况下会加速适应性进化过程（Prentis et al., 2008）。

种内和种间杂交（intra- and inter-specific hybridization）作为提升种群遗传多样性的机制，是入侵动物种群适应性进化的重要遗传机制之一。杂交可以通过建立杂种优势（heterosis）提升入侵动物种群的适合度（Baack and Rieseberg, 2007）。然而这种杂种优势会随着重组（recombination）在后代中因杂合度下降而逐渐降低。因此，分析重组较杂交对入侵动物的适应性进化研究更具意义。因重组造成的入侵性提升会通过以下两种机制完成：①杂交后代会展现出相比于亲代全新的或者更加极端的性状。这些极端的性状通常是超亲分离（transgressive segregation）的结果，即来源于双亲的等位基因结合后，朝正向或负向产生了超越亲本的极端性状（Baack and Rieseberg, 2007）。②杂交可以引起适应性性状渐渗（adaptive trait introgression），导致跨物种的等位基因传递，提高入侵动物的适合度或繁殖力（Valencia-Montoya et al., 2020）。

理解调控入侵动物产生快速适应入侵地环境的性状的遗传机制，是研究入侵生物学的主要目标之一。了解具体有哪些基因或者遗传变化参与到这个过程，可以帮助我们回答多个基础问题，如动物入侵过程中更多地使用了已有遗传变异或者新突变，以及同一入侵动物种类在不同入侵事件中受自然选择的基因是否相似等。利用合理严谨的实验设计，结合现有先进的组学分析技术，可以更全面地帮助我们了解入侵性产生和调节的遗传机制，确定参与入侵动物快速适应新环境的关键基因和突变。

二、遗传适应性进化与表型可塑性进化的关系与相对重要性

如上所述，表型可塑性是单个基因型应对不同环境时产生不同表现的能力，可以帮

助动物在快速改变的环境中生存（Chevin and Lande，2010；Chevin et al.，2010；Snell-Rood et al.，2018）。但同时，表型可塑性因为使种群表型分布更靠近最适表型，会使得自然选择的作用减弱，从而阻碍了遗传适应性进化（Huey et al.，2003）。此外，动物产生的表型可塑性可能并不适应，即其并不总能帮助产生适应性基因型（Ghalambor et al.，2007；Merilä and Hendry，2014）。现有研究依然在争论到底是可塑性优先（plasticity-first）促进适应，还是适应性响应大部分依靠遗传变异产生，而可塑性仅仅缓冲适应性响应（Crispo，2007；Moczek，2007；Badyaev，2009；Levis and Pfennig，2016；Corl et al.，2018）。因此，表型可塑性进化与遗传适应性进化的关系非常复杂，两者在适应中的相对重要性目前还没有定论。

组学的发展也为分析遗传适应性进化与表型可塑性进化的关系与相对重要性提供了重要数据支持。与较早的研究类似，组学研究也同时在入侵和非入侵动物中发现了促进遗传适应性进化的适应性表型可塑性（Scoville and Pfrender，2010；Fraser et al.，2014；Shaw et al.，2014；Gleason and Burton，2015；Mäkinen et al.，2015；Li et al.，2018a；Wang and Althoff，2019）以及阻碍遗传适应性进化的非适应性表型可塑性（Pespeni et al.，2013；Schaum et al.，2013；Dayan et al.，2015；Ghalambor et al.，2015；Ho and Zhang，2018；Brennan et al.，2022）。近期有研究提出，非适应性可塑性在快速适应早期占主导，而适应性可塑性在之后的表型变化中起到了微调的作用（Fischer et al.，2016），说明不同类型的表型可塑性在不同的时间尺度内发挥作用，且在不同时间尺度内有着截然不同的重要性（Murren et al.，2015）。例如，行为可塑性通常被认为是代价较低且快速的一种可塑性。然而根据调控行为可塑性的机制不同，这种可塑性可以是激活性的（activational），即快速但代价高的一种可塑性；或者是发育性的（developmental），即代价低但起效慢的一种可塑性（Snell-Rood et al.，2018）。另一种常被研究的可塑性是跨代可塑性（transgenerational plasticity，TGP）。这种可塑性通常在较慢的、与遗传适应性进化相似的时间尺度下发挥作用（Munday et al.，2013；Donelson et al.，2018；Adrian-Kalchhauser et al.，2020）。因此，不同类型的表型可塑性及其背后的调控机制将会影响入侵和非入侵动物个体所需付出的代价，决定可塑性在与环境变化节奏相比较的时间尺度下是适应，或者是促进还是阻碍了遗传适应性进化。

三、入侵动物遗传适应性进化案例分析

以下我们介绍两种代表性的入侵动物——大理石纹螯虾（*Procambarus virginalis*）和沙氏变色蜥（*Anolis sagrei*）中已有的研究，揭示入侵过程中发生的遗传适应性进化及其背后调控机制。

大理石纹螯虾是一种淡水小龙虾种类，最早在 2005 年于德国的水族馆中被发现入侵（Scholtz et al.，2003），之后的 15 年间在欧洲多国发现野外种群（Chucholl and Pfeiffer，2010；Lipták et al.，2016；Patoka et al.，2016；Pârvulescu et al.，2017；Deidun et al.，2018；Ercoli，2019）。此外，大理石纹螯虾还被发现快速入侵到与欧洲生境迥异的非洲马达加斯加，目前在该地被发现有超过 10 万 km^2 的水域被入侵（Jones et al.，2009；Kawai et al.，2009；Gutekunst et al.，2018；Andriantsoa et al.，2019）。大理石纹螯虾是一种原产于美国佛罗里达州的有性生殖的龙纹螯虾（slough crayfish，*Procambarus fallax*）的孤雌生殖后代（Martin et al.，2010），它特殊的专性非减数孤雌生殖（obligatory apomictic parthenogenesis）源于龙纹螯虾中一个遗传背景单一、单克隆的种群（Gutekunst et al.，2018）。尽管在动物中孤雌生殖并不少见，但专性孤雌生殖罕见，并因与进化生物学的基础理论相悖而被认为是一种进化丑闻（evolutionary scandal）。在对大理石纹螯虾的基因组分析后发现，该物种的基因组由276条染色体组成，是其祖先龙纹螯虾单倍体基因组的整三倍。进一步的分析发现，3条染色体中的两条来源于龙纹螯虾的一个基因型，另一条来源于龙纹螯虾的另一个基因型。这一发现说明大理石纹螯虾的基因组起源于龙纹螯虾两个远缘个体交配产生的同源多倍体（autopolyploid）。而在分析马达加斯加和欧洲种群的遗传结构后发现，这两个地理距离遥远地区种群的遗传分化几乎可以忽略不计，且与1995年在德国发现的已知最早种群的遗传结构非常相似，说明全世界范围内的大理石纹螯虾为同一克隆，而因多倍体化使得大理石纹螯虾拥有的孤雌生殖能力，使其可以适应广泛的环境并快速入侵。

沙氏变色蜥原产于加勒比海地区的古巴、巴哈马和周边岛屿。目前已广泛入侵至其他加勒比海岛屿、美国南部多州、牙买加、墨西哥、格林纳达和我国台湾地区。近期研究发现，沙氏变色蜥入侵地区发生了明显的形态和遗传分化（Schoener et al.，2005；Kolbe et al.，2007，2012）。如Kolbe等（2004）利用线粒体DNA序列在研究沙氏变色蜥的祖先种群和入侵种群时发现，沙氏变色蜥在入侵过程中的遗传多样性增加，甚至远远高于祖先种群中的遗传多样性，且即使在全球长距离入侵后遗传多样性也仍没有降低，证明多次入侵可能协助沙氏变色蜥的成功入侵。在Schoener于2009年提出可以通过研究沙氏变色蜥的种群遗传变异来了解该物种的适应性进化历史后，近期发表的一项研究通过分析沙氏变色蜥的原产地种群和入侵种群的遗传结构后发现，原产地种群的遗传结构分化明显，而入侵地的种群遗传结构由原产地种群间的杂交造成，且在过去15年间保持稳定，证明：①不同的自然选择压力造成了种群杂交在原产地和入侵地的不同偏好；②在入侵地发生的大量因杂交引起的基因交流现象提升了入侵种群的遗传多样性（Bock et al.，2021）。

综上所述，遗传适应性进化与表型可塑性进化一样，是入侵动物种群适应入侵地环境并快速扩散的重要进化机制。而分析表型可塑性与适应性进化在入侵动物快速适应过程中的关系、背后的调控机制和相对贡献，可以为我们全面解析为何遗传悖论会受到挑战的原因提供帮助。

第三节　入侵动物进化与气候变化关系的分析方法

人类活动带来的气候变化改变了众多环境因子，使得预测入侵动物的种群动态和扩散趋势变得更加困难。以往大部分预测入侵动物分布的模型是通过物种分布模型（species distribution model，SDM）完成的。尽管SDM通过将现有物种出现记录与当地气候数据结合建立模型，用以预测入侵动物在空间和时间变化过程中的分布变化，但这种方法通常忽略了不同入侵种群在生理耐受、繁殖力和生存力方面的差异。此外，SDM算法背后的 3 种假设，即：①所有适合动物生存的非生物环境同时代表了适合动物生存的生物环境；②动物分布与环境条件相互等同；③所有可以被动物占据的空间都会被同等可能的动物种群完全占据，这些假设过于简化了现实复杂条件，导致对于入侵动物在气候变化条件下的分布变化预测失准（Aguirre-Liguori et al.，2021）。

基于种群内存在的适应性已有遗传变异在空间上的异质性，即种群中存在的局部适应（local adaptation）现象，为解决以上问题，已有研究开始采用种群水平基因组数据来预测气候变化对基因-环境关系的破坏程度（Capblancq et al.，2020）。这些研究通常筛选种群中与环境因子相关的遗传变异来建立基因-环境模型，将这一模型映射到种群的空间和/或时间分布范围（即未来气候条件），预测种群在不同气候条件下为维持现气候条件下的适合度相匹配所需的等位基因或基因型频率改变程度。利用这一类基因-环境模型分析入侵物应对环境变化的关键调控位点以及在气候变化背景下的扩散趋势，有利于准确预测入侵动物的种群变化，为相关政策制定提供数据支持。以下我们就如何对与环境适应相关遗传位点进行筛选及如何预测动物种群的遗传适应性进行分析，并展示基因-环境模型在入侵动物研究中的应用。

一、与环境适应相关遗传变异位点的筛选

筛选与环境适应相关的遗传变异位点，首先需要沿环境梯度采集多个种群，并利用高密度基因组测序或基因型分型方法收集单个样品或样品池的单核苷酸多态性（single nucleotide polymorphism，SNP）。之后有两大类方法用以筛选与局部环境适应相关的基因组区域：一类方法探寻 SNP 与参与环境适应相关的表型间的联系，另一类方法关注空间或环境梯度上种群间的遗传差异。第一类方法要求研究者首先对潜在与气候适应相关的生理、外形或者行为表型背后的基因或调控序列有深入的了解，然后将同质园条件下测量的个体表型与个体基因型进行联系来预测与气候适应性状相关的 SNP。也可利用全基因组关联分析（genome-wide association study，GWAS）方法对每一个 SNP 与感兴趣的性状或气候因子进行分析。这一类基于表型方法挑选了研究者事先深入了解的与环境适应最相关的表型，提供了自然选择的直接目标信息。但使用这一类方法要求关注的表型不能仅在特定生长阶段或特定环境中表达，或因存在基因型-环境互作（genotype-environment interaction）而导致表型测量困难。

第二类方法不依赖于遗传变异位点与表型间的联系，而关注因局部自然选择造成的在梯度种群间的等位基因频率分化（F_{ST}）或等位基因在某一基因组窗口中在种群水平上的偏态（selective sweep）（Sabeti et al.，2002；Nielsen et al.，2005；Jones et al.，2012），或者基因型与环境因子间的联系（genotype-environment association，GEA）。在实际应用中，因为在一些条件下研究者并不能事先了解这些与环境适应相关的表型及其背后的基因或调控序列，因此第二类方法在这些情况下较第一类方法可以提供更多种群与环境适应相关的信息。特别是对于 GEA，这一类研究虽然关注一系列可以捕捉在合适的空间和尺度上与自然选择最相关的环境驱动因子，但在根据关注物种的生活史选择相关环

境因子这一步骤上存在主观调整。此外，随着选择的环境因子数量的增加，在早期单变量 GEA 模型中存在的因多重检验带来的假阳性问题会随之增加，而近期开发的多变量 GEA 模型为解决这一问题提供了一种可行的解决方案（Forester et al.，2018）。

二、预测入侵动物种群的遗传适应性

当利用以上两类方法筛选获得与环境适应相关的遗传位点后，下一步就是在训练样本（training sample）中建立遗传信息与表型或环境间的关联模型，之后映射到新的基因型或环境数据中进行种群分布预测。获得的预测结果最后可以在与训练集样本独立的测试样本（testing sample）中进行模型验证。这一流程将种群水平上的适应性特征转变为等位基因频率的变化组合（Fitzpatrick and Keller，2015；Bay et al.，2018；Capblancq et al.，2020；Fitzpatrick et al.，2021），并最终使得种群是否可以在气候变化下产生遗传适应或者非适应可以被量化评估。

在关注现有气候条件时，适应性等位基因沿气候梯度的空间分布或变化的特征可以体现为物种在其现有分布范围内在气候适应相关位点上等位基因频率的连续变化谱。这一连续变化谱可以用于预测物种在未来气候条件下的遗传组成与目前观察到的遗传组成间的差别，并作为该种群不适应的评判标准（index of maladaptation）（Rellstab et al.，2015）。评估入侵动物在迁移至其目前生存环境外的环境时的适应/非适应的程度，对预测入侵动物是否可以成功定殖与扩散具有重要意义（Steane et al.，2014）。在现实研究中，这种适应/非适应的程度通常由遗传偏移（genetic offset）这一指标定量计算。这一指标首先由 Fitzpatrick 和 Keller（2015）提出，该指标反映了大量位点对种群应对环境变化的适应性贡献。目前最新开发用以计算遗传偏移的模型为梯度森林（gradient forest，GF）模型（Ellis et al.，2012），这一模型基于随机森林机器学习模型，利用回归树拟合响应变量（如遗传位点）与多变量预测因子（如气候变量）间的关联性。在利用训练集样本对模型进行训练后，GF 模型可以被用来创建在物种分布范围内等位基因的连续变化谱，并可在映射到未来环境条件时预测现有与未来等位基因的频率差，即遗传转换（genetic turnover），作为未来种群是否适应的参考指标。这一方法已经被广泛应用在预测多个濒危或具有重要生态/经济价值的物种在未来气候环境下的种群分布范围（Fitzpatrick and Keller，2015；Bay et al.，2018；Martins et al.，2018；Ruegg et al.，2018；Aguirre-Liguori et al.，2019；Ingvarsson and Bernhardsson，2020；Gougherty et al.，2021；Vanhove et al.，2021）。

三、全球变化驱动的入侵动物进化与扩散趋势预测案例分析

目前在入侵动物中开展进化与气候变化关系的研究主要关注入侵模式生物在现有分布区域受自然选择的基因位点或结构，以及在未来气候变化条件下的扩散趋势。如 Stuart 等（2021）关注在澳大利亚广泛入侵的一种鸟类，即紫翅椋鸟（*Sturnus vulgaris*）在当地入侵成灾的机制。在对 3 个气候区域的 24 个种群进行采样，筛选种群间的选择

中性位点和局部适应的遗传位点后，他们分析了这些位点的等位基因频率随地理距离和气候距离的变化趋势，最终确定该种入侵性鸟类的中性种群结构受地理距离影响较大，说明基因流受地理因素影响较大。而适应性遗传位点与环境因子的关联显著，说明局部环境造成的差异自然选择压力在不同种群中留下了不同的选择印记（Stuart et al., 2021）。另一个在紫翅椋鸟北美种群中的分析研究得到了与澳大利亚种群中研究相反的结论，即基于中性位点构建的北美地区的紫翅椋鸟的种群遗传结构受地理因素影响较小，种群间的分化较澳大利亚种群更小。该研究中也发现了大量与环境因子相关的局部适应位点（Hofmeister et al., 2021）。这两个研究结果的差异说明，同一种入侵动物在经历不同的入侵历史后会产生截然不同的进化结果，且不同进化驱动力在不同入侵过程中的相对作用不同，对预测入侵生物未来扩散趋势具有重要参考意义。

第四节　中国入侵动物案例分析

本书就西部食蚊鱼在中国的入侵和进化进行介绍，具体如下。

淡水生态系统是受生物入侵造成的影响最严重的生态系统之一（Jeremias et al., 2018）。有数据表明，淡水动物每 10 年的灭绝率高达 4%，是任何陆地生物类群灭绝率的 5 倍以上（Groombridge and Jenkins, 2000）。而我国作为世界上陆地水域面积最大的国家之一，江河、湖泊、水库众多，拥有广大而复杂的淡水生态系统，受到的影响更加广泛且严重。淡水鱼类作为淡水生态系统重要的组成部分，占全球鱼类的 40% 和全球脊椎动物种类的 1/4，是最受生物入侵威胁的动物类群之一，同时也是造成生物入侵的主要类群之一（Gozlan et al., 2010）。已有研究表明，20 世纪美国灭绝的淡水鱼类中有 68% 与鱼类入侵相关。在我国也发现了大量由鱼类入侵引发的土著物种灭绝和生态系统被破坏的例子，如入侵性淡水鱼类对云南高原湖泊中的土著鱼类产生强烈竞争作用，造成云南省的 432 种土著鱼类中约 2/3 的种类种群数量明显下降（Xiong et al., 2015）。

西部食蚊鱼（*Gambusia affinis*）作为我国有记录的最早被人为引入并造成重大损失的入侵性鱼类（Xiong et al., 2015），由于其代表性的生物学特征、广泛的分布范围和广域的环境适应性，成为研究入侵性表达的理想材料。西部食蚊鱼隶属于鳉形目（Cyprinodontiformes）花鳉科（Poeciliidae）食蚊鱼属（*Gambusia*），原产于北美洲西部，因可以吞食蚊子幼虫而被世界各国相继引入以用于控制蚊子及蚊传疾病。自 20 世纪 20 年代从菲律宾引入我国上海市后逐渐扩散，目前在全国各个水系广泛分布。西部食蚊鱼繁殖迅速且繁育量大（理想环境中 22~25 天一代，一般窝产 30~50 尾），对土著的鱼类（如青鳉）、两栖类（如蝌蚪和蝾螈）及无脊椎动物（如甲壳类、轮虫等水生动物）种群数量产生了极大的负面影响，在包括我国在内的世界范围内造成了多种动物物种的灭绝（Pyke, 2005, 2008）。因此，西部食蚊鱼被列为世界范围内百大入侵物种之一（Lowe et al., 2000）。

目前针对我国西部食蚊鱼的研究主要关注不同种群的物种鉴定和形态差异、生活史差异（Cheng et al., 2018）、交配特征（多重父权）的时空差异（Gao et al., 2019）及对环境污染物的响应（Huang et al., 2019；Song et al., 2021），发现该种入侵性鱼类在入侵我国 100 年后，在不同种群间产生了明显的表型差异，证明该种鱼类在入侵过程中产生了局部适应和进化。但对该种重要入侵性淡水鱼类的表型可塑性、适应性进化背后的分子调控机制，以及气候变化背景下的扩散趋势等研究相对较少。目前仅有一篇文章发现，可变剪接和表观遗传机制在调控西部食蚊鱼极端温度耐受性中的作用相互独立（Ren et al., 2024）。而西部食蚊鱼的基因组（约 700Mb）与其他模式鱼类基因组大小类似且已被测序和注释（Hoffberg et al., 2018；Shao et al., 2020），为在这一我国代表性入侵性淡水鱼类中进一步开展与入侵性表达机制相关的组学分析提供了理想的研究平台。在该种鱼类中开展的研究将为在其他入侵物种中开展入侵性表达的研究提供重要参考，为国家制定相关政策提供理论和数据支持。

第五节 结论与展望

在本节中，我们讨论了表型可塑性和适应性进化这两种关系紧密的生态和进化过程在入侵动物快速适应入侵地过程中的作用和相对贡献，以及气候变化背景下如何对入侵动物的扩散趋势进行预测。现有研究发现，入侵动物可以利用表观遗传或可变剪接等可调控表型可塑性的机制快速应对入侵地新环境带来的选择压力，并在进化尺度下通过多样的遗传机制产生局部适应。为研究表型可塑性与适应性进化在入侵动物响应环境变化过程中的相对重要性，我们需要结合野外与同质园实验，分析可塑性在不同种群间的变化，以及适应性进化在不同种群中造成的遗传和表型差异。目前利用机器学习模型预测入侵动物扩散趋势的研究还处于初步阶段。在利用不同方式获得与关键性状或关键气候因子相关的遗传位点后，通过创建不同样本集合或环境因子集合对模型进行训练，可以用于准确预测入侵动物在气候变化背景下的扩散趋势。外来生物入侵是包括我国在内的世界各国普遍面临的严峻问题，涉及国家生态安全、粮食安全和生物安全。伴随着《中华人民共和国生物安全法》的颁布和启动实施，防范外来物种入侵与保护生物多样性已纳入国家发展总体布局。从遗传和表观遗传角度探讨入侵性表达的调控机制，建立准确的入侵生物扩散趋势预测模型，有助于从更深层次理解外来物种入侵性与脆弱生境或脆弱生态系统可入侵性相互作用的关系，为有效监测和防控提供依据，契合国家重大需求和"十四五"国家重点研发方向。

（本章作者：胡俊韬）

参 考 文 献

Adrian-Kalchhauser I, Sultan S E, Shama L N S, et al. 2020. Understanding 'non-genetic' inheritance: insights from molecular-evolutionary crosstalk. Trends in Ecology & Evolution, 35: 1078-1089.
Aguirre-Liguori J A, Ramirez-Barahona S, Gaut B S. 2021. The evolutionary genomics of species' responses to climate change. Nature Ecology & Evolution, 5: 1350-1360.
Aguirre-Liguori J A, Ramirez-Barahona S, Tiffin P, et al. 2019. Climate change is predicted to disrupt patterns of local adaptation in wild and cultivated maize. Proceedings of the Royal Society B: Biological Sciences, 286: 20190486.

Anastasiadi D, Díaz N, Piferrer F. 2017. Small ocean temperature increases elicit stage-dependent changes in DNA methylation and gene expression in a fish, the European sea bass. Scientific Reports, 7: 12401.

Anastasiadi D, Piferrer F. 2019. Epimutations in developmental genes underlie the onset of domestication in farmed European sea bass. Molecular Biology and Evolution, 36: 2252-2264.

Andriantsoa R, Tönges S, Panteleit J, et al. 2019. Ecological plasticity and commercial impact of invasive marbled crayfish populations in Madagascar. BMC Ecology, 19: 8.

Ardura A, Zaiko A, Morán P, et al. 2017. Epigenetic signatures of invasive status in populations of marine invertebrates. Scientific Reports, 7: 42193.

Baack E J, Rieseberg L H. 2007. A genomic view of introgression and hybrid speciation. Current Opinion in Genetics & Development, 17: 513-518.

Badyaev A V. 2009. Evolutionary significance of phenotypic accommodation in novel environments: an empirical test of the Baldwin effect. Philosophical Transactions of the Royal Society of London B Biological Sciences, 364: 1125-1141.

Barrett R D, Schluter D. 2008. Adaptation from standing genetic variation. Trends in Ecology & Evolution, 23: 38-44.

Bay R A, Harrigan R J, Underwood V L, et al. 2018. Genomic signals of selection predict climate-driven population declines in a migratory bird. Science, 359: 83-86.

Bock D G, Baeckens S, Pita-Aquino J N, et al. 2021. Changes in selection pressure can facilitate hybridization during biological invasion in a Cuban lizard. Proceedings of the National Academy of Sciences of the United States of America, 118(42): e2108638118.

Brennan R S, deMayo J A, Dam H G, et al. 2022. Loss of transcriptional plasticity but sustained adaptive capacity after adaptation to global change conditions in a marine copepod. Nature Communications, 13: 1147.

Capblancq T, Fitzpatrick M C, Bay R A, et al. 2020. Genomic prediction of (mal)adaptation across current and future climatic landscapes. Annual Review of Ecology, Evolution, and Systematics, 51: 245-269.

Chen L T, Liang W X, Chen S, et al. 2014. Functional and molecular features of the calmodulin-interacting protein IQCG required for haematopoiesis in zebrafish. Nature Communications, 5: 3811.

Cheng Y, Xiong W, Tao J, et al. 2018. Life-history traits of the invasive mosquitofish (*Gambusia affinis* Baird and Girard, 1853) in the central Yangtze River, China. BioInvasions Records, 7: 309-318.

Chevin L M, Lande R. 2010. When do adaptive plasticity and genetic evolution prevent extinction of a density-regulated population? Evolution, 64: 1143-1150.

Chevin L M, Lande R, Mace G M. 2010. Adaptation, plasticity, and extinction in a changing environment: towards a predictive theory. PLoS Biology, 8: e1000357.

Chucholl C, Pfeiffer M. 2010. First evidence for an established Marmorkrebs (Decapoda, Astacida, Cambaridae) population in Southwestern Germany, in syntopic occurrence with *Orconectes limosus* (Rafinesque, 1817). Aquatic Invasions, 5: 405-412.

Corl A, Bi K, Luke C, et al. 2018. The genetic basis of adaptation following plastic changes in coloration in a novel environment. Current Biology, 28: 2970-2977.e7.

Crispo E. 2007. The Baldwin effect and genetic assimilation: revisiting two mechanisms of evolutionary change mediated by phenotypic plasticity. Evolution, 61: 2469-2479.

Crispo E. 2008. Modifying effects of phenotypic plasticity on interactions among natural selection, adaptation and gene flow. Journal of Evolutionary Biology, 21: 1460-1469.

Dai T M, Lü Z C, Wang Y S, et al. 2018. Molecular characterizations of DNA methyltransferase 3 and its roles in temperature tolerance in the whitefly, *Bemisia tabaci* Mediterranean. Insect Molecular Biology, 27: 123-132.

Davidson A M, Jennions M, Nicotra A B. 2011. Do invasive species show higher phenotypic plasticity than native species and, if so, is it adaptive? A meta-analysis. Ecology Letters, 14: 419-431.

Dayan D I, Crawford D L, Oleksiak M F. 2015. Phenotypic plasticity in gene expression contributes to divergence of locally adapted populations of *Fundulus heteroclitus*. Molecular Ecology, 24: 3345-3359.

Deidun A, Sciberras A, Formosa J, et al. 2018. Invasion by non-indigenous freshwater decapods of Malta and

Sicily, central Mediterranean Sea. Journal of Crustacean Biology, 38: 748-753.
Dlugosch K M, Parker I M. 2008. Founding events in species invasions: genetic variation, adaptive evolution, and the role of multiple introductions. Molecular Ecology, 17: 431-449.
Donelson J M, Salinas S, Munday P L, et al. 2018. Transgenerational plasticity and climate change experiments: where do we go from here? Global Change Biology, 24: 13-34.
Ellis N, Smith S J, Pitcher C R. 2012. Gradient forests: calculating importance gradients on physical predictors. Ecology, 93: 156-168.
Ercoli F. 2019. First record of an established marbled crayfish *Procambarus virginalis* (Lyko, 2017) population in Estonia. BioInvasions Records, 8: 675-683.
Feil R, Fraga M F. 2012. Epigenetics and the environment: emerging patterns and implications. Nature Reviews Genetics, 13: 97-109.
Fischer E K, Ghalambor C K, Hoke K L. 2016. Can a network approach resolve how adaptive vs nonadaptive plasticity impacts evolutionary trajectories? Integrative and Comparative Biology, 56: 877-888.
Fitzpatrick M C, Chhatre V E, Soolanayakanahally R Y, et al. 2021. Experimental support for genomic prediction of climate maladaptation using the machine learning approach gradient forests. Molecular Ecology Resources, 21(8): 2749-2765.
Fitzpatrick M C, Keller S R. 2015. Ecological genomics meets community-level modelling of biodiversity: mapping the genomic landscape of current and future environmental adaptation. Ecology Letters, 18: 1-16.
Forester B R, Lasky J R, Wagner H H, et al. 2018. Comparing methods for detecting multilocus adaptation with multivariate genotype-environment associations. Molecular Ecology, 27: 2215-2233.
Fox R J, Donelson J M, Schunter C, et al. 2019. Beyond buying time: the role of plasticity in phenotypic adaptation to rapid environmental change. Philosophical Transactions of the Royal Society of London B Biological Sciences, 374: 20180174.
Fraser B A, Janowitz I, Thairu M, et al. 2014. Phenotypic and genomic plasticity of alternative male reproductive tactics in sailfin mollies. Proceedings of the Royal Society B: Biological Sciences, 281: 20132310.
Gao J, Santi F, Zhou L, et al. 2019. Geographical and temporal variation of multiple paternity in invasive mosquitofish (*Gambusia holbrooki*, *Gambusia affinis*). Molecular Ecology, 28: 5315-5329.
Ghalambor C K, Hoke K L, Ruell E W, et al. 2015. Non-adaptive plasticity potentiates rapid adaptive evolution of gene expression in nature. Nature, 525: 372-375.
Ghalambor C K, McKay J K, Carroll S P, et al. 2007. Adaptive versus non-adaptive phenotypic plasticity and the potential for contemporary adaptation in new environments. Functional Ecology, 21: 394-407.
Gibbons T C, Metzger D C H, Healy T M, et al. 2017. Gene expression plasticity in response to salinity acclimation in threespine stickleback ecotypes from different salinity habitats. Molecular Ecology, 26: 2711-2725.
Gleason L U, Burton R S. 2015. RNA-seq reveals regional differences in transcriptome response to heat stress in the marine snail *Chlorostoma funebralis*. Molecular Ecology, 24: 610-627.
Gougherty A V, Keller S R, Fitzpatrick M C. 2021. Maladaptation, migration and extirpation fuel climate change risk in a forest tree species. Nature Climate Change, 11: 166-171.
Gozlan R E, Britton J R, Cowx I, et al. 2010. Current knowledge on non-native freshwater fish introductions. Journal of Fish Biology, 76: 751-786.
Grantham M E, Brisson J A. 2018. Extensive differential splicing underlies phenotypically plastic aphid morphs. Molecular Biology and Evolution, 35: 1934-1946.
Grether G F. 2005. Environmental change, phenotypic plasticity, and genetic compensation. The American Naturalist, 166: E115-E123.
Groombridge B, Jenkins M D. 2000. Global Biodiversity: Earth's Living Resources in the 21st Century. Cambridge: World Conservation Press.
Gutekunst J, Andriantsoa R, Falckenhayn C, et al. 2018. Clonal genome evolution and rapid invasive spread of the marbled crayfish. Nature Ecology & Evolution, 2: 567-573.

Hanson H E, Wang C, Schrey A W, et al. 2020. Epigenetic potential and DNA methylation in an ongoing house sparrow (*Passer domesticus*) range expansion. The American Naturalist, 200(5): 662-674.

Hawes N A, Fidler A E, Tremblay L A, et al. 2018. Understanding the role of DNA methylation in successful biological invasions: a review. Biological Invasions, 20: 2285-2300.

Healy T M, Schulte P M. 2019. Patterns of alternative splicing in response to cold acclimation in fish. Journal of Experimental Biology, 222: jeb193516.

Hendry A P. 2016. Key questions on the role of phenotypic plasticity in eco-evolutionary dynamics. Journal of Heredity, 107: 25-41.

Ho W C, Li D, Zhu Q, et al. 2020. Phenotypic plasticity as a long-term memory easing readaptations to ancestral environments. Science Advances, 6: eaba3388.

Ho W C, Zhang J. 2018. Evolutionary adaptations to new environments generally reverse plastic phenotypic changes. Nature Communications, 9: 350.

Hoffberg S L, Troendle N J, Glenn T C, et al. 2018. A high-quality reference genome for the invasive mosquitofish *Gambusia affinis* using a Chicago library. G3 Genes|Genomes|Genetics, 8: 1855-1861.

Hofmeister N R, Werner S J, Lovette I J. 2021. Environmental correlates of genetic variation in the invasive European starling in North America. Molecular Ecology, 30: 1251-1263.

Holoch D, Moazed D. 2015. RNA-mediated epigenetic regulation of gene expression. Nature Reviews Genetics, 16: 71-84.

Hu J, Askary A M, Thurman T J, et al. 2019. The epigenetic signature of colonizing new environments in *Anolis* lizards. Molecular Biology and Evolution, 36: 2165-2170.

Hu J, Barrett R D H. 2017. Epigenetics in natural animal populations. Journal of Evolutionary Biology, 30: 1612-1632.

Huang G Y, Liu Y S, Liang Y Q, et al. 2019. Endocrine disrupting effects in western mosquitofish *Gambusia affinis* in two rivers impacted by untreated rural domestic wastewaters. Science of the Total Environment, 683: 61-70.

Huang X, Li S, Ni P, et al. 2017. Rapid response to changing environments during biological invasions: DNA methylation perspectives. Molecular Ecology, 26: 6621-6633.

Huey R B, Hertz P E, Sinervo B. 2003. Behavioral drive versus behavioral inertia in evolution: A null model approach. The American Naturalist, 161: 357-366.

Ingvarsson P K, Bernhardsson C. 2020. Genome-wide signatures of environmental adaptation in European aspen (*Populus tremula*) under current and future climate conditions. Evol Appl, 13: 132-142.

Jabre I, Reddy A S N, Kalyna M, et al. 2019. Does co-transcriptional regulation of alternative splicing mediate plant stress responses? Nucleic Acids Research, 47: 2716-2726.

Jacobs A, Elmer K R. 2021. Alternative splicing and gene expression play contrasting roles in the parallel phenotypic evolution of a salmonid fish. Molecular Ecology, 30: 4955-4969.

Jeremias G, Barbosa J, Marques S M, et al. 2018. Synthesizing the role of epigenetics in the response and adaptation of species to climate change in freshwater ecosystems. Molecular Ecology, 13: 2790-2806.

Jones F C, Grabherr M G, Chan Y F, et al. 2012. The genomic basis of adaptive evolution in threespine sticklebacks. Nature, 484: 55-61.

Jones J P G, Rasamy J R, Harvey A, et al. 2009. The perfect invader: a parthenogenic crayfish poses a new threat to Madagascar's freshwater biodiversity. Biological Invasions, 11: 1475-1482.

Jones P A. 2012. Functions of DNA methylation: islands, start sites, gene bodies and beyond. Nature Reviews Genetics, 13: 484-492.

Kawai T, Scholtz G, Morioka S, et al. 2009. Parthenogenetic alien crayfish (Decapoda: Cambaridae) spreading in Madagascar. Journal of Crustacean Biology, 29: 562-567.

Kelly M. 2019. Adaptation to climate change through genetic accommodation and assimilation of plastic phenotypes. Philosophical Transactions of the Royal Society of London B Biological Sciences, 374: 20180176.

Kijimoto T, Moczek A P, Andrews J. 2012. Diversification of doublesex function underlies morph-, sex-, and species-specific development of beetle horns. Proceedings of the National Academy of Sciences of the

United States of America, 109: 20526-20531.
Kolbe J J, Glor R E, Rodriguez Schettino L, et al. 2004. Genetic variation increases during biological invasion by a Cuban lizard. Nature, 431: 177-181.
Kolbe J J, Larson A, Losos J B. 2007. Differential admixture shapes morphological variation among invasive populations of the lizard *Anolis sagrei*. Molecular Ecology, 16: 1579-1591.
Kolbe J J, Leal M, Schoener T W, et al. 2012. Founder effects persist despite adaptive differentiation: a field experiment with lizards. Science, 335: 1086-1089.
Kornblihtt A R, Schor I E, Alló M, et al. 2013. Alternative splicing: a pivotal step between eukaryotic transcription and translation. Nature Reviews Molecular Cell Biology, 14: 153-165.
Lancaster L T, Dudaniec R Y, Chauhan P, et al. 2016. Gene expression under thermal stress varies across a geographic range expansion front. Molecular Ecology, 25: 1141-1156.
Le Luyer J, Milhade L, Reisser C, et al. 2021. Gene expression plasticity, genetic variation and fatty acid remodelling in divergent populations of a tropical bivalve species. Journal of Animal Ecology, 91(6): 1196-1208.
Leitwein M, Laporte M, Le Luyer J, et al. 2021. Epigenomic modifications induced by hatchery rearing persist in germ line cells of adult salmon after their oceanic migration. Evolutionary Applications, 14: 2402-2413.
Leitwein M, Wellband K, Cayuela H, et al. 2022. Strong parallel differential gene expression induced by hatchery rearing weakly associated with methylation signals in adult Coho Salmon (*O. kisutch*). Genome Biology and Evolution, 14: evac036.
Levis N A, Pfennig D W. 2016. Evaluating 'plasticity-first' evolution in nature: key criteria and empirical approaches. Trends in Ecology & Evolution, 31: 563-574.
Li L, Li A, Song K, et al. 2018a. Divergence and plasticity shape adaptive potential of the Pacific oyster. Nature Ecology & Evolution, 2: 1751-1760.
Li Y, Liew Y J, Cui G, et al. 2018b. DNA methylation regulates transcriptional homeostasis of algal endosymbiosis in the coral model Aiptasia. Science Advances, 4: eaat2142.
Liebl A L, Schrey A W, Richards C L, et al. 2013. Patterns of DNA methylation throughout a range expansion of an introduced songbird. Integrative and Comparative Biology, 53: 351-358.
Liew Y J, Howells E J, Wang X, et al. 2020. Intergenerational epigenetic inheritance in reef-building corals. Nature Climate Change, 10: 254-259.
Liew Y J, Zoccola D, Li Y, et al. 2018. Epigenome-associated phenotypic acclimatization to ocean acidification in a reef-building coral. Science Advances, 4: eaar802.
Lipták B, Mrugała A, Pekárik L, et al. 2016. Expansion of the marbled crayfish in Slovakia: beginning of an invasion in the Danube catchment? Journal of Limnology, 75.
Lowe S, Browne M, Boudjelas S, et al. 2000. 100 of the World'S Worst Invasive Alien Species: A Selection from the Global Invasive Species Database. Auckland: Invasive Species Specialist Group.
Mäkinen H, Papakostas S, Vøllestad L A, et al. 2015. Plastic and evolutionary gene expression responses are correlated in European grayling (*Thymallus thymallus*) subpopulations adapted to different thermal environments. Journal of Heredity, 107: 82-89.
Martin P, Dorn N J, Kawai T, et al. 2010. The enigmatic Marmorkrebs (marbled crayfish) is the parthenogenetic form of *Procambarus fallax* (Hagen, 1870). Contributions to Zoology, 79: 107-118.
Martins K, Gugger P F, Llanderal-Mendoza J, et al. 2018. Landscape genomics provides evidence of climate-associated genetic variation in Mexican populations of *Quercus rugosa*. Evolutionary Applications, 11: 1842-1858.
Merilä J, Hendry A P. 2014. Climate change, adaptation, and phenotypic plasticity: the problem and the evidence. Evolutionary Applications, 7: 1-14.
Merkin J, Russell C, Chen P, et al. 2012. Evolutionary dynamics of gene and isoform regulation in mammalian tissues. Science, 338: 1593-1599.
Moczek A P. 2007. Developmental capacitance, genetic accommodation, and adaptive evolution. Evolution & Development, 9: 299-305.

Morris M R, Rogers S M. 2013. Overcoming maladaptive plasticity through plastic compensation. Current Zoology, 59: 526-536.

Munday P L, Warner R R, Monro K, et al. 2013. Predicting evolutionary responses to climate change in the sea. Ecology Letters, 16: 1488-1500.

Murren C J, Auld J R, Callahan H, et al. 2015. Constraints on the evolution of phenotypic plasticity: limits and costs of phenotype and plasticity. Heredity, 115: 293-301.

Naftaly A S, Pau S, White M A. 2021. Long-read RNA sequencing reveals widespread sex-specific alternative splicing in threespine stickleback fish. Genome Research, 31: 1486-1497.

Nielsen R, Williamson S, Kim Y, et al. 2005. Genomic scans for selective sweeps using SNP data. Genome Research, 15: 1566-1575.

Pârvulescu L, Togor A, Lele S F, et al. 2017. First established population of marbled crayfish *Procambarus fallax* (Hagen, 1870) f. *virginalis* (Decapoda, Cambaridae) in Romania. BioInvasions Records, 6: 357-362.

Patoka J, Buřič M, Kolář V, et al. 2016. Predictions of marbled crayfish establishment in conurbations fulfilled: evidences from the Czech Republic. Biologia, 71: 1380-1385.

Pespeni M H, Sanford E, Gaylord B, et al. 2013. Evolutionary change during experimental ocean acidification. Proceedings of the National Academy of Sciences of the United States of America, 110: 6937.

Pigliucci M. 2005. Evolution of phenotypic plasticity: where are we going now? Trends in Ecology & Evolution, 20: 481-486.

Pigliucci M, Murren C J. 2003. Perspective: genetic assimilation and a possible evolutionary paradox: can macroevolution sometimes be so fast as to pass us by? Evolution, 57: 1455-1464.

Pleiss J A, Whitworth G B, Bergkessel M, et al. 2007. Rapid, transcript-specific changes in splicing in response to environmental stress. Molecular Cell, 27: 928-937.

Podgorniak T, Brockmann S, Konstantinidis I, et al. 2019. Differences in the fast muscle methylome provide insight into sex-specific epigenetic regulation of growth in Nile tilapia during early stages of domestication. Epigenetics, 14: 818-836.

Podgorniak T, Dhanasiri A, Chen X, et al. 2022. Early fish domestication affects methylation of key genes involved in the rapid onset of the farmed phenotype. Epigenetics: 1-18.

Prentis P J, Wilson J R U, Dormontt E E, et al. 2008. Adaptive evolution in invasive species. Trends in Plant Science, 13: 288-294.

Price J, Harrison M C, Hammond R L, et al. 2018. Alternative splicing associated with phenotypic plasticity in the bumble bee *Bombus terrestris*. Molecular Ecology, 27: 1036-1043.

Pyke G H. 2005. A review of the biology of *Gambusia affinis* and *G. holbrooki*. Reviews in Fish Biology and Fisheries, 15: 339-365.

Pyke G H. 2008. Plague minnow or mosquito fish? A review of the biology and impacts of introduced *Gambusia* species. Annual Review of Ecology, Evolution, and Systematics, 39: 171-191.

Rellstab C, Gugerli F, Eckert A J, et al. 2015. A practical guide to environmental association analysis in landscape genomics. Molecular Ecology, 24: 4348-4370.

Ren X, Zhao J, Hu J. 2024. Non-concordant epigenetic and transcriptional responses to acute thermal stress in western mosquitofish (*Gambusia affinis*). Molecular Ecology, 26: e17332.

Roberts S B, Gavery M R. 2012. Is there a relationship between DNA methylation and phenotypic plasticity in invertebrates? Frontiers in Physiology, 2: 116.

Rogers T F, Palmer D H, Wright A E. 2021. Sex-specific selection drives the evolution of alternative splicing in birds. Molecular Biology and Evolution, 38: 519-530.

Ruegg K, Bay R A, Anderson E C, et al. 2018. Ecological genomics predicts climate vulnerability in an endangered southwestern songbird. Ecology Letters, 21: 1085-1096.

Sabeti P C, Reich D E, Higgins J M, et al. 2002. Detecting recent positive selection in the human genome from haplotype structure. Nature, 419: 832-837.

Schaum E, Rost B, Millar A J, et al. 2013. Variation in plastic responses of a globally distributed picoplankton species to ocean acidification. Nature Climate Change, 3: 298-302.

Schmalhausen I I. 1949. Factors of Evolution: The Theory of Stabilizing Selection. Philadelphia: Blakiston.

Schoener T W, Losos J B, Spiller D A. 2005. Island biogeography of populations: An introduced species transforms survival patterns. Science, 310: 1807.

Scholtz G, Braband A, Tolley L, et al. 2003. Parthenogenesis in an outsider crayfish. Nature, 421: 806.

Schubeler D. 2015. Function and information content of DNA methylation. Nature, 517: 321-326.

Scoville A, Pfrender M. 2010. Phenotypic plasticity facilitates recurrent rapid adaptation to introduced predators. Proceedings of the National Academy of Sciences of the United States of America, 107: 4260-4263.

Shao F, Ludwig A, Mao Y, et al. 2020. Chromosome-level genome assembly of the female western mosquitofish (*Gambusia affinis*). GigaScience, 9: giaa092.

Shaw J R, Hampton T H, King B L, et al. 2014. Natural selection canalizes expression variation of environmentally induced plasticity-enabling genes. Molecular Biology and Evolution, 31: 3002-3015.

Singh P, Ahi E P. 2022. The importance of alternative splicing in adaptive evolution. Molecular Ecology, 31: 1928-1938.

Singh P, Borger C, More H, et al. 2017. The role of alternative splicing and differential gene expression in cichlid adaptive radiation. Genome Biology and Evolution, 9: 2764-2781.

Snell-Rood E C, Kobiela M E, Sikkink K L, et al. 2018. Mechanisms of plastic rescue in novel environments. Annual Review of Ecology, Evolution, and Systematics, 49: 331-354.

Somero G N. 2018. RNA thermosensors: how might animals exploit their regulatory potential? Journal of Experimental Biology, 221: jeb162842.

Song X, Wang X, Li X, et al. 2021. Histopathology and transcriptome reveals the tissue-specific hepatotoxicity and gills injury in mosquitofish (*Gambusia affinis*) induced by sublethal concentration of triclosan. Ecotoxicology and Environmental Safety, 220: 112325.

Steane D A, Potts B M, McLean E, et al. 2014. Genome-wide scans detect adaptation to aridity in a widespread forest tree species. Molecular Ecology, 23: 2500-2513.

Stuart K C, Cardilini A P A, Cassey P, et al. 2021. Signatures of selection in a recent invasion reveal adaptive divergence in a highly vagile invasive species. Molecular Ecology, 30: 1419-1434.

Swaegers J, Spanier K I, Stoks R. 2020. Genetic compensation rather than genetic assimilation drives the evolution of plasticity in response to mild warming across latitudes in a damselfly. Molecular Ecology, 29: 4823-4834.

Tian Y, Gao Q, Dong S, et al. 2022. Genome-wide analysis of alternative splicing (AS) mechanism provides insights into salinity adaptation in the livers of three euryhaline teleosts, including *Scophthalmus maximus*, *Cynoglossus semilaevis* and *Oncorhynchus mykiss*. Biology (Basel), 11: 222.

Tseng E, Underwood J G, Evans-Hutzenbiler B D, et al. 2022. Long-read isoform sequencing reveals tissue-specific isoform expression between active and hibernating brown bears (*Ursus arctos*). G3 (Bethesda), 12: jkab422.

Turelli M, Barton N H. 2006. Will population bottlenecks and multilocus epistasis increase additive genetic variance? Evolution, 60: 1763-1776.

Valencia-Montoya W A, Elfekih S, North H L, et al. 2020. Adaptive introgression across semipermeable species boundaries between local *Helicoverpa zea* and invasive *Helicoverpa armigera* moths. Molecular Biology and Evolution, 37: 2568-2583.

Van Buskirk J, Willi Y. 2006. The change in quantitative genetic variation with inbreeding. Evolution, 60: 2428-2434.

Vanhove M, Pina-Martins F, Coelho A C, et al. 2021. Using gradient forest to predict climate response and adaptation in Cork oak. Journal of Evolutionary Biology, 34: 910-923.

Venney C J, Anastasiadi D, Wellenreuther M, et al. 2023. The evolutionary complexities of DNA methylation in animals: from plasticity to genetic evolution. Genome Biology and Evolution, 15: evad216.

Verhoeven K J F, vonHoldt B M, Sork V L. 2016. Epigenetics in ecology and evolution: what we know and

what we need to know. Molecular Ecology, 25: 1631-1638.
Verta J P, Jacobs A. 2021. The role of alternative splicing in adaptation and evolution. Trends in Ecology & Evolution, 37: 299-308.
Waddington C H. 1942. Canalization of development and the inheritance of acquired characters. Nature, 150: 563-565.
Waddington C H. 1953. Genetic assimilation of an acquired character. Evolution, 7: 118-126.
Wang S P, Althoff D M. 2019. Phenotypic plasticity facilitates initial colonization of a novel environment. Evolution, 73: 303-316.
Wood D P, Holmberg J A, Osborne O G, et al. 2021. Genetic assimilation of ancestral plasticity during parallel adaptation. Nature Ecology & Evolution, 7(3): 414-423.
Xiong W, Sui X, Liang S H, et al. 2015. Non-native freshwater fish species in China. Reviews in Fish Biology and Fisheries, 25: 651-687.

第六章 气候变暖对入侵物种种间关系的影响

种间关系是生物群落内各物种间相互作用所形成的关系。尽管各生物间的关系具有复杂多变性，但是它们之间的相互作用均是围绕物质、能量、生境等方面而展开的。基于此，按其作用方式可分为直接作用和间接作用；按其类型可分为互利共生、偏利共生、原始协作等正相互作用以及竞争、捕食、寄生等负相互作用。

无论是正相互作用，还是负相互作用，由于物质和能量是各生物形成种间关系的基础，因此当这些基础受到全球气候变化威胁时，相关环境中生物的种间关系势必将受到强烈干扰。其中，全球温度持续升高，作为全球气候变化的主要特征之一，是所有生物生长发育的重要影响因素，也是影响生物种间关系的重要因子之一。因此，当生物在面临温度变化时，为保证自身种群的稳定性，各生物将会通过调节表型、增强耐受性或改变种间关系等方式提高自身的环境适应能力（Haeuser et al.，2017）。对于入侵生物，由于其生物学特性，如个体发育、繁殖能力、生理生化代谢等，对气候变暖的响应较土著物种更为敏感（Zettlemoyer et al.，2019；Paillex et al.，2017），因此入侵生物在入侵地种间关系的演变中多发挥着主导作用（Tian et al.，2019；Delgado-Baquerizo et al.，2020）。

在众多种间关系中，植物与植物、植物与动物、植物与微生物之间的关系是决定生物入侵成功与否的重要种间关系，同样对气候变暖也最为敏感。因此，本章主要关注气候变暖下，生物入侵过程中上述3个种间关系的演变及其后生态效应。

第一节 种间关系与生物入侵

一、种间竞争与生物入侵

自然界中，由于资源和空间的限制，竞争已成为各生物间的普遍现象，而且几乎所有生物均是经过激烈竞争而生存下来的（Paquette and Hargreaves，2021）。入侵植物作为其中的典型代表，已被多个假说证明植物的成功入侵与种间竞争能力密切相关，如竞争力进化增强假说（Evolution of Increased Competitive Ability Hypothesis，EICA）认为：在新环境中，由于逃逸了天敌控制，入侵植物便将本用于防御的资源转移至生长发育和植物竞争中，以选择最优策略争夺生长资源，积累竞争能量，最终在新生境中建立了更强的环境适应能力和竞争能力（Notzold，1995；Sun et al.，2010；Dostál et al.，2016）。

在植物间的竞争中，化感作用是植物种间竞争的重要手段之一，同样对植物入侵产生重要影响，并基于化感作用提出了新武器假说（Novel Weapon Hypothesis，NWH）。该假说认为：入侵植物根系分泌物可以通过抑制竞争植物的种子萌发和植株生长来增强对土著植物的竞争效应，并帮助入侵植物建立稳定种群（Callaway and Ridenour，2004）。如当加拿大一枝黄花（*Solidago canadensis*）与土著植物草地早熟禾（*Poa pratensis*）伴生时，加拿大一枝黄花可通过根系分泌脱氢母菊酯抑制草地早熟禾的生长发育（Johnson et al.，2010；Uesugi et al.，2019），而入侵植物刺萼龙葵（*Solanum rostratum*）体内多种苯丙烯酰则可对拟南芥（*Arabidopsis thaliana*）种子萌发和根系生长产生抑制效应（Liu et al.，2023）。此外，入侵植物伊乐藻（*Elodea nuttallii*）和土著植物黑藻（*Hydrilla verticillata*）的化感作用对比分析表明：入侵植物对其植株上附生藻类（硅藻类、蓝藻和绿藻类）的抑制效应显著强于土著植物。分析其中原因是伊乐藻体内含有更多的生物碱、脂类、胺类和酚类次生代谢物质，从而产生更强的化感抑制效应（Lv et al.，2023）。

同样，动植物间的竞争对植物入侵的影响也非常重要，如关于乌桕（*Triadica sebifera*）入侵地和原产地植株对植食性昆虫的抗性研究发现，入侵地种群植株抗广食性昆虫的能力显著高于原产地种群，因此其在入侵地的生长能力更强（Huang et al.，2010；Wang et al.，2012）。这一发现也得到了野外调查研究的证实，即入侵地植株的叶片取食面积显著低于原产地植株（Xiao et al.，2020）。另有研究综述了47对入侵和非入侵植物对植食性动物的抗性差异，指出入侵植物的叶片危害率显著低于非入侵植物（Zhang et al.，2019）。而关于飞机草的一系列研究表明：在入侵地，缺乏天敌胁迫的生境中，飞机草入侵种群的竞争能力显著高于原产地种群（Zheng et al.，2020）；在原产地，则由于飞机草入侵种群受天敌胁迫压力增加，其竞争能力与原产地种群均无显著差异，由此表明动植物间的竞争对植物的入侵存在很强的生态效应（Chettri et al.，2018；Zhang et al.，2021b）。此外，Zhang等（2019）以喜旱莲子草（*Alternanthera philoxeroides*）为对象的研究结果发现：相对于原产地种群，缺乏天敌胁迫的入侵地种群植株具有更多的生物量和更大的茎长，以及更强的入侵能力，尤其是存在竞争时这种差异更为明显。由此可证明外来生物的成功入侵与其种间竞争能力密切相关，而天敌昆虫在植物竞争能力演化过程中具有重要影响，对植物的入侵能力起着举足轻重的作用。这一现象充分验证了天敌逃逸假说（Enemy Release Hypothesis，ERH），该假说认为外来植物在进入新的地域后，能够迅速繁殖和扩散，与缺少植食性动物的取食胁迫有关（Keane and Crawley，2002）。

关于动植物间的竞争机制研究指出，植物对取食者的拮抗作用与外来植物的入侵性密切相关。因为大部分外来入侵植物被发现其可以通过增强自身对植食性动物的拒食性和毒性作用，延迟取食者的生长发育，减少植食性动物对入侵植物的取食选择，从而对土著植物形成竞争优势，即新防卫假说（novel defence hypothesis，NDH）。如越来越多的研究显示：当入侵植物喜旱莲子草在被植食性昆虫危害后，其根冠比显著增加，而且根部生长速率显著高于土著同属植物莲子草，促使入侵种群在营养资源吸收、黄酮和酚类等物质积累方面占据优势。而这些物质积累可提高入侵植物的1,1-二苯基-2-三硝基苯肼（DPPH）自由基清除能力（Zhang et al.，2014）、抗虫能力（王瑞龙等，2012），以及整个入侵株的耐受系数（Sun et al.，2010）。由此可见，动植物间的竞争对植物入侵的成功同样存在重要影响。

二、协同进化与植物入侵

根据达尔文进化论可知,种间竞争的最终结果是协同进化,即两个相互作用的物种在进化过程中发展出的相互适应、共同演化的现象。生物间的协同进化广泛存在于自然界中,对群落动态和生物多样性产生深刻影响。如关于入侵植物葱芥(*Alliaria petiolata*)和土著植物透茎冷水花(*Pilea pumila*)竞争关系的研究发现:两种植物间的竞争会随植物入侵时间的延长而逐渐减弱。这主要是因为两种植物在长期的生物互作过程中发生了协同进化,使它们之间的化感强度变弱,获得资源的能力和机会逐渐趋于平衡和稳定,促使该入侵植物和土著植物的种间关系达到一种平衡状态(Huang et al., 2018)。

有趣的是,在植物入侵过程中,植食性动物的群落改变也会导致入侵植物与群落内多种生物发生协同演化。如关于乌桕入侵地种群和原产地种群对不同食性昆虫化学防御演化的研究发现:乌桕入侵地种群(美国)和原产地种群(中国)的两大类化学防御物质(类黄酮和单宁)存在显著差异,并对不同食性昆虫发育造成不同影响。具体表现为,相对于原产地种群,入侵地种群植株体内抗广食性昆虫的类黄酮物质含量显著升高,而抗专食性昆虫的单宁物质含量显著降低。这是由于在入侵地,乌桕逃逸了专食性天敌的胁迫,经过长期的协同演化,乌桕入侵地种群的植株对广食性昆虫的抗性更强,最终促使入侵植物更适应无专食性天敌的环境(Wang et al., 2012)。在此演化过程中,乌桕入侵地种群植株的类黄酮代谢增强还诱导了更多的有益微生物,如丛枝菌根真菌(arbuscular mycorrhizal fungi, AMF),与植物根系形成共生关系,从而借助共生微生物的互惠作用进一步促进自身生长(Tian et al., 2021)。由此可见,植食性昆虫的取食除了对植物生长具有直接影响,还可对入侵植物造成间接影响,如植食性昆虫群落对入侵植物抗虫性的遗传演化还可能导致植物与微生物的共生关系发生变化(Levine et al., 2004)。

综上所述,外来植物的成功入侵与多种类型的种间关系密切相关,且有着错综复杂的联系,而这些关系可能还会随着时间和环境因子的变化而发生演化,并形成新的种间关系,即协同进化(Huang et al., 2018; Lau and Funk, 2023)。

三、互利共生与植物入侵

互利共生是自然界中一种常见种间关系,同样对入侵植物具有重要作用。目前关于互利共生关系的研究中,以植物与地下微生物、植物与地上传粉昆虫的共生关系为主。其中,关于入侵植物与共生微生物的研究多集中于丛枝菌根真菌和根瘤菌(root nodule bacteria)。丛枝菌根真菌作为土壤中最广泛存在的一种球囊霉菌,主要功能是帮助植物从土壤中获得更多水分和养分,来提高植物的抗虫性、抗病性、抗逆性等。一些研究发现,入侵植物与土壤共生微生物的互利共生可显著增强外来植物的入侵性。例如,入侵植物加拿大一枝黄花(*Solidago canadensis*)与 AMF 的互利共生强度显著大于狗尾草(*Setaria viridis*)、狗牙根(*Cynodon dactylon*)、菊苣(*Cichorium intybus*)、益母草(*Leonurus artemisia*）等土著植物，从而显著提高了入侵植物的株高、叶数、根状茎数量等表型特征。此外，由于入侵植物与 AMF 共生能力的增强，其资源利用率显著提高，对氮磷形态的依赖性则更低，其入侵力便得以显著增强（Song et al.，2021）。如以入侵植物紫茎泽兰（*Ageratina adenophora*）和土著植物黄花蒿（*Artemisia annua*）为体系的研究发现：与黄花蒿相比，接种 AMF 显著促进了紫茎泽兰的磷吸收能力和地下根系生长。相反，还有研究指出，入侵植物火炬树（*Rhus typhina*）可通过抑制土著植物藜（*Chenopodium album*）、黄荆（*Vitex negundo*）、盐肤木（*Rhus chinensis*）和五角枫（*Acer truncatum*）与丛枝菌根真菌的共生，而提高自身获得资源的优势（Guo et al.，2023）。由此可见，AMF 与植物的互利共生对公共土壤资源的利用能力会因植物种类不同而有所不同，且在植物入侵过程中，入侵植物往往更善于调控 AMF 的共生关系，使其更偏向于将更多资源提供给入侵植物，导致入侵植物生长和扩散能力显著强于土著植物（谭淇毓等，2021）。

而关于入侵植物-昆虫互利共生的关系，主要体现在传粉昆虫对入侵植物繁殖上的促进作用，如入侵到地中海区域的缩刺仙人掌（*Opuntia stricta*）会与土著植物争夺更多的传粉昆虫蜜蜂的访花频率，从而增强自身的繁殖优势（Bartomeus et al.，2008）。另有关于植物与授粉者互作动态模型的分析证实：入侵植物会通过提高花粉品质和授粉质量来增强外来植物的入侵性能（Valdovinos et al.，2023）。

对于植物的生长和繁殖，除了生物环境，非生物环境的影响也是非常关键的，如温度作为所有生物生长和繁殖的基础，对植物、动物甚至微生物的生长繁殖及其种间关系均存在着重要影响，尤其是对于表型可塑性更强的入侵植物。

第二节　气候变暖对入侵植物与土著植物关系的影响

植物生长资源，如土壤营养、土壤水分、光照强度等，是促进植物生长和建立稳定的群落种间关系的关键。所以气候变暖对入侵植物资源获得能力和繁殖能力的影响，便会成为入侵植物与竞争植物互作的重要影响因素之一。此外，由于入侵植物表型可塑性对温度变化的响应更强，在获得资源能力方面更具有优势，在植物的生物互作过程中入侵植物通常占据着主导地位。如通过 3 种不同增温模式（白天增温、夜间增温和全天增温）对 17 种入侵植物的生长和表型可塑性的影响研究发现：增温，尤其是夜间增温，对叶片、茎部和根系生长呈显著促进作用，从而促使入侵植物通过获得更多的光照和营养资源增加自身的生物量和生长空间（He and He，2020）。另有关于增温对入侵植物麝香飞廉（*Carduus nutans*）影响的研究发现：在增温环境中，该入侵植物繁殖能力较土著植物更强，个体繁殖数量显著高于土著植物，扩散速度也更快（Keller and Shea，2021）。

气候变暖在促进入侵植物生长的同时，还增强了入侵植物化感物质的代谢和分泌及入侵植物对竞争者的干扰作用。如关于入侵植物多叶羽扇豆（*Lupinus polyphyllus*）对气候变暖响应的研究发现：该入侵植物所固有的总吲哚乙酸、吲哚乙酸酰胺和乙烯等含量均在增温处理中显著高于常温处理（Jurkoniene et al.，2021）。其中，乙烯作为植物适应环境的重要激素，是调节植物组织和器官生长的重要信号物质（Elkinawy，2006），对植物多种次生代谢物质具有调控作用,包括酚类、萜类、甾体类、生物碱以及它们的苷类衍生物等抗虫物质(方荣俊等,2014)。因此,当更多乙烯通过其根系分泌物进入周围植物体内,同样也会调节伴生植物体内的次级代谢,进而影响植物抗虫性或耐受性以及植物的健康和生长(Humphrey et al., 2018)。由此可见,入侵植物的化感作用对伴生植物竞争的直接调控作用和对植物-昆虫互作的间接调控作用,在气候变暖环境中将对入侵植物竞争优势建立产生深刻影响。

第三节 气候变暖对入侵植物与动物关系的影响

昆虫和植物是陆地生态系统的重要生物类群,二者的总生物量占据了陆地生态系统的60%以上。自远古时代以来,它们便在营养、繁殖、演化等方面建立了千丝万缕的关系,包括取食、防御、共生等,由此在彼此制约和协同进化过程中造就了一个丰富多彩的自然环境。但随着世界贸易的发展,生物入侵形势加剧,植物与昆虫长久以来形成的平衡关系不断被打破,生物多样性降低,加之全球气候变暖问题的出现,致使更多新的环境问题不断出现。

一、植食性昆虫

植食性昆虫,通常指的是那些以植物为食的昆虫,它们在自然生态系统中扮演着重要的角色,对于植物的多样性和生态平衡具有深远的影响。这些昆虫可能直接以植物叶片、茎、花或果实为食,也可能间接影响植物的竞争能力和环境适应性。如关于原产于南美洲,后入侵至非洲、亚洲、北美洲、欧洲和大洋洲等地区的凤眼莲(凤眼蓝)(*Eichhornia crassipes*)的研究发现:气候变暖增强了凤眼莲和天敌昆虫凤眼莲象甲(*Neochetina eichhorniae*)之间的作用周期和强度(Zhang et al., 2021a);而喜旱莲子草与凤眼莲又因为具有相似的生长习性和生态位,所以两种入侵植物间还存在竞争,并同时受气候变暖的影响。主要表现在:在凤眼莲和喜旱莲子草共生区域,增温在加剧了凤眼莲和喜旱莲子草的种间竞争的同时,还增强了天敌昆虫对喜旱莲子草的取食选择性,促使凤眼莲的竞争优势变得更大。这便意味着,随着全球气候变暖,凤眼莲种群入侵性更强,甚至可能将逐渐占据喜旱莲子草的分布区(Zhang et al., 2021a)。由此可见,在气候变暖环境中,入侵植物对天敌昆虫防御的演变对入侵植物生长和扩散尤其具有深刻影响(Humphrey et al., 2018)。

然而,气候变暖并非对所有入侵植物的影响呈正效应,这一现象在喜旱莲子草(*Alternanthera philoxeroides*)的系列研究中得到了充分的证实。喜旱莲子草于20世纪30年代由原产地南美洲引入我国,而后因其极强的环境适应性和快速繁殖能力,迅速在我国中部和南部的多个省市建立入侵种群。为防止喜旱莲子草进一步扩散,我国引进其专食性天敌昆虫莲草直胸跳甲(*Agasicles hygrophilus*)进行防控,并取得良好效果。然而,近些年来关于气候变暖对二者互作的影响研究结果发现:由于植物和昆虫对温度响应存在异步性,气候变暖促使喜旱莲子草由一年生习性演化为多年生习性,并提前打破了莲草直胸跳甲的越冬休眠，从而延长了莲草直胸跳甲对喜旱莲子草的取食周期，增强了两者间的互作强度（Lu et al., 2013, 2015）。进一步研究发现：与取食土著植物莲子草相比，莲草直胸跳甲在增温环境中对入侵植物喜旱莲子草的取食选择性更强。也就是说，增温导致昆虫与入侵植物和土著植物的种间关系发生了非对称演变，这种非对称种间关系演变便间接地对土著植物莲子草起到了一定的保护作用（Lu et al., 2016）。

在气候变暖对入侵植物与天敌昆虫种间关系的影响机制研究中，化学防御被认为是较经济、高效的方式之一（Cipollini et al., 2003; Kant et al., 2015; Matsuura and Fett-Neto, 2017），因此入侵植物次生代谢对气候变暖的响应将直接影响其对天敌昆虫的抗性，进而影响其自身的入侵性。例如，气候变暖对欧洲的一种独活属入侵植物 *Heracleum sosnowskyi* 次生代谢影响的研究显示：增温可显著提高叶绿素含量和最大光合能力，从而导致花椒毒素和香柠檬烯等抗虫物质的含量增加。此外，游离氨基酸、花青素、异茴芹素、呋喃香豆素、游离脯氨酸等物质的代谢水平在增温处理的植株体内也显著增加，从而降低高温胁迫对自身的伤害（Rysiak et al., 2021）。还有研究比较了多种入侵植物与本土植物化学防御对气候变暖的响应差异，结果发现：入侵植物［包括硬直黑麦草（*Lolium rigidum*）、鸭茅（*Dactylis glomerata*），以及多年生黑麦草（*Lolium perenne*）、无芒虎尾草（*Chloris gayana*）、高羊茅（*Festuca arundinacea*）］、土著植物（包括 *Bothriochloa macra*、*Microlaena stipoides*、*Austrodanthonia bipartita*）的化学组成对增温的响应存在很大差异。主要表现在：增温致使入侵植物中硅的含量显著降低10%，进而导致入侵植物中的酚含量较土著植物显著增加，入侵植物对天敌昆虫的化学防御能力显著增强，入侵植物的竞争能力和入侵力相对提高（Johnson and Hartley, 2018）。

还有研究认为增温会改变植食性动物对寄主植物的选择性，从而对入侵植物竞争形成间接保护效果。这是因为入侵植物具有广泛的气候耐受性和表型可塑性，所以入侵植物在适应气候变暖过程中，对植食性昆虫寄主选择的影响较土著植物更为强烈，促使植食性昆虫对土著植物危害的风险进一步增加。如在美国密歇根州开展的野外增温试验中发现，1.8℃的增温便可显著改变植物丰度、物候和繁殖能力。具体表现为：增温处理中的入侵植物，如斑点矢车菊（*Centaurea stoebe*）和草地早熟禾（*Poa pratensis*）等优势种群的丰度显著增加了19%，土著植物的丰度却降低了31%。分析其主要原因在于，温度增加所引起的植物返青期和花期分别提前了约1.65天和2.18天，导致植物被植食性昆虫的取食危害增加了近2倍。在美国密歇根州南方地区凯洛格生物站长期生态研究站（Kellogg Biological Station's Long Term Ecological Research Site）进行的增温试验发现：虽然增温对植物的生态效应无显著性影响，但是对植食性昆虫的寄主选择产生了巨大影响，导致植食性昆虫对入侵植物的取食危害降低，对土著植物的取食选择增加。也就是说，增温对植食性昆虫寄主选择的影响可导致气候变暖为入侵植物的竞争生长创造更为有利的条件（Welshofer et al., 2018）。然而这种影响还与昆虫种类有关，因为在关于增温环境中加拿大一枝黄花对斜纹夜蛾（*Spodoptera litura*）和菊方翅网蝽（*Corythucha marmorata*）的抗性演变研究中发现，增温仅降低了菊方翅网蝽在加拿大一枝黄花入侵种群植株上的发生数量，而对斜纹夜蛾的取食数量、生长发育和存活率未表现出显著的影响（Zhou et al., 2024）。另有最新研究还发现：气候变暖会降低入侵植物喜旱莲子草叶片氮含量和土著植物莲子草叶片总黄酮和总酚的浓度，从而致使土著植物莲子草较喜旱莲子草具有更强的抗虫性，因为土著植物莲子草代谢在增温环境下的改变显著降低了虾钳菜披龟甲蛹重，但喜旱莲子草却未对该植食性昆虫的发育产生影响（Liu et al.，2022）。

二、传粉昆虫

因为传粉昆虫对高等植物的结籽、繁殖等的作用是植物扩散和建立种群的基本保障，所以温度对传粉昆虫的影响同样是研究气候变暖对入侵植物种间关系影响的重要内容之一。如关于入侵植物马缨丹（*Lantana camara*）和土著植物 *L. peduncularis* 竞争的研究显示：虽然马缨丹的坐果率在干冷季节和湿热季节间没有显著差异，但是在湿热季节中，马缨丹的坐果率显著高于土著植物 *L. peduncularis* 的坐果率。探究其中的原因：首先，马缨丹的自花授粉能力显著高于 *L. peduncularis*；其次，两种植物的主要传粉昆虫在高温环境中对马缨丹的访花数量和访花频次均显著高于 *L. peduncularis*（Carrion-Tacuri et al.，2014）。关于传粉昆虫对入侵植物访花频次增多的原因，主要是入侵植物的花期与昆虫访花期的重叠时间在气候变暖环境中有所提前和延长（Giejsztowt et al.，2020）。此外，传粉昆虫与植物种间关系的改变还可能与增温改变了花朵中化学物质含量有关（Vaudo et al.，2016a，2016b；Russo et al.，2019，2020）。如关于增温对两种凤仙花属入侵植物（*Impatiens glandulifera* 和 *I. parviflora*）与蜜蜂互作的影响研究发现：凤仙花不仅可以直接干扰蜜蜂对伴生植物草莓（*Fragaria × ananassa*）的访花数量，增温还将导致蜜蜂重复访采草莓花朵的频率和授粉率降低，对入侵植物传播和竞争起到间接影响（Najberek et al.，2021）。

三、多级营养

更为复杂的是，气候变暖对植物入侵的影响，除与植物和昆虫互作变化有关外，"植物－昆虫－天敌"三级营养关系对气候的响应同样对生物入侵具有一定影响。这是因为：昆虫作为变温动物，与气温变化密切相关；同时，植物生理生化和新陈代谢对气温变化也非常敏感。所以，气候变暖对"植物－昆虫－天敌"三级营养关系的影响势必也将影响植物入侵。如关于栎行蛾（*Thaumetopoea processionea*）和松异舟蛾（*Thaumetopoea pityocampa*）的研究显示，在过去 30 年中，由于温度的不断升高，两种昆虫向欧洲北部迅速扩散，而且它们的群落在北部地区的生长优于原产地区。分析其原因，除温度对昆虫扩散的效应外，还与北部地区这两种昆虫的天敌未扩散至该地区相关（Harvey，2015）。这也就意味着，两种昆虫在北部地区的生存空间和条件更为便利，对新地区的植物产生的胁迫，包括对外来植物群落的抑制作用更为严重。倘若入侵植物可通过诱导昆虫天敌对植食性昆虫进行抑制，则可对入侵植物形成间接的保护屏障。例如，有关群落调查的研究比较分析了荷兰中东部地区两种外来植物和两种土著植物上植食性昆虫群落和捕食性昆虫群落的分布和差异。结果发现：在外来植物群落中，总植食性昆虫数量显著低于土著植物中的数量；对于捕食性昆虫，虽然入侵植物中的丰度与土著植物中的丰度无显著差异，但是捕食性昆虫对入侵植物中的植食性昆虫群落的抑制显著强于对土著植物中的植食性昆虫的抑制（Engelkes et al.，2012）。此外，该研究还发现天敌昆虫对入侵植物上的植食性昆虫的抑制与生长季和温度密切相关（Engelkes et al.，2012）。因此，当评估植食性昆虫对植物入侵的影响时，温度和植食性昆虫天敌的因素同样不可忽视。

第四节　气候变暖对入侵植物与微生物关系的影响

与地上生物互作一样，与地下微生物互作对入侵植物成功建立稳定种群也具有"多面手"特征，所以入侵植物与微生物互作同样是研究气候变暖对植物入侵影响的重要内容，并已有大量研究证明入侵植物根系分泌物是调控土壤微生物群落的重要途径（van der Putten et al.，2007），如对于入侵植物加拿大一枝黄花的研究指出：虽然增温可降低土壤中细菌的丰富度，提高真菌和放线菌的丰富度，但当存在入侵植物加拿大一枝黄花时，土壤中的这些微生物群落又将发生新的改变，为入侵植物适应气候环境变化创造有利条件（刘静，2016）。另有关于高纬度（36.6°N，低温）和低纬度（22°N，高温）入侵植物喜旱莲子草和土著植物莲子草与土壤微生物互作的研究发现：根结线虫和土传有害真菌的丰度随纬度增加而降低，而土著植物的植株生物量、种子数量等均随纬度的增加而增加。又因为入侵植物种群与纬度变化无关，由此可推测：随着温度升高，土壤有害微生物丰富度的增多虽然对土著植物具有很强的拮抗作用，但是对入侵植物并未呈现负作用。也就是说，因为土壤微生物对土著植物的抑制作用，间接地增强了入侵植物的竞争能力和协同作用（Lu et al.，2018）。这一推测也可从入侵植物互花米草（*Spartina alterniflora*）的研究中得到验证，相关研究表明，增温环境中互花米草可降低土壤中微生物网络（尤其是腐生真菌）的复杂性和稳定性（Pei et al.，2024）。

第五节　气候变暖对入侵动物及其种间关系的影响

相对于入侵植物，入侵动物因为具有自主活动能力，对气候变暖胁迫的响应更为复杂多变。而植食性动物作为入侵动物的代表，受气候变暖的影响更为典型、复杂。如关于入侵昆虫蚂蚁的研究表明：增温可以增加入侵蚂蚁红火蚁（*Solenopsis invicta*）和中华短猛蚁（*Brachyponera chinensis*）的丰度，而它们对温度和竞争的响应存在交互效应，当土著中华短猛蚁与入侵红火蚁存在竞争时，中华短猛蚁的丰度仅少量增长（Merchlinsky et al.，2023）。一般认为，当全球温度增加时，高纬度地区温度不断升高，一些昆虫便会向高纬度区域不断迁移，寻找到适宜寄主后，便迅速繁殖，形成入侵种群。

在此过程中，入侵物种种间关系将成为影响动物成功入侵的重要因素，包括寄主营养变化和防御演化引起的入侵昆虫和寄主的协同演化，以及天敌和不对称竞争引起的入侵昆虫和周围生物的种间竞争改变。例如，植食性入侵动物福寿螺（*Pomacea canaliculata*）对没有协同演化历史的寄主的取食率要显著高于已发生协同演化的寄主。对已经发生协同演化历史的寄主，协同演化历史越短取食率越高。而温度增加则减缓了协同演化历史对福寿螺取食率的影响，即气候变暖对福寿螺的寄主适应能力具有正向作用，更有利于福寿螺的入侵（Mu et al.，2019）。另有研究发现，增温可促使福寿螺产卵数量增加 4 倍以上，但对福寿螺的生长速度具有一定抑制作用；仅当温度和营养同时增加时，福寿螺的生长能力可显著增强。也就是说，福寿螺的繁殖和生长对增温的响应存在权衡关系，但这种权衡关系受寄主营养水平的调控（Meza-Lopez and Siemann，2020）。因此，植食性入侵动物对环境变化的响应是一个复杂的过程，对我们预测未来气候变暖趋势下，植食性动物的入侵和危害造成了很大的困难。

上述结论还可在对入侵昆虫菜粉蝶与寄主的互作的研究中得到证实。如相关研究表明，菜粉蝶的入侵和竞争能力不仅与温度有关，而且还与寄主密切相关。因为当将入侵昆虫菜粉蝶（*Pieris rapae*）和土著昆虫东方菜粉蝶（*Pieris canidia*）释放到两个寄主和 3 个温度（18.5℃、21.5℃、24.5℃）环境中后，在甘蓝（*Brassica oleracea* var. *capitata*）寄主上，常温（18.5℃）环境中仅入侵昆虫的发育速度和翅长有所增加，在增温环境中，入侵昆虫的这些竞争优势则有所下降；然而，在蔊菜（*Rorippa indica*）寄主上，常温环境中，土著昆虫的发育速率和翅长有所增加，在增温环境中，这一变化特征将不再显著。由此可见，气候变暖对入侵昆虫和土著昆虫之间的竞争存在不对称性，而且这种影响还与寄主有关（Lin et al.，2018）。

关于增温对入侵昆虫竞争的不对称性影响，除昆虫与植物互作外，天敌与昆虫之间的互作同样是不可忽视的另一种种间关系。一般认为高营养级的天敌对高温耐受性要弱于低营养级的猎物。因此，当温度不断上升时，天敌和寄主之间的种间关系同样可形成不对称竞争，从而干扰天敌对有害昆虫的控制作用。如有研究连续收集了 4 年的捕食螨和植食性入侵昆虫叶螨的动态及相关气候数据，以研究西班牙南部鳄梨树上天敌与猎物竞争对气温的响应。结果发现，温度变化对叶螨个体平均生长速率的促进作用显著高于对捕食螨的影响。由此证明温度对入侵昆虫和天敌竞争的不对称效应主要是因为多个生态因子对种间竞争具有重要调控作用，且不同昆虫对不同生态因子的响应不同（Montserrat et al.，2013）。

尽管如此，不可否认的是气候变暖往往会为入侵昆虫建立有利的气候廊道，为入侵种群的建立提供了更多有利条件。如 Cornelissen 等 2019 年在综述气候变暖对蜜蜂的一种寄生甲虫（*Aethina tumida*）的影响研究中明确指出：气候变暖将显著扩大该寄生虫的入侵风险区域。

第六节　展　　望

随着科学技术的发展和人们对种间关系认识的不断深入，关于气候变暖对入侵物种种间关系的影响规律和机制的研究也取得了重大进展，并明确指出：入侵物种与土著物种的种间关系在气候变暖环境中发生的改变，主要是因为两者对温度变化的不对称响应。其中，入侵物种表型可塑性和环境适应能力更强，在全球气候变暖趋势下，入侵生物在种间关系的调节中将占据主导地位,其入侵能力将变得更强(Sorte et al., 2010; Rogers, 2020; Rysiak et al., 2021);但也有少数入侵生物被发现在气候变暖环境中处于不利地位,这是因为除温度外,其他生态因子对种间关系同样产生很大影响,对生物入侵形成综合效应。尽管如此,入侵生物的出现势必将打破入侵地种间关系的稳定状态,改变入侵种群与土著种群,甚至土著种群与土著种群之间的种间关系。加之气候变暖对各物种种间关系和生物群落还产生强烈影响,更深入地明确入侵生物种间关系对气候变暖的响应规律和机制,已被公认为是维护稳定生物群落的必要基础,是应对未来全球变暖和生物入侵威胁形势下的迫切需求。

气候变暖对入侵物种种间关系影响的不同,主要原因在于生物入侵过程中所演化出的环境适应对策不同,导致入侵生物在气候变暖环境中与周围生物种间关系演变方向有所差异。因此,种间关系研究是明确气候变暖对生物入侵影响的重要内容。自然界中,生物的种间关系的形成是一个复杂过程,主要包括通过竞争、共生、寄生等。它们是以食物网为基础形成稳定群落的必经阶段。而在一个生态系统中,任何一种生物群落的改变,包括外来生物入侵,均将影响相关食物网的稳定性。在相关食物网中,化学联系是建立生物种间相互作用的物质基础,因为几乎所有生物均可通过合成各种各样的次生代谢物调节自身与群落中其他生物的关系,以提高自身的环境适应能力和竞争优势。也就是说,当入侵生物在响应气候变暖过程中,体内化学物质代谢的演变势必将对周围生物所形成的稳定食物网和群落结构造成进一步的威胁。虽然这种威胁具有不确定性,但是在各种生物的互作基础上,从种间关系出发,研究生物入侵对气候变暖的响应规律,无疑是明确气候变暖对入侵生物的影响和制定有害入侵生物防控措施的基本内容和重要途径。

此外,不同环境因子间还存在一定的内在联系,因此研究气候变暖对入侵生物的种间关系的影响,需要结合更多的生态因子,综合相关生态系统中更多的重要内在联系,方可更科学、更客观地认识气候变暖对生物入侵的影响和规律,也是未来探究气候变暖和生物入侵的重点内容。

(本章作者:田宝良　丁建清　于宏伟)

参 考 文 献

方荣俊, 赵华, 廖永辉, 等. 2014. 乙烯对植物次生代谢产物合成的双重调控效应. 植物学报, 49(5): 626-639.

刘静. 2016. 增温与氮沉降条件下加拿大一枝黄花对土壤生态的影响研究. 成都理工大学硕士学位论文.

谭淇毓, 吴长榜, 何跃军, 等. 2021. 丛枝菌根对紫茎泽兰和黄花蒿地上地下养分分配的竞争调控策略. 生态学报, 41(14): 5804-5813.

王瑞龙, 孙玉林, 梁笑婷, 等. 2012. 6种植物次生物质对斜纹夜蛾解毒酶活性的影响. 生态学报, 32(16): 5191-5198.

Bartomeus I, Vila M, Santamaria L. 2008. Contrasting effects of invasive plants in plant-pollinator networks. Oecologia, 155(4): 761-770.

Callaway R M, Ridenour W M. 2004. Novel weapons: invasive success and the evolution of increased competitive ability. Frontiers in Ecology and the Environment, 2(8): 436-443.

Carrion-Tacuri J, Berjano R, Guerrero G, et al. 2014. Fruit set and the diurnal pollinators of the invasive *Lantana camara* and the endemic *Lantana peduncularis* in the Galapagos Islands. Weed Biology and Management, 14(3): 209-219.

Chettri M K, Saquib M, Acharya B D, et al. 2018. Effect of aqueous extract and compost of invasive weed *Ageratina adenophora* on seed germination and seedling growth of some crops and weeds. Journal of Biodiversity Conservation and Bioresource Management, 4(2): 11-19.

Cipollini D, Purrington C B, Bergelson J. 2003. Costs of induced responses in plants. Basic and Applied Ecology, 4(1): 79-89.

Cornelissen B, Neumann P, Schweiger O. 2019. Global warming promotes biological invasion of a honey bee pest. Global Change Biology, 25(11): 3642-3655.

Delgado-Baquerizo M, Guerra C A, Cano-Díaz C, et al. 2020. The proportion of soil-borne pathogens increases with warming at the global scale. Nature Climate Change, 10(6): 550-554.

Dostál P, Fischer M, Prati D. 2016. Phenotypic plasticity is a negative, though weak, predictor of the commonness of 105 grassland species. Global Ecology and Biogeography, 25(2016): 464-474.

Elkinawy M. 2006. Physiological significance of indoleacetic acid and factors determining its level in cotyledons of *Lupinus albus* during germination and growth. Physiologia Plantarum, 54(3): 302-308.

Engelkes T, Wouters B, Bezemer T M, et al. 2012. Contrasting patterns of herbivore and predator pressure on invasive and native plants. Basic and Applied Ecology, 13(8): 725-734.

Giejsztowt J, Classen A T, Deslippe J R. 2020. Climate change and invasion may synergistically affect native plant reproduction. Ecology, 101(1): e02913.

Guo X, Liu X Y, Jiang S Y, et al. 2023. Allelopathy and arbuscular mycorrhizal fungi interactions shape plant invasion outcomes. NeoBiota, 89: 187-207.

Haeuser E, Dawson W, van Kleunen M. 2017. The effects of climate warming and disturbance on the colonization potential of ornamental alien plant species. Journal of Ecology, 105(2017): 1698-1708.

Harvey J A. 2015. Conserving host-parasitoid interactions in a warming world. Current Opinion in Insect Science, 12(2015): 79-85.

He Z S, He W M. 2020. Asymmetric climate warming does not benefit plant invaders more than natives. Science of the Total Environment, 742(2020): 140624.

Huang F F, Lankau R, Peng S L. 2018. Coexistence via coevolution driven by reduced allelochemical effects and increased tolerance to competition between invasive and native plants. New Phytologist, 218(1): 357-369.

Huang W, Siemann E, Wheeler G S, et al. 2010. Resource allocation to defence and growth are driven by different responses to generalist and specialist herbivory in an invasive plant. Journal of Ecology, 98(5): 1157-1167.

Humphrey P T, Gloss A D, Frazier J, et al. 2018. Heritable plant phenotypes track light and herbivory levels at fine spatial scales. Oecologia, 187(2): 427-445.

Johnson R H, Halitschke R, Kessler A. 2010. Simultaneous analysis of tissue- and genotype-specific variation in *Solidago altissima* (Asteraceae) rhizome terpenoids, and the polyacetylene dehydromatricaria ester. Chemoecology, 20(4): 255-264.

Johnson S N, Hartley S E. 2018. Elevated carbon dioxide and warming impact silicon and phenolic-based defences differently in native and exotic grasses. Global Change Biology, 24(9): 3886-3896.

Jurkoniene S, Jankauskiene J, Mockeviciute R, et al. 2021. Elevated temperature induced adaptive responses of two lupine species at early seedling phase. Plants-Basel, 10(6): 1091.

Kant M R, Jonckheere W, Knegt B, et al. 2015. Mechanisms and ecological consequences of plant defence induction and suppression in herbivore communities. Annals of Botany, 115(7): 1015-1051.

Keane R M, Crawley M J. 2002. Exotic plant invasions and the enemy release hypothesis. Trends in Ecology & Evolution, 17(4): 164-170.

Keller J A, Shea K. 2021. Warming and shifting phenology accelerate an invasive plant life cycle. Ecology,

102(1): e03219.
Lau J A, Funk J L. 2023. How ecological and evolutionary theory expanded the 'ideal weed' concept. Oecologia, 203(3-4): 251-266.
Levine J M, Adler P B, Yelenik S G. 2004. A meta-analysis of biotic resistance to exotic plant invasions. Ecology Letters, 7(10): 975-989.
Lin Z H, Wu C H, Ho C K, et al. 2018. Warming neutralizes host-specific competitive advantages between a native and invasive herbivore. Scientific Reports, 8(2018): 11130.
Liu Z X, Ma X Q, Zhang N, et al. 2023. Phenylpropanoid amides from *Solanum rostratum* and their phytotoxic activities against *Arabidopsis thaliana*. Frontiers in Plant Science, 14: 1174844.
Liu Z, Yu H W, Sun X, et al. 2022. Effects of elevated temperature on chemistry of an invasive plant, its native congener and their herbivores. Journal of Plant Ecology, 15(3): 450-460.
Lu X M, He M Y, Ding J Q, et al. 2018. Latitudinal variation in soil biota: testing the biotic interaction hypothesis with an invasive plant and a native congener. The International Society for Microbial Ecology, 12(12): 2811-2822.
Lu X M, Siemann E, He M Y, et al. 2015. Climate warming increases biological control agent impact on a non-target species. Ecology Letters, 18(1): 48-56.
Lu X M, Siemann E, He M Y, et al. 2016. Warming benefits a native species competing with an invasive congener in the presence of a biocontrol beetle. New Phytologist, 211(4): 1371-1381.
Lu X M, Siemann E, Shao X, et al. 2013. Climate warming affects biological invasions by shifting interactions of plants and herbivores. Global Change Biology, 19(8): 2339-2347.
Lv T, Wang H Y, Wang Q Y, et al. 2023. Invasive submerged plant has a stronger inhibitory effect on epiphytic algae than native plant. Biological Invasions, 26(4): 1001-1014.
Matsuura H N, Fett-Neto A G. 2017. Toxinology: Plant Toxins. eBook: Springer Dordrecht: 1-15.
Merchlinsky A, Frankson P T, Gitzen R, et al. 2023. Warming promotes non-native invasive ants while inhibiting native ant communities. Ecological Entomology, 48(5): 588-596.
Meza-Lopez M M, Siemann E. 2020. Warming alone increased exotic snail reproduction and together with eutrophication influenced snail growth in native wetlands but did not impact plants. Science of the Total Environment, 704(2020): 135271.
Montserrat M, Sahun R M, Guzman C. 2013. Can climate change jeopardize predator control of invasive herbivore species? A case study in avocado agro-ecosystems in Spain. Experimental and Applied Acarology, 59(2013): 27-42.
Mu X, Xu M, Ricciardi A, et al. 2019. The influence of warming on the biogeographic and phylogenetic dependence of herbivore-plant interactions. Ecology and Evolution, 9(4): 2231-2241.
Najberek K, Kosior A, Solarz W. 2021. Alien balsams, strawberries and their pollinators in a warmer world. BMC Plant Biology, 21(2021): 500.
Notzold B R. 1995. Evolution of increased competitive ability in invasive nonindigenous plants: a hypothesis. J Ecol, 83(5): 887-889.
Paillex A, Castella E, Ermgassen P Z, et al. 2017. Large River floodplain as a natural laboratory: non-native macroinvertebrates benefit from elevated temperatures. Ecosphere, 8(10): e01972.
Paquette A, Hargreaves A L. 2021. Biotic interactions are more often important at species' warm versus cool range edges. Ecology Letters, 24(2021): 2427-2438.
Pei L, Ye S, Xie L, et al. 2024. Differential effects of warming on the complexity and stability of the microbial network in *Phragmites australis* and *Spartina alterniflora* wetlands in Yancheng, Jiangsu Province, China. Frontiers in Microbiology, 15: 1347821.
Rogers G. 2020. Desert Weeds. Cham: Springer: 19.
Russo L, Keller J, Vaudo A D, et al. 2020. Warming increases pollen lipid concentration in an invasive thistle, with minor effects on the associated floral-visitor community. International Journal of Molecular Sciences, 11(1): 20.
Russo L, Vaudo A D, Fisher C J, et al. 2019. Bee community preference for an invasive thistle associated with higher pollen protein content. Oecologia, 190(2019): 901-912.

Rysiak A, Dresler S, Hanaka A, et al. 2021. High temperature alters secondary metabolites and photosynthetic efficiency in *Heracleum sosnowskyi*. International Journal of Molecular Sciences, 22(2021): 4756.

Song D L, Zhao Y F, Tang F P, et al. 2021. Effects of arbuscular mycorrhizal fungi on *Solidago canadensis* growth are independent of nitrogen form. Journal of Plant Ecology, 14(4): 648-661.

Sorte C J B, Williams S L, Zerebecki R A. 2010. Ocean warming increases threat of invasive species in a marine fouling community. Ecology, 91(8): 2198-2204.

Sun Y, Ding J, Frye M J. 2010. Effects of resource availability on tolerance of herbivory in the invasive *Alternanthera philoxeroides* and the native *Alternanthera sessilis*. Weed Research, 50(6): 527-536.

Tian B L, Pei Y C, Huang W, et al. 2021. Increasing flavonoid concentrations in root exudates enhance associations between arbuscular mycorrhizal fungi and an invasive plant. The International Society for Microbial Ecology, 15(2021): 1919-1930.

Tian B L, Yu Z Z, Pei Y C, et al. 2019. Elevated temperature reduces wheat grain yield by increasing pests and decreasing soil mutualists. Pest Management Science, 75(2): 466-475.

Uesugi A, Johnson R, Kessler A. 2019. Context-dependent induction of allelopathy in plants under competition. Oikos, 128(2019): 1492-1502.

Valdovinos F S, Dritz S, Marsland R. 2023. Transient dynamics in plant-pollinator networks: fewer but higher quality of pollinator visits determines plant invasion success. Oikos, 2023(6): e09634.

van der Putten W H, Klironomos J N, Wardle D A. 2007. Microbial ecology of biological invasions. The International Society for Microbial Ecology, 1(2007): 28-37.

Vaudo A D, Patch H M, Mortensen D A, et al. 2016a. Macronutrient ratios in pollen shape bumble bee (*Bombus impatiens*) foraging strategies and floral preferences. Proceedings of the National Academy of Sciences of the United States of America, 113(28): E4035.

Vaudo A D, Stabler D, Patch H M, et al. 2016b. Bumble bees regulate their intake of essential protein and lipid pollen macronutrients. J Exp Biol, 219(24): 3962-3970.

Wang Y, Siemann E, Wheeler G S, et al. 2012. Genetic variation in anti-herbivore chemical defences in an invasive plant. J Ecol, 100(4): 894-904.

Welshofer K B, Zarnetske P L, Lany N K, et al. 2018. Short-term responses to warming vary between native vs exotic species and with latitude in an early successional plant community. Oecologia, 187(1): 333-342.

Xiao L, Ding J Q, Zhang J L, et al. 2020. Chemical responses of an invasive plant to herbivory and abiotic environments reveal a novel invasion mechanism. Science of the Total Environment, 741: 140452.

Zettlemoyer M A, Schultheis E H, Lau J A. 2019. Phenology in a warming world: differences between native and non-native plant species. Ecology Letters, 22(1): 1253-1263.

Zhang P, Li B, Wu J H, et al. 2019. Invasive plants differentially affect soil biota through litter and rhizosphere pathways: a meta-analysis. Ecology Letters, 22(1): 200-210.

Zhang Q Y, Zhang Y C, Peng S L, et al. 2014. Climate warming may facilitate invasion of the exotic shrub *Lantana camara*. PLoS ONE, 9(9): e105500.

Zhang X, van Doan C, Arce C C M, et al. 2019. Plant defense resistance in natural enemies of a specialist insect herbivore. Proceedings of the National Academy of Sciences of the United States of America, 116(46): 23174-23181.

Zhang X, Yu H, Lv T, et al. 2021a. Effects of different scenarios of temperature rise and biological control agents on interactions between two noxious invasive plants. Diversity and Distributions, 27(2021): 2300-2314.

Zhang Z, Liu Y, Yuan L, et al. 2021b. Effect of allelopathy on plant performance: a meta-analysis. Ecology Letters, 24(2): 348-362.

Zheng Y L, Liao Z Y, Li W T, et al. 2020. The effect of resource pulses on the competitiveness of a tropical invader depends on identity of resident species and resource type. Acta Oecologica, 102: 103507.

Zhou X H, Li J J, Peng P H, et al. 2024. Climate warming impacts chewing *Spodoptera litura* negatively but sucking *Corythucha marmorata* positively on native *Solidago canadensis*. Science of The Total Environment, 923: 171504.

第七章 中国的入侵物种对气候变化的响应

中国是一个经济快速发展的国家,并且人口总数居世界首位。人类活动的广泛程度,加之不同的气候类型和陆地景观类型,可能会加剧生物入侵的风险。目前,我国官方记录的外来入侵生物已达 702 种,涵盖 403 种高等植物、221 种动物和 78 种微生物。这些外来入侵生物,尤其是入侵植物,每年对我国造成的经济损失保守估计达 189 亿美元。现有研究表明,诸多气候变化因素,如气温升高、降水格局改变、极端气候和大气 CO_2 浓度升高等,已对我国的生物入侵进程产生了深远影响。外来入侵物种通常对气候变化更为敏感,其对气候变化的灵活适应可能会扩大其生态位,从而加剧入侵问题。在全球气候变化的背景下,生物入侵与多种气候变化因素的相互作用可能会导致现有入侵物种的进一步扩散,同时也可能促进新发外来物种的入侵。因此,我国当前和未来面临的生物入侵压力不容忽视。然而,对于气候变化与生物入侵相互作用的研究在我国仍处于起步阶段。深入理解气候变化与生物入侵之间的相互关系是一个挑战,需要科学家共同努力。本章将总结目前关于气候变化和生物入侵交叉领域的研究进展,为准确把握该领域的研究现状和指明未来方向提供参考。

第一节 引 言

中国的国土总面积位列世界第三位,南北相距约 5500 km,纬度跨度达 50°,东西相距约 5200 km,经度跨度达 60°。广阔的地理范围覆盖了从热带到寒温带的 5 个气候带,其中亚热带和温带占据了国土面积的 80%(国家环保局中国生物多样性国情研究报告编写组,1998)。如此复杂的地形与多样的气候孕育了我国极为丰富的生物多样性和生态系统多样性,这在我国拥有 38 000 多种维管植物(占全球植物区系的 12%以上)(《中国生物物种名录 2022 版》)以及约 6300 多种脊椎动物(约占全球总数的 10%)(王德辉和方晨,2003)等方面得到了充分体现。

我国目前拥有约 14 亿人口,占全球近 80 亿人口的 17.5%,经济正处于快速发展阶段。随着经济的迅猛发展,人类活动和贸易活动的强度与频度不断加大,这无疑将加剧生物入侵的风险。人为引入外来物种的历史最早可追溯至 2100 年前的汉朝,当时主要是出于农业用途(Xie et al., 2001)。自那时起,无论是人为引入还是自然扩散,外来植物不断从世界各地进入我国,并随时间推移而逐渐累积。近年来,入侵生物对我国自然生态系统(如森林)和人为管理的生态系统(如农田)造成的环境破坏和经济影响受到了广泛关注。本章将概述外来入侵物种的生物学特征和分布状况,并根据最新研究进展,探讨人类活动引起的气候变化如何影响生物入侵。此外,本章还将提出若干重要研究方向,以便在未来更好地应对气候变化背景下生物入侵带来的挑战,并在外来入侵生物的

一、入侵物种多样性和地理分布

全面而深入地了解入侵物种的多样性,对于制定科学且有效的管理和防治策略至关重要(Brancatelli et al., 2022; Delavaux et al., 2023; Qin et al., 2023)。目前,世界各国针对外来物种均建立了信息化数据库体系,如我国建立的中国外来入侵物种数据库及中国外来入侵物种信息系统等本土平台,美国的 United States Register of Introduced and Invasive Species 数据库,欧洲的 European Alien Species Information Network 数据库,以及全球的 Global Invasive Species Database 和 Global Naturalized Alien Flora 数据库等。我国已组织完成了两次全国性的外来物种普查,分别在 2001~2003 年和 2008~2017 年开展。第二次普查系统更新了我国外来入侵物种的名录,详细记录了各类外来物种的分类学特征、起源地、引入时间和地点、分布范围及其对经济和生态造成的影响(徐海根和强胜,2018)。在此基础上,Hao 和 Ma(2023)进一步更新了我国外来入侵植物的名录。截至目前,我国已确认的外来入侵物种总数已达 702 种,包括 403 种植物、221 种动物和 78 种微生物。值得注意的是,在这些物种中,有 27 种被世界自然保护联盟(IUCN)列为全球 100 种最具威胁的外来物种。然而,由于那些对人类健康和经济利益造成严重影响的物种更容易引起关注,我国入侵物种的实际数量可能仍然被低估(王宁等,2016)。为此,表 7-1 系统列出了 25 种当前对我国危害最为严重的入侵物种,其中 20 种的数据来源于万方浩等(2009)。

表 7-1 中国 25 种危害性最强的入侵物种

名称	原产地	中国分布	受损生态系统	经济损失[a]
真菌、细菌				
大丽轮枝菌(*Verticillium dahliae*)	美国	所有棉花种植区	农业生态系统	94.2
水稻黄单胞菌水稻生致病变种(*Xanthomonas oryzae* pv. *oryzicola*)	菲律宾?	华中、华南和华北	农业生态系统	81.8
高等植物				
喜旱莲子草(*Alternanthera philoxeroides*)	南美洲	45°N 以南和 97°E 以东所有省份	农业生态系统和湿地	94.6
豚草(*Ambrosia artemisiifolia*)	北美洲	大部分省份	农业生态系统与人类健康	397.9
凤眼莲(*Eichhornia crassipes*)	南美洲	17 个南部省份	湿地	15.8
紫茎泽兰(*Ageratina adenophora*)	墨西哥	华南	森林	155.9
微甘菊(*Mikania micrantha*)	中美洲、南美洲	华南	森林	N/A
加拿大一枝黄花(*Solidago canadensis*)	北美洲	华中、华南和华东	农业生态系统和湿地	N/A
互花米草(*Spartina alterniflora*)	北美洲	东海岸	盐沼	86.0
线虫				
松材线虫(*Bursaphelenchus xylophilus*)	美国	华东、贵州和四川	森林	29.3
香蕉穿孔线虫(*Radopholus similis*)	东南亚	华中和华南	农业生态系统	16.8
昆虫				
橘小实蝇(*Bactrocera dorsalis*)	东南亚	西南、华中、沿海省份	农业生态系统	N/A

续表

名称	原产地	中国分布	受损生态系统	经济损失[a]
烟粉虱（Bemisia tabaci）	印度	35°N以南和100°E以东所有省份	农业生态系统	353.9
椰心叶甲（Brontispa longissima）	热带亚洲	华南	农业生态系统	N/A
红脂大小蠹（Dendroctonus valens）	北美洲	山西、陕西、河北、河南	森林	103.0
松突圆蚧（Hemiberlesia pitysophila）	日本	华南和江西	森林	85.7
苹果蠹蛾（Laspeyresia pomonella）	欧洲	新疆和甘肃	农业生态系统	9.8
马铃薯甲虫（Leptinotarsa decemlineata）	美国	新疆	农业生态系统	1.7
美洲斑潜蝇（Liriomyza sativae）	南美洲	除西藏、青海、黑龙江外所有省份	农业生态系统	500.3
稻水象甲（Lissorhoptrus oryzophilus）	北美洲	华中和华东	农业生态系统	90.7
红铃虫（Pectinophora gossypiella）	印度	除西北以外所有棉花种植区	农业生态系统	96.9
红火蚁（Solenopsis invicta）	南美洲	华南	人类健康	N/A
甲壳动物				
小龙虾（Procambarus clarkii）	南美洲和墨西哥北部	除西藏外所有省份	湿地	N/A
软体动物				
福寿螺（Pomacea canaliculata）	北美洲	35°N以南省份	农业生态系统和湿地	16.8
哺乳动物				
褐家鼠（Rattus norvegicus）	东南亚	全国各地	人类健康和农业生态系统	62.8

注：a. 经济损失数据提取自丁晖等（2004），单位：×10^{6}美元，N/A表示经济损失未知。"？"表示原产地疑似为菲律宾

我国的外来入侵植物种类繁多，隶属于69科226属，以菊科（104种）、豆科（45种）和禾本科（27种）的物种数量位居前列，其总物种数占所有入侵植物种类的43.7%（Hao and Ma, 2023）。在陆生和水生入侵植物的分布上，陆生植物的种类（387种）远多于水生植物（16种）（Hao and Ma, 2023）。在入侵动物方面，昆虫构成了最庞大的类群，约占51.6%；其次是鱼类，占18.1%。在昆虫中，以鞘翅目和鳞翅目的农林害虫最为常见（徐海根和强胜，2018）。统计显示，近20年来，我国每年新增的入侵生物数量为4~5种，累计总数已达90种，其中超过一半是昆虫（冼晓青等，2018）。在微生物方面，入侵我国的微生物主要是植物病原真菌，其次是植物病毒、鱼虾类病毒以及植物病原细菌（徐海根和强胜，2018）。

外来入侵物种在我国的分布受气候类型的显著影响（Hao and Ma, 2023；Zhang et al., 2023a）。亚热带地区，得益于其温和的气候和充沛的降水，成为外来物种入侵的主要热点区域，记录有380种外来入侵物种。热带地区以其高温和湿润的气候特点，适宜多种生物生长，分布有222种外来入侵物种。暖温带落叶阔叶林地区，四季分明和降水适中，为外来物种提供了适宜的栖息地，共发现196种外来入侵物种。相比之下，温带针阔混交林地

区气候较为寒冷，外来入侵物种相对较少，为 89 种。在水分条件较为缺乏的地区，如温带草原、青藏高原和温带荒漠，外来入侵物种的种类进一步减少，分别为 89 种、78 种和 68 种。

我国外来入侵物种的分布密度呈现出明显的地域性差异，总体格局是从东南沿海和西南地区向西北内陆逐渐递减（强胜和张欢，2022；刘琴，2023）。云南省作为我国生物多样性的热点地区，不幸也是我国生物入侵的"重灾区"，其外来入侵物种数量竟占全国总数的近 2/3（蒋小龙等，2018）。云南地处中国西南边陲，与老挝、越南、缅甸三国接壤，拥有长达 4060 km 的陆地边境线和 17 个口岸。在周边国家有害生物疫情日趋复杂的背景下，频繁的跨境贸易和多样化的旅游活动不仅加剧了对自然生态系统的干扰，更为外来物种的跨境传播提供了便利途径，使得云南成为我国外来物种入侵的高度敏感区域。此外，云南地形地貌的复杂性和气候类型的多样性，孕育了从热带到寒带的各种生态系统类型，为外来物种提供了丰富的栖息地选择，从而增加了外来物种入侵的风险。而在东南沿海地区，人口密集、经济发展水平高、交通便利等因素，共同促进了外来物种的引入和传播（Weber and Li，2008；于海潞，2019；白玉文，2020）。

在全国范围内，入侵物种的分布与人口密度（Weber and Li，2008；王君，2010）以及道路密度均呈显著正相关（Weber and Li，2008；宋紫玲，2020；黄以，2023）。尽管不同地区在入侵生物统计上可能存在样本偏差（Williams et al.，2002），但社会经济因素（如土地利用方式、经济发展水平和动植物种质资源的贸易）仍被认为是驱动和加剧生物入侵的重要因素。

二、外来入侵物种的地理起源地分布

本地生态系统对外来入侵物种的敏感性，部分取决于入侵地与来源地之间生物地理特征的相似程度（Li et al.，2014；Sun et al.，2017；黎绍鹏等，2024）。在全球范围内，中国的生物地理特征与美国呈现出高度相似性。中国和美国均位于北半球，两国的领土在纬度上存在 29°的重叠区域（中国：4°N～53°N，美国：24°N～89°N），这使得中美两国具有相似的气候类型（包括热带、亚热带和温带气候）。同时，两国的地形地貌也有诸多相似之处，都拥有广阔的山脉、平原、湖泊和河流等多样的地貌单元。这些相似的地理和气候特征为外来物种提供了适宜的生存环境，使得它们往往能在无需预适应引入地环境条件的情况下快速入侵（Gioria et al.，2023）。因此，美洲是中国外来入侵物种的首要来源地，其向中国输入的外来入侵物种数量占总数的 48.78%；并且也是对中国构成最大威胁的外来入侵物种的首要来源地（徐海根和强胜，2018）。美洲能成为中国外来入侵植物的主要来源地，这与两国之间频繁的贸易往来密切相关。其他外来入侵物种主要来自亚洲其他地区、欧洲和非洲，分别贡献了总数的 19.02%、16.30%和 9.65%（徐海根和强胜，2018）。值得注意的是，与中国大陆（内地）不同，中国台湾、香港和澳门的外来入侵植物主要源自南美洲，这可能与这些地区及南美洲原产地均更为温暖的气候条件有关（蒋奥林等，2018；陈菁，2021）。

三、外来物种的入侵生境及影响

在我国，外来物种的分布已遍及所有省份，并且几乎影响到了所有类型的生态系统。与全球其他地区或国家的情况类似，外来物种入侵的程度往往与人类活动的强度和经济的繁荣程度呈显著的正相关关系。因此，城市、人为管理的生态系统以及沿海生态系统，相较于受人类干扰较少的原生的自然的内陆生态系统，更容易遭受外来物种的入侵。具体而言，大量的外来入侵物种主要集中在耕地和植物园，占比达 43.3%；34% 的外来物种主要出现在建筑工地；沿海生态系统承载了 18.6% 的外来物种分布；农场和苗圃则有 17.4% 的外来物种；此外，森林、草原、内河流域分别有 16.6%、15.8% 和 14.7% 的外来物种分布（杨瑞等，2009）。外来物种也常见于运输干道两旁、废弃地和闲置地、农田、草原和坡地、人工林（包括伐木地）、河湖沿岸、原生林及其边缘、沿海区域，以及盐沼和湿地等受人类活动影响较大的区域（Weber and Li，2008）。

外来物种入侵的影响主要涉及生态和经济两方面。在生态影响方面，外来物种入侵已经成为全球物种灭绝的首要驱动力，其影响超越了土地利用变化和气候变化等其他人类活动（Bellard et al.，2022；IPBES，2023）。外来入侵物种通过改变生态系统的群落结构、组成以及能量流通与物质循环等过程，对土著生物的生长、存活和繁殖产生负面影响，导致土著物种的种群数量下降，甚至面临灭绝的风险。据估计，外来物种的入侵直接导致了全球约 16% 的生物灭绝，并与其他全球变化要素共同推动了高达 60% 的生物灭绝（IPBES，2023）。一些外来入侵物种对本地生态系统造成的负面影响常常是长期且不可逆转的。例如，在澳大利亚的圣诞岛（Christmas Island），外来物种黄疯蚁（*Anoplolepis gracilipes*）的入侵严重压缩了土著物种圣诞岛红蟹（*Gecarcoidea natalis*）的种群数量，并削弱了红蟹对另一外来物种非洲大蜗牛（*Achatina fulica*）的捕食作用，从而间接促进了非洲大蜗牛种群的二次入侵（O'Loughlin and Green，2017）。在我国海岸带的滨海湿地，互花米草（*Spartina alterniflora*）的广泛入侵通过其强大的生态系统工程师效应改变了原生生态系统的属性，导致土著生物多样性的急剧降低，并在更广泛的地理范围内造成了生物均质化现象（Li et al.，2009；Zhang et al.，2019）。

外来物种入侵对全球经济造成了巨大的损失。据估计，1970~2017 年，生物入侵导致的全球经济损失约为 1.3 万亿美元，年均损失达 268 亿美元（Diagne et al.，2021）。此外，IPBES 在 2023 年的报告中指出，由外来物种入侵引起的经济损失正在以每十年增长 4 倍的速度递增。赵光华等（2024）基于 InvaCost 数据库评估获得了 1970~2017 年全球入侵植物的经济成本，在 64 个国家和地区中，中国的入侵植物经济成本高达 1407 亿元，排名第三。在中国，外来入侵物种造成的经济损失和治理费用总计约为 189 亿美元，其中直接经济损失约为 31 亿美元，间接损失约为 157 亿美元（丁晖等，2004）（表 7-2）。然而，由于信息不全面和评估方法的局限性，这些估算往往较为保守。例如，据估计，全球仅农业生产每年因入侵物种危害而导致的经济损失就高达约 3.5 万亿元，其中，中国遭受的农业经济损失约 7000 亿元/年，位列全球第一（Paini et al.，2016）；互花米草入侵湿地生态系统所造成的全国经济损失初步估算为 8600 万美元（丁晖等，2004），但后续的损失估算显示，仅福建省在 2006 年就遭受了 2510 万美元的经济损失

（直接损失 1280 万美元，间接损失 1230 万美元）（王君，2010）。由此可见，生物入侵造成的经济损失其量级被认为与自然灾害相当，甚至可能更高（Turbelin et al., 2023），而我国目前仍缺乏对此类损失的全面且系统的评估，实际的经济损失规模还有待进一步的深入研究。

表 7-2　中国外来入侵物种造成的直接和间接经济损失（数据引自丁晖等，2004）

损失来源	直接经济损失（×10^6 美元）	损失来源	间接经济损失（×10^6 美元）
农业	1 927	森林生态系统	2 559
林业	345	农业生态系统	1 834
畜牧业	156	草原	414
渔业	97	湿地	10 937
运输和贮藏	134	草坪	2
环境、公共设施	14		
人类健康	461		
合计	3 134	合计	15 746

综上所述，外来物种入侵已对我国及世界的经济利益和环境安全构成了严重威胁。随着经济的快速发展和全球化进程的加速，外来物种的引入，无论是否有意，已成为一种普遍现象。这些物种一旦定殖，可能会对本地生态系统的结构和功能造成严重破坏，显著影响生物多样性及其所提供的生态系统服务，并对农业、林业等关键行业产生重大负面影响。此外，由人类活动引起的气候变化可能为外来物种提供更加适宜的生存和扩散条件，从而进一步加剧入侵风险与危害。因此，加强对外来物种入侵的监测预警和综合管理已刻不容缓。同时，亟须深入研究气候变化对生物入侵过程的复杂影响及其机制，为制定科学有效的应对策略提供坚实的理论支持，从而有力维护我国的生态安全和经济可持续发展。

第二节　中国的生物入侵和气候变化

气候是决定物种分布的主要因素之一，而人为活动引起的气候变化，如降水格局改变和气候变暖，会从多方面深刻影响生物入侵的全过程。这些影响包括改变物种的引入途径、重塑其分布界限以及改变其入侵后果（Bellard et al., 2013；Hulme, 2017）。因此，气候变化背景下，外来物种正在以前所未有的速度在全球范围内扩散和传播，给生物多样性、全球经济和人类健康带来了日益严峻的挑战（Pyšek et al., 2020）。然而，当前在生物安全方面的努力显然未能跟上全球化和气候变化的双重步伐，暴露出我们对生物入侵的机制性理解与应对措施存在重大差距（Ricciardi et al., 2021）。本节将系统回顾气候变化对我国外来入侵物种影响的研究进展，特别关注气温升高、降水格局改变、极端气候事件以及大气 CO_2 浓度升高等关键因素的影响。

一、气温升高的影响

气温升高是全球气候变化的重要组成部分之一。根据《中国气候变化蓝皮书（2019）》的数据，1901~2018 年，我国地表年平均气温呈显著的上升趋势，尽管存在明显的年际波动，但总体上升了 1.24℃（图 7-1）（中国气象局气候变化中心，2021）。自 1951 年以来，我国地表年平均气温以每十年 0.24℃ 的速度持续上升。因此，最近 20 年成为自 1900 年以来最温暖的时期。这一持续的增温趋势为理解其对生物入侵的影响提供了重要背景。

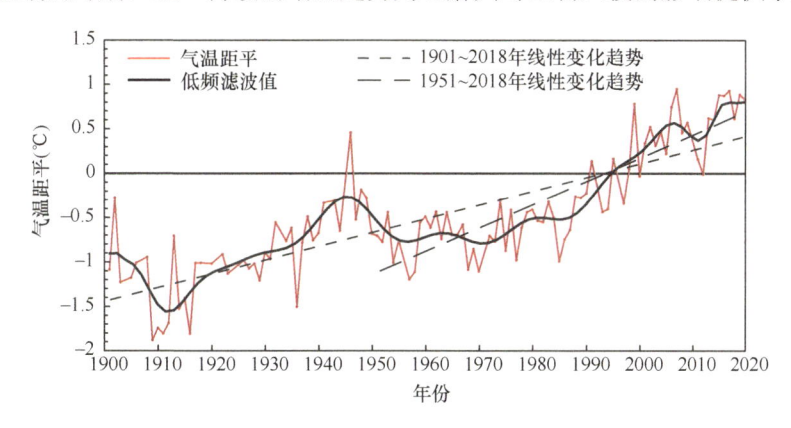

图 7-1　1901~2018 年中国地表年平均气温距平

数据来源于《中国气候变化蓝皮书（2019）》（中国气象局气候变化中心，2021）

气温升高对生态系统的生物多样性和功能都会产生深远的影响，这也包括对外来物种多样性及其入侵动态的影响。对外来入侵物种而言，气温升高能够缓解低温对其萌发和生长的限制，改变它们的物候节律，延长其生长季长度，最终影响其定殖、生长和种群扩张（Gioria et al.，2023）。由此，随着气候变暖，外来物种可能会向以往不适宜其生存的高纬度的极地生态系统和高海拔的高山生态系统扩散（Dainese et al.，2017；Zhang et al.，2023b）。

为了探讨气温升高对外来植物生长的影响，我国学者已开展众多研究（表 7-3）。例如，王瑞龙等（2011）发现，模拟增温显著增加了入侵植物鬼针草（*Bidens pilosa*）的株高、叶面积和总生物量，并增加了地上生物量的分配。此外，模拟增温还增强了鬼针草对土著植物的化感作用。相似的结果也在五爪金龙（*Ipomoea cairica*）的研究中被发现（Wang et al.，2011）。张桥英和彭少麟（2018）也发现，模拟增温显著增加了入侵植物马缨丹（*Lantana camara*）的株高和地上生物量分配，这可能增强其与土著植物的光竞争能力。其他实验研究表明，模拟增温能够增强部分入侵植物的光合作用、抗氧化酶活性、种子萌发率和生物量（Wu et al.，2017a；李晓娜，2017；邓铭先等，2021；Chen et al.，2023）。这些结果共同暗示，气温升高对外来植物的促生长作用可能有助于其成功入侵。然而，关于气温升高对外来植物生长促进作用的观点也存在一定争议。一些研究发现，模拟增温反而抑制了入侵植物加拿大一枝黄花（*Solidago canadensis*）的生长（He and He，2020；Wang et al.，2021）。因此，未来研究需进一步明确气温升高对外来植物入侵的复杂影响并揭示其内在影响机制。

表7-3 温度升高对中国入侵物种影响的研究

物种/分类群	指标	结论	参考文献
动物			
中国入侵昆虫	建群速率	建群速率随气候变暖而增加	Huang et al.，2011
B型烟粉虱（*Bemisia tabaci* B-biotype）	存活率、寿命和生育力	气候变暖提高存活率、寿命和生育力，有利于种群暴发	Xie et al.，2011
福寿螺（*Pomacea canaliculata*）	范围	活动范围随气候变暖而增大	Lv et al.，2011
植物			
喜旱莲子草（*Alternanthera philoxeroides*）	光合作用	增温增强光合能力和竞争能力	张彩云等，2006
	生长和营养繁殖	气候变暖增加生物量，远端分枝数量使远端分枝受益	Li et al.，2012
鬼针草（*Bidens pilosa*）	种子萌发、生物量分配、化感作用	气候变暖可能促进生长、增加茎和叶片生物量分配、增强化感作用促进入侵	王瑞龙等，2011
紫茎泽兰（*Ageratina adenophora*）	死亡率、株高、总生物量、生物量分配	气候变暖可能促进生长和应激耐受性促进入侵	He et al.，2012
五爪金龙（*Ipomoea cairica*）	种子萌发、生长速率、地上和须根生物量、渗滤液毒性	气候变暖增加地上生物量分配和增强化感作用促进入侵	Wang et al.，2011

外来入侵动物，尤其是昆虫，对气温变化尤为敏感。研究表明，随着冬季气温升高，欧洲玉米螟（*Ostrinia nubilalis*）和中欧山松大小蠹（*Dendroctonus ponderosae*）会向更高海拔地区迁移（Porter，1995；Logan and Powell，2001）。在我国，气温升高也同样影响了外来入侵昆虫和其他节肢动物的分布和迁移，如悬铃木方翅网蝽（*Corythucha ciliata*）（Ju et al.，2017）、红火蚁（*Solenopsis invicta*）（Wang et al.，2018）、草地贪夜蛾（*Spodoptera frugiperda*）（Zhao et al.，2020）和橘小实蝇（*Bactrocera dorsalis*）（Wu et al.，2021）。以福寿螺为例，自1981年引入我国以来，其分布范围已经覆盖了南方的13个省份。福寿螺是广州管圆线虫（*Angiostrongylus cantonensis*）的重要中间宿主，而这种线虫能引发食源性寄生虫病——广州管圆线虫病。福寿螺的分布边界与1月的平均气温密切相关，其每年的繁殖量受到有效积温和发育阈值的影响（Lv et al.，2011）。模型预测表明，到21世纪30年代，在未来气候情景下，福寿螺的分布区域可能会比现在扩大56.9%，这可能导致广州管圆线虫的分布区域相应成倍增加。这一预测凸显了气候变化与入侵物种相互作用可能对人类健康构成的严重威胁。

气温升高能提高入侵动物的定殖率。Huang等（2011）研究发现，在我国（该研究区域范围未包括我国香港特别行政区、澳门特别行政区和台湾省），1900~2005年，入侵昆虫的定殖率与地表气温升高呈现出显著的正相关关系。具体而言，地表年均温每上升1℃，入侵昆虫的年定殖率将增加0.5种。这一相关性即使在考虑了同期国际贸易等因素可能对入侵昆虫定殖率产生的影响后，也仍然保持稳定。

气温升高还可能影响昆虫发育和寄主植物的物候同步性（Renner and Zohner，2018；Ipekdal，2022）。例如，B型烟粉虱（*Bemisia tabaci* B-biotype）是一种危害严重的外来入侵昆虫，其与寄主植物间的物候同步性会随温度的升高而提高，这有助于增强其存活率、寿命和繁殖能力,从而导致其在我国的大面积暴发(Xie et al., 2011)。然而,如果寄主和昆虫间的物候同步性因气候变化而受到负面影响,可能会导致入侵昆虫的繁殖率降低,并可能因食物短缺而减弱其种群的暴发潜力。

此外,气温升高也可能通过改变动物行为来影响外来入侵水生动物的扩散。例如,Magellan 等(2019)在中国香港的研究探讨了温度适应性如何影响入侵物种食蚊鱼(*Gambusia affinis*)的行为。食蚊鱼是世界 100 种极具危害的入侵物种之一,自入侵香港以来,对土著两栖动物和鱼类均造成了严重威胁。研究结果显示,经过热适应的食蚊鱼在学习行为和探索行为上均优于冷适应的食蚊鱼。这暗示着未来气候变暖可能增强食蚊鱼的适应能力,从而提升其入侵潜力。

综上所述,尽管现有研究证据表明气温升高可能有助于外来入侵物种在我国的扩散和流行,但由于缺乏针对不同气候带的系统且充分的研究证据,目前还不足以得出具有广泛适用性的普适性结论。未来的研究需要在我国不同气候带更广泛地进行,以便更全面地理解气候变化对外来物种入侵影响的复杂性和区域差异性。

二、降水格局改变的影响

不同于气候变暖具有全球一致性,降水格局改变有着极强的时空异质性和极大的不确定性(Blanchet et al., 2021; Osburn et al., 2021; Takahashi and Fujinami, 2021)。2007 年联合国政府间气候变化专门委员会(IPCC)发布的报告分析显示,在北美洲和南美洲的东部、欧洲北部和中亚地区,降水量呈增加态势;然而,在萨赫勒(Sahel)、地中海和南非,降水量则预计会减少。在我国,1961~2018 年的年均降水量呈微弱的增加趋势,且年际变化明显(图 7-2)(中国气象局气候变化中心,2021)。具体而言,20 世纪 80~90 年代我国年均降水量偏多,而 21 世纪初的 10 年间则偏少。自 2012 年以后,年均降水量持续偏多。我国年均降水量的空间异质性也较大。例如,在 2018 年,我国北方的大部分地区(东北地区中北部、西北地区中东部及内蒙古中西部等)降水偏多,南方地区降水接近常年值,而辽宁中部以及新疆南部等地则偏少。这种降水格局的高度异质性增加了预测生态系统受降水变化影响的难度。

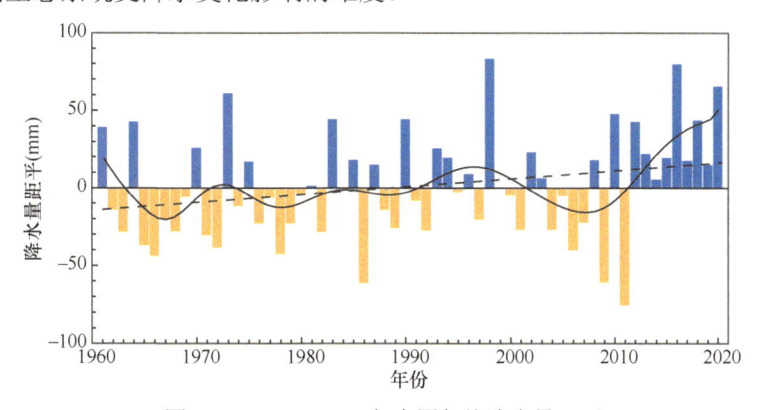

图 7-2 1961~2018 年中国年均降水量距平

数据来源于《中国气候变化蓝皮书(2019)》(中国气象局气候变化中心,2021)。蓝色代表正值,黄色代表负值;波浪线表示柱状图的趋势,虚线表示平均走势

降水量和水分可利用性对动植物的生长、发育和分布均具有重要影响。在干旱和半干旱生态系统中，降水量越多通常越有利于外来入侵植物，能够增加其丰富度和均匀度，并促进其生长繁殖（Dong et al., 2015；Wu et al., 2017b；Xu et al., 2022）。尽管绝大多数研究支持降水增加有利于生物入侵的观点，但也有例外。例如，有研究表明，干旱条件反而更有利于入侵植物反枝苋（*Amaranthus retroflexus*）的种群扩张（Wang et al., 2020）。

在我国，已有少量研究关注外来入侵植物如何响应降水格局改变。例如，紫茎泽兰（*Ageratina adenophora*）在我国西南地区入侵态势迅猛，但是其种子萌发却受到降水量增加的限制（何云玲等，2011）。这意味着，未来气候湿润地区的紫茎泽兰扩张速度可能会减缓，而在干旱区则可能加剧。假臭草（*Praxelis clematidea*）可能会随着降水量的变化而改变其分布范围，从华南地区向华中地区扩张（邱宠华等，2011）。刺槐（*Robinia pseudoacacia*），作为一种外来入侵木本植物，同时也是造林的先锋树种，在我国黄土高原大量种植以控制水土流失（马任甜等，2017）。然而，Zhang 等（2020）的研究发现，在年降水量较低的地区（如年降水量小于 446.1 mm），刺槐人工林可能会面临干旱胁迫的风险。姜佰文等（2018）通过模拟实验研究了降水变化对入侵杂草反枝苋和本土农作物大豆（*Glycine max*）竞争关系的影响，结果发现，两种植物存在非对称竞争关系，反枝苋的生长表现在各种降水情景下均优于大豆。这暗示着反枝苋可能成为一种具有强竞争力的入侵植物，特别是在干旱条件下，其入侵力可能会因大豆竞争能力的减弱而得到增强。此外，冯建孟等（2010）通过对多个地区的外来物种分布数据进行综合分析，发现外来入侵物种的数量与降水量年际变异和空间变异存在正相关关系，这表明降水波动可能有助于外来物种入侵。同时，Wu 等（2010）进行的分析则显示，入侵指数和气候因子之间存在显著相关关系，认为植物入侵强度在全国范围内随着温度和降水量的降低而减弱。

相对湿度（relative humidity）也会影响昆虫的发育（吴刚等，2011）。昆虫对湿度的敏感性存在物种特异性，因此降水变化对昆虫的影响可能有利也可能有害，取决于特定昆虫对水分需求的多寡。例如，橘小实蝇和番茄潜叶蛾（*Phthorimaea absoluta*），均是全球性的重要害虫，其适宜的相对湿度分别为 60%～80% 和 55%～75%；当空气湿度低于或高于该范围，橘小实蝇和番茄潜叶蛾的生长和繁育都会受到抑制（Alyokhin et al., 2001；张博晨等，2024）。与此不同，空气湿度增加可能有助于其他外来入侵昆虫扩张其分布范围，如红火蚁、蔗扁蛾（*Opogona sacchari*）、日本松干蚧（*Matsucoccus matsumurae*）、马铃薯甲虫（*Leptinotarsa decemlineata*）（吴刚等，2011；李超等，2016；Song et al., 2021；Li et al., 2023）。此外，降水变化对特定害虫的影响在其他研究中也有所体现。一项关于入侵林业害虫红脂大小蠹（*Dendroctonus valens*）的实验研究表明，降水减少或干旱显著影响了其寄主植物油松（*Pinus tabulaeformis*），间接促进了红脂大小蠹的侵染和流行（王鸿斌等，2007），并且随着降水等气候因子的变化，将导致红脂大小蠹的潜在分布区域扩大和边界向北移动，大部分地区适宜生存率也相应提高（王涛等，2018）。同样，对入侵害虫栗苞蚜（*Moritziella castaneivora*）的调查研究表明，年均降水量在 500～1600 mm 的范围内有利于该害虫在我国的扩散（Wang et al., 2010）。

过多或过少的降水量均可能抑制昆虫发育。例如，杜予州等（2006）的研究发现，过多的降水会降低蔗扁蛾的产卵量和卵的孵化率，进而影响该物种的繁殖表现。同样，陈伟华（2024）的研究指出，过多的降水通过影响松树的生长和存活，间接抑制松材线虫（*Bursaphelenchus xylophilus*）的生长和繁殖。因此，一些外来入侵昆虫更适应干燥环境。例如，西花蓟马倾向于入侵气候相对干旱的地区，如云南、渭河盆地、淮河盆地和长江上游地区，而在长江下游地区由于西花蓟马生长期间气候潮湿，可能会降低其存活率，因此预计该地区可能无法被西花蓟马成功入侵（吴刚等，2011）。另外，烟粉虱在低湿条件下有更高的产卵量，且低湿利于缩短其子代的发育周期（李向永等，2015）。随着湿度增加，烟粉虱2龄若虫的死亡率因病原菌致病力的增强而显著增加，因此潮湿环境可能对其产生负面影响（陈艳华，2006；田晶等，2014）。

可见，降水格局改变将对我国外来入侵昆虫的定殖和种群扩散产生影响，但是影响方向具有物种依赖性，取决于每种昆虫对环境条件的具体需求和适应性。目前，由于相关研究数据的不足，外来入侵物种在当前和未来降水格局改变背景下将受到何种程度的影响，仍然难以准确量化。因此，未来的研究需要进一步探索降水变化对外来入侵物种的复杂影响及其作用机制，以为制定更为有效的入侵管理和防控策略提供科学依据。

三、极端气候事件的影响

极端气候事件的频率和强度，如龙卷风、高温热浪和降水异常，预计都会随着气候变化而有所增加（Diez et al.，2012；Stott，2016；Sun et al.，2023）。这与自20世纪中叶以来我国气象站观测记录的情况基本相符。具体而言，极端低温事件正在减少且减弱，而极端高温事件则在增加且加强。在降水相关的极端气候事件方面，我国长江下游流域和东南地区的频率和强度显著增加，而在北部、东北部和西南地区则有所降低。干旱事件在全国范围普遍增多，尤其在我国北部和东北地区更为常见（任国玉等，2010；Li et al.，2012；刘丹丹等，2017）。然而，对于降水相关的极端气候事件，自1960年以来，我国干旱地区的降水总量以及极端降水事件的强度和频率也有所增加。大部分区域的连续干旱日数呈下降趋势，但新疆中部和内蒙古东部地区的连续干旱日数呈显著上升趋势（Wang et al.，2022）。与此同时，龙卷风和热带气旋的发生频率在我国有所下降。此外，近年来我国北部地区的沙尘暴事件发生频率显著降低（任国玉等，2010）。但值得注意的是，近70年来，我国西北地区的沙尘暴事件总体减少，但从2021年开始，沙尘暴事件发生的频率和范围明显增加（张正偲等，2023）。

极端气候，类似于强烈的自然干扰，会对生态系统产生深远影响（Jentsch and Beierkuhnlein，2008）。关于极端气候影响生物入侵的研究指出，这些事件可能通过多个过程促进生物入侵（Diez et al.，2012；Hou et al.，2014；Liu et al.，2021）。

首先，极端气候有助于外来物种繁殖体的传播，增加其远距离输送和扩散的机会（Diez et al.，2012）。例如，我国南方夏季常遭受洪水侵袭，洪水就能快速在区域内散播外来物种的繁殖体。洪水能够冲碎喜旱莲子草（*Alternanthera philoxeroides*），随后将其茎、叶碎片运送扩散至新位点，进而对土著物种的丰度产生影响（Lu and Ding，2010）。

在长江三角洲，洪水也会助力凤眼莲（*Eichhornia crassipes*）的扩散。此外，喜旱莲子草和凤眼莲在长江三角洲的淡水湿地生态系统中往往协同入侵，导致所谓的"入侵融毁"（invasional meltdown）现象（Simberloff and Von Holle，1999；高雷和李博，2004）。

其次，极端气候所引发的物理干扰能够为外来入侵生物提供更多的资源和空间可利用性（Davis et al.，2000；Ratcliffe et al.，2024），从而促进它们的定殖、生长和传播（Diez et al.，2012）。例如，台风能够毁坏现存植被，为外来入侵植物的定殖提供空白生态位。2005年的飓风卡特里娜席卷墨西哥湾和美国沿岸各州，加剧了乌桕（*Triadica sebifera*）在路易斯安那州及其邻近地区的入侵现象（Middleton，2009；李博等，2013）。在我国长江流域的沿海湿地中，频繁发生的洪水和土地开垦共同作用，导致土著植物海三棱藨草（*Scirpus mariqueter*）的分布区变窄而成为狭长的条带状。与之形成鲜明对比的是，在相同生境中的外来入侵植物互花米草能够利用环境干扰，趁机定殖在空白生态位并迅速扩张。

最后，极端气候能够打破入侵物种与土著物种之间的竞争平衡，使土著物种或入侵物种中的一方置于竞争不利的位置（Diez et al.，2012；Carrara et al.，2024）。因此，在群落水平上，物种间响应的差异可以改变物种的种群动态和生态系统功能。例如，喜旱莲子草，作为一种在我国广泛分布的外来入侵植物，具有耐受极端干旱的能力。这一特性使得其在2011年初夏时节在长江中下游流域的严酷干旱中得以存活并扩散。此外，喜旱莲子草也对极端降水事件有更好的耐受性，如Ren等（2023）的研究表明，在模拟极端降水处理下，喜旱莲子草的大多数生长性状均得到了增强，相对于土著同属植物，喜旱莲子草在极端气候下具有更高的竞争优势。有趣的是，一项关于蟛蜞菊（*Wedelia chinensis*）入侵种群和土著种群的比较研究表明，入侵物种种群对极端高温的敏感性较低，这意味着极端高温可能加剧蟛蜞菊的入侵态势（Song et al.，2010；宋莉英等，2017）。同样，持续的干旱事件会削弱宿主松树类植物对入侵昆虫红脂大小蠹的抵抗力，从而为红脂大小蠹的入侵创造有利条件，加剧其对松树的危害（刘涛，2022；石和波等，2023）。

然而，极端气候并非总是有利于外来入侵物种（Diez et al.，2012）。与土著物种相似，某些外来入侵物种也可能遭受极端气候的负面影响。例如，黑荆（*Acacia mearnsii*），一种浅根系的树木，被引入云南种植。在2009～2010年发生的干旱事件中，黑荆相比于土著树木出现了显著的顶枯现象。另一个案例是，极端暴雨导致黄河的沉积河床被冲垮，这些河床原本是外来入侵植物互花米草先锋种群的首选定殖区域。因此，河床的破坏导致互花米草种群面积的下降（关道明，2009）。同样，台风的直接侵蚀作用和间接引发的滩面淤积都会导致互花米草的种群下降（李高如等，2022）。互花米草的案例表明，极端气候可能为土著植物提供了重新定殖建群的机会（Li et al.，2009）。另外，一些外来的红树植物，如海桑（*Sonneratia caseolaris*）和无瓣海桑（*Sonneratia apetala*）对冬季的极端低温相当敏感，因此在遭受极端寒潮后严重冻伤甚至死亡（Chen et al.，2017）。同样，某些菊科外来入侵植物虽然能够耐受极端高温胁迫，但其萌发期和幼苗期对低温非常敏感（Hou et al.，2014）。

外来入侵动物的定殖和扩散同样受到极端气候的影响。例如，番石榴果实蝇（*Bactrocera correcta*）的个体发育会受到超低温的抑制，同时成虫的死亡率也会随之增加（窦秦川等，2011）。同样，低温环境会增加南美斑潜蝇（*Liriomyza huidobrensis*）和美洲斑潜蝇（*L. sativae*）蛹期的死亡率（Chen and Kang，2002）；低温条件会导致草地贪夜蛾生长发育迟缓，世代发育延长，当温度低于15℃时，该虫无法完成生活史（鲁智慧等，2019；黄乐等，2022）。另外，极端高温会显著降低木薯单爪螨（*Mononychellus tanajioa*）的卵孵化率和存活率（卢芙萍等，2011），降低B型烟粉虱和温室白粉虱（*Trialeurodes vaporariorum*）的繁殖能力（Wang et al.，2019；杨艺炜等，2021），以及悬铃木方翅网蝽的存活率（Ju et al.，2011，2013）。尽管极端气候对入侵动物的定居和扩散构成挑战，但入侵物种通常展现出比土著物种更高的表型可塑性、更强的耐受极端气候条件的能力以及更快的恢复力；这些特性使得入侵物种在抵抗极端气候方面具有优势，因此它们在极端气候条件下仍有可能成功入侵并建立种群（Enders et al.，2020；Gu et al.，2023）。

可见，极端气候对外来入侵物种的影响具有复杂性和多面性，其效应可能为正亦可能为负，但总体而言，极端气候事件创造的生态位空缺和资源可利用性，以及某些入侵物种自身较强的适应能力，可能更有利于外来入侵物种的扩散，进而可能加剧生物入侵对生态系统的影响。

四、大气 CO_2 浓度升高的影响

大气 CO_2 浓度升高是全球变化的重要组成之一。2023年IPCC发布的最新报告显示，1850～2019年，人类活动已导致全球大气 CO_2 平均浓度从约280 ppm（1 ppm=1×10^{-6}）增加至410 ppm，增幅约50%。CO_2 是植物生长的主要原料，植物可通过光合作用固定大气中的 CO_2 合成有机质用以构建植物组织，促进植物生长。然而，当前大气 CO_2 浓度尚未达到绝大多数植物（约95%）光合作用的最适浓度。因此，大气 CO_2 浓度升高可以增强植物的光合作用，相当于一种"施肥效应"，直接促进植物生长（Liu et al.，2017）。此外，大气 CO_2 浓度升高还可能改变环境温度、土壤水分和养分等资源的可利用性，间接影响植物生长（Dukes，2000；Bradley et al.，2010）。对动物而言，大气 CO_2 浓度升高主要通过改变宿主植物的生长状况产生间接影响。

我国的研究案例显示，相比于土著植物，入侵植物的生长和繁殖更易受到 CO_2 浓度升高的促进（Qiu，2015；Liu et al.，2017；Shan et al.，2023）（表7-4）。例如，CO_2 浓度升高有利于银胶菊（*Parthenium hysterophorus*）生长，提高其繁殖力（Mao et al.，2021）。在另一项研究中，两种入侵植物微甘菊（*Mikania micrantha*）和飞机草（*Chromolaena odorata*），在 CO_2 浓度升高时提高了其生物量、光合速率，促进了其生长（Zhang et al.，2016，2021）。另外，入侵植物马缨丹和大米草（*Spartina anglica*）的净光合作用和水分利用效率在高浓度 CO_2 环境中均有所增加，而互花米草的暗呼吸速率和大米草的蒸腾速率则在高浓度 CO_2 环境中降低（梁霞等，2006；石贵玉等，2009；朱慧和马瑞君，2009）。

表 7-4 CO$_2$ 浓度升高对中国生物入侵影响的案例

物种/分类群	CO$_2$ 浓度范围（ppm）	指标	结论	参考文献
动物				
B 型烟粉虱（*Bemisia tabaci* biotype-B）	375～750	卵、蛹、成虫的个体大小	CO$_2$ 浓度升高对第二、三代 B 型烟粉虱的卵、蛹及成虫个体大小无显著影响	王学霞等，2011
Q 型烟粉虱（*Bemisia tabaci* biotype-Q）	375～750	种群丰度、宿主选择行为	对高 CO$_2$ 环境下生长的宿主棉花有明显的产卵偏好；比起同域分布的竞争对手棉蚜，CO$_2$ 浓度升高因显著增加 Q 型烟粉虱的种群丰度而对其更有利	王学霞等，2011；Li et al.，2011
西花蓟马（*Frankliniella occidentalis*）	400～800	生长速度、产卵数量	随着 CO$_2$ 浓度升高，西花蓟马生长速度加快、产卵数量提高，CO$_2$ 浓度升高有利于西花蓟马种群发展	Cao et al.，2021
C$_3$ 植物				
银胶菊（*Parthenium hysterophorus*）	380～700	繁殖力	CO$_2$ 浓度升高增强其繁殖能力	Mao et al.，2021
微甘菊（*Mikania micrantha*）飞机草（*Chromolaena odorata*）	400～800	光合作用、生物量	随着 CO$_2$ 浓度升高，其生物量、光合速率提高，促进植株生长	Zhang et al.，2016，2021
马缨丹（*Lantana camara*）	5～1500	净光合作用、水分利用效率	净光合作用和水分利用效率随 CO$_2$ 浓度升高而增加	朱慧和马瑞君，2009
C$_4$ 植物				
大米草（*Spartina anglica*）	50～1200	净光合作用、蒸腾作用	随 CO$_2$ 浓度升高，蒸腾作用降低，光合作用增强和水分利用效率增加	石贵玉等，2009
互花米草（*Spartina alterniflora*）	50～1500	净光合作用、暗呼吸速率	随 CO$_2$ 浓度升高，净光合作用增强，而暗呼吸速率降低	梁霞等，2006

理论上，大气 CO$_2$ 浓度升高被认为对 C$_3$ 植物光合作用的促进作用要高于 C$_4$ 植物。然而，Dukes（2000）在其综述中指出，由于大气 CO$_2$ 浓度升高通常伴随着温度升高，而在未考虑其他环境因素的情况下，推断 C$_3$ 植物对 CO$_2$ 浓度升高的响应必然强于 C$_4$ 植物，这种观点可能过于简化。Reich 等（2018）进行的一项为期 20 年的野外实验研究，揭示了这一现象的复杂性：在实验的前 12 年中，大气 CO$_2$ 浓度升高更强烈地促进了 C$_3$ 植物的生长，但在随后的 8 年中，大气 CO$_2$ 浓度升高对 C$_4$ 植物生长的促进效应却超过了 C$_3$ 植物。

大气 CO$_2$ 浓度升高会改变植物凋落物的数量和质量，进而间接地影响凋落物的分解过程。胡春峰（2018）比较了入侵植物瘤突苍耳（*Xanthium strumarium*）与两种近缘土著植物——苍耳（*Xanthium sibiricum*）和金盏银盘（*Bidens biternata*）在凋落物特性、化感作用和分解速率上的差异。研究发现，在高浓度 CO$_2$ 条件下，瘤突苍耳叶片的氮含量、半纤维素和木质素浓度显著低于土著植物。尽管如此，CO$_2$ 浓度升高对凋落物浸出液的化感作用以及叶片和根系凋落物分解速率的影响却不显著或影响甚微。这表明 CO$_2$ 浓度升高对植物凋落物和分解速率的直接效应可能存在很大的变异性和种间差异。

在生态系统层面，大气 CO_2 浓度升高导致的影响是复杂且多样的，这些影响不仅限于外来入侵植物的定殖和竞争力。Lu 等（2022）连续三年的实验研究比较了瘤突苍耳与两种共存的一年生土著近缘植物对大气 CO_2 浓度的响应，发现瘤突苍耳对大气 CO_2 的响应比土著植物更为敏感。Song 等（2009）的实验研究比较了我国 3 种入侵植物和土著植物对大气 CO_2 浓度的响应，发现外来入侵植物对当前和未来大气 CO_2 浓度的响应比同群落的其他土著植物更为敏感。这一发现得到了其他研究的支持（Liu et al.，2017；Blumenthal et al.，2022），并且大气 CO_2 浓度升高更有利于外来植物的生长。由此，未来大气 CO_2 浓度升高将有助于外来入侵植物的扩张。例如，已有研究表明，小蓬草（*Conyza canadensis*）及反枝苋的适宜生境扩张与 CO_2 排放量呈正相关关系（塞依丁·海米提，2021；阿腾古丽·艾思木汗，2022）。具体而言，反枝苋的适宜生境北界阿尔泰山南麓的适生性有所增加，南界扩展至昆仑山北麓，东界扩展至哈密地区伊吾县，西界扩展至喀什地区疏附县。同时，在阿勒泰地区、塔城地区、博尔塔拉蒙古自治州、伊犁哈萨克自治州、天山北坡经济带城市群，反枝苋的适生性显著增强。

大气 CO_2 浓度升高对植物生长和凋落物数量及质量的影响，将通过营养级联效应（cascading effect）间接改变动物的生理特征和行为表现（Abrell et al.，2005；Guo et al.，2016；Liu et al.，2020b）。研究表明，CO_2 浓度升高会降低植物的营养质量，这可能与植物组织氮含量和蛋白质含量降低以及酚类化合物含量变化有关（Agrell et al.，2000；Cotrufo et al.，1998；Hartley et al.，2000；Johns and Hughes，2002）。

当前，大多数研究动物对 CO_2 浓度升高的响应以昆虫为主。在我国，昆虫是外来入侵动物中最大的类群，约占总数的一半（丁晖等，2011）。昆虫对 CO_2 浓度升高导致的宿主植物特征变化表现出物种特异性的反应。例如，咀嚼性食叶昆虫（leaf-chewer，如棉铃虫和西花蓟马）在高 CO_2 浓度条件下的繁殖率、存活率和发育速度有所降低（Wu et al.，2006；禹云超等，2020；Cao et al.，2021）。然而，另一种咀嚼性取食昆虫——草地贪夜蛾，作为我国重要的农业入侵害虫，其雌性成虫的繁殖率在高浓度 CO_2 条件下成倍增加（赵文杰等，2019）。此外，刺吸式昆虫（sap-sucking insect，如蚜虫）对 CO_2 浓度升高也表现出正面的响应（Sun et al.，2010；Dai et al.，2018）。

昆虫对 CO_2 浓度升高的响应不仅存在种间差异，种内差异也同样显著。例如，一项对烟粉虱开展的研究中，通过连续 3 个世代的观测，发现 CO_2 浓度升高对第二和第三世代 B 型烟粉虱的卵、蛹和成虫的个体大小均无显著影响，但是 Q 型烟粉虱则表现出对高 CO_2 环境下生长的宿主棉花的产卵偏好（王学霞等，2011）。另外，相比于同域竞争者（sympatric competitor）棉蚜（*Aphis gossypii*），CO_2 浓度升高显著促进了 Q 型烟粉虱的多度（Li et al.，2011）。这一发现表明，在未来高 CO_2 浓度的环境中，烟粉虱可能对我国农作物构成更大的潜在危害。

近年来，关于 CO_2 浓度升高对昆虫间接影响的研究日益增多。钱蕾等（2015）的比较研究发现，入侵物种西花蓟马和土著物种花蓟马对 CO_2 浓度升高的响应呈现出截然不同的行为模式。具体来说，CO_2 浓度升高增加了入侵物种西花蓟马的净繁殖率和内禀增长率，同时缩短了世代周期和种群倍增时间；而对土著物种花蓟马（*F. intonsa*）产生了相反的影响。这表明，在 CO_2 浓度升高的环境中，西花蓟马相较于花蓟马具有更强的适应性。另一项实验研究关注了莲草直胸跳甲（*Agasicles hygrophilus*），即入侵植物喜旱莲子草的专食性天敌，研究发现，当莲草直胸跳甲食用了在高 CO_2 浓度条件下生长的喜旱莲子草后，其繁殖表现有所提升。这一结果暗示，CO_2 浓度升高可能会对外来入侵植物的生物防治效果产生影响（周若兰等，2018）。

此外，一些研究利用物种分布模型，如 CLIMEX 和 MaxEnt 模型，预测了我国当前及未来情景下外来入侵物种的适生区变化。从全国范围来看，气候变化可能促进某些入侵物种的分布范围扩张，如肿柄菊（*Tithonia diversifolia*）和椰心叶甲（*Brontispa longissima*）（Li et al.，2021；王四海等，2019）。然而，也有研究表明，由于降水模式和低纬度地区温度的变化，其他入侵物种的分布区可能会压缩或丧失（Chen et al.，2017；Peng et al.，2020；Yang et al.，2018；毕晓琼等，2019）。在局域尺度上，对外来入侵物种分布区变化的模拟预测也显示出扩张和压缩的双重结果，这取决于具体的物种（Dai et al.，2021；塞依丁·海米提等，2019）。使局面更为复杂的是，Xu（2015）的模型预测进一步揭示了气候变化可能加剧新疆伊犁盆地的入侵压力，未来适生区与当地气候相匹配的外来入侵植物种类可能从 10 种增加到 22 种。值得注意的是，尽管这些模型考虑了气候变化的连续因素，但偶发的极端气候事件对模型模拟结果的影响未得到充分考虑。尽管存在这一局限性，这些模型的预测结果仍为确定未来可能承受外来入侵物种压力最大的热点区域提供了重要信息，有助于提前采取防范措施。

第三节 展 望

中国，作为一个人口众多、地理环境复杂多样且贸易迅速发展的国家，对气候变化、生物入侵及其相互作用表现出高度敏感性。在过去 30 年，中国持续增加在全球气候变化科学领域的资源和资金投入，以探究其对自然和人类社会的潜在影响。例如，自 2009 年起，我国科技部启动了一项研究全球变化的重点项目，每年拨款 5 亿元支持相关科学研究。然而，尽管政府对全球变化相关的科学研究给予了大力支持，但据我们所知，专注于气候变化与生物入侵相互作用的研究仍然较少。外来入侵生物在全球范围引起广泛关注，皆因其对经济和生态系统造成的危害严重。如果气候变化和/或大气 CO_2 浓度升高在未来将持续加剧生物入侵所造成的损失，前瞻性解析其互作机制并构建适应性治理框架，将成为维护我国生态安全格局和经济可持续发展的关键举措。

当前，尽管在气候变化、CO_2 浓度升高和生物入侵的互作机制研究领域已取得初步进展，但研究深度和系统性仍显不足。基于现有研究进展，本章提出未来应重点考虑以下六个研究方向。

1）入侵机制和多因子交互作用：以往研究多关注气候变化对入侵物种和土著物种生长繁殖表现的影响，较少关注对二者竞争结果的影响。虽然气候变化可能更有利于入侵物种的生长和繁殖，但这并不总导致它们在与土著物种竞争时具有更强的优势（Davidson et al.，2011）。因此，气候变化促进外来物种成功入侵的具体机制仍然不明确（Ricciardi et al.，2021）。此外，在气候变化背景下，外来物种的成功入侵可能是气温升高和大气 CO_2 浓度增加等多种因素共同作用的结果。然而，当前研究多限于单一气候变化因素的独立效应，而缺乏对多种因素交互作用的考虑。未来应更加关注多种气候变化因素如何影响生物入侵的时空动态及其后果，并阐明其潜在的复杂机制（Gioria et al., 2023）。

2）研究对象的选择：外来物种的入侵过程通常包括传入、定居、归化、扩张及成灾等阶段。因此，外来物种的影响和危害往往具有时间滞后性，通常在扩张和暴发成灾阶段急剧增加（van Kleunen et al., 2018；李博等，2022）。目前，许多外来物种由于引入时间、繁殖体压力，以及栖息地的物理和生物环境的差异，而处于不同的入侵阶段。这些外来物种可能在不同的时间点扩张并暴发成灾。然而，现有研究往往集中于已经暴发成灾的恶性入侵物种，如紫茎泽兰、互花米草和喜旱莲子草等，对早期入侵阶段的高风险物种缺乏预警研究。

3）物候错配的影响：联合国环境规划署发布的《2022年前沿报告》将物候错配指定为气候变化背景下的三大新兴环境问题之一。物候错配可能改变植物间利用资源的时间顺序，进而影响它们之间的竞争结果（Wolkovich and Cleland, 2011）。尽管目前已有研究关注气温升高如何改变外来植物和土著植物的物候及其差异，如 Zettlemoyer 等（2019）和 Stuble 等（2021）的研究，但物候差异如何影响植物间的竞争结果仍然不甚明了。

4）本地生态系统的可入侵性：外来物种的成功入侵，不仅取决于其自身的入侵性，也与被入侵生境的可入侵性密切相关（Gioria et al., 2023）。生物多样性阻抗假说认为，土著群落的生物多样性越高，其抵抗外来物种入侵的能力就越强（Elton, 1958）。然而，在生物入侵和气候变化等人为活动的共同作用下，全球正经历第6次大规模生物灭绝事件，生物多样性的急剧下降使得生物多样性热点地区也成为外来物种入侵的重灾区（Barnosky et al., 2011；Li et al., 2016）。因此，研究气候变化如何影响生物多样性对外来物种入侵的抵抗力，尤其是在生物多样性丰富且生态脆弱的边境地区如高黎贡山，应成为我国科学家优先研究的课题。

5）适生区预测及监测预警：研究表明，气候变化将提高全球不同生态区之间的气候相似性（Hubbard et al., 2023），而许多外来物种通常具有气候生态位的保守性（Liu et al., 2020a）。这表明，当引入地的气候与原产地高度相似时，那些气候生态位保守的外来物种将获得更多生存和扩张的机会，甚至无须预先适应当地气候即可快速入侵。因此，未来应加强对源自与我国气候高度相似国家的外来物种的监测和早期预警工作，并通过加强国际合作和数据共享共同提升全球对气候变化和生物入侵问题的认知水平和管理能力（Pyšek et al., 2020）。

6）风险评估及分级防控：我国已准确识别的入侵物种多达702种。这些物种对自然生态系统和经济社会的影响程度和方式各不相同。对于恶性入侵物种而言，不同地区的气候条件、人类活动强度及本地生态系统的可入侵性等因素，导致其入侵危害不尽相同。因此，面对数量众多、影响各异的外来入侵物种时，考虑到同一种入侵物种在不同地区的影响也不尽相同，应优先开展全面的风险评估工作，并根据风险等级，实施分区分级的防控措施（Kumschick et al., 2020）。

第四节 小　　结

我国正面临外来物种入侵的严峻挑战，已识别的入侵物种高达 702 种。随着国际经济贸易的持续发展，未来引入我国的外来物种数量预计将进一步增加，入侵风险随之攀升。初步研究表明，不同的气候变化组分（如气候变暖、降水格局改变、极端气候事件和 CO_2 浓度升高）可能已经对外来物种的定殖和扩散产生了深远影响。持续的气候变化和大气 CO_2 浓度升高，可能会进一步加剧我国当下和未来的生物入侵态势。在此背景下，我们希望通过前述内容能够唤起社会各界面对气候变化和生物入侵两个重要全球变化要素互作后果的重视；同时倡导投入更多资源用于气候变化背景下的生物入侵预测、防治和管理。

（本章作者：徐　晓　卫书娟　邵钧炯　卢　蒙　吴纪华　李　博）

参 考 文 献

阿腾古丽·艾思木汗. 2022. 入侵植物小蓬草在新疆的群落特征及气候变化下的潜在分布估计. 新疆大学硕士学位论文.
白玉文. 2020. 飞机草在中国入侵路线、分布危害与防控对策研究. 华南农业大学硕士学位论文.
毕晓琼, 赵斯, 王林, 等. 2019. 气候变化对牛膝菊在中国潜在适生区的影响. 陕西师范大学学报(自然科学版), 47(2): 70-75.
陈菁. 2021. 中国外来入侵物种的分布格局及主要影响因素. 南京林业大学博士学位论文.
陈伟华. 2024. 不同气候情景下松材线虫病地理分布时空变化与预测研究. 南京林业大学硕士学位论文.
陈艳华. 2006. 外来入侵害虫烟粉虱的危害与防治. 安徽农学通报, 12(7): 133-134.
邓铭先, 黄河燕, 沈诗韵, 等. 2021. 喜旱莲子草在青藏高原对模拟增温的可塑性: 引入地和原产地种群的比较. 生物多样性, 29(9): 1198-1205.
丁晖, 李明阳, 徐海根. 2004. 中国外来入侵物种经济损失评估. 北京: 科学出版社.
丁晖, 徐海根, 强胜, 等. 2011. 中国生物入侵的现状与趋势. 生态与农村环境学报, 27(3): 35-41.
窦秦川, 刘晓飞, 姚万福, 等. 2011. 番石榴实蝇成虫对低温的耐受研究. 西南农业学报, 24(5): 1771-1774.
杜予州, 鞠瑞亭, 郑福山, 等. 2006. 环境因子对蔗扁蛾生长发育及存活的影响. 植物保护学报, 33(1): 11-16.
冯建孟, 董晓东, 徐成东. 2010. 中国外来入侵植物物种多样性的空间分布格局及与本土植物之间的关系. 西南大学学报(自然科学版), 32(6): 50-57.
高雷, 李博. 2004. 入侵植物凤眼莲研究现状及存在的问题. 植物生态学报, 28(6): 735-752.
关道明. 2009. 中国滨海湿地米草盐沼生态系统与管理. 北京: 海洋出版社.
国家环保局中国生物多样性国情研究报告编写组. 1998. 中国生物多样性研究报告. 北京: 中国环境科学出版社.
何云玲, 张林艳, 郭宗锋. 2011. 降雨对长江廊道紫茎泽兰有性繁殖的影响. 江苏农业科学, 39(5): 145-148.
胡春峰. 2018. 不同 CO_2 浓度下瘤突苍耳及本地近缘植物凋落物特性的差异. 沈阳农业大学硕士学位论文.
黄乐, 陈辉, 张海波, 等. 2022. 2020 年邳州市草地贪夜蛾初迁虫源的迁入路径及气象背景. 环境昆虫学报, 44(4): 775-783.

黄以. 2023. 广西海岸带互花米草入侵遥感监测与驱动因素分析. 广西大学硕士学位论文.

姜佰文, 李静, 陈睿, 等. 2018. 降雨年型变化及竞争对反枝苋和大豆生长的影响. 生物多样性, 26(11): 1158-1167.

蒋奥林, 朱双双, 陈雨晴, 等. 2018. 中国香港外来入侵植物. 广西植物, 38(3): 289-298.

蒋小龙, 邵维治, 王锡云. 2018. 云南省外来有害生物入侵现状及口岸疫情截获分析. 生物安全学报, 27(4): 279-283.

黎绍鹏, 范舒雅, 孟亚妮, 等. 2024. 外来生物入侵中的达尔文归化谜团. 中国科学: 生命科学, 54.

李博, 马志军, 吴纪华, 等 2022. 植物入侵生态学——互花米草案例研究. 北京: 高等教育出版社.

李博, 邵钧炯, 卫书娟, 等. 2013. 全球变化与植物入侵. 北京: 高等教育出版社.

李超, 刘怀, 郭文超, 等. 2016. 降水对新疆马铃薯甲虫分布的影响. 生态学报, 36(8): 2348-2354.

李高如, 龚国宁, 张生乐, 等. 2022. 台风过程影响下的滨海湿地物理变量观测及湿地系统响应. 海洋学报, 44(12): 116-125.

李向永, 谌爱东, 尹艳琼, 等. 2015. 环境因子对烟粉虱子代发育历期的影响. 环境昆虫学报, 37(2): 242-249.

李晓娜. 2017. 高温对华南4种入侵植物光合生理的影响. 广州大学硕士学位论文.

梁霞, 张利权, 赵广琦. 2006. 芦苇与外来植物互花米草在不同 CO_2 浓度下的光合特性比较. 生态学报, 26(3): 842-848.

刘丹丹, 梁丰, 王婉昭, 等. 2017. 基于GPCC数据的1901-2010年东北地区降水时空变化. 水土保持研究, 24(2): 124-131.

刘琴. 2023. 中国外来入侵植物的地理分布格局研究. 中南林业科技大学硕士学位论文.

刘涛. 2022. 油松常见病虫害危害与防治. 种子科技, 40(12): 94-96.

卢芙萍, 符悦冠, 黄贵修, 等. 2011. 温度对木薯单爪螨生长发育与繁殖的影响. 热带作物学报, 32(9): 1720-1724.

鲁智慧, 和淑琪, 严乃胜, 等. 2019. 温度对草地贪夜蛾生长发育及繁殖的影响. 植物保护, 45(5): 27-31.

马任甜, 安韶山, 黄懿梅. 2017. 黄土高原不同林龄刺槐林碳、氮、磷化学计量特征. 应用生态学报, 28(9): 2787-2793.

钱蕾, 和淑琪, 刘建业, 等. 2015. 在 CO_2 浓度升高条件下西花蓟马和花蓟马的生长发育及繁殖力比较. 环境昆虫学报, 37(4): 701-709.

强胜, 张欢. 2022. 中国农业生态系统外来植物入侵及其管理现状. 南京农业大学学报, 45(5): 957-980.

邱宠华, 王奇志, 余岩. 2011. 外来入侵假臭草在中国分布区的预测. 应用与环境生物学报, 17(6): 774-781.

任国玉, 封国林, 严中伟. 2010. 中国极端气候变化观测研究回顾与展望. 气候与环境研究, 15(4): 337-353.

塞依丁·海米提. 2021. 气候变化情景下入侵种反枝苋在新疆的潜在分布格局研究. 新疆大学硕士学位论文.

塞依丁·海米提, 努尔巴依·阿布都沙力克, 许仲林, 等. 2019. 气候变化情景下外来入侵植物刺苍耳在新疆的潜在分布格局模拟. 生态学报, 39(5): 1551-1559.

石贵玉, 康浩, 梁士楚, 等. 2009. 大米草对 CO_2 浓度的光合和蒸腾响应. 广西科学, 16(3): 322-325.

石和波, 严寒生, 查玉平, 等. 2023. 我国三种大小蠹危害及其天敌昆虫应用. 湖北林业科技, 52(3): 57-61.

宋莉英, 刘昭弟, 李晓娜, 等. 2017. 三裂叶蟛蜞菊、蟛蜞菊及其杂交种对模拟极端高温的生理生态响应. 生态环境学报, 26(2): 183-188.

宋紫玲. 2020. 道路廊道和森林景观格局对紫茎泽兰种群及其遗传结构的影响. 云南大学硕士学位论文.

田晶, 郝赤, 梁丽, 等. 2014. 温湿度对玫烟色棒束孢 IF-1106 菌株孢子萌发及对烟粉虱致病力的影响.

菌物学报, 33(3): 668-679.

万方浩, 郭建英, 张峰, 等. 2009. 中国生物入侵研究. 北京: 科学出版社.

王德辉, 方晨. 2003. 保护生物多样性及加强对自然保护区的管理. 北京: 中国环境出版社.

王鸿斌, 张真, 孔祥波, 等. 2007. 入侵害虫红脂大小蠹的适生区和适生寄主分析. 林业科学, 43(10): 71-76.

王君. 2010. 互花米草危害福建的风险分析与生态经济损失评估. 福建农林大学硕士学位论文.

王宁, 李卫芳, 周兵, 等. 2016. 中国入侵克隆植物入侵性、克隆方式及地理起源. 生物多样性, 24(1): 12-19.

王瑞龙, 韩萌, 梁笑婷, 等. 2011. 三叶鬼针草生物量分配与化感作用对大气温度升高的响应. 生态环境学报, 20(Z1): 1026-1030.

王四海, 陈剑, 李宁云, 等. 2019. 外来植物肿柄菊结籽量影响因素分析. 生态环境学报, 28(7): 1369-1378.

王涛, 葛雪贞, 宗世祥. 2018. 气候变化条件下红脂大小蠹在中国的潜在适生区预测. 环境昆虫学报, 40(4): 758-768.

王学霞, 王国红, 戈峰. 2011. 大气 CO_2 浓度升高对 B 型烟粉虱大小、酶活及其寄主的选择性影响. 生态学报, 31(3): 629-637.

吴刚, 戈峰, 万方浩, 等. 2011. 入侵昆虫对全球气候变化的响应. 应用昆虫学报, 48(5): 1170-1176.

冼晓青, 王瑞, 郭建英, 等. 2018. 我国农林生态系统近 20 年新入侵物种名录分析. 植物保护, 44(5): 168-175.

徐海根, 强胜. 2018. 中国外来入侵生物(修订版)下册. 北京: 科学出版社.

杨瑞, 万方浩, 郭建英, 等. 2009. 中国生物入侵现状与发生趋势. 北京: 科学出版社.

杨艺炜, 刘晨, 任平, 等. 2021. 烟粉虱对高温和低温胁迫响应及生态防控策略. 西北农业学报, 30(5): 782-788.

于海潏. 2019. 中国水生植物外来种的区系组成、分布格局与扩散途径. 武汉大学博士学位论文.

禹云超, 郏军锐, 曾广, 等. 2020. 入侵种西花蓟马与其它昆虫的种间竞争. 环境昆虫学报, 42(1): 94-100.

张博晨, 许双叶, 吴梓情, 等. 2024. 不同湿度下番茄潜叶蛾的年龄-龄期两性生命表. 昆虫学报, 67(1): 78-89.

张彩云, 刘卫, 徐志防, 等. 2006. 入侵种喜旱莲子草和莲子草的营养生长和光合作用对温度的响应. 热带亚热带植物学报, 14(4): 333-339.

张桥英, 彭少麟. 2018. 增温对入侵植物马缨丹生物量分配和异速生长的影响. 生态学报, 38(18): 6670-6676.

张正偲, 潘凯佳, 张焱, 等. 2023. 中国西北戈壁区沙尘暴过程中近地层风沙运动特征. 中国沙漠, 43(2): 130-138.

赵光华, 高明龙, 王朵, 等. 2024. 全球入侵植物的经济成本评估. 草业学报, 33(5): 16-24.

赵文杰, 和淑琪, 鲁智慧, 等. 2019. CO_2 浓度升高对草地贪夜蛾生长发育的直接影响. 环境昆虫学报, 41(4): 736-741.

中国气象局气候变化中心. 2021. 中国气候变化蓝皮书(2019). 北京: 科学出版社.

周若兰, 史梦竹, 李建宇, 等. 2018. 不同 CO_2 环境下的空心莲子草对莲草直胸跳甲种群繁殖能力的影响. 福建农业学报, 33(3): 293-300.

朱慧, 马瑞君. 2009. 入侵植物马缨丹(*Lantana camara*)及其伴生种的光合特性. 生态学报, 29(5): 2701-2709.

Abrell L, Guerenstein P G, Mechaber W L, et al. 2005. Effect of elevated atmospheric CO_2 on oviposition behavior in *Manduca sexta* moths. Global Change Biology, 11(8): 1272-1282.

Agrell J, McDonald E P, Lindroth R L. 2000. Effects of CO_2 and light on tree phytochemistry and insect performance. Oikos, 88(2): 259-272.

Alyokhin A V, Mille C, Messing R H, et al. 2001. Selection of pupation habitats by oriental fruit fly larvae in

the laboratory. Journal of Insect Behavior, 14(1): 57-67.
Barnosky A D, Matzke N, Tomiya S, et al. 2011. Has the Earth's sixth mass extinction already arrived? Nature, 471(7336): 51-57.
Bellard C, Marino C, Courchamp F. 2022. Ranking threats to biodiversity and why it doesn't matter. Nature Communications, 13(1): 2616.
Bellard C, Thuiller W, Leroy B, et al. 2013. Will climate change promote future invasions? Global Change Biology, 19(12): 3740-3748.
Blanchet J, Blanc A, Creutin J D. 2021. Explaining recent trends in extreme precipitation in the Southwestern Alps by changes in atmospheric influences. Weather and Climate Extremes, 33: 100356.
Blumenthal D M, Carillo Y, Kray J A, et al. 2022. Soil disturbance and invasion magnify CO_2 effects on grassland productivity, reducing diversity. Global Change Biology, 28(22): 6741-6751.
Bradley B A, Blumenthal D M, Wilcove D S, et al. 2010. Predicting plant invasions in an era of global change. Trends in Ecology and Evolution, 25(5): 310-318.
Brancatelli G I E, Amodeo M R, Zalba S M. 2022. Demographic model for Aleppo pine invading Argentinean grasslands. Ecological Modelling, 473: 110143.
Cao Y, Yang H, Gao Y, et al. 2021. Effect of elevated CO_2 on the population development of the invasive species *Frankliniella occidentalis* and native species *Thrips hawaiiensis* and activities of their detoxifying enzymes. Journal of Pest Science, 94(1): 29-42.
Carrara L, Moi D A, Figueiredo B R S, et al. 2024. Tolerance to drought and flooding events provides a competitive advantage for an invasive over a native plant species. Freshwater Biology, 69(3): 425-434.
Chapin F S III, Matson P A, Vitousek P M. 2011. Principle of Terrestrial Ecosystem Ecology. 2nd ed. New York: Springer-Verlag.
Chen B, Kang L. 2002. Cold hardiness and supercooling capacity in the pea leafminer *Liriomyza huidobrensis*. Cryoletters, 23(3): 173-182.
Chen L, Wang W, Li Q Q, et al. 2017. Mangrove species' responses to winter air temperature extremes in China. Ecosphere, 8(6): e01865.
Chen M H, Cai M L, Xiang P, et al. 2023. Thermal adaptation of photosynthetic physiology of the invasive vine *Ipomoea cairica* (L.) enhances its advantage over native *Paederia scandens* (Lour.) Merr. in South China. Tree Physiology, 43(4): 575-586.
Chen Y, Vasseur L, You M. 2017. Potential distribution of the invasive loblolly pine mealybug, *Oracella acuta* (Hemiptera: Pseudococcidae), in Asia under future climate change scenarios. Climatic Change, 141(4): 719-732.
Cotrufo M F, Ineson P, Scott A. 1998. Elevated CO_2 reduces the nitrogen concentration of plant tissues. Global Change Biology, 4(1): 43-54.
Dai G, Wang S, Geng Y, et al. 2021. Potential risks of *Tithonia diversifolia* in Yunnan Province under climate change. Ecological Research, 36(1): 129-144.
Dai Y, Wang M F, Jiang S L, et al. 2018. Host-selection behavior and physiological mechanisms of the cotton aphid, *Aphis gossypii*, in response to rising atmospheric carbon dioxide levels. Journal of Insect Physiology, 109: 149-156.
Dainese M, Aikio S, Hulme P E, et al. 2017. Human disturbance and upward expansion of plants in a warming climate. Nature Climate Change, 7(8): 577-580.
Davidson A, Jennions M, Nicotra A. 2011. Do invasive species show higher phenotypic plasticity than native species and, if so, is it adaptive? A meta-analysis. Ecology Letters, 14(4): 419-431.
Davis M A, Grime J P, Thompson K. 2000. Fluctuating resources in plant communities: a general theory of invasibility. Journal of Ecology, 88(3): 528-534.
Delavaux C S, Crowther T W, Zohner C M, et al. 2023. Native diversity buffers against severity of non-native tree invasions. Nature, 621(7980): 773-781.
Diagne C, Leroy B, Vaissière A C, et al. 2021. High and rising economic costs of biological invasions worldwide. Nature, 592(7855): 571-576.
Diez J M, D'Antonio C M, Dukes J S, et al. 2012. Will extreme climatic events facilitate biological invasions?

Frontiers in Ecology and the Environment, 10(5): 249-257.
Dong L J, Yu H W, He W M. 2015. What determines positive, neutral, and negative impacts of *Solidago canadensis* invasion on native plant species richness? Scientific Reports, 5(1): 16804.
Dukes J S. 2000. Will the increasing atmospheric CO_2 concentration affect the success of invasive species?//Mooney H A, Hobbs R J. Invasive Species in a Changing World. Washington, DC: Island Press: 95-113.
Elton C S. 1958. The Ecology of Invasions by Animals and Plants. New York: Springer.
Enders M, Havemann F, Ruland F, et al. 2020. A conceptual map of invasion biology: integrating hypotheses into a consensus network. Global Ecology and Biogeography, 29(6): 978-991.
Gioria M, Hulme P E, Richardson D M, et al. 2023. Why are invasive plants successful? Annual Review Plant Biology, 74: 635-670.
Gu S, Qi T, Rohr J R, et al. 2023. Meta-analysis reveals less sensitivity of non-native animals than natives to extreme weather worldwide. Nature Ecology and Evolution, 7(12): 2004-2027.
Guo H, Huang L, Sun Y, et al. 2016. The contrasting effects of elevated CO_2 on TYLCV infection of tomato genotypes with and without the resistance gene, Mi-1.2. Frontiers in Plant Science, 7: 211781.
Hao Q, Ma J S. 2023. Invasive alien plants in China: an update. Plant Diversity, 45(1): 117-121.
Hartley S E, Jones C G, Couper G C, et al. 2000. Biosynthesis of plant phenolic compounds in elevated atmospheric CO_2. Global Change Biology, 6(5): 497-506.
He W M, Li J J, Peng P H. 2012. A congeneric comparison shows that experimental warming enhances the growth of invasive *Eupatorium adenophorum*. PLoS ONE, 7(4): e35681.
He Z S, He W M. 2020. Asymmetric climate warming does not benefit plant invaders more than natives. Science of the Total Environment, 742: 140624.
Hou Q Q, Chen B M, Peng S L, et al. 2014. Effects of extreme temperature on seedling establishment of nonnative invasive plants. Biological Invasions, 16(10): 2049-2061.
Huang D, Haack R A, Zhang R. 2011. Does global warming increase establishment rates of invasive alien species? A centurial time series analysis. PLoS ONE, 6(9): e24733.
Hubbard J A G, Drake D A R, Mandrak N E. 2024. Climate change alters global invasion vulnerability among ecoregions. Diversity and Distributions, 30(1): 26-40.
Hulme P E. 2017. Climate change and biological invasions: evidence, expectations, and response options. Biological Reviews, 92(3): 1297-1313.
IPBES. 2023. Summary for policymakers of the thematic assessment report on invasive alien species and their control of the Intergovernmental Science-Policy Platform on biodiversity and ecosystem services. Bonn: IPBES secretariat.
IPCC. 2007. Intergovernmental panel on climate change 2007: The physical science basis. Contribution of Working Group I to the Fourth Assessment Report of the IPCC. Cambridge: Cambridge University Press.
IPCC. 2023. Climate change 2023: Synthesis report. Contribution of Working Groups I, II and III to the Sixth Assessment Report of the Intergovernmental Panel on Climate Change. Geneva: 35-115.
Ipekdal K. 2022. Estimating the potential threat of increasing temperature to the forests of Turkey: a focus on two invasive alien insect pests. iForest-Biogeosciences and Forestry, 15(6): 444-450.
Jentsch A, Beierkuhnlein C. 2008. Research frontiers in climate change: effects of extreme meteorological events on ecosystems. Comptes Rendus Geoscience, 340: 621-628.
Johns C V, Hughes L. 2002. Interactive effects of elevated CO_2 and temperature on the leaf-miner *Dialectica scalariella* Zeller (Lepidoptera: Gracillariidae) in Paterson's Curse, *Echium plantagineum* (Boraginaceae). Global Change Biology, 8(2): 142-152.
Ju R T, Chen G B, Wang F, et al. 2011. Effects of heat shock, heat exposure pattern, and heat hardening on survival of the sycamore lace bug, *Corythucha ciliata*. Entomologia Experimentalis et Applicata, 141(2): 168-177.
Ju R T, Gao L, Wei S J, et al. 2017. Spring warming increases the abundance of an invasive specialist insect: links to phenology and life history. Scientific Reports, 7(1): 14805.
Ju R T, Gao L, Zhou X H, et al. 2013. Tolerance to high temperature extremes in an invasive lace bug,

Corythucha ciliata (Hemiptera: Tingidae), in Subtropical China. PLoS ONE, 8(1): e54372.

Kumschick S, Wilson J R U, Foxcroft L C. 2020. A framework to support alien species regulation: the risk analysis for alien taxa (RAAT). Neobiota, 62: 213-239.

Li B, Liao C H, Zhang X D, et al. 2009. *Spartina alterniflora* invasions in the Yangtze River estuary, China: an overview of current status and ecosystem effects. Ecological Engineering, 35(4): 511-520.

Li J J, Peng P H, He W M. 2012. Physical connection decreases benefits of clonal integration in *Alternanthera philoxeroides* under three warming scenarios. Plant Biology, 14(2): 265-270.

Li M, Zhao H, Xian X, et al. 2023. Geographical distribution pattern and ecological niche of *Solenopsis invicta* buren in China under climate change. Diversity-Basel, 15(5): 607-619.

Li X, Liu X, Kraus F, et al. 2016. Risk of biological invasions is concentrated in biodiversity hotspots. Frontiers in Ecology and the Environment, 14(8): 411-417.

Li X, Xu D, Jin Y, et al. 2021. Predicting the current and future distributions of *Brontispa longissima* (Coleoptera: Chrysomelidae) under climate change in China. Global Ecology and Conservation, 25: e01444.

Li Y M, Liu X, Li X P, et al. 2014. Residence time, expansion toward the equator in the invaded range and native range size matter to climatic niche shifts in non-native species. Global Ecology and Biogeography, 23(10): 1094-1104.

Li Z X, He Y, Wang P, et al. 2012. Changes of daily climate extremes in southwestern China during 1961-2008. Global and Planetary Change, 80-81: 255-272.

Li Z Y, Liu T J, Xiao N W, et al. 2011. Effects of elevated CO_2 on the interspecific competition between two sympatric species of *Aphis gossypii* and *Bemisia tabaci* fed on transgenic Bt cotton. Insect Science, 18(4): 426-434.

Liu C, Wolter C, Xian W, et al. 2020a. Most invasive species largely conserve their climatic niche. Proceedings of the National Academy of Sciences of the United States of America, 117(38): 23643-23651.

Liu J, Zhuang J, Huang W, et al. 2020b. Different adaptability of the brown planthopper, *Nilaparvata lugens* (Stal), to gradual and abrupt increases in atmospheric CO_2. Journal of Pest Science, 93(3): 979-991.

Liu X, Rohr J R, Li X P, et al. 2021. Climate extremes, variability, and trade shape biogeographical patterns of alien species. Current Zoology, 67(4): 393-402.

Liu Y, Oduor A M O, Zhang Z, et al. 2017. Do invasive alien plants benefit more from global environmental change than native plants? Global Change Biology, 23(8): 3363-3370.

Logan J A, Powell J A. 2001. Ghost forest, global warming, and the mountain pine beetle (Coleoptera: Scolytidae). American Entomologist, 47(3): 160-173.

Lu X M, Ding J Q. 2010. Flooding compromises compensatory capacity of an invasive plant: implications for biological control. Biological Invasions, 12(1): 179-189.

Lu X R, Feng W W, Wang W J, et al. 2022. AMF colonization and community of a temperate invader and co-occurring natives grown under different CO_2 concentrations for 3 years. Journal of Plant Ecology, 15(3): 437-449.

Lv S, Zhang Y, Steinmann P, et al. 2011. The emergence of angiostrongyliasis in the People's Republic of China: the interplay between invasive snails, climate change and transmission dynamics. Freshwater Biology, 56(4): 717-734.

Magellan K, Bonebrake T C, Dudgeon D. 2019. Temperature effects on exploratory behaviour and learning ability of invasive mosquitofish. Aquatic Invasions, 14(3): 502-517.

Mao R, Bajwa A A, Adkins S. 2021. A superweed in the making: adaptations of *Parthenium hysterophorus* to a changing climate. A review. Agronomy for Sustainable Development, 41(4): 47-65.

Middleton B A. 2009. Effects of hurricane Katrina on tree regeneration in *Taxodium distichum* swamps of the gulf coast. Wetlands, 29(1): 135-141.

O'Loughlin L S, Green P T. 2017. The secondary invasion of giant African land snail has little impact on litter or seedling dynamics in rainforest. Austral Ecology, 42(7): 819-830.

Osburn L, Hope P, Dowdy A. 2021. Changes in hourly extreme precipitation in Victoria, Australia, from the observational record. Weather and Climate Extremes, 31: 100294.

Paini D R, Sheppard A W, Cook D C, et al. 2016. Global threat to agriculture from invasive species. Proceedings of the National Academy of Sciences of the United States of America, 113: 7575-7579.

Peng L Q, Tang M, Liao J H, et al. 2020. Potential effects of climate change on the distribution of invasive bullfrogs *Lithobates catesbeianus* in China. Acta Herpetologica, 15(2): 87-94.

Porter J. 1995. The Effects of Climate Change on the Agricultural Environment for Crop Insect Pests with Particular Reference to the European Corn Borer and Grain Maize. San Diego: Academic Press.

Pyšek P, Hulme P E, Simberloff D, et al. 2020. Scientists' warning on invasive alien species. Biological Reviews, 95(6): 1511-1534.

Qin F, Xue T T, Liang Y F, et al. 2023. Present status, future trends, and control strategies of invasive alien plants in China affected by human activities and climate change. Ecography, 2024(3): e06919.

Qiu J. 2015. A global synthesis of the effects of biological invasions on greenhouse gas emissions. Global Ecology and Biogeography, 24(11): 1351-1362.

Ratcliffe H, Kendig A, Vacek S, et al. 2024. Extreme precipitation promotes invasion in managed grasslands. Ecology, 105(1): e4190.

Reich P B, Hobbie S E, Lee T D, et al. 2018. Unexpected reversal of C_3 versus C_4 grass response to elevated CO_2 during a 20-year field experiment. Science, 360(6386): 317-320.

Ren G Q, Du Y Z, Yang B, et al. 2023. Influence of precipitation dynamics on plant invasions: response of alligator weed *Alternanthera philoxeroides* and co-occurring native species to varying water availability across plant communities. Biological Invasions, 25(2): 519-532.

Renner S S, Zohner C M. 2018. Climate change and phenological mismatch in trophic interactions among plants, insects, and vertebrates. Annual Review of Ecology, Evolution, and Systematics, 49: 165-182.

Ricciardi A, Iacarella J C, Aldridge D C, et al. 2021. Four priority areas to advance invasion science in the face of rapid environmental change. Environmental Reviews, 29(2): 119-141.

Shan L, Oduor A M O, Liu Y. 2023. Herbivory and elevated levels of CO_2 and nutrients separately, rather than synergistically, impacted biomass production and allocation in invasive and native plant species. Global Change Biology, 29(23): 6741-6755.

Simberloff D, Von Holle B. 1999. Positive interactions of nonindigenous species: invasional meltdown? Biological Invasions, 1: 21-32.

Song J Y, Zhang H, Li M, et al. 2021. Prediction of spatiotemporal invasive risk of the red import fire ant, *Solenopsis invicta* (Hymenoptera: Formicidae), in China. Insects, 12(10): 874-890.

Song L, Chow W, Sun L, et al. 2010. Acclimation of photosystem II to high temperature in two Wedelia species from different geographical origins: implications for biological invasions upon global warming. Journal of Experimental Botany, 61(14): 4087-4096.

Song L, Wu J, Li C, et al. 2009. Different responses of invasive and native species to elevated CO_2 concentration. Acta Oecologica-International Journal of Ecology, 35(1): 128-135.

Stott P. 2016. How climate change affects extreme weather events research can increasingly determine the contribution of climate change to extreme events such as droughts. Science, 352(6293): 1517-1518.

Stuble K, Bennion L, Kuebbing S, et al. 2021. Plant phenological responses to experimental warming—A synthesis. Global Change Biology, 27(17): 4110-4124.

Sun J X, Liu T, Xie S S, et al. 2023. Will extreme temperature events emerge earlier under global warming? Atmospheric Research, 288: 106745.

Sun Y, Broennimann O, Roderick G K, et al. 2017. Climatic suitability ranking of biological control candidates: a biogeographic approach for ragweed management in Europe. Ecosphere, 8(4): e01731.

Sun Y, Su J, Ge F. 2010. Elevated CO_2 reduces the response of *Sitobion avenae* (Homoptera: Aphididae) to alarm pheromone. Agriculture Ecosystems and Environment, 135(1-2): 140-147.

Takahashi H G, Fujinami H. 2021. Recent decadal enhancement of Meiyu-Baiu heavy rainfall over East Asia. Scientific Reports, 11(1): 13665.

Turbelin A J, Cuthbert R N, Essl F, et al. 2023. Biological invasions are as costly as natural hazards. Perspectives in Ecology and Conservation, 21(2): 143-150.

van Kleunen M, Bossdorf O, Dawson W. 2018. The ecology and evolution of alien plants. Annual Review of

Ecology, Evolution, and Systematics, 49: 25-47.

Wang H J, Wang H, Tao Z X, et al. 2018. Potential range expansion of the red imported fire ant *Solenopsis invicta* in China under climate change. Journal of Geographical Sciences, 28(12): 1933-1942.

Wang R L, Zeng R S, Peng S L, et al. 2011. Elevated temperature may accelerate invasive expansion of the liana plant *Ipomoea cairica*. Weed Research, 51(6): 574-580.

Wang S, Wei M, Cheng H, et al. 2020. Indigenous plant species and invasive alien species tend to diverge functionally under heavy metal pollution and drought stress. Ecotoxicology and Environmental Safety, 205: 111160.

Wang T, Keller M A, Hogendoorn K. 2019. The effects of temperature on the development, fecundity and mortality of *Eretmocerus warrae*: is *Eretmocerus warrae* better adapted to high temperatures than *Encarsia formosa*. Pest Management Science, 75(3): 702-707.

Wang X Y, Huang X L, Jiang L Y, et al. 2010. Predicting potential distribution of chestnut phylloxerid (Hemiptera: Phylloxeridae) based on GARP and MaxEnt ecological niche models. Journal of Applied Entomology, 134(1): 45-54.

Wang X Y, Li Y Q, Yan M, et al. 2022. Changes in temperature and precipitation extremes in the arid regions of China during 1960-2016. Frontiers in Ecology and Evolution, 10: 902813.

Wang Z X, He Z S, He W M. 2021. Nighttime climate warming enhances inhibitory effects of atmospheric nitrogen deposition on the success of invasive *Solidago canadensis*. Climatic Change, 167: 1-15.

Weber E, Li B. 2008. Plant invasions in China: what is to be expected in the wake of economic development? Bioscience, 58(5): 437-444.

Williams P H, Margules C R, Hilbert D W. 2002. Data requirements and data sources for biodiversity priority area selection. Journal of Biosciences, 27(4): 327-338.

Wolkovich E M, Cleland E E. 2010. The phenology of plant invasions: a community ecology perspective. Frontiers in Ecology and the Environment, 9(5): 287-294.

Wu G, Chen F J, Ge F. 2006. Response of multiple generations of cotton bollworm *Helicoverpa armigera* Hubner, feeding on spring wheat, to elevated CO_2. Journal of Applied Entomology, 130(1): 2-9.

Wu H, Carrillo J, Ding J Q. 2017b. Species diversity and environmental determinants of aquatic and terrestrial communities invaded by *Alternanthera philoxeroides*. Science of the Total Environment, 581: 666-675.

Wu H, Ismail M, Ding J Q. 2017a. Global warming increases the interspecific competitiveness of the invasive plant alligator weed, *Alternanthera philoxeroides*. Science of the Total Environment, 575: 1415-1422.

Wu Q L, Shen X J, He L M, et al. 2021. Windborne migration routes of newly-emerged fall armyworm from Qinling Mountains-Huaihe River region, China. Journal of Integrative Agriculture, 20(3): 694-706.

Wu S H, Hsieh C F, Chaw S M, et al. 2004. Plant invasions in Taiwan: insights from the flora of casual and naturalized alien species. Diversity and Distributions, 10(5-6): 349-362.

Wu S H, Sun H T, Teng Y C, et al. 2010. Patterns of plant invasions in China: taxonomic, biogeographic, climatic approaches and anthropogenic effects. Biological Invasions, 12(7): 2179-2206.

Xie M, Wan F H, Chen Y H, et al. 2011. Effects of temperature on the growth and reproduction characteristics of *Bemisia tabaci* B-biotype and *Trialeurodes vaporariorum*. Journal of Applied Entomology, 135(4): 252-257.

Xie Y, Li Z Y, Gregg W P, et al. 2001. Invasive species in China: an overview. Biodiversity and Conservation, 10(8): 1317-1341.

Xu H, Liu Q, Wang S, et al. 2022. A global meta-analysis of the impacts of exotic plant species invasion on plant diversity and soil properties. Science of the Total Environment, 810: 152286.

Xu Z. 2015. Potential distribution of invasive alien species in the upper Ili river basin: determination and mechanism of bioclimatic variables under climate change. Environmental Earth Sciences, 73(2): 779-786.

Yang Y B, Liu G, Shi X, et al. 2018. Where will invasive plants colonize in response to climate change: predicting the invasion of *Galinsoga quadriradiata* in China. International Journal of Environmental Research, 12(6): 929-938.

Zettlemoyer M A, Schultheis E H, Lau J A. 2019. Phenology in a warming world: differences between native and non-native plant species. Ecology Letters, 22(8): 1253-1263.

Zhang L, Chen X, Wen D. 2016. Interactive effects of rising CO_2 and elevated nitrogen and phosphorus on nitrogen allocation in invasive weeds *Mikania micrantha* and *Chromolaena odorata*. Biological Invasions, 18(5): 1391-1407.

Zhang L, Luo X, Lambers H, et al. 2021. Effects of elevated CO_2 concentration and nitrogen addition on foliar phosphorus fractions of *Mikania micranatha* and *Chromolaena odorata* under low phosphorus availability. Physiologia Plantarum, 173(4): 2068-2080.

Zhang X, Wang G, Peng P, et al. 2023a. Influences of environment, human activity, and climate on the invasion of *Ageratina adenophora* (Spreng.) in Southwest China. Peerj, 11: e14902.

Zhang Y, Pennings S C, Li B, et al. 2019. Biotic homogenization of wetland nematode communities by exotic *Spartina alterniflora* in China. Ecology, 100(4): e02596.

Zhang Z, Huang M, Yang Y, et al. 2020. Evaluating drought-induced mortality risk for *Robinia pseudoacacia* plantations along the precipitation gradient on the Chinese Loess Plateau. Agricultural and Forest Meteorology, 284: 107897.

Zhang Z, Yang Q, Fristoe T S, et al. 2023b. The poleward naturalization of intracontinental alien plants. Science Advances, 9(40): eadi1897.

Zhao Z H, Reddy G V P, Chen L, et al. 2020. The synergy between climate change and transportation activities drives the propagation of an invasive fruit fly. Journal of Pest Science, 93(2): 615-625.

第八章 CO_2 浓度增加对入侵物种的影响

在过去的两个世纪里，随着全球人口增长对资源（特别是能源和粮食）需求的加剧，化石燃料的加速使用和人类砍伐森林的加剧导致大气中 CO_2 浓度的增加（Houghton et al.，1996）。大气中 CO_2 浓度从工业化前的 280 ppm 上升到 1990 年的约 350 ppm，进而到了 2023 年的约 420 ppm，并有可能在 21 世纪达到 560 ppm，是工业化前浓度的两倍。最近的数据表明，自 2000 年以来，大气中 CO_2 浓度的上升速度比科学家预测的快了 35%（Canadell et al.，2007），部分原因是地球重新吸收排放的碳的能力下降。目前的预测表明，到 2100 年，CO_2 浓度将达到 600~1000 ppm（IPCC，2023）。

大气 CO_2 浓度增加可以直接影响植物、真菌和动物的生理生态学，也可以通过生态系统级联效应影响生物圈和大气圈。因此，生物学家认为 CO_2 富集本身就是全球变化的驱动因素，以区分其对生命体的直接影响和其作为温室气体促进气候变化的间接影响（Vitousek，1994；Ziska et al.，2008）。动物不直接依赖 CO_2，因此大气 CO_2 浓度增加对动物的影响主要受到植物作为它们食物或栖息地变化的影响。

在过去的 30 年里，随着对许多（通常是小型的）生态系统的深入研究，我们对自然系统如何响应 CO_2 浓度升高的生理生态机制已经取得系统性的深入理解。然而，许多重要的生态系统仍有待研究。在这些尚未研究的系统中，我们仍然不能自信地预测哪些物种将从 CO_2 浓度的上升中受益。此外，迄今为止，很少有生态系统层面的实验关注非土著物种。因此，本章中关于外来物种的预测是推测性的，但这些预测是建立在关于 CO_2 浓度升高对单个物种和生态系统影响的广泛而迅速扩大的知识基础上的。

本章探讨外来入侵植物和动物对大气 CO_2 浓度升高的反应特征如何影响入侵物种的普遍性。随着 CO_2 浓度持续上升，目前无害的外来物种会变成入侵物种吗？大气 CO_2 浓度升高背景下，不同生态系统的可入侵性是否存在差异？目前由入侵物种造成的生态问题会变得更糟，还是会消失？这些前沿问题的机制解析与实证研究亟待多学科交叉探索。

第一节 CO_2 浓度增加对入侵植物的影响

一、对入侵植物个体和种群的影响

CO_2 浓度的上升直接影响光合作用过程，在植物中引起广泛的生理和形态反应。这些影响随物种光合作用途径、内在生长速率和其他特性的不同而不同。常见的反应包括改变生长速率（Poorter，1993）、分配模式（Bazzaz，1990）、用水效率（Eamus，1991）和营养吸收速率（Bassirirad et al.，1996；Jackson and Reynolds，1996）。

如果不直接研究一种植物及其生活的群落，就很难预测该物种是否会从升高的 CO_2 浓度中受益。我们通常可以根据某些特征来预测单独生长的植物是否会因 CO_2 的富集而受益。正如已有研究表明，大多数利用 C_3 光合途径的物种对大气中增加的 CO_2 反应良好。使用 C_4 和 CAM 途径的物种较难预测；许多 C_4 和 CAM 途径植物都有积极反应，但总体上反应不如 C_3 植物那么强烈（Poorter et al.，1996）。例如，一项研究发现，当 CO_2 浓度升高、高温和充足的水资源相结合的条件下，C_4 作物高粱相较于 C_3 作物大麦，其地上和地下生物量产生了更大幅度的增加（Opoku et al.，2024）。C_3、C_4 和 CAM 分别代表不同的固碳生化途径。C_3 和 C_4 表示光合作用过程中初始 CO_2 受体中的碳数，CAM 指某些多肉植物特有的景天酸代谢。有两类 C_3 物种对升高的 CO_2 反应最强烈：快速生长的物种和那些与含氮微生物形成共生关系的物种（Poorter，1993；Poorter et al.，1996）。虽然快速生长的物种在资源丰富的条件下单独生长时具有响应性，但很少有植物群落的研究调查这些物种在竞争条件下是否具有同样的响应性。固氮植物在单独生长时通常对升高的 CO_2 有强烈的反应，在群落中也经常有反应（Hebeisen et al.，1997；Newton et al.，1994；Stewart and Potvin 1996；Vasseur and Potvin，1998）。

CO_2 浓度升高通常会增快入侵植物的光合速率和生长（Manea and Leishman，2011；Song et al.，2009；Ziska，2003）。CO_2 浓度升高是否有利于入侵物种而不是土著物种尚不清楚。整合分析研究发现，入侵物种和非入侵物种的 CO_2 反应相似（Dukes，2000），或者入侵物种的 CO_2 反应趋势比共存的原生物种更强（Sorte et al.，2013）。在竞争条件下进行的少数实地研究中，有几项（Smith et al.，2000；Hättenschwiler and Körner，2003；Dukes et al.，2011）但并非所有研究（Williams et al.，2007）发现，CO_2 浓度升高有利于入侵物种而非土著物种。例如，在莫哈韦沙漠，CO_2 排放使入侵植物马德雀麦（*Bromus madritensis*）的地上生物量增加了一倍多，种子产量增加了两倍，但对土著一年生植物的影响很小（Smith et al.，2000）。目前还不清楚为什么一些入侵物种对升高的 CO_2 浓度如此敏感。一些潜在的机制涉及内在的高生长速率，这可能允许入侵物种在高 CO_2 浓度下保持强碳（C）汇、高光合速率和/或低生物量构建成本（Körner，2011；Nagel et al.，2004；Manea and Leishman，2011；Song et al.，2009，2010）。快速生长的物种往往对升高的 CO_2 反应强烈，但这种优势在竞争环境中不那么明显（Hunt et al.，1993；Manea and Leishman，2011；Poorter and Navas，2003）。

需要强调的是，不能简单地将单株种植或单一群体栽培的物种的生物量响应直接外推为物种在自然群落中的入侵潜力。原因有两个：首先，种群对 CO_2 的长期响应将取决于种子质量和产量的变化，这很少被测量（Smith et al.，2000）。其次，在单独种植或单一栽培时对 CO_2 浓度升高反应强烈的物种，在与其他植物物种竞争时可能会有完全不同的反应（Bazzaz and McConnaughay，1992）。虽然植物个体的生长可能会受到 CO_2 可用性的限制，但群落中的植物可能会受到光、水和营养等其他资源可用性的限制。因此，在存在强烈资源竞争的自然群落中，CO_2 浓度升高对植物生长的促进作用可能被土壤养分限制所抵消，导致群落尺度上观测不到显著的生物量增加（Ben et al.，2023；Reynolds，1996）。即使在这些情况下，植物对 CO_2 浓度升高的生理反应也可能通过减少（或加强）其他资源的限制来影响生长和竞争。对 CO_2 驱动的资源可用性变化做出最佳反应的物种

最有可能从 CO_2 浓度的增加中受益。在不研究它们所在群落的情况下识别这些物种是很困难的，正如欧洲一年生植物藜（*Chenopodium album*）的例子，这是一种遍布北美大部分地区的常见杂草。尽管该物种在单独生长时对升高的 CO_2 浓度有积极的反应，但在加拿大牧场群落中生长时，即使在受干扰（因此密度低）的地点也没有反应（Taylor and Potvin，1997）。

尽管困难重重，一些普遍的原则还是会出现。来自加拿大同一牧场群落的实验结果表明，CO_2 浓度的上升可能会减缓演替，或使植物群落中的"早期演替"物种存活的时间比目前更长（Potvin and Vasseur，1997；Vasseur and Potvin，1998）。如果这被证明是一种普遍现象，那么入侵者（其中许多被认为是早期演替物种）的数量可能会增加。

在群落环境中，某些特征可能有助于预测"赢"和"输"物种。使用 C_3 光合途径的植物往往比 C_4 植物［如在盐沼（Curtis et al.，1989）和热带草原（Johnson et al.，1993）等群落中］对升高的 CO_2 反应更积极。同样，在 C_3 作物与 C_4 杂草竞争的实验中（Alberto et al.，1996）情况也是这样。然而，C_3-C_4 混合群落的结果并不完全明确。在一项针对高草草原的实验中（Owensby et al.，1993），CO_2 富集有利于 C_4 植物。优势 C_4 草本植物在 CO_2 浓度升高的条件下对水分有效性增加有响应，而低矮型 C_3 草本群落的 CO_2 响应受养分和光照有效性的限制。在以温室为基础的竞争实验中，CO_2 富集对 C_4 植物比 C_3 植物更有利（Bazzaz et al.，1989）。最近的一项为期 20 年的长期田间实验进一步发现，植物对 CO_2 浓度变化的响应可能受到植物定殖时长的影响：在实验的前 12 年里，随着 CO_2 浓度的上升，C_3 植物的生物量呈现出增长的趋势，而 C_4 植物则未出现类似的增长；在随后的 8 年里，这一模式发生了显著的逆转：C_4 植物的生物量开始增加，而 C_3 植物则未表现出相应的增长态势（Reich et al.，2018）。总的来说，C_3 和 C_4 物种竞争实验的结果表明，当这两种物种同时出现时，CO_2 浓度的上升可能在大多数情况下有利于 C_3 物种，但不是所有情况。在自然群落中，这可导致 C_3 灌木、其他木本植物和草类数量的增加，使其成功入侵原本以 C_4 植物为主的草地，并减少 C_3 作物田地中 C_4 杂草的产量损失（Alberto et al.，1996；Patterson，1995）。然而，由于高温有利于 C_4 物种而不是 C_3 物种，气候变化可能抵消 CO_2 浓度增加的这些后果。

综上所述，迄今为止的研究还没有在入侵植物和对 CO_2 敏感的植物物种之间建立明确的联系。我们可以有信心地确定有可能从群落环境 CO_2 浓度增加中受益的植物物种的大致类别。在这些类别中，仍然很难预测哪些物种将受益最大。然而，关于生态系统层面反应的知识可以帮助我们识别在 CO_2 浓度升高条件下具有优势的植物性状。

二、对植物种间竞争的影响

CO_2 浓度增加预计将通过增强光合作用和提高水分利用效率来提高农业生态系统的生产力，特别是在 C_3 作物中（Fader et al.，2016；Singh et al.，2017），尽管对增强程度的精确估计因实验方法而异（Kersebaum and Nendel，2014）。然而，这类预测往往忽视了植物与植食性昆虫的相互作用——这种生物间关系可能通过级联效应，间接改变高浓度 CO_2 对植物生长的促进作用（Lincoln et al.，1993）。

在 CO_2 浓度增加的背景下，入侵植物和土著植物之间的竞争可能会受到影响（Bradford et al.，2007；Manea and Leishman，2011）。这种增加不仅对全球气候和生态系统产生了重要影响，而且对植物生长和生产力也有着深远的影响。CO_2 是植物进行光合作用所需的重要营养物质之一，因此，CO_2 浓度的增加通常会促进植物的生长和提高生产力。然而，这种增加可能对入侵植物和土著植物的竞争关系产生复杂的影响（Hager et al.，2016）。

从基础生理学的角度来看，CO_2 是植物进行光合作用的关键成分之一。光合作用是植物利用阳光能量将 CO_2 和水转化为有机物质的过程，而 CO_2 作为光合作用的原料之一，其浓度的增加通常会提高植物的光合作用速率和生长速率，进而促进植物的生长和提高生产力。实验研究表明，当 CO_2 浓度从目前的约 400 ppm（百万分之一）增加到将近两倍时，许多植物的生长速率和产量都会显著增加，这种现象被称为"CO_2 施肥效应"（Wang et al.，2020）。然而，尽管 CO_2 浓度增加对植物生长有利，但这种好处并不是所有植物都能够平等"分享"的。特别是对于入侵植物和土著植物来说，CO_2 浓度增加可能会产生复杂的影响，甚至加剧它们之间的竞争关系（Tooth et al.，2014）。首先，入侵植物通常具有更快的生长速率和更高的竞争力，它们可能能够更有效地利用额外的 CO_2 来进行光合作用，从而迅速地占据更多的生态资源。相比之下，由于缺乏相应的适应性特征，土著植物可能难以有效利用浓度升高的 CO_2，其面临的竞争压力进一步加剧（Dukes et al.，2011；Westoby et al.，2002）。其次，入侵植物通常具有较强的生态适应性，使它们能够更好地适应新环境中的变化，包括 CO_2 浓度的增加。一些入侵植物可能具有更高的耐旱性、耐盐性或者更快的生长速率，这些特征使它们能够更好地利用 CO_2 浓度增加带来的生态优势，进一步加剧了与土著植物之间的竞争（Al Hassan et al.，2016；Tang et al.，2022）。

CO_2 浓度增加还可能引起生态系统动态的变化，从而影响入侵植物和土著植物之间的竞争关系。例如，CO_2 浓度增加可能导致土壤养分的改变、气候模式的变化等，进而影响植物的分布、生长季节和生物多样性（Grimm et al.，2013；Mashwani，2020；Pugnaire et al.，2019）。例如，CO_2 浓度增加可能影响植物的土壤碳利用效率。在高 CO_2 浓度下，一些入侵植物可能会表现出更高的土壤碳利用效率。这意味着它们能够更有效地吸收和利用土壤中的碳源，从而促进生长和生产（Song et al.，2009）。这种增加的碳利用效率可能与植物的生理生态调节机制相关，如根系形态和功能的改变，以及与土壤微生物的协同作用（De et al.，2008；Galindo-Castañeda et al.，2022）。另外，CO_2 浓度增加也可能改变植物对降水资源的利用方式。例如，高 CO_2 浓度条件下植物的气孔通常会关闭得更多，减少了水分蒸腾损失，提高了水分利用效率（Haworth et al.，2013，2015）。或者通过促进植物的生长和根系生物量的增加，增加土壤的团粒稳定性，减少土壤水分的蒸发和流失，从而增强土壤的水分稳定性（Liu et al.，2019）。一些入侵植物可能具有更高的水分利用效率和养分利用效率，使它们能够在资源有限的环境中获得更多的生存优势（Mcalpine et al.，2008）。这些变化可能会对入侵植物和土著植物的生存和竞争条件产生重要影响，从而进一步塑造它们之间的竞争关系。入侵植物通常具有较高的生长速率和竞争力，它们可能会利用额外的 CO_2 来更快地生长并占据更多的资源，从而对土著植物构成更大的威胁。与此同时，土著植物的生长和适应能力可能相对较低，使它们更容易受到入侵植物的排挤和竞争。因此，入侵植物与土著植物之间的竞争可能会更加激烈，生态位的重叠程度也会增加。

CO_2浓度增加还可能影响植物与其他生物之间的相互作用，如与土壤微生物和地上食草动物的关系（Mundim et al., 2016; Stevnbak et al., 2012）。对于地下微生物而言，入侵植物可能会改变其根系分泌物的组成和量，从而影响土壤微生物群落的结构和功能。这是因为高CO_2浓度下，植物通常会增加光合产物向根系的分配，促进根际碳输入的增加（Rosado-Porto et al., 2022）。这些碳源可以为根际微生物提供能量和碳源，促进它们的生长和代谢活动。这可能进一步影响土壤的养分循环和生态系统的稳定性，从而对入侵植物和土著植物的竞争关系产生复杂的影响。同时，CO_2浓度增加也可能影响土壤中的氮循环过程（Elrys et al., 2021; Kuzyakov et al., 2019; Zak et al., 1993）。根际微生物在氮素转化中起着关键作用，高CO_2浓度下的微生物群落变化可能影响氮素的固定、硝化、还原等过程。对于地上食草动物而言，高CO_2浓度下，植物的营养质量和防御水平可能会下降。一些研究表明，植物在高CO_2浓度条件下可能会减少蛋白质、矿物质和其他营养物质的含量（Ziska, 2022）。这可能影响到以这些植物为食的食草动物的生长和健康。但同时，植物可能会减少这些化学防御物质的产生，使其更容易受到食草动物的攻击（Zavala et al., 2008）。因此总体上看，CO_2浓度的上升将会增加植物被食草动物取食的概率和强度。然而对于土著植物而言，由于在入侵范围内远离了原有天敌，这些外来植物可能会在入侵地条件下仅仅享受CO_2浓度增加带来的收益而不会受到食草动物的抑制。这将进一步放大入侵植物对于土著植物的竞争优势。

综上所述，尽管CO_2浓度的增加通常会促进植物的生长和提高生产力，但这种增加可能对入侵植物和土著植物的竞争关系产生复杂的影响。这种影响涉及植物生理学、生态学以及生态系统动态等多个方面，需要综合考虑和研究，以更好地理解和管理植物入侵问题。未来的研究还需要深入探讨CO_2浓度增加对不同类型植物的影响机制，以及如何通过管理和保护措施来缓解入侵植物对土著植物的影响，从而实现生态系统的可持续发展和生物多样性的保护。

第二节　CO_2浓度增加对入侵动物的影响

动物对CO_2浓度上升的反应是间接的，并以植物的反应为基础。植物的组织质量、物候、生理和植物分布的变化可能对动物产生最重要的影响（Cannon, 1998）。一些动物物种对CO_2驱动的植物变化的反应已经被记录下来，但没有研究比较外来动物物种与土著物种的反应有何不同。在这里，我们简要地总结了已知的CO_2浓度升高对动物物种的影响，并推测对土著动物与外来动物的可能后果。

大多数研究动物对高浓度CO_2反应的实验都集中在昆虫物种上。随着CO_2浓度的升高，植物组织质量的变化直接影响到植食性昆虫。当植物在高浓度的CO_2环境中生长时，叶片的氮浓度通常会降低，这降低了它们的营养价值。为了补偿，许多种类的昆虫幼虫会增加叶子的消耗量。在大多数情况下，取食高浓度CO_2条件下生长的叶子的幼虫，其表现弱于取食对照环境中生长的叶子的幼虫（Cannon，1998）。然而，这些幼虫对红槲栎（*Quercus rubra*）叶子的反应表明，这种现象取决于宿主植物种类：以高浓度 CO_2 环境下生长的红槲栎叶为食的幼虫比以对照环境中生长的树叶为食的幼虫表现更好（Lindroth et al.，1993）。

一些研究表明，随着 CO_2 浓度的增加，蚜虫的数量可能会增加，这是繁殖力增加（Awmack et al.，1996）和定居时间延长的结果（Smith，1996）。与昆虫幼虫一样，这可能取决于宿主植物种类。马铃薯蚜虫（*Aulacorthum solani*）在蚕豆（*Vicia faba*）上与在菊蒿（*Tanacetum vulgare*）上对升高的 CO_2 浓度的反应截然不同（Awmack et al.，1997）。最新研究表明，CO_2 浓度升高会诱导植物合成更多防御性次生代谢物（如酚类），且这种化学响应具有显著的种间差异（Sun and Fernie，2024），这解释了食草者在不同宿主上的适应性差异。

当植物在高浓度 CO_2 环境下生长时，凋落物质量并不像组织质量那样持续下降（Norby and Cotrufo，1998）。当凋落物质量下降时，食碎屑者也会做出反应。Cotrufo 等（1998）在对照环境和富含 CO_2 条件下种植了欧梣（*Fraxinus excelsior*）的生根插枝，并将这些植物的凋落叶喂给木虱（*Oniscus asellus*）个体。高浓度 CO_2 生长凋落物的木质素含量和 C：N 值普通凋落物高，等足类对高浓度 CO_2 生长凋落物的消耗减少了 16%。

生活在土壤中的动物可能会受到土壤湿度变化以及根系质量和生长的影响。例如，生活在暴露于高浓度 CO_2 的瑞士草地上的蚯蚓比生活在暴露于对照环境中的蚯蚓多生产 35% 的生物量（Zaller and Arnone，1997）。

随着 CO_2 浓度的上升，随之而来的牧草质量下降可能会影响放牧和食叶动物的饮食习惯，但关于这一主题的研究很少。牧场主可以通过在其动物饮食中添加营养补充剂来保持牲畜目前的生长水平，但野生物种的生长和繁殖可能会减少（Owensby et al.，1996）。近年研究进一步证实，CO_2 浓度升高导致植物组织中氮、磷等关键矿物质含量下降，可能使植食性昆虫面临更严重的营养失衡。例如，水稻和小麦在 700 ppm CO_2 环境下，籽粒蛋白质含量减少 20%～30%（Gojon et al.，2023），这将直接影响以之为食的昆虫的发育周期。

升高的 CO_2 浓度会改变一些植物物种的生长速度，这将导致一些物种在一年中开花和结果的时间略有不同（Reekie，1996）。如果这些变化是极端的，CO_2 浓度的上升可能会导致一些植物物种在没有传粉媒介的时候开花。这可能会导致植物和动物数量的下降。开花时间与传粉者活动期之间的错位现象在广食性物种中较少发生，因为这些物种能利用多种传粉者资源。与之形成对比的是，依赖单一或少数传粉者的寡食性物种由于生态位狭窄，其繁殖系统更易受到此类时空分离的威胁。入侵昆虫往往是广食性的，因此不太可能遇到这样的问题。例如，在哥斯达黎加开展的一项实验研究发现，相较于广义传粉者，专业传粉者与植物伙伴之间展现出更高的同步性，这使得专业传粉者面临较高的物候错配风险，因此可能更容易受到互惠关系破坏的影响，这支持了特化物种更易受物候错位威胁的假说（Maglianesi et al.，2020）。

目前尚不清楚 CO_2 浓度升高是否会影响外来动物物种的生存。人们可以推测，土著植物物种物候的变化将对一些土著传粉者产生不利影响，而不会对外来传粉者产生实质性影响，从而导致外来物种的相对丰度增加。然而，对于大多数植物物种来说，CO_2 浓度升高下的物候变化似乎是轻微的。组织和凋落物质量的变化可能会影响许多植食动物和碎屑动物，但目前尚不清楚这些变化是有利于土著动物还是外来动物。同样，土壤湿度的变化可能会影响蚯蚓和其他土壤生物，但不一定会改变入侵物种的普遍性。

动物和真菌也表现出对升高的 CO_2 浓度的敏感性，但研究很少。真菌利用 CO_2 作为信号分子来诱导子实体的生长和发育，这可能优化孢子的释放（Sage，2002）。昆虫可以利用 CO_2 作为寻找食物和确定最佳产卵地点的环境线索（Stange，1996，1997，1999；Stange et al.，1995）。植食蛾利用较小的 CO_2 浓度梯度在寄主植物上找到最佳的产卵和取食地点；然而在高浓度的 CO_2 环境中，这种能力会降低。例如，在 CO_2 浓度升高时，仙人掌蛾（*Cactoblastis cactorum*）失去了感知其寄主（刺梨仙人掌）光合组织内 CO_2 轻微变化的能力（Stange，1997；Stange et al.，1995），因此无法找到最有利的产卵地点。仙人掌蛾是入侵性仙人掌的主要生物防治媒介，在高浓度 CO_2 环境下其性能的降低可能会导致对仙人掌生物防治效果的降低（Osmond et al.，2008）。

第三节　CO_2 浓度增加对群落和生态系统的影响

一、对群落的影响

CO_2 富集是研究全球变化驱动因素如何影响生物群落的一个有效例子，部分原因是，从对生理学的直接影响到更高复杂程度的连续次要影响，有一个清晰的理解路径（Sage，2002）。上升的 CO_2 通过加速 Rubisco 的羧化反应来刺激光合作用，同时抑制光呼吸过程（Leakey and Lau，2012；Sage et al.，1989）。气孔在 CO_2 浓度升高时关闭，减少蒸腾作用，改善植物的水分状况，同时减少土壤水的耗竭（Leakey and Lau，2012）。植物碳同化能力的增强和水分利用效率的提升，可协同促进其叶片、根系及生殖器官的同步发育。这种协同效应不仅促使植株形态增大，同时显著提升其从土壤基质中获取水分和矿质养分的效率（Ainsworth and Long，2005）。植物碳同化效率的提升显著增加了其碳储备，使更多资源得以向化学防御物质（如次生代谢产物）和物理防御结构（如角质层增厚）定向分配，从而增强对植食性昆虫及病原微生物的抗性（Mohan et al.，2006；Stiling and Cornelissen，2007），并加强了有助于养分获取的共生关系，如菌根与真菌的关联或根瘤菌的 N 固定（Levitan et al.，2007；Millett et al.，2012；Terrer et al.，2018；Tissue et al.，1996）。由于光合作用加速而增加的碳储存促进了从火灾和食草动物啃食等随机干扰中恢复的能力（Ainsworth and Long，2005；Chapin et al.，1990）。此外，水分平衡的改善减少了干旱的持续时间和强度，并且通过减缓土壤水分的下降，CO_2 浓度的升高可以延长周期性干旱气候下的生长季节（Morgan et al.，2004；Polley et al.，1997）。然而，在极端高温和干旱条件下，CO_2 浓度升高对植物性能的增强效应会减弱。这一现象的产生机制具有双重性：一方面由于胁迫条件主导了植物的生长响应，另一方面 CO_2 浓度升高本身会通过抑制气孔导度来削弱冠层蒸腾冷却效应，从而加剧高温胁迫（Gray et al.，2016；Obermeier et al.，2016，2018）。

总的来说，植物对 CO_2 富集的反应会影响土壤养分、水和光等资源的可利用性，并且可以改变生态系统中火干扰的动态特征。这些间接变化将有利于某些物种的入侵，并可能增加一些生态系统对入侵的易感性。

大多数植物在气孔中保持恒定的内部 CO_2 浓度，它们通过气孔使 O_2 和 CO_2 交换，并将水蒸气散失到大气中。植物通过部分关闭它们的气孔来对 CO_2 浓度增加做出反应，这提高了它们利用水的效率。在一些生态系统中，水利用效率的提高导致土壤更湿润（Bremer et al., 1996; Field et al., 1997; Fredeen et al., 1997）。在这样的植物群落中，一些外来物种可以及时利用这些改善的水分条件，从而很快增加种群多度。

在加利福尼亚州的砂岩一年生草地上观察到，当植物暴露在增高的 CO_2 浓度中时，它们消耗土壤水分的速度会更慢（Field et al., 1997; Fredeen et al., 1997）。在这些草原上，CO_2 的富集会导致夏季生长活跃的物种，如星带菊（*Hemizonia congesta*）的年生物量增加一倍以上（Field et al., 1996）。一年生禾草可能对生境中非禾草优势种死后留下的湿润土壤有积极反应，而不是对 CO_2 浓度增加本身有反应。虽然星带菊原产于这些草原，但夏季活跃的外来物种也可能利用增加的水资源。例如，在美国西部和其他地中海气候地区入侵的地中海一年生黄矢车菊（黄色星蓟）是夏季活跃的物种，也被认为在单一栽培时对 CO_2 浓度增加有强烈的反应。

Chiariello 和 Field（1996）在加利福尼亚州北部研究了在有或没有外来一年生禾草的受控实验群落中生长的蛇形草地对 CO_2 的响应。已知非原生草对该生态系统中水分可利用性的增加有反应（Hobbs and Mooney, 1991），但田间（至少在浅层）的水分可利用性仅微弱地受到 CO_2 浓度增加的影响。在受控实验群落中，一年生草本植物对 CO_2 浓度增加没有反应，尽管有一个物种对施肥反应强烈。有趣的是，在该长期定位实验中，深根性夏季活跃物种确实对 CO_2 的富集做出了反应，这表明深层土壤水分储量的维持可能通过两种机制促进该类植物的生长优势：①CO_2 浓度升高增强了根系水分利用效率；②深层根系的形态可塑性使其能够更有效地获取深层水分。

草本优势植物用水量的减少可能导致木本物种入侵一些草地生态系统（Polley, 1997）。草原入侵者牧豆树（*Prosopis juliflora*）和金合欢（*Acacia smallii*）（又名相思树）都对升高的 CO_2 浓度有反应（Polley et al., 1996b, 1997）。随着 CO_2 浓度的上升，像这样的入侵物种可能会在它们的原生生态系统中，以及在它们是外来物种的生态系统中变得更加丰富。

当水资源异常充足时，一些北美洲生态系统容易受到入侵。例如，在科罗拉多州的短草草原社区，长期的灌溉促进了外来植物的建立，这些植物在浇水处理停止后仍能存活很长时间（Milchunas and Lauenroth, 1995）。在许多干旱和半干旱生态系统中，强降雨年份有利于入侵草，包括亚利桑那州的索诺拉沙漠（Burgess et al., 1991）和内华达州大盆地与莫哈韦沙漠之间的过渡区域（Hunter, 1991）。目前尚不清楚在 CO_2 浓度升高的情况下，这些系统的水可利用性是否会增加，或者增加的幅度是否大到足以促进入侵。

入侵物种也可以从生态系统增加的其他资源中受益。在营养贫乏的生态系统中，施肥通常会刺激生长更快的物种获得成功。这些物种在一些北美洲生态系统中大多是非土著的，如明尼苏达草原（Wedin and Tilman，1996）和加利福尼亚的湾流草原（Huenneke et al.，1990）。在其他生态系统中，包括欧洲的许多生态系统，大多土著物种也具有这样的生长反应（Scherer-Lorenzen et al.，2000）。CO_2 浓度的上升将间接改变许多生态系统的养分供应。目前，还没有实验研究发现入侵者可能受益于与 CO_2 浓度上升相关的养分可利用性变化。尽管如此，还是有必要简要讨论 CO_2 浓度增加改变养分有效性的机制。

植物对 CO_2 浓度上升的各种反应可能导致养分有效性的变化。植物生长速度的提高可能会增加对养分的争夺。植物介导的土壤水分模式变化可能影响凋落物和土壤有机质的分解速率。凋落物化学成分的变化会影响分解凋落物中结合的营养物质被植物和微生物获取的速度。一些植物物种通过增加根向土壤的碳输入来应对 CO_2 浓度的升高，这反过来会增加微生物种群的规模，从而改变养分有效性（Diaz et al.，1993；Zak et al.，1993）。由于植物物种对 CO_2 的反应不同，群落中养分有效性的变化可能在很大程度上取决于群落的物种组成（Hungate et al.，1996）。因此，CO_2 驱动的物种优势的变化也会影响养分的可利用性。举个例子：如果 CO_2 浓度的上升导致豆科植物在群落中变得更加丰富，大气中的氮将被捕获，并更快地提供给微生物和其他植物物种（Zanetti et al.，1997）。现在预测这种由 CO_2 驱动的养分可利用性变化是否会改变生物入侵者的普遍性还为时过早。

在 CO_2 浓度上升刺激植物生长和凋落物堆积的生态系统中，火灾频率可能会增加。因为火灾促进了许多植物群落的生物入侵，并经常可以增加入侵物种的优势（D'Antonio and Vitousek，1992；D'Antonio et al.，1999），因此亟须系统阐明 CO_2 浓度升高影响火干扰动态特征的关键驱动机制，特别是在植被-气候-可燃物耦合作用下的阈值条件。

不同草地群落的火灾状况因 CO_2 浓度上升而加速或减弱的程度，在很大程度上取决于这些群落中植物生长和衰老的时间。例如，在一年生草地上，优势草在夏季旱季到来之前衰老，任何凋落物堆积或连续性的增加都会持续整个旱季，从而增加一年中许多个月发生火灾的风险。相比之下，CO_2 浓度的升高改善了一些多年生草地的水分关系（Bremer et al.，1996），这可以延缓季中干旱期间优势草的衰老。这将降低草原的可燃性，并增加草原易受火灾影响所需的干旱时间。如果这种现象减缓了火灾周期，那么不太耐火的物种就可能入侵。然而，一旦草衰老，增加的凋落物堆积可能引发更强烈的火灾（Sage，1996）。

CO_2 浓度增加驱动的物种优势的变化也可能改变火灾频率，进而可能导致物种组成的进一步变化。一些入侵植物物种可能已经从 CO_2 浓度增加的 30% 中受益，并可能因此引发了火干扰的动态特征的变化，从而促进了进一步的入侵。尽管人们只能推测这种情况，但确实存在一种候选物种。已经入侵北美西部数百万英亩（1 英亩≈0.4047 hm^2）土地的旱雀麦（*Bromus tectorum*）已知会对升高的 CO_2 做出反应。如果 CO_2 浓度的上升刺激了这种一年生禾草的生长，它也可能促进火灾频率的增加，以及随后在内华达山脉与落基山脉之间的山间西部地区，旱雀麦的生态优势度呈现显著扩张趋势（Mayeux et al.，1994）。这种生理适应性与火干扰的协同效应，使得草本植物能够突破历史分布边界，向年降水量低于 200 mm 的超干旱区域扩展，此现象在落基山脉至内华达山脉过渡带的定位实验中已获得验证（Sage，1996）。

CO_2 富集对演替动态的影响尤为重要，因为它们决定了后续生态系统的组成、结构和功能。在热带稀树草原生物群落中，林地与草地群落的优势度在很大程度上受到群落动态的影响（Bond，2008；Scholes and Archer，1997）。热带稀树草原的草本植物通常能忍受周期性的火灾和严重的干旱，而这些干扰会杀死木本物种或使它们沦为根茎。为了防止木本植物占主导地位，草原通常需要干扰，如火灾或大型动物取食，通过选择性抑制木本植物幼苗定殖与生长，维持草本群落的竞争优势。如果木本幼苗可以建立，它可以将其根冠沉到火灾影响的根区以下，逃避竞争，而它的茎秆枝叶可以在上面遮蔽草本植物，降低草本植物的活力和树叶密度（Scholes and Archer，1997）。升高的 CO_2 浓度加速了木本植物幼苗/幼树在火灾、干旱或严重的草食性到来之前地上和地下部分的生长，从而避免干扰造成的死亡（Bond and Midgley，2000，2012；Davis et al.，2007）。

二、水生陆生生态系统的差异

在海洋和淡水生态系统中，CO_2 浓度上升使藻类和海草等高等植物的光合作用和竞争力提高，而由 CO_2 溶解量增加导致的 pH 值降低可能会对鱼类、海胆，尤其是珊瑚、翼足类、软体动物等有壳生物造成胁迫（Kroeker et al.，2013；Orr et al.，2005；Wittmann and Pörtner，2013）。与常规认知相悖，CO_2 浓度上升对钙化（贝壳形成）生物的直接威胁，是因为 CO_2 浓度升高导致地表水碳酸盐浓度下降（Doney et al.，2009）。为了形成碳酸盐基壳层，碳酸盐浓度必须高于饱和阈值。随着大气中的 CO_2 浓度翻倍，CO_2 溶解的增加会降低 pH 值，从工业化前的 8.2 左右预计降低到 2100 年的 7.9 左右（Orr et al.，2005）。虽然 pH 值的下降并不大，但它们发生在双碳酸盐和碳酸盐之间的 pK_a 附近，导致平衡从碳酸盐向碳酸氢盐的巨大转变。海水中碳酸氢盐浓度越高，藻类光合作用就会越受到刺激，而碳酸盐水平就会下降到碳酸钙壳形成的饱和点以下。较冷的高纬度海域将最先达到这一临界值（Orr et al.，2005）。藻类和海草与珊瑚和其他有壳生物竞争，pH 值和碳酸盐浓度的下降，导致适应度的微妙降低在混合群落中被放大，因此人们预测在高 CO_2 浓度条件下，近海岸环境可能会从珊瑚主导转变为藻类和海草主导的群落（Connell et al.，2013；Kroeker et al.，2013）。海洋酸化被称为另一个 CO_2 问题（Doney et al.，2009），并可能是以前大规模灭绝中物种损失的驱动因素（Henehan et al.，2019；Veron，2008）。

CO_2 浓度升高对土著物种和非土著物种的相对影响可能在不同的生态系统和分类单元中有很大差异。例如，在水生生态系统中，CO_2 浓度升高与 pH 值降低有关，通常会抑制钙化和生长（Orr et al.，2005）。相比之下，对于陆生植物来说，CO_2 水平提高了碳利用率，并提高了水分的利用效率，促进了大多数物种的生长（Ainsworth and Long，2005），有时还强烈有利于非土著物种（Dukes et al.，2011；Smith et al.，2000）。

CO_2 对陆地生态系统的总体影响是积极的。研究表明，CO_2 浓度的增加有助于非土著植物提高适合度，因为它们能够通过快速增加生物量来更好地应对 CO_2 水平的增加（Dukes et al.，2011；Hu et al.，2005），如 Sullivan 等（2010）对 3 种香蒲属植物（两种土著的和一种非土著的）进行了一项研究，以确定增加 CO_2 水平是否有助于生长，结果表明入侵植物的生物量积累速率明显高于两种土著物种。然而，CO_2 浓度的变化对非土著水生物种产生了负面影响。水对 CO_2 的吸收导致化学反应发生，产生碳酸（H_2CO_3），这降低了水的 pH 值并导致 CO_3^{2-} 和 HCO_3^- 的变化。Soti 等（2015）发现低 pH 值对入侵植物小叶海金沙（*Lygodium microphyllum*）的生长有负面影响。此外，在人为控制降低 pH 值的实验条件下，无鱼沼泽湖泊中的小型浮游动物种类组成受到负面影响（Arnott and Vanni，1993）。一项整合分析结果表明，水生和陆地生态系统中的入侵物种对气候变化因素的反应是不同的：CO_2 富集促进了陆地生态系统中的入侵植物，却对水生生态系统中的入侵动物产生了负面影响（Stephens et al.，2019）。

第四节 结论与预测

CO_2 浓度的上升可能会改变入侵物种的普遍性，但这种变化的性质很难预测。在某些地区，外来物种可能受益于较高的 CO_2 浓度，而在其他地区土著物种可能受益。具有特定 CO_2 响应特性的植物可能受益于 CO_2 浓度的上升，特别是如果它们生长在这些特性很少被表达的生态系统中。例如，生长在以 C_4 植物为主的生态系统中的 C_3 物种可能会从 CO_2 浓度的上升中受益（但在某些情况下可能不会）。入侵性和 CO_2 反应性之间没有明确的联系。

与植物一样，生态系统对 CO_2 浓度升高的反应也有所不同。在这些生态系统中，CO_2 浓度的上升增加了其他资源的可用性，或导致火灾动态特征的变化，这可能是因为外来物种可以利用这些新的条件。动物物种也会受到植物和生态系统质量变化的影响，但很难预测土著物种和外来物种是否会受到不同的影响。

考虑到这些不确定性，随着 CO_2 浓度继续上升，未来我们可能会看到哪些具体的变化？植物水分利用效率的提高可能会使一些物种，尤其是一年生草本植物的活动范围进一步扩大到干旱地区（这可能已经发生了）。在一些以广泛分布的不耐火的多年生植物为主的沙漠中，这些入侵与火的相互作用可能导致当地多年生植物的损失，就像北美部分地区已经发生的那样。

在更小的区域，草地优势植物水分利用效率的提高可能会增加水分深层渗透，这将有利于灌木和其他深生根类型的物种。豆科灌木可能变得特别具有入侵性，因为上升的 CO_2 浓度刺激了氮固定。与 C_3 植物相比，C_4 物种在高温、低 CO_2 浓度环境中的竞争优势可能逐渐减弱，这将导致原本以 C_4 植物为主的草原生态系统更易遭受外来物种入侵，而非维持其原有的生态稳定性。虽然 C_4 物种受益于增加的水分可利用性，但大多数对潮湿条件下升高的 CO_2 浓度没有强烈反应。周期性干旱目前可能会限制一些物种入侵这些草原，但随着 CO_2 浓度的上升，这种干旱将变得不那么频繁。因此，一些目前被排除在外的物种可能存活下来并入侵（Polley et al.，1996a）。

任何单一外来物种入侵潜能取决于许多因素，而不仅仅是该物种对升高的 CO_2 浓度的反应。全球变化的其他因素，如本书中讨论的那些因素，也会影响物种的生存。全球变化的许多因素之间的相互作用无疑将对塑造自然群落的未来组成具有重要意义。

（本章作者：潘晓云　李　博）

参 考 文 献

Ainsworth E A, Long S P. 2005. What have we learned from 15 years of free-air CO_2 enrichment (FACE)? A meta-analytic review of the responses of photosynthesis canopy properties and plant production to rising CO_2. New Phytologist, 165(2): 351-371.

Al Hassan M, Chaura J, Lopez-Gresa, et al. 2016. Native-invasive plants vs. halophytes in Mediterranean salt marshes: stress tolerance mechanisms in two related species. Frontiers in Plant Science, 7: 473.

Alberto A M P, Ziska L H, Cervancia C R, et al. 1996. The influence of increasing carbon dioxide and temperature on competitive interactions between a C_3 crop rice (*Oryza sativa*) and a C_4 weed (*Echinochloa glabrescens*). Australian Journal of Plant Physiology, 23(6): 795-802.

Arnott S E, Vanni M J. 1993. Zooplankton assemblages in fishless bog lakes: influence of biotic and abiotic factors. Ecology, 74(8): 2361-2380.

Awmack C S, Harrington R, Leather S R, et al. 1996. The impacts of elevated CO_2 on aphid-plant interactions. Aspects of Applied Biology, 45: 317-322.

Awmack C S, Harrington R, Leather S R, et al. 1997. Host plant effects on the performance of the aphid *Aulacorthum solani* (Kalt.) (Homoptera: Aphididae) at ambient and elevated CO_2. Global Change Biology, 3(5): 545-549.

Bassirirad H, Thomas R B, Reynolds J F, et al. 1996. Differential responses of root uptake kinetics of NH_4^+ and NO_3^- to enriched atmospheric CO_2 concentration in field-grown loblolly pine. Plant Cell and Environment, 19(3): 367-371.

Bazzaz F A. 1990. The response of natural ecosystems to the rising global CO_2 levels. Annual Review of Ecology and Systematics, 21(1): 167-196.

Bazzaz F A, Garbutt K, Reekie E G, et al. 1989. Using growth analysis to interpret competition between a C_3 and a C_4 annual under ambient and elevated carbon dioxide. Oecologia, 79: 223-235.

Bazzaz F A, McConnaughay K D M. 1992. Plant-plant interactions in elevated CO_2 environments. Australian Journal of Botany, 40(5): 547-563.

Ben Keane J, Hartley I P, Taylor C R, et al. 2023. Grassland responses to elevated CO_2 determined by plant-microbe competition for phosphorus. Nature Geoscience, 16(8): 704-709.

Bond W J. 2008. What limits trees in C_4 grasslands and savannas? Annual Review of Ecology and Systematics, 39(1): 641-659.

Bond W J, Midgley G F. 2000. A proposed CO_2-controlled mechanism of woody plant invasion in grasslands and savannas. Global Change Biology, 6(8): 865-869.

Bond W J, Midgley G F. 2012. Carbon dioxide and the uneasy interactions of trees and savannah grasses. Philosophical Transactions of the Royal Society B-Biological Sciences, 367(1588): 601-612.

Bradford M A, Schumacher H B, Catovsky S, et al. 2007. Impacts of invasive plant species on riparian plant assemblages: interactions with elevated atmospheric carbon dioxide and nitrogen deposition. Oecologia, 152(4): 791-803.

Bremer D J, Ham J M, Owensby C E. 1996. Effect of elevated atmospheric carbon dioxide and open top chambers on transpiration in a tallgrass prairie. Journal of Environmental Quality, 25(4): 691-701.

Burgess T L, Bowers J E, Turner R M. 1991. Exotic plants at the desert laboratory, Tuscon, Arizona. Madraño, 38(2): 96-114.

Canadell J G, Pataki D E, Gifford R M, et al. 2007. Direct effects of elevated atmospheric CO_2 on vegetative processes. Global Change Biology, 13(4): 658-670.

Cannon R J C. 1998. The implications of predicted climate change for insect pests in the UK with emphasis on non-indigenous species. Global Change Biology, 4(7): 785-796.

Chapin F S III, Schulze E D, Mooney H A. 1990. The ecology and economics of storage in plants. Annual Review of Ecology and Systematics, 21(1): 423-447.

Chiariello N R, Field C B. 1996. Annual grassland responses to elevated CO_2 in long-term community microcosms//Korner C, Bazzaz F A. Carbon Dioxide Populations and Communities. San Diego:

Academic Press: 139-157.

Connell S D, Kroeker K J, Fabricius K E, et al. 2013. The other ocean acidification problem: CO_2 as a resource among competitors for ecosystem dominance. Philosophical Transactions of the Royal Society of London. Series B, Biological Sciences, 368(1627): 20120442.

Cotrufo M F, Briones M J I, Ineson P. 1998. Elevated CO_2 affects field decomposition rate and palatability of tree leaf litter: importance of changes in substrate quality. Soil Biology and Biochemistry, 30(12): 1565-1571.

Curtis P S, Drake B G, Whigham D F. 1989. Nitrogen and carbon dynamics in C_3 and C_4 estuarine marsh plants grown under elevated CO_2 *in situ*. Oecologia, 78(2): 297-301.

D'Antonio C M, Dudley T L, Mack M. 1999. Disturbance and biological invasions: direct effects and feedbacks//Walker L R. Ecosystems of Disturbed Ground. Amsterdam: Elsevier: 413-452.

D'Antonio C M, Vitousek P M. 1992. Biological invasions by exotic grasses, the grass-fire cycle, and global change. Annual Review of Ecology and Systematics, 23(1): 63-87.

Davis M A, Reich P B, Knoll M J B, et al. 2007. Elevated atmospheric CO_2: a nurse plant substitute for oak seedlings establishing in old fields. Global Change Biology, 13(11): 2308-2316.

De Deyn G B, Cornelissen J H, Bardgett R D. 2008. Plant functional traits and soil carbon sequestration in contrasting biomes. Ecology Letters, 11(5): 516-531.

Diaz S, Grime J P, Harris J, et al. 1993. Evidence of a feedback mechanism limiting plant response to elevated carbon dioxide. Nature, 364(6438): 616-617.

Doney S C, Fabry V J, Feely R A, et al. 2009. Ocean acidification: the other CO_2 problem. Annual Review of Marine Science, 1(1): 169-192.

Dukes J S. 2000. Will the increasing atmospheric CO_2 concentration affect the success of invasive species?//Mooney H A, Hobbs R J. Invasive Species in a Changing World. Washington, DC: Island Press: 95-114.

Dukes J S, Chiariello N R, Loarie S R, et al. 2011. Strong response of an invasive plant species (*Centaurea solstitialis* L.) to global environmental changes. Ecological Applications, 21(6): 1887-1894.

Eamus D. 1991. The interaction of rising CO_2 and temperatures with water use efficiency. Plant Cell and Environment, 14(8): 843-852.

Elrys A S, Wang J, Metwally M A, et al. 2021. Global gross nitrification rates are dominantly driven by soil carbon-to-nitrogen stoichiometry and total nitrogen. Global Change Biology, 27(24): 6512-6524.

Fader M, Shi S, von Bloh W, et al. 2016. Mediterranean irrigation under climate change: more efficient irrigation needed to compensate for increases in irrigation water requirements. Hydrology and Earth System Sciences, 20(2): 953-973.

Field C B, Chapin F S III, Chiariello N R, et al. 1996. The Jasper Ridge CO_2 experiment: design and motivation//Koch G W, Mooney H A. Ecosystem Responses to Elevated CO_2. London: Academic Press: 121-145.

Field C B, Lund C P, Chiariello N R, et al. 1997. CO_2 effects on the water budget of grassland microcosm communities. Global Change Biology, 3(3): 197-206.

Fredeen A L, Randerson J T, Holbrook N M, et al. 1997. Elevated atmospheric CO_2 increases water availability in a water-limited grassland ecosystem. Journal of the American Water Resources Association, 33(5): 1033-1039.

Galindo-Castañeda T, Lynch J P, Six J, et al. 2022. Improving soil resource uptake by plants through capitalizing on synergies between root architecture and anatomy and root-associated microorganisms. Frontiers in Plant Science, 13: 827369.

Gojon A, Cassan O, Bach L, et al. 2023. The decline of plant mineral nutrition under rising CO_2: physiological and molecular aspects of a bad deal. Trends in Plant Science, 28(2): 185-198.

Gray S B, Dermody O, Klein S P, et al. 2016. Intensifying drought eliminates the expected benefits of elevated carbon dioxide for soybean. Nature Plants, 2(9): 16132.

Grimm N B, Chapin III F S, Bierwagen B, et al. 2013 The impacts of climate change on ecosystem structure and function. Frontiers in Ecology and the Environment, 11(9): 474-482.

Hager H A, Ryan G D, Kovacs H M, et al. 2016. Effects of elevated CO_2 on photosynthetic traits of native and invasive C_3 and C_4 grasses. BMC Ecology, 1(16): 1-13.

Hättenschwiler S, Körner C. 2003. Does elevated CO_2 facilitate naturalization of the non-indigenous *Prunus laurocerasus* in Swiss temperate forests? Functional Ecology, 17(6): 778-785.

Haworth M, Elliott-Kingston C, McElwain J C. 2013. Co-ordination of physiological and morphological responses of stomata to elevated [CO_2] in vascular plants. Oecologia, 171(1): 71-82.

Haworth M, Killi D, Materassi A, et al. 2015. Coordination of stomatal physiological behavior and morphology with carbon dioxide determines stomatal control. American Journal of Botany, 102(5): 677-688.

Hebeisen T, Liusher A, Zanetti S, et al. 1997. Growth response of *Trifolium repens* L. and *Lolium perenne* L. as monocultures and bi-species mixture to free air CO_2 enrichment and management. Global Change Biology, 3(2): 149-160.

Henehan M J, Ridgwell A, Thomas E, et al. 2019. Rapid ocean acidification and protracted Earth system recovery followed the end-*Cretaceous* Chicxulub impact. Proceedings of the National Academy of Sciences of the United States of America, 116(45): 22500-22504.

Hobbs R J, Mooney H A. 1991. Effects of rainfall variability and gopher disturbance on serpentine annual grassland dynamics. Ecology, 72(1): 59-68.

Houghton J T, Meira Filho L G, Callander B A, et al. 1996. Climate change 1995: the science of climate change//Contribution of Working Group I to the Second Assessment Report of the Intergovernmental Panel on Climate Change. Cambridge: Cambridge University Press.

Hu S J, Wu K O, Burkey M K, et al. 2005. Plant and microbial N acquisition under elevated atmospheric CO_2 in two mesocosm experiments with annual grasses. Global Change Biology, 11(2): 213-223.

Huenneke L F, Hamburg S P, Koide R, et al. 1990. Effects of soil resources on plant invasion and community structure in Californian [USA] serpentine grassland. Ecology, 71(2): 478-491.

Hungate B A, Canadell J, Chapin F S III. 1996. Plant species mediate microbial N dynamics under elevated CO_2. Ecology, 77: 2505-2515.

Hunt R, Hand D W, Hannah M A, et al. 1993. Further response to CO_2 enrichment in British herbaceous species. Functional Ecology, 7(6): 661-668.

Hunter R. 1991. Bromus invasions on the Nevada test site: present status of *B. rubens* and *B. tectorum* with notes on their relationship to disturbance and altitude. Great Basin Naturalist, 51(2): 176-182.

IPCC. 2007. Climate change 2007: the physical science basis//Contribution of Working Group I to the Fourth Assessment Report of the Intergovernmental Panel on Climate Change. Cambridge: Cambridge University Press.

Jackson R B, Reynolds H L. 1996. Nitrate and ammonium uptake for single- and mixed-species communities grown at elevated CO_2. Oecologia, 105(1): 74-80.

Johnson H B, Polley H W, Mayeux H S. 1993. Increasing CO_2 and plant-plant interactions: effects on natural vegetation. Vegetatio, 104/105: 157-170.

Kersebaum K C, Nendel C. 2014. Site-specific impacts of climate change on wheat production across regions of Germany using different CO_2 response functions. European Journal of Agronomy, 52: 22-32.

Koch M, Bowes G, Ross C, et al. 2013. Climate change and ocean acidification effects on seagrasses and marine macroalgae. Global Change Biology, 19(1): 103-132.

Körner C. 2011. The grand challenges in functional plant ecology. Frontiers in Plant Science, 2(1): 1-3.

Kroeker K J, Kordas R L, Crim R, et al. 2013. Impacts of ocean acidification on marine organisms: quantifying sensitivities and interaction with warming. Global Change Biology, 19(6): 1884-1896.

Kuzyakov Y, Horwath W R, Dorodnikov M, et al. 2019. Review and synthesis of the effects of elevated atmospheric CO_2 on soil processes: no changes in pools, but increased fluxes and accelerated cycles. Soil Biology and Biochemistry, 128: 66-78.

Leakey A D B, Lau J A. 2012. Evolutionary context for understanding and manipulating plant responses to past present and future atmospheric [CO_2]. Philosophical Transactions of the Royal Society B: Biological Sciences, 367(1588): 613-629.

Levitan O, Rosenberg G, Setlik I, et al. 2007. Elevated CO_2 enhances nitrogen fixation and growth in the marine cyanobacterium *Trichodesmium*. Global Change Biology, 13(2): 531-538.

Lincoln D E, Fajer E D, Johnson R H. 1993. Plant-insect herbivore interactions in elevated CO_2 environments. Trends in Ecology and Evolution, 8(2): 64-68.

Lindroth R L, Kinney K K, Platz C L. 1993. Responses of deciduous trees to elevated atmospheric CO_2: productivity, phytochemistry and insect performance. Ecology, 74(3): 763-777.

Liu Y, Miao H T, Chang X, et al. 2019. Higher species diversity improves soil water infiltration capacity by increasing soil organic matter content in semiarid grasslands. Land Degradation and Development, 30(13): 1599-1606.

Maglianesi M A, Hanson P, Brenes E, et al. 2020. High levels of phenological asynchrony between specialized pollinators and plants with short flowering phases. Ecology, 101(11): e03162.

Manea A, Leishman M R. 2011. Competitive interactions between native and invasive exotic plant species are altered under elevated carbon dioxide. Oecologia, 165(3): 735-744.

Mashwani Z U R. 2020. Environment, climate change and biodiversity//Fahad S, Hasanuzzaman M, Alam M, et al. Environment, Climate, Plant and Vegetation Growth. Cham: Springer.

Mayeux H S, Johnson H B, Polley H W. 1994. Potential interactions between global change and intermountain annual grasslands//Monsen S B, et al. Proceedings—Ecology and Management of Annual Rangelands. Ogden: United States Department of Agriculture, Forest Service, Intermountain Research Station: 95-100.

Mcalpine K G, Jesson L K, Kubien D S. 2008. Photosynthesis and water-use efficiency: a comparison between invasive (exotic) and non-invasive (native) species. Austral Ecology, 33(1): 10-19.

Milchunas D G, Lauenroth W K. 1995. Inertia in plant community structure: state changes after cessation of nutrient-enrichment stress. Ecological Applications, 5(2): 452-458.

Millett J, Godbold D, Smith A R, et al. 2012. N_2 fixation and cycling in *Alnus glutinosa*, *Betula pendula* and *Fagus sylvatica* woodland exposed to free air CO_2 enrichment. Oecologia, 169(2): 541-552.

Mohan J E, Ziska L H, Schlesinger W H, et al. 2006. Biomass and toxicity responses of poison ivy (*Toxicodendron radicans*) to elevated atmospheric CO_2. Proceedings of the National Academy of Sciences of the United States of America, 103(24): 9086-9089.

Morgan J A, Pataki D E, Körner C, et al. 2004. Water relations in grassland and desert ecosystems exposed to elevated atmospheric CO_2. Oecologia, 140(1): 11-25.

Mundim F M, Bruna E M. 2016. Is there a temperate bias in our understanding of how climate change will alter plant-herbivore interactions? A meta-analysis of experimental studies. The American Naturalist, 188(S1): S74-S89.

Nagel J M, Huxman T E, Griffin K L, et al. 2004. CO_2 enrichment reduces the energetic cost of biomass construction in an invasive desert grass. Ecology, 85(1): 100-106.

Newton P C D, Clark H, Bell C C, et al. 1994. Effects of elevated CO_2 and simulated seasonal changes in temperature on the species composition and growth rates of pasture turves. Annals of Botany, 73(1): 53-59.

Norby R J, Cotrufo M F. 1998. A question of litter quality. Nature, 396(6706): 17-18.

Obermeier W A, Lehnert L W, Ivanov M A, et al. 2018. Reduced summer aboveground productivity in temperate C_3 grasslands under future climate regimes. Earth's Future, 6(5): 716-729.

Obermeier W A, Lehnert L W, Kammann C I, et al. 2016. Reduced CO_2 fertilization effect in temperate C_3 grasslands under more extreme weather conditions. Nature Climate Change, 7(2): 137.

Opoku E, Sahu P P, Findurová H, et al. 2024. Differential physiological and production responses of C_3 and C_4 crops to climate factor interactions. Frontiers in Plant Science, 15: 1345462.

Orr J C, Fabry V J, Aumont O, et al. 2005. Anthropogenic ocean acidification over the twenty-first century and its impact on calcifying organisms. Nature, 437(7059): 681-686.

Osmond B, Neales T, Stange G. 2008. Curiosity and context revisited: crassulacean acid metabolism in the Anthropocene. Journal of Experimental Botany, 59(7): 1489-1502.

Owensby C E, Cochran R C, Auen L M. 1996. Effects of elevated carbon dioxide on forage quality of ruminants//Korner C, Bazzaz F A. Carbon Dioxide, Populations, and Communities. San Diego: Academic Press: 363-371.

Owensby C E, Coyne P I, Ham J M, et al. 1993. Biomass production in a tallgrass prairie ecosystem exposed to ambient and elevated CO_2. Ecological Applications, 3(4): 644-653.

Patterson D T. 1995. Weeds in a changing climate. Weed Science, 43(4): 685-701.

Polley H W, Johnson H B, Mayeux H S, et al. 1996a. Are some of the recent changes in grassland communities a response to rising CO_2 concentrations?//Korner C, Bazzaz F A. Carbon Dioxide, Populations, and Communities. San Diego: Academic Press: 177-195.

Polley H W. 1997. Implications of rising atmospheric carbon dioxide concentration for rangelands. Journal of Range Management, 50(6): 561-577.

Polley H W, Johnson H B, Mayeux H S, et al. 1996b. Carbon dioxide enrichment improves growth, water relations and survival of droughted honey mesquite (*Prosopis glandulosa*) seedlings. Tree Physiology, 16(10): 817-823.

Polley H W, Johnson H B, Mayeux H S. 1997. Leaf physiology production water use and nitrogen dynamics of the grassland invader *Acacia smallii* at elevated CO_2 concentrations. Tree Physiology, 17(2): 89-96.

Poorter H. 1993. Interspecific variation in the growth response of plants to an elevated ambient CO_2 concentration. Vegetatio, 105(1-2): 77-97.

Poorter H, Navas M L. 2003. Plant growth and competition at elevated CO_2: on winners, losers, and functional groups. New Phytologist, 157(2): 175-198.

Poorter H, Roumet C, Campbell B D, et al. 1996. Interspecific variation in the growth response of plants to elevated CO_2: a search for functional types//Korner C, Bazzaz F A. Carbon Dioxide, Populations, and Communities. San Diego: Academic Press: 375-412.

Potvin C, Vasseur L. 1997. Long-term CO_2 enrichment of a pasture community: species richness, dominance, and succession. Ecology, 78(3): 666-677.

Pugnaire F I, Morillo J A, Peñuelas J, et al. 2019. Climate change effects on plant-soil feedbacks and consequences for biodiversity and functioning of terrestrial ecosystems. Science Advances, 5(11): eaaz1834.

Reekie E G. 1996. The effect of elevated CO_2 on developmental processes and its implications for plant-plant interactions//Korner C, Bazzaz F A. Carbon Dioxide, Populations, and Communities. San Diego: Academic Press: 333-346.

Reich P B, Hobbie S E, Lee T D, et al. 2018. Unexpected reversal of C_3 versus C_4 grass response to elevated CO_2 during a 20-year field experiment. Science, 360(6386): 317-320.

Reynolds H F. 1996. Effects of elevated CO_2 on plants grown in competition//Korner C, Bazzaz F A. Carbon Dioxide, Populations, and Communities. San Diego: Academic Press: 273-286.

Rosado-Porto D, Ratering S, Cardinale M, et al. 2022. Elevated atmospheric CO_2 modifies mostly the metabolic active rhizosphere soil microbiome in the Giessen FACE Experiment. Microbial Ecology, 83(3): 619-634.

Sage R F. 1996. Modification of fire disturbance by elevated CO_2//Korner C, Bazzaz F A. Carbon Dioxide, Populations, and Communities. San Diego: Academic Press: 231-249.

Sage R F. 2002. How terrestrial organisms sense signal and respond to carbon dioxide. Integrative and Comparative Biology, 42(3): 469-480.

Sage R, Sharkey T, Seemann J. 1989. Acclimation of photosynthesis to elevated CO_2 in 5 C_3 species. Plant Physiology, 89(2): 590-596.

Scherer-Lorenzen M, Elend A, Nollert S, et al. 2000. Plant in Germany: general aspects and impacts of nitrogen deposition//Mooney H A, Hobbs R J. Invasive Species in a Changing World. Washington, DC: Island Press.

Scholes R J, Archer S R. 1997. Tree-grass interactions in savannas. Annual Review of Ecology and Systematics, 28(1): 517-544.

Singh R N, Mukherjee J, Sehgal V K, et al. 2017. Effect of elevated ozone, carbon dioxide and their interaction on growth, biomass and water use efficiency of chickpea (*Cicer arietinum* L.). Journal of

Agrometeorology, 19(4): 301-305.

Smith H. 1996. The effects of elevated CO_2 on aphids. Antenna, 20: 109-111.

Smith S D, Huxman T E, Zitzer S F, et al. 2000. Elevated CO_2 increases productivity and invasive species success in an arid ecosystem. Nature, 408(6808): 79-82.

Song L, Li F M, Fan X W, et al. 2009. Soil water availability and plant competition affect the yield of spring wheat. European Journal of Agronomy, 31(1): 51-60.

Song L, Wu J, Li C, et al. 2009. Different responses of invasive and native species to elevated CO_2 concentration. Acta Oecologica, 35(1): 128-135.

Song L Y, Li C H, Peng S L. 2010. Elevated CO_2 increases energy-use efficiency of invasive *Wedelia trilobata* over its indigenous congener. Biological Invasions, 12(4): 1221-1230.

Sorte C J B, Ibanez I, Blumenthal D M, et al. 2013. Poised to prosper? A cross-system comparison of climate change effects on native and non-native species performance. Ecology Letters, 16(2): 261-270.

Soti P, Jayachandran G K, Koptur S, et al. 2015. Effect of soil pH on growth, nutrient uptake and mycorrhizal colonization in exotic invasive *Lygodium microphyllum*. Plant Ecology, 216(8): 989-998.

Stange G. 1996. Sensory and behavioural responses of terrestrial invertebrates to biogenic carbon dioxide gradients//Stanhill G. Advances in Bioclimatology. Berlin, Heidelberg: Springer: 223-253.

Stange G. 1997. Effects of changes in atmospheric carbon dioxide on the location of hosts by the moth *Cactoblastis cactorum*. Oecologia, 110(4): 539-545.

Stange G. 1999. Carbon dioxide is a close-range oviposition attractant in the Queensland fruit fly *Bactrocera tryoni*. Naturwissenschaften, 86(4): 190-192.

Stange G, Monro J, Stowe S, et al. 1995. The CO_2 sense of the moth *Cactoblastis cactorum* and its probable role in the biological control of the CAM plant *Opuntia stricta*. Oecologia, 102(3): 341-352.

Stephens K L, Dantzler-Kyer M E, Patten M A, et al. 2019. Differential responses to global change of aquatic and terrestrial invasive species: evidences from a meta-analysis. Ecosphere, 10(4): e02680.

Stevnbak K, Scherber C, Gladbach D J, et al. 2012. Interactions between above-and belowground organisms modified in climate change experiments. Nature Climate Change, 2(11): 805-808.

Stewart J, Potvin C. 1996. Effects of elevated CO_2 on an artificial grassland community: competition, invasion, and neighborhood growth. Functional Ecology, 10(2): 157-166.

Stiling P, Cornelissen T. 2007. How does elevated carbon dioxide (CO_2) affect plant-herbivore interactions? A field experiment and meta-analysis of CO_2-mediated changes on plant chemistry and herbivore performance. Global Change Biology, 13(9): 1823-1842.

Sullivan L R, Wildova D, Goldberg C, et al. 2010. Growth of three cattail (*Typha*) taxa in response to elevated CO_2. Plant Ecology, 207(1): 121-129.

Sun Y, Fernie A R. 2024. Plant secondary metabolism in a fluctuating world: climate change perspectives. Trends in Plant Science, 29(5): 560-571.

Tang L, Zhou Q S, Gao Y, et al. 2022. Biomass allocation in response to salinity and competition in native and invasive species. Ecosphere, 13(1): e3900.

Taylor K, Potvin C. 1997. Understanding the long-term effect of CO_2 enrichment on a pasture: the importance of disturbance. Canadian Journal of Botany, 75(10): 1621-1627.

Terrer C, Vicca S, Stocker B D, et al. 2018. Ecosystem responses to elevated CO_2 governed by plant-soil interactions and the cost of nitrogen acquisition. New Phytologist, 217(2): 507-522.

Tissue D T, Megonigal J P, Thomas R B. 1996. Nitrogenase activity and N_2 fixation are stimulated by elevated CO_2 in a tropical N_2-fixing tree. Oecologia, 109(1): 28-33.

Tooth I M, Leishman M R. 2014. Elevated carbon dioxide and fire reduce biomass of native grass species when grown in competition with invasive exotic grasses in a savanna experimental system. Biological Invasions, 16(2): 257-268.

Vasseur L, Potvin C. 1998. Natural pasture community response to enriched carbon dioxide atmosphere. Plant Ecology, 135(1): 31-41.

Veron J. 2008. Mass extinctions and ocean acidification: biological constraints on geological dilemmas. Coral Reefs, 27(3): 459-472.

Vitousek P M. 1994. Beyond global warming: ecology and global change. Ecology, 75(7): 1861-1876.

Wang S, Zhang Y, Ju W, et al. 2020. Recent global decline of CO_2 fertilization effects on vegetation photosynthesis. Science, 370(6522): 1295-1300.

Wedin D A, Tilman D. 1996. Influence of nitrogen loading and species composition on the carbon balance of grasslands. Science, 274(5293): 1720-1723.

Westoby M, Falster D S, Moles A T, et al. 2002. Plant ecological strategies: some leading dimensions of variation between species. Annual Review of Ecology and Systematics, 33(1): 125-159.

Williams A L, Wills K E, Janes J K, et al. 2007. Warming and free-air CO_2 enrichment alter demographics in four co-occurring grassland species. New Phytologist, 176(2): 365-374.

Wittmann A C, Pörtner H O. 2013. Sensitivities of extant animal taxa to ocean acidification. Nature Climate Change, 3(11): 995-1001.

Zak D R, Pregitzer K S, Curtis P S, et al. 1993. Elevated atmospheric CO_2 and feedback between carbon and nitrogen cycles. Plant and Soil, 151(1): 105-117.

Zaller J G, Arnone J A. 1997. Activity of surface-casting earthworms in a calcareous grassland under elevated atmospheric CO_2. Oecologia, 111(2): 249-254.

Zanetti S, Hartwig U A, van Kessel C, et al. 1997. Does nitrogen nutrition restrict the CO_2 response of fertile grassland lacking legumes? Oecologia, 112(1): 17-25.

Zavala J A, Casteel C L, DeLucia E H, et al. 2008. Anthropogenic increase in carbon dioxide compromises plant defense against invasive insects. Proceedings of the National Academy of Sciences of the United States of America, 105(13): 5129-5133.

Ziska L H. 2003. Evaluation of the growth response of six invasive species to past, present, and future carbon dioxide concentrations. Journal of Experimental Botany, 54(391): 395-404.

Ziska L H. 2022. Rising carbon dioxide and global nutrition: evidence and action needed. Plants, 11(7): 1000.

Ziska L H, Panicker S, Wojno H L. 2008. Recent and projected increases in atmospheric carbon dioxide and the potential impacts on growth and alkaloid production in wild poppy (*Papaver setigerum* DC.). Climatic Change, 91(3-4): 395-402.

第九章　海平面上升与盐沼生物入侵

海平面上升作为全球变化的重要因素之一，其对位于陆海交错带的盐沼等滨海湿地生态系统的影响越来越受到学界、政府和公众的关注（Kirwan and Megonigal，2013；沈永平和王国亚，2013）。此外，海岸带地区强烈的人类活动也导致滨海湿地生态系统易遭受外来生物入侵（Silliman and Bertness，2004；Hensel et al.，2021）。以往有关滨海湿地生态系统动态的研究通常聚焦于海平面上升或生物入侵的独立影响，而对海平面上升影响下盐沼生物入侵问题尚缺乏关注（王卿等，2006；He and Silliman，2019）。作为滨海湿地生态系统的主要类型之一，滨海盐沼是海洋和陆地的过渡地区，其受到海洋咸水体或半咸水体周期性或间歇性的作用，具有较高的草本或低灌木植物覆被，是一种淤泥质或泥炭质的湿地生态系统（贺强等，2010）。未来海平面加速上升将造成全球盐沼面积的明显缩减（Alizad et al.，2016），同时，强烈的海岸带人类活动也将加大外来植物、动物、微生物等繁殖体被携带和释放到盐沼湿地的概率（Sardain et al.，2019），海平面上升背景下盐沼湿地生物入侵问题日益严峻。

本章围绕海平面上升影响下盐沼湿地的生物入侵问题，首先，探讨了海平面上升背景下盐沼湿地的演变过程；其次，从盐沼湿地的潮汐过程、水盐过程、水沙过程及生物互作等4个方面，系统性回顾海平面上升对盐沼湿地生物入侵的影响及机制；最后，结合实例研究，总结有关海平面上升对植物、动物及其他类群生物入侵影响的研究进展。通过上述总结，本章旨在系统性梳理海平面上升与盐沼湿地生物入侵研究领域的现有认知，识别该领域的关键研究空缺，提出未来的重点研究方向，以期促进盐沼湿地生物入侵相关理论的发展，为盐沼湿地的保护修复提供科学依据。

第一节　海平面上升概况

一、全球海平面上升趋势

随着气候变化的加剧，全球海平面正在以前所未有的速率加速上升。全球平均海平面上升速率从1901～1990年的1.4 mm/a增长至1970～2015年的2.1 mm/a（Dangendorf et al.，2019；Frederikse et al.，2020）。1970年以来，工业活动导致的温室气体排放量急剧增加是造成全球平均海平面上升的主要驱动力（Mingle，2020）；未来全球平均海平面的变化趋势主要取决于温室气体的排放。当前预测的所有代表性浓度路径（representative concentration pathway，RCP）下，海平面上升的速率均会加快（图9-1A）。有关全球气候变化的高可信度（high confidence）模型预测表明，相比于1995～2014年，至2100年全球平均海平面的上升范围会处于0.40 m（0.26～0.56 m，RCP2.6）至0.81 m

(0.58～1.07 m，RCP8.5）之间（Mingle，2020；Wang et al.，2021）。有关滨海湿地动态的预测模型表明，在 RCP2.6（CO_2 421 ppm，温度升高 0.3～1.7℃）、RCP4.5（CO_2 538 ppm，温度升高 1.1～2.6℃）以及 RCP8.5（CO_2 936 ppm，温度升高 2.6～4.8℃）情景下，至 2100 年海平面上升造成的全球滨海湿地损失分别约为 20%、26%和 54%（Schuerch et al.，2018）。全球大部分的滨海湿地均面临海平面上升的威胁（Mingle，2020），多重人类活动（如围垦、污染等）干扰可明显增加滨海湿地在海平面上升过程中面临的风险（Giosan et al.，2014；Tessler et al.，2015；Day et al.，2016；Spencer et al.，2016）。但是，目前仍缺乏对于多重人类活动干扰与海平面上升对滨海湿地的交互影响的研究。

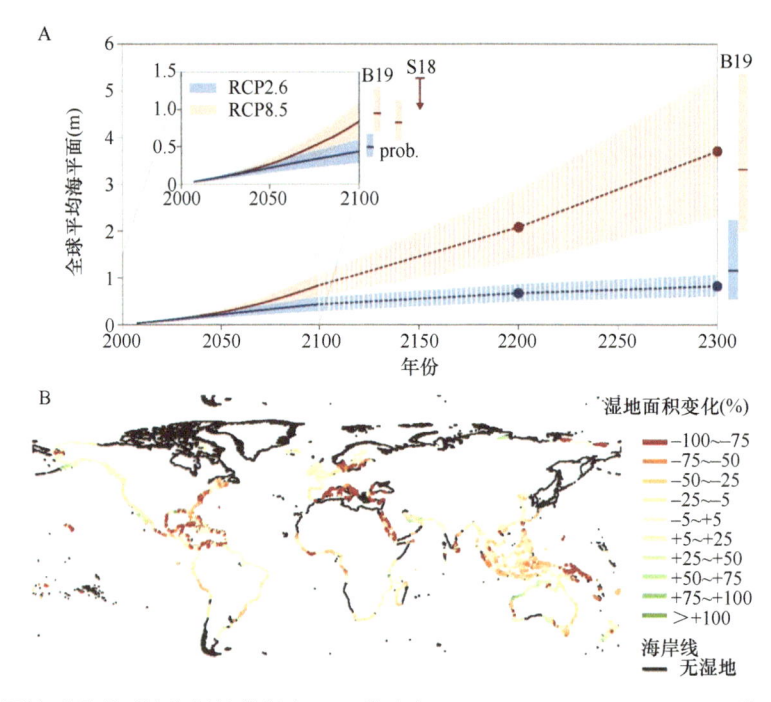

图 9-1 海平面上升及其对滨海湿地的影响（A. 修改自 Oppenheimer et al.，2019；B. 修改自 Schuerch et al.，2018）

A. 至 2300 年全球平均海平面上升预测（B19 数据来源于 Bamber et al.,2019；S18 数据来源于 Church et al.,2013）；B. RCP4.5 情景下 2100 年全球滨海湿地的面积变化。图 A 中的"prob."表示 probabilistic projection（概率预测），用于反映考虑不确定性条件下的未来海平面上升范围

海平面加速上升严重威胁到滨海湿地生态系统的稳定，可导致滨海湿地生态系统功能的退化甚至崩塌（Kirwan and Megonigal，2013）。例如，海平面快速上升可改变海岸带的潮汐动态，升高的海平面和增加的潮汐淹没范围导致部分滨海湿地消失；淹水频率增加可增加沿海地区的洪涝灾害风险并阻碍湿地的排水功能，也可增加滨海湿地土壤水、地下水和地表水的盐渍化（Mingle，2020）。受到海平面上升影响，马萨诸塞州大面积盐沼湿地逐渐（1938～2005 年）被淹没成为开阔水域（Smith，2009），罗德岛也有大量互花米草（*Spartina alterniflora*）逐渐（1947～1998 年）向高地迁移（Warren and Niering，1993；Donnelly and Bertness，2001）。海平面上升具有较高的空间异质性，其对不同地区的影响存在差异（Kirwan and Megonigal，2013）。未来海平面加速上升，可

能会造成全球一半以上的盐沼湿地被淹没，但不同区域被淹没的情况存在明显的差异。如 RCP4.5 情景下加勒比海、美国东海岸、地中海、东南亚等区域盐沼湿地的面积损失均可达 75%以上，而澳大利亚西北部等区域的盐沼面积则可通过向陆迁移增长 25%以上（图 9-1B）。

二、海平面上升的驱动因素

1. 气候变化

气候变化引起的海水热膨胀和陆地冰川、冰盖融化等是造成海平面上升的主要原因。温度升高会导致海水密度降低，继而单位质量的海水体积将会变大（热膨胀）。即使海洋总质量保持不变，气候变暖也会导致海平面上升（Kopp et al.，2013）。近几十年来，气候变暖已导致了海水热膨胀加速，气候系统中新增热量的 90%已转移到海洋中，进而加剧了海平面的上升（Church and White，2011；Otto et al.，2013）。此外，由于格陵兰冰盖和南极冰盖拥有地球表面大部分的淡水，在气候变暖背景下，两大冰盖的冰架和冰山消融将会成为驱动海平面变化的主要因素（Mingle，2020）。此外，尽管其他陆地冰川的淡水总量远低于格陵兰冰盖和南极冰盖的淡水总量，但是其他区域冰川的积累和消融速率明显高于两大冰盖，其对气候变化也更加敏感，因此其他陆地冰川的融化也是导致海平面变化的重要原因（Gregory et al.，2013）。基于卫星测高数据，2005～2011 年海平面上升速率为（2.39 ± 0.48）mm/a，其中热膨胀驱动的海平面上升速率为（0.60 ± 0.27）mm/a，而冰川、冰盖融化的贡献则为（1.80 ± 0.47）mm/a，因此近年来海平面上升的贡献主要来自冰川、冰盖融化（Chen et al.，2013）。

当前的全球平均海平面明显高于工业革命前的海平面水平，这包括工业革命前的两次全球平均地表温度升高的时期，即升高 0.5～1.0℃的最后一次间冰期（last interglacial stage，129～116 ka）和升高 2.0～4.0℃的上新世中期的温暖期（mid-Piacenzian Warm Period，约 330 万年至 300 万年前）。通常认为，在最后一次间冰期，全球变暖导致的格陵兰冰盖和南极冰盖融化造成全球平均海平面升高了 6～9 m；上新世中期温暖期的海平面上升上限未超过 25 m（Mingle，2020）。上述两次海平面上升的速率均低于工业革命以来，特别是 1970 年以来的全球平均海平面上升的速率，据此推测近年来海平面上升可能主要由人类工业活动所驱动（Mingle，2020）。

2. 人类活动

人类活动可通过改变滨海湿地的地貌、沉积物供给量等影响海平面上升的相对变化速率（Kirwan and Megonigal，2013）。受到局域人类活动的影响，不同区域的相对海平面变化具有明显的空间差异（Temmerman and Kirwan，2015；Tessler et al.，2015）。由人类活动引起的地面沉降和陆地蓄水是相对海平面变化的主要驱动因素（Fox-Kemper，2021）。人类于滨海地区的大量定居伴随着滨海地区工农业的快速发展（He et al.，2014），同时也伴随着对淡水的大量需求。大量地抽取地下淡水导致沿海地区较高的地面沉降速率，可造成沿海地区的相对海平面上升速率快速增加（Cahoon et al.，2002）。这种人为驱动的相对海平面变化速率通常明显高于气候变化的驱动作用（Temmerman and Kirwan，2015）。此外，近几十年来，许多地区通过建设水坝、水库进行蓄水以应对工农业用水需求的激增，从而导致入海的淡水和泥沙总量明显降低（Wada et al.，2012）。可利用泥沙总量的降低削弱滨海湿地的沉积物淤积能力，增大滨海湿地的相对海平面上升速率。

三、海平面上升背景下盐沼湿地的演变

滨海盐沼湿地位于海陆交界的潮间带，其地势相对平坦，高程通常略高于平均海平面，对海平面变化极为敏感。19世纪以来，在全球气候变化和人类活动的共同驱动下，海平面以超越历史记录的速率上升（Church and White，2006；Kemp et al.，2011；Engelhart and Horton，2012）。随着海平面的加速上升，部分区域的盐沼被海水完全淹没从而转换成永久性的开放水域，也有部分区域的盐沼植物向海岸带高程更高的区域迁移（Donnelly and Bertness，2001）。

全球范围内，包括美国大西洋沿岸、威尼斯潟湖、中国部分沿海区域等在内的盐沼湿地由于地势低洼、沉积物供给不足或沿海堤坝阻碍等，极易受到海平面上升的影响（Webb et al.，2013）。由于地势相对低洼，在大西洋沿岸19%～36%的盐沼正在被淹没（Kirwan et al.，2016），切萨皮克湾、特拉华湾、佛罗里达州、威尼斯潟湖等区域的盐沼湿地均受到了不同程度的淹没（Reed，1995；Kearney et al.，2002；Carniello et al.，2009；Smith et al.，2010；Raabe and Stumpf，2015；Schieder et al.，2018）。沉积物供给量的减少可增加海平面上升的危害。在海平面上升和沉积物供给减少的共同作用下，路易斯安那州自19世纪以来已损失了约5000 km^{2}的滨海湿地（Couvillion et al.，2011）。由于沉积物供给不足，路易斯安那州西南部的Chenier Plain约有58%的盐沼面临着较高的淹没风险，区域东南部的密西西比河三角洲则有约35%的盐沼具有较高的淹没风险（Jankowski et al.，2017）。此外，由于受到堤坝的限制，部分被海平面上升淹没的盐沼无法向内陆高地迁移。英国、荷兰、中国等部分海岸带的盐沼湿地以每年数米的速度被淹没，且受到堤坝限制盐沼无法向高地迁移，这些区域的盐沼总面积在过去几十年间均不断地减少（van der Wal and Pye，2004；van der Wal et al.，2008）。

海平面上升在影响盐沼面积变化的同时，也可改变盐沼湿地的生态系统结构（Williams et al.，1999；Kirwan and Guntenspergen，2010）。在新英格兰盐沼中，互花米草占据淹水频率较高、高程偏低的区域，狐米草（*Spartina patens*）、美国盐草（*Distichlis spicata*）和*Juncus gerardi*（灯芯草属一种）通常分布在淹水频率低的高地。但是，1995～1998年由于区域海平面上升，互花米草逐渐向高地迁移并占据了高地；该地区19世纪后期也曾有随着海平面上升互花米草向陆迁移的现象；未来随着海平面加速上升，新英格兰地区的盐沼将演变成以互花米草为主的植物群落；而随着海平面进一步的上升，区域的盐沼可能会被全部淹没，转变成为开阔水域（Donnelly and Bertness，2001；Raposa et al.，2017）。除了新英格兰地区，盐沼先锋植物向高地的迁移现象在密西西比三角洲（Blum and Roberts，2009）、切萨皮克湾（Kearney et al.，2002）、墨西哥湾（Zimmerman and Minello，1984；Rozas and Reed，1993）等区域的盐沼湿地也均有观测到。随着海平面上升，部分植物群落可能会发生更远距离的迁移，在佛罗里达州和得克萨斯州，海平面上升也会导致盐沼湿地逐渐被南部的红树林所侵占（Armitage et al.，2015）（亦见第十八章）。植被的变化可增加盐沼湿地的脆弱性，通常认为生物入侵作为盐沼的主要压力源可加剧海平面上升对盐沼的影响（Hughes et al.，2021）。即使是活动范围很小的动物类群，也可通过生物互作对整个生态系统造成极大的影响，进而对盐沼生态系统的结构和功能造成不可逆转的影响（Burdick et al.，2021；Hughes et al.，2021）。但是目前，海平面上升背景下盐沼湿地生物入侵的预测研究领域仍存在较大的空白。

海平面上升造成的洪涝加剧、水盐压力增加等，会对盐沼湿地的植物生产力、碳封存、促淤、抵御风暴潮、生物多样性维持等生态系统功能产生强烈的影响（Morris et al.，2002；Rogers et al.，2019；Martin et al.，2021；韩广轩等，2022）。尽管海平面上升对不同植物生产力的影响由物种对淹水、盐度等的耐受性以及生物种间关系共同决定，但通常认为陆生性植物对海平面上升变化更加敏感（Spalding and Hester，2007；Janousek et al.，2016）。较高的相对海平面上升速率能够促进沉积物淤积、减缓有机物的分解速率（Pethick，1981），因此海平面上升可能会导致非洲南部、澳大利亚、中国等全球近一半的盐沼湿地的碳封存功能增强（Ouyang and Lee，2014）。此外，有研究表明海平面上升造成的淹水变化可能比盐度增加对盐沼植物丰富度的影响更为强烈（Sharpe and Baldwin，2009，2012）。为遏制全球盐沼退化的态势（Kirwan and Megonigal，2013；Kirwan et al.，2016），生物入侵防治等盐沼湿地保护与修复工程正在快速推进（Warren et al.，2002；Gu et al.，2018；Wijsman et al.，2021），但海平面上升可能会降低这些保护和恢复措施的成效（Ren et al.，2021）。当前亟须加强海平面上升对盐沼湿地生物入侵防治等保护修复措施成效影响的研究，以完善和提升滨海湿地保护和修复的成效（Kirwan and Megonigal，2013；Kirwan et al.，2016；Fagherazzi et al.，2019）。

第二节　海平面上升对盐沼生物入侵主要过程的影响

作为人类活动最集中的地区之一，滨海湿地不仅受到海平面上升的威胁，也遭受着生物入侵的影响。随着海平面的加速上升，亟须深入认识海平面上升对盐沼湿地生物入侵的影响及机制。以往对生物入侵过程调节的研究主要集中在CO_2浓度增加、降水变化、升温等气候变化因子上（Bradley et al.，2010；Lopez et al.，2022），而关于海平面上升如何影响生物入侵则相对缺乏关注。因此，当前迫切需要科学认识海平面上升是如何影响生物入侵的，从而为滨海湿地的保护和管理提供科学支撑。本节将首先介绍盐沼湿地的生物入侵现状，再分别从潮汐过程、水盐过程、水沙过程及生物互作等4个方面（图9-2），回顾总结海平面上升对盐沼湿地生物入侵的影响及机制。

一、盐沼生物入侵概况

生物入侵是指生物由原产地经自然的或人为的途径进入另一个新的环境，对当地生

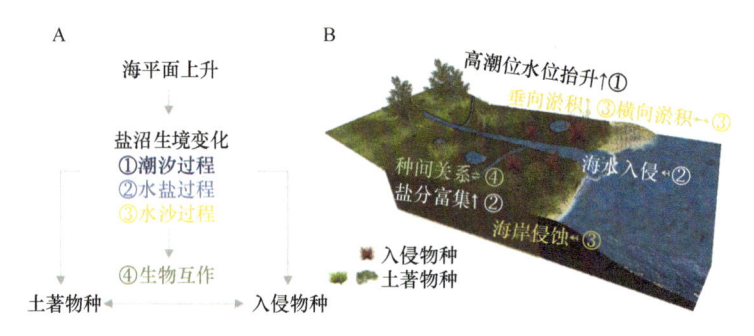

图 9-2 海平面上升影响盐沼生物入侵的机制

A. 海平面上升影响盐沼入侵种群的主要途径；B. 盐沼湿地景观及海平面上升背景下生境的部分变化过程。
图中植物颜色为土著物种和入侵物种示例，不代表植物本身颜色

物多样性、生态系统以及人类社会的生产、生活等造成负面影响的过程（Simberloff et al.，2013）。盐沼生态系统既是受海平面上升等影响最为前沿的缓冲带之一，也是生物入侵的高发区（Cohen and Calton，1998；Christian and Mazzilli，2007；邓自发等，2010）。入侵盐沼地区的外来物种主要通过人类活动被有意或无意引入。例如，作为具有生态系统服务价值的物种（如具有促淤功能的植物）或经济物种（如农作物、水产动物或观赏植物）被有意引入后，或随航运交通而被无意引入（如运河通航、远洋运输、航行旅游等），经逃逸扩散成为入侵物种。当前全球主要盐沼湿地均有入侵物种分布，在北美洲、欧洲、东亚和大洋洲海岸带分布尤为广泛（图 9-3A）。在我国已形成入侵态势的 753 种外来物种中，有 196 种涉及海岸带分布，其中约 60%（115 种）为植物，其次为小型无脊椎动物和微生物等（黎静等，2016）。盐沼湿地的生物入侵往往具有严重的生态学后果。例如，原产于美洲大西洋海岸的互花米草，近 200 年来由于人类有意或无意地引入，其分布区域已扩张到北美洲西海岸、欧洲、新西兰及中国等滨海湿地生态系统，并且在成功入侵后大面积侵占土著植物群落，对当地生物群落产生多重负面影响（Meng et al.，2020）。

近几十年来，有关盐沼湿地生物入侵或海平面上升的文献数量均呈指数增长趋势。然而，同时研究海平面上升与盐沼生物入侵的文献数量则相对增长缓慢（图 9-3B）；其中，中国和美国的文献数量接近半数（共占 47.6%，图 9-3C），其次为盐沼面积占全球盐沼总面积比例较多的欧洲国家、加拿大及澳大利亚等地；其他地区，如非洲和南美洲等的盐沼面积相对较少（Mcowen et al.，2017），其文献数量也较少。

二、潮汐过程

海平面上升会改变潮间带原有的潮汐规律，包括高低潮的水位、潮差及潮时等方面。结合历史数据及模型模拟的研究发现，海平面上升可抬升水位，使得高潮位相应提高、波浪作用增强（Holleman and Stacey，2014）。一方面，高潮位会增加潮汐流入盐沼湿地的淹没水深、淹没时长等。另一方面，增高的潮位还会增加海水流入陆地的面积，使更多地区受到潮汐影响（Lee et al.，2017；Ensign and Noe，2018）。有研究预测，到 2100 年，面临海岸洪水风险的全球陆地面积将会增加 48%（RCP8.5）（Kirezci et al.，2020），

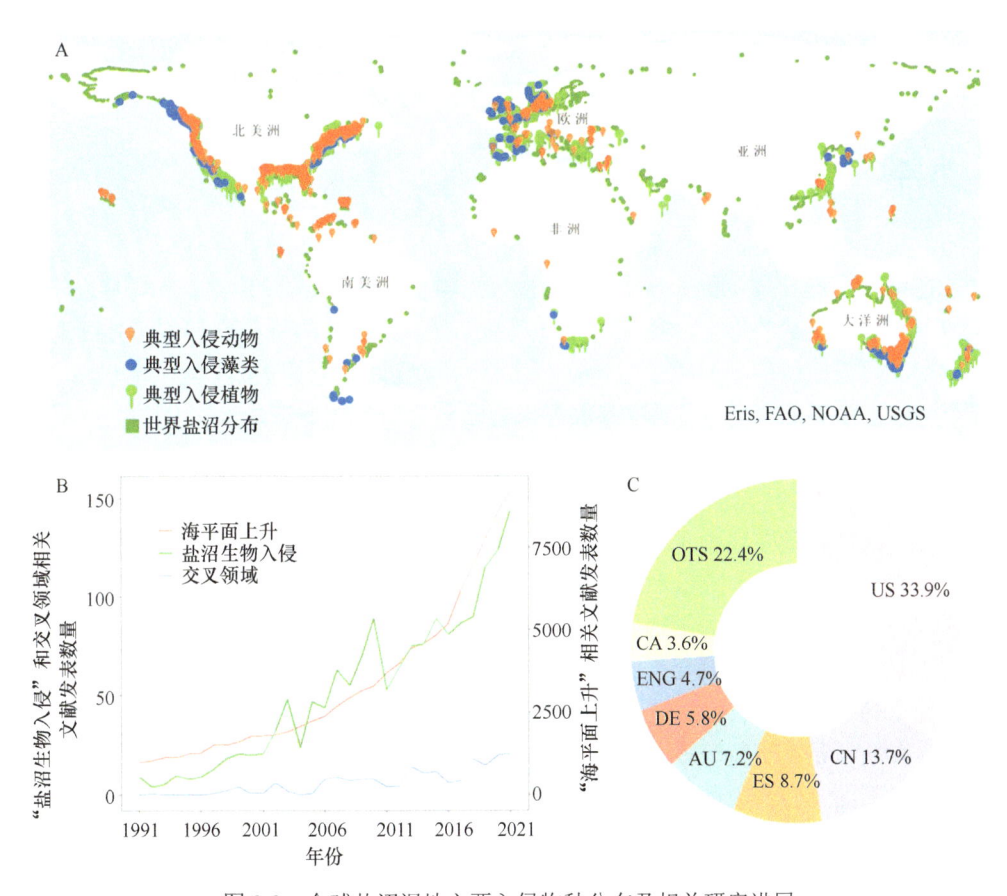

图 9-3　全球盐沼湿地主要入侵物种分布及相关研究进展

A. 主要入侵物种分布；B. 海平面上升与盐沼生物入侵相关文献发表数量；C. 发表的相关文献分布国家。国家/地区缩写对应：US. 美国；CN. 中国；ES. 西班牙；AU. 澳大利亚；DE. 德国；ENG. 英格兰；CA. 加拿大；OTS. 其他。文献发表情况数据来源于 Web of Science 核心合集；入侵物种相关数据来自以下数据库：GISD（The Global Invasive Species Database，2015 年）、GBIF（Global Biodiversity Information Facility，2022 年）、CABI（Invasive Species Compendium，2022 年）、IASC（Invasive Alien Species of China，2022 年）。盐沼分布地图参考 Mcowen et al.，2017

60%～91%的盐沼在 21 世纪末将会被淹没（Crosby et al.，2016）。此外，海平面上升还可能会增加盐沼湿地发生洪水、强潮、风暴潮等干扰的频率（Buchanan et al.，2017；Smith et al.，2010；Calafat et al.，2022）。

在滨海盐沼湿地，外来物种的入侵扩散直接受到潮汐过程的影响。一方面，淹水深度及淹没周期影响着外来植物的定殖成功率。由于入侵物种通常对环境波动的适应性更高（Davis et al.，2000），因而往往能更快地占据因海平面上升淹没的新生的盐沼湿地。例如，模拟增加淹水频率和淹水深度的实验表明，入侵物种互花米草的耐受性较高，仍能通过增强的无性繁殖水平促进种群扩散（Xue et al.，2018）；在美国的特拉华海湾，受海平面上升影响而被潮汐淹没的新生湿地面积中，约 60%的面积变成由入侵物种芦苇（*Phragmites australis*）占优的生境（Kirwan and Gedan，2019）。另一方面，外来物种也可通过海平面上升后增强的潮汐水流及潮汐范围扩散到距离更远的地区。例如，入侵植物的繁殖体也可随潮汐水流传播至更远的距离，水生或底栖动物也可随潮汐范围的增大进入更多内陆盐沼湿地。在中国漳江口的模拟研究表明，到 2100 年，外来物种无瓣海桑（Sonneratia apetala）随海平面上升将扩散至整个河口区域（Chen et al., 2020）。

三、水盐过程

随着潮汐过程变化，海平面上升还将进一步影响盐沼湿地的盐度格局。海平面上升主要通过咸水入侵（saltwater intrusion）过程影响盐沼地上、地下水及土壤的盐分。随着盐沼湿地淹没频率的增加，氯化钠和其他盐（如硫酸盐）的进一步沉积可提高离子浓度并改变氧化还原条件，导致土壤中盐分富集。海平面上升还改变了地下水动力条件，破坏了含水层中淡水和海水（或与海水有水力联系的高矿化地下咸水）之间的平衡状态，导致海水（或地下咸水）沿含水层向陆地方向入侵（Webb and Howard, 2011；Ferguson and Gleeson, 2012），从而增加原含水层及陆地中的盐分。此外，海平面上升还会加剧咸潮入侵。咸潮是指在涨潮时，海水沿河道自河口向上游上溯，致使海水倒灌入河的过程；由于咸潮强度受河流流量和潮水上涨幅度的影响，因此海平面上升也增加了咸潮随河口或潮沟入侵滨海湿地的频率，进一步改变了盐沼湿地地上水系的盐分。

盐沼湿地盐度格局的改变也将导致入侵物种的种群扩散发生变化。多项研究发现，外来入侵物种互花米草具有较强的耐盐性，表现在光合速率、茎秆含水量、泌盐性、种子萌发、有性和无性繁殖等多个方面（Li et al., 2018b；Gallego-Tévar et al., 2020），因而会随着海平面上升导致的土壤盐分增加而扩散。对于入侵滨海湿地地上水系的动物而言，耐盐性通常是其成功的重要因素。例如，入侵美国佛罗里达州西南地区滨海湿地的外来物种古巴树蛙（Osteopilus septentrionalis），在盐胁迫条件下仍有较高的存活率，表现出极强的耐盐性，因而能在海水入侵的高盐分生境下扩张（Brown and Walls, 2013）；一些依赖于咸水条件的河口或海水入侵生物，由于能适应因海水入侵或咸潮而提高的盐分条件，因而也能发生种群扩张。但同时，一些自陆地向盐沼入侵的陆生性外来物种也可能会因不适应高盐分条件而发生种群衰退。

四、水沙过程

沉积物供给是滨海湿地维持面积的重要资源。滨海湿地通过无机沉积物和有机质的积累使土壤表层垂直升高，而海平面上升导致的水文条件变化会影响滨海湿地中沉积物的迁移和沉积过程（包括垂向和横向淤积过程）。当有足够的泥沙供应和较低的水文能量时，由海平面上升带来的容纳悬浮泥沙所需空间的扩大将会增加潜在的泥沙淤积率，从而提高垂向的淤涨过程。例如，有研究认为，海平面上升导致盐沼需要更长的时间排水，增加的淹没时间会影响矿物沉降速率（Morris et al., 2002），并且风暴潮的增加也会带来更多泥沙沉积物（Hopkinson et al., 2008）。一项针对美国滨海湿地碳沉积的调查数据分析表明，总体上这些滨海湿地的沉积速率随海平面上升而上升（Wang et al., 2019）。在不受内陆围垦或堤岸的限制条件下，海平面上升的横向淤积还可能增加盐沼的面积范围。例如，有研究表明，当把滨海湿地堆积沉积物的能力及其可容纳空间纳入考量后，全球滨海湿地覆盖面积在海平面上升情景下还可能会上升（Schuerch et al.，2018）。但是，海平面上升导致海岸洪水频率的增加、潮汐动力条件的改变及风暴潮的影响等，也可能会降低局部地区的泥沙沉积率，极端条件下更会降低植物根系周围的有机质积累乃至植被盖度，进而加剧了海岸侵蚀过程，导致海岸蚀退（Leatherman et al.，2000；Feagin et al.，2005）。当盐沼湿地垂向淤积率（vertical accretion rate）有限而在海平面上升情景下被淹没后，将进一步导致入海泥沙被封存于潮汐三角洲，而相邻的海岸侵蚀则会加剧（FitzGerald et al.，2008）。

当海平面上升导致的盐沼淤积面积增加时，入侵物种种群分布可能将进一步扩张。由于矿物沉积的物理过程和有机质积累（如凋落物积累）的生物过程有助于抵抗海平面上升的影响，并且物理沉积过程与生物过程还可形成一定的正反馈效应（Cahoon et al.，2021）。尤其对入侵植物而言，因其具有较强的定殖能力、广泛的扩散性及促淤功能，因而增强的沉积速率也有助于抵消局部海域相对海平面的上升（Schwarz et al.，2015；Rooth et al.，2003）。

五、生物互作

生物互作是调控全球变化下生态系统动态的关键生物因素（贺强，2021）。在海平面上升的背景下，上述潮汐过程、水盐过程、水沙过程等的变化也将改变盐沼湿地生物间的互作关系（如竞争、植食、捕食等），进而影响外来物种的入侵过程。许多研究表明，随着盐度条件、淹水频率、淹水深度等的变化，不同物种因生理适应性的差异而导致种间竞争优势发生转变，从而影响植物群落组成和结构（Ge et al.，2015；Humphreys et al.，2021）。当盐沼植物的性状及群落响应发生变化后，会通过上行作用级联影响地上植食者、捕食者等消费者（Sun et al.，2020；Wang et al.，2021），以及底栖动物群落（Beukema，2002；Fujii and Raffaelii，2008）。除上行过程影响外，海平面上升也会影响消费者的采食、迁徙行为等，进而通过下行过程影响种间关系及生物群落动态（Gough and Grace，1998）。例如，在美国东南部沿海地区，海平面上升导致盐沼因被潮汐淹没时间更长而使得其土壤基质软化，以至更利于蟹类掘穴；这些条件放大了蟹类的掘穴和植食等效应，并改变了蟹类-植物的稳定关系（Crotty et al.，2020）。

以往研究认为海平面上升通常会加剧入侵物种对土著物种的竞争优势，这可能是因为外来入侵物种相比土著物种具有更强的环境适应力及胁迫耐受性，因而普遍具有竞争优势（Hellmann et al.，2008；Qiu et al.，2020）。例如，比较入侵物种互花米草与土著植物芦苇及海三棱藨草（*Scirpus mariqueter*）受淹水盐度、淹水深度和淹水频率胁迫的实验发现，互花米草在存活率、分蘖数量、结实率和地上生物量等多个方面均比土著植物具有更强的耐受性，从而在海平面上升情景下更具竞争优势（Xue et al.，2018）。在野外模拟海平面上升情景的湿地高程梯度（marsh organ）实验中也证明，外来植物互花米草和无瓣海桑的竞争优势都强于土著红树植物（Peng et al.，2018）。然而，当前对海平面上升影响生物群落的研究多集中在植物群落格局的变化上，缺乏对动物群落的关注。

第三节 海平面上升对主要盐沼入侵生物类群的影响

在全球范围内，盐沼湿地入侵生物类群主要包括禾本科、菊科等入侵植物，甲壳类、双壳类等水生及陆生入侵动物，以及大型及微型入侵藻类等（图 9-4）（Gedan et al.，2009；Morais and Reichard，2018；Anton et al.，2019）。不同生物类群对水、盐等非生物因子的响应不尽相同。部分类群入侵生物的生活史阶段需在水、盐等生境中完成，如鱼类、两栖类、藻类等；而另一部分物种则需脱离水、盐生境等，如陆生动物、植物等。正因为入侵生物对水、盐适应性的差异，海平面上升引起的潮汐过程、水盐过程和水沙过程等的变化可对不同生物类群及同一物种不同生活史阶段产生强烈影响，进而促进或抑制入侵生物的生长、繁殖、迁移扩散及与土著植物的竞争等过程。

图 9-4 盐沼湿地主要入侵生物

A. 长江口的互花米草（*Spartina alterniflora*）（武长路拍摄）；B. 新西兰的芦苇（*Phragmites australis*）（引自 Druschke et al.，2016）；C. 美国西南部的多枝柽柳（*Tamarix ramosissima*）（引自 Goetz et al.，2022）；D. 美国萨佩洛岛（Sapelo Island）的野猪（*Sus scrofa*）（开源图片，Pixabay，Andreas Lischka 拍摄）；E. 美国马里兰的海狸鼠（*Myocaster coypus*）（开源图片，Pixabay，Alexas Fotos 拍摄）；F. 美国东海岸的蓝蟹（*Callinectes sapidus*）（开源图片，Pixabay，Thomas Hoang 拍摄）；G. 美国德尔马瓦半岛（Delmarva Peninsula）的真江蓠（*Gracilaria vermiculophylla*）（Thomsen et al.，2009）；H. 挪威的刺松藻（*Codium fragile*）（引自 Armitage and Sjøtun，2016）；I. 意大利西西里岛的杉叶蕨藻（*Caulerpa taxifolia*）（引自 Defranoux et al.，2022）

一、入侵植物

在众多入侵生物中，入侵植物是盐沼湿地生态系统中分布范围最广、对湿地结构和功能影响最大的生物类群（Ehrenfeld，2003；李博和马克平，2010；Davidson et al.，2018；Meng et al.，2020；Wails et al.，2021）。在盐沼入侵植物中，以多年生的草本植物为主，如入侵中国、澳大利亚、英国及北欧等及美国西海岸的米草属植物如互花米草、密花米草（*Spartina densiflora*）和大米草（*Spartina anglica*）等，入侵亚洲、大洋洲及欧洲国家等的一枝黄花属植物如加拿大一枝黄花（*Solidago canadensis*）等，入侵新西兰和美洲国家的芦苇属植物（如芦苇等）、鸢尾属植物如黄菖蒲（*Iris pseudacorus*）等，以及入侵法国、挪威、德国等欧洲国家的披碱草属植物如 *Elymus athericus* 等（Chambers et al.，2003；Gedan et al.，2009；Li et al.，2009；邓自发等，2010；Druschke et al.，2016；Anton et al.，2019；Humphreys et al.，2021）。此外，除草本植物外，盐沼湿地还存在木本植物的入侵，如入侵北美洲的柽柳属植物如多枝柽柳（*Tamarix ramosissima*）等（图9-4A～C；图 9-5A）（Vandersande et al.，2001；Raynor et al.，2017；Goetz et al.，2022）。由于缺乏相应的植食者，具有较强的环境适应能力，以及入侵植物多为可进行无性繁殖的克隆植物、具有较强的繁殖扩散能力等，其可在入侵生境中定居、快速繁殖

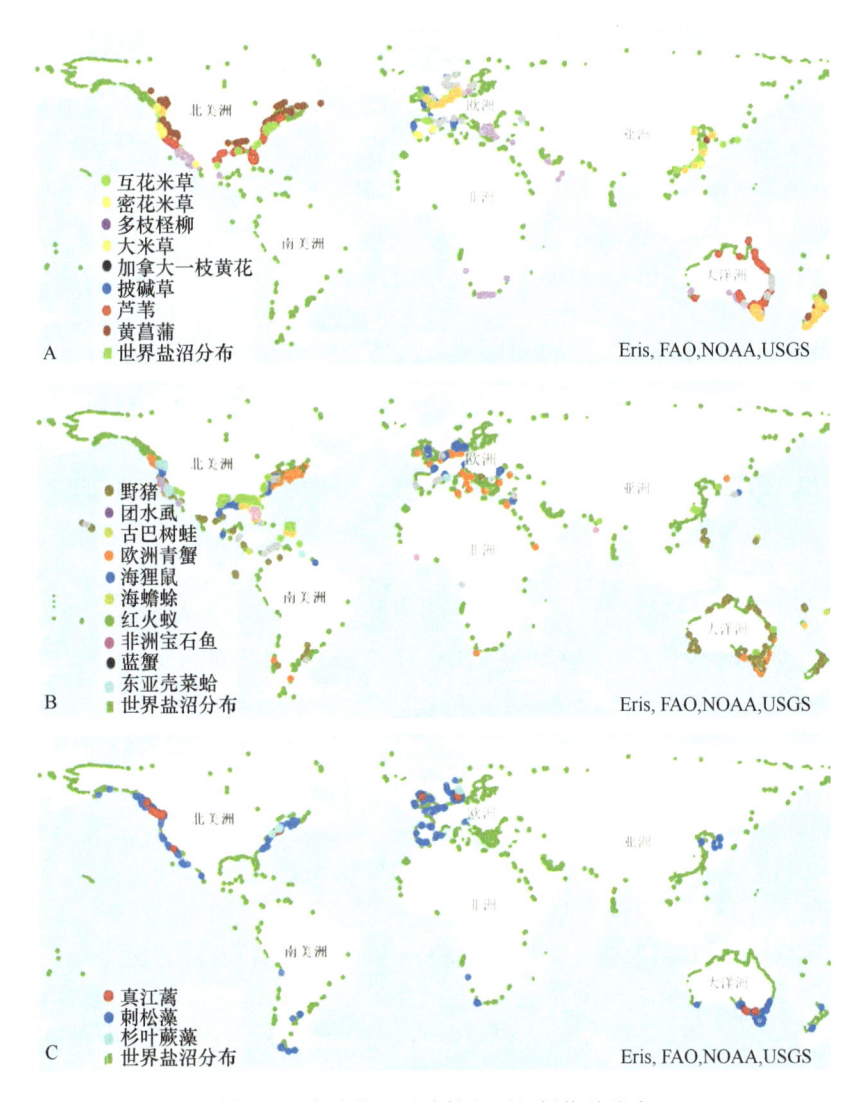

图 9-5　全球盐沼湿地的主要入侵物种分布

A. 入侵植物；B. 入侵动物；C. 入侵藻类。入侵物种相关数据来自以下数据库：GISD（2015）、GBIF（2022）、CABI（2022）、IASC（2022）。依据入侵情况记载以及盐沼分布范围筛选数据，结合文中提及生物类群作图。盐沼分布地图参考 Mcowen et al.，2017

和扩张，并在与土著植物竞争中表现出竞争优势（邓自发等，2006；Gedan et al.，2009；Li et al.，2009；Qiu et al.，2020）。在盐沼生态系统中，水、盐等非生物因素是影响盐沼植物分布及动态的关键因素（Pennings et al.，2005；Engels and Jensen，2010；Wang et al.，2012）。海平面上升导致的盐沼湿地潮汐过程、水沙过程、水盐过程等的改变，将对入侵植物的生理、种群及群落动态等过程产生不同程度的影响。

海平面上升可通过调控植物的生理过程进而影响外来入侵植物。例如，在长江口的研究中发现，高盐度（30‰）可导致入侵植物互花米草最大光合速率、表观量子产率等光合过程参数显著下降；而增加的淹水，对互花米草光合作用没有影响（Li et al.，2018b）。但在探究淹水时间对入侵植物光合作用影响的研究中发现，随着淹水时间的延长，入侵植物大米草和互花米草的光合色素水平和光合作用强度均呈现先升高后下降的趋势（李红丽等，2010；徐伟伟等，2011）。这表明，提高盐度可显著抑制入侵植物互花米草的光合作用，而淹水对互花米草光合作用的影响可能与其持续时间有关。除影响光合作用外，增加的淹水和盐度还可影响入侵植物代谢过程。在美国的相关研究中发现，盐度的增加可导致密花米草、黄菖蒲等入侵植物生物体甜菜碱含量显著增加，而增加淹水对两种入侵植物甜菜碱含量均没有影响（Gallego-Tevar et al.，2020；Grewell et al.，2021）。此外，无论中国还是美国的研究均发现，增加的水体盐度可导致入侵植物黄菖蒲、密花米草、互花米草等生物体 Na^+、Cl^-等含量显著增加，而 K^+ 含量显著下降，促进了入侵植物体内盐分的外排（Di Bella et al.，2014；Li et al.，2018b；Grewell et al.，2021）。这表明，海平面上升导致的盐分增加可影响入侵植物的代谢过程，而入侵植物也可通过将多余的盐分外排以增加其对高盐生境的耐受性。

海平面上升可通过调控植物种子萌发、生长、繁殖和扩散等过程进而影响外来入侵植物。在我国，通过研究盐度对入侵植物互花米草种子萌发的影响发现，随着盐度升高，可导致互花米草种子发芽率或发芽速率显著下降，嫩芽生长受到显著抑制（Xiao et al.，2016；王倩等，2022）；但将盐水处理后未发芽的种子转移到没有盐分的水体中均能迅速萌发，且发芽率与盐度呈正相关关系（Xiao et al.，2016；Infante-Izquierdo et al.，2019）。此外，在研究盐度及淹水对入侵植物生长的影响中发现，在黄河口，互花米草植株高度、基部茎粗均随着淹水增加而增加（Ma et al.，2019；Ning et al.，2021）。同样，长江口的研究也发现，淹水或中盐度（15‰）处理可促进入侵植物互花米草生长，导致其生物量、株高均显著增加；而高盐度（30‰）处理则显著抑制其生长（Wang et al.，2006；Xue et al.，2018）。另有，在研究淹水对入侵植物有性繁殖和无性繁殖过程的影响中发现，在长江口，提高淹水深度可降低互花米草的结实率，但增加了其分蘖数（Xue et al.，2018）。提高淹水频率可增加互花米草分蘖数（Xue et al.，2018；Qiu et al.，2020）。但也有研究发现，淹水对互花米草开花率及花穗生物量的影响不大（Tang et al.，2013；Li et al.，2018b）。除淹水外，盐度也可影响入侵植物的繁殖过程。在长江口的研究中发现，中盐度（10‰～15‰）对互花米草分蘖没有影响，而高盐度（30‰）则显著抑制了其分蘖（Wang et al.，2006；李伟等，2018），但盐度对互花米草花穗生物量没有影响（Tang et al.，2013；Li et al.，2018b）。这些研究结果表明，在我国，海平面上升导致的盐度增加，可在一定程度上抑制入侵植物互花米草种子发芽、生长和无性繁殖过程；而海平面上升导致的淹水增加，又可促进互花米草的生长及无性繁殖过程。另外，对比中国江苏（大丰和如东）盐沼和美国弗吉尼亚盐沼互花米草分布区淹没比（淹没时间与整个潮汐时间的比值）发现，中国江苏盐沼互花米草最适淹没比远低于美国盐沼，这表明在中国，入侵植物互花米草最适高程较高，在海平面上升背景下比在原产地具有更多的生存机会（Li et al.，2018a）。

海平面上升还可通过调控植物种间关系影响入侵植物。在长江口，入侵植物互花米草分布的高程阈值较土著植物芦苇更低、淹水阈值更高，表明在海平面上升背景下互花米草较土著植物具有更大的竞争优势（Cui et al.，2020）。此外，在长江口开展的相关受控研究也发现，随着淹水和盐度增加，可提高入侵植物互花米草对土著植物芦苇的竞争优势度（Wang et al.，2006；Qiu et al.，2020）。然而，在漳江口的研究却发现，随着淹水增加，互花米草对土著植物的竞争优势呈现先增加后下降的趋势，在其最大生物量处达到最大竞争优势（Peng et al.，2018）。另外，在美国新英格兰南部盐沼中的研究也发现，盐度可增加入侵植物芦苇与土著淡水植物的竞争优势度（Crain et al.，2004）。不同于草本植物，在美国对入侵木本植物柽柳的研究中发现，在高土壤盐分和较低淹水程度的生境中，柽柳较土著木本植物具有较强的竞争优势，而淹水增加和土壤盐分下降将导致其竞争优势下降（Vandersande et al.，2001）。这些研究结果表明，在海平面上升背景下，增加的水体盐度和淹水可提高入侵草本植物互花米草和芦苇的竞争优势，而降低入侵木本植物柽柳的竞争优势。除入侵植物与土著植物直接的相互作用外，一些植食动物也可调控入侵植物与土著植物的相互关系。例如，在漳江口的研究中发现，黄毛鼠（*Rattus losea*）等啮齿动物对入侵植物互花米草的植食作用可缓解其向红树林生境的入侵（Zhang et al.，2018）。在长江口，氮富集生境下蟹类等植食动物的取食可抑制土著植物芦苇的生长和无性繁殖过程，并促进入侵植物互花米草的生长及繁殖过程（Xu et al.，2022）。此外，相关研究还发现，淹水和降雨事件可促进蟹类等植食动物对土著植被的植食过程（He et al.，2015，2019）。这些研究表明，在未来海平面上升背景下，增加的淹水和盐度也可能通过调控动物的植食过程而影响入侵植物与土著植物的相互关系，改变外来植物的入侵过程。

二、入侵动物

盐沼湿地中，入侵动物几乎包含了自然界主要大型动物类群，如哺乳纲的野猪（*Sus scrofa*），原产于欧洲，被广泛引入美国、澳大利亚等国（Persico et al.，2017；Hensel et al.，2021）；半水生的海狸鼠（*Myocaster coypus*），原产于南美洲，被广泛引入其他大洲国家（Pepper et al.，2017）。鱼纲的非洲宝石鱼（*Hemichromis letourneuxi*），原产于非洲，被引入美国等地（Romañach et al.，2019）。此外，还有被引入波多黎各和美国等海岸带的两栖类海蟾蜍（*Bufo marinus*）、古巴树蛙等（Rios-Lopez，2008；Brown and Walls，2013），被引入美国的甲壳类蓝蟹（*Callinectes sapidus*）、欧洲青蟹（*Carcinus maenas*）和团水虱（*Sphaeroma quoyanum*）等，以及被各大洲广泛引入的双壳纲贝类东亚壳菜蛤（*Musculista senhousia*）等（图 9-4D～F；图 9-5B）（Gedan et al.，2009；Anton et al.，2019）。

很多入侵动物可影响盐沼土著植物及动物种群动态及群落结构，改变盐沼捕食、植食等食物网过程，影响当地的生态安全等（Gedan et al., 2009; Li et al., 2009; Hensel et al., 2021）。海平面上升引起的淹水和盐度的变化可对入侵动物生长、发育及分布等方面产生一定影响。然而，由于动物的生活史复杂、部分迁移能力较强、活动范围较大、相应技术无法满足野外研究等，海平面上升对入侵动物影响的研究还涉及得较少。目前，海平面上升对入侵动物的影响只局限在两栖类、鱼类和昆虫等少数几个类群上，所涉及的入侵物种数也相对较少。

对于两栖类，其部分生活史阶段需要在水体中完成，增加的淹水和盐度将影响其变态发育。如在波多黎各沿海地区，通过野外调查和室内受控研究，发现随着盐度增加，入侵物种海蟾蜍成体的相对丰度逐渐增加，而土著物种白吻长趾蛙（*Leptodactylus albilabris*）则逐渐下降。低盐度海水（8‰）可导致入侵物种与土著物种幼虫变态率显著下降：入侵物种的变态率下降约60%，而土著物种则完全不能变态发育（Rios-Lopez, 2008）。在美国的研究也发现，入侵物种古巴树蛙比土著蛙类（如 *Hyla cineral*、*Lithobates catesbeianus*）更能耐受高盐胁迫；盐度处理 72 h 后，入侵蛙类在盐度 12‰下其存活率可在 70%以上，而土著物种几乎不能存活（Brown and Walls, 2013）。这些研究表明，海平面上升可能会导致入侵蛙类等两栖动物的扩张，增强入侵物种的竞争优势，而抑制土著物种的生存。此外，在美国针对海平面上升对入侵红火蚁（*Solenopsis invicta*）的研究中发现，海水淹没可导致红火蚁毒液囊体积增大约 75%，而不影响其头部大小和毒刺长度（Hooper-Bul et al., 2020）。毒液量增加、海平面上升可能会导致被洪水淹没的蚂蚁的叮咬情况更加严重。针对鱼类等水生入侵动物，在美国佛罗里达大沼泽（Everglades）湿地，通过野外调查及模型模拟入侵鱼类如双斑丽体鱼（*Cichlasoma bimaculatum*）、非洲宝石鱼、墨西哥鲟鳉（*Belonesox belizanus*）等的分布发现，入侵鱼类生物量随着水体盐度增加而逐渐下降（Romañach et al., 2019）。这表明，未来海平面上升引起的水体盐度增加可导致本区域入侵鱼类减少。但也有研究发现，入侵佛罗里达州南部的非洲宝石鱼可在盐度 0‰~50‰内全部存活并正常生长，只有当盐度超过 60‰时其存活率才会急剧下降；此外，将鱼直接从淡水转移到海水（盐度小于 20‰）中不影响其存活，盐度更高（大于 20‰）时其存活率才显著下降（Langston et al., 2010）。这表明，海平面上升引起的水体盐度的改变不影响入侵动物非洲宝石鱼在佛罗里达河口南部及海岸带的入侵过程。

三、其他入侵生物

除入侵植物及动物类群外，滨海盐沼湿地也面临着大型及微型藻类等生物类群入侵的风险。这包括：①被广泛引入美国、加拿大、巴西等南北美洲国家的红藻纲大型藻类真江蓠（*Gracilaria vermiculophylla*）（Thomsen et al., 2009; Gulbransen and McGlathery, 2013; Morais and Reichard, 2018）；②被广泛引入美国、智利、澳大利亚（南部）、挪威等国家的绿藻纲大型藻类刺松藻（*Codium fragile*）（Williams and Smith, 2007; Benton et al., 2015; Mcdonald et al., 2015; Armitage and Sjøtun, 2016）；③原产于印度洋、太平洋及大西洋热带地区，被广泛引入中国、美国及欧洲国家的被称为藻类杀手的绿藻纲的杉叶蕨藻（*Caulerpa taxifolia*）（图9-4G～I；图9-5C）等（West and West，2007；Defranoux et al.，2022）。入侵藻类的整个生活史均需要在水体中完成，海平面上升引起的淹水增加可能对其生长、发育等生活史过程没有明显影响，但可能会增加其进入盐沼的频次及入侵高潮滩盐沼生境的机会。另外，海平面上升引起的海水入侵和水体盐度升高等均可影响入侵藻类的生活史过程，改变其形态结构及发育。

针对海平面上升对入侵藻类的生长、分布及形态结构影响的研究发现，在美国缅因州盐沼湿地，入侵藻类刺松藻在距离潮沟最近和高程最低的区域具有最大的种群和最小的平均叶长；此外，潮汐过程等还可影响藻类的形态结构（Benton et al.，2015）。在澳大利亚的研究中也发现，当水体盐度超过20‰时，入侵藻类杉叶蕨藻生长较快、死亡率较低（West and West，2007）。这些研究表明，未来海平面上升导致的淹水增加、水体盐度升高可能促进藻类向盐沼的入侵，尤其是海水藻类。另外，还有研究发现，入侵藻类真江蓠可以缠绕在盐沼植物生物体上，减少其随潮汐漂流，提高其在盐沼的停留时间（Thomsen et al.，2009）。在未来海平面上升背景下，淹水和盐度对盐沼植被的影响可能会间接影响入侵藻类向盐沼湿地的入侵。

第四节 结论与展望

日益丰富的研究表明，海平面上升对盐沼湿地的影响呈加剧态势，未来几十年海平面将会持续加速上升，预计至2100年全球平均海平面会上升40～80 cm，这将会极大地增加潮间带盐沼湿地受海平面上升影响的风险。盐沼湿地的生物入侵问题可加剧海平面上升对盐沼湿地生态系统的影响，但海平面上升也会影响盐沼湿地的入侵生物。海平面上升导致的潮汐过程、水沙过程、水盐过程以及生物互作过程的变化，都将对盐沼湿地的土著物种和入侵生物产生影响。许多研究认为，海平面上升可抑制盐沼湿地陆生性入侵生物，促进海洋性入侵生物，但也有可能不影响入侵生物，但目前尚没有普适性的结论（李红丽等，2010；徐伟伟等，2011；Di Bella et al.，2014；Li et al.，2018b；Gallego-Tevar et al.，2020；Grewell et al.，2021）。针对海平面上升背景下盐沼湿地生物入侵的相关研究领域仍存在较多的空缺，亟须更加深入的研究。根据前文的内容以及相关的文献整理，我们提出以下5个重点研究方向。

1）海平面上升背景下盐沼湿地生物入侵风险的预测研究。盐沼湿地生态系统能够通过其生物-物理反馈机制应对海平面上升造成的影响，但由于响应过程中入侵生物往往比土著物种具有更高的生存概率（Davis et al.，2000），预测盐沼湿地的入侵生物分布对于本地生态系统的可持续性保护具有重要的意义。尽管针对气候变化下陆地、淡水和海洋物种分布的潜在变化已有相当深入的研究，但关于预测入侵生物将在哪些新的区域定居以及其潜在影响的研究仍存在较高的不确定性（Elliott-Graves，2016）。另外，现有的生物入侵模型多缺乏对人类活动的考虑，这也会增加预测结果的不确定性（Burdick et al.，2021）。此外，预测情景也应当关注生物入侵过程中入侵驱动因素之间的相互作用以及入侵物种和土著物种之间的生物互作。

2）盐沼湿地入侵生物对海平面上升在入侵地以及原产地的响应机制的异同。预测未来情景下生物入侵的空间分布是预防生物入侵最具有成本效益的方法。目前相关的预测主要是基于物种分布模型确定生物入侵风险较高的区域，相关的分析通常是基于当前已知的物种分布情况进行模拟（Heger and Trepl，2003）。但是，由于入侵生物在入侵地受到的生物和非生物压力明显低于原产地，其对海平面上升的响应机制也存在差异（Li et al.，2018a）。因此，基于入侵物种的入侵现状以及其原产地分布模拟未来情景下入侵物种的空间分布仍具有较高的不确定性（Kolar and Lodge，2001），探索入侵生物对海平面上升在入侵地以及原产地响应机制的异同，将会极大地提高相关预测结果的准确性。

3）海平面上升对盐沼湿地动物入侵的影响及机制。盐沼湿地的入侵动物几乎包含了自然界的主要大型动物类群。一方面，水、盐等非生物条件是影响动物生长发育、繁殖及分布等方面的重要因素，海平面上升导致的潮汐过程、水盐过程、水沙过程等的改变很可能会影响盐沼湿地动物入侵。另一方面，入侵动物可改变盐沼湿地原有的动植物互作过程、影响盐沼生态系统结构和功能，对盐沼生态系统造成级联效应。然而，目前关于海平面上升对盐沼湿地入侵动物影响的相关认识仍然十分有限，主要集中于两栖类、鱼类等少数几个入侵动物类群（Gedan et al.，2009；Morais and Reichard，2018；Anton et al.，2019）。这可能是由于动物生活史复杂、迁移能力较强，因此研究海平面上升对动物入侵的影响受研究条件和技术水平等的限制。随着卫星定位追踪、红外及水下高清自动成像等动物观测技术的快速发展（Yamamoto et al.，2017；Peers et al.，2020），深入研究海平面上升对入侵动物的影响及机制，对盐沼湿地外来入侵动物防治具有重要意义。

4）全球变化背景下人类活动与海平面上升对盐沼湿地生物入侵的交互作用。如上所述，海平面上升背景下，盐沼湿地入侵生物的生活史等方面的研究尚存在较多空缺，而多重人类活动的干扰增加了上述问题的复杂性（He and Silliman，2019）。近海区域的氮磷污染严重、养殖业和盐田、海岸带防护性围堤以及远洋航运等问题，不仅增加了盐沼湿地生态系统的环境压力，也进一步加剧了该区域的生物入侵问题（Meng et al.，2020）。系统性分析全球变化背景下人类活动与海平面上升对盐沼生物入侵的交互影响，对于预测未来生物入侵热点的分布以及入侵强度具有重要的理论支撑价值。

5）海平面上升影响下，生物入侵对滨海湿地保护和修复成效的影响及应对。近年来，通过退养还滩、清淤、恢复湿地植被、岸线修复等的实施，我国许多地区的自然滩涂已经逐步恢复了自然岸线和原有的潮沟水系，动植物栖息生境和生物资源逐渐得到保护与恢复。但是，相关保护和修复工程的推动不仅保护了土著生物生境，也为入侵生物扩张提供了潜在的适宜生境。在缺乏相关人为干预的情况下，入侵生物在保护区和恢复区的扩张可能会更为迅速（Ren et al.，2021）。同时，海平面加速上升会增加新恢复的盐沼湿地生态系统的暴露风险，潮汐过程、水沙过程、水盐过程等的变化增加了外来物种的入侵窗口（Davis et al.，2000；Rooth et al.，2003；Brown and Walls，2013；Schwarz et al.，2015；Xue et al.，2018）。因此，相关研究应重点关注如何更加有预见性地预防生物入侵，预测海平面上升背景下滨海湿地保护区和修复区的生物入侵动态。这对于海岸带生态系统生物多样性和生态系统功能的维持具有深远的意义。

（本章作者：成方妍　李心诚　武长路　刘盈麟　张宜辉　吴纪华　李　博　贺　强）

参 考 文 献

邓自发, 安树青, 智颖飙, 等. 2006. 外来种互花米草入侵模式与爆发机制. 生态学报, 26(8): 2678-2686.

邓自发, 欧阳琰, 谢晓玲, 等. 2010. 全球变化主要过程对海滨生态系统生物入侵的影响. 生物多样性, 18(6): 605-614.

韩广轩, 王法明, 马俊, 等. 2022. 滨海盐沼湿地蓝色碳汇功能、形成机制及其增汇潜力. 植物生态学报, 46(4): 373-382.

贺强. 2021. 生物互作与全球变化下的生态系统动态: 从理论到应用. 植物生态学报, 45(10): 1075-1093.

贺强, 安渊, 崔保山. 2010. 滨海盐沼及其植物群落的分布与多样性. 生态环境学报, 19(3): 657-664.

黎静, 鞠瑞亭, 吴纪华, 等. 2016. 海岸带生物入侵的生态后果及管理对策建议. 中国科学院院刊, 31(10): 1204-1210.

李博, 马克平. 2010. 生物入侵: 中国学者面临的转化生态学机遇与挑战. 生物多样性, 18(6): 529-532.

李红丽, 智颖飙, 雷光春, 等. 2010. 外来克隆植物大米草对模拟潮汐淹水时间的生理响应. 湿地科学, 8(2): 125-131.

李伟, 袁琳, 张利权, 等. 2018. 海三棱藨草及互花米草对模拟盐胁迫的响应及其耐盐阈值. 生态学杂志, 37(9): 2596-2602.

沈永平, 王国亚. 2013. IPCC第一工作组第五次评估报告对全球气候变化认知的最新科学要点. 冰川冻土, 35(5): 1068-1076.

王倩, 史欢欢, 于振林, 等. 2022. 盐度及种间相互作用对海三棱藨草、互花米草萌发及生长的影响. 生态学报, 42(20): 1-11.

王卿, 安树青, 马志军, 等. 2006. 入侵植物互花米草——生物学、生态学及管理. 植物分类学报, 5: 559-588.

徐伟伟, 王国祥, 刘金娥, 等. 2011. 淹水对互花米草光合色素含量及快速光响应曲线的影响. 海洋环境科学, 30(6): 761-770.

Alizad K, Hagen S C, Morris J T, et al. 2016. A coupled, two-dimensional hydrodynamic-marsh model with biological feedback. Ecological Modelling, 327: 29-43.

Anton A, Geraldi N R, Lovelock C E, et al. 2019. Global ecological impacts of marine exotic species. Nature Ecology and Evolution, 3(5): 787-800.

Aria M, Cuccurullo C. 2017. bibliometrix: an R-tool for comprehensive science mapping analysis. Journal of Informetrics, 11(4): 959-975.

Armitage A R, Highfield W E, Brody S D, et al. 2015. The contribution of mangrove expansion to salt marsh loss on the Texas Gulf Coast. PLoS ONE, 10(5): e0125404.

Armitage C S, Sjøtun K. 2016. Epiphytic macroalgae mediate the impact of a non-native alga on associated fauna. Hydrobiologia, 776: 35-49.

Bamber J L, Oppenheimer M, Kopp R E, et al. 2019. Ice sheet contributions to future sea-level rise from structured expert judgment. Proceedings of the National Academy of Sciences of the United States of America, 116 (23): 11195-11200.

Benton C S, Mathieson A C, Klein A S. 2015. Ecology of *Codium fragile* subsp. *fragile* populations within salt marsh pannes in Southern Maine. Rhodora, 117(971): 297-316.

Beukema J J. 2002. Expected changes in the benthic fauna of Wadden Sea tidal flats as a result of sea-level rise or bottom subsidence. Journal of Sea Research, 47(1): 25-39.

Blum M D, Roberts H H. 2009. Drowning of the Mississippi Delta due to insufficient sediment supply and global sea-level rise. Nature Geoscience, 2(7): 488-491.

Bradley B A, Blumenthal D M, Wilcove D S, et al. 2010. Predicting plant invasions in an era of global change. Trends in Ecology & Evolution, 25(5): 310-318.

Brown M E, Walls S C. 2013. Variation in salinity tolerance among larval anurans: implications for

community composition and the spread of an invasive, non-native species. Copeia, (3): 543-551.
Buchanan M, Oppenheimer M, Kopp R. 2017. Amplification of flood frequencies with local sea level rise and emerging flood regimes. Environmental Research Letters, 12: 064009.
Burdick D M, Moore G E, Boyer K E. 2021. Impacts of exotic and native species invading tidal marshes//FitzGerald D M, Hughes Z J. Salt Marshes: Function, Dynamics, and Stresses. Cambridge: Cambridge University Press: 367-387.
CABI. 2022. Invasive Species Compendium. Wallingford: CAB International. www.cabi.org/isc [2022-6-18].
Cahoon D R, Lynch J C, Hensel P, et al. 2002. High-precision measurements of wetland sediment elevation: I. Recent improvements to the sedimentation-erosion table. Journal of Sedimentary Research, 72(5): 730-733.
Cahoon D R, McKee K L, Morris J T. 2021. How plants influence resilience of salt marsh and mangrove wetlands to sea-level rise. Estuaries and Coasts, 44(4): 883-898.
Calafat F M, Wahl T, Tadesse M G, et al. 2022. Trends in Europe storm surge extremes match the rate of sea-level rise. Nature, 603(7903): 841-845.
Carniello L, Defina A, D'Alpaos L. 2009. Morphological evolution of the Venice lagoon: evidence from the past and trend for the future. Journal of Geophysical Research: Earth Surface, 114: F04002.
Chambers R M, Osgood D T, Montalto D J B, et al. 2003. *Phragmites australis* invasion and expansion in tidal wetlands: interactions among salinity, sulfide, and hydrology. Estuaries and Coasts, 26(2): 398-406.
Chen J L, Wilson C R, Tapley B D. 2013. Contribution of ice sheet and mountain glacier melt to recent sea level rise. Nature Geoscience, 6(7): 549-552.
Chen L, Feng H, Gu X, et al. 2020. Linkages of flow regime and micro-topography: prediction for non-native mangrove invasion under sea-level rise. Ecosystem Health and Sustainability, 6(1): 1780159.
Christian R R, Mazzilli S. 2007. Defining the coast and sentinel ecosystems for coastal observations of global change. Hydrobiologia, 577: 55-70.
Church J A, et al. 2013. Sea level change//Stocker T F, Qin D, Plattner G K, et al. Climate Change 2013: The Physical Science Basis. Contribution of Working Group I to the Fifth Assessment Report of the Intergovernmental Panel on Climate Change. Cambridge, New York: Cambridge University Press.
Church J A, White N J. 2006. A 20th century acceleration in global sea-level rise. Geophysical Research Letters, 33: 101602.
Church J A, White N J. 2011. Sea-level rise from the late 19th to the early 21st century. Surveys in Geophysics, 32(4): 585-602.
Cohen A N, Carlton J T. 1998. Accelerating invasion rate in a highly invaded estuary. Science, 279(5350): 555-558.
Couvillion B R, Barras J A, Steyer G D, et al. 2011. Land area change in coastal Louisiana from 1932 to 2010: U.S. Geological Survey Scientific Investigations Map 3164, scale 1: 265, 000, 12 p. pamphlet.
Crain C M, Silliman B R, Bertness S L, et al. 2004. Physical and biotic drivers of plant distribution across estuarine salinity gradients. Ecology, 85(9): 2539-2549.
Crosby S C, Sax D F, Palmer M E, et al. 2016. Salt marsh persistence is threatened by predicted sea-level rise. Estuarine, Coastal and Shelf Science, 181: 93-99.
Crotty S M, Ortals C, Pettengill T M, et al. 2020. Sea-level rise and the emergence of a keystone grazer alter the geomorphic evolution and ecology of southeast US salt marshes. Proceedings of the National Academy of Sciences of the United States of America, 117(30): 17891-17902.
Cui L, Yuan L, Ge Z, et al. 2020. The impacts of biotic and abiotic interaction on the spatial pattern of salt marshes in the Yangtze Estuary, China. Estuarine Coastal and Shelf Science, 238: 106717.
Dangendorf S, Hay C, Calafat F M, et al. 2019. Persistent acceleration in global sea-level rise since the 1960s. Nature Climate Change, 9(9): 705-710.
Davidson I C, Cott G M, Devaney J L, et al. 2018. Differential effects of biological invasions on coastal blue carbon: a global review and meta-analysis. Global Change Biology, 24(11): 5218-5230.
Davis M A, Grime J P, Thompson K. 2000. Fluctuating resources in plant communities: a general theory of invasibility. Journal of Ecology, 88(3): 528-534.

Day J W, Agboola J, Chen Z, et al. 2016. Approaches to defining deltaic sustainability in the 21st century. Estuarine, Coastal and Shelf Science, 183: 275-291.

Defranoux F, Noe S, Cutignano A, et al. 2022. Chemoecological study of the invasive alga *Caulerpa taxifolia* var. *distichophylla* from the Sicilian coast. Aquatic Ecology, 56(2): 447-457.

Di Bella C E, Striker G G, Escaray F J, et al. 2014. Saline tidal flooding effects on *Spartina densiflora* plants from different positions of the salt marsh. Diversities and similarities on growth, anatomical and physiological responses. Environmental and Experimental Botany, 102: 27-36.

Donnelly J P, Bertness M D. 2001. Rapid shoreward encroachment of salt marsh cordgrass in response to accelerated sea-level rise. Proceedings of the National Academy of Sciences of the United States of America, 98(25): 14218-14223.

Druschke C G, Meyerson L A, Hychka K C. 2016. From restoration to adaptation: the changing discourse of invasive species management in coastal New England under global environmental change. Biological Invasions, 18(9): 2739-2747.

Ehrenfeld J G. 2003. Effects of exotic plant invasions on soil nutrient cycling processes. Ecosystems, 6(6): 503-523.

Elliott-Graves A. 2016. The problem of prediction in invasion biology. Biology and Philosophy, 31: 373-393.

Engelhart S E, Horton B P. 2012. Holocene sea level database for the Atlantic coast of the United States. Quaternary Science Reviews, 54: 12-25.

Engels J G, Jensen K. 2010. Role of biotic interactions and physical factors in determining the distribution of marsh species along an estuarine salinity gradient. Oikos, 119(4): 679-685.

Ensign S H, Noe G B. 2018. Tidal extension and sea-level rise: recommendations for a research agenda. Frontiers in Ecology and the Environment, 16(1): 37-43.

Fagherazzi S, Anisfeld S C, Blum L K, et al. 2019. Sea level rise and the dynamics of the marsh-upland boundary. Frontiers in Environmental Science, 7: 25.

Feagin R A, Sherman D J, Grant W E. 2005. Coastal erosion, global sea-level rise, and the loss of sand dune plant habitats. Frontiers in Ecology and the Environment, 3(7): 359-364.

Ferguson G, Gleeson T. 2012. Vulnerability of coastal aquifers to groundwater use and climate change. Nature Climate Change, 2(5): 342-345.

FitzGerald D M, Fenster M S, Argow B A, et al. 2008. Coastal impacts due to sea-level rise. Annual Review of Earth and Planetary Sciences, 36(1): 601-647.

Fox-Kemper B. 2021. Ocean, cryosphere and sea level change. Paper presented at the AGU Fall Meeting 2021.

Frederikse T, Landerer F, Caron L, et al. 2020. The causes of sea-level rise since 1900. Nature, 584(7821): 393-397.

Fujii T, Raffaelli D G. 2008. Sea-level rise, expected environmental changes, and responses of intertidal benthic macrofauna in the Humber estuary, UK. Marine Ecology Progress Series, 371: 23-35.

Gallego-Tevar B, Grewell B J, Futrell C J, et al. 2020. Interactive effects of salinity and inundation on native *Spartina foliosa*, invasive *S. densiflora* and their hybrid from San Francisco Estuary, California. Annals of Botany, 125(2): 377-389.

GBIF Secretariat. 2022. GBIF: Global Biodiversity Information Facility. www.gbif.org ［2022-6-18］.

Ge Z M, Cao H B, Cui L F, et al. 2015. Future vegetation patterns and primary production in the coastal wetlands of East China under sea level rise, sediment reduction, and saltwater intrusion. Journal of Geophysical Research: Biogeosciences, 120(10): 1923-1940.

Gedan K B, Silliman B R, Bertness M D. 2009. Centuries of human-driven change in salt marsh ecosystems. Annual Review of Marine Science, 1: 117-141.

Giosan L, Syvitski J, Constantinescu S, et al. 2014. Climate change: protect the world's deltas. Nature, 516(7529): 31-33.

Goetz A, Moffit I, Sher A A. 2022. Recovery of a native tree following removal of an invasive competitor with implications for endangered bird habitat. Biological Invasions, 24: 2769-2793.

Gough L, Grace J B. 1998. Effects of flooding, salinity and herbivory on coastal plant communities,

Louisiana, United States. Oecologia, 117(4): 527-535.
Gregory J M, White N J, Church J A, et al. 2013. Twentieth-century global-mean sea level rise: is the whole greater than the sum of the parts? Journal of Climate, 26(13): 4476-4499.
Grewell B J, Gallego-Tevar B, Gillard M B, et al. 2021. Salinity and inundation effects on *Iris pseudacorus*: implications for tidal wetland invasion with sea level rise. Plant and Soil, 466: 275-291.
Gu J, Luo M, Zhang X, et al. 2018. Losses of salt marsh in China: trends, threats and management. Estuarine, Coastal and Shelf Science, 214: 98-109.
Gulbransen D, McGlathery K. 2013. Nitrogen transfers mediated by a perennial, non-native macroalga: a ^{15}N tracer study. Marine Ecology Progress Series, 482: 299-304.
He Q, Altieri A H, Cui B. 2015. Herbivory drives zonation of stress-tolerant marsh plants. Ecology, 96(5): 1318-1328.
He Q, Bertness M D, Bruno J F, et al. 2014. Economic development and coastal ecosystem change in China. Scientific Reports, 4: 5995.
He Q, Silliman B R. 2019. Climate change, human impacts, and coastal ecosystems in the Anthropocene. Current Biology, 29: R1021-R1035.
He Q, Silliman B R, van de Koppel J, et al. 2019. Weather fluctuations affect the impact of consumers on vegetation recovery following a catastrophic die-off. Ecology, 100(1): e02559.
Heger T, Trepl L. 2003. Predicting biological invasions. Biological Invasions, 5: 313-321.
Hellmann J J, Byers J E, Bierwagen B G, et al. 2008. Five potential consequences of climate change for invasive species. Conservation Biology, 22(3): 534-543.
Hensel M J S, Silliman B R, van de Koppel J, et al. 2021. A large invasive consumer reduces coastal ecosystem resilience by disabling positive species interactions. Nature Communications, 12(1): 6290.
Holleman R C, Stacey M T. 2014. Coupling of sea level rise, tidal amplification, and inundation. Journal of Physical Oceanography, 44: 1439-1455.
Hooper-Bul L M, Strecker-Lau R M, Stewart D M, et al. 2020. Effects of sea-level rise on physiological ecology of populations of a ground-dwelling ant. PLoS ONE, 15(4): e0223304.
Hopkinson C S, Lugo A E, Alber M, et al. 2008. Forecasting effects of sea-level rise and windstorms on coastal and inland ecosystems. Frontiers in Ecology and the Environment, 6(5): 255-263.
Hughes Z J, FitzGerald D M, Wilson C A. 2021. Impacts of climate change and sea level rise//FitzGerald D M, Hughes Z J. Salt Marshes: Function, Dynamics, and Stresses. Cambridge: Cambridge University Press: 476-481.
Humphreys A, Gorsky A L, Bilkovic D M, et al. 2021. Changes in plant communities of low-salinity tidal marshes in response to sea-level rise. Ecosphere, 12(7): e03630.
IASC (Invasive Alien Species of China) Home page. 2022. www.iplant.cn/ias/[2022-6-18].
Infante-Izquierdo M D, Castillo J M, Grewell B J, et al. 2019. Differential effects of increasing salinity on germination and seedling growth of native and exotic invasive cordgrasses. Plants, 8(10): 372.
Invasive Species Specialist Group(ISSG). 2015. The Global Invasive Species Database. Version 2015.1. www.iucngisd.org/gisd/[2022-6-18].
Jankowski K L, Törnqvist T E, Fernandes A M. 2017. Vulnerability of Louisiana's coastal wetlands to present-day rates of relative sea-level rise. Nature Communications, 8(1): 14792.
Janousek C N, Buffington K J, Thorne K M, et al. 2016. Potential effects of sea-level rise on plant productivity: species-specific responses in northeast Pacific tidal marshes. Marine Ecology Progress Series, 548: 111-125.
Kearney M S, Rogers A S, Townshend J R G, et al. 2002. Landsat imagery shows decline of coastal marshes in Chesapeake and Delaware Bays. Eos, Transactions American Geophysical Union, 83(16): 173-178.
Kemp A C, Horton B P, Donnelly J P, et al. 2011. Climate related sea-level variations over the past two millennia. Proceedings of the National Academy of Sciences of the United States of America, 108(27): 11017-11022.
Kirezci E, Young I R, Ranasinghe R, et al. 2020. Projections of global-scale extreme sea levels and resulting episodic coastal flooding over the 21st Century. Scientific Reports, 10(1): 11629.

Kirwan M L, Gedan K B. 2019. Sea-level driven land conversion and the formation of ghost forests. Nature Climate Change, 9(6): 450-457.
Kirwan M L, Guntenspergen G R. 2010. Influence of tidal range on the stability of coastal marshland. Journal of Geophysical Research: Earth Surface, 115(F2).
Kirwan M L, Megonigal J P. 2013. Tidal wetland stability in the face of human impacts and sea-level rise. Nature, 504: 53-60.
Kirwan M L, Temmerman S, Skeehan E E, et al. 2016. Overestimation of marsh vulnerability to sea level rise. Nature Climate Change, 6(3): 253-260.
Kolar C S, Lodge D M. 2001. Progress in invasion biology: predicting invaders. Trends in Ecology and Evolution, 16(4): 199-204.
Kopp R E, Simons F J, Mitrovica J X, et al. 2013. A probabilistic assessment of sea level variations within the last interglacial stage. Geophysical Journal International, 193(2): 711-716.
Langston J N, Schofield P J, Hill J E, et al. 2010. Salinity tolerance of the African jewelfish *Hemichromis letourneuxi*, a non-native cichlid in South Florida (USA). Copeia, 2010(3): 475-480.
Leatherman S P, Zhang K, Douglas B C. 2000. Sea level rise shown to drive coastal erosion. Eos, Transactions American Geophysical Union, 81(6): 55-57.
Lee S B, Li M, Zhang F. 2017. Impact of sea level rise on tidal range in Chesapeake and Delaware Bays. Journal of Geophysical Research: Oceans, 122(5): 3917-3938.
Li B, Liao C H, Zhang X D, et al. 2009. *Spartina alterniflora* invasions in the Yangtze River estuary, China: an overview of current status and ecosystem effects. Ecological Engineering, 35(4): 511-520.
Li R, Yu Q, Wang Y, et al. 2018a. The relationship between inundation duration and *Spartina alterniflora* growth along the Jiangsu coast, China. Estuarine Coastal and Shelf Science, 213: 305-313.
Li S H, Ge Z M, Xie L N, et al. 2018b. Ecophysiological response of native and exotic salt marsh vegetation to waterlogging and salinity: implications for the effects of sea-level rise. Scientific Reports, 8(1): 2441.
Lopez B E, Allen J M, Dukes J S, et al. 2022. Global environmental changes more frequently offset than intensify detrimental effects of biological invasions. Proceedings of the National Academy of Sciences of the United States of America, 119(22): e2117389119.
Ma X, Yan J, Wang F, et al. 2019. Trait and density responses of *Spartina alterniflora* to inundation in the Yellow River Delta, China. Marine Pollution Bulletin, 146: 857-864.
Martin S, Sparks E L, Constantin A J, et al. 2021. Restoring fringing tidal marshes for ecological function and ecosystem resilience to moderate sea-level rise in the Northern Gulf of Mexico. Environmental Management, 67(2): 384-397.
McDonald J I, Huisman J M, Hart F N, et al. 2015. The first detection of the invasive macroalga *Codium fragile* subsp *fragile* (Suringar) Hariot in Western Australia. Bioinvasions Records, 4(2): 75-80.
Mcowen C J, Weatherdon L V, Bochove J W V, et al. 2017. A global map of saltmarshes. Biodiversity Data Journal, 5: e11764.
Meng W, Feagin R A, Innocenti R A, et al. 2020. Invasion and ecological effects of exotic smooth cordgrass *Spartina alterniflora* in China. Ecological Engineering, 143: 105670.
Mingle J. 2020. IPCC special report on the ocean and cryosphere in a changing climate. New York Review of Books, 67(8): 49-51.
Morais P, Reichard M. 2018. Cryptic invasions: A review. Science of the Total Environment, 613: 1438-1448.
Morris J T, Sundareshwar P V, Nietch C T, et al. 2002. Responses of coastal wetlands to rising sea level. Ecology, 83(10): 2869-2877.
Ning Z, Chen C, Zhu Z, et al. 2021. Tidal channel-mediated gradients facilitate *Spartina alterniflora* invasion in coastal ecosystems: implications for invasive species management. Marine Ecology Progress Series, 659: 59-73.
Oppenheimer M, Glavovic B C, Hinkel J, et al. 2019. Sea level rise and implications for Low-Lying Islands, coasts and communities//Pörtner H O, Roberts D C, Masson-Delmotte V, et al. IPCC Special Report on the Ocean and Cryosphere in a Changing Climate. Cambridge, New York: Cambridge University Press:

321-445.

Otto A, Otto F E L, Boucher O, et al. 2013. Energy budget constraints on climate response. Nature Geoscience, 6(6): 415-416.

Ouyang X, Lee S Y. 2014. Updated estimates of carbon accumulation rates in coastal marsh sediments. Biogeosciences, 11(18): 5057-5071.

Peers M J L, Majchrzak Y N, Menzies A K, et al. 2020. Climate change increases predation risk for a keystone species of the boreal forest. Nature Climate Change, 10: 1149-1153.

Peng D, Chen L, Pennings S C, et al. 2018. Using a marsh organ to predict future plant communities in a Chinese estuary invaded by an exotic grass and mangrove. Limnology and Oceanography, 63(6): 2595-2605.

Pennings S C, Grant M B, Bertness M D. 2005. Plant zonation in low-latitude salt marshes: disentangling the roles of flooding, salinity and competition. Journal of Ecology, 93(1): 159-167.

Pepper M A, Herrmann V, Hines J E, et al. 2017. Evaluation of nutria (*Myocastor coypus*) detection methods in Maryland, USA. Biological Invasions, 19(3): 831-841.

Persico E P, Sharp S J, Angelini C. 2017. Feral hog disturbance alters carbon dynamics in southeastern US salt marshes. Marine Ecology Progress Series, 580: 57-68.

Pethick J S. 1981. Long-term accretion rates on tidal salt marshes. Journal of Sedimentary Research, 51(2): 571-577.

Qiu S, Liu S, Wei S, et al. 2020. Changes in multiple environmental factors additively enhance the dominance of an exotic plant with a novel trade-off pattern. Journal of Ecology, 108(5): 1989-1999.

Raabe E A, Stumpf R P. 2015. Expansion of tidal marsh in response to sea-level rise: gulf coast of Florida, USA. Estuaries and Coasts, 39: 145-157.

Raposa K B, Weber R L J, Ekberg M C, et al. 2017. Vegetation dynamics in Rhode Island salt marshes during a period of accelerating sea level rise and extreme sea level events. Estuaries and Coasts, 40(3): 640-650.

Raynor E J, Cable T T, Sandercock B K. 2017. Effects of *Tamarix* removal on the community dynamics of riparian birds in a semiarid grassland. Restoration Ecology, 25(5): 778-787.

Reed D J. 1995. The response of coastal marshes to sea-level rise: survival or submergence? Earth Surface Processes and Landforms, 20(1): 39-48.

Ren J, Chen J, Xu C, et al. 2021. An invasive species erodes the performance of coastal wetland protected areas. Science Advances, 7(42): eabi8943.

Rios-Lopez N. 2008. Effects of increased salinity on tadpoles of two anurans from a Caribbean coastal wetland in relation to their natural abundance. Amphibia-Reptilia, 29(1): 7-18.

Rogers K, Kelleway J J, Saintilan N, et al. 2019. Wetland carbon storage controlled by millennial-scale variation in relative sea-level rise. Nature, 567(7746): 91-95.

Romañach S S, Beerens J M, Patton B A, et al. 2019. Impacts of saltwater intrusion on wetland prey production and composition in a historically freshwater marsh. Estuaries and Coasts, 42(6): 1600-1611.

Rooth J E, Stevenson J C, Cornwell J C. 2003. Increased sediment accretion rates following invasion by *Phragmites australis*: the role of litter. Estuaries, 26(2): 475-483.

Rozas L, Reed D. 1993. Nekton use of marsh-surface habitats in Louisiana (USA) deltaic salt marshes undergoing submergence. Marine Ecology Progress Series, 96: 147-157.

Sardain A, Sardain E, Leung B. 2019. Global forecasts of shipping traffic and biological invasions to 2050. Nature Sustainability, 2(4): 274-282.

Schieder N W, Walters D C, Kirwan M L. 2018. Massive upland to wetland conversion compensated for historical marsh loss in Chesapeake Bay, USA. Estuaries and Coasts, 41(4): 940-951.

Schuerch M, Spencer T, Temmerman S, et al. 2018. Future response of global coastal wetlands to sea-level rise. Nature, 561(7722): 231-234.

Schwarz C, Bouma T J, Zhang L Q, et al. 2015. Interactions between plant traits and sediment characteristics influencing species establishment and scale-dependent feedbacks in salt marsh ecosystems. Geomorphology, 250: 298-307.

Sharpe P J, Baldwin A H. 2009. Patterns of wetland plant species richness across estuarine gradients of Chesapeake Bay. Wetlands, 29(1): 225-235.

Sharpe P J, Baldwin A H. 2012. Tidal marsh plant community response to sea-level rise: a mesocosm study. Aquatic Botany, 101: 34-40.

Silliman B R, Bertness M D. 2004. Shoreline development drives invasion of *Phragmites australis* and the loss of plant diversity on New England salt marshes. Conservation Biology, 18(5): 1424-1434.

Simberloff D, Martin J L, Genovesi P, et al. 2013. Impacts of biological invasions: what's what and the way forward. Trends in Ecology & Evolution, 28(1): 58-66.

Smith J M, Cialone M A, Wamsley T V, et al. 2010. Potential impact of sea level rise on coastal surges in southeast Louisiana. Ocean Engineering, 37(1): 37-47.

Smith S M. 2009. Multi-decadal changes in salt marshes of Cape Cod, MA: photographic analyses of vegetation loss, species shifts, and geomorphic change. Northeastern Naturalist, 16(2): 126, 183-208.

Spalding E A, Hester M W. 2007. Interactive effects of hydrology and salinity on oligohaline plant species productivity: implications of relative sea-level rise. Estuaries and Coasts, 30(2): 214-225.

Spencer T, Schuerch M, Nicholls R J, et al. 2016. Global coastal wetland change under sea-level rise and related stresses: the DIVA wetland change model. Global and Planetary Change, 139: 15-30.

Sun K K, Yu W S, Jiang J J, et al. 2020. Mismatches between the resources for adult herbivores and their offspring suggest invasive *Spartina alterniflora* is an ecological trap. Journal of Ecology, 108(2): 719-732.

Tang L, Gao Y, Wang C H, et al. 2013. Habitat heterogeneity influences restoration efficacy: implications of a habitat-specific management regime for an invaded marsh. Estuarine Coastal and Shelf Science, 125: 20-26.

Temmerman S, Kirwan M L. 2015. Building land with a rising sea. Science, 349(6248): 588-589.

Tessler Z D, Vörösmarty C J, Grossberg M, et al. 2015. Profiling risk and sustainability in coastal deltas of the world. Science, 349(6248): 638-643.

Thomsen M S, McGlathery K J, Schwarzschild A, et al. 2009. Distribution and ecological role of the non-native macroalga *Gracilaria vermiculophylla* in Virginia salt marshes. Biological Invasions, 11(10): 2303-2316.

van der Wal D, Pye K. 2004. Patterns, rates and possible causes of saltmarsh erosion in the Greater Thames area (UK). Geomorphology, 61(3): 373-391.

van der Wal D, Wielemaker-Van den Dool A, Herman P M J. 2008. Spatial patterns, rates and mechanisms of saltmarsh cycles (Westerschelde), the Netherlands. Estuarine, Coastal and Shelf Science, 76(2): 357-368.

Vandersande M W, Glenn E P, Walworth J L. 2001. Tolerance of five riparian plants from the lower Colorado River to salinity drought and inundation. Journal of Arid Environments, 49(1): 147-159.

Wada Y, van Beek L P H, Sperna Weiland F C, et al. 2012. Past and future contribution of global groundwater depletion to sea-level rise. Geophysical Research Letters, 39(9): L09402.

Wails C N, Baker K, Blackburn R, et al. 2021. Assessing changes to ecosystem structure and function following invasion by *Spartina alterniflora* and *Phragmites australis*: a meta-analysis. Biological Invasions, 23: 2695-2709.

Wang F, Lu X, Sanders C J, et al. 2019. Tidal wetland resilience to sea level rise increases their carbon sequestration capacity in United States. Nature Communications, 10(1): 5434.

Wang J, Church J A, Zhang X, et al. 2021. Reconciling global mean and regional sea level change in projections and observations. Nature Communications, 12(1): 1-12.

Wang Q, Wang C, Huang S, et al. 2012. Review on salt marsh plant communities: distribution, succession and impact factors. Ecology and Environmental Sciences, 21(2): 375-388.

Wang Q, Wang C H, Zhao B, et al. 2006. Effects of growing conditions on the growth of and interactions between salt marsh plants: implications for invasibility of habitats. Biological Invasions, 8(7): 1547-1560.

Wang S, He Q, Zhang Y, et al. 2021. Habitat-dependent impacts of exotic plant invasions on benthic food webs in a coastal wetland. Limnology and Oceanography, 66(4): 1256-1267.

Warren R S, Fell P E, Rozsa R, et al. 2002. Salt marsh restoration in Connecticut: 20 years of science and management. Restoration Ecology, 10(3): 497-513.

Warren R S, Niering W A. 1993. Vegetation change on a northeast tidal marsh: interaction of sea-level rise and marsh accretion. Ecology, 74(1): 96-103.

Webb E L, Friess D A, Krauss K W, et al. 2013. A global standard for monitoring coastal wetland vulnerability to accelerated sea-level rise. Nature Climate Change, 3(5): 458-465.

Webb M D, Howard K W F. 2011. Modeling the transient response of saline intrusion to rising sea-levels. Groundwater, 49(4): 560-569.

West E J, West R J. 2007. Growth and survival of the invasive alga, *Caulerpa taxifolia*, in different salinities and temperatures: implications for coastal lake management. Hydrobiologia, 577: 87-94.

Wijsman K, Auyeung D, Brashear P, et al. 2021. Operationalizing resilience: co-creating a framework to monitor hard, natural, and nature-based shoreline features in New York State. Ecology and Society, 26(3): 10.

Williams K, Ewel K C, Stumpf R P, et al. 1999. Sea-level rise and coastal forest retreat on the west coast of Florida, USA. Ecology, 80(6): 2045-2063.

Williams S L, Smith J E. 2007. A global review of the distribution, taxonomy, and impacts of introduced seaweeds. Annual Review of Ecology Evolution and Systematics, 38: 327-359.

Xiao Y, Sun J, Liu F, et al. 2016. Effects of salinity and sulphide on seed germination of three coastal plants. Flora, 218: 86-91.

Xu X, Zhang Y, Li S, et al. 2022. Native herbivores indirectly facilitate the growth of invasive *Spartina* in a eutrophic saltmarsh. Ecology, 103(3): e3610.

Xue L, Li X, Zhang Q, et al. 2018. Elevated salinity and inundation will facilitate the spread of invasive *Spartina alterniflora* in the Yangtze River Estuary, China. Journal of Experimental Marine Biology and Ecology, 506: 144-154.

Yamamoto S, Masuda R, Sato Y, et al. 2017. Environmental DNA metabarcoding reveals local fish communities in a species-rich coastal sea. Scientific Reports, 7: 40368.

Zhang Y, Meng H, Wang Y, et al. 2018. Herbivory enhances the resistance of mangrove forest to cordgrass invasion. Ecology, 99(6): 1382-1390.

Zimmerman R J, Minello T J. 1984. Densities of *Penaeus aztecus*, *Penaeus setiferus*, and other natant macrofauna in a Texas salt marsh. Estuaries, 7(4): 421-433.

第十章 环境污染与植物入侵

第一节 与植物入侵相关的环境污染类型概述

一、土壤污染

土壤环境污染又称"土壤污染",是指由人为活动导致的污染物通过多种方式进入土壤,其数量和速率远远超出了土壤本身的净化能力,导致污染物在土壤中不断积累,进而对土壤的生态功能和结构产生不利的影响。污染的成因包括工业污染、农业污染和生活污染。土壤中污染物以重金属及有机物较为突出,重金属如镉、锰、铅、锌、铜、铬、砷、硒[①]等(Khan et al., 2021),农药则是有机污染物。土壤污染是一个隐蔽的累积的不可逆的过程。土壤生态系统对地球上生物的生存和发展至关重要。近几十年来,随着工业化和城镇化的快速发展,土壤污染已成为科学界最关注的环境污染问题之一。

(一)土壤重金属污染

土壤无机污染物中以重金属比较突出,这主要是由于重金属在环境中的持久性和不可生物降解的性质。土壤重金属污染是指土壤中重金属元素含量明显高于其自然背景值,并造成生态破坏和环境质量恶化的现象。

重金属是指密度大于 5 g/cm^3 的金属和类金属(Oves et al., 2012; Yang et al., 2018)。重金属主要包括:铅(Pb)、镉(Cd)、铬(Cr)、汞(Hg)、锰(Mn)等。由于砷(As)具有与重金属类似的化学性质和环境行为,因此砷通常也被归类为重金属。重金属可能来自自然,也可能来自人类活动。矿产资源开发、金属加工和冶炼、化学制品生产、工厂排放和污水灌溉等人类活动已被证明是重金属污染的主要来源。

当超标的重金属进入土壤时,土壤质量会因土壤生产力的降低而下降(Alloway, 2013)。此外,接触重金属可能会对人类健康构成威胁,尤其是儿童和生活在污染区附近的人(Chen et al., 2015b; Briffa et al., 2020)。例如,急性和慢性砷暴露会导致心血管和其他系统紊乱,最终可能导致癌症(Chen et al., 1995; Huang et al., 2015)。过量摄入铅会损害人的神经系统、循环系统、内分泌和免疫系统(Zhang et al., 2012b; Xu et al., 2021)。长期接触镉会导致肺癌、肺腺癌、前列腺增生性病变、骨折、肾功能障碍和高血压(Żukowska and Biziuk, 2008)。在过去的 50 年中,全球有 3 万 t 铬和 80 万 t 铅被释放到环境中,其中大部分都在土壤中累积,从而造成了严重的重金属污染(Li et al., 2014)。由于重金属能进入所有生态系统中,释放到大气圈、陆地圈、生物圈和水圈,对植物、动物和人类产生严重影响,特别是重金属能在土壤和有机体中富集,在食

---

① 硒和砷为非金属,但同时具有金属性和非金属性,本书作为重金属讨论

物链中产生不可预见的结果（Li et al., 2019）。

（二）土壤有机物污染

土壤有机物污染是指由人类活动导致各种各样的有机污染物大量释放到土壤环境中引起的土壤污染。

有机污染物是指对环境造成污染并对生态系统产生不利影响的有机化合物。有机污染物包括天然有机污染物和合成有机污染物。前者主要由生物体的代谢活动和其他生化过程产生，如萜类、黄曲霉毒素。而后者则是随着现代化工行业的兴起而产生的，如杀虫剂、橡胶、塑料等。有机污染物可以在土壤环境中通过复杂的环境行为进行吸附、解吸、降解和代谢，也可以通过挥发、淋滤、地表径流等方式残留在其他生态系统的土壤中，或者被植物和土壤中的生物吸收，通过食物链的积累、放大，对人类的健康造成很大的威胁（Song et al., 2017）。近几十年来，现代工业和农业的快速发展不仅加剧了土壤中的重金属污染，而且还产生了大量的有机污染物，导致土壤有机物污染日益严重（Sun et al., 2018）。农民为追求作物高产而大量使用化肥、农药。此外，工业生产、石油开采、交通运输、畜禽饲养、居民生活等方面也产生了大量的有机污染物，进一步加剧了土壤有机物污染（Wang et al., 2022）。

据估计，欧洲有350万个工业、矿山、垃圾填埋场、能源生产厂和农业用地可能受到污染（Zhang et al., 2013）。最近数十年，中国的快速发展也对环境造成了一定的影响。例如，近2000万hm^2的耕地受到了重金属的污染，占据了中国农业总面积的20%。自20世纪40年代以来，农药在世界各地得到了广泛的使用，有机氯农药是造成土壤污染的最主要农药类型。有机氯农药可能会破坏自然环境，并通过食物链的生物放大最终影响人类健康。在动物体内残留的有机氯农药会导致机体的中枢神经系统、内分泌系统、器官组织等发生病变。

二、水体污染

水体污染是指污染物排入水体后导致其感官状态、物理化学性质、化学及生物组成及底质条件等特征发生改变，从而影响水的有效利用，危害人体健康或破坏生态环境，造成水质恶化的现象。水体污染源主要来自工业废水、生活污水、农业排水、空气沉降等。水体中的主要污染物包括：悬浮物和耗氧有机污染物。悬浮物导致水体透明度下降，感官差，影响生物生存；耗氧有机污染物分解时消耗水中的溶解氧，影响鱼类、水生生物的生存。溶解氧耗尽后，污染物进行厌氧腐败分解，产生H_2S、NH_3、醇类等，形成黑臭水体。

世界上许多地区的水质已经恶化，欧洲、印度、中国、南美洲和非洲部分地区都存在高污染威胁，这种恶化将加剧对人类健康、环境和可持续发展的威胁。

（一）水体富营养化

富营养化是内陆和海洋水域水质受损的最常见原因之一（Wallace et al., 2014; Lin et

al.，2021）。2018 年，全球人口超过 70 亿，庞大的人口极大地影响了当地环境，尤其是在城市化快速发展的情况下（Srinivasan et al.，2013；Ahmed et al.，2020）。由于这种快速发展，出现了各种环境问题或危害，如自然植被减少和水资源短缺，对生态系统构成了巨大风险。水污染，如水体富营养化，已逐渐成为世界范围内一个紧迫的环境问题（Nyenje et al.，2010）。根据南非水研究委员会的统计数据，亚洲、欧洲、北美洲和非洲分别有 54%、53%、46% 和 28% 的湖泊面临富营养化问题（Nyenje et al.，2010）。水体富营养化是指水体中氮、磷等营养物质含量过高，引起藻类及其他浮游生物大量繁殖而导致水体污染的现象。水体富营养化是在自然因素和人类活动的共同作用下发生的，水体从贫营养到富营养的自然演变是缓慢的，但在人类的干预下加速变化（Le Moal et al.，2019；Wurtsbaugh et al.，2019）。

富营养化的显著特征是浮游植物（尤其是藻类）数量迅速增加。浮游植物的结构和物种多样性的变化可以反映水质的变化。在光照强度足够的情况下，水体中过量的营养物质不能及时被吸收，这导致浮游植物快速生长。蓝藻水华的频繁发生导致水质恶化和生态功能退化（O'Neil et al.，2012）。水体富营养化导致水体透明度降低，光照强度随着水深的增加而迅速降低，最后水底的沉水水生植物只能获得少量的光（O'Neil et al.，2012）。因此，在上述条件下，生态系统会出现恶性循环。富营养化主要是由不合理的人类活动导致水体中营养物质过剩，尤其是氮和磷浓度过高，其无限制地触发藻类大规模生长，破坏湖泊能量和物质转化的平衡（Schindler，2012；Dodds and Smith，2016）。

引发水体富营养化的来源是很复杂的，涉及各种类型的因素，可分为自然驱动因素和人为干预因素。与人类干预相关的主要来源是农田中使用过多的氮和磷基肥料、农业中使用的杀虫剂或除草剂、生活废水、当地工厂的工业污水以及养殖业的废水（Beaulieu et al.，2019）。除了人为干预，湖泊富营养化过程中的自然驱动因素也很重要（Sinha et al.，2017）。

大多数营养物质，尤其是氮和磷，主要来自农村和城市地区。农业、城市和工业活动大大增加了水体氮和磷污染（富营养化），威胁着从源头到全球沿海地区的水质和生物完整性（Srinivasan et al.，2013）。富营养化带来了许多问题，包括缺氧的"死区"，减少了鱼类和贝类的产量；有害的藻华，威胁饮用水和水生食品供应的安全，刺激温室气体排放，以及这些水域的文化和社会价值的退化（Schindler，2012）。

（二）工农业废水

人口的快速增长导致了工业和农业的发展，也导致了工业和农业废水的大量排放。未经监管的污水和城市污水排放、工业废水排放以及农业肥料和农药是许多国家水污染的主要原因（Angenent et al.，2004；Abdel-Raouf et al.，2012；Han et al.，2016；Chowdhary et al.，2018；Evans et al.，2019）。来自农业和工业的废水中含有大量有机物，有些还含有油脂、重金属和有毒化学品（Udaiyappan et al.，2017；Shrestha et al.，2021）。农业和工业废水的处理通常很困难，因为废水的成分不同，可能包含高含量有机物和生物可降解性差的成分（Cheng et al.，2020）。污染物排放导致广泛的有机污染、有毒污染和富营养化，以及严重的生态破坏。同时，人类健康面临的风险也在增加（Chowdhary et al.，

2018)。与发达国家相比，发展中国家面临的与水污染有关的健康风险更为严重。全世界约有 23 亿人患有与水污染有关的疾病。其中，22 亿人生活在发展中国家（如印度、巴基斯坦）（Wang and Yang, 2016）。

三、大气污染

空气污染在全球环境问题上占有重要地位，被广泛认为是对公共健康和经济进步的威胁。世界卫生组织（WHO）估计，每年有 420 万人死于室外空气污染。大气污染是指由于人类活动或自然过程，某些物质进入大气，从而破坏生态系统和威胁人类健康的现象。空气污染由颗粒物（PM）和气态污染物组成，如 NO_2 和臭氧。研究表明，长期暴露于细颗粒物空气污染中会加大心血管疾病和急性心脏病发生的概率。交通运输、工业生产、建筑施工以及煤炭、秸秆等的燃烧是空气污染的主要来源。

（一）酸雨

雨水的酸化被认为是最严重的环境问题之一。酸雨主要是硫酸和硝酸的混合物，取决于硫和氮的氧化物的相对排放数量（Grennfelt et al., 2020）。随着化石燃料燃烧产生的二氧化硫（SO_2）和氮氧化物（NO_x）的排放增加，许多生态系统将无法吸收这些增加的酸性沉积物，导致不可逆转的生态系统破坏（Schindler, 1988）。由于这些酸与大气中的其他成分相互作用，酸性质子被释放出来，因此土壤酸度增加。土壤化学特性的这种变化会降低土壤肥力，最终对林木和农作物的生长和生产力产生负面影响（Johnson et al., 1982）。水体的酸化对包括鱼类在内的水生生物造成了大规模的负面影响，甚至导致鱼类种群的丧失。前体污染物二氧化硫和氮氧化物在空气中的环境浓度较高时，本身就会造成损害。此外，它们可以形成酸性气溶胶——悬浮在环境空气中的硫酸盐和硝酸盐的细小颗粒，影响人类健康。氮氧化物是对流层臭氧的主要前体，对人类健康和自然生态系统都是有害的，而且也是一种温室气体（Shah et al., 2000）。酸雨还会破坏人造的材料和结构，导致金属表面生锈、碱性材料如混凝土和石灰石被腐蚀，建筑和文化遗迹也会受到影响（Liu et al., 2020）。

（二）UV-B 辐射

随着全球人口的迅速增加以及现代工农业的快速发展，全球环境面临的生态压力日益严峻。其中，由臭氧层破坏导致的紫外辐射 UV-B 增强，更是引起了科学界的广泛关注。由于人类活动产生臭氧损耗物，如氯氟烃、氧化氮等，对大气层臭氧的损害已成为人类所面对的主要环境问题（Andrady et al., 2016；Bernhard et al., 2020）。根据紫外辐射波长的不同，可将进入大气层的太阳紫外辐射分为三类：短波紫外辐射（UV-C，200～280 nm），属于灭生性辐射；中波紫外辐射（UV-B，280～320 nm），是一种生物有效辐射；长波紫外辐射（UV-A，320～400 nm），对生物的影响不大。O_3 能够完全吸收 UV-C 和 90%的 UV-B。在大气中，具有强氧化性和刺激性的臭氧是一种重要的光化学污染物。当它在大气中达到一定的浓度时，不仅会对生态环境造成影响，还会对人体造成危害

(Wang et al., 2017)。在地表附近, 臭氧会以干沉降的形式进入农田生态系统, 对农田生态系统造成严重的影响, 对作物的生长、产量及其光合层面都有强烈的负面效应, 同时还会对作物的物候、品质和农田土壤酶活性等产生一定的影响。在日常生活中, 高浓度的臭氧也会与建筑装饰材料发生化学反应, 如氧化乳胶涂料等表面涂层以及含不饱和碳键的有机化合物的软木器具, 地毯等居家用品, 丝、棉花、醋酸纤维素、尼龙和聚酯的制成品, 从而造成染料褪色、图片图像层褪色、轮胎老化等。对人体而言, 每小时人体能接受的最高臭氧浓度为 260 μg/m^3, 当浓度超过 320 μg/m^3 便会引起咳嗽、呼吸困难及肺功能衰退。

四、新兴污染物

随着技术的飞速发展, 新材料和新化学物质不断被开发应用, 这些新鲜事物不仅给我们的生活带来了极大的便利, 同时对环境也有着潜移默化的影响。新兴污染物是指环境中新发现的, 或者虽早已存在但新近才引起关注, 且对人体健康及生态环境具有风险的污染物(或微生物)(Sauvé and Desrosiers, 2014)。新兴污染物广泛存在于水生和陆地环境中, 数量众多、性质多样, 其中许多污染物即使在较低水平上也有可能对人类健康或生态环境造成不利的影响(Noguera-Oviedo and Aga, 2016)。新兴污染物是近三十年才被广泛研究的环境污染物, 包括人为和自然产生的化学品, 如药品和个人护理产品及其代谢产物和转化产物、非法药物、增塑剂、工程纳米材料和抗生素耐药基因等。大部分新兴污染物来源于我们生活在可以接触到的生活用品、工业用品中, 由于这类污染物不受监管或监管不到位, 每年有大量的污染物在生产或处理的过程中被排放到环境中。

(一)微塑料

生产力的提高和塑料的缓慢生物分解导致塑料在环境中累积。进入环境的塑料可能会保留数百年和数千年, 在此期间, 由于机械和光化学过程, 它们会碎裂, 从而形成微塑料(<5 mm)或纳米塑料(<1 μm)。微塑料可以以纤维、薄膜、泡沫、球体和颗粒的形式出现。塑料是由石油衍生而来的有机聚合物, 包括聚乙烯、聚丙烯、聚氯乙烯和聚酯。

自 20 世纪 50 年代塑料产品开始大规模进入市场以来, 全球塑料产量从 1960 年的每年 50 万 t 大幅增长至 2017 年的 3.48 亿 t(Hale et al., 2020)。由于降解缓慢, 塑料很容易从各种来源累积到环境中。长期以来, 陆地和海洋环境中的塑料污染已被广泛报道, 因此引起了越来越多公众的关注, 尤其是在微塑料的潜在风险方面(Machado et al., 2018b)。目前, 许多塑料制品被随意丢弃至环境中, 大型塑料垃圾会慢慢通过生物或物理作用碎片化, 成为微塑料垃圾(Machado et al., 2018a)。微塑料作为一种新兴的污染物, 具有粒径小、数量多、分布广的特点。由于其相对较大的比表面积, 微塑料可以吸附和浓缩许多有机及无机化学污染物, 从而产生间接毒性。微塑料保持了塑料的原始特性, 含有多种化学添加剂, 如邻苯二甲酸酯增塑剂、溴化阻燃剂、抗氧化剂、加工化学品、着色剂和颜料（Li et al., 2018）。隐形眼镜随意丢弃后进入污水系统，用于牙科和药物载体的微塑料通过废水进入环境，使用磨砂材质的沐浴乳、洗面奶、牙膏等都会带来微塑料风险。虽然目前微塑料给人类健康带来的风险尚未得到证实，但对于水生生物的危害已被验证。

微塑料在环境中普遍存在，特别是在海洋和淡水生态系统中，已经对生态系统造成了严重的负面影响（Isobe et al., 2017；Issac and Kandasubramanian, 2021）。随着全球塑料生产和消费的增加，环境中的塑料污染预计将继续增加，并可能对环境和生态系统造成严重损害（Wu et al., 2019）。

（二）纳米材料

纳米技术的迅速发展产生了大量的纳米材料，纳米材料被广泛应用于工业、农业、食品、商品和医药。不可避免地，纳米材料会被释放到环境中（包括水、大气和土壤），释放的纳米材料将对生态系统造成一些潜在的不利影响。

自20世纪90年代以来，人们一直关注纳米材料的开发利用，纳米材料的特有光学、力学、磁学、热学功能为人类进步做出巨大贡献，如在医药领域，纳米材料制造的智能药物进入人体后可主动搜寻目标，更精准地治疗（Helland et al., 2008）；又如在环境领域，利用纳米材料的高比表面积制备纳米膜，可以高效吸附污染物（Zhu et al., 2019）。然而，纳米材料导致的污染问题一直客观存在。纳米材料在研究、生产、使用过程中排放到环境中导致污染。纳米材料对环境的污染主要表现在两个方面：①纳米材料在生物个体、组织、细胞及分子层次上会产生毒性作用，造成生物死亡、发育毒性、器官损伤、生物大分子异常、DNA损伤等（Asmatulu et al., 2022）；②除了自身的毒性，纳米材料具有较大的比表面积和较强的疏水性，对环境中的污染物具有很强的吸附能力，能够与周围的环境污染物相互作用，这可能会改变彼此的物理化学性质并在环境中发生迁移转化，产生比二者独立存在时更复杂的生物效应（Rio-Echevarria and Rickerby, 2015）。

第二节　环境污染对入侵植物的影响

一、入侵植物具有更强的耐受环境污染能力

入侵植物是指由于自然或人为因素进入了新的栖息地的外来种群，并产生爆发性的增长，最终对当地产生严重的生态和经济后果（徐承远等，2001）。成功入侵的外来植物一般具有较宽的生态幅，以及较强的适应性、较快的繁殖力和散布力等生物学特性。除此之外，当面临环境胁迫时，入侵植物还会通过适应性进化和表型可塑等方式促进其在新生境中的生长和扩散，如乌桕入侵美国后通过快速适应性进化提高了耐盐性（Yang et al., 2015），互花米草入侵中国后对氮素表现出更强的可塑响应（Qing et al., 2011）。

外来植物是否能够成功入侵受各种环境因子的影响。适应性和耐性强的物种具有较大的入侵潜力。通常成功入侵的外来物种对各种环境因子的适应幅度宽广，而且常常能对光、温、水、肥等环境胁迫有较强的抗逆性，包括极端温度、干旱、洪涝、盐碱、环

境污染等各种物理化学胁迫和其他生存竞争胁迫，如豚草（*Ambrosia artemisiifolia*）对高温、高湿有较强的抗逆性（胡亮等，2014），紫茎泽兰（*Ageratina adenophora*）的生态适应性很广，覆盖了热带、亚热带、暖温带和温带等气候带。此外，相关研究表明，在低温胁迫下，小飞蓬（*Conyza canadensis*）、加拿大一枝黄花（*Solidago canadensis*）、钻形紫菀（*Aster sublatus*）、马缨丹（*Lantana camara*）和一年蓬（*Erigeron annuus*）等入侵植物的脯氨酸含量升高，有利于维持细胞正常代谢，从而增强植物在逆境下的竞争能力（郭水良和方芳，2003）。

随着环境问题的复杂多样化，植物的生境逐渐发生改变，气候和土壤等条件的变化与入侵物种的入侵速率和入侵区域密切相关，是影响植物入侵过程的重要非生物因素，如 CO_2 浓度的增加会延缓草原群落演替的过程，为外来物种进入该群落创造了入侵的机会（Vasseur and Potvin，1998）；酸雨导致群落冠层稀疏，透光率增加，有利于生长力强的外来喜阳植物生长。入侵植物对环境胁迫的抵抗力及容忍性更强，在环境污染地区将比土著物种更具有竞争优势，如凤眼莲在富营养化的水体中，光合作用以及光合利用效率均高于土著物种（Fan et al.，2013）。微塑料和三氯生的混合污染会通过增强喜旱莲子草的生长表现促进入侵（王君楠，2021）。

此外，金属耐受性是影响植物在重金属污染环境中生存和繁殖的一个重要限制因素（Deng et al.，2006；Chowdhury and Maiti，2016），过量的重金属对大多数植物均有毒性作用。为适应高浓度的重金属植物进化出了两种策略，一种是排除策略，另一种是耐受型策略（Lin and Aarts，2012）。超富集植物就是使用耐受型策略植物中的一种。目前，有关超富集植物的衡量标准有 3 个：一是临界含量标准（刘威等，2003），即植物茎或叶中重金属达到其临界含量；二是富集系数标准，即富集系数大于 1.0（薛生国等，2003）；三是转移系数标准，即重金属在植物地上部的含量大于其根部含量（汤叶涛等，2005），同时还需要有一定的耐受能力（刘小梅等，2003）。大多数入侵性较强的植物还能耐受高浓度的重金属，即使在污染较严重的地区也能生长，如喜旱莲子草对多种重金属均具有较强的耐受性及富集能力（Yuan et al.，2016）；青葙、假臭草、紫茎泽兰、加拿大一枝黄花等入侵植物对重金属镉有较高的耐受及富集能力（Fu et al.，2017）。一些入侵植物甚至可以在组织中（超）富集重金属，如美洲商陆可以超富集重金属镉和锰（Fu et al.，2011）。

二、污染物提高了入侵植物的抗虫性与抗病能力

外来入侵植物从原产地到入侵地以及在入侵地的扩散和暴发过程中，入侵植物所面临的一系列生物环境有很大的改变（Ramos and Schiestl，2019）。这种非生物以及生物环境的改变所引起的各种选择压力的改变，很有可能驱动入侵植物产生快速的适应性进化（van Kleunen et al.，2018）。其中，植物和植食性昆虫的相互关系是外来植物成功入侵的关键因素之一。

天敌逃逸假说认为，外来植物之所以能够成功入侵到新的生境，是因为逃离了原产地协同进化的自然天敌（植食性昆虫和病原微生物）的控制作用（Keane and Crawley，

2002)。新武器假说认为入侵植物会分泌出抑制土著植物种子萌发和生长的化感物质，导致外来植物的成功入侵（Callaway and Ridenour，2004）。元素防御假说认为重金属在植物体内的富集可以提高植物本身对外界病原菌和食草动物的防御（Poschenrieder et al.，2006），如重金属在叶菜类蔬菜中的积累可对植食性昆虫（如斜纹夜蛾）产生影响（杨世勇等，2015）。拟南芥叶片的被取食率随着镉浓度的增加而显著降低；芥菜中砷的积累也阻碍了植食性昆虫的取食（Hanson et al.，2003）。

目前，将驱动植物化学防御的主要因子分为三大类：生物因子、非生物因子以及资源分配。其中，包括植物因子、植源性病原物诱导因子（菌体匀浆液和菌体培养滤液）和虫害因子及其代谢物在内的生物因子（Dorokhov et al.，2012），均能诱导植物产生抗性，在帮助植物抵御病虫的危害中发挥着极为重要的作用。环境污染和机械损伤、昆虫取食和光照强度等生物或非生物因子一样，诱导植物产生大量的次生代谢物质，用于提高植物的化学防御水平（Maksymiec et al.，2005；Foroughi et al.，2014）。例如，Llugany 等（2013）等研究发现天蓝遏蓝菜积聚一定浓度的 Cd^{2+} 后，能在其体内引发茉莉酸信号途径。茉莉酸是植物的一种重要生理激素，能激发一系列防御基因的表达，使植物体内产生和积聚各种抗虫相关物质，如黄酮、单宁、酚酸等次生代谢产物，从而对危害昆虫的生长、发育和繁殖造成抑制或干扰作用。入侵植物紫茎泽兰叶片富集重金属镉后，对立枯丝核菌有一定的抑制作用，且随着叶片积累镉浓度的增加，病斑越来越小（Dai et al.，2020）。

三、环境污染增强了入侵植物的竞争能力

外来植物较强的竞争力已经被作为一种促进其入侵成功的重要因子被提出，如重金属污染对外来入侵植物喜旱莲子草的种群维持具有重要作用。虽然喜旱莲子草与土著植物莲子草相比并非强有力的竞争者，但是二者在长期的种群互作关系中，土壤重金属的含量越高，越有利于喜旱莲子草的种群增长（Wang et al.，2021a）。

环境污染会改变土著物种的生境，如酸雨加速土壤酸化，氮沉降增加土壤氮含量，重金属污染使土壤重金属浓度超过阈值。土著物种适应性差假说认为，土著物种适应环境变化的能力差，而外来物种对不良环境有较强的忍受力（Manchester and Bullock，2000）。因此，外来物种所具有的较强的耐受性和适应性，使其更能适应污染环境，在与土著植物的作用中拥有竞争优势。在重金属 Cd 污染土壤中，入侵植物土荆芥（*Chenopodium ambrosioides*）的抗逆性与耐性比土著植物藜（*Chenopodium album*）强；氮沉降量的增加促进了入侵植物节节麦（*Aegilops tauschii*）竞争能力的提升，加剧了其入侵的危害性（Wang et al.，2018）。

化感作用是外来植物成功入侵的重要机制之一。植物化感作用是植物对外界环境变化做出的响应，受到环境因子调控（孔垂华等，2000）。在环境胁迫的条件下，植物化感作用增强，释放到环境中的化感物质增多。环境污染胁迫下，植物的光合作用以及次生物质的合成等都将受到影响，使植物化感物质的种类、数量或化感强度发生变化，而这种变化有可能导致土著植物化感强度减弱，而某些外来植物化感作用相对增强，从而使外来植物在竞争中处于有利地位而逐渐成为群落中的优势种。

综上所述，环境污染对入侵植物的影响是复杂多样的。首先，与土著物种相比，入侵植物具有更强的耐受环境污染能力；其次，环境污染会通过增加入侵植物抗性物质的含量提高其抗虫和抗菌能力；最后，环境污染还会通过改变生境使适应性和耐受性较强的入侵物种成为竞争优势种，促进外来植物的成功入侵。

第三节 入侵植物对环境污染的响应

一、入侵植物富集和转移污染物

土壤中的污染物被植物的根系吸收并输送到植物的各个部分，随着吸收量的增大，它们在植物体内的浓度也会逐渐增大。沿着食物链，这些物质还可以传递给更高营养级的生物。在生物放大作用的影响下，它们将会对整个生物群落甚至生态系统造成危害，加速了生物多样性的损失。

外来植物的入侵会打破土著生物群落中原有的平衡关系，严重地影响了生态系统的结构与功能。由于具有较强的环境耐受能力，入侵植物可以适应较大幅度的环境变异，甚至能够在高度污染的生境中成功定殖。在环境污染的基础上，外来植物的入侵常常会加重对本地生态系统的破坏，导致大面积的单一优势群落的出现。

（一）入侵植物富集污染物

极端的土壤类型，如在矿区、工业区及重金属天然存在的区域，仅有极少数的物种可以存活。植物为了能够在这种极端的环境中长期生存，进化出了多种生理学的适应性机制。按照不同的耐受策略，将具有重金属耐受性的植物分为富集型（accumulator）、指示型（indicator）和回避型（excluder）3 类。富集型植物会主动地从土壤中吸收重金属，并将重金属大量地富集在植物的地上部分；指示型植物能够调节重金属的吸收转运，其体内的重金属含量会随土壤中重金属含量的增加而升高；而回避型植物能够在一定范围的土壤重金属浓度中抵制根系对重金属的吸收，保持自身的相对稳定且较低的重金属含量。具有富集型或指示型策略的植物，可以作为生物修复物种，用于重金属污染生境修复工程。

在具有严重污染的生境中，常常也会面临着严峻的外来植物入侵问题。研究显示，很多入侵植物都对重金属具有较强富集能力，如加拿大一枝黄花（*Solidago canadensis*）对锰和铜的富集（Bielecka and Królak, 2019），喜马拉雅凤仙花（*Impatiens glandulifera*）对镉的富集（Coakley et al., 2019），粉绿狐尾藻（*Myriophyllum aquaticum*）对锌和镉的富集，以及虎杖（*Fallopia japonica*）对镉的富集（Soltysiak, 2020）等。入侵植物不但能够富集重金属，还具有较强的生长属性，如生长快速、生物量大、根系发达、适口性差、易于形成单一优势群落等，因此很多研究者都认为入侵植物是生物修复的理想材料（Prabakaran et al., 2019）。

（二）入侵植物富集污染物沿食物链传递到更高营养级

重金属污染物与其他有机化合物的污染不同，不少有机化合物可以通过生物降解途径被自然净化，而重金属则无法降解成小分子的无毒物质（Martens and Boyd，1994）。环境中的重金属即使浓度很小，也可以在植物中积累并通过食物链不断地在生物体内富集。目前已有大量的研究表明植物对重金属的富集将产生防御的功能（即元素防御），用以抵御植食性生物及病原菌的侵害。与一般植物相比，入侵植物的重金属富集具有更为明确的生态学意义。

生物防治是一种利用生物之间的营养级关系，对低营养级的生物进行管理的有效方法。人们从入侵植物的原产地引种植物的专食性天敌，通过几次或反复的释放建立该种天敌的自然种群，以达到长期控制入侵植物的目的。生物防治对于环境条件的需求较高，仅仅在有限的区域内才能够发挥更好的防治效果。以入侵美洲的多枝柽柳（*Tamarix ramosissima*）为例，2004年，人们将中国的柽柳条叶甲（*Diorhabda elongata*）引种到美国，在多地都取得了不错的防治效果。然而，Sorensen等（2009）等首次报道了多枝柽柳通过富集硒（Se）显著地抑制叶甲生长的现象，说明了环境污染将会导致生物防治作用的失败，进而为入侵植物的生长提供机会。除硒之外，高氯酸盐（ClO_4^-）、硒（Se）、锰（Mn）及六价铬［$Cr(VI)$］都能够通过多枝柽柳在叶甲体内富集，其中对六价铬的富集更是达到了超富集级别。这些富集起来的污染物将继续对鸟类及哺乳动物造成威胁。

（三）入侵植物增加了污染物对生态系统危害的深度和广度

从土壤到食物链，植物在重金属元素的移动过程中起着重要的中转作用。研究显示，植被的存在可以提高生境沉积层中的重金属含量，这种现象反映的是植物富集重金属的另外一种生态学功能，即元素化感作用（Boyd and Martens，1998）。不同的植物在沉积层累积重金属的能力存在差异，而入侵植物在这一方面具有明显的优势。与多数土著植物相比，入侵植物具有较高的生产力、较强的重金属富集能力以及较快的凋落物降解速率，因而会表现出极高的促进沉积层重金属累积的能力（Allison and Vitousek，2004；Morris et al.，2009；McLeod et al.，2016）。Chen等（2018）等研究认为，尽管入侵植物互花米草（*Spartina alterniflora*）对各类重金属都具有较强的富集能力，但是该植物同时也向周围沉积层中大量地释放重金属，因此会使局部的环境污染现象更为严重。顶羽菊（*Acroptilon repens*）在入侵美国的40年后，其群落内地表2.5 cm厚度内的土壤与邻近的土著植物群落中的土壤相比，锌的含量高出4倍（Bottoms，2001）。长期定殖的入侵植物还容易造成土壤的酸性化，使得重金属元素更加容易被植物吸收利用（Weis and Weis，2004；Selvi et al.，2017）。重金属在沉积层中的累积量越大，给土壤中的种子库、中生动物及微生物等都会带来影响（Gall et al.，2015）。具有较强重金属富集能力的入侵植物将成为一种潜在的污染源，持续加深对生态系统危害的深度和广度。

二、入侵植物对长期低剂量持续污染的响应

Grime（1977）认为，植物的环境耐受能力和自身的生长竞争能力之间存在权衡关系。当环境压力较弱时，植物中与生长相关的物质能量分配将获得提高。在植物群落中，

较低的环境压力常常意味着植物之间会产生强烈的竞争关系，植物因此采取了不同的生存策略，产生了生态位的分离并促进了种间的共存（Qiu et al.，2020）。

一般来说，重金属对植物的影响是"低促高抑"，即土壤中重金属浓度较低时对植物的生长有促进作用。与土著植物相比，入侵植物在多种类型的植物性状上都表现出了较强的竞争优势，如较强的繁殖能力、较快的生长速率、高强度的环境适应能力及化感作用等。更为重要的一点是，即使在同一区域中生长，入侵植物和土著植物也仍会面临极为不平衡的环境压力。竞争力进化增强假说认为，入侵植物从原产地到引入地所面临的生物环境压力发生了根本性的变化。专食性天敌的缺失会促使入侵植物削减对高成本的防御性状的投入，进而有利于植物增加生长速率，快速占据资源（Blossey and Notzold，1995）。压力的不平衡性可能有助于入侵植物打破对环境耐受性和生长竞争能力之间的权衡关系，极大地促进了重金属对入侵植物生长的刺激作用（Qiu et al.，2020）。

在入侵植物参与的生物演替过程中，受重金属影响的植物-土壤反馈作用同样不容忽视（Morris et al.，2009；Lazarus et al.，2011）。Yang 等（2008）等研究发现，尽管铅不利于菌根真菌在加拿大一枝黄花根上的定殖，但却能够促进植物对养分的获取效率，这可能是导致入侵植物提高竞争能力的重要原因之一。入侵植物的长期定殖会改变土壤的理化性质与土壤生物群落结构，这种改变通常对后续入侵植物的生长更为有利（Jandová et al.，2014；Dudenhoeffer et al.，2022），然而目前有关于重金属对入侵植物土壤反馈作用的影响尚未见报道。

作为一种环境胁迫因子，当土壤中的污染物含量发生改变时，植物会相应地改变生存策略：在正常的土壤中，根的生物量分配能够反映植物对土壤营养及限制性资源的需求，在贫瘠的土壤中植物将具有更高的根生物量分配；当土壤污染逐渐增强时，植物的光合作用及生长能力均受到刺激，此时植物对地上的生物量分配将会提高；当土壤达到较高的污染水平时，将会阻碍根部对资源的捕获能力，植物对根的生物量分配将再次获得提高（Audet and Charest，2008）。受重金属影响，一些植物的根会变得更加细长，用以提高植物对土壤养分的吸收，或规避不利的环境条件（Bierza，2022）。植物的地上部分也可以通过捕获光能，或提高比叶面积，利用有限的能量竞争更多的资源（Wang et al.，2021b）。一些草本植物受重金属的影响会降低叶片的大小，但是同时它们会增加叶片总量以补偿光合能力的损失（Zvereva et al.，2010）。

在能量权衡的影响下，植物提高对环境胁迫的耐受性，其竞争能力通常会降低（Grime，1977）。Che-Castaldo 和 Inouye（2015）等认为，入侵植物在污染生境中的繁殖投入比其竞争能力本身更加有利于其入侵。例如，当环境中的镉浓度升高，入侵植物喜旱莲子草将具有更高的无性繁殖潜能，其在群落中的物种优势度也会随着时间进程而逐渐增长（Wang et al.，2021a）。

植物的重金属耐受策略是结合遗传、生理和生态进化的综合结果。植物的自然种群中可能会出现一定数量的具有重金属耐受性的遗传变异体，它们可以扩散到重金属高含量的区域中，或当环境遭受污染时存活下来（Kruckeberg，1967）。较强的重金属耐受性以及超富集重金属的能力主要源于植物在高重金属背景值生境中长期的自然选择和进化。

植物超富集重金属的生态学适应机制目前还存在大量疑问，相关的进化假设包括：①植物对重金属的富集能够使植物更好地耐受土壤中不断增加的重金属含量（Boyd et al.，2000）；②提高植物对干旱的抵御能力（Angle et al.，2003）；③无意的吸收；④作为一种竞争策略，通过根际代谢及凋落物降解提高植物周围地表重金属含量，使高耐受性和低耐受性的植物产生生态位的分离；⑤重金属可以激发植物防御反应，或利用重金属本身的毒性作用，抵御植食者和病原菌侵害。其中第5个假设被称作"元素防御"假说，它研究得最为深入，获得了很多实验证据支持。与入侵植物有关的元素防御现象也有报道，例如，凤眼莲（*Eichhornia crassipes*）在酸性尾矿排水影响下对其生防昆虫 *Neochetina eichhorniae* 和 *Neochetina bruchi* 的防御作用（Newete et al.，2014），多枝柽柳（*Tamarix ramosissima*）在多种污染物影响下对 *Diorhabda elongata* 的防御作用（Sorensen et al.，2009）。

尽管各植物物种对重金属的耐受性进化均是独立进行的，但是在具有强耐受性及强富集性的植物物种之间会具有相似的金属稳态网络（Hanikenne and Nouet，2011）。植物的重金属耐受性与富集性具有较高的保守性，其进化需要植物在一系列转运蛋白及螯合剂蛋白的合成序列上进行修饰，如：①转运蛋白相关基因 *ZIP* 在根茎中的大量表达可以保障植物从体外大量转运锌、铁等重金属至体内；②*HMA4* 编码重金属转运 P 型 ATP 酶（P-type ATPase），其在根茎中的大量表达可将锌和镉从根共质体转移至木质部导管；③*MTP1* 编码液泡转运蛋白，可以参与重金属的封存解毒。

表型可塑性和遗传分化是植物适应异质环境的两种不同策略。尽管土壤重金属含量或天敌选择压力有可能会在短期内快速地促进入侵植物的适应性遗传分化，但是在现有的研究中，入侵植物对重金属的耐受性更可能是其内在属性。Chen 等（2015a）研究显示，入侵植物美洲商陆（*Phytolacca americana*）在污染地种群与未污染地种群之间无明显的遗传进化差异。Gulezian 等（2012）的研究也显示，入侵植物毒参（*Conium maculatum*）的遗传分化与其不同污染程度的地理种群之间无明显关联性。本身具有较强重金属耐受性的外来植物可能具有更强入侵性，而较强的表型可塑性则会促进其在不同污染程度的生境中成功定殖。

三、入侵植物对土壤污染的响应

近年来，由于人类活动和工业的发展，环境污染越来越严重，其中土壤重金属污染更是全球迫切需要解决的环境问题之一。此外，由于许多入侵植物已被证明具有耐受重金属胁迫的能力，重金属污染可能为这些入侵物种提供不成比例的机会来建立种群并进一步影响受干扰地区的土著植物群落（Prabakaran et al.，2019）。入侵植物相较于被入侵地区的土著植物来说能够涵盖更加广泛的生理生态位（Wan and Wang，2018），并迅速熟悉不断变化的环境条件。这种内在能力增强了它们在新栖息地的繁殖能力，这反过来又限制了土著物种的生存空间（Rejmanek，2015）。目前已有许多科研工作者研究了重金属和入侵植物对土著植物幼苗生长的综合影响，或者重金属对两种物种的竞争相互作用的影响。结果表明许多入侵物种在重金属污染条件下展现出强于土著物种的竞争力

（Wang et al., 2021a）。

自然界中，尽管大多数植物对重金属敏感，但有些植物能够较其他植物耐受更高的重金属浓度，或者通过各种反应机制将重金属排除在外，阻止其进入体内。然而，存在许多能够主动对重金属进行超量富集的植物，如重金属超富集植物龙葵能够超富集 Cd（Chen et al., 2014）。一些重金属超富集植物在吸收金属后，可以被激发产生防御反应，产生一些类似于抗性蛋白的物质（Mittra et al., 2004），可以保护超富集植物免受病原菌（Nelson and Citovsky, 2005）、食草动物（Behmer et al., 2005）的伤害，也就是"元素防御"假说，即金属在植物组织中的积累可以提高植物对生物胁迫的抗性。由于工农业排污、施肥等的影响，我国包括农田用地在内的许多土壤中的重金属含量严重超标。一个有趣的现象是，许多外来入侵植物可以生活在重金属污染的地区，这些入侵植物不但可以生长，而且还可以富集大量的重金属，如土荆芥（*Chenopodium ambrosioides*）对铅的富集（Zhang et al., 2012a），以及三叶鬼针（*Bidens pilosa*）和小飞蓬（*Conyza canadensis*）对镉的富集（Sun et al., 2009）。因此，在全球变化，特别是重金属污染已经成为一个普遍且严重的生态环境问题，同时入侵植物在全球的扩张与入侵程度也越来越严峻的情况下，我们推测：在一定的病虫害压力下，入侵植物在全球重金属污染下的入侵或许与其对重金属的高耐受和高富集有着密切联系。重金属在这些入侵植物体内或许也能起到金属盔甲的作用，或许也可以帮助入侵植物对抗外界病原菌和植食性昆虫的侵害。得益于此，入侵植物就有可能在入侵地从容应对虫病压力，稳定地建立并扩张种群。而入侵植物种群的不断扩大会进一步压缩土著物种的生存空间，加之重金属污染对土著物种的抑制效应，这对土著物种的种群生存来说是双重挑战，会进一步加重入侵植物对被入侵地区生物多样性的破坏。

随着社会经济的发展，人们生活水平的不断提升，工业废水和生活污水逐年增多，废水和污水中含有植物生长所需的必需元素如氮、磷、钾等，经处理后用于农田灌溉，能起到增产的效果，但也有大量的酚类、氰化物等有机物，如果直接用于农田灌溉，则会把有机物带到农田，从而引发土壤污染。对农作物适量施肥可提升产量，但如果不合理施肥，就会引起土壤污染，如长期大量使用尿素，就会破坏土壤结构，因为尿素是碳、氮、氧、氢等组成的有机化合物，如果施加量超过农作物吸收标准，在外界因素的作用下会生成缩二脲、缩三脲和三聚氰酸，导致土壤板结，生物学性质失效。合理喷洒农药，可达到防治病虫害、提升农作物产量的目的，但其也是危害性很大的土壤污染物，如果应用不当，会引起严重的土壤污染。例如，三氯杀虫酯、甲基毒虫畏等农药都是有机化合物，使用时只有一部分用来杀虫、防病，大部分农药落在土壤上，造成土壤有机物污染。

前人的研究表明，部分入侵植物如互花米草抗污能力极强，根系发达，其根部对污染物的耐受能力极强。而且由于其自身的组织结构优势（叶片蜡质成分丰富、通气组织发达），对来自海洋和陆地外源输入的挥发性苯系物以及其他有机污染物具有很好的修复能力。因此，有机物污染严重的区域可能为部分抗污能力强的入侵物种提供潜在的入侵空间。

四、入侵植物对水体污染的响应

自然环境的改变和人为频繁的活动导致海洋、湖泊、河流、水库等蓄水体中富营养化的发生,是当今世界水污染治理的难题,已成为全球最重要的环境问题之一,全球有75%以上的封闭型水体存在富营养化问题。水体污染物按其在水体中的状态或形态可分为水体颗粒物、浮游生物和溶解物质。按其危害特征可分为耗氧有机物、难降解有机污染物、植物性营养物质、重金属污染物、放射性污染物、石油类污染物和病原体等。在环境保护中重点控制的水体污染物主要是化学耗氧量、石油类、氨氮、挥发性酚、氰化物、砷化物、汞和六价铬。此前已有大量研究表明,水体污染会影响农作物产量,危害公众健康,影响渔业生产的产量和质量,使生态环境遭到更严重的退化(Liu et al., 2022)。

水体污染从两个方面促进外来物种种群的发展壮大。首先,先前的研究中科研工作者发现在重金属污染条件下生长的植物,特别是那些能够富集重金属的植物会利用重金属的富集对天敌产生抵御效果。超过75%的昆虫适应性及其种群动态受到与宿主植物相关的因素的不利影响,其中主要包括植物组织中积累的重金属的负面影响。而工业废水和污水排放中危害最严重的问题之一便是重金属含量超标。重金属污染会对土著水生植物产生负面影响(Newete et al., 2014),降低土著植物种群大小,导致水体溶氧量降低,但是低溶氧量有利于部分入侵物种的生存(Villamagna and Murphy, 2010)。这一研究结果表明水体重金属污染在抑制土著水生植物的同时,为部分外来物种入侵创造了有利条件。

水体污染促进生物入侵的第二个方面是水体富营养化。许多研究通过对污染水体的检测发现,受污染水体总氮和总磷含量较高,水中溶解氧较低,水体质量下降。富营养化的水体为外来物种的成功入侵及蔓延提供了优越条件。从各观测点的调查得出,在各水域水质条件下,随着总氮和总磷含量的增高,入侵物种如水葫芦的长势逐渐增强,成为当地的优势种。入侵物种成为优势种后会在不断扩大种群的过程中改造当地生态环境,促使当地环境朝有利于自身生存的方向发展。有研究表明入侵物种水葫芦长期生存会改变当地水质的pH值,使水质更有利于自身种群的生存(Madikizela, 2021)。但是这种改变往往会对土著水生植物造成危害,因此水体污染促进外来物种入侵的同时势必会加重外来物种对土著生物多样性的破坏。

五、入侵植物对大气污染的响应

几十年来,由于工业快速发展、能源需求增加以及二氧化硫(SO_2)和氮氧化物(NO_x)等酸性气体排放量增加,酸雨一直是一个全球性的环境问题。研究表明,酸雨对陆地生态系统有明显影响:一方面酸雨淋溶对植物地上部分直接造成伤害,另一方面酸雨导致土壤酸化,因而对植物产生间接影响(Craker and Waldron, 1989)。植物生长响应酸雨变化的重要驱动因素是酸雨的pH值,已经有众多研究表明高pH值的酸雨并不会对植物的生长造成明显的伤害。但是随着pH值的降低,会明显影响植物的生长繁殖过程

(Hosono and Nouchi, 1993)。酸雨对外来植物入侵的影响是复杂多样的。酸雨直接危害群落冠层植物, 使植物枝叶干枯, 落叶后造成冠层稀疏, 群落内光照和温度增强, 加之氮沉降后土壤、水体氮素的增加, 对某些阳生性高生长力的外来植物入侵有利。酸雨加速土壤酸化, 促使基本离子如 Ca^{2+}、Mg^{2+} 等淋失以及 Al^{3+} 增加, 进而危害植物的生长发育, 并导致植物的内源激素以及化感作用发生改变, 某些耐受力和适应性强的外来植物在与土著植物竞争中处于相对优势而逐渐成为入侵物种; 酸雨及外来植物的入侵都会改变土壤微生物的群落结构, 而这些改变可能对某些外来植物的入侵更为有利。近期的一份关于入侵物种对酸雨的耐受性研究报告显示, 入侵物种喜旱莲子草对酸雨胁迫具有较好的耐受性。两种不同 pH 值的酸雨处理对喜旱莲子草生长的影响并没有明显差异, 并且轻度酸雨胁迫 (pH 值为 4.5) 对喜旱莲子草生长有一定的促进作用。总之, 酸雨通过对植物的直接危害, 以及通过对土壤、水体环境的影响而对生态系统产生深刻的影响。由于外来植物与土著植物在生态适应性和耐受力上的差异, 这种影响为某些外来植物的入侵及扩散蔓延创造了有利条件, 促进了外来植物的入侵。在当前工业化、酸雨问题越来越严重的背景下, 酸雨问题很可能会进一步加剧全球生物入侵这一现象的发生(Guo et al., 2012)。

六、入侵植物对新兴污染物的响应

微塑料是一种直径小于 5 mm 的聚合物颗粒, 具有多种形状, 并具有多种物理化学性质。经过近十年的研究, 研究人员发现目前微塑料在海洋中无处不在, 并对海洋生物造成了不利影响。但是这些微塑料污染物是从哪里来的呢? 据估计, 在海洋中, 80%的微塑料污染来自陆地。根据微塑料的起源可以分为两种主要类型: 通过研磨产生的微塑料被称为初级微塑料, 如面霜、沐浴露、洗发水、洗面奶和牙膏等消费品中的研磨剂都含有大量的初级微塑料; 二级微塑料是通过物理、生物或化学作用降解较大的塑料制品所产生的。微塑料具有持久性、多样性、普遍性的特点, 这对土壤生态安全构成了严重威胁。根据前人研究, 微塑料对土壤具有以下危害: ①众多研究表明微塑料污染会改变土壤的物理性质, 进而导致土壤容重下降。因此微塑料污染可能会影响土壤含水量, 这会加剧干旱对生态系统功能的负面影响 (Lozano et al., 2021)。②粒径较大的微塑料颗粒可以通过堵塞种子毛孔直接影响种子萌发。降解后的微塑料会转化成更小的纳米塑料, 被植物吸收后可能阻塞植物细胞壁上的气孔或细胞连接处, 降低植物运输水分和营养物质的效率。③土壤微塑料污染会改变土壤性质, 这将极大地影响土壤微生物群落的功能和结构多样性, 导致严重的潜在土壤环境问题。④为了改善塑料的性能, 如颜色稳定性、抗紫外老化性、阻燃性和柔韧性, 在塑料制造过程中添加各种有机和无机添加剂, 这意味着塑料在进入自然环境之前就已经含有各种化学污染物。此外, 微塑料被认为是许多重金属污染的载体, 随着微塑料释放到自然环境中, 大量的重金属也被释放到环境中。

微塑料污染会造成土壤含水量的下降, 加剧干旱对生态系统功能的负面影响。但是一些入侵物种在干旱条件下表现出了很强的适应性 (Zhou et al., 2021)。部分入侵物种在遭受干旱胁迫时能够通过一系列生理生化反应降低干旱对自身的影响，这能够帮助它们在被入侵地建立种群并形成入侵（Turner et al.，2017；Williams-Linera et al.，2022）。如前文所述，已有众多研究发现入侵植物展现出对重金属污染环境条件良好的适应性，能够借助富集重金属等生理特性对天敌产生防御效果，而微塑料污染往往伴随着重金属污染的发生，因此当前越来越严重的微塑料污染问题可能会进一步加剧生物入侵这一现象的发生。加之微塑料本身对生态系统的潜在威胁，生态系统就要面临来自微塑料污染和入侵物种两方面的压力。

七、入侵植物对复合污染的响应

环境污染的几大主要问题分别是重金属污染、微塑料污染、酸雨以及水体富营养化等。以往众多研究分别阐述了它们各自对于生态系统的影响，但是衡量生态系统所受到的影响时，我们必须考虑这些污染源之间的协同效应。研究发现，微塑料可以作为包括重金属在内的各种环境污染物的载体，并可能影响它们在环境中的移动性、归宿和生物可利用性。微塑料可以吸附多种重金属，如铅（Pb）、镉（Cd）、铜（Cu）、铬（Cr）、镍（Ni）、锌（Zn）等，同时吸附的重金属也可以从微塑料表面或内部释放出来。微塑料可以直接改变重金属化合物的理化性质，从而导致其在生物体内累积并对生物产生毒性作用。环境因素如pH值变化和溶解的有机物会影响微塑料和重金属之间的相互作用，导致重金属化合物形态和生物有效性发生变化（Yu et al.，2021）。此外，有机物的存在也可以通过干扰微塑料与重金属之间的相互作用过程来改变重金属的吸附和释放能力（Liu et al.，2021）。随着当前大气污染和酸雨问题的不断加剧，环境pH值也在不断变化，这一过程会加强微塑料与重金属之间的相互作用，导致微塑料向环境中释放更多的重金属。

此外，相当一部分研究表明在酸雨作用下，不同环境介质中的重金属活性明显增强，化学形态转化更加明显，迁移能力和生态危害能力亦明显增强。酸雨对土壤系统的影响首先表现为土壤酸化和活性铝增加。我国南方地区强烈的淋溶作用和土壤酸化结果造成酸性土壤中重金属元素如Zn、Mn、Ni、Cu、Cd等溶解度增大，在土壤溶液中的浓度和活性提高。酸雨作用下，重金属的迁移、渗漏能力和生物活性明显增强。随酸雨pH值降低，土壤中Cd、Cu、Pb、Zn、Cr、Mn、Ni、V等重金属元素溶解度升高。在重金属熔炼炉排放物中，酸雨和重金属污染经常联合发生。燃煤电厂排放颗粒物中重金属绝大部分以稳定态存在，微米级飞灰中含有较高活性形态重金属，且远高于灰渣。随酸雨pH值降低，飞灰颗粒物中金属溶出量增加。由于煤炭燃烧污染物排放和工业污染源的排放，大气沉降中重金属水平明显提高，随着这些污染源持续排放，重金属污染的问题将进一步加剧，并危及生态系统安全（Rautengarten et al.，1995）。总之，在酸雨作用下，受污染土壤中重金属含量以及活性明显提高，城市大气颗粒物和气溶胶内重金属含量也明显提高，酸雨作用加重其对环境的危害（Guo et al.，2003）。

近十几年来，全球变化一直都是生态学家热切关注的话题。已有众多研究表明环境污染、氮沉降、大气成分改变和温室效应等都会改变各种资源的分配以及物种的分布，并对外来物种的入侵产生重要的影响。在以往对外来植物入侵的研究中,很多学者主要考虑外来入侵植物本身单独的作用。近些年来,随着环境问题的复杂多样化,学者逐渐将其他全球变化要素的交互作用也考虑在内,主要关注全球环境污染问题及氮沉降对生物入侵的影响(Sandel and Dangremond, 2012)。在当前重金属污染及全球化进程持续加重的背景下,入侵植物对重金属的耐受、富集、解毒与生物抗性会明显提高入侵物种的入侵能力。而前文也提到微塑料污染、酸雨这些环境污染问题会提高重金属在自然界中的释放水平,并且能够明显提高重金属在各种环境介质中的活性和迁移能力,导致重金属污染环境区域面积不断增大,对土著植物种群造成明显的负面抑制效果。但是,重金属能够帮助部分入侵植物对抗外界病原菌和植食性昆虫的侵害,使其能够在重金属污染区稳定扩大种群,加之重金属污染区域水体富营养化问题(Sheng et al., 2009),会进一步加剧入侵物种的扩张,严重威胁本地生态系统安全。

第四节　中国入侵植物与环境污染研究案例分析

中国幅员辽阔,自然地理条件变化极大,来自世界各地的大多数外来植物都可能在境内找到适合自己的栖息地,有的甚至成为入侵植物。

改革开放以来,随着对外贸易与交流的增加,外来入侵植物的种类和危害也在急剧增加。外来入侵植物对中国的经济、生态、生物多样性以及社会环境和人类生活安全等已经造成非常严重的威胁。2020年6月,生态环境部发布的《2019中国生态环境状况公报》显示,全国已发现660多种外来入侵物种,每年因外来植物入侵造成的经济损失高达2000亿元。在本小节中,选取了两个在中国成功入侵的植物物种向读者进行简单的案例分析与说明。

一、美洲商陆

美洲商陆(*Phytolacca americana*)(图10-1),为石竹目商陆科商陆属多年生植物,原产于北美洲,也称垂穗商陆。全株有毒,根及果实毒性最强。1935在中国杭州首次发现,目前已成为云南等南方20多个省份主要的农林入侵性有害生物,并严重威胁了我国重要的乡土药用资源植物商陆的生存。

现有的研究表明,美洲商陆能够成功入侵我国,和其自身对资源的高效利用、高抗虫性、对重金属的高耐受性与富集能力和快速的种子传播能力等特点密不可分。

首先,美洲商陆在低光照时可以通过降低光补偿点、增大叶面积和叶绿素b含量来提高对弱光的有效利用,并通过降低暗呼吸速率来减少物质消耗,从而保持弱光下较高的生长速率,增强其对弱光环境的生态适应性。即使在林下弱光条件下,美洲商陆也仍然能够通过形态、生理生化等的适应性变化以及对资源利用策略的灵活性改变,在充分利用生长环境中丰富资源的同时最大可能地利用限制性资源,以较小的成本投入获得尽可能大的个体生长,最终实现快速侵占生态空间的目标。

图 10-1 美洲商陆（*Phytolacca americana*）
A.枝条；B. 根；C. 花序；D. 果序；E. 叶正面；F. 叶背面；G~J. 花；K~N. 果实

其次，美洲商陆释放的挥发性物质可通过驱避草食昆虫、吸引传粉者与种子传播者，干扰植物间化学通信和启动植物诱导防御等方式改变土著植物与地上生物功能群的互作关系，给土著商陆带来较强的生物与非生物胁迫，从而提高自身的适合度与竞争力。

从其传粉生态学特性来看，美洲商陆生命周期短，花小，能较快适应当地的环境条件。花粉活力高，柱头表面积大，可授性持续时间长；自交亲和型；传粉机制有效，坐果率高。花粉活力高与柱头可授性强出现的时期相吻合，增加了花粉进入柱头、花粉管在柱头上萌发的概率；繁殖能力强，结实率高。这些都为美洲商陆的大量繁殖并实现成功入侵提供了良好的生理基础。

另外，已经有研究表明，美洲商陆对锰等重金属存在超富集现象。在全球变化，特别是重金属污染已经成为一个普遍且严重的生态环境问题的情况下，可以推测：面对一定的病虫害压力，美洲商陆在重金属污染下的入侵或许与其对重金属的高耐受和高富集有着密切联系。重金属在入侵植物美洲商陆体内或许能起到金属盔甲的作用，甚至也可以帮助入侵植物对抗外界病原菌和植食性昆虫的侵害。得益于此，美洲商陆就有可能在入侵地从容应对虫病压力，稳定地建立并扩张种群。

二、紫茎泽兰

紫茎泽兰（*Ageratina adenophora*），又名破坏草、解放草、臭草，为菊科泽兰属多年生草本植物或亚灌木，原产于中美洲的墨西哥。大约于20世纪40年代从中缅边境通过自然扩散传入我国云南省，经过半个多世纪的扩散，现已在我国的云南、贵州、四川、广西、西藏、台湾广泛分布和危害，并仍以每年大约60 km的速度，随西南风向东和北传播扩散。据估计，紫茎泽兰对中国畜牧业和草原生态系统服务功能造成的损失分别为9.89亿元/hm^{2}和26.25亿元/hm^2，在2003年国家环保总局和中国科学院发布的《中国外来入侵物种名单》第一批中名列第一位。作为重大生态灾害物种之一，其造成的危害涉及多个方面。

首先是破坏牧草、侵占草场，严重影响畜牧业发展。在紫茎泽兰发生危害地区，总是以密集成片的单优势植物群落出现，造成牧草数量急剧下降，饲草缺乏。其次是竞争排挤并逐步取代当地植物种而很快形成单种优势群落，造成生物多样性不可逆转地下降，危及当地物种的生存，甚至导致当地物种，特别是珍贵植物资源的濒危或灭绝，最终导致生态系统单一和退化。再次是入侵经济林地、影响植物生长，造成中耕管理强度成倍增加。在有紫茎泽兰危害的经济作物地区，只要一年不进行中耕管理，就会长满紫茎泽兰，轻者使作物长势减弱、产量下降或品质变坏，重者导致作物大面积死亡。最后是阻碍交通、堵塞水渠。紫茎泽兰在路旁沟边长得非常繁茂，枝叶十分密集，往往阻碍交通、堵塞水渠，受害地区在秋收秋种季节，还需要先抽调劳力清除障碍，才能保证道路、水渠畅通，进而保证农事活动正常开展。

此外，紫茎泽兰还严重影响人、畜健康。其植株内含有毒物质，花粉能引起人畜过敏性疾病或引起马患气喘病，往往有家畜因误食而引起中毒。那么，它为什么会造成如此严重的危害呢？

首先得从它的繁殖特点说起。紫茎泽兰具有强大的繁殖能力，种子数量巨大，一株成熟的植物每年产生 1 万粒以上的种子，多的可达 10 万粒。种子很轻，种子千粒重只有 0.040~0.045 g。种子顶端有冠毛，可通过瘦果与冠毛形成的"风伞"随风飘移扩散。种子在冠毛的帮助下，可借助风力、水力、人畜车辆流动进行传播。除种子之外，还可以利用根、茎进行无性繁殖。紫茎泽兰的茎和分枝有须状气生根，具有萌发根芽的能力，入土便能繁殖成新植株。

作为一种世界性的恶性杂草，紫茎泽兰还会通过茎、叶、根向空气或土壤中释放挥发性化学物质，如泽兰二酮、羟基泽兰酮等化感物质。这些物质会对周围植物的生长发育产生抑制作用，可以阻止其他植物的生长发育。紫茎泽兰能够成功入侵，与其产生的挥发性化学物质密不可分。

紫茎泽兰成功入侵后，会使入侵地区土壤微生物群落结构、酶活性及土壤养分等方面发生变化，通过增加有益功能菌，提高土壤养分，形成对自身有利的土壤生态环境，增加自身的种间竞争能力，同时破坏了原有植物与土壤之间的生态平衡，抑制了当地植物的生长发育。

紫茎泽兰具有很强的光合能力，其最大光合速率为 23 μmol CO_2/($m^2 \cdot s$)左右，光饱和点比较高，生态习性接近阳性植物。适应大幅度的光环境很可能是其入侵成功的重要原因之一。从夏季到秋季，紫茎泽兰叶片的日平均光合速率不仅没有减少，而且略有增加，说明紫茎泽兰一直处于旺盛的生长状态。而在此期间正是牧草及其他一些植物幼苗、幼树生长能力衰退的时期。紫茎泽兰所具有的这些光合特性都是其成功入侵的生理基础。

紫茎泽兰具有广泛的适应性和抗逆能力，无论是在向阳开阔的自然草场、公路两旁还是在荫蔽的树林都能成片生长，甚至在石缝、贫瘠的土壤中也能生长发育。加之目前环境污染问题日益严重，土壤、水体、大气环境中都存在各种各样的污染，这给许多植物的生长带来了不同程度的胁迫。而目前已有研究表明，在受污染的环境中，入侵植物紫茎泽兰相较于土著的植物种具有更强的抗胁迫能力与耐受能力。因此，环境污染同样进一步导致了紫茎泽兰入侵态势的加剧。

(本章作者：王　毅　徐云剑　王　燕　潘志立)

参 考 文 献

董周焱, 柏新富, 张靖梓, 等. 2014. 入侵植物美洲商陆对光环境的适应性. 生态学杂志, 33(2): 316-320.
豆长明, 陈新才, 施积炎, 等. 2010. 超积累植物美洲商陆根中锰的累积与解毒. 土壤学报, 47(1): 168-171.
高璐. 2011. 美洲商陆(Phytolacca americana)对镉、锰积累和耐性生理机制的研究. 南京农业大学博士学位论文.
郭水良, 方芳. 2003. 入侵植物加拿大一枝黄花对环境的生理适应性研究. 植物生态学报, 27(1): 50-55.
韩利红. 2006. 紫茎泽兰对本地植物的化感作用. 中国科学院西双版纳热带植物园硕士学位论文.
胡亮, 李鸣光, 韦萍萍. 2014. 入侵藤本微甘菊的耐盐能力. 生态环境学报, 23(1): 7-15.

孔垂华, 徐涛, 胡飞, 等. 2000. 环境胁迫下植物的化感作用及其诱导机制. 生态学报, 20(5): 849-854.
李冰, 张朝晖. 2008. 烂泥沟金矿区紫茎泽兰对重金属的富集特性及生态修复分析. 黄金, 8(29): 47-50.
刘辉, 谢晓华, 何平, 等. 2017. 美洲商陆的入侵机制研究. 绿色科技, 7: 1-6.
刘威, 束文圣, 蓝崇钰. 2003. 宝山堇菜(*Viola baoshanensis*)——一种新的镉超富集植物. 科学通报, 48(19): 2046-2049.
刘小梅, 吴启堂, 李秉滔. 2003. 超富集植物治理重金属污染土壤研究进展. 农业环境科学学报, 22(5): 636-640.
鲁萍. 2006. 外来入侵种紫茎泽兰生理生态学研究. 中国科学院植物研究所博士学位论文.
鲁萍, 桑卫国, 马克平. 2005. 外来入侵种紫茎泽兰研究进展与展望. 植物生态学报, 29(6): 1029-1037.
牛红榜. 2007. 外来植物紫茎泽兰入侵的土壤微生物学机制. 中国农业科学院硕士学位论文.
强胜. 1998. 世界性恶性杂草——紫茎泽兰研究的历史及现状. 武汉植物学研究, 16(4): 366-372.
汤叶涛, 仇荣亮, 曾晓雯, 等. 2005. 一种新的多金属超富集植物——圆锥南芥(*Arabis paniculata* L.). 中山大学学报(自然科学版), 44(4): 135-136.
铁柏清, 袁敏, 唐美珍. 2005. 美洲商陆(*Phytolacca americana* L.)——一种新的Mn积累植物. 农业环境科学学报, 24(2): 340-343.
万方浩, 刘万学, 郭建英, 等. 2011. 外来植物紫茎泽兰的入侵机理与控制策略研究进展. 中国科学: 生命科学, 41(1): 13-21.
王君楠. 2021. 三种水生克隆植物对异质和污染生境的生态适应对策. 武汉大学硕士学位论文.
王文琪. 2006. 外来物种紫茎泽兰 *Eupatorium adenophora* Spreng 入侵机制的研究. 西南大学博士学位论文.
徐承远, 张文驹, 卢宝荣, 等. 2001. 生物入侵机制研究进展. 生物多样性, 9(4): 430-438.
薛生国, 陈英旭, 林琦, 等. 2003. 中国首次发现的锰超积累植物——商陆. 生态学报, 23(5): 935-937.
杨世勇, 黄永杰, 张敏, 等. 2015. 重金属对昆虫的生态生理效应. 昆虫学报, 58(4): 427-436.
于兴军. 2005. 紫茎泽兰入侵生态学研究. 武汉大学博士学位论文.
张靖梓. 2016. 美洲商陆入侵地与原产地种源种子萌发与生长特性比较. 鲁东大学硕士学位论文.
周启武, 于龙凤, 王绍梅, 等. 2014. 入侵植物紫茎泽兰的危害及综合防控与利用. 动物医学进展, 35(5): 108-113.
Abdel-Raouf N, Al-Homaidan A A, Ibraheem I B M. 2012. Microalgae and wastewater treatment. Saudi Journal of Biological Sciences, 19(3): 257-275.
Ahmed Z, Asghar M M, Malik M N, et al. 2020. Moving towards a sustainable environment: the dynamic linkage between natural resources, human capital, urbanization, economic growth, and ecological footprint in China. Resources Policy, 67: 101677.
Allison S D, Vitousek P M. 2004. Rapid nutrient cycling in leaf litter from invasive plants in Hawai'i. Oecologia, 141(4): 612-619.
Alloway B J. 2013. Sources of heavy metals and metalloids in soils//Alloway B. Heavy Metals in Soils. Environmental Pollution, vol. 22. Dordrecht: Springer.
Andrady A, Aucamp P J, Austin A T, et al. 2016. Environmental effects of ozone depletion and its interactions with climate change: progress report, 2015. Photochemical & Photobiological Sciences, 15(2): 141-174.
Angenent L T, Karim K, Al-Dahhan M H, et al. 2004. Production of bioenergy and biochemicals from industrial and agricultural wastewater. Trends in Biotechnology, 22(9): 477-485.
Angle J S, Baker A J M, Whiting S N, et al. 2003. Soil moisture effects on uptake of metal by *Thlaspi*, *Alyssum*, and *Berkheya*. Plant and Soil, 256: 325-332.
Asmatulu E, Andalib M N, Subeshan B, et al. 2022. Impact of nanomaterials on human health: a review. Environmental Chemistry Letters, 20(4): 2509-2529.
Audet P, Charest C. 2008. Allocation plasticity and plant-metal partitioning: meta-analytical perspectives in phytoremediation. Environmental Pollution, 156(2): 290-296.

Beaulieu J J, DelSontro T, Downing J A. 2019. Eutrophication will increase methane emissions from lakes and impoundments during the 21st century. Nature Communications, 10(1): 1375.

Behmer S T, Lloyd C M, Raubenheimer D, et al. 2005. Metal hyperaccumulation in plants: mechanisms of defence against insect herbivores. Functional Ecology, 19(1): 55-66.

Bernhard G H, Neale R E, Barnes P W, et al. 2020. Environmental effects of stratospheric ozone depletion, UV radiation and interactions with climate change: UNEP Environmental Effects Assessment Panel, update 2019. Photochemical & Photobiological Sciences, 19(5): 542-584.

Bielecka A, Królak E. 2019. The accumulation of Mn and Cu in the morphological parts of *Solidago canadensis* under different soil conditions. Peer J, 7: e8175.

Bierza K. 2022. Metal accumulation and functional traits of *Maianthemum bifolium* (L.) F. W. Schmidt in acid beech forests differing with pollution level. Water Air and Soil Pollution, 233(2): 60.

Blossey B, Notzold R. 1995. Evolution of increased competitive ability in invasive nonindigenous plants: a hypothesis. Journal of Ecology, 83(5): 887-889.

Bottoms R M. 2001. Grass-knapweed Interference Involves Allelopathic Factors Associated with Ecosystem Mineral Cycling. Columbia: University of Missouri-Columbia.

Boyd R S, Martens S N. 1998. The significance of metal hyperaccumulation for biotic interactions. Chemoecology, 8(1): 1-7.

Boyd R S, Wall M A, Watkins Jr J E. 2000. Correspondence between Ni tolerance and hyperaccumulation in *Streptanthus* (Brassicaceae). Madrono, 47(2): 97-105.

Briffa J, Sinagra E, Blundell R. 2020. Heavy metal pollution in the environment and their toxicological effects on humans. Heliyon, 6(9): e04691.

Callaway R M, Ridenour W M. 2004. Novel weapons: invasive success and the evolution of increased competitive ability. Frontiers in Ecology and the Environment, 2(8): 436-443.

Che-Castaldo J P, Inouye D W. 2015. Interspecific competition between a non-native metal-hyperaccumulating plant (*Noccaea caerulescens*, Brassicaceae) and a native congener across a soil-metal gradient. Australian Journal of Botany, 63(2): 141-151.

Chen C, Zhang H X, Wang A G, et al. 2015a. Phenotypic plasticity accounts for most of the variation in leaf manganese concentrations in *Phytolacca americana* growing in manganese-contaminated environments. Plant and Soil, 396: 215-227.

Chen C J, Hsueh Y M, Lai M S, et al. 1995. Increased prevalence of hypertension and long-term arsenic exposure. Hypertension, 25(1): 53-60.

Chen H Y, Teng Y G, Lu S J, et al. 2015b. Contamination features and health risk of soil heavy metals in China. Science of the Total Environment, 512: 143-153.

Chen L, Gao J H, Zhu Q G, et al. 2018. Accumulation and output of heavy metals by the invasive plant *Spartina alterniflora* in a coastal salt marsh. Pedosphere, 28(6): 884-894.

Chen L, Luo S L, Li X L, et al. 2014. Interaction of Cd-hyperaccumulator *Solanum nigrum* L. and functional endophyte *Pseudomonas* sp Lk9 on soil heavy metals uptake. Soil Biology & Biochemistry, 68: 300-308.

Cheng D L, Ngo H H, Guo W S, et al. 2020. A critical review on antibiotics and hormones in swine wastewater: water pollution problems and control approaches. Journal of Hazardous Materials, 387: 121682.

Chowdhary P, Raj A, Bharagava R N. 2018. Environmental pollution and health hazards from distillery wastewater and treatment approaches to combat the environmental threats: a review. Chemosphere, 194: 229-246.

Chowdhury A, Maiti S K. 2016. Identification of metal tolerant plant species in mangrove ecosystem by using community study and multivariate analysis: a case study from Indian Sunderban. Environmental Earth Sciences, 75(9): 744.

Coakley S, Cahill G, Enright A M, et al. 2019. Cadmium hyperaccumulation and translocation in *Impatiens glandulifera*: from foe to friend? Sustainability, 11(18): 5018.

Craker L E, Waldron P F. 1989. Acid-rain and seed yield reductions in corn. Journal of Environmental

Quality, 18(1): 127-129.
Dai Z C, Cai H H, Qi S S, et al. 2020. Cadmium hyperaccumulation as an inexpensive metal armor against disease in Crofton weed. Environmental Pollution, 267: 115649.
Deng H, Ye Z H, Wong M H. 2006. Lead and zinc accumulation and tolerance in populations of six wetland plants. Environmental Pollution, 141(1): 69-80.
Dodds W K, Smith V H. 2016. Nitrogen, phosphorus, and eutrophication in streams. Inland Waters, 6(2): 155-164.
Dorokhov Y L, Komarova T V, Petrunia I V, et al. 2012. Airborne signals from a wounded leaf facilitate viral spreading and induce antibacterial resistance in neighboring plants. PLoS Pathogens, 8(4): e1002640.
Dudenhoeffer J H, Luecke N C, Crawford K M. 2022. Changes in precipitation patterns can destabilize plant species coexistence via changes in plant-soil feedback. Nature Ecology & Evolution, 6(5): 546-554.
Evans A E V, Mateo-Sagasta J, Qadir M, et al. 2019. Agricultural water pollution: key knowledge gaps and research needs. Current Opinion in Environmental Sustainability, 36: 20-27.
Fan S F, Liu C H, Yu D, et al. 2013. Differences in leaf nitrogen content, photosynthesis, and resource-use efficiency between *Eichhornia crassipes* and a native plant *Monochoria vaginalis* in response to altered sediment nutrient levels. Hydrobiologia, 711(1): 129-137.
Foroughi S, Baker A J M, Roessner U, et al. 2014. Hyperaccumulation of zinc by *Noccaea caerulescens* results in a cascade of stress responses and changes in the elemental profile. Metallomics, 6(9): 1671-1682.
Fu W, Huang K, Cai H H, et al. 2017. Exploring the potential of naturalized plants for phytoremediation of heavy metal contamination. International Journal of Environmental Research, 11(4): 515-521.
Fu X, Dou C, Chen Y, et al. 2011. Subcellular distribution and chemical forms of cadmium in *Phytolacca americana* L. Journal of Hazardous Materials, 186(1): 103-107.
Gall J E, Boyd R S, Nishanta R. 2015. Transfer of heavy metals through terrestrial food webs: a review. Environmental Monitoring and Assessment, 187(4): 201.
Grennfelt P, Engleryd A, Forsius M, et al. 2020. Acid rain and air pollution: 50 years of progress in environmental science and policy. Ambio, 49(4): 849-864.
Grime J P. 1977. Evidence for the existence of three primary strategies in plants and its relevance to ecological and evolutionary theory. The American Naturalist, 111(982): 1169-1194.
Gulezian P Z, Ison J L, Granberg K J. 2012. Establishment of an invasive plant species (*Conium maculatum*) in contaminated roadside soil in Cook County, Illinois. The American Midland Naturalist, 168(2): 375-395.
Guo W, Li J M, Hu Z H. 2012. Effects of clonal integration on growth of *Alternanthera philoxeroides* under simulated acid rain and herbivory. Acta Ecologica Sinica, 32(1): 151-158.
Guo Z H, Liao B H, Huang C Y. 2003. Chemical behaviors of heavy metals in contaminated environment affected by acid rain. Techniques and Equipment for Environmental Pollution Control, 4(9): 7-11.
Hale R C, Seeley M E, La Guardia M J, et al. 2020. A global perspective on microplastics. Journal of Geophysical Research-Oceans, 125(1): e2018JC014719.
Han D M, Currell M J, Cao G L. 2016. Deep challenges for China's war on water pollution. Environmental Pollution, 218: 1222-1233.
Hanikenne M, Nouet C. 2011. Metal hyperaccumulation and hypertolerance: a model for plant evolutionary genomics. Current Opinion in Plant Biology, 14: 252-259.
Hanson B, Garifullina G F, Lindblom S D, et al. 2003. Selenium accumulation protects *Brassica juncea* from invertebrate herbivory and fungal infection. New Phytologist, 159(2): 461-469.
Helland A, Scheringer M, Siegrist M, et al. 2008. Risk assessment of engineered nanomaterials: a survey of industrial approaches. Environmental Science & Technology, 42: 640-646.
Hosono T, Nouchi I. 1993. Effects of simulated acid rain on the growth of agricultural crops. Journal of Agricultural Meteorology, 48(5): 743-746.
Huang L, Wu H Y, van der Kuijp T J. 2015. The health effects of exposure to arsenic-contaminated drinking water: a review by global geographical distribution. International Journal of Environmental Health

Research, 25(4): 432-452.
Isobe A, Uchiyama-Matsumoto K, Uchida K, et al. 2017. Microplastics in the Southern Ocean. Marine Pollution Bulletin, 114(1): 623-626.
Issac M N, Kandasubramanian B. 2021. Effect of microplastics in water and aquatic systems. Environmental Science and Pollution Research, 28(16): 19544-19562.
Jandová K, Klinerová T, Müllerová J, et al. 2014. Long-term impact of *Heracleum mantegazzianum* invasion on soil chemical and biological characteristics. Soil Biology & Biochemistry, 68: 270-278.
Jarup L. 2003. Hazards of heavy metal contamination. British Medical Bulletin, 68: 167-182.
Johnson D W, Turner J, Kelly J M. 1982. The effects of acid rain on forest nutrient status. Water Resources Research, 18(3): 449-461.
Keane R M, Crawley M J. 2002. Exotic plant invasions and the enemy release hypothesis. Trends in Ecology & Evolution, 17(4): 164-170.
Khan S, Naushad M, Lima E C, et al. 2021. Global soil pollution by toxic elements: current status and future perspectives on the risk assessment and remediation strategies: a review. Journal of Hazardous Materials, 417: 126039.
Kruckeberg A R. 1967. Ecotypic response to ultramafic soils by some plant species of northwestern United States. Brittonia, 19(2): 133-151.
Lazarus B E, Richards J H, Claassen V P, et al. 2011. Species specific plant-soil interactions influence plant distribution on serpentine soils. Plant and Soil, 342(1-2): 327-344.
Le Moal M, Gascuel-Odoux C, Menesguen A, et al. 2019. Eutrophication: a new wine in an old bottle? Science of the Total Environment, 651(Pt 1): 1-11.
Li C F, Zhou K H, Qin W Q, et al. 2019. A review on heavy metals contamination in soil: effects, sources, and remediation techniques. Soil and Sediment Contamination: An International Journal, 28(4): 380-394.
Li J Y, Liu H H, Paul Chen J. 2018. Microplastics in freshwater systems: a review on occurrence, environmental effects, and methods for microplastics detection. Water Research, 137: 362-374.
Li Z Y, Ma Z W, van der Kuijp T J, et al. 2014. A review of soil heavy metal pollution from mines in China: pollution and health risk assessment. Science of the Total Environment, 468-469: 843-853.
Lin S S, Shen S L, Zhou A N, et al. 2021. Assessment and management of lake eutrophication: a case study in Lake Erhai, China. Science of the Total Environment, 751: 141618.
Lin Y F, Aarts M G M. 2012. The molecular mechanism of zinc and cadmium stress response in plants. Cellular and Molecular Life Sciences, 69(19): 3187-3206.
Liu G X, Dave P H, Kwong R W M, et al. 2021. Influence of microplastics on the mobility, bioavailability, and toxicity of heavy metals: a review. Bulletin of Environmental Contamination and Toxicology, 107(4): 710-721.
Liu M X, Song Y, Xu T T, et al. 2020. Trends of precipitation acidification and determining factors in China during 2006–2015. Journal of Geophysical Research: Atmospheres, 125(6): e2019JD031301.
Liu X, Wang Q, Song X, et al. 2022. Utilization of biochar prepared by invasive plant species *Alternanthera philoxeroides* to remove phenanthrene co-contaminated with PCE from aqueous solutions. Biomass Conversion and Biorefinery, https://doi.org/10.1007/s13399-022-02720-w.
Llugany M, Martin S R, Barcel J, et al. 2013. Endogenous jasmonic and salicylic acids levels in the Cd-hyperaccumulator *Noccaea* (*Thlaspi*) *praecox* exposed to fungal infection and/or mechanical stress. Plant Cell Reports, 32(8): 1243-1249.
Lozano Y M, Aguilar-Trigueros C A, Onandia G, et al. 2021. Effects of microplastics and drought on soil ecosystem functions and multifunctionality. Journal of Applied Ecology, 58(5): 988-996.
Machado A A D, Kloas W, Zarfl C, et al. 2018b. Microplastics as an emerging threat to terrestrial ecosystems. Global Change Biology, 24(4): 1405-1416.
Machado A A D, Lau C W, Till J, et al. 2018a. Impacts of microplastics on the soil biophysical environment. Environmental Science & Technology, 52(17): 9656-9665.
Madikizela L M. 2021. Removal of organic pollutants in water using water hyacinth (*Eichhornia crassipes*). Journal of Environmental Management, 295: 113153.

Maksymiec W, Wianowska D, Dawidowicz A L, et al. 2005. The level of jasmonic acid in *Arabidopsis thaliana* and *Phaseolus coccineus* plants under heavy metal stress. Journal of Plant Physiology, 162(12): 1338-1346.

Manchester S J, Bullock J M. 2000. The impacts of non-native species on UK biodiversity and the effectiveness of control. Journal of Applied Ecology, 37(5): 845-864.

Martens S N, Boyd R S. 1994. The ecological signifcance of nickel hyperaccumulation: a plant chemical defense. Oecologia, 98: 379-384.

McLeod M L, Cleveland C C, Lekberg Y, et al. 2016. Exotic invasive plants increase productivity, abundance of ammonia-oxidizing bacteria and nitrogen availability in intermountain grasslands. Journal of Ecology, 104(4): 994-1002.

Mittra B, Ghosh P, Henry S L, et al. 2004. Novel mode of resistance to *Fusarium* infection by a mild dose pre-exposure of cadmium in wheat. Plant Physiology and Biochemistry, 42(10): 781-787.

Morris C, Grossl P R, Call C A. 2009. Elemental allelopathy: processes, progress, and pitfalls. Plant Ecology, 202(1): 1-11.

Nelson R S, Citovsky V. 2005. Plant viruses. Invaders of cells and pirates of cellular pathways. Plant Physiology, 138(4): 1809-1814.

Newete S W, Erasmus B F N, Weiersbye I M, et al. 2014. The effect of water pollution on biological control of water hyacinth. Biological Control, 79: 101-109.

Noguera-Oviedo K, Aga D S. 2016. Lessons learned from more than two decades of research on emerging contaminants in the environment. Journal of Hazardous Materials, 316: 242-251.

Nyenje P M, Foppen J W, Uhlenbrook S, et al. 2010. Eutrophication and nutrient release in urban areas of sub-Saharan Africa: a review. Science of the Total Environment, 408(3): 447-455.

O'Neil J M, Davis T W, Burford M A, et al. 2012. The rise of harmful cyanobacteria blooms: The potential roles of eutrophication and climate change. Harmful Algae, 14: 313-334.

Oves M, Khan M S, Zaidi A, et al. 2012. Soil Contamination, Nutritive Value, and Human Health Risk Assessment of Heavy Metals: An Overview. Verlag Wien: Springer: 1-27.

Poschenrieder C, Tolrà R, Barceló J. 2006. Can metals defend plants against biotic stress? Trends in Plant Science, 11(6): 288-295.

Prabakaran K, Li J, Anandkumar A, et al. 2019. Managing environmental contamination through phytoremediation by invasive plants: a review. Ecological Engineering, 138: 28-37.

Qing H, Yao Y H, Xiao Y, et al. 2011. Invasive and native tall forms of *Spartina alterniflora* respond differently to nitrogen availability. Acta Oecologica-International Journal of Ecology, 37(1): 23-30.

Qiu S Y, Liu S S, Wei S J, et al. 2020. Changes in multiple environmental factors additively enhance the dominance of an exotic plant with a novel trade-off pattern. Journal of Ecology, 108(5): 1989-1999.

Ramos S E, Schiestl F P. 2019. Rapid plant evolution driven by the interaction of pollination and herbivory. Science, 364(6436): 193.

Rautengarten A M, Schnoor J L, Anderberg S, et al. 1995. Soil sensitivity due to acid and heavy metal deposition in East Central Europe. Water Air and Soil Pollution, 85(2): 737-742.

Rejmanek M. 2015. Ecology global trends in plant naturalization. Nature, 525(7567): 39-40.

Rio-Echevarria I M, Rickerby D G. 2015. Nanomaterials as a potential environmental pollutant: overview of existing risk assessment methodologies. Human and Ecological Risk Assessment, 22(2): 460-474.

Sandel B, Dangremond E M. 2012. Climate change and the invasion of California by grasses. Global Change Biology, 18(1): 277-289.

Sang W G, Zhu L, Axmacher J C. 2009. Invasion pattern of *Eupatorium adenophorum* Spreng in southern China. Biological Invasions, 12(6): 1721-1730.

Sauvé S, Desrosiers M. 2014. A review of what is an emerging contaminant. Chemistry Central Journal, 8: 15.

Schindler D W. 1988. Effects of acid rain on freshwater ecosystems. Science, 239(4836): 149-157.

Schindler D W. 2012. The dilemma of controlling cultural eutrophication of lakes. Proceedings of the Royal Society B-Biological Sciences, 279(1746): 4322-4333.

Selvi F, Carrari E, Colzi I, et al. 2017. Responses of serpentine plants to pine invasion: vegetation diversity and nickel accumulation in species with contrasting adaptive strategies. Science of the Total Environment, 595: 72-80.

Shah J, Nagpal T, Johnson T, et al. 2000. Integrated analysis for acid rain in Asia: policy implications and results of rains-Asia model. Annual Review of Energy and the Environment, 25: 339-375.

Sheng J, Zheng J C, Chen L G, et al. 2009. Absorption of water nutrients by hyacinth and its application in wheat production. Journal of Agro-Environment Science, 28(10): 2119-2123.

Shrestha R, Ban S, Devkota S, et al. 2021. Technological trends in heavy metals removal from industrial wastewater: a review. Journal of Environmental Chemical Engineering, 9(4): 105688.

Sinha E, Michalak A M, Balaji V. 2017. Eutrophication will increase during the 21st century as a result of precipitation changes. Science, 357: 405-408.

Soltysiak J. 2020. Heavy metals tolerance in an invasive weed (*Fallopia japonica*) under different levels of soils contamination. Journal of Ecological Engineering, 21(7): 81-91.

Song B, Zeng G M, Gong J L, et al. 2017. Evaluation methods for assessing effectiveness of *in situ* remediation of soil and sediment contaminated with organic pollutants and heavy metals. Environment International, 105: 43-55.

Sorensen M A, Parker D R, Trumble J T. 2009. Effects of pollutant accumulation by the invasive weed saltcedar (*Tamarix ramosissima*) on the biological control agent *Diorhabda elongata* (Coleoptera: Chrysomelidae). Environmental Pollution, 157(2): 384-391.

Srinivasan V, Seto K C, Emerson R, et al. 2013. The impact of urbanization on water vulnerability: a coupled human-environment system approach for Chennai, India. Global Environmental Change, 23(1): 229-239.

Sun J T, Pan L L, Tsang D C W, et al. 2018. Organic contamination and remediation in the agricultural soils of China: a critical review. Science of the Total Environment, 615: 724-740.

Sun Y B, Zhou Q X, Wang L, et al. 2009. Cadmium tolerance and accumulation characteristics of *Bidens pilosa* L. as a potential Cd-hyperaccumulator. Journal of Hazardous Materials, 161(2-3): 808-814.

Turner K G, Nurkowski K A, Rieseberg L H. 2017. Gene expression and drought response in an invasive thistle. Biological Invasions, 19(3): 875-893.

Udaiyappan A F M, Abu Hasan H, Takriff M S, et al. 2017. A review of the potentials, challenges and current status of microalgae biomass applications in industrial wastewater treatment. Journal of Water Process Engineering, 20: 8-21.

van Kleunen M, Bossdorf O, Dawson W. 2018. The ecology and evolution of alien plants. Annual Review of Ecology, Evolution, and Systematics, 49(1): 25-47.

Vasseur L, Potvin C. 1998. Natural pasture community response to enriched carbon dioxide atmosphere. Plant Ecology, 135(1): 31-41.

Villamagna A M, Murphy B R. 2010. Ecological and socio-economic impacts of invasive water hyacinth (*Eichhornia crassipes*): a review. Freshwater Biology, 55(2): 282-298.

Wallace R B, Baumann H, Grear J S, et al. 2014. Coastal ocean acidification: The other eutrophication problem. Estuarine, Coastal and Shelf Science, 148: 1-13.

Wan J Z, Wang C J. 2018. Expansion risk of invasive plants in regions of high plant diversity: a global assessment using 36 species. Ecological Informatics, 46: 8-18.

Wang N, Yuan M L, Wang L, et al. 2018. The response of phenotypic plasticity and competitive ability of *Aegilops tauschii* Coss. to simulated nitrogen diposition. Acta Agrestia Sinica, 26(6): 1428-1434.

Wang Q, Yang Z M. 2016. Industrial water pollution, water environment treatment, and health risks in China. Environmental Pollution, 218: 358-365.

Wang S Q, Wang Y X, He X S, et al. 2022. Degradation or humification: rethinking strategies to attenuate organic pollutants. Trends in Biotechnology, 40(9): 1061-1072.

Wang T, Xue L K, Brimblecombe P, et al. 2017. Ozone pollution in China: a review of concentrations, meteorological influences, chemical precursors, and effects. Science of the Total Environment, 575: 1582-1596.

Wang Y, Chen C, Xiong Y T, et al. 2021b. Combination effects of heavy metal and inter-specific competition on the invasiveness of *Alternanthera philoxeroides*. Environmental and Experimental Botany, 189: 104532.

Wang Y, Xiong Y T, Wang Y, et al. 2021a. Long period exposure to serious cadmium pollution benefits an invasive plant (*Alternanthera philoxeroides*) competing with its native congener (*Alternanthera sessilis*). Science of the Total Environment, 786(2): 147456.

Weis J S, Weis P. 2004. Metal uptake, transport and release by wetland plants: implications for phytoremediation and restoration. Environment International, 30(5): 685-700.

Williams-Linera G, Berry Z C, Diaz-Toribio M H, et al. 2022. Drought responses of an exotic tree (*Eriobotrya japonica*) in a tropical cloud forest suggest the potential to become an invasive species. New Forests, 53(3): 571-585.

Wu P F, Huang J S, Zheng Y L, et al. 2019. Environmental occurrences, fate, and impacts of microplastics. Ecotoxicology and Environmental Safety, 184: 109612.

Wurtsbaugh W A, Paerl H W, Dodds W K. 2019. Nutrients, eutrophication and harmful algal blooms along the freshwater to marine continuum. WIREs Water, 6(5): e1373.

Xu D M, Fu R B, Liu H Q, et al. 2021. Current knowledge from heavy metal pollution in Chinese smelter contaminated soils, health risk implications and associated remediation progress in recent decades: a critical review. Journal of Cleaner Production, 286: 124989.

Yang Q, Li B, Siemann E. 2015. Positive and negative biotic interactions and invasive *Triadica sebifera* tolerance to salinity: a cross-continent comparative study. Oikos, 124(2): 216-224.

Yang Q, Li Z, Lu X, et al. 2018. A review of soil heavy metal pollution from industrial and agricultural regions in China: pollution and risk assessment. Science of the Total Environment, 642: 690-700.

Yang R Y, Yu G D, Tang J J, et al. 2008. Effects of metal lead on growth and mycorrhizae of an invasive plant species (*Solidago canadensis* L.). Journal of Environmental Sciences, 20(6): 739-744.

Yu H, Zhang Z, Zhang Y, et al. 2021. Metal type and aggregate microenvironment govern the response sequence of speciation transformation of different heavy metals to microplastics in soil. Science of the Total Environment, 752: 141956.

Yuan Y Q, Yu S, Banuelos G S, et al. 2016. Accumulation of Cr, Cd, Pb, Cu, and Zn by plants in tanning sludge storage sites: opportunities for contamination bioindication and phytoremediation. Environmental Science Pollution Research, 23(22): 22488.

Zhang W H, Huang Z, He L Y, et al. 2012a. Assessment of bacterial communities and characterization of lead-resistant bacteria in the rhizosphere soils of metal-tolerant *Chenopodium ambrosioides* grown on lead-zinc mine tailings. Chemsphere, 87(10): 1171-1178.

Zhang X K, Wang H L, He L Z, et al. 2013. Using biochar for remediation of soils contaminated with heavy metals and organic pollutants. Environmental Science and Pollution Research, 20(12): 8472-8483.

Zhang X W, Yang L S, Li Y H, et al. 2012b. Impacts of lead/zinc mining and smelting on the environment and human health in China. Environmental Monitoring and Assessment, 184(4): 2261-2273.

Zhou L Y, Tian X, Cui B M, et al. 2021. Physiological and biochemical responses of invasive species *Cenchrus pauciflorus* Benth to drought stress. Sustainability, 13(11): 5976.

Zhu Y, Liu X L, Hu Y L, et al. 2019. Behavior, remediation effect and toxicity of nanomaterials in water environments. Environmental Research, 174: 54-60.

Żukowska J, Biziuk M. 2008. Methodological evaluation of method for dietary heavy metal intake. Journal of Food Science, 73(2): 21-29.

Zvereva E L, Roitto M, Kozlov M V. 2010. Growth and reproduction of vascular plants in polluted environments: a synthesis of existing knowledge. Environmental Reviews, 18: 355-367.

第十一章 土地利用变化与生物入侵

第一节 土地覆盖与土地利用变化

土地利用变化是人类活动改变自然景观的过程，指土地的利用方式，通常强调土地对经济活动的功能作用。大部分土地利用所带来的变化，都将影响自然区域的野生属性。

随着人类以某种方式利用越来越多的地表，并适当增加地球的生产能力和自然资源，人为干扰将急剧增加（Vitousek et al., 1997；Turner and Meyer, 1991）。自 20 世纪 70 年代以来，土地覆盖与土地利用变化（LCLUC）一直被广泛研究，因为它与地球的许多基本特征和过程有着直接的关联，包括土地生产力、生态系统和生物多样性、碳和生物地球化学循环、水循环和能源流动，以及气候变率和气候变化等。这些研究旨在了解 LCLUC 的前因和后果，预测 LCLUC 的未来变化和潜在影响，寻找这些变化与 LCLUC 的相互作用，并建立人类可持续发展方法的科学基础。

随着对 LCLUC 几十年的研究，土地覆盖（land cover）和土地利用（land use）这两个术语在许多场合经常被互换使用。大多时候二者的确可以互换，因为它们在本质上是耦合的：土地利用实践的变化可以改变土地覆盖，而土地覆盖则使得特定的土地利用成为可能。但是这里需要强调的是，在具体使用中，却需要尽可能明确二者之间的区别：土地覆盖是地表覆盖的动植物实体，着重描述土地的自然属性；而土地利用是从人的角度来看待的，着重于如何使用这块土地，因此除了具体的土地管理行动和活动，还会涉及土地资源、土地产品及其收益。

一、人类活动与土地利用变化

作为改变自然景观的人类活动方式，在过去 1000 多年里，人类已经改变了约 3/4 的地球陆地表面。自 1960 年以来，土地利用变化的总面积高达 4300 万 km^2，略低于地球陆地总面积的 1/3（Winkler et al., 2021），这些变化对世界范围内的环境产生了显著影响，从对地球大气和气候组成的影响到陆地生态系统、栖息地的广泛改变，以及全球生物多样性格局的改变。

要度量土地利用变化并非那么简单：一些变化可能是永久性破坏，如城市扩张；还有一些变化，如耕地抛荒或者森林恢复，则可能会试图修复之前的破坏。农田和牧场之间的轮作也是如此。这样，地球总的土地利用变化，就可能是地表随时间发生的所有变化的累积，而不是某个具体的净变化。从总变化来说，全球土地利用变化自 1960 年以来几乎翻了一番，从 17%增加到 32%，其中近 2/3 的总变化是由多重变化事件造成的。所以在具体研究中，一般需要区分出单一变化（single-change）和多重变化（multiple-change），这样我们才能区分具体所发生变化的情况。

发生单一变化的地方主要在南美、中国和东南亚,而发生多重变化的地方,主要在欧洲、印度和美国。约一半的单一变化事件(或近20%的总变化)是因森林砍伐等农业扩张活动而发生的;86%的多重变化事件与农业有关,主要发生在北半球和快速增长的经济体中。而农业用地的变化比森林覆盖的变化更具可变性,因为农业对地缘政治变化、极端天气和全球供应链中断等外部因素的反应更灵敏(Winkler et al.,2021)。

二、气候/气象与土地利用变化

土地覆盖变化可能会因人类活动改变气候,进而共同驱动变化的发生。例如,建设新的居民点往往会导致自然的荒野地或者农用地永久丧失,这可能会导致气象模式、温度和降水格局的局部变化(Pielke,2005;Kalnay and Cai,2003)。如果这些变化发生的范围大,还有可能改变区域和全球环流模式,改变地表反照率(反射率)和大气中的CO_2水平。相反,气候变化本身也会影响土地覆盖,导致森林覆盖的地区因与气候有关的干扰增加而丧失(Flannigan et al.,2009),木本植被变成草原,滨海湿地和海滩丧失,而海平面上升进一步加剧了洪水和海岸侵蚀。

无独有偶,土地利用也可能因人类和气候的驱动而发生变化。土地利用决策一般是基于经济因素的(Searchinger et al.,2008)。土地利用可能因地方、州和国家政策而发生变化,如植树造林政策、农作物种植,以及能源植物的生产等。一些技术创新,如灌溉技术的开发,也会影响土地利用变化。随着种植技术的发展和作物生产力的提高,对农业用地的需求呈现减少的趋势。由于现在许多市场是全球化的,因此土地利用变化也可能会受到远距离需求的影响。总之,政策、经济、技术共同影响和改变着土地覆盖及土地利用变化。

反过来,土地利用和土地覆盖也会对气候/气象变化做出反应。例如,可耕地(适合种植农作物的土地)可能会在偶尔发生的干旱期间休耕(暂时不进行耕种)或完全放弃,或者在丰富的降水期间转变为水面(Soulard and Wilson,2013)。总体上,气候变化带来的升温对农业生产有负面影响,但也可能对土地利用产生正面作用,如生长季长度增加,特别是在高纬度地区。森林也容易受到气象和气候变化的影响。例如,干旱导致的森林死亡事件,对商业木材生产来说肯定是有影响的(Young et al.,2017)。森林中大面积的昆虫暴发,也与气象和气候变化有关,这反过来又可能对气候系统产生重要反馈。与气候变化相关的海平面上升,无疑会改变滨海地区的土地利用方式。随着海平面的上升,许多沿海地区可能经历淹水频率和持续时间的增加。

三、土地利用变化的根源及复杂性

土地利用明显受到土壤特征、气候、地形和植被等环境因素的制约。但它也反映了土地作为大多数人类活动(包括农业、工业、林业、能源生产、定居、娱乐以及集水和蓄水)的关键和有限资源的重要性。土地是生产的基本要素,在人类历史的大部分过程中，它与经济增长紧密相连（Richardson et al.，1994）。因此，对土地的控制及其使用往往是人类密切互动的对象。

每一次土地利用活动，都会对原生自然生态系统造成严重程度不同的有意和无意影响。在大多数时候，直接利用原生生态系统是最重要，也是最普遍的土地利用方式；改变和替换原生生态系统，大多是用一个更简单的系统来替代，如生产特定的作物或进行畜牧业开发；采矿、城市建设和工业开发，则是对原生生态系统的大规模破坏。完全移除一个生态系统，这种利用方式所占比例还是比较小的。更多情况下可能是混合使用这些土地利用类型，例如，城市区域仍保留着原生生态系统中的一些残余（或多或少改变了一些状态）。

因此，利用并改变或维持土地覆盖属性的人类活动被认为是土地利用变化的直接来源。可以肯定，在许多情况下，人类对土地的改造会导致生态系统组分的日益退化，导致生态系统价值，无论是用于生产还是用于保护目的，都在下降。人们越来越认识到，需要采取措施制止或扭转这种退化，恢复或修复受损生态系统的重要性正在增加（Dobson et al.，1997）。

土地利用变化通常是非线性的，可能会触发对系统的反馈，给生存条件带来压力，并威胁到脆弱的人类。因此，不仅需要评估土地利用变化轨迹，而且必须针对某些假设预测可能的未来条件，这都是确保可持续生存条件的基础。

在全球范围内，广泛的变化是显而易见的，例如，城市化、森林砍伐和生态系统破碎化加剧，以及一些地区农业集约化和其他地区农业用地废弃。但涉及具体区域，土地利用和土地覆被变化的影响就比较复杂，取决于变化类型、评估尺度（原产地、区域或全球）、区域大小，所评估的气候和气象条件（如温度、降水或季节性趋势），以及发生变化的区域。

土地转化被认为是生态系统"状态"的变化，可以根据生态系统结构、组成或功能来定义。因此，变化的相对重要性取决于生态系统组成成分的价值。例如，对于以保护为目标的生态系统，那么组成成分的变化可能很重要；而如果生态系统是用于流域管理的，那么生态功能方面（如吸收水分、蓄积水分、水的流量）可能更为重要（Hobbs，2000）。

温带大部分地区，森林往往比草本农田更凉爽，在温带森林地区重新造林会促进降温，降温幅度随着纬度的增加而减小（Anderson et al.，2004），植树造林的降温程度取决于其范围和位置。要预测植被和土地覆盖的未来分布非常复杂，不仅受气候变化驱动，还受土地利用变化、干扰机制变化、物种间相互作用和进化的驱动。

第二节　土地利用变化加剧生物入侵

人类活动可能导致动植物（有意或无意）移动到它们原本不会自然发生的区域。几千年来，植物和动物被引入世界许多地方。有时引进的物种会传播并成为入侵物种，特别是在土地利用发生变化或受到干扰后。因此，生物入侵和土地利用变化被认为是生物多样性丧失的两个主要驱动因素。入侵的外来物种不仅会影响物种的丰富度和组成，还会改变营养相互作用和生态系统服务。同样，栖息地丧失和破碎化正在降低物种多样性和种群生存能力。

从全球变化各要素之间的关系来分析，生态系统转化与生物入侵之间存在双向互动关系（Vitousek et al.，1997）。人类活动引起的生态系统变化是潜在生态系统动态的一个特殊子集。生态学家越来越认识到生态系统是动态的实体，其中变化是一个常态而不是例外（Hobbs，2000）。构成生态系统的物种以不同的方式对这种变化做出反应，因此，随着时间的推移，任何给定生态系统的组成都不会保持不变。物种的分布格局及其动态变化主要受非生物环境因子和种间相互作用的共同调控。值得注意的是，当生态系统经历快速变迁时，这一过程既为外来物种的入侵创造了条件，也促使原有生物群落发生重组与再分配。

如果生态系统是动态的，物种组成是可变的，那么在任何给定的系统中，物种的出现和消失都是一个阶段，取决于当前的非生物条件、干扰水平和类型以及区域物种库的组成。这种现象已经持续了数千年，然而最近发生了两大变化：一个是人类对生态系统改造水平的提高，另外一个是全球范围内生物群有意和无意转运的急剧增加。当这两种变化相互交织时，便可能引发生态系统动态的根本性转变（Hobbs，2000）。

总的来说，生态系统特性的任何变化都将为物种拓殖或种群扩张提供机会。生态系统状态的变化通常伴随着水分、养分等资源数量和流量的变化。例如，移除一个地区的原生植被，并用农业或城市开发来替代，可能会导致一个更为"渗漏"的系统，使更多的水分和养分流出系统，减少内部循环（Hobbs，1993）。这些资源随后被运输到其他地方，或者在河流上修建水坝等活动通过截留泥沙和降低洪水位来减少环境流量。

任何旨在增加有限资源供应的干扰都将为入侵提供机会（Hobbs，1989）。虽然干扰是许多系统中生态系统动力学的自然组成部分，但人类对干扰机制的改变和新干扰的引入会改变系统设定，增加了入侵的机会（Hobbs and Huenneke，1992）。

在任何生态系统中，都有一些物种可以利用干扰来拓殖或扩大其种群。它们要么是干扰能手（如在火灾后优先发芽的物种），要么是能够忍受各种条件的多面手。干扰为这类物种提供了一个机会窗口，这些物种通常持续时间相对较短。然而，人类已经将物种运送到了全球各地，既有意用于农业、林业、娱乐或园艺等目的，也无意中作为了"种子污染物"。干扰和土地转化为这些新物种提供了拓殖和扩散的机会，而且它们的拓殖和扩散能力通常与土著物种一样好或者更好。

事实上，土地利用的变化也往往与引进物种的到来有关，如作为饲料的引进物种、种植树木等。这些物种被运送到世界各地，但很少有人关注它们在其他地方传播或成为问题物种的可能性。例如，一种北半球的松树在南半球广泛种植，无疑产生了可观的木材和商业收入，但当它们入侵到相邻的生态系统并降低了这些生态系统的保护价值或生态系统服务价值时，也就产生了重大的问题（Richardson et al.，1994）。

因此，土地转化首先通过引起系统变化来促进生物变化，从而为生物入侵提供机会；其次通过使来自不同生物地理区域的新物种与这些变化的系统接触来促进生物变化。任何特定区域的生物变化在多大程度上产生问题，取决于该区域的管理目标。例如，世界各地的城市地区都发生了根本性的生物变化，既消除了大量原有的生态系统，又引进了驯化和共生的动植物。

人类活动导致的土地利用变化，通过增加繁殖体压力加剧了生物入侵。尤其是生态交错带因景观破碎化和栖息地脆弱性的影响，道路、城市、农田和抛荒地成为繁殖体扩散的主要来源。例如，城市化会导致植物多样性的变化，景观碎片化导致适宜生境的丧失和污染的增加；即使在农业活动停止多年后，废弃的农用地仍成为入侵的重灾区。而半自然栖息地更能抵抗植物入侵，不同的景观组成和干扰似乎决定了其入侵程度。

一、农业生产用地改变与生物入侵

在受人类影响的景观中，外来物种受益于农业用地土壤肥力增加和土壤扰动的双重影响，成为植物入侵的缓冲地，因此了解农业生产用地所发生的变化，有助于认识其在植物入侵中的作用。通过分析农业土地利用强度（即作物种植面积与半自然植被线性斑块的比例），可以初步探讨这一过程的潜在驱动机制。

气候变化与人为土地利用导致的土壤扰动会显著促进植物入侵，因为这两者共同作用会提升外来物种的丰富度。在景观尺度上，植物能否成功入侵，与城市和农业用地的扩张有关，这些土地利用过程会促进生物入侵。但是，也有少量（约20%）大尺度农业生产，导致外来植物数量的减少，并提高土著植物多样性（Pellegrini et al., 2021）。

人类管理的环境有利于植物入侵。与外来物种相比，土著植物物种对农业集约化的反应并没有那么敏感，这可能是由于本地的土壤营养对它们来说并不缺乏。而在农业地区，长期施用化肥则可能会促进植物入侵（Richardson and Pyšek, 2012），并对生态系统产生长期影响（Dupouey et al., 2002；Foster et al., 2003）。事实上，在过度简化的农业用地中，残余的小块自然栖息地的丧失是导致植物多样性降低的重要原因，也是杂草生长的重要区域（Spooner and Lunt, 2004；Lindborg et al., 2014）。

农业集约化会导致土著和外来物种的植物多样性急剧下降（Dorrough and Scroggie, 2008），并严重影响生态系统功能。然而，在中等程度的土壤干扰下，干扰与外来植物入侵之间存在一些正相关关系（McIntyre and Lavorel, 1994）。

二、城市用地变化与生物入侵

从土地利用来看，城市用地代表了容易被外来物种入侵的人造栖息地的交错区（Lambdon et al., 2008）。城市地区一般也是首次引种的关键地点，一些偶见的外来物种显然受到城市地区和街道的青睐，但因为它们没有克服繁殖障碍，其繁殖策略通常会受到繁殖压力的限制。在这一过程中，主干道路发挥了特殊作用，有助于解除这种障碍（McDougall et al., 2018）。

城市地区的人类活动也会改变土壤的特性。例如，城市地区土壤中的重金属和有机物的浓度高于农村地区。对于某些物种来说，这种变化可能会降低栖息地的适宜性。此外，与工业用地周围的森林相比，城市居住地附近的森林往往具有更多的入侵物种。

城市地区影响气候的因素，包括建筑材料（会比植被和土壤吸收更多的热量）、不透水覆盖物（最大限度地减少了蒸发，降低冷却效果），还有像峡谷一样的建筑会滞留热量，车辆的使用和建筑物运行会增加热量的排放。这些因素使城市地区比周围环境要更温暖，也就是城市热岛（UHI）效应。当然，城市化对全球气温的影响很小，只是在城市化广泛的地区才产生明显的影响。植树造林可以促进局部区域的降温，而在城市地区，持续变暖预计会加剧城市热岛效应。

城市的高温、降水和人为土地利用与覆被变化总体上有利于外来物种，而偶见外来物种更多与城市土地使用和道路相关，这里是外来物种繁殖的主要场所。

三、景观变化与植物入侵

土地利用模式在入侵植物的建立和传播中起着重要作用（Wang et al., 2016）。土地利用的变化可以通过促进干扰来帮助植物入侵。干扰可能是建立生态系统的关键步骤，可以创造出对特定物种更有利的栖息地，也可能创造出使其扩散的廊道来促进入侵过程（With, 2002）。有趣的是，土地利用变化可能为一些入侵物种创造有利条件，但它们同时可能会抑制其他物种的入侵潜力（Mosher et al., 2009）。总体上，土地利用变化不仅有助于入侵物种的建立，而且也有助于它们的传播（Merow et al., 2011）。

森林利用，如木材采伐、非木材产品开采、伐木和运输道路以及伐木营地设施的建设，以及将天然林转变为种植园，可能促进外来物种的入侵，对森林生物多样性产生直接和间接的负面影响。具体而言，森林破碎化往往会加速入侵物种的扩散，而景观中高比例的常绿森林则通常能够有效抑制外来植物的入侵（Ibanez et al., 2009）。

良好的道路系统是可持续森林管理的重要要求，道路系统为木材开采提供了进入森林的基本通道。但如果没有高质量的设计和维护，道路往往会导致与森林采伐作业相关的各种环境问题（Mortensen et al., 2009）。在某些情况下，道路也可能引发或加速非土著物种的入侵，最终取代土著物种。此外，道路通达性的提升使得原本难以进入的区域面临人类活动加剧的风险，这可能带来包括外来物种引入在内的多重环境压力。研究表明，在废弃或恢复中的农用地等后农业环境中，外来物种的入侵发生率尤为突出（Mosher et al., 2009）。

人为干扰与景观的巨大异质性有关，提高了土著和外来植物的物种丰富度（Deutschewitz et al., 2003）。中度干扰假说曾经得到广泛认可，也有许多案例支持中度干扰水平会导致物种丰富度增加的观点（Molino and Sabatier, 2001），当然现在这种认识正在受到挑战。植物入侵与景观异质性密切相关（O'Reilly-Nugent et al., 2016）。与集约农业用地相比，非集约农业用地的景观异质性更大。因此，区域范围内大规模农业的土地管理对于保护土著物种和限制植物入侵可能至关重要。

随着气温的升高和大规模农业用地的增加，植物入侵在景观规模上得到了加强。然而，小规模集约化农业提高了土著植物的生物多样性。因此，减少大面积的农业用地可能成为一项有利于土著物种的战略选择，同时也能有效控制因植物入侵导致的植物区系简化问题。面对这一挑战，必须从景观的角度出发，在维持农业生产用地的基础上，统筹推进生物多样性的保护和生态系统服务功能的维持（Tscharntke et al., 2005）。通过在生产目标与环境可持续性计划之间寻求平衡，我们有望实现双赢局面：不仅能够维持生物多样性，还能为制定遏制生物入侵的政策提供科学依据。

总之，这些环境变化正在引发从人类聚居区到废弃农田，再到森林斑块等整个景观尺度的生态系统转变。值得注意的是，人类聚居区内外来物种的存在可能构成潜在的入侵物种库，随着繁殖体压力、扩散行为以及人类土地利用模式的改变，这些物种极有可能引发新的生物入侵事件。

四、以土地利用史预测入侵植物分布

土地利用史已被证明是驱动植被模式和群落动态的关键因素，包括外来物种的拓殖和入侵。在高度变化的景观中，土地利用历史作为干扰机制的主导因素，塑造了不同的土地利用变化模式，进而为植物入侵创造了多样化的"机会窗口"，最终影响着入侵植物的空间分布格局。

生物入侵的随机性，可能影响入侵过程中因素的多样性以及景观过程的动态性，使得研究入侵植物对土地利用的响应非常具有挑战性。为了确定土地利用历史在众多因素中的相对重要性，有必要在适当的时空尺度上进行调查。要做到这一点，就需要一个涵盖给定区域典型的全部土地利用模式的空间尺度和一个包含关键入侵过程及相关土地利用变化的时间框架的时间尺度。因此，能够有效整合这些时空复杂性的综合性研究，为深入理解入侵的景观水平模式及其生态过程提供关键性的科学依据。

在景观尺度上，干扰事件与其生态后果之间通常存在时滞。当栖息地丧失后，土著物种还未被淘汰时，就存在这种效应。一些研究探讨了景观动态（即土地利用随时间的变化）对生物入侵的影响程度（DeGasperis and Motzkin，2007），特别是在农业用地废弃后的条件下，相对于未受干扰的森林，一些外来物种在废弃地生长的次生林中更为丰富。

一年生外来物种已被证明在人为干扰地区具有高度竞争力（Boscutti et al.，2018）。同时，在常见的多年生木本植物中，大量固氮植物被发现通过特定的生态功能影响植物群落动态（Liao et al.，2008）。这些植物能够显著改变入侵生态系统的特性并影响植物多样性格局（Boscutti et al.，2020）。

外来物种的数量与人类土地管理有关（Qian and Ricklefs，2006）。与气候相比，地中海地区的土地利用对植物入侵的影响更大（Gritti et al.，2006）。人造环境更容易受到入侵（Aikio et al.，2012）。一些研究表明，半自然栖息地更容易受到入侵，尤其是在前面提到的城市或农业环境（Cilliers et al.，2008；Boscutti et al.，2018）中。

第三节 生物入侵促进土地利用变化

外来物种的入侵不仅是土地转化的结果，而且本身也可以成为土地转化的驱动力。当入侵物种导致各种生态系统变化时，就会发生这种情况。当入侵植物物种成为优势物种并改变现有植被类型时，这种变化是可能的。例如，入侵的树木可以将草地或灌木丛转变为森林，入侵的草地可以通过土地清林和/或改变火势，将多年生木本系统转变为开阔的草地（Richardson et al.，1994）。

外来物种入侵和改变生态系统结构或功能，也许表面上看并没有引起极端的变化，但也会导致当前土地利用价值严重降低。例如，多年生木本植物入侵放牧生态系统（Hobbs，2000）、病原生物入侵森林和灌木丛（Wills，1993；Wills and Robinson，1994）。另外，非土著物种也可能给生态恢复项目带来一定的困难，因为一些入侵外来物种可能会阻碍土著物种建群，它们本来就具有竞争优势。当然，也有许多入侵物种可能对土地利用几乎没有什么影响，有些入侵甚至从某些角度来看是有益的。因此，对于特定入侵的净成本和收益，必须在许多相互冲突的土地用途中进行全面评估。

一、多年生木本植物入侵放牧生态系统

灌木入侵放牧生态系统是全世界普遍存在的问题。随着入侵灌木的密度和高度增加，可用于草本生长的生态系统资源减少，牲畜承载能力降低，土壤侵蚀加剧，物种、栖息地和生态系统受到威胁。目前，针对这一问题的治理策略主要集中在严重入侵区域，通常采用机械、化学或生物控制相结合的方法。尽管部分区域已被外来灌木完全占据，但大多数地区仍保持开放状态或灌木密度相对较低，仅有零星分布的入侵个体。

灌木入侵的主要原因可归纳为两个方面：①当前草本植被的竞争力下降；②火灾频率和强度降低。虽然这两个因素相互关联、相互作用，但为了有效控制入侵，有必要对它们进行分别评估和量化分析。

就草本植被的竞争作用而言，其对灌木生存的限制主要体现在幼苗和幼年阶段。当入侵灌木种子萌发时，其发芽和出苗主要受种子活力和水分可利用性的制约。如果草本植物能够优先占据水分资源，虽然可能限制木本植物的生长，但对种群规模的抑制作用更为关键。然而，一旦木本植物成功存活并进入成熟期，草本层对其生存、生长和繁殖的限制作用将显著减弱。随着灌木的成熟，其发达的深根系和精细的浅根系能够确保其充分获取土壤水分和养分，从而增强其竞争优势。

土地变化和入侵之间的因果关系往往错综复杂。土地利用的变化，或不适当土地利用或不适当利用水平的持续，通常为入侵物种的建立提供必要的条件。牧场的情况也是如此，不适当的放牧和/或火烧制度导致灌木或杂草入侵。然而，此后入侵物种引发了进一步的系统变化，从而促使需要改变土地利用或增加管理以维持现有土地利用方式。因此，干扰或管理制度引发的系统状态变化因外来物种入侵而增强或加速。

二、柽柳对美国西南部河岸恢复的影响

在美国西南部，河岸生态系统正在发生重大变化，部分原因是外来柽柳的建立和传播（Sogge et al.，2008）。许多生态恢复计划的重点是努力消除或控制外来物种，特别是为了改善野生动物栖息地。然而，来自多个国家和生态系统的研究表明，在评估外来植物对野生动物的影响时需要更细致的视角。就鸟类物种而言，根据鸟类、外来植物和生态系统的不同，对外来植被的反应可能从消极到积极不等。

作为欧亚大陆的原生乔木灌木，柽柳在19世纪初被有意引入美国西部后得到传播，

现至少覆盖于 23 个州超过 50 万 hm² 的土地上（Zavaleta，2000）。由于其深根系、对盐碱条件的耐受和多产种子等特性，柽柳在美国西部大部分地区繁衍生息。柽柳的广泛传播与美国西南部河岸栖息地的减少几乎是同时发生的，因此柽柳通常被视为导致栖息地减少的关键因素，也被认为是导致许多河岸繁殖鸟类减少的主要原因。

虽然与本地栖息地相比，柽柳栖息地中物种和个体数目要少一些，但也发现有许多鸟类使用柽柳作为繁殖栖息地，而且柽柳作为栖息地的质量可能因地理位置和鸟类种类有很大不同。鉴于柽柳已经在景观中广泛分布，如果要大量根除来进行河岸栖息地的恢复工作，就必须要充分了解这样的柽柳管理对于鸟类的收益和成本问题。Sogge 等（2008）的研究强调了一个事实：许多鸟类都可以在柽柳栖息地繁殖，并且只有相对较少的数据表明鸟类在这样的栖息地有负面影响。柽柳可以提供许多依赖河岸植被的物种所需的垂直结构、叶面覆盖和食物资源，可以提供河岸鸟类所需的结构复杂性和微生境。

这个研究给我们带来的管理启示是：外来物种控制在技术和生态上可能是一个复杂的问题，尤其要进行当地栖息地恢复工作的时候，仅关注控制入侵性来进行修复是不可取的。恢复计划应考虑当地的物理和生态条件，并解决种植、补充浇水或减少其他当地压力因素等的潜在需求（Bay and Sher，2008；Shafroth et al.，2008）。

三、银荆入侵南非对景观的塑造作用

生物入侵是既受景观塑造，又反过来塑造景观的生态过程。由于景观的组成，部分会影响入侵组合的模式，因此外来入侵植物可以改变其周围环境，反过来更有利于其自身生存（Klinger and Brooks，2017）。银荆（*Acacia dealbata*）是一种中小型常绿树，其特征是其密集的亮黄色花朵簇、双羽状复叶以及亮银色的叶子和树皮，故得名银荆。银荆原产于澳大利亚东南部，最初作为商业种植园物种引入南非，专门用于生产木材和单宁。由于商业上的利润有限，许多银荆种植园被废弃，随后逃逸入侵周围的景观，成为分布广泛、数量众多且问题严重的入侵者（Gouws and Shackleton，2019）。

银荆的入侵性通常取决于其引入生活史、适应性、竞争能力、其种子库的丰富性和持久性，以及其通过矮林再生进行无性繁殖和再发芽的能力。该物种能够入侵并影响一系列通常不可入侵的栖息地和景观，特别是在易受干扰的地区，包括路边和其他人类改变的栖息地、河岸带和火灾多发地区。银荆经常改变其周围的环境，通过驱动干扰和导致水情变化来增强景观的入侵性，影响土壤群落组成的生化变化，并减少土著植物物种的丰度和覆盖率（Lorenzo et al.，2017）。

研究人员使用基于时间序列的航空照片分析，追踪了南非东开普省北部不同地点和规模的银荆入侵历史和进展，量化了入侵的程度和速度。研究发现，某些土地利用和土地覆盖类别及历史，可能比其他的更容易遭受入侵。例如，在东开普省北部，裸地、耕地和草地特别容易受到银荆的入侵。事实上，生物入侵是动态的，与特定的环境和规模有很大的关联性，由景观的内在异质性所塑造。该研究采用了多尺度比较，这提供了对入侵景观更广泛的分析，同时突出了更局部尺度的生物入侵的细微差别，确定了管理干预的潜在关键问题领域。因此，时空视角可以更好地了解生物入侵和景观中多个嵌套尺

度的更广泛的土地利用和土地覆盖变化,从而为外来入侵植物的有效管理提供信息。

四、欧洲青蟹入侵与新英格兰南部滩涂恢复

随着全球人类影响的增加,入侵物种已成为全球生态系统的主要威胁。滨海生态系统特别容易受到物种入侵的影响,这些入侵通过航运和运输无意中发生在海洋栖息地,并通过海水养殖、生物控制和水上娱乐活动而发生。虽然传统上认为它们是有害的,但入侵物种可能有助于恢复其原生范围以外退化的生态系统。在没有本地关键物种的情况下,入侵物种有可能恢复失去的生态功能并推动恢复(Schlaepfer et al.,2011)。

随着海平面上升,美国新英格兰南部盐沼植被和栖息地正在迅速变化。在新英格兰,数十年来以密集沿海开发区为中心的密集娱乐性捕捞活动,已经耗尽了当地的捕食者种群。土著食肉动物的枯竭,导致草食性的紫色沼泽蟹(*Sesarma reticulatum*)数量增加了4倍。沼泽蟹消耗了大量的米草(*Spartina alterniflora*),剥夺了数百公顷的溪岸栖息地(Holdredge et al.,2009)。食草动物增多是低潮滩中盐沼衰退的最常见驱动因素,沼泽蟹所打的洞穴又增加了基质对侵蚀和崩解的敏感性(Coverdale et al.,2013)。

美国马萨诸塞州科德角的沼泽开始恢复,这种恢复恰逢欧洲青蟹(*Carcinus maenas*)入侵这个死亡沼泽中大量挖洞的河岸。欧洲青蟹是19世纪引入北美的常见捕食者,在健康沼泽地中很罕见,但在死亡沼泽地中经常看到。所以实际上是欧洲青蟹的入侵,减少了食草动物紫色沼泽蟹的种群,并促进了这种严重退化生态系统的恢复(Bertness and Coverdale,2013)。

第四节 展　　望

全球范围内普遍存在着土地类型转换和土地利用变化的现象。本章旨在探讨土地利用变化与生物入侵之间的双向互动关系:一方面,土地利用变化为生物入侵创造了有利条件;另一方面,生物入侵反过来又强化并推动了土地利用的进一步改变。面对这一现实,我们不得不承认,在某种程度上我们正被动地目睹着全球地理多样性逐渐被同质化所取代的进程。准确评估土地利用变化的整体态势已极具挑战性,若再考虑其与气候变化之间潜在的交互作用,预测未来趋势将变得更加复杂和困难。

一、土地利用变化为入侵创造机会之窗

农业用地的历史遗留效应可以对当代景观产生广泛而持久的影响。入侵者成功率的变化可能取决于历史土地利用和当代过程的相互作用。对历史土地利用的考虑可能有助于澄清入侵植物对已知的不可入侵性决定因素的看似随机的响应格局。

农业土地利用的历史遗留效应可以塑造许多当代生态模式和过程。例如,后农业用地植物多样性和丰富度往往大幅减少,改变了土壤微生物群落和养分可用性,并带来土壤性质的持久变化,包括有机质和持水能力的降低。历史农业的这些影响可能与

非土著植物的成功入侵有关。土地利用的变化显然加剧了入侵物种对土著生物多样性的不利影响,为这些物种创造了合适的栖息地,它们可以从中永久或暂时入侵剩余的土著栖息地。

不同的机制可能导致不同物种的入侵,或导致同一物种在不同地点或不同时间的入侵。历史性的土地利用可以提供一个重要的视角来看待生物入侵中的这种偶然性。土地利用变化会导致当地植物群落结构的破坏,以及局域尺度植物物种丰富度和生产力的下降。因为入侵植物通常能表现出与土著植物群落相反的特性,因此土地利用的变化所产生的干扰可能促进入侵植物在竞争环境中占优势。随着干扰事件持续的时间增加,无论是历史事件还是当代事件,都可以为入侵植物的建立提供机会之窗。

二、土地利用和气候变化的综合影响

对于入侵物种来说,气候变化和土地利用变化通常都有助于它们的入侵,而它们本身其实就是环境变化的一个因素。气候是地球上生物群落分布的关键驱动因素,也是生物多样性分布的最重要驱动因素之一。气候变化将显著改变大多数生态系统的环境条件,除了改变物种分布的气候范围,洪水或飓风等极端气候变化事件也可能将入侵生物转移到新的地区。从全球来看,冰盖融化正在开辟新的北极航运通道,这是许多物种在旅途中生存下来并被引入新区域的机会。大多数入侵物种都是机会主义多面手,具有良好的扩散潜力、较高的种群增长率和广泛的环境耐受性。入侵物种更好地适应新气候的能力可能会影响它们与土著物种的相互作用,如通过迅速增加其种群规模或通过影响土著物种和入侵物种之间生态位重叠的程度。因此,气候变化会增强这些物种的入侵潜力。

土地利用和土地覆盖变化对入侵生物的引入、建立和扩散也至关重要。土地利用和土地覆盖变化形成了扩散廊道,加速了生态系统的干扰和破碎化,有利于生物入侵过程的发生。具体而言,为满足农业或牧场需要而进行的清林活动、城市扩张或农田废弃等人类活动,都直接导致了适合生物入侵条件的形成。

气候变化与土地利用和土地覆盖变化,这两个全球变化驱动因素之间具有强烈的相互作用。例如,森林退化也会减少区域降雨量,从而增强气候变化的影响。同样,栖息地退化或破碎化,会导致物种遗传多样性的下降,使得土著种群难以适应气候变化。

三、土地利用规划如何减少入侵

在最初的人为影响发生作用后,入侵过程就很难停止,因为它很容易从一个已经被入侵的栖息地或生态系统转移到另一个(Lenda et al.,2018)。对于成功控制和清除外来入侵物种以及恢复栖息地,迫切需要及早根除并就如何管理入侵做出适当的决定(Lenda et al.,2014)。

植物入侵是一个多维度、多因素共同作用的复杂过程,其核心在于人类活动导致的繁殖体压力改变与生物、非生物因子之间的交互作用。人类居住区的树种,也可能入侵森林。例如，胡桃是很早就存在于人类居住区的，但它们在森林中的蔓延是最近才发生的，而它们向森林斑块的蔓延是由土地废弃的级联效应所推动的，这些效应促进胡桃入侵森林斑块（Lenda et al.，2018）。

四、栖息地恢复中的入侵物种控制

通过控制外来物种入侵来恢复栖息地的管理策略面临着多重挑战，这主要源于我们对外来物种的关注优先级及其与野生动物的生态关系仍存在显著认知空白，这使得预测外来植物控制对野生动物栖息地和种群的影响变得异常困难。要做出是否控制外来物种的科学决策，并确保相关管理措施的有效性，必须基于对特定地点潜在生态影响的客观评估。此外，成功的评估体系需要建立在科学有效且统计稳健的后控制监测基础之上。如果采用不恰当的技术手段或未能充分考虑特定地点的生态数据，很可能得出错误或误导性的结论，从而影响管理决策的科学性。

五、生物入侵的文化层面及积极影响

生物入侵既是一种生物现象（涉及物种迁移、分布和群落动态），也是一种文化现象（反映了不同地区的人们，包括科学家，如何促进、影响、解释、应对、标记和评判入侵及其引发的景观变化）。随着人类社会的演进和自然观的转变，我们对于"自然"本身以及"自然应该是什么"的认知也在不断演变。因此，政策制定者必须认识到生物入侵这一概念的动态性和演化特征，在制定相关政策时，既要考虑特定地区的价值取向和利益诉求，也要基于全球范围内的科学审议。事实上，许多关于入侵物种的研究似乎偏向于其负面影响，然而对生物入侵的生态后果的整体看法也将包括积极影响。越来越多的研究指出，必须在快速变化、生态新颖性以及全球气候和土地覆盖转变的背景下研究入侵物种。从这样的角度来看，入侵物种和它们所形成的新生态系统有可能是积极的。随着在许多自然条件已经改变的世界中，生物入侵变得越来越普遍，任何评估都必须认识到入侵物种是被入侵或恢复的生态系统中功能和结构的组成部分。

（本章作者：赵　斌）

参 考 文 献

Aikio S, Duncan R P, Hulme P E. 2012. The vulnerability of habitats to plant invasion: disentangling the roles of propagule pressure, time and sampling effort. Global Ecology and Biogeography, 21(8): 778-786.

Anderson B W, Russell P E, Ohmart R D. 2004. Riparian Vegetation: An Account of Two Decades of Experience in the Arid Southwest. Blythe: Avvar Books.

Bay R F, Sher A A. 2008. Success of active revegetation after *Tamarix* removal in riparian ecosystems of the southwestern United States: a quantitative assessment of past restoration projects. Restoration Ecology, 16(1): 113-128.

Bertness M D, Coverdale T C. 2013. An invasive species facilitates the recovery of salt marsh ecosystems on

Cape Cod. Ecology, 94(9): 1937-1943.
Boscutti F, Pellegrini E, Casolo V, et al. 2020. Cascading effects from plant to soil elucidate how the invasive *Amorpha fruticosa* L. impacts dry grasslands. Journal of Vegetation Science, 31(4): 667-677.
Boscutti F, Sigura M, De Simone S, et al. 2018. Exotic plant invasion in agricultural landscapes: a matter of dispersal mode and disturbance intensity. Applied Vegetation Science, 21(2): 250-257.
Buckley Y M, Catford J A. 2016. Does the biogeographical origin of species matter? Ecological effects of native and non-native species and the use of origin to guide management. Journal of Ecology, 104(1): 4-17.
Catford J A, Jansson R, Nilsson C. 2009. Reducing redundancy in invasion ecology by integrating hypotheses into a single theoretical framework. Diversity and Distributions, 15(1): 22-40.
Cilliers S S, Williams N S G, Barnard F J. 2008. Patterns of exotic plant invasions in fragmented urban and rural grasslands across continents. Landscape Ecology, 23(10): 1243-1256.
Coverdale T C, Herrmann N C, Altieri A H, et al. 2013. Latent impacts: the role of historical human activity in coastal habitat loss. Frontiers in Ecology, 11(2): 69-74.
DeGasperis B G, Motzkin G. 2007. Windows of opportunity: historical and ecological controls on *Berberis thunbergii* invasions. Ecology, 88(12): 3115-3125.
Deutschewitz K, Lausch A, Kühn I, et al. 2003. Native and alien plant species richness in relation to spatial heterogeneity on a regional scale in Germany. Global Ecology and Biogeography, 12(4): 299-311.
Dobson A P, Bradshaw A D, Baker A J M. 1997. Hopes for the future: restoration ecology and conservation biology. Science, 277: 515-522.
Dorrough J, Scroggie M P. 2008. Plant responses to agricultural intensification. Journal of Applied Ecology, 45(4): 1274-1283.
Dupouey J L, Dambrine E, Lafte J D, et al. 2002. Irreversible impact of past land use on forest soils and biodiversity. Ecology, 83(11): 2978-2984.
Flannigan M, Stocks B, Turetsky M, et al. 2009. Impacts of climate change on fire activity and fire management in the circumboreal forest. Global Change Biology, 15 (3): 549-560.
Food and Agriculture Organization of the United Nations (FAO). 2019. FAOSTAT land use ［Dataset］. http://www.fao.org/faostat/en/#data/RL (2019).
Foster D R, Swanson F, Aber J, et al. 2003. The importance of land-use legacies to ecology and conservation. Bioscience, 53(1): 77-88.
Gouws A J, Shackleton C M. 2019. A spatio-temporal, landscape perspective on Acacia dealbata invasions and broader land use and cover changes in the northern Eastern Cape, South Africa. Environmental Monitoring and Assessment, 191(2): 74.
Gritti E S, Smith B, Sykes M T. 2006. Vulnerability of Mediterranean Basin ecosystems to climate change and invasion by exotic plant species. Journal of Biogeography, 33(1): 145-157.
Gurevitch J, Fox G A, Wardle G M, et al. 2011. Emergent insights from the synthesis of conceptual frameworks for biological invasions. Ecology Letters, 14(4): 407-418.
Hobbs R J, Huenneke L F. 1992. Disturbance, diversity and invasion: implications for conservation. Conservation Biology, 6(3): 324-337.
Hobbs R J. 1989. The nature and effects of disturbance relative to invasions//Drake J A, Mooney H A, di Castri F, et al. Biological Invasions: A Global Perspective. New York: Wiley.
Hobbs R J. 1993. Effects of landscape fragmentation on ecosystem processes in the Western Australian wheatbelt. Biological Conservation, 64(3): 193-201.
Hobbs R J. 2000. Land-use changes and invasions//Mooney H A, Hobbs R J. Invasive Species in a Changing World. Washington: Island Press: 31-54.
Holdredge C, Bertness M D, Altieri A H. 2009. Role of crab herbivory in die-off of New England salt marshes. Conservation Biology, 23(3): 672-679.
Ibanez I, Silander J A, Wilson A, et al. 2009. Multi-variate forecasts of potential distribution of invasive plant species. Ecological Applications, 19(2): 359-375.
Kalnay E, Cai M. 2003. Impact of urbanization and land-use change on climate. Nature, 423 (6939): 528-531.

Klinger R, Brooks M L. 2017. Alternative pathways to landscape transformation: invasive grasses, burn severity and fire frequency in arid ecosystems. Journal of Ecology, 105(6): 1521-1533.

Lambdon P W, Pyek P, Basnou C, et al. 2008. Alien fora of Europe: species diversity, temporal trends, geographical patterns and research needs. Preslia, 80(2): 101-149.

Lenda M, Knops J H, Skórka P, et al. 2018. Cascading effects of changes in land use on the invasion of the walnut *Juglans regia* in forest ecosystems. Journal of Ecology, 106(2): 671-686.

Lenda M, Skórka P, Knops J M H, et al. 2014. Effect of the internet commerce on dispersal modes of invasive alien species. PLoS ONE, 9(6): e99786.

Liao C, Peng R, Luo Y, et al. 2008. Altered ecosystem carbon and nitrogen cycles by plant invasion: a meta-analysis. New Phytologist, 177(3): 706-714.

Lindborg R, Plue J, Andersson K, et al. 2014. Function of small habitat elements for enhancing plant diversity in different agricultural landscapes. Biological Conservation, 169: 206-213.

Lorenzo P, Rodrígues J, González L, et al. 2017. Changes in microhabitat, but not allelopathy, affect plant establishment after *Acacia dealbata* invasion. Journal of Plant Ecology, 10(4): 610-617.

McDougall K L, Lembrechts J, Rew L J, et al. 2018. Running of the road: roadside non-native plants invading mountain vegetation. Biological Invasions, 20(12): 3461-3473.

McIntyre S, Lavorel S. 1994. Predicting richness of native, rare, and exotic plants in response to habitat and disturbance variables across a variegated landscape. Conservation Biology, 8(2): 521-531.

Merow C, LaFleur N, Silander J, et al. 2011. Developing dynamic, mechanistic species distribution models: predicting bird-mediated spread of invasive plants across northeastern North America. The American Naturalist, 178(1): 30-43.

Molino J F, Sabatier D. 2001. Tree diversity in tropical rain forests: a validation of the intermediate disturbance hypothesis. Science, 294(5547): 1702-1704.

Mortensen D A, Rauschert E S J, Nord A N, et al. 2009. Forest roads facilitate the spread of invasive plants. Invasive Plant Science and Management, 2(3): 191-199.

Mosher E S, Silander J A, Latimer A M. 2009. The role of land-use history in major invasions by woody plant species in the northeastern North American landscape. Biological Invasions, 11(10): 2317-2328.

O'Reilly-Nugent A, Palit R, Lopez-Aldana A, et al. 2016. Landscape effects on the spread of invasive species. Current Landscape Ecology Reports, 1(3): 107-114.

Pellegrini E, Buccheri M, Martini F, et al. 2021. Agricultural land use curbs exotic invasion but sustains native plant diversity at intermediate levels. Scientific Reports, 11: 8385.

Pielke R A Sr. 2005. Land use and climate change. Science, 310 (5754): 1625-1626.

Qian H, Ricklefs R E. 2006. The role of exotic species in homogenizing the North American fora. Ecology Letters, 9(12): 1293-1298.

Richardson D M, Pyšek P. 2012. Naturalization of introduced plants: ecological drivers of biogeographical patterns. New Phytologist, 196(2): 383-396.

Richardson D M, Williams P, Hobbs R, et al. 1994. Pine invasions in the Southern Hemisphere: determinants of spread and invadability. Journal of Biogeography, 21(5): 511-527.

Schlaepfer M A, Sax D F, Olden J D. 2011. The potential conservation value of non-native species. Conservation Biology, 25(3): 428-437.

Searchinger T, Heimlich R, Houghton R A, et al. 2008. Use of U.S. croplands for biofuels increases greenhouse gases through emissions from land-use change. Science, 319 (5867): 1238-1240.

Shafroth P B, Beauchamp V B, Briggs M K, et al. 2008. Planning riparian restoration in the context of *Tamarix* control in western North America. Restoration Ecology, 16(1): 97-112.

Sogge M K, Sferra S J, Paxton E H. 2008. *Tamarix* as habitat for birds: implications for riparian restoration in the Southwestern United States. Restoration Ecology, 16(1): 146-154.

Soulard C E, Wilson T S. 2013. Recent land-use/land-cover change in the Central California Valley. Journal of Land Use Science, 10 (1): 59-80.

Spooner P G, Lunt I D. 2004. The influence of land-use history on roadside conservation values in an Australian agricultural landscape. Australian Journal of Botany, 52(4): 445-458.

Stoate C, Boatman N D, Borralho R J, et al. 2001. Ecological impacts of arable intensification in Europe. Journal of Environmental Management, 63(4): 337-365.

Tscharntke T, Klein A M, Kruess A, et al. 2005. Landscape perspectives on agricultural intensification and biodiversity-ecosystem service management. Ecology Letters, 8(8): 857-874.

Turner B L, Meyer W B. 1991. Land use and land cover in global environmental change: considerations for study. International Social Science Journal, 43(130): 669-679.

Vitousek P M, Mooney H A, Lubchenco J. 1997. Human domination of Earth's ecosystems. Science, 277: 494-499.

Wang W, Zhang C, Allen J M, et al. 2016. Analysis and prediction of land use changes related to invasive species and major driving forces in the state of Connecticut. Land, 5(3): 25.

Wills R T, Robinson C J. 1994. Threats to flora-based industries in Western Australia from plant disease. Journal of the Royal Society of Western Australia, 77(4): 159-162.

Wills R T. 1993. The ecological impact of *Phytophthora cinnamomi* in the Stirling Range National Park, Western Australia. Australian Journal of Ecology, 18(2): 145-159.

Winkler K, Fuchs R, Rounsevell M. 2021. Global land use changes are four times greater than previously estimated. Nature Communications, 12(1): 2501.

With K A. 2002. The landscape ecology of invasive spread. Conservation Biology, 16(5): 1192-1203.

Young D J, Stevens J T, Earles J M, et al. 2017. Long-term climate and competition explain forest mortality patterns under extreme drought. Ecology Letters, 20(1): 78-86.

Zavaleta E. 2000. Valuing ecosystem services lost to *Tamarix* invasion in the United States//Mooney H A, Hobbs R J. Invasive Species in a Changing World. Washington, DC: Island Press: 261-300.

第十二章　城市化与生物入侵

土地利用格局变化是全球变化的重要组成部分，而城市化作为土地利用格局变化的重要原因，往往会对土地利用格局产生深远的影响。在城市化过程中，人类活动造成的干扰和环境的剧烈变化会直接或间接地影响外来物种入侵。一方面，频繁的人类活动会有意或无意地引入外来物种并促进其扩散。交通运输、贸易往来以及基础设施建设等人类活动过程为外来物种提供了大量迁移和扩散的机会，为其突破生物地理屏障进入城市地区创造了有利条件。另一方面，城市中自然生境的破碎和微气候的改变会对土著物种的生存产生不利影响，甚至造成一些土著物种的消失。而外来物种往往更加适应城市生境，比土著物种更具竞争优势，间接促进了外来物种在城市化过程中的定殖和扩散。

成功入侵城市的外来物种会对城市生态系统产生严重的负面影响。外来入侵物种抢占土著物种的生存空间和资源，威胁城市生态系统中土著物种的生存，造成土著物种的消亡，降低城市生态系统中土著物种的多样性。土著物种的消亡和外来物种的引入会改变城市生物区系，使得城市生物区系出现分化或同质化。外来物种还会破坏城市基础设施、危害城市居民的身体健康，带来诸多负面影响。

第一节　城　市　化

一、城市化概念

城市化主要是指农村人口向城市人口的转变，表现为城市人口的增加、城市建成区的扩大、城市景观和环境的创造以及与之相关的社会和生活方式的改变（Gu，2019）。城市化的定义包括4个方面的内容：一是经济的增长；二是人口结构的变化，即城市人口增多，农村人口减少；三是社会结构、价值观念、制度等方面的根本性变革；四是城市空间的重塑和延伸（Gu，2019）。然而，在全球范围内，不同国家对城市区域的确切定义有所不同，这使得不同国家对于城市化率的统计差异很大。但是，无论哪种定义，城市化是在工业化、现代化、全球化的发展过程中，伴随着人口、社会、经济、文化、政治、意识形态等方面的变化而产生的历史进程，是现代文明最大的社会变革之一。

二、城市化发展现状

城市化最早出现在5个地区：美索不达米亚、埃及、印度河流域、中国北部和中美洲。随后，城市化经由5个起源地区缓慢蔓延。城市扩张是一个不稳定和不平衡的过程，直到11世纪，区域专业化和长途贸易模式才开始在欧洲出现，为商业资本主义的新城市化阶段奠定了基础，但这一阶段的城市化水平依然很低（Elmqvist et al.，2013）。

城市化水平作为衡量城市化的一个指标，通常以城市人口相对于总人口的比例来表示，或以城市人口比例随时间增长的速度来表示。1800年之前，超过90%的全球人口都居住在农村地区，全球城市化水平不足10%。此后，工业革命作为经济、社会、政治、制度和文化变革的催化剂，极大地加剧了城市化的扩张速度。农业技术的进步和制造业的发展使得农村劳动力需求下降，城市劳动力需求稳步增长。在农村劳动力逐渐转变为城市劳动力的过程中，城市人口逐渐增多。1801～1911年的110年间，英国94%的人口增长发生在城市地区，其中1/3源于农村向城市的人口迁移。到20世纪，世界经济增长中心从西欧转移到北美，北美的城市化水平迅速提高。1900年美国城市人口已占总人口的40%，1950年增长到64%，2000年美国的城市化水平已经接近80%。中国的城市化水平在1949年仅为10.6%，此后逐渐增长，到2015年中国的城市化水平已经达到56.1%（Gu et al.，2017）。

据联合国统计，2007年全球城市人口已经超过了农村人口。2017年，全球有超过一半的世界人口（41亿，55%）居住在城市。联合国《世界城市化展望》估计，到2050年全球人口将增加到98亿，其中68%的世界人口生活在城市中，约为农村人口（31亿）的2倍（Ritchie and Roser，2018）。

三、城市化导致的环境问题

城市化对环境的影响是深刻的、多方面的、全球性的。人类的生产生活和物质需求会改变土地利用类型，而土地利用类型的改变和频繁的人类活动又会对城市区域的生物多样性、水文系统、生物地球化学循环和气候等产生影响。城市化导致的环境问题大致可以概括为以下几类。

（一）土地利用

全球范围内，人类活动正以前所未有的速度和规模改变着陆地环境。为满足人们的生活需求，城市快速扩张，建设用地的面积不断增加，而森林覆盖面积逐渐减少。尽管城市地区的面积不到全球土地覆盖面积的1%，但城市化造成的土地利用变化所产生的影响却远高于其占地比例（Schneider et al.，2010）。

许多发展中国家的城市扩张常常发生在重要的农业用地上，城市的扩张减少了农业用地面积，影响了粮食产量（Seto et al.，2011）。城市建设用地的增加破坏了自然生境，严重影响原生境中动植物生存，导致外来生物入侵，改变了当地物种组成。在美国，建设用地的增加已成为自然保护区的主要威胁（Radeloff et al.，2010）。此外，由于城市化而兴建的大量建筑和交通设施增加了城市不透水表面。这会改变地表降水的分配，使得地表径流增加，并汇集到城市河流中，增加河流通量，进而影响区域的水循环（Foley et al.，2005）。城市扩张导致的绿地面积减少同样会对当地生态系统造成影响。天然绿色植被的去除使得城市地区生态系统的生产力降低（Foley et al.，2005）。城市中的植被覆盖和水域面积缩减，不透水的地表和建筑增多，这种土地利用的改变还会通过地表辐射影响区域气候。因为植被覆盖的减少降低了城市地区的蒸发冷却，增加了地表热量的储存，所以城市空气和地表温度会高于乡村，产生城市热岛效应（Arnfield，2003）。研究人员通过对已记录的美国气候进行分析发现，过去几十年美国气温上升的主要原因是城市化导致的土地利用变化（Kalnay and Cai，2003）。

（二）生物地球化学循环

城市扩张导致的土地利用变化可能会影响区域的碳库，城市中其他的人类活动也可能对城市中的生物地球化学循环产生影响。

作为人类活动的中心，城市中聚集了大量的人类活动产生的废水、废气和固体废物，这些废物进入空气、水体和土壤中，提高了单位土地的营养物质和化学污染物的通量（Bai et al.，2017）。在中国，城市建成区占全国陆地面积的比例虽然不到1%，但却容纳了全国50%以上的人口，这意味着城市地区的营养通量显著高于其他地方（Li et al.，2012a）。城市营养通量的增加会影响生态系统的初级生产力。例如，城市污水中大量营养物质的排放会造成河流和海岸的富营养化，导致藻类大量生长（Kroeze et al.，2013）。城市化也是影响碳通量的重要原因。研究发现，城市中心的日平均大气CO_2浓度可超过500 ppm，而全球平均浓度为379 ppm（Pataki et al.，2007）。城市地区是大气CO_2的主要来源，全球碳排放的78%来自城市（Kaye et al.，2006）。城市中固体废物的处理也会增加碳通量。以北京为例，在1990年后的十几年间，处理固体废物产生的碳排放增加了2.8倍（Xiao et al.，2007）。而且交通和工业也多集中在城市中，化石燃料的燃烧也导致城市成为各种氮氧化物（NO、NO_2等）和有机酸等微量气体的点源（Pataki et al.，2006；Molina and Molina，2004）。城市中碳排放的增加和高酸、高氮的沉积，有可能会促进或抑制城市中生物的生长，影响城市植被的养分循环和初级生产力（Gregg et al.，2003）。同时，城市也是重金属累积的热点地区。不同重金属的含量在不同城乡梯度上有明显区别。研究人员通过对北京道路沉积物中的重金属进行研究发现，中心城区和郊区的重金属含量远高于农村地区（Zhao et al.，2011）。上海城市公园中积累的重金属（镉、铜、铅、锌等）也高于城郊公园（Li et al.，2012b）。这些都表明城市化会对区域甚至全球的生物地球化学循环造成影响。

（三）水文系统

城市的扩张也会改变当地的水文系统。一方面，城市居民生活、工业过程和卫生措施与城市用水息息相关。因此，城市扩张过程中需要合理规划土地利用类型，以满足城市生活和工业用水的需求。在此过程中，一些原先存在的溪流、河流等水文系统可能会改变。基础设施建设过程中也会新建一些为城市服务的水文系统，如泄洪道、运河等。也就是说，城市中的水文系统可能会因适应城市需求而被人为改变。但那些人为改变或修建的水文系统并不能取代原本的水生生态系统，也不能替代原有的生态系统服务功能（Grimm et al.，2008）。

另一方面，城市化导致城市环境中不透水覆盖面增加，这也会改变水文。不透水表面使得雨水等水资源难以渗入地下，增加了城市的地表径流。道路、停车场、建筑等不透水覆盖面积累的污染物也容易随雨水径流进入河道。城市中一些生活污水和工业废水也可能被直接排放到河流湖泊中，导致城市水文系统污染严重，造成水体富营养化。中国杭州6年的监测数据表明，该地区城市河流中的铵浓度比非城市河流高3～5倍（Zhang et al.，2015）。城市水文系统中的污染物会造成城市水生生态系统健康状况持续下降，导致河流中的营养物质浓度提高、营养物质保持效率降低、生物多样性降低、初级生产力提高，形成城市河流综合征（Walsh et al.，2005；Paul and Meyer，2001）。此外，不同重金属污染物在水体系统中的浓度会沿城乡梯度呈现出不同水平。在中国运河沿线城市中，农业来源的镉浓度从城郊到大城市呈下降趋势；而城市来源的铜、锌浓度在水体中沿城市化梯度呈倒"U"形分布，符合典型的环境库兹涅茨曲线，即这些重金属浓度最初会随着城市化进程的加快而升高，然后会随着城市规模的扩大、富裕程度的提高以及基础设施的改善而降低（Bai et al.，2017）。

（四）气候

城市化改变了景观、地表的物理性质和形态、大气组成和动态、水文，这种改变又影响着城市的小气候。

城市不透水表面的增加导致植被减少、城市径流增加，进而减少了蒸发和蒸腾（Roth，2007）。除了植被覆盖和地表材料，城市形态和城市特征的空间结构对当地小气候也有重要影响。城市中棱角分明的建筑往往会改变气流（Middel et al.，2014）。当区域的风为中等强度时，城市大气中的风速会降低，但湍流和平均风力强度会在城市顶端增强，这影响了污染物、灰尘和热量的运输，从而改变城市整体气候条件（Harman et al.，2004）。城市热岛效应也是导致城市气候变化的典型例子。由于城市和乡村的下垫面不同，城乡降温速率也会不同，城市中近地表的空气温度往往高于周边乡村，尤其在夜间（Arnfield，2003）。城市热岛效应的强度常常会随着城市土地覆盖格局、城市规模（人口密度）、建筑物的密度、建筑物表面的相对比例、植被和水体覆盖面积、季节和纬度等环境条件的变化而变化（Bai et al.，2017；Grimm et al.，2008）。研究人员通过对亚洲几个大城市（首尔、东京、大阪、台北、马尼拉、曼谷和雅加达）的地表温度进行长期观测研究发现，在这些城市中，大多数城市的气温在20世纪上升了大约2.5℃，其中大阪的城市热岛指数最高（Kataoka et al.，2009）。城市热岛效应引发的环境问题反过来又会影响城市气候。例如，热岛效应可能会诱发光化学烟雾的形成，改变局部的空气循环模式，促进污染物向城市外扩散（Grimm et al.，2008）。炎热气候下的城市变暖可能通过改变地表能量平衡影响水资源，这不仅改变了热通量，也改变了近地表的水分通量（Kim et al.，2021）。

城市化也会潜在地影响降雨。在轻微风天气下，较温暖的城市可以启动潮湿的深对流和对流雷暴（Rozoff et al.，2003；Baik et al.，2001）。在风暴和锋面经过时，城市也可以改变其轨迹（Bornstein and Lin，2000）。此外，来自人类活动的气溶胶还可以生成云凝结核，影响云和雨滴的形成，进而影响区域的降雨格局（Ramanathan and Carmichael，2008）。研究人员通过对不同城市的降雨格局进行观测，证实了城市化会导致城市地区降水增加（Shephard，2005）。例如，卫星图像显示，在午后，日本东京市区上空的低空云层形成频率有所增强，这种低层云成型于城市地区热通量增强的混合层的热气流顶部，可以影响市区降水（Inoue and Kimura，2004）。同样，在我国京津冀城市圈开展的一项研究表明，城市化导致了该区域年平均水汽混合比和风速降低，地表温度升高，对流降水增加（Wang et al.，2013）。

（五）生物多样性

城市扩张对环境的改变会影响局域和区域的生物多样性格局。城市中的人类活动频繁，大量的人为干扰改变了当地的自然选择机制，对土著物种和外来物种都有显著影响。城市区域气候、土壤、水文和生物地球化学循环的改变使得土著物种的生境发生改变，不利于土著物种的生存（Kowarik，2011）。土地利用的改变还会造成生境丧失或破碎化，导致许多土著物种灭绝，影响当地物种多样性（Foley et al.，2005）。相反，城市化为外来物种的入侵提供了有利的条件。城市扩张过程中的贸易往来、交通运输增加了外来物种引入的机会（Padayachee et al.，2017）。城市中环境条件的改变使得更适应新环境的外来物种更容易取代土著物种（Sukopp，2004）。同时，城市中丰富的食物资源、较少的天敌影响也会大大提高外来物种在城市中的定殖成功率，增加了城市中外来物种的数量（Shochat et al.，2010）。

在群落层面上，虽然许多土著物种可能在城市化过程中消失，但外来物种的引入也会为城市生态系统补充新的物种。这种土著物种的丧失和外来物种的增加，会导致城市中的生物群落物种组成发生改变，但物种总数不一定减少。如德国哈勒市在320年的城市化过程中，有22%的物种发生了更替，但物种的总数依然是增加的趋势（Knapp et al.，2010）。澳大利亚阿德莱德市在1836~2002年，至少有89种土著植物消失，但新增了613种外来植物（Tait et al.，2005）。尽管如此，城市化往往会导致许多独特的土著物种消失，但从全球尺度上看，这可能不会造成生物多样性的降低。

此外，一些研究认为，世界各地的一些城市很相似，同样的外来物种可能会在不同的城市中建群，使得一些适应城市生境的外来物种在世界各地的城市中变得普遍，导致城市中的生物区系相似（McKinney，2006）。城市间的交流也可能会使不同城市间的物种发生交换，进而导致不同城市的生物区系相似（Winter et al.，2009）。研究人员认为，城市是巨大的同质化力量，其中，外来物种的大量引入和土著物种的灭绝是导致世界各地城市的生物区系同质化的重要驱动因子（McKinney，2006）。然而，城市生物区系的同质化依赖于尺度效应，城市化在不同尺度上对生物区系产生的影响可能不同，并不一定会造成生物区系的同质化。例如，有研究对多个城市的鸟类和植物区系进行了研究，并未发现城市生物区系的同质化（Aronson et al.，2014）。

第二节　城市化过程中驱动生物入侵的因素

一、环境因素

城市化往往会改变当地的环境条件，这种环境条件的变化可能会使得土著物种处于劣势，也可能会使一些更加适应城市环境条件的外来物种更容易定居。也就是说，城市化过程中环境因素的改变可能会驱动生物入侵。

城市人口规模的扩大、不透水表面和建筑的增加、植被和水域面积的减少导致了城市热岛效应的形成，使得城市地表温度高于乡村环境（Rizwan et al.，2008）。城市温度的升高限制了一些需要低温春化植物的萌发以及对高温环境耐受性较低的土著物种的生长，降低了土著植物的多样性。同时，温度升高使得城市植物的开花时间提前，落叶时间延迟，植物生长周期变长，使本不属于该区系的植物在城市中慢慢得到驯化，促进了外来植物的入侵（Cai et al.，2014）。有研究表明，城市化导致的温度上升使得首尔城市中的入侵植物表现优于郊外，并且很小的环境温度变化就能给入侵物种带来显著的竞争优势（Song et al.，2012）。也有研究人员通过对欧洲植物进行研究发现，温度的升高可能会消除限制外来植物进入城市的气候屏障（Géron et al.，2021）。城市温度的升高也导致了城市物种组成发生明显变化。由于城市温度的升高，近半个世纪以来哈尔滨城市中温带起源的物种比例降低，而热带起源的外来物种比例升高（Chen et al.，2014）。

城市不透水表面的增加改变了城市的水文，这也能影响城市外来植物的入侵。城市化能通过引起流域水文干旱促进外来物种入侵河岸林带，尤其是在炎热和半干旱地区（Sung et al.，2011）。城市化还会影响区域的降水格局，进而影响外来物种的入侵。此前研究发现，强降雨会增加外来植物的入侵（Kreyling et al.，2008）。因此，由城市化造成的降水增加也会促进外来植物的入侵。

此外，城市化扩张过程中，大量营养物质的积累也会促进外来物种的入侵。城市大量污染物的排放导致水体中营养物质浓度升高（Walsh et al.，2005），一旦外来植物进入富营养化的水体，就会大量繁殖。如城市人造景观中，水体的营养富集通过促进芦苇（*Phragmites australis*）的生长和增强竞争能力来促进其入侵（Uddin and Robinson，2018）。富营养化也会为水体中一些外来动物提供丰富的食物资源，进而促进其入侵。如 Marques 等（2020）发现水体中丰富的营养物质增加了摇蚊（chironomid）的种群数量，间接促进了城市河流中以摇蚊幼虫为食的外来物种孔雀鱼（*Poecilia reticulata*）的入侵。研究人员认为在资源有限的情况下，生物的生长、繁殖和竞争等所需的营养投资需要权衡（Snell-Rood et al.，2015）。而城市化使得生态系统中的食物资源大幅增加，缓解了入侵物种的生活史权衡，增强了物种的入侵潜力，这可能是外来物种成功入侵城市生态系统的重要机制（Marques et al.，2020）。这种机制也常常被用来解释城市中外来鸟类密度的增长（Marzluff，2001）。尽管在确定和量化食物丰度方面存在困难，但城市中丰富的营养物质使得食物资源相对稳定并且能得到不断的补充，这大大减少了入侵物种获取食物的季节性和年际变化，有利于外来动物的繁殖定居。

城市夜间人造光也是影响城市外来植物群落形成的重要环境因素。有研究表明，在街灯的照射下，与土著禾本科植物相比，旱雀麦（*Bromus tectorum*）能够更快、更有效地利用资源，抢占优势地位，从而直接影响城市环境中外来物种的入侵动态（Murphy et al.，2021a，2021b）。此外，光污染不仅能直接促进外来植物对土著群落的入侵，还能加剧土著群落内常见种对稀有物种的竞争排斥，间接影响外来植物的入侵（Liu et al.，2022）。

二、人为因素

城市建设需要满足城市居民的生活需求，因而城市化的扩张往往会伴随着基础设施建设、贸易往来和人类各种其他活动。城市作为人类活动的中心，具有高度的人为干扰水平，而这些人为干扰因素往往能极大地促进外来物种的引入、定殖、建群和扩散（McNeely，2006）。实际上，城市一直都是外来物种引入的滩头阵地（Pyšek et al.，2010）。

城市道路和建筑物的建设使得土地利用发生改变，城市周边建设用地和荒地面积增加，自然栖息地被破坏。环境因素的改变和生境的破碎化使得许多土著物种无法生存，却为外来物种入侵提供了有利的条件，促进了外来物种种群在城市中的建立（Gaertner et al.，2017）。城市中发达的交通设施形成廊道，将破碎的斑块连接起来，而外来物种的繁殖体可以通过交通工具在不同斑块间传播，促进了外来物种在城市中的迁移和扩散（Lemke et al.，2019）。有研究表明，入侵植物的丰富度会随着路网规模的增大而增加（Gavier-Pizarro et al.，2010）。此外，随着城市经济的发展，国际交流和全球化进程也在不断加深，使得外来物种可以随着商品贸易和人类旅行被带到更远的地区，为外来物种在全球范围内的引入和扩散提供了有利的机会（Gotzek et al.，2015）。与全球贸易体系联系更紧密的国家往往拥有更多的外来物种，陆地交通网络的发展、移民率、来访的游客数量和商品贸易均与外来物种的入侵呈正相关关系（Dalmazzone，2000）。

城市园林绿化、公园和植物园为提高观赏性而引入多种外来物种，这已经成为生物入侵的重要源头（Burt et al.，2007；Dehnen-Schmutz et al.，2007）。例如，1839年，澳大利亚引入刺梨（*Rosa roxburghii*）用作树篱，该物种随后在昆士兰和新南威尔士泛滥成灾。在中国已知的外来杂草中，很大一部分也是作为观赏和园林绿化物种引进的，如加拿大一枝黄花（*Solidago canadensis*）、马缨丹（*Lantana camara*）、圆叶牵牛（*Ipomoea purpurea*）等。北京城市绿地空间接近6万 hm^2，其中超过50%的植物都是外来物种（Wang et al.，2011）。城市中大多外来植物逃逸的源头可能都是园艺行业（Padayachee et al.，2017）。而城市居民的宠物饲养也使得许多外来动物进入城市，通过逃逸和放生形成入侵。例如，美国中部至墨西哥北部的巴西红耳龟（*Trachemys scripta elegans*），常作为宠物被饲养，目前被列为世界最危险的100种外来入侵物种之一。

三、生物因素

城市化过程通常会影响土著物种与外来物种间的相互作用，进而促进外来物种的成功入侵。

城市在某种程度上就是减少了竞争的岛屿（Cadotte et al.，2017）。城市环境的改变往往会影响土著物种的丰富度或密度。例如，洛杉矶城市溪流受到污染，导致对水质敏感的土著两栖动物减少（Riley et al.，2005）。实际上，生物多样性降低是城市河流综合征的基本特征之一。物种丰富度或密度的减少使得适应这种环境的外来物种面临的竞争压力降低。而花园、植物园等人造景观中，园丁的日常修剪和维护会减少植物间的资源竞争（Smith et al., 2006）。例如，人造园林中的日常灌溉和施肥减少了植物对水和营养的争夺。而且城市特殊的环境可能更适合一些外来物种的生存，使其比土著物种更具竞争力，因而更容易定殖扩散而成为入侵物种。例如，在美国夏威夷人类干扰强度大的生境中，入侵壁虎疣尾蜥虎（*Hemidactylus frenatus*）由于可以在均匀光滑的环境（如光滑的墙壁表面）中更有效地捕捉昆虫（Petren and Case, 1998），比土著壁虎哀鳞趾虎（*Lepidodactylus lugubris*）更具竞争力。

城市环境还改变了物种间的捕食关系。对于外来植物而言，它们虽然逃离了原产地专食性天敌的控制，但在入侵区域仍会被广食性天敌取食（Müller-Schärer et al., 2004; Keane and Crawley, 2002）。昆虫取食植物时，会选择特定的物候窗口，而城市环境的变化会导致入侵植物的物候改变，进而改变入侵植物与天敌之间的取食关系。例如，舞毒蛾（*Lymantria dispar*）幼虫仅取食植物刚萌发时的嫩叶，但在城市环境中，入侵植物的物候提前，避开了当地广食性昆虫的取食，有利于自身入侵（Ward and Masters, 2007）。关于城市动物的研究发现，对于一些外来物种而言，由于城市环境中的捕食者丰度较低，城市栖息地的环境风险远低于野外（Shochat et al., 2006）。自然环境中的大型捕食动物都会避开城市地区（Tigas et al., 2002），但也有一些野生或家养的外来捕食者在城市中蓬勃发展，如引入的家猫就导致了很高的鸣禽捕食率（Loyd et al., 2013）。但城市中较高的资源丰度可能使得鸟类的种群密度并不会因为猫的捕食率高而降低。实际上，英国的一项研究表明，城市环境中猫和鸟的种群密度呈正相关关系（Sims et al., 2008）。城市丰富的食物资源在缓解入侵动物生活史权衡的同时，也缓解了物种间紧张的捕食关系。

第三节　城市化对不同入侵阶段的影响

城市化过程促进了外来物种在城市生态系统中的成功入侵，而生物入侵是一个有序的生态过程，包括一系列阶段。一般来说，生物入侵的过程可以分为4个阶段，即引入、定殖、建群和扩散（Theoharides and Dukes, 2007）。城市化对外来物种的不同入侵阶段皆有一定的影响。

一、引入阶段

外来物种的引入阶段是指外来物种从一个地理位置移动到另一个地理位置的过程。物种的迁移一直存在，自然界中的风、水流等自然因素和人类活动都能将生物从一个地方运送到新的区域。近些年来，由于经济的发展和城市扩张，外来物种的迁移速度加快，外来物种也可以来自更遥远的地区。

城市生态系统中人为干扰十分频繁，使得城市具有高干扰水平、高交通强度、高环境异质性的特性，对外来物种极为敏感，更加有利于外来物种的引入（Hansen and Clevenger, 2005）。研究表明，外来物种进入城市地区的概率会随着区域地理范围内城市化比例的增加和城市发展历史的增加而增加，不同城市间频繁的交流也使得外来物种进入城市的生物地理障碍逐渐削弱（Heringer et al., 2022）。由于经济的发展，不同国家和地区间的贸易和旅行往来日渐增多，外来物种不断通过交通工具、货物、种子库存、旅行者携带等多种方式进入城市生态系统。

城市扩张过程中，城市居民的生活需求也会随着城市的发展而增加。许多外来物种因而被有意引入，用于观赏、宠物、食物、燃料、饲料、木材和药材等（Theoharides and Dukes, 2007）。例如，因城市景观需求，城市绿化和园林园艺会引入大量的外来植物（Dehnen-Schmutz et al., 2007; Reichard and White, 2001）。生活水平的提高也使得宠物贸易增多，引入了许多外来动物（Duggan et al., 2006; Cassey et al., 2004）。调查显示，北京市约有50%以上的家庭饲养或饲养过宠物，宠物的总体数量大约达到了400万只。显然，因城市居民需求而人为引入外来物种削弱了其生物地理传播障碍。并且，城市居民的爱好倾向、信仰等直接影响了城市外来物种引入的种类。例如，园林绿化中引入的外来植物往往具有较强的园艺或农业品质，即具有较强的耐寒性、抗病性和观赏性价值（Theoharides and Dukes, 2007）。

二、定殖阶段

外来物种引入以后，只有克服了新环境中的环境条件和生物过程，才可以在入侵范围成功定殖。而城市环境也会对外来物种的定殖阶段造成影响。

以外来植物为例，城市中人为引入的物种比偶然引入的物种更有优势。由于有意栽培，这些外来物种可以在城市居民的照料下形成稳定的种群，降低了由环境随机性和低种群规模而造成的损失。而且，用于园艺的外来植物通常要经历气候匹配的过程，以确定它们的最适生长环境并将其引入适当区域，这大大增加了外来植物的定殖成功率（Mack and Lonsdale, 2001）。

此外，城市花园和植物园等人造景观常常会重复引种，导致城市地区外来植物的繁殖体压力增加。繁殖体压力由繁殖体大小和繁殖体数量组成，被认为是外来物种引入过程中释放生物繁殖体的数量或频率的结合（Simberloff, 2009）。一般来说，较高数量的繁殖体增加了外来物种存活的可能性，降低了外来物种在城市的生存屏障（Simberloff, 2009）。持续较多的繁殖体输入导致了高水平的遗传变异，有助于引入种群适应不同的环境（Saltonstall, 2002）。在良好的环境中，由于干扰已经消除了土著竞争对手，物种的定殖可能只需要数量较少的繁殖体；然而，在竞争激烈或非生物条件恶劣的地方，物种的定殖可能需要数量较多的繁殖体（Lockwood et al., 2005）。因此，外来物种的重复引种可以通过增加繁殖体压力的形式促进外来物种在恶劣环境下的定殖。

城市生境的高度破碎化还增加了城市植物种群的隔离程度。生境的破碎化和土地利用的改变对风媒植物传播有限制作用，可能会使风媒植物花粉的质量和数量改变，近交风险增加，导致植物的种子产量降低（Piana et al., 2019; Wang et al., 2010）。此外，城市的光污染、噪声污染、城市热岛效应还会影响授粉昆虫多样性，降低虫媒传粉，从而降低植物的繁殖成功率（Harrison and Winfree, 2015）。因此，在栖息地破碎化过程中，自交亲和、高种子产量、强传播能力、较少依赖于互惠关系的外来物种更容易在城市中成功定殖（Cunningham，2000）。

城市气候的变化也影响引入物种的定殖。城市热岛导致城市物候发生改变，使植物的开花时间提前、生长季延迟，这使得更适应物候变化的外来植物处于繁殖优势（Huebner et al.，2012）。城市中天敌的缺失和充足稳定的食物来源也是很多外来动物在城市定殖的重要原因。城市景观的内在特征也决定了那些能够在压力更大的条件下存活或迅速利用资源丰富条件的外来物种能否在城市成功定殖。

三、建群阶段

入侵性外来物种在一个新的区域定殖以后，会逐渐建立自给自足、不断扩大的种群。这一过程比定殖持续更长时间，发生的空间尺度更大。

在建立种群过程中，外来物种的繁殖体压力十分重要。一方面，物种引入过程中释放的繁殖体数量能影响外来物种种群的建立。例如，Ahlroth 等将 2~16 只交配完成的雌性水飞虱（*Aquarius najas*）引入芬兰 90 条河流中，发现引入的水飞虱数量越多，种群建立的概率越高（Ahlroth et al.，2003）。而城市化过程中的人类活动常常能影响外来物种引入的数量，进而影响该物种种群的建立。另一方面，外来物种引入频次的增加同样会增加其种群建立的可能性。例如，园林引种通常会通过多次引入来实现外来植物的成功建群。北美城市中泛滥的家麻雀（*Passer domesticus*）也经历了多次引入才在布鲁克林成功安家，并成为北美大陆上数量最多的鸟类之一（Long，1981）。同样，欧洲马鹿（*Cervus elaphus*）也经过了 31 次先后引入，才最终在新西兰成功建立种群（Clarke，1971）。用于生物防治的外来昆虫往往也会经历多次引入。在加拿大成功建立种群的生物防治昆虫中，约 70% 的物种引入次数超过了 20 次，而那些引入次数少于 10 次的外来物种成功建群的比例仅为 10%（Beirne，1975）。

在外来物种建立种群的过程中，入侵区域的原生物种会与其形成竞争关系，影响外来物种在新区域的种群建立。与当地物种的竞争会降低外来物种的规模、密度和影响力。因而入侵区域的土著物种可以在外来物种建立种群时形成生物过滤。外来物种在建立种群的过程中，限制其种群大小的生物过滤可能是十分重要的（Theoharides and Dukes，2007）。但是城市扩张对环境的影响常常会对土著物种产生抑制作用，甚至导致城市土著物种的消失。这减少了外来植物和土著植物间的生态重叠，使得外来物种在初始建群时面临的竞争减小，减弱了当地物种的生物过滤作用，促进了外来物种种群的建立（Lloret et al.，2005）。此外，人类活动的干涉，如园艺施肥和灌溉、动物投喂等，使得城市往往具有较丰富的资源，降低了物种间的竞争强度，这也有利于外来物种在城市中建立稳定的种群（Shochat et al.，2010）。

四、扩散阶段

外来物种在入侵区域成功生长繁殖之后，会迅速扩散开来，而城市中频繁的人类活动会严重影响外来物种在入侵区域的扩散。

城市土地利用将景观分割成不同的斑块，造成栖息地破碎化。研究表明，斑块属性、连通性和扩散廊道都会影响外来物种的扩散（Davies et al.，2005；Knight and Reich，2005）。光照、温度、土壤湿度等环境因素都发生了变化，城市中破碎的小斑块边缘更容易表现出边缘效应，导致周围景观中的外来物种大量涌入小斑块（Bartuszevige et al.，2006；Parendes and Jones，2000）。此外，城市中存在许多带状干扰廊道，如公路、步道和电力线路等。这些干扰廊道中人类活动频繁，车辆等交通工具众多，一直被认为是促进外来物种快速扩散的通道。一方面，干扰廊道上的原生植被被移除，导致土壤、光照和水文的变化及原生种子库的破坏，这有利于外来物种的进入和快速扩散（Trombulak and Frissell，2000）。另一方面，干扰廊道通过传播媒介（如人或交通工具）为外来物种的扩散提供了路径，增加了外来物种的物理传输（Campbell and Gibson，2001；Lonsdale and Lane，1994）。实际上，外来物种的繁殖体随交通工具的扩散是外来物种远距离扩散的稳定机制。已有研究表明，入侵物种分布数量会沿着公路的垂直距离递减，这种分布规律表明外来物种是沿着公路向周边扩散的（Hansen and Clevenger，2005）。此外，这些带状干扰廊道还影响了城市的景观结构和连通性，影响了物种的基因流，进而影响外来物种对新环境的适应能力（Taylor and Hastings，2005；With，2004）。

城市河流也是促进入侵物种快速扩散的廊道。除了自然河流，为迎合人类需求，城市还设计改造了河流、泄洪道、运河等，这些都能促进外来物种的扩散。水是外来物种强大的传播媒介，在局部到区域尺度上增强了栖息地连通性（Gurnell et al.，2008；Jansson et al.，2005）。流动的水可以运输外来物种的繁殖体，使其入侵主要的河岸系统（Maskell et al.，2006；Truscott et al.，2006）。有研究通过对柏林施普雷河边3种入侵树种的扩散与河流的关系进行研究，发现城市河流作为扩散廊道，将城市外来树种种子源与下游河岸系统连接起来，使得下游河岸系统经常受到大量外来树种的入侵（Säeumel and Kowarik，2010）。

此外，园艺等人类活动造成的重复引入也有利于外来植物在城市中的扩散。实际上，许多外来植物并不具备在城市地区有效扩散所需要的一系列性状。但城市地区持续的繁殖体输入可以使扩散能力较差的外来物种克服扩散障碍，成功扩散至其他区域（Potgieter and Cadotte，2020）。

第四节　生物入侵对城市生态系统的影响

城市化进程会促进外来物种入侵城市生态系统，而外来物种的引入也会反过来影响城市的生物和非生物环境。由于城市生态系统结构简单，其恢复力远低于自然生态系统。随着外来物种的引入，新的病原体、食物竞争、对消费者的控制薄弱或缺乏等都会在城市中积累大量的问题。

一、城市生物区系

城市几乎完全是为了满足人类的生活需求而建造的栖息地。城市化造成的环境变化往往会导致土著物种的减少,但城市特殊的环境也容易促进外来物种的入侵(Duncan et al., 2011; Kowarik, 2011)。许多城市植物区系都显示出较高比例的外来物种。早在1998年,就有研究人员对中欧的城市植物区系做了调查,发现在中欧54个城市的植物区系中,外来植物平均占40.3%(Pyšek, 1998)。到2012年,中欧城市的植物区系中,外来植物分类单元约占49%(Lososová et al., 2012)。随着城市的扩张,城市植物区系中的外来植物比例还会不断增加。例如,在德国汉堡,城市温度因热岛效应而升高,外来植物的比例则会随着城市平均温度的升高而增加(Schmidt et al., 2014)。

外来物种比例不断增加的同时,许多独特的土著物种逐渐被取代。这种外来物种对土著物种的取代随着城市化进程的不断推进而变得日益广泛。保护生态学家认为,土著物种的丧失和外来物种的替代会在多个空间尺度下促进生物的同质化,并认为生物同质化是城市化的主要负面后果之一(Marchetti et al., 2006)。虽然缺乏精确的定义,但生物同质化通常指由人类引入的物种取代土著群落中的生物,这种外来物种的入侵和土著物种的灭绝使得两个或多个物种库在分类学上随着时间表现出一定的相似性(Olden and Poff, 2003; McKinney and Lockwood, 1999)。数据显示,由于许多城市在外形和气候条件上非常相似,同样的外来物种往往会在不同的城市中建立种群,因此不同城市的生物区系趋于同质化(McKinney, 2006)。此外,一些城市中的土著物种可能是其他城市中的入侵物种。城市之间频繁的贸易或旅游往来使得物种在不同城市间发生交换,这也使得一些城市的生物区系表现出相似性(La Sorte et al., 2007)。有研究以地中海阿尔梅里亚和北美恩塞纳达两个不同地区的城市为样本,分析了外来物种对两个地区城市植物区系相似性的影响,发现两地植物区系的相似性由于外来物种的建立而显著增加。这与地中海盆地和北美之间的物种交换相关,反而来自其他地区的入侵物种对两地植物区系同质化的影响较小,甚至有明显的分化作用(Garcillán et al., 2014)。

生物同质化研究往往表现出很强的尺度依赖性(Olden, 2006),外来物种的丰富度增加不一定保证城市生物的同质化。尽管某些分布广泛的外来物种可能出现在不同城市中,但在全球尺度下,许多城市的气候条件差异仍然很大。在不同气候条件下,城市中外来物种组成的差异依旧很大。此前Marchetti等(2006)对河流中人为引入的鱼类进行了研究,发现该物种在一个特定的区域内占据了大部分河段,具有同质化效应,但在更大的地理范围内就不再具有同质化效应。换句话说,生物区系同质化随着研究尺度的增加而减少(Marchetti et al., 2006)。显然,生物同质化的地理尺度很重要。有研究在全球尺度上,对全球54个城市中的鸟类和110个城市中的植物区系进行了汇总,发现不同城市中鸟类和植物的丰富度差异很大(Aronson et al., 2014)。也就是说,尽管一些外来物种在不同城市中共享,但城市生物区系尚未在全球范围内实现同质化。此外,还有研究探究了入侵物种对城市其他生物同质化的影响。例如,有研究探究了全球范围内常见的入侵植物刺槐(*Robinia pseudoacacia*)对城市节肢动物类群的影响,发现只有少数节肢动物类群(双翅目、异翅目、膜翅目)的丰度呈下降趋势,多数节肢动物并未受到影响,即树木的入侵并未导致城市无脊椎动物的同质化(Buchholz et al., 2015)。

二、城市环境

外来物种既能改变自然生态系统的环境，也能对城市生态系统的环境造成影响。以入侵植物藨草（*Phalaris arundinacea*）为例，藨草作为一种入侵植物，常常在美国湿地中占据优势地位。研究人员对美国波特兰城市湿地中的藨草进行了研究，发现优势度高的藨草通过降低原生植被多样性和冠层高度降低了植被冠层的复杂性（Weilhoefer et al., 2017）。藨草也显著改变了湿地土壤环境，降低了土壤有机质含量，增加了土壤水分（Werner and Zedler, 2002）。此外，在以藨草为主的样地中，节肢动物的多样性显著降低（Weilhoefer et al., 2017）。另一种城市沿海沙丘中的入侵植物食用日中花（*Carpobrotus edulis*）能改变城市沿海沙丘的土质和土壤性质，如盐度、有机质和养分含量，进而影响土壤细菌群落的组成（Novoa et al., 2020）。该入侵植物在土壤表面形成了厚厚的有机凋落物层，增加了土壤含水量，减少了土壤水分流失，进而增加了城市沙丘中的细菌多样性。

三、基础设施

外来物种还会对城市的基础设施造成破坏，影响城市化进程。外来物种小楹白蚁（*Incisitermes minor*）会蛀蚀城市建筑和城市绿化树木，严重时甚至会对江河堤防、水库堤坝、公路桥梁造成损坏，引发各种灾害，带来巨大的经济损失（Indrayani et al., 2005；Buczkowski and Bertelsmeier, 2017）。入侵的麝鼠（*Ondatra zibethicus*）、河狸（*Castor fiber*）也会出现类似的行为，对城市基础设施造成破坏，引发恶劣的后果。另外，城市外来植物的入侵也可能造成严重的影响。例如，入侵植物凤眼莲（*Eichhornia crassipes*），在水域中大量繁殖，造成河道和港口等航运基础设施堵塞，影响城市的船运与贸易往来（Patel, 2012）。沿海广泛分布的入侵植物互花米草（*Spartina alterniflora*）尽管促进了泥沙的快速沉降与淤积，对促淤保滩和海岸防护有一定的作用，但同时也妨碍了潮沟和水道的畅通，导致一些地区（如旧金山海湾）航道、防洪潮沟等基础设施被堵塞。

四、人类健康

城市中的一些外来物种还会对城市居民的身体健康造成影响。例如，城市荒地、路边、铁路轨道、河岸和建筑工地经常可见恶性入侵杂草豚草（*Ambrosia artemisiifolia*），其花粉具有致敏性，是引发过敏性鼻炎和哮喘等呼吸道疾病的主要病源，也是秋季花粉过敏症的主要致病原，直接与豚草的接触也可能导致皮炎（Smith et al., 2013；White and Bernstein, 2003）。一些外来入侵动物是某些病原体的重要携带者，容易导致传染病的蔓延。例如，原产于东南亚的白纹伊蚊（*Aedes albopictus*）是登革热的重要媒介。白纹伊蚊可以受益于城市扩张过程中的绿地减少，基于巴西圣保罗城市的研究表明，登革热高发地区往往绿化较少（Medeiros-Sousa et al., 2017）。白纹伊蚊在世界各地的人类住所附近或内部大量繁殖定居，给世界各地的城市居民都带来了严重的健康威胁。此外，由于城市中的人类活动密集，某些入侵动物也可能会攻击人类，对人类造成伤害。

第五节　结论与展望

　　城市化过程将自然生态系统逐渐转变为城市生态系统，使得城市人口增加，城市建成区扩大。这个过程改变了原有的土地利用方式、水文系统、生物地球化学循环、小气候和物种多样性。这些环境条件的改变会影响土著物种的生存，促进外来物种的入侵。而且城市生态系统作为一个以人为中心的自然、经济与社会复合的人工生态系统，人为干扰极其严重。人类活动常常会导致大量的外来物种引入，使城市成为入侵物种建立和扩散的源头。因而城市化已经成为外来物种成功入侵的重要原因。城市中气候条件的改变、破碎的栖息地、发达的交通系统、频繁的贸易往来和人类生活的需求，影响了外来物种在新区域的引入、定殖、建群和扩散。反过来，外来物种入侵对城市生态系统也造成了严重的负面影响。入侵物种在城市中大量生长扩散，抢占了土著物种的资源和生存空间，抑制了土著物种的生存，降低了城市化区域的物种多样性。一些世界性物种在不同城市中的入侵，可能导致一些环境类似的城市中生物区系同质化。一些入侵物种也会对城市的基础设施造成破坏或者对城市居民的身体健康产生危害。

　　尽管目前研究人员已经开始关注城市化过程中的生物入侵，但相对于自然生态系统而言，城市生态系统中的生物入侵关注度还不高，受重视程度仍然不够，相关的研究基础也相对薄弱。我们认为，在当前全球城市化进程不断加剧的背景下，城市作为人类活动的中心，其生态安全应该受到应有的重视。外来物种入侵会影响城市生态安全，对城市外来入侵物种的管控应该纳入城市综合管理领域，并针对性地开展城市外来物种的入侵风险评估，建立城市外来物种的检疫体系，构建城市生态系统中的外来物种数据库，以此管控城市化过程中外来物种入侵的风险。

（本章作者：黄　伟　易佳慧　陶至彬　何敏艳　万金龙　张考萍）

参 考 文 献

Ahlroth P, Alatalo R V, Holopainen A, et al. 2003. Founder population size and number of source populations enhance colonization success in waterstriders. Oecologia, 137(4): 617-620.

Arnfield A J. 2003. Two decades of urban climate research: a review of turbulence, exchanges of energy and water, and the urban heat island. International Journal of Climatology, 23(1): 1-26.

Aronson M F J, La Sorte F A, Nilon C H, et al. 2014. A global analysis of the impacts of urbanization on bird and plant diversity reveals key anthropogenic drivers. Proceedings of the Royal Society B, 281(1780): 20133330.

Bai X M, McPhearson T, Cleugh H, et al. 2017. Linking urbanization and the environment: conceptual and empirical advances//Gadgil A, Tomich T P. Annual Review of Environment and Resources. California: Annual Reviews.

Baik J J, Kim Y H, Chun H Y. 2001. Dry and moist convection forced by an urban heat island. Journal of Applied Meteorology, 40(8): 1462-1475.

Bartuszevige A M, Gorchov D L, Raab L. 2006. The relative importance of landscape and community

features in the invasion of an exotic shrub in a fragmented landscape. Ecography, 29(2): 213-222.
Beirne B P. 1975. Biological control attempts by introductions against pest insects in the field in Canada. Canadian Entomologist, 107(3): 225-236.
Bornstein R, Lin Q L. 2000. Urban heat islands and summertime convective thunderstorms in Atlanta: three case studies. Atmospheric Environment, 34(3): 507-516.
Buchholz S, Tietze H, Kowarik I, et al. 2015. Effects of a major tree invader on urban woodland arthropods. PLoS ONE, 10(9): e0137723.
Buczkowski G, Bertelsmeier C. 2017. Invasive termites in a changing climate: a global perspective. Ecology and Evolution, 7(3): 974-985.
Burt J W, Muir A A, Piovia-Scott J, et al. 2007. Preventing horticultural introductions of invasive plants: potential efficacy of voluntary initiatives. Biological Invasions, 9(8): 909-923.
Cadotte M W, Yasui S L E, Livingstone S, et al. 2017. Are urban systems beneficial, detrimental, or indifferent for biological invasion? Biological Invasions, 19(12): 3489-3503.
Cai H Y, Yang X H, Zhang S W. 2014. Research advances in plant phenological responses to urban heat island. Chinese Journal of Ecology, 33(1): 221-228.
Campbell J E, Gibson D J. 2001. The effect of seeds of exotic species transported via horse dung on vegetation along trail corridors. Plant Ecology, 157(1): 23-35.
Cassey P, Blackburn T M, Russell G J, et al. 2004. Influences on the transport and establishment of exotic bird species: an analysis of the parrots (Psittaciformes) of the world. Global Change Biology, 10(4): 417-426.
Chen X S, Wang W B, Liang H, et al. 2014. Dynamics of ruderal species diversity under the rapid urbanization over the past half century in Harbin, Northeast China. Urban Ecosystems, 17(2): 455-472.
Clarke C M H. 1971. Liberations and dispersal of red deer in northern South Island districts. New Zealand Journal of Forestry Science, 1(2): 194-207.
Cunningham S A. 2000. Effects of habitat fragmentation on the reproductive ecology of four plant species in mallee woodland. Conservation Biology, 14(3): 758-768.
Dalmazzone S. 2000. Economic factors affecting vulnerability to biological invasions//Perrings C, Williamson M, Dalmazzone S. The Economics of Biological Invasions. Cheltenham: Edward Elgar.
Davies K F, Chesson P, Harrison S, et al. 2005. Spatial heterogeneity explains the scale dependence of the native-exotic diversity relationship. Ecology, 86(6): 1602-1610.
Dehnen-Schmutz K, Touza J, Perrings C, et al. 2007. A century of the ornamental plant trade and its impact on invasion success. Diversity and Distributions, 13(5): 527-534.
Duggan I C, Rixon C A M, MacIsaac H J. 2006. Popularity and propagule pressure: determinants of introduction and establishment of aquarium fish. Biological Invasions, 8(2): 377-382.
Duncan R P, Clemants S E, Corlett R T, et al. 2011. Plant traits and extinction in urban areas: a meta-analysis of 11 cities. Global Ecology and Biogeography, 20(4): 509-519.
Elmqvist T, Redman C L, Barthel S, et al. 2013. History of urbanization and the missing ecology//Elmqvist T, Fragkias M, Goodness J. Urbanization, Biodiversity and Ecosystem Services: Challenges and Opportunities. Boston: Springer.
Foley J A, DeFries R, Asner G P, et al. 2005. Global consequences of land use. Science, 309(5734): 570-574.
Gaertner M, Wilson J R U, Cadotte M W, et al. 2017. Non-native species in urban environments: patterns, processes, impacts and challenges. Biological Invasions, 19(12): 3461-3469.
Garcillán P P, Dana E D, Rebman J P, et al. 2014. Effects of alien species on homogenization of urban floras across continents: a tale of two mediterranean cities on two different continents. Plant Ecology and Evolution, 147(1): 3-9.
Gavier-Pizarro G I, Radeloff V C, Stewart S I, et al. 2010. Housing is positively associated with invasive exotic plant species richness in New England, USA. Ecological Applications, 20(7): 1913-1925.
Géron C, Lembrechts J J, Borgelt J, et al. 2021. Urban alien plants in temperate oceanic regions of Europe originate from warmer native ranges. Biological Invasions, 23(6): 1765-1779.
Gotzek D, Axen H J, Suarez A V, et al. 2015. Global invasion history of the tropical fire ant: a stowaway on

the first global trade routes. Molecular Ecology, 24(2): 374-388.
Gregg J W, Jones C G, Dawson T E. 2003. Urbanization effects on tree growth in the vicinity of New York City. Nature, 424(6945): 183-187.
Grimm N B, Faeth S H, Golubiewski N E, et al. 2008. Global change and the ecology of cities. Science, 319(5864): 756-760.
Gu C L, Hu L Q, Cook I G. 2017. China's urbanization in 1949-2015: processes and driving forces. Chinese Geographical Science, 27(6): 847-859.
Gu C L. 2019. Urbanization: processes and driving forces. Science China-Earth Sciences, 62(9): 1351-1360.
Gurnell A, Thompson K, Goodson J, et al. 2008. Propagule deposition along river margins: linking hydrology and ecology. Journal of Ecology, 96(3): 553-565.
Hansen M J, Clevenger A P. 2005. The influence of disturbance and habitat on the presence of non-native plant species along transport corridors. Biological Conservation, 125(2): 249-259.
Harman I N, Barlow J F, Belcher S E. 2004. Scalar fluxes from urban street canyons. Part II: Model. Boundary-Layer Meteorology, 113(3): 387-409.
Harrison T, Winfree R. 2015. Urban drivers of plant-pollinator interactions. Functional Ecology, 29(7): 879-888.
Heringer G, Faria L D, Villa P M, et al. 2022. Urbanization affects the richness of invasive alien trees but has limited influence on species composition. Urban Ecosystems, 25(3): 753-763.
Huebner C D, Nowak D J, Pouyat R V, et al. 2012. Nonnative invasive plants: maintaining biotic and soceioeconomic integrity along the urban-rural-natural gradient//Laband D N, Lockaby B G, Zipperer W C. Urban-rural Interfaces: Linking People and Nature. Madison: American Society of Agronomy, Soil Science Society of America.
Indrayani Y, Yoshimura T, Fujii Y, et al. 2005. A case study of *Incisitermes minor* (Isoptera: Kalotermitidae) infestation in Wakayama Prefecture, Japan. Sociobiology, 46(1): 45-64.
Inoue T, Kimura F. 2004. Urban effects on low-level clouds around the Tokyo metropolitan area on clear summer days. Geophysical Research Letters, 31(5): L05103.
Jansson R, Zinko U, Merritt D M, et al. 2005. Hydrochory increases riparian plant species richness: a comparison between a free-flowing and a regulated river. Journal of Ecology, 93(6): 1094-1103.
Kalnay E, Cai M. 2003. Impact of urbanization and land-use change on climate. Nature, 423(6939): 528-531.
Kataoka K, Matsumoto F, Ichinose T, et al. 2009. Urban warming trends in several large Asian cities over the last 100 years. Science of the Total Environment, 407(9): 3112-3119.
Kaye J P, Groffman P M, Grimm N B, et al. 2006. A distinct urban biogeochemistry? Trends in Ecology & Evolution, 21(4): 192-199.
Keane R M, Crawley M J. 2002. Exotic plant invasions and the enemy release hypothesis. Trends in Ecology & Evolution, 17(4): 164-170.
Kim G, Cha D H, Song C K, et al. 2021. Impacts of anthropogenic heat and building height on urban precipitation over the Seoul Metropolitan Area in regional climate modeling. Journal of Geophysical Research: Atmospheres, 126(23): e2021JD035348.
Knapp S, Kuhn I, Stolle J, et al. 2010. Changes in the functional composition of a Central European urban flora over three centuries. Perspectives in Plant Ecology Evolution and Systematics, 12(3): 235-244.
Knight K S, Reich P B. 2005. Opposite relationships between invasibility and native species richness at patch versus landscape scales. Oikos, 109(1): 81-88.
Kowarik I. 2011. Novel urban ecosystems, biodiversity, and conservation. Environmental Pollution, 159(8-9): 1974-1983.
Kreyling J, Beierkuhnlein C, Ellis L, et al. 2008. Invasibility of grassland and heath communities exposed to extreme weather events-additive effects of diversity resistance and fluctuating physical environment. Oikos, 117(10): 1542-1554.
Kroeze C, Hofstra N, Ivens W, et al. 2013. The links between global carbon, water and nutrient cycles in an urbanizing world-The case of coastal eutrophication. Current Opinion in Environmental Sustainability, 5(6): 566-572.

La Sorte F A, McKinney M L, Pysek P. 2007. Compositional similarity among urban floras within and across continents: biogeographical consequences of human-mediated biotic interchange. Global Change Biology, 13(4): 913-921.

Lemke A, Kowarik I, von der Lippe M. 2019. How traffic facilitates population expansion of invasive species along roads: the case of common ragweed in Germany. Journal of Applied Ecology, 56(2): 413-422.

Li G L, Bai X M, Yu S, et al. 2012a. Urban phosphorus metabolism through food consumption the case of China. Journal of Industrial Ecology, 16(4): 588-599.

Li H B, Yu S, Li G L, et al. 2012b. Urbanization increased metal levels in lake surface sediment and catchment topsoil of waterscape parks. Science of the Total Environment, 432: 202-209.

Liu Y J, Speisser B, Knop E, et al. 2022. The Matthew effect: common species become more common and rare ones become more rare in response to artificial light at night. Global Change Biology, 28(11): 3674-3682.

Lloret F, Médail F, Brundu G, et al. 2005. Species attributes and invasion success by alien plants on Mediterranean islands. Journal of Ecology, 93(3): 512-520.

Lockwood J L, Cassey P, Blackburn T. 2005. The role of propagule pressure in explaining species invasions. Trends in Ecology & Evolution, 20(5): 223-228.

Long J L. 1981. Introduced Birds of the World. New York: Universe Books.

Lonsdale W M, Lane A M. 1994. Tourist vehicles as vectors of weed seeds in Kakadu National Park, Northern Australia. Biological Conservation, 69(3): 277-283.

Lososová Z, Chytry M, Tichy L, et al. 2012. Native and alien floras in urban habitats: a comparison across 32 cities of central Europe. Global Ecology and Biogeography, 21(5): 545-555.

Loyd K A T, Hernandez S M, Carroll J P, et al. 2013. Quantifying free-roaming domestic cat predation using animal-borne video cameras. Biological Conservation, 160: 183-189.

Mack R N, Lonsdale W M. 2001. Humans as global plant dispersers: getting more than we bargained for. Bioscience, 51(2): 95-102.

Marchetti M P, Lockwood J L, Light T. 2006. Effects of urbanization on California's fish diversity: differentiation, homogenization and the influence of spatial scale. Biological Conservation, 127(3): 310-318.

Marques P S, Manna L R, Frauendorf T C, et al. 2020. Urbanization can increase the invasive potential of alien species. Journal of Animal Ecology, 89(10): 2345-2355.

Marzluff J M. 2001. Worldwide urbanization and its effects on birds//Marzluff J M, Bowman R, Donnelly R. Avian Ecology and Conservation in an Urbanizing World. Boston: Springer.

Maskell L C, Bullock J M, Smart S M, et al. 2006. The distribution and habitat associations of non-native plant species in urban riparian habitats. Journal of Vegetation Science, 17(4): 499-508.

McKinney M L, Lockwood J L. 1999. Biotic homogenization: a few winners replacing many losers in the next mass extinction. Trends in Ecology & Evolution, 14(11): 450-453.

McKinney M L. 2006. Urbanization as a major cause of biotic homogenization. Biological Conservation, 127(3): 247-260.

McNeely J A. 2006. As the world gets smaller, the chances of invasion grow. Euphytica, 148(1-2): 5-15.

Medeiros-Sousa A R, Fernandes A, Ceretti W, et al. 2017. Mosquitoes in urban green spaces: using an island biogeographic approach to identify drivers of species richness and composition. Scientific Reports, 7: 17826.

Middel A, Häb K, Brazel A J, et al. 2014. Impact of urban form and design on mid-afternoon microclimate in Phoenix Local Climate Zones. Landscape and Urban Planning, 122: 16-28.

Molina M J, Molina L T. 2004. Megacities and atmospheric pollution. Journal of the Air & Waste Management Association, 54(10): 644-680.

Müller-Schärer H, Schaffner U, Steinger T. 2004. Evolution in invasive plants: implications for biological control. Trends in Ecology & Evolution, 19(8): 417-422.

Murphy S M, Vyas D K, Hoffman J L, et al. 2021a. Streetlights positively affect the presence of an invasive grass species. Ecology and Evolution, 11(15): 10320-10326.

Murphy S M, Vyas D K, Sher A A, et al. 2021b. Light pollution affects invasive and native plant traits important to plant competition and herbivorous insects. Biological Invasions, 24(3): 599-602.

Novoa A, Keet J H, Lechuga-Lago Y, et al. 2020. Urbanization and *Carpobrotus edulis* invasion alter the diversity and composition of soil bacterial communities in coastal areas. FEMS Microbiology Ecology, 96(7): fiaa106.

Olden J D, Poff N L. 2003. Toward a mechanistic understanding and prediction of biotic homogenization. American Naturalist, 162(4): 442-460.

Olden J D. 2006. Biotic homogenization: a new research agenda for conservation biogeography. Journal of Biogeography, 33(12): 2027-2039.

Padayachee A L, Irlich U M, Faulkner K T, et al. 2017. How do invasive species travel to and through urban environments? Biological Invasions, 19(12): 3557-3570.

Parendes L A, Jones J A. 2000. Role of light availability and dispersal in exotic plant invasion along roads and streams in the H. J. Andrews Experimental Forest, Oregon. Conservation Biology, 14(1): 64-75.

Pataki D E, Alig R J, Fung A S, et al. 2006. Urban ecosystems and the North American carbon cycle. Global Change Biology, 12(11): 2092-2102.

Pataki D E, Xu T, Luo Y Q, et al. 2007. Inferring biogenic and anthropogenic carbon dioxide sources across an urban to rural gradient. Oecologia, 152(2): 307-322.

Patel S. 2012. Threats, management and envisaged utilizations of aquatic weed *Eichhornia crassipes*: an overview. Reviews in Environmental Science and Bio/Technology, 11(3): 249-259.

Paul M J, Meyer J L. 2001. Streams in the urban landscape. Annual Review of Ecology and Systematics, 32: 333-365.

Petren K, Case T J. 1998. Habitat structure determines competition intensity and invasion success in gecko lizards. Proceedings of the National Academy of Sciences of the United States of America, 95(20): 11739-11744.

Piana M R, Aronson M F J, Pickett S T A, et al. 2019. Plants in the city: understanding recruitment dynamics in urban landscapes. Frontiers in Ecology and the Environment, 17(8): 455-463.

Potgieter L J, Cadotte M W. 2020. The application of selected invasion frameworks to urban ecosystems. Neobiota, 62: 365-386.

Pyšek P, Jarosik V, Hulme P E, et al. 2010. Disentangling the role of environmental and human pressures on biological invasions across Europe. Proceedings of the National Academy of Sciences of the United States of America, 107(27): 12157-12162.

Pyšek P. 1998. Alien and native species in Central European urban floras: a quantitative comparison. Journal of Biogeography, 25(1): 155-163.

Radeloff V C, Stewart S I, Hawbaker T J, et al. 2010. Housing growth in and near United States protected areas limits their conservation value. Proceedings of the National Academy of Sciences of the United States of America, 107(2): 940-945.

Ramanathan V, Carmichael G. 2008. Global and regional climate changes due to black carbon. Nature Geoscience, 1(4): 221-227.

Reichard S H, White P. 2001. Horticulture as a pathway of invasive plant introductions in the United States. Bioscience, 51(2): 103-113.

Riley S P D, Busteed G T, Kats L B, et al. 2005. Effects of urbanization on the distribution and abundance of amphibians and invasive species in southern California streams. Conservation Biology, 19(6): 1894-1907.

Ritchie H, Roser M. 2018. Urbanization. https://ourworldindata.org/urbanization [2022-7-5].

Rizwan A M, Dennis Y C L, Liu C. 2008. A review on the generation, determination and mitigation of Urban Heat Island. Journal of Environmental Sciences, 20(1): 120-128.

Roth M. 2007. Review of urban climate research in (sub) tropical regions. International Journal of Climatology, 27(14): 1859-1873.

Rozoff C M, Cotton W R, Adegoke J O. 2003. Simulation of St. Louis, Missouri, land use impacts on thunderstorms. Journal of Applied Meteorology, 42(6): 716-738.

Säeumel I, Kowarik I. 2010. Urban rivers as dispersal corridors for primarily wind-dispersed invasive tree species. Landscape and Urban Planning, 94(3-4): 244-249.

Saltonstall K. 2002. Cryptic invasion by a non-native genotype of the common reed, *Phragmites australis*, into North America. Proceedings of the National Academy of Sciences of the United States of America, 99(4): 2445-2449.

Schmidt K J, Poppendieck H H, Jensen K. 2014. Effects of urban structure on plant species richness in a large European city. Urban Ecosystems, 17(2): 427-444.

Schneider A, Friedl M A, Potere D. 2010. Mapping global urban areas using MODIS 500-m data: new methods and datasets based on 'urban ecoregions'. Remote Sensing of Environment, 114(8): 1733-1746.

Seto K C, Fragkias M, Gueneralp B, et al. 2011. A meta-analysis of global urban land expansion. PLoS ONE, 6(8): e23777.

Shephard J M. 2005. A review of current investigations of urban-induced rainfall and recommendations for the future. Earth Interactions, 9: 12.

Shochat E, Lerman S B, Anderies J M, et al. 2010. Invasion, competition, and biodiversity loss in urban ecosystems. Bioscience, 60(3): 199-208.

Shochat E, Warren P S, Faeth S H, et al. 2006. From patterns to emerging processes in mechanistic urban ecology. Trends in Ecology & Evolution, 21(4): 186-191.

Simberloff D. 2009. The role of propagule pressure in biological invasions. Annual Review of Ecology Evolution and Systematics, 40: 81-102.

Sims V, Evans K L, Newson S E, et al. 2008. Avian assemblage structure and domestic cat densities in urban environments. Diversity and Distributions, 14(2): 387-399.

Smith M, Cecchi L, Skjoth C A, et al. 2013. Common ragweed: a threat to environmental health in Europe. Environment International, 61: 115-126.

Smith R M, Thompson K, Hodgson J G, et al. 2006. Urban domestic gardens (IX): composition and richness of the vascular plant flora, and implications for native biodiversity. Biological Conservation, 129(3): 312-322.

Snell-Rood E, Cothran R, Espeset A, et al. 2015. Life-history evolution in the Anthropocene: effects of increasing nutrients on traits and trade-offs. Evolutionary Applications, 8(7): 635-649.

Song U, Mun S, Ho C H, et al. 2012. Responses of two invasive plants under various microclimate conditions in the Seoul metropolitan region. Environmental Management, 49(6): 1238-1246.

Sukopp H. 2004. Human-caused impact on preserved vegetation. Landscape and Urban Planning, 68(4): 347-355.

Sung C Y, Li M H, Rogers G O, et al. 2011. Investigating alien plant invasion in urban riparian forests in a hot and semi-arid region. Landscape and Urban Planning, 100(3): 278-286.

Tait C J, Daniels C B, Hill R S. 2005. Changes in species assemblages within the Adelaide metropolitan area, Australia, 1836-2002. Ecological Applications, 15(1): 346-359.

Taylor C M, Hastings A. 2005. Allee effects in biological invasions. Ecology Letters, 8(8): 895-908.

Theoharides K A, Dukes J S. 2007. Plant invasion across space and time: factors affecting nonindigenous species success during four stages of invasion. New Phytologist, 176(2): 256-273.

Tigas L A, Van Vuren D H, Sauvajot R M. 2002. Behavioral responses of bobcats and coyotes to habitat fragmentation and corridors in an urban environment. Biological Conservation, 108(3): 299-306.

Trombulak S C, Frissell C A. 2000. Review of ecological effects of roads on terrestrial and aquatic communities. Conservation Biology, 14(1): 18-30.

Truscott A M, Soulsby C, Palmer S C F, et al. 2006. The dispersal characteristics of the invasive plant *Mimulus guttatus* and the ecological significance of increased occurrence of high-flow events. Journal of Ecology, 94(6): 1080-1091.

Uddin M N, Robinson R W. 2018. Can nutrient enrichment influence the invasion of *Phragmites australis*? Science of the Total Environment, 613: 1449-1459.

Walsh C J, Roy A H, Feminella J W, et al. 2005. The urban stream syndrome: current knowledge and the search for a cure. Journal of the North American Benthological Society, 24(3): 706-723.

Wang H F, López-Pujol J, Meyerson L A, et al. 2011. Biological invasions in rapidly urbanizing areas: a case study of Beijing, China. Biodiversity and Conservation, 20(11): 2483-2509.

Wang H F, Sork V L, Wu J G, et al. 2010. Effect of patch size and isolation on mating patterns and seed production in an urban population of Chinese pine (*Pinus tabulaeformis* Carr.). Forest Ecology and Management, 260(6): 965-974.

Wang M N, Zhang X Z, Yan X D. 2013. Modeling the climatic effects of urbanization in the Beijing-Tianjin-Hebei metropolitan area. Theoretical and Applied Climatology, 113(3-4): 377-385.

Ward N L, Masters G J. 2007. Linking climate change and species invasion: an illustration using insect herbivores. Global Change Biology, 13(8): 1605-1615.

Weilhoefer C L, Williams D, Nguyen I, et al. 2017. The effects of reed canary grass (*Phalaris arundinacea* L.) on wetland habitat and arthropod community composition in an urban freshwater wetland. Wetlands Ecology and Management, 25(2): 159-175.

Werner K J, Zedler J B. 2002. How sedge meadow soils, microtopography, and vegetation respond to sedimentation. Wetlands, 22(3): 451-466.

White J F, Bernstein D I. 2003. Key pollen allergens in North America. Annals of Allergy Asthma & Immunology, 91(5): 425-435.

Winter M, Schweiger O, Klotz S, et al. 2009. Plant extinctions and introductions lead to phylogenetic and taxonomic homogenization of the European flora. Proceedings of the National Academy of Sciences of the United States of America, 106(51): 21721-21725.

With K A. 2004. Assessing the risk of invasive spread in fragmented landscapes. Risk Analysis, 24(4): 803-815.

Xiao Y, Bai X M, Ouyang Z Y, et al. 2007. The composition, trend and impact of urban solid waste in Beijing. Environmental Monitoring and Assessment, 135(1-3): 21-30.

Zhang X H, Wu Y Y, Gu B J. 2015. Urban rivers as hotspots of regional nitrogen pollution. Environmental Pollution, 205: 139-144.

Zhao H T, Li X Y, Wang X M. 2011. Heavy metal contents of road-deposited sediment along the urban-rural gradient around Beijing and its potential contribution to runoff pollution. Environmental Science & Technology, 45(17): 7120-7127.

第十三章 国际贸易和入侵物种的扩张

国际贸易引起的生物入侵不仅会给全球生态系统、经济和社会发展带来诸多不利影响，也对人类健康构成巨大威胁。基于此，本章将从国际贸易与入侵物种扩张的角度出发，介绍国际贸易引起生物入侵的特点及其影响，阐述国际贸易与生物入侵之间的直接、间接和相互作用关系，总结国际贸易引致生物入侵的有意和无意引入途径，着重从实例实际出发，明确国际贸易对我国生物入侵的影响并对未来发展趋势进行预测，对国际贸易引致的入侵物种扩张的预防和管理策略进行综述。

第一节 国际贸易与生物入侵概述

一、国际贸易引起生物入侵

国际贸易是世界各个国家或地区在商品、服务和生产要素等方面进行的交换活动（Xu et al., 2020）。随着全球经济一体化、信息多样化的高速发展，国际贸易和交流活动越来越活跃，参与国际贸易的初级产品和工业制成品种类也越来越多，国际贸易总额随之不断增长。以全球进口总额为例，美国 2021 年 1~2 月进口额达到 4117 亿美元，排名世界第一位，同比上升 6.18%；中国 2021 年 1~2 月进口额达到 3656 亿美元，占总进口额的 7.69%，排名世界第二位，同比增长 22.06%（张鹏，2022）。如此迅猛的国际贸易增长速度，不仅带来了世界政治和经济格局的变化，也改变了全球生物物种分布的空间格局，导致物种的生物学和种群特征的显著变化，由此而产生的生物入侵问题已成为国际社会、专业团体和学术界共同关注的热点（Early et al., 2016；Seebens et al., 2017）。

近些年来，随着国际贸易的发展以及全球气候变化的加速，外来物种入侵事件发生的频率以空前的速度增长（Philip, 2021；Sardain et al., 2019）。国际运输的集装箱化和大型化，以及车、船、飞机等交通运输工具的多样化，在促进国际贸易发展的同时，也很大程度上增加了外来物种入侵的可能性。世界各国每年在进口的产品、包装和铺垫材料等的检疫过程中，都截获众多具有潜在威胁的外来入侵物种。据我国国家市场监督管理总局和海关总署统计，2004 年全国口岸在国际贸易进境检疫中截获各类外来有害生物 88 594 批次，共计 2538 种，分别是 2001 年的 6.6 倍和 22 倍，远远高于我国国际贸易额的增长幅度（顾忠盈等，2006）。该数值 2013 年大幅提升，仅仅 1~10 月全国口岸截获外来有害生物就达 482 924 批次，共计 4380 种。到 2021 年，全年截获检疫性外来有害生物 59.08 万批次，高达 6.51 万种（海关总署数据：http://www.customs.gov.cn/）。仅 2022 年 1 月，我国海关在寄递、旅客携带等渠道截获外来物种等活体动植物 8473 批次，同比增长 98.43%（海关总署数据：http://www.customs.gov.cn/）。在截获的检疫性外来有害生物物种中，大部分都是对农林生产、生态环境和人类健康存在威胁的害虫、病原生物等有害物种。综合分析国际贸易与这些外来入侵物种数量之间的关系可以发现，一个地区或国家的外来生物入侵严重程度与当地的贸易伙伴数量和贸易量显著相关。贸易量越大，其与贸易伙伴国家或地区之间的生物入侵事件越频繁，生物多样性也就越相似（郭世学等，2015；冯馨，2011；潘绪斌等，2018；Xu et al.，2012）。

外来物种入侵的方式主要有 3 种。一是人为有意引入，是出于农林牧渔生产、生活环境改善或观赏等目的而进行的有意物种引入。这些物种引入以后会逐渐失去控制，导致外来入侵物种泛滥成灾。二是人为无意引入，包括随交通工具、农产品贸易、动植物引种、国际旅行和航运压舱水等方式携带引入，失去控制后也会导致外来入侵物种泛滥。三是自然传入，包括通过物种自身繁殖、主动扩散以及风力、水流、生物迁徙等协助扩散途径导致的外来物种入侵。在这 3 种方式中，人为有意引入和无意引入途径都是国际贸易引起的外来物种入侵的主要方式。2001 年 12 月，中国首次在全国范围内开展了外来入侵物种调查工作，在初步摸清的 283 种入侵物种中，有 39.6%属于有意引入造成，43.9%为随着国际贸易、旅游等活动无意携带引入，仅有 3.1%是借风力、鸟类迁徙等途径携带自然进入我国（陈建东等，2005）。近些年来，全国各省市、各行业也陆续开展了外来入侵物种的摸底普查工作，普查结果也显示国际贸易引起的外来物种入侵问题十分突出。以木材贸易为例，中国是非洲和南美洲等地区热带木材的主要进口国。由于原产国不可持续的采伐做法，森林生境支离破碎，病虫害频发。这些有害物种随着木材贸易进入我国，使我国森林生态系统外来物种入侵和病虫害影响日益严重（Philip，2021）。由此可见，贸易全球化进程能够促进物种的转移和迁徙，影响物种的全球空间分布格局，已经成为生物入侵的主要原因之一，是入侵物种地域扩张的主要驱动力。

二、国际贸易引起生物入侵的特点

（一）入侵历史悠久

国际贸易引起生物入侵的特点之一是入侵历史悠久。在人类社会出现以前，生物入侵是一种纯粹的自然现象，表现为物种以自然传入的方式在全球不同区域之间的自由流动。人类社会出现后，这种自然的生物交流依然存在，并转化为人类社会中的自然入侵现象。然而，人为携带的入侵生物，即由人类有意或无意行为而非自然力所引起的入侵，随着人类社会的发展迅速攀升。这种入侵行为涉及外来入侵物种的入侵性和被入侵生态系统的脆弱性等生物学和生态学因素，但人类活动无疑是引起入侵的主导因素。随着人类逐渐向世界各地迁徙，以及人类利用和改造自然的能力增强，特别是由于科技革命所带来的交通运输技术的进步，外来物种的人为入侵开始占据主导地位，其规模化发展逐渐使自然入侵现象变得十分微弱。

人类早期进行远距离的陆上迁移主要靠步行，其速度和负重有限，外来物种入侵的概率极小。原始农业出现后，人类摆脱了完全依靠采集和狩猎为生的阶段，开始有意识地把其他物种从一个地方转移到另一个地方，转移的距离也逐渐扩大。早在 3500 年前，一种大型犬类就随贸易商船被引入澳大利亚,导致当地哺乳动物大量灭绝,这是人类早期国际贸易引起外来物种入侵的典型案例之一(McNeil,2002)。随着科技的发展,人类进行远洋航行的事例举不胜举,在发展国际贸易的同时也促进了物种在全球范围内的传播。这一时期,欧洲成批的殖民者也从旧大陆出发向新世界进军,并带去了大量的欧洲土著物种。例如,麻疹和风疹病毒在这一时期被欧洲人传入西半球,导致当地人大量死亡,加速了阿兹特克和印加帝国的衰落,这也是早期人类活动引起生物入侵的重要体现。

近现代以来,随着国际贸易和人员流动量的快速增长,无意引入外来物种的可能性相应增加。目前,威胁世界各国的很多外来农林有害生物,都主要是在这一时期传入并扩散开来的。以美洲为例,千屈菜(*Lythrum salicaria*)是在机械化时代之前随国际贸易传入美国的,耗费了几乎 100 年时间扩散到整个美洲大陆(Shi et al.,2018)。而比千屈菜入侵时间较晚的斑马贻贝以及荷兰榆树病毒,则在很短的时间内就快速扩散开来。入侵的斑马贻贝(*Dreissena polymorpha*)在几年时间内就占据了北美五大湖的大片水域,给当地水生生态系统健康带来巨大威胁(Dudakova and Svetov,2021)。荷兰榆树病毒的病原体为梢枯长喙霉(*Ceratocystis ulmi*),通过国际贸易运输的榆树及其制品从欧洲传入美洲。入侵成功以后,该病毒以火车为传播媒介,迅速向美国全境扩散,在不到 35 年的时间里美国东北地区的榆树几乎死亡殆尽。在我国,近现代以来由国际贸易引起的生物入侵问题也十分严重。新中国成立之初,我国各方面百废待兴,对外贸易总额仅占世界的 0.95%。此后,国家出台一系列改革开放政策,大力发展生产力,设立经济特区、沿海经济开放区等,不断扩大沿海地区的对外开放,逐渐与世界各国展开经济贸易往来。2001 年,我国成功加入世界贸易组织(WTO),国际贸易就进入了迅猛发展的历史新阶段。据统计,2001~2021 年的 20 年间,中国对外贸易总额由 5096.51 亿美元增长到 29 727.6 亿美元,贸易规模是原来的 5.8 倍(苏庆义,2021)。如今,我国已经是世界上进出口量最大的国家之一,贸易商品种类复杂、数量巨大。随之而来的问题是生物入侵物种数量和入侵概率的增加,生态安全遭受严重威胁。福寿螺、互花米草、紫茎泽兰、美国白蛾、水葫芦、非洲蜗牛、巴西龟、红火蚁等都是这一时期引入中国的外来入侵物种。福寿螺就是随水产品贸易引入我国而导致生物入侵的例子。福寿螺(*Pomacea canaliculata*),又名大瓶螺、苹果螺,原产于南美洲亚马孙河流域。1981 年作为食用螺引入中国,现广泛分布于我国广东、广西、云南、湖南、江西、福建和浙江等地。福寿螺适应性强、繁殖迅速,疯狂生长造成部分水生生物种灭绝,破坏当地的生态系统。福寿螺大量啃食水稻等水生农作物幼苗,可造成严重减产甚至绝产,是名副其实的农作物杀手。同时,福寿螺也是由卷棘口吸虫、管圆线虫等寄生虫引起的人畜共患病的中间宿主,能造成寄生虫感染,对人体健康构成威胁(王蝉娟等,2021)。福寿螺目前已经成为我国危害较大的外来入侵物种,2013 年被农业部列入《国家重点管理外来入侵生物名录(第一批)》。

(二)入侵地域广泛

当今国际贸易和国际活动日益频繁,现代交通网络的贯通扩大了外来物种入侵的范围，入侵地域不断增长，几乎覆盖全球。近年来，由贸易活动多样化导致的新的生物入侵途径往往被忽视，如大型的国际活动，包括世界博览会、食博会、园博会、花博会以及大型的国际赛事等。以2004年希腊雅典奥运会为例，由于引进了大量的棕榈科植物，林业重大入侵害虫红棕象甲（*Rhynchophorus ferrugineus*）趁机进入希腊。两年以后，红棕象甲在所有的东地中海区域成功定殖，对当地的园林景观造成了严重的影响（Rugman-Jones et al., 2017）。跨国旅游是国际贸易的重要组成部分，也明显增加了外来入侵物种传入的风险，尤其是入境旅客携带的水果、附带的叶片、花卉种子以及根茎等。跨国旅游人群来自世界各地、纷繁复杂，伴随的外来物种入侵风险较高。

纵观我国生物入侵的发展态势，进入20世纪以来，随着国际贸易带来的外来入侵物种数量的增长，入侵地域也越来越广泛。从外来入侵物种的来源地来看，有5%以上的入侵物种来源于北美洲和南美洲，有大约40%入侵物种来源于亚洲和欧洲，而来源于非洲和大洋洲的外来入侵物种约占10%。我国《云南省外来入侵物种名录（2019版）》收录了云南省发现的巴西含羞草、美洲大蠊等外来入侵物种441种和4变种，其中大于50%的外来物种的原产地来自美洲，其余来自欧洲、非洲等世界各地。入侵生物红火蚁（*Solenopsis invicta*）2004年通过贸易途径首次进入我国广东地区，随后10年时间已经入侵到我国169个县，入侵速度相当惊人（陈晓娟等，2021）。可见，入侵地域广泛已经成为国际贸易引起生物入侵的特点之一。

（三）入侵生态系统多样

入侵生态系统多样是国际贸易引起生物入侵的又一大特点。在国际贸易引起的外来物种入侵范围不断扩大的同时，入侵生态系统的多样性也在不断增加。据世界自然保护联盟报道，全球范围内入侵物种对生物多样性的威胁高居所有生物多样性威胁因素的前5位。外来生物入侵是导致原生物种衰竭、生物多样性减少的重要原因之一。目前来看，外来物种入侵的范围几乎包括所有生态系统，如森林、草原、农田、湿地、河流湖泊乃至整个海洋生态系统。生物入侵可以从种群、群落和生态系统各个层次上引起生态系统组成和结构的改变，最终导致土著物种的灭绝，生物多样性丧失。一些物种入侵成功后，通过捕食、竞争和栖境破坏能够引起某些本土生态系统中的物种灭绝，常见的是外来入侵物种同土著物种之间为争夺资源而进行竞争。在陆地生态系统中，阿根廷蚂蚁（*Linepithema humile*）的入侵是一个典型例子。这种原产于南美洲阿根廷地区的蚂蚁，随着贸易航运逐渐扩散到巴西、智利、哥伦比亚、厄瓜多尔和秘鲁的部分地区，目前已在世界上至少15个国家以及许多大洋岛屿生态系统中建立种群。在美国加利福尼亚州，阿根廷蚂蚁占领土著木蚁的土地和巢穴，以受害者的尸体为食，通过高效率的干扰性竞争和掠夺性竞争取代了土著蚂蚁物种（Holway，1999）。棕树蛇（*Boiga irregularis*）曾被引入许多太平洋岛屿，这种蛇的大肆捕食使得关岛本地岛屿生态系统中特有的10种鸟类减少到濒临灭绝的地步（Savidge，1987）。对外来植物而言，它们与土著物种竞争的形式是多样的，争夺水生生态系统中的光和水资源是常用的策略（Kaufman and Kaufman，2013）。入侵物种还能彻底改变本地生态系统的基本功能和性质，如营养循环、水文状况和能量收支平衡等，降低本地生态系统中物种的丰富度和数量，这在外来植物生物入侵问题上都有明显的体现（Peltzer et al., 2010）。

（四）入侵生物种类繁多

入侵生物种类繁多也是国际贸易引起生物入侵的一个典型特征。从全球范围来看，外来入侵物种包括脊椎动物（哺乳类、鸟类、两栖类、爬行类、鱼类等）、无脊椎动物（昆虫、甲壳类、软体动物等）、植物（低等和高等植物等）、病原微生物及其媒介等。一些转基因生物或遗传修饰生物因其在传播中可能对人类健康和生态环境造成威胁，也被列入外来入侵物种范畴（Vitousek et al., 1997）。据统计，美国大约有 50 000 种外来入侵物种，其中约 15% 为有害生物（Vitousek et al., 1996）。受外来入侵物种危害最严重的水生生态系统中，外来鱼类共 138 种，软体动物共 88 种，其他生态系统中也均有不同数量和比例的入侵物种。生态环境部发布的《2020 中国生态环境状况公报》显示，我国已发现 660 多种外来入侵物种。其中，71 种对自然生态系统已造成或具有潜在威胁，并被列入《中国外来入侵物种名单》。《中国外来入侵物种名单》是我国政府相关部门发布的，在中国危害比较大的入侵物种的名单，分别在 2003 年、2010 年、2014 年、2016 年分为 4 批发布，共 71 个物种。在这些外来入侵物种中，绝大多数都是在国际贸易过程中有意或无意引入我国的，如松突圆蚧、湿地松粉蚧、美洲斑潜蝇、福寿螺、非洲蜗牛、巴西龟等入侵动物，以及互花米草、水葫芦、三裂叶豚草等入侵植物。针对 69 个国家级自然保护区外来入侵物种的调查结果也显示，219 种外来入侵物种已入侵国家级自然保护区，其中 48 种外来入侵物种被列入《中国外来入侵物种名单》。

三、国际贸易引起生物入侵的危害

生物入侵加快了物种灭绝的速度，使生物多样性锐减。物种多样性是地球上生物长期进化的结果。到 20 世纪末，由于人类活动的影响，全球已有 100 多万种生物从地球上消失（朱水芳等，2004）。在全球范围内，外来物种入侵是继生境破坏之后导致物种多样性锐减的第二大因素。有研究表明，在全球已知的 256 种已灭绝的脊椎物种中，有 109 种是由外来物种入侵所引起的（Luijters et al., 2008）。外来物种入侵对生物多样性的危害往往是不可逆转的。从遗传角度来看，生物入侵往往导致物种基因丢失甚至整个基因库丢失；土著物种与外来入侵物种杂交容易造成遗传污染，使遗传多样性丧失。此外，生物入侵还导致景观破碎化，破坏景观的自然性和完整性。有的入侵物种（特别是藤本植物）可以完全破坏发育良好、层次丰富的森林。禾草或灌木等入侵物种占据空间后，其他的乔木无法生长，形成层次单一的低矮植被类型，改变了生境斑块间的物理环境，包括热量平衡、水循环和营养循环。外来物种入侵导致景观破碎化的同时，也影响生物种群的迁入率和灭绝率，加剧了生物多样性的丧失（赵玉涛等，2002；陈宝明等，2016）。

由国际贸易带来的外来入侵物种直接或间接地危害人类健康。例如，马缨丹（*Lantana camara*）原产于美洲地区，以国际贸易船舶为载体入侵到世界各地，是世界十大恶性杂草之一，已经被我国生态环境部列为中国第二批外来入侵物种名单。该入侵植物有较大毒性，人类尤其是儿童误食会引起中毒（李玉霞等，2019）。豚草（*Ambrosia artemisiifolia*）原产于北美洲，国际种子贸易是其入侵的主要途径，成功入侵以后释放的花粉能够引发人类变应性鼻炎和哮喘等疾病（加马力丁·吾拉扎汗等，2022）。红火蚁随国际木材交易入侵到其他地区，叮咬人体可引起严重的应激反应，在国外甚至有叮咬人致死的案例（陈晓娟等，2021）。因此，国际贸易导致的生物入侵对人类身体健康构成了极大威胁，是其严重影响的重要组成部分。

国际贸易导致的外来入侵物种除了引起生物多样性变化、影响人类健康，也严重威胁当地农业、林业和养殖等行业的健康发展，产生经济损失。早在 2005 年，我国学者就采用文献调研、实地考察与专家咨询相结合的方法对中国养殖业中外来物种入侵现象进行了调查。初步查明了中国养殖业中外来入侵物种种类共计 27 科 40 种，其中外来入侵水生植物、陆生植物、无脊椎动物、脊椎动物分别为 5 种、10 种、3 种、22 种，来源于美洲、欧洲、非洲、亚洲不同生态环境的分别有 22 种、3 种、6 种、9 种，其中绝大部分入侵物种是由国际贸易引入的。这些外来物种入侵造成的经济损失也相当惊人，每年仅几种主要外来入侵物种造成的经济损失就达 574 亿元（李顺才等，2005）。不只是中国，这些外来入侵物种给国际水产养殖业也带来了巨大经济损失，随之带来的管控成本也会相应增加（Lone et al.，2019）。

第二节 国际贸易与生物入侵的关系

许多生物仅靠自身扩散能力无法跨越高山大洋等自然地理屏障。借助日益频繁的国际贸易活动，物种通过人类携带、货运等方式在全球范围内进行着前所未有的转移和迁徙，目前国际贸易已成为陆生和水生物种跨区域传播的重要渠道之一（Hulme，2009）。随着经济全球化进程的加快，全球生物入侵问题日益严重。鉴于生物入侵对生态系统多样性和服务功能、人类健康、经济社会发展等多方面的严重负面影响，充分认识国际贸易与生物入侵的关系对经济社会可持续发展至关重要。总的来说，国际贸易与生物入侵之间存在相互依赖、相互制约的纷繁复杂的关系，具体来讲主要分为以下三种情况。

一、国际贸易对生物入侵的直接影响

与 20 世纪 50 年代相比，目前国际贸易量扩张了约 30 倍，尤其自 20 世纪 90 年代以来，全球制造业的大规模离岸外包和发展中国家的快速工业化（尤其是中国）导致全球出口量激增，国际贸易增长尤为显著（Rodrigue，2020）。随着国际贸易量的增加，外来生物作为商品、污染物或偷渡者被引入其他区域的可能性也随之提高。此外，近几十年来国际运输的集装箱化和速度提升也极大地促进了鲜活动植物产品的贸易，提高了有害生物在长距离转运过程中存活的可能性，进而造成生物入侵。同时，世界范围内每年记录的新出现外来入侵物种数量超过了国际贸易的增长速度，是 19 世纪初期的近 20 倍（Hulme，2021）。因此，国际贸易被普遍认为是全球生物入侵的重要途径，如在美国的五大湖地区，约 1/3 的外来物种是由国际贸易过程航运中的压舱水介导引入的（Mills et al.，1993）。

目前，国际贸易与生物入侵之间的相关关系研究通常利用以下两种方式开展：研究不同国家的外来物种数量与经济指标（如进口量）的关系，或者研究某一国家在不同时期的外来物种数目与经济指标的关系。目前国际贸易进口量与外来物种数量的定量关系已得到充分阐明。例如，国内生产总值（gross domestic product，GDP）作为一个重要的经济指标，常用来指示国际贸易量，进而用来研究其与外来物种数量的关系。随着国际贸易对 GDP 的贡献百分比逐渐升高，更多外来物种将在该区域首次出现，尤其在近几十年来二者之间的正相关关系日益增强（1950～2000 年：相关系数 $r=0.92$，$P < 0.00001$；1827～1949 年：相关系数 $r=0.31$，$P < 0.00053$）（Hulme，2021）。此外，研究发现 GDP 与欧洲外来植物及鸟类、哺乳动物、鱼类的外来物种数量呈现相关关系，表明国际贸易引起的经济增长是外来生物数量和引入频率的重要决定因子。然而，鉴于一个国家的净进口量只占 GDP 总额的一小部分，因此未来仍需将国际贸易量的变化从总经济增长中剥离出来，进而更加精确地评估国际贸易对生物入侵的影响。

一个国家或地区的外来生物入侵严重程度与当地贸易伙伴数量和贸易量相关，且贸易伙伴之间的入侵生物多样性趋于相似。通过比较多个国家间的相关数据，研究结果显示商品进口现值（美元）与外来入侵植物、真菌或在全球入侵物种数据库中的其他物种数量存在正相关关系。然而这种正相关关系并不总是呈现出简单的线性关系，表明国际贸易对外来物种数量的影响模式同时存在其他影响因素，如所检测的入侵生物类群、贸易伙伴关系、贸易强度、运输路线等。以国际贸易伙伴关系为例，研究表明 147 个国家的外来植物全球传播地理格局可用长达 60 年的双边贸易关系趋势历史数据得到很好的解释（Seebens et al.，2015）；欧洲国家间的国际贸易伙伴关系强度与植物入侵病虫害数量显著相关（Chapman et al.，2017）；欧盟野生鸟类国际贸易网络研究表明外来鸟类入侵风险与进口鸟类数量、进口来源多样性以及进口国的贸易地位紧密相关（Reino et al.，2017）。以上三个研究均利用出口国和进口国之间的国际贸易强度和连通性来预测外来物种的引入风险，系统阐明了国际贸易对生物入侵的直接影响。

中国自加入 WTO 以后，随着进口贸易的逐渐递增，外来入侵物种的传入数量逐渐增多。王韬钦（2017）通过建立回归模型研究了我国各地区的外来物种数与进口总额之间的关系，发现进口对外来生物入侵的贡献率较高，表明我国外来生物大部分是通过国际贸易过程中的人为引进而在国内入侵并成功定殖的。

二、国际贸易对生物入侵的间接影响

国际贸易是生物入侵的直接驱动因素之一。同时，国际贸易引起的自然资源枯竭、城市化、污染、气候变化等因素也在间接影响生物入侵（Hulme，2021）。相对于直接影响机制，国际贸易对生物入侵的间接影响机制研究相对较少，尤其是如何定量研究国际贸易对生物入侵的间接影响将存在一定困难，目前在国际范围内尚未开展系统的相关研究。

由于世界范围内自然资源分布不均衡及各国工业化发展程度差异，国际贸易是实现自然资源重新分配的重要途径，在将自然资源从原产地运往消费地区过程中发挥重要作用。国际贸易的繁盛造成自然资源的过量开采，进而导致植被移除和土壤扰动，逐渐增加的交通工具则可能通过长距离运输无意引入外来物种，其成功定殖后则引起生物入侵。国际贸易是全球大气污染的一个重要来源，如跨洋海上运输过程中排放的臭氧、硫酸盐、氮化合物、CO_2、挥发性有机化合物颗粒等有害物质释放到大气中，对生态系统造成巨大影响，如全球气候变暖、加剧沿海地区的海洋酸化。国际贸易过程中产生的CO_2从1990年占全球排放量的20%上升到2008年的26%（Peters et al., 2011），对未来全球气候变化产生重大影响，可以预见的是，全球气候变化将加速外来入侵生物在新栖息地的扩散和定殖。农业产品国际贸易量的增加在过去几十年造成热带雨林的大范围砍伐，且贸易自由化将大幅改变发展中国家的土地利用类型。木材产品国际贸易将导致热带发展中国家如印度尼西亚和喀麦隆的森林覆盖率急速下降，而滥伐森林是导致全球气候变化的重要原因，且由此导致的热带森林生境碎片化也增加了其遭受外来生物入侵的脆弱性。由于国际贸易通常聚集在经济活动或劳动力集中的特定城市地区，尤其是国际交通枢纽如海洋港口、机场或边境地区，因此国际贸易是城市化进程的重要驱动力之一。国际贸易频繁的地区城市化程度更高，且城市化水平随农业产品进口和非农业商品出口量的增加而升高。城市区域是发生生物入侵的热点区域，一方面是由城市美化需要或宠物逃逸等造成的有意引入，另一方面是由大城市较高的国际连通性通过港口或机场造成的无意引入。此外，国际贸易驱动的城市化进程将导致诸如铁路、公路等陆上交通基础设施的进一步发展和完善，这也将促进外来物种入侵。

三、生物入侵对国际贸易的影响

国际贸易是生物入侵的重要途径，因此许多国家都会在国际贸易政策方面设置门槛及问责机制。然而，对外来生物入侵的防范常常引起国际贸易摩擦，有时会成为贸易制裁的重要借口或手段，因此不断加剧的生物入侵现象也会反作用于国际贸易进程。中国加入WTO后，国际贸易日益频繁，涉及外来入侵生物的贸易摩擦时有发生。近年来我国一些农产品国际贸易受到外来生物入侵的严重阻碍，如日本曾以水稻疫情为由禁止我国北方水稻及相关制品出口日本；美国曾以我国发生橘小实蝇为由禁止我国鸭梨出口美国；2014年，菲律宾又以发生苹果蠹蛾为由，禁止我国水果出口菲律宾。相反，2009年我国天津出入境检验检疫工作人员从某公司于加拿大进口的512.93 t亚麻籽抽检出野燕麦，这一有害杂草能严重危害其他植物生长，随即对整批进口产品进行了销毁处理。在国家质检总局（现为国家市场监督管理总局）定期发布的进境不合格产品信息中也可看出，由于抽检出不合格或禁止携带的有害外来生物而对进口产品依法做出退货、销毁或改作他用的情况屡见不鲜。因此，外来生物入侵在一定程度上对国际贸易乃至全球经济一体化的进程产生副作用（潘绪斌等，2018）。

鉴于生物入侵对经济发展、生态系统等方面的严重影响，同时国际贸易是生物入侵的重要途径，许多国家往往通过在国际贸易政策方面设置门槛来管控生物入侵。因此，生物入侵对国际贸易的长期影响主要包括以下三个方面（王韬钦，2017）：增加贸易壁垒，引起不必要的贸易摩擦；降低国际品牌度，影响出口绩效；增加各国之间由生物入侵引发的经济纠纷进而产生的赔偿责任。

第三节 国际贸易引致生物入侵的途径

随着经济全球化和国际贸易进程在世界范围内的不断拓展和深入，国际贸易已经逐渐成为外来物种入侵的一个重要途径，国际贸易引致的外来物种入侵也逐渐成为国内外重点关注的环境问题之一。国际贸易的发展必然离不开商品货物的进出口，但其在带来经济发展的同时也增加了外来物种入侵的隐患。物种随着货物流通在全世界范围内迁徙和转移，贸易活动成为外来物种入侵的潜在媒介，使生物入侵问题在全球不断涌现。人们普遍认为，国际运输和贸易促使入侵物种从其栖息地绕过自然屏障，通过陆地、空中和海上等多个途径涌入新大陆（Lin et al.，2007）。外来入侵物种是人为影响全球环境变化的重要组成部分，对入侵地生物多样性造成了巨大的损害，同时带来了巨大经济损失（Westphal et al.，2008）。相关研究表明，有将近90%的外来物种入侵事件是由国际贸易的发展直接或者间接引起的，由自然扩散引起的物种入侵比例仅占3%左右。同时，由于贸易活动类别纷繁复杂，入侵物种类别也非常复杂，包括细菌、病毒、真菌、昆虫、软体动物、植物、鱼类、哺乳动物和鸟类等，几乎涉及所有的生态系统，包括森林、农业、水域、湿地、草地、城市等各类生态系统（胡隐昌等，2012）。从引入途径的主观性与否来区分，国际贸易导致的生物入侵主要分为人为有意引入和人为无意引入两种。其中，有40%左右的生物入侵是通过国际贸易有意引入的，50%左右属于国际贸易无意引入（余萍，2008）。

一、人为有意引入

有意引种是指人类为了实现特定的利益（通常为经济利益）而有意实施的引种行为，将某个物种由目的地转移到其自然分布范围或扩散潜力以外的地区。有意引种包含了授权的或未经授权的有意引种。中国从国外引入优良品种有着悠久的历史，最早期的引入常常通过民族的迁移和地区之间的贸易实现。目前，由于经济和贸易发展的需要，绝大多数养殖和种植部门，其中以食品、医药、农业、林业、畜牧业、水产、特种养殖业以及各种饲养繁殖基地、科研基地尤为突出，都会有意识地通过货物进口从国外引入优良新品种。引入新品种的初衷是为了满足人类生产生活的需要、提高经济效益或者生态环境修复的需要，但是其中一部分种类由于引种不当或逃逸，已经成为当地的有害物种，对当地生态环境造成负面影响（Mendonca et al.，2012）。人为有意引入按其目的可分为观赏性引入和功能性引入等。

（一）观赏性引入

随着生活质量的提升，人们在追求物质满足的同时，越来越在意生活环境质量。为满足人类对生活品质越来越丰富的追求，大量的植物和动物因其优良的观赏价值从国外引入，主要包括园林绿化、观赏植物、宠物饲养等目的的引入。

例如，园林工作者为了丰富园林景观，达到绿化、美化的目的，每年都会从国外引入大量的园林植物进行驯化或者改良，成为外来入侵植物引入的重要途径之一。在园林景观的设计中，工作者不断追求新、奇、稀等特点，在土著物种植大量的观花、观叶等外来植物，以期在短时期内实现美化环境的目标。这些挑选的外来植物往往具有在短时间内快速生长的特点，从而具有显著的经济效益，受到广大园林工作者的广泛青睐。虽然这些植物的引入在一定程度上弥补了当地景观植物单一的缺陷，但是长时间种植，会严重威胁到土著物种的生存。因为土著物种的长期种植，已经在一定程度上丧失了其遗传多样性，容易发生病变、长势变缓等情况。相比之下，外来物种刚入侵到新的环境，具有天敌少、生长环境适宜等特点，并且在遗传上具有优势、病害少，会与土著物种形成竞争关系，不利于土著物种的生存，更严重者还会影响土著物种的生物多样性。另外，外来植物物种通过携带害虫的虫卵、幼体和成虫等，可能为一些林业、农业害虫的入侵提供机会，进一步增加了对土著物种造成损害的风险。除园林工作人员以外，由于普通民众对奇花异草的爱好和追求，尤其是许多城镇居民为了满足观赏和休闲的目的，往往热衷于从外地或国外特意引进新的花草品种。但是，当这些新物种引入后，在自然生长条件下免不了发生逃逸，有些观赏性植物会逃离圈养或不小心被释放到环境中，逐步成为具有危险性的外来物种。例如，入侵植物熊耳草、剑叶金鸡菊、堆心菊、万寿菊、韭莲等，都是通过普通民众的有意引入之后逃逸带来的。除陆生入侵植物以外，水生入侵植物的问题在当前水族馆和家庭水族箱的流行之下也进一步加剧。最为典型的为原产于南美的水盾草，其作为水族观赏类有意引入并于 1993 年首次在浙江被发现，之后已经广泛入侵到我国浙江、江苏、上海、山东、北京等地区，对当地渔业、河流生物多样性造成严重危害。

家庭饲养的宠物也是观赏性外来物种入侵的一个潜在途径，尤其是现在宠物的多样化。从陆生动物到水生动物，人们饲养的宠物类型多种多样，如巴西龟、突尼斯黄肥尾蝎、小葵花凤头鹦鹉、虹彩吸蜜鹦鹉等极具危害的外来生物已成为另类宠物。通常，这些宠物通过交易被携带或邮寄进入我国境内。以巴西龟为例，原产于美国中南部，分布于沿密西西比河至墨西哥湾周围地区。因其具有观赏性，并极易饲养成为最常见的爬行类宠物，通过贸易迁移，已是公认的全球性外来入侵物种，被世界自然保护联盟列为世界最危险的 100 种入侵物种之一，同时也是疾病传播的媒介。巴西龟自 20 世纪 80 年代被引入我国广东后，目前在我国从北到南的几乎所有的宠物市场上都能见到其出售。另外，水族箱中常饲养的清道夫是另一个典型的案例。该物种原产于拉丁美洲，在我国华北的北京、南方的珠江和汉江都有采集到。同时根据我国台湾报道，该物种在宜兰没有天敌，且繁殖力很强，每次产下 300~500 粒卵，孵化率几乎达 100%。清道夫以其他鱼类的卵为食，使台湾土著鱼种逐渐减少，为此宜兰还发动了一场清除外来入侵鱼类的行动。

（二）功能性引入

国际贸易引致的有意引种更多的是由于其功能具有满足人类生产生活需求的潜力，人们主要关注的是外来物种在环境治理、养殖行业和牧草饲料等方面的作用。

为了快速解决生态环境恶化、植被破坏、水土流失和水域污染等长期困扰着我们的问题，人们将目光聚集到了外来物种能在一定程度上快速解决环境问题上，往往片面地看待外来物种改良土壤、迅速恢复植被、净化水体等特性，为外来物种的入侵提供了一个极好的机会。一些环境治理人员在治理水域污染和植被恢复的工作中往往使用的是一些危险的外来物种，当外来物种首次进入新的生态环境中，没有天敌的干扰，其生长繁殖往往会不受控制，从而会破坏本地的生态系统平衡。常见的案例有互花米草、微甘菊和凤眼莲等。以互花米草为例，人们本着固滩护岸、改良土壤、绿化海滩与改善海滩生态环境的目的，于1979年从美国东海岸盐沼将其向福建引进，但几年之后，该物种已经扩散到江苏、广东、浙江、山东、福建、香港等地，给当地的水产养殖业带来了巨大的损失。

在养殖行业中，以水产行业尤为突出。几乎所有可以利用开展养殖的水域，如河流、湖泊、池塘、水库、稻田和公园都或多或少地开展了养殖业，国际贸易的发展更加促进了养殖行业的发展。为满足生产的需要，养殖人员通常会通过国际贸易从国外进口各类物种种苗。据记载，水产养殖行业引入外来物种的历史可以追溯到19世纪20年代。根据2013年的统计，以水产养殖为目的或因为水产养殖引入我国的外来物种至少有179种，其中鱼类111种，软体动物27种，甲壳类14种（Lin et al., 2015）。涉及的已知外来物种包括克氏原螯虾、罗氏沼虾、红螯虾、虹鳟、口孵非鲫、欧洲鳗、匙吻鲟等。

很多学者认为国际贸易是包括我国在内的许多国际环境发生改变的一个重要渠道，农业进口已经成为生物入侵的重要方式。但我国畜牧业缺乏发展规划，长期过度放牧，导致草场严重退化，这使得各地加大了对国外新的优质速生牧草的进口需求，从而为外来物种的大量入侵创造了绝好的机会。作为饲料引入造成入侵的外来物种非常多，如紫苜蓿、凤眼莲、牧地狼尾草等。凤眼莲因具有食用价值，将其加工成粉状再发酵成的饲料可以用来喂养鸡、鸭、鹅、猪等家禽，早在20世纪60年代，我国就曾将凤眼莲当作度荒青饲料大量引入，后泛滥成灾，对当地的生态环境造成了巨大影响，同时带来了巨大的经济损失。

二、人为无意引入

无意引种指某个物种以人类或人类传送系统为媒介，作为偷渡者或"搭便车"扩散到其自然分布范围以外的地方，从而形成的非有意引入。贸易全球化已经导致了外来物种随着贸易交流、货物运输、旅行观光等活动的发展呈现指数增长趋势。甚至，无意引入的外来入侵生物种类数比有意引入的还要多（冯馨，2011）。尤其是随着经济全球化的推进，外来物种受人类旅游和货物国际运输扩大的刺激，越来越多地借助这些途径传入其他国家。外来入侵物种的数量和成本正在以惊人的速度上升，有害物种跨国运输的风险不断加大，无意引种越来越成为学术界和社会关注的焦点。人为无意引入外来物种的途径非常多，主要有货物运输引入、压载水排放引入、旅游服务引入、建设过程引入以及其他途径引入。

（一）货物运输引入

国际贸易活动必然需要商品货物的国际运输流通，货物进口是除有意引进外来物种之外的最重要渠道之一。入侵生物随着贸易货物携带的方式主要有两种：贸易货物本身携带和包装物携带。首先，大量货物自身携带外来生物，如蔬菜水果、谷物、竹木草制品、动植物产品等，这类货物都极易成为外来生物寄生的场所，它们随着商品的流通进入我国境内。其中，水果和活体植物体内极易携带害虫，对当地的生态平衡极易造成不良影响；谷物和木制品等储存产品也是有害物种特别是无脊椎动物的重要来源。由于谷物的国际贸易，随货物引入的储存产品的害虫区系也经历了全球范围的同质化。木制品的国际贸易则导致森林害虫在国家和地区之间传播，如松材线虫从树木伤口进入松树木质部，寄生在树脂道中，实现在全球的广泛传播。现今，松材线虫在我国分布非常广泛，自从 1982 年首次在江苏南京中山陵发现以来，已经蔓延到江苏、上海、湖北、福建、重庆、广西、江西、湖南、贵州、四川、云南、河南、陕西、辽宁和天津 10 多个省（自治区、直辖市），严重破坏了森林生态和自然景观，累计经济损失约上千亿元（叶建仁，2019）。另外，贸易运输用的装运工具和集装箱也可能携带外来生物。外来物种随着商品包装袋或者包装箱进入国内的情况屡见不鲜，其中以木制包装影响最为严重，木质包装因具有低成本、高承载力、易加工和拆除等优点，是运载货物最常用的包装材料，国际贸易中约 1/3 的货物使用木质包装材料，但木质材料同木制品一样，易携带森林有害生物，对我国森林病虫害造成了威胁；另外，封闭集装箱的使用更是加剧了生物、植物危险性病虫以及其他有害生物的滋生繁衍。

（二）压载水排放引入

近年来，在全球化浪潮的冲击下，各国之间人员和货物的流动性进一步加强。与此同时，交通运输方式也涵盖了海、河、空、陆等各个方面，许多外来物种随着交通工具进入我国并蔓延。随着中国经济的快速增长，通过海港的货物进出口量以及通过水路的国内运输量都有显著的增加（Ding et al., 2008）。其中，中国海港进出口量从 1985 年的 311.5×10^6 t 增长到 2004 年的 2538×10^6 t（Cui, 2005）。作为运送国际贸易货物的重要载体，各类运输船舶频繁地穿梭于各国之间。为了在船舶未满载时维持其稳定性，货船通常需要在始发港或途经的沿岸水域装运压载水，压载水随着船舶在各国之间运输，当船舶驶入目的地之后，必须将压载水在装运货物之前排放掉。因此，在运输货物的同时，船舶也通过运输压载水将其中混有的各类动植物从一个地区运输到另外一个地区，大量的生物随着压载水在各国之间进行迁移。已有证据表明，国际贸易中商业船舶压载水的异地排放是外来物种的主要入侵媒介，是造成外来物种入侵的主要途径之一，对排放国造成了巨大经济损失。据估计，全球每年有 35 000 余艘船舶携带 3500 亿 t 左右的压载水运输到世界各地，包含了约 10 000 种海洋浮游动物（王珊等，2011）。而在中国，出入境船舶压载水输入量和输出量巨大，据统计，2016 年出入境船舶排放到我国港口海域的压载水达 3.46 亿 t，排放到境外海域的压载水达 9.57 亿 t，并呈现出逐年增长趋势，超过 97 种外来海洋生物由远洋船舶压载水传播至中国海域，其中赤潮藻类超过 29 种，有害赤潮藻类达 15 种（张小芳，2018）。以最典型的赤潮生物为例，它在全世界的广泛传播主要就是通过压舱水传播的，其生态适应性强。近年来，我国海域赤潮频发的重要原因之一就是赤潮生物入侵。从 1997 年开始，我国陆续在东海海域、南海粤东海域、广东饶平、南澳海域、渤海海域出现棕囊藻赤潮。目前，我国已经发现近 20 种由船舶压载水引入的外来赤潮生物，包括新月圆柱藻、洞刺角刺藻等。随着压舱水排放的生物入侵风险被识别，已有部分压舱水处理措施被实施，但是仍不能完全消除外来物种入侵风险。某些藻类及浮游动物类群能够通过形成休眠体抵御压载水舱内的恶劣环境，在抵港排放后于适宜条件下重新激活并萌发，从而可能导致外来生物入侵（Lin et al., 2020）。

（三）旅游服务引入

目前，随着各国之间的交往日益频繁，旅游业日渐兴起，跨国旅游成为最受人们欢迎的休闲娱乐方式之一，国际旅游成为外来有害生物入侵的便捷途径。境外旅游者或异地旅行常携带有活体生物等，如宠物或水果、蔬菜、观赏植物，也为外来生物的入侵提供了另一种可能。同时，随着外国游客的增多，旅游者将有害外来物种带入的风险正在不断加大。例如，我国海关多次从入境人员携带的水果中截获具有潜在威胁的外来物种，包括地中海实蝇、病菌、害虫及杂草等外来物种，加拿大一枝黄花就是通过旅客无意携带而进入我国的（金毓，2009），该植物繁殖能力极强，并且根茎发达，极其不易处理，会占领土著植物生长空间、威胁生物多样性、破坏生态平衡等。

（四）建设过程引入

我国城市发展的步伐随着全球化进程的加快而加快，城市建设工程随处可见。在建设过程中，钢筋水泥或者木料由运输工具不断向世界各地运输和扩展。研究人员通过对建设过程中使用的交通工具、工作工具、运输的木料甚至鞋底的泥土进行检验，检测到了外来物种的存在，其中以园林建设工程产生的外来物种入侵的问题较为严重。在园林建设过程中，不仅建设材料的跨国运输会导致生物入侵，部分建设者还会为了追求更加奇特的景观和高效的工程进度，大量地从外地引进各类植物或者动物，这一过程不可避免地会带来有危险性的外来有害生物。同时，由于园林建设者对有害生物的辨别能力低，不能正确区分具有引入外来生物风险的建设材料，包括建设器材、观赏植物、花卉苗木等。目前发现的由建设过程引入的主要外来生物有棕榈象甲、刺桐姬小蜂、芒果叶瘿蚊、扶桑绵粉蚧、红火蚁、椰心叶甲等。

（五）其他途径引入

由于国际贸易活动的复杂性，外来物种入侵的潜在途径隐藏在人们生产生活的各个领域之中。除了以上几种常见的无意引入途径，还包括海洋垃圾、军队转移、人类交通工具、电商行业等。随着跨境电子商务的发展，新兴的商品交易形式助推的国际邮件越来越多。过去邮寄物以信件和生活用品为主，现在已由"生活型"转变为"生产型"，商品类型的复杂性导致国际流通的货物可能携带未知生物。其中，农业、花卉业、蔬菜业等行业大力引进国外品种，许多种子直接由国外邮寄入境，外来生物通过国际邮件进入中国的种类和来源地十分繁杂，增加了生物入侵的风险。同时，贸易模式的转变，即直接向消费者交货取代向批发商大量发货，增加了海关检查目标，导致了检查覆盖度低的问题进一步加剧（Epanchin-Niell et al., 2021），给我们的生物入侵途径识别和管控带来了新的挑战。

第四节　国际贸易引致生物入侵对我国的影响

快速的全球化以及高速的经济发展，促使我国国际贸易的迅速增加，也极大地增加了我国遭受外来入侵生物危害的风险（Lin et al.，2007）。我国已成为全球遭受生物入侵威胁最严重的国家，外来入侵生物对我国经济发展、生态环境和其他人类福祉造成了严重影响（图 13-1）。据估计，中国因外来物种入侵导致的经济损失超过 7000 亿元/年，位居全球第一位（Paini et al.，2016）。除经济损失外，外来入侵生物对我国生态系统的破坏也非常严重，尤其是生物多样性的丧失。此外，一些外来入侵生物也可能损害生态系统的结构和功能（Jiang et al.，2017）。

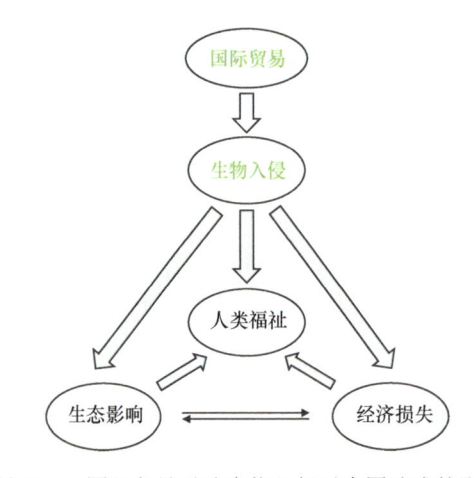

图 13-1　国际贸易引致生物入侵对中国造成的影响

日益频繁的国际贸易增加了我国遭受外来入侵生物危害的风险，外来入侵生物对我国的生态、经济和其他人类福祉造成了直接破坏。此外，外来入侵生物引起的生态变化会造成社会经济损失，而社会经济损失通常伴随着生态变化，且二者均可直接影响人类福祉。

一、对生态系统功能的影响

由国际贸易引致的生物入侵在我国造成了众多负面生态效应，如生境破坏、群落变化、生物多样性丧失及基因污染和遗传灭绝等（Zhan et al.，2017）。通过改变栖息地和生态系统过程，外来物种是野生动物灭绝的主要原因之一。由于竞争、捕食、疾病传播、杂交和基因库的侵蚀，外来物种的大量存在对土著物种构成了重大威胁，因此生物多样性下降。此外，广泛分布的外来物种可能会加剧生态系统中的灭绝风险，抑制物种形成，这与生物多样性的丧失密切相关（Xia et al.，2019）。

生境破坏的一个典型例子就是赤潮暴发。有害赤潮藻类可以通过国际贸易由船舶运输特别是压舱水进行远距离扩散（王朝晖等，2010）。由于赤潮暴发频繁、持续时间极长、地理区域大、生态效应显著，我国已成为受赤潮暴发影响最严重的国家之一。例如，入侵生物夜光藻（*Noctiluca scintillans*）曾于 2011 年在辽宁省沿海地区引发赤潮，此次赤潮受影响面积逾 4000 km^2，并对海洋生态系统造成严重破坏，如引起 pH、发光渗透率和溶解氧的快速变化（王朝晖等，2010）。此外，赤潮暴发后，藻类细胞分解消耗了大量的水溶解氧。所有这些变化都对生物多样性和食物网造成了重大影响（Zhan et al.，2017）。

入侵生物可因其较强的竞争能力而改变土著生物群落，如沙筛贝（*Mytilopsis sallei*）。沙筛贝原产于中美洲，于 20 世纪 90 年代因船体污损传入我国，随后便开始过度生长，并于短期内超越土著物种，成为底栖生物群落中的优势种。野外调查表明，沙筛贝的入侵已经导致底栖生物群落和相关生物量发生显著变化（Wang et al.，1999；Cai et al.，2014）。

生物入侵是造成我国一些生态系统生物多样性丧失的主要原因之一。一个常见的例子就是马缨丹（*Lantana camara*）的入侵。马缨丹原产于美洲热带地区，因其具有观赏价值而由国际贸易引入我国台湾省，随后逸为野生，现已分布于我国热带和亚热带地区的多个省份，如广东、云南和海南等。马缨丹具有极强的繁殖力及竞争和捕获自然资源（如光和土壤营养）的能力，使其拥有强大的入侵性和生态适应性。另外，其活体及残体可产生化感物质，抑制入侵地其他植物的生长甚至使它们无法生存。由此，马缨丹可发展成为单优群落，导致入侵地生物多样性的降低甚至丧失（李玉霞等，2019）。

入侵物种与土著物种间的杂交可使入侵物种快速适应当地环境，同时也使外来入侵物种的遗传物质迅速渗入本地基因库，从而发生基因污染，如遗传变异丢失、种群结构崩溃，甚至物种灭绝（Kovach et al.，2015）。本地基因库的消失会导致遗传灭绝。与物种永久消失不同，遗传灭绝多数情况下难以察觉，需要通过详细的遗传分析来验证（Lin et al.，2015）。通过土著物种和入侵物种种内和种间杂交而产生的遗传灭绝在我国均有发生。其中，皱纹盘鲍（*Haliotis discus hannai*）就是一个通过种内杂交导致遗传灭绝的例子。为解决我国华北地区因疾病引起的皱纹盘鲍的高致死率问题，皱纹盘鲍的日本种被引进我国，并与我国土著物种进行杂交。在经过了 20 年的杂交实践和水产养殖后，如今野外捕获的个体几乎全为杂种（王明玲，2011）。

二、对经济社会发展的影响

国际贸易引致的生物入侵不仅破坏自然环境，影响生态系统服务的供应，也危害了我国社会经济的发展（Xia et al.，2019）。联合国环境规划署表示，入侵物种造成的环境冲击对人类福祉构成巨大威胁。世界卫生组织也警告称，入侵物种产生的生态影响对人们的生活和沟通方式构成持续威胁（Jones，2017）。外来入侵物种引起的社会经济损失可能很大，然而现阶段，我国关于此类损失的数据尚缺乏系统研究（Zhan et al.，2017）。

（一）社会影响

入侵物种会对当地居民的生产生活产生严重的不利影响，进而影响社会稳定和发展。如在农田和草原生态系统中，动植物资源是当地居民获得生活物资不可或缺的组成部分。当外来入侵物种对这些生态系统的生产造成严重负面影响时,人们也将遭受损失。在农田和草原生态系统中,外来物种的入侵通常会导致农牧民收入减少,直接降低他们的生活质量。例如,在内蒙古草原,入侵鼠类每年严重影响约 14% 的可用牧场,造成每年近 2000 万 t 的饲草损失(Eminniyaz et al., 2017)。麝鼠(*Ondatra zibethicus*)是其中危害最大的鼠类之一,其原产于北美,后经自然扩散及贸易引种传入我国。其繁殖快,数量每年可达 8 万~12 万只。麝鼠不仅吃草和草籽,还可以挖 20 m 长的洞,对草地植被造成严重破坏。该物种在内蒙古草原造成了重大经济损失(Tian et al., 2015)。

有些入侵物种可以极大地影响人们的人身和财产安全,进而引起社会恐慌,如红火蚁(*Solenopsis invicta*)。红火蚁是世界上最危险的入侵物种之一,原产于南美洲,于 21 世纪初在国际贸易中由货物运输传入我国,现已分布于我国多个省份,如广东、湖南和台湾等(Zhang et al., 2007)。红火蚁除对生态环境和农林业生产造成巨大破坏以外,还会损坏公共设施。例如,它们可以破坏堤坝、供电和电信设施等,损坏农业机械及灌溉设备,并且可危害交通信号灯和通信设备,对公共安全造成巨大隐患。此外,它们经常出现在草地、民居等公共场所,并会主动攻击人类。红火蚁可以反复多次进行叮蜇并将毒液注入皮肤,使人体出现水疱、红斑和疼痛等症状,一些敏感体质者还可能产生过敏性休克甚至死亡(Wang et al., 2013)。

(二)经济影响

外来入侵生物在造成重大生态影响的同时,也使社会遭受巨大的经济损失,如仅昆虫入侵一项,全球每年就至少损失 760 亿美元(Bradshaw et al., 2016)。生物入侵给社会带来了多种直接的经济损失,如农作物损失、基础设施退化、商业活动减少和收入损失等。此外,其经济影响也包括旨在预防、控制和根除入侵生物影响所采取的管控措施的巨大资金投入(Lockwood et al., 2019; Paini et al., 2016)。

福寿螺(*Pomacea canaliculata*)是我国国家环保总局(现为生态环境部)公布的重大危险性农业外来入侵生物之一,原产于南美洲热带和亚热带地区的阿根廷和乌拉圭等,因其食用价值于 20 世纪 80 年代被引入我国台湾省,进而传入我国广东进行养殖。随后,福寿螺在我国南方地区迅速蔓延,并对稻田构成巨大威胁(郝丽等,2007)。福寿螺具有极高的繁殖力、快速生长率和性成熟度:成年雌性可产 2400~8700 个卵,卵孵化成功率高达 90% 以上,且能在 4 个月后达到性成熟并开始繁殖(王俊等,2020)。福寿螺可在短时间内形成大量种群,并通过取食水稻幼苗和叶片迅速且彻底地摧毁稻田。例如,1991 年在广东省,有超过 66.7 万 hm^2 的水稻被福寿螺彻底摧毁(郝丽等,2007)。尽管已经采取了大量防控措施,福寿螺仍对我国南方稻田构成巨大威胁。

松材线虫(*Bursaphelenchus xylophilus*)原产于北美,随后可能由国际木材进口贸易传入我国,是松材线虫病的病原。松材线虫病被称为松树的癌症,可危害 58 种松属品种和 13 种非松属树种(张波等,2015)。松树一旦染病,最快 40 多天即可枯死,3~5 年便可造成大面积毁林的恶性灾害,从而对松林造成毁灭性打击,给林业生态和经济带来重大损失。松材线虫病于 1982 年首次发现于南京,造成病死松树 256 株。至 2002 年,该病已传播蔓延至多个省份,累计造成 3500 多万株松树致死,影响面积近 130 万亩

(1亩≈666.7 m²)。到2008年，该病已扩散至我国14个省（自治区、直辖市），累计造成5000多万株松树死亡，500多万亩松林遭毁灭，经济损失高达数千亿元（冯馨，2013）。

三、对人类健康的影响

外来入侵物种可对入侵地产生危害，并产生类似于或更甚于化学污染物的负面影响。由于可以进行自主繁殖和扩散，因此当外来物种引入的行为被终止时，它们所产生的负面影响仍会继续，并通常会随着时间的延长而增大。入侵物种可以危害生物多样性和影响生态系统结构、功能和服务，最终从多方面影响人类的生活福祉，如身心健康、基本生活物资的供应、人身安全等（Mazza et al.，2014）。

（一）外来入侵生物是病原体或寄生物的载体

外来入侵生物可能是许多病原体的载体，如一些叮咬类昆虫（如蚊子和吸吮虱子等）可将随身携带的病毒传播给人类。蜱虫因为可以很容易地在动物和人类身上转移，从而传播严重的疾病，如由立克次体引起的斑疹热、斑疹伤寒和恙虫病等。此外，许多受病原体污染的贝类组织中可保留活的病原体，在未加工或加工不充分的情况下食用可引起人类疾病（Mazza et al.，2014）。

福寿螺（*Pomacea canaliculata*）是广州管圆线虫最重要的中间宿主之一。通过取食未加工或加工不充分的福寿螺，其携带的3龄广州管圆线虫幼虫可引起广州管圆线虫病，即嗜酸性粒细胞脑膜炎，导致急性剧烈性头痛、恶心、呕吐、昏迷和精神失常等症状，严重者可引起后遗症甚至死亡。由于福寿螺在陆地和水生生态系统中的广泛分布以及其仍作为食物在餐桌上供应，广州管圆线虫的高感染率使得福寿螺成为广州管圆线虫病暴发流行的重要生物因素之一。据报道，广州管圆线虫在我国引起的每9次嗜酸性脑膜炎暴发中，8次是由食用未煮熟的福寿螺引起的，其中也包括2006年在北京暴发所引起的160例感染（Yang et al.，2013）。

（二）外来入侵生物可由其他途径危害人类健康

许多外来入侵性植物含有剧毒，如入侵性杂草银胶菊（*Parthenium hysterophorus*），与之接触可诱发过敏性湿疹性皮炎和哮喘。银胶菊生长迅速，繁殖力强，对其他植物有较强的化感作用，能抑制农作物的生长。此外，在开花期，银胶菊可产生大量有毒的花粉，引起鼻炎、支气管炎及过敏性皮炎等，严重时可引起哮喘和肺气肿，严重影响人类健康。例如，银胶菊曾随大豆进口贸易从美国传入山东，并在当地某村造成多名村民因严重过敏而就医，同时造成村内约15%的儿童产生过敏反应（常兆芝等，2009）。

有些入侵动植物还可对人类造成直接人身伤害。例如，蒲苇作为观赏植物从其原产地南美洲被广泛引种到我国华中和华南等地的公园。然而由于其叶片质硬、狭窄，且叶边缘呈锯齿状，蒲苇锋利的叶子常会割伤人们的皮肤（刘蕴哲等，2019）。此外，我国是国际蛇类贸易中活体蛇的主要进口国，随之而来的被蛇咬伤事件是影响人类健康的又一问题（Hierink et al.，2020）。

第五节　国际贸易引致的入侵物种扩张管理

一、入侵物种的预防策略

（一）提高公众意识，全民参与预防

国际贸易的发展不可避免地会带来外来物种入侵，而公众作为国际贸易中经济发展的主要推动者和受益者，对于参与生物入侵防治具有义不容辞的责任和义务。综合利用互联网、移动终端、电视广播等媒介，加强对外来入侵物种的科普宣传，形成全社会共同参与的良好氛围，鼓励并引导公众依法参与防控工作，提高全民防范意识。同时，充分结合全民国家安全教育日、国际生物多样性日、世界环境日等主题宣传活动，面向公众强化相关法律法规和政策解读，普及外来物种入侵防控知识。科研工作者、相关管理部门专业人士等应向社会宣传和普及对生物入侵预防的重要性和必要性，积极开展相关活动并呼吁公众参与，调动公众积极性，推动全民参与。另外，建立外来入侵生物培训中心或网站，面向相关人员开展技术培训，内容涵盖入侵生物及其危害的正确识别、预防与控制策略、清除与根除技术、风险与环境影响评估，以及生态系统恢复等方面。同时，应通过多种媒体渠道加强对公众的宣传教育，提升全社会对外来入侵生物问题的认识与防范能力。重点对检验检疫、交通运输、国际贸易、旅游等行业人员开展宣传、教育以及培训等工作，提高相关工作人员的防范意识和专业知识（Mendonca et al.，2012）。

（二）法律法规制定，成立管理机构

从管理上建立和完善生物入侵专门的法律法规体系和运行机制，制定专门管理条例以及实施细则，强化公众对外来入侵生物防范的认识。法律法规具有强制性，是管控和规范人类活动引起生物入侵的有效方式。根据我国的国情，建立健全有关预防、管理、防治外来有害生物的国家政策法规和条例，充分执行已有的政策、法令及条例，加快建立和完善外来入侵物种管理的法律和法规。2021年4月15日，《中华人民共和国生物安全法》正式施行，对擅自引进、释放或者丢弃外来物种等行为做出了明确规定。为切实加强外来入侵物种管理，保障农林牧渔业可持续发展，保护生物多样性，根据《中华人民共和国生物安全法》，由农业农村部、自然资源部、生态环境部、海关总署于2022年5月发布了《外来入侵物种管理办法》。该办法细化了外来物种防控措施，明确了外来入侵物种管理部门的职能，提出了坚持风险预防、源头管控、综合治理、协同配合、公众参与的原则。根据农业农村部、自然资源部、生态环境部、海关总署、国家林业和草原局联合印发的《进一步加强外来物种入侵防控工作方案》，应推动修订完善进出境动植物检疫等有关法律法规，加强外来物种检疫监管；修订农业、林业外来物种入侵突发事件应急预案，健全应急处置机制；制修订外来物种风险等级划分、检测鉴定、调查监测、综合防控等技术标准；研究制订外来物种入侵防控地方性法规、管理名录、应急预案、技术标准和政策措施。由于《中华人民共和国环境保护法》形成较早，没有涉及外来入

侵物种问题，建议尽快修订，将外来入侵物种纳入调整范围，并且环保部门应出台配套的部门规章。在制定外来物种入侵的管理和相关法律法规时，不能主要以经济利益为目标，即所谓的"自然与经济错位"，而是要立足于在对生物多样性、资源和环境保护的基础上制定法律法规（胡隐昌等，2012）。同时，在制定法律法规的时候应该结合本国物种入侵的国情，建立最适合本国的外来物种入侵防治的法律体系。相关主管部门和海关应当按照职责分工，在综合考虑外来入侵物种种类、危害对象、危害程度、扩散趋势等因素的基础上，制订本行政区域外来入侵物种防控治理方案，并组织实施，及时控制和消除危害。建立健全引进动植物、生物制品、国外农产品检验检疫准入制度、调整关税和配额制度以及强制性的贸易措施等（金毓，2009）。

为了切实保障生态安全，除了加强立法，逐步完善关于生物入侵的法律法规，还要严格执法，坚决按照有关法律制定的程序进行入侵管理。与此同时，相关部门和组织需要成立一些专业的监管机构，加大外来入侵生物的防控和监管力度，尽最大可能地减少生产活动尤其是国际贸易活动导致的外来物种入侵。同时，监管机构应以维护国家生物安全为宗旨，监督和规范涉及外来物种的各行各业在外来物种引进时依法开展工作，保障农林牧渔业可持续发展（余萍和王红玲，2008）。

（三）入侵物种监测，形成体制机制

构建全国外来入侵物种监测网络，开展常态化监测。首先，开展全国范围内的外来入侵生物监测和调查，完善中国外来物种数据库。以我国初步掌握的外来入侵物种为基础，在农田、渔业水域、森林、草原、湿地等各区域，组织开展全国范围内的外来入侵物种普查，摸清我国外来入侵物种的种类数量、分布范围、危害程度等情况。逐步完善中国外来物种数据库，为入侵物种监管提供背景资料和科学依据。依托国土空间基础信息平台等构建监测预警网络，建立外来物种入侵的早期预警机制，确立预防为主的原则。在立法中坚持预防为主的方针，建立外来入侵物种防控体系，严格控制外来物种的引入。属于首次引进的，引进单位应当就引进物种对生态环境的潜在影响进行风险分析，并向审批部门提交风险评估报告，审批部门应当及时组织开展审查评估。强化跨境、跨区域外来物种入侵信息跟踪，建设分级管理的大数据智能分析预警平台，强化部门间数据共享，规范预警信息管理与发布。经评估有入侵风险的，不予许可入境。引进单位应当采取安全可靠的防范措施，加强引进物种研究、保存、种植、繁殖、运输、销毁等环节管理，防止其逃逸、扩散至野外环境（Epanchin-Niell et al.，2021）。另外，海关应当加强外来入侵物种口岸防控，对入境货物、运输工具、快件、邮件、旅客行李、跨境电商、边民互市等渠道严格检疫监管，对非法引进、携带、寄递、走私外来物种等违法行为进行打击。对发现的外来入侵物种名录所列物种以及经外来入侵物种防控专家委员会评估具有入侵风险的外来物种，依法进行处置。对经外来入侵物种防控专家委员会评估具有较高入侵风险的物种，有关部门应当采取必要措施，加大防范力度。近期有关研究指出，在入侵早期阶段开展监测与干预，在经济上较后期控制措施更具成本效益（Westphal et al.，2008）。

建立农业、林业外来入侵生物监测体系，建立国家监测与预警中心，各省建立监测站，并配备相应的设备和人力，完善监测与预警报告制度，形成外来入侵物种的监测与

预警报告体系。有关部门建立外来入侵物种监测制度，构建全国外来入侵物种监测网络，按照职责分工布设监测站点，组织开展常态化监测。分析研判外来入侵物种发生、扩散趋势，及时发布预警预报，指导开展防控。此外，相关部门应当按照职责分工，加强专业队伍建设，加强基础设施建设、资金保障和应急物资储备。进一步完善已有的动植物检疫法，成立跨部、多学科的外来入侵生物专家工作组和防控专家委员会，提升入侵物种的监管能力。

（四）加强交流合作，构建预防网络

从20世纪50年代开始，一些国家已经认识到国际合作在有效预防和管理外来物种入侵方面的重要性。到目前为止，如《生物多样性公约》《国际植物保护公约》《实施卫生与植物卫生措施协定》等文件和条约，已经成为相关国际组织对成员国进行约束和规范的重要依据。鉴于生物入侵传播途径的特殊性，在防控过程中地域相邻国家间的信息交流和合作显得尤为重要。此外，随着全球经济一体化和国际贸易发展等，外来物种入侵呈现涉及面广、物种类型多、传播范围广、扩散速度快、潜伏期长等特点。因此，外来物种入侵的管理是一个长期的需要多方合作的过程。在防范生物入侵的国际交流与合作中，通过建立外来物种数据库与合作国进行资源共享是极其有效的方法。各国应坚持合作交流与信息共享的原则，通过双边或多边合作，逐步建立健全高效的外来入侵物种监测系统，建立外来物种风险评价指标体系、风险评价方法、风险管理程序等，提高防范的技术水平。同时，世界各国之间可以通过设立联合研究机构，开展国际合作和交流，实现信息和技术共享。国内相关部门，包括省级以上人民政府农业农村主管部门、自然资源主管部门、生态环境主管部门、林业草原主管部门等，应与海关加强外来入侵物种监测信息共享，建立联防联控机制。分析研判外来入侵物种发生、扩散趋势，评估危害风险，及时发布预警预报，提出应对措施，指导开展防控。

二、入侵物种的治理策略

（一）进行科学研究，实现精准治理

生物入侵研究是一个长久的课题，并不是在短期"攻关"就能解决的，是一个多学科交叉的领域，需要优化科技资源布局，加强外来物种入侵防控基础研究、关键技术研发，综合生态学、分子生物学、进化生物学等多学科、多技术手段开展研究。从基础研究上加强对外来入侵物种认定标准、扩散规律、危害机理、损失评估等方面的研究，以危险生物入侵的不确定性和入侵后的暴发性为切入点，从入侵生物快速检测监测的分子基础、生物入侵与成灾机制、控制技术基础三大核心科学问题入手，从分子、个体、种群、群落、生态系统不同层次上揭示外来生物入侵过程中的重大科学问题与核心技术的基础理论，逐步形成生物入侵研究的科学体系，促进外来物种的入侵生物学及其他相关学科的发展。在关键技术研发方面，针对口岸查验、应急扑灭、生物防治和生态修复等关键环节，加快研发快速鉴定、高效诱捕、生物天敌等方面的实用技术、产品与设备。

另外，应根据不同区域环境特点精准治理，各部门加强对农田、水产养殖区、森林、草地、湿地等区域外来入侵物种的治理，落实阻截防控措施，坚守生态安全底线。

（二）实施效果评估，实现科学监管

建立和完善入侵物种的风险评估技术与方法，建立主要入侵物种的经济生态影响评估模式。对引进物种实行引种风险管理制度，按照要求进行风险评估，实行外来物种分级分类管理，严格对引进物种进行监测和管理。加强国家管理能力，包括预警、监管、协调、快速反应和信息处理等能力建设。建立国家级外来生物入侵研究中心和区域性研究分中心，设置国家级监测预警中心，同时，建立省级外来入侵生物监测预警站，从而完善技术支撑的基础设施与能力建设。拓宽与创新生物防治、生态调控与生态修复的技术与方法，建立入侵生物可持续治理的综合防御与控制技术体系，完善与提高外来入侵生物控制技术水平。另外，完善国家管理体系建设。由有关部门牵头，成立一个由农业、林业、环保、海洋、检验检疫、财政、科技、外贸部门等组成的"外来入侵物种国家管理委员会"。由"外来入侵物种国家管理委员会"组织成立一个跨部门的多学科、由不同领域专家组成的"外来入侵生物专家委员会"，充分发挥把关、服务、监督、管理的功能，从国家利益的高度全面管理外来入侵物种。

（三）加强国际合作，实现有效控制

随着全球化进程的加快，要想真正有效地实现生物入侵的治理，必然离不开世界各国的支持。为此，必须加强国际合作，逐步建立健全准确高效的外来物种预警监测系统，建立和优化外来入侵物种风险评估指标体系和方法。建立和完善国家外来入侵物种的数据库与信息共享技术平台，加强不同国家之间的交流合作与信息共享。此外，有针对性地制定国际交流活动计划，通过国际研讨会、参观访问、联合培养青年科学家的方式，开展广泛的学术交流活动，并制定对共同问题具有共同兴趣的国家间合作计划，通过不同渠道，争取国际机构的支持，开展多边与双边的生物入侵合作研究。

第六节　面临的挑战

尽管《生物多样性公约》在其"爱知目标"中明确提出，到2020年确认外来入侵物种及其入侵途径并对其危害性进行排序，危害较大的外来入侵物种得到控制或被根除，采取措施控制入侵途径，防止入侵物种的引入和定殖，然而到2020年为止仅有10%的缔约方制定了应对生物入侵风险的国家目标并按计划执行。在执行《控制和管理船舶压载水和沉积物国际公约》过程中，仍然存在政治、行政、法律、技术和海事等方面的许多问题，表明目前全球范围内的生物入侵治理防控仍面临诸多挑战。

根据国际贸易量的持续增加，可以预期外来物种将在全球范围内继续甚至更高频率地随着商品进口实现引入、扩散、定殖并入侵成功。通过调整国际贸易来管控传播途径，是缓解未来生物入侵风险的潜在手段。然而，全球一体化背景下新兴不确定因

素包括国际关系与政治、新冠疫情的影响等问题频发,使得国际贸易引致的外来物种入侵趋势多样化,入侵事件的预测和管理存在各种不确定性。同时,国际贸易对生物入侵的直接和间接影响机制之间的相互作用研究显示出高度动态模式,表明利用过去趋势不足以准确预测未来趋势,亟须制定更加有效的国际贸易管理策略来控制未来生物入侵风险。

全球航运网络(global shipping network,GSN)是国际贸易开展的主要途径,超过80%的国际贸易经由航运引致,同时航运网络也是外来入侵生物引入的重要途径。之前的生物入侵预警通常仅考虑一些重要的环境因子变化如全球温度升高,而忽视了全球航运动态变化对生物入侵预测的影响。Sardain等(2019)预测到2050年全球不同社会生态区域(socio-ecoregion,SER)间的船舶航次数量将达到2014年的240%~1209%,进而通过整合全球气候变化数据预测由航运引致的生物入侵模型,预测由航运引致的生物入侵风险将在中等收入国家尤其是亚洲东北部呈现激增趋势;航运增长对海洋入侵风险的影响将远远大于全球气候变化,新兴的全球航运网络可能导致全球生物入侵风险提高3~20倍。

国际贸易的量变和质变都将对外来生物的扩散产生重要影响,如新兴经济体国际贸易量的增加将会加剧外来生物从这些国家扩散出去或引入进来。值得注意的是,大部分新兴经济体与富含特有种和稀有种的超级生物多样性区域相吻合,进一步加剧了国际贸易驱动的生物入侵问题。虽然过去几十年为了减少国际贸易驱动的有害入侵物种引入,许多国家制定了一系列进口检验检疫政策及国际贸易法规,然而目前总体来看收效甚微。一方面是由于社会经济活动与其随之带来的生物入侵问题之间存在巨大的时间滞后效应,因而国际贸易对生物入侵的最终影响后果在很大程度上尚未完全显现,相应地,目前采用的外来生物入侵防控策略的有效性可能在几十年后才得以评估,这将潜在影响通过调整国际贸易策略进行生物入侵防控这一途径的有效性。另一方面,作为影响生物入侵的两大因素,国际贸易与全球气候变化将对生物入侵产生复杂的交互作用。Seebens等(2015)通过研究国际贸易网络与环境因子对陆生植物入侵的交互影响机制,结果表明,国际贸易网络仍是驱动陆生植物入侵差异的重要因素,同时引入地的生物地理和气候因素将影响外来入侵物种的定殖数量,如在同样的贸易量水平上,亚热带和热带国家引入的外来入侵物种数量将比欧亚北部温带国家高一个数量级以上。因此,阐明全球生物入侵驱动因素(国际贸易和气候变化)之间的相互作用,预测未来遭受生物入侵风险的敏感区域,将有助于理解全球生物入侵的主要原因及入侵途径,是有效防控生物入侵的关键基础。

由中国政府发起的"一带一路"倡议旨在借助区域合作平台,积极发展共建国家间的经济合作伙伴关系,涉及全球一多半国家,是前所未有的全球经济发展计划。除了巨大的经济和政治影响,"一带一路"倡议可能给自然生态环境带来一系列挑战,如生物入侵问题,成为学术界和公众关注的焦点问题。"一带一路"倡议通过推进亚非拉欧地区国际贸易和交通运输业的发展,可能引发广泛的外来生物入侵问题。由于"一带一路"共建国家在经济发展程度、入侵物种敏感性及生物入侵应对能力等方面存在差异,目前在制定通用的生物入侵防控策略上面临巨大挑战。Liu等(2019)基于"一带一路"共建国家的国际贸易数据、航空乘客数量、空运货运量、港口货运量等数据,系统评估了816种外来脊椎动物的潜在入侵风险,并利用模型预测其野生种群定殖风险。研究结果表明：15%的"一带一路"区域面临极高的外来脊椎动物引种风险；高风险引入区域分布在超过 90%的"一带一路"共建国家；大于 2/3 的"一带一路"共建国家具有适于外来脊椎动物建立野生种群的适宜栖息地；鉴定了 14 个入侵热点（即同时具有高引种风险和高栖息地适应性的地区），大部分入侵热点位于"一带一路"的六大经济带上，其中，孟中印缅经济走廊、中国-中南半岛经济走廊和中国-中亚-西亚经济走廊内的入侵热点比较多，六大经济带内的入侵热点面积比例是其他区域的1.6 倍。基于此，确定"一带一路"共建国家的高入侵风险区域及高入侵潜力物种，对"一带一路"倡议有效实施过程中制定外来入侵物种防控策略具有重要意义。

（本章作者：李世国　黄雪娜　熊　薇　陈义永　孟山栋　战爱斌）

参 考 文 献

常兆芝, 张德满, 原永兰, 等. 2009. 恶性杂草银胶菊发生规律及综合除治措施初步研究. 中国植保导刊, 29(8): 26-27.

陈宝明, 彭少麟, 吴秀平, 等. 2016. 近 20 年外来生物入侵危害与风险评估文献计量分析. 生态学报, 36(20): 6677-6685.

陈兵, 康乐. 2003. 生物入侵及其与全球变化的关系. 生态学杂志, 22(1): 4.

陈建东, 吴新华, 顾忠盈. 2005. 外来生物入侵与防治对策//中国昆虫学会, 中国植物病理学会. 外来有害生物检疫及防除技术学术研讨会论文汇编. 南京: 江苏省昆虫学会.

陈晓娟, 余德才, 边露. 2021. 外来入侵物种红火蚁的危害及防控技术. 四川农业科技, (9): 44-46.

冯馨. 2011. 国际贸易对生物入侵的影响研究. 现代商贸工业, 23(24): 119-120.

冯馨. 2013. 国际贸易视角下生物入侵及其防范问题研究：以松材线虫为例. 物流工程与管理, 35(10): 3.

顾忠盈, 吴新华, 杨光, 等. 2006. 我国外来生物入侵现状及防范对策. 江苏农业科学, (6): 418-421.

郭世学, 李娟娟, 谷青. 2015. 国际贸易及人员流动对生物入侵的影响及防范. 口岸卫生控制, 20(3): 35-37.

郝丽, 吴焜, 程璐, 等. 2007. 广州及其周边地区福寿螺体内广州管圆线虫感染的现状调查. 热带医学杂志, 7(1): 63-65.

胡隐昌, 宋红梅, 牟希东, 等. 2012. 浅议我国外来物种入侵问题及其防治对策. 生物安全学报, 21(4): 6.

加马力丁·吾拉扎汗, 李璇, 文俊, 等. 2022. 豚草和三裂叶豚草的防控研究进展及应对策略. 草食家畜, 5: 51-55.

金毓. 2009. 国际贸易视角下的"生物入侵"研究. 产业与科技论坛, 8(6): 21-22.

李博, 陈家宽. 2002. 生物入侵生态学：成就与挑战. 世界科技研究与发展, 24(2): 26-36.

李明阳, 徐海根. 2005. 生物入侵对物种及遗传资源影响的经济评估. 南京林业大学学报, 29(2): 98-102.

李顺才, 徐兴友, 杜利强, 等. 2005. 中国养殖业中的外来物种入侵现象调查分析. 中国农学通报, 21(6): 156-159.

李玉霞, 尚春琼, 朱珣之. 2019. 入侵植物马缨丹研究进展. 生物安全学报, 28(2): 103-110.

李振宇, 阳宗海. 1998. 水质污染及其控制. 云南环境科学, 18(3): 36-38.

刘蕴哲, 李帅杰, 蔡秀珍. 2019. 外来植物梭鱼草和蒲苇的入侵风险研究. 湖北农业科学, 58(23): 6.

潘绪斌, 王聪, 严进, 等. 2018. 经济全球化与气候变化对生物入侵的影响浅析. 中国植保导刊, 38(4): 65-69.

苏庆义. 2021. 中国对外贸易 20 年成长路. 中国外汇, (23): 12-14.

苏文文. 2020. 浅谈生物入侵的现状及其危害与防治. 农业与技术, 40(10): 3.

万方浩, 侯有朋, 蒋明星. 2015. 入侵生物学. 北京: 科学出版社.
王蝉娟, 宋增福, 鲁仙, 等. 2021. 我国福寿螺入侵现状和防控研究进展. 生物安全学报, 30(3): 178-182.
王朝晖, 陈菊芳, 杨宇峰. 2010. 船舶压舱水引起的有害赤潮藻类生态入侵及其控制管理. 海洋环境科学, 29(6): 4.
王德辉, McNeely J A. 2002. 防治外来入侵物种: 生物多样性与外来入侵物种管理国际研讨会论文集. 北京: 中国环境科学出版社: 5-6.
王丰年. 2005. 外来物种入侵的历史、影响及对策研究. 自然辩证法研究, 21(1): 77-81.
王俊, 吴玮, 陈峰, 等. 2020. 闽北莲田福寿螺防治试验. 现代农业科技, 23: 83-85.
王敏, 上官铁梁, 郭东罡. 2008. 生物入侵危害的指标体系探讨. 中国农学通报, 24(2): 5.
王明玲. 2011. 养殖皱纹盘鲍杂交种对土著群体遗传结构的影响及种间渐渗杂交的遗传分析. 中国海洋大学博士学位论文.
王珊, 刘瑀, 王海霞, 等. 2011. 船舶压载水带来的生物入侵及其解决途径. 中国水产, (9): 3.
王韬钦. 2017. 外来生物入侵对国际农产品贸易的影响. 中国商论, (18): 61-62.
叶建仁. 2019. 松材线虫病在中国的流行现状、防治技术与对策分析. 林业科学, 55(9): 1-10.
余萍, 王红玲. 2008. 外来物种入侵与国际贸易问题的文献综述. 当代经济, (7): 2.
余萍. 2008. 国际贸易途径下的我国外来物种入侵问题研究. 湖北大学硕士学位论文.
张波, 林孝文, 萧卫墀, 等. 2015. 广东林业重要外来有害生物松材线虫入侵的历史考察. 林业世界, 4(3): 8.
张鹏. 2022. 2021 年全球贸易形势分析与 2022 年展望. 中国物价, (2): 3-6.
张小芳. 2018. 中国出入境船舶压载水排放量分析及其高级氧化应急处理技术研究. 大连海事大学博士学位论文.
赵玉涛, 余新晓, 关文彬. 2002. 景观异质性研究评述. 应用生态学报, 13(4): 495-500.
朱水芳, 陈乃忠, 李伟才, 等. 2004. 外来生物入侵及其国境控制体系构想. 植物检疫, 18(1): 32-36.
Blumenthal D. 2005. Interrelated causes of plant invasion. Science, 310(5746): 243-244.
Bradshaw C J, Leroy B, Bellard C, et al. 2016. Massive yet grossly underestimated global costs of invasive insects. Nature Communications, 7(1): 1-8.
Cai L Z, Hwang J S, Dahms H U, et al. 2014. Effect of the invasive bivalve *Mytilopsis sallei* on the macrofaunal fouling community and the environment of Yundang Lagoon, Xiamen, China. Hydrobiologia, 741(1): 101-111.
Chapman D, Purse B V, Roy H E, et al. 2017. Global trade networks determine the distribution of invasive non-native species. Global Ecology & Biogeography, 26(7/8): 907-917.
Cui J. 2005. More than 50 exotic species are invading the regions around the Three Gorges Dam. People's Daily [Beijing].
Ding J, Mack R N, Lu P, et al. 2008. China's booming economy is sparking and accelerating biological invasions. BioScience, 58(4): 317-324.
Dudakova D S, Svetov S A. 2021. Invasion of zebra mussel *Dreissena polymorpha* (Pallas, 1771) in the basin of Lake Ladoga and the biochemical role of the invader. Russian Journal of Biological Invasions, 12(2): 182-191.
Early R, Bradley B, Dukes J, et al. 2016. Global threats from invasive alien species in the twenty-first century and national response capacities. Nature Communication, 7(1): 12485.
Eminniyaz A, Qiu J, Baskin C C, et al. 2017. Biological invasions in desert green-islands and grasslands//Wan F H, Jiang M X, Zhan A B. Biological Invasions and Its Management in China. Dordrecht: Springer: 97-123.
Epanchin-Niell R, McAusland C, Liebhold A, et al. 2021. Biological invasions and international trade: managing a moving target. Review of Environmental Economics and Policy, 15(1): 180-190.
Hierink F, Bolon I, Durso A M, et al. 2020. Forty-four years of global trade in CITES-listed snakes: trends and implications for conservation and public health. Biological Conservation, 248(Part A): 108601.

Hobbs R J, Mooney H A. 1998. Broadening the extinction debate: population deletions and additions in California and Western Australia. Conservation Biology, 12(2): 271-283.

Holway D A. 1999. Competitive mechanisms underlying the displacement of native ants by the invasive Argentine ant. Ecology, 80(1): 218-226.

Hufbauer R A, Torchin M E. 2008. Integrating ecological and evolutionary theory of biological invasions//Nentwig W. Biological Invasions. Berlin, Heidelberg: Springer: 79-96.

Hulme P E. 2009. Trade, transport and trouble: managing invasive species pathways in an era of globalization. Journal of Applied Ecology, 46(1): 10-18.

Hulme P E. 2021. Unwelcome exchange: international trade as a direct and indirect driver of biological invasions worldwide. One Earth, 4(5): 666-679.

Jiang M, Huang Y, Wan F. 2017. Biological invasions in agricultural ecosystems in China//Wan F H, Jiang M X, Zhan A B. Biological Invasions and Its Management in China. Dordrecht: Springer: 21-52.

Jonathan M L, Carla M D. 2003. Forecasting biological invasions with increasing international trade. Conservation Biology, 17(1): 322-326.

Jones B A. 2017. Invasive species impacts on human well-being using the life satisfaction index. Ecological Economics, 134(3): 250-257.

Kaufman W, Kaufman S R. 2013. Invasive Plants: Guide to Identification and the Impacts and Control of Common North American Species. Mechanicsburg: Stackpole Books: 157.

Kovach R P, Muhlfeld C C, Boyer M C, et al. 2015. Dispersal and selection mediate hybridization between a native and invasive species. Proceedings of the Royal Society B: Biological Sciences, 282(1799): 20142454.

Lin W, Zhou G, Cheng X, et al. 2007. Fast economic development accelerates biological invasions in China. PLoS ONE, 2(11): e1208.

Lin Y, Gao Z, Zhan A. 2015. Introduction and use of non-native species for aquaculture in China: status, risks and management solutions. Reviews in Aquaculture, 7(1): 28-58.

Lin Y, Zhan A, Hernandez M R, et al. 2020. Can chlorination of ballast water reduce biological invasions? Journal of Applied Ecology, 57: 331-343.

Lines J. 1995. The effects of climatic and land use changes on the insect vectors of human disease//Harrington R. Insects in a Changing Environment. Florida: Academic Press: 158-175.

Liu X, Blackburn T M, Song T, et al. 2019. Risks of biological invasion on the belt and road. Current Biology, 29(3): 499-505.

Lockwood J L, Welbourne D J, Romagosa C M, et al. 2019. When pets become pests: the role of the exotic pet trade in producing invasive vertebrate animals. Frontiers in Ecology and the Environment, 17(6): 323-330.

Lone P A, Dar J A, Subashree K, et al. 2019. Impact of plant invasion on physical, chemical and biological aspects of ecosystems: a review. Tropical Plant Research, 6(3): 528-544.

Luijters K, van der Zee K I, Otten S. 2008. Cultural diversity in organizations: enhancing identification by valuing differences. International Journal of Intercultural Relations, 32(2): 154-163.

Mazza G, Tricarico E, Genovesi P, et al. 2014. Biological invaders are threats to human health: an overview. Ethology Ecology & Evolution, 26(2-3): 112-129.

McNeil J R. 2002. Biological exchange and biological invasion in world history. Oslo: The 19th International Congress of the Historical Sciences.

Mendonca A, Cunha A, Chakrabarti R. 2012. Natural Resources, Sustainability and Humanity: A Comprehensive View. Springer: Science & Business Media: 92.

Mills E L, Leach J H, Carlton J T, et al. 1993. Exotic species in the great lakes a history of biotic crises and anthropogenic introductions. Journal of Great Lakes Research, 19(1): 1-54.

Paini D R, Sheppard A W, Cook D C, et al. 2016. Global threat to agriculture from invasive species. Proceedings of the National Academy of Sciences of the United States of America, 113(27): 7575-7579.

Peltzer D A, Allen R B, Lovett G M, et al. 2010. Effects of biological invasions on forest carbon sequestration. Global Change Biology, 16(2): 732-746.

Peters G P, Minx J C, Weber C L, et al. 2011. Growth in emission proceedings of the national academy of sciences transfers via international trade from 1990 to 2008. Proceedings of the National Academy of Sciences USA, 108(21): 8903-8908.

Philip E H. 2021. Unwelcome exchange: international trade as a direct and indirect driver of biological invasions worldwide. One Earth, 4(5): 666-679.

Pimentel D, Lach L, Zuniga R, et al. 2020. Environmental and economic costs of non-indigenous species in the United States. Bioscience, 50(1): 53-64.

Reino L, Figueira R, Beja P, et al. 2017. Networks of global bird invasion altered by regional trade ban. Science Advances, 3: e1700783.

Rodrigue J P. 2020. Transportation and geography//Rodrigue J P. The Geography of Transport Systems. London: Routledge: 44-53.

Rugman-Jones P F, Kharrat S, Hoddle M S, et al. 2017. The invasion of tunisia by *Rhynchophorus ferrugineus* (Coleoptera: Curculionidae): Crossing an ocean or crossing a sea? Florida Entomologist, 100(2): 262-265.

Sardain A, Sardain E, Leung B. 2019. Global forecasts of shipping traffic and biological invasions to 2050. Nature Sustainability, 2(4): 274-282.

Savidge J A. 1987. Extinction of an island forest avifauna by an introduced snake. Ecology, 68: 660-668.

Seebens H T M, Blackburn E E, Dyer P, et al. 2017. No saturation in the accumulation of alien species worldwide. Nature Communications, 8(1): 14435.

Seebens H, Essl F, Dawson W, et al. 2015. Global trade will accelerate plant invasions in emerging economies under climate change. Global Change Biology, 21(11): 4128-4140.

Shi J, Macel M, Tielbörger K, et al. 2018. Effects of admixture in native and invasive populations of *Lythrum salicaria*. Biological Invasions, 20(9): 2381-2393.

Tian W T, Liu Y, Wang S Y, et al. 2015. Alien invasive species in Inner Mongolia and their influence on the grassland. Pratacultural Science, 32(11): 1781-1788.

Vitousek P M, D'Antonio C M, Loope L L, et al. 1996. Biological invasions as global environmental changes. American Scientist, 84(5): 468-478.

Vitousek P M, D'Antonio C M, Loope L L, et al. 1997. Introduced species: a significant component of human-caused global change. New Zealand Journal of Ecology, 21(1): 1-16.

Vitousek P M, Walker L R, Whiteaker L D, et al. 1987. Biological invasion by *Myrica faya* alters ecosystem development in Hawaii. Science, 238(4828): 802-804.

Wang J, Huang Z, Zheng C, et al. 1999. Population dynamics and structure of alien species *Mytilopsis sallei* in Fujian, China. Journal of Oceanography in Taiwan Strait, 18(4): 372-377.

Westphal M I, Browne M, MacKinnon K, et al. 2008. The link between international trade and the global distribution of invasive alien species. Biological Invasions, 10(4): 391-398.

Xia Y, Zhao W, Xie Y, et al. 2019. Ecological and economic impacts of exotic fish species on fisheries in the Pearl River basin. Management of Biological Invasions, 10(1): 127.

Xian Z, Qin R, Leng F, et al. 2009. Reasons for damages imposed by *Pomacea canaliculata* (Lamarck) in paddy field and its control strategy in China. Guangxi Agricultural Sciences, 40(8): 1007-1009.

Xu H, Chen K, Ouyang Z Y, et al. 2012. Threat so invasive species for China caused by expanding international trade. Environmental Science and Technology, 46(13): 7063-7064.

Xu Z, Li Y, Chau S N, et al. 2020. Impacts of international trade on global sustainable development. Nature Sustainability, 3(11): 964-971.

Yang T B, Wu Z D, Lun Z R. 2013. The apple snail *Pomacea canaliculata*, a novel vector of the rat lungworm, *Angiostrongylus cantonensis*: its introduction, spread, and control in China. Hawai'i Journal of Medicine & Public Health, 72(6): 23.

Zhan A, Briski E, Bock D, et al. 2015. Ascidians as models for studying invasion success. Marine Biology, 162(12): 2449-2470.

Zhan A, Ni P, Xiong W, et al. 2017. Biological invasions in aquatic ecosystems in China//Wan F H, Jiang M X, Zhan A B. Biological Invasions and Its Management in China. Dordrecht: Springer: 67-96.

第十四章 全球变化与海洋生物入侵

世界上超过 1/3 的人口生活在沿海 100 km 范围内（Reimann et al.，2023）。中国沿海地区约占陆地总面积的 14%，而全国 42%的人口居住于此，其产值超过国内生产总值的 60%。随着人口增长和经济发展，大规模围填海、陆源污染物排海、港口和码头建设、渔业资源过度捕捞、水产养殖活动和海洋生物贸易等人类活动对近海生态系统造成了重要影响，尤其是海洋运输业的发展为海洋生物的远距离传播提供了载体，使得海洋生态系统的结构和功能正面临着越来越大的威胁（Bailey et al.，2020；Early et al.，2016）。

伴随着人类活动，海洋生物入侵随之发生，并随着人类活动增强而日益加剧。海洋入侵生物包括各个生物类群，在大型植物、浮游生物、无脊椎动物、鱼类等生物类群中均有报道。生物入侵包括外来物种的运输、引入和定殖等一系列过程（Bailey et al.，2020；Gibson et al.，2012），即生物在人类活动和载体（vector）的帮助下从其原产地扩散出去的过程。入侵载体是携带物种从原产地（source region）到释放区域（release region）的介质。

在海洋生物入侵过程中，主要包括船舶运输、水产养殖、宠物贸易、运河修建等入侵途径。随着人类活动的增强，人类在海岸建立了大量的建筑物，包括海堤、护岸、防波堤、港口、码头等，这些人工建筑物的构建改变了海岸带景观，促进了海洋生物的扩散（Morris et al.，2019；Bishop et al.，2017；Huang et al.，2015）。在船舶运输这一途径中，压载水和船壳污损是生物入侵的重要途径。在水产养殖实践过程中，有意识地引种和无意引进也为生物入侵提供了传播方式（Mooney et al.，2005；Everett，2000；Geller et al.，1993）。运河等水利工程的建设也会大大促进不同生物地理分区生物的迁移和交流，如苏伊士运河的挖掘就促进了印度洋-太平洋物种向地中海扩散（Galil，2000）。

由人类活动造成的海洋生物入侵已经存在了几千年，如早期人类的迁徙会造成生物入侵，而早期人类活动造成的传播是现在多种海洋生物得以在全球分布的重要影响因素（Carlton and Hodder，1995）。公元前 2000 年波利尼西亚人的祖先和公元前 1500 年腓尼基人的海上探险就带动了生物传播。由于防污损技术的缺陷，早期船只上会有大量的污损附着生物。1502 年，哥伦布在哥斯达黎加航行时，就在航海日志上写道："船上有数量恐怖的船蛆，修复船只成为当务之急"；1579 年，弗朗西斯·德雷克爵士（Sir Francis Drake）的金鹿号（Golden Hind）帆船在西里伯斯岛（现在印度尼西亚苏拉威西岛）就因为船体大量覆盖的藤壶而导致航行受阻。在早期航行中，由于船舶压舱材料被大量使用，其也成为生物入侵的重要载体。例如，压舱石在 19 世纪 80 年代之前被广泛使用，一直是那一时代最重要的压舱材料。有些压舱石上有大量的藻类和无脊椎动物，它们随着船舶航行，促进了欧洲与北美洲之间藻类和无脊椎动物的交流，对于海洋生物的大规模传播起到了重要作用（Brawley et al., 2009）；压舱石的使用对于潮间带滨螺（*Littorina littorea*）从欧洲传播到北美洲的大西洋沿岸也起到了重要的作用（Brawley et al., 2009）。

在全球变化的背景下，海洋生物入侵面临着新的挑战和机遇。气候变化和人类活动改变了海洋生物群落的结构和组成，改变了生态系统的服务与功能（García Molinos et al., 2016; Burrows et al., 2014; Poloczanska et al., 2013）。中国海及其邻近海域是受气候变化影响最大的区域之一，气候变化导致海温升高、海水酸化、海平面上升、潮汐和海流变化、低氧与缺氧（《第一次海洋与气候变化科学评估报告》编制委员会，2019）。气候变化会改变生物栖息地环境，从而促进入侵物种在新的栖息地建立种群，促进物种杂交和基因渐渗，所以在气候变化的影响下，生物入侵速率可能会进一步提高。

未来海洋生物入侵相关研究及管理策略的制定，需要整合多种研究手段，尤其是需要进行入侵生物学和气候变化生物学的整合研究，开发新的研究工具以进行更为系统的研究。其中，提高野外环境和生物的监控强度，促进跨部门、跨区域合作是必要的步骤。此外，构建物种分布模型和风险评估模型，在更大地理范围进行风险评估也至关重要（Hellmann et al., 2008）。但是值得注意的是，海洋生物入侵与气候变化所带来的生态系统影响在时间尺度上会有所不同。相对来说，海洋生物入侵所造成的影响具有急迫性和严重性的特征，而气候变化所带来的问题总体来说是一个更为长期且存在不确定性的效应。因此，这需要更多的整合研究来评估气候变化背景下外来物种入侵的过程、机制和效应，系统深入地评估气候变化对外来物种入侵的影响。

海洋生物入侵是海洋生物多样性的重要威胁之一，并且与人类生活息息相关，因此加强科普、提高公众参与度具有重要意义。其中，提高年轻人的参与度是应对海洋生物入侵的重要手段。例如，Skukan 等（2020）设计了一个带有游戏性质的实验让年轻人参与到识别海洋入侵藻类的活动中，鼓励他们参与到海洋公民科学（marine citizen science）中。经过 3 个月的实践，学生们在研究区域发现了 4 种入侵藻类，大大增强了参与者对于防控海洋生物入侵的意识和使命感（Skukan et al., 2020）。

第一节　气候变化和人类活动与海洋生物入侵现状

一、海洋生物入侵现状

海洋入侵生物覆盖面广，从低等到高等不同生物种类都有报道，如海洋病原性微生物（海洋病毒和海洋细菌等）、海洋浮游藻类（球形棕囊藻）、海洋无脊椎动物[沙筛贝（*Mytilopsis sallei*）、虾夷马粪海胆（*Strongylocentrotus intermedius*）、脉红螺（*Rapana venosa*）、地中海贻贝（*Mytilus galloprovincialis*）和长牡蛎（*Crassostrea gigas*）等]和鱼类如狮子鱼（*Pterois volitans*）等（图 14-1）。据不完全统计，每天通过船舶的压载水舱在世界各地迁移的动植物在 10 000 种以上（Carlton et al., 1999），而通过各种形式运输到世界各地的海水养殖物种和观赏物种也达到几千种。在人类活动的作用下，海洋生物入侵已经成为一个重要的问题，但尚缺乏深入研究（Sorte et al., 2013; Bradley et al., 2012; Diez et al., 2012）。

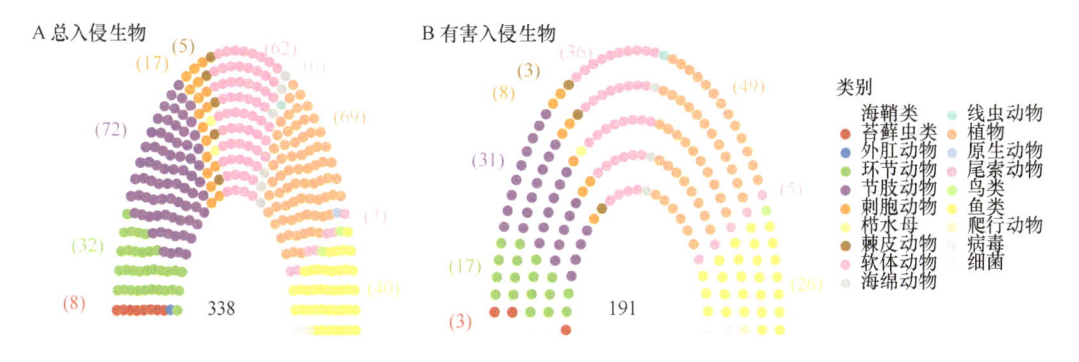

图 14-1　全球总入侵生物类群（A）和全球有害入侵生物类群（B）
括号内数字为主要类群的数目

海洋入侵生物会跨越不同的生物地理界（realm）、生物地理省（province）和生态区域（ecoregion），从而改变原来的生物地理分布格局，影响当地的群落结构，造成严重的生态后果。

沙筛贝是一种扩散能力极强的污损生物，原产于中美洲，1990 年出现在福建厦门，1993 年在福建漳州东山被发现，随后开始在我国南方逐渐扩散开来。沙筛贝大量繁殖，附着在网箱、码头等表面，并且与土著生物竞争空间和饵料，对水产养殖、航运等产业都造成了重要影响（李明阳等，2008）。脉红螺也被列为最不受欢迎的大型入侵海洋贝类。脉红螺原产于日本海、黄渤海和东海，现在它已经入侵到全球各地（ICES，2004），1998 年在美国切萨皮克湾被发现，同时广泛在欧洲和南美洲等地被发现（Harding and Mann，1999），脉红螺主要摄食贻贝等大型底栖生物，对当地生物群落造成了极大的破坏（Carranza et al.，2010）。2006 年淡海栉水母（*Mnemiopsis leidyi*）随着船舶压载水进入波罗的海，其分布区与鳕鱼卵有很大的重合度，淡海栉水母对鳕鱼卵的捕食不仅改变了波罗的海食物链结构，对当地鳕鱼产业也造成了巨大的损失（Haslob et al.，2007）。

狮子鱼（*Pterois volitans*）的入侵已经被认为是最为重要的入侵事件之一（Hixon et al.，2016；Sutherland et al.，2014），是海洋生物入侵的一个典型案例。作为一种极具观赏价值的鱼类，狮子鱼原产于印度洋-太平洋地区，19 世纪末，水族爱好者无意间将狮子鱼引入加勒比海和美国东南海域，在养殖过程中观赏鱼类逃逸会造成生物入侵（Semmens et al.，2004）。目前狮子鱼已经在美国东南沿海、加勒比海和墨西哥湾部分地区建立起了庞大的群体。2000 年，狮子鱼首次在美国北卡罗来纳外海被发现（Whitfield et al.，2002），此后其分布区域迅速扩散，涵盖罗德岛、百慕大群岛、巴哈马、加勒比地区和墨西哥湾等多处区域（Schofield，2010）。入侵生境包括珊瑚礁、硬基质海堤、海草床、红树林、河口和人工基质。

狮子鱼的迅速入侵与其生长速度快、具有毒棘刺，以及颜色多样和本地适应等紧密相关（Albins and Hixon，2013；Hixon et al.，2016）。野外调查发现，即使一些具有很强领域行为的大型鲷科鱼类也很少捕食它们（Kindinger，2015）。狮子鱼还具有多样化的摄食行为，这些特有的摄食行为与本地化的颜色和外形相结合，使得狮子鱼具有很高的捕食率（Cure et al.，2012）。目前对于狮子鱼缺乏有效的控制手段，只能依靠渔业捕捞和潜水员清除。狮子鱼对当地海洋群落具有重要的影响，已经严重缩减了当地珊瑚礁鱼类的种群数量（Albins and Hixon，2013）。狮子鱼食性广泛，其食物包括多种土著鱼类和无脊椎动物的幼体和成体（Morris and Akins，2009），如狮子鱼可以摄食具有重要商业价值的石斑鱼和鲷科鱼类，破坏当地的渔业资源。除了直接捕食所造成的危害，狮子鱼还对珊瑚礁鱼类具有间接影响，会降低鱼类对珊瑚礁的刮食效率（Kindinger and Albins，2017）。

在海洋生物入侵的大环境下，南极和北极等两极生态系统也遭受影响。过去受物理性（如水流和冰盖等）和生理性（如生物的低温耐受能力和特定的生活史）的限制，很多生物无法扩散到两极区域。但是随着气候变化和人类活动在两极区域增加，入侵到两极的生物数量也逐渐增加。根据对未来气候变化情景的预测，南极土著物种及外来物种的适宜栖息地均会增加（Griffiths et al.，2017）。自20世纪60年代以来，南极船的活动增加了5~10倍，尤其是在南极半岛区域（Bender et al.，2016）。气候变化和人类活动会降低物理性及生理性的隔离，促进外来物种向两极地区的入侵，改变该区域生物多样性，进而影响生态系统功能（McCarthy et al.，2019）。但是，目前有关南极外来物种的直接证据还非常有限。据报道，仅有4种外来海洋生物和一种隐源性（cryptogenic）物种被证实入侵到南极和亚南极海区，并在这些地区生活，但是尚未有报道这些物种已成功在当地建立种群。另外有6个物种正在入侵到南极的过程中，具有成为入侵物种的潜力。在北极地区，物种入侵更为普遍，目前已记载有54个入侵事件，带来了34个外来海洋物种（non-native marine species，NNMS）（Chan et al.，2019）。

二、全球变暖与海洋热浪

（一）全球变暖与海洋热浪生态效应

受人类活动的影响，全球海洋温度正在以前所未有的速度升高。基于历史海洋温度重构数据，1958~2017年，全球海洋上层2000 m平均变暖线性速率为（0.55±0.20）×10^{22} J/a，海洋上层2000 m总计变暖了36.7×10^{22} J（1958年与2017年，海洋上层2000 m热含量之差），这相当于全球海洋上层2000 m以上的水体温度在这一期间变暖了0.12℃（《第一次海洋与气候变化科学评估报告》编制委员会，2019）。

全球变暖除包括平均温度的变化外，也加剧了极端事件的发生，其中海洋热浪现象及其所引起的生态效应也越来越引起关注（Frölicher and Laufkötter，2018）。海洋热浪是一种自然的生态现象，在2011年由澳大利亚学者Pearce第一次提出，用于代指海水温度异常升高、影响海洋生态系统的一种高温事件。目前其定性定义为某特定区域持续的异常海水升温的事件，而其定量定义则是基于海洋温度超过一个固定阈值或累积阈值的海洋温度（Oliver et al.，2021）。作为一种气候异常现象，关于海洋热浪的研究如火如荼，主要归因于其对社会、经济和生态的破坏性影响。

海洋热浪最直观的生态影响为生物大面积死亡。由于生物都有一定的热耐受上限，当温度超过其耐受阈值时，会引发其一系列生理反应，甚至死亡。例如，2021年温哥华附近的基茨拉诺海滩（Kitsilano Beach）温度高达51.6℃，海滩贻贝大量死亡。更为糟糕的是，海洋热浪巨大的破坏性可能会导致当地产生深远的、不可逆的影响。2016年澳大利亚大堡礁历经了影响范围长达 2000 km、持续时长达 10 周的热浪事件，异常高温致使澳大利亚西海岸大约有 43%的昆布种群消失（Wernberg，2021；Wernberg et al.，2015）。后续研究发现，当地海藻、无脊椎动物和鱼类的物种分布发生了广泛的变化。海洋热浪降低了当地的初级生产力，改变了当地的生物多样性和生态系统服务功能。目前，由于海洋热浪持续时间和频率的增加，全球年海洋热浪天数已经超过了历史记录（Guo et al.，2022；Oliver et al.，2018）。而随着全球变暖，这一趋势会进一步加剧。以往海洋生态学研究焦点之一为气候变量的平均趋势，但极端事件能够造成生态系统结构和功能的突变，因此海洋热浪已被认为是塑造海洋生态系统的关键因素之一，是今后研究的重心（胡石建和李诗翰，2022）。

（二）全球变暖与海洋热浪对生物入侵的影响

气候变暖是生物分布区变化的重要驱动因子。在气候变暖的背景下，生物分布区向两极逐渐迁移，这是气候变化最重要的效应和后果之一（Thomas et al.，2016；Poloczanska et al.，2013；Harley et al.，2006）。由于一个物种在新的区域出现可能是其分布区扩张的结果（Sorte et al.，2013），一个物种在经历分布区迁移时，其分布区扩散也会受到人类活动的推动。如果在新的分布区，外来物种影响到土著群落结构，改变了生态系统的功能和服务，就造成了生物入侵（Gibson et al.，2012；Webber et al.，2011）。因此，气候变暖与海洋生物入侵紧密相关。

气候变化会影响生物入侵过程的不同阶段，从而促使生物成功入侵到新的栖息地（Hellmann et al.，2008）。首先，气候变化改变环境条件，可能为生物提供适宜的栖息地。研究表明，地中海贻贝随着科学考察船到达南极。虽然目前因为南极温度环境过于严酷，地中海贻贝还没有在南极成功建立种群。但是随着气候变暖，南极温度升高，地中海贻贝未来有可能在南极建立种群（Lee and Chown，2007）。其次，气候变化会影响入侵物种对环境的适应能力，进而会提高生物对环境的耐受能力，提高在新生境中的适应能力，从而在新的区域建立可持续的种群。再次，气候变化会造成土著物种的迁移，来自土著物种的竞争压力会减少，从而促进入侵物种的定居（Byers，2009）。最后，气候变化会促进以往小规模入侵建立稳定种群。如果气候变化提高了原来入侵物种的适应能力或者传播速度，一开始建立的小种群可能在后期迅速扩大，成为成功的入侵者（Rilov et al.，2004）。这表明，气候变化对生物入侵产生一种"时滞效应"。关于时滞效应存在的原因尚不明确，但是和初始种群对环境适应能力的提高有关。气候变化可以使得这些初始种群更快地适应本地环境，寻找到适宜其生长、存活和繁殖的环境条件。

一般认为生物入侵过程分为引入（introduction）、定殖（colonization）、建群（establishment）和扩散（spread）4 个阶段。海洋热浪可能从定殖和扩散两方面对入侵生物有利：首先，海洋热浪通过削弱土著物种的抵抗力和恢复力，降低土著物种的生物量等途径，使得当地生态位出现短暂空缺，较弱的种间竞争给予了那些热耐受能力更强的入侵物种可乘之机，有利于入侵物种定殖；而由于物种具有表型可塑性，在其生活史早期阶段给予一定的热应激会提高物种热耐受上限，通过一代乃至多代的累积可以在遗传进化层面塑造物种在其本土范围内的耐热能力，并赋予其潜在的有利于入侵的性状（Clutton et al.，2021）。

然而，海洋热浪可能会抑制生物入侵过程，研究表明较高的温度和较长的海洋热浪对土著物种和非土著物种均有负面影响，较短的海洋热浪对入侵物种的影响较大，较长的海洋热浪则对土著物种的影响较大（Castro et al.，2021）。

此外，研究表明海洋热浪与生物入侵会产生协同作用，两者相辅相成甚至会重塑当地生态系统。2011年的海洋热浪使得澳大利亚西海岸的海藻大面积死亡，草皮海藻（expansive turf）等会迅速占据海藻森林原有的生态位。海洋热浪导致当地冷水物种数量减少，包括海藻、无脊椎动物和许多暗礁鱼类在内的温水物种数量增加，导致了暗礁群落的整体"热带化"（Wernberg，2021；Wernberg et al.，2015）。外来草食性鱼类的丰度增加进一步使得海藻森林的恢复步履维艰，至今尚未恢复。但由于复杂的生态效应以及种间相互作用，生物入侵有时会削弱海洋热浪的影响。如关于西班牙西北部入侵贻贝（*Xenostrobus securis*）与地中海贻贝的海洋热浪模拟养殖实验发现，单一养殖情景下地中海贻贝较入侵物种对海洋热浪更为敏感，但混养实验发现地中海贻贝较低的死亡率与入侵物种的存在息息相关，入侵物种的存在增强了地中海贻贝的生理性能，使其能够更好地抵御海洋热浪（Olabarria et al.，2016）。

因此，海洋热浪与生物入侵有着正反馈和负反馈影响，综合评估两者影响应充分考虑当地生态系统群落结构与功能、海洋热浪强度与持续时间等特征。

三、海平面上升

（一）海平面上升现状

1901～2018年，全球平均海平面（GMSL）上升约0.20 m，其上升速率为过去3000年的顶峰。自20世纪60年代末以来，全年海平面上升速度加快，1901～1971年的平均速度约为1.3 mm/a，2006～2018年的平均速度约为3.7 mm/a（IPCC，2021），并在未来会持续上升，且呈现不可逆的趋势。在低排放情景模式（SSP1 2.6）下，预估GMSL将在2050年和2100年分别上升0.16～0.25 m和0.33～0.61 m，2080～2100年其平均上升速率为4.3 mm/a。在高排放情景模式下，预估GMSL将在2050年和2100年分别上升0.20～0.30 m和0.63～1.02 m，2080～2100年其平均上升速率为12.2 mm/a（IPCC，2021）。这将导致更为严重的潮汐和风暴潮事件，引发更为强烈的洪水灾害（张通等，2022），淹没低海拔区域，导致海岸带被进一步侵蚀，严重破坏当地生境。

（二）海平面上升对生物入侵的影响

海平面上升对海洋生物入侵的影响主要发生在海岸带区域，会造成潮间带区域向陆地方向转移，使得潮间带生物的存活、生长和繁殖的区域相应改变。有研究表明，流态是水生生物入侵的重要驱动因子，红树林物种入侵的成功率同时与植物性状和河口水流状态有关。例如，水流和地形对于福建漳江口入侵红树——无瓣海桑（*Sonneratia apetala*）的分布具有重要影响。预计到2100年，在RCP4.5情景下，漳江口湿地适合无瓣海桑生存的区域从当前的44%下降到42%；而在RCP8.5情景下，适宜无瓣海桑生存的区域会由于潮汐淹没进一步大大减少（Chen et al.，2020）。

海平面上升对生物入侵还具有间接影响。在气候变化背景下，海平面上升和风暴潮增加使得海岸线人工建筑持续增加，这进一步增加了生物入侵的可能（Airoldi et al.，2005）。

四、海岸带人工建筑

随着海岸带人类活动的增加，为了防止岸线被侵蚀，保障海岸带居住安全和旅游活动，人工建筑在海岸带呈现迅速增加的趋势，甚至会出现大型的人工岛和漂浮城市（Bulleri and Chapman，2010）。人工建筑主要包括防波堤、护岸、港口和码头、浮标、海堤、水下人工礁体、沉船、海洋能平台和海洋石油平台等（Bulleri and Chapman，2010）。在人类活动的影响下，中国60%的海岸线已经变成人工岸线（Williams et al.，2019；Ma et al.，2014）。在美国很多地区（如马里兰州和弗吉尼亚州），超过50%的岸线已经被改变为人工岸线。越来越多欧洲、日本和新加坡的海岸线也变成人工硬基质。在欧洲，有超过22 000 km^{2}的区域已经被人工建筑物覆盖（Dafforn et al.，2015）。在澳大利亚悉尼，大约50%的海滩已经变成了硬基质（Bulleri et al.，2005）。

海岸带人工建筑主要包括两类：一类是固定的人工建筑（图14-2），不会随着水流而变化，如海堤、护岸、防波堤等；另一类是移动的人工建筑（图14-3），会随着水流变化而移动，如船舶等。移动的人工建筑在本节"海洋运输"部分进行介绍，本部分重点介绍固定的人工建筑。固定的人工建筑除具有工程属性外，还会改变水动力、泥沙沉积和底质类型，改变海岸景观，从而影响生物群落结构与功能，对入侵生物种群的成功建立具有重要的作用（Bulleri and Airoldi，2005）。

图14-2 海岸带固定的人工建筑［据Gibson等（2012）重绘］

CD. 防波堤（coastal defence）；AR. 人工礁体（artificial reef）；P. 管道（pipe）；SW. 沉船（shipwreck）；AB. 锚泊浮标（anchored buoy）；MB. 系泊锚块（mooring block）

图14-3 海岸带移动的人工建筑［据Gibson等（2012）重绘］

CS. 商船（commercial ship）；LC. 休闲艇（leisure craft）；FP. 浮式码头（floating pontoon）；FC. 养殖网箱（fish cage）；DB. 漂流浮标（drifting buoy）

(一)海岸带人工建筑现状

随着气候变化,海平面上升,沿海海岸带受到波浪的冲击力逐渐增大,为此在海岸带水域建立了大量的防波堤(coastal defence)、海堤(seawall)和码头(pier)等人工建筑物用于防御波浪的冲击。防波堤作为海岸防御重要的建筑物,通常建立在与岸边平行的位置,能够降低近岸水域波浪力的强度,防御波浪冲蚀岸线,保护港口(port)、港湾(harbor)和游船码头(marina)(Bulleri and Chapman, 2010)。海堤通常建立在岸上与海岸平行,可减少海浪对海岸的冲击,用作防止海岸侵蚀的工具,也是港口和码头的组成部分。码头是海岸带上的基础设施,用于停泊船只,同时也可起到防御波浪冲蚀岸线的作用。海岸带人工建筑物通常会沿着海浪暴露的海岸提供非自然的庇护栖息地,进而影响近岸或者潮间带生物的分布。

为达到岸线防护和栖息地恢复等目的,人工礁体(AR)大量地被放置于近岸海域。关于人工礁体有不同的定义,其中欧洲人工礁体研究网络(European artificial reef research network, EARRN)对人工礁体的定义为:置于海底以模拟自然礁体的人工结构(Baine, 2001)。这些大量投放的人工礁体对于近岸生物的分布和多度会产生重要的影响,从而影响生物入侵。

人类对能源需求的增加,尤其是再生能源的需求持续增加,大大促进了海上可持续能源设施的建设(Dannheim et al., 2020)。海洋可持续能源设施(marine renewable energy device, MRED)包括风力发电机、波浪、潮汐和海洋热能转换装置等(Magagna et al., 2016)。目前,海洋风能发电是主要方式,在 2017 年,全球离岸风电量已达到 19 GW,其中 84%来自欧洲离岸风场(European offshore wind farm)(来自 11 个国家的 92 个风场,4149 个风力发电机),16%来自中国、越南、日本、韩国和美国(WindEurope, 2018)。为了履行《巴黎协定》,海洋风能将会得到持续发展(Pezy et al., 2020)。这些海洋可持续能源设施的建设改变了海洋环境(Lindeboom et al., 2011),对沿海生态产生直接和潜在的间接影响,且这些影响将在风电场建造阶段、使用阶段以及拆除阶段以不同的规模发生(Gill, 2005)。

海上可再生能源的开发在 MRED 的建造、使用或者拆除过程中均可能对当地环境造成重大的物理干扰(Gill, 2005)。这对当地生物群落既有短期也有长期的影响,任何一种影响的大小可能取决于自然干扰的程度以及生物群落的稳定性和恢复力(Gill, 2005)。MRED 对底栖生物的影响包括直接效应和间接效应,并且在其建设阶段、使用阶段,甚至是拆除阶段均会产生影响。这些影响主要包括:①对底质的机械性破坏;②起到人工礁体的作用;③外来能量的输入(如声音等);④渔业资源的消失和替换。在使用过程中,水下噪声、电磁场的发射以及与能量结构的碰撞或躲避,都会对沿海物种产生进一步的潜在影响。

(二)海岸带人工建筑对生物入侵的影响

海岸带人工建筑特殊的新环境为生物入侵提供了新机会。近年来,沿岸人工建筑日益增多,改变了环境基质和水动力条件等,进而产生重要的生态效应(Burrows et al.,

2020；Gibson et al.，2012；Bulleri and Chapman，2010）。例如，海岸带人工礁体效应会通过外来的附着群体迅速建立种群，吸引游泳鱼类和底栖鱼类（Reubens et al.，2014）。风力涡轮机的桩体可以提供不同于自然机制的环境，其上面的附着生物类群也与自然岩礁群体完全不同（Wilhelmsson and Malm，2008），而这种特殊的新环境和新的表面可能为入侵物种提供了机会（Brodin and Andersson，2009）。在南波罗的海和丹麦西海岸邻近海域附近的风力涡轮机上发现日本摇蚊（*Telmatogon japonicus*）的入侵（Brodin and Andersson，2009）。另外，在丹麦 Horns Rev 等区域的风力发电场附近发现日本骷髅虾（*Caprella mutica*）。这些发现表明，沿岸人工建筑可能为入侵生物提供了理想的入侵途径。人工建筑物的出现还会导致水动力的变化，如湍流的存在导致层化消失，营养物质向上层的传输。这些因素改变当地的初级生产力，进而会影响无脊椎动物和鱼类的发育、生理和行为。

人工建筑会改变外来物种的传播和多度，加大生物入侵的风险。人工建筑上的生物群落不同于自然岩石相潮间带群落。此外，在游船码头，人工建筑物广布，特别适合外来物种入侵。例如，在北美地区，90%以上在硬基质海堤上的外来物种出现在游船码头和港口。许多外来物种在其生活史的特定阶段总是与人工建筑有关。人工建筑会成为部分外来生物入侵的廊道或者跳板（stepping stone）。近几十年来，海洋生物的入侵速度加速可能与近岸人工建筑的增加和载体数量的增加有关（Gibson et al.，2012）。

海边人工建筑会增强部分物种的扩散能力。例如，一种滨螺（*L. saxatilis*）在比利时沿岸的扩散与潮间带地区人工护岸修建有关。人工护岸修建在泥滩上提供了硬基质，使滨螺得以附着（Johannesson and Warmoes，1990）。研究发现，澳大利亚藤壶（*Austrominius modestus*）迅速占领荷兰防浪堤（Borsje et al.，2011）；长牡蛎迅速占领意大利东北部的防浪堤和防波堤（Bulleri and Airoldi，2005）。在中国沿岸，海岸带大规模人工建筑的建设促进了潮间带生物分布区的迁移（具体见"案例分析"）（Hu and Dong，2022；Wang et al.，2020；Dong et al.，2016）。

人工建筑的结构与生物入侵紧密相关。人工基质的倾斜度、材料、表面形状、底表面积、用于躲避环境胁迫和捕食者的避难所数量均可以影响生物入侵。人工建筑与泥沙冲刷（sand scouring）、海浪（wave action）、干燥（desiccation）等环境因子相互作用，在人工建筑上形成特定的生物群落（Bulleri and Airoldi，2005）。人工建筑还可以改变环境水动力，制造出浑浊度低、水流慢和泥沙冲刷弱的环境，这会提高外来物种种群的建立和扩散能力（Airoldi et al.，2005；Bulleri and Airoldi，2005）。

人工建筑所带来的间接效应包括改变群落组成。例如，由于离岸风力发电场建设，渔业捕捞活动被迫终止，这会造成欧洲螯龙虾（*Homarus gammarus*）体型明显增大（Roach et al.，2018）。

五、海洋运输

（一）海洋运输现状

航运业是全球贸易的重要环节，承担了全球90%以上货物的运输（Brodie，2013）。

据统计，2007年全球有480 000艘船进行运输。自1990年以来，全球货物运输整体呈现迅速上升的趋势，从1990年到2007年，全球集装箱货运增加了一倍，总数超过了55 000艘。船体大小和载货量大大增加，如2006年下水的"艾玛·马士基"是世界上最大的集装箱船舶之一，船长接近400 m，最大吃水16 m，船宽56.4 m，排水量170 974 t，运载量近15 000个标准集装箱。2020年初，全球共计拥有98 140艘不低于100总吨的商船，总载吨重约为20.62亿t（UNCTAD，2020）。

大多数商业运输船只可以被分为三类：干散货船只（bulk dry carrier）、集装箱船（container ship）和油轮（oil tanker）。这三类商业运输船不仅在外观上有巨大差别，它们在运输模式和传输网络上也存在明显不同。集装箱船通常是沿着固定路线来运输，而干散货船只和油轮航向通常更为灵活多变（Kaluza et al.，2010）。此外，军舰和潜艇是具有重要用途、更为特化的海洋船只。生物附着与船舶类型有关，相对来说，商业运输船只由于经常航行，因此生物附着现象相对较少，而驳船由于经常停靠，因此附着生物丰度要远远高于商业运输船只（Gibson et al.，2012）。

全球海洋运输系统包括太平洋、大西洋、印度洋和地中海4个主要的流通区域。实际的海洋运输通道纷繁复杂，但主要以苏伊士运河、马六甲海峡和巴拿马运河等关键水道形成以赤道为主轴线的运输通道，沟通各海运区域（Hulme，2021），为入侵生物提供了传播途径。

（二）海洋运输对生物入侵的影响

商业船只作为载体（vector），对于外来海洋物种的传播具有极其重要的作用。早期船舶运输导致的生物扩散可能是引起当今许多物种全球性分布的重要原因（Gibson et al.，2012）。

船舶造成生物扩散主要包括船体为生物附着提供了条件和压载水所带来的入侵（Bailey et al.，2020）。Gollasch（2006）研究发现，欧洲22.3%和16.5%的海洋入侵生物分别来自压仓水和船体附着。在北美近岸，大约90%的在硬基质海堤上的外来物种都来自港口和人类活动剧烈的区域（Ruiz and Hewitt，2009）。海洋附着物种还会很快地占据离岸平台，游动的平台会随波逐流，带着附着生物离开其栖息地，甚至会横跨多个生物地理分区（Hopkins and Forrest，2010；Carlton et al.，1999）。

当船舶进入港口时，由于环境的改变，会刺激附着生物繁殖，加剧生物入侵。在港口时，随着货物卸载，船体随之升高，这使得附着生物面临着干露和升温，类似水产养殖中的催产，会导致附着生物迅速繁殖，从而产生大量的幼体（Minchin et al.，2009）。在海湾中，温度升高2℃左右就足以诱导不同的生物类群同步产卵。在这样的情境下，当船只靠港时，附着生物会释放大量的幼体（Apte et al.，2000）。

压载水是海洋生物入侵的另一重要途径。船舶压载水是为了保障航行过程中船体的稳定性，在到达目的地后会被排出，其排放在某种程度上被认为是初始外来生物的引入途径（Bacco，2012；Gollasch and Leppäkoski，2007）。全球每年的船舶压载水携带量约120亿t，每天约有10 000种生物以此方式移动（Carlton et al.，1999；Kuzirian et al.，

2001),引起的入侵物种以浮游生物和微生物为主(谢艳辉等,2022)。20世纪90年代初,在我国大鹏湾发生了卡盾藻赤潮,藻种可能以胞囊形式通过船舶压舱水入侵而来(王朝晖等,2006),此后卡盾藻的入侵范围逐渐扩大到黄海地区(矫晓阳和郭皓,1996)。米氏凯伦藻最早在日本被发现,我国首次米氏凯伦藻赤潮记录于1980年,该物种经由船舶压舱水广泛传播至欧美和澳大利亚等地区(李鲁宁和兰儒,2021)。Hallegraeff 和 Bolch(1992)对澳大利亚18个港口343艘货船的调查结果发现存在大量非土著硅藻和甲藻,其中16艘船舶中发现了有毒甲藻[包括链状亚历山大藻(*Alexandrium catenella*)、塔玛亚历山大藻(*A. tamarense*)和链状褐甲藻(*Gymnodinium catenatum*)],这些有毒藻类可能会造成麻痹性贝类中毒,对水产养殖安全和人类健康造成严重威胁。Carlton 和 Geller(1993)统计,1971~1990年通过船舶压载水进行转移的浮游动物以甲壳类为主,而2011年对我国洋山深水港船舶压载水的研究发现主要浮游动物类群为桡足类幼体(薛俊增等,2011)。国际海事组织(IMO)在2004年通过了《国际船舶压载水和沉积物控制与管理公约》(以下简称《压载水公约》)。按照《压载水公约》规定,所有船舶都应持有《压载水记录簿》和《国际压载水管理证书》。2019年1月22日,我国交通运输部海事局发布的《船舶压载水和沉积物管理监督管理办法(试行)》(以下简称《压载水管理办法》)开始实施,标志着《压载水公约》在我国生效。《压载水管理办法》明确了交通运输部海事局和各级海事管理机构负责全国船舶压载水及其沉积物的监督管理工作,成为指导压载水及其沉积物管理的部门规章,在一定程度上为压载水的管理提供了重要依据,为履约提供了法律支撑。随着相关法规的颁布和完善,与压载水管理相关的立法在我国趋于完善,但在立法、执法和监管等方面均有不足,与《压载水公约》的要求有所差距。

六、海水养殖

(一)养殖生物本身引进

随着市场对高质量水产养殖产品的需求与水产养殖技术的高速发展,越来越多的高经济价值和高产量水产养殖物种被引入全球各地。在满足人类粮食需求并带来巨大社会、经济收益的同时,对生物安全也造成了巨大的挑战。水产养殖引起的入侵物种包括鱼类、贝类、藻类以及相关的饵料生物(如卤虫)和附着于养殖物种的微生物等。

水产养殖物种逃逸是主要入侵途径之一。2001~2009年,约有393万条大西洋鲑(*Salmo salar*)、98万条虹鳟(*Oncorhynchus mykiss*)以及105万条大西洋鳕(*Gadus morhua*)从挪威的养殖场逃离,这些养殖物种的逃离对当地野生种群遗传资源造成了巨大的影响(Jensen et al.,2010)。而在2018年,在智利也发生了大量大西洋鲑逃逸事件(Gomez-Uchida et al.,2018)。Arismendi 等(2009)对智利巴塔哥尼亚湖泊的长期观测调查显示,淡水集约化养殖的鲑科鱼类群体入侵事件导致当地原有鱼类种群数量减少。另一项关于转基因罗非鱼在非洲进行水产养殖的研究结果也证实,非土著的养殖罗非鱼已经逃逸到自然环境中,并与当地野生种群杂交(Anane-Taabeah et al.,2019)。大量的养殖生物逃逸对当地遗传资源、种群结构、食物网造成严重影响，同时养殖物种携带的寄生虫和病原生物也有可能以此途径传播（Bouwmeester et al.，2021；Arechavala-Lopez et al.，2018；Jensen et al.，2010；Weir and Grant，2005）。

有研究通过对13个国家39种不同水产养殖设施、205个室外养殖池塘及实验水池的浮游动物数据进行分析，结果显示，全球有17.9%的养殖设施上记录了非土著的浮游动物类群（Pearson and Duggan，2018）。在美国加利福尼亚州，已报道的与水产养殖相关的非土著物种有126种之多，其中106种已经得到了确认，这些物种大多是无意间被引进的（Grosholz et al.，2015）。

（二）养殖设施

在贝藻延绳养殖和鱼类网箱养殖过程中，需要建设大量的筏架和网箱，这些养殖设施会造成大量的生物附着。生物附着已经成为贝藻和鱼类养殖中重要的问题（Braithwaite and McEvoy，2005）。这些养殖设施可以成为生物附着的新的栖息地，成为海洋外来物种的储备库（Forrest and Atalah，2017）。仙后水母（*Cassiopea andromeda*）已经成功入侵了全球热带和亚热带许多红树林、海草床和河口地区（Morandini et al.，2017；Heins et al.，2015；Stoner et al.，2011）。目前已有研究在巴西东北部沿岸的养殖池塘内发现仙后水母（Thé et al.，2020a）。进一步研究结果显示，养殖池塘内的仙后水母无论在雨季还是旱季，种群都十分稳定，而在邻近的红树林自然环境中，该种群会在雨季消失，并且养殖池塘内的水母个体比自然环境中要大3倍（Thé et al.，2020b）。入侵水母在我国的水产养殖系统中也有发现（Dong et al.，2019），由于养殖设施提供了水螅体附着的人工基质，其在一定程度上成为入侵水母"成长的摇篮"。

（三）养殖过程的物种迁移

在网箱养殖中，多营养层次综合养殖（IMTA）是一种发展前景广阔的养殖模式（Troell et al.，2009），主要通过初级生产者和滤食者来净化养殖生物产生的代谢废物，实现物质循环利用以达到养殖产业可持续发展。尽管这一方法是可持续水产养殖的未来发展模式之一，但是同样也会带来外来生物，包括二手养殖设备上的附着生物会造成生物的跨养殖场甚至跨区域的传播。江蓠是一种具有广泛价值的经济藻类，可以作为食物、药物，以及提取琼脂、制作饲料等。在IMTA中，江蓠也是一种被广泛利用的"生物过滤器"，在鱼类、贝类养殖中经常被结合使用（Fang et al.，2016；Barrington et al.，2009）。然而，该物种已经成为北半球重要的海洋入侵物种（Krueger-Hadfield et al.，2016；Kim et al.，2010），广泛分布于欧洲、北美洲以及非洲西北部（Krueger-Hadfield et al.，2017），其主要入侵途径可能包括（但不仅限于）IMTA引入或伴随其他养殖产品运输等。此外在我国大连海域发现的舌状酸藻（*Desmarestia ligulata*）便是通过日本的裙带菜苗绳入侵的（赵淑江等，2005）。

（四）养殖加工过程

水产养殖鱼类和贝类自身常携带有微生物、藻类或者附着的其他藤壶等，在运输过程中或清洗加工过程中可能会导致生物入侵。有研究表明使用贝类表面清理设备，清洗附着生物，可能成为海洋生物入侵的重要来源之一（Gibson et al.，2012）。

第二节　气候变化和人类活动影响下海洋生物入侵的过程与机制

人类活动造成的气候变化会带来气候变暖、海洋酸化和海平面上升等。气候变化影响了物种分布，改变了物候季，以及物种之间的相互作用。气候变化所带来的环境变化不仅直接影响土著物种（native species）和外来物种的扩散、生长、繁殖等，还间接影响土著物种与外来物种的相互关系，如竞争、捕食、共生和寄生等。海洋生物入侵包括自然扩散、人为引入（无意引入和有意引入）等多种途径，造成外来物种入侵到以前未到达的区域，成为入侵物种。在海洋环境中，气候变化与生物入侵具有多重相互作用。气候驱动的变化可能会通过改变海流模式影响局域扩散机制（local dispersal mechanism）和入侵物种与土著物种之间的竞争。生物在不同地理纬度的扩散、物种丰富度和灭绝与环境变化紧密相关，生物入侵可能会引起多重的生态系统功能的响应，如物质循环、初级生产、有机物分解、营养级结构等。在地中海地区，近期大量的物种被引入，有些物种形成了数量庞大的群体。人类活动（包括物理干扰、沉积增加、富营养化和捕捞）、非生物因素（如基质复杂性和水流）和生物因素（水生植被、海藻草皮、其他外来物种和食草植物）均会影响外来藻类 *Caulerpa cylindracea* 在地中海的出现（Chan and Briski，2017；Piazzi et al.，2016）。

气候变化会影响生物入侵的各个过程（图 14-4）。首先，一个物种要穿过主要的地理隔离到新的区域。一个物种在传播阶段穿越生物地理隔离的能力与繁殖体（propagule）

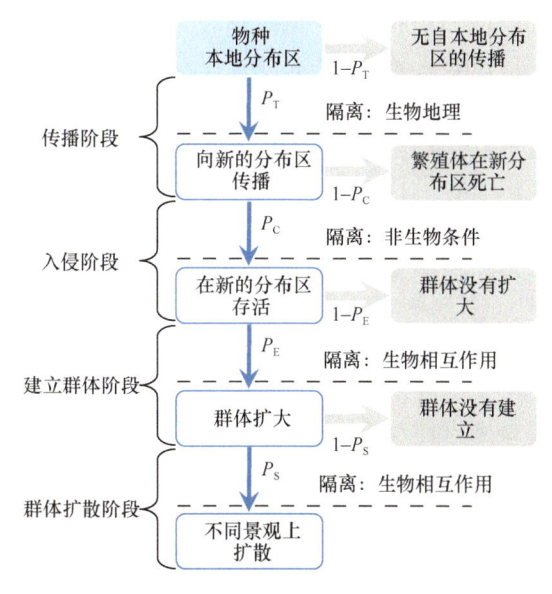

图 14-4　物种入侵的概念模型（Hellmann et al.，2008）

P_i（P_T、P_C、P_E、P_S）表示在 4 个不同阶段入侵的概率。箭头表示可能受气候变化影响的关键传播过程

从一个地点到另外一个地点的速率有关。其次，入侵物种耐受入侵的环境，并存活下来。再次，入侵物种必须获得至关重要的资源，与土著自然天敌（native enemy）共存，甚至在新的地点形成共生关系。入侵物种会成为优势群体，从而对土著群落产生更大的生态效应。最后，入侵物种会扩散，在新的地点所有的景观成功建立种群。在新的地点，种群的出现依赖于种群的成功建立，能存活斑块（patch）的连通性以及扩散模式。一个物种的扩散依赖于许多系统特异性（system specific）因子和物种特异性因子，这使得很难形成一般性结论。然而，在陆地生态系统中，干扰廊道（disturbance corridors）的出现具有重要的作用。土地利用变化、水动力干扰和水质在水生生态系统中具有重要意义（Schreiber et al., 2003）。由于入侵物种整体的影响部分是由入侵的区域决定的，因此影响入侵物种跨越不同景观的因子也能够影响其生态效应（Parker et al., 1999）。

遗传和基因组学的发展为深入分析生物入侵提供了新的手段。基因渐渗和杂交可以从全基因组水平上来确定基因组上变化最快的区域。基因组标记可以更为准确地追踪入侵生物的地理起源。新的基因组学方法为入侵生物学研究提供了新的视角，如遗传变异、土著适应和气候预适应。其中，宏DNA条形码和宏基因组测序是监测气候变化下生物入侵的有效方法。这些工具也为管理者提供了更有效的方法来区分潜在的风险，以增强对生态效应的监测与评估（Rius et al., 2015；Cowan et al., 2011）。同时，越来越多的科学家不仅致力于监测环境变化，而且致力于预测未来变化，以及发现有效的途径减缓和应对环境变化（Occhipinti-Ambrogi, 2007）。

在生物入侵研究中，我们常常忽视的是研究中的不确定性。大量研究表明，入侵生物学研究具有大量不确定性，主要包括：①入侵生物状况中的不确定性；②入侵生物名录中的不确定性；③入侵生物途径评估中的不确定性；④效应和风险评估中的不确定性；⑤野外调查中的不确定性；⑥分布模型中的不确定性。如果忽视这些不确定性，会造成很多研究结果不可信，也会限制政策制定者和管理人员的使用。生物入侵及其生态效应深受公众关注。如果公众发现科学家为了能获得更多的注意而夸大他们的研究，或者不重视他们研究的不确定性，他们会对入侵生物学研究的成果失去信心。为了进一步促进入侵生物学的发展，我们需要：①在入侵生物学各层次适当评估其不确定性；②致力于开发和改进方法及工具以进行不确定性分析；③在科学成果和技术报告中如实汇报不确定性及其效应（Katsanevakis and Moustakas, 2018）。

一、气候变化和人类活动对海洋生物扩散与种群连通性的影响

气候通常被认为是外来物种入侵的重要隔离因子，严酷的气候保护着南极大陆不受外来生物入侵的影响。物种分布模型分析发现：在气候变化的影响下，这一隔离在南大洋岛屿已经逐渐失去了作用。对外来物种来说，现存的气候隔离受气候变化的影响在减弱。这一研究不仅阐明物种分布模型在这一研究中的价值，而且表明这种方法可以用来在大尺度上分析入侵途径和地点（Duffy et al., 2017）。

海洋生物由于其生活在广阔而复杂的流体环境中，通常被认为不同地理种群以及种群内部个体之间具有较强的种群连通性（population connectivity）（Cowen and Sponaugle，2009）。例如，具有浮游幼体生活史阶段的底栖生物，以及幼体和/或成体可游动的生物，在流动水体的驱动力下可在不同地理种群间进行交流，促进种群间的连通性。然而，受历史事件、水文条件等的影响，海洋中存在很多天然的生物地理屏障，影响生物的分布。通过整合分析地貌特征、水文条件、生物组成等信息，Spalding 等（2007）将世界近海区域分为 62 个海洋生态省。对于分布范围较广的海洋生物来讲，不同地理种群间地理隔离的存在，阻碍了种群间的连通性（Levin，2006）。由于扩散能力不同，很多物种在不同地理种群间的交流程度不同，最终呈现出不同的地理分布格局（Hu and Dong，2022）。对于很多潮间带海洋生物，扩散阶段主要是在幼虫期，扩散后的附着、变态以及种群的成功建立均决定着种群是否能够扩散成功。影响幼虫扩散的因素包括生物、物理以及生物物理等方面的因素。生物因素包括影响后代生产、生长、发育和生存的过程；物理因素指水循环的平流和扩散特性；生物物理因素指某些幼虫性状（如垂直游动行为）与不同尺度环境的物理特性之间的相互作用（Cowen and Sponaugle，2009）。合适的附着基质、基质复杂度和表面生物膜、种间竞争、温度等因素影响幼虫扩散后的附着变态和种群的成功建立（Hu and Dong，2022；Sedano et al.，2020；Cowen and Sponaugle，2009）。

在气候变化和人类活动影响下，很多海洋生物的分布正在发生变化（Wang et al.，2020；Nowakowski et al.，2018；Serrano et al.，2013），改变了原有种群间的连通性（Hu and Dong，2022）。地中海贻贝是全世界最严重的 100 种入侵物种之一，在 20 世纪初随压舱水从地中海沿岸入侵到世界各地。由于不同入侵地与原始分布区气候条件差异显著，地中海贻贝入侵区种群与原始分布区间已经发生明显的遗传分化，且研究发现种群间的遗传分化与水温有显著的相关性。环境差异和进化适应的相互作用使得地中海贻贝迅速适应新的栖息地环境并成功建立种群（Han et al.，2020）。中国沿海潮间带贝类的分布受气候变暖和人类活动构建的硬基质结构的影响，很多南方物种或种群突破原有的长江口的隔离出现向北迁移的趋势，促进了南北物种或种群间的交流（Hu and Dong，2022；Wang et al.，2020）。

二、海洋生物入侵中的跳板作用与避难所效应

海洋外来物种跨过原有的生物地理隔离入侵至新的栖息环境通常与气候变化和人类活动有关（Gibson et al.，2012）。由于海岸线上人口的增加，各种类型的人工建筑在沿海地区急剧增加，用于保护商业、住宅和旅游活动免受海平面上升和风暴频率增加的侵蚀。这些海岸带人工建筑为生物扩散提供了"跳板"（stepping stone）（Gibson et al.，2012），增加了距离隔离和生物地理隔离种群之间的连通性，促进了其生物分布区的扩大。在澳大利亚塔斯马尼亚岛，入侵的海鞘（*Didemnum vexillum*）在码头的混凝土板下面被发现（Lambert，2009）。在比利时，在码头上发现了大量长牡蛎（Kerckhof et al.，2007）。在中国沿岸，大量修建的海岸带人工建筑也为潮间带

生物跨越长江口生物地理隔离提供了跳板（Hu and Dong，2022；Wang et al.，2020）（具体见"案例分析"）。

入侵物种扩散至新的栖息环境后能否适应当地的环境，是其能否建立种群、入侵成功的关键。越来越多研究表明，复杂的环境可以为生物提供更多样化的栖息地（Dong et al.，2017；Sinclair et al.，2016）。环境的复杂性在生物入侵过程中可以起到避难所的作用，并且可以缓冲入侵物种与土著物种之间的竞争（Gehrels et al.，2016）。气候变暖背景下，小尺度微生境为生物提供应对极端高温的"温和"环境，这不仅可以为生物的生长和存活提供避难所（Li et al.，2021），还可以成为遗传上的避难所（Han et al.，2020）。与自然栖息地相比，人工建筑往往结构复杂性较低（Morris et al.，2019；Bishop et al.，2017），从而影响土著物种的生长和存活，这反而会有利于传播能力强、环境耐受性高的外来物种成功建立种群。因此，融合工程需求和生态需求的"绿色海岸"成为当前的趋势（Morris et al.，2018）。

三、海洋生物入侵中的生理生化机制

外来物种与土著物种之间生理耐受能力的不同，说明生理耐受能力可以成为入侵过程中的一个性状（Hammann et al.，2016）。对经过同质园（common garden）驯化后的真江蓠（*Gracilaria vermiculophylla*）进行高温刺激，入侵种群（德国基尔）比土著种群（中国青岛）具有更高的温度耐受能力（Hammann et al.，2016）。同样，两个来源不同（一个是来自亚喀巴湾的种群，其在上次冰期后入侵到红海；另外一个种群是从东地中海入侵的红海种群）的有孔虫（*Amphistegina lobifera*）具有不同的温度抗性（Schmidt et al.，2016）。同种不同性别和生长阶段生理耐受能力的差异也有所差异，这也会影响入侵是否成功。Pennoyer 等（2016）报道，在低盐条件下，来自美国缅因的欧洲青蟹（*Carcinus maenas*）在其绿色阶段要比红色阶段耐受能力更强，雌蟹要比雄蟹的耐受能力更强。

土著物种与入侵物种在生理生化方面适应的不同也是影响其分布格局的重要因素。地中海贻贝（*M. galloprovincialis*）作为一个入侵物种，在美国西海岸加利福尼亚沿岸挤占蓝贻贝（*M. trossulus*）的空间。种间竞争，以及物种间对温度和盐度耐受能力的差异有利于入侵物种。总的来说，*M. galloprovincialis* 比 *M. trossulus* 更耐高温。ATP 生产相关酶的活性表明，土著物种 *M. trossulus* 更适应较冷的环境。但是，在两个物种共存的区域，*M. trossulus* 更高的代谢率可能会造成其更高的代谢消耗。此外，与 *M. galloprovincialis* 比起来，*M. trossulus* 具有更低的心脏高温耐受能力和酶-底物结合能力。*M. galloprovincialis* 更高的耐受能力可能与部分基因和蛋白质对急性热刺激的特异性表达有关。总的来说，这些数据表明，*M. galloprovincialis* 由于具有更高的耐高温能力，将会在美国加利福尼亚州扩大分布区域（Lockwood and Somero，2011）。

第三节 气候变化和人类活动影响下海洋生物入侵的后果

在本章中,虽然气候变化会造成土著物种分布区扩张,但如果没有造成明显的经济和社会损失,就不被定义为入侵物种。总的来说,入侵物种定义为:近期引入的生物,并对土著生物区系、经济价值或者人类健康具有负面影响(Lodge et al.,2006)。

Hellmann 等(2008)根据入侵途径(invasive pathway)来确认气候变化给入侵物种带来的 5 个后果(consequence),主要包括:①运输和入侵机制的改变(altered transport and introduction mechanism),由于原产地和目标区域之间新的运输途径,或者运输能力的增加,繁殖体压力(propagule pressure)能够增加,或者在运输过程中繁殖体的存活率增加。对前者来说,气候变化会连接以前分离的两个地理区域;对后者来说,气候变化能够影响与运输事件相关的生物过程。②新入侵物种的建立(establishment of new invasive species),由于气候变化,一些外来物种可以克服历史上的气候制约,在新的区域建立稳定种群,促进物种入侵。同时气候变化可以改变种间相互作用,入侵物种可能会与土著物种产生共生关系,促进了物种入侵。入侵物种由于对环境具有更强的适应能力,从而更能适应环境的变化。③现存入侵物种分布和效应的变化(altered distribution and impact of existing invasive species),随着气候变化,原来制约入侵生物分布的因子会减弱,入侵生物会进一步改变分布区域及其生态效应。④现存入侵物种分布区的改变(altered distribution of existing invasive species),随着入侵物种密度的变化,其生态效应也随之发生变化。⑤控制措施效率的改变(altered effectiveness of control strategy),随着气候变化,原有的对入侵物种的控制措施,如机械控制、化学控制和生物控制的效果发生变化,改变了控制措施的效率(Hellmann et al.,2008)。

一、气候变化和人类活动影响下海洋生物入侵的生态效应

生物入侵会带来广泛的生态效应,包括导致土著物种密度下降甚至消失,导致生物地理分布格局发生变化,改变群落结构,影响生态系统功能和服务,提高病毒和病原体的传播能力,对自然资源和生态系统服务产生巨大的损害(Chan and Briski,2017;Simberloff et al.,2013)。

虽然生物入侵会带来广泛而真实的生态效应,但是这些生态效应往往难以进行评估,也具有很大的不确定性。尤其是不同的利益相关者可能对于生物入侵是"有益的"还是"有害的"持有不同的观点,这在水产生物的引进中尤其明显(Simberloff et al.,2013)。例如,日本囊对虾(*Marsupenaeus japonicus*)原来分布于红海,在苏伊士运河建成通航以后,其分布区扩散到了地中海。这一物种的入侵导致了当地欧洲沟对虾(*Melicertus kerathurus*)的消失,所以野生动物环保主义者认为这是"有害"生物入侵的典范(Galil,2007)。

(一) 海洋生物地理分布格局的变化

在气候变暖和人类活动背景下,很多海洋生物的分布边界逐渐向两极迁移,生物的地理分布格局发生了显著的改变。气候变暖和人工基质促进了隐珊瑚(*Oculina patagonica*)在西地中海迅速地向北扩散,其向北扩张的速度是迄今为止最快的(22 km/a),这足以应对气候变暖的速度(Serrano et al., 2013)。在中国沿海,气候变暖和人类活动同样也影响了物种的地理分布格局,两种南方种,即齿纹蜒螺(*Nerita yoldii*)和熊本牡蛎(*Crassostrea sikamea*)在近十几年间也发生了分布北界北移现象(见具体案例分析)。

亚洲的桡足类生物 *Oithona davisae* 是典型的沿海和河口区物种,在 2003 年之前地中海地区并未被记录,入侵地中海地区后,较土著物种 *O. nana* 具有更强的竞争优势,迅速成为数量最多的桡足类物种(Zagami et al., 2018)。长牡蛎是一种广泛存在的双壳类物种,已经从东亚地区扩散到 50 多个国家。随着气候的变暖,在斯堪的纳维亚半岛的北部已经可以找到野生种群(King et al., 2021)。尽管尚未有明确的实验数据,但长牡蛎的入侵可能会对原有栖息地和群落造成深远影响(Herbert et al., 2016)。

(二) 有害海洋生物暴发

赤潮是我国沿海普遍发生的现象。过去我国的主要赤潮藻类为夜光藻、束毛藻、中肋骨条藻、褐甲藻等。近年来,许多新记录的赤潮藻类逐渐增多(梁松等,2000)。研究数据统计显示,我国近海海域在 2004~2013 年累计发生赤潮 811 次,其中入侵物种引发或协同引发赤潮 48 次,在东海海域暴发的入侵物种赤潮频率最高,主要的入侵赤潮生物有 16 种之多,包括链状亚历山大藻、塔玛亚历山大藻、股状亚历山大藻、强壮前沟藻、克氏前沟藻、倒卵形鳍藻、渐尖鳍藻、尖锐鳍藻、具尾鳍藻、圆形鳍藻、短裸甲藻、长崎裸甲藻、血红裸甲藻、利马原甲藻、微型原甲藻和塔马拉原膝沟藻(王洪超等,2014)。

互花米草是典型的海洋入侵植物。通过遥感数据分析发现,1999~2018 年福建地区互花米草面积增加了 2647.81 hm^2,分布范围逐渐向南扩张,并在福建南部海域与红树林群落形成竞争(潘卫华等,2020)。互花米草入侵打破了我国长江口盐沼植物群落的原有格局,改变了原有的群落演替序列,该物种在高潮滩的强竞争力和低潮滩的强耐受力是其影响长江口盐沼植物群落分布与动态的主要原因(王卿,2007)。此外,互花米草的入侵改变了我国滨海湿地昆虫的多样性,在互花米草区和芦苇区昆虫弱化了纬度和季节波动对昆虫群落结构的影响(葛应强,2020)。

(三) 海洋群落结构与功能变化

生物入侵研究的重点逐渐从种群水平,转移到更高的组织群落和生态系统的层次上。研究表明,在群落中,包括食草动物、捕食者和分解者的引入会通过营养级的传递和改变元素循环,从而改变群落结构和生态系统特征(Galil, 2007)。这些变化会造成种群暴发,渔业资源崩溃,生态系统服务功能变化(McCarthy et al., 2019)。例如,近些年来，互花米草在黄河三角洲迅速蔓延，给入侵区沉积物理化性质带来了不同程度的影响，改变了大型底栖动物群落及底栖生物食物网结构。随着入侵年限增加，黄河三角洲区域会逐渐形成单一的互花米草群落，大型底栖动物的食源可能会由多有机碳来源逐渐转变为单一有机碳来源，严重威胁到本地区的生物多样性及生态系统的稳定性，对生态系统的稳定性产生不可逆的影响（姜少玉，2021）。

二、海洋生物入侵对滨海产业的影响

（一）对水产养殖业和捕捞业的影响

入侵生物（污损生物）附着在养殖生物上，除了会增加多余的处理步骤，在养殖生物身体和养殖设施上附着的污损生物会增加养殖设施的重量，造成养殖设施下沉（Laing and Spencer，2006）。由于食物竞争和空间竞争，以及对水循环的影响，附着生物能够降低养殖生物的生长率（Rayssac et al.，2010）。

海藻养殖设施通常不会容纳大量的非目标性的海洋外来物种。然而，中国坛紫菜养殖区域扩散到黄海，在当地出现了大量的紫菜专用养殖设施。这些紫菜养殖设施会保存大量浒苔（*Ulva prolifera*）孢子，这可能与黄海大规模暴发的绿潮有关（Keesing et al.，2011），这表明了近岸生态系统的复杂性，带来了负面的经济和生态后果（具体见"案例分析"）。

在养殖网箱上的污损生物，还会危害养殖设施。例如，大量的附着生物（如贻贝、牡蛎、大型藻类和藤壶等）会造成养殖网箱网口收缩、网箱体积缩小、网眼堵塞等。如果对网箱进行处理（如铜防腐处理），会大大减少污损生物的附着（Braithwaite et al.，2007）。

水母大量繁殖同样对水产养殖系统造成严重影响。在欧洲，两种水母 *Aurelia aurita* 和 *Pelagia noctiluca* 会导致养殖鲑鱼死亡（Purcell et al.，2013；Doyle et al.，2008；Mitchell et al.，2011）。在地中海地区的养殖系统内也发现 *Pelagia noctiluca* 导致养殖的欧洲鲈（*Dicentrarchus labrax*）死亡（Baxter et al.，2011）。水母的暴发通过影响养殖系统的安全导致社会经济问题（Purcell et al.，2013）。

（二）对滨海电厂安全的影响

滨海电厂依赖于循环冷却水维持设备的运转，而海洋生物的入侵和暴发会对电厂运转和产业安全造成重大影响（刘亚伟等，2021）。常见的生物有海地瓜、贝类、海藻以及水母等（邢晓峰等，2021）。国内外核电站海洋生物暴发或异物堵塞取水口的事件时有发生。据统计，在1980～2015年世界范围的核电站受海洋生物堵塞影响的事件中，一半以上来自水母。在美国、澳大利亚、法国、韩国、日本、英国等许多国家，因海洋生物堵塞核电站取水口事件频繁发生（韩瑞等，2018）。在我国，2014年7月大量水母涌入红沿河核电厂2号机组循环水过滤系统的取水口，导致鼓网的压差升高，循环水泵跳闸，核反应堆自动停堆。2015年8月，宁德核电厂3号机组因大量海地瓜堵塞取水口，引发循环水泵跳闸，导致核反应堆紧急停堆。在2016年，岭澳核电厂2号机组也因大量毛虾堵塞导致设备异常，反应堆紧急停堆（叶立强和邱品达，2019）。海洋生物暴发会严重影响滨海电厂的安全性，造成社会经济损失（韩瑞等，2018）。

（三）对滨海旅游业的影响

我国具有漫长的海岸线，滨海旅游资源丰富，具有十分可观的发展前景。随着经济的发展，滨海旅游业已经成为我国旅游业的重要组成部分，在海洋经济发展中发挥重要作用。然而滨海旅游业严重依赖自然环境和气候条件（Amelung et al.，2007）。全球温度升高、海平面上升以及极端气候事件等会严重影响滨海旅游业的维持与发展（翁毅和朱竑，2011）。这其中就包括红树林等滨海自然景观退化（Mathivha et al.，2017）、海滩侵蚀（蔡锋等，2008）、有害藻类暴发（刘佳等，2017）等。而生物入侵带来的一系列影响则可能在一定程度上阻碍滨海旅游业的发展。地中海是著名的海滨度假胜地，同时遭受重大的海洋生物入侵困扰。地中海通过苏伊士运河与红海相连，已发现的红海入侵多细胞生物超过400种，其中就包括诸多有毒的鱼类（如 *Siganus rivulatus*）和水母（如 *Rhopilema nomadica*）等。这些入侵生物引起了大量的中毒事件，对滨海旅游业以及其他产业造成困扰（Bédry et al.，2021）。在我国，米氏凯伦藻等暴发产生的有毒赤潮（康建华等，2022）以及黄渤海地区的外源性浒苔暴发（刘佳等，2022）都在一定程度上影响了当地产业。

第四节 案 例 分 析

一、黄海大型藻类暴发

近几十年来，全球沿海水域经常发生由某些藻类无限制增殖引发的有害藻华事件（harmful algal bloom，HAB）（Smetacek and Zingone，2013），导致其所处水域发生大规模水产品死亡、毒素污染等生物安全问题，严重掣肘了其沿岸海域的生态环境保护和社会经济发展。频发的有害藻华事件已成为全球性的海洋生态问题（GEOHAB，2010）。其中，黄海绿潮的发生频率之快、规模之大、漂移范围之远在我国最为突出。近15年内我国黄海海域连年发生，其影响范围可达 580 000 km^2，藻类生物量达几百万吨鲜重，严重破坏了沿岸海域水产养殖业和旅游业的发展，仅2009年损失可达6.4亿元（于仁成和刘东艳，2016）。

种源是藻类暴发的首要前提。历经10多年的研究，黄海绿潮的形成机理逐渐被揭示（Zhang et al.，2019）。基于分子识别等多种途径，浒苔被认为是历年黄海绿潮的唯一优势种（Zhao et al.，2015，2013）。不同于传统的定生浒苔，在基因型、形态、生理以及生态位上存在差异的独特的"漂浮生态型"（floating ecotype）浒苔被认为是黄海绿潮藻类的主体，借助长距离漂流的特性成为其他沿海地区的外来物种。因此黄海绿潮也被认为是一种持续发生的藻类入侵现象（Zhao et al.，2018）。

根据卫星遥感等技术对黄海绿潮进行溯源，结果发现，这种漂浮性浒苔最早出现于苏北浅滩的紫菜产区（Xing et al.，2015；Zhou et al.，2015；Liu et al.，2013）。当地海域具有高浊度、水体富营养化和强扰动潮流等独特的环境特征，可以抑制浮游植物的生长，却有助于漂浮性浒苔的快速生长（于仁成等，2020；姜鹏和赵瑾，2018）。漂浮性浒苔早期生活史营附着生活，后期则始终漂浮在海水表面上。而紫菜养殖中使用的筏架则为这种漂浮性浒苔早期生长发育提供了合适的附着基质。因此，筏架养殖可能为黄海绿潮的暴发推波助澜。

二、潮间带底栖生物分布变化

扬子三角洲区域是我国经济发展最快、人口最为密集的地区之一。为了应对大规模围填海的需求以及海岸侵蚀、海平面上升、风暴等威胁，该区域修建大量硬基质海堤。这些硬基质海堤改变了原本的淤泥底质条件和景观结构，为岩相潮间带生物提供了合适的附着基质和栖息环境。在全球变暖等多重因子的推动下，硬基质海堤成为岩相潮间带生物分布区向北扩张的"跳板"，改变了我国岩相潮间带大型底栖生物的地理格局。群落水平的分析发现，江苏中部采样点物种组成逐渐南方化（图14-5），以长江口为界的生物地理隔离（YREBB）逐渐弱化，在33°N~34°N附近逐渐形成一个新的生物地理隔离——苏北生物地理隔离（SBB）（Hu and Dong，2022；Wang et al.，2020）。

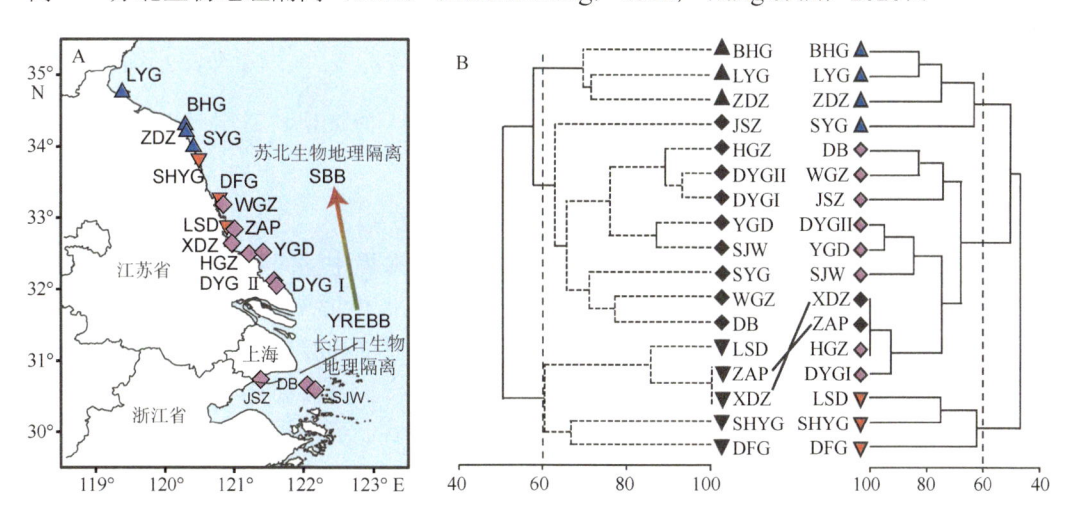

图14-5 中国沿海潮间带贝类生物地理分布格局和群落结构的变化

（A）参考 Wang et al., 2020；（B）参考 Hu and Dong, 2022。地点简写：LYG. 连云港；BHG. 滨海港；ZDZ. 振东闸；SYG. 双洋港；SHYG. 射阳港；DFG. 大丰港；WGZ. 王港闸；LSD. 梁垛河南闸；ZAP. 中安棚；XDZ. 新东镇；HGZ. 环港镇；YGD. 阳光岛；DYGI. 大洋港 I 期；DYGII. 大洋港 II 期；DB. 东海大桥；JSZ. 金山嘴；SJW. 沈家湾

（一）齿纹蜒螺和熊本牡蛎分布区的北移

齿纹蜒螺和熊本牡蛎是两个南方物种，前期研究记录两种在中国沿海的分布北界位于江苏省南通市蛎岈山牡蛎礁。生态调查发现，齿纹蜒螺自2013年至2017年完成了分布北界向北的逐步扩张，2017年齿纹蜒螺突破33°N到达王港闸（WGZ）（图14-6）。调查过程中，齿纹蜒螺的分布区向北扩张近100 km。熊本牡蛎的分布北界自2013年开始就已扩张至双洋港（SYG，约34°N）（图14-6），并成为双洋港以南硬基质海堤上的优势种。在气候变化和人类活动影响下，两个南方物种的分布北界从30°N向北扩张至33°N~34°N

的苏北生物地理隔离位置（Hu and Dong，2022；Wang et al.，2020），其中硬基质海堤为潮间带生物提供了合适的附着基质，起到了重要的"跳板"作用（Wang et al.，2018，2020）。

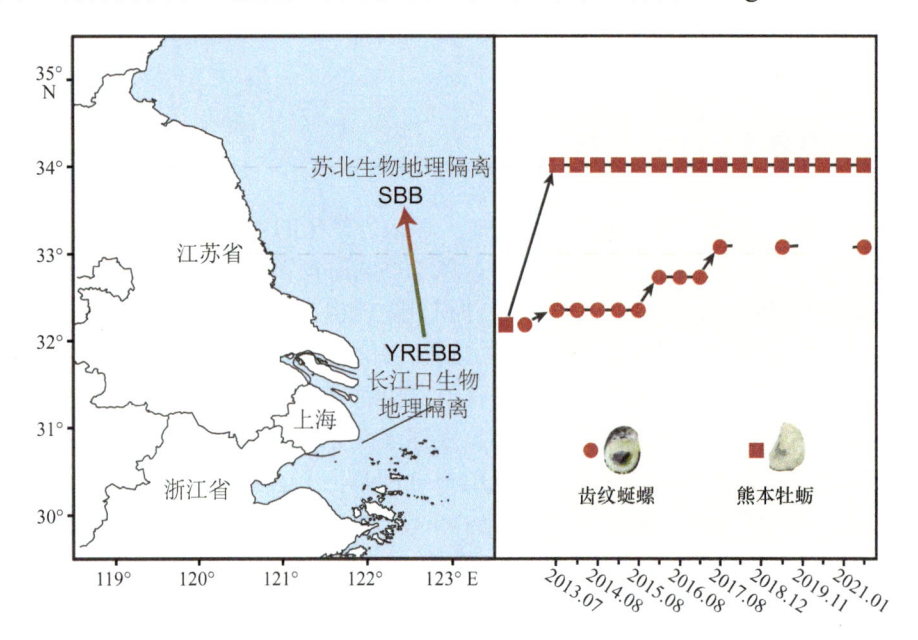

图 14-6　齿纹蜒螺和熊本牡蛎分布北界的变化

（二）白脊管藤壶分布区的扩张

白脊管藤壶（*Fistulobalanus albicostatus*）是硬基质海堤中潮间带的优势种和先锋物种。硬基质海堤促进了白脊管藤壶南方种群向北方的扩张和北方种群向南方的扩张，南方种群已突破长江口这一系统地理隔离，到达 33°N。通过种群遗传学研究发现，其在遗传上分化为明显的南、北两个组。硬基质海堤上的白脊管藤壶种群与自然岩相种群具有相近的单倍型多样性，且多样性均较高，说明硬基质海堤种群与自然岩相种群之间已存在较好的连通性。目前南、北遗传种群边界之间的地理距离从硬基质海堤出现前的数百千米到现在仅余 40 km，但它们之间共享的单倍型极少，推测纬度间环境温度的差异可能是导致南、北种群遗传分化的重要影响因子（王伟，2019）。

研究表明，33°N～34°N 的苏北生物地理隔离可能是由硬基质海堤和环境温度限制共同决定的（Hu and Dong，2022；Wang et al.，2020）。33°N 以北的冬季低温可能是限制南方种群继续向北扩张的主要因素，而 31°N～33°N 夏季频繁的极端高温可能是限制北方种群继续向南扩张的决定性因素（Dong et al.，2017）。随着全球变暖的加剧，冬季低温可能会逐渐减少（Lima and Wethey，2012），苏北生物地理隔离的屏障作用会被打破，南方种群会再继续向北扩张。如果多个生物种群均继续向北扩张，江苏沿岸的硬基质海堤将成为我国岩相潮间带生物南、北方种群基因交流的廊道（Fauvelot et al.，2012），我国岩相潮间带生物的系统地理格局将发生持续性的变化。

（本章作者：董云伟　胡利莎　于双恩　张宇洋）

参 考 文 献

蔡锋, 苏贤泽, 刘建辉, 等. 2008. 全球气候变化背景下我国海岸侵蚀问题及防范对策. 自然科学进展, 10: 1093-1103.

葛应强. 2020. 我国滨海湿地昆虫群落对互花米草入侵响应的纬度分异和驱动因子. 北京林业大学硕士学位论文.

韩瑞, 纪平, 赵懿珺, 等. 2018. 滨海核电厂取水堵塞事件调研及分析. 给水排水, 54(s1): 75-80.

胡石建, 李诗翰. 2022. 海洋热浪研究进展与展望. 地球科学进展, 37(1): 51-64.

姜鹏, 赵瑾. 2018. 黄海绿潮浒苔漂浮生态型的发现与启示. 海洋与湖沼, 49(5): 959-966.

姜少玉. 2021. 黄河三角洲互花米草入侵对大型底栖动物的生态影响. 中国科学院大学(中国科学院烟台海岸带研究所)硕士学位论文.

矫晓阳, 郭皓. 1996. 中国北黄海发生的两次海洋褐胞藻赤潮. 海洋环境科学, 15(3): 41-45.

康建华, 黄舒虹, 林毅力, 等. 2022. 2010—2020 年宁德近岸海域赤潮时空分布特征分析. 海洋开发与管理, 39(3): 3-8.

李鲁宁, 兰儒. 2021. 船舶压载水引入外来生物对近海生态环境安全影响及案例分析. 中国水运, 6: 137-139.

李明阳, 巨云为, Sunil K, 等. 2008. 美国大陆外来入侵物种斑马纹贻贝 (*Dreissena polymorpha*) 潜在生境预测模型. 生态学报, 28(9): 4253-4258.

梁松, 钱宏林, 齐雨藻. 2000. 中国沿海的赤潮问题. 生态科学, 19: 44-50.

刘佳, 王焕真, 范阿蕾, 等. 2022. 滨海旅游环境治理公众参与机制研究——以青岛浒苔损害为例. 海洋湖沼通报, 5: 56-65.

刘佳, 张洪香, 张俊飞, 等. 2017. 浒苔绿潮灾害对青岛滨海旅游业影响研究. 海洋湖沼通报, 3: 130-136.

刘亚伟, 包志彬, 张炎. 2021. 滨海压水堆核电厂冷源安全研究. 核安全, 20(3): 36-40.

潘卫华, 陈家金, 王岩. 2020. 近 20 年福建红树林和互花米草群落时空变化及景观特征. 生态与农村环境学报, 36(11): 1428-1436.

王朝晖, 陈菊芳, 齐雨藻, 等. 2006. 大亚湾春季卡盾藻种群动态及其赤潮成因分析. 水生生物学报, 30(4): 294-298.

王洪超, 苏静静, 屈年瑞. 2014. 外来赤潮生物入侵现状及对赤潮灾害的影响研究. 中国环境管理干部学院学报, 24(6): 34-37.

王卿. 2007. 长江口盐沼植物群落分布动态及互花米草入侵的影响. 复旦大学博士学位论文.

王伟. 2019. 环境变化对我国岩相潮间带大型底栖生物地理格局的影响. 厦门大学博士学位论文.

翁毅, 朱竑. 2011. 气候变化对滨海旅游的影响研究进展及启示. 经济地理, 31(12): 2132-2137.

谢艳辉, 李家桥, 斯恩泽, 等. 2022. 船舶压载水的生物入侵分析. 海洋开发与管理, 2: 95-99.

邢晓峰, 张正楼, 汤建明, 等. 2021. 核电厂冷源取水海洋生物堵塞问题探析. 核安全, 20(6): 103-109.

薛俊增, 刘艳, 吴惠仙. 2011. 洋山深水港入境船舶压载水浮游动物种类组成分析. 海洋学报, 33(1): 138-145.

叶立强, 邱品达. 2019. 海洋生物爆发对核电运行的影响分析及应对措施. 科技经济导刊, 29(5): 24-26.

于仁成, 刘东艳. 2016. 我国近海藻华灾害现状、演变趋势与应对策略. 中国科学院院刊, 31(10): 1167-1174.

于仁成, 吕颂辉, 齐雨藻, 等. 2020. 中国近海有害藻华研究现状与展望. 海洋与湖沼, 51(4): 768-788.

张通, 俞永强, 效存德, 等. 2022. IPCC AR6 解读: 全球和区域海平面变化的监测和预估. 气候变化研究进展, 18(1): 12-18.

赵淑江, 朱爱意, 张晓举. 2005. 我国的海洋外来物种及其管理. 海洋开发与管理, 3: 58-66.

《第一次海洋与气候变化科学评估报告》编制委员会. 2019. 第一次海洋与气候变化科学评估报告（一）:

海洋与气候变化的历史和未来趋势. 北京: 海洋出版社.

Airoldi L, Abbiati M, Beck M W, et al. 2005. An ecological perspective on the deployment and design of low-crested and other hard coastal defence structures. Coastal Engineering, 52(10-11): 1073-1087.

Albins M A, Hixon M A. 2013. Worst case scenario: potential long-term effects of invasive predatory lionfish (*Pterois volitans*) on Atlantic and Caribbean coral-reef communities. Environmental Biology of Fishes, 96(10): 1151-1157.

Amelung B, Nicholls S, Viner D, et al. 2007. Implications of global climate change for tourism flows and seasonality. Journal of Travel Research, 45(3): 285-296.

Anane-Taabeah G, Frimpong E A, Hallerman E. 2019. Aquaculture-mediated invasion of the genetically improved farmed tilapia (GIFT) into the Lower Volta Basin of Ghana. Diversity, 11(10): 188.

Apte S, Holland B S, Godwin L S, et al. 2000. Jumping ship: a stepping stone event mediating transfer of a non-indigenous species via a potentially unsuitable environment. Biological Invasions, 2(1): 75-79.

Arechavala-Lopez P, Toledo-Guedes K, Izquierdo-Gomez D, et al. 2018. Implications of sea bream and sea bass escapes for sustainable aquaculture management: a review of interactions, risks and consequences. Reviews in Fisheries Science & Aquaculture, 26(2): 214-234.

Arismendi I, Soto D, Penaluna B, et al. 2009. Aquaculture, non-native salmonid invasions and associated declines of native fishes in Northern Patagonian lakes. Freshwater Biology, 54(5): 1135-1147.

Bacco C D. 2012. Ballast water transport of mon-indigenous zooplankton to Canadian ports. ICES Journal of Marine Science, 69(3): 483-491.

Bailey S A, Brown L, Campbell M L, et al. 2020. Trends in the detection of aquatic non-indigenous species across global marine, estuarine and freshwater ecosystems: a 50-year perspective. Diversity and Distributions, 26(12): 1780-1797.

Baine M. 2001. Artificial reefs: a review of their design, application, management and performance. Ocean & Coastal Management, 44(3-4): 241-259.

Barrington K, Chopin T, Robinson S. 2009. Integrated multi-trophic aquaculture (IMTA) in marine temperate waters//Soto D. Integrated Mariculture: a Global Review. FAO Fisheries and Aquaculture Technical Paper, 529: 7-46.

Baxter E J, Albinyana G, Girons A, et al. 2011. Jellyfish-inflicted gill damage in marine-farmed fish: an emerging problem for the Mediterranean? XIII Congreso Nacional de Acuicultura, Barcelona.

Bédry R, de Haro L, Bentur Y, et al. 2021. Toxicological risks on the human health of populations living around the Mediterranean Sea linked to the invasion of non-indigenous marine species from the Red Sea: a review. Toxicon, 191: 69-82.

Bender N A, Crosbie K, Lynch H J. 2016. Patterns of tourism in the Antarctic peninsula region: a 20-year analysis. Antarctic Science, 28(3): 194-203.

Bishop M J, Mayer-Pinto M, Airoldi L, et al. 2017. Effects of ocean sprawl on ecological connectivity: Impacts and solutions. Journal of Experimental Marine Biology and Ecology, 492: 7-30.

Borsje B W, Wesenbeeck B, Dekker F, et al. 2011. How ecological engineering can serve in coastal protection. Ecological Engineering, 37(2): 113-122.

Bouwmeester M M, Goedknegt M A, Pouli R, et al. 2021. Collateral diseases: aquaculture impacts on wildlife infections. Journal of Applied Ecology, 58(3): 453-464.

Bradley B A, Blumenthal D M, Early R, et al. 2012. Global change, global trade, and the next wave of plant invasions. Frontiers in Ecology and the Environment, 10(1): 20-28.

Braithwaite R A, Carrascosa M C C, McEvoy L A. 2007. Biofouling of salmon cage netting and the efficacy of a typical copper-based antifoulant. Aquaculture, 262(2-4): 219-226.

Braithwaite R, McEvoy L. 2005. Marine biofouling on fish farms and its remediation. Advances in Marine Biology, 47: 215-252.

Brawley S H, Coyer J A, Blakeslee A, et al. 2009. Historical invasions of the intertidal zone of Atlantic North America associated with distinctive patterns of trade and emigration. Proceedings of the National Academy of Sciences of the United States of America, 106(20): 8239-8244.

Brodie P. 2013. Commercial shipping handbook. London: Informa Law from Routledge.

Brodin Y, Andersson M H. 2009. The marine splash midge *Telmatogon japonicus* (Diptera; Chironomidae)-extreme and alien? Biological Invasions, 11(6): 1311-1317.

Bulleri F, Airoldi L. 2005. Artificial marine structures facilitate the spread of a non-indigenous green alga, *Codium fragile* ssp. *tomentosoides*, in the north Adriatic Sea. Journal of Applied Ecology, 42(6): 1063-1072.

Bulleri F, Chapman M G, Underwood A J. 2005. Intertidal assemblages on seawalls and vertical rocky shores in Sydney Harbour, Australia. Austral Ecology, 30(6): 655-667.

Bulleri F, Chapman M G. 2010. The introduction of coastal infrastructure as a driver of change in marine environments. Journal of Applied Ecology, 47(1): 26-35.

Burrows M T, Hawkins S J, Moore J J, et al. 2020. Global-scale species distributions predict temperature-related changes in species composition of rocky shore communities in Britain. Global Change Biology, 26(4): 2093-2105.

Burrows M, Schoeman D, Richardson A, et al. 2014. Geographical limits to species-range shifts are suggested by climate velocity. Nature, 507(7493): 492-495.

Byers J E. 2009. Competition in Marine Invasions, Biological Invasions in Marine Ecosystems. Berlin: Springer: 245-260.

Carlton J T, Geller J B. 1993. Ecological roulette: The global transport of nonindigenous marine organisms. Science, 261(5117): 78-82.

Carlton J T, Hodder J. 1995. Biogeography and dispersal of coastal marine organisms: experimental studies on a replica of a 16th-century sailing vessel. Marine Biology, 121(4): 721-730.

Carlton J T, Sandlund O T, Schei P J, et al. 1999. The scale and ecological consequences of biological invasions in the world's oceans//Sandlund O T, Schei P J, Viken Å. Invasive Species and Biodiversity Management. Dordrecht: Kluwer Academic Publishers: 195-212.

Carranza A, Mello C D, Ligrone A, et al. 2010. Observations on the invading gastropod *Rapana venosa* in Punta del Este, Maldonado Bay, Uruguay. Biological Invasions, 12(5): 995-998.

Castro N, Ramalhosa P, Cacabelos E, et al. 2021. Winners and losers: prevalence of non-indigenous species under simulated marine heatwaves and high propagule pressure. Marine Ecology Progress Series, 668: 21-38.

Chan F T, Briski E. 2017. An overview of recent research in marine biological invasions. Marine Biology, 164(6): 1-10.

Chan F T, Stanislawczyk K, Sneekes A C, et al. 2019. Climate change opens new frontiers for marine species in the arctic: current trends and future invasion risks. Global Change Biology, 25(1): 25-38.

Chen L Z, Feng H Y, Gu X X, et al. 2020. Linkages of flow regime and micro-topography: prediction for non-native mangrove invasion under sea-level rise. Ecosystem Health and Sustainability, 6(1): 1780159.

Clutton E A, Alurralde G, Repolho T. 2021. Early developmental stages of native populations of *Ciona intestinalis* under increased temperature are affected by local habitat history. Journal of Experimental Biology, 224(5): jeb233403.

Cowan D A, Chown S L, Convey P, et al. 2011. Non-indigenous microorganisms in the Antarctic: assessing the risks. Trends in Microbiology, 19(11): 540-548.

Cowen R K, Sponaugle S. 2009. Larval dispersal and marine population connectivity. Annual Review of Marine Science, 1: 443-466.

Cure K, Benkwitt C E, Kindinger T L, et al. 2012. Comparative behavior of red lionfish *Pterois volitans* on native Pacific versus invaded Atlantic coral reefs. Marine Ecology Progress Series, 467: 181-192.

Dafforn K A, Glasby T M, Airoldi L, et al. 2015. Marine urbanization: an ecological framework for designing multifunctional artificial structures. Frontiers in Ecology and the Environment, 13(2): 82-90.

Dannheim J, Bergström L, Birchenough S N R, et al. 2020. Benthic effects of offshore renewables: Identification of knowledge gaps and urgently needed research. ICES Journal of Marine Science, 77(3): 1092-1108.

Diez J M, D'Antonio C M, Dukes J S, et al. 2012. Will extreme climatic events facilitate biological invasions? Frontiers in Ecology and the Environment, 10(5): 249-257.

Dong Y W, Huang X W, Wang W, et al. 2016. The marine 'great wall' of China: Local- and broad-scale ecological impacts of coastal infrastructure on intertidal macrobenthic communities. Diversity and Distributions, 22(7): 731-744.

Dong Y W, Li X X, Choi M, et al. 2017. Untangling the roles of microclimate, behaviour and physiological polymorphism in governing vulnerability of intertidal snails to heat stress. Proceedings of the Royal Society B: Biological Sciences, 284: 1854.

Dong Z J, Morandini A C, Schiariti A, et al. 2019. First record of *Phyllorhiza* sp. (Cnidaria: Scyphozoa) in a Chinese coastal aquaculture pond. PeerJ, 7: e6191.

Doyle T K, Haas H, Cotton D, et al. 2008. Widespread occurrence of the jellyfish *Pelagia noctiluca* in Irish coastal and shelf waters. Journal of Plankton Research, 30(8): 963-968.

Duffy G A, Coetzee B W T, Latombe G, et al. 2017. Barriers to globally invasive species are weakening across the Antarctic. Diversity and Distributions, 23(9): 982-996.

Early R, Bradley B A, Dukes J S, et al. 2016. Global threats from invasive alien species in the twenty-first century and national response capacities. Nature Communications, 7: 12485.

Everett R A. 2000. Patterns and pathways of biological invasions. Trends in Ecology & Evolution, 15(5): 177-178.

Fang J G, Zhang J, Xiao T, et al. 2016. Integrated multi-trophic aquaculture (IMTA) in Sanggou Bay, China. Aquaculture Environment Interactions, 8: 201-205.

Fauvelot C, Costantini F, Virgilio M, et al. 2012. Do artificial structures alter marine invertebrate genetic makeup? Marine Biology, 159(12): 2797-2807.

Forrest B M, Atalah J. 2017. Significant impact from blue mussel *Mytilus galloprovincialis* biofouling on aquaculture production of green-lipped mussels in New Zealand. Aquaculture Environment Interactions, 9: 115-126.

Frölicher T L, Laufkötter C. 2018. Emerging risks from marine heat waves. Nature Communications, 9(1): 650.

Galil B S. 2000. A sea under siege-alien species in the Mediterranean. Biological Invasions, 2(2): 177-186.

Galil B S. 2007. Loss or gain? Invasive aliens and biodiversity in the Mediterranean Sea. Marine Pollution Bulletin, 55(7-9): 314-322.

García Molinos J, Halpern B S, Schoeman D S, et al. 2016. Climate velocity and the future global redistribution of marine biodiversity. Nature Climate Change, 6(1): 83-88.

Gehrels H, Knysh K M, Boudreau M, et al. 2016. Hide and seek: habitat-mediated interactions between European green crabs and native mud crabs in Atlantic Canada. Marine Biology, 163(7): 1-11.

Geller J, Carlton J, Powers D. 1993. Interspecific and intrapopulation variation in mitochondrial ribosomal DNA sequences of *Mytilus* spp. (Bivalvia: Mollusca). Molecular Marine Biology and Biotechnology, 2(1): 44-50.

Gibson R N, Atkinson R J A, Gordon J D M, et al. 2012. Oceanography and Marine Biology: An Annual Review. Vol. 50. Boca Raton: CRC Press.

Gill A B. 2005. Offshore renewable energy: Ecological implications of generating electricity in the coastal zone. Journal of Applied Ecology, 42(4): 605-615.

Glibert P M, Berdalet E, Burford M A, et al., 2018. Global Ecology and Oceanography of Harmful Algal Blooms. Gewerbestrasse: Springer.

Gollasch S. 2006. Overview on introduced aquatic species in European navigational and adjacent waters. Helgoland Marine Research, 60(2): 84-89.

Gollasch S, Leppäkoski E. 2007. Risk assessment and management scenarios for ballast water mediated species introductions into the Baltic Sea. Aquatic Invasions, 2(4): 313-340.

Gomez-Uchida D, Sepúlveda M, Ernst B, et al. 2018. Chile's salmon escape demands action. Science, 361(6405): 857-858.

Griffiths H J, Meijers A J, Bracegirdle T J. 2017. More losers than winners in a century of future Southern Ocean seafloor warming. Nature Climate Change, 7(10): 749-754.

Grosholz E D, Crafton R E, Fontana R E, et al. 2015. Aquaculture as a vector for marine invasions in

California. Biological Invasions, 17: 1471-1484.
Guo X W, Gao Y, Zhang S Q, et al. 2022. Threat by marine heatwaves to adaptive large marine ecosystems in an eddy-resolving model. Nature Climate Change, 12: 179-186.
Hallegraeff G M, Bolch C J. 1992. Transport of diatom and dinoflagellate resting spores in ships' ballast water: implications for plankton biogeography and aquaculture. Journal of Plankton Research, 14(8): 1067-1084.
Hammann M, Wang G, Boo S M, et al. 2016. Selection of heat-shock resistance traits during the invasion of the seaweed *Gracilaria vermiculophylla*. Marine Biology, 163(5): 1-11.
Han G D, Wang W, Dong Y W. 2020. Effects of balancing selection and microhabitat temperature variations on heat tolerance of the intertidal black mussel *Septifer virgatus*. Integrative Zoology, 15(5): 416-427.
Harding J, Mann R L. 1999. Observations on the biology of the veined rapa whelk, *Rapana venosa* (Valenciennes, 1846) in the Chesapeake Bay. Journal of Shellfish Research, 18(1): 9.
Harley C, Hughes A R, Hultgren K M, et al. 2006. The impacts of climate change in coastal marine systems. Ecology Letters, 9(2): 228-241.
Haslob H, Clemmesen C, Schaber M, et al. 2007. Invading *Mnemiopsis leidyi* as a potential threat to Baltic fish. Marine Ecology Progress Series, 349: 303-306.
Heins A, Glatzel T, Holst S. 2015. Revised descriptions of the nematocysts and the asexual reproduction modes of the scyphozoan jellyfish *Cassiopea andromeda* (Forskål, 1775). Zoomorphology, 134: 351-366.
Hellmann J J, Byers J E, Bierwagen B G, et al. 2008. Five potential consequences of climate change for invasive species. Conservation Biology, 22(3): 534-543.
Herbert R J H, Humphreys J, Davies C J, et al. 2016. Ecological impacts of non-native Pacific oysters (*Crassostrea gigas*) and management measures for protected areas in Europe. Biodiversity and Conservation, 25(14): 2835-2865.
Hixon M A, Green S J, Albins M A, et al. 2016. Lionfish: a major marine invasion. Marine Ecology Progress Series, 558: 161-165.
Hopkins G A, Forrest B M. 2010. A preliminary assessment of biofouling and non-indigenous marine species associated with commercial slow-moving vessels arriving in New Zealand. Biofouling, 26(5): 613-621.
Hu L S, Dong Y W. 2022. Northward shift of a biogeographical barrier on China's coast. Diversity and Distributions, 28(2): 318-330.
Huang X W, Wang W, Dong Y W. 2015. Complex ecology of China's seawall. Science, 347(6226): 1079.
Hulme P E. 2021. Unwelcome exchange: international trade as a direct and indirect driver of biological invasions worldwide. One Earth, 4(5): 666-679.
ICES. 2004. Alien species alert: *Rapana venosa* (veined whelk). ICES Cooperative Research Report, 264: 14.
IPCC. 2021. Climate Change 2021: The Physical Science Basis. Contribution of Working Group I to the Sixth Assessment Report of the Intergovernmental Panel on Climate Change. Cambridge, New York: Cambridge University Press.
Jennifer D, Lena B, Birchenough S, et al. 2020. Benthic effects of offshore renewables: identification of knowledge gaps and urgently needed research. ICES Journal of Marine Science, 77(3): 1092-1108.
Jensen Ø, Dempster T, Thorstad E B, et al. 2010. Escapes of fishes from Norwegian sea-cage aquaculture: causes, consequences and prevention. Aquaculture Environment Interactions, 1: 71-83.
Johannesson K, Warmoes T. 1990. Rapid colonization of Belgian breakwaters by the direct developer, *Littorina saxatilis* (Olivi) (Prosobranchia, Mollusca). Hydrobiologia, 193(1): 99-108.
Kaluza P, Kölzsch A, Gastner M T, et al. 2010. The complex network of global cargo ship movements. Journal of the Royal Society Interface, 7(48): 1093-1103.
Katsanevakis S, Moustakas A. 2018. Uncertainty in marine invasion science. Frontiers in Marine Science, 5: 38.
Keesing J K, Liu D, Fearns P, et al. 2011. Inter-and intra-annual patterns of *Ulva prolifera* green tides in the Yellow sea during 2007-2009, their origin and relationship to the expansion of coastal seaweed aquaculture in China. Marine Pollution Bulletin, 62(6): 1169-1182.

Kerckhof F, Haelters J, Gollasch S. 2007. Alien species in the marine and brackish ecosystem: the situation in Belgian waters. Aquatic Invasions, 2(3): 243-257.

Kim S Y, Weinberger F, Boo S M. 2010. Genetic data hint at a common donor region for invasive Atlantic and Pacific populations of *Gracilaria vermiculophylla* (Gracilariales, Rhodophyta). Journal of Phycology, 46(6): 1346-1349.

Kindinger T L, Albins M A. 2017. Consumptive and non-consumptive effects of an invasive marine predator on native coral-reef herbivores. Biological Invasions, 19(1): 131-146.

Kindinger T L. 2015. Behavioral response of native Atlantic territorial three spot damselfish (*Stegastes planifrons*) toward invasive Pacific red lionfish (*Pterois volitans*). Environmental Biology of Fishes, 98(2): 487-498.

King N G, Wilmes S B, Smyth D, et al. 2021. Climate change accelerates range expansion of the invasive non-native species, the Pacific oyster, *Crassostrea gigas*. ICES Journal of Marine Science, 78(1): 70-81.

Krueger-Hadfield S A, Kollars N M, Byers J E, et al. 2016. Invasion of novel habitats uncouples haplo-diplontic life cycles. Molecular Ecology, 25(16): 3801-3816.

Krueger-Hadfield S A, Kollars N M, Strand A E, et al. 2017. Genetic identification of source and likely vector of a widespread marine invader. Ecology and Evolution, 7(12): 4432-4447.

Kuzirian A M, Terry E C, Bechtel D L, et al. 2001. Hydrogen peroxide: an effective treatment for ballast water. Biology Bulletin, 201(2): 297-299.

Laing I, Spencer B. 2006. Bivalve cultivation: criteria for selecting a site. Science Series Technical Report-Centre for Environment Fisheries and Aquaculture Science, 136.

Lambert G. 2009. Adventures of a sea squirt sleuth: unraveling the identity of *Didemnum vexillum*, a global ascidian invader. Aquatic Invasions, 4: 5-28.

Lee J E, Chown S L. 2007. *Mytilus* on the move: transport of an invasive bivalve to the Antarctic. Marine Ecology Progress Series, 339: 307-310.

Levin L A. 2006. Recent progress in understanding larval dispersal: new directions and digressions. Integrative and Comparative Biology, 46(3): 282-297.

Li X X, Tan Y, Sun Y X, et al. 2021. Microhabitat temperature variation combines with physiological variation to enhance thermal resilience of the intertidal mussel *Mytilisepta virgata*. Functional Ecology, 35(11): 2497-2507.

Lima F P, Wethey D S. 2012. Three decades of high-resolution coastal sea surface temperatures reveal more than warming. Nature Communications, 3: 704.

Lindeboom H J, Kouwenhoven H J, Bergman M J N, et al. 2011. Short-term ecological effects of an offshore wind farm in the Dutch coastal zone: a compilation. Environmental Research Letters, 6(3): 035101.

Liu D Y, Keesing J K, He P M, et al. 2013. The world's largest macroalgal bloom in the Yellow Sea, China: formation and implications. Estuarine, Coastal and Shelf Science, 129: 2-10.

Lockwood B L, Somero G N. 2011. Invasive and native blue mussels (*Genus mytilus*) on the California coast: the role of physiology in a biological invasion. Journal of Experimental Marine Biology and Ecology, 400(1-2): 167-174.

Lodge D M, Williams S, Macisaac H J, et al. 2006. Biological invasions: recommendations for US policy and management. Ecological Applications, 16(6): 2035-2054.

Ma Z, Melville D S, Liu J, et al. 2014. Rethinking China's new great wall. Science, 346(6212): 912-914.

Magagna D, Monfardini R, Uihlein A. 2016. JRC Ocean Energy Status Report 2016 Edition. Luxembourg: Publications Office of the European Union.

Mathivha F I, Tshipala N N, Nkuna Z. 2017. The relationship between drought and tourist arrivals: a case study of Kruger National Park, South Africa. Jamba: Journal of Disaster Risk Studies, 9(1): 1-8.

McCarthy A H, Peck L S, Hughes K A, et al. 2019. Antarctica: the final frontier for marine biological invasions. Global Change Biology, 25(7): 2221-2241.

Minchin D, Gollasch S, Cohen A N, et al. 2009. Characterizing Vectors of Marine Invasion//Rilov G, Crooks J A. Biological Invasions in Marine Ecosystems. Berlin, Heidelberg: Springer: 109-116.

Mitchell S O, Baxter E J, Rodger H D. 2011. Gill pathology in farmed salmon associated with the jellyfish

Aurelia aurita. Veterinary Record, 169(23): 1-2.

Mooney H A, Mack R, McNeely J A, et al. 2005. Invasive Alien Species: A New Synthesis, 63. Washington, DC: Island Press.

Morandini A C, Stampar S N, Maronna M M, et al. 2017. All non-indigenous species were introduced recently? The case study of *Cassiopea* (Cnidaria: Scyphozoa) in Brazilian waters. Journal of the Marine Biological Association of the United Kingdom, 97: 321-328.

Morris J A, Akins J L. 2009. Feeding ecology of invasive lionfish (*Pterois volitans*) in the Bahamian archipelago. Environmental Biology of Fishes, 86(3): 389-398.

Morris R L, Heery E C, Loke L H, et al. 2019. Design options, implementation issues and evaluating success of ecologically engineered shorelines//Hawkins S J, Pack k, Allcock A L, et al. Oceanography and Marine Biology: An Annual Review. Boca Raton: CRC Press.

Morris R L, Konlechner T M, Ghisalberti M, et al. 2018. From grey to green: efficacy of ecoengineering solutions for nature-based coastal defence. Global Change Biology, 24(5): 1827-1842.

Nowakowski A J, Watling J I, Thompson M E, et al. 2018. Thermal biology mediates responses of amphibians and reptiles to habitat modification. Ecology Letters, 21(3): 345-355.

Occhipinti-Ambrogi A. 2007. Global change and marine communities: alien species and climate change. Marine Pollution Bulletin, 55(7-9): 342-352.

Olabarria C, Gestoso I, Lima F P, et al. 2016. Response of two mytilids to a heatwave: the complex interplay of physiology, behaviour and ecological interactions. PLoS ONE, 11(10): e0164330.

Oliver E C J, Benthuysen J A, Darmaraki S, et al. 2021. Marine heatwaves. Annual Review of Marine Science, 13: 313-342.

Oliver E C J, Donat M G, Burrows M T, et al. 2018. Longer and more frequent marine heatwaves over the past century. Nature Communications, 9(1): 1-12.

Parker I M, Simberloff D, Lonsdale W M, et al. 1999. Impact: toward a framework for understanding the ecological effects of invaders. Biological Invasions, 1(1): 3-19.

Pearce A, Lenanton R, Jackson G, et al. 2011. The "marine heat wave" off Western Australia during the summer of 2010/11//Conference: Workshop on Marine Heatwave in WA in Summer of 2010-11, Volume: Fisheries Research Report. No. 222.

Pearson A A C, Duggan I C. 2018. A global review of zooplankton species in freshwater aquaculture ponds: what are the risks for invasion? Aquatic Invasions, 13(3): 311-322.

Pennoyer K E, Himes A R, Frederich M. 2016. Effects of sex and color phase on ion regulation in the invasive European green crab, *Carcinus maenas*. Marine Biology, 163(6): 1-15.

Pezy J P, Raoux A, Dauvin J C. 2020. An ecosystem approach for studying the impact of offshore wind farms: a French case study. ICES Journal of Marine Science, 77(3): 1238-1246.

Piazzi L, Balata D, Bulleri F, et al. 2016. The invasion of *Caulerpa cylindracea* in the Mediterranean: the known, the unknown and the knowable. Marine Biology, 163(7): 1-14.

Poloczanska E, Brown C, Sydeman W, et al. 2013. Global imprint of climate change on marine life. Nature Climate Change, 3(10): 919-925.

Purcell J E, Baxter E J, Fuentes V L. 2013. Jellyfish as products and problems of aquaculture. Advances in Aquaculture Hatchery Technology, 404-430.

Rayssac N, Pernet F, Lacasse O, et al. 2010. Temperature effect on survival, growth, and triacylglycerol content during the early ontogeny of *Mytilus edulis* and *M. trossulus*. Marine Ecology Progress Series, 417: 183-191.

Reimann L, Vafeidis A T, Honsel L E. 2023. Population development as a driver of coastal risk: current trends and future pathways. Cambridge Prisms: Coastal Futures, 1: e14.

Reubens J, Degraer S, Vincx M. 2014. The ecology of benthopelagic fishes at offshore wind farms: a synthesis of 4 years of research. Hydrobiologia, 727(1): 121-136.

Rilov G, Benayahu Y, Gasith A. 2004. Prolonged lag in population outbreak of an invasive mussel: a shifting-habitat model. Biological Invasions, 6(3): 347-364.

Rius M, Bourne S, Hornsby H G, et al. 2015. Applications of next-generation sequencing to the study of biological invasions. Current Zoology, 61(3): 488-504.

Roach M, Cohen M, Forster R, et al. 2018. The effects of temporary exclusion of activity due to wind farm construction on a lobster (*Homarus gammarus*) fishery suggests a potential management approach. ICES Journal of Marine Science, 75(4): 1416-1426.

Ruiz G M, Hewitt C. 2009. Latitudinal patterns of biological invasions in marine ecosystems: a polar perspective//Krupnik I, Lang M A, Miller S E. Smithsonian at the Poles: Contributions to International Polar Year Science. Washington DC: Smithsonian Institution Scholarly Press: 347-358.

Schmidt C, Morard R, Prazeres M, et al. 2016. Retention of high thermal tolerance in the invasive foraminifera *Amphistegina lobifera* from the Eastern Mediterranean and the Gulf of Aqaba. Marine Biology, 163(11): 1-13.

Schofield P J. 2010. Update on geographic spread of invasive lionfishes (*Pterois volitans* [Linnaeus, 1758] and *P. miles* [Bennett, 1828]) in the Western North Atlantic Ocean, Caribbean Sea and Gulf of Mexico. Aquatic Invasions, 5: S117-S122.

Schreiber E, Quinn G P, Lake P S. 2003. Distribution of an alien aquatic snail in relation to flow variability, human activities and water quality. Freshwater Biology, 48(6): 951-961.

Sedano F, Navarro-Barranco C, Guerra-García J M, et al. 2020. Understanding the effects of coastal defence structures on marine biota: the role of substrate composition and roughness in structuring sessile, macro-and meiofaunal communities. Marine Pollution Bulletin, 157: 111334.

Semmens B X, Buhle E R, Salomon A K, et al. 2004. A hotspot of non-native marine fishes: evidence for the aquarium trade as an invasion pathway. Marine Ecology Progress Series, 266: 239-244.

Serrano E, Coma R, Ribes M, et al. 2013. Rapid Northward spread of a zooxanthellate coral enhanced by artificial structures and sea warming in the western Mediterranean. PLoS ONE, 8(1): e52739.

Simberloff D, Martin J L, Genovesi P, et al. 2013. Impacts of biological invasions: what's what and the way forward. Trends in Ecology & Evolution, 28(1): 58-66.

Sinclair B J, Marshall K E, Sewell M A, et al. 2016. Can we predict ectotherm responses to climate change using thermal performance curves and body temperatures? Ecology Letters, 19: 1372-1385.

Skukan R, Borrell Y J, Ordás J M R, et al. 2020. Find invasive seaweed: an outdoor game to engage children in science activities that detect marine biological invasion. The Journal of Environmental Education, 51(5): 335-346.

Smetacek V, Zingone A. 2013. Green and golden seaweed tides on the rise. Nature, 504(7478): 84-88.

Sorte C J B, Ibáñez I, Blumenthal D M, et al. 2013. Poised to prosper? A cross-system comparison of climate change effects on native and non-native species performance. Ecology Letters, 16(2): 261-270.

Spalding M D, Fox H E, Allen G R, et al. 2007. Marine ecoregions of the world: A bioregionalization of coastal and shelf areas. BioScience, 57(7): 573-583.

Stoner E W, Layman C A, Yeager L A, et al. 2011. Effects of anthropogenic disturbance on the abundance and size of epibenthic jellyfish *Cassiopea* spp. Marine Pollution Bulletin, 62(5): 1109-1114.

Sutherland W J, Aveling R, Brooks T M, et al. 2014. A horizon scan of global conservation issues for 2014. Trends in Ecology & Evolution, 29(1): 15-22.

Thé J, Barroso H D S, Mammone M, et al. 2020b. Aquaculture facilities promote populational stability throughout seasons and increase medusae size for the invasive jellyfish *Cassiopea andromeda*. Marine Environmental Research, 162: 105161.

Thé J, Gamero-Mora E, Silva M V C, et al. 2020a. Non-indigenous upside-down jellyfish *Cassiopea andromeda* in shrimp farms (Brazil). Aquaculture, 532: 735999.

Thomas Y, Pouvreau S, Alunno-Bruscia M, et al. 2016. Global change and climate-driven invasion of the Pacific oyster (*Crassostrea gigas*) along European coasts: a bioenergetics modelling approach. Journal of Biogeography, 43(3): 568-579.

Troell M, Joyce A, Chopin T, et al. 2009. Ecological engineering in aquaculture-potential for integrated multi-trophic aquaculture (IMTA) in marine offshore systems. Aquaculture, 297(1-4): 1-9.

UNCTAD (United Nations Conference on Trade and Development). 2020. Review of Maritime Transport.

UNCTAD: 146.

Wang J, Yan H Y, Cheng Z Y, et al. 2018. Recent northward range extension of *Nerita yoldii* (Gastropoda: Neritidae) on artificial rocky shores in China. Journal of Molluscan Studies, 84(4): 345-353.

Wang W, Wang J, Choi F, et al. 2020. Global warming and artificial shorelines reshape seashore biogeography. Global Ecology and Biogeography, 29(2): 220-231.

Webber B L, Scott J K, Didham R K. 2011. Translocation or bust! A new acclimatization agenda for the 21st century? Trends in Ecology & Evolution, 26(10): 495-497.

Weir L K, Grant J W A. 2005. Effects of aquaculture on wild fish populations: a synthesis of data. Environmental Reviews, 13(4): 145-168.

Wernberg T, Bennett S, Babcock R C, et al. 2015. Climate-driven regime shift of a temperate marine ecosystem. Science, 353(6295): 169-172.

Wernberg T. 2021. Marine heatwave drives collapse of kelp forests in Western Australia//Canadell J G, Jackson R B. Ecosystem Collapse and Climate Change. Ecological Studies, 241. Cham: Springer.

Whitfield P E, Gardner T, Vives S P, et al. 2002. Biological invasion of the Indo-Pacific lionfish *Pterois volitans* along the Atlantic coast of North America. Marine Ecology Progress Series, 235: 289-297.

Wilhelmsson D, Malm T. 2008. Fouling assemblages on offshore wind power plants and adjacent substrata. Estuarine, Coastal and Shelf Science, 79(3): 459-466.

WindEurope. 2018. Wind in power 2017, annual combined onshore and offshore wind energy statistics.

Xing Q G, Hu C M, Tang D L, et al. 2015. World's largest macroalgal blooms altered phytoplankton biomass in summer in the Yellow Sea: satellite observations. Remote Sensing, 7(9): 12297-12313.

Zagami G, Brugnano C, Granata A, et al. 2018. Biogeographical distribution and ecology of the planktonic copepod *Oithona davisae*: rapid invasion in Lakes Faro and Ganzirri (Central Mediterranean Sea)//Uttieri M. Trends in Copepod Studies-Distribution, Biology and Ecology. Hauppauge: Nova Science Publishers, Inc: 59-82.

Zhang Y Y, He P M, Li H M, et al. 2019. *Ulva prolifera* green-tide outbreaks and their environmental impact in the Yellow Sea, China. National Science Review, 6(4): 825-838.

Zhao J, Jiang P, Liu Z Y, et al. 2013. The yellow sea green tides were dominated by one species, *Ulva* (Enteromorpha) *prolifera*, from 2007 to 2011. Chinese Science Bulletin, 58(19): 2298-2302.

Zhao J, Jiang P, Qin S, et al. 2015. Genetic analyses of floating *Ulva prolifera* in the Yellow Sea suggest a unique ecotype. Estuarine, Coastal and Shelf Science, 163: 96-102.

Zhao J, Jiang P, Qiu R, et al. 2018. The Yellow Sea green tide: a risk of macroalgae invasion. Harmful Algae, 77(5): 11-17.

Zhou M J, Liu D Y, Anderson D M, et al. 2015. Introduction to the Special Issue on green tides in the Yellow Sea. Estuarine, Coastal and Shelf Science, 163: 3-8.

第三篇

全球变化与生物入侵相互作用的后果

第十五章　植物入侵、气候变化和生态系统过程

植物入侵是全球变化的主要组分之一（Ricciardi et al.，2017；Simberloff et al.，2020），也是当今造成生物多样性丧失的五大驱动力之一，受到全球的高度关注（Hooper et al.，2012；Hulme，2018；Vantarová et al.，2023）。一个特定生态系统本有其自身独有的物种组成和结构特征，而植物入侵是物种间相互取代的过程。当本地生态系统生产者的物种组成改变之后，整个生态系统的生产过程和生产力就会随之改变，所以生态系统的营养过程亦会改变（Wardle et al.，2011；Nie et al.，2017），有赖于生产者的其他营养级生物功能群的组成和多度等也都会因此而变化。因此，植物入侵严重威胁着土著生物多样性（Gilbert and Levine，2013；Vilà et al.，2015；Seebens et al.，2024），从而改变本地生态系统过程（Cook-Patton and Agrawal，2014；Liao et al.，2008；Nie et al.，2017），这可能形成植物入侵-气候变化间的反馈效应（Nie et al.，2017）。所以，植物入侵对生态系统过程（如碳循环、氮循环、磷循环等）的影响已成为学术界关注的热点问题。

高强度人类活动导致的气候变化对陆地生态系统的强烈影响，同样正在改变着陆地生态系统固有的自然过程（Ollinger et al.，2008；Conradi et al.，2024）。大气 CO_2 浓度升高、全球变暖和降雨格局变化等作为典型的全球气候变化问题，对生态系统过程产生重要影响。例如，CO_2 浓度升高加速全球变暖并引发冰川融化和海平面上升，继而引发洪水、台风、热浪等极端天气频发的连锁反应，对陆地生态系统的结构与功能产生了深远的影响。目前已认识到大气 CO_2 浓度升高对植物光合作用、产量及生产力具有促进作用，这种现象被称为 CO_2 的"施肥效应"（Huntingford and Oliver，2021；Norby et al.，2010）。由于在最近几十年内 CO_2 浓度升高的趋势很难改变，因此，CO_2 "施肥效应"对生态系统"碳汇"功能的促进作用不失为一种积极地应对气候变化的策略，但其影响程度还存在较大不确定性（Terrer et al.，2016；Lobell and Field，2008；Ruehr et al.，2023）。

此外，气候变暖深刻地影响了陆地生态系统中碳、氮、磷与水等物质的循环过程及其相互之间的耦合关系（Cao and Woodward，1998；Chen et al.，2020；Xia et al.，2014；Thornton et al.，2009；Cui et al.，2024）。Lu 等（2013）与 Bai 等（2013）利用元分析方法分别估算了全球尺度上陆地生态系统碳循环、氮循环过程对实验增温的响应。全球尺度下的碳循环模型普遍预测气候变暖会削弱陆地生态系统的碳汇能力（Friedlingstein et al.，2006；Cox et al.，2000；Jiao et al.，2024）；对氮循环而言，目前较为确定的结论是气候变暖会显著提高土壤氮矿化速率，从而增加土壤中氮的有效性。由于磷转化过程具有跨空间、时间长、速率低等特点（Schlesinger and Bernhardt，2012），因此难以借助野外增温试验开展机理性研究。综上，了解气候变化对生态系统过程的影响将为如何在不断变化的世界中认识生态系统过程提供新的线索。

本章我们将探讨植物入侵、气候变化及其交互作用对生态系统过程的潜在影响，包括碳循环、氮循环以及其他循环。

第一节 生态系统过程

一、碳循环

碳循环是一个生物地球化学循环过程,指碳元素在地球上的生物圈、岩石圈、土壤圈、水圈及大气中交换的过程。碳的来源主要有4个,分别是大气、陆地生物圈、海洋及沉积物,这些构成了碳循环中的碳源或碳汇。碳在海洋、大气、土壤和生物之间的交换可能要经历从数小时至数百万年不等的时间尺度。例如,植物可以通过光合作用直接从大气中吸收 CO_2,这些碳原子由此成为植物结构的一部分。植物被食草动物取食,食草动物又被肉食动物取食,碳在食物网中向上移动。同时,植物、动物和微生物的呼吸作用将碳以 CO_2 的形式返回大气。当生物体死亡和腐烂时,碳可以通过分解者的分解作用重新返回到大气中,或者与其他凋落物等一起被埋藏到土壤中。另外,森林火灾等也会通过生物质燃烧的方式将储存在植物中的大量碳释放回大气中(Walker et al.,2019)。

生态系统中的碳循环是指碳在不同形式和储存库之间的循环与转换,是生态系统功能和生物多样性维护的重要组成部分。碳循环主要包括碳的输入、储存、转化和输出,涵盖大气、生物圈、土壤和水体等多种环境。理解碳循环过程不仅对科学研究至关重要,而且对制定生态保护政策和实现可持续发展具有重要意义。

生态系统中的碳主要以气态 CO_2、有机碳和无机碳的形式存在。植物通过光合作用将大气中的 CO_2 固定成有机碳,这一过程称为碳同化。在植物生长过程中,固定的碳储存在其组织中,包括叶片、茎秆、根系和果实。植物死亡后,其有机碳进入土壤,通过微生物分解作用进一步转化为其他有机物或重新释放为 CO_2,这一过程称为碳矿化(Schlesinger and Bernhardt,2012)。

光合作用是碳同化的核心过程。植物利用太阳能将 CO_2 和水转化为有机物和 O_2,这不仅为植物提供了生长所需的能量和物质基础,而且此过程是调控大气 CO_2 浓度的重要机制(Field and Raupach,2004)。光合作用的效率受多种因素影响,包括光照强度、温度、水分和养分等。在温暖、湿润和光照充足的条件下,植物的光合作用效率较高,碳同化能力强,从而增加生态系统的碳储量(Atkin and Tjoelker,2003)。

碳在生态系统中的另一个重要过程是呼吸作用。植物、动物和微生物通过呼吸作用将有机物分解为 CO_2 和水,释放能量以维持生命活动(Ryan and Law,2005)。呼吸作用包括植物的自养呼吸、动物的异养呼吸和土壤微生物的分解呼吸。与光合作用相对应,呼吸作用是碳从生物体重新释放到大气中的主要途径。呼吸作用强度也受温度、湿度和生物活性等因素的影响。通常情况下,呼吸作用在夜间和生长季节较为活跃,特别是在高温和充足水分条件下(Gifford,2003)。

土壤是生态系统中最大的碳库之一,储存着大量的有机碳和无机碳。土壤碳循环受净初级生产力、凋落物分解动态、土壤有机碳含量和呼吸速率等因素的影响,这些因素共同决定了生态系统碳库和碳交换等过程。土壤中的有机碳主要来自植物残体和微生物分解产物,而无机碳则主要以碳酸盐形式存在。土壤有机碳对维持土壤肥力、结构稳定性和水分保持能力具有重要作用（Lal，2004；Řezáčová et al.，2021）。土壤碳库的动态平衡受到土地利用方式、植被类型、气候条件和人类活动的影响。例如，过度耕作、森林砍伐和土地退化会导致土壤碳库的减少，而植树造林、保护草地和有机农业则有助于增加土壤碳储量（Jobbágy and Jackson，2000）。

水体中的碳循环同样重要。水体碳循环包括溶解无机碳（如碳酸氢盐）、溶解有机碳（如腐殖质）和颗粒有机碳的循环与转化（Cole et al.，2007）。水生植物和藻类通过光合作用固定 CO_2，而水体中的微生物通过分解有机物释放 CO_2。水体的碳循环受水温、光照、营养盐和水动力等因素的影响。特别是在河流、湖泊和海洋等大水体中，碳的输入和输出过程复杂多变，对全球碳循环有重要影响（Battin et al.，2008）。

理解并管理碳循环对生态系统的健康和可持续性至关重要。首先，应加强植被保护和恢复，通过植树造林、草地修复和湿地恢复等措施，增加生态系统的碳储量。其次，推广可持续土地利用和农业管理技术，减少土壤碳库的损失，增加土壤有机质含量。此外，还需加强科学研究，深入了解碳循环的机制和影响因素，为制定有效的碳管理策略提供科学依据（Davidson and Janssens，2006）。

碳循环是生态系统功能和气候调控的重要环节，深入理解碳循环的机制和影响因素，对于实现生态系统的可持续管理至关重要。在未来的研究和实践中，需要进一步探索碳循环的复杂动态，为维护生态系统健康和全球环境稳定做出贡献（Pan et al.，2011）。

二、氮循环

氮元素在地球上以非生物和生物两种形式存在。最大的氮储层是氮气（N_2），占地球大气的 78%。由于大多数动植物缺乏能够固定大气 N_2 的酶系统，因此无法直接利用这种丰富的氮资源。土壤和植物（如豆科植物）根部的某些细菌可以将 N_2 转化为氨（NH_3），从而将非生物形式的氮转化为可供生物利用的生物态氮进入生态系统中，这个过程称为生物固氮。极少量 N_2 还可以通过闪电与空气的相互作用被固定。N_2 被固定为 NH_3 后，其他类型的细菌可以将 NH_3 转化为硝酸盐（NO_3^-）和亚硝酸盐（NO_2^-），然后可以被其他细菌和植物进一步利用。消费者（食草动物和捕食者）从取食的动植物中获取有机氮化合物。这些有机体的分泌物、凋落物或死亡残体等被细菌和真菌分解时，氮会返回土壤。细菌通过将 NO_3^- 和 NO_2^- 分解成 N_2（也称为反硝化作用）将氮释放回大气中。

氮循环是生态系统中氮元素在不同储存库和形态之间的循环和转化过程。氮是生物体必需的营养元素之一，对植物生长、微生物活动以及生态系统生产力具有重要影响。氮循环主要包括氮的固定、矿化、硝化、反硝化和氨挥发等过程，这些过程在大气、土壤、水体和生物体之间进行。

氮的固定是指将大气中的 N_2 转化为可被生物利用的氨（NH_3）或铵（NH_4^+）的过程。这一过程主要由固氮微生物完成，如根瘤菌和蓝藻。此外，一些非生物过程如闪电也能将 N_2 固定为硝酸盐（NO_3^-）。固定氮进入土壤后，被植物吸收利用并转化为有机氮化合物，储存在其组织中（Galloway et al.，2004）。固氮作用对生态系统的生产力具有重要意义，因为氮通常是限制植物生长的主要因素之一。

矿化作用是指有机氮化合物在微生物的作用下分解为无机氮（如 NH_4^+）的过程。这一过程将有机氮转化为可被植物再次利用的形式，是氮循环中的关键环节。矿化作用的效率受土壤温度、湿度、pH 值和有机质含量等因素的影响（Paul and Clark，1996）。适宜的温度和湿度条件有助于微生物活动，促进有机质的分解和氮的矿化。

硝化作用是指土壤中的 NH_4^+ 在硝化细菌的作用下转化为亚硝酸盐（NO_2^-）和硝酸盐（NO_3^-）的过程。硝酸盐是植物可以直接吸收利用的重要氮源。硝化作用通常在好氧条件下进行，其速率受土壤含氧量、温度和 pH 值的影响（Robertson and Groffman，2024）。硝化细菌如亚硝酸菌和硝酸菌在好氧环境中活动最为活跃。

反硝化作用是指硝酸盐和亚硝酸盐在反硝化细菌的作用下转化为 N_2 或氧化亚氮（N_2O）并释放到大气中的过程，这一过程通常在厌氧条件下进行，其速率受土壤含水量、有机质含量和微生物活性等因素的影响。反硝化作用是氮从土壤流失的重要途径之一，在湿地、稻田等水饱和环境中尤为显著（Firestone，1982）。

氨挥发是指土壤中的 NH_4^+ 在碱性条件下转化为氨气（NH_3）并挥发到大气中的过程。氨挥发通常在 pH 值较高、温度较高和风速较大的条件下发生，是农田氮肥损失的重要原因之一（Sommer et al.，2009）。氨挥发不仅导致氮肥利用效率降低，还可能造成大气污染和水体富营养化。

氮循环对生态系统的健康和生产力具有重要影响。首先，应合理施用氮肥，避免过量施肥导致的氮流失和环境污染。氮肥的合理施用可以提高氮的利用效率，减少氮的流失和对环境的负面影响。其次，应采用措施促进土壤中有机氮的矿化和硝化作用，提高氮的利用效率。增加土壤有机质含量，改善土壤结构，有助于微生物活动和氮循环。此外，应加强植被保护和恢复，通过植树造林、草地修复等措施增加土壤中固定氮的储量。植被不仅可以通过固氮微生物增加氮的输入，还可以通过减少土壤侵蚀和流失，保持土壤中的氮储量（Vitousek et al.，1997）。在农业实践中，推广轮作和间作等可持续农业技术，有助于改善土壤肥力和氮循环。通过种植豆科植物，可以利用其根瘤菌的固氮作用，提高土壤氮含量，减少对化肥的依赖。

氮循环的研究对于理解生态系统的功能和健康具有重要意义。未来的研究需要进一步探索氮循环的复杂动态，特别是在不同生态系统和环境条件下的表现。只有深入了解氮循环的机制和影响因素，才能制定出有效的管理策略，促进生态系统的可持续和健康发展。

三、其他循环

磷元素主要以磷酸盐（PO_4^{3-}）形式存在于沉积岩中。随着岩石的风化和侵蚀，溶解的 PO_4^{3-} 进入土壤并通过河流进入海洋。陆地和海洋中的初级生产者（光合作用生物）在吸收 PO_4^{3-} 的同时，产生所有生物生存和生长所必需的含磷有机化合物。这些生物体同化的含磷有机化合物通过动物排泄物（粪便）和死亡残体等的分解返回土壤或水中。人类活动极大地影响着磷循环，如以肥料、洗涤剂等污水废物的形式将 PO_4^{3-} 释放到生态系统中。磷没有主要的气态形式，因此只有极少量的含磷小颗粒尘埃随风存在于大气中。此外，硫循环也是维系陆地生态系统物质循环的基本机制之一，主要表现为硫是植物生长发育所必需的矿质营养元素，参与了重要生理生化过程，包括光合作用、氮固定、脂类和蛋白质合成等。在陆地生态系统（如草地）中，硫主要以可溶性硫酸盐的形式被植物吸收后参与蛋白质、氨基酸的合成，被放牧家畜所采食；动植物残体、家畜粪尿等经微生物分解后，将硫归还到大气、水体、土壤中，从而参与再循环。土壤中硫的淋溶损失是生态系统中硫的主要输出形式。其他循环如氢、氧的循环等也是生态系统物质循环的重要组成部分。

除了碳循环和氮循环，生态系统中还存在许多其他重要的生物地球化学循环，包括磷循环、水循环、硫循环和微量元素循环等。这些循环共同作用，维持生态系统的稳定和功能。

磷循环在生态系统中占据重要地位。磷是生物体必需的营养元素之一，对细胞膜结构、能量转移和遗传信息传递具有关键作用。磷循环主要包括磷的风化、吸收、沉积和再循环等过程。土壤中的磷主要以矿物磷和有机磷的形式存在，通过风化作用释放为可溶性 PO_4^{3-}，被植物吸收利用。植物残体和动物排泄物中的磷通过微生物分解作用重新进入土壤，形成磷的再循环（Walker and Syers，1976；Chen et al.，2024）。磷在土壤中的有效性受 pH 值、土壤矿物质和有机质含量等因素的影响。酸性土壤中，磷容易与铝、铁形成难溶性化合物，降低其有效性；而在碱性土壤中，磷则容易与钙形成难溶性化合物。同样，有机质的存在可以通过螯合作用增加磷的有效性。

水循环是生态系统中最为基础的循环之一。水循环通过蒸发、降水、径流和渗透等过程在大气、地表和地下之间循环。水是生命活动必不可少的物质，对生态系统的能量流动和物质循环具有重要影响。植物通过蒸腾作用将土壤中的水分转移到大气中，调节气候并影响水循环（Oki and Kanae，2006）。水循环的动态变化对生态系统的健康和功能具有重要影响。降水量和降水模式的变化可以影响土壤水分含量，进而影响植物的生长和微生物活动。水体中的径流和渗透过程可以影响养分的流失和土壤的侵蚀。为了保持水循环的正常进行，需要采取措施保护水资源，减少水污染和过度利用。

硫循环在生态系统中同样重要。硫是生物体的必需元素之一，参与蛋白质的合成。硫循环包括硫的矿化、硫酸盐还原和硫氧化等过程。土壤中的有机硫通过微生物矿化作用转化为无机硫酸盐（SO_4^{2-}），被植物吸收利用（Scherer，2009；Santana et al.，2021）。硫酸盐在厌氧条件下通过硫酸盐还原菌转化为硫化氢（H_2S），硫化氢在好氧条件下通过硫氧化菌转化为硫酸盐，完成硫的循环（Gadd，2010）。硫循环的动态变化对生态系统的健康和生产力具有重要影响。硫酸盐还原和硫氧化过程不仅影响土壤中硫的有效性，还对土壤的 pH 值和氧化还原状态产生重要影响。硫的过量或不足都可能对植物生长和微生物活动产生负面影响。因此，在农业生产中需要合理施用含硫肥料，保持土壤中硫的适宜水平。

微量元素循环包括铁、锰、锌、铜等元素的循环，这些元素在植物生长和微生物代谢中起重要作用。微量元素在土壤中的有效性受 pH 值、有机质含量和氧化还原条件等因素的影响。植物通过根系吸收土壤中的微量元素，微生物通过分解有机质释放微量元素，促进其在生态系统中的循环（Alloway，2012）。微量元素的动态平衡对生态系统的健康和生产力具有重要影响。微量元素的不足可能导致植物缺素症,影响其生长和产量;而微量元素的过量则可能造成毒害,影响植物和微生物的正常代谢。因此,在农业生产中需要合理施用微量元素肥料,保持土壤中微量元素的适宜水平。

了解和管理这些生物地球化学循环对生态系统的健康和可持续性至关重要。通过科学研究和实际应用,可以更好地理解和管理这些循环,促进生态系统的健康和可持续发展。未来的研究需要进一步探索这些循环的复杂动态,特别是在不同生态系统和环境条件下的表现。只有深入了解这些循环的机制和影响因素,才能制定出有效的管理策略,促进生态系统的可持续和健康发展。

第二节 植物入侵对生态系统过程的影响

一、植物入侵对初级生产力的影响

光合速率反映了植物生物量累积和生态系统初级生产力的潜力。植物通过光合作用将大气 CO_2 中的碳转化为含碳的有机化合物(如糖类),并推动着整个生态系统的碳循环。某些入侵植物具有 C_4 光合途径,如互花米草(*Spartina alterniflora*)和白羊草(*Bothriochloa ischaemum*)。一般来说,C_4 植物比 C_3 植物能更有效地进行光合作用固定碳。此外,相对于 C_3 植物,C_4 植物被认为对非生物压力的耐受性更强。

然而,一些入侵植物与其共存的土著植物有相似的光合速率,但可能更早出现,更晚衰老(Harrington et al.,1989)。这些物候学上的差异导致入侵植物的光合季长于同期的土著植物,并大大增加了被入侵生态系统的年均碳增益(Liao et al.,2007)。

下面我们列出一些可能使入侵植物比与其共生的土著植物具有更高光合速率和生长速率的生态生理特征。

更高的资源利用率:氮和水分是决定植物光合能力和生长速率的基本资源。光合氮利用效率(NUE)和水分利用效率(WUE)分别表示光合作用过程中每单位叶片氮和每单位水蒸气中碳转化为糖的量。在许多情况下,入侵植物的光合氮利用率高于与其共生的土著植物。例如,Funk 和 Vitousek(2007)通过比较来自美国夏威夷 3 种生境(其中光照、水分或氮的可利用性为限制因素)的 19 对系统发育相关的入侵植物和土著植物物种,发现与较高的光合碳固定效率相对应,入侵植物具有较高的氮利用效率(NUE)。然而,高的光合碳固定会使气孔大量开启,从而导致水分通过蒸腾过程流失。例如,Cavaleri 和 Sack(2010)的一项汇集了 40 个独立研究数据的全球整合分析发现,入侵植物的气孔导度高于与其共生的土著植物物种。然而,该整合分析表明,入侵植物似乎有更高的水分利用效率(WUE),这可能抵消高气孔导度导致的水分流失带来的负面影响(Cavaleri and Sack,2010)。

更高的比叶面积(SLA):叶单位面积与其干重之比,是单位叶片生物量投入的光捕获表面积的指标,其与植物生长速率呈正相关关系。一些入侵植物正是通过调节这一生态生理特征,来增强其被入侵生态系统中的光合同化能力与生长优势。Leishman 等(2007)通过分析群落水平和全球尺度下的叶片性状数据发现,入侵植物的叶面积比(LAR)显著高于土著植物,这可能使入侵植物具有更高的基于单位质量的光合能力(Leishman et al.,2007)。然而,还有一些入侵植物的 SLA 明显低于与其共生的土著植物。例如,在长江口,入侵物种互花米草的 SLA 低于与其共生的土著物种芦苇(*Phragmites australis*)和海三棱藨草(*Scirpus mariqueter*)(Jiang et al., 2009),但是前者的生产力和竞争力都远高于后者。

较高的叶片生物量和养分分配:植物生物量分配在从植物个体生长到生态系统碳循环过程中影响着植被和生态系统特性。一些入侵植物将更多的生物量分配给叶片和主要侧枝,从而产生比系统发育关系相近的土著植物更高的光合碳同化率。例如,与 3 种土著植物相比,入侵的千屈菜(*Lythrum salicaria*)似乎有更高的叶重比,这可能导致入侵植物在欧洲中部的生长更加旺盛(Bastlová and Květ,2002)。正如在入侵的紫茎泽兰(*Ageratina adenophora*)中观察到的那样,具有较高 SLA 的入侵植物也可能会将较低比例的叶片 N 分配给细胞壁,保留更多的 N 用于光合作用(Feng et al.,2009)。

更低的叶构造成本(CC):叶片构造不仅需要消耗材料,还需要消耗在叶片中转运和组装这些材料所需的能量。CC 是生物量生产所需能量的量化指标,定义为构造单位数量的叶组织所用的光合固定碳的量。入侵植物可能获益于低 CC,从而增加了叶片中光合固定碳的净增益。例如,Baruch 和 Goldstein(1999)通过比较美国夏威夷沿海拔和基质年龄梯度的 34 个土著植物和 30 个入侵植物的共 83 个种群,发现入侵植物的 CC 低于土著植物。这种高效利用资源的特性与夏威夷入侵植物的高生长率一致(Baruch and Goldstein,1999)。

更高的光适应力:光是发育良好植被的限制因子之一,尤其在原生林的封闭树冠中。然而,扰动造成的树冠间隙(如台风、树倒)会突然增加光的可利用性,可能导致具有高环境适应力的入侵植物有更大的幼苗成活率,并成功入侵原生林。在一项增加光照可利用性条件下比较入侵树种秋枫(*Bischofia javanica*)和三个土著树种的研究中,前者的幼苗表现出增加其阴面叶片最大光合速率的最大能力,产生新形成的阳面叶片,并增加其相对生长速率,这表明相较于土著树种,入侵树种更适合捕获和利用光资源(Yamashita et al.,2000)。Li 等(2024)对入侵物种肿柄菊(*Tithonia diversifolia*)与两种土著物种臭牡丹(*Clerodendrum bungei*)和艾纳香(*Blumea balsamifera*)光合动态的研究表明,与土著植物相比,入侵植物肿柄菊(*Tithonia diversifolia*)具有更有效的光合诱导响应策略和更高的气孔导度。

更强的表型可塑性:表型可塑性强的入侵植物拥有在不同环境条件下改变群落结构和功能的能力,并且具有提升其占据更多生境类型的能力。在一项涉及 75 对入侵/非入侵植物数据的综合研究中,Davidson 等(2011)发现,入侵植物的表型可塑性显著高于非入侵植物。更强的植物性状表型可塑性使入侵植物可以适应更广泛的资源可用性,并可能促进其成功地在新的地区克隆和定殖(Davidson et al.,2011)。

由于总初级生产力(GPP)和净初级生产力(NPP)都与光合速率成正相关,植物入侵也会对 GPP 和 NPP 产生相当大的影响(表 15-1)。整合分析表明,植物入侵使森林和草原生态系统的地上净初级生产力(ANPP)增加了 79%,使湿地生态系统的 ANPP 提高了 2 倍(Liao et al.,2008)。

表 15-1 涉及植物入侵对主要生态系统碳通量影响的部分案例研究摘要

被入侵生态系统	主客物种	入侵物种	方法	入侵影响	参考文献
		光合速率			
森林	马占相思（Acacia mangium）	山榄子（Buchanania arborescens）、红厚壳（Calophyllum inophyllum）和银丝茶属植物（Ploiarium alternifolium）	LI-6400XT	+78%～+97%（30℃下净CO_2累积率）	Ibrahim et al., 2021
森林	山榄子（Buchanania arborescens）	马占相思（Acacia mangium）和大叶相思（Acacia auriculiformis）	LI-6400XT	+18%～+22%（净CO_2累积率）	Le et al., 2019
森林	乔木属植物（Pseudopanax arboreus）、南鹅掌柴（Schefflera digitata）、酒果属植物（Aristotelia serrata）、杜英槭（Elaeocarpus hookerianus）、小叶槐（Sophora microphylla）、狭叶缎带木（Hoheria angustifolia）、低地缎带木（Plagianthus regius）、树倒挂金钟（Fuchsia excorticata）、毛柴木属植物（Pennantia corymbosa）、橙香海桐（Pittosporum eugenioides）、薄叶海桐（Pittosporum tenuifolium）、臭叶木属植物（Coprosma rotundifolia）、单枝蜜莱荑（Melicope simplex）、蜜花堂（Melicytus ramiflorus）和彩叶含笑林仙（Pseudowintera colorata）	西洋接骨木（Sambucus nigra）、欧梣（Fraxinus excelsior）和欧亚槭（Acer pseudoplatanus）	LI-6400	无显著变化	Heberling and Mason, 2018
雨林	落尾木属植物（Pipturus albidus）、耳草属植物（Hedyotis terminalis）和九节属植物（Psychotria mariniana）	巴西肖乳香（Schinus terebinthifolius）、尾叶芩木（Citharexylum caudatum）、夜香树（Cestrum nocturnum）、草莓番石榴（Psidium cattleianum）和 Bidens pilosa	带 Li-Cor 6600 红外气体分析仪的 Pacsys 9900 气体交换系统	>100%（在光下生长时的平均光饱和光合速率）	Pattison et al., 1998
森林和灌丛带	柯阿金合欢（Acacia koa）、车桑子（Dodonaea viscosa）、小石积（Osteomeles anthyllidifolia）、落尾木属植物（Pipturus albidus）和苦参属植物（Sophora chrysophylla）	南洋楹（Falcataria moluccana）、银合欢（Leucaena leucocephala）、草莓番石榴（Psidium cattleianum）、窄叶火棘（Pyracantha angustifolia）和巴西肖乳香（Schinus terebinthifolius）	Li-Cor 6400	无显著变化（基于质量的净光合速率）	Funk et al., 2013

第十五章　植物入侵、气候变化和生态系统过程

续表

被入侵生态系统	土著物种	入侵物种	方法	入侵影响	参考文献
草原	莴苣属植物（Lactuca ludoviciana）、胡枝子属植物（Lespedeza capitata）、洽草属植物（Koeleria pyramidata）、加拿大披碱草（Elymus canadensis）和大须芒草（Andropogon gerardii）	截叶铁扫帚（Lespedeza cuneata）和臭根子草（Andropogon bladhii）	Li-Cor 6400	无显著变化（最大净光合速率）	Smith and Knapp, 2001
草地	蟛蜞菊（Sphagneticola calendulacea）	南美蟛蜞菊（Sphagneticola trilobata）	Li-Cor 6400	无显著变化（最大净光合速率）	Sun et al., 2022
草地	黄茅（Heteropogon contortus）	水牛草（Pennisetum ciliare）	Li-Cor 6400	+81%（最大净光合速率）	Ravi et al., 2022
大田	麻叶蟛蜞菊（Wedelia urticifolia）和蟛蜞菊（Wedelia chinensis）	南美蟛蜞菊（Sphagneticola trilobata）	LI. 6400	+53%~87%（光饱和和净光合速率）	He et al., 2018
沙漠	相思树属植物（Acacia tortilis subsp. raddiana）	腺牧豆树（Prosopis glandulosa）	红外气体分析仪（IRGA）	无显著变化（除LR-D处理外的最大净光合速率和净光合速率）	Abbas et al., 2019
盐沼	芦苇（Phragmites australis）	互花米草（Spartina alterniflora）	Li-Cor 6400	+16%（最大净光合速率）	Jiang et al., 2009
盐沼	海三棱藨草（Scirpus mariqueter）	互花米草（Spartina alterniflora）	Li-Cor 6400	+121%（最大净光合速率）	Jiang et al., 2009
地上净初级生产力						
草原	大须芒草（Andropogon gerardii）、蓝刚草（Sorghastrum nutans）	粗叶梾木（Cornus drummondii）	地上生物量转化	+197%	Lett et al., 2004
草原	帚状裂稃草（Schizachyrium scoparium）、Sporobolus compositus、Bothriochloa laguroides、Bouteloua curtipendula和蓝刚草（Sorghastrum nutans）	白羊草（Bothriochloa ischaemum）、毛花雀稗（Paspalum dilatatum）和光头稷（Panicum coloratum）	地上生物量转化	+80%	Wilsey and Polley, 2006
草地	乔松（Pinus wallichaina）	滨菊（Leucanthemum vulgare）	地上生物量转化	+123%~181%	Khan et al., 2021
高山湖	水韭属植物（Isoetes alpinus）、眼子菜属植物（Potamogeton cheesemani）和狐尾藻属植物（Myriophyllum triphyllum）	伊乐藻（Elodea canadensis）和大卷蕴藻属（Lagarosiphon major）	^{14}C 技术	+41%（附生植物初级生产力）；高10倍（大型植物初级生产力）	Kelly and Hawes, 2005
火山湖	水葱属植物（Schoenoplectus californicus）和凤眼莲（Eichhornia crassipes）	黑藻（Hydrilla verticillata）	生物量转化	无显著变化	Rejmankova et al., 2018
盐沼	碱蓬属植物（Suaeda maritima）和海滨碱蓬（Puccinellia maritima）和滨藜属植物（Atriplex portulacoides）	披碱草属植物（Elymus athericus）	地上生物量转化	+51%	Valéry et al., 2004

续表

被入侵生态系统	土著物种	入侵物种	方法	入侵影响	参考文献
盐沼	盐地碱蓬（*Suaeda salsa*）	互花米草（*Spartina alterniflora*）	地上生物量转化	+16.93%~+92.48%	Zhang et al., 2018
湿地	海三棱藨草（*Scirpus mariqueter*）和芦苇属（*Phragmites*）	米草（*Spartina*）	EC 塔测定	+55%（每年）	Gao et al., 2021
河岸	拟南芥（*Arabidopsis thaliana*）	喜马拉雅凤仙花（*Impatiens glandulifera*）	地上生物量转化	无显著变化	Power and Vilas, 2020
土壤呼吸					
热带干燥森林	柿属植物（*Diospyros sandwicensis*）和香假鱼骨木（*Psydrax odorata*）	绒毛狼尾草（*Pennisetum setaceum*）	LI-Cor 6400 系统和 ^{13}C 同位素标记	+37%~+40%（年累积 CO_2 流出量）	Litton et al., 2008
落叶林	北美水青冈（*Fagus grandifolia*）、沼泽山核桃（*Carya glabra*）、美国绒毛栎（*Quercus velutina*）、美国白栎（*Q. alba*）、红栎（*Q. rubra*）、北美鹅掌楸（*Liriodendron tulipifera*）、糖槭（*Acer saccharum*）和白檫木（*Sassafras albidum*）	荩竹（*Microstegium vimineum*）	^{13}C 自然丰度	+41%（CO_2 释放率）	Kumar et al., 2020
半自然林	夏栎（*Quercus robur*）	红槲栎（*Quercus rubra*）	土壤培养	−24%（土壤基础呼吸率）	Stanek and Stefanowicz, 2019
森林	美洲黑杨（*Populus deltoides*）	加拿大一枝黄花（*Solidago canadensis*）	Li-Cor 6400	+126%	Yang et al., 2020
灌丛带	加州蒿（*Artemisia californica*）、蓼属植物（*Eriogonum fasciculatum*）和蜜腺鼠尾草（*Salvia mellifera*）	长刺矢车菊（*Centaurea solstitialis*）、弓德雀麦（*Bromus madritensis*）和灰芥（*Hirschfeldia incana*）	LI-8100 自主土壤 CO_2 通量系统	+40%（累积 CO_2 流出量）	Mauritz and Lipson, 2013
草原	假鹅观草属植物（*Pseudoroegneria spicata*）、爱达荷羊茅（*Festuca idahoensis*）、西部小麦草（*Pascopyron smithii*）和针茅（*Stipa capillata*）	斑点矢车菊（*Centaurea maculosa*）	土壤培养	+81%（潜在可呼吸 C）	Hook et al., 2004
草地	画眉草（*Eragrostis pilosa*）和田菁（*Sesbania cannabina*）	喜旱莲子草（*Alternanthera philoxeroides*）或加拿大一枝黄花（*Solidago canadensis*）	田间呼吸测定	+30%（年累积 CO_2 流出量）	Zhang et al., 2018

第十五章　植物入侵、气候变化和生态系统过程

续表

被入侵生态系统	土著物种	入侵物种	方法	入侵影响	参考文献
灌丛带	加州蒿（*Artemisia californica*）和蜜腺鼠尾草（*Salvia mellifera*）	马德雀麦（*Bromus madritensis*）和二穗短柄草（*Brachypodium distachyon*）	田间呼吸测定	+18%（年累积CO_2流出量）	Wolkovich et al., 2010
淡水湖	慈姑属植物（*Sagittaria latifolia*）	芦苇（*Phragmites australis*）	土壤培养	+78%（基础呼吸）	Rothman and Bouchard, 2007
灌丛带	芦苇（*Phragmites australis*）	加拿大一枝黄花（*Solidago canadensis*）	田间呼吸测定	−19%（基础呼吸）	Hu et al., 202
半干旱灌丛	加州蒿（*Artemisia californica*）、苞蓼属植物（*Eriogonum fasciculatum*）和蜜腺鼠尾草（*Salvia mellifera*）	红雀麦（*Bromus madritensis* var. *rubens*）、长刺矢车菊（*Centaurea solstitialis*）和灰芥（*Hirschfeldia incana*）	LI-8100自动CO_2助熔系统（LI-COR）	+40%（两个生长季的土壤总呼吸）	Mauritz and Lipson, 2021
淡水湖	一枝黄花（*Solidago* spp.）、紫菀（*Aster* spp.）、悬钩子（*Rubus* spp.）、马利筋（*Asclepias* spp.）、五叶地锦（*Parthenocissus quinquefolia*）、毒漆藤（*Toxicodendron radicans*）、鸭茅（*Dactylis glomerata*）、野蔷薇（*Rosa multiflora*）、忍冬（*Lonicera* spp.）、糖槭（*Acer saccharum*）、美国白梣（*Fraxinus americana*）、松 *Pinus strobus* 和 *Carya* spp.	俄罗斯白前（*Vincetoxicum rossicum*）	配备SRC-1土壤呼吸室和STP-1土壤温度探头的CIRAS-1便携式红外气体自动分析仪	无显著变化	Thompson et al., 2018
大农场	假鹅观草属植物（*Pseudoroegneria spicata*）和劲直钓钟柳（*Penstemon strictus*）	旱雀麦（*Bromus tectorum*）、乳浆大戟（*Euphorbia esula*）和直立委陵菜（*Potentilla recta*）	土壤培养	无显著变化（936 h的CO_2累积）	Mcleod et al., 2021
大农场	假鹅观草属植物（*Pseudoroegneria spicata*）和劲直钓钟柳（*Penstemon strictus*）	斑点矢车菊（*Centaurea stoebe*）	土壤培养	−62%（936 h的CO_2累积）	McLeod et al., 2021
盐沼	芦苇（*Phragmites australis*）	互花米草（*Spartina alterniflora*）	土壤培养和^{13}C标记	无显著变化（153天培养后CO_2中的^{13}C）	Zhang et al., 2020

二、植物入侵对土壤呼吸的影响

有关植物入侵对地下碳循环影响的认识相对匮乏。土壤呼吸是 CO_2 从土壤进入大气的过程,是生态系统碳流失的最大通量(Mauritz and Lipson,2013;Lei et al.,2021)。土壤呼吸受植物碳对土壤碳的输入以及土壤生物和非生物环境的影响。因此,由于生物环境(植物根系生物量和活性、凋落物数量和质量、微生物群落结构和功能、营养结构)和非生物环境(例如,通过改变水获取深度和时间进行的水文循环,以及通过改变地上植被遮阴得到的土壤温度)的改变,植物入侵可能影响土壤呼吸速率(Bu et al.,2015;Ehrenfeld,2010;Ehrenfeld et al.,2001;Levine et al.,2003;Liao et al.,2007,2008)。在大多数情况下,植物入侵会增加土壤碳分解和土壤呼吸速率(Fan et al.,2024)。此外,研究表明植物入侵也会改变土壤呼吸的温度敏感性(Hu et al.,2022;Zhang et al.,2018)。

土壤呼吸总量可分为异养和自养两部分,其分别为植物根系和土壤分解者的呼吸产物。量化土壤异养和自养呼吸对植物入侵响应的变化,对理解植物根系和土壤分解者在生态系统碳循环中的重要作用十分重要。然而,针对这一问题的研究极少。在半干旱灌丛林中,植物入侵通过刺激土壤自养呼吸过程,大大增加了土壤呼吸总量。然而,有研究发现,植物入侵不会改变土壤异养呼吸的累积量,但会改变其季节模式(Mauritz and Lipson,2013)。

包括湿地在内的水生生态系统是大气中甲烷的最主要来源,此类生态系统的碳流失途径为厌氧呼吸。然而,在水生生态系统中观察到甲烷排放对植物的响应表现出高度变异性。例如,荷兰湖泊(Dingemans et al.,2011)和中国盐沼中的入侵植物可以促进甲烷排放(Dingemans et al.,2011;Yuan et al.,2014)。然而,在温室控制实验中,入侵植物降低了甲烷排放率(Kao-Kniffin et al.,2010)。O_2 向缺氧沉积物的转运能力差异可促进细菌对甲烷的消耗,从而导致水生生态系统中甲烷排放对植物入侵的响应表现出高度变异性。

三、植物入侵对生态系统碳库的影响

植物入侵可以显著增加植物地上和地下碳库、土壤碳库和微生物碳库的大小(Liao et al.,2008;Zhang et al.,2023)。然而,不同生态系统间碳库变化的方向和幅度都有很大的差异(Liao et al.,2008)。在草原上,植物入侵增加了植物地上碳(+70%)、凋落物碳(+31%)、土壤碳(+4%)和微生物碳(+77%)库的大小。然而,植物入侵还会略微降低草原植物地下碳(−4%)库的大小。在湿地中,植物入侵增加了植物地上和地下碳(分别为+210%和+57%)、凋落物碳(+72%)和土壤碳(+7%)库的大小,而湿地微生物碳库大小对植物入侵的响应不显著。在森林生态系统中,植物入侵增加了凋落物和土壤碳(分别为+92%和+9%)库的大小。然而,植物入侵降低了植物地上和地下碳(分别为−54%和−74%)及微生物碳(−11%)库的大小。遗憾的是,对可能导致植物入侵下土壤碳固存改变的土壤碳动态和相关植物-土壤过程/物理环境的了解仍然有限。由于生态系统碳固存是一个长期储存过程,更多关于植物入侵对生态系统碳固存动态影响的长期观测和模型评估将对提高我们对生态系统碳固存的认识有很大的帮助。

外来入侵植物对土壤碳库的影响可能是由外来入侵植物的净初级生产力不同于土著植物引起的。研究表明,相比于土著植物,外来入侵植物可以提高净初级生产力或生物量(Valéry et al.,2004),进而可能会增加土壤碳库存。外来入侵植物除了通过改变净初级生产力,还可能通过影响凋落物动态进一步影响土壤碳循环。凋落物数量、植物不同器官凋落物的性质和分解率以及生物量配比等多个因素共同决定了凋落物的分解率。有研究认为外来植物的凋落物比土著植物分解快(Allison and Vitousek,2004;Standish et al.,2004;Patil et al.,2020),但也有研究结果与此观点相反,认为外来植物凋落物的分解速率比土著植物慢(Valéry et al.,2004;Liao et al.,2007)。

外来入侵植物对土壤有机碳含量的影响还未达成一致。有研究表明外来植物入侵可以增加土壤有机碳含量(Saggar et al.,1999),但也有研究认为对土壤有机碳含量没有显著影响(Windham and Lathrop,1999),这可能是由土壤碳分解速率不同引起的。一些研究认为外来植物入侵加速了土壤碳分解速率,减少了土壤碳固存(Waller et al.,2020)。Vinton 和 Burke(1995)比较发现,入侵美国科罗拉多州东北部的藜科植物地肤(*Kochia scoparia*)土壤碳的矿化速率比其他 6 种土著植物平均高了 40%。而另有研究则表明,外来植物的土壤碳矿化速率低于土著植物(Valéry et al.,2004)或两者没有显著差异(Porazinska et al.,2003)。

四、植物入侵对净生态系统碳交换的影响

净生态系统碳交换量(NEE)是衡量生态系统中总体上吸收或释放碳的量,对理解生态系统在全球碳循环中的角色至关重要。NEE 值反映了生态系统的固碳能力和碳排放情况,因此植物入侵对 NEE 的影响成为当前生态学研究的热点之一。

迄今为止,关于植物入侵如何影响 NEE 的研究还相对有限,特别是在生态系统水平上的实验数据尤为稀缺。然而,一些先行研究已经显示,植物入侵可以显著改变生态系统的碳动态,从而对气候变化产生重要影响。例如,在中国东部的盐沼生态系统中,互花米草的入侵被发现显著增加了该区域的固碳量。Zhang 等(2024)的研究表明,互花米草入侵显著增加了中国沿海地区的土壤有机碳(SOC)储量。这种情况下,植物入侵被认为对碳汇有积极贡献,有助于减缓大气中 CO_2 的增加,对抗气候变化。然而,也有研究指出,一些入侵植物可能对 NEE 产生负面影响,特别是当它们替代了原生植被并改变了生态系统的结构和功能时。例如,Prater 等(2006)的研究发现,被一年生草本植物入侵的灌木蒿丛群落的固碳量显著减少。这种情况可能导致生态系统从碳汇转变为碳源,即减少了 CO_2 的吸收能力或增加了 CO_2 的排放量,从而对气候变化产生正反馈效应。

尽管植物入侵对 NEE 的影响可能是复杂和多样的,但其潜在影响仍然值得深入探讨。首先,植物入侵可能通过增加生物量和改变土壤有机质分解过程来影响碳固定和释放速率。其次,入侵植物可能改变生态系统的水热条件,进而影响植物的生长季节和碳

动态。这些机制不仅在地方尺度上具有重要意义，也可能在全球尺度上对碳循环产生显著影响。

为了更全面地理解植物入侵对 NEE 的影响，需要开展更多的实验研究和长期监测。生态系统水平的实验可以模拟不同入侵植物对生态系统碳动态的影响，评估其对 NEE 的直接和间接影响。长期监测有助于揭示入侵植物对生态系统碳交换的累积效应，并揭示其随时间推移和空间变化所呈现的动态模式。此外，还需要综合考虑植物入侵与气候变化之间的相互作用。气候变化可能加剧某些入侵植物的竞争优势，进一步改变其对生态系统碳动态的影响。因此，未来的研究不仅应关注入侵植物本身的生物学特性，还应考虑生态系统背景下的气候变化因素，以全面评估其对 NEE 的长期影响。

总之，植物入侵对净生态系统碳交换的影响是一个复杂而具有挑战性的研究领域。通过深入探索入侵植物与生态系统碳动态的关系，可以为生态系统管理和气候变化适应提供科学依据和管理策略。未来的研究需要集成生态学、生物地球化学和气候学等跨学科方法，以全面理解和预测植物入侵对 NEE 的影响，推动生态系统的健康和可持续发展。

五、植物入侵对固氮的影响

氮元素是构成生命组织的重要元素，含量仅次于氧元素、碳元素和氢元素。氮是构成蛋白质、DNA 和叶绿素等的重要组成。地球上的氮元素非常丰富，氮气占大气总量的 78%以上。然而，氮气形态的氮元素并不能被大部分植物直接利用。只有通过固氮作用（nitrogen fixation），氮原子与氢或氧结合成含氮化合物（主要包括铵态氮 NH_4^+ 和硝态氮 NO_3^-），才可被植物利用。由微生物介导的生物固氮过程是自然界固氮作用的主要方式。

入侵物种可以通过共生的固氮微生物增强入侵地的固氮作用。这种现象最早发现于一种与固氮放线菌共生的灌木——火树（*Morella faya*），其于 19 世纪末期入侵夏威夷岛氮素贫瘠的火山土壤（Vitousek and Walker, 1989）。火树的入侵使得处于演替初期的雨林的固氮量提高了 4 倍，同时也提高了土壤氮矿化速率和氮的有效性（Vitousek and Walker, 1989）。许多广泛传播的入侵植物物种都和固氮微生物有共生关系，这种互利的共生关系可以在入侵地形成植物-土壤的正反馈，从而促进外来物种的入侵（Richardson et al., 2000）。

此外，外来物种也可通过影响根际的非共生固氮微生物提高土壤固氮能力。研究表明，紫茎泽兰（*Ageratina adenophora*）入侵可以显著增加森林生态系统中固氮细菌的多样性和丰度，从而提高土壤中氮的有效性（Xu et al., 2012）。在河口盐沼生态系统中，互花米草（*Spartina alterniflora*）入侵显著增加了土壤固氮速率和固氮基因丰度（Huang et al., 2016）。

虽然固氮植物和非固氮植物的入侵都会影响固氮能力，但是固氮植物入侵对固氮能力的影响更强，特别是在养分贫瘠的生态系统，固氮植物的入侵可以极大地提高土壤氮的可利用性（Castro-Diez et al., 2014; Raghurama and Sankaran, 2022）。

六、植物入侵对生态系统氮库的影响

整体上，植物入侵可以显著增加生态系统氮库，包括植物氮库和土壤氮库。Liao 等（2008）通过整合分析发现，入侵植物组织的氮浓度、土壤铵态氮含量和硝态氮含量分别比本地生态系统高 40%、30% 和 17%。

植物入侵可以显著增加植物氮库（Tan et al., 2024），表现为入侵植物的氮浓度高于土著植物。此外，外来入侵植物往往比土著物种具有更高的生物量、更高的净初级生产力和更快的生长速率。入侵植物的根系扩展能力更强，能够吸收土壤中土著植物不能吸收和利用的氮，从而增加植物氮库（Luo et al., 2006）。Windham 和 Ehrenfeld（2003）发现入侵植物芦苇的地上和地下植物氮库均高于土著植物狐米草（*Spartina patens*）。Lett 等（2004）对灌木物种入侵草地的研究表明，灌木林的地上部分氮库比草地的地上部分氮库高近 9 倍。

植物入侵对土壤总氮的影响不一致。有研究表明外来植物增加了其入侵地土壤总氮储量（Yelenik et al., 2004）。这是因为植物入侵可以显著提高生态系统的地上净初级生产力，还可能产生更易分解的凋落物，从而提高植物对土壤碳输入的质量和数量，进而提高包括固氮微生物在内的土壤微生物的活性，增加土壤固氮速率和氮的有效性（Luo et al., 2006）。例如，入侵植物山柳菊属植物（*Hieracium* spp.）显著增加了入侵地土壤总氮储量，这可能是氮净矿化速率的降低，导致氮循环速率下降，从而使得土壤总氮不断富集（Scott et al., 2001）。然而，也有研究报道外来入侵植物降低了其入侵地土壤总氮含量（Christian and Wilson, 1999）。这可能是由于外来植物地下生物量低于土著物种，根系向土壤输入的总氮量减少（Christian and Wilson, 1999）。还可能是因为植物入侵会加速土壤氮的矿化作用（Yu et al., 2021）。如 Windham 和 Ehrenfeld（2003）发现，入侵美国东海岸的芦苇，其土壤氮矿化速率是土著植物的 3 倍，这可能是因为芦苇含氮量高，加速土壤微生物对有机氮的分解利用。但也有研究认为，外来植物会抑制土壤氮矿化速率（Wolf et al., 2004）或与土著植物土壤没有差异（Porazinska et al., 2003）。此外，还有一些研究认为外来植物对入侵地土壤总氮储量无显著影响（Porazinska et al., 2003；Hook et al., 2004）。相比于土著植物狐米草（*Spartina patens*），入侵美国东海岸芦苇的凋落物中氮含量增加，但由于芦苇土壤氮矿化速率显著高于狐米草，芦苇凋落物对土壤氮输入的增量被高矿化速率抵消，土壤氮总量并没有显著变化（Windham and Ehrenfeld, 2003）。此外，外来植物入侵对土壤无机氮（铵态氮和硝态氮）的影响同样存在增加（Yelenik et al., 2004）、减少（Wolf et al., 2004）或没有影响（Windham and Ehrenfeld, 2003）3 种格局。

植物入侵对土壤碳库和氮库可能产生差异性影响。相较于本地生态系统，土壤微生物生物量的增加可以提高入侵生态系统中的净氮积累（Knops et al., 2002）。相较于非固氮植物，外来固氮植物对土壤碳库的增强效果更强（Vilà et al., 2011）。但是也有研究发现，由于次生化合物对微生物活性的抑制作用，固氮外来植物并没有增加土壤碳库（Castro-Díez et al., 2012）。植物入侵后，生态系统土壤氮库的增加幅度高于土壤碳库的增加幅度，生态系统在被入侵后表现出更低的土壤碳氮比（Liao et al., 2008），这可能是由于在凋落物分解过程中，凋落物中氮的释放比例要高于碳（Christian and Wilson, 1999）。

入侵物种在生长速度、组织寿命和生长形态等特征上常常有别于土著物种。这些性状很大程度上影响着氮循环的速率，因此植物入侵会对氮的循环和固持产生影响。生长缓慢的植物物种倾向于构建寿命较长的组织以用于防御和保守生长，这些组织分解速率较慢，导致缓慢的氮矿化速率，使较多的氮固持在有机质中。相反，快速生长的植物趋向于生产氮含量较高的植物组织，这些植物组织拥有较快的分解速率，氮的矿化速率快，加速氮循环速率。同样，一年生植物将全年的氮用于生长和繁殖，而多年生植物会将一部分氮用于储存，从而减缓氮循环。此外，相较于草本植物，木本植物会投入更多资源用于长寿命组织，从而减缓氮循环。因此，入侵后，植物性状或者生长策略发生显著改变时，氮循环将发生改变。这个转变过程可能是渐进式的，受到植物性状差异的调控。位于科罗拉多州一个多年生草本植物占优势的草地生态系统中，一年生外来草本植物地肤（*Kochia scoparia*）的入侵显著加速了氮循环（Vinton and Burke，1995）。在新西兰的一片罗汉松阔叶林中，多年生草本植物白花紫露草（*Tradescantia fluminensis*）的入侵显著增加了土壤有机质含量、凋落物分解速率以及无机氮库（Standish et al.，2004）。

七、植物入侵对生态系统氮输出的影响

氨挥发、硝化作用和反硝化作用是气态氮从生态系统损失的主要途径。硝化作用是指土壤硝化微生物将铵盐氧化为硝酸盐的过程。反硝化作用是指反硝化微生物在缺氧或者微量氧的条件下，将氮氧化合物（NO_2^-和NO_3^-）还原为气态氮（NO、N_2O和N_2）的过程。厌氧氨氧化作用是指在厌氧的环境中，以NO_2^-作为电子受体，将NH_4^+氧化为N_2的过程。

从整体上看，植物入侵会增强生态系统的氮输出过程。Liao等（2008）通过整合分析发现入侵植物土壤中的硝化速率比本地生态系统高53%。与非固氮物种相比，外来固氮植物对硝化作用的增强作用更强（Vilà et al.，2011）。

在土壤含氧量较低的滨海湿地生态系统，互花米草入侵可以提高湿地脱氮能力。互花米草入侵红树林湿地后，显著增强了土壤的反硝化作用，增加了土壤N_2O的排放（Gao et al.，2019）。互花米草入侵土著盐沼后，也会增强土壤反硝化和厌氧氨氧化过程，从而加速生态系统氮输出（Gao et al.，2017）。

外来入侵植物对土壤反硝化过程影响的研究相对较少，得到的影响结果也未达成一致。Windham 和 Ehrenfeld（2003）发现入侵植物芦苇的土壤反硝化速率是土著植物狐米草的1.6倍。然而，也有研究发现外来入侵植物的土壤反硝化速率低于（Bolton Jr et al.，1990）或无差异于土著植物（Otto et al.，1999）。

第三节 气候变化对生态系统过程的影响

一、气候变化对碳循环的影响

（一）CO_2浓度升高与土壤碳循环

工业革命以来，人类活动导致化石燃料过量使用和土地利用方式改变等，导致大气

中 CO_2 等温室气体浓度的急剧上升。目前大气中 CO_2 浓度自 1750 年以来增加了 31%，并仍以每年大约 1.9 ppm 的速度增加（IPCC，2013）。

一般认为，大气 CO_2 浓度升高刺激植物光合作用，增加地上生物量的同时，也增加了凋落物和地下生物量，促进了土壤碳输入。CO_2 浓度升高还可增加土壤团聚体形成，提高土壤碳的稳定性。因此，CO_2 浓度升高可能会增加土壤碳库。然而，CO_2 浓度升高在增加土壤碳输入的同时，也加速了土壤碳周转，刺激了土壤碳分解，并限制了土壤碳净固持量。例如，Carney 等（2007）在橡树林进行的 CO_2 倍增实验表明，CO_2 浓度升高虽然提高了植物生长速率，但是土壤碳含量却降低了；他们认为这主要是由于土壤真菌丰度升高，酶活增强，碳分解速率加快，因此潜在的碳汇变为碳源。此外，CO_2 浓度升高对整个生态系统碳固持的影响呈非线性态势（Gill et al.，2002），即随着时间的延长，CO_2 浓度升高对土壤碳固持的这种促进效应会减弱甚至消失（Korner et al.，2005），其原因是受氮的限制还是光适应目前仍未达成一致。有研究认为 CO_2 浓度升高对生产力的促进作用会受到生态系统氮有效性的限制，即渐进式氮限制（progressive N limitation）（Luo et al.，2004；Reich et al.，2006）。然而，Feng 等（2015）综合分析了 8 个国家的 15 个 CO_2-FACE 实验平台在不同生态系统（农田、草地和森林）的研究，发现生态系统地上碳、氮积累量和植被生产力对 CO_2 浓度升高的正响应并未随时间的延长而显著降低。

（二）全球变暖与土壤碳循环

造成全球气候变化的另一主要原因是全球气温的上升。IPCC（2013）预测，至 21 世纪末，全球地表平均温度仍将上升 1.8~4.0℃。因此，土壤碳循环过程及其相关的微生物对温度变化的响应，成为研究气候变化对陆地生态系统影响的关键内容。

植物群落可以通过地上部凋落物分解与地下部根系周转和分泌等将光合碳输入土壤中，从而成为陆地生态系统土壤有机碳的主要来源。在水分不受限制的生态系统中，气候变暖可以提升陆地生态系统的净初级生产力，促进光合产物的积累，增加植物地上部碳量，进而增加凋落物碳量。气候变暖还能刺激植物根系生物量和活性，增加根系分泌物输入的碳量（Yin et al.，2013）。此外，气候变暖还可通过影响土壤水分含量和养分有效性，间接影响根系的生长、周转、死亡和分解等过程。然而，对于水分受限的干旱、半干旱生态系统，气候变暖会加速生态系统水分流失，加剧生态系统受水分胁迫的状态，从而限制植物群落净初级生产力和根系活力，进而导致植物地上部向土壤输入的有机碳量减少。

土壤呼吸是土壤碳输出的主要途径。气候变暖通常会刺激土壤有机碳分解，增加土壤呼吸速率，且土壤呼吸不同组分对气候变暖响应的敏感性不同。一般认为，自养呼吸，尤其是直接利用光合碳的根呼吸过程，对温度变化的响应比异养呼吸更敏感（Boone et al.，1998；Schindlbacher et al.，2008；Shi et al.，2022）。但是近年来的一些研究却发现，增温虽然在短期内加速了土壤呼吸，但是增温的这种正效应会随时间延长逐渐变弱，即会表现出一定的适应性（Oechel et al.，2000；Luo et al.，2001；Guo et al.，2020）。这种适应性可能是由土壤微生物对增温表现出的生物适应性导致的，也有可能是由底物不足、氮量或水分限制导致的（Xu et al.，2007；Liu et al.，2008；Yang et al.，2011）。此外，气候变暖还会综合 CO_2 浓度升高、降水、氮沉降等因子共同影响土壤碳循环过程。

二、气候变化对氮循环的影响

CO_2 浓度增加会显著影响土壤 N_2O 排放，但这种影响的强度和方向是复杂的。Barnard 等（2004）研究发现 CO_2 浓度增加对施氮和不施氮条件下的田间土壤 N_2O 排放的影响不同；他们认为在高度扰动的生态系统中，CO_2 浓度增加会抑制土壤硝化酶与反硝化酶活性，降低土壤 N_2O 排放。然而，Baggs 等（2003）通过在瑞士进行的自由空气中增加 CO_2 浓度（FACE）实验发现，CO_2 浓度增加会导致输入到地下部分的碳分配增加，这会促进土壤反硝化活性，增加 N_2O 通量；他们发现当外界 CO_2 浓度高于 600 ppm 时，反硝化过程占优势；CO_2 浓度为 360 ppm 时，硝化过程占优势。

全球温度升高总体上会刺激土壤微生物的活性，进而加速土壤碳分解和无机氮释放。温度升高还会影响如氨氧化细菌、氨氧化古菌和反硝化细菌等参与氮循环的功能微生物的特性，从而影响其驱动的生物地球氮循环。氨氧化细菌是氨氧化作用的主要参与者，不论是酸性还是碱性土壤，其在不同温度下的优势种不同，表现出对温度变化的选择性和适应性（Avrahami et al.，2003）。但也有研究认为温度变化对氨氧化细菌的数量和群落结构没有显著影响，但对氨氧化古菌的活性和群落结构影响剧烈（Tourna et al.，2008；Szukics et al.，2010）。

土壤反硝化作用的最适温度为 25～35℃，当温度升高至 37℃时，土壤反硝化活性仍维持稳定，不再显著增长；当温度低于 20℃时，随温度升高，土壤反硝化细菌丰度显著增加，且与 *nirK* 和 *nirS* 型反硝化细菌的变化相关（Braker et al.，2010）。Szukics 等（2010）同样发现随着温度递增（从 5℃逐步递增至 25℃），奥地利原始森林土壤反硝化微生物的 *nirK* 功能基因的丰度也显著增加；他们认为这可能是由于土壤微生物结构或代谢对长期温度变化产生了适应性。

此外，类似于 CO_2 浓度增加，温度变化也会改变 N_2O 排放过程中硝化作用和反硝化作用的主导地位。有研究将土壤分别培养于 4℃、10℃、15℃、20℃、25℃、37℃，发现 37℃培养条件下，有 12%的 N_2O 是来自硝化过程的贡献，而在其他温度下，硝化作用的贡献比例高达 35%～50%（Avrahami et al.，2003）。在北方森林冻土研究中，土壤 NO_3^- 含量充足的状态下，反硝化作用主导 N_2O 排放；反之，硝化作用占主导地位（Öquist et al.，2007）。

第四节　气候变化与植物入侵相互作用的潜在影响

植物入侵可以在不同程度上改变初级生产和碳固存，这可能会改变本地生态系统的支持和调节服务。尽管最近的整合分析表明，具有特定优势性状的入侵植物能够促进生态系统碳循环（Cavaleri and Sack，2010；Davidson et al.，2011；Liao et al.，2008），但要理解入侵植物在全球碳循环中的作用变化，更需要了解其在生态系统层面的影响，而不是像大多已有研究一样聚焦于群落或种群层面。解决这一问题，需要一个将整个生态系统尺度上的通量测定与模型预测相结合的协作网络。此外，了解植物入侵对生态系统碳循环的净影响，需要理解所有这些组成过程及其相互作用。然而，对被入侵的生态系统地下过程的了解相对较少，对于根系效应、微生物功能及其相互作用对植物入侵响应的认识还不全面，这可能对我们理解入侵植物如何影响生态系统碳交换造成阻碍。

了解植物入侵如何与气候变化及人类扰动相互作用也是一项不小的挑战。现在人们普遍认为气候变化和人类扰动是全球面临的主要环境问题，包括大气中 CO_2 浓度的增加、平均温度和氮沉降的增加、降水格局和土地利用的变化，以及这些改变了扰动格局与机制。气候变化和土地利用变化可以促进或阻碍植物入侵，从而改变基础生态系统过程，并反馈给全球变化的其他要素。例如，全球变暖可能会使得不适应入侵植物的生境变得可入侵。相反，全球变暖可能使得部分地区温度升高幅度过大，使得该地区不再适合外来植物生长。不同物种对温度的敏感性响应可能存在较大差异，表现为：若气候变暖使得入侵植物的表现优于当前环境，那么未来气候变暖可能会进一步促进入侵植物的扩散，反之则抑制；若气候变暖对入侵植物的积极效应高于土著植物，那么全球变暖会进一步促进植物入侵，反之则会抑制其入侵。尽管当前已有较多的研究关注植物入侵与温度升高之间的关系，但其作用在很大程度上依赖于相对竞争者与测量指标特征，使得当前全球变暖背景下关于植物入侵的预测仍存在较大争议。

近期的综述表明，大气中 CO_2 浓度的上升、氮沉降及降水的增加以及土地利用变化通常会促进植物入侵，而降水的减少可能会阻碍植物入侵（Bradley et al.，2010；Sorte et al.，2013）。大气中 CO_2 浓度的上升、氮沉降及降水的增加直接提高了植物光合作用和生长所需的碳、氮和水分等资源的可用性。这些全球变化要素通常会促进入侵植物的快速生长。例如，在美国怀俄明州的一个 FACE 实验中，CO_2 浓度升高使入侵非禾本草本植物丹麦柳穿鱼（*Linaria dalmatica*）的光合作用增加了 87%，但是只使土著草本植物蓝茎冰草（*Pascopyrum smithii*）增加了 23%（Blumenthal et al.，2013）。此外，据记载，全球变暖增加了入侵植物在湿润生态系统中的生长；然而，气候变暖导致的干旱或降水减少直接导致的干旱可能更有利于耐旱的土著植物（Bradley et al.，2010；Sorte et al.，2013）。因此，环境变化导致的入侵植物普遍性的增加，可能加速了生态系统碳循环的变化，并反馈给全球变化的某些要素。此外，土地利用变化（如森林采伐和开荒）会对本地环境造成物理破坏，并损害土著植物，从而为许多入侵植物创造快速的大规模的资源供应和空间。全球变化是多种因子交互作用的结果，各因子变化并非独立发生，而是相互依赖、相互联动的。例如，温度升高可能有助于入侵植物跨越温度屏障，氮沉降有助于外来植物跨越营养屏障。有研究表明，增温与氮沉降对植物入侵的促进幅度远大于土著植物，从而有利于外来植物的入侵（Liu et al.，2017）；然而，这些结果表现为温度和氮沉降的独立作用，两者之间的交互作用对植物入侵的影响目前尚不清楚。例如，Peng 等（2019）研究表明增温和氮添加交互作用对入侵植物加拿大一枝黄花物候期、比叶面积、无性分株数量和高度等特征均无显著影响，但原产地加拿大一枝黄花种群比其入侵地中国种群对温度升高和氮添加交互作用的响应更敏感，其针对的是同源植物，在生境中共存概率极低；为此，急需与区域常见共存种敏感性的对比研究。在对外来入侵植物喜旱莲子草［*Alternanthera philoxeroides* (Mart.) Griseb.］与土著同属种植物的植食效应对温度与氮添加交互作用响应的研究中发现了类似的现象（Lu et al., 2015）。

尽管已经有许多实验研究试图阐明全球变化背景下入侵植物的动态，但入侵植物和全球变化之间相互作用的复杂性，使我们很难得出植物入侵和生态系统碳循环之间反馈关系的结论。此外，目前的大多研究都聚焦于入侵植物对全球变化单一要素的响应上，而对多个要素和相互作用的环境变量对植物入侵的影响及其对生态系统碳循环的反馈知之甚少。就目前仅有的一些关于多种气候变化因子的交互作用对植物入侵影响的研究，尚难得出一般性的结论。因此，我们强调，在全球多种环境因子变化背景下，迫切需要通过多因子实验来了解入侵导致的生态系统碳循环的变化，并结合实验研究和建模来预测植物入侵和生态系统碳循环之间的反馈。

第五节 展 望

本章已经深入探讨了植物入侵、气候变化和生态系统过程之间复杂的相互作用和影响。然而，随着科学研究的不断深入和全球环境的动态变化，未来的研究和实践面临着多重挑战和机遇。

首先，需要进一步理解和预测不同生态系统中植物入侵的潜在生态效应。尽管已经有了一些关于植物入侵对生态系统过程影响的研究，但大部分研究集中在少数入侵植物上，并且往往局限于特定地理区域或生态系统类型。未来的研究应拓展至更广泛的入侵植物种类和多样化的生态系统类型，以全面理解植物入侵的生态学机制和全球分布模式。

其次，需要更深入地探讨气候变化对植物入侵影响的动态性和复杂性。气候变化可能通过改变温度、降水和 CO_2 浓度等环境因子，影响入侵植物的分布、生长和竞争力。未来的研究应该结合气候变化模型和入侵生态学研究方法，预测和评估气候变化对入侵植物扩展和生态系统影响的可能性。

再次，生态系统过程中的多样化循环需要更深入的研究。除了碳循环和氮循环，其他关键元素（如磷、硫和微量元素）的循环对生态系统功能和稳定性同样至关重要。未来的研究应该加强对这些元素循环的监测和理解，特别是在不同环境条件和人类干扰下的响应机制。

最后，需要加强植物入侵与生物多样性、土壤质量和水资源的关系研究。植物入侵不仅可能影响生态系统的初级生产力和碳储存，还可能改变土壤微生物群落结构和水文过程，从而影响生态系统的整体健康和功能。未来的研究应该综合考虑多种生态过程和生物相互作用，探讨植物入侵对生态系统多样性和功能的长期影响。

此外，政策制定和管理实践也需要与科学研究紧密结合，制定和实施有效的生态保护和恢复策略。跨学科的合作和全球范围内的数据共享将是未来研究的关键。只有通过全球合作和综合研究方法，才能更好地理解植物入侵、气候变化和生态系统过程之间复杂的相互作用，促进全球环境的健康和可持续发展。

综上所述,未来的研究应该不断拓展研究视野,采用前沿技术和方法,加强生态系统过程和全球环境变化的监测和预测能力,为人类社会提供可持续发展的科学支持和管理策略。只有这样,才能更好地应对日益严峻的全球环境挑战,实现人与自然和谐共生的目标。

(本章作者:李金全 刘 浩 姚 佳 聂 明)

参 考 文 献

Abbas A M, Rubio-Casal A E, De Cires A, et al. 2019. Differential tolerance of native and invasive tree seedlings from arid African deserts to drought and shade. South African Journal of Botany, 123: 228-240.

Allison S D, Vitousek P M. 2004. Rapid nutrient cycling in leaf litter from invasive plants in Hawai'i. Oecologia, 141(4): 612-619.

Alloway B J. 2012. Heavy Metals in Soils: Trace Metals and Metalloids in Soils and Their Bioavailability. Berlin: Springer Science & Business Media.

Atkin O K, Tjoelker M G. 2003. Thermal acclimation and the dynamic response of plant respiration to temperature. Trends in Plant Science, 87: 343-351.

Avrahami S, Liesack W, Conrad R. 2003. Effects of temperature and fertilizer on activity and community structure of soil ammonia oxidizers. Environmental Microbiology, 5(8): 691-705.

Baggs E M, Richter M, Cadisch G, et al. 2003. Denitrification in grass swards is increased under elevated atmospheric CO_2. Soil Biology and Biochemistry, 35(5): 729-732.

Bai E, Li S L, Xu, W H, et al. 2013. A meta-analysis of experimental warming effects on terrestrial nitrogen pools and dynamics. New Phytologist, 199(2): 441-451.

Barnard R, Barthes L, Le Roux X, et al. 2004. Dynamics of nitrifying activities, denitrifying activities and nitrogen in grassland mesocosms as altered by elevated CO_2. New Phytologist, 162(2): 365-376.

Baruch Z, Goldstein G. 1999. Leaf construction cost, nutrient concentration, and net CO_2 assimilation of native and invasive species in Hawaii. Oecologia, 121(2): 183-192.

Bastlová D, Květ J A N. 2002. Differences in dry weight partitioning and flowering phenology between native and non-native plants of purple loosestrife (*Lythrum salicaria* L.). Flora, 197(5): 332-340.

Battin T J, Kaplan L A, Findlay S, et al. 2008. Biophysical controls on organic carbon fluxes in fluvial networks. Nature Geoscience, 1(2): 95-100.

Blumenthal D M, Resco V, Morgan J A, et al. 2013. Invasive forb benefits from water savings by native plants and carbon fertilization under elevated CO_2 and warming. New Phytologist, 200(4): 1156-1165.

Bolton Jr H, Smith J L, Wildung R E. 1990. Nitrogen mineralization potentials of shrub-steppe soils with different disturbance histories. Soil Science Society of America Journal, 54(3): 887-891.

Boone R D, Nadelhoffer K J, Canary J D, et al. 1998. Roots exert a strong influence on the temperature sensitivity of soil respiration. Nature, 396(6711): 570-572.

Bradley B A, Blumenthal D M, Wilcov D S, et al. 2010. Predicting plant invasions in an era of global change. Trends in Ecology & Evolution, 25(5): 310-318.

Braker G, Schwarz J, Conrad R. 2010. Influence of temperature on the composition and activity of denitrifying soil communities. FEMS Microbiology Ecology, 73(1): 134-148.

Bu N S, Qu J F, Li Z L, et al. 2015. Effects of *Spartina alterniflora* Invasion on soil respiration in the Yangtze River Estuary, China. PLoS ONE, 10(3): e0121571.

Cao M, Woodward F I. 1998. Dynamic responses of terrestrial ecosystem carbon cycling to global climate change. Nature, 393(6682): 249-252.

Carney K M, Hungate B A, Drake B G, et al. 2007. Altered soil microbial community at elevated CO_2 leads to loss of soil carbon. Proceedings of the National Academy of Sciences of the United States of America, 104(12): 4990-4995.

Castro-Díez P, Fierro-Brunnenmeister N, González-Muñoz N, et al. 2012. Effects of exotic and native tree leaf litter on soil properties of two contrasting sites in the Iberian Peninsula. Plant Soil, 350(1): 179-191.

Castro-Diez P, Godoy O, Alonso A, et al. 2014. What explains variation in the impacts of exotic plant invasions on the nitrogen cycle? A meta-analysis. Ecology Letters, 17(1): 1-12.

Cavaleri M A, Sack L. 2010. Comparative water use of native and invasive plants at multiple scales: a global meta-analysis. Ecology, 91(9): 2705-2715.

Chen J, Xu H, Seven J, et al. 2024. Microbial phosphorus recycling in soil by intra- and extracellular mechanisms. ISME Communications, 3(1): 135.

Chen Y, Feng J G, Yuan X, et al. 2020. Effects of warming on carbon and nitrogen cycling in alpine grassland ecosystems on the Tibetan Plateau: a meta-analysis. Geoderma, 370: 114363.

Christian J M, Wilson S D. 1999. Long-term ecosystem impacts of an introduced grass in the Northern Great Plains. Ecology, 80(7): 2397-2407.

Cole J J, Prairie Y T, Caraco N F, et al. 2007. Plumbing the global carbon cycle: integrating inland waters into the terrestrial carbon budget. Ecosystems, 10(1): 172-185.

Conradi T, Eggli U, Kreft H, et al. 2024. Reassessment of the risks of climate change for terrestrial ecosystems. Nature Ecology & Evolution, 8(5): 888-900.

Cook-Patton S C, Agrawal A A. 2014. Exotic plants contribute positively to biodiversity functions but reduce native seed production and arthropod richness. Ecology, 95(6): 1642-1650.

Cox P M, Betts R A, Jones C D, et al. 2000. Acceleration of global warming due to carbon-cycle feedbacks in a coupled climate model. Nature, 408(6809): 184-187.

Cui J, Zheng M, Bian Z H, et al. 2024. Elevated CO_2 levels promote both carbon and nitrogen cycling in global forests. Nature Climate Change, 14(5): 511-517.

Davidson A M, Jennions M, Nicotra A B, et al. 2011. Do invasive species show higher phenotypic plasticity than native species and, if so, is it adaptive? A meta-analysis. Ecology Letters, 14(4): 419-431.

Davidson E A, Janssens I A. 2006. Temperature sensitivity of soil carbon decomposition and feedbacks to climate change. Nature, 440(7081): 165-173.

Dingemans B J J, Bakker E S, Bodelier P L E, et al. 2011. Aquatic herbivores facilitate the emission of methane from wetlands. Ecology, 92(5): 1166-1173.

Ehrenfeld J G. 2010. Ecosystem consequences of biological invasions. Annual Review of Ecology, Evolution, and Systematics, 41: 59-80.

Ehrenfeld J G, Kourtev P, Huang W Z. 2001. Changes in soil functions following invasions of exotic understory plants in deciduous forests. Ecological Applications, 11(5): 1287-1300.

Fan S Q, Peng S L, Chen B M. 2024. A global meta-analysis reveals the positive effect of invasive alien plants on soil heterotrophic respiration. Soil Biology and Biochemistry, 194: 109450.

Feng Y L, Lei Y B, Wang R F, et al. 2009. Evolutionary tradeoffs for nitrogen allocation to photosynthesis versus cell walls in an invasive plant. Proceedings of the National Academy of Sciences of the United States of America, 106(6): 1853-1856.

Feng Z, Rütting T, Pleijel H, et al. 2015. Constraints to nitrogen acquisition of terrestrial plants under elevated CO_2. Global Change Biology, 21(8): 3152-3168.

Field C B, Raupach M R, Ebrary I. 2004. The Global Carbon Cycle: Integrating Humans, Climate and the Natural World. Washington, DC: Island Press.

Firestone M K. 1982. Biological denitrification//Stevenson F J. Nitrogen in Agricultural Soils. 289-326.

Friedlingstein P, Cox P, Betts R, et al. 2006. Climate-carbon cycle feedback analysis: results from the C^4MIP model intercomparison. Journal of Climate, 19(14): 3337-3353.

Funk J L, Glenwinkel L A, Sack L, et al. 2013. Differential allocation to photosynthetic and non-photosynthetic nitrogen fractions among native and invasive species. PLoS ONE, 8(5): e64502.

Funk J L, Vitousek P M. 2007. Resource-use efficiency and plant invasion in low-resource systems. Nature, 446(7139): 1079-1081.

Gadd G M. 2010. Metals, minerals and microbes: geomicrobiology and bioremediation. Microbiology (Reading), 156(Pt 3): 609-643.

Galloway J N, Dentener F J, Capone D G, et al. 2004. Nitrogen cycles: past, present, and future. Biogeochemistry, 70(2): 153-226.

Gao D, Li X F, Lin X B, et al. 2017. Soil dissimilatory nitrate reduction processes in the *Spartina alterniflora* invasion chronosequences of a coastal wetland of southeastern China: dynamics and environmental implications. Plant Soil, 421(1): 383-399.

Gao G F, Li P, Zhong J X, et al. 2019. *Spartina alterniflora* invasion alters soil bacterial communities and enhances soil N_2O emissions by stimulating soil denitrification in mangrove wetland. Science of The Total Environment, 653: 231-240.

Gao Y, Chen J Q, Zhang T T, et al. 2021. Lateral detrital C transfer across a *Spartina alterniflora* invaded estuarine wetland. Ecological Processes, 10(1): 70.

Gifford R M. 2003. Plant respiration in productivity models: conceptualisation, representation and issues for global terrestrial carbon-cycle research. Functional Plant Biology, 30(2): 171-186.

Gilbert B, Levine J M. 2013. Plant invasions and extinction debts. Proceedings of the National Academy of Sciences of the United States of America, 110(5): 1744-1749.

Gill R A, Polley H W, Johnson H B, et al. 2002. Nonlinear grassland responses to past and future atmospheric CO_2. Nature, 417(6886): 279-282.

Guo X, Gao Q, Yuan M T, et al. 2020. Gene-informed decomposition model predicts lower soil carbon loss due to persistent microbial adaptation to warming. Nature Communications, 11(1): 1-12.

Harrington R, Brown B J, Reich P B, et al. 1989. Ecophysiology of exotic and native shrubs in Southern Wisconsin. Oecologia, 80(3): 368-373.

He L P, Kong J J, Li G X, et al. 2018. Similar responses in morphology, growth, biomass allocation, and photosynthesis in invasive *Wedelia trilobata* and native congeners to CO_2 enrichment. Plant Ecology, 219(2): 145-157.

Heberling J M, Mason N W H. 2018. Are endemics functionally distinct? Leaf traits of native and exotic woody species in a New Zealand forest. PLoS ONE, 13(5): e0196746.

Hook P B, Olson B E, Wraith J M. 2004. Effects of the invasive forb *Centaurea maculosa* on grassland carbon and nitrogen pools in Montana, USA. Ecosystems, 7(6): 686-694.

Hooper D U, Adair E C, Cardinale B J, et al. 2012. A global synthesis reveals biodiversity loss as a major driver of ecosystem change. Nature, 486(7401): 105-108.

Hu Z, Zhang J Q, Du Y Z, et al. 2022. Substrate availability regulates the suppressive effects of Canada goldenrod invasion on soil respiration. Journal of Plant Ecology, 15(3): 509-523.

Huang J X, Xu X, Wang M, et al. 2016. Responses of soil nitrogen fixation to *Spartina alterniflora* invasion and nitrogen addition in a Chinese salt marsh. Scientific Reports, 6(1): 20384.

Hulme P E. 2018. Protected land: threat of invasive species. Science, 361(6402): 561-562.

Huntingford C, Oliver R J. 2021. Constraints on estimating the CO_2 fertilization effect emerge. Nature, 600: 224-226.

Ibrahim M H, Sukri R S, Tennakoon K U, et al. 2021. Photosynthetic responses of invasive *Acacia mangium* and co-existing native heath forest species to elevated temperature and CO_2 concentrations. Journal of Sustainable Forestry, 40(6): 573-593.

IPCC. 2013. Annex I: atlas of global and regional climate projections//van Oldenborgh G J, Collins M, Arblaster J, et al. Climate Change 2013: the Physical Science Basis. Contribution of Working Group I to the Fifth Assessment Report of the Intergovernmental Panel on Climate Change. Cambridge, New York: Cambridge University Press.

Jiang L F, Luo Y Q, Chen J K, et al. 2009. Ecophysiological characteristics of invasive *Spartina alterniflora* and native species in salt marshes of Yangtze River estuary, China. Estuarine, Coastal and Shelf Science, 81(1): 74-82.

Jiao K W, Liu Z H, Wang W J, et al. 2024. Carbon cycle responses to climate change across China's terrestrial ecosystem: sensitivity and driving process. Science of The Total Environment, 915: 170053.

Jobbágy E G, Jackson R B. 2000. The vertical distribution of soil organic carbon and its relation to climate and vegetation. Ecological Applications, 10(2): 423-436.

Kao-Kniffin J, Freyre D S, Balser T C. 2010. Methane dynamics across wetland plant species. Aquatic Botany, 93(2): 107-113.

Kelly D J, Hawes I. 2005. Effects of invasive macrophytes on littoral-zone productivity and foodweb dynamics in a New Zealand high-country lake. Journal of the North American Benthological Society, 24(2): 300-320.

Khan M A, Hussain K, Shah M A. 2021. Ecological restoration of habitats invaded by *Leucanthemum vulgare* that alters key ecosystem functions. PLoS ONE, 16(3): e0246665.

Knops J M H, Bradley K L, Wedin D A. 2002. Mechanisms of plant species impacts on ecosystem nitrogen cycling. Ecology Letters, 5(3): 454-466.

Korner C, Asshoff R, Bignucolo O, et al. 2005. Carbon flux and growth in mature deciduous forest trees exposed to elevated CO_2. Science, 309(5739): 1360-1362.

Kumar A, Phillips R P, Scheibe A, et al. 2020. Organic matter priming by invasive plants depends on dominant mycorrhizal association. Soil Biology & Biochemistry, 140: 107645.

Lal R. 2004. Soil carbon sequestration impacts on global climate change and food security. Science, 304(5677): 1623-1627.

Le Q V, Tennakoon K U, Metali F, et al. 2019. Photosynthesis in co-occurring invasive *Acacia* spp. and native Bornean heath forest trees at the post-establishment invasion stage. Journal of Sustainable Forestry, 38(3): 230-243.

Lei J, Guo X, Zeng Y F, et al. 2021. Temporal changes in global soil respiration since 1987. Nature Communications, 12(1): 1-9.

Leishman M R, Haslehurst T, Ares A, et al. 2007. Leaf trait relationships of native and invasive plants: community- and global-scale comparisons. New Phytologist, 176(3): 635-643.

Lett M S, Knapp A K, Briggs J M, et al. 2004. Influence of shrub encroachment on aboveground net primary productivity and carbon and nitrogen pools in a mesic grassland. Canadian Journal of Plant Pathology, 82(9): 1363-1370.

Levine J M, Vilà M, D'Antonio C M, et al. 2003. Mechanisms underlying the impacts of exotic plant invasions. Proceedings of the Royal Society B-Biological Sciences, 270(1517): 775-781.

Li J, Zhang S B, Li Y P. 2024. Photosynthetic response dynamics in the invasive species *Tithonia diversifolia* and two co-occurring native shrub species under fluctuating light conditions. Plant Diversity, 46(2): 265-273.

Liao C Z, Luo Y Q, Jiang L F, et al. 2007. Invasion of *Spartina alterniflora* enhanced ecosystem carbon and nitrogen stocks in the Yangtze Estuary, China. Ecosystems, 10(8): 1351-1361.

Liao C, Peng R H, Luo Y Q, et al. 2008. Altered ecosystem carbon and nitrogen cycles by plant invasion: a meta-analysis. New Phytologist, 177(3): 706-714.

Litton C M, Sandquist D R, Cordell S. 2008. A non-native invasive grass increases soil carbon flux in a Hawaiian tropical dry forest. Global Change Biology, 14(4): 726-739.

Liu H, Liu H J, Wang Z P, et al. 2008. The temperature sensitivity of soil respiration. Progress in Physical Geography, 27(4): 51-69.

Liu Y, Oduor A M O, Zhang Z, et al. 2017. Do invasive alien plants benefit more from global environmental change than native plants? Global Change Biology, 23(8): 3363-3370.

Lobell D B, Field C B. 2008. Estimation of the carbon dioxide (CO_2) fertilization effect using growth rate anomalies of CO_2 and crop yields since 1961. Global Change Biology, 14(1): 39-45.

Lu M, Zhou X H, Yang Q, et al. 2013. Responses of ecosystem carbon cycle to experimental warming: a meta-analysis. Ecology, 94(3): 726-738.

Lu X, Siemann E, Wei H, et al. 2015. Effects of warming and nitrogen on above-and below-ground herbivory of an exotic invasive plant and its native congener. Biological Invasions, 17(10): 2881-2892.

Luo Y Q, Hui D F, Zhang D Q. 2006. Elevated CO_2 stimulates net accumulations of carbon and nitrogen in land ecosystems: a meta-analysis. Ecology, 87(1): 53-63.

Luo Y Q, Wan S Q, Hui D F, et al. 2001. Acclimatization of soil respiration to warming in a tall grass prairie. Nature, 413(6856): 622-625.

Luo Y, Su B, Currie W S, et al. 2004. Progressive nitrogen limitation of ecosystem responses to rising atmospheric carbon dioxide. Bioscience, 54(8): 731-739.

Mauritz M, Lipson D A. 2021. Plant community composition alters moisture and temperature sensitivity of soil respiration in semi-arid shrubland. Oecologia, 197(4): 1003-1015.

Mauritz M, Lipson D. 2013. Altered phenology and temperature sensitivity of invasive annual grasses and forbs changes autotrophic and heterotrophic respiration rates in a semi-arid shrub community. Biogeosciences Discussions, 10(4): 6335-6375.

Mcleod M L, Bullington L, Cleveland C C, et al. 2021. Invasive plant-derived dissolved organic matter alters microbial communities and carbon cycling in soils. Soil Biology & Biochemistry, 156: 108191.

Nie M, Shang L, Liao C Z, et al. 2017. Changes in primary production and carbon sequestration after plant invasions//Vilà M, Hulme P E. Impact of Biological Invasions on Ecosystem Services. Springer: 17-31.

Norby R J, Warren J M, Iversen C M, et al. 2010. CO_2 enhancement of forest productivity constrained by limited nitrogen availability. Proceedings of the National Academy of Sciences of the United States of America, 107(45): 19368-19373.

Oechel W C, Vourlitis G L, Hastings S J, et al. 2000. Acclimation of ecosystem CO_2 exchange in the Alaskan Arctic in response to decadal climate warming. Nature, 406(6799): 978-981.

Oki T, Kanae S. 2006. Global hydrological cycles and world water resources. Science, 313(5790): 1068-1072.

Ollinger S V, Goodale C L, Hayho, K, et al. 2008. Potential effects of climate change and rising CO_2 on ecosystem processes in northeastern US forests. Mitigation and Adaptation Strategies for Global Change, 13(5): 467-485.

Öquist M G, Petrone K, Nilsson M, et al. 2007. Nitrification controls N_2O production rates in a frozen boreal forest soil. Soil Biology & Biochemistry, 39(7): 1809-1811.

Otto S, Groffman P M, Findlay S E G, et al. 1999. Invasive plant species and microbial processes in a tidal freshwater marsh. Journal of Environmental Quality, 28(4): 1252-1257.

Pan Y, Birdsey R A, Fang J Y, et al. 2011. A large and persistent carbon sink in the world's forests. Science, 333(6045): 988-993.

Patil M, Kumar A, Kumar P, et al. 2020. Comparative litter decomposability traits of selected native and exotic woody species from an urban environment of north-western Siwalik region, India. Scientific Reports, 10(1): 7888.

Pattison R R, Goldstein G, Ares A. 1998. Growth, biomass allocation and photosynthesis of invasive and native Hawaiian rainforest species. Oecologia, 117(4): 449-459.

Paul E A, Clark F E. 1996. Soil Microbiology and Biochemistry. Amsterdam: Academic Press.

Peng Y, Yang J X, Zhou X H, et al. 2019. An invasive population of *Solidago canadensis* is less sensitive to warming and nitrogen-addition than its native population in an invaded range. Biological Invasions, 21(1): 151-162.

Porazinska D L, Bardgett R D, Blaauw M B, et al. 2003. Relationships at the aboveground-belowground interface: plants, soil biota, and soil processes. Ecological Monographs, 73(3): 377-395.

Power G, Vilas J S. 2020. Competition between the invasive *Impatiens glandulifera* and UK native species: the role of soil conditioning and pre-existing resident communities. Biological Invasions, 22(4): 1527-1537.

Prater M R, Obrist D, Arnone J A, et al. 2006. Net carbon exchange and evapotranspiration in postfire and intact sagebrush communities in the Great Basin. Oecologia, 146(4): 595-607.

Raghurama M, Sankaran M. 2022. Invasive nitrogen-fixing plants increase nitrogen availability and cycling rates in a montane tropical grassland. Plant Ecology, 223(1): 13-26.

Ravi S, Law D J, Caplan J S, et al. 2022. Biological invasions and climate change amplify each other's effects on dryland degradation. Global Change Biology, 28(1): 285-295.

Reich P B, Hobbie S E, Lee T, et al. 2006. Nitrogen limitation constrains sustainability of ecosystem response to CO_2. Nature, 440(7086): 922-925.

Rejmankova E, Sullivan B W, Aldana J R O, et al. 2018. Regime shift in the littoral ecosystem of volcanic Lake Atitlan in Central America: combined role of stochastic event and invasive plant species. Freshwater Biology, 63(9): 1088-1106.

Řezáčová V, Czakó A, Stehlík M, et al. 2021. Organic fertilization improves soil aggregation through increases in abundance of eubacteria and products of arbuscular mycorrhizal fungi. Scientific Reports, 11(1): 12548.

Ricciardi A, Blackburn T M, Carlton J T, et al. 2017. Invasion science: a horizon scan of emerging challenges and opportunities. Trends in Ecology & Evolution, 32(6): 464-474.

Richardson D M, Allsopp N, D'Antonio C M, et al. 2000. Plant invasions—The role of mutualisms. Biological Reviews, 75(1): 65-93.

Robertson G P, Groffman P M. 2024. Nitrogen transformations//Paul E A, Frey S D. Soil Microbiology, Ecology and Biochemistry. Burlington: Elsevier: 407-438.

Rothman E, Bouchard V. 2007. Regulation of carbon processes by macrophyte species in a Great Lakes coastal wetland. Wetlands, 27(4): 1134-1143.

Ruehr S, Keenan T F, Williams C, et al. 2023. Evidence and attribution of the enhanced land carbon sink. Nature Reviews Earth & Environment, 4(8): 518-534.

Ryan M G, Law B E. 2005. Interpreting, measuring, and modeling soil respiration. Biogeochemistry, 73(1): 3-27.

Saggar S, McIntosh P D, Hedley C B, et al. 1999. Changes in soil microbial biomass, metabolic quotient, and organic matter turnover under *Hieracium* (*H. pilosella* L.). Biology and Fertility of Soils, 30(3): 232-238.

Santana M M, Dias T, Gonzalez J M, et al. 2021. Transformation of organic and inorganic sulfur-adding perspectives to new players in soil and rhizosphere. Soil Biology and Biochemistry, 160: 108306.

Scherer H W. 2009. Sulfur in soils. Journal of Plant Nutrition and Soil Science, 172(3): 326-335.

Schindlbacher A, Zechmeister-Boltenstern S, Kitzler B, et al. 2008. Experimental forest soil warming: response of autotrophic and heterotrophic soil respiration to a short-term 10℃ temperature rise. Plant Soil, 303(1): 323-330.

Schlesinger W, Bernhardt E. 2012. Biogeochemistry: An Analysis of Global Change. 3rd ed. Oxford: Academic Press.

Scott N A, Saggar S, McIntosh P D. 2001. Biogeochemical impact of *Hieracium* invasion in New Zealand's grazed tussock grasslands: sustainability implications. Ecological Applications, 11(5): 1311-1322.

Seebens H, Aidin N, Franz E, et al. 2024. Biological invasions on Indigenous peoples' lands. Nature Sustainability, 7: 737-746.

Shi B, Fu X, Smith M D, et al. 2022. Autotrophic respiration is more sensitive to nitrogen addition and grazing than heterotrophic respiration in a meadow steppe. Catena, 213: 106207.

Simberloff D, Barney J N, Mack R N, et al. 2020. US action lowers barriers to invasive species. Science, 367(6478): 636.

Smith M D, Knapp A K. 2001. Physiological and morphological traits of exotic, invasive exotic, and native plant species in tallgrass prairie. International Journal of Plant Sciences, 162(4): 785-792.

Sommer S G, Olesen J E, Petersen S O, et al. 2009. Region-specific assessment of greenhouse gas mitigation with different manure management strategies in four agroecological zones. Global Change Biology, 15(12): 2825-2837.

Sorte C J B, Ibáñez I, Blumenthal D M, et al. 2013. Poised to prosper? A cross-system comparison of climate change effects on native and non-native species performance. Ecology Letters, 16(2): 261-270.

Standish R J, Williams P A, Robertson A W, et al. 2004. Invasion by a perennial herb increases decomposition rate and alters nutrient availability in warm temperate lowland forest remnants. Biological Invasions, 6(1): 71-81.

Stanek M, Stefanowicz A M. 2019. Invasive *Quercus rubra* negatively affected soil microbial communities relative to native *Quercus robur* in a semi-natural forest. Science of The Total Environment, 696:

133977.

Sun F, Zeng L D, Cai M L, et al. 2022. An invasive and native plant differ in their effects on the soil food-web and plant-soil phosphorus cycle. Geoderma, 410: 115672.

Szukics U, Abell G C J, Hödl V, et al. 2010. Nitrifiers and denitrifiers respond rapidly to changed moisture and increasing temperature in a pristine forest soil. FEMS Microbiology Ecology, 72(3): 395-406.

Tan L, Yang P, Lin X, et al. 2024. Latitudinal responses of wetland soil nitrogen pools to plant invasion and subsequent aquaculture reclamation along the southeastern coast of China. Agriculture, Ecosystems & Environment, 363: 108874.

Terrer C, Vicca S, Hungate B A, et al. 2016. Mycorrhizal association as a primary control of the CO_2 fertilization effect. Science, 353(6294): 72-74.

Thompson G L, Bell T H, Kao-Kniffin J, et al. 2018. Rethinking invasion impacts across multiple field sites using European swallowwort (*Vincetoxicum rossicum*) as a model invader. Invasive Plant Science and Management, 11(3): 109-116.

Thornton P E, Doney S C, Lindsay K, et al. 2009. Carbon-nitrogen interactions regulate climate-carbon cycle feedbacks: results from an atmosphere-ocean general circulation model. Biogeosciences, 6(10): 2099-2120.

Tourna M, Freitag T E, Nicol G W, et al. 2008. Growth, activity and temperature responses of ammonia‐oxidizing archaea and bacteria in soil microcosms. Environmental Microbiology, 10(5): 1357-1364.

Valéry L, Bouchard V, Lefeuvre J C, et al. 2004. Impact of the invasive native species *Elymus athericus* on carbon pools in a salt marsh. Wetlands, 24(2): 268-276.

Vantarová K H, Eliáš P Jr, Jiménez-Ruiz J, et al. 2023. Biological invasions in the twenty-first century: a global risk. Biologia, 78(5): 1211-1218.

Vilà M, Espinar, J L, Hejda M, et al. 2011. Ecological impacts of invasive alien plants: a meta-analysis of their effects on species, communities and ecosystems. Ecology Letters, 14(7): 702-708.

Vilà M, Rohr R P, Espinar J L, et al. 2015. Explaining the variation in impacts of non-native plants on local-scale species richness: the role of phylogenetic relatedness. Global Ecology and Biogeography, 24(2): 139-146.

Vinton M A, Burke I C. 1995. Interactions between individual plant species and soil nutrient status in shortgrass steppe. Ecology, 76(4): 1116-1133.

Vitousek P M, Aber J D, Howarth R W, et al. 1997. Human alteration of the global nitrogen cycle: sources and consequences. Ecological Applications, 7(3): 737-750.

Vitousek P M, Walker L R. 1989. Biological invasion by *Myrica Faya* in Hawai'i: plant demography, nitrogen fixation, ecosystem effects. Ecological Monographs, 59(3): 247-265.

Walker T W, Syers J K. 1976. The fate of phosphorus during pedogenesis. Geoderma, 15(1): 1-19.

Walker X J, Baltzer J L, Cumming S G, et al. 2019. Increasing wildfires threaten historic carbon sink of boreal forest soils. Nature, 572(7770): 520-523.

Waller L P, Allen W J, Barratt B I P, et al. 2020. Biotic interactions drive ecosystem responses to exotic plant invaders. Science, 368(6494): 967-972.

Wardle D A, Bardgett R D, Callaway R M, et al. 2011. Terrestrial ecosystem responses to species gains and losses. Science, 332(6035): 1273-1277.

Wilsey B J, Polley H W. 2006. Aboveground productivity and root-shoot allocation differ between native and introduced grass species. Oecologia, 150(2): 300-309.

Windham L, Ehrenfeld J G. 2003. Net impact of a plant invasion on nitrogen-cycling processes within a Brackish tidal marsh. Ecological Applications, 13(4): 883-896.

Windham L, Lathrop R G. 1999. Effects of *Phragmites australis* (common reed) invasion on aboveground biomass and soil properties in brackish tidal marsh of the Mullica River, New Jersey. Estuaries, 22(4): 927-935.

Wolf J J, Beatty S W, Seastedt T R, et al. 2004. Soil characteristics of Rocky Mountain National Park grasslands invaded by *Melilotus officinalis* and *M. alba*. Journal of Biogeography, 31(3): 415-424.

Wolkovich E M, Lipson D A, Virginia R A, et al. 2010. Grass invasion causes rapid increases in ecosystem carbon and nitrogen storage in a semiarid shrubland. Global Change Biology, 16(4): 1351-1365.

Xia J Y, Chen J Q, Piao S L, et al. 2014. Terrestrial carbon cycle affected by non-uniform climate warming. Nature Geoscience, 7(3): 173-180.

Xu C W, Yang M Z, Chen Y J, et al. 2012. Changes in non-symbiotic nitrogen-fixing bacteria inhabiting rhizosphere soils of an invasive plant *Ageratina adenophora*. Applied Soil Ecology, 54: 32-38.

Xu X F, Tian H Q, Wan S Q. 2007. Climate warming impacts on carbon cycling in terrestrial ecosystems. Chinese Journal of Plant Ecology, 31(2): 175.

Yamashita N, Ishida A, Kushima H, et al. 2000. Acclimation to sudden increase in light favoring an invasive over native trees in subtropical islands, Japan. Oecologia, 125(3): 412-419.

Yang S L, Geng Q H, Xu C H, et al. 2020. Effects of *Solidago canadensis* L. invasion on soil respiration in poplar plantations (*Populus deltoides*). Journal of Nanjing Forestry University, 44(5): 117-124.

Yang Y, Huang M, Liu H S, et al. 2011. The interrelation between temperature sensitivity and adaptability of soil respiration. Journal of Natural Resoureces, 26(10): 1811-1820.

Yelenik S G, Stock W D, Richardson D M. 2004. Ecosystem level impacts of invasive *Acacia saligna* in the South African fynbos. Restoration Ecology, 12(1): 44-51.

Yin H J, Li Y F, Xia J, et al. 2013. Enhanced root exudation stimulates soil nitrogen transformations in a subalpine coniferous forest under experimental warming. Global Change Biology, 19(7): 2158-2167.

Yu H X, Le Roux J J, Jiang Z Y, et al. 2021. Soil nitrogen dynamics and competition during plant invasion: insights from *Mikania micrantha* invasions in China. New Phytologist, 229(6): 3440-3452.

Yuan J J, Ding W X, Liu D W, et al. 2014. Exotic *Spartina alterniflora* invasion alters ecosystem-atmosphere exchange of CH_4 and N_2O and carbon sequestration in a coastal salt marsh in China. Global Change Biology, 21(4): 1567-1580.

Zhang G, Bai J H, Wang W, et al. 2023. Plant invasion reshapes the latitudinal pattern of soil microbial necromass and its contribution to soil organic carbon in coastal wetlands. Catena, 222: 106859.

Zhang J, Mao D H, Liu J H, et al. 2024. *Spartina alterniflora* invasion benefits blue carbon sequestration in China. Science Bulletin, 69(12): 1991-2000.

Zhang L, Wang S L, Liu S W, et al. 2018. Perennial forb invasions alter greenhouse gas balance between ecosystem and atmosphere in an annual grassland in China. Science of The Total Environment, 642: 781-788.

Zhang P, Scheu S, Li B, et al. 2020. Litter C transformations of invasive *Spartina alterniflora* affected by litter type and soil source. Biology and Fertility of Soils, 56(3): 369-379.

第十六章　全球变化下生物入侵对生物多样性的影响

目前，入侵物种已经对全球各地生态系统及其生物多样性造成了严重的影响（Peller and Altermatt，2024）。未来，全球变暖、大气 CO_2 浓度升高、氮沉降、土地利用类型改变等各种全球变化要素可能会进一步加剧这些影响（Dukes and Mooney，1999；Smith et al.，2000；吴昊和丁建清，2014；Cheng et al.，2024）。在气候变化等背景下，外来物种可能通过生理适应、生态位拓展、改变与天敌的互作关系等途径来减少来自生物和非生物因素的制约，削弱土著群落抵抗性，加速入侵进程（Winder et al.，2011；Sorte et al.，2012）。例如，氮沉降通常被认为更有利于快速生长型植物，而大多入侵植物都属于快速生长型，对氮的增加比较敏感，因此氮富集程度更高的环境对它们而言更有利（Dukes and Mooney，1999；Li et al.，2022；Xu et al.，2024）。气候变暖也可能促进温暖地区的物种向高纬度或者高海拔地区扩散（Stachowicz et al.，2002）。此外，全球变化可能增加入侵生物的繁殖体压力，从而消除其"基因瓶颈"效应，有助于其扩散（Simberloff et al.，2013；吴昊，2017）。生物入侵可能得益于全球变化的助力，其对生物多样性的影响也受到多种全球变化要素的联合作用（van der Wal et al.，2008；Di Febbraro et al.，2023；Cheng et al.，2024）。全球变化要素与入侵物种之间的相互作用经常会强于生物入侵对生物多样性的独立危害及生态系统效应（Stachowicz et al.，2002；Mainka and Howard，2010；Bradley et al.，2012），但是这种综合作用并不一定是简单的线性效果（Vitousek，1994）。这些发现强调了在应对入侵物种问题时，需要综合考虑多种全球变化要素的复杂互动效应。

本章主要侧重于探讨入侵生物和全球变化要素的相互作用对土著生物多样性产生的影响，首先，简单论述外来生物入侵本身对生物多样性的影响；其次，通过文献计量分析回顾入侵生物和全球变化要素相互作用的相关研究进展；再次，介绍入侵生物与气候变暖、氮沉降、水分条件改变、土地利用等几类重要全球变化要素对生物多样性的联合作用；随后，总结全球变化背景下生物入侵对生物多样性影响的直接和间接机制；最后，提出未来的重点研究方向。

第一节　外来生物入侵对土著生物多样性的影响

作为 21 世纪五大全球性环境问题之一，生物入侵对入侵地生态系统造成了深刻的生态后果（鞠瑞亭等，2012；Doherty et al.，2016；Peller and Altermatt，2024）。其中，生物入侵对土著生物多样性及相关生态系统功能和服务的影响备受关注。《生物多样性公约》将生物入侵列为对生物多样性的第二大威胁，仅次于生境丧失。《千年生态系统评估报告》也指出，生物入侵是导致生物多样性降低的五大原因之一，并会导致全球生态系统服务的下降。生物入侵通过影响从单一物种到整个生态系统的过程和功能，对土著生物多样性产生了不同程度的负面或正面影响，包括对遗传多样性、物种多样性和生态系统多样性三个层次的影响（图16-1）。

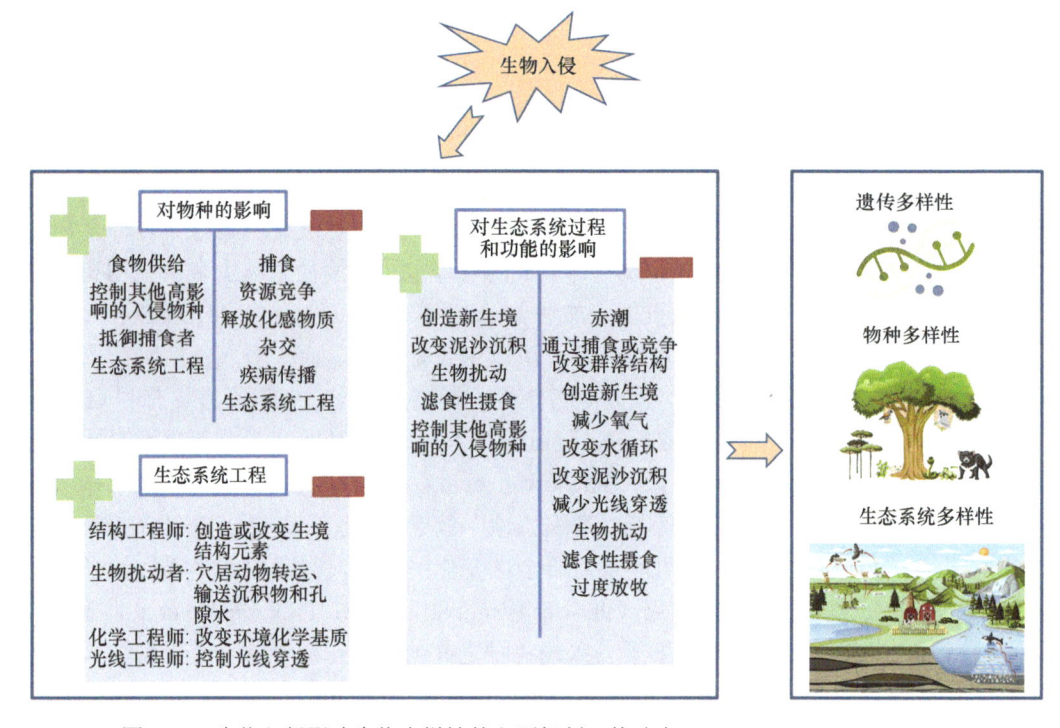

图16-1 生物入侵影响生物多样性的主要机制（修改自 Katsanevakis et al., 2014）
绿色加号：正面影响；红色减号：负面影响

一、生物入侵对遗传多样性的影响

遗传多样性是进化和适应的基础，多样的种内遗传资源可以增强物种对环境的适应能力及扩散能力，而遗传资源的均一性则将威胁种群或物种的生存（Chung et al., 2023；Pearman et al., 2024）。外来入侵生物可以通过杂交和基因渐渗直接影响土著物种的遗传多样性（Chown et al., 2015）。有些入侵生物能与同属近缘种甚至不同属的物种杂交，这种基因交流能改变土著物种的遗传结构和遗传多样性，引起土著物种独特基因型的消失，导致基因侵蚀（Rhymer and Simberloff, 1996；Mallet, 2005；Moran et al., 2021）。例如，入侵美国西海岸的互花米草（*S. alterniflora*）与土著物种叶米草（*S. foliosa*）杂交，导致加利福尼亚米草种群基因同质化，遗传变异能力下降（Ayres et al., 1999；Anttila et al., 2000）。然而，外来入侵物种与土著物种杂交也可能增加土著物种的遗传多样性，如互花米草（*S. alterniflora*）与欧洲米草（*S. maritima*）杂交再经染色体加倍形成大米草（*S. anglica*）（Katsanevakis et al., 2014）。另外，入侵生物也可以通过改变土著种群的基因交流以及自然选择模式，间接改变土著物种的遗传多样性（类延宝等，2010；López-Caamal and Tovar-Sánchez, 2014）。外来生物入侵可以导致生境片段化，将大而连续的土著种群分割成若干空间上相对隔离的小种群，切断土著种群的基因交流，造成土著物种的近亲繁殖和遗传漂变，最终降低土著种群的杂合度和等位基因多样性（Mooney and Cleland，2001；Fitzpatrick et al.，2010）。当外来生物施加强烈的选择压力时，土著种群也可能改变其等位基因频率，导致某些稀有等位基因从后代中消失，引起遗传多样性的降低。

二、生物入侵对物种多样性的影响

作为生物多样性最核心和最关键的层次，生物入侵对物种多样性的影响长期以来特别受到人们的关注。关于外来生物入侵对土著物种多样性的影响及其机制方面的研究已经取得了一系列进展。外来生物入侵对土著物种多样性的影响主要表现为减少土著物种（尤其是濒危物种）的种类和数量，导致物种多样性锐减，而这主要是通过资源竞争、捕食、寄生、化感作用以及改变生境等途径实现的（Wagner and Van Driesche，2010；Simberloff et al.，2013；Narango et al.，2018）。例如，外来鱼类棒花鱼（*Abbottina rivularis*）通过争夺食物和产卵场所以及吞食土著鱼卵，抑制云南土著鱼类的生长和繁殖，导致土著鱼类种群大规模消退，特有珍稀鱼类陷入濒危状态（蒋文志等，2010）。外来入侵物种中的一些恶性杂草，如紫茎泽兰（*Ageratina adenophora*）、飞机草（*Eupatorium odoratum*）、微甘菊（*Mikania micrantha*）、豚草（*Ambrosia artemisiifolia*）等通过分泌化感物质抑制其他植物的发芽和生长，排挤土著植物并阻碍植被的自然恢复（李明阳和徐海根，2005）。此外，多个外来物种的协同入侵可以引起种群水平的正反馈，加剧土著物种多样性的降低（O'Dowd et al.，2003；Green et al.，2011）。例如，外来入侵的欧洲青蟹（*Carcinus maenas*）通过捕食加利福尼亚土著蛤蜊，促进了另一种外来入侵生物宝石蛤（*Gemma gemma*）在该地繁殖扩散，导致土著蛤蜊种群数量的锐减（Grosholz，2005）。

尽管生物入侵对生物多样性的严重威胁已得到广泛共识，但生物入侵是否导致物种灭绝仍值得商榷。不可否认的是，生物入侵确实在较小时空尺度上导致物种多样性降低，但越来越多的证据表明这种负面效应随研究尺度而变化（Gaertner et al.，2009；Powell et al.，2011，2013）。例如，Powell 等（2013）对美国夏威夷州、密苏里州和佛罗里达州的 3 种入侵植物群落进行对比分析，研究结果表明取样面积的增大削弱了入侵所带来的物种多样性下降趋势。原生物种的丰富度在较小的尺度上对入侵物种的多样性有显著的负面影响，但在较大的尺度上，这种影响可能会减弱，甚至在某些情况下，原生物种的丰富度可能会促进入侵物种的存在和多样性（Peng et al.，2019）。因此，未来研究应综合不同时空尺度来评估生物入侵对土著生物多样性的影响。

三、生物入侵对生态系统多样性的影响

生态系统多样性包括生境、生物群落和生态过程等方面的多样化或变异性，是遗传多样性和物种多样性的基础与生存保证。外来入侵生物通过取代土著物种，使原本相互隔离的生物区在物种组成和功能上趋同，导致生物同源化和物种均匀化，降低地域性生

物群落的独特性（McKinney，2004；Winter et al.，2010；Villéger et al.，2011）。例如，Winter 等（2009）通过对欧洲 23 个国家和地区的植物区系的分类和系统发育多样性进行研究，发现外来植物入侵提高了欧洲植物区系的相似性，导致生物群落均质化。另外，由于外来入侵物种的引入时间相对较短，尚未进化出适应入侵地环境梯度的表型特征，因而可以通过改变营养关系、生境等方式引起生物群落在环境梯度上的均质化（Anthony et al.，2017；Zhang et al.，2019；Mcgaughran et al.，2024）。例如，通过对比入侵物种互花米草群落与土著物种芦苇群落中土壤线虫多样性和功能组成的纬度格局，Zhang 等（2019）发现互花米草入侵导致我国盐沼湿地土壤线虫群落在纬度上的均质化。此外，外来入侵生物通过压制或排挤土著物种形成单优势群落，打破生态系统原有的平衡，扰乱生态系统中的营养关系，简化食物链或食物网的组成与结构，引起物质循环与能量流动等生态过程的同质化，最终导致生态系统功能退化和生态服务下降（Vander Zanden et al.，1999；Chen et al.，2007；Bezemer et al.，2014；Parra-Tabla and Arceo-Gómez，2021；Wainright et al.，2021；Peller and Altermatt，2024；王思凯等，2013）。

第二节　生物入侵对生物多样性影响的文献计量分析

基于 Web of Science 核心数据库进行文献检索，以(invasion OR invasive OR exotic OR alien OR non-native)AND(biodiversity)AND(impact OR effect)为主题检索词进行文献检索，共检索出 1990～2022 年与生物入侵对生物多样性影响相关的文献 14 936 篇，选择类型为"Article"和"Review"的文献，最终获取文献 14 738 篇。随后以(warm* OR temperature OR precipitation OR rainfall OR drought OR nitrogen deposition OR land use change OR CO_2 OR carbon dioxide OR sea level OR pollution)为检索词进行二次检索，共检索出与全球变化和生物入侵对生物多样性影响相关的文献 4136 篇（文献检索时间为 2022 年 6 月 11 日）。

按全球每年发文量统计，1990～2022 年关于生物入侵对生物多样性影响的研究呈逐年增加趋势，但其中涉及全球变化的相关发文量仍占比较小（图 16-2）。全球变化和生物入侵对生物多样性影响的研究按发文量趋势可分为 3 个时期：①萌芽阶段（1900～2000 年），2000 年以前的发文数量较少，年均发文量不超过 10 篇；②起步阶段（2001～2010 年），相关研究发文量逐年小幅增加，年均发文量为 72 篇；③快速发展阶段（2011～2022 年），发文量继续稳步增加，年均发文量超过 200 篇，2021 年发文量达 434 篇。由于文献检索日期为 2022 年 6 月 11 日，该年文献记录尚不完整，因此 2022 年的发文量较 2021 年有较大回落。由于文献中大多会提到生物多样性这个词，因此进入我们检索范围的文献较多，但事实上有些文献并不真正研究全球变化和生物入侵的相互作用在多样性水平上对生物群落的影响。不过，相关领域研究的侧重点还是可以从文献分析中得到一定反映：按生物入侵类型划分，全球变化和生物入侵的协同影响研究主要集中于植物入侵，其次是动物入侵，而对微生物入侵的研究较为薄弱（图 16-2B）。按研究内容划分，全球变化背景下生物入侵对生物多样性影响的研究主要关注增温、污染、土地利用类型变化和降水变化 4 个方面，对氮沉降、大气 CO_2 浓度上升、海平面上升等方面的关注程度较低（图 16-2C）。

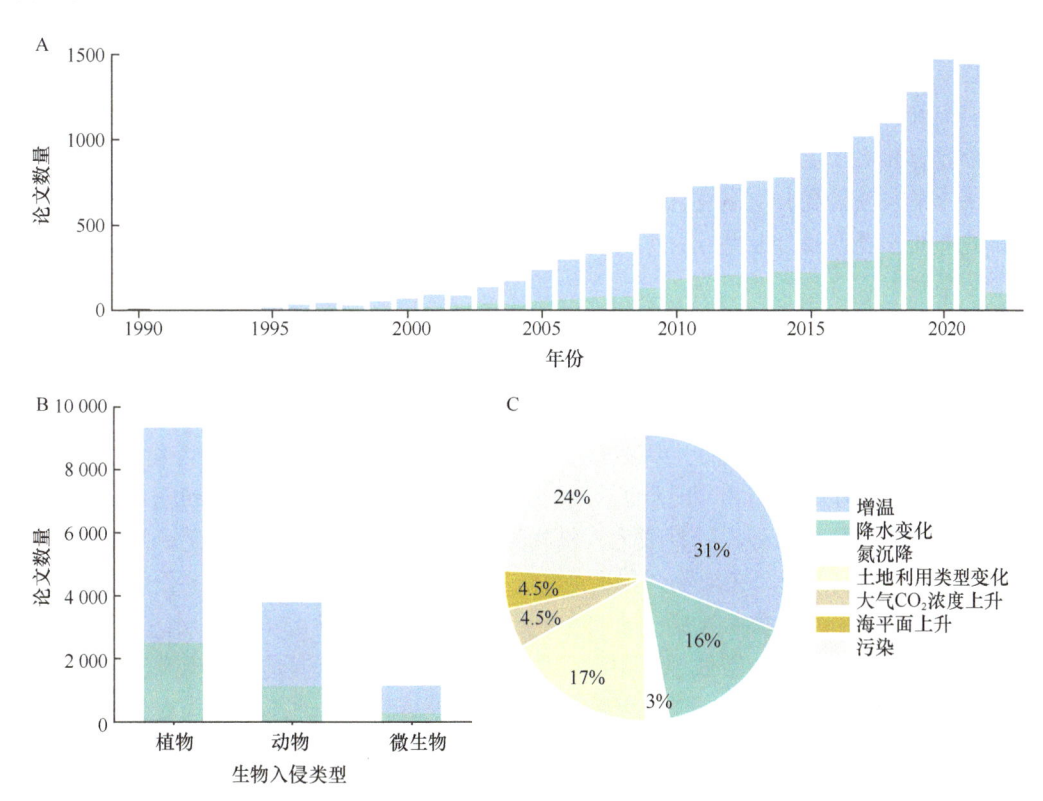

图 16-2 全球变化和生物入侵对生物多样性影响的文献计量分析
A. 不同年份全球发文量；B. 不同生物入侵类型的论文数量；C. 不同全球变化内容的研究所占比例。浅绿色柱表示涉及全球变化的生物入侵对生物多样性影响的发文量，浅绿色+浅蓝色柱表示生物入侵对生物多样性影响的总发文量

第三节 不同全球变化要素影响下生物入侵对生物多样性的影响

以上简单介绍了生物入侵对土著生物在遗传、物种、生态系统水平上多样性的影响，并提出近年来关于生物入侵和其他全球变化要素之间相互作用的研究正得到越来越多的重视。下面以生物入侵和气候变暖、氮沉降、干旱、土地利用这几个环境变化要素的相互作用为例，来介绍全球变化背景下生物入侵影响生物多样性的研究进展。

一、气候变暖背景下生物入侵对生物多样性的影响

地球上温室气体增加导致的全球温度上升，会在局域乃至全球尺度上对入侵生物产生影响。而如前所述，生物入侵会导致土著生物多样性的降低、关键种的消失、生物群落的同质化等，这些影响在全球变暖的背景下可能会产生叠加效应（Walther et al., 2009）。很多入侵物种对气候变暖的适应力强于相应的土著物种，从而在全球变暖的背景下具有更好的表现；在一些目前外来物种还不能生存的地区，全球变暖还能为外来物

种的引入提供新的机会（伍米拉，2012；Tichit et al.，2024）。因此，学界通常预测在全球变暖背景下，入侵物种可能会对土著生物多样性产生更强的负面影响（Dukes and Mooney，1999；Evans et al.，2024）。当然，土著生物中也有部分物种具有和外来物种相当甚至更强的适应气候变暖的能力，或者土著生物多样性在协同应对气候变暖时表现出比单一入侵物种更强的抵御升温的能力，因此生物入侵和气候变暖对土著生物多样性的联合效应并不一定是叠加增强的（Loewen et al.，2020）。此外，正如本书第二、第三章所述，在区域尺度上，不同的物种在应对全球气候变暖时具有不同的迁移策略，并产生新的种间相互作用，这使得生物入侵和气候变暖对土著生物多样性的协同影响效应变得十分不确定。

有关生物入侵和气候变暖对土著生物多样性的联合影响可以通过多种途径加以研究，目前主要包括两类：一类是调查性研究，而另一类是以模拟增温的方法开展实验性研究。在第一类大范围的调查性研究中，通常会通过多年的时间序列数据来分析在一个具有明显气候变暖现象的地区中，入侵生物对土著生物多样性的影响是否发生了改变。例如，van der Wal 等（2008）展示了在 50 年的时间里，锦葵科植物 *Lavatera arborea* 在苏格兰东南沿海岛屿由外来物种成为入侵物种，导致土著植被和海鸟繁殖栖息地丧失的过程。他们认为气候变暖在植物入侵造成生态危害的过程中发挥了关键的作用。Loewen 等（2020）通过分析加拿大落基山脉 685 个山地湖泊及池塘在 45 年间的水生生物数据，发现外来垂钓鱼类的引入造成水体中浮游生物群落的同质化，但是水温上升又部分抵消了垂钓鱼类带来的负面影响。气候变暖在一定程度上减轻了外来垂钓鱼类对生物多样性的负面影响，容易使人放松而忽视对垂钓鱼类的管理，这尤其需要加以警惕（Loewen et al.，2020）。在长时间尺度上的这两个案例研究表明，在全球变暖的背景下，入侵生物对土著生物多样性的影响可能增强，也可能被削弱。

另一些调查性研究则主要在不同气候带上进行，观察入侵物种在不同地理地点的表现，并将它们的表现与这些地区的气候条件进行关联，通过空间替换时间的方式探究外来入侵生物和气候变暖对土著生物多样性的协同影响（Dukes and Mooney，1999）。有中国学者在暖温带济南地区和北亚热带镇江地区研究了入侵植物加拿大飞蓬（*Erigeron canada*）对植物多样性的影响，发现其在济南地区危害更大，这可能和该植物在温度较低的暖温带地区具有更高的适合度有关（Wu et al.，2019）。Martín-Esquivel 等（2020）在北大西洋的特内里费岛沿 2000～2600 m 的海拔梯度上，设立了具有明显温差的 16 个站点，在每个站点设置围栏样方排除外来食草动物的干扰，发现是外来食草动物和气候条件的共同影响导致土著植物群落组成发生显著的变化。

然而，基于空间梯度或者时间序列数据的调查性研究所观察到的入侵生物对土著生物多样性的影响往往受多种因素（而不仅仅是气候变暖这一单一因素）所驱动，因此会对结论具有一定的干扰（Callaway and Maron，2006）。而第二类模拟增温实验的研究方法则可对此有很好的补充。虽然模拟实验一般研究尺度较小，对有高迁移能力的物种等问题不足以得到很好的分析（钟永德等，2004），但在局域尺度上可以更直观和直接地看到生物入侵和气候变暖双重驱动因子对生物多样性的协同效应。

增温实验和外来入侵植物 *Pityopsis aspera* 的双因子实验发现，在没有入侵植物的情况下，增温对土著植物群落没有显著影响，但在入侵植物存在时，增温对植物群落功能丰富度产生了显著的负面影响，可见增温和外来植物对土著植物多样性具有叠加作用（Gornish and Miller, 2015）。入侵美国的外来植物葱芥（*Alliaria petiolata*）在土壤增温4℃条件下对土壤真菌群落产生了显著的影响，而且真菌对入侵的响应程度与年平均温度呈正相关关系（图16-3），这表明美国东北部的气候变暖将会进一步增强入侵植物对土壤真菌的影响（Anthony et al., 2020）。有关入侵中国的加拿大一枝黄花（*Solidago canadensis*）的研究也发现，增温增强了其对土壤真菌群落的抑制作用，同时对土壤线虫多样性指数产生了影响（Li et al., 2021）。但是，另有一些研究发现与此不一致的结果。例如，湿地入侵植物互花米草（*Spartina alterniflora*）与增温并没有形成叠加作用，增温比入侵植物对湿地土壤细菌多样性的影响更为强烈（Song et al., 2020）。

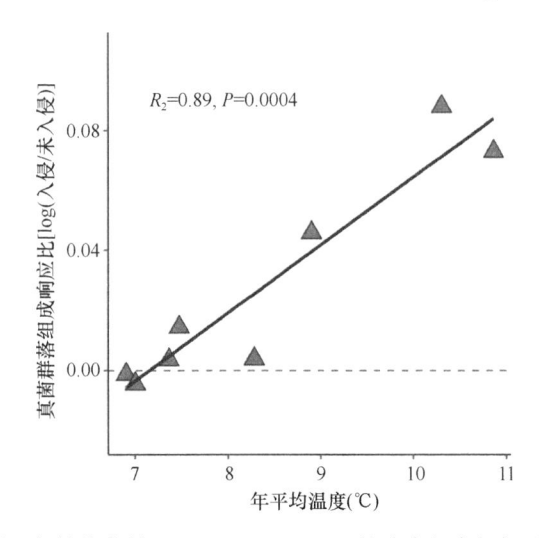

图16-3 真菌群落对入侵植物葱芥（*Alliaria petiolata*）的响应程度与年平均温度呈正相关关系
（修改自 Anthony et al., 2020）

相比陆生外来入侵植物的研究，其他生态系统类型及其他生物类群的实验性研究相对较少。就水生生态系统而言，Mieczan等（2022）通过控制水温研究入侵鱼类云斑鮰（*Ameiurus nebulosus*）和增温对水生藻类、细菌、鞭毛虫、纤毛虫及甲壳类等微生物和小型后生动物群落的影响，发现两者相结合会减少浮游甲壳类数量、增加纤毛虫数量和蓝藻的比例，进而影响水体的碳循环。另有实验发现，在温室受控条件下，随着水温升高，水生细菌对入侵微生物的抵抗力有所提高，即变暖也可能会减轻水体中外来微生物入侵的影响（Vass et al., 2021）。尽管外来土壤动物的入侵可能具有极大的潜在影响，但人们对它们在气候变化条件下的生态效应所知更少。仅有研究曾报道入侵蚯蚓与增温会对土著植物和外来植物的相对丰度和丰富度产生显著的交互作用（Eisenhauer et al., 2012），土壤外来生物入侵在全球变暖背景下的深远影响还有待更多研究。

此外，模型模拟类型的研究尚不多见。关于气候变暖背景下入侵植物对食物网影响的研究方面，Sentis 等（2021）通过模型模拟的方法发现入侵对食物网影响的方向和程度随着温度的变化而变化，增温和入侵的协同作用会增加物种丧失的速度，使食物网失去更多的连接，从而导致其稳定性下降。今后也需要有更多的模型对实验性研究进行综合，并使模型模拟和实验研究得到更好的结合。

二、氮沉降背景下生物入侵对生物多样性的影响

人类活动使得全球大气氮沉降总量迅速攀升，预计到 2050 年将增至 200 Tg（Galloway et al., 2008）。这些年来我国的大气氮沉降量也大幅增加，已成为继北美洲、西欧之后的全球第三大氮沉降集中区（Liu et al., 2013）。这种地质历史上前所未有的大气氮沉降对入侵生物和土著生物的适应策略均可产生深刻影响。

已有的报道发现，较全球变暖而言，入侵生物和氮沉降相结合对土著生物多样性的叠加影响可能相对较小。干旱和半干旱生态系统中的氮添加和入侵植物去除实验发现，多年生入侵植物缘毛蒺藜草（*Cenchrus ciliaris*）对氮添加具有积极的响应，土著植物在入侵植物和氮增加的双重影响下受到更严重的胁迫，导致牧场草地植被覆盖度进一步下降（Lyons et al., 2017）。然而，该入侵植物和氮增加对土壤微生物多样性的影响并没有呈现出协同效应（Williams et al., 2022）（图 16-4），可见不同类群的响应模式也各不相

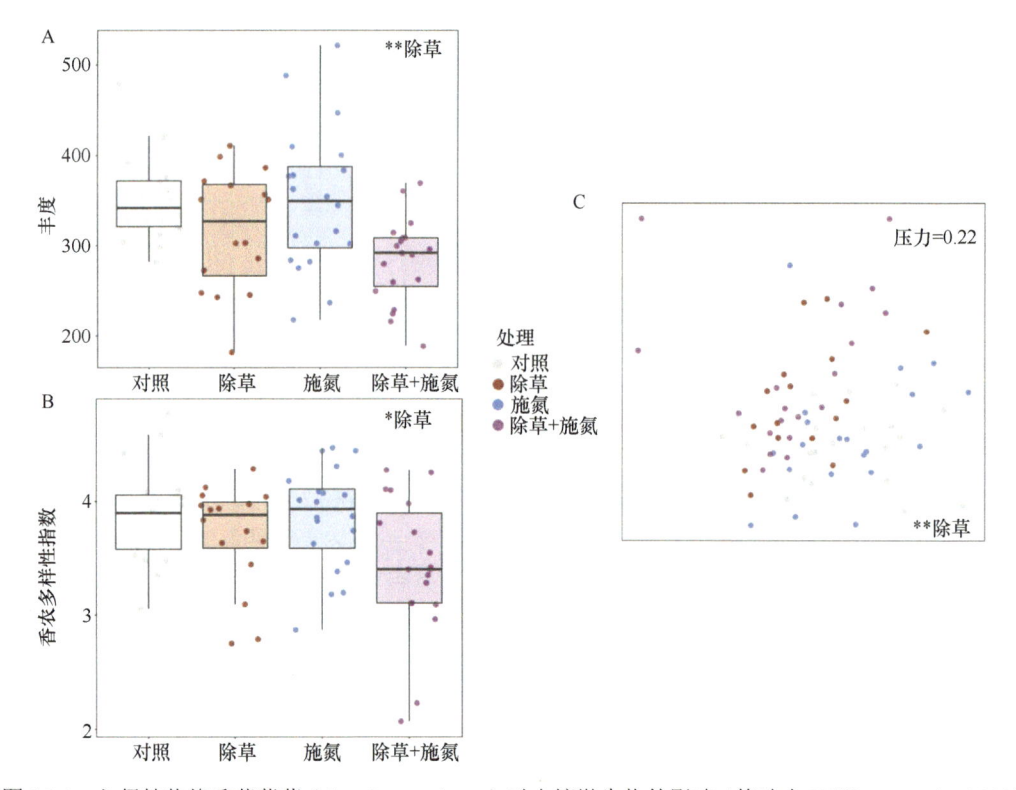

图 16-4 入侵植物缘毛蒺藜草（*Cenchrus ciliaris*）对土壤微生物的影响（修改自 Williams et al., 2022）
A. 土壤真菌的丰度；B. 真菌香农多样性指数；C. 真菌群落结构的非参数多变量排序。该植物对土壤真菌多样性和群落结构具有显著影响，但该植物和氮添加不具有显著交互作用。* $P<0.05$；** $P<0.001$

同。氮沉降和入侵生物之间还可产生抵消作用。例如，在我国鹤山森林生态系统国家野外科学观测研究站的双因子试验发现，外来蚯蚓倾向于增加对植物生长低害的植食线虫类群（r-对策者）密度，而降低高害植食线虫类群（k-对策者）密度；然而，氮沉降可以抵消外来蚯蚓对植食性线虫密度的影响（Shao et al., 2017），表明氮沉降可以改变外来和本地土壤生物之间的相互作用，这对生态系统的功能具有潜在的影响。

入侵植物和氮添加的联合作用容易受到温度、水分条件等非生物环境因子，以及食草昆虫等生物因子的调控，从而表现出对本地生态系统中地上和地下生物多样性影响的高度差异（Wright et al., 2014; Gornish and Miller, 2015; Anthony et al., 2020; Hu et al., 2023）。此外，这种效应还随施加氮的不同形式而变化。例如，反枝苋（*Amaranthus retroflexus*）入侵和氨态氮增加的共同作用可显著提高土壤固氮菌的丰度，而有机氮和混合氮处理下入侵植物对固氮菌物种数的影响大于无机氮处理（Wang et al., 2017a, 2017b）。由上可见，入侵生物和氮沉降对土著生物多样性的协同影响较弱，也更加复杂。其原因也可能与氮沉降对于生物多样性-生态系统可入侵性关系的影响较小有关（Li et al., 2022）。但是，由于相关研究较少，入侵生物和氮增加对生物多样性的联合影响还有待未来进一步的探究。

三、干旱背景下生物入侵对生物多样性的影响

水分条件的变化是全球气候变化的一个重要部分。研究干旱条件下生物入侵对土著生物多样性的影响尤为常见，因为该类研究常具有明显的应用价值，可以为增强生物群落及生态系统应对干旱等胁迫时的抵抗力和恢复力提供借鉴（Garbowski et al., 2021）。

一些研究发现生物入侵对土著生物多样性的影响比干旱的影响更大。在一个为期4年的野外试验中，入侵植物白茅（*Imperata cylindrical*）和干旱对长叶松林植物群落的交互效应并不明显；相对而言，入侵对植物多样性的影响比干旱更大（Fahey et al., 2018）。生物入侵抑制土著植物定殖，导致多年生草本和杂类、一年生杂类和木本植物等植物功能群多样性损失达60%，而入侵和干旱的协同影响则与入侵独立影响时相似（图16-5）。研究者认为这是因为白茅的水分利用效率较高，从而通过减少蒸腾作用增加了湿度，这可能在一定程度上缓解了干旱的胁迫。尽管这并不一定是普遍规律，但该实验表明无论是否面临干旱，入侵都有可能是造成生物多样性下降的主要驱动因素（Fahey et al., 2018）。

由于适应能力的差异，不同土著生物类群对干扰的抵抗力也不同。因此，生物入侵和干旱的协同作用有时并不表现为土著生物多样性的下降，而是表现为生物群落结构的改变。例如，杂食性的蚁类可能比食性较单一的等足类动物具有更强的抵御入侵植物影响的能力，而这种优势在极端干旱期间尤为明显，这使得土著无脊椎动物群落结构在入侵植物和干旱条件的协同影响下改变得更为强烈（Hoback et al., 2020）。而当这种土著生物群落组成的改变可以反作用于入侵生物时，又会进一步影响生物入侵的进程（Cheng et al., 2021）。

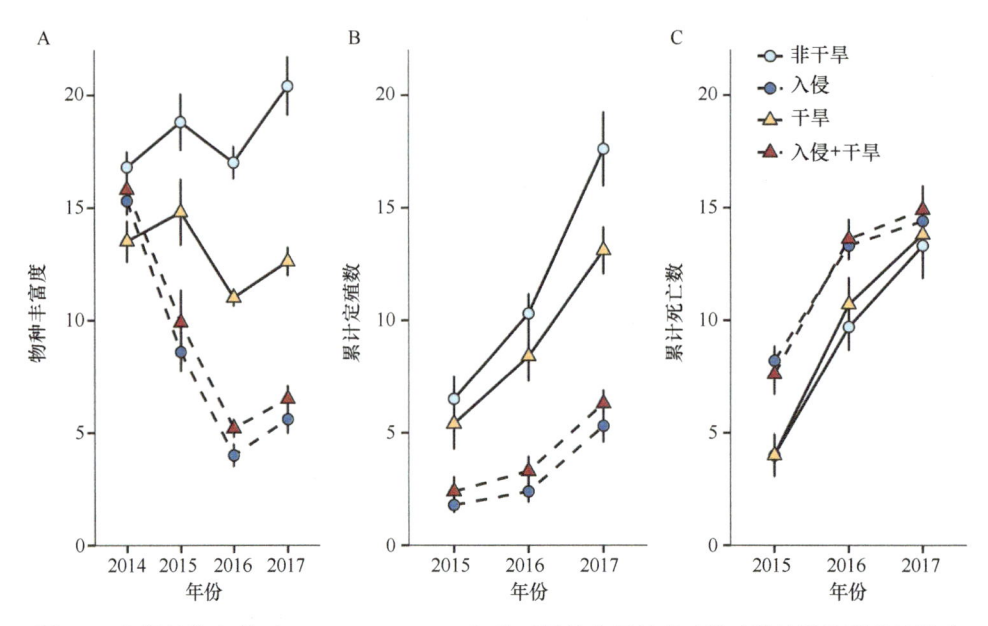

图 16-5 入侵植物白茅（*Imperata cylindrical*）和干旱的交互效应对长叶松林植物群落的影响
（修改自 Fahey et al.，2018）
A. 土著植物群落物种数（物种丰富度）；B. 样地尺度物种累计定殖数；C. 样地尺度物种累计死亡数

生物入侵和干旱的协同作用还可能通过土著生物群落结构的改变，影响生态系统的物质循环和能量流动。模型模拟表明，干旱会导致入侵鱼类尼罗罗非鱼（*Oreochromis niloticus*）扩大其生态位，造成生物群落的均质化，并推动食物网向底栖化发展（Bezerra et al.，2018）。因此在干旱和鱼类入侵的双重影响下，渔业生产力和水质可能受到明显的影响（Bezerra et al.，2018）。在实验干旱处理中，外来植物土壤中微生物的多样性减少，表明土壤生态系统稳定性下降，最终会潜在地影响生态系统碳库（Castro et al.，2019）。在一些地区，入侵植物物种比土著植物物种对干旱有更大的敏感性，而植物入侵和干旱频率的增加可能会产生协同作用，降低该系统的碳汇能力（Esch et al.，2019）。而且，土壤真菌和细菌多样性对于植物入侵和干旱协同作用的响应并不一致，这还会导致生态系统基于细菌和基于真菌的能流途径发生转变（Fahey et al.，2020）。

当干旱等极端气候事件发生时，较高的生物多样性可以维持更稳定的草地植物生产力及功能，同时带来更强的生态系统抵抗力和恢复力（Isbell et al.，2015），然而这种正向的生物多样性-生态系统稳定性关系在生物入侵的影响下会遭到破坏（Vetter et al.，2020）。入侵植物可能与导致生物多样性下降的因子相叠加，弱化生物群落间的相互作用，并降低生态系统从极端干旱中恢复的能力（Vetter et al.，2020）。美国科罗拉多州的植被恢复实验也表明，尽管干旱和入侵植物都对植被和土壤的恢复有负面影响，但干旱和入侵植物的协同作用因功能群而异，这导致要恢复的目标植物群落组成发生偏移（Garbowski et al.，2021）。因此在植被恢复规划中，还需要考虑非生物和生物胁迫以及它们之间的相互作用，才能使植被恢复成效得到保障。

四、土地利用方式改变背景下生物入侵对生物多样性的影响

土地利用是人类改变地球上各类生态系统状态的重要方式,不仅改变生态系统受干扰的强度和频率,还会打破一些物种传播的自然地理屏障,这可能会有助于外来物种的入侵或扩张(郑景明和马克平,2010;Fleming et al.,2009),从而和入侵生物一起对土著生物多样性产生联合影响。此外,因为火灾频度、农业或放牧活动、城市化进程等各类土地利用方式为外来生物创造了空生态位,因此外来物种的成功入侵及扩张常常得益于各类土地干扰所提供的机会(Fleming et al.,2009;Trentanovi et al.,2013)。也有一些研究表明入侵事件并不一定在干扰区域更为常见,如中国海岸带互花米草的入侵在保护区更加严重,而入侵降低了保护区的保护成效(Ren et al.,2021)。因此,我们对城市化/土地利用过程和生物入侵的叠加影响还需要有更深的认识。

土地利用对生物多样性的影响是巨大的,甚至可以造成局域上的生物多样性丧失,但仍有一些研究发现生物入侵对土著生物多样性的影响甚至超过土地利用的干扰。Novoa 等(2020)通过比较西班牙西北海岸带城市和自然沙丘生境中原产于南非的入侵植物食用日中花(*Carpobrotus edulis*)对土壤细菌多样性、群落结构和组成的影响,发现生物入侵的影响高于城市化过程的影响。入侵植物侧钝叶草(*Stenotaphrum secundatum*)在澳大利亚东南沿海沼泽森林群落中可导致土著植物减少83%,而景观属性(如森林、城市和农业用地的覆盖)改变与入侵的影响之间没有交互作用,即无论干扰程度如何,入侵造成的物种多样性的丧失都非常严重(Gooden et al.,2014)。与此现象类似,外来物种无论在放牧干扰是否存在的情况下都将导致生物多样性严重下降,意味着恢复草原植物多样性除了需要对各种干扰加以管理,清除外来物种也十分有必要(Isbell and Wilsey,2011)。这表明在关注土地利用对生物多样性产生巨大影响的同时,不应忽略生物入侵的影响。

此外,土地利用造成的栖息地破碎化等现象和生物入侵的相互作用对土著生物多样性的影响也可能非常复杂(Stireman et al.,2014)。Jesse 等(2020)在加勒比岛屿圣尤斯特歇斯港口(St. Eustatius)的自然用地和开发用地生境展开比较研究,发现节肢动物的物种组成在两类生境间具有显著差异,然而在同时受到外来植物珊瑚藤(*Antigonon leptopus*)的入侵影响时,节肢动物群落在两类生境间的差异减弱(图16-6)。这说明入侵造成的生物群落同质化掩盖了城市化过程带来的影响(Jesse et al.,2020)。加拿大多伦多城市公园凋落物中的微节肢动物群落结构随城市化梯度而变化,而它们受入侵植物 *Vincetoxicum rossicum* 的影响亦随城市化程度不同而变化(Malloch et al.,2020)。Gutiérrez-Cánovas 等(2020)调查了西班牙西南部沿海445对入侵和对照样地,探讨农业或城市化和植物入侵对土著植物分类多样性、功能丰富度等指标的共同影响。他们发现城市化对入侵样地中植物的属丰富度具有更强的抑制作用,说明存在协同效应;相反,城市化导致的土著植物功能丰富度下降在入侵地块中并不明显,表明可能存在拮抗效应(Gutiérrez-Cánovas et al.,2020)。这说明即使是同一类土著生物,当我们以不同的多样性指标来进行评价时,也会呈现出不同的结果。

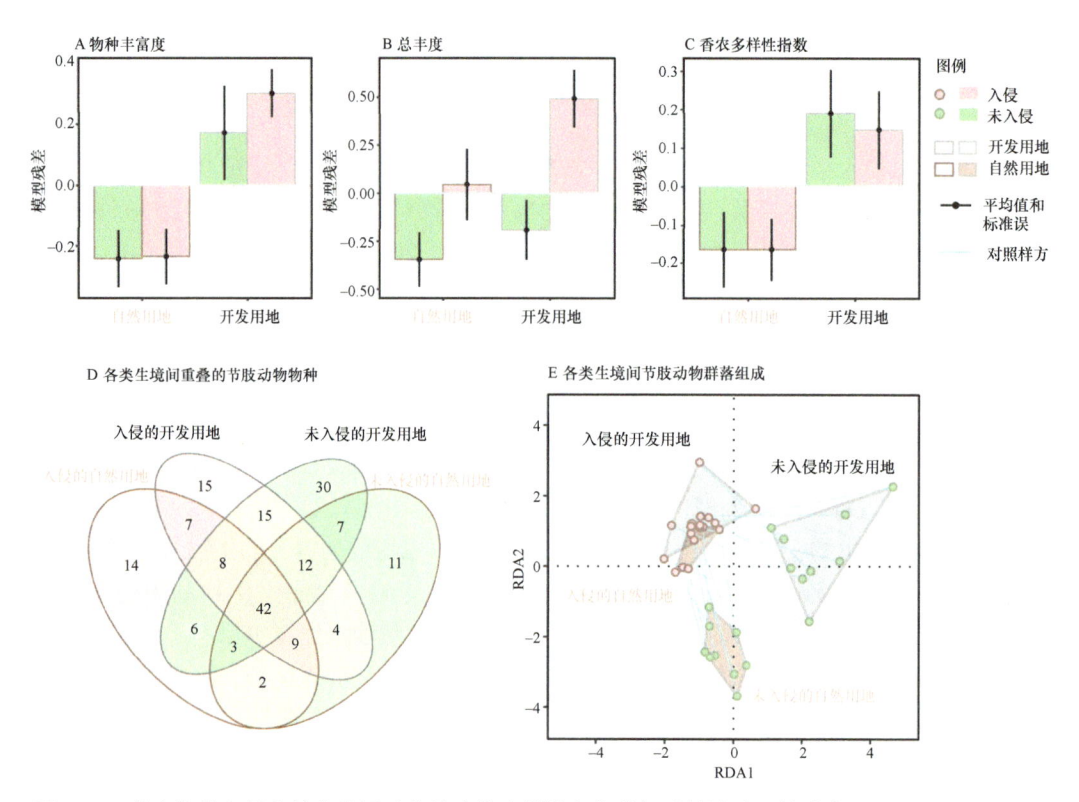

图 16-6 外来植物入侵和城市发展对节肢动物多样性和物种组成的影响（修改自 Jesse et al., 2020）

加勒比岛屿圣尤斯特歇斯特港口（St. Eustatius）在受到外来植物珊瑚藤（*Antigonon leptopus*）的入侵影响时，其自然用地和开发用地之间的节肢动物群落组成的差异趋于减弱，表明入侵造成生物群落同质化，掩盖了城市化过程带来的影响。A～C. 外来植物入侵和城市发展对节肢动物物种丰富度（A）、节肢动物总丰度（B）和节肢动物香农多样性指数（C）的影响。D. 入侵的开发用地、未入侵的开发用地、入侵的自然用地和未入侵的自然用地 4 种入侵发展生境类型物种重叠数的维恩图，数字代表物种重叠数。E. 各类生境间节肢动物群落组成的差异，在冗余分析（redundancy analysis，RDA）中 RDA1 和 RDA2 分别代表排序轴

第四节 生物入侵影响生物多样性的机制

一、直接影响机制

全球变化和生物入侵相互作用的直接效应主要体现在全球变化条件下入侵与土著生物对各类资源竞争关系的改变，包括对光、水、肥等资源的不对称竞争、对逆境耐受性的差异化响应等过程（王静等，2012；Evangelista et al.，2017；Golivets and Wallin，2018；Wang et al.，2020）。

许多入侵物种对土著生物群落产生强烈的影响，并改变生态系统特性和过程，然而气候等全球变化背景下的生物入侵后果具有较强的不确定性。就全球变暖而言，温度升高可以介导生物入侵的引入、定居、建群、扩散的全过程（图 16-7），帮助外来物种的种群扩展到它们以前无法生存和繁殖的地区，与当地的生物多样性形成新的生物互作，并带来新的生态系统后果（Walther et al.，2009）。在外来物种的引入阶段，干扰和人为活动可增加它们被引入的机会；引入的个体一般在短暂的有利气候时期暂时出现，或在

空间上被限制在适宜的微生境中,而变暖等持续的气候变化条件可能延长这些偶尔出现的初始引入的持续时间,增加它们的引入频率或扩大适宜栖息地的范围和面积,使这些物种能够持续存在,并形成更大的入侵种群(Walther et al.,2009)。

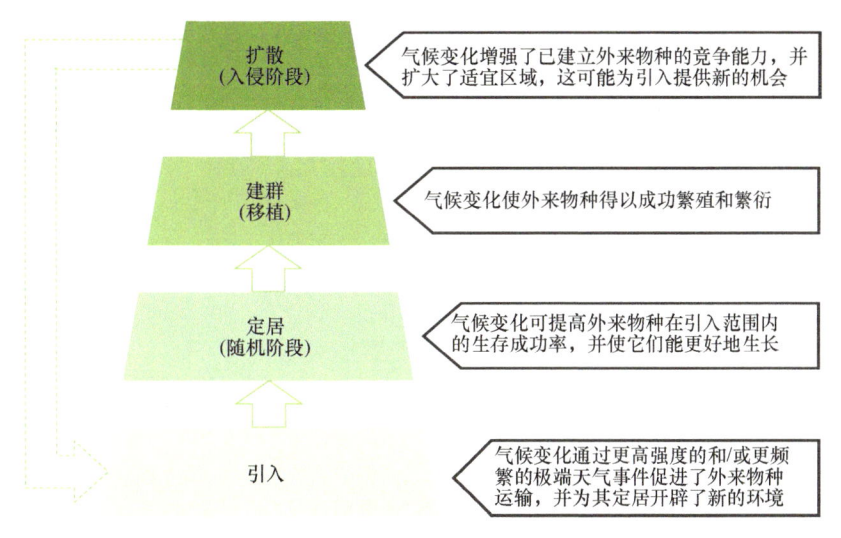

图 16-7 气候变化影响生物入侵引入、定居、建群、扩散的全过程(修改自 Walther et al.,2009)

从外来生物和土著生物比较的角度而言,土著生物通常已经通过长期进化适应了原有的环境条件,气候和干扰条件的变化则会打破其长期以来形成的生理生态特性和适合度表现。气候变化通常被认为可能对生物入侵者有利,如大气 CO_2 浓度增加和气候变暖对 C_4 外来植物更为有利(Chuine et al.,2012;Janni et al.,2024)。外来植物和土著植物物种在光合利用效率等方面对气候变暖的响应存在差异,变暖往往倾向于抑制土著物种,但外来物种不受影响。这种适应新气候的光合速率能力差异会打破土著和外来植物的竞争平衡,导致入侵的发生(Verlinden and Nijs,2010;Verlinden et al.,2013,2014)。外来植物和土著植物根系对土壤中氮利用效率的差异也可能是气候变暖条件下它们竞争关系改变的原因之一(Verlinden et al.,2014;Ren et al.,2022),如入侵旱雀麦(*Bromus tectorum*)会通过根系生长和加强资源竞争等方式在氮沉降条件下获得更大的生长优势(He et al.,2011)。借助更强的光合效率、植物组织氮分配能力、氮利用效率、水分利用效率的优势,入侵植物还能够在土壤氮污染或者重金属污染等情况下拥有相对于土著物种更大的竞争优势(Vallano et al.,2012;Eller and Oliveira,2017;Liu et al.,2017,2019;Wang et al.,2020)。

关于外来入侵植物的大量研究表明,入侵植物物种在生理、体型和适合度的性状上优于土著植物(van Kleunen et al.,2010;Huang et al.,2022),因此从全球环境的变化中获益更多(Davidson et al.,2011)。Meta 分析研究发现,气温升高、大气 CO_2 浓度升高、氮沉降、降水量增加都可能会进一步促进外来植物的入侵,只有干旱可能会起到抑制作用(图 16-8)(Liu et al.,2017)。然而,Puritty 等(2019)发现尽管外来植物对于干旱的抵抗力不如土著植物,但是其恢复力高于土著植物。Leal 等(2022)也得出了相似的结论。因此，干旱可以抑制外来植物入侵的结论仍需谨慎对待。

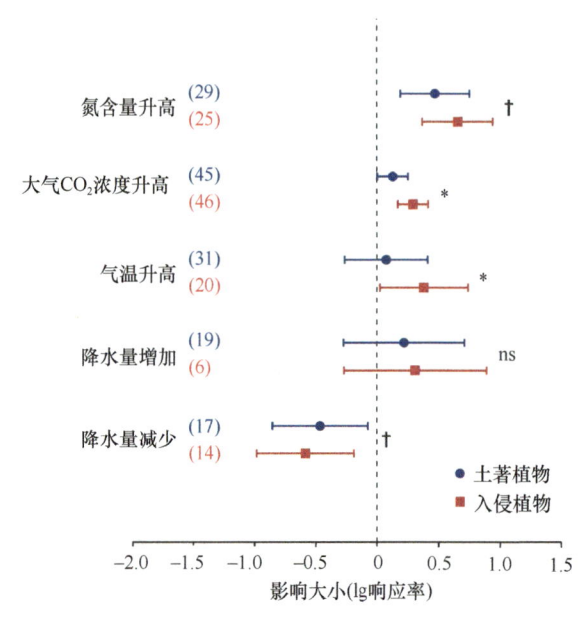

图 16-8 土著与外来入侵植物性能对全球环境变化驱动因素的响应（修改自 Liu et al.，2017）

气温升高、大气 CO_2 浓度升高、氮含量升高、降水量增加进一步促进外来入侵植物的入侵，而降水量减少可能会抑制外来入侵植物的入侵。误差条表示平均效应大小估计值的 95%置信区间，*表示土著植物与入侵植物间差异显著（$P<0.05$），† 表示差异边缘显著（$P<0.1$），ns 表示差异无统计学意义。蓝色代表土著植物，红色代表入侵植物。样本大小（即效应大小的数量）在括号中给出

相对植物而言，有关其他生物类群中入侵物种和土著物种对气候变化响应的比较研究较少，如土壤动物。土壤系统正日益受到生物入侵和气候变化相互作用的影响，而气温上升等变化因子可能对外来的土壤生物物种比对土著物种更有利。有关土壤弹尾虫（跳虫）的一个有趣的研究表明，从热带到亚南极，外来物种比相应的土著物种对环境变暖有更大的耐受性（图 16-9），这表明生物入侵会加剧气候变化对地下土壤生物的影响，从而对陆地生态系统的功能产生深远影响（Janion-Scheepers et al.，2018；Li et al.，2024），而这方面的研究还相当缺乏。

入侵物种除了在生理生态上具有比土著物种更强的表现，还通常具有更高的表型可塑性，即更强的变异性和主动调节能力，可通过调整资源利用策略、调节物候和繁殖策略等各种方式应对环境因子的变化（吴昊等，2020；Davidson et al.，2011）。在面对水分胁迫时，土著物种主要依靠形态适应来限制水分流失，而入侵物种可以通过主动调整水分吸收策略来补偿水分的流失（Antunes et al.，2018）。北美车前（*Plantago virginica*）入侵地种群在增温和氮添加条件下比原产地种群具有更强的地上和地下生物量调节能力（Luo et al.，2020）。外来植物在面临水分条件改变（干旱和水淹）时具有更强的光合利用效率和水分利用效率可塑性，这种能力会帮助它们更好地扩展其分布区，并对土著植物群落造成影响（Bufford and Hulme，2021）。入侵植物还可能具有更强的繁殖策略调节能力以适应如森林火灾等事件造成的环境变化（Herrero et al.，2016；Tomat-Kelly et al.，2021；Sharma et al.，2024）。

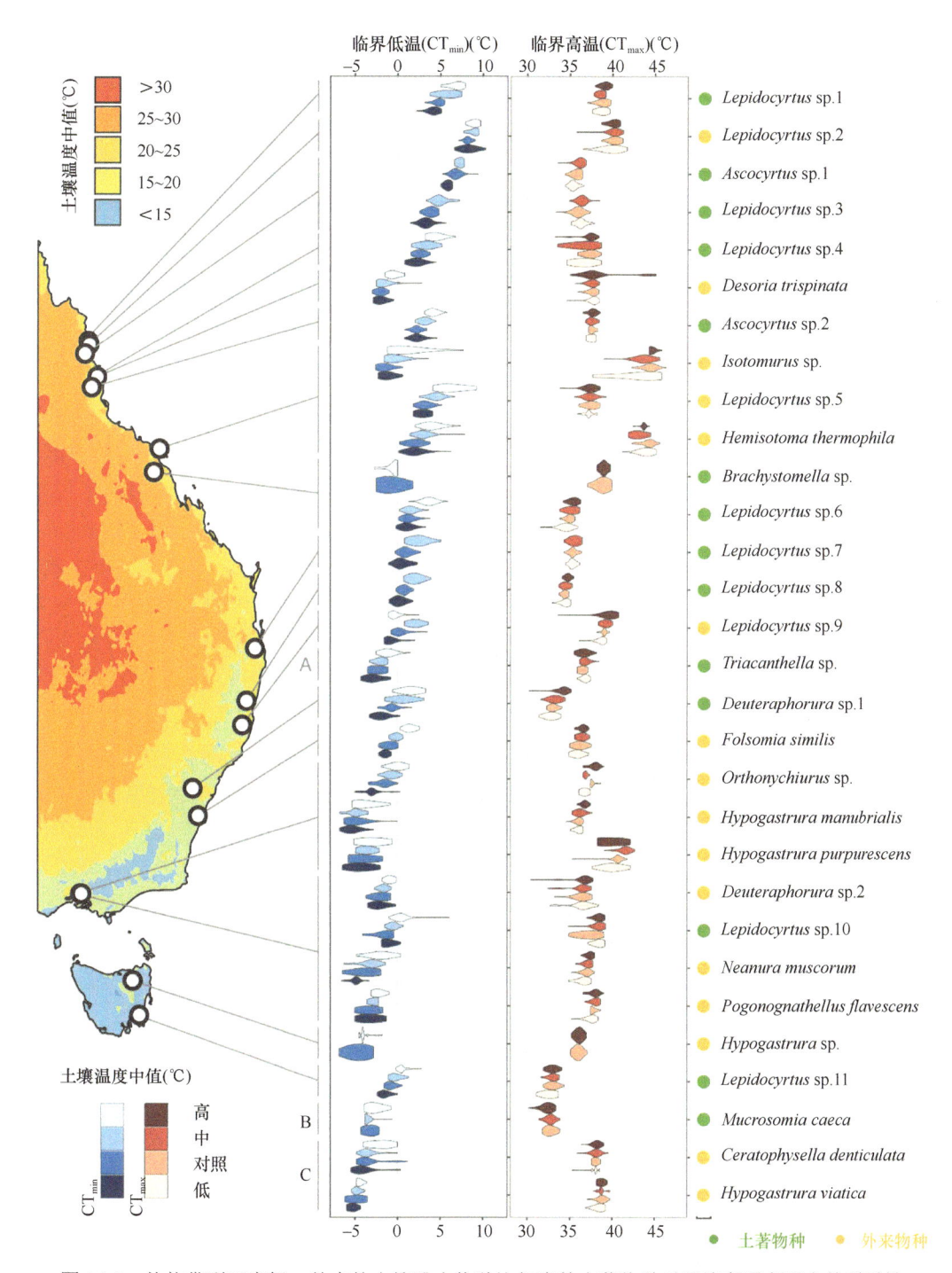

图 16-9 从热带到亚南极，外来的土壤跳虫物种比相应的土著物种对环境变暖有更大的耐受性
（修改自 Janion-Scheepers et al.，2018）

土著和非土著物种之间的任何物候差异都可能影响全球变暖下的入侵结果（Zettlemoyer et al.，2019）。模拟增温实验发现，入侵植物加拿大一枝黄花（*Solidago canadensis*）和

大狼杷草（*Bidens frondosa*）在变暖情况下比同科的土著植物多裂翅果菊（*Pterocypsela laciniata*）具有更强的物候可塑性，它们能通过延长物候改变繁殖投入，从而增强其入侵力（Cao et al., 2018）。野外模拟试验发现，全球变暖条件下外来植物比土著植物物种开花更早，物候可塑性更强，这意味着物候可塑性是入侵植物适应气候变化的一个潜在特征，有助于其扩大地理分布区域并成功建群（Zettlemoyer et al., 2019）。在干旱条件下，入侵植物可以通过调整物候时间来度过不利的气候条件，从而在逆境中幸存（Chown et al., 2007）。可见在气候变化条件下，土著和非土著物种在物候可塑性上的差异亦可促进入侵的成功和入侵种群的维持，大多情况下可能对外来物种更有利。

二、间接影响机制

入侵生物与土著生物之间还常通过间接效应来进行互作，即通过改变入侵物种和与之竞争的土著物种以外的其他生物的组成或多度，来影响它们彼此之间的相互关系（White et al., 2006; Eppinga et al., 2006; Pearson and Callaway 2008; Hernandez-Castellano et al., 2020; Wauters et al., 2023）。这种间接效应一般来自两类生物：一类是有害生物，包括寄生者、病原生物、捕食者等不利于研究对象生长繁殖等活动的生物类群；另一类则是有益生物，包括传粉者、固氮微生物、根际促生菌、分解者等有助于研究对象生命活动的生物类群。

在第一类有关有害生物的研究中，有大量关于入侵植物和食草者的关系的研究。全球变化背景下，来自无脊椎动物的食草压力可能会放大入侵植物对土著植物的负面影响（Geppert et al., 2021）。例如，温度升高会改变植物挥发性物质组成，导致昆虫的产卵偏好对象从入侵植物转变为土著植物，从而可能增加对土著植物的损害（Liu et al., 2021）。地下生态系统中的食草者也具有相似的现象。例如，土著植物比外来入侵植物的根系受根结线虫感染的程度更严重，在当前环境条件下约为入侵植物的 4 倍；然而，在增温条件下这种差异增大，土著植物根结线虫感染程度达到外来入侵植物的 10 倍（Lu et al., 2015）。可见，环境变化不仅通过地上食草者，还通过地下食草者影响土著和入侵植物间的竞争关系。

在变化环境中植物-食草者相互作用的改变还可能给植物入侵的管理带来挑战。全球变化条件下植物的范围扩张可能导致地上和地下天敌的释放，这种天敌的释放可能是由于植物比天敌具有更高的传播能力（Morriën et al., 2010）。对中国的入侵植物喜旱莲子草（*Alternanthera philoxeroides*）全纬度区范围的调查研究表明，植物也可能比它们的天敌更耐寒，从而转移到更高的纬度，形成一个新的天敌释放区域。因此，气候变暖不仅会直接影响植物的入侵，也会影响天敌压力的释放或增加，从而对入侵植物产生间接效应，这一发现对未来气候变化下的入侵物种管理也至关重要（Lu et al., 2013）。入侵植物豚草（*Ambrosia artemisiifolia*）在实验增温情况下增强了对其草食性天敌昆虫的抵抗力，可能是通过植物代谢组特征的改变影响了植物表型。尽管抗性物质的产生代价高昂，但变暖消除了这一限制，而这有利于入侵植物最终逃脱防治天敌，从而造成生物防治的失败（Sun et al., 2022）。

少数关于水生动物的研究还发现,外来水蚤物种翼弧蚤(*Daphnia lumholtzi*)在水温升高情况下会出现形态上的改变,表现为对捕食者鱼类具有更强的抵御能力(图16-10);然而土著水蚤物种在增温情况下却不出现形态改变,这导致入侵物种和土著物种间出现对被捕食的似然竞争,从而使入侵水蚤在气候变暖背景下获得入侵优势(Fey and Herren,2014)。

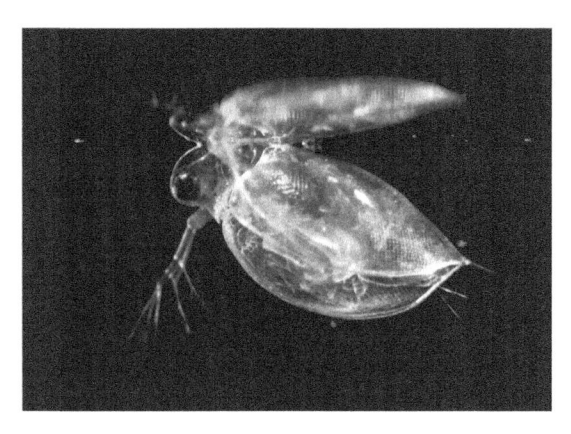

图 16-10　翼弧蚤(*Daphnia lumholtzi*)(修改自 Fey and Herren,2014)
外来水蚤物种在水温升高情况下迅速出现形态上的改变,演化出对捕食者鱼类更强的抵御力

以上研究主要强调营养关系中的下行(top-down)效应,事实上上行(bottom-up)效应在全球变化影响入侵生物-土著生物关系中也扮演着重要角色。以一种全球分布的外来物种孔雀鱼(*Poecilia reticulata*)为例,城市化过程使得城市河流中富含更多的营养物质,导致孔雀鱼拥有了更多高营养的食物来源(摇蚊幼虫),这表明城市化可通过自下而上的营养关系增强孔雀鱼的入侵潜力(Marques et al.,2020)。

第二类是关于具有惠益作用生物的间接效应。传粉是一个重要的植物-昆虫互惠互利的生态过程,而外来物种入侵对土著植物与传粉者的相互作用会产生显著影响(Hernandez-Castellano et al.,2020)。入侵植物对增温实验的物候可塑性响应强于土著植物,因此在温暖的气候下,入侵植物会通过增加和土著植物的物候重叠,增强对土著植物授粉者的竞争(Giejsztowt et al.,2020)。Schweiger 等(2010)综述了气候变化对植物-传粉者关系的影响,指出气候变化背景下,入侵植物物种往往对土著植物和专食性传粉者之间的互利关系造成更大的威胁。但是,比较外来入侵植物刺槐(*Robinia pseudoacacia*)与土著植物对传粉者的影响时,研究者发现随着城市化程度的提高,刺槐对传粉者的吸引力可能会下降(Buchholz and Kowarik,2019)。全球变化背景下外来植物是否能与引入地的菌根真菌、根际促生微生物等形成新的联系,有时也可能成为促进或阻碍入侵成功的决定因素。一些植物中的内生菌也可能随着植物繁殖体一起移动,从而帮助外来物种在其抵达新的生活环境时迅速建立种群(Jeong et al.,2021)。

有关入侵动物之间的互惠关系研究相对较少。模拟增温情况下,黑头酸臭蚁(*Tapinoma melanocephalum*)提高了消耗蜜露的能力,可能为入侵的扶桑绵粉蚧(*Phenacoccus solenopsis*)提供更好的保护,这表明在更温暖的环境中,黑头酸臭蚁和扶桑绵粉蚧的共生关系得到了增强，而这可能有助于提高入侵粉蚧在全球升温情形下的适应力（Zhou et al.，2017）。

总体而言，近年来，间接效应在入侵生物影响土著生物多样性中的作用已经比之前多了不少关注，但是全球变化要素如何通过间接效应影响入侵生物和土著生物多样性之间的关系仍有待更多的研究。

第五节　未来研究方向

生物入侵本身就是全球变化要素的一部分，而其入侵进程又通常和其他全球变化要素相叠加（郑景明和马克平，2010）。这些全球变化要素之间通过相互作用产生的直接效应和间接效应，对生物多样性造成深刻影响，并可能带来难以预见的生态系统后果（图16-11）。尽管很多理论预测表明，大气 CO_2 浓度升高、全球变暖、氮沉降等其他全球变化要素会加剧现有的生物入侵对土著生物多样性的负面影响，但这种影响也因生态系统或物种而异，并没有普适性结论（Vitousek，1994）。因此，我们尚需要对此加以进一步检验，改进对各种全球变化条件下入侵者潜在范围的预测，揭示其对生物多样性的潜在影响，以及明确气候变化等其他要素是否会增加生物群落对生物入侵的易感性等问题（Dukes and Mooney，1999）。此外，鉴于入侵生物对生物多样性和生态系统造成的危害，世界各地正在采取各种措施进行治理，包括物理、化学和生物防治等，但全球变化会影响甚至抵消这些措施的效果（Lu et al.，2013）。因此，开展入侵生物和其他全球变化要素的相互作用研究，不仅有助于预测未来情景下入侵生物的潜在危害，也有助于为变化环境下入侵物种防治策略的制定提供依据。根据已有的研究进展，我们提出以下3个重点研究方向。

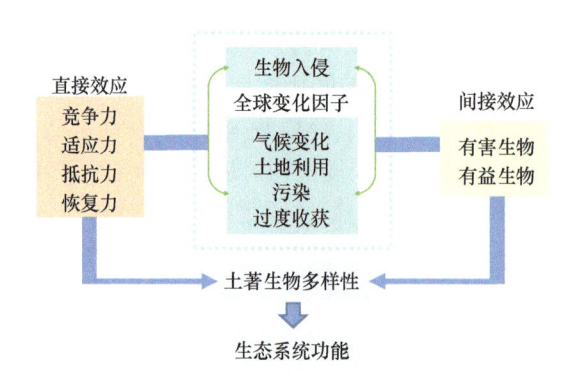

图 16-11　生物入侵和全球变化要素对生态系统功能影响的概念图

生物入侵与其他全球变化要素相叠加，通过相互作用产生直接效应和间接效应，对生物多样性造成深刻影响，并带来难以预见的生态系统后果

一、生物快速进化

一个外来物种在到达新栖息地后，会在新的生物相互作用和非生物环境中面临新的自然选择，表现出新的适应性进化趋势（Ma et al.，2024）；此外，遗传漂变和"奠基者效应"的非适应进化也会改变外来物种的进化方向（陈毅峰和严云志，2005）。除了外

来物种，土著物种在面对新的生物及其带来的新的生物相互关系时，也会做出相应的快速响应，形成新的适应性进化特征，表现在形态、生活习性变化等各个方面。从入侵进化生物学角度来加强全球变化和入侵物种的相互作用及其对土著物种的影响研究，是未来一个重要方向。

二、多营养级联系

目前有关单一入侵生物和其他全球变化要素的叠加影响研究较多，跨多营养级的生物多样性作用研究常被忽略。然而，在全球变化背景下，多个外来生物更容易通过种间互作形成新型的入侵复合体（invader complex）（Schweiger et al.，2010）。此外，不同营养级生物应对全球变化有不同的响应，从而产生复杂的交互作用。因此，多营养级联系以及级联效应在入侵生物影响生物多样性的过程中具有非常重要的调控作用，不容忽视（Harvey et al.，2010；Mologni et al.，2023）。今后更多的研究需要关注多个营养级和它们的相互关系，以及由此产生的间接效应。

三、本地生态系统的敏感性及反馈

目前较多的研究是从外来入侵物种的角度出发，关注入侵生物对全球变化要素的响应，以此为依据预测未来情景下入侵物种的分布区扩散范围和进一步入侵趋势。然而，土著生物群落和生态系统对全球变化的响应和适应，对于入侵生物的发展态势也具有至关重要的反作用（Li et al.，2022）。在全球变化背景下加强研究土著生物群落对生物入侵的抵御能力和对生态系统的敏感性，以及其对入侵生物的反馈作用，将为预测未来情景下生物入侵的危害及生态影响提供更准确的依据。

（本章作者：刘泽康　程　才　戴海啸　吴乐婕　毕景文　贺　强
鞠瑞亭　李　博　吴纪华）

参 考 文 献

陈毅峰, 严云志. 2005. 生物入侵的进化生物学. 水生生物学报, 29(2): 220-224.
蒋文志, 曹文志, 冯砚艳, 等. 2010. 我国区域间生物入侵的现状及防治. 生态学杂志, 29(7): 1451-1457.
鞠瑞亭, 李慧, 石正人, 等. 2012. 近十年中国生物入侵研究进展. 生物多样性, 20(5): 581-611.
类延宝, 肖海峰, 冯玉龙. 2010. 外来植物入侵对生物多样性的影响及本地生物的进化响应. 生物多样性, 18(6): 622-630.
李明阳, 徐海根. 2005. 生物入侵对物种及遗传资源影响的经济评估. 南京林业大学学报(自然科学版), (2): 98-102.
王静, 黄正文, 王寻. 2012. 全球环境变化与生物入侵. 成都大学学报(自然科学版), 31(1): 29-34.
王思凯, 盛强, 储泰江, 等. 2013. 植物入侵对食物网的影响及其途径. 生物多样性, 21(3): 249-259.
吴昊. 2017. 气候变化背景下生物入侵研究态势的文献计量分析. 广西植物, 37(7): 934-946.
吴昊, 丁建清. 2014. 入侵生态学最新研究动态. 科学通报, 59(6): 438-448.

吴昊, 张辰, 代文魁. 2020. 气候变暖和物种多样性交互效应对空心莲子草入侵的影响. 草业学报, 29(3): 38-48.

伍米拉. 2012. 全球气候变化与生物入侵. 生物学通报, 47(1): 4-6.

郑景明, 马克平. 2010. 入侵生态学. 北京: 高等教育出版社.

钟永德, 李迈和, Kraeuchi N. 2004. 地球暖化促进植物迁移与入侵. 地理研究, 23(3): 347-356.

Anthony M A, Frey S D, Stinson K A. 2017. Fungal community homogenization, shift in dominant trophic guild, and appearance of novel taxa with biotic invasion. Ecosphere, 8(9): e01951.

Anthony M A, Stinson K A, Moore J A M, et al. 2020. Plant invasion impacts on fungal community structure and function depend on soil warming and nitrogen enrichment. Oecologia, 194(4): 659-672.

Anttila C K, King R A, Ferris C, et al. 2000. Reciprocal hybrid formation of *Spartina* in San Francisco Bay. Molecular Ecology, 9(6): 765-770.

Antunes C, Pereira A J, Fernandes P, et al. 2018. Understanding plant drought resistance in a Mediterranean coastal sand dune ecosystem: differences between native and exotic invasive species. Journal of Plant Ecology, 11(1): 26-38.

Ayres D R, Garcia-Rossi D, Davis H G, et al. 1999. Extent and degree of hybridization between exotic (*Spartina alterniflora*) and native (*S. foliosa*) cordgrass (Poaceae) in California, USA determined by random amplified polymorphic DNA (RAPDs). Molecular Ecology, 8(7): 1179-1186.

Bezemer T M, Harvey J A, Cronin J T. 2014. Response of native insect communities to invasive plants. Annual Review of Entomology, 59: 119-141.

Bezerra L A V, Angelini R, Vitule J R S, et al. 2018. Food web changes associated with drought and invasive species in a tropical semiarid reservoir. Hydrobiologia, 817(1): 475-489.

Bradley B A, Blumenthal D M, Early R, et al. 2012. Global change, global trade, and the next wave of plant invasions. Frontiers in Ecology and the Environment, 10(1): 20-28.

Buchholz S, Kowarik I. 2019. Urbanisation modulates plant-pollinator interactions in invasive vs. native plant species. Scientific Reports, 9(1): 6375.

Bufford J L, Hulme P E. 2021. Increased adaptive phenotypic plasticity in the introduced range in alien weeds under drought and flooding. Biological Invasions, 23: 2675-2688.

Callaway R M, Maron J L. 2006. What have exotic plant invasions taught us over the past 20 years? Trends in Ecology & Evolution, 21(7): 369-374.

Cao Y S, Xiao Y A, Zhang S S, et al. 2018. Simulated warming enhances biological invasion of *Solidago canadensis* and *Bidens frondosa* by increasing reproductive investment and altering flowering phenology pattern. Scientific Reports, 8(1): 16073.

Castro S P, Cleland E E, Wagner R, et al. 2019. Soil microbial responses to drought and exotic plants shift carbon metabolism. The ISME Journal, 13(7): 1776-1787.

Chen H L, Li B, Fang C M, et al. 2007. Exotic plant influences soil nematode communities through litter input. Soil Biology and Biochemistry, 39(7): 1782-1793.

Cheng C, Liu Z K, Song W, et al. 2024. Biodiversity increases resistance of grasslands against plant invasions under multiple environmental changes. Nature Communications, 15: 4506.

Cheng H Y, Wang S, Wei M, et al. 2021. Alien invasive plant *Amaranthus spinosus* mainly altered the community structure instead of the α diversity of soil N-fixing bacteria under drought. Acta Oecologica, 113: 103788.

Chown S L, Hodgins K A, Griffin P C, et al. 2015. Biological invasions, climate change and genomics. Evolutionary Applications, 8(1): 23-46.

Chown S L, Slabber S, McGeoch M A, et al. 2007. Phenotypic plasticity mediates climate change responses among invasive and indigenous arthropods. Proceedings of the Royal Society B-Biological Sciences, 274(1625): 2531-2537.

Chuine I, Morin X, Sonié L, et al. 2012. Climate change might increase the invasion potential of the alien C_4 grass *Setaria parviflora* (Poaceae) in the Mediterranean Basin. Diversity and Distributions, 18(7/8): 661-672.

Chung M Y, Merila J, Li J L, et al. 2023. Neutral and adaptive genetic diversity in plants: an overview. Frontiers in Ecology and Evolution, 11: 1116814.

Davidson A M, Jennions M, Nicotra A B. 2011. Do invasive species show higher phenotypic plasticity than native species and if so, is it adaptive? A meta-analysis. Ecology Letters, 14(4): 419-431.

Di Febbraro M, Bosso L, Fasola M, et al. 2023. Different facets of the same niche: integrating citizen science and scientific survey data to predict biological invasion risk under multiple global change drivers. Global Change Biology, 29(19): 5509-5523.

Doherty T S, Glen A S, Nimmo D G, et al. 2016. Invasive predators and global biodiversity loss. Proceedings of the National Academy of Sciences of the United States of America, 113(40): 11261-11265.

Dukes J S, Mooney H A. 1999. Does global change increase the success of biological invaders? Trends in Ecology & Evolution, 14(4): 135-139.

Eisenhauer N, Fisichelli N A, Frelich L E, et al. 2012. Interactive effects of global warming and 'global worming' on the initial establishment of native and exotic herbaceous plant species. Oikos, 121(7): 1121-1133.

Eller C B, Oliveira R S. 2017. Effects of nitrogen availability on the competitive interactions between an invasive and a native grass from Brazilian Cerrado. Plant and Soil, 410(1-2): 63-72.

Eppinga M B, Rietkerk M, Dekker S C, et al. 2006. Accumulation of local pathogens: a new hypothesis to explain exotic plant invasions. Oikos, 114(1): 168-176.

Esch E H, Lipson D A, Cleland E E. 2019. Invasion and drought alter phenological sensitivity and synergistically lower ecosystem production. Ecology, 100(10): e02802.

Evangelista H B, Michelan T S, Gomes L C, et al. 2017. Shade provided by riparian plants and biotic resistance by macrophytes reduce the establishment of an invasive Poaceae. Journal of Applied Ecology, 54(2): 648-656.

Evans A E, Jarnevich C S, Beaury E M, et al. 2024. Shifting hotspots: climate change projected to drive contractions and expansions of invasive plant abundance habitats. Diversity and Distributions, 30(1): 41-54.

Fahey C, Angelini C, Flory S L. 2018. Grass invasion and drought interact to alter the diversity and structure of native plant communities. Ecology, 99(12): 2692-2702.

Fahey C, Koyama A, Antunes P M, et al. 2020. Plant communities mediate the interactive effects of invasion and drought on soil microbial communities. The ISME Journal, 14(6): 1396-1409.

Fey S B, Herren C M. 2014. Temperature-mediated biotic interactions influence enemy release of nonnative species in warming environments. Ecology, 95(8): 2246-2256.

Fitzpatrick B M, Johnson J R, Kump D K, et al. 2010. Rapid spread of invasive genes into a threatened native species. Proceedings of the National Academy of Sciences of the United States of America, 107(8): 3606-3610.

Fleming G M, Diffendorfer J E, Zedler P H. 2009. The relative importance of disturbance and exotic-plant abundance in California coastal sage scrub. Ecological Applications, 19(8): 2210-2227.

Gaertner M, Breeyen A D, Hui C, et al. 2009. Impacts of alien plant invasions on species richness in Mediterranean-type ecosystems: a meta-analysis. Progress in Physical Geography, 33(3): 319-338.

Galloway J N, Townsend A R, Erisman J W, et al. 2008. Transformation of the nitrogen cycle: recent trends, questions, and potential solutions. Science, 320(5878): 889-892.

Garbowski M, Johnston D B, Baker D V, et al. 2021. Invasive annual grass interacts with drought to influence plant communities and soil moisture in dryland restoration. Ecosphere, 12(3): e03417.

Geppert C, Boscutti F, La Bella G, et al. 2021. Contrasting response of native and non-native plants to disturbance and herbivory in mountain environments. Journal of Biogeography, 48(7): 1594-1605.

Giejsztowt J, Classen A T, Deslippe J R. 2020. Climate change and invasion may synergistically affect native plant reproduction. Ecology, 101(1): e02913.

Golivets M, Wallin K F. 2018. Neighbour tolerance, not suppression, provides competitive advantage to non-native plants. Ecology Letters, 21(5): 745-759.

Gooden B, French K, Huston M. 2014. Non-interactive effects of plant invasion and landscape modification on native communities. Diversity and Distributions, 20(5/6): 626-639.

Gornish E S, Miller T E. 2015. Plant community responses to simultaneous changes in temperature, nitrogen availability, and invasion. PLoS ONE, 10(4): e0123715.

Green P T, O'Dowd D J, Abbott K L, et al. 2011. Invasional meltdown: invader-invader mutualism facilitates a secondary invasion. Ecology, 92(9): 1758-1768.

Grosholz E D. 2005. Recent biological invasion may hasten invasional meltdown by accelerating historical introductions. Proceedings of the National Academy of Sciences of the United States of America, 102(4): 1088-1091.

Gutiérrez-Cánovas C, Sánchez-Fernández D, González-Moreno P, et al. 2020. Combined effects of land-use intensification and plant invasion on native communities. Oecologia, 192(3): 823-836.

Harvey J, Bukovinszky T, van der Putten W. 2010. Interactions between invasive plants and insect herbivores: a plea for a multitrophic perspective. Biological Conservation, 143(10): 2251-2259.

He W M, Yu G L, Sun Z K. 2011. Nitrogen deposition enhances *Bromus tectorum* invasion: biogeographic differences in growth and competitive ability between China and North America. Ecography, 3(6): 1059-1066.

Hernandez-Castellano C, Rodrigo A, Gomez J M, et al. 2020. A new native plant in the neighborhood: effects on plant-pollinator networks, pollination, and plant reproductive success. Ecology, 101(7): e03046.

Herrero M L, Torres R C, Renison D. 2016. Do wildfires promote woody species invasion in a fire-adapted ecosystem? Post-fire resprouting of native and non-native woody plants in Central Argentina. Environmental Management, 57(2): 308-317.

Hoback W W, Jurzenski J, Farnsworth-Hoback K M, et al. 2020. Invasive saltcedar and drought impact ant communities and isopods in South-Central Nebraska. Environmental Entomology, 49(3): 607-614.

Hu J X, Ma W, Wang Z W. 2023. Effects of nitrogen addition and drought on the relationship between nitrogen- and water-use efficiency in a temperate grassland. Ecological Processes, 12(1): 36.

Huang X L, Yu J L, Guan B H, et al. 2022. Responses of morphological and physiological traits to herbivory by snails of three invasive and native submerged plants. Journal of Plant Ecology, 15(3): 571-580.

Isbell F I, Wilsey B J. 2011. Rapid biodiversity declines in both ungrazed and intensely grazed exotic grasslands. Plant Ecology, 212(10): 1663-1674.

Isbell F, Tilman D, Polasky S, et al. 2015. The biodiversity-dependent ecosystem service debt. Ecology Letters, 18(2): 119-134.

Janion-Scheepers C, Phillips L, Sgro C M, et al. 2018. Basal resistance enhances warming tolerance of alien over indigenous species across latitude. Proceedings of the National Academy of Sciences of the United States of America, 115(1): 145-150.

Janni M, Maestri E, Gulli M, et al. 2024. Plant responses to climate change, how global warming may impact on food security: a critical review. Frontiers in Plant Science, 14: 1297569.

Jeong S, Kim T M, Choi B, et al. 2021. Invasive *Lactuca serriola* seeds contain endophytic bacteria that contribute to drought tolerance. Scientific Reports, 11: 13307.

Jesse W A M, Molleman J, Franken O, et al. 2020. Disentangling the effects of plant species invasion and urban development on arthropod community composition. Global Change Biology, 26(6): 3294-3306.

Katsanevakis S, Wallentinus I, Zenetos A, et al. 2014. Impacts of invasive alien marine species on ecosystem services and biodiversity: a pan-European review. Aquatic Invasions, 9(4): 391-423.

Leal R P, Silveira M J, Petsch D K, et al. 2022. The success of an invasive Poaceae explained by drought resilience but not by higher competitive ability. Environmental and Experimental Botany, 194: 104717.

Li G L, Wang J Q, Zhang J Q, et al. 2021. Effects of experimental warming and Canada goldenrod invasion on the diversity and function of the soil nematode community. Sustainability, 13(23): 13145.

Li S P, Jia P, Fan S Y, et al. 2022. Functional traits explain the consistent resistance of biodiversity to plant invasion under nitrogen enrichment. Ecology Letters, 25(4): 778-789.

Li Y P, Li W T, Li J, et al. 2024. Temporal dynamics of plant-soil feedback and related mechanisms depend on environmental context during invasion processes of a subtropical invader. Plant and Soil, 496(1-2): 539-554.

Liu X J, Zhang Y, Han W X, et al. 2013. Enhanced nitrogen deposition over China. Nature, 494: 459-462.

Liu Y J, Oduor A M O, Zhang Z, et al. 2017. Do invasive alien plants benefit more from global environmental change than native plants? Global Change Biology, 23(8): 3363-3370.

Liu Y Y, Sun Y, Muller-Scharer H, et al. 2019. Do invasive alien plants differ from non-invasives in dominance and nitrogen uptake in response to variation of abiotic and biotic environments under global anthropogenic change? Science of the Total Environment, 672: 634-642.

Liu Z, Zhang C J, Ma L, et al. 2021. Elevated temperature decreases preferences of native herbivores to an invasive plant. Entomologia Generalis, 41(2): 137-146.

Loewen C J G, Strecker A L, Gilbert B, et al. 2020. Climate warming moderates the impacts of introduced sportfish on multiple dimensions of prey biodiversity. Global Change Biology, 26(9): 4937-4951.

López-Caamal A, Tovar-Sánchez E. 2014. Genetic, morphological, and chemical patterns of plant hybridization. Revista Chilena de Historia Natural, 87(1): 16.

Lu X M, Siemann E, Shao X, et al. 2013. Climate warming affects biological invasions by shifting interactions of plants and herbivores. Global Change Biology, 19(8): 2339-2347.

Lu X M, Siemann E, Wei H, et al. 2015. Effects of warming and nitrogen on above- and below-ground herbivory of an exotic invasive plant and its native congener. Biological Invasions, 17(10): 2881-2892.

Luo X, Zheng Y, Xu X H, et al. 2020. The impacts of warming and nitrogen addition on competitive ability of native and invasive populations of *Plantago virginica*. Journal of Plant Ecology, 13(6): 676-682.

Lyons K G, Maldonado-Leal B G, Owen G. 2017. Community and ecosystem effects of Buffelgrass (*Pennisetum ciliare*) and nitrogen deposition in the Sonoran Desert. Invasive Plant Science and Management, 6(1): 65-78.

Ma L J, Cao L J, Chen J C, et al. 2024. Rapid and repeated climate adaptation involving chromosome inversions following invasion of an insect. Molecular Biology and Evolution, 41(3): msae044.

Mainka S A, Howard G W. 2010. Climate change and invasive species: double jeopardy. Integrative Zoology, 5(2): 102-111.

Mallet J. 2005. Hybridization as an invasion of the genome. Trends in Ecology & Evolution, 20(5): 229-237.

Malloch B, Tatsumi S, Seibold S, et al. 2020. Urbanization and plant invasion alter the structure of litter microarthropod communities. Journal of Animal Ecology, 89(11): 2496-2507.

Marques P S, Manna L R, Frauendorf T C, et al. 2020. Urbanization can increase the invasive potential of alien species. Journal of Animal Ecology, 89(10): 2345-2355.

Martín-Esquivel J L, Marrero-Gómez M, Cubas J, et al. 2020. Climate warming and introduced herbivores disrupt alpine plant community of an oceanic island (Tenerife, Canary Islands). Plant Ecology, 221(11): 1117-1131.

Mcgaughran A, Dhami M K, Parvizi E, et al. 2024. Genomic tools in biological invasions: current state and future frontiers. Genome Biology and Evolution, 16(1): evad230.

McKinney M L. 2004. Measuring floristic homogenization by non-native plants in North America. Global Ecology and Biogeography, 13(1): 47-53.

Mieczan T, Płaska W, Adamczuk M, et al. 2022. Effects of the invasive fish species *Ameiurus nebulosus* on microbial communities in peat pools. Water, 14(5): 815.

Mologni F, Moffat C E, Pither J. 2023. Collating existing evidence on cumulative impacts of invasive plant species in riparian ecosystems of British Columbia, Canada: a systematic map protocol. Environmental Evidence, 12(1): 31.

Mooney H A, Cleland E E. 2001. The evolutionary impact of invasive species. Proceedings of the National Academy of Sciences of the United States of America, 98(10): 5446-5451.

Moran B M, Payne C, Langdon Q, et al. 2021. The genomic consequences of hybridization. eLife, 10: e69016.

Morriën E, Engelkes T, Macel M, et al. 2010. Climate change and invasion by intracontinental range-expanding exotic plants: the role of biotic interactions. Annals of Botany, 105(6): 843-848.

Narango D L, Tallamy D W, Marra P P. 2018. Nonnative plants reduce population growth of an insectivorous bird. Proceedings of the National Academy of Sciences of the United States of America, 115(45):

11549-11554.

Novoa A, Keet J H, Lechuga-Lago Y, et al. 2020. Urbanization and *Carpobrotus edulis* invasion alter the diversity and composition of soil bacterial communities in coastal areas. FEMS Microbiology Ecology, 96(7): fiaa106.

O'Dowd D J, Green P T, Lake P S. 2003. Invasional 'meltdown' on an oceanic island. Ecology Letters, 6(9): 812-817.

Parra-Tabla V, Arceo-Gómez G. 2021. Impacts of plant invasions in native plant-pollinator networks. New Phytologist, 230(6): 2117-2128.

Pearman P B, Broennimann O, Aavik T, et al. 2024. Monitoring of species' genetic diversity in Europe varies greatly and overlooks potential climate change impacts. Nature Ecology and Evolution, 8(2): 267-281.

Pearson D E, Callaway R M. 2008. Weed-biocontrol insects reduce native-plant recruitment through second-order apparent competition. Ecological Applications, 18(6): 1489-1500.

Peller T, Altermatt F. 2024. Invasive species drive cross-ecosystem effects worldwide. Nature Ecology and Evolution, 8: 1087-1097.

Peng S J, Kinlock N L, Gurevitch J, et al. 2019. Correlation of native and exotic species richness: a global meta-analysis finds no invasion paradox across scales. Ecology, 100(1): 1-10.

Powell K I, Chase J M, Knight T M. 2011. A synthesis of plant invasion effects on biodiversity across spatial scales. American Journal of Botany, 98(3): 539-548.

Powell K I, Chase J M, Knight T M. 2013. Invasive plants have scale-dependent effects on diversity by altering species-area relationships. Science, 339(6117): 316-318.

Puritty C E, Esch E H, Castro S P, et al. 2019. Drought in Southern California coastal sage scrub reduces herbaceous biomass of exotic species more than native species, but exotic growth recovers quickly when drought ends. Plant Ecology, 220(2): 151-169.

Ren G Q, Yang B, Cui M M, et al. 2022. Warming and elevated nitrogen deposition accelerate the invasion process of *Solidago canadensis* L. Ecological Processes, 11(1): 12.

Ren J, Chen J, Xu C, et al. 2021. An invasive species erodes the performance of coastal wetland protected areas. Science Advances, 7(42): eabi8943.

Rhymer J M, Simberloff D. 1996. Extinction by hybridization and introgression. Annual Review of Ecology and Systematics, 27: 83-109.

Schweiger O, Biesmeijer J C, Bommarco R, et al. 2010. Multiple stressors on biotic interactions: how climate change and alien species interact to affect pollination. Biological Reviews of the Cambridge Philosophical Society, 85(4): 777-795.

Sentis A, Montoya J M, Lurgi M. 2021. Warming indirectly increases invasion success in food webs. Proceedings of the Royal Society B, 288(1947): 20202622.

Shao Y H, Zhang W X, Eisenhauer N, et al. 2017. Nitrogen deposition cancels out exotic earthworm effects on plant-feeding nematode communities. The Journal of Animal Ecology, 86(4): 708-717.

Sharma P, Rathee S, Ahmad M, et al. 2024. Leaf functional traits and resource use strategies facilitate the spread of invasive plant *Parthenium hysterophorus* across an elevational gradient in western Himalayas. BMC Plant Biology, 24(1): 234.

Simberloff D, Martin J, Genovesi P, et al. 2013. Impacts of biological invasions: what's what and the way forward. Trends in Ecology & Evolution, 28(1): 58-66.

Smith S D, Huxman T E, Zitzer S F, et al. 2000. Elevated CO_2 increases productivity and invasive species success in an arid ecosystem. Nature, 408(6808): 79-82.

Song S S, Zhang C, Gao Y, et al. 2020. Responses of wetland soil bacterial community and edaphic factors to two-year experimental warming and *Spartina alterniflora* invasion in Chongming Island. Journal of Cleaner Production, 250: 119502.

Sorte C J B, Ibáñez I, Blumenthal D M, et al. 2012. Poised to prosper? A cross-system comparison of climate change effects on native and non-native species performance. Ecology Letters, 16(2): 261-270.

Stachowicz J J, Terwin J R, Whitlatch R B, et al. 2002. Linking climate change and biological invasions: ocean warming facilitates nonindigenous species invasions. Proceedings of the National Academy of

Sciences of the United States of America, 99(24): 15497-15500.
Stireman J O, Devlin H, Doyle A L. 2014. Habitat fragmentation, tree diversity, and plant invasion interact to structure forest caterpillar communities. Oecologia, 176(1): 207-224.
Sun Y, Zust T, Silvestro D, et al. 2022. Climate warming can reduce biocontrol efficacy and promote plant invasion due to both genetic and transient metabolomic changes. Ecology Letters, 25(6): 1387-1400.
Tichit P, Brickle P, Newton R J, et al. 2024. Introduced species infiltrate recent stages of succession after glacial retreat on sub-Antarctic South Georgia. NeoBiota, 92: 85-110.
Tomat-Kelly G, Dillon W W, Flory S L. 2021. Invasive grass fuel loads suppress native species by increasing fire intensity and soil heating. Journal of Applied Ecology, 58(10): 2220-2230.
Trentanovi G, von der Lippe M, Sitzia T, et al. 2013. Biotic homogenization at the community scale: disentangling the roles of urbanization and plant invasion. Diversity and Distributions, 19(7/8): 738-748.
Vallano D M, Selmants P C, Zavaleta E S. 2012. Simulated nitrogen deposition enhances the performance of an exotic grass relative to native serpentine grassland competitors. Plant Ecology, 213(6): 1015-1026.
van der Wal R, Truscott A M, Pearce I S K, et al. 2008. Multiple anthropogenic changes cause biodiversity loss through plant invasion. Global Change Biology, 14(6): 1428-1436.
Van Kleunen M, Weber E, Fischer M. 2010. A meta-analysis of trait differences between invasive and non-invasive plant species. Ecology Letter, 13(2): 235-245.
Vander Zanden M J, Casselman J M, Rasmussen J B. 1999. Stable isotope evidence for the food web consequences of species invasions in lakes. Nature, 401(6752): 464-467.
Vass M, Szekely A J, Lindstrom E S, et al. 2021. Warming mediates the resistance of aquatic bacteria to invasion during community coalescence. Molecular Ecology, 30(5): 1345-1356.
Verlinden M, De Boeck H J, Nijs I, et al. 2014. Climate warming alters competition between two highly invasive alien plant species and dominant native competitors. Weed Research, 54(3): 234-244.
Verlinden M, Nijs I. 2010. Alien plant species favoured over congeneric natives under experimental climate warming in temperate Belgian climate. Biological Invasions, 12(8): 2777-2787.
Verlinden M, Van Kerkhove A, Nijs I. 2013. Effects of experimental climate warming and associated soil drought on the competition between three highly invasive West European alien plant species and native counterparts. Plant Ecology, 214(2): 243-254.
Vetter V M S, Kreyling J, Dengler J, et al. 2020. Invader presence disrupts the stabilizing effect of species richness in plant community recovery after drought. Global Change Biology, 26(6): 3539-3551.
Villéger S, Blanchet S, Beauchard O, et al. 2011. Homogenization patterns of the world's freshwater fish faunas. Proceedings of the National Academy of Sciences of the United States of America, 108(44): 18003-18008.
Vitousek P M. 1994. Beyond global warming-ecology and global change. Ecology, 75(7): 1861-1876.
Wagner D L, Van Driesche R G. 2010. Threats posed to rare or endangered insects by invasions of nonnative species. Annual Review of Entomology, 55: 547-568.
Wainright C A, Muhlfeld C C, Elser J J, et al. 2021. Species invasion progressively disrupts the trophic structure of native food webs. Proceedings of the National Academy of Sciences of the United States of America, 118(45): e2102179118.
Walther G R, Roques A, Hulme P E, et al. 2009. Alien species in a warmer world: risks and opportunities. Trends in Ecology & Evolution, 24(12): 686-693.
Wang C Y, Zhou J W, Liu J, et al. 2017a. Responses of soil N-fixing bacteria communities to invasive species over a gradient of simulated nitrogen deposition. Ecological Engineering, 98: 32-39.
Wang C Y, Zhou J W, Liu J, et al. 2017b. Responses of soil N-fixing bacteria communities to *Amaranthus retroflexus* invasion under different forms of N deposition. Agriculture, Ecosystems & Environment, 247: 329-336.
Wang S, Wei M, Cheng H Y, et al. 2020. Indigenous plant species and invasive alien species tend to diverge functionally under heavy metal pollution and drought stress. Ecotoxicology and Environmental Safety, 205(1): 111160.
Wauters L A, Lurz P W W, Santicchia F, et al. 2023. Interactions between native and invasive species: a

systematic review of the red squirrel-gray squirrel paradigm. Frontiers in Ecology and Evolution, 11: 1083008.

White E M, Wilson J C, Clarke A R. 2006. Biotic indirect effects: a neglected concept in invasion biology. Diversity and Distributions, 12(4): 443-455.

Williams J P, Gornish E S, Barberán A. 2022. Effects of buffelgrass removal and nitrogen addition on soil microbial communities during an extreme drought in the Sonoran Desert. Restoration Ecology, 30(2): e13570.

Winder M, Jassby A D, Nally R M. 2011. Synergies between climate anomalies and hydrological modifications facilitate estuarine biotic invasions. Ecology Letters, 14(8): 749-757.

Winter M, Kuhn I, La Sorte F A, et al. 2010. The role of non-native plants and vertebrates in defining patterns of compositional dissimilarity within and across continents. Global Ecology and Biogeography, 19(3): 332-342.

Winter M, Schweiger O, Klotz S, et al. 2009. Plant extinctions and introductions lead to phylogenetic and taxonomic homogenization of the European flora. Proceedings of the National Academy of Sciences of the United States of America, 106(51): 21721-21725.

Wright P, Cregger M A, Souza L, et al. 2014. The effects of insects, nutrients, and plant invasion on community structure and function above- and belowground. Ecology and Evolution, 4(6): 732-742.

Wu B D, Zhang H S, Jiang K, et al. 2019. *Erigeron canadensis* affects the taxonomic and functional diversity of plant communities in two climate zones in the North of China. Ecological Research, 34(4): 535-547.

Xu X, Li S S, Zhang Y, et al. 2024. Reducing nitrogen inputs mitigates *Spartina* invasion in the Yangtze estuary. Journal of Applied Ecology, 61(3): 588-598.

Zettlemoyer M A, Schultheis E H, Lau J A. 2019. Phenology in a warming world: differences between native and non-native plant species. Ecology Letters, 22(8): 1253-1263.

Zhang Y Z, Pennings S C, Li B, et al. 2019. Biotic homogenization of wetland nematode communities by exotic *Spartina alterniflora* in China. Ecology, 100(4): e02596.

Zhou A M, Qu X B, Shan L F, et al. 2017. Temperature warming strengthens the mutualism between ghost ants and invasive mealybugs. Scientific Reports, 7(1): 959.

第十七章　生物入侵对生态系统服务的影响

　　由于人类迁移活动的日益频繁和国际贸易的繁荣，生物入侵问题日趋严重，其对生态系统的负面影响逐渐扩大。生物入侵通过多种机制改变生态系统服务功能与质量，并影响社会经济状况和人类福祉，甚至威胁人类健康，成为亟待解决的重大生态环境问题之一。生态系统服务（ecosystem service）是人类利用生态系统功能的一种表现，代表了生态系统功能的主要特征，是人类赖以生存和发展的基础，是生态环境质量的新兴特征，也是连接生态系统和人类社会系统之间的桥梁。因此，人类面临的多种生态环境问题的本质在于生态系统服务功能和提供能力受到破坏与退化（傅伯杰，2013；傅伯杰和于丹丹，2016）。本书前述章节已充分阐述，外来生物的入侵可以改变入侵地的生态系统结构和功能，而这些变化最终会影响生态系统服务的供给水平和质量。生物入侵不仅能够改变生态系统的供给、调节、文化和支持服务，而且对生态系统服务的影响很少局限于单一类型，往往对多种生态系统服务类型产生不可逆转的连锁效应。随着生物入侵对生态环境和社会经济影响研究的不断深入，生物入侵对入侵地生态系统服务供给水平和质量的影响也成为入侵生态学的一个重要领域。本章总结已有的研究成果，探讨生物入侵对生态系统服务的影响及其途径。

第一节　生态系统服务概述

一、生态系统服务概念

　　生态系统服务的概念产生于生态学与资源经济学、环境经济学和生态经济学的交叉研究基础上，并随着生态系统结构和功能研究的深入而逐渐提出并不断发展。对生态系统能够为人类提供复杂服务的认识可以追溯到古代文明时期。例如，古希腊学者 Plato（约公元前 400 年）描述了滥伐森林对水土流失和泉水干涸的影响，古罗马学者 Pliny（公元 1 世纪）描述了森林砍伐、降雨和洪流发生之间的联系（Daily，1997；Andréassian，2004；Gómez-Baggethun et al.，2010）。尽管人类社会的生存和发展依赖于生态系统服务，但由于生态系统结构和功能与人类福祉之间的关系十分复杂，人类对生态系统服务的认知进展缓慢。在过去的 100 多年里，随着全球变化的持续加强和生态环境的持续恶化，人们逐渐认识到生态系统服务能力的退化是生态危机的根源，开始将生态系统服务作为科学问题进行研究，并成为全球关注的热点环境生态问题之一。生态系统服务的概念首次在 1970 年由关键环境问题研究组（Study of Critical Environmental Problems）发布的《人类对全球环境的影响：评估与行动建议》（*Man's Impact on the Global Environment：Assessment and Recommendation for Action*）报告中被提及（史琴琴，2022）。报告指出，生态系统可以提供昆虫授粉、气候调节、土壤形成、水土保持和物质循环等一系列"环境服务"。Holdren 和 Ehrlich（1974）进一步完善《人类对全球环境的影响：评估与行动建议》报告中提出的服务清单，并称之为"全球环境的公共服务功能"。Westman（1977）在《科学》（Science）期刊上发表论文，将"环境服务"进一步深化，首次提及"自然服务"（nature's service）这个概念。尽管这一时期尚未能量化生态系统给人类带来的福祉，但已经通过列举效益来阐述生态系统为人类提供的环境服务功能（韩依纹，2021）。

随后，有关生态系统服务的研究全面展开，国内外众多机构和学者对生态系统服务的概念进行了定义。由于各自研究领域的背景、目标与内容不同，以及对生态系统服务认知的角度和方式不同，出现了基于不同学科属性的生态系统服务定义。例如，生态学家 Daily、Cairns、欧阳志云、王如松等学者从生态学视角出发对生态系统服务进行了定义。1997 年，Daily 在其著作《自然服务：社会对自然生态系统的依赖》（Nature's Services: Societal Dependence on Natural Ecosystems）一书中提出，生态系统服务是指自然生态系统及其组成物种为维持和满足人类生存需求而提供的必要条件与生态过程。Cairns（1997）在其研究中提出"生态系统服务是生态系统向人类提供的各类产品和服务，这些产品和服务对人类的生存以及生活质量的提高具有重要贡献"。许多学者在 Daily 定义的基础上进一步阐释了生态系统服务的内涵，进一步提出"生态系统服务是生态系统及生态过程形成并维持的人类赖以生存的自然环境条件及其所提供的效用"，具体表现为生物进化所需的物种多样性与丰富的遗传资源，太阳能的捕获与利用，CO_2 固定和有机物质的合成，区域气候调节，水源涵养与水文调节，养分循环，土壤的形成与保持，污染物的吸收、净化与降解，以及自然景观所具有的美学、文化、科研与教育等多维价值（欧阳志云等，1999a，1999b；欧阳志云和王如松，2000）。

Costanza 与 de Groot 等学者从经济学的视角进一步深化了生态系统服务的定义。Costanza 等（1997）在《自然》（Nature）上刊登学术论文《全球生态系统服务和自然资本价值》（The Value of the World's Ecosystem Services and Natural Capital），首次从经济学角度定义了生态系统服务，认为"生态系统服务是生态系统向人类提供的各类产品与服务"。随后，de Groot 等（2002）进一步指出，生态系统服务应该是满足人类直接或间接需要的生态系统过程和功能，只有那些能够满足人类需求的生态系统过程和功能才能被称为生态系统服务。此外，谢高地等（2001）基于 Costanza 等的观点提出"生态系统服务是生态系统功能所提供并能直接或间接为人类所利用的产品与服务"。

2001 年，联合国环境规划署（United Nations Environment Programme）、世界银行（World Bank）、世界卫生组织（World Health Organization）等国际机构共同启动了全球范围内的"生态系统服务与人类福祉"计划。该计划通过总结以往的研究，关注多个生态系统类型（既包括自然生态系统，也包括人工改造的生态系统），围绕"生态系统及其服务是怎样改变的？是什么导致了这些变化？这些变化如何影响人类福祉？生态系统未来会怎样变化并对人类福祉产生什么影响？有哪些方式可以加强生态系统保护？"等核心问题开展研究，并于 2005 年发布了该计划研究成果《千年生态系统评估》（Millennium Ecosystem Assessment）。《千年生态系统评估》继承 Daily 和 Costanza 对生态系统服务的定义，将生态系统服务广义定义为"人类直接或间接从生态系统中所获得的直接的、间接的、有形的或无形的各种效益"，并强调生态系统服务的变化对不同层面的人类福祉状况变化的影响（Millennium Ecosystem Assessment，2005）。随着联合国《千年生态系统评估》影响的不断加深，其对生态系统服务的定义也逐渐被国内外学术界广泛接受和应用。

生态系统服务概念的发展在提高自然生态系统对人类重要性的认知方面发挥了重要作用。生态系统服务的概念架起了自然生态系统和人类社会系统间的"桥梁"，引起了各级政府、环境管理保护机构和相关学者的极大关注，并已取得大量的研究成果（傅伯杰和于丹丹，2016）。但由于学科视角与研究领域的不同，国内外众多机构和学者对生态系统服务的定义并不统一，主要体现在对"自然组分–生态过程–生态功能–生态服务–利益"五者之间关系理解的差异上（陈能汪等，2009）。尽管国内外不同机构与学者对生态系统服务的定义有不同认知和诠释，但他们对其蕴涵内容已经达成共识。简而言之，生态系统服务可理解为大自然提供给人类的各类益处与福祉，是人类赖以享用、消费和利用的自然组成部分。这些服务在促进社会经济可持续发展方面发挥着不可或缺的重要作用（傅伯杰等，2017）。生态系统结构与功能是生态系统服务产生的基础。生态系统内部生物之间、生物与环境之间的复杂关系，以及各种生态过程与化学反应，再加上自然生态环境与人类社会因素的交互作用，共同赋予了生态系统服务多样性、无形性、实现过程复杂性、时间动态性、空间异质性以及与生态系统功能间不完全对称性等显著特征（谢高地等，2006）。生态系统服务由生态系统要素、人类价值取向和服务实体三个基本组成部分构成，其内涵主要体现在三个方面：首先，自然生态系统是生态系统服务产生的基础和主体；其次，生态系统服务以人类为载体，通过生态系统的过程与状态具体体现；最后，生态系统服务能够满足人类多样化的需求，提升人类福祉，并为社会经济的可持续发展提供重要的支撑作用（Fisher et al.，2009；魏强，2015；程敏等，2016）。

生态系统服务是人类直接或者间接从生态系统中获得的惠益。这些服务不需要人类的干预即可存在，而人类福祉却离不开生态系统服务。人类享受到的生态系统服务是自然生态系统长期演化的结果，在人类出现以前，自然生态系统就已存在，自然生态系统服务的存在不需要得到人类的认可（郑华等，2013；郭宗亮等，2022）。因此，生态系统服务依赖于自然环境的产出，并反映人类价值取向，对人类收益及社会福祉具有重要作用，其本质是"生态系统过程—生态系统功能—生态系统服务—人类收益与福祉"的流动过程（傅伯杰和于丹丹，2016；霍冉，2020）。

二、生态系统服务类型

（一）生态系统服务类型分类体系

生态系统服务类型分类是明确生态系统产出种类、特征、数量及过程的前提，有助于人类理解生态系统。但由于生态系统所能提供的服务多种多样，相互之间存在错综复杂的关系，服务产品和功能在某种程度上具有不可分割的特点，难以明确划分。同时，生态系统服务本身与服务产生机制间也难以被清晰界定，使得国内外不同机构和学者对生态系统服务类型的认知和诠释存在差异。因此，如同生态系统服务的定义一样，在研究与应用实践中发展出多种生态系统服务类型分类体系（Wallace，2007；de Groot et al.，2010；Haines-Young and Potschin，2010）。最初对于生态系统服务的类型分类是基于生态系统特征与功能的分类体系，随后发展为基于生态系统服务经济价值的分类体系，最后到基于需求与人类福祉的分类体系，经历了从注重生态系统特征和功能本身到注重市场对生态服务评估的作用，再到注重和人类福祉密切相关的发展过程（王晓荣等，2016）。不同的分类体系反映人类对生态系统服务认知和诠释的差异性，从将生态系统服务与功能区别对待到将生态系统功能和效益等同，完成了从自然生态范畴到社会管理实践的跨越（刘洋等，2019）。

1. 基于生态系统特征与功能类型的分类体系

目前，学术界对生态系统服务的分类主要基于生态系统的特征与功能展开了大量研究，其中具有代表性的分类体系包括Freeman、Daily、Costanza、de Groot、欧阳志云和谢高地等学者提出的分类框架。此外，《千年生态系统评估》也根据生态系统的特征与功能，对生态系统服务进行了系统性的划分，成为当前生态系统服务研究与应用的重要理论基础与参考标准之一。Freeman（1993）基于生态系统服务与社会经济系统之间的互动关系，将生态系统服务划分为4个主要类型，包括：为经济活动提供原材料的生产支持功能、维系人类与其他生命体生存的生命支持系统功能、满足人类舒适性与文化需求的服务功能，以及分解、转化和容纳经济活动产生的废弃物与副产品的环境净化功能。Daily（1997）将生态系统服务分为物品生产（食物、动植物产品和药材等）、再生过程（空气和水体的净化、控制病虫害和维持海岸带等）、生活满足功能（审美、文化教育和精神享受等）和选择性维持（如维持一些生态组分和体系以提供相关产品及服务等）四大类。Costanza等（1997，2014）将生态系统服务分为大气调节、气候调节、干扰调节、水分调节、水分供给和养分循环等17种类型。de Groot等将生态系统服务划分为调节功能、栖息地功能、产品功能和信息功能四大类，其中调节功能包括大气调节、气候调节、营养调节等；栖息地功能主要是指可以为动植物提供栖息和繁殖的场所；产品功能包括食物、原材料及基因资源等；信息功能则包括美学、历史文化等信息。随后de Groot等（2010，2012）用"文化服务"取代了"信息功能"。一些学者从生态功能的角度将生态系统服务功能划分为有机质的生产与生态系统产品的供给、土壤肥力的更新与维持、气候调节、洪涝与干旱灾害减轻、生物多样性的产生与维持、有害生物的控制、传粉与种子的扩散以及环境净化等八大类（欧阳志云等，1999a，1999b；赵同谦等，2004；郑华等，2013）。谢高地等（2008）则依据我国民众和决策者对生态服务的理解，将生态服务划分为供给服务（初级产品供给和淡水供给）、调节服务（气候调节、水文调节、大气调节、环境净化和废物处理）、支持服务（防风固沙、养分蓄积、土壤保育和维持生物多样性）和社会服务（促进就业、休闲旅游和科研文化历史）四大类。

《千年生态系统评估》系统地总结了前人研究基础，并进一步明确了各种服务类型间的关系，将生态系统服务功能分为供给服务、调节服务、文化服务和支持服务四大类。

其中，供给服务是指人类从生态系统获得的各种产品，如食物、淡水、纤维及生物遗传资源等；调节服务是指人类通过生态系统过程中的调节作用（如对气候、水源以及一些人类疾病的调节）所获得的惠益；文化服务是指人类通过丰富精神生活、发展认知、消遣娱乐及美学欣赏等方式，从生态系统获得的非物质收益，包括美学价值、知识体系以及社会关系等；支持服务是指生态系统为提供供给服务、调节服务和文化服务而必需的服务，如提供生境、养分循环、能量流动、生物量形成、制造氧气、形成和保持土壤及为野生动物提供栖息地等（Millennium Ecosystem Assessment，2005；陈宜瑜等，2011）。供给服务、调节服务、文化服务和支持服务四类生态系统服务均是生态系统服务与建造、人力以及社会资本相结合而产出的人类所需求的产品，并且相互叠加和相互作用，其中支持服务占据着重要的地位（图17-1）（Millennium Ecosystem Assessment，2005）。《千年生态系统评估》的分类体系强调生态系统服务与人类经济社会之间的相互关系，深入阐明了自然生态系统对人类福祉的贡献，以及各类生态系统服务之间的内在关联。这一分类框架便于人们系统、全面地理解生态系统如何向人类提供多样化的效益和福祉，目前已成为国内外学术界广泛采用的重要理论体系和研究基础。

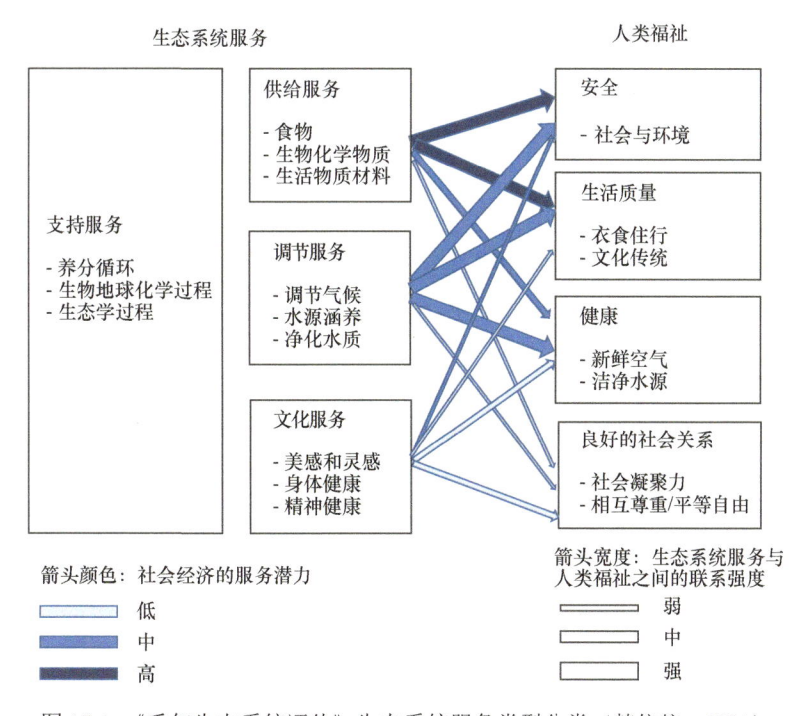

图 17-1 《千年生态系统评估》生态系统服务类型分类（韩依纹，2021）

2. 基于生态系统服务经济价值类型的分类体系

生态系统服务的经济价值也是生态系统服务的重要属性和生态系统服务评估的基础，因此也有学者主张基于生态系统服务的经济价值进行分类。例如，Costanza 等（1997）从经济学的角度依据生态功能将生态系统服务类型分为生态系统的生产功能（主要包括生态系统的产品及生物多样性的维持等）、生态系统的基本功能（主要包括传粉、生物防治、传播种子和土壤形成等)、生态系统的环境效益(主要包括减缓干旱、净化空气、抵御洪涝灾害、调节气候和废物处理等)和生态系统的娱乐价值(主要包括休闲、艺术素养、娱乐文化和生态美学等)四大类。欧阳志云等(1999a,1999b)将生态系统服务总结为四类,即直接利用价值、间接利用价值、选择价值、存在价值。Turner 等(2000)将生态系统服务分为使用价值和非使用价值,而使用价值包括直接使用价值、间接使用价值和存在价值,非使用价值包括遗产价值和存在价值。徐嵩龄(2001)从价值与市场联系的角度将生态系统服务分为能以商品形式出现于市场的功能、不以商品形式出现但与某些商品有着相似性能的功能,以及只与现行市场机制有关、不是商品也不能影响市场行为的功能等三类。王伟和陆健健(2005)将 Costanza 的价值归为三个层次,包括自然资产价值和人文价值,其中自然资产价值又分为物质价值、过程价值和栖息地价值。

3. 基于人类福祉和需求类型的分类体系

随着对生态系统服务认知的不断深入,以人类福祉作为生态系统服务研究的根本出发点已逐渐成为学术界的普遍共识。因此,从自然生态系统供给去考虑服务价值是不全面的,同时人类对生态系统服务的需求具有一定的选择性,有学者提出基于人类福祉和需求类型对生态系统服务进行分类。例如,Wallace(2007)按照不同人类价值属性将生态系统服务分为满足人类基本需求的资源供给功能、抵御寄生虫和病原体侵害的生物防护功能、维持适宜人类生存的自然环境条件功能,以及满足人类精神文化需求的社会文化功能等四大类别。一些学者基于人类需求,将生态系统服务划分为物质产品供给、生态安全维护和景观文化承载三大功能类型。其中,物质产品供给功能是指生态系统通过大气、水和光合作用等生态过程,将太阳能转化为生物量,为人类的生产生活提供必要的物质基础;生态安全维护功能则指生态系统通过一系列生态过程,维持大气、水体、土壤和生物资源等生态要素的安全与稳定;景观文化承载功能则强调生态系统以其独特的结构和组成,承载并体现美学景观、历史文化、科研教育等精神文化价值(张彪等,2010;尹小娟和钟方雷,2011)。李琰等(2013)基于福祉变化的因素将生态系统服务分为福祉构建、福祉维护和福祉提升等三类。

(二)生态系统服务类型间相互关系

尽管生态系统服务的类型多种多样,但它们并非彼此孤立,而是通过复杂的相互作用与联系构成了一个有机整体,体现出明显的相互依存性与相互影响关系。一种生态系统服务提供能力的变化,可能同时导致其他生态系统服务提供水平和质量的加强或变弱。例如,全球 100 种最具威胁的入侵物种之一的互花米草(*Spartina alterniflora*)于 1979 年作为保滩护岸、改善海滩生态环境的功能植物引入我国。其定殖建群后,虽促进了滨海湿地生态系统对水文的调节作用,但使得滩涂生物多样性降低,导致滨海湿地生态系统供给、文化、支持等其他服务提供能力的下降(王卿等,2006;阮俊潮等,2019)。又如,土地利用变化引起的一种生态系统服务功能变强的同时往往会削弱其他生态系统服务功能,尤其调节服务的增加往往以供给服务降低为代价(Foley et al.,

2005）。生态系统各种服务类型间相互作用关系就形成了各种生态系统服务之间的权衡与协同（曹祺文等，2016）。生态系统服务之间的权衡是指某些生态系统服务的提供能力，由于其他生态系统服务需求的增加（或减少）而减少（或增加）的状况，而生态系统服务之间的协同则是指同时增强或减少的情形（Rodríguez et al.，2006；彭建等，2017）。生态系统服务间此消彼长或者相互增益的权衡与协同关系，使得在同一空间、时间内并不是所有的生态系统服务都能为人类提供最大化福祉。生境环境的异质性以及人类需求的多样化，都会导致各种生态系统服务之间复杂的相互作用，尤其是当人们对某种特定的生态系统服务产生需求偏好时，可能会对其他生态系统服务的提供产生消极的影响。

生态系统服务提供能力及其动态被认为是生态系统质量的新兴特征，已成为当前国内外生态学研究的热点和新方向。20世纪中后期以来，由于人类需求的不断增加以及由生物入侵导致的环境恶化，生态系统提供生态系统服务的能力持续下降，社会可持续发展受到了前所未有的威胁（Millennium Ecosystem Assessment，2005；李祖政，2021）。科学地认识和明晰生物入侵对生态系统服务以及各类生态系统服务之间的相互关系的影响，不仅可以提出科学管理生态系统的对策，而且还可以使生态系统服务得以可持续发展，这是实现生态系统可持续管理的理论基础和前提。

第二节 生物入侵影响生态系统服务的作用机制

生物入侵是全球化和消费主义的产物。随着全球经济一体化的飞速发展和人类迁移活动日益频繁，外来生物被有意或无意地引进新生境，它们有些快速适应了新的生境环境，成功定殖并暴发，影响生境内物种多样性和生态系统结构与功能（万方浩等，2002；Dai et al.，2016a；Wang et al.，2021）。生态系统服务作为大自然的组成部分，是连接自然环境与人类福祉间的纽带。外来生物的入侵打破了原有的人类福祉需求与生态系统提供各种服务能力间的平衡，对社会经济的可持续发展、生态系统的稳定和人类健康造成负面影响。例如，在我国，福寿螺（*Pomacea canaliculata*）、喜旱莲子草（*Alternanthera philoxeroides*）等物种的入侵造成农业产品产量下降，影响农业生态系统的供给服务；凤眼莲（*Eichhornia crassipes*）在湖泊等水环境中的入侵造成水质恶化，影响淡水生态系统的调节服务；加拿大一枝黄花（*Solidago canadensis*）的入侵造成入侵生境景观多样性的减少，影响入侵生境生态系统的文化服务；互花米草的入侵影响滨海湿地生态系统物种多样性、养分循环与能量流动，影响滨海湿地生态系统的支持服务。由于生态系统各种服务以复杂的方式相互关联，因此许多入侵生物可以通过直接或间接的方式同时影响几种不同类型的生态系统服务，产生连锁效应。生物入侵对生态系统服务以及人类福祉的影响有些可以量化评估，如生物入侵导致的农产品产量和质量的下降；然而一些潜在影响因其隐蔽性，往往被人类忽视，如生物入侵导致入侵生境养分循环等的变化。本节综合考虑理论框架的完整性和实践应用的可操作性，以《千年生态系统评估》提出的生态系统服务分类体系为基础，系统探讨生物入侵对不同类型生态系统服务的影响机制及效应。

一、生物入侵对生态系统供给服务的影响

由于人类直接利用的物质材料（如食物、木材等农业产品）的提供是生态系统供给服务最重要的组成部分，农业产品的生产是最直接、最有形，也是最容易进行经济量化的生态系统服务。它不仅是社会经济产业的重要组成部分，同时也是人类食物的主要来源。因此，生态系统提供的农业产品的产量和品质直接影响到社会经济的可持续发展和人类身体健康。但随着农业产品的全球贸易化和集约型生产模式的飞速发展，高水平的人类活动干扰和单一物种的种植或养殖方式，增加了外来生物入侵的概率，同时降低了农业生态系统的稳定性和对入侵生物的抵抗力，使得脆弱的农业生态系统（如种植业、林业、渔业）更易受到生物入侵的影响（万方浩和郭建英，2007）。外来生物（植物、动物和病原菌）入侵农业生态系统后，由于难以管控和防治，会随着农作物驯化、人类迁徙和农业发展而快速传播，严重影响农业生产活动，导致农业产品产量和品质急剧下降，从而损害生态系统供给服务的提供能力，造成巨大经济损失，甚至威胁社会稳定与人身安全（Banke and McDonald，2005；van Wilgen et al.，2020）。

一些入侵生物混杂在农业产品、观赏类园艺植物和工艺品等贸易商品中很容易被无意引入新生境中造成危害，如混杂在用于播种的农作物种子中的入侵植物种子和寄生在植物或动物中的入侵害虫和病原菌，对农业生产影响巨大。由于入侵生物对农业产品产量和品质的损害途径和方式主要取决于所涉及的种植或养殖作物的品种，以及气候因素和周围环境条件等因素，入侵生物对农业生态系统供给服务提供能力的损害途径和方式也呈多样化发展趋势，甚至在同一生境中也可有多种入侵生物同时产生危害，给农业入侵生物的管控和防治带来巨大挑战（Oerke，2006；Wan and Yang，2016）。生物入侵已经成为影响全球农业生态系统供给服务提供能力的重要生态环境问题。在我国，仅紫茎泽兰（*Ageratina adenophora*）、豚草（*Ambrosia artemisiifolia*）、稻水象甲（*Lissorhoptrus oryzophilus*）、美洲斑潜蝇（*Liriomyza sativae*）、松材线虫（*Bursaphelenchus xylophilus*）、美国白蛾（*Hyphantria cunea*）等13种入侵生物每年对种植业、林业和渔业等农业生产造成的经济损失就达570多亿元（万方浩等，2011，2015）。

（一）生物入侵对种植业生产的影响

外来入侵生物不仅能够通过竞争光照、水分和养分等有限资源，间接压缩农作物的生存空间，从而降低农业产品的产量和品质；还能够通过植食、寄生和致病等直接途径对农作物造成严重损害，甚至导致作物死亡。其中，主要通过竞争光照、水分和养分等资源间接影响农业生产的入侵生物为外来入侵植物。外来入侵植物普遍具有生长速度快、覆盖度高、植株个体高大、传播速度快等特性，因此其在农田、菜地、果园等种植业生产区入侵后往往能在与农作物资源竞争中获得优势，挤占农作物生存的空间，造成农产品减产和/或品质下降（Dai et al.，2016b）。例如，目前已在我国南方地区农田大面积入侵的喜旱莲子草，因其发达的营养繁殖能力和水陆两栖的生态适应特性，可迅速扩张形成优势种群，压缩经济作物的生长空间，并通过争夺环境养分、光照和水分等资源，显著抑制水稻等农作物的生长，进而降低农业生产的产量与经济效益（强胜等，2010）。

又如，银胶菊（*Parthenium hysterophorus*）在亚洲一年生谷物玉米（*Zea mays*）和高粱（*Sorghum bicolor*）种植田间的成功入侵，导致谷物产量和质量的大幅下降，造成巨大经济损失。豚草在欧洲种植田间的成功入侵对农作物生产造成的经济损失估计为每年18.46亿欧元（Vilà and Hulme，2017）。*Chondrilla juncea*、天芥菜（*Heliotropium europaeum*）和野燕麦（*Avena fatua*）在澳大利亚田间入侵分别导致作物收入损失约1000万澳元、4000万澳元和4200万澳元。在农业生产环境脆弱且干旱频发的地区，由入侵物种导致的损失尤为显著。

外来入侵生物还能通过释放化感物质、植食、寄生和侵染致病等方式对农作物机体组织产生破坏，从而影响农作物的产量和品质（Zhang et al.，2021）。一些入侵植物通过化感作用（即释放对农作物生长产生有害影响的化合物）抑制作物生长的同时，促进自身生长（Cheng et al.，2021；Ullah et al.，2021）。尽管入侵植物活体或其残留物的化感作用通常是短暂的，但它们的影响足以促进入侵植物在田间定殖。化感作用是一些入侵植物在田间成功入侵的主要原因。

植食主要体现在一些入侵动物不仅会以作物地上部分为食，影响作物产量（生物量），甚至还会挖掘作物地下根系组织，导致作物死亡。例如，原产于南美洲亚马孙河流域的福寿螺，因其生长速度快、繁殖能力强、饲养容易、产量高等特点，于20世纪80年代作为水产经济物种引入我国。随后因弃养、逃逸等原因，该物种迅速在野外建立稳定种群并向周边地区扩散蔓延，广泛入侵农田生态系统。福寿螺以水稻等农作物为食，对农业生产构成严重威胁，仅在我国广东省惠州市，其危害的农田面积就超过3.3万亩（王禾军等，2015；张波等，2015；胡云逸等，2021）。福寿螺的入侵也对菲律宾的农业生产造成严重威胁，每年导致该国水稻生产遭受重大损失，经济损失高达1250万~1780万美元（Naylor，1996）。稻水象甲主要以幼虫取食水稻根系，对水稻生产造成严重危害，可导致水稻产量降低15%~30%，严重时减产幅度可高达50%~70%，甚至造成绝收。目前，稻水象甲在我国的发生面积已超过770万亩，每年造成的经济损失高达4.3亿元（余继华等，2019）。入侵至墨西哥的粉虱（Aleyrodidae）对芝麻（*Sesamum indicum*）等作物造成严重危害，每年导致农作物减产并引发经济损失高达3300万美元（Oliveira et al.，2001）。

寄生性入侵生物在入侵农作物体内后，会通过不断吸取寄主体内的水分与养分维持自身生长繁殖，从而严重抑制作物正常生长发育。此外，这些入侵生物还可能释放或传播病原菌进入寄主体内，进一步引发植物病害，对寄主作物造成二次损伤，甚至导致作物枯萎或死亡。例如，斑潜蝇作为我国农业领域的重要入侵害虫之一，能够寄生于22科110余种植物上，其中蔬菜和瓜果类作物受害尤为严重。目前，斑潜蝇在我国的入侵面积已超过4100万亩，每年造成的经济损失高达30多亿元，给农业生产和经济效益带来了重大威胁（俞红等，2009）。又如，菟丝子（*Cuscuta chinensis*）一旦寄生于花卉苗木后，可在短时间内迅速生长并覆盖树冠，不仅影响花卉苗木叶片的光合作用，还会夺取植物的营养物质，致使寄生植物叶片黄化易落，枝梢干枯，长势衰落，轻则影响植株生长和观赏效果，重则致全株死亡。另外，一些外来寄生生物还会携带病原菌，并传播给土著生物。由于入侵生境土著生物从未遇到过这种病原菌，因此对其没有抵抗力，特别容易受到病原菌的入侵。而在遗传多样性较低的农业生态系统中，病原菌极易成功入侵，同时会与宿主共进化，并造成巨大危害。入侵病原菌通过杀死农作物或减少生物量而直接导致作物产量下降。例如，由马铃薯晚疫病菌（*Phytophthora infestans*）引起的马铃薯晚疫病，是导致 19 世纪爱尔兰马铃薯大饥荒的重要因素之一，造成超过 100 万人死亡，另有约 100 万人被迫移民（Vilà and Hulme，2017）。此外，20 世纪 30 年代随棉种从美国传入我国的棉花枯萎病（病原为 *Fusarium oxysporum*）和棉花黄萎病（病原为 *Verticillium dahliae*），对我国棉花生产造成长期持续的严重危害，成为我国棉花种植史上最为重要的病害之一。1982 年统计数据显示，我国 16 个省份的 628 个县受此两种病害影响的棉田面积达 148.2 万 hm²，其中绝收面积高达 2.07 万 hm²（万方浩等，2002）。

（二）生物入侵对林业生产的影响

与种植业相比，林业不仅可为人类日常生活提供食物，还能提供木材、纸浆等生存物质材料与坚果、种子等多种林业副产品。原始林的大规模破坏和人造林的快速增加，给外来生物的成功入侵带来便利，导致外来入侵生物对林业生产的威胁日益严重。

与农作物的外来入侵病虫害类似，林业领域的外来入侵生物通常伴随鲜活植物、木材及木制品的国际贸易而被无意引入入侵地。这类入侵生物一旦建立种群后，往往难以被及时监测与有效控制，从而对林业生态安全造成长期而严重的威胁（Liebhold，2012）。尽管世界各国政府都加强了对鲜活植物、木材或木制品等林业产品的检疫措施，但外来入侵生物导致的林业损失仍在持续增加。目前，在我国发生最严重的林业生物灾害有一半是由外来入侵生物所导致的。据不完全统计，我国外来入侵生物导致林业病虫害的年发生面积约 130 万 hm²。外来入侵生物对林业生产造成影响的途径主要有以下三种方式：①影响林业经济作物（林木和副产物）的产量；②影响林业经济作物的生存；③影响林业经济作物的种子或幼苗的发育生长。值得关注的是，同一种外来入侵生物对林业经济作物的影响途径往往不是单一的，而是两种甚至三种影响途径的共同作用。例如，一些外来入侵动物不仅会以树木叶片或其他组织为食，影响林业经济作物及其副产物的产量，还会挖掘作物地下根系组织，导致作物死亡（万方浩等，2015）。

一些寄生性外来入侵生物，寄生在林木体内，通过吸食汁液，导致寄主林木死亡，造成林业木材与副产品减产和质量下降。例如，松突圆蚧（*Hemiberlesia pitysophila*）寄生在松属植物老针叶鞘的基部，从幼树至二三十年生的树木均可受害以致连片枯死。椰心叶甲（*Brontispa longissima*）对亚健康状态的成年树以及 4～5 年的幼树危害严重，每年在我国海南省造成的经济损失超过 1.5 亿元（肖彤斌等，2010）。原产于北美的红脂大小蠹（*Dendroctonus valens*）主要寄主包括松属、云杉属、黄杉属、冷杉属和落叶松属等树木，1999 年在我国山西省大面积暴发，使大片油松林在数月之间毁灭（吴坚，2004）。除了入侵害虫，一些病原菌会随着寄生性外来入侵生物进入林木体内，对林木造成影响。例如，松材线虫病被称为"松树的癌症"，最快可在一个月内造成松树连片枯死。

与种植业中的危害类似，一些外来入侵植物也会通过与林木竞争生存空间、水和养分等资源的方式，影响林木的生长和更新。例如，紫茎泽兰在我国南部地区的入侵，由于其繁殖能力强、具有群居性、生态适应性广泛、生长速度快，因此具有很强的生态竞争力，能快速占领宜林荒地，影响林木生长和更新，造成原始林或自然林生物链失衡。

（三）生物入侵对渔业生产的影响

渔业不仅是许多发展中国家的主要食物来源，还通过商品贸易、旅游和娱乐等方式为当地经济结构做出重大贡献。据统计，在湄公河流域，约有 5500 万人以渔业为主要食物和家庭收入来源（Baran et al., 2007）。随着渔业资源的不断开发，高价值渔业物种的引进与集约型渔业生产模式的快速发展，也为外来生物的入侵提供了便利条件。统计数据显示，亚洲地区淡水水产养殖量排名前五的国家依次为中国（60.5%）、印度（9.8%）、越南（5.4%）、印度尼西亚（5.4%）和孟加拉国（4.0%），而这些国家所引入的外来鱼类数量也居世界前列，分别达到 199 种、228 种、149 种、107 种和 132 种。这种养殖规模与外来鱼类引入数量之间的显著相关性，间接印证了水产养殖活动已成为外来鱼类入侵的重要途径之一（郦珊等，2016）。

随着外来生物入侵的不断加剧，水产养殖等渔业生产也因外来生物的入侵而受到影响，从而限制了渔业生产产量。外来入侵生物在水产养殖基地的快速繁殖，会与养殖物种抢夺光、养分、氧气等资源，甚至会消耗大量的氧气，改造栖息地生态环境，致使养殖物种无法生存（Javed et al., 2020）。例如，上文提到的喜旱莲子草在鱼塘大面积入侵会与养殖鱼类抢夺环境养分和生存空间，甚至会致大量氧气耗尽，从而导致鱼类死亡。互花米草因其广盐性、耐淹性、耐低氧环境及高繁殖扩散能力等特点，加之我国滨海地区适宜的生境条件以及有效天敌的缺乏，近年来迅速在我国滨海滩涂广泛蔓延。其入侵显著改变了当地底质结构、水动力条件和生态环境，严重干扰了牡蛎（Ostreidae）、菲律宾帘蛤（*Ruditapes philippinarum*）等贝类的天然栖息地和贝苗产地，导致福建三都湾、浙江杭州湾等地滩涂养殖业蒙受重大经济损失（李加林等，2005；王卿等，2006；侯栋梁等，2015；阮俊潮等，2019）。尼罗河鲈鱼（*Lates niloticus*）在维多利亚湖（Lake Victoria）的引入导致当地丽鱼科鱼类（Cichlidae）渔业的崩溃，同样，淡海栉水母（*Mnemiopsis leidyi*）的入侵也对黑海（Black Sea）的鳀鱼（Engraulidae）渔业产生毁灭性影响（Shiganova et al., 2001）。其他杂食性水生入侵动物如清道夫鱼（*Hypostomus plecostomus*）、巴西龟（*Trachemys scripta elegans*）逃逸至养殖塘后，会以养殖物种的卵或幼苗为食，甚至会捕食成年养殖物种，对渔业生产造成负面影响。

外来生物作为病原体的载体，还会将其携带的病原菌和寄生虫传给土著水生物种，而土著物种往往缺乏对这些外来病原体的抗体，因此容易受到大面积感染而死亡（郦珊等，2016）。例如，麦穗鱼（*Pseudorasbora parva*）于 20 世纪 60 年代被引入罗马尼亚并扩散到整个欧洲地区，其携带的病原体 *Sphaerothecum destruens* 对土著物种小赤梢鱼（*Leucaspius delineates*）造成危害，导致后者在全欧洲范围内濒危（Gozlan et al., 2005, 2008）。寄生线虫粗厚鳔线虫（*Anguillicola Crassus*）、寄生原生生物牡蛎包那米虫（*Bonamia ostreae*）、寄生真菌龙虾瘟疫真菌（*Aphanomyces astaci*）的入侵分别是欧洲养殖塘鳗鲡（*Anguilla japonica*）、欧洲扁平牡蛎（*Ostrea edulis*）和欧洲土著小龙虾（*Astacus astacus*）大量减产的主要原因（Vilà and Hulme, 2017）。

此外，入侵生物还能通过损害渔业生产设施和干扰渔业生产过程及运输工具的方式增加成本，从而减少渔业收益，降低生态系统供给服务提供能力，最终影响水生生态系统为人类提供的福祉。例如，一些无脊椎动物或软体动物（如福寿螺）会附着在渔船等渔业基础设施上，加重渔船负重或腐蚀渔船，从而增加生产成本。

二、生物入侵对生态系统调节服务的影响

生态系统调节服务主要是通过对气候、水资源等人类生存环境的调节，为人类提供健康和安全保障。外来生物的入侵不仅会破坏入侵生境的种群、群落和生态系统结构，还会驱动生境内资源、基质可用性或物理环境发生变化，导致入侵生境内生态系统调节服务（如气候、水资源和人类疾病调节）发生改变，并产生潜在的连锁反应。这些调节服务不仅是渔业、农业和林业的基石，也是人类福祉的基础（Colautti et al., 2006）。

（一）生物入侵对气候调节服务的影响

生态系通过一系列复杂的过程对气候产生深远影响，其中对当地生态系统碳循环的调节是一种主要作用机制。生物入侵会引起入侵生境的碳储量和碳通量的变化，改变入侵生境内的碳动态和释放到大气中的CO_2量，从而影响对气候的调节作用（Hu et al., 2022；Xu et al., 2022）。生物入侵对入侵生境内碳动态的影响可在短时间内（数周至数年）通过直接影响生态系统初级生产或有机质分解的速度而发生，也可在长时间内（数十年及以上）通过改变占主导地位的土著生物群落的组成和结构而发生（Peltzer et al., 2010）。据统计，在森林生态系统中，外来植物入侵减少了54%的植物地上碳库和74%的植物地下碳库；在草原生态系统中，外来植物入侵会增加70%的植物地上碳库和4%的土壤碳库，但却减少了4%的植物地下碳库；在湿地生态系统中，外来植物入侵对植物地上碳库、地下碳库和土壤碳库均有促进作用，平均分别增加了210%、57%和7%（Kauffman et al., 1995, 1998；Vilà and Hulme, 2017）。

此外，由外来植物入侵引起的植被群落演替和灾害也会对生态系统的碳储量和碳固持能力造成影响，从而长期影响生境内碳动态。例如，在20世纪30年代作为牲畜的草料被引入澳大利亚的非洲须芒草（*Andropogon gayanus*），逃逸并成功入侵澳大利亚北部热带稀树草原，使得草原内可燃、易燃植物增加，引起火灾发生强度和频度的增加，最终导致生境内活体乔木植物减少，降低了生境植物碳储量和碳固持能力（Vilà and Hulme, 2017）。

外来动物的入侵也导致入侵生态系统碳储存能力下降，尤其在滨海生态系统中，造成多年生藻类群落等重要的碳储存和固碳生境的退化，导致生态系统的碳储存能力下降。例如，篮子鱼（*Siganus luridus*）的入侵造成了浅海褐藻林的退化，大大降低了地中海东部浅海的碳储存能力（Çinar et al., 2014）。

这些由生物入侵对生境内碳储量和碳固持能力造成的影响，会改变生境内碳循环过程和大气CO_2水平，对气候变暖形成反馈，最终影响生态系统对气候的调节作用。

（二）生物入侵对水资源调节服务的影响

生物入侵会改变入侵生境内植被群落和地貌景观结构，从而对水资源造成影响。外

来植物入侵引起的植被群落结构和功能的改变会影响植被对水资源的利用与需求，以及地表水蒸发、地表水流动方向和流量、地下水补给等水循环的分配。例如，Le Maitre 等（2015，2020）和 van Wilgen 等（2021）发现外来植物入侵会增加地表水蒸发，从而减少地表径流、河流流量和地下水补给，在南非地区每年减少地表径流超过 20 亿 m^3。Rooth 等（2003）发现入侵的湿地草类通常对水的需求很高，并且具有高蒸散率。通过其深根发育的特性，可以减少近 70%的沉积物水分。同时，五脉白千层（*Melaleuca quinquenervia*）、桉树（*Eucalyptus*）和多枝怪柳（*Tamarix ramosissima*）等深根发育的乔木植物的入侵导致美国地下水水位持续下降（Rai and Singh, 2020）。入侵动物对生境河岸等地貌景观的改造会影响水文、水势，如入侵河狸（*Castor canadensis*）对河岸地区的改造会引起生态系统水文走向的变化，增加洪水风险（Vilà and Hulme, 2017）。

生物入侵对入侵生境的干扰还会影响水资源质量。水生植物在淡水环境中的入侵还会引起水域的污染，造成水质恶化。水生植物入侵或者在水环境中的暴发，如水华现象，会通过以下方式影响入侵生境水质：①高种群密度的入侵植物形成物理屏障，降低水体含氧度、透光环境和养分循环；②入侵植物会产生毒素或其他代谢物进而对水质造成化学影响。凤眼莲在我国水域中的入侵，不仅对渔业造成巨大损害，还会引起水质恶化。云南滇池由于水体富营养化程度高，凤眼莲引入后在此地疯长成灾，形成漂浮的植毡层，造成水体流速下降，pH 值和溶解氧浓度降低，水中 CO_2 浓度增高，水体变黑变臭，水生动植物大量死亡，形成恶性循环，水质不断恶化（刘利霞，2008；刘志远，2009）。

一些由浮游藻类入侵植物（如硅藻 *Didymosphenia geminata*、蓝细菌 *Cylindrospermopsis* 等）引起的恶性水华现象也在全球范围内不断发生。水华现象往往与入侵浮游植物与藻类丰度的显著增高密切相关，且强烈的水华通常会导致水变色、恶臭、氧气耗尽、水透明度下降以及水体物理、化学和生物参数的其他变化，从而阻止了有益藻类和沉水植物的生长。同时，入侵浮游植物和藻类形成的水华现象对水体养分的急剧消耗，也会影响水中营养库及其动态循环。

一些双壳类软体动物，因其独特的生理生态特性，作为渔业和水产养殖的重要新资源被引入新环境中。虽然这些双壳类软体动物会暂时性地促进渔业和水产养殖业的发展，但这些双壳类软体动物在新生境中快速传播和定居，造成土著物种的减少、生物群落结构的变化、浮游生物生产力的丧失、改变营养物循环、沉积物的有机富集和水体污染物富集等破坏性的生态影响。例如，福寿螺入侵湿地后，由于以湿地植物为食及自身新陈代谢对水体的污染，改变了湿地水体的营养层级平衡和浑浊状态，进而对湿地生态系统水质调节服务造成破坏。外来水生生物的引入或入侵，会导致生态系统结构的崩塌，从而影响水质及生态系统水体净化功能（胡云逸等，2021）。

一些入侵水生植物还可以产生有毒的次级代谢产物，这些有毒次级代谢产物进入水体后，会通过食物网被吸收、转移，在对水质造成影响的同时，还会对植物和动物造成不利影响，甚至威胁人类健康。例如，发生在 2013 年底北大西洋中部亚速尔群岛的微小亚历山大藻（*Alexandrium minutum*）水华事件，即是该藻类释放的麻痹性贝毒毒素进入贝类体内，并通过贝类消费链传递给人类，最终导致人类发生严重中毒事件（Vilà and

Hulme, 2017)。

(三) 生物入侵对人类疾病调节服务的影响

生态系统的人类疾病调节服务功能在维护人类健康中起着至关重要的作用。通过自然天敌的捕食和寄生行为,生态系统能够有效控制危害人类健康的害虫种群的扩散繁殖与疾病的传播。但外来生物入侵后,会通过改变入侵地生态系统结构、破坏物种间的相互关系以及引入新的病原体等多种途径,对生态系统人类疾病调节服务功能产生负面影响。

一些外来入侵物种可以成为威胁人类身体健康的病原菌和寄生虫的载体或新型栖息地,为病媒提供栖息场所,随着入侵生物迁移和扩散而大范围传播,从而增加疾病的发生率。仅在东南亚,因外来生物入侵导致疾病传播造成的经济损失高达 18.5 亿美元 (Vilà and Hulme, 2017)。近年来,在世界各地由非土著病原菌和寄生虫引起的疾病数量大幅增加。例如,入侵东非地区的马缨丹 (*Lantana camara*) 显著改善了传播昏睡病病原的东非舌蝇 (*Glossina* spp.) 的栖息条件,有利于舌蝇种群的定殖扩张,最终导致该地区昏睡病的发病率明显增加 (Greathead, 1968)。福寿螺体内可携带多种寄生虫,其中对人类健康威胁最大的是广州管圆线虫 (*Angiostrongylus cantonensis*)。研究发现,每只福寿螺体内寄生的广州管圆线虫幼虫数量高达 3000~6000 条。当人类食用未彻底煮熟的福寿螺肉时,极易感染广州管圆线虫病,这种疾病会侵害人体中枢神经系统,导致以嗜酸性粒细胞增多性脑膜炎为特征的严重症状,包括头痛、高烧、颈项强直等,严重时可引发永久性脑部损伤、认知功能障碍甚至死亡。因此,福寿螺的大范围入侵对人类健康构成了显著且持续的潜在威胁 (任和等,2020;王蝉娟等,2021)。刷尾负鼠 (*Trichosurus vulpecula*) 将牛结核病传播给牲畜,通过食物链间接影响人类健康 (Clout, 1999)。同时,这些入侵病原菌和寄生虫还会随着寄主入侵过程共同进化,给新发传染病的诊断和治疗带来挑战 (Jones et al., 2008)。

此外,入侵物种通过破坏生态系统结构,减少土著物种的多样性和数量,改变食物网动态,削弱了生态系统对疾病媒介的控制能力,从而增加疾病暴发的可能性。

三、生物入侵对生态系统文化服务的影响

与生态系统服务的其他类型相比,文化服务涵盖领域更为广泛,同时也具有较强的抽象性和主观性。由于文化服务在感知上具备明显的无形性与难以量化的特征,往往容易被忽视 (van Wilgen et al., 2020)。然而,文化服务对人类的身心健康和社会安全保障具有重要的支撑作用,其强调的是人类通过欣赏、体验等直接方式,从生态系统中获得的非物质性利益。例如,生态系统所承载的宗教仪式或精神文化特征的丧失,会削弱区域社会关系的稳固性,进而间接影响到区域内人群的物质福祉、健康状况、社会安全与社会交往等多个层面。因此,文化服务并非单纯的生态现象,而是在较长时间尺度下生态系统与人类社会持续互动所形成的一种复杂且动态的结果 (史琴琴,2022)。

由于文化服务是生态系统的一种非消耗性属性,生物入侵对文化服务既有积极影响,也有消极影响,甚至与对其他服务的影响相对立,因此其对文化服务的影响难以有

效评估。例如，在美国加利福尼亚州，外来入侵物种蓝桉（*Eucalyptus globulus*）的存在引发了社会的广泛争议。一方面，其因独特而美观的景观价值、深厚的历史文化背景，以及为部分蝴蝶等动物提供栖息地而受到公众的喜爱和赞赏；另一方面，由于蓝桉相比土著植物对生态系统的支持能力有限，且在一定条件下可能威胁人类健康与财产安全，因此也招致了人们的批评与质疑（Miller，2007；Peh et al.，2015）。入侵生物在新生境的成功入侵还会改变生境其他生态系统服务功能而干扰当地居民的传统生活方式，降低人们对自然生态环境的精神和美学享受，限制人们的户外休闲娱乐活动与旅游（Vilà and Hulme，2017）。生态系统的娱乐和美学价值对人类健康极为重要。在当今社会高强度的工作压力下，人类需要在生态系统提供的休憩空间中释放压力，然而外来生物的入侵会降低生物多样性，在使得物种单一化的同时，造成景观单一化，导致生态系统文化服务功能的丧失，最终影响人类健康与福祉。

（一）生物入侵对人类休闲娱乐体验的影响

自然生态系统具备丰富的动植物资源和地形地貌特征，具有旅游、休闲的功能，是人类休憩娱乐、释放压力、缓解精神疲劳的重要途径，是一项重要的生态系统文化服务内容。入侵生物可以通过主动改变和被动引入的方式，改造入侵地生态环境，从而促进或减损入侵生境的休憩娱乐功能。

外来生物入侵水生生态系统，会降低其休憩娱乐等文化服务的提供能力，并且造成了巨大经济损失。例如，凤眼莲、喜旱莲子草等恶性水生入侵植物不仅会影响入侵水域景观，还会阻碍水上航行，影响人类在湖泊等水域的游玩体验，减少生态旅游潜力，降低生态系统休憩娱乐的文化服务提供能力（Rai and Singh，2020）。穗状狐尾藻（*Myriophyllum spicatum*）在美国加利福尼亚州与内华达州交界的塔霍湖（Lake Tahoe）的入侵，每年造成当地水上娱乐产业的经济损失高达 50 万美元（Eiswerth et al.，2000，2005）。海七鳃鳗（*Petromyzon marinus*）在美国和加拿大广泛入侵后，严重破坏了当地的渔业资源，每年造成的垂钓休闲产业经济损失高达 6.75 亿美元（Pejchar and Mooney，2009）。

外来生物在陆地生态系统中的成功入侵也会对文化服务功能造成负面影响，同样导致巨大的经济损失。在美国佛罗里达州，每年用于控制高尔夫球场上的外来入侵杂草的费用高达 10 亿美元（Pimentel et al.，2000）。一些入侵生物会通过毒液、毒素或毒物等对人类健康产生危害，这些入侵生物会直接或间接影响人们的娱乐体验，降低入侵区域的休闲价值。例如，在我国南方大范围入侵的红火蚁（*Solenopsis invicta*），当受惊扰叮咬人体后，轻者会在皮肤受伤部位出现瘙痒、烧灼样疼痛及红肿，严重者尤其是过敏体质人群则可能出现全身性红斑、剧烈瘙痒、头痛和淋巴结肿大等过敏反应，甚至引发过敏性休克而导致死亡。同样，在我国广泛暴发的豚草于花期释放的致敏花粉，常使敏感个体出现眼鼻剧烈瘙痒、流涕、咳嗽、喷嚏、哮喘和呼吸困难等症状，严重者甚至可能并发肺气肿、肺心病等疾病而致死。在美国西部地区大范围入侵的长刺矢车菊（*Centaurea solstitialis*），不仅会刺伤徒步旅行者并毒害牲畜，导致旅游产业发展受到显著影响，每年还造成数百万美元的牲畜饲料损失（Eagle et al.，2007）。此外，白蜡树蛀虫在美国的大范围传播严重破坏了白蜡树（*Fraxinus chinensis*）的生态功能，降低其对空气污染物的净化能力，进而使当地居民罹患心血管及呼吸系统疾病的概率显著升高（Rai and Singh, 2020）。由此可见，这些对人类健康构成直接威胁的外来入侵物种，严重影响了入侵地居民与游客的休闲体验，导致入侵区域旅游机会的显著丧失。

（二）生物入侵对自然美学体验的影响

自然美学是生态系统文化服务的重要组成部分（Daniel et al., 2012）。在人类有意引入的外来生物中，大多数物种因其较高的观赏性和景观美学价值而被选择引进。然而，这些外来物种一旦逃逸至自然环境并发生入侵后，其对当地自然和人为景观所造成的改变往往好坏参半，很大程度上取决于观察者的个人视角与价值取向（Mack et al., 2000）。事实上，人类如何感知和评价自然景观，以及如何将自然融入个人生活，是受情感、认知、文化与社会因素共同塑造的复杂过程（Gobster et al., 2007；Daniel et al., 2012）。因此，人类对生物入侵引发的生态系统景观美学变化的感知与判断并非固定不变，而是存在显著的主观性与多样性。

入侵生物种类多种多样，其形态、颜色等外观也各具特色，因此其对入侵地景观和生态系统的视觉影响也各不相同。大量园艺植物和观赏类动物，因其独特的景观、观赏美学价值而被引入。例如，我国的加拿大一枝黄花、北美的欧洲金雀花（*Cytisus scoparius*）和澳大利亚的马缨丹等入侵植物最初均是因为其观赏价值被引入的（Bossard et al., 2000；Parsons and Cuthbertson, 2001；万方浩等，2015；Hu et al., 2022）。这些观赏植物引入初期，可以点缀景观，丰富引入地色彩，增添景观美学价值。但随着这些被引入的入侵生物逃逸至野外，并成功建群迅速扩张后，它们往往会使入侵地生物多样性降低，反而使得当地景观趋于单一化，失去了原有的美学价值。同时，当人们置身于单调化色彩和景观的环境中，不仅不会缓解心理压力，反而会加重心理负担。

外来入侵物种不仅会影响入侵地的视觉景观，还会对区域声音环境造成显著扰动。例如，新加坡因引入的乌鸦（*Corvus* sp.）和八哥（*Acridotheres cristatellus*）种群数量迅速增加至 4000 余只，其频繁发出的噪声严重干扰了当地居民的正常生活（Lim et al., 2003）。此外，原产于波多黎各的金线雨蛙（*Eleutherodactylus coqui*）于 20 世纪 80 年代末随园艺苗圃植物被引入美国夏威夷。这种青蛙在夏季交配期可发出高达 80~90 dB（0.5 m 处测量）的响亮求偶鸣叫，严重干扰居民与游客的生活，对当地社区造成严重的噪声污染，威胁居民精神健康，并对当地经济造成负面影响。Kaiser 和 Burnett（2006）的研究发现，距离金线雨蛙栖息地 500 m 范围内的房屋价值显著降低；若夏威夷所有住宅均暴露在金线雨蛙的鸣叫影响范围内，其房屋总价值将直接损失约 760 万美元。

四、生物入侵对生态系统支持服务的影响

提供生境、维持生境养分循环、能量流动是生态系统支持服务的核心功能，也是支持服务为生态系统供给、调节和文化服务提供支撑的基础。生境被定义为生物生活的物理场所，其中包括其物理结构以及生物可占用的、可消耗的资源和非生物条件（Hall et al., 1997; Farber et al., 2006)。由于许多生态系统服务依赖于生物的种类、数量和活性以及生物的衍生产品（食物、木材等），生境也被视为支持功能和结构的一部分，同时支持着供应、调节和文化服务的产生，如生境提供的食物和原材料、气候调节以及旅游和娱乐功能。入侵生物的蔓延、扩散，会造成入侵生境环境结构、物种群落组成的改变，导致生境养分循环、能量流动过程变化，造成生态系统工程师效应，影响生态系统支持服务提供水平和质量（Guy-Haim et al., 2018）。由于支持服务是维护其他生态系统服务的必要条件，因此当外来入侵物种影响这些服务时，往往也会改变其他受支持的服务。因此，在前文中给出的许多有关外来入侵生物影响生态系统其他服务功能的案例也涵盖生物入侵对生态系统支持服务的影响。

（一）生物入侵对生境结构的影响

入侵生物的形态、生理特性与生活习性往往与入侵生境内生物群落有较大差异，因此入侵生物在入侵生境成功定殖后，随着种群的扩张会逐渐对入侵生境的水文特征、地形地貌和土壤环境（物理性质、化学性质与生物性质）等环境结构进行改造，从而使得生境更适宜其生长繁殖（Hu et al., 2021）。例如，入侵河狸会沿袭其生活习性对入侵河岸地区进行筑巢建坝，改变生境内水文走向。互花米草由于其强大的适应性和扩散能力，在滨海地区成功入侵建群迅速蔓延扩散，目前在我国东部滨海和河口湿地均有分布，从南至北跨越了近22个纬度（Zhang et al., 2012, 2021；栾兆擎等，2020；Xu et al., 2022）。相较于盐地碱蓬（*Suaeda salsa*）、海三棱藨草（*Scirpus mariqueter*）和芦苇（*Phragmites australis*）等我国典型滨海湿地常见土著植物，互花米草高大的植株和发达的根系使其对入侵生境的水文、地形地貌和土壤环境具有更强的改造能力。同时，互花米草具有优秀的削浪能力，其盘根错节的根系和秆粗叶茂的植株，在潮滩上形成一道软屏障。当波浪伴随着强大的波能冲击互花米草滩时，互花米草植株随波摆动并对波浪产生反作用，降低波能。据计算，每1 m宽度互花米草能够使波浪的波能削减约26%；当潮水经过10 m和20 m宽的互花米草带时，流速平均衰减率分别为55%和64%。相对而言，互花米草的削浪效果要显著高于芦苇，30 m宽的互花米草就能够达到40 m宽芦苇的削减有效波和波能的效果（Knutson et al., 1982；阮俊潮等，2019）。此外，互花米草发达的根系有助于提高滨海湿地的沉积作用。当挟带泥沙的潮流进入互花米草滩时，能量被大量消耗，流速显著降低，潮流挟带的泥沙大量沉积于草滩中，使得滩面逐渐淤高。由此，互花米草通过促使滩面沉积物细化、提高淤积速率和影响潮沟发育等效应改变了滨海湿地的景观、微地貌。据统计，互花米草对滨海湿地的淤积效应高于芦苇，互花米草黏附悬浮细颗粒泥沙的能力是芦苇的2倍。1995~2008年，互花米草在我国江苏省滨海的促淤总量达到4370万 m^3，围垦成陆面积达到100万亩（阮俊潮等，2019）。另外，互花米草的削能促淤也对渔船通行、沿海涵闸的使用造成了负面影响。如在杭州湾南岸，互花米草使得泥沙在沿海闸下引河中淤积，影响渔船通行及闸下排涝，导致海黄山闸等沿海涵闸的过早废弃（李加林等，2005）。水文情势、地形地貌作为湿地生态系统的首要决定因素，是湿地植被结构、物种多样性、生产力和生态演替的首要驱动因子，因此互花米草入侵对水文、地貌的改变，最终会影响入侵生态系统支持服务。

（二）生物入侵对生境养分循环的影响

生物入侵通过多种途径扰乱生境中的养分循环，改变土壤和植被的相互作用，最终影响生态系统的健康和生产力。植物作为生态系统生产者，通过吸收养分和凋落物分解等过程对生态系统养分循环起到重要作用，同时也为其他营养级生物提供食物与生存材料。随着外来物种的入侵，入侵生境内植物群落的组成、结构以及主要生理生态特征（如光合速率、生物量和繁殖方式等）会发生改变，不仅改造了入侵地生境地貌和水文等物理环境格局，还影响了入侵地生境的初级生产力和固氮等能力，最终导致入侵生境多种养分循环过程的变化（Adomako et al., 2020, 2021; Zhang et al., 2020; Wu et al., 2022）。荟萃分析研究结果表明，植物入侵可使生态系统生境的初级生产力增加高达57%，并可显著提高生态系统的氮素储存量，其中地上部分氮库可增加85%，地下部分氮库可增加112%（Liao et al., 2008; Vilà et al., 2011; Vicente et al., 2013）。入侵植物可以通过固氮或释放化学物质抑制土著植物的固氮能力，改变土壤养分的可用性，影响土著植物的生长和竞争力，如 *Myrica faya* 在美国夏威夷、新西兰和澳大利亚的入侵与黑荆（*Acacia mearnsii*）在南非的入侵均对生态系统养分循环产生了剧烈影响（Levine et al., 2003; Dukes and Mooney, 2004; Charles and Dukes, 2007）。一些外来入侵植物还能够通过改变植物凋落物的化学组成特征或土壤微生物群落结构，进而影响土壤有机质的分解速率以及养分矿化过程，最终导致土壤养分释放发生延迟或抑制效应。Ehrenfeld（2003）研究结果表明，外来入侵植物对养分循环的影响在不同入侵者类型和入侵区域之间的大小和方向上存在差异。由此可见，外来植物入侵会对入侵生境的养分循环过程和养分库（植物库和土壤库）等生态系统支持服务产生影响，但其影响方向和幅度却与入侵地生态系统类型、入侵植物种类和土著植被群落有关。

（三）生物入侵对生境能量流动的影响

入侵生物对生物群落组成和结构的改变，会引起入侵地食物网结构、营养层次之间的互动、捕食者和猎物动态、主要生产力发生变化，进而影响生态系统能量流动（Dukes and Mooney, 2004）。例如，在以盐地碱蓬、海三棱藨草或芦苇等为优势种的原生植物群落滨海湿地生境中，互花米草较大的植株会降低透光性和改变水文特征，进而改变微生境条件。同时，大量凋落物的输入以及发达根系的衰老与分解，会改变沉积物中有机碳的组成。这些有机碳经初级消费者取食后，通过食物网的上行效应传递至高营养级捕食者，最终影响整个生态系统的能量来源和物种间的营养关系（Qin et al., 2010; Feng et al., 2014, 2015; Yang et al., 2016）。随着互花米草入侵时间的延长，入侵生境植物多样性显著降低，食物有机碳来源逐渐从多元化转变为以互花米草为主的单一来源。这种单一化抑制了微藻等其他食物源的生长与输入，进而降低食物源多样性，对食物网稳定性产生了不利影响（Howe and Simenstad, 2011; Feng et al., 2014）。滨海湿地潮间带开阔光滩是鸟类主要的觅食场所，互花米草入侵后会导致原本栖息于光滩内的大量双壳贝类等物种消失，进一步影响高营养层次动物，减少鸟类和部分鱼类的食物源，从而不利于鸟类的生存和迁徙（陈中义等，2005；Chen et al.，2009；Lee and Khim，2017）。福寿螺入侵东南亚湿地后，显著减少了水生植物的数量，促使浮游藻类逐渐占据优势地位，从而提高了水体的营养水平和浮游生物生物量，最终导致水质恶化（Carlsson et al.，2004）。凤眼莲通过形成浮动植被垫，阻挡光线传输，降低浮游植物和其他植物的光合作用，造成缺氧环境，导致水体动物的减少。芦苇在美国的入侵通过更高效的资源利用或替代主要植物群落，提高净初级生产力，但可能导致土著生物多样性下降。入侵捕食者如卡罗莱纳穴狼蛛（*Hogna carolinensis*）会减少土著昆虫数量，影响依赖这些昆虫的鸟类等捕食者。

综上所述，生物入侵可以改变生态系统的供给、调节、文化和支持服务，其对生态系统服务的影响很少局限于单一生态系统服务类型，而是可能对多种生态系统服务类型产生不可逆转的连锁效应。另外，一些入侵生物虽会对某一类生态系统服务提供能力产生促进作用，但却会对其他生态系统服务提供能力产生负作用。因此，生物入侵对生态系统供给、调节、文化和支持服务的影响是复杂多变的，应从多层次、多角度评估、诠释生物入侵与生态系统多类型服务之间的联系及其机制。

第三节　展　　望

人类福祉取决于从生态系统获得的服务的持续供应，因此生态系统服务是人类社会赖以生存和发展的基础。生物入侵对生态系统造成的长期压力和破坏，通过不同机制导致生态系统服务能力退化。生态系统服务能力的丧失和退化将对生态系统稳定、人类福祉与社会可持续发展产生重要影响，威胁人类、环境与社会的健康，直接威胁着区域乃至全球的生态安全。维持和改善生态系统服务是实现社会经济可持续发展的基本条件，生态系统服务能够连接生态系统格局、过程、功能及其社会经济价值表征，是现阶段"自然-社会"耦合系统研究中最为活跃的综合领域之一。尽管生物入侵驱动的生态系统结构和功能变化已广为人知，但人们对生物入侵与生态系统服务之间的联系机制却知之甚少（Pejchar and Mooney，2009）。因此，了解生物入侵对生态系统服务的潜在影响及其客观规律，预测未来全球变化趋势下生物入侵对生态系统服务提供水平和质量、人类福祉和人类社会的可持续发展影响，已经成为当前入侵生态学领域学者所面临的挑战和重大课题。

由于生物入侵与生态系统服务相互作用关系的复杂性和不确定性，目前还不能准确掌握生物入侵导致的生态系统格局、过程、功能的变化与服务的内在联系。生态系统结构和功能的变换会影响不同类型的生态系统服务和产品。要持续获得充足且多样化的生态系统服务和产品，必须掌握生物入侵影响下生态系统格局、过程、功能的变化，这也是维持高质量生态系统服务的基础。

到目前为止，许多入侵相关研究都集中在预测外来生物的入侵性、比较入侵生物和土著土著生物对生态环境的影响，特别是在对生物多样性的影响方面，还缺乏生物入侵背景下生态系统服务提供能力评估和预测的研究（Pejchar and Mooney，2009）。如何有效评估和预测生态系统服务对生物入侵的响应是其根本。模型是模拟未来生物入侵及其对生态系统服务影响的有效手段。发展耦合生物入侵和生态系统服务的过程机理模型，建立适应生物入侵的生态系统服务评估方法，揭示全球变化背景下生物入侵对入侵生境生态系统主要服务的影响机制，并进行未来情景分析和演变趋势预测，是有效管理、保护和维持生态系统服务的迫切需要。因此，今后应基于"生物入侵—生态系统结构和功能变化—服务变化"的级联框架，加强生物入侵影响下不同空间尺度生态系统服务变化研究，从而厘清生物入侵引起的全球和地区尺度生态系统服务的变化规律。

（本章作者：李冠霖　杜道林）

参 考 文 献

曹祺文, 卫晓梅, 吴健生. 2016. 生态系统服务权衡与协同研究进展. 生态学杂志, 35(11): 3102-3111.

陈能汪, 李焕承, 王莉红. 2009. 生态系统服务内涵、价值评估与 GIS 表达. 生态环境学报, 18(5): 1987-1994.

陈宜瑜, Jessel B, 傅伯杰. 2011. 中国生态系统服务与管理战略. 北京: 中国环境科学出版社.

陈中义, 付萃长, 王海毅, 等. 2005. 互花米草入侵东滩盐沼对大型底栖无脊椎动物群落的影响. 湿地科学, 3(1): 1-7.

程敏, 张丽云, 崔丽娟, 等. 2016. 滨海湿地生态系统服务及其价值评估研究进展. 生态学报, 36(23): 7509-7518.

傅伯杰. 2013. 生态系统服务与生态安全. 北京: 高等教育出版社.

傅伯杰, 于丹丹. 2016. 生态系统服务权衡与集成方法. 资源科学, 38(1): 1-9.

傅伯杰, 于丹丹, 吕楠. 2017. 中国生物多样性与生态系统服务评估指标体系. 生态学报, 37(2): 1025-1032.

郭宗亮, 刘亚楠, 张璐, 等. 2022. 生态系统服务研究进展与展望. 环境工程技术学报, 12(3): 928-936.

韩依纹. 2021. 城市绿地生态系统服务功能研究. 北京: 中国建筑工业出版社.

侯栋梁, 何东进, 洪伟, 等. 2015. 入侵种互花米草影响我国滨海湿地土壤生态系统的研究进展. 湿地科学与管理, 11(4): 67-72.

胡云逸, 朱梓锋, 孙希, 等. 2021. 入侵物种福寿螺对不同生态系统的破坏性影响. 热带医学杂志, 21(10): 1364-1368.

霍冉. 2020. 煤炭资源型城市生态系统服务与人类福祉关系研究. 中国矿业大学博士学位论文.

李加林, 杨晓平, 童亿勤, 等. 2005. 互花米草入侵对潮滩生态系统服务功能的影响及其管理. 海洋通报, 24(5): 33-38.

李琰, 李双成, 高阳, 等. 2013. 连接多层次人类福祉的生态系统服务分类框架. 地理学报, 68(8): 1038-1047.

李祖政. 2021. 北京市生态系统服务对气候和土地利用的响应及情景模拟. 北京林业大学博士学位论文.

郦珊, 陈家宽, 王小明. 2016. 淡水鱼类入侵种的分布、入侵途径、机制与后果. 生物多样性, 24(6): 672-685.

刘利霞. 2008. 滇池水体富营养化成因及控制措施探讨. 菏泽学院学报, 30(2): 86-89.

刘洋, 毕军, 吕建树. 2019. 生态系统服务分类综述与流域尺度重分类研究. 资源科学, 41(7): 1189-1200.

刘志远. 2009. 水生生物入侵对渔业生产的影响及法律对策研究. 法制与社会, (21): 133-134.

栾兆擎, 闫丹丹, 薛媛媛, 等. 2020. 滨海湿地互花米草入侵的生态水文学机制研究进展. 农业资源与环境学报, 37(4): 469-476.

欧阳志云, 王如松. 2000. 生态系统服务功能、生态价值与可持续发展. 世界科技研究与发展, 22(5): 45-50.

欧阳志云, 王如松, 赵景柱. 1999a. 生态系统服务功能及其生态经济价值评价. 应用生态学报, 10(5): 635-639.

欧阳志云, 王效科, 苗鸿. 1999b. 中国陆地生态系统服务功能及其生态经济价值的初步研究. 生态学报, 19(5): 607-613.

彭建, 胡晓旭, 赵明月, 等. 2017. 生态系统服务权衡研究进展: 从认知到决策. 地理学报, 72(6): 960-973.

强胜, 陈国奇, 李保平, 等. 2010. 中国农业生态系统外来种入侵及其管理现状. 生物多样性, 18(6): 647.

任和, 高红娟, 薛娟, 等. 2020. 福寿螺的生物学特性与防治. 生物学通报, 55(12): 1-3.

阮俊潮, 戴文红, 李文兵, 等. 2019. 滨海湿地优势植物芦苇和互花米草的生态响应与效应研究进展. 杭州师范大学学报(自然科学版), 18(5): 490-498, 509.

史琴琴. 2022. 生态系统文化服务供需匹配研究. 北京: 中国社会科学出版社.

万方浩, 郭建英. 2007. 农林危险生物入侵机理及控制基础研究. 中国基础科学, 9(5): 8-14.

万方浩, 郭建英, 王德辉. 2002. 中国外来入侵生物的危害与管理对策. 生物多样性, 10(1): 119-125.

万方浩, 侯有明, 蒋明星. 2015. 入侵生物学. 北京: 科学出版社.

万方浩, 刘万学, 郭建英, 等. 2011. 外来植物紫茎泽兰的入侵机理与控制策略研究进展. 中国科学: 生命科学, 41(1): 13-21.

王蝉娟, 宋增福, 鲁仙, 等. 2021. 我国福寿螺入侵现状和防控研究进展. 生物安全学报, 30(3): 178-182.

王禾军, 黄泽文, 李桂友, 等. 2015. 广东惠州主要农业外来有害生物入侵与防治史研究——以博罗县为中心. 古今农业, 2: 9-21.

王卿, 安树青, 马志军, 等. 2006. 入侵植物互花米草——生物学、生态学及管理. 植物分类学报, 44(5): 559-588.

王伟, 陆健健. 2005. 生态系统服务功能分类与价值评估探讨. 生态学杂志, 24(11): 64-66.

王晓荣, 潘磊, 崔鸿侠, 等. 2016. 森林生态系统服务功能评估研究进展. 湖北林业科技, 45(5): 55-59.

魏强. 2015. 三江平原湿地生态系统服务与社会福祉关系研究. 中国科学院研究生院博士学位论文.

吴坚. 2004. 我国林业外来有害生物入侵现状及防控对策. 科技导报, (4): 41-44.

肖彤斌, 林珠凤, 谢圣华, 等. 2010. 海南岛农业外来有害生物入侵的现状与防治对策. 广东农业科学, 37(1): 65-66.

谢高地, 肖玉, 鲁春霞. 2006. 生态系统服务研究: 进展、局限和基本范式. 植物生态学报, 30(2): 191-199.

谢高地, 张钇锂, 鲁春霞, 等. 2001. 中国自然草地生态系统服务价值. 自然资源学报, 16(1): 47-53.

谢高地, 甄霖, 鲁春霞, 等. 2008. 生态系统服务的供给、消费和价值化. 资源科学, 30(1): 93-99.

徐嵩龄. 2001. 生物多样性价值的经济学处理: 一些理论障碍及其克服. 生物多样性, 9(3): 310-318.

尹小娟, 钟方雷. 2011. 生态系统服务分类的研究进展. 安徽农业科学, 39(13): 7994-7999, 8071.

余继华, 张敏荣, 吴静, 等. 2019. 台州农业外来有害生物入侵现状及防控对策. 植物检疫, 33(3): 72-76.

俞红, 王红玲, 王兆锋. 2009. 外来生物入侵对社会经济的影响及经济影响评价. 统计与决策, (13): 104-105.

张彪, 谢高地, 肖玉, 等. 2010. 基于人类需求的生态系统服务分类. 中国人口·资源与环境, 20(6): 64-67.

张波, 林孝文, 胡玉桃, 等. 2015. 广东农业重要外来有害生物福寿螺入侵的历史考察. 广西植保, 28(2): 39-42.

赵同谦, 欧阳志云, 郑华, 等. 2004. 中国森林生态系统服务功能及其价值评价. 自然资源学报, 19(4): 480-491.

郑华, 李屹峰, 欧阳志云, 等. 2013. 生态系统服务功能管理研究进展. 生态学报, 33(3): 702-710.

Adomako M O, Wei X, Min T, et al. 2020. Synergistic effects of soil microbes on *Solidago canadensis* depend on water and nutrient availability. Microbial Ecology, 4(80): 837-845.

Adomako M O, Xue W, Du D L, et al. 2021. Soil microbe-mediated N: P stoichiometric effects on *Solidago canadensis* performance depend on nutrient levels. Microbial Ecology, 83(4): 960-970.

Andréassian V. 2004. Waters and forests: from historical controversy to scientific debate. Journal of Hydrology, 291(1-2): 1-27.

Banke S, McDonald B A. 2005. Migration patterns among global populations of the pathogenic fungus *Mycosphaerella graminicola*. Molecular Ecology, 14(7): 1881-1896.

Baran E, Jantunen T, Chong C K. 2007. Values of inland fisheries in the Mekong River Basin. Phnom Penh: WorldFish Center: 76.

Bossard C C, Randall J M, Hoshovsky M C. 2000. Invasive Plants of California's Wildlands. Los Angeles: University of California Press: 145-149.

Cairns Jr J. 1997. Protecting the delivery of ecosystem services. Ecosystem Health, 3(3): 185-194.

Carlsson N O L, Bronmark C, Hansson L. 2004. Invading herbivory: the golden apple snail alters ecosystem functioning in Asian wetlands. Ecology, 85(6): 1575-1580.

Charles H, Dukes J S. 2007. Impacts of invasive species on ecosystem services. Biological Invasions, 217-237.

Chen Z B, Guo L, Jin B, et al. 2009. Effect of the exotic plant *Spartina alterniflora* on macrobenthos communities in salt marshes of the Yangtze River Estuary, China. Estuarine, Coastal and Shelf Science, 82(2): 265-272.

Cheng H Y, Wang S, Wei M, et al. 2021. Reproductive allocation of *Solidago canadensis* L. plays a key role in its invasiveness across a gradient of invasion degrees. Population Ecology, 4(63): 290-301.

Çinar M E, Arianoutsou M, Zenetos A, et al. 2014. Impacts of invasive alien marine species on ecosystem services and biodiversity: a pan-European review. Aquatic Invasions, 9(4): 391-423.

Clout M N. 1999. Biodiversity conservation and the management. Invasive Species and Biodiversity Management, 24: 349.

Colautti R I, Grigorovich I A, MacIsaac H J. 2006. Propagule pressure: a null model for biological invasions. Biological Invasions, 8: 1023-1037.

Costanza R, d'Arge R, De Groot R, et al. 1997. The value of the world's ecosystem services and natural capital. Nature, 387(15): 253-260.

Costanza R, De Groot R, Sutton P, et al. 2014. Changes in the global value of ecosystem services. Global Environmental Change, 26(1): 152-158.

Dai Z C, Fu W, Qi S S, et al. 2016a. Different responses of an invasive clonal plant *Wedelia trilobata* and its native congener to gibberellin: implications for biological invasion. Journal of Chemical Ecology, 42(2): 85-94.

Dai Z C, Wang X Y, Qi S S, et al. 2016b. Effects of leaf litter on inter-specific competitive ability of the invasive plant *Wedelia trilobata*. Ecological Research, 31(3): 367-374.

Daily G C. 1997. Nature's services: societal dependence on natural ecosystems. Pacific Conservation Biology, 6(2): 220-221.

Daniel T C, Muhar A, Arnberger A, et al. 2012. Contributions of cultural services to the ecosystem services agenda. Proceedings of the National Academy of Sciences of the United States of America, 109(23): 8812-8819.

de Groot R, Brander L, Van Der Ploeg S, et al. 2012. Global estimates of the value of ecosystems and their services in monetary units. Ecosystem Services, 1(1): 50-61.

de Groot R S, Alkemade R, Braat L, et al. 2010. Challenges in integrating the concept of ecosystem services and values in landscape planning, management and decision making. Ecological Complexity, 7(3): 260-272.

de Groot R S, Wilson M A, Boumans R M J. 2002. A typology for the classification, description and valuation of ecosystem functions, goods and services. Ecological Economics, 41(3): 393-408.

Dukes J S, Mooney H A. 2004. Disruption of ecosystem processes in western North America by invasive species. Revista Chilena de Historia Natural, 77(3): 411-437.
Eagle A J, Eiswerth M E, Johnson W S, et al. 2007. Costs and losses imposed on California ranchers by yellow starthistle. Rangeland Ecology & Management, 60(4): 369-377.
Ehrenfeld J G. 2003. Effects of exotic plant invasions on soil nutrient cycling processes. Ecosystems, 6: 503-523.
Eiswerth M E, Darden T D, Johnson W S, et al. 2005. Input-output modeling, outdoor recreation, and the economic impacts of weeds. Weed Science, 53(1): 130-137.
Eiswerth M E, Donaldson S G, Johnson W S. 2000. Potential environmental impacts and economic damages of Eurasian watermilfoil (*Myriophyllum spicatum*) in western Nevada and northeastern California. Weed Technology, 14(3): 511-518.
Farber S, Costanza R, Childers D L, et al. 2006. Linking ecology and economics for ecosystem management. Bioscience, 56(2): 121-133.
Feng J, Guo J, Huang Q, et al. 2014. Changes in the community structure and diet of benthic macrofauna in invasive *Spartina alterniflora* wetlands following restoration with native mangroves. Wetlands, 34(4): 673-683.
Feng J, Huang Q, Qi F, et al. 2015. Utilization of exotic *Spartina alterniflora* by fish community in the mangrove ecosystem of Zhangjiang Estuary: evidence from stable isotope analyses. Biological Invasions, 17(7): 2113-2121.
Fisher B, Turner R K, Morling P. 2009. Defining and classifying ecosystem services for decision making. Ecological Economics, 68(3): 643-653.
Foley J A, DeFries R, Asner G P, et al. 2005. Global consequences of land use. Science, 309(5734): 570-574.
Freeman III A M. 1993. The Measurement of Environmental and Resources Values: Theory and Methods. Washington, DC: Resource for the Future.
Gobster P H, Nassauer J I, Daniel T C, et al. 2007. The shared landscape: what does aesthetics have to do with ecology? Landscape Ecology, 22(7): 959-972.
Gómez-Baggethun E, De Groot R, Lomas P L, et al. 2010. The history of ecosystem services in economic theory and practice: from early notions to markets and payment schemes. Ecological Economics, 69(6): 1209-1218.
Gozlan R E, Newton A C, Hulme P E, et al. 2008. Biological invasions: benefits versus risks. Science, 324(5930): 1015.
Gozlan R E, St-Hilaire S, Feist S W, et al. 2005. Biodiversity: disease threat to European fish. Nature, 435: 1046.
Greathead D J. 1968. Biological control of Lantana: a review and discussion of recent developments in East Africa. International Journal of Pest Management C, 14(2): 167-175.
Guy-Haim T, Lyons D A, Kotta J, et al. 2018. Diverse effects of invasive ecosystem engineers on marine biodiversity and ecosystem functions: a global review and meta-analysis. Global Change Biology, 24(3): 906-924.
Haines-Young R, Potschin M. 2010. The links between biodiversity, ecosystem services and human well-being. Ecosystem Ecology: A New Synthesis, 1: 110-139.
Hall L S, Krausman P R, Morrison M L. 1997. The habitat concept and a plea for standard terminology. Wildlife Society Bulletin, 25(1): 173-182.
Holdren J P, Ehrlich P R. 1974. Human population and the global environment: population growth, rising per capita material consumption, and disruptive technologies have made civilization a global ecological force. American Scientist, 62(3): 282-292.
Howe E R, Simenstad C A. 2011. Isotopic determination of food web origins in restoring and ancient estuarine wetlands of the San Francisco Bay and Delta. Estuaries and Coasts, 34(3): 597-617.
Hu Z Y, Li J T, Shi K W, et al. 2021. Effects of Canada goldenrod invasion on soil extracellular enzyme activities and ecoenzymatic stoichiometry. Sustainability, 13(7): 3768.
Hu Z Y, Zhang J Q, Du Y Z, et al. 2022. Substrate availability regulates the suppressive effects of Canada

goldenrod invasion on soil respiration. Journal of Plant Ecology, 15(3): 509-523.

Javed Q, Sun J F, Azeem A, et al. 2020. Competitive ability and plasticity of *Wedelia trilobata* (L.) under wetland hydrological variations. Scientific Reports, 1(10): 9431.

Jones K E, Patel N G, Levy M A, et al. 2008. Global trends in emerging infectious diseases. Nature, 451(7181): 990-993.

Kaiser B A, Burnett K M. 2006. Economic impacts of *E. coqui* frogs in Hawaii. Interdisciplinary Environmental Review, 8(2): 1-11.

Kauffman J B, Cummings D L, Ward D E. 1998. Fire in the Brazilian Amazon: 2. Biomass, nutrient pools and losses in cattle pastures. Oecologia, 113: 415-427.

Kauffman J B, Cummings D L, Ward D E, et al. 1995. Fire in the Brazilian Amazon: 1. Biomass, nutrient pools, and losses in slashed primary forests. Oecologia, 104: 397-408.

Knutson P L, Brochu R A, Seelig W N, et al. 1982. Wave damping in *Spartina alterniflora* marshes. Wetlands, 2(1): 87-104.

Le Maitre D C, Blignaut J N, Clulow A, et al. 2020. Impacts of plant invasions on terrestrial water flows in South Africa. Biological Invasions in South Africa, 14: 431-457.

Le Maitre D C, Gush M B, Dzikiti S. 2015. Impacts of invading alien plant species on water flows at stand and catchment scales. AoB Plants, 7(1): plv043.

Lee S Y, Khim J S. 2017. Hard science is essential to restoring soft-sediment intertidal habitats in burgeoning East Asia. Chemosphere, 168: 765-776.

Levine J M, Vilà M, Antonio C M D, et al. 2003. Mechanisms underlying the impacts of exotic plant invasions. Proceedings of the Royal Society of London, Series B: Biological Sciences, 270(1517): 775-781.

Liao C, Peng R, Luo Y, et al. 2008. Altered ecosystem carbon and nitrogen cycles by plant invasion: a meta-analysis. New Phytologist, 177(3): 706-714.

Liebhold A M. 2012. Forest pest management in a changing world. International Journal of Pest Management, 58(3): 289-295.

Lim H C, Sodhi N S, Brook B W, et al. 2003. Undesirable aliens: factors determining the distribution of three invasive bird species in Singapore. Journal of Tropical Ecology, 19(6): 685-695.

Mack R N, Simberloff D, Mark Lonsdale W, et al. 2000. Biotic invasions: causes, epidemiology, global consequences, and control. Ecological Applications, 10(3): 689-710.

Millennium Ecosystem Assessment. 2005. Ecosystems and Human Well-being: Volume 2 Scenarios: Findings of the Scenarios Working Group. Washington, DC: Island Press.

Miller J C. 2007. A lovely nuisance: ethics and eucalyptus in California. A Master in Liberal Arts Thesis, Stanford University.

Naylor R L. 1996. Invasions in agriculture: assessing the cost of the Golden Apple Snail in Asia. AMBIO, 25: 443-448.

Oerke E C. 2006. Crop losses to pests. The Journal of Agricultural Science, 144(1): 31-43.

Oliveira M R V, Henneberry T J, Anderson P. 2001. History, current status, and collaborative research projects for *Bemisia tabaci*. Crop Protection, 20(9): 709-723.

Parsons W T, Cuthbertson E G. 2001. Noxious Weeds of Australia. Collingwood: CSIRO Publishing: 627-633.

Peh K S H, Balmford A, Birch J C, et al. 2015. Potential impact of invasive alien species on ecosystem services provided by a tropical forested ecosystem: a case study from Montserrat. Biological Invasions, 17: 461-475.

Pejchar L, Mooney H A. 2009. Invasive species, ecosystem services and human well-being. Trends in Ecology & Evolution, 24(9): 497-504.

Peltzer D A, Allen R B, Lovett G M, et al. 2010. Effects of biological invasions on forest carbon sequestration. Global Change Biology, 16(2): 732-746.

Pimentel D, Lach L, Zuniga R, et al. 2000. Environmental and economic costs of nonindigenous species in the United States. BioScience, 50(1): 53-65.

Qin H, Chu T, Xu W, et al. 2010. Effects of invasive cordgrass on crab distributions and diets in a Chinese salt marsh. Marine Ecology Progress Series, 415: 177-187.
Rai P K, Singh J S. 2020. Invasive alien plant species: their impact on environment, ecosystem services and human health. Ecological Indicators, 111: 106020.
Rodríguez J P, Beard Jr T D, Bennett E M, et al. 2006. Trade-offs across space, time, and ecosystem services. Ecology and Society, 11(1): 28.
Rooth J E, Stevenson J, Cornwell J C. 2003. Increased sediment accretion rates following invasion by *Phragmites australis*: the role of litter. Estuaries, 26(2): 475-483.
Shiganova T, Mirzoyan Z, Studenikina E, et al. 2001. Population development of the invader ctenophore *Mnemiopsis leidyi*, in the Black Sea and in other seas of the Mediterranean basin. Marine Biology, 139: 431-445.
Turner R K, Van Den Bergh J C J M, Söderqvist T, et al. 2000. Ecological-economic analysis of wetlands: scientific integration for management and policy. Ecological Economics, 35(1): 7-23.
Ullah M S, Sun J F, Rutherford S S, et al. 2021. Evaluation of the allelopathic effects of leachate from an invasive species (*Wedelia triobata*) on its own growth and performance and those of a native congener (*W. chinensis*). Biological Invasions, 10(23): 3135-3149.
van Wilgen B W, Raghu S, Sheppard A W, et al. 2020. Quantifying the social and economic benefits of the biological control of invasive alien plants in natural ecosystems. Current Opinion in Insect Science, 38: 1-5.
van Wilgen B W, Zengeya T A, Richardson D M. 2021. A review of the impacts of biological invasions in South Africa. Biological Invasions, 24(2): 1-24.
Vicente J R, Pinto A T, Araújo M B, et al. 2013. Using life strategies to explore the vulnerability of ecosystem services to invasion by alien plants. Ecosystems, 16(4): 678-693.
Vilà M, Espinar J L, Hejda M, et al. 2011. Ecological impacts of invasive alien plants: a meta-analysis of their effects on species, communities and ecosystems. Ecology Letters, 14(7): 702-708.
Vilà M, Hulme P E. 2017. Impact of Biological Invasions on Ecosystem Services. Cham: Springer.
Wallace K J. 2007. Classification of ecosystem services: problems and solutions. Biological Conservation, 139(3-4): 235-246.
Wan F H, Yang N W. 2016. Invasion and management of agricultural alien insects in China. Annual Review of Entomology, 61: 77-98.
Wang C Y, Cheng H Y, W B, et al. 2021. The functional diversity of native ecosystems increases during the major invasion by the invasive alien species, *Conyza canadensis*. Ecological Engineering, 159: 106093.
Westman W E. 1977. How much are nature's services worth? Measuring the social benefits of ecosystem functioning is both controversial and illuminating. Science, 197(4307): 960-964.
Wu Y, Leng Z, Li J, et al. 2022. Increased fluctuation of sulfur alleviates cadmium toxicity and exacerbates the expansion of *Spartina alterniflora* in coastal wetlands. Environmental Pollution, 292: 118399.
Xu S X, Li K X, Li G L, et al. 2022. Canada goldenrod invasion regulates the effects of soil moisture on soil respiration. International Journal of Environmental Research and Public Health, 19(23): 15446.
Yang W, An S, Zhao H, et al. 2016. Impacts of *Spartina alterniflora* invasion on soil organic carbon and nitrogen pools sizes, stability, and turnover in a coastal salt marsh of eastern China. Ecological Engineering, 86: 174-182.
Zhang P, Scheu S, Li B, et al. 2020. Litter C transformations of invasive *Spartina alterniflora* affected by litter type and soil source. Biology and Fertility of Soils, 56(3): 369-379.
Zhang X, Xiao X M, Qiu S Y, et al. 2021. Quantifying latitudinal variation in land surface phenology of *Spartina alterniflora* saltmarsh across coastal wetlands in China by Landsat 7/8 and Sentinel-2 images. Remote Sensing of Environment, 269: 112810.
Zhang Y, Huang G, Wang W, et al. 2012. Interactions between mangroves and exotic *Spartina* in an anthropogenically disturbed estuary in southern China. Ecology, 93(3): 588-597.

第十八章 全球变化下生物入侵对滨海湿地生态系统的影响

第一节 滨海湿地生态系统生物入侵现况

一、滨海湿地入侵生物概况

滨海湿地生态系统是在陆地生态系统和海洋生态系统交互作用下形成的生态过渡带，主要包括红树林、盐沼、海草床、潮间带光滩等滨海湿地类型（Rey，2015）。受淡水输入与潮汐淹水周期性或间歇性变化的影响，该区域具有独特的水文条件与土壤特征，是生物多样性最丰富、生产力最高、最具生态系统服务价值的湿地生态系统之一（Chen，2019；Costanza et al.，2014）。同时，该区域位于海陆交界的过渡带，环境变化剧烈，植被群落结构简单，是对全球变化响应最为敏感的地带（Grosholz，2002；Cohen and Carlton，1998）。在全球气候变化和人类活动的影响下，环境扰动增加了生物进入新生境的概率，进而可能提高生物入侵风险（Occhipinti-Ambrogi and Savini，2003；Dukes and Mooney，1999）。特别是海岸带区域密集的船舶航运、水产养殖和水产品贸易等人类活动，已成为外来物种传播的主要媒介（Molnar et al.，2008；Williams and Grosholz，2008；Christian and Mazzilli，2007）。这些从其原产地随人类活动有意或无意引入的外来物种，可能威胁本地生态系统的生物多样性、结构与功能，并进一步构成生物入侵。

不论是红树林、盐沼、海草床还是潮间带光滩，均有外来生物成功入侵的研究报道（Biswas et al.，2018；Williams，2007；Daehler and Strong，1996）。一项全球尺度的调查显示，在世界 232 个滨海湿地生态区内有 84%的区域记录到有外来物种入侵（Molnar et al.，2008），入侵程度最高的区域包括大西洋北部、太平洋北部、地中海和印度洋-太平洋东部（图 18-1）。在中国已知的 213 种外来海洋及滨海湿地物种中，已有超过 1/3 的物种（74 种）成功繁殖并建立了稳定的种群，近一半的物种（93 种）对当地造成了负面的生态和经济影响（Xiong et al.，2017）。

二、入侵植物

在世界范围内，目前已有 57 种植物入侵到红树林，约有 70%的植物入侵与红树林生境的改变有关。由于自然或人为的干扰，红树林内形成的空斑为植物成功入侵提供了契机（Biswas et al.，2018）。目前，植物入侵到红树林的案例主要包括互花米草（*Spartina alterniflora*）和微甘菊（*Mikania micrantha*）。此外，红树植物也可能成为入侵植物，其

第十八章　全球变化下生物入侵对滨海湿地生态系统的影响

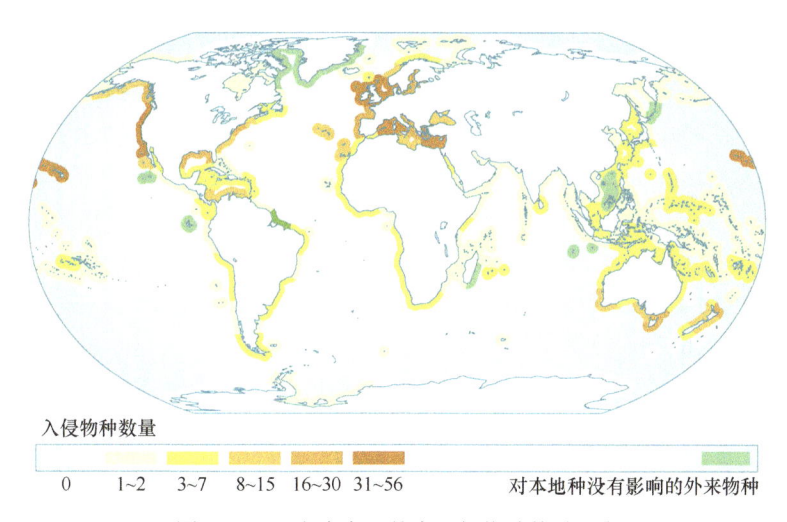

图 18-1　沿海生态区外来入侵物种数量分布

（引自 https://worldoceanreview.com/en/wor-1/marine-ecosystem/invasive-species/）

案例主要包括无瓣海桑（*Sonneratia apetala*）、拉关木（*Laguncularia racemosa*）、美洲红树（*Rhizophora mangle*）和水椰（*Nypa fruticans*）等（陈权和马克明，2015；Biswas et al.，2018）。入侵植物可从多个途径抑制土著红树植物的自然更新，例如，阻碍繁殖体的传播，通过化感作用抑制种子萌发（Xin et al.，2013），或通过高大冠层抑制红树植物生长（Peng et al.，2022；Zhang et al.，2012）。植物入侵降低了红树林物种多样性和生产力，可能改变原生植被的组成与结构，并影响群落演替的方向（Biswas et al.，2007）。

入侵滨海盐沼的植物多为草本植物，且以米草属植物最为典型（Daehler and Strong，1996）。原产于英国南海岸的大米草（*Spartina anglica*）已经取代了荷兰沿海的碱茅属植物（*Puccinellia maritima*）群落，并已入侵澳大利亚北部的海草床、光滩和红树林湿地（Daehler and Strong，1996）；原产于南美洲南部的密花米草（*Spartina densiflora*）和原产于北美洲大西洋海岸的狐米草（*Spartina patens*）已经入侵至地中海沿岸，并正在取代该地区的土著盐沼植物（Gedan et al.，2009；Campos et al.，2004；Daehler and Strong，1996）；原产于北美东海岸及墨西哥湾的互花米草在近 200 年来已扩展到北美西海岸、欧洲大西洋沿岸、非洲的南非、大洋洲的澳大利亚和新西兰以及东亚的中国、日本、朝鲜半岛等的滨海湿地生态系统（王卿等，2006）。引入的米草属植物密集生长，已对入侵地的自然环境、生物多样性和生态系统服务功能产生一系列影响，如导致海鸟觅食和栖息的光滩面积减少，并在潮间带上部与原生盐沼植被竞争，挤压原生植被的生长空间（Li et al.，2009；Daehler and Strong，1996）。入侵滨海盐沼的植物除米草属以外，禾本科植物芦苇（*Phragmites australis*）也是一种很有代表性的入侵物种，主要入侵到北美洲。其中，1972～1997 年，入侵美国切萨皮克湾的芦苇种群斑块数增加了 42 倍，面积扩大了 25 倍（McCormick et al.，2010）。此外，原产于欧亚大陆和非洲大陆的木本柽柳属（*Tamarix* spp.）植物于 18 世纪初期由苗圃种植引入，现已入侵至美国太平洋沿岸盐沼，导致低矮的（<1 m）肉质植物群落转变为高大的（约 3 m）木本植物群落（Gedan et al.，2009），美国大自然保护协会认为其是最严重的 12 个入侵物种之一（Whitcraft et al.，2007）。

在全球海草床生态系统中，至少有 19 种外来植物。原产于亚洲的裙带菜（*Undaria pinnatifida*）通过孢子或配子体进入船只压舱水的途径，现已入侵到美国、苏格兰、澳大利亚和新西兰等地的海草床中，并形成单一优势种，其遮阴效应加速了当地物种的消亡甚至灭绝（Casas et al., 2004；Akiyama and Kurogi，1982）。原产于澳大利亚的杉叶蕨藻（*Caulerpa taxifolia*）是研究最多的入侵海藻之一，曾作为观赏植物引入地中海地区，一直在海洋博物馆的热带水族馆中展出，于 1984 年偶然逃逸而进入自然生境。杉叶蕨藻对低温的耐受力很强，分布面积现已超过 13 000 hm^2（Meinesz and Hesse，1991）。原产于红海、波斯湾和印度洋的喜盐草（*Halophila stipulacea*）是一种小型热带海草，伴随着 1869 年苏伊士运河的开凿后入侵到地中海地区。Winters 等（2020）的研究表明，在不到 20 年的时间里，它蔓延到加勒比海岛国及南美大陆，取代土著海草物种。其他入侵进入海草床的植物还包括总状蕨藻（*Caulerpa racemosa*）、刺松藻（*Codium fragile*）和海黍子马尾藻（*Sargassum muticum*）等（Williams，2007）。

三、入侵动物

相对于植物，动物入侵红树林的案例比较少，目前仅有狮子鱼（*Pterois volitans*）入侵红树林的详细研究（陈权和马克明，2015）。狮子鱼原产于印度洋和太平洋海域，20 世纪 80 年代被引入大西洋与加勒比海域（Kulbicki et al.，2012；Prakash et al.，2012；Arbelaez and Acero，2011）。狮子鱼的入侵明显降低了其他鱼类的种群数量，严重损害了红树林的生态和经济价值（Claydon et al.，2012；Barbour et al.，2010）。其他动物入侵红树林的案例还包括团水虱、鼠类等。原产于北印度洋的韦氏团水虱（*Sphaeroma walkexi*）能够进入多种红树植物气生根内部，尤其是红树属植物红茄苳，造成红树植物生长受限，进而影响红树林生态系统的稳定性（徐海根等，2004）。入侵红树林的动物还包括三种具有入侵性的鼠类，即黑家鼠（*Rattus rattus*）、褐家鼠（*Rattus norvegicus*）、波利尼西亚鼠（*Rattus exulans*），它们可以在条件恶劣的红树林中生存，并通过竞争和捕食造成热带岛屿上许多土著鼠类和海鸟的灭绝（Harper and Bunbury，2015）。

在滨海盐沼湿地中，入侵动物通过与环境及其他物种间的相互作用，影响入侵地盐沼的地貌特征、物种组成、群落结构以及生态系统功能。入侵美国太平洋海岸的团水虱（*Sphaeroma quoyanum*）通过对地面、植被的掘穴活动增强了盐沼侵蚀速率；在有团水虱的地区，盐沼植被逐渐退化为光滩，对土著物种栖息地产生了严重影响，加剧了生态系统的退化（Gedan et al.，2009；Talley et al.，2001）。引入美国海湾沿岸的海狸鼠（*Myocaster coypus*）通过挖洞和觅食活动对当地的植被和土壤结构造成严重的破坏，被认为是导致路易斯安那海岸原生沼泽减少的一个重要因素（Gedan et al.，2009；Ford and Grace，1998）。甲壳类入侵动物中华绒螯蟹（*Eriocheir sinensis*）及克氏原螯虾（*Procambarus clarkii*）等通过大规模的掘穴活动加剧了生物扰动和盐沼侵蚀速率，改变了地貌特征、基质理化性质，进而导致土著植被的退化及盐沼潮沟的发育（Gherardi，2006）。原产于亚洲东部、太平洋西海岸地区的东亚壳菜蛤（*Musculista senhousia*）入侵美国圣迭戈后，产生的大量贝壳为软质沉积物提供了硬质基质，提高了地表粗糙度，改变了滩涂沉积物特性以及动物群落结构（Crooks，1998）。

入侵海草床生态系统的动物主要包括软体动物、节肢动物等无脊椎动物以及少数鸟类和鱼类等脊椎动物（Williams，2007）。东亚壳菜蛤是入侵海草床最著名的软体动物之一，其入侵导致土著蛤的密度降低（Crooks，2001）。欧洲青蟹（*Carcinus maenas*），原产于欧洲西北部和非洲，具有生长繁殖迅速、幼虫期长等特点，有利于广泛分散，且对各种环境因素的波动有很强的耐受性，世界自然保护联盟将其列为全球 100 种最具破坏性的入侵物种之一。在北美大西洋海岸，欧洲青蟹已经造成了大叶藻种群和双壳类、土著螃蟹种群的长期退化，被认为是海洋系统中典型的入侵生物（Ens et al.，2022；Leignel et al.，2014）。入侵海草床的鸟类疣鼻天鹅（*Cygnus olor*）原产于欧洲，现已入侵到大西洋西北部的大叶藻和川蔓藻海草床生态系统，其领土行为威胁其他水鸟生存，植食行为破坏水生植物生境，对水生植物群落的盖度、冠层密度和冠层高度均产生显著影响，抑制海草生长，降低了植被的密度（Guillaume et al.，2014；Tatu et al.，2007；Allin and Husband，2003）。

滨海湿地生态系统以其特殊的空间地理位置，承受着全球变化带来的剧烈影响。同时，滨海湿地生态系统作为生物入侵的高发地带，也面临着来自各营养层级生物入侵的威胁。入侵动植物进入滨海湿地生态系统后，通过物种间的相互作用，影响滨海湿地生态系统的物种组成、食物网结构、生物地貌等，干扰原有生态系统生物地球化学循环，改变滨海湿地生态系统的结构与功能（邓自发等，2010）。全球气候变化导致的全球变暖、极端气候事件、海平面上升，可能导致滨海湿地物种的分布范围发生变化（Harley et al.，2006；Stachowicz et al.，2002）。而由人类活动导致的污染及土地利用变化将可能使原生滨海湿地生态系统功能退化（Chen et al.，2019；Costanza et al.，2014），进一步影响滨海湿地的生物入侵进程（Williams，2007）。

生物入侵与全球变化之间的关系是复杂的（图 18-2）。全球变化不仅仅会影响滨海

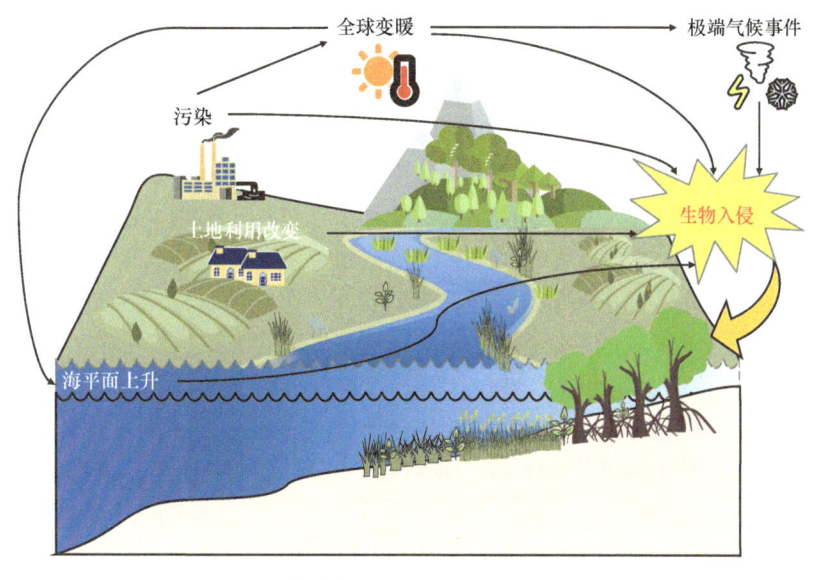

图 18-2 全球变化下的滨海湿地与生物入侵

湿地生态系统的生物入侵，由生物入侵引起的生态系统结构、功能的改变也可能会对全球变化产生反馈作用（Bradley et al., 2010）。

第二节　全球变化要素与滨海湿地生物入侵的相互作用及其后果

在全球气候变化加剧和经济全球化快速发展背景下，生物入侵已经成为全球变化的重要组成部分（Pimentel et al., 2000）和世界三大环境问题之一（Sala et al., 2000；Vitousek et al., 1996）。全球气候变化及人类活动会改变生物地球化学循环，增强生态系统的可入侵性（Dukes and Mooney, 1999），促进入侵动植物的长距离扩散，加快外来物种的入侵速度，并加剧其危害程度（Cox, 2004）。其中，滨海湿地生态系统物种组成相对简单，全球气候变化导致群落物种组成的改变，会严重影响生态系统的结构和功能（Osland et al., 2016），致使滨海湿地生态系统中生物入侵现象愈演愈烈（Grosholz, 2002）。在全球变化过程中，生物入侵与其他全球变化要素，如气候变暖、海平面上升、环境污染、土地利用变化等之间存在一定的相互作用，这些相互作用会显著影响生物入侵的发生并可能对全球变化过程产生反作用（Mack et al., 2000）。

一、气候变暖

气候变暖会改变滨海湿地生态系统的生物地球化学循环，影响湿地净化水质、涵养水源的能力（Bertolet et al., 2018；Stets and Cotner, 2008；Roulet and Moore, 2006）；会打破湿地碳代谢平衡，使其从碳汇转变为碳源（Flanagan and Syed, 2011）；还会引发"热带化现象"（tropicalization，指气候变暖导致的热带生物群落逐渐北移），直接导致湿地类型的转变，如已有许多高纬度地区的盐沼正逐渐被红树林所替代（Saintilan et al., 2014）。气候变暖所造成的滨海湿地生态系统结构和功能的改变，都会对外来物种的入侵过程造成显著影响（邓自发等，2010），其中气候变暖对生物入侵的影响主要体现在影响入侵物种的地理分布范围，以及入侵物种与土著物种之间的相互作用等方面。

环境温度与生物有机体的存活、生长以及繁殖过程息息相关，进而可能影响物种的地理分布范围。近年来，不断上升的环境温度增加了外来物种入侵成功的可能性，如暖冬降低了一些物种越冬的死亡率，使得入侵物种能够进一步扩散，这一现象在北半球的高纬度地区尤为显著（Walther et al., 2007）。有相关研究评估了全球气候变化对5种米草属植物——大米草、互花米草、密花米草、狐米草和欧洲米草（*Spartina maritima*）分布与入侵潜力的影响，发现在全球变暖的环境下，不同米草属植物的分布范围皆有不同程度向北扩张的趋势。预计到2100年时，北半球大多数米草属植物将向极地扩张，北欧和东亚海岸带所面临的入侵风险也将进一步增加（Borges et al., 2021）。

气候变暖对于滨海湿地生物入侵的影响还取决于入侵物种和土著物种对环境温度不同的耐受机制。已有研究从分子水平上对东北太平洋沿岸的入侵物种地中海贻贝（*Mytilus galloprovincialis*）以及土著物种厚壳贻贝（*Mytilus trossulus*）进行分析，发现基因表达水平上的差异使地中海贻贝的几种细胞骨架蛋白发生了变化，细胞骨架蛋白中耐热蛋白质组占的比例比土著物种要大得多。因此，面对相同的温度变化时，入侵物种和土著物种的相关酶促反应具有不同的响应力。具体表现为，入侵物种地中海贻贝在增温的条件下表现出更强的种间竞争能力，而土著厚壳贻贝在寒冷条件下更具优势（Tomanek and Zuzow，2010）。

综上所述，气候变暖会通过直接或者间接作用对生物入侵产生影响。然而，多数研究仅关注气候变暖对滨海湿地生态系统造成的直接影响。事实上，气候变暖对滨海湿地的影响机制十分复杂，还可能与其他不同机制之间存在一定的相互作用。例如，气候变暖很可能通过影响海平面上升间接作用于生物入侵，具体将在下文展开讨论。

二、极端气候事件

IPCC 第六次评估报告指出，持续的气候变暖将会导致极端气候事件发生的频率和强度显著增加（IPCC，2021），如热浪、干旱、飓风等（Easterling et al.，2000）。虽然极端气候事件的发生具有较大的不确定性，并且不同生态系统对极端气候事件的响应也存在差异，但不可否认的是，极端气候事件的发生会对生态系统的结构、功能等造成一定影响（Jentsch and Beierkuhnlein，2008）。由此，不同生态系统中外来物种的入侵过程也会因极端气候事件的影响而发生较大改变。

已有研究表明，极端气候事件会在生物入侵的不同阶段（传播、定居、适应、扩散），通过不同的作用机制产生影响。其中，极端气候事件，如洪水、暴风雨等提供的扩散动力，无疑是外来物种入侵的"捷径"，促进了外来物种的长距离传播。此外，如果土著物种因为极端气候事件大量死亡甚至灭绝，将为外来物种建立"入侵窗口"。并且由极端事件产生的干扰和资源波动，也为入侵物种在入侵地的繁殖和扩散创造了机会（Diez et al.，2012）。

特别是，近年来频发的极端气候事件，如强风、洪水、寒潮等均对滨海湿地生态系统造成了显著影响。其中热带气旋造成的红树林死亡面积占比高达45%（图 18-3），并且在海平面上升的协同作用下，风暴潮发生频率以及强度的增加将会成为红树林最大的自然威胁（Sippo et al.，2018）。此外，通过对土著及外来红树植物在极端寒冷事件下的

图 18-3 不同年份极端气候事件导致全球红树林死亡面积（引自 Sippo et al.，2018）

响应机制探究，发现二者对极端低温的响应机制存在显著差异，外来红树植物对于极端低温的耐受性低于土著物种（Chen et al., 2017）。

三、海平面上升

滨海湿地生态系统位于海陆交界处，潮水涨退带来的淹水以及盐度的变化是影响其结构和功能的重要环境因素。因此，海平面上升可能是对滨海湿地生态系统产生影响最大的全球变化要素（Osland et al., 2016）。IPCC 第六次评估报告指出，目前正处于海平面加速上升阶段，并且未来将会发生不可逆的持续上升（IPCC, 2021）。海平面上升将直接导致湿地植被大面积退化甚至消失（Kirwan et al., 2016; Smith, 2013; Doyle et al., 2010），还会通过影响海岸侵蚀和沉积动态改变湿地地形地貌（Williams and Flanagan, 2009）。海平面上升引发的滨海湿地生态系统过程的重大改变，很可能进一步增加外来物种入侵的可能性（Najjar et al., 2010）。

在中国，已有研究调查了海水淹没时间、盐度和沉积物类型等环境因素对芦苇（土著物种）和互花米草（入侵物种）的影响，以及两个物种之间相互作用关系的响应变化。结果发现淹水和盐渍化能够改变芦苇和互花米草的生物量和形态特征，并且对两个物种间的竞争关系产生影响。其中，互花米草在完全浸淹、高盐和沙质沉积物条件下具备更大的竞争优势。因此，可以预见互花米草在潮间带的入侵范围可能会随着海平面持续上升而进一步扩大（Wang et al., 2006）。此外，海平面上升造成的潮差变化也会影响外来物种在滨海湿地的入侵。红树林的扩散在很大程度上取决于其分布区域内的水文动态（Van der Stocken et al., 2019），因为这些环境因素决定了红树植物种子以及幼苗的传播能力和早期定殖，进而影响了外来红树植物入侵成功的概率（Peng et al., 2018; Chen et al., 2013b）。已有研究表明一定范围内的潮差变化能够促进外来红树植物入侵（Allen et al., 2003）。Chen 等（2020b）在目前海平面上升变化趋势下对我国主要外来红树物种之一无瓣海桑在漳江口的入侵性进行评估，结果表明海平面适度上升导致的潮汐淹没期的增加会促进外来物种无瓣海桑种群的建立和扩张。

四、污染

目前全球范围内的湿地生态系统的服务功能正在被逐渐削弱，水资源净化作为湿地生态系统的主要功能之一，已严重受损，并且许多湿地本身也正因为水资源污染严重而面临进一步退化的风险（Costanza et al., 2014）。例如，在一定的地理区域内，水文循环的改变、淡水资源以及水质的下降促使藻类大量繁殖，引发水体富营养化，最终可能导致海草床的消亡（Kingsford et al., 2016）。因此，水体富营养化被认为是影响河口海岸生态系统安全和稳定性的主要威胁之一（Martinez-Megias and Rico, 2022）。

当一个生态系统中未被土著物种利用的资源增加时，该生态系统的可入侵性通常也会上升（Gross et al., 2005）。例如，化石燃烧以及化肥的使用，使得环境中氮的可利用性迅速上升，这将促进外来物种在原本氮限制地区的入侵，因为入侵物种在高营养环境条件下通常更具竞争力（Scherer-Lorenzen et al.，2007）。在入侵地中国，互花米草已广泛入侵到盐沼生态系统中，水体富营养化现象不断增加，通过改变资源可利用性水平，影响盐沼植被生产力，这将进一步促进互花米草在滨海湿地生态系统中沿潮滩高程的扩散（Xu et al.，2020）。在原产地美国，互花米草的生长历来受到氮限制，在绝大多数盐沼生态系统中，氮添加会增加互花米草的地上生物量（Tyler et al.，2003）。此外，在不同的氮添加水平下，互花米草会形成不同的生存策略，足够的氮添加会增强互花米草在入侵地的竞争优势（Bertness et al.，2002）。已有研究证明向湿地沉积物中添加氮不仅会促进互花米草入侵光滩的速度，还会增强互花米草相对于土著物种的竞争优势（Tyler et al.，2007）。

五、土地利用变化

土地利用变化是与生物入侵相关的主要景观特征之一（Gavier-Pizarro et al.，2010）。在城市化过程中，围垦湿地、修建水利设施、开发港口等人类活动导致全球湿地总面积迅速下降（Junk et al.，2014）。区域土地利用变化会导致其他景观特征，如栖息地斑块大小、形状、景观斑块异质性等发生改变，从而影响外来物种入侵的途径、扩散的空间范围等。在受入侵影响程度较高的生境中，景观格局对入侵造成的影响机制尚不明确，但靠近城市的湿地通常具有较高的入侵风险（Gonzalez-Moreno et al.，2013）。此前的研究指出，城市土地覆盖比例是解释美国俄亥俄州成熟滨河森林中外来灌木覆盖度的最佳因素（Borgmann and Rodewald，2005）。外来物种的入侵不仅与城市化带来的景观尺度干扰有关，而且还受到小尺度干扰如人类活动路径的影响。此外，已有研究深入探讨了城市湿地中外来入侵物种与环境条件的相关性及其对湿地管理的启示。研究结果表明，城市湿地总体入侵状况随着湿地面积的减少而增加，但只有在包括大于 100 hm^2 的地点时变化才显著。并且入侵随着邻近工业/商业土地使用比例的增加而减少（Ehrenfeld，2008）。另一项研究则揭示了中国北黄海沿岸盐沼的快速退化，主要是由于土地开垦和入侵物种的影响，其自然演替过程被破坏。这项研究通过分析 1988～2018 年的 Landsat 图像，记录了盐沼面积的显著减少，并强调了采取紧急保护措施的必要性（Zhang et al.，2021）。这些研究结果均表明，土地利用变化不仅直接影响了生物入侵的模式，而且还与外来物种对环境变化的响应密切相关。为了有效预测和管理生物入侵，需要考虑景观尺度因素，并将其纳入恢复和保护区设计规划中。

全球变化背景下的滨海湿地生态系统可入侵性在不断上升，生物入侵现象愈演愈烈，对生态系统结构、功能等造成不可估量的损害。全球变化的不同要素可能单独影响滨海湿地生态系统的生物入侵过程，但更可能的是不同要素之间存在不同程度的交互作用，由此对生物入侵过程产生更加复杂的效应。气候变暖作为全球变化的主要因素之一，造成的升温效应不仅直接影响生物入侵的过程，同时也会引发极端气候事件的发生，并且加剧海平面上升（图 18-2），这些过程可能会进一步增强全球变化要素对滨海湿地生态系统的驱动作用，进而提升生物入侵对滨海湿地生态系统的影响强度。此外，人类活动（造成环境污染以及土地利用变化等）作为全球变化过程的重要影响因素，与上述不同要素之间存在不同程度的耦合关系，由此对当代滨海湿地生态系统的生物入侵过程形成综合、复杂的影响机制。但目前更多的研究工作关注的是全球变化要素对滨海湿地外来入侵物种的影响，生物入侵发生过程中产生的对全球变化要素的影响，即全球变化要素与生物入侵过程的相互作用机制还没有得到足够的重视。未来应开展更加全面的研究工作，系统探究滨海湿地生物入侵与全球变化要素之间的相互作用过程，以深入理解滨海湿地生态系统在全球变化背景下的生物入侵格局、过程与机制。

第三节 案例分析

一、互花米草在滨海盐沼湿地的入侵

互花米草是一种禾本科米草属草本盐沼植物，原产于北美大西洋海岸及墨西哥湾，因其具有削减风浪、保护海岸的作用，已被引入许多国家和地区，其纬度分布范围很广，从南半球的 47°S 到北半球的 60°N 都有分布（刘文文等，2022；邓自发等，2006），现已成为一种全球性的滨海湿地入侵植物（Strong and Ayres，2013）。互花米草根系发达，植株茎秆直立，圆锥花序，花呈粉黄色，叶片呈长披针形且分布有盐腺和气孔，具备极强的耐盐和耐淹能力（王卿等，2006），并且它具有有性和无性两种繁殖方式，有性繁殖主要通过种子实现远距离传播并开拓新生境，而无性繁殖主要通过根状茎的克隆生长或断裂的根状茎维持更新种群（Daehler and Strong，1994）。

全球变化将驱动外来入侵植物的生态位发生迁移（Moran and Alexander，2014）。互花米草可能会从全球变化中受益，并且在北欧和东亚海岸线的入侵将更加剧烈，使其原生生态系统面临更大的生物入侵压力（Borges et al.，2021）。同时，东亚海岸线北部遭受互花米草入侵的生境受到气候变暖、海平面上升等全球变化的交互作用影响更大，而南部生境受到的交互影响较小，并在气候变化的作用下互花米草在南部的生境范围不断减小（Gong et al.，2019）。本节主要论述了全球性入侵植物互花米草在气候变暖、极端气候事件、海平面上升、污染以及土地利用变化的情况下，其不同生物学性状、地理分布的变化格局以及可能的驱动机制。

（一）气候变暖

近年来，气候变暖已对滨海湿地生态系统造成严重影响（解雪峰等，2020；Strong and Ayres，2013；Li et al.，2009），并且原产地与入侵地互花米草对气候变暖的响应及适应机制具有一定差异（Liu et al.，2020a，2020b）。气候变暖将影响互花米草的碳通量过程：在原产地美国，发现在气候变暖背景下互花米草对 CO_2 的吸收不足以抵消排放 CH_4 造成的影响（Moseman-Valtierra et al.，2016）；在入侵地中国，发现温度是影响 CO_2 和 CH_4 通量的主要因素，温度越高排放量越大（Liu et al.，2019；Wang et al.，2016a）；与此同时，入侵地中国的互花米草除受气候变暖的影响外，也会通过提高产甲烷菌的丰度和多样性，增加当地 CH_4 或 CO_2 排放量，加剧气候变暖进程（Liu et al.，2019；Zhang et al.，2018；Xu et al.，2017，2014）。有研究证明可通过施用生物炭来减缓温室气体的排放（Yan et al., 2020）；但也有学者认为互花米草入侵对温室气体排放的影响很小（Wang et al., 2016a），碳通量的变化也与空气温度或土壤温度无关（Xu et al., 2017）。

气候变暖对互花米草的生长和繁殖性状及分布格局都有显著影响：在原产地，互花米草的生产力随温度升高而逐渐增加（Kirwan et al., 2009），但温度升高会导致互花米草地上生物量分配减少，地下生物量分配增多（Crosby et al., 2017）。现已发现互花米草在气候变暖影响下不断退化，甚至其生境也在被其他物种不断入侵（Chen et al., 2020a; Gedan and Bertness, 2009；Perry and Mendelssohn, 2009）；在入侵地中国，温度升高在一定范围内能显著促进互花米草种子的萌发率，并使萌发时间提前（Cheng et al., 2022；Liu and Zhang, 2021；O'Connell et al., 2020；Yuan and Shi, 2009）；温度上升会导致互花米草的株高增加，但极端高温也可能会抑制互花米草的生产力，使株高降低（Liu et al., 2016, 2017）；温度升高将导致植物的开花时间提前（Chen et al., 2021；Anderson et al., 2012）；互花米草的生产力最佳年均温度为17℃，低于17℃时温度与生产力成正比，超过17℃后，温度与生产力成反比（Liu et al., 2020a）；气候变暖还将导致其地上生物量分配增加（Couto et al., 2014）、地下生物量分配减少且分解加速（Crosby et al., 2017）。植物表型可塑性极大地影响物种的环境适应能力，气候变暖造成的生长繁殖性状变化将导致互花米草分布发生改变（Liu et al., 2019）。因此，高纬度地区的互花米草将受益于气候变暖，竞争优势增强，可实现更大范围的传播，并不断向更高纬度的地区扩张（Liu and Zhang, 2021；Liu et al., 2016；Idaszkin and Bortolus, 2011；Nehring and Hesse, 2008）。而低纬度地区的持续升温也可能会抑制互花米草的生长，导致该地区拥有低繁殖力遗传特性的互花米草逐渐退化（Liu et al., 2016）。

目前，气候变暖对互花米草的生长繁殖性状及分布格局变化的影响已有了大量研究，证明了气候变暖将导致互花米草群落碳通量、种子萌发率等发生改变，并使其在高纬度入侵地的扩张加剧。现有研究主要集中在互花米草导致的入侵地碳通量变化及气候变暖对互花米草入侵趋势的影响方面。前者的研究数量较多，尽管近年来研究趋于饱和，但仍需在更广泛的时空尺度上对碳通量进行长期野外观测，提高其对滨海湿地全球增温潜能值（GWP）贡献的预测精度（Hu et al., 2020）。后者对互花米草扩张加剧的研究仅处于理论预测状态，缺乏实际性的证据，故仍需进行深入研究，预计这将是未来的研究热点。

（二）极端气候事件

在滨海湿地中，互花米草的生长情况受气候变化影响较大，历史上就曾出现过极端气候导致原产地盐沼中互花米草大量枯死的事件（Charles and Dukes, 2009）。然而，沿海水域正在经历变暖、酸化和缺氧的过程，并且这些情况可能会在21世纪加剧（Gobler, 2020）。本节主要论述了入侵植物互花米草对干旱、洪涝、台风这些极端气候事件的响应。

由干旱引起的盐分变化和土壤干燥对互花米草根系和地上部分干物重均有显著影响（White and Alber, 2009）。干旱对原产地美国东南部的互花米草盐沼造成了许多严重后果，包括大面积枯死（dieback）事件、沉积物化学变化和景观的明显变化（Davis et al., 2018）。互花米草以其独特的耐盐性和对铵盐（NH_4^+）作为氮源的强烈偏好而著称。在水分充足的条件下，施用硝酸铵的互花米草植株生物量仅为施用铵态氮植株的一半，但在干旱胁迫下，施用铵态氮的互花米草植株并未表现出任何生长优势（Hessini et al.，2017）。然而也有研究表明，干旱会使互花米草群落总生物量显著增加，这可能是因为干旱可以减缓沉积物的腐烂过程（Charles and Dukes，2009）。

随着海面温度持续上升，由于气流原因，海面产生风暴的频率和强度也会不断升高。在入侵地中国泉州湾，有研究表明在风暴期间互花米草的存在有利于悬浮泥沙的沉降（Wang et al.，2009），"9711号"台风期间，互花米草入侵地上海崇明东滩盐沼的风暴波和流速减小率分别约为11%和51%，在后续实验中发现，海三棱藨草对波浪和海流的缓解效率高于互花米草和芦苇（Chong et al.，2021）。但风暴也会对互花米草的生存造成威胁，如2017年"哈维"飓风席卷墨西哥湾北部海岸和美国东南大西洋海岸，互花米草大规模死亡，推测是极端降水导致的淹水胁迫超过互花米草的存活阈值（Stagg et al.，2021）。

风暴之后常常会带来极端降水及洪水等极端气候事件。在原产地，室内模拟洪水情景的淹水条件下，互花米草通过厌氧呼吸生存，且其生长受到抑制（Mendelssohn et al.，1981）。在入侵地中国，有实验表明，在模拟淹水深度为0至80 cm的范围内，随着淹水深度的升高互花米草的结实率降低，其成活率、新分株数量和地上生物量却有所提高；提高淹水频率降低了互花米草的植株高度，但促进了新分株的产生（Xue et al.，2018b）。在原产地洪水情景下，持续淹水的互花米草增加通气组织的形成并不能促进氧的运输，主要作用可能是减少代谢需氧量（Maricle and Lee，2002），表现在以互花米草为主的盐沼大气碳通量可减少3%~91%（Kathilankal et al.，2008）。与芦苇相比，互花米草在水淹和高盐两种胁迫条件下都具有较好的适应能力，在海平面上升背景下，长时间的洪水和海水倒灌，会导致中国土著植物芦苇的退化和入侵植物互花米草的进一步扩张（Li et al.，2018）。

综上所述，干旱、洪涝、风暴等极端气候无疑会对生态环境造成一定的破坏，对于互花米草的影响也是多样的，但是目前对于原产地和入侵地的对比研究比较少，如在入侵地就比较缺乏干旱对互花米草的影响研究，所以未来可以开展对比研究，以探明互花米草在入侵地发生的适应性改变，进而更好地制定治理互花米草的方案。

（三）海平面上升

随着海平面的不断上升，盐沼生态系统正在不断退化，甚至消失（Crosby et al.，2016）。互花米草将受到海平面上升的直接影响，其在原产地和入侵地的生长及分布格局均会发生改变，并将加速侵占其他物种的生态位（Crosby et al.，2015；Chung et al.，2004）。在原产地，已有研究表明海平面上升导致的长期淹水将使土壤孔隙水中硫化物含量高出非淹水条件的4倍以上（Smith and Lee，2015），对互花米草的生长造成损害，降低其茎秆密度、生物量和成活率（Ober and Martin，2018；Voss et al.，2013；Elsey-Quirk et al.，2011）。与此同时，与非淹没条件相比，潮汐淹没会导致互花米草群落生态系统碳通量大幅减少，并使互花米草群落生产力和盐沼的沉积速度下降（Snedden et al.，2015；Kathilankal et al.，2008），最终导致生境的破碎化（Watson et al.，2017）。此外，海平面上升还会降低互花米草向海域方向的扩张速度并加速其沿海岸方向的扩张速度，使其分布格局发生改变（Gittman et al.，2018）。当然，互花米草对海平面的小幅上升也有一定的适应能力（Hill et al.，2020），并可通过增加株高来缓解淹没造成的影响（O'Donnell and Schalles，2016）。但也有学者认为目前的海平面高度基本不是互花米草生长的主要决定因素，在未来也只有在 CO_2 排放量最大的情景下互花米草才容易受到海平面上升的影响（Kirwan et al.，2012；Simas et al.，2001）。

在入侵地，已有研究证明互花米草对潮汐变化具有敏感性，其克隆或实生苗的密度、高度和基径都会随着潮汐淹没次数及深度的增加而增加（Ma et al.，2019；Li et al.，2009）。与此同时，由于各盐沼植物均会受到海平面上升的影响，因此受影响相对较小的互花米草往往会在海平面上升时占据其他土著物种的生态位，加剧入侵。与同属植物狐米草相比，互花米草在中度淹没时所受影响较小（Ober and Martin，2018）；与原产地的潮汐淡水沼泽物种相比，互花米草的净光合作用和地上、地下生物量所受影响远小于潮汐淡水沼泽中的植被（Sutter et al.，2014）；与入侵地的土著植物相比，互花米草的成活率、株高、生物量、分蘖数在海平面上升影响下的降幅均较小（Xie et al.，2018a，2020；Hanson et al.，2016）。因此，无论是在原产地还是入侵地，都观察到互花米草随海平面上升加剧入侵并逐渐向陆地扩张的现象（Failon et al.，2020；Li et al.，2018；Raposa et al.，2017；Sutter et al.，2015）。但也有不同观点认为，在海平面上升、沙土沉积、盐水入侵的综合作用下，入侵地土著物种所受实际影响较小，可能会重新占据被互花米草入侵的空间（Ge et al.，2015）。

综上所述，海平面上升将大概率导致互花米草在原产地的退化，并进一步促进互花米草在入侵地的不断扩张。目前的研究多集中在垂直淹水过程对互花米草生长和扩张的影响，但对不同胁迫因素和边界扰动综合影响下水位变化的实际影响研究较少（Xin et al.，2022）。预计未来的研究热点将集中在海平面上升及其导致的其他变化对互花米草的综合影响上，探明互花米草受到的真实影响，从而制定促进或抑制互花米草生长的方案，提高保护和恢复盐沼湿地的能力。

（四）污染

在人类活动影响下，工业、农业、养殖业等人类活动产生的污染物大量进入海岸带，导致水体和土壤污染，进而影响其中动植物的生存（王焰新等，2020）。本节内容总结了石油污染、重金属污染和富营养化这三类污染对互花米草生长分布的影响。

在原产地墨西哥湾北部发生深水地平线石油泄漏事件后，互花米草根际微生物群落可能促进了碳氢化合物的降解（Beazley et al.，2012），但在美国路易斯安那州，研究表明盐沼植物群落在受石油泄漏影响的 4 年后，尽管植被大面积恢复，但许多最初受到石油泄漏严重影响的地块仍然显示土壤中总饱和碳氢化合物水平较高（Hester and Mendelssohn，2000），说明互花米草并不能完全修复石油污染。同时，互花米草也可以促进潮滩沉积物中重金属的富集，盐沼的过滤作用使重金属不能直接进入海域，从而降低或阻断了重金属的生态风险（张龙辉等，2014），互花米草根部可以形成根表铁膜，铁膜通过吸附和共沉淀等作用可以促进金属离子在盐沼中的积累（Zhang et al.，2019）。除此之外，互花米草也具有降低沉积物磁性的作用，因此可以提高沉积物中 As、Hg 和 Sb 的浓度（Yang et al.，2022）。在美国加利福尼亚州，大量生活污水和工业废水的违规排放影响着湿地等沿海生态系统，由于养分输入和沉降的日益频繁，固氮作用长期减弱可能会改变互花米草的氮源以及湿地生态系统的营养路径（Moseman-Valtierra et al.，2010）。

在美国路易斯安那州巴拉塔里亚湾，遭受重度油污染后，互花米草不能完全从油污染中恢复，重油对沼泽植物的不利影响表现为土壤剪切强度显著降低，沉积速率降低，土壤表面侵蚀速率提高，最终将会影响到滨海盐沼的稳定性（Lin et al.，2016）。在遭受重金属污染的滨海盐沼中，互花米草叶片中铬、铅和汞的含量比芦苇更高，它可以通过盐腺直接排泄和通过枯叶作为碎屑进入食物链，使更多的重金属能够被盐沼生态系统所利用（Weis et al.，2002）。盐沼沉积物中重金属的迁移受生物地球化学氧化还原过程的影响较大，互花米草的入侵可能增加了盐沼生态系统中重金属生物有效性的季节性变化（Wang et al.，2013）。另外，盐沼的沉积作用可以对水体富营养化起到一定的缓解作用（Sousa et al.，2008），生活污水中的高氮、高磷可能是互花米草生物量较高的原因（Biudes and Camargo，2006），在入侵地，芦苇和互花米草对全氮的吸收效率均高于全磷，且互花米草对全氮和全磷的吸收效率均显著高于芦苇（章文龙等，2009）。有研究证明，互花米草的生产力与外源养分呈正相关关系，互花米草对外源营养物质的强烈响应使其能够在中国沿海盐沼生态系统中胜过土著植物，迅速在裸露的泥滩上定居并取代土著植物（Xu et al.，2020）。

综上所述，人类活动导致的各类环境污染会影响沿海湿地的生境质量，互花米草也产生了性状上的变化。在未来的研究中，可以更多地关注互花米草对于污染这种全球变化的响应机制，探明它们之间的相互作用，以期可以利用互花米草对污染进行生物修复。

（五）土地利用变化

填海造陆、围湖造田、水产养殖等不合理的生产活动日益频繁，使得湿地生态系统的结构与功能发生了变化，最终可能导致湿地生态功能的退化（韩大勇等，2012）。本节内容主要讲述了在互花米草入侵地中国江苏盐城、黄河三角洲和长江三角洲三地，随着滨海湿地土地利用方式的改变，入侵植物互花米草分布格局发生的变化。

1979～2015 年，江苏中部滨海湿地围垦面积持续加速增长，互花米草边界总体上不断向海推进，但不同海岸段的推进速度存在差异（金宇等，2017）。随着沿海经济发展和对土地需求的增加，碱蓬滩、芦苇滩及互花米草滩等自然湿地景观保留率偏低，向人工景观大面积转移，野生动物栖息地空间持续萎缩，湿地破碎化程度增大（刘春悦等，2009）。在过去的 20 年中，江苏中部海岸由于滩涂开垦，原生盐沼的流失超过 98%（Sun et al.，2017）。在此期间，盐城海岸带自然湿地大量转化为生产用地，如水产养殖塘（邢伟等，2011）。研究表明，1983～2017 年，江苏盐城互花米草扩张面积百分比从 2%增加到25%（张华兵等，2020），未来会继续扩张。1996～2016 年，黄河三角洲河口受重大人工改道、初期断流、风暴潮等人为和自然灾害的强烈影响，互花米草、碱蓬等滨海湿地植被数量发生短时序变化。如果不对互花米草加以人为控制，到 2026 年互花米草面积的激增将对整个黄河三角洲地区生态环境造成显著影响（陈柯欣等，2021），而且

2018年以来，黄河三角洲互花米草群落的扩张格局在空间上变得连续和规律化，北岸扩张主要面向海洋，南岸扩张主要面向陆地（Gong et al.，2021）。互花米草自1995年首次在上海崇明东滩被发现后，就以极快的速度进行扩张，入侵时滞非常短，并且互花米草在海三棱藨草群落中扩散速度非常快，未来互花米草会继续向海的方向扩张（王卿，2011）。但是在2011~2015年，由于互花米草控制工程的实施，崇明东滩自然保护区内植被总面积不断下降，经数年控制，互花米草群落面积不断减少，大量土地转为光滩和建设用地（陈雁飞等，2017）。目前，随着沿海土地利用的改变，互花米草也在以不同的方式、速率进行扩张，合理控制互花米草的扩张成为一项亟待解决的任务。

在全球变化背景下，气候变暖、海平面上升、极端气候、污染和土地利用变化等事件对滨海湿地生态系统的结构和功能造成了一定的影响，互花米草作为滨海湿地的主要入侵植物，其生存及扩张情况也受到了不同程度的干扰。在本节内容中，我们主要阐述了全球变化各要素下互花米草的响应，并且对比了其在原产地和入侵地的响应差异。目前的研究大多是针对某一种全球变化事件给互花米草带来的影响，但现实情况中，污染和气候变暖等情况会存在不同程度的交互作用，并且这些全球变化事件和互花米草的生长分布是相互影响的。未来可以开展关于这些全球变化事件的复合效应研究，以及互花米草入侵与全球变化间的相互作用机制研究。除此之外，许多研究都证实了互花米草生长发育性状在入侵地发生了适应性进化，但针对互花米草性状之间的权衡关系的探究还有所欠缺，未来也有必要开展更多相关的研究工作，以期进一步揭示互花米草的入侵动态及适应机制，从而为更好地防控互花米草提供理论基础。

二、木本红树植物的入侵

在人类活动和气候变化的强烈干预下，木本植物入侵已成为全球趋势，越来越多的速生木本植物成为入侵植物，对入侵地的生物多样性、生态系统结构和功能以及人类社会生活产生严重威胁（Richardson et al.，2014；Rundel et al.，2014；Richardson，1998）。木本植物入侵滨海湿地也受到越来越多的关注，例如，白千层属（*Melaleuca* spp.）、乌桕属（*Triadica* spp.）以及柽柳属（*Tamarix* spp.）入侵原生草本湿地和盐沼，将草本植物群落转化为木本植物群落，改变滨海湿地生态系统的结构和功能（Gedan et al.，2009；Zedler and Kercher，2004）。

红树林是生长在热带和亚热带海岸潮间带的木本植物群落，对环境变化非常敏感，是研究全球变化对植被栖息地影响的理想生态系统之一（Saintilan et al.，2014）。在当前全球气候变化影响下，主要包括大气中CO_2浓度增加（Mckee and Rooth，2008）、海平面上升（Mckee et al.，2007；Woodroffe，1990）、温度升高（Alongi，2008）和降雨量变化（Semeniuk，2013），全球相当一部分红树林都成为脆弱敏感区域（图18-4），并且伴随着土地利用变化，热带-亚热带地区红树林的范围正在扩大（Alongi，2008）。在全球变化的驱动下，木本红树植物呈现扩散趋势，包括向更高纬度扩张入侵盐沼，以及外来红树植物入侵新的生境。本章论述了木本红树植物扩散和入侵对气候变暖、极端气候事件、海平面上升和土地利用变化的响应以及可能的驱动机制。

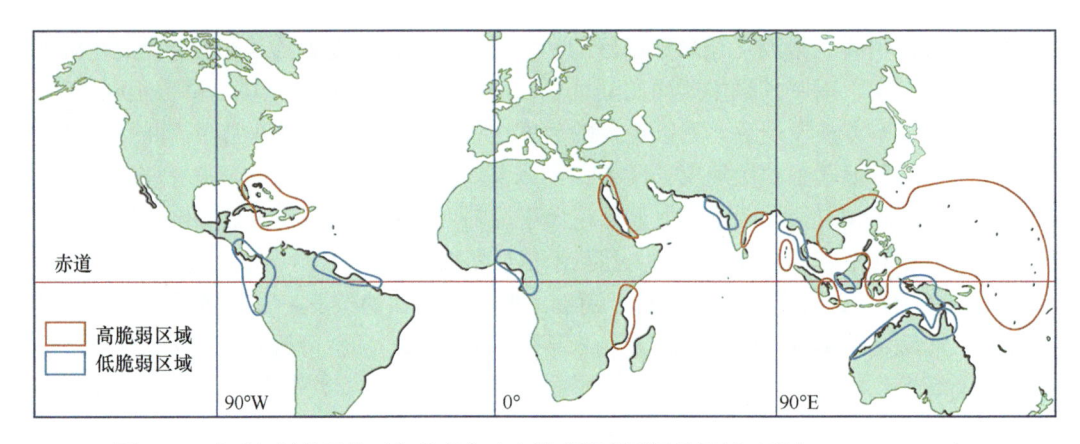

图 18-4 全球红树林及其对气候变化响应敏感程度不同的区域（引自 Alongi，2008）

（一）木本红树植物入侵盐沼

在热带或者亚热带海岸，红树林与盐沼共存，二者的相互作用成为研究的热点（Saintilan and Rogers，2015）。半个世纪以来，世界五大洲（欧洲、南极洲除外）的红树林持续向两极扩张，挤占并取代盐沼群落的生长空间（Saintilan et al.，2014）。在美国得克萨斯州和佛罗里达州南部，遥感影像分析表明，红树林在过去一个世纪中呈现持续扩张的趋势（Bianchi et al.，2013；Smith et al.，2013）。1967～2008 年，得克萨斯州阿兰萨斯港哈勃岛（Harbor Island）和墨德岛（Mud Island）的 10 m 缓冲带全部被红树林侵占，导致盐沼面积减少（Bianchi et al.，2013）；1928～2004 年，佛罗里达州红树林的面积由 376 hm^2 增加至 579 hm^2（Smith et al.，2013）。在墨西哥太平洋海岸和新西兰也观察到了类似的扩张。自 20 世纪 90 年代以来，马格达莱纳湾红树林的面积在 20 年间增加了 20%以上（López-Medellín et al.，2011）；自 20 世纪 40 年代以来，新西兰的红树林在 29 个地区以平均 165%的速度扩张（Saintilan et al.，2014）。澳大利亚红树林和盐沼分布的变化进一步验证了这一趋势。在澳大利亚东南部的河口，红树林对盐沼的侵占几乎无处不在（Saintilan and Rogers，2015）。红树林和盐沼对全球变化的敏感性差异驱动了红树林和盐沼分布格局的变化（McKee et al.，2012；Williamson et al.，2010）。接下来将分别论述不同驱动因子（气候变暖、极端气候事件、海平面上升和土地利用变化）对木本红树植物入侵盐沼的影响机制。

1. 气候变暖

红树林植物群落主要生长在 25°N～25°S，在低温条件下无法正常发育（Giri et al.，2011）。近年来，气候变暖成为红树林向高纬度扩散的主要驱动力（Saintilan and Rogers，2015），导致红树林取代盐沼（Guo et al.，2013；Osland et al.，2013）。20 世纪北方温带地区冬季气温上升（IPCC，2014），导致墨西哥湾红树林扩张（Cavanaugh et al.，2014a，2014b），以互花米草为主的盐沼植被群落被取代（Sherrod and McMillan，1985）。预计气候变暖会增加 C$_3$ 木本红树林的分布范围，而 C$_4$ 草本盐沼则会减少（Williamson et al.，2010；McKee and Rooth，2008；Stevens et al.，2006；Ross et al.，2000）。其中扩散最普

遍的红树植物是白骨壤属（*Avicennia* spp.）植物，可以抵御低温和霜冻的特点使其可以在较高纬度生长，在美国墨西哥湾及大西洋海岸、澳大利亚东南部、南非和南美洲都观察到白骨壤属植物向更高纬度扩张并逐渐取代草本盐沼群落（Saintilan et al.，2014）。

整个墨西哥湾沿岸地区的气候正在经历变暖的趋势，暖冬促进了得克萨斯州、路易斯安那州和佛罗里达州的萌芽白骨壤（*Avicennia germinans*）向互花米草盐沼的扩张（Henry and Twilley，2011）。1980～2015 年，位于其分布北界的红树林面积扩大了 4.3%，其中位于得克萨斯州和佛罗里达州的红树林面积变化比例最高（Giri and Long，2016）。Cavanaugh 等（2014a，2014b）结合遥感和环境因子变化分析发现，1984～2011 年，佛罗里达大西洋沿岸一侧的红树林面积增加了一倍，这种变化是对气温低于−4℃的天数减少的一种响应。Osland 等（2013）对未来 2070～2100 年的气候预测研究表明，温度上升 2～4℃可能导致得克萨斯州、路易斯安那州和佛罗里达州的红树林分别取代该州 100%、95%和 60%的盐沼。总之，红树林面积的增加主要是向高纬度区域的扩张，特别是以往受到低温限制而导致红树林无法生存的区域。

2. 极端气候事件

尽管大多数关于生态系统对全球变化响应的研究都集中在气候变暖的影响上，但越来越多的研究者也认识到，极端气候事件发生频率的变化也会对生态系统产生深远的影响（Cavanaugh et al.，2014a，2014b）。低温和霜冻等极端气候因素往往会改变红树林在红树林-盐沼交错带生境中的生存和扩张。

在得克萨斯州、路易斯安那州和佛罗里达州，红树林与互花米草盐沼共存，但红树植物的冻害敏感性表现得尤为明显，萌芽白骨壤、拉关木和美洲红树的分布与它们对冻害频率和强度的耐受性相关，会在暖冬时期进行扩张（McKee et al.，2004）。周期性冻害可导致萌芽白骨壤死亡，但该物种恢复能力强，在气温上升期间迅速扩张并取代以米草属为主的盐沼（Giri et al.，2011），尤其是在高纬度地区的分布界限不断拓展（Cavanaugh et al.，2014a）。Cavanaugh 等（2015）预计在未来的 50 年里，佛罗里达州的萌芽白骨壤、美洲红树和拉关木将分别北移 160 km、110 km 和 120 km。

此外，气候变化也可能改变降雨模式，进而改变当地的盐度状况，以及红树林与其他物种的相互作用（McKee et al.，2004）。20 世纪下半叶的高强度降雨已经成为澳大利亚东南部地区的一种趋势（Hennessy et al.，1999），Saenger（1995）观察到随着降雨的增加，红树林会逐渐向陆地扩张，并且扩张速率与平均年降水量显著相关。在澳大利亚杰维斯湾，盐沼面积由 1949 年的 74.7 hm² 减少到 1993 年的 39.2 hm²，而红树林面积由 34.1 hm² 增加至 44.9 hm²，这主要是高强度降雨所导致的结果（Saintilan and Wilton，2001）。

3. 海平面上升

气候变化导致的海平面上升会增加盐沼和红树林被淹没的可能性（Sandi et al.，2021），且海平面上升、沉积速率与红树林生长和衰退之间的关系紧密（Woodroffe et al.，1985）。以美国和澳大利亚为例，分布在低纬度的红树植物生长不受低温限制，海平面上升被认为是其扩张的主要驱动力（Giri and Long，2016）。滨海湿地生态系统主要通过促进沉积过程，抬升地表高程来应对海平面上升，这一过程加剧了红树林对盐沼的侵占（McLoughlin，2000；Saintilan and Williams，1999）。

在澳大利亚东南海岸，已有大量研究表明红树林侵占潮间带盐沼（Saintilan et al.，2019）。Woodroffe 等（1985）的研究表明，沉积速率和海平面上升之间的相对关系是红树林-盐沼-光滩动态变化的驱动因素。澳大利亚东南部的西港湾，是一个大型潮汐港湾，红树林占据的潮汐位置比盐沼低。随着海平面上升，沉积物大部分在河口海湾中沉积，使得红树林在整个浅滩河口生长。而 Rogers 等（2022）的研究发现，当高潮位区域地表抬升速度低于海平面上升速度，且沉积速率较低时，处于高潮位的盐沼将越来越多地被限制在其当前的潮汐高程范围内，进而逐步被红树植物所侵占。

4. 土地利用变化

全球气候变化是红树林入侵盐沼的关键驱动因子，而人类活动对这一过程也有促进作用。改变土地利用模式可能会通过改变海岸侵蚀和径流，形成新的潮间带滩涂而创造适合红树林的新栖息地（Field，1995）。淤积的增加和营养水平的提高，也可能对红树林的扩张有促进作用（Saintilan and Williams，2000）。另外，人类对滨海土地的利用、围垦湿地、发展水产养殖等，这些都可能会导致盐沼的面积迅速减少，为红树林的扩散提供机会。

Saintilan 和 Wilton（2001）研究对比了 Currambene Creek（高度改良的集水区）和 Cararma Inlet（未改良的集水区）的红树林入侵程度，结果显示红树林在经过改造的地区入侵水平更高，使得盐沼面积迅速减少。Saintilan 和 Williams（2000）关于澳大利亚东部河口 28 处出现盐沼变化的遥感观测结果同样显示，城市化发展是红树林侵占高潮位盐沼的重要原因。相关研究也认为红树林入侵程度可能与城市化程度有关，提出了城市化导致的流域养分和沉积物输入在改变红树林和盐沼之间的平衡方面的潜在作用。

（二）外来木本植物入侵红树林

全球变化不仅使得木本红树植物向更高纬度和内陆地区扩张取代盐沼，更是为外来木本红树植物的定殖和入侵提供了便利，创造适合其生长的新生境（Field，1995），加剧了外来红树植物的入侵。在滨海湿地生态系统中，外来木本红树植物的入侵过程与机制备受关注（Demopoulos and Smith，2010）。据报道，全球共有 57 种植物入侵红树林，这些植物普遍具有耐盐性、耐厌氧性、高繁殖力和快速生长等特性，其中红树科植物作为第三大入侵物种，已有 3 种入侵了世界上的红树林，分别是木榄（*Bruguiera gymnorhiza*）、美洲红树、红海榄（*Rhizophora stylosa*）；还有 5 种非红树科的红树植物也入侵了世界上的红树林，分别是卤蕨（*Acrostichum aureum*）、榄李（*Lumnitzera racemosa*）、水椰、无瓣海桑、拉关木（Biswas et al.，2018）。其中无瓣海桑、水椰、美洲红树因大范围扩张和对原生生态系统造成显著影响而最受关注。

1. 无瓣海桑

无瓣海桑，海桑科海桑属，常绿大乔木，一般高 15～20 m，胸径 25～30 cm。浆果椭球形，绿色，直径 1.5～3.0 cm。种子"V"形，外种皮木质化，多孔，黄白色。无瓣海桑属于非胎生红树植物，果实数量繁多，以果实中数量巨大、质轻而小的种子进行繁殖（李云等，1998）。有笋状呼吸根伸出水面，抗寒性能强，纬度适应范围广，既能生长在低潮滩上，也能生长在中高潮滩，对海水淹浸的适应能力较强（Peng et al.，2018；李云等，1998），天然分布于印度、孟加拉国、马来西亚、斯里兰卡等国，于 1985 年从孟加拉国西南部的孙德尔本斯红树林区引进中国，因其生长迅速、结实率高、定居容易、适应性广等优良特性，自引入我国后被广泛用于红树林的恢复造林（王伯荪等，2002）。

无瓣海桑在海南东寨港红树林自然保护区，广东湛江、淇澳岛、福田红树林自然保护区，以及广西北仑河红树林自然保护区和福建的多个地方都被用于恢复造林（李玫和廖宝文，2008）。1991～1995 年，该物种被引进到广东西部的湛江市，其分布边界向北延伸了 2.34°（王文卿和王瑁，2007；廖宝文等，2004）。1996～2000 年，该物种被进一步引入广东的湛江市麻章区太平镇、廉江市高桥镇、雷州市附城镇及南兴镇、遂溪县界炮镇、徐闻县和安镇、茂名市茂港区、吴川市吴阳镇、珠海市淇澳岛、深圳市福田区和宝安区、番禺市（现为番禺区）化龙镇、万顷沙镇和澄海区莲上镇、新墟镇和西南镇等，以及福建的九龙江河口，其分布范围进一步向北扩展了 4.28°（廖宝文等，2004）。Zhang 等（2022）在 2019～2021 年的调查研究发现，截至 2020 年，中国无瓣海桑稳定种群分布于福建省莆田市仙游县（25°36′N）和海南省三亚市（18°12′N），分布面积达到 3804.9 hm^2，其中广东省的面积最大，占该物种全国分布面积的 84.6%（图 18-5）（Zhang et al.，2022）。目前，无瓣海桑的造林面积超过人工红树林总面积的 80%，通过人工种植和自然扩散已占我国红树林总面积的 17%（陈鹭真等，2021；彭友贵等，2012；Chen et al.，2009）。

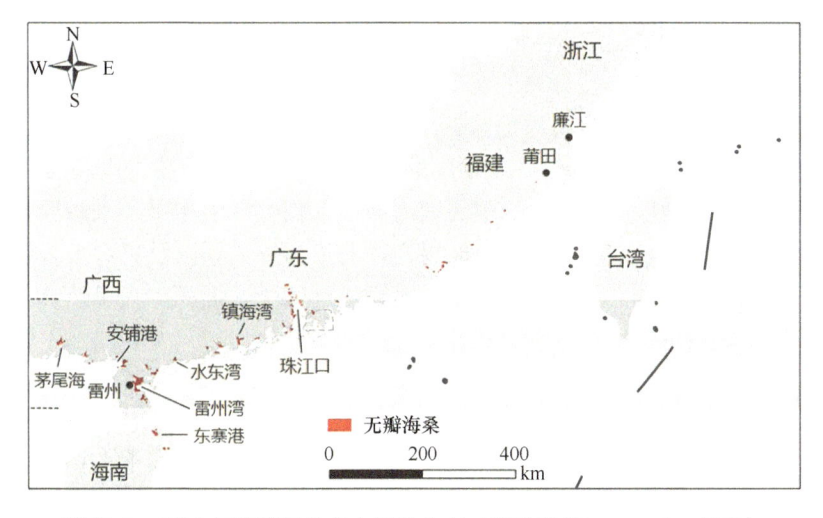

图 18-5　2020 年无瓣海桑在中国的分布（修改自 Zhang et al.，2022）

无瓣海桑集中分布在东南沿海中纬度地区，在中潮带和低潮带、本土红树林向海一侧的外缘，以及沿河流、水道、潮沟等水系均有分布，集中于淡水汇入的河口及低盐河口，以及无遮光的光滩或低遮光的林缘和林窗区域（Zhang et al., 2022）。然而，关于无瓣海桑是否造成生物入侵，一直存在很大的争议。已有研究表明，与土著红树植物相比，无瓣海桑具有更强的环境适应能力和竞争能力，但其种子成活率低，仅在适宜的条件下（极端低温> 5℃、低盐、光照充足）才能存活和快速生长，且自然繁殖与扩散能力未表现出明显优势，暂不具有明显的入侵威胁。廖宝文等（2004）也认为无瓣海桑虽具有一定的扩散能力，但其种子繁殖与萌发都受到潮汐动力、盐度、温度和滩涂基质等诸多条件的限制，每年大量的漂移种子难以在潮间滩涂定居生长，所以认为无瓣海桑并不完全具备"入侵性"的生态学特征。

但近年来，在全球变化的大背景下，无瓣海桑在较低纬度地区（海南东寨港、广东湛江和深圳）展现出快速生长和扩散的能力，已发现大量无瓣海桑自然扩散进入互花米草丛和本土红树林群落中（管伟等，2009；唐国玲等，2007）。相较于土著物种，无瓣海桑有较高的存活率和生长率，在恢复区 4 年即可成林；它与土著植物竞争资源，其密集的树冠和高大的茎干会遮蔽土著红树植物，抑制土著红树植物的生长（He et al., 2018；Peng et al., 2016; Chen et al., 2013a; Mitra et al., 2012）。有研究表明，无瓣海桑被引入 5 年后，土著物种桐花树（*Aegiceras corniculatum*）、白骨壤（*Avicennia marina*）种群的密度及生物量均减少（李玫等，2004），且无瓣海桑林下细根生物量积累和土壤碳储量均高于本土红树林，可以进一步促进无瓣海桑在红树林中的扩张（He et al., 2018）。王发国等（2004）和严岳鸿等（2004）明确将无瓣海桑列入外来入侵物种，在分析了无瓣海桑的生物学特性与生态环境适应性后，建议在红树林保护区引进应慎重。李海生和陈桂珠（2005）采用分子标记技术，发现无瓣海桑从次生种源引种后仍然保持较丰富的遗传多样性和较高的环境适应性，可能会引起生态入侵。另外，无瓣海桑很容易适应深圳湾的气候、盐度、潮汐和土壤特性，虽然极端低温会限制其定居和生长，但是其抗寒能力正在稳步提高（Zan et al., 2003）。因此，该物种将进一步向北蔓延，可能会造成滨海湿地栖息地结构的改变、土著物种的灭绝及生态系统生产力的改变（Ren et al., 2009）。考虑到无瓣海桑在原产地自然分布的温度范围（Jayatissa et al., 2002），无瓣海桑将有可能入侵中国厦门市以南的所有海湾地区。

无瓣海桑作为第一个从国外引入我国的红树林物种，并且在生产和实践中获得认可，越来越多的沿海地区要求扩种。但无瓣海桑的入侵性在近年来越来越明显，表现出一定的扩散和竞争能力，且对众多土著红树植物的生态位关系以及它对土著红树植物群落的扰动效应的研究较少。因此，无瓣海桑是否继续用于大面积的人工造林，特别是在红树林保护区内是否继续引进，应该慎重。

2. 水椰

水椰，棕榈科水椰属，大型具匍匐茎棕榈植物，丛生灌木，无地上茎，地下茎节密集，粗壮，多须根，具有"胎生"现象。生长在热带沼泽潮间带，也是棕榈科唯一的水生物种。分布于东亚沿海、南亚、东南亚乃至大洋洲北部及所罗门群岛（中国科学院中国植物志编辑委员会，1991）。主要原生于印度、马来西亚、印度尼西亚、密克罗尼西亚等地的海岸，中国主要原生地在海南省东南部的崖县（现海南省三亚市崖州区）、陵水、万宁、文昌等地的沿海港湾泥沼地带。

水椰于 1906 年首次从印度洋海岸引入位于尼日尔三角洲东部的卡拉巴尔河口，用于抵御海岸侵蚀（Ukpong，2015；Okugbo et al.，2012）。但水椰自引入后，缺乏有效管理，未受到合理利用，在人类活动和潮流的驱动下（Kowarik，2003），通过种子传播，在尼日利亚海岸迅速扩散，暴发性增殖，从卡拉巴尔向南传播至大西洋沿岸的其他沿海区域，现已成为尼日尔三角洲的一个主要入侵物种，正在逐渐取代尼日尔三角洲的原生红树林（Numbere，2019）。过去 20 年来，尼日尔三角洲的红树林由高密度红树林退化为低密度红树林（Wang et al.，2016b；Kuenzer et al.，2014），2010~2017 年的遥感影像分析显示，本土红树林面积减少 12%，水椰面积增加 694%，水椰的入侵被认为是本土红树林退化的主要原因之一（Nwobi et al.，2020）。

水椰有较适宜红树林土壤的根系结构，可以深入土壤深处利用红树林未利用的养分，以此来适应沿海环境。水椰的种子也有很高的产量，同时种子结构具有坚硬且轻浮的优点，传播范围广且不易被水浸泡或被原油等污染物渗透，其韧性也阻止了螃蟹或红树林周围其他生物的取食，这些特点都促进了水椰在尼日尔三角洲的广泛传播（Numbere，2019）。另外，研究也表明，人为活动是水椰在沿海地区扩散和入侵的主要原因。石油和天然气勘探及开采活动始于 1956 年，在尼日尔三角洲的 Oloibiri 镇打出了第一口油井，红树林景观变为受干扰状态，这是水椰入侵红树林的一个主要因素（Numbere，2019）。石油烃污染改变了土壤和水的质量，疏浚和填沙活动改变了水文状况，阻碍了土著植物的生长，加速了外来物种的生长。另外，城市化、水产养殖和伐木活动等改变了沿海地区的景观结构，造成本土红树林的退化，为水椰种子的进入和繁殖创造了条件，促进了水椰的入侵。

尼日尔三角洲的水椰已经满足了成功入侵和定殖的必要条件，占领了近 25%的红树林，并且即将完全占领尼日尔三角洲剩余的沿海地区（Numbere，2019）。在未来的 50 年里若不采取措施，它们可能会占领整个沿海地区（Wang et al.，2016b），并成为对当地红树林的主要威胁。它们不仅影响沿海环境，改变土壤的化学成分和物理外观，抑制红树林和其他滨海物种的生长，减少沿海地区动物的栖息地，破坏入侵地生态系统功能的稳定，还会从森林的中心向河边延伸，缩短河岸宽度，使水道受阻，从而导致快速流动的水流停滞，影响沿河的交通。因此，应该通过采用物理、机械、化学和生物等的方法来进行控制。首先，最重要的是要完全移除水椰入侵区域的底质土壤和植物，并重新引入适宜土著红树植物生长的底质土壤，以促进该地区本土红树林的快速生长和重新定殖。另外，水椰的入侵主要是通过潮流的扩散，因此，恢复的红树林地点应该用铁丝或铁丝网围起来，以防止水椰种子渗入重新引入的红树林恢复地点。还要通过隔离、加热、氯化和照射等方法净化外来物种，以防止入侵水椰对土著物种的影响。

3. 美洲红树

美洲红树，红树科落叶乔木，生长于热带、亚热带海岸盐滩和海湾内的沼泽地，具有呼吸根和支柱根，可一定程度上耐盐和耐淹水，广泛分布于北美、南美和南太平洋。美洲红树具有"胎生"现象，种子在母树上萌芽长成小苗（通常称为胚轴），成熟后脱离母树，可作为红树属的模式种。1902年，从美国佛罗里达州引入夏威夷，以稳定海岸线，保护珊瑚礁和近岸水域免受因森林砍伐增加和非土著有蹄类动物的存在而造成的高地土壤侵蚀（Allen，1998）。

美洲红树自被引入美国夏威夷的莫洛卡伊岛（Molokai）后，由于其具有较高的传播能力和广泛的环境耐受性，且天敌很少，迅速蔓延到夏威夷群岛中除卡霍奥拉韦岛（Kahoolawe）和尼豪岛（Niihau）之外的主要岛屿（major island）上（Steele et al., 1999; Allen, 1998）。其入侵范围包括河岸、潟湖、潮间带光滩等多种生境(MacKenzie and Kryss, 2013; Chimner et al., 2006; Allen, 1998)。Chimner 等（2006）调查发现美洲红树分布在除背风海岸外的所有海岸，总面积达到147 hm^2。且大约70%（102 hm^2）的红树林生长在珍珠港，使得夏威夷近岸沙地栖息地变成了植被繁茂、水速低和沉积速率高的地区，增强了夏威夷沿海环境的结构复杂性，大大改变了底栖生物的群落结构（Demopoulos and Smith, 2010; Siple and Donahue, 2013）。

天敌释放假说（enemy release hypothesis, ERH）认为，引入物种在被引入新生境时，逃离了原产地天敌的限制，这种天敌的释放可能会让引入的物种获得更高的生长和繁殖速度（Davidson et al., 2022）。Davidson 等（2022）研究证明美洲红树在美国夏威夷的入侵扩散与 ERH 相一致。通过对比原产地与入侵地美洲红树的植食情况，发现在原产地受到了大量天敌的影响，包括食叶蟹、特化芽蛾、蛀木昆虫和等足类动物，而在入侵地受到的伤害比原产地少了一个数量级。这解释了为什么引入的美洲红树如此多产，并可以持续蔓延。然而，对美国夏威夷红树林的研究表明，美洲红树在很大程度上并没有得到充分的生态利用（Demopoulos and Smith, 2010）。基于其可以通过多种直接和间接的机制来改变湿地的生境特征和动植物群落结构而成为主要的生态系统工程师（Crooks, 2002; Jones et al., 1997），造成了很多开放的生态位，创造了与土著海岸大型植物所居住的沙地截然不同的栖息地，促进了具有广泛耐受性的物种的入侵，增加了非土著动物在美国夏威夷的持久性（Demopoulos and Smith, 2010），同时也造成了夏威夷濒危水鸟栖息地的丧失，限制了水鸟数量的恢复（Allen, 1998）。它们还干扰了海岸的娱乐和商业用途，并取代了具有重大生态价值的其他栖息地（如泥滩和沙滩）。

美国夏威夷引入的美洲红树没有实现其在土著范围内相似的生态价值和功能，却对入侵地异质性产生影响（Demopoulos et al., 2007）。因此，在夏威夷对美洲红树的控制和清除研究越来越普遍，其中最常见的方法是将退潮点以下的支柱树根切开，用盐水淹没树根，然后拖走表层，让被淹没的树根腐烂。虽然这种方法在夏威夷很受青睐，但去除后恢复的时间过程很难解决，而且根除后会对被入侵的生态系统产生巨大的影响。Siple 和 Donahue（2013）研究认为，在没有额外干预的情况下，夏威夷恢复到入侵前的条件可能需要几十年的时间。

生物入侵既作为全球变化的重要组成部分，同时也受到全球变化的影响。伴随着全球变化和人类活动的加剧，木本红树植物的入侵越来越严重，不仅向更高纬度和内陆范围扩散入侵盐沼，而且越来越多的外来木本红树植物入侵滨海湿地，对滨海湿地生态系统产生了严重的影响。同时，生物入侵导致的滨海湿地生态系统变化同样会对全球变化产生反馈作用。因此，深入揭示全球变化对滨海湿地生态系统生物入侵过程的影响，了解不同的红树物种如何响应全球变化和人类活动,以及入侵红树植物与土著物种的交互作用效应,有助于预测全球变化下滨海湿地生态系统的演变趋势。

第四节 展 望

日益增加的人类活动促进了不同生境间的物种传播,极大地增大了全球范围内滨海湿地生态系统遭受外来生物入侵的频率(Molnar et al.,2008)。主要的全球变化要素如气候变暖、极端气候事件频发、海平面上升、环境污染和土地利用变化等,通过改变入侵物种与土著物种间相互关系,削弱土著物种应对环境变化能力等方式,进一步增加了外来物种成功入侵滨海湿地生态系统的概率(Lear et al.,2022;Gutiérrez-Cánovas et al.,2020;Peng et al.,2018;Osland et al.,2016;Diez et al.,2012)。这不仅导致不同的生物类群如植物(Daehler and Strong,1996)、动物(Grosholz,2005)、微生物(Van Der Putten et al.,2007)均可能成为滨海湿地生态系统的入侵物种,也让几乎所有的滨海湿地生境类型,如海草床(Williams,2007)、盐沼(Daehler and Strong,1996)、红树林(Biswas et al.,2018)等均不同程度地受到生物入侵的影响。在人类活动进一步加强、全球气候变化逐步加剧、全球变化对生物入侵的影响愈加复杂的大背景下,针对全球变化下生物入侵对滨海湿地生态系统的影响,仍有许多研究空白和研究热点亟待深入探讨。通过总结和凝练前文全球变化下生物入侵对滨海湿地生态系统的影响相关论述内容,我们认为以下三点可能会成为未来的研究重点。

1)全球变化与滨海湿地生物入侵的耦合。全球变化和滨海湿地生物入侵是影响滨海湿地生态系统未来动态的两大要素,研究全球变化与滨海湿地生物入侵的耦合不仅需要考虑各全球变化要素对滨海湿地生物入侵的作用,也需要考虑滨海湿地生物入侵可能会对各全球变化要素产生反馈。当前的大部分研究仅聚焦于全球变化对生物入侵的单方面作用(McKnight et al.,2021;Bradley et al.,2010),且关于滨海湿地生物入侵对全球变化要素影响的研究主要集中在滨海湿地入侵植物与全球气候变暖之间的相互作用方面(Davidson et al.,2018;Martin and Moseman-Valtierra,2017;Mozdzer and Megonigal,2013),但探讨其他类群的滨海湿地生物入侵与全球变化要素相互影响的研究则相对较少(Gutiérrez-Cánovas et al.,2020)。我们认为,难以量化滨海湿地生物入侵强度和全球变化要素的复杂性可能是造成这种研究现状的原因。随着未来研究方法和技术的更新,厘清全球变化要素与滨海湿地生物入侵的耦合过程,可以更加准确地预测和评估滨海湿地生态系统未来的动态变化趋势。

2)滨海湿地生态系统的多物种入侵。随着人类活动的日益增加,许多滨海湿地生境不再只受单一外来物种入侵的影响(Peng et al.,2018;Grosholz,2005)。单一生境中的两个或多个外来物种之间的相互作用很大程度上影响了生物入侵造成的最终后果(Kuebbing and Nuñez,2015;Zarnetske et al.,2013;Grosholz,2005),而不同的外来物种对土著物种的直接或间接作用的差异(Ramus et al.,2017,Waser et al.,2015;Bradley et al.,2010)与全球变化对各类种间相互作用的影响(Qiu et al.,2020;Alba et al.,2019),也增加了生物入侵对滨海湿地生态系统影响的不确定性。因此,研究全球变化下的多物种入侵问题可以为滨海湿地生物入侵的总体防治提供更加合理的指导意见，而复杂性和随机性可能会成为该类研究问题的特点和难点。在未来的研究中，可以利用复杂系统的研究手段来帮助探讨全球变化背景下滨海湿地生态系统的多物种入侵问题。

3）建立基于不同滨海湿地生态系统的生态价值评估体系和生物入侵防控机制。全球变化和人类活动造成了滨海湿地入侵生境和入侵物种的多样性（Biswas et al.，2018；Van Der Putten et al.，2007；Grosholz，2005；Daehler and Strong，1996）。而生物入侵的结果往往由入侵物种特征和所入侵生境或群落的相互作用决定（Pyšek et al.，2012），这导致生物入侵的形成过程和最终影响具有很强的环境依赖性（context-dependency）（Catford et al.，2021；Pyšek et al.，2012）。因此，我们很难建立一套普适的滨海湿地生物入侵防控机制，统一的生物入侵防控机制也很难在不同的滨海湿地生境发挥相同的效果。所以，基于不同的滨海湿地生态系统特点，因地制宜，建立不同的生态价值评估体系和生物入侵防控机制，可以为维持不同滨海湿地生态系统的稳定提供理论指导。

（本章作者：王佳瑜　黄　昊　陈欣淙　彭　丹　刘文文　张宜辉）

参 考 文 献

陈柯欣, 丛丕福, 曲丽梅, 等. 2021. 黄河三角洲互花米草、碱蓬种群变化及扩散模拟. 北京师范大学学报(自然科学版), 57(1): 128-134.

陈鹭真, 杨盛昌, 林光辉. 2021. 全球变化下的中国红树林. 厦门: 厦门大学出版社.

陈权, 马克明. 2015. 红树林生物入侵研究概况与趋势. 植物生态学报, 39(3): 283-299.

陈雁飞, 汤臣栋, 马强, 等. 2017. 崇明东滩自然保护区景观格局动态分析. 南京林业大学学报(自然科学版), 41(1): 1-8.

邓自发, 安树青, 智颖飙, 等. 2006. 外来种互花米草入侵模式与爆发机制. 生态学报, (8): 2678-2686.

邓自发, 欧阳琰, 谢晓玲, 等. 2010. 全球变化主要过程对海滨生态系统生物入侵的影响. 生物多样性, 18(6): 605-614.

管伟, 廖宝文, 邱凤英, 等. 2009. 利用无瓣海桑控制入侵种互花米草的初步研究. 林业科学研究, 22(4): 603-607.

韩大勇, 杨永兴, 杨杨, 等. 2012. 湿地退化研究进展. 生态学报, 32(4): 289-303.

金宇, 高吉喜, 周可新, 等. 2017. 围垦及米草入侵下江苏中部滨海湿地土地利用/覆被类型动态变化. 地理研究, 36(8): 1478-1488.

李海生, 陈桂珠. 2005. 无瓣海桑引种种群遗传多样性的ISSR分析. 热带海洋学报, 24(4): 7-13.

李玫, 廖宝文, 郑松发, 等. 2004. 无瓣海桑的直接引入对次生桐花树群落的扰动. 广东林业科技, 20(3): 19-21.

李玫, 廖宝文. 2008. 无瓣海桑的引种及生态影响. 防护林科技, 3: 100-102.

李云, 郑德璋, 陈焕雄, 等. 1998. 红树植物无瓣海桑引种的初步研究. 林业科学研究, 11(1): 42-47.

廖宝文, 郑松发, 陈玉军, 等. 2004. 外来红树植物无瓣海桑生物学特性与生态环境适应性分析. 生态学杂志, 23(1): 10-15.

刘春悦, 张树清, 江红星, 等. 2009. 江苏盐城滨海湿地景观格局时空动态研究. 国土资源遥感, (3): 78-83.

刘文文, 陈欣淙, 王佳瑜, 等. 2022. 互花米草沿纬度梯度的生态适应性研究进展. 厦门大学学报(自然科学版), 61(5): 739-749.

彭友贵, 徐正春, 刘敏超. 2012. 外来红树植物无瓣海桑引种及其生态影响. 生态学报, 32(7): 2259-2270.
唐国玲, 沈禄恒, 翁伟花, 等. 2007. 无瓣海桑对互花米草的生态控制效果. 华南农业大学学报, 28(1): 10-13.
王伯荪, 廖宝文, 王勇军, 等. 2002. 深圳湾红树林生态系统及其持续发展. 北京: 科学出版社.
王发国, 邢福武, 叶华谷, 等. 2004. 澳门的外来入侵植物. 中山大学学报(自然科学版), 43(S1): 105-110.
王卿, 安树青, 马志军, 等. 2006. 入侵植物互花米草——生物学、生态学及管理. 植物分类学报, 44(5): 559-588.
王卿. 2011. 互花米草在上海崇明东滩的入侵历史、分布现状和扩张趋势的预测. 长江流域资源与环境, 20(6): 690-696.
王文卿, 王瑁. 2007. 中国红树林. 北京: 科学出版社.
王焰新, 甘义群, 邓娅敏, 等. 2020. 海岸带海陆交互作用过程及其生态环境效应研究进展. 地质科技通报, 39(1): 1-10.
解雪峰, 孙晓敏, 吴涛, 等. 2020. 互花米草入侵对滨海湿地生态系统的影响研究进展. 应用生态学报, 31(6): 2119-2128.
邢伟, 王进欣, 王今殊, 等. 2011. 土地覆盖变化对盐城海岸带湿地生态系统服务价值的影响. 水土保持研究, 18(1): 71-76, 81.
徐海根, 王建民, 强胜, 等. 2004. 《生物多样性公约》热点研究: 外来物种入侵生物安全遗传资源. 北京: 科学出版社.
严岳鸿, 邢福武, 黄向旭, 等. 2004. 深圳的外来植物. 广西植物, 24(3): 232-238.
张华兵, 甄艳, 吴菲儿, 等. 2020. 滨海湿地生境质量演变与互花米草扩张的关系——以江苏盐城国家级珍禽自然保护区为例. 资源科学, 42(5): 1004-1014.
张龙辉, 杜永芬, 王丹丹, 等. 2014. 江苏如东互花米草盐沼湿地重金属分布及其污染评价. 环境科学, 35(6): 2401-2410.
章文龙, 曾从盛, 张林海, 等. 2009. 闽江河口湿地植物氮磷吸收效率的季节变化. 应用生态学报, 20(6): 1317-1322.
中国科学院中国植物志编辑委员会. 1991. 中国植物志(第十三卷 第一分册 被子植物门 单子叶植物纲 棕榈科). 北京: 科学出版社.
Akiyama K, Kurogi M. 1982. Cultivation of *Undaria pinnatifida* (Harvey) Suringar. The decrease in crops from natural plants following crop increase from cultivation. Tohoku Regional Fisheries Research Laboratory Bulletin, 44: 91-100.
Alba C, Fahey C, Flory S L. 2019. Global change stressors alter resources and shift plant interactions from facilitation to competition over time. Ecology, 100(12): e02859.
Allen J A. 1998. Mangroves as alien species: the case of Hawaii. Global Ecology and Biogeography, 7(1): 61-71.
Allen J A, Krauss K W, Hauff R D. 2003. Factors limiting the intertidal distribution of the mangrove species *Xylocarpus granatum*. Oecologia, 135(1): 110-121.
Allin C C, Husband T P. 2003. Mute swan (*Cygnus olor*) impact on submerged aquatic vegetation and macroinvertebrates in a Rhode Island coastal pond. NortheasternNaturalist,10(3): 305-318.
Alongi D M. 2008. Mangrove forests: resilience, protection from tsunamis, and responses to global climate change. Estuarine, Coastal and Shelf Science, 76: 1-13.
Anderson J T, Inouye D W, McKinney A M, et al. 2012. Phenotypic plasticity and adaptive evolution contribute to advancing flowering phenology in response to climate change. Proceedings of the National Academy of Sciences of the United States of America, 279(1743): 3843-3852.
Arbelaez M N, Acero P A. 2011. Ocurrence of the lionfish *Pterois volitans* (Linnaeus) in the mangrove of Bahia de Chengue, Colombian Caribbean. Boletin Investigaciones Marinas Costeras, 40(2): 431-435.
Barbour A B, Montgomery M L, Adamson A A, et al. 2010. Mangrove use by the invasive lionfish *Pterois*

volitans. Marine Ecology Progress Series, 401: 291-294.

Beazley M J, Martinez R J, Rajan S, et al. 2012. Microbial community analysis of a coastal salt marsh affected by the deepwater horizon oil spill. PLoS ONE, 7(7): e41305.

Bertness M D, Ewanchuk P J, Silliman B R. 2002. Anthropogenic modification of New England salt marsh landscapes. Proceedings of the National Academy of Sciences of the United States of America, 99(3): 1395-1398.

Bertolet B L, Corman J R, Casson N J, et al. 2018. Influence of soil temperature and moisture on the dissolved carbon, nitrogen, and phosphorus in organic matter entering lake ecosystems. Biogeochemistry, 139: 293-305.

Bianchi T S, Allison M A, Zhao J, et al. 2013. Historical reconstruction of mangrove expansion in the Gulf of Mexico: linking climate change with carbon sequestration in coastal wetlands. Estuarine, Coastal and Shelf Science, 119: 7-16.

Biswas S R, Biswas P L, Limon S H, et al. 2018. Plant invasion in mangrove forests worldwide. Forest Ecology and Management, 429: 480-492.

Biswas S R, Choudhury J K, Nishat A, et al. 2007. Do invasive plants threaten the Sundarbans mangrove forest of Bangladesh? Forest Ecology and Management, 245(1-3): 1-9.

Biudes J F V, Camargo A F M. 2006. Changes in biomass, chemical composition and nutritive value of *Spartina alterniflora* due to organic pollution in the Itanhaem River Basin (SP, Brazil). Revista Brasileira de Biologia, 66(3): 781-789.

Borges F O, Santos C P, Paula J R, et al. 2021. Invasion and extirpation potential of native and invasive *Spartina* species under climate change. Frontiers in Marine Science, 8: 696333.

Borgmann K L, Rodewald A D. 2005. Forest restoration in urbanizing landscapes: interactions between land uses and exotic shrubs. Restoration Ecology, 13(2): 334-340.

Bradley B A, Blumenthal D M, Wilcove D S, et al. 2010. Predicting plant invasions in an era of global change. Trends in Ecology & Evolution, 25(5): 310-318.

Campos J A, Herrera M, Biurrun I, et al. 2004. The role of alien plants in the natural coastal vegetation in central-northern Spain. Biodiversity and Conservation, 13: 2275-2293.

Casas G, Scrosati R, Piriz M L. 2004. The invasive kelp *Undaria pinnatifida* (Phaeophyceae, Laminariales) reduces native seaweed diversity in Nuevo Gulf (Patagonia, Argentina). Biological Invasions, 6(4): 411-416.

Catford J A, Wilson J R U, Pyšek P, et al. 2021. Addressing context dependence in ecology. Trends in Ecology & Evolution, 37: 158-170.

Cavanaugh K C, Kellner J R, Forde A J, et al. 2014a. Poleward expansion of mangroves is a threshold response to decreased frequency of extreme cold events. Proceedings of the National Academy of Sciences of the United States of America, 111(2): 723-727.

Cavanaugh K C, Kellner J R, Forde A J, et al. 2014b. Reply to Giri and Long: freeze-mediated expansion of mangroves does not depend on whether expansion is emergence or reemergence. Proceedings of the National Academy of Sciences of the United States of America, 111(15): e1449.

Cavanaugh K C, Parker J D, Cook-Patton S C, et al. 2015. Integrating physiological threshold experiments with climate modeling to project mangrove species' range expansion. Global Change Biology, 21(5): 1928-1938.

Chapman V J. 1975. Mangrove biogeography//Walsh G E, Snedaker S C, Teas H J. International Symposium on Biology and Management of Mangroves. Miami: University of Florida Press: 179-212.

Charles H, Dukes J S. 2009. Effects of warming and altered precipitation on plant and nutrient dynamics of a New England salt marsh. Ecological Applications, 19(7): 1758-1773.

Chen E, Blaze J A, Smith R S, et al. 2020a. Freeze tolerance of poleward-spreading mangrove species weakened by soil properties of resident salt marsh competitor. Journal of Ecology, 108(4): 1725-1737.

Chen L Z, Feng H Y, Gu X X, et al. 2020b. Linkages of flow regime and micro-topography: prediction for non-native mangrove invasion under sea-level rise. Ecosystem Health and Sustainability, 6(1): 1780159.

Chen L Z, Tam N F Y, Wang W Q, et al. 2013a. Significant niche overlap between native and exotic *Sonneratia* mangrove species along a continuum of varying inundation periods. Estuarine, Coastal and

Shelf Science, 117: 22-28.

Chen L Z, Wang W Q, Li Q S, et al. 2017. Mangrove species' responses to winter air temperature extremes in China. Ecosphere, 8(6): e01865.

Chen L, Peng S, Li J, et al. 2013b. Competitive control of an exotic mangrove species: restoration of native mangrove forests by altering light availability. Restoration Ecology, 21: 215-223.

Chen L, Wang W, Zhang Y, et al. 2009. Recent progresses in mangrove conservation, restoration and research in China. Journal of Plant Ecology, 2: 45-54.

Chen L. 2019. Invasive plants in coastal wetlands: patterns and mechanisms//An S, Verhoeven Jos T A. Wetlands: Ecosystem Services, Restoration and Wise Use. Cham: Springer: 97-128.

Chen X, Liu W, Pennings S C, et al. 2021. Plasticity and selection drive hump-shaped latitudinal patterns of flowering phenology in an invasive intertidal plant. Ecology, 102(5): e03311.

Chen Y, Dong J, Xiao X, et al. 2019. Effects of reclamation and natural changes on coastal wetlands bordering China's Yellow Sea from 1984 to 2015. Land Degradation and Development, 30(13): 1533-1544.

Cheng J, Huang H, Liu W, et al. 2022. Unraveling the effects of cold stratification and temperature on the seed germination of invasive *Spartina alterniflora* across latitude. Frontiers in Plant Science, 13: 911804.

Chimner R A, Fry B, Kaneshiro M Y, et al. 2006. Current extent and historical expansion of introduced mangroves on O'ahu, Hawai'i. Pacific Science, 60(3): 377-383.

Chong Z, Zhang M, Wen J, et al. 2021. Coastal protection using building with nature concept: a case study from Chongming Dongtan Shoal, China. Acta Oceanologica Sinica, 40(10): 152-166.

Christian R R, Mazzilli S. 2007. Defining the coast and sentinel ecosystems for coastal observations of global change. Hydrobiologia, 577: 55-70.

Chung C H, Zhuo R Z, Xu G W. 2004. Creation of *Spartina* plantations for reclaiming Dongtai, China, tidal flats and offshore sands. Ecological Engineering, 23(3): 135-150.

Claydon J A B, Calosso M C, Traiger S B. 2012. Progression of invasive lionfish in seagrass, mangrove and reef habitats. Marine Ecology Progress Series, 448: 119-129.

Cohen A N, Carlton J T. 1998. Accelerating invasion rate in a highly invaded estuary. Science, 279(5350): 555-558.

Costanza R, de Groot R, Sutton P, et al. 2014. Changes in the global value of ecosystem services. Global Environmental Change: Human and Policy Dimensions, 26: 152-158.

Couto T, Martins I, Duarte B, et al. 2014. Modelling the effects of global temperature increase on the growth of salt marsh plants. Applied Ecology and Environmental Research, 12(3): 753-764.

Cox G W. 2004. Alien Species and Evolution: The Evolutionary Ecology of Exotic Plants, Animals, Microbes, and Interacting Native Species. Washington, DC: Island Press.

Crooks J A. 1998. Habitat alteration and community-level effects of an exotic mussel, *Musculista senhousia*. Marine Ecology Progress Series, 162: 137-152.

Crooks J A. 2001. Assessing invader roles within changing ecosystems: historical and experimental perspectives on an exotic mussel in an urbanized lagoon. Biological Invasions, 3: 23-36.

Crooks J A. 2002. Characterizing ecosystem-level consequences of biological invasions: the role of ecosystem engineers. Oikos, 97(2): 153-166.

Crosby S C, Angermeyer A, Adler J M, et al. 2017. *Spartina alterniflora* biomass allocation and temperature: implications for salt marsh persistence with sea-level rise. Estuaries Coasts, 40(1): 213-223.

Crosby S C, Ivens-Duran M, Bertness M D, et al. 2015. Flowering and biomass allocation in U.S. Atlantic coast *Spartina alterniflora*. American Journal of Botany, 102(5): 669-676.

Crosby S C, Sax D F, Palmer M E, et al. 2016. Salt marsh persistence is threatened by predicted sea-level rise. Estuarine, Coastal and Shelf Science, 181: 93-99.

Daehler C C, Strong D R. 1994. Variable reproductive output among clones of *Spartina alterniflora* (Poaceae) invading San Francisco Bay, California: the influence of herbivory, pollination, and establishment site. American Journal of Botany, 81: 307-313.

Daehler C C, Strong D R. 1996. Status, prediction and prevention of introduced cordgrass *Spartina* spp.

invasions in Pacific. Biological Conservation, 78: 51-58.

Davidson I C, Cott G M, Devaney J L, et al. 2018. Differential effects of biological invasions on coastal blue carbon: a global review and meta-analysis. Global Change Biology, 24: 5218-5230.

Davidson T M, Smith C M, Torchin M E. 2022. Introduced mangroves escape damage from marine and terrestrial enemies. Ecology, 103(3): e3604.

Davis D A, Malone S L, Lovell C R. 2018. Responses of salt marsh plant rhizosphere diazotroph assemblages to drought. Microorganisms, 6(1): 27.

Davis J H. 1940. The ecology and geologic role of mangroves in Florida. Papers from Tortugas Laboratory, 32: 311-384.

Demopoulos A W J, Fry B, Smith C R. 2007. Food web structure in exotic and native mangroves: a Hawaii-Puerto Rico comparison. Oecologia, 153(3): 675-686.

Demopoulos A W J, Smith C R. 2010. Invasive mangroves alter macrofaunal community structure and facilitate opportunistic exotics. Marine Ecology Progress Series, 404: 51-67.

Diez J M, D'Antonio C M, Dukes J S, et al. 2012. Will extreme climatic events facilitate biological invasions? Frontiersin Ecology and the Environment, 10(5): 249-257.

Doyle T W, Krauss K W, Conner W H, et al. 2010. Predicting the retreat and migration of tidal forests along the northern Gulf of Mexico under sea-level rise. Forest Ecology and Management, 259(4): 770-777.

Dukes J S, Mooney H A. 1999. Does global change increase the success of biological invaders? Trends in Ecology & Evolution, 14(4): 135-139.

Easterling D R, Meehl G A, Parmesan C, et al. 2000. Climate extremes: observations, modeling, and impacts. Science, 289(5487): 2068-2074.

Egler F E. 1952. Southeast saline everglades vegetation, Florida, and its management. Vegetatio Acta Geobotanica, 3: 213-265.

Ehrenfeld J G. 2008. Exotic invasive species in urban wetlands: environmental correlates and implications for wetland management. Forest Ecology and Management, 45(4): 1160-1169.

Elsey-Quirk T, Seliskar D M, Sommerfield C K, et al. 2011. Salt marsh carbon pool distribution in a Mid-Atlantic lagoon, USA: sea level rise implications. Wetlands, 31(1): 87-99.

Ens N J, Harvey B, Davies M M, et al. 2022. The Green Wave: reviewing the environmental impacts of the invasive European green crab (*Carcinus maenas*) and potential management approaches. Environmental Reviews, 30(2): 306-322.

Failon C M, Wittyngham S S, Johnson D S. 2020. Ecological associations of *Littoraria irrorate* with *Spartina cynosuroides* and *Spartina alterniflora*. Wetlands, 40(5): 1317-1325.

Field C D. 1995. Impact of expected climate change on mangroves//Wong S K, Tam N Y F. Asia-Pacific Symposium on Mangrove Ecosystems. Dordrecht: Springer Netherlands: 75-81.

Flanagan L B, Syed K H. 2011. Stimulation of both photosynthesis and respiration in response to warmer and drier conditions in a boreal peatland ecosystem. Global Change Biology, 17(7): 2271-2287.

Ford M A, Grace J B. 1998. Effects of vertebrate herbivores on soil processes, plant biomass, litter accumulation and soil elevation changes in a coastal marsh.Journal of Ecology, 86: 974-982.

Gavier-Pizarro G I, Radeloff V C, Stewart S I, et al. 2010. Housing is positively associated with invasive exotic plant species richness in New England, USA. Ecological Applications, 20(7): 1913-1925.

Ge Z M, Cao H B, Cui L F, et al. 2015. Future vegetation patterns and primary production in the coastal wetlands of East China under sea level rise, sediment reduction, and saltwater intrusion. Journal of Geophysical Research-biogeosciences, 120(10): 1923-1940.

Gedan K B, Bertness M D. 2009. Experimental warming causes rapid loss of plant diversity in New England salt marshes. Ecology Letters, 12(8): 842-848.

Gedan K B, Silliman B R, Bertness M D. 2009. Centuries of human-driven change in salt marsh ecosystems. The Annual Review of Marine Science, 1: 117-141.

Gherardi F. 2006. Crayfish invading Europe: the case study of *Procambarus clarkii*. Marine and Freshwater Behaviour and Physiology, 39(3): 175-191.

Gilman E L, Ellison J, Duke N C, et al. 2008. Threats to mangroves from climate change and adaptation

options: a review. Aquatic Botany, 89(2): 237-250.
Giri C, Long J, Tieszen L. 2011. Mapping and monitoring Louisiana's Mangroves in the aftermath of the 2010 Gulf of Mexico oil spill. Journal of Coastal Research, 27: 1059-1064.
Giri C, Long J. 2016. Is the geographic range of mangrove forests in the conterminous United States really expanding? Sensors, 16(12): 2010.
Gittman R K, Fodrie F J, Baillie C J, et al. 2018. Living on the edge: increasing patch size enhances the resilience and community development of a restored salt marsh. Estuaries Coasts, 41(3): 884-895.
Gobler C J. 2020. Climate change and harmful algal blooms: insights and perspective. Harmful Algae, 91: 101731.
Gong H, Liu H, Jiao F, et al. 2019. Pure, shared, and coupling effects of climate change and sea level rise on the future distribution of *Spartina alterniflora* along the Chinese coast. Trends in Ecology & Evolution, 9(9): 5380-5391.
Gong Z, Zhang C, Zhang L, et al. 2021. Assessing spatiotemporal characteristics of native and invasive species with multi-temporal remote sensing images in the Yellow River Delta, China. Land Degradation & Development, 32(3): 1338-1352.
Gonzalez-Moreno P, Pino J, Carreras D, et al. 2013. Quantifying the landscape influence on plant invasions in Mediterranean coastal habitats. Landscape Ecology, 28(5): 891-903.
Grosholz E D. 2002. Ecological and evolutionary consequences of coastal invasions. Trends in Ecology & Evolution, 17(1): 22-27.
Grosholz E D. 2005. Recent biological invasion may hasten invasional meltdown by accelerating historical introductions. Proceedings of the National Academy of Sciences of the United States of America, 102: 1088-1091.
Gross K L, Mittelbach G G, Reynolds H L. 2005. Grassland invasibility and diversity: responses to nutrients, seed input, and disturbance. Ecology, 86(2): 476-486.
Guillaume G, Matthieu G, Pierre D D R, et al. 2014. Effects of mute swans on wetlands: a synthesis. Hydrobiologia, 723(1): 195-204.
Guo H, Zhang Y, Lan Z, et al. 2013. Biotic interactions mediate the expansion of black mangrove (*Avicennia germinans*) into salt marshes under climate change. Global Change Biology, 19(9): 2765-2774.
Gutiérrez-Cánovas C, Sánchez-Fernández D, González-Moreno P, et al. 2020. Combined effects of land-use intensification and plant invasion on native communities. Oecologia, 192: 823-836.
Hanson A, Johnson R, Wigand C, et al. 2016. Responses of *Spartina alterniflora* to multiple stressors: changing precipitation patterns, accelerated sea level rise, and nutrient enrichment. Estuaries Coasts, 39(5): 1376-1385.
Harley C D G, Hughes A R, Hultgren K M, et al. 2006. The impacts of climate change in coastal marine systems. Ecology Letters, 9(2): 228-241.
Harper G A, Bunbury N. 2015. Invasive rats on tropical islands: their population biology and impacts on native species. Global Ecology and Conservation, 3: 607-627.
He Z, Peng Y, Guan D, et al. 2018. Appearance can be deceptive: shrubby native mangrove species contributes more to soil carbon sequestration than fast-growing exotic species. Plant Soil, 432: 425-436.
Hennessy K J, Suppiah R, Page C M. 1999. Australian rainfall changes, 1910-1995. Australian Meteorological Magazine, 48: 1-13.
Henry K M, Twilley R R. 2011. Exploring the effects of black mangrove (*Avicennia germinans*) expansions on nutrient cycling in smooth cordgrass (*Spartina alterniflora*) marsh sediments of southern Louisiana, USA.https://www.researchgate.net/publication/258459300[2025-6-1].
Hessini K, Kronzucker H J, Abdelly C, et al. 2017. Drought stress obliterates the preference for ammonium as an N source in the C_4 plant *Spartina alterniflora*. Journal of Plant Physiology, 213: 98-107.
Hester M W, Mendelssohn I A. 2000. Long-term recovery of a Louisiana brackish marsh plant community from oil-spill impact: vegetation response and mitigating effects of marsh surface elevation. Mar Marine Environmental Research, 49(3): 233-254.
Hill J M, Petraitis P S, Heck K L. 2020. Submergence, nutrient enrichment, and tropical storm impacts on *Spartina*

alterniflora in the microtidal northern Gulf of Mexico. Marine Ecology Progress Series, 644: 33-45.

Hu M J, Sardans J, Yang X Y, et al. 2020. Patterns and environmental drivers of greenhouse gas fluxes in the coastal wetlands of China: a systematic review and synthesis. Environmental Research, 186: 109576.

Idaszkin Y L, Bortolus A. 2011. Does low temperature prevent *Spartina alterniflora* from expanding toward the austral-most salt marshes?The Journal of Plant Physiology, 212(4): 553-561.

IPCC. 2014. Contribution of working groups I, II and III to the fifth assessment report of the intergovernmental panel on climate change//Pachauri R K, Meyer L A. Climate Change 2014: Synthesis Report. Geneva: IPCC.

IPCC. 2021. Climate Change 2021: The Physical Science Basis. Cambridge, New York: Cambridge University Press.

Jayatissa L P, Dahdouh G, Koedam N. 2002. A review of the floral composition and distribution of mangroves in Sri Lanka. Botanical Journal of the Linnean Society, 138(1): 29-43.

Jentsch A, Beierkuhnlein C. 2008. Research frontiers in climate change: effects of extreme meteorological events on ecosystems. Comptes Rendus Geoscience, 340(9-10): 621-628.

Jones C G, Lawton J H, Shachak M. 1997. Positive and negative effects of organisms as physical ecosystem engineers. Ecology, 78(7): 1946-1957.

Junk W J, Piedade M T F, Lourival R, et al. 2014. Brazilian wetlands: their definition, delineation, and classification for research, sustainable management, and protection.Aquatic Conservation-Marine and Freshwater Ecosystems, 24(1): 5-22.

Kathilankal J C, Mozdzer T J, Fuentes J D, et al. 2008. Tidal influences on carbon assimilation by a salt marsh.Environmental Research Letters, 3(4): 044010.

Kingsford R T, Basset A, Jackson L. 2016. Wetlands: conservation's poor cousins. Aquatic Conservation-Marine and Freshwater Ecosystems, 26(5): 892-916.

Kirwan M L, Christian R R, Blum L K, et al. 2012. On the relationship between sea level and *Spartina alterniflora* production. Ecosystems, 15(1): 140-147.

Kirwan M L, Guntenspergen G R, Morris J T. 2009. Latitudinal trends in *Spartina alterniflora* productivity and the response of coastal marshes to global change. Global Change Biology, 15(8): 1982-1989.

Kirwan M L, Walters D C, Reay W G, et al. 2016. Sea level driven marsh expansion in a coupled model of marsh erosion and migration.Geophysical Research Letters, 43(9): 4366-4373.

Kowarik I. 2003. Human agency in biological invasions: secondary releases foster naturalisation and population expansion of alien plant species. Biological Invasions, 5: 293-312.

Kuebbing S E, Nuñez M A. 2015. Negative, neutral, and positive interactions among nonnative plants: patterns, processes, and management implications. Global Change Biology, 21: 926-934.

Kuenzer C, Van Beijma S, Gessner U, et al. 2014. Land surface dynamics and environmental challenges of the Niger Delta, Africa: remote sensing-based analyses spanning three decades (1986-2013). Applied Geography, 53: 354-368.

Kulbicki M, Beets J, Chabanet P, et al. 2012. Distributions of Indo-Pacific lionfishes *Pterois* spp. in their native ranges: implications for the Atlantic invasion. Marine Ecology Progress Series, 446: 189-205.

Lear L, Padfield D, Inamine H, et al. 2022. Disturbance-mediated invasions are dependent on community resource abundance. Ecology, e3728.

Leignel V, Stillman J H, Baringou S, et al. 2014. Overview on the European green crab *Carcinus* spp. (Portunidae, Decapoda), one of the most famous marine invaders and ecotoxicological models. Environmental Science and Pollution Research, 21(15): 9129-9144.

Li J L, Yang X P, Tong Y Q. 2009. Relationship between *Spartina alterniflora* belt on tidal flats and tidal water levels: a case study on Jiangsu coast and Hangzhou Bay, China. Philippine Agricultural Scientist, 92(1): 77-84.

Li S H, Ge Z M, Xie L N, et al. 2018. Ecophysiological response of native and exotic salt marsh vegetation to waterlogging and salinity: implications for the effects of sea-level rise. Scientific Reports, 8: 2441.

Lin Q, Mendelssohn I A, Graham S A, et al. 2016. Response of salt marshes to oiling from the Deepwater Horizon spill: implications for plant growth, soil surface-erosion, and shoreline stability. Science of The

Total Environment, 557: 369-377.
Liu L, Wang D, Chen S, et al. 2019. Methane emissions from estuarine coastal wetlands: Implications for global change effect. Soil Science Society of America Journal, 83(5): 1368-1377.
Liu W W, Chen X C, Strong D R, et al. 2020a. Climate and geographic adaptation drive latitudinal clines in biomass of a widespread saltmarsh plant in its native and introduced ranges. Limnol Oceanogr, 65(6): 1399-1409.
Liu W W, Maung-Douglass K, Strong D R, et al. 2016. Geographical variation in vegetative growth and sexual reproduction of the invasive *Spartina alterniflora* in China. Journal of Ecology, 104(1): 173-181.
Liu W W, Strong D, Pennings S, et al. 2017. Provenance-by-environment interaction of reproductive traits in the invasion of *Spartina alterniflora* in China. Ecology, 98: 1591-1599.
Liu W W, Zhang Y H, Chen X C, et al. 2020b. Contrasting plant adaptation strategies to latitude in the native and invasive range of *Spartina alterniflora*. New Phytologist, 226(2): 623-634.
Liu W W, Zhang Y H. 2021. Geographical variation in germination traits of the salt-marsh cordgrass *Spartina alterniflora* in its invasive and native ranges. Journal of Plant Ecology, 14(2): 348-360.
López-Medellín X, Ezcurra E, González-Abraham C, et al. 2011. Oceanographic anomalies and sea-level rise drive mangroves inland in the Pacific coast of Mexico. Journal of Vegetation Science, 22: 143-151.
Ma X, Yan J, Wang F, et al. 2019. Trait and density responses of *Spartina alterniflora* to inundation in the Yellow River Delta, China. Marine Pollution Bulletin, 146: 857-864.
Mack R N, Simberloff D, Lonsdale W M, et al. 2000. Biotic invasions: causes, epidemiology, global consequences, and control. Ecological Applications, 10(3): 689-710.
MacKenzie R A, Kryss C L. 2013. Impacts of exotic mangroves and chemical eradication of mangroves on tide pool fish assemblages. Marine Ecology Progress Series, 472: 219-237.
Maricle B R, Lee R W. 2002. Aerenchyma development and oxygen transport in the estuarine cordgrasses *Spartina alterniflora* and *S. anglica*. Aquatic Botany, 74(2): 109-120.
Martin R M, Moseman-Valtierra S. 2017. Different short-term responses of greenhouse gas fluxes from salt marsh mesocosms to simulated global change drivers. Hydrobiologia, 802: 71-83.
Martinez-Megias C, Rico A. 2022. Biodiversity impacts by multiple anthropogenic stressors in Mediterranean coastal wetlands. Science of The Total Environment, 818: 151712.
McCormick M K, Kettenring K M, Baron H M, et al. 2010. Extent and reproductive mechanisms of *Phragmites australis* spread in brackish wetlands in Chesapeake bay, Maryland (USA). Wetlands, 30(1): 67-74.
Mckee K L, Cahoon D R, Feller I C. 2007. Caribbean mangroves adjust to rising sea level through biotic controls on change in soil elevation. Global Ecology and Biogeography, 16(5): 545-556.
McKee K L, Rogers K, Saintilan N. 2012. Response of salt marsh and mangrove wetlands to changes in atmospheric CO_2, climate, and sea level//Middleton B. Global Change and the Function and Distribution of Wetlands. Global Change Ecology and Wetlands, vol. 1. Dordrecht: Springer: 63-96.
Mckee K L, Rooth J E. 2008. Where temperate meets tropical: multi-factorial effects of elevated CO_2, nitrogen enrichment, and competition on a mangrove-salt marsh community. Global Change Biology, 14(5): 971-984.
McKnight E, Spake R, Bates A, et al. 2021. Non-native species outperform natives in coastal marine ecosystems subjected to warming and freshening events. Global Ecology and Biogeography, 30: 1698-1712.
McLoughlin L. 2000. Estuarine wetlands distribution along the Parramatta river, Sydney, 1788-1940: implications for planning and conservation. Cunninghamia, 6: 579-610.
Meinesz A, Hesse B. 1991. Introduction et invasion de l'algue tropicale *Caulerpa taxifolia* en Mediterranee Nord occidentale. Oceanologica Acta, 14(4): 415-426.
Mendelssohn I A, McKee K L, Patrick W H J. 1981. Oxygen deficiency in *Spartina alterniflora* roots: Metabolic adaptation to anoxia. Science, 214(4519): 439-441.
Mitra A, Sengupta K, Banerjee K. 2012. Spatial and temporal trends in biomass and carbon sequestration potential of *Sonneratia apetala* Buch.-Ham in Indian Sundarbans. Proceedings of the National Academy of Sciences, India, Section B, 82: 317-323.

Molnar J L, Gamboa R L, Revenga C, et al. 2008. Assessing the global threat of invasive species to marine biodiversity. Frontiersin Ecology and the Environment, 6(9): 485-492.

Moran E V, Alexander J M. 2014. Evolutionary responses to global change: lessons from invasive species. Ecology Letters, 17: 637-649.

Moseman-Valtierra S M, Armaiz-Nolla K, Levin L A. 2010. Wetland response to sedimentation and nitrogen loading: diversification and inhibition of nitrogen-fixing microbes. Ecological Applications, 20(6): 1556-1568.

Moseman-Valtierra S, Abdul-Aziz O I, Tang J, et al. 2016. Carbon dioxide fluxes reflect plant zonation and belowground biomass in a coastal marsh. Ecosphere, 7(11): e01560.

Mozdzer T J, Megonigal J P. 2013. Increased methane emissions by an introduced *Phragmites australis* lineage under global change. Wetlands, 33: 609-615.

Najjar R G, Pyke C R, Adams M B, et al. 2010. Potential climate-change impacts on the Chesapeake Bay. Estuarine, Coastal and Shelf Science, 86(1): 1-20.

Nehring S, Hesse K J. 2008. Invasive alien plants in marine protected areas: the *Spartina anglica* affair in the European Wadden Sea. Biological Invasions, 10(6): 937-950.

Numbere A O. 2019. Impact of invasive Nypa Palm (*Nypa fruticans*) on mangroves in coastal areas of the Niger Delta region, Nigeria//Makowski C, Finkl C. Impacts of Invasive Species on Coastal Environments. Coastal Research Library, vol. 29. Cham: Springer: 425-454.

Nwobi C, Williams M, Mitchard E T A. 2020. Rapid mangrove forest loss and Nipa Palm (*Nypa fruticans*) expansion in the Niger Delta, 2007-2017. Remote Sensing, 12(14): 2344.

O'Connell J L, Alber M, Pennings S C. 2020. Microspatial differences in soil temperature cause phenology change on par with long-term climate warming in salt marshes. Ecosystems, 23(3): 498-510.

O'Donnell J P R, Schalles J F. 2016. Examination of abiotic drivers and their influence on *Spartina alterniflora* biomass over a twenty-eight year period using landsat 5 TM satellite imagery of the central Georgia Coast.Remote Sensing, 8(6): 477.

Ober G T, Martin R M. 2018. Sea-level rise and macroalgal blooms may combine to exacerbate decline in *Spartina patens* and *Spartina alterniflora* marshes. Hydrobiologia, 823(1): 13-26.

Occhipinti-Ambrogi A, Savini D. 2003. Biological invasions as a component of global change in stressed marine ecosystems. Marine Pollution Bulletin, 46(5): 542-551.

Okugbo O T, Usunobun U, Adegbegi J A, et al. 2012. A review of Nipa Palm as a renewable energy source in Nigeria. Research Journal of Applied Sciences, Engineering and Technology, 4(15): 2367-2371.

Osland M J, Enwright N M, Day R H, et al. 2016. Beyond just sea-level rise: considering macroclimatic drivers within coastal wetland vulnerability assessments to climate change. Global Change Biology, 22(1): 1-11.

Osland M J, Enwright N, Day R H, et al. 2013. Winter climate change and coastal wetland foundation species: salt marshes vs. mangrove forests in the southeastern United States. Global Change Biology, 19(5): 1482-1494.

Patterson C S, McKee K L, Mendelssohn I A. 1997. Effects of tidal inundation and predation on *Avicennia germinans* seedling establishment and survival in a sub-tropical mangal/salt marsh community. Mangroves and Salt Marshes, 1: 103-111.

Patterson C S, Mendelssohn I A. 1991. A comparison of physicochemical variables across plant zones in a mangal/salt marsh community in Louisiana. Wetlands, 11: 139-161.

Peng D, Chen L Z, Pennings S C, et al. 2018. Using a marsh organ to predict future plant communities in a Chinese estuary invaded by an exotic grass and mangrove. Limnol Oceanogr, 63(6): 2595-2605.

Peng D, Zhang Y H, Wang J Y, et al. 2022. The opposite of biotic resistance: herbivory and competition suppress regeneration of native but not introduced mangroves in southern China. Forests, 13: 192.

Peng Y, Diao J, Zheng M, et al. 2016. Early growth adaptability of four mangrove species under the canopy of an introduced mangrove plantation: implications for restoration. Forest Ecology and Management, 373: 179-188.

Perry C L, Mendelssohn I A. 2009. Ecosystem effects of expanding populations of *Avicennia germinans* in a Louisiana salt marsh. Wetlands, 29(1): 396-406.

Pimentel D, Lach L, Zuniga R, et al. 2000. Environmental and economic costs of nonindigenous species in the United States. Bioscience, 50(1): 53-65.

Prakash S, Balamurugan J, Kumar T T A, et al. 2012. Invasion and abundance of reef-inhabiting fishes in the Vellar estuary, southeast coast of India, especially the lionfish *Pterois volitans* Linnaeus. Current Science, 103(8): 941-944.

Pyšek P, Jarošík V, Hulme P E, et al. 2012. A global assessment of invasive plant impacts on resident species, communities and ecosystems: the interaction of impact measures, invading species' traits and environment. Global Change Biology, 18: 1725-1737.

Qiu S, Liu S, Wei S, et al. 2020. Changes in multiple environmental factors additively enhance the dominance of an exotic plant with a novel trade-off pattern. Journal of Ecology, 108: 1989-1999.

Ramus A P, Silliman B R, Thomsen M S, et al. 2017. An invasive foundation species enhances multifunctionality in a coastal ecosystem. Proceedings of the National Academy of Sciences of the United States of America, 114: 8580-8585.

Raposa K B, Weber R L J, Ekberg M C, et al. 2017. Vegetation dynamics in Rhode Island salt marshes during a period of accelerating sea level rise and extreme sea level events. Estuaries Coasts, 40(3): 640-650.

Ren H, Lu H F, Shen W J, et al. 2009. *Sonneratia apetala* buch.ham in the mangrove ecosystems of China: an invasive species or restoration species? Biol Plantarum, 8(35): 1243-1248.

Rey J R. 2015. Coastal wetlands//Kennish M J. Encyclopedia of Estuaries. Dordrecht: Springer Netherlands.

Richardson D M, Hui C, Nuñez M A, et al. 2014. Tree invasions: patterns, processes, challenges and opportunities. Biological Invasions, 16(3): 473-481.

Richardson D M. 1998. Forestry trees as invasive aliens. Biological Conservation, 12(1): 18-26.

Rogers K, Zawadzki A, Mogensen L A, et al. 2022. Coastal wetland surface elevation change is dynamically related to accommodation space and influenced by sedimentation and sea level rise over decadal timescales. Frontiers in Marine Science, 9: 807588.

Ross M S, Meeder J F, Sah J P, et al. 2000. The southeast saline everglades revisited: 50 years of coastal vegetation change. Journal of Vegetation Science, 11: 101-112.

Roulet N, Moore T R. 2006. Browning the waters. Nature, 444: 283-284.

Rundel P W, Dickie I A, Richardson D M. 2014. Tree invasions into treeless areas: mechanisms and ecosystem processes. Biological Invasions, 16(3): 663-675.

Saenger P. 1995. The status of Australian estuaries and enclosed marine waters//Zann L, Kailola P. State of the Marine Environment Report for Australia: Technical Annex 1, The Marine Environment. GBRMPA/Ocean Rescue 2000: 53-73.

Saintilan N, Rogers K, McKee K L. 2019. The shifting saltmarsh-mangrove ecotone in Australasia and the Americas//Perillo G M E, Wolanski E, Cahoon D R, et al. Coastal Wetlands: An Integrated Ecosystem Approach. 2nd ed. Amsterdam: Elsevier: 915-945.

Saintilan N, Rogers K. 2015. Woody plant encroachment of grasslands: a comparison of terrestrial and wetland settings. New Phytologist, 205(3): 1062-1070.

Saintilan N, Williams R J. 1999. Mangrove transgression into saltmarsh environments in south-east Australia. Global Ecology and Biogeography, 8: 117-124.

Saintilan N, Williams R J. 2000. Short note: the decline of saltmarsh in southeastern Australia: results of recent surveys. Wetlands (Australia), 18(2): 49-54.

Saintilan N, Wilson N C, Rogers K, et al. 2014. Mangrove expansion and salt marsh decline at mangrove poleward limits. Global Change Biology, 20(1): 147-157.

Saintilan N, Wilton K. 2001. Changes in the distribution of mangroves and saltmarshes in Jervis Bay, Australia. Wetlands Ecology and Management, 9: 409-420.

Sala O E, Chapin F S, Armesto J J, et al. 2000. Biodiversity global biodiversity scenarios for the year 2100. Science, 287(5459): 1770-1774.

Sandi S G, Rodriguez J F, Saco P M. 2021. Accelerated sea-level rise limits vegetation capacity to sequester soil carbon in coastal wetlands: a study case in southeastern Australia. Earths Future, 9(9): e2020EF001901.

Scherer-Lorenzen M, Schulze E D, Don A, et al. 2007. Exploring the functional significance of forest diversity: a new long-term experiment with temperate tree species (BIOTREE). Perspectives in Plant Ecology, Evolution and Systematics, 9: 53-70.

Semeniuk V. 2013. Predicted response of coastal wetlands to climate changes: a western Australian model. Hydrobiologia, 708(1): 23-43.

Sherrod C L, McMillan C. 1985. The distributional history and ecology of mangrove vegetation along the northern Gulf of Mexico coastal region. Contrib Mar Sci, 28: 129-140.

Simas T, Nunes J P, Ferreira J G. 2001. Effects of global climate change on coastal salt marshes. Ecological Modelling, 139(1): 1-15.

Siple M C, Donahue M J. 2013. Invasive mangrove removal and recovery: food web effects across a chronosequence. Journal of Experimental Marine Biology and Ecology, 448: 128-135.

Sippo J Z, Lovelock C E, Santos I R, et al. 2018. Mangrove mortality in a changing climate: an overview. Estuarine, Coastal and Shelf Science, 215: 241-249.

Smith J A M. 2013. The role of *Phragmites australis* in mediating inland salt marsh migration in a Mid-Atlantic estuary. PLoS ONE, 8(5): e65091.

Smith S M, Lee K D. 2015. The influence of prolonged flooding on the growth of *Spartina alterniflora* in Cape Cod (Massachusetts, USA). Aquatic Botany, 127: 53-56.

Smith T J, Foster A M, Tiling-Range G, et al. 2013. Dynamics of mangrove-marsh ecotones in subtropical coastal wetlands: fire, sea-level rise, and water levels. Fire Ecology, 9(1): 66-77.

Snedden G A, Cretini K, Patton B. 2015. Inundation and salinity impacts to above and belowground productivity in *Spartina patens* and *Spartina alterniflora* in the Mississippi River deltaic plain: implications for using river diversions as restoration tools. Ecological Engineering, 81: 133-139.

Sousa A I, Lillebo A I, Cacador I, et al. 2008. Contribution of *Spartina maritima* to the reduction of eutrophication in estuarine systems. Environmental Pollution, 156(3): 628-635.

Stachowicz J J, Terwin J R, Whitlatch R B, et al. 2002. Linking climate change and biological invasions: ocean warming facilitates nonindigenous species invasions. Proceedings of the National Academy of Sciences of the United States of America, 99(24): 15497-15500.

Stagg C L, Osland M J, Moon J A, et al. 2021. Extreme precipitation and flooding contribute to sudden vegetation dieback in a coastal salt marsh. Plants, 10(9): 1841.

Steele O C, Ewel K C, Goldstein G. 1999. The importance of propagule predation in a forest of non-indigenous mangrove trees. Wetlands, 19(3): 705-708.

Stets E G, Cotner J B. 2008. Littoral zones as sources of biodegradable dissolved organic carbon in lakes. Canadian Journal of Fisheries and Aquatic Sciences, 65: 2454-2460.

Stevens P W, Fox S L, Montague C L. 2006. The interplay between mangroves and salt marshes at the transition between temperate and subtropical climate in Florida. Wetlands Ecology and Management, 14: 435-444.

Strong D R, Ayres D R. 2013. Ecological and evolutionary misadventures of *Spartina*. Annual Review of Ecology, Evolution, and Systematics, 44: 389-410.

Sun C, Liu Y, Zhao S, et al. 2017. Saltmarshes response to human activities on a prograding coast revealed by a dual-scale time-series strategy. Estuaries and Coasts, 40(2): 522-539.

Sutter L A, Chambers R M, Perry J E. 2015. Seawater intrusion mediates species transition in low salinity, tidal marsh vegetation. Aquatic Botany, 122: 32-39.

Sutter L A, Perry J E, Chambers R M. 2014. Tidal freshwater marsh plant responses to low level salinity increases. Wetlands, 34(1): 167-175.

Talley T S, Crooks J A, Levin L A. 2001. Habitat utilization and alteration by the invasive burrowing isopod, *Sphaeroma quoyanum*, in California salt marshes. Marine Biology, 138(3): 561-573.

Tatu K S, Anderson J T, Hindman L J, et al. 2007. Mute swans' impact on submerged aquatic vegetation in Chesapeake Bay. Journal of Wildlife Management, 71(5): 1431-1439.

Tomanek L, Zuzow M J. 2010. The proteomic response of the mussel congeners *Mytilus galloprovincialis* and *M. trossulus* to acute heat stress: implications for thermal tolerance limits and metabolic costs of thermal stress.Journal of Experimental Biology, 213(20): 3559-3574.

Tyler A C, Lambrinos J G, Grosholz E D. 2007. Nitrogen inputs promote the spread of an invasive marsh grass. Ecological Applications, 17(7): 1886-1898.

Tyler A C, Mastronicola T A, McGlathery K J. 2003. Nitrogen fixation and nitrogen limitation of primary production along a natural marsh chronosequence. Oecologia, 136(3): 431-438.

Ukpong I E. 2015. *Nypa fruticans* Invasion and the Integrity of Mangrove Ecosystem Functioning in the Marginal Estuaries of South Eastern Nigeria. Ibadan: Ibadan University Press Publishing House: 1-13.

Van Der Putten W H, Klironomos J N, Wardle D A. 2007. Microbial ecology of biological invasions. The ISME Journal, 1: 28-37.

Van der Stocken T, Wee A K S, De Ryck D J R, et al. 2019. A general framework for propagule dispersal in mangroves. Biological Reviews, 94(4): 1547-1575.

Vitousek P M, Dantonio C M, Loope L L, et al. 1996. Biological invasions as global environmental change.Scientific American, 84(5): 468-478.

Voss C M, Christian R R, Morris J T. 2013. Marsh macrophyte responses to inundation anticipate impacts of sea-level rise and indicate ongoing drowning of North Carolina marshes. Marine Biology, 160(1): 181-194.

Walsh G E. 1974. Mangroves: a review//Reinold R J, Queen W H. Ecology of Halophytes. New York: Academic Press: 51-174.

Walther G R, Gritti E S, Berger S, et al. 2007. Palms tracking climate change. Global Ecology and Biogeography, 16(6): 801-809.

Wang A J, Gao S, Chen J, et al. 2009. Sediment dynamic responses of coastal salt marsh to typhoon "KAEMI" in Quanzhou Bay, Fujian Province, China.Chinese Science Bulletin, 54(1): 120-130.

Wang H, Liao G, D'Souza M, et al. 2016a. Temporal and spatial variations of greenhouse gas fluxes from a tidal mangrove wetland in Southeast China.Environmental Science and Pollution Research, 23(2): 1873-1885.

Wang P, Numbere A O, Camilo G R. 2016b. Long-Term changes in mangrove landscape of the Niger River Delta, Nigeria. American Journal of Science, 12(3): 248-259.

Wang Q, Wang C H, Zhao B, et al. 2006. Effects of growing conditions on the growth of and interactions between salt marsh plants: implications for invasibility of habitats. Biological Invasions, 8(7): 1547-1560.

Wang Y, Zhou L, Zheng X, et al. 2013. Influence of *Spartina alterniflora* on the mobility of heavy metals in salt marsh sediments of the Yangtze River Estuary, China. Environmental Science and Pollution Research, 20(3): 1675-1685.

Waser A M, Splinter W, Van Der Meer J. 2015. Indirect effects of invasive species affecting the population structure of an ecosystem engineer. Ecosphere, 6: art109.

Watson E B, Wigand C, Davey E W, et al. 2017. Wetland loss patterns and inundation-productivity relationships prognosticate widespread salt marsh loss for Southern New England. Estuaries and Coasts , 40(3): 662-681.

Weis P, Windham L, Burke D J, et al. 2002. Release into the environment of metals by two vascular salt marsh plants. Marine Environmental Research, 54(3-5): 325-329.

Whitcraft C R, Talley D M, Crooks J A, et al. 2007. Invasion of tamarisk (*Tamarix* spp.) in a southern California salt marsh. Biological Invasions, 9: 875-879.

White S N, Alber M. 2009. Drought-associated shifts in *Spartina alterniflora* and *S. cynosuroides* in the Altamaha River Estuary. Wetlands, 29(1): 215-224.

Williams H F L, Flanagan W M. 2009. Contribution of hurricane rita storm surge deposition to long-term sedimentation in Louisiana coastal woodlands and marshes. Journal of Coastal Research, 56(2): 1671-1675.

Williams S L, Grosholz E D. 2008. The invasive species challenge in estuarine and coastal environments: marrying management and science. Estuaries Coasts, 31(1): 3-20.

Williams S L. 2007. Introduced species in seagrass ecosystems: status and concerns. Journal of Experimental

Marine Biology and Ecology, 350(1-2): 89-110.
Williamson G J, Boggs G S, Bowman D M S. 2010. Late 20th century mangrove encroachment in the coastal Australian monsoon tropics parallels the regional increase in woody biomass. Reg Environ Change, 11: 19-27.
Winters G, Beer S, Willette D A, et al. 2020. The tropical seagrass *Halophila stipulacea*: reviewing what we know from its native and invasive habitats, alongside identifying knowledge gaps. Frontiers in Marine Science, 7: 300.
Woodroffe C D, Grindrod W J. 1991. Mangrove biogeography: the role of quaternary environmental and sea-level change. J Biogeogr, 18(5): 479-492.
Woodroffe C D, Thom B G, Chappell J. 1985. Development of widespread mangrove swamps in mid-Holocene times in northern Australia. Nature, 317: 711-713.
Woodroffe C D. 1990. The impact of sea-level rise on mangrove shorelines. Progress in Physical Geography: Earth and Environment, 14(4): 483-520.
Xie L N, Ge Z M, Li Y L, et al. 2020. Effects of waterlogging and increased salinity on microbial communities and extracellular enzyme activity in native and exotic marsh vegetation soils. Soil Science Society of America Journal, 84(1): 82-98.
Xin K, Zhou Q, Arndt S K, et al. 2013. Invasive capacity of the mangrove *Sonneratia apetla* in Hainan island, China. Journal of Tropical Forest Science, 25(1): 70-78.
Xin P, Wilson A, Shen C J, et al. 2022. Surface water and groundwater interactions in salt marshes and their impact on plant ecology and coastal biogeochemistry. Reviews of Geophysics, 60(1): e2021RG000740.
Xiong W, Shen C Y, Wu Z X, et al. 2017. A brief overview of known introductions of non-native marine and coastal species into China. Aquatic Invasions, 12(1): 109-115.
Xu X W, Fu G H, Zou X Q, et al. 2017. Diurnal variations of carbon dioxide, methane, and nitrous oxide fluxes from invasive *Spartina alterniflora* dominated coastal wetland in northern Jiangsu Province. Acta Oceanologica Sinica, 36(4): 105-113.
Xu X, Liu H, Liu Y, et al. 2020. Human eutrophication drives biogeographic salt marsh productivity patterns in China. Ecological Applications, 30(2): e02045.
Xu X, Zou X, Cao L, et al. 2014. Seasonal and spatial dynamics of greenhouse gas emissions under various vegetation covers in a coastal saline wetland in southeast China. Ecological Engineering, 73: 469-477.
Xue L, Li X, Yan Z, et al. 2018a. Native and non-native halophytes resiliency against sea-level rise and saltwater intrusion. Hydrobiologia, 806(1): 47-65.
Xue L, Li X, Zhang Q, et al. 2018b. Elevated salinity and inundation will facilitate the spread of invasive *Spartina alterniflora* in the Yangtze River Estuary, China. Journal of Experimental Marine Biology and Ecology, 506: 144-154.
Yan Z, Wang J, Li Y, et al. 2020. Waterlogging affects the mitigation of soil GHG emissions by biochar amendment in coastal wetland. Journal of Soils and Sediments, 20(10): 3591-3606.
Yang D, Wu J, Yan L, et al. 2022. A comparative study of sediment-bound trace elements and iron-bearing minerals in *S. alterniflora* and mudflat regions. Science of The Total Environment, 806: 151220.
Yao Q, Liu K. 2017. Dynamics of marsh-mangrove ecotone since the mid-Holocene: a palynological study of mangrove encroachment and sea level rise in the Shark River Estuary, Florida. PLoS ONE, 12: e0173670.
Yuan Z, Shi F. 2009. Ecological adaptation strategies in alien species: effects of salinity, temperature and photoperiod on *Spartina alterniflora* Loisel. seed germination. Polish Journal of Ecology, 57(4): 677-683.
Zan Q J, Wang B S, Wang Y J, et al. 2003. Ecological assessment on the introduced *Sonneratia caseolaris* and *S. apetala* at the mangrove forest of Shenzhen Bay, China. Acta Botanica Sinica, 45(5): 544-551.
Zarnetske P L, Gouhier T C, Hacker S D, et al. 2013. Indirect effects and facilitation among native and non-native species promote invasion success along an environmental stress gradient. Journal of Ecology, 101: 905-915.
Zedler J B, Kercher S. 2004. Causes and consequences of invasive plants in wetlands: opportunities,

opportunists, and outcomes. Critical Reviews in Plant Sciences, 23(5): 431-452.

Zhang J L, Lin Q L, Peng Y S, et al. 2022. Distributions of the non-native mangrove *Sonneratia apetala* in China: based on google earth imagery and field survey. Wetlands, 42(5): 35.

Zhang J, Zhang Y, Lloyd H, et al. 2021. Rapid reclamation and degradation of *Suaeda salsa* saltmarsh along Coastal China's Northern Yellow Sea. Land, 10(8): 835.

Zhang L, Wang S, Liu S, et al. 2018. Perennial forb invasions alter greenhouse gas balance between ecosystem and atmosphere in an annual grassland in China. Science of The Total Environment, 642: 781-788.

Zhang Q, Yan Z, Li X, et al. 2019. Formation of iron plaque in the roots of *Spartina alterniflora* and its effect on the immobilization of wastewater-borne pollutants. Ecotoxicology and Environmental Safety, 168: 212-220.

Zhang Y H, Huang G M, Wang W Q, et al. 2012. Interactions between mangroves and exotic *Spartina* in an anthropogenically disturbed estuary in southern China. Ecology, 93(3): 588-597.

第十九章　全球变化下生物入侵对农业生态系统与粮食安全的影响

自 18 世纪工业革命以来，特别是 20 世纪以后，人类对地球生态系统的影响开始变得越来越明显，甚至在某些方面超过了自然的影响。受人类活动和自然因素的共同影响，我们的地球发生了前所未有的变化，主要包括气候变化、大气组成变化、土地利用变化，以及这些变化所造成的环境后果。全球变化的诸多因素都会促进外来物种的入侵，全球贸易的加速发展也导致外来物种的引进不断增加，从而不断加剧外来生物的入侵。现在已有许多研究表明，气候变化影响了生物入侵的进程及规模。一方面，生物入侵会加剧土著物种生物多样性的降低、生境均质化以及生态系统崩溃等问题，而这些问题本身也是导致全球变化的其他要素，全球气候变化造成的新生境也有助于外来生物入侵成功。另一方面，全球变化的诸多因素会直接增加外来生物对资源的可利用性，从而使得外来生物更容易入侵成功。

作为生物圈的重要组成部分，农业生态系统对全球变化（如温度升高、干旱和 CO_2 浓度增加等）的响应极其敏感。其中，外来有害生物的入侵及危害直接影响这些生态系统的结构与功能，导致了农业生态系统组成结构的变化。随着气候因素的变化，尤其是温度升高、CO_2 浓度上升以及人为制造的小气候环境，致使某些生物在原本不可能生存的区域定居下来。随着生物的适应和演变，某些生物甚至可以暴发危害，形成越来越多的入侵物种，并对新的环境和生态造成破坏，对入侵地的农业和林业造成严重损失，进而对农业生态系统的多样性和稳定性造成深远的影响。因此，明确农业生态系统中外来入侵生物的种类及危害，加强对世界范围内农业生态系统入侵物种的传播及发生危害等相关信息的资料收集和探索研究，积极展开合作交流，及早预警并做好相应的检疫和预防措施至关重要。本章从全球变化下我国重要农业外来入侵物种的发生趋势、全球变化下生物入侵对农业生态系统的影响、全球变化下生物入侵对粮食安全的影响以及加强全球变化下农业生物入侵管控等方面，阐述了全球变化下生物入侵对农业生态系统与粮食安全的影响，为入侵物种的检疫和防治提供理论参考依据。

第一节　全球变化下我国重要农业外来入侵物种的发生趋势

一、入侵植物

外来入侵植物对我国农业生态系统造成了严重危害，中国每年因外来入侵植物造成的经济损失超千亿元，农业上因杂草导致作物产量的损失大于其他农业有害生物（Busi et al.，2021）。2021 年发布的 42 种《中华人民共和国进境植物检疫性有害生物名录》中，超过一半是入侵农业生态系统的外来有害植物。

（一）农业生态系统外来入侵植物种类

当前我国农田入侵植物共计 331 种 5 亚种，涉及 52 科 187 属，分别占我国总体入侵植物科的 76.47%、属的 83.48%、种的 83.58%。其中以菊科（Asteraceae，49 属 79 种）、禾本科（Poaceae，19 属 37 种）、豆科（Fabaceae，17 属 32 种）最为普遍，这与全球入侵植物的科属分布基本一致（任光前，2020）。相较于 2010 年的农业入侵植物种类，新增了 23 科 91 属 118 种 3 亚种，新增科主要集中在菊科（新增 20 属 40 种）、豆科（新增 6 属 15 种）、苋科（Amaranthaceae，新增 1 属 11 种 1 变种）、禾本科（新增 5 属 12 种）、大戟科（Euphorbiaceae，新增 2 属 11 种）、茄科（Solanaceae，新增 1 属 11 种）（强胜和张欢，2022）。据统计，各省（自治区、直辖市）外来入侵物种的数目差异比较大。云南省外来入侵植物达 39 科 94 属 142 种，在科的组成上以菊科（25 属 34 种）最多，其次是禾本科（15 属 20 种）和苏木科（2 属 9 种）；安徽省有外来入侵植物 37 科 86 属 132 种，在科的组成上以菊科种数最多，其次是苋科（Amaranthaceae）和禾本科；香港有外来入侵植物 36 科 77 属，其中数量最多的是菊科植物（17 种），其次是豆科（11 种）和禾本科植物（9 种）；京津冀地区有 99 种外来入侵植物，其中恶性杂草 11 种，菊科和禾本科为优势科，所含种数分别为 24 种和 12 种。总体上，我国入侵植物呈现种类丰富、原产于美洲的种类多、泛热带起源的种类多、危害严重的种类多、区域分化明显、入侵途径集中等特征。

气候变化是全球变化的一个重要方面，其主要表现为温度的上升、降水的改变以及极端气候事件的增加。这些气候因素的变化会对植物种群的增长、物候和物种相互作用等产生诸多影响（Hamann et al.，2020），而这些影响将会导致物种地理分布区域与生态系统功能的巨大变化。气候变化也会导致外来入侵植物分布范围的气候界线发生迁移（熊韫琦和赵彩云，2020）。如果气候变化改变了温度和降水对外来植物的限制，外来植物则可因其较强的扩散能力和较宽的生态位，比土著物种更快速地对气候界线的迁移做出反应，从而更适应新的气候环境。因此，气候变化将扩大外来入侵植物的地理分布，加速土著物种多样性的丧失。随着全球变暖的加剧，气候变化对外来入侵植物分布的影响逐渐成为主要因子。如大气 CO_2 浓度升高导致入侵植物飞机草（*Eupatorium odoratum*）的生长优势进一步提高（柴伟玲等，2014）；温度可以促进微甘菊（*Mikania micrantha*）种子的萌发和生长，并增强该植物的化感作用；Dreesen 等（2015）模拟了极端气候对草本植物群落可入侵性的影响，结果发现干旱与极端高温在短期内促进了外来植物的入侵。

（二）传播与扩散

入侵物种种群在入侵区域的扩散是其造成危害的主要原因（陈芳清和 Jean，2004）。对于入侵植物来说，其扩散途径以被动扩散为主，其中许多陆生植物以风、水和气流为载体。例如，加拿大一枝黄花（*Solidago canadensis*）的种子小而产量高，具细毛，极易随风传播（阮海根等，2004）。每株紫茎泽兰每年可产瘦果 1 万粒左右，可借助其冠毛随风传播，扩散的距离取决于风向、风速等（强胜，1998）。刺轴含羞草（*Mimosa pigra*）主要沿水路扩散，它的种子可随水漂浮，由此成功入侵热带和亚热带地区的众多沼泽湿地（岳茂峰等，2013）。陆生植物种子可随取食种子或果实的动物扩散，不同的动物可将种子从母体植物上带到不同的地方（谢国雄等，2012）。取食大蓟（*Cirsium japonicum*）种子的昆虫有实蝇科、象甲科和卷蛾科等，它们对大蓟的扩散起到重要的促进作用（任炳忠等，2007）。美洲商陆（*Phytolacca americana*）果实较漂亮，经常被鸟类等食果动物取食，并随其粪便排出扩散（李新华和尹晓明，2004）。国际贸易的发展和人类活动范围的扩大也促进了外来植物的扩散。外来植物可通过农业生产扩散，如毒麦（*Lolium temulentum*）曾在陕西省 11 县（区）发生，其种子可随人们穿的鞋、驾驶的汽车进行扩散（张金兰，1985）。加拿大一枝黄花作为观赏植物在北半球温带广泛引种栽培，目前在我国浙江、上海、安徽、湖北、江苏、江西、四川、云南、辽宁等地均有分布，且有不断扩散的趋势（阮海根等，2004）。互花米草（*Spartina alterniflora*）被引入旨在用于保护滩涂，目前已极为广泛地分布在我国天津至广西沿海地区（陈中义等，2004）。

20 世纪 40 年代，在我国云南省中缅边境地区首次发现紫茎泽兰（*Ageratina adenophora*）。其后，紫茎泽兰现以每年几十千米的速度逐步向北、向东扩散。河流、公路和铁路是其主要的扩散路线，现已在我国西南地区的云南、贵州、四川和广西、西藏等省区大规模泛滥（万方浩和郭建英，2007）。黄顶菊（*Flaveria bidentis*）是 20 世纪 90 年代入侵我国的外来有害植物，公路是黄顶菊扩散蔓延的主要通道，目前已入侵华北 4 省 1 市 146 个县 541 个乡镇（王保廷，2013）。三裂叶豚草（*Ambrosia trifida*）于 1930 年首次在辽宁铁岭地区被发现，目前已扩散至黑龙江、吉林、河北、北京、山东、江西、湖南、四川等地（李晓龙等，2021）。

二、入侵害虫

目前，全球气候变化已成为国内外最受关注的环境问题之一。昆虫体型小，对周围环境的变化非常敏感，其分布范围极易受环境变化的影响。近年来，外来入侵生物跨区域传播和扩散风险日益增强，新发疫情突发频发，形势日趋严峻。如农业新发重大入侵生物草地贪夜蛾（*Spodoptera frugiperda*）、番茄潜叶蛾（*Tuta absoluta*）等正严重威胁我国的农产品贸易安全和粮食安全（Gui et al.，2022）。

（一）种类与分布

入侵昆虫具有强大的繁殖、扩散和适应能力，极易在入侵地造成巨大的经济和生态损失（齐国君和吕利华，2018）。据统计，我国共有外来入侵昆虫 198 种，其中鞘翅目（Coleoptera）29 种、半翅目（Hemiptera）19 种、双翅目（Diptera）13 种、鳞翅目（Lepidoptera）8 种，且新入侵的昆虫数量呈明显上升趋势（黄顶成和张润志，2011；万方浩等，2009）。目前，外来入侵昆虫在我国的分布不平衡，各地区之间的物种数量存在较大差异，其中，云南省的入侵昆虫数量最多，为 51 种（龚治等，2021）。

当前，经济全球化飞速发展，外来入侵昆虫对我国农林业、生态环境、社会经济和人类健康造成的影响日益严重。近年来入侵我国的代表性昆虫类群有鳞翅目夜蛾科（Noctuidae）、麦蛾科（Gelechiidae）和灯蛾科（Arctiidae），鞘翅目叶甲科（Chrysomelidae）和象甲科（Curculionidae），半翅目粉虱科（Aleyrodidae）、粉蚧科（Pseudococcidae）和硕蚧科（Margarodidae），双翅目潜蝇科（Agromyzidae）、瘿蚊科（Cecidomyiidae）和实蝇科（Tephritidae），缨翅目蓟马科（Thripidae）以及膜翅目蚁科（Formicidae）等。这些昆虫类群的繁殖力通常较大，抗逆性强，寄主范围和适生范围广，危害程度高，而主要传播虫态的体型小，隐蔽性高，极易通过贸易和旅游等途径远距离扩散和入侵（黄顶成和张润志，2011），给入侵地带来巨大的经济损失。

（二）传播与扩散

（1）自然传入

自然传入（natural introduction）指在完全没有人为活动的影响情况下，物种自然扩散至某一区域。昆虫的自然传入分为依靠自身活动能力的短距离扩散以及借助风力、水力等自然力量的长距离扩散，从而形成入侵，如草地贪夜蛾（*Spodoptera frugiperda*）、美洲斑潜蝇（*Liriomyza sativae*）等的入侵（万方浩等，2015）。

（2）无意引进

无意引进（unintentional introduction）指某个物种借助人类各种类型的运输、迁移活动等而传播扩散并发生的。目前，无意引进已成为我国外来生物入侵的主要途径。由于昆虫个体小，隐蔽性强，常被人们忽视或难以发现，因此十分容易随其他物品进行传播。例如，红火蚁（*Solenopsis invicta*）主要借助货物调运、运输工具等途径而长距离入侵；舞毒蛾（*Lymantria dispar*）、美国白蛾（*Hyphantria cunea*）等昆虫能适应长途运输条件，常隐藏于运输工具和设备中，从而导致生物入侵。

21世纪，在全球经济一体化趋势加剧的新形势下，外来昆虫的传播扩散与20世纪中期之前主要依靠口岸贸易相比，发生了变化，呈现出如下新特点：国际贸易和国际旅游等跨国活动的迅猛发展，成为昆虫远距离入侵与迁移扩散的主要途径；现代大农业生产部分依赖于物种资源的引进与交换，这种有目的地共享生物多样性资源使得特定生态系统或特定区域得到巨大经济效益的同时，也增加了昆虫伴随入侵的危险性；经济一体化带来的交通基础设施的贯通，一些基础设施建设打破或扰动了"地理隔离与生态屏障"的"廊道"效应，增加了外来入侵昆虫迁移扩散的频率；随着网购热、宠物热等新情况的出现，外来物种入侵途径更加多样化、复杂化（郭建洋等，2019）。

（3）有意引入

有意引入（intentional introduction）指人类有意识地实行引种，将某个物种有目的地转移到自然分布范围及扩散潜力以外的地区。

（三）发生与危害

一个生态系统中，当有一种新的物种入侵时，由于入侵地没有天敌，入侵物种会与土著物种展开竞争,进而在很大程度上将土著物种完全取代,从而降低物种多样性(Bellard et al., 2016)。例如,CO_2 浓度升高可导致土著物种温室粉虱种群数量显著减少(Tripp et al., 1992),但对入侵烟粉虱(*Bemisia tabaci*)种群却没有显著影响(Butler et al., 1986);高 CO_2 浓度下,入侵物种西花蓟马(*Frankliniella occidentalis*)体内生理酶活性、繁殖力等均显著高于土著近缘种花蓟马(*Frankliniella intonsa*)(刘建业等, 2014;钱蕾等, 2015);在高 CO_2 浓度下,连续三代的生活史特征和生命表参数研究表明,高 CO_2 浓度促进了西花蓟马的生长发育及繁殖,而抑制了花蓟马的生长发育及繁殖(Qian et al., 2017);大气 CO_2 浓度的变化通过改变寄主植物的营养质量和防御化学物质/代谢产物而改变西花蓟马的生长和发育(Qian et al., 2021);同时,高 CO_2 浓度可以加速西花蓟马和花蓟马对乙基多杀菌素的抗性发展速度,长期暴露于高 CO_2 浓度和乙基多杀菌素胁迫下,西花蓟马的繁殖力显著高于花蓟马,说明大气 CO_2 浓度的升高提高了入侵害虫西花蓟马对乙基多杀菌素的抗性发展速度,也加速了其对土著物种花蓟马的种群替代(Fan et al., 2024);高温热激可显著缩短温室粉虱的寿命并降低其存活率和产卵量,而入侵 B 型烟粉虱则对高温具有较好的耐受性(Yu and Wan, 2009;Cui et al., 2008);在高温或低温胁迫下,西花蓟马较花蓟马有更高的存活率(Ullah and Lim, 2015)。Winter 等(2010)报道,当温度升高时,小龙虾(*Procambarus clarkii*)在水生生态系统中的表现要优于土著物种。此外,入侵物种在排挤或替代土著物种的同时,改变了本地生态系统的属性及环境,从而进一步促进了全球气候变化的发生(万方浩, 2011;Dukes and Mooney, 1999)。

外来生物入侵是当今世界最为棘手的生态环境难题之一,对国际贸易、农业生产、生态环境及生物多样性有着直接影响。外来入侵昆虫作为外来入侵物种的重要组成部分,其强大的繁殖、扩散及适应能力提高了入侵成功率,极易造成巨大的经济及生态损失。

目前,已传入我国的外来入侵昆虫种类繁多。在世界自然保护联盟公布的全球 100 种最有害的外来入侵物种中,仅昆虫就有 14 种(Luque et al., 2013),而在我国大陆(未统计我国香港特别行政区、澳门特别行政区和台湾省数据)出现的就有 7 种:烟粉虱、谷斑皮蠹(*Trogoderma granarium*)、红火蚁、舞毒蛾、白纹伊蚊(*Aedes albopictus*)、台湾乳白蚁(*Coptotermes formosanus*)、光肩星天牛(*Anoplophpra glabripennis*)。其中,光肩星天牛是我国土著物种,在国际贸易中,其他国家采取严厉的限制性措施来防止光肩星天牛的传入,对我国出口贸易造成了一定的影响。

三、入侵病原微生物

(一)种类与分布

入侵病原微生物是指传播到新生境并可对该地生态系统中的植物或动物构成疾病风险的病原微生物,包括细菌、真菌和病毒。如果有感染风险的宿主植物或动物在免疫学上缺乏抵抗力,那么这些外来病原体可能对其具有较大的破坏性。与外来入侵动植物相比,我国对外来入侵微生物的调查较少。

据徐海根等(2004)统计,目前中国共有外来入侵微生物 19 种,分别隶属于丝孢科（Hyphomycetaceae）、瘤座孢科（Tuberculariaceae）、暗梗孢科（Dematiaceae）、黑盘孢科（Melanconiaceae）、丛梗孢科（Moniliaceae）、假单胞菌科（Pseudomonaceae）、集壶菌科（Synchytriaceae）、明盘菌科（Hyaloscyphaceae）、座囊菌科（Dothideaceae）、栅锈科（Melampsoraceae）、间座壳科（Diaporthaceae）、长喙霉科（Ceratocystiaceae）、腐霉科（Pythiaceae）、霜霉科（Peronosporaceae）、豇豆花叶病毒科（Comoviridae）、香石竹潜隐病毒属（*Carlanirus*）、棒形杆菌属（*Clavibater*），其中假单胞菌科有 3 种，其他均有 1 种。

在 19 种外来入侵微生物中，9 种来源于美洲，包括松针红斑病菌（*Mycosphaerella pini*）、桉树青枯病菌（*Pseudomonas solanacearum*）、桉树焦枯病菌（*Cylindrocladium scoparium*）、落叶松癌肿病菌（*Lachnellula willlommii*）、杨树花叶病毒（poplar mosaic virus，PopMV）、甘薯长喙壳菌（*Ceratocystis fimbriata*）、大豆疫病菌（*Phytophthora megasperma*）、番茄细菌性溃疡病菌（*Clavibater michiganensis*）、大丽轮枝菌（*Verticillium dahliae*），占我国外来入侵微生物总种数的 47.4%；4 种起源于欧洲，包括香石竹枯萎病菌（*Fusarium oxysporum*）、油橄榄癌肿假单孢杆菌（*Pseudomonas savastanoi*）、杨树大斑溃疡病菌（*Cryptodiaporthe populea*）、松疱锈病菌（*Cronartium ribicola*），占我国外来入侵微生物总种数的 21.1%；来自亚洲的有 1 种，为起源于日本的落叶松枯梢病菌（*Botryosphaeria laricina*）。其他外来入侵微生物的起源地尚不清楚。

目前对农业危害较大的外来微生物或病害有 11 种（表 19-1），分别是：水稻细菌性条斑病（*Xanthomonas oryzicola*）、玉米霜霉病（*Peronospora* spp.）、马铃薯癌肿病（*Synchytrium endobioticum*）（*S. chilberszky*）、大豆疫病（*Phytophthora megasperma* f. sp. *glycinea*）、棉花黄萎病（*Verticillium albo-atrum*）、柑橘黄龙病（*Citrus* Huanglongbing）、柑橘溃疡病（*Xanthomonas axonopodis* pv. *citri*）、木薯细菌性枯萎病（*Xanthomonas campestris* pv. *manihotis*）、烟草环斑病毒病（*Tobacco ringspot virus*）、番茄溃疡病（*Clavibacter michiganensis* subsp. *michiganensis*）、鳞球茎茎线虫（*Ditylenchus dipsaci*）。

表 19-1 目前对农业危害较大的外来微生物或病害

病害	病原拉丁名	在我国的分布	全世界的分布
水稻细菌性条斑病	*Xanthomonas oryzicola*	主要分布于广东、广西、福建、浙江、湖南、湖北、安徽等省区。近年来，随着一些新品种和优质稻的大面积推广应用，该病的发生日趋广泛和严重	最早在菲律宾发现该病。主要分布于亚洲的热带、亚热带稻区
玉米霜霉病	*Peronospora* spp.	台湾、广西、云南、四川、河南、新疆、宁夏、辽宁、江苏、湖北、山东、甘肃已有发生	原产于美国得克萨斯州。主要分布于美洲、亚洲
马铃薯癌肿病	*Synchytrium endobioticum* (*S. chilberszky*)	主要分布在云南、四川、贵州等地	欧洲、亚洲、美洲、非洲等地
大豆疫病	*Phytophthora megasperma* f. sp. *glycinea*	吉林、安徽、福建、黑龙江、新疆等地	亚洲、非洲、欧洲、北美洲、南美洲和大洋洲
棉花黄萎病	*Verticillium albo-atrum*	主要植棉区均有发生	美洲、亚洲等
柑橘黄龙病	*Citrus* Huanglongbing	主要病区为广东、广西和福建，在四川、云南、贵州、湖南、江西、浙江等省的局部地区有发生	主要分布在南美洲、北美洲、亚洲、大洋洲、非洲等地

续表

病害	病原拉丁名	在我国的分布	全世界的分布
柑橘溃疡病	*Xanthomonas axonopodis* pv. *citri*	广东、广西、福建、台湾、海南	亚洲、美洲
木薯细菌性枯萎病	*Xanthomonas campestris* pv. *manihotis*	分布于台湾、海南、广东、广西、云南、江西等省（区）	亚洲、非洲和拉丁美洲
烟草环斑病毒病	*Tobacco ringspot virus*	局部分布于河北、黑龙江、河南、湖南、吉林、辽宁、山东、四川、台湾、云南及浙江	最初在北美洲被发现，分布于美国、加拿大、英国、日本等欧洲、亚洲、美洲、大洋洲和非洲的50多个国家
番茄溃疡病	*Clavibacter michiganensis* subsp. *michiganensis*	北京、黑龙江、辽宁、内蒙古、新疆、河北、山西、山东和上海等地均有不同程度的发生	最早于1909年在美国被首先发现后，已广泛分布于美洲、亚洲
鳞球茎茎线虫病	*Ditylenchus dipsaci*	江苏、山东、浙江、上海	欧洲、亚洲、南美洲、北美洲、亚洲

（二）传播与扩散

外来入侵微生物一般是随新鲜带皮的原木、接穗或带有小枝的原木、幼树、苗木、花钵、土壤而无意传入的，均属无意引进。一方面是由于人们对微生物的认识还很缺乏，对微生物的鉴别能力不足；另一方面由于微生物个体很小，常隐藏在寄主体内或货物中，不易被检验和发现。

（三）发生与危害

（1）农业生产

我国地域辽阔，气候和生态环境多样，适合大多数生物的生存，极易被微生物入侵。随着对外交流的扩大，外来微生物入侵的机会也不断增加，对我国的经济发展、社会稳定和人民生活的威胁也越来越大（姚一建等，2002）。水稻细菌性条斑病最早于1918年在菲律宾被发现，1955年在我国广东省发生，目前已蔓延到华南及长江流域，直接威胁我国主要稻区的农业生产（周明华等，2003）。棉花黄萎病和棉花枯萎病在20世纪上半叶通过棉花引种入侵我国，目前已经成为我国棉区的主要病害，由于缺乏有效的防治措施，两种病害每年都造成棉花严重的减产（陈其焕，1996）。甘薯黑斑病在1937年从日本传入我国辽宁省，到1980年已经蔓延到我国26个省（自治区、直辖市），引起大规模的薯块腐烂和死苗，而且染病的甘薯还会产生对人畜有毒的物质，引起头晕乃至死亡，对我国造成了巨大经济损失（贾赵东等，2011）。鱼传染性胰腺坏死病毒于1940年在加拿大首次被发现，现已传播到欧洲、亚洲和美洲，中国也曾暴发过此病。该病毒的寄主范围除鱼外，还能侵染七鳃鳗、圆口纲脊椎动物、硬骨鱼类和一些甲壳类，对我国野生水生动物生存和水产养殖业的发展构成严重威胁（张英，2015）。

（2）社会稳定与发展

由致病疫霉所引起的马铃薯晚疫病即为典型例子，该病起源于墨西哥，19世纪40年代传到欧洲和南美洲。1845～1847年，马铃薯晚疫病在爱尔兰暴发并引起大饥荒，致使 800 万居民中约 100 万人死亡和超过 150 万人流落他乡（姚一建等，2002）。

非洲猪瘟是由非洲猪瘟病毒所引起的一种传染病，该病毒是一种 DNA 病毒，其在世界范围内多个国家均有发生，目前没有有效的疫苗可以预防该病。我国于 2018 年 8 月 3 日确诊出现首例非洲猪瘟疫情。患病猪及带毒猪是该病的主要传染源，一旦猪群中有生猪患病，会在短时间内传播扩散，死亡率高达 100%，给养殖业带来毁灭性打击（周训兵等，2022）。

第二节　全球变化下生物入侵对农业生态系统的影响

大气中的 CO_2 浓度升高是全球气候变化的主要原因之一，会对作物的生理生态产生巨大的影响。自工业革命以来，全球大气中的 CO_2 浓度开始持续升高，已从工业革命前的 280 ppm 上升至目前的 417 ppm。在过去的 50 年中，大气 CO_2 浓度年平均上升速率为 1 ppm，而近 10 年，则以每年 1.8 ppm 的速率递增。如果按此速度增加，到 2030 年，大气中的 CO_2 浓度将达到 450 ppm；到 2050 年将增加到 720 ppm。大气 CO_2 浓度升高对农业生态系统最直接、最重要的影响是伴随着农作物光合作用的变化，具有不同固碳途径的植物之间的竞争自然会发生变化（金奖铁等，2019）。C_3 植物通常比 C_4 植物对大气 CO_2 浓度的增加更敏感，C_4 植物适应高温下的低 CO_2 浓度环境，而 C_3 植物则适应低温下的高 CO_2 浓度环境。随着 CO_2 浓度升高，植物光合作用的最适温度将增加，高 CO_2 浓度环境增加了细胞内外的 CO_2 浓度差，通常会提高植物的光合速率，使水分利用率升高。有研究表明，玉米等 C_4 植物的水分利用率随着大气 CO_2 浓度的升高而上升，小麦、水稻、棉花等农作物的产量随 CO_2 浓度升高将有不同程度的提高（曾长立等，2001）。美国农业部水土保持研究所提出，全球 CO_2 浓度加倍后，全球粮食产量将增加 10%～50%。一些科学家预测，在 CO_2 浓度升高时，农田生态系统中的 C_3 杂草会在 C_4 作物种群中更具有竞争力，而 C_4 杂草对 C_3 作物的影响则会减少。以 C_4 植物为优势种的群落可能会更容易被 C_3 植物入侵。但是，并非所有的 C_3 植物在 CO_2 浓度升高条件下都能增加生物量和繁殖力，不同物种的反应程度不同，甚至变化方向也有不同（康建宏等，2002）。

全球变暖将加重病虫害对农业生产的危害程度，特别是小麦锈病、黏虫、草地螟等的危害加重。小麦纹枯病、白粉病及棉铃虫、麦蚜、麦蜘蛛等病虫害的发生均与气候变化有关。由于气候变暖，病虫害发生繁殖的时间相对延长，病菌和虫卵的生长发育速度加快，繁殖一代经历的时间缩短，世代增多。温度偏高伴随阶段性干旱条件下，病虫害的种群世代数量呈上升趋势，繁殖数量倍增，往往造成病虫害的暴发，从而使农田生态系统的稳定性降低。

一、生物入侵对农业生态系统的影响

（一）对农业生物多样性的影响

外来入侵物种通过对当地物理、化学、水文环境等进行破坏的方式来对其他生物的生存造成威胁，改变当地的生态系统结构，使当地生物的多样性不断降低，并严重影响当地生态系统的各项功能。部分外来物种还可分泌具有抑制作用的物质来排斥其他物种的正常生长，通常情况下，外来入侵物种在进入一个新的区域以后，由于当地生态系统缺乏足够的抵御能力，入侵物种可以在很短的时间内形成单优群落，与土著物种争夺生存资源，本地原有的生态平衡被打破，土著物种数量不断减少甚至灭绝，最终导致当地农田生态系统物种单一和功能退化。入侵植物在与当地植物的竞争中更加占据优势，很容易导致原有群落衰退和消失。

近年来，外来物种入侵已严重影响到我国生物多样性并破坏生态系统的结构和功能，改变了物种原有的空间分布格局，甚至造成了一些土著物种濒临灭绝，导致土著物种多样性降低和遗传资源的丧失，对生物多样性保护与可持续利用及人类生存环境造成严重的威胁（类延宝等，2010）。外来物种一旦成功入侵生态系统，其影响是多方面的：一是改变原有生态系统的物种组成和数量；二是改变系统内的营养结构；三是干扰、改变胁迫的机制；四是在资源获取和利用上不同于土著物种。只要具备其中一条，许多外来入侵物种就能够直接或间接地改变生态系统的生态过程。

在长期的协同进化过程中，同一生态系统的各种物种通常占据着不同的生态位，物种之间形成了微妙而复杂的生态关系。然而，当外来物种入侵新的生态系统时，由于其缺乏天敌的制约，且其抗逆性和竞争能力通常较强，因此，外来物种同土著物种竞争，直接威胁土著物种的生存，使群落的物种多样性降低。入侵植物对生物多样性的影响最为明显。例如，加拿大一枝黄花（*Solidago canadensis*）的入侵导致上海地区多种土著物种局部消失；互花米草（*Spartina alterniflora*）入侵福建等地沿海滩涂，导致红树林湿地生态系统遭到破坏，红树林消失，滩涂鱼虾蟹贝类及其他生物生存环境改变，原有的200多种生物减少到20多种（左平等，2009）；互花米草入侵崇明东滩盐沼湿地后，降低了土著植物芦苇（*Phragmites australis*）和海三棱藨草（*Scirpus mariqueter*）的丰富度，甚至造成局部区域海三棱藨草的灭绝，从而严重改变了湿地土著植被的空间分布格局，还改变了被入侵生境中根际微生物功能群的多样性，继而影响了整个生态系统的营养循环过程（章振亚，2012）。此外，互花米草入侵虽然对昆虫多样性指数没有显著影响，但改变了昆虫群落结构，互花米草单种群落中昆虫丰富度显著低于芦苇单种群落，一些土著昆虫还发生了食性转移（高慧等，2006）。喜旱莲子草（*Alternanthera philoxeroides*）在池塘、湖泊、水库、沟渠、小溪、河道等富营养化的淡水生态系统中形成优势种后，通过改变边缘地带物理环境影响了伴生生物群落的组成，降低了土著植物多样性；其毯状结构还降低了水流速度，增加了泥沙沉积，加剧了植株冠层蒸腾作用，使水生生境陆生化，从而改变了植物群落的演替方向和分布格局（王颖等，2015）。紫茎泽兰（*Ageratina adenophora*）通过抑制土著植物种子萌发和幼苗生长，竞争排挤和取代土著植物，形成的单种优势群落破坏或改变了土著植物格局，引起了一系列的生态学问题和难题（张红玉，2013）。豚草（*Ambrosia artemisiifolia*）形成单优种群以后，在入侵生境中土著物种的丰富度指数、多样性指数均显著降低（柳晓燕等，2021）。水葫芦（*Eichhornia crassipes*）入侵云南滇池后占据了草海湖2/3的水域面积，导致鱼类数量锐减，蚊、蝇等病原菌媒介昆虫繁殖面积扩大，水体中曾有16种土著高等水生植物，由于水葫芦的入侵，这些植物失去了原有的生存空间而死亡，目前该地区只剩下3种土著高等植物。生物入侵不仅对物种多样性造成了较大影响,对基因多样性的影响也不可忽视,而且这种影响往往是不易察觉的(赵宝福等,2008)。入侵物种侵占或替代了土著物种的生态位,在一定程度上切断了土著物种之间的正常联系,并造成土著物种生境的破碎化、片段化,结果可引起土著物种的近亲繁殖及遗传漂变;同时,外来物种在与土著物种基因交流后可能导致后者发生遗传侵蚀,进一步引起土著物种基因多样性的改变与新物种的产生(类延宝等,2010)。

与入侵植物类似,一些杂食性外来动物的入侵,对本地生态系统动物多样性也构成了一定威胁。例如,红火蚁(*Solenopsis invicta*)入侵我国以后,捕食许多土著捕食性蚂蚁,导致生态系统捕食者结构简单化,土著蚂蚁种类和数量明显减少(陆永跃等,2019);在红火蚁发生严重的地区,红火蚁正逐渐取代土著蚂蚁成为当地的优势种,在被入侵的草坪和荒草地中土著蚂蚁的种类分别减少了 6 种和 3 种;被入侵的豆田中,土著蚂蚁的种群密度降为原来的 1/5(宋侦东等,2010)。小龙虾(*Procambarus clarkii*)通过捕食土著水生动物,对长江流域重要水产品中华绒螯蟹(*Eriocheir sinensis*)和日本沼虾(*Macrobrachium nipponense*)产生极大的杀伤力,减少了本地其他水生动物的生存空间,使斗鱼(*Macropodus opercularis*)、鳑鲏(*Rhodeus sinensis*)等野生鱼类消失(蔡凤金等,2010)。在世界范围内,外来入侵物种至少已经造成 109 种爬行动物的灭绝。例如,棕树蛇(*Boiga irregularis*)无意引入关岛造成 5 种土著鸟类的灭绝和许多土著物种数量的下降,并彻底改变了岛屿生态系统的结构(Engeman et al.,1998);尼罗河鲈鱼(*Lates niloticus*)于 1954 年被引入维多利亚湖,以缓解因过度捕鱼造成的土著鱼的产量剧减,结果却造成本地 200 多种当地鱼的灭绝(Ogutu-Ohwayo,1990)。类似的例子不胜枚举。在我国云南高原湖泊区域,外来鱼入侵是导致土著鱼类濒危的主要原因。滇西北主要的 3 个湖泊共有土著鱼类 34 种,从鱼产量的历史资料来看,土著鱼类数量的急剧下降均发生于引进新的鱼类种类之后。洱海在 20 世纪 60 年代初期引进四大家鱼时无意中夹带引进了麦穗鱼(*Pseudorasbora parva*)等非经济性外来鱼类,使得大理裂腹鱼(*Schizothorax taliensis*)等土著鱼类经历了第一次冲击,产量急剧下降,降至原来的 1%～2%。至 80 年代中期,麦穗鱼等非经济性外来鱼类数量明显下降后,土著鱼类的产量又有所回升;80 年代末期引进太湖新银鱼并在 90 年代初期种群数量剧增后,土著鱼类又经历了第二次冲击,各种土著鱼类均陷入濒危状态(张丽娜和李莉,2008)。

有趣的是,有些植食性动物入侵以后,本地生态系统的生物多样性并不像植物入侵那样一直降低。例如,马尾松(*Pinus massoniana*)纯林和混交林被松材线虫危害后,原有森林群落均未向灌丛方向退化,生物多样性反而比危害前有较大幅度增加,这说明松材线虫危害后,随着时间的推移和植被的恢复,整个群落能够朝更高、更稳定的方向演替和发展(吴蓉等,2005)。

(二)对农业生态环境的影响

大部分外来物种成功入侵后生长迅速,难以控制,造成严重的生物污染,对生态环境造成不可逆转的破坏。如紫茎泽兰和飞机草在其发生区域总是以漫山遍野密集成片的单优植物群落出现,大肆排挤土著植物,侵占宜林荒山、影响林木生长和更新;并入侵田地，影响栽培作物生长；堵塞水渠，阻碍交通（魏博等，2022）。微甘菊的蔓和茎攀缘并缠绕其他植物，可使成片树木枯萎死亡，所到之处别无其他杂草（彭冠明等，2023）。在福建宁德，大面积、高密度的大米草破坏了近海生物栖息环境，使沿海养殖贝类、蟹类、藻类、鱼类等多种生物窒息死亡，与海带、紫菜等争夺营养，使其产量逐年下降；堵塞航道，影响各类船只出港，给海上渔业、运输业甚至国防带来不便；影响海水交换能力，导致水质下降，并诱发赤潮（穆亚楠等，2018）。福寿螺（*Pomacea canaliculata*）是瓶螺科瓶螺属软体动物，外观与田螺极其相似，个体大、食性广、适应性强、生长繁殖快、产量高，1981年被引入中国，目前已被列入中国首批外来入侵物种，主要分布在广东、广西、江西、福建、海南、台湾、湖南等省区。福寿螺由于食量大，且食物种类繁多，对粮食作物和蔬菜以及水生农作物有很大的破坏作用。在广西有些地区，福寿螺在稻田的发生密度高达 16.95 个/m^2，水稻受害株率一般为 7%～15%，最高达 64%。此外，福寿螺还是一种人畜共患的寄生虫病的中间宿主（食用未充分加热的福寿螺可能引起广州管圆线虫等寄生虫在人体内感染），极易给周边居民带来健康问题。

（三）对生态系统结构和功能的影响

我国是全球 12 个"巨大多样性国家"之一，是地球上种子植物区系起源中心之一，承袭了北方第三纪、古地中海古南大陆的区系成分；动物则汇集了古北界和东洋界的大部分种类，是世界上裸子植物最多的国家；种子植物仅次于世界种子植物最丰富的巴西和哥伦比亚，居世界第 3 位（黄继红和臧润国，2021）。生态系统多样性离不开物种的多样性，也就离不开不同物种所具有的遗传多样性。毫无疑问，中国物种资源丰富，生态系统结构和功能稳定、多样化，有利于进行农业生产。但是，近几百年来，中国的生态系统结构和功能的多样性在不断下降，具体表现在生物灭绝的速度不断加快；大量物种遭受灭绝的威胁；生态系统的大量退化和瓦解；家养动物和栽培作物的多样性也同样在下降。热带雨林仅占地球陆地面积的 7%，但世界上 50% 的物种分布在其中。热带雨林的年平均消失速度为 1%（面积约 1217 万 hm^2），由此将造成每年有 0.2%～0.3% 的物种消失。如果世界上的物种总数估计为 1000 万种，那么每年就有 2 万～3 万种，或者每天 68 种，或者每小时有 3 种消失。物种一旦灭绝，便不可再生。生物多样性的丧失不仅造成生态环境的破坏，威胁人类自身的生存，同时也将造成农业、医药卫生保健、工业方面的根本危机。

生态环境破坏和外来生物入侵是造成生态系统结构和功能多样性衰减的最重要的两大原因。在自然界长期的进化过程中，每种生物作为生态系统的一个有机组成部分，在其原产地的自然环境中各自处于食物链相应的位置，相互制约、相互协调，将各自的种群限制在一定的栖息环境并维持一定的数量，形成平衡和稳定复杂化的生态系统结构和功能。但是，外来物种的入侵会破坏这种平衡关系，严重影响当地生物多样性结构，对当地的生态环境、经济和人类健康产生危害，给社会带来影响。它导致一些物种的濒危、极危和灭绝，从根本上威胁生物安全。

我国地域辽阔，栖息地类型繁多，生态系统多样，大多数外来入侵物种都很容易在我国找到适宜的生长繁殖地，这也使得我国极其容易遭受外来物种的入侵。不同生态环境中，以农业生态环境中外来物种最多，大农业生态环境中的入侵生物高达 582 种，其中对种植业造成重大危害的物种有烟粉虱、番茄潜叶蛾、红火蚁、苹果蠹蛾等；对渔业造成重大危害的物种有巴西龟、鳄雀鳝、克氏原螯虾等；对农业生态环境造成重大危害的物种有红火蚁、豚草、紫茎泽兰、微甘菊、喜旱莲子草等。

外来入侵物种通常具有以下特点：生态适应力强、繁殖能力强、传播扩散能力强，并且会对农、林、牧、渔业生产造成巨大的经济危害。外来物种在新的生态系统中，在温度、湿度、海拔、土壤、营养等环境条件适宜的情况下如果可以自行繁衍，并形成自然群落，就很可能成为外来入侵物种，给当地的生态系统带来严重威胁。

入侵生物影响和改变本地农业生态环境中固有植物的物种组成、生态系统和气候条件，直接破坏当地农业生态平衡，对农业生态系统结构和功能造成严重的不可逆的危害。外来入侵物种中有一部分与土著近缘物种杂交，从而改变土著物种基因型在生物群落基因库中的比例，使群落基因库结构发生变化。而且有时这种杂交后代具有更强的抗逆能力而使土著物种面临更大的压力，严重时造成土著物种的消失，从而降低了生物遗传多样性，既削弱了农业生态系统的功能与结构，也降低了生态系统的多样性。大米草是外来植物互花米草与土著物种米草的杂交后代，其株形比亲本更高大，生长更旺盛，导致一些地区大米草疯长。外来入侵物种均可以阻止土著物种的自然更新，从而使生态系统结构和功能发生长期无法恢复的变化，还会加速局部和全球物种灭绝的速度，给生物物种多样性带来严重威胁。外来入侵生物还能够改变原有生物系统的生物链，占据土著物种的生态位，排挤土著物种，导致生态系统内生物物种减少，破坏生态环境，使得生态系统多样性与生态系统功能和结构遭到破坏。

外来入侵物种不仅降低农业生态系统中土著物种的遗传多样性，还可能使农业生态系统的群落结构趋于简单，功能弱化，生态系统结构和功能的多样性下降，也就是生态系统多样性的下降，不利于农业生态环境的稳定，也不利于农业生产。被称为"破坏草"的紫茎泽兰入侵我国西南地区 5 年以后，被入侵地的物种数量由入侵时的 13 科 33 种减少到 5 科 5 种，物种丰富度下降了约 85%；入侵短短 1 年，与之相伴而生的土著植物覆盖度便由 90%以上下滑为不足 50%；入侵 3 年后，土著植物的覆盖度严重下滑到不足 10%（强胜，1998），由此产生的对宜林荒山、经济林地、放牧草地、休耕地、农田等生态系统结构和功能的不利影响显而易见。

二、生物入侵对农业生产的影响

生物入侵除能造成对农业生态系统结构和功能的破坏外，更重要的是极大地影响人类农业生产，并对社会造成巨大的经济损失。研究发现，生物入侵造成了生物多样性的大幅下降，以及社会的高经济损失和与这些入侵物种管理相关的货币支出。据估计，入侵物种治理的总成本在 1970~2017 年至少有 1.288 万亿美元，年平均耗资为 268 亿美元。但这些成本仍然被低估了，并且其增长趋势没有任何放缓的迹象，每十年持续增长 3 倍（Diagne et al.，2021）。截至目前，外来入侵物种在我国共有 600 多种，入侵环境复杂，包含各种生态系统，对我国农林牧渔业和生态系统、物种资源造成的直接或间接经济损失每年达到 2000 亿元，其中有相当一部分是农业生产上所遭受的损失。

入侵物种类型多样，从脊椎动物、无脊椎动物、植物，到细菌、病毒，都能找到生物入侵的影子，其中植物、昆虫、细菌、病毒、线虫更是对农业生产造成了毁灭性的打击。如小麦矮腥黑穗病是由小麦矮腥黑粉菌（Tilletia controversa）引起的一种重要国际检疫性真菌病害，对小麦生产具有毁灭性危害，小麦发病率约等于产量损失率，流行年份小麦一般减产 20%~50%，严重时可高达 75%以上（黄庆林等，2007），甚至造成绝产。梨火疫病是梨树、苹果树等蔷薇科植物最具毁灭性的细菌性病害之一（刘华威，2008），由梨火疫病菌（Erwinia amylovora）引起，危害植物的花、叶片、嫩梢、果实、枝干，被害组织出现水渍、枯萎、黑斑等症状。由于病叶变黑凋萎，挂在树上不脱落呈马鞭状（童明龙，2012），病害严重时，大量病枝枯死，形似火烧。紫茎泽兰（Ageratina adenophora）是一种适应性很强的世界性恶性杂草，目前在世界上很多国家和地区广泛分布，并持续扩张。紫茎泽兰入侵后，可强烈排挤土著植物，严重威胁生物多样性，而且该杂草含有的毒素易引起马的气喘病或牲畜误食后死亡，对当地的农、林、畜牧业生产造成严重的经济损失和生态环境灾难（桂富荣等，2012）。马铃薯甲虫（Leptinotarsa decemlineata）能危害以茄科为主的 20 多种植物，其中多为茄属的植物，如马铃薯、茄子、刺萼龙葵，以及天仙子，此外偶尔取食颠茄属、曼陀罗属的个别植物和十字花科的白菜等；马铃薯甲虫以成虫和幼虫危害马铃薯叶片，通常将植株叶片吃光，仅剩茎秆，一般造成 30%~50%的产量损失，严重者减产可达 90%，甚至引起绝收（刘丽玲等，2021）；马铃薯甲虫还可传播马铃薯褐斑病和环腐病。香蕉穿孔线虫（Radopholus similis），是一种重要的危险性植物病原线虫（吴尧，2011），世界上有 55 个国家对其实施官方控制；该线虫引起香蕉猝倒病、根腐病和黑头病等，造成香蕉严重减产；自 2002 年以来，我国曾在广东南海、广州、上海、厦门等口岸多次从国外进口的香蕉苗、水榕苗、红掌苗、三角小水榕等植物上截获香蕉穿孔线虫，需要各级植物检疫部门积极做好防范工作（彭德良和谢丙炎，2005），严防疫情传入。

外来入侵物种在适宜的生态和气候条件下，疯狂生长，对农业生产造成严重的经济损失（张丽娜和李莉，2008）。近年来，因外来生物入侵造成的农作物严重受灾面积每年都在 150 万 hm² 以上，豚草、紫茎泽兰等肆意蔓延，在部分地区已经到了难以控制的局面。据 2003 年中国农业科学院研究团队的保守估计，仅紫茎泽兰、烟粉虱、美洲斑潜蝇、松材线虫等 11 种主要外来入侵物种，每年对我国造成的农林业经济损失就高达 574 亿多元。2000 年 9 月，在济南市郊区大金庄附近一带，发现了外来检疫性有害生物三裂叶豚草（王旭清等，2007），密度最高达到 525 株/m²，并且已经侵蚀到部分粮田、果园，被豚草占据的土地几乎寸草不生，给农业生产带来极大威胁。此外，豚草花粉是引发过敏性鼻炎和支气管哮喘等变态反应症的主要病原，它也是秋季花粉过敏症的主要致病原，导致哮喘发病率大幅上升（王建军等，2006）。在日本大阪，每到豚草开花的季节，据说会有 20 万大阪市民离开大阪躲避（王旭清等，2007）。

物种引进是外来生物入侵的主要途径之一。在我国已知的外来有害生物中，半数以上是人为引种的结果。但当前，我国部分管理人员、科研人员、基层工作人员和普通民众普遍没有认识到外来物种已经引起的危害或潜在危险，对外来物种的引进仍存在一定盲目性。许多引种属于盲目跟风，人云亦云。目前，草坪引种、退耕还林还草工作中不注意分析利用土著物种，大量引入外来物种，很可能导致入侵物种种类增加、危害加剧。我国对外来物种危害的认识仅仅局限于病虫害和杂草等所造成的严重经济损失上，对没有造成严重经济损失却正在排挤、取代当地物种，改变、破坏当地生态系统的物种或初发期入侵物种，还没有给予足够的重视。目前，除专业管理人员和技术人员外，公众对大多数有害入侵物种知之甚少，如何防治其危害更无从谈起。因此，进一步加强外来入侵物种的识别、防治、风险评估，加强对入侵物种危害性的交流与公众教育和培训十分必要。

第三节 全球变化下生物入侵对粮食安全的影响

外来入侵生物通常会改变入侵地的生态学特征，损害当地生物多样性，威胁农业生态系统的生产和自然生态系统的结构与功能，严重危害国家生态安全、经济安全特别是粮食安全。迄今为止，全国34个省级行政区均有外来入侵生物，可以说已经遍及全国。据生态环境部发布的《2020中国生态环境状况公报》，全国已发现660多种外来物种入侵我国，其中71种对自然生态系统已造成或具有潜在威胁并被列入《中国外来入侵物种名单》，219种已入侵国家级自然保护区（丁声俊，2022），其中48种被列入《中国外来入侵物种名单》。

一、生物入侵对粮食生产的影响

我国是人口大国，粮食需求巨大。中国农业发展的历史是一部人与农业有害生物斗争的历史。过去，我们主要依赖化学农药来防治病虫害，因乱用滥用农药而引发了一系列生态问题和社会问题。目前，我国农业粮食领域面临的生物安全形势十分严峻，土地生态系统、草原生态系统、森林生态系统和水域生态系统都出现了普遍性退化，加之大量外来有害生物入侵，致使我国自然生态系统功能严重弱化，造成了系统性、频发性、普发性生态危害和生态灾难。特别是新冠疫情的突然暴发和全球流行，再次为我们敲响警钟：大力加强对包括农业粮食在内的生物安全风险的防范和监管，势在必行，刻不容缓（丁声俊，2022）。

我国是一个东方农业粮食大国，其主要标志包括：农业粮食生产历史悠久，至今仍然保持着完整的人类最早的农耕文明史；农业粮食是国民经济的基础产业，粮食安全是国民经济乃至国家安全的"压舱石"；农业粮食资源丰富，拥有18亿亩基本农田，建设有一大批重要基础设施，还是许多农业粮食作物的原产地；粮食等农产品产量高，有多种农产品产量位居世界首位；粮食总产量连续多年保持在1.3万多亿斤（1斤=0.5 kg）；粮食、肉蛋奶等大宗农产品的加工量和消费量巨大，是农产品加工和消费大国；农业粮食拥有广阔的国内外市场，在世界上市场体量最为庞大，市场主体达到1.3亿个，是世界农产品贸易大国；粮食等大宗农产品"互联网+"新业态、新模式方兴未艾，显示出强大生命力。然而，全球化进程的加快以及生物技术的进步，多种干扰压力导致我国农业粮食生态系统严重退化，并带来一系列消极影响，如生态功能减弱或丧失、生态效益和社会效益降低、生物多样性降低、生产力下降、基本结构和功能遭到破坏以及"抗逆"

能力下降。特别是农业粮食产业遭受严重影响，包括土地、草原、森林和水域等主要领域的自然生态系统受到多种干扰压力而失衡，构成了国家粮食安全的隐患。

中国是幅员辽阔、自然条件复杂的国家，又是农业、牧业和渔业大国，因而是全球生物物种特别丰富的国家，居世界第8位，在生物多样性保护行动中的地位举足轻重。我国国土上蕴藏着的丰富生物资源，是大自然的宝贵财富，对生物多样性的开发利用具有极大的经济价值和科学价值。随着国际贸易和人员往来日益频繁以及旅游业和物流业的迅速发展，外来物种入侵我国的数量不断增多，范围不断扩大。外来入侵生物一旦失去了控制，在新的环境中会生长较快，对生物多样性、环境安全和粮食安全造成影响。例如，2018年底到2019年初，原产于美洲的草地贪夜蛾从云南边境入侵我国。其作为一种危害全球的农业害虫，具有适生区域广、迁飞能力强、繁殖倍数高、暴食危害重、防控难度大的特点。它一路迁徙，对我国农业生产和粮食安全构成严峻考验。我国是农业大国，也是草地贪夜蛾等迁飞昆虫影响的重点区域。国家统计局数据显示，"十三五"期间，迁飞性害虫及其传播的作物病害，在我国年均发生15亿亩次以上，每年潜在粮食损失超过800亿斤。

目前，外来物种入侵的途径主要有3种：一是人为有意引进，包括人们出于农林牧渔业生产、生态环境建设、生态保护、观赏等目的有意引进某些物种，如水葫芦因观赏目的引入。二是人类无意传播，主要包括随交通工具带入，像豚草随农产品的国际贸易带入、假高粱随进口粮食夹带传入；随动植物引种带入，如毒麦随进口种子传入等。三是通过自身繁殖扩散和风力、水流、动物等途径进行的自然扩散，如紫茎泽兰、草地贪夜蛾从中缅边境扩散进入我国等。外来入侵物种通常具有生态适应能力强、繁殖能力强和传播能力强等"三强"特点。与此相对照，被入侵生态系统拥有可供利用的资源但又缺乏自然控制机制，因而形成外来物种入侵频率高的现象，对土著生物形成严重威胁，甚至成为公害，人类的农业粮食产业为此付出了巨大代价。

外来物种入侵已经给入侵地区的农业生产带来严重损害：一是外来入侵物种会改变入侵地的自然生态系统，降低物种多样性，进而对当地社会、文化等产生消极影响。二是外来物种对人类健康可能构成直接威胁。三是外来入侵动植物直接危害当地农林等产业的经济发展（Vilà et al.，2011）。它们会对农田、园艺、草坪、森林、畜牧、水产等造成直接危害。四是外来生物入侵会改变当地生态系统，给当地水土、气候等带来一系列负面影响，还会导致各种间接损失。五是外来入侵物种造成直接和间接的经济损失（Gentili et al.，2021）。《人民日报海外版》的报道显示，在欧洲，每年外来物种的入侵造成至少12亿欧元的损失。而外来入侵物种专家小组（ISSG）的主席皮耶罗说，12亿欧元的数字偏低，因为这个数字不包括外来物种对土著物种生物多样性的破坏。大量事实表明，农业有害生物入侵已成为世界公害。

二、全球变化下生物入侵对粮食安全的新挑战

在自然界长期的进化过程中，生物与生物之间相互制约、相互协调，并将各自的种群限制在一定的环境和数量范围内，形成了稳定的生态系统。但当一种外来生物入侵并

在脱离人为控制后，就会在当地的气候、土壤、水分及传播条件下野蛮扩散，形成大面积"单优群落"，从而打破原有的生态平衡，造成极大的负面影响。迄今为止，诸多外来物种的入侵已给入侵地带来了巨大危害。随着国际贸易和人员往来日益频繁，以及旅游业和物流业的迅速发展，外来物种入侵我国的数量不断增多，范围越来越广，特别是农业粮食有害生物入侵并传播扩散至各地，危害加重，严重威胁农业粮食的可持续发展（Lang and David，2012）。近年来，外来物种入侵呈蔓延势头，如草地贪夜蛾、红火蚁、松材线虫、紫茎泽兰、加拿大一枝黄花等，严重影响入侵地生态环境，损害农林牧渔业可持续发展和生物多样性，对国家粮食安全、生物安全和生态安全造成威胁。

随着社会进步，人们对粮食安全、食品安全和生态安全不断提出新的更高的要求。党的十八大以来，习近平总书记始终高度重视粮食生产和安全问题，多次到粮食生产一线调研考察，指出：不能把粮食当成一般商品，光算经济账、不算政治账，光算眼前账、不算长远账。主产区、主销区、产销平衡区都有责任保面积、保产量，饭碗要一起端、责任要一起扛。此乃"国之大者"！我们"要未雨绸缪，始终绷紧粮食安全这根弦，始终坚持以我为主、立足国内、确保产能、适度进口、科技支撑"。我国作为一个农业粮食大国，具备多种优势条件。从近期看，国家粮食安全是有保障的，但从中长期看，仍然存在系统性、结构性问题，集中表现为"八大挑战"：一是农业粮食生态环境的压力呈加重态势；二是人均耕地、淡水资源数量趋减、资源承载压力越来越沉重；三是全国人口逐年增长和消费刚性增长的趋势，使中长期的粮食供求呈"紧平衡"态势；四是农业粮食产业处于成本上升期，农产品价格基本上都高出国际市场价格，减弱了其在国内外市场上的竞争力；五是粮食比较效益较低，粮食生产和农业收入占农户家庭收入的比例也较低，导致农民生产粮食的意愿不高；六是农民组织化程度低，小农生产者占绝大部分，不仅规模效益低下，而且抵御自然灾害的能力薄弱；七是农业粮食科技创新能力弱，尤其是作为农业粮食生产"芯片"的优良品种的培育处于劣势；八是外来入侵有害生物造成多种危害，威胁农业粮食可持续发展（丁声俊，2022）。为此，必须采取必要措施，建立并完善生物安全现代治理和保障体系，把农业粮食生态安全系统纳入国家安全体系，强化农业粮食生态安全体系保障，把"大国粮安"建立在牢固的生物安全基础上。

全球气候变暖、污染加剧、生物入侵危害严重、灾害性天气频繁等，已成为影响粮食安全的关键因素。气候变化可能会导致灾害加剧、降水量变化、种植结构变化等一系列外部环境的改变。对此，联合国粮食及农业组织指出，今后 20~50 年的农业生产将受到气候变化的严重冲击，进而影响全球的粮食安全。

党的十八大以来，我国生物安全建设取得了历史性成就。然而，包括农业粮食在内的生态体系在多种干扰压力下趋于退化，多种外来有害物种入侵，使得保障"大国粮安"也面临着新风险和新挑战。当前，传统生物安全问题和新型生物安全风险相互叠加，境外生物威胁和内部生物风险交织并存，致使生物安全风险呈现出许多新情况和新特点。新时代在呼唤，生物安全关乎"大国粮安"，关乎国家长治久安，关乎中华民族"大国粮安"视域下加强生物安全保障体系建设研究永续发展。它已成为国家总体安全的重要组成部分，国家必须把加强生物安全建设摆在更加突出的位置，健全其现代治理体系，提高其现代治理能力，以牢牢稳住我国粮食安全"压舱石"（丁声俊，2022）。面向未来，我们要站在保障"大国粮安"、保护人民健康、维护国家安全和长治久安的战略高度，进一步深化对保障农业粮食生态安全战略意义的认识；从国家总体安全的角度出发，制定好农业粮食生物安全风险防控和治理的顶层设计和规划；加强国家集中统一领导，健全农业粮食生物安全制度，建立健全预警监测机制，健全防控和监管体系；大兴生态革命，促进绿色发展和可持续发展，大力加强国家生物安全风险防控和治理体系建设，提高国家生物安全治理能力，筑牢包括农业粮食产业在内的国家生物安全屏障。第一，要认真贯彻落实2021年4月15日起施行的《中华人民共和国生物安全法》，维护国家安全，防范和应对生物安全风险，保障人民生命健康，保护生物资源和生态环境，促进生物技术健康发展，推动构建人类命运共同体，实现人与自然和谐共生。第二，建立农业粮食生态安全的管理制度体系，包括监测预警体系、标准体系、名录清单管理体系、信息共享体系、风险评估体系、应急体系以及决策技术咨询体系等。第三，增强保障农业粮食生态安全的能力，加大人、财、物的投入力度和政策扶持力度。第四，强化源头管控，严防外来有害生物"偷渡"入境。要按照底线思维、源头预防、综合治理、全民参与的原则，抓好防控工作。强化源头管控，把好外来物种引入、国门防控、国内调运检疫三大关口。第五，在全社会普及生物安全及农业粮食生态安全体系基础知识，培养公众维护生物安全要从自身做起的意识，养成良好、科学的工作和生活习惯。还要时刻关注外来生物给我国经济、社会、文化和公众健康所带来的巨大影响。第六，强化法治保障，全面提高依法防控、依法治理能力，严格依法管理，堵塞漏洞，防止生物技术被滥用，将生物安全风险降至最低（丁声俊，2022）。

第四节　加强全球变化下农业生物入侵管控

生物入侵作为生态系统稳定性和物种多样性维持最主要的生物威胁，与其他全球变化要素之间存在着复杂的关联作用。生物入侵是全球变化的一个重要组分。外来生物入侵对各国国民经济、生态环境、人类健康和社会生活造成的损失触目惊心。据国际《生物多样性公约》（CBD）组织报告，外来生物入侵每年对美国造成的损失是1380亿美元，印度为1170亿美元，巴西为500亿美元，英国为120亿美元，南非为70亿美元。外来入侵生物已成为影响全世界农业生产的重要因素之一，入侵的杂草和病虫害已对世界许多国家的作物造成了巨大的经济损失。另外，外来有害生物的入侵，除造成直接经济损失外，还增加了控制外来入侵生物的成本。例如，美国杂草学会1992年估计，美国每年用于控制农业外来杂草及病虫害的费用为45亿～63亿美元。

我国是一个农业大国，也是一个生物多样性大国，生产规模巨大，地理、气候、生态系统类型多样，为外来生物的传入和散布创造了有利条件，造成外来生物很容易在我国领土上长期定殖。再加上近年来随着我国经济的迅速增长，国际贸易往来不断增加，进一步增加了外来物种入侵我国的数量和频率。据报道，我国超过80%的入侵物种出现在农田、森林和植物园等人工干扰频繁的生境中，严重影响了我国农业生产安全。为加强外来入侵物种防控管理，农业农村部、自然资源部、生态环境部、海关总署联合发布的《外来入侵物种管理办法》已于 2022 年 8 月 1 日施行，该办法明确规定，任何单位和个人未经批准，不得擅自引进、释放或者丢弃外来物种。外来物种入侵之前，对其管理主要依靠预防措施；入侵后，根据外来物种入侵后分布和扩散的情况，可以采用根除、限制及防治等措施。

一、农业入侵物种野外智能化监测

随着社会的快速发展，人口总数不断增长，预计到 2050 年世界粮食需求将会翻一番。由于地下水储量减少、极端气候事件频发，耕地面积减少以及病虫害泛滥等，粮食增产极为困难。病虫害泛滥是造成粮食减产的主要原因之一。目前，农业大数据等信息技术已逐步应用于农业生产，可以在监测、预防和控制 3 个方向对病虫害进行干预。预防为先是生物入侵防控的重要原则。在外来入侵物种的管理中，新的大数据信息技术能够实时监测病虫害，可以在农业大数据中心收集相关信息，用以全面分析农作物及其生长状况、生长环境等，以便随时调整和干预农作物生长，预防入侵物种危害，增加农作物产量。

传统病虫害的预测存在准确性不高和处置时间滞后等缺点，而病虫害智能预测技术则在农业大数据技术的基础上，针对这些缺陷进行了改进，使其朝着智能化和精确化的方向发展。在基于大数据的现代信息技术中，从信息的收集到传递再到分析，病虫害的预警越来越数字化和标准化。

（1）利用 3S（RS、GIS、GPS）技术的病虫害预警和监测

3S 技术是指遥感技术（RS）和全球定位系统（GPS）及地理信息系统（GIS）的结合。3S 技术是一种多学科相互交叉的技术，可以进行数据收集、处理和通信等操作。

RS 通过各种传感器收集并处理目标物体辐射和反射的电磁波，最后形成图像，然后检测并识别目标物体。遥感技术可以监测病虫害发生、发展情况。遥感技术手动收集的方法既费时又费力，并且可能导致数据损坏，而遥感技术则弥补了这方面的缺点。遥感技术使用图像处理和识别技术来处理所观测的数据，是人们监测植物生长、调节环境因素和防治病虫害的数据和技术基础。

GIS 具有强大的地理空间信息处理能力，已广泛用于研究区域病虫害防治。GIS 可以收集环境因素、气象数据、病虫害类型和作物生长信息，并预测病虫害的传播趋势，而且可以通过直观的图形来进行展示，在病虫害信息管理和预警功能程序中应用比较普遍。

过去由于 RS 和 GIS 技术应用还不够成熟，因此 RS 和 GIS 两个系统通常分开使用。随着这两种技术的发展，3S 集成技术可以更方便地用于环境监测、气候变化和灾难预测中。GIS 对通过 RS 采集的图像进行图像处理、数据分析和专家系统预测并分析虫害的发生程度和区域，然后使用 GPS 准确定位地理位置，以查明病虫害发生地点。

（2）利用人工神经网络技术对病虫害进行预警和监测

影响病虫害的因素包括物理因素和环境因素，两者对有害生物的影响之间的相互作用不是线性的。因此，传统的数学统计和分析方法很难训练适用的模型。人工神经网络

通过模拟人脑的思维结构，具有较强的自学习、自组织、自适应和容错能力，适用于处理非线性问题，在农业病虫害预警与监测中有广泛应用。

（3）利用支持向量机（SVM）技术的病虫害预警和监测

向量机适用于小样本、非线性和高维模式，基本原理是应用核函数展开定理将样本空间映射到高维特征空间，并在高维空间中获得最优的分类面，使原本的非线性可分离问题成为可能，从而在病虫害预警和监测的数据分析中得以应用。SVM 还具有一定缺点，如小训练样本集的收敛速度慢等，通常需要结合其他算法进行优化。

（4）使用物联网技术进行病虫害的预警和监测

物联网在农业大数据相关的互联网中提供了一系列服务，如在线监视、定位和跟踪、命令和调度、安全预防和决策支持等。在病虫害预测方面，传感器用于连续监测植物的生长环境，如温湿度和光照强度等，以实现农作物监测和病虫害防治。同时，物联网技术不仅使收集到的信息在数量上实现了质的飞跃，而且在维度上也实现了飞跃，可以提高病虫害的预测准确性。

（5）利用图像处理技术对病虫害进行预警和监测

图像处理是指将图像信号转换为数字信号再进行处理。通过在机器视觉和计算机视觉中不断应用图像处理技术，病虫害的智能识别准确率逐步提高，为病虫害早期识别和预防奠定了基础。

（6）利用粗集理论对病虫害进行预警和监测

粗集理论是将不确定的或不准确的知识用已知知识库中的知识进行描述。粗集理论是基于大量现有知识，描绘信息中的等价关系，然后根据每个等价关系中的依赖关系删除兼容信息，从而简化和挖掘隐藏关系，是病虫害早期预测和预警的一种重要技术。

（7）使用手机应用系统对病虫害进行预警和监测

随着无线通信技术的快速发展，许多用于预测病虫害的专家系统已经被开发出来。随着智能手机的进一步普及和电子商务的迅猛发展，移动互联网用户的快速增长也使得利用手机应用系统预测病虫害的发生成为可能，同时手机应用系统预警监测的实现，极大地促进了病虫害预测的发展进程。

二、农业入侵物种大数据平台建设

（一）平台管理系统

基于远程监控系统的基本原理，根据不同用户的需求和监测现场综合条件，设计了多种模式（如 GPRS/3G + INTERNET 模式、以太网模式、手机短信模式等）的远程监控系统解决方案，并发了一系列的技术产品。应用该技术，管理员不必亲临现场（尤其在远郊野外或恶劣环境下）就可以对现场的环境数据、作物生长状况和设备运行情况进行监控，完成数据分析、参数设置与调整，进行故障诊断和恢复等操作，显著减少了人力、物力投入，提高了劳动生产率。该技术具有以下特点：简单轻便，易于安装；采集要素可定制，应用范围广；数据和图像一体化监控功能，具有"眼见为实"的综合效果；多种数据访问模式：台式电脑、笔记本电脑、智能手机等终端设备性能稳定，产品寿命长。

（二）后台系统

1. 基本功能

1）支持按时间、设备号等条件查询传感数据。
2）支持数据按条件导出 excel 格式文档。
3）数据分析。
  a）支持多参数分析。
  b）支持单一参数跨时间、跨区域的分析。
  c）支持多参数跨时间、跨区域的分析。
  d）支持跨时间、跨区域的参数，实现时间平移到相同起点的比较。
4）具有 GIS 功能，展现设备分布及信息，便于用户浏览、查询。
5）支持按时间、设备号、监测点，查看、分析监控图片。
6）支持按时间、设备、监测点，对监控图片建立专题，并按专题进行比较分析、存储。
7）支持用户远程控制视频云台。
8）支持视频和图片的多监测点管理。
9）支持多种自定义报警信息，包括短信、E-mail、页面、语音等。
10）支持用户管理。
11）支持用户自定义权限，包括分配功能、操作权限、设备及传感数据。
12）支持外部系统以 https、http、TCP/IP、SOAP 等方式获取数据。
13）支持数据分布式海量存储、云计算、数据挖掘等。
14）支持各种服务独立部署，包括接收服务、视频服务、图片服务、应用服务等。

2. 远程设备管理功能

1）支持用户自定义终端设备分类。
2）支持远程维护、远程控制、远程升级终端设备，并实时在线监控设备连接状态。
3）支持远程配置摄像头光圈、曝光度等光学参数。
4）支持远程管理及控制开关量。
5）支持远程管理无线 Zigbee 设备。
6）支持通过外网、局域网、代理网关等方式连接终端设备。

3. 信息安全

1）支持关键信息隐藏，采用代码替代隐藏的信息。

2）支持 https 协议访问。

3）支持对重要数据进行 128 bit 或 256 bit 加密。

4. 系统平台

1）支持跨平台部署，包括 Unix、Linux、Windows 平台。

2）支持 SQLServer 2000、Oracle 9i 及以上版本数据库。

3）支持主流的 Web Server，包括 Tomcat 6、Weblogic 9、IBM Websphere8.1 等以上版本。

5. 性能要求

1）支持不少于 1000 个并发请求。

2）支持高峰时期系统响应时间不大于 3 s。

3）对大量数据进行分析时，系统响应时间应在合理承受范围内。

（三）终端设备

1. 终端设备功能

1）支持有线和无线 Zigbee 传感器接入。

2）支持有线传感器类型有电流型、电压型、脉冲型等，并支持其校准。

3）支持多路开关量输入采集和多路开关量输出控制。

4）支持掉电自保护所有输出。

5）支持视频采集、视频编码、流媒体服务。

6）支持预设视频监视点。

7）支持图片采集、压缩和上传。

8）支持预设图片监视点。

9）支持多种与后台系统的通信方式，主要包括 4G、3G、2G、Wi-Fi、以太网等。

10）支持重要数据采用 128 bit 或 256 bit 加密，确保数据传输安全。

11）支持现场手动和远程复位。

12）支持定时上报设备连接状态，支持远程维护、远程控制、远程升级等。

13）具有定时校时功能，且确保掉电系统时间不丢失。

14）支持市政供电及太阳能、风力发电等供电方式。

15）支持设备自动省电模式。

2. 终端设备技术指标

1）支持不少于 1024 个无线 Zigbee 传感器接入。

2）支持不少于 16 种有线传感器接入。

3）支持 Zigbee IEEE 802.15.4 协议。

4）支持 PELCO-D 云台控制协议。

5）支持最小采集数据的周期间隔为 2 s。

6）支持不少于 8 路的开关输出和不小于 8 路开关量的输入。

7）支持视频采用 H.264 Baseline@ Level 4.1 标准编码，其相关参数如下。

    a）PAL 制式。

    b）D1 和 CIF 格式。

    c）输出码率为 10～5000 比特率。

    d）GOP 方式为自动 1～25 调整。

    e）帧率为 1～25 帧。

    f）有线传输整体延时不大于 500 ms。

    g）码率控制方式为 CBR。

8）支持 RTSP 流媒体服务协议。

9）支持预设视频监视点不小于 256 个。

10）支持图片 JPEG 2000 编码，图片尺寸不小于 720×576。

11）支持预设图片监视点不小于 256 个。

12）支持多种无线通信协议，包括 TDD LTE、FDD LTE、EVDOCDMA、WCDMA、IEEE802.11n 等。

13）支持定时上报设备连接状态，间隔不大于 30 s。

14）支持所有报警主动、实时上报。

15）具有平均无故障时间（MTBF）不小于 10 000 h。

16）具体电气参数如下。

    a）终端功耗不大于 4 W。

    b）整机功耗不大于 20 W（整机包括终端、传感器、摄像头、无线通等）。

    c）环境保护等级不低于 IP45。

    d）返行环境温度：–40～70℃。

    e）存储温度：–60～100℃。

    f）工作环境湿度：5%～95%。

（本章作者：陈亚平　曹志勇　杜鄂巍　桂富荣）

参 考 文 献

蔡凤金, 武正军, 何南, 等. 2010. 克氏原螯虾的入侵生态学研究进展. 生态学杂志, 29(1): 124-132.

柴伟玲, 类延宝, 李扬苹, 等. 2014. 外来入侵植物飞机草和本地植物异叶泽兰对大气 CO_2 浓度升高的响应. 生态学报, 34(13): 3744-3751.

陈芳清, Jean M H. 2004. 退化湿地生态系统的生态恢复与管理——以美国 Hackensack 湿地保护区为例. 自然资源学报, 19(2): 217-223.

陈其煐. 1996. 我国棉花病害发生情况及防治进展. 农药, 35(3): 6-9, 11.

陈中义, 李博, 陈家宽. 2004. 米草属植物入侵的生态后果及管理对策. 生物多样性, 12(2): 280-289.

丁声俊. 2022. "大国粮安"视域下加强生物安全保障体系建设研究. 中州学刊, (1): 21-28.

高慧, 彭筱葳, 李博, 等. 2006. 互花米草入侵九段沙河口湿地对当地昆虫多样性的影响. 生物多样性, 14(5): 400-409.

龚治, 马光昌, 温海波, 等. 2021. 我国热带地区外来入侵昆虫发生与分布. 应用昆虫学报, 58(1): 27-48.
桂富荣, 蒋智林, 王瑞, 等. 2012. 外来入侵杂草紫茎泽兰的分布与区域减灾策略. 广东农业科学, 39(13): 93-97, 6.
郭建洋, 冼晓青, 张桂芬, 等. 2019. 我国入侵昆虫研究进展. 应用昆虫学报, 56(6): 1186-1192.
黄顶成, 张润志. 2011. 中国外来入侵种的类群、原产地及变化趋势. 生物安全学报, 20(2): 113-118.
黄继红, 臧润国. 2021. 中国植物多样性保护现状与展望. 陆地生态系统与保护学报, 1(1): 66-74.
黄庆林, 刘永胜, 楼旭日, 等. 2007. 环氧乙烷对小麦矮腥黑穗病菌的杀灭效果. 福建农林大学学报(自然科学版), 36(6): 571-575.
贾赵东, 郭小丁, 尹晴红, 等. 2011. 甘薯黑斑病的研究现状与展望. 江苏农业科学, (1): 144-147.
金奖铁, 李扬, 李荣俊, 等. 2019. 大气二氧化碳浓度升高影响植物生长发育的研究进展. 植物生理学报, 55(5): 558-568.
康建宏, 周续莲, 许强. 2002. 大气 CO_2 浓度升高对植物的影响. 宁夏农学院学报, 23(4): 53-58.
类延宝, 肖海峰, 冯玉龙. 2010. 外来植物入侵对生物多样性的影响及本地生物的进化响应. 生物多样性, 18(6): 622-630.
李晓龙, 胡啟艳, 杨再华, 等. 2021. 三裂叶豚草的生物学及防控研究进展. 植物检疫, 35(6): 11-17.
李新华, 尹晓明. 2004. 南京中山植物园春夏季节鸟类对植物种子的传播作用. 生态学报, 24(7): 1452-1458.
刘华威. 2008. 梨火疫病原菌核糖体基因结构序列的特征研究及病菌的分子检测. 新疆农业大学硕士学位论文.
刘建业, 钱蕾, 蒋兴川, 等. 2014. CO_2 浓度升高对西花蓟马和花蓟马成虫体内解毒酶和保护酶活性的影响. 昆虫学报, 57(7): 754-761.
刘丽玲, 李海滨, 管维, 等. 2021. 马铃薯甲虫成虫触角及感器的扫描电镜观察. 植物检疫, 35(2): 20-23.
柳晓燕, 朱金方, 李飞飞, 等. 2021. 豚草入侵对新疆伊犁河谷林下本地草本植物群落结构的影响. 生态学报, 41(24): 9613-9620.
陆永跃, 曾玲, 许益镌, 等. 2019. 外来物种红火蚁入侵生物学与防控研究进展. 华南农业大学学报, 40(5): 149-160.
穆亚楠, 安树青, 智颖飙, 等. 2018. 水位对大米草和藨草种内种间关系的影响. 生态学杂志, 37(4): 1010-1017.
彭德良, 谢丙炎. 2005. 香蕉相似穿孔线虫——寄主范围、入侵风险和控制途径. 植物保护, 31(3): 82-84.
彭冠明, 关玉亮, 郑晓钟, 等. 2023. 不同地类薇甘菊的危害分析. 林业与环境科学, 39(1): 141-146.
齐国君, 吕利华. 2018. 近年来中国热带地区外来有害昆虫的种类特征及入侵分析. 环境昆虫学报, 40(4): 749-757.
钱蕾, 和淑琪, 刘建业, 等. 2015. 在 CO_2 浓度升高条件下西花蓟马和花蓟马的生长发育及繁殖力比较. 环境昆虫学报, 37(4): 701-709.
强胜, 张欢. 2022. 中国农业生态系统外来植物入侵及其管理现状. 南京农业大学学报, 45(5): 957-980.
强胜. 1998. 世界性恶性杂草——紫茎泽兰研究的历史及现状. 武汉植物学研究, 16(4): 366-372.
任炳忠, 官昭瑛, 袁海滨, 等. 2007. 大蓟鲜花提取物对访花昆虫的引诱性气味物质研究. 东北师大学报(自然科学版), 39(4): 117-120.
任光前. 2020. 全球变暖背景下入侵植物加拿大一枝黄花对氮沉降的生态适应及其机制. 江苏大学博士学位论文.
阮海根, 王坚, 陆慧明, 等. 2004. 加拿大一枝黄花生物学特性初步试验. 上海交通大学学报(农业科学版), 22(2): 192-195.
宋侦东, 陆永跃, 许益镌, 等. 2010. 红火蚁入侵草坪过程中蚂蚁类群变动趋势. 生态学报, 30(5): 1287-1295.
童明龙. 2012. 梨火疫病菌 T6SS 核心基因 scil 的功能初析. 南京农业大学硕士学位论文.

万方浩, 郭建英, 张峰. 2009. 中国生物入侵研究. 北京: 科学出版社.
万方浩, 郭建英. 2007. 农林危险生物入侵机理及控制基础研究. 中国基础科学, (5): 8-14.
万方浩, 侯有明, 蒋明星. 2015. 入侵生物学. 北京: 科学出版社.
万方浩, 刘万学, 郭建英, 等. 2011. 外来植物紫茎泽兰的入侵机理与控制策略研究进展. 中国科学: 生命科学, 41(1): 13-21.
王保廷. 2013. 外来有害生物黄顶菊的种群覆盖度调查与分析. 农业与技术, 33(2): 57-58.
王建军, 赵宝玉, 李明涛, 等. 2006. 生态入侵植物豚草及其综合防治. 草业科学, 23(4): 71-75.
王旭清, 刘佳, 戴海英. 2007. 外来有害物种入侵对农业的影响及防控对策//王永军, 王敏, 赵龙群. 建设现代农业的理论与实践——"发展科学技术, 建设现代农业"征文选. 北京: 中国农业科学技术出版社.
王颖, 李为花, 李丹, 等. 2015. 喜旱莲子草入侵机制及防治策略研究进展. 浙江农林大学学报, 32(4): 625-634.
魏博, 刘林山, 谷昌军, 等. 2022. 紫茎泽兰在中国的气候生态位稳定且其分布范围仍有进一步扩展的趋势. 生物多样性, 30(8): 88-99.
吴蓉, 陈友吾, 陈卓梅, 等. 2005. 松材线虫入侵对不同类型松林群落演替的影响. 西南林学院学报, 25(2): 39-43.
吴尧. 2011. 福建省柑橘根部1种根结线虫新种的鉴定. 福建农林大学硕士学位论文.
谢国雄, 徐正浩, 陈为民, 等. 2012. 杭州地区外来有害植物的入侵扩散途径、危害及防治对策. 农业灾害研究, 2(3): 37-41, 51.
熊韫琦, 赵彩云. 2020. 表型可塑性与外来植物的成功入侵. 生态学杂志, 39(11): 3853-3864.
徐海根, 强胜, 韩正敏, 等. 2004. 中国外来入侵物种的分布与传入路径分析. 生物多样性, 12(6): 626-638.
姚一建, 魏铁铮, 蒋毅. 2002. 微生物入侵种和防范生物武器研究现状与对策. 中国科学院院刊, (1): 26-30.
岳茂峰, 冯莉, 田兴山, 等. 2013. 基于MaxEnt的入侵植物刺轴含羞草的适生分布区预测. 生物安全学报, 22(3): 173-180.
曾长立, 王晓明, 张福锁, 等. 2001. 浅析C_3植物和C_4植物对大气中CO_2浓度升高条件下的反应. 江汉大学学报, 18(3): 6-14.
张红玉. 2013. 紫茎泽兰入侵过程中生物群落的交互作用. 生态环境学报, 22(8): 1451-1456.
张金兰. 1985. 毒麦及其近似种. 植物检疫, (2): 66-67.
张丽娜, 李莉. 2008. 我国外来物种入侵现状及防治措施//中国环境科学学会学术年会优秀论文集(中卷). 天津: 天津市环境保护科学研究院.
张英. 2015. 传染性胰腺坏死病毒 VP2-VP3 虹鳟肠道乳杆菌表达系统的免疫学评价. 东北农业大学硕士学位论文.
章振亚. 2012. 崇明东滩湿地互花米草与芦苇、海三棱藨草根际固氮微生物多样性研究. 上海师范大学硕士学位论文.
赵宝福, 徐震, 姚惠斌, 等. 2008. 应对外来生物入侵的几点建议. 天津农学院学报, 15(2): 51-55.
周明华, 杜国兴, 陈正桥, 等. 2003. 水稻品种对水稻细菌性条斑病抗性研究进展. 植物保护学报, 30(3): 325-330.
周训兵, 贾福勇, 沈荣. 2022. 做好生物安全防控预防非洲猪瘟. 中国畜禽种业, 18(3): 36-37.
左平, 刘长安, 赵书河, 等. 2009. 米草属植物在中国海岸带的分布现状. 海洋学报(中文版), 31(5): 101-111.
Bellard C, Cassey P, Blackburn T M. 2016. Alien species as a driver of recent extinctions. Biology Letters, 12(2): 20150623.
Busi R, Beckie H J, Bates A, et al. 2021. Herbicide resistance across the Australian continent. Pest

Management Science, 77(11): 5139-5148.

Butler Jr G D, Kimball B A, Mauney J R. 1986. Populations of *Bemisia tabaci* (Homoptera: Aleyrodidae) on cotton grown in open-top field chambers enriched with CO_2. Environmental Entomology, 15(1): 61-63.

Cui X, Wan F, Xie M, et al. 2008. Effects of heat shock on survival and reproduction of two whitefly species, *Trialeurodes vaporariorum* and *Bemisia tabaci* biotype B. Journal of Insect Science, 8(1): 24.

Diagne C, Leroy B, Vaissière A C, et al. 2021. High and rising economic costs of biological invasions worldwide. Nature, 592: 571-576.

Dreesen E F, Boeck D J H, Horemans A J, et al. 2015. Recovery dynamics and invasibility of herbaceous plant communities after exposure to experimental climate extremes. Basic and Applied Ecology, 16(7): 583-591.

Dukes J S, Mooney H A. 1999. Does global change increase the success of biological invaders? Trends in Ecology & Evolution, 14(4): 135-139.

Engeman R M, Rodriquez D V, Linnell M A, et al. 1998. A review of the case histories of the brown tree snakes (*Boiga irregularis*) located by detector dogs on Guam. International Biodeterioration & Biodegradation, 42(2-3): 161-165.

Fan Z F, Chen Y P, Fan R, et al. 2024. Effects of CO_2 elevated and spinetoram on the population fitness and detoxification enzymes activities in *Frankliniella occidentalis* and *F. intonsa*. Journal of Pest Science, 97: 933-950.

Gentili R, Schaffner U, Martinoli A, et al. 2021. Invasive alien species and biodiversity: impacts and management. Biodiversity, 22(1-2): 1-3.

Gui F, Lan T, Zhao Y, et al. 2022. Genomic and transcriptomic analysis unveils population evolution and development of pesticide resistance in fall armyworm *Spodoptera frugiperda*. Protein & Cell, 13(7): 513-531.

Hamann E, Hamann E, Blevins C, et al. 2020. Climate change alters plant-herbivore interactions. The New Phytologist, 229(4): 1894-1910.

Lang T, David B. 2012. Food security and food sustainability: reformulating the debate. The Geographical Journal, 178(4): 313-326.

Luque G M, Bellard C, Bertelsmeier C, et al. 2021. The 100th of the world's worst invasive alien species. Biological Invasions, 16: 981-985.

Madruga R P. 2021. Linking climate and biodiversity. Science, 374(6567): 511.

Ogutu-Ohwayo R. 1990. The decline of the native fishes of lakes Victoria and Kyoga (East Africa) and the impact of introduced species, especially the Nile perch, *Lates niloticus*, and the Nile tilapia, *Oreochromis niloticus*. Environmental Biology of Fishes, 27(2): 81-96.

Qian L, Chen F, Liu J, et al. 2017. Effects of elevated CO_2 on life-history traits of three successive generations of *Frankliniella occidentalis* and *F. intonsa* on kidney bean, *Phaseolus vulgaris*. Entomologia Experimentalis et Applicata, 165(1): 50-61.

Qian L, Huang Z, Liu X, et al. 2021. Effect of elevated CO_2 on interactions between the host plant *Phaseolus vulgaris* and the invasive western flower thrips, *Frankliniella occidentalis*. Journal of Pest Science, 94: 43-54 .

Tripp K E, Kroen W K, Peet M M, et al. 1992. Fewer whiteflies found on CO_2-enriched greenhouse tomatoes with high C: N ratios. HortScience, 27(10): 1079-1080.

Ullah M S, Lim U T. 2015. Life history characteristics of *Frankliniella occidentalis* and *Frankliniella intonsa* (Thysanoptera: Thripidae) in constant and fluctuating temperatures. Journal of Economic Entomology, 108(3): 1000-1009.

Vilà M, Espinar J L, Hejda M, et al. 2011. Ecological impacts of invasive alien plants: a meta-analysis of their effects on species, communities and ecosystems. Ecology Letters, 14(7): 702-708.

Winter M, Kuhn I, La Sorte F A, et al. 2010. The role of non-native plants and vertebrates in defining patterns of compositional dissimilarity within and across continents. Global Ecology and Biogeography, 19(3): 332-342.

Yu H, Wan F H. 2009. Cloning and expression of heat shock protein genes in two whitefly species in response to thermal stress. Journal of Applied Entomology, 133(8): 602-614.

第二十章　全球变化下生物入侵的经济影响

外来入侵物种对经济发展有许多不利影响，一般来说，可分为直接影响和间接影响。直接经济影响主要体现在外来物种入侵对种植业、畜牧业、渔业、林业、园林景观以及公共卫生等领域造成的直接经济损失；间接经济影响则主要表现为外来物种入侵对生态系统服务功能的破坏、对生物多样性（包括物种多样性和遗传多样性）的威胁，以及由此引发的生态平衡失调和经济连锁反应（万方浩等，2015；李明阳和徐海根，2005；甘泉等，2005；杨昌举和韩蔡峰，2007；刘婷婷等，2010）。

外来物种可通过有意引进、无意引进或自然扩散的方式引入其自然分布范围及潜在扩散范围以外的区域，并在引入地的自然或半自然生态系统中形成自我再生能力，继而对引入地的生态系统、人类生产或生活造成明显损害或不利影响（徐海根和强胜，2018）。据统计，我国的 667 种外来入侵物种，仅有 16 种是通过自然扩散方式引入的，无意引进的物种数占外来入侵物种总数的 50%，有意引进的占 49%（徐海根和强胜，2018），而全球范围内潜在外来物种以及生物入侵的地理分布格局等受到了人类贸易和运输的强烈影响（Hulme，2009）。全球化作为一种人类社会发展的现象过程，促进了跨国界的商品、技术、文化等的交流，特别是通过自由贸易促进了全球各国之间形成相互依存的经济体。随着全球化进程的不断加快，更频繁的国际贸易、跨国旅游等活动，多样化和快捷化的国家间交通运输网络，都加速了外来入侵物种的传播与扩散，也是生物入侵经济影响的主要驱动力之一。此外，气候变暖、土地利用、国际贸易、城市化、环境治理等方面的全球变化均可能在与生物入侵的相互影响下，进而成为经济风险的重要影响因素。因此，全球变化下控制生物入侵的效益、成本和决策成为当前的科学研究与管理应用热点。

第一节　全球变化下生物入侵对经济的影响方式

一、全球生物入侵经济影响的动态变化

当前，全球越来越多的生态系统受到外来入侵物种的威胁，外来入侵物种对生物多样性、人类健康和生态系统服务均造成了有害影响（IPBES，2019）。其中，许多有害影响可以被量化为经济成本。IPBES（2023）指出，外来入侵物种的年度成本已经超过 4230 亿美元；自 1970 年以来每十年成本增长了 4 倍以上。一项针对 1970～2017 年的外来物种入侵经济损失的报告指出，外来入侵造成的总经济损失至少达到 1.288 万亿美元，年平均损失 268 亿美元，并且经济损失量以每十年 3 倍的速度持续增加，并没有显示出任何减缓的迹象（Diagne et al.，2021）。人类持续不断地将物种转移到其自然分布范围以

外的区域，进而重塑全球物种的生物地理分布格局。仅 1970~2014 年的外来物种首次发现记录就占过去 200 年来的首次发现记录数的 37%（Seebens et al.，2017）。

外来物种入侵的各个阶段之间具有典型的时间间隔。例如，根据台湾乳白蚁（*Coptotermes formosanus*）目前的空间分布范围，同时已知其繁殖缓慢，需要 5~10 年才能成熟，因此，推测该白蚁至少在 300 年前就入侵了日本（Evans et al.，2013）。如果不能很好地控制新引入的物种，预计未来会有更多的外来物种在野外建立种群，甚至进一步扩散、暴发（Seebens et al.，2017；Pyšek et al.，2020）。不仅如此，新的外来物种的出现率仍然很高。据估计，地球上 1%~16%的物种具备成为外来物种的条件（Seebens et al.，2018）。2000~2005 年，约 1/4 的首次发现记录所涉及的物种是没有外来物种记载史的"新外来物种"。这些"新外来物种"由于没有入侵历史，我们很难预测它们的潜在传播范围和影响程度（Seebens et al.，2018）。有研究人员采用水平扫描方法预测了未来可能出现的外来入侵物种，有 66 种海洋、陆生和淡水物种被确定为具有中等（18 种）、高（40 种）或非常高（8 种）的入侵威胁（Roy et al.，2019）。预计 2005~2050 年，外来物种数量将增加 36%（Seebens et al.，2021）。尽管如此，受全球化的影响，根据历史入侵动态预测未来入侵趋势，仍可能导致某外来物种入侵影响被严重低估。到目前为止，全球经历了两次全球化浪潮，分别是 1850~1914 年，以及 1960 年至今。昆虫是全球影响最严重的入侵物种之一。研究发现，36 种蚂蚁的入侵动态趋势与两次全球化浪潮趋势是一致的（Bertelsmeier et al.，2017）。尽管如此，目前尚不清楚物种入侵的急剧增加在多大程度上可以归因于入侵物种监测和研究活动的增加，抑或是受全球化浪潮的影响（Bertelsmeier，2021）。有研究发现，除英国外，大多数国家或区域缺乏生物入侵经济成本的长期趋势的报道（Cuthbert et al.，2021）。另一项损失动态变化趋势的研究则表明，不同属之间生物入侵损害的经济损失时间动态存在明显差异，与物种入侵持续时间、物种生态特征和受影响的经济活动部门有关。拟合的经济损失曲线则表明，*Canis*、*Oryctolagus* 和 *Lymantria* 三个属的生物入侵影响均未随入侵密度的增加而呈现饱和，反而呈持续增加的态势（Ahmed et al.，2022）。

二、全球外来物种入侵经济损失评估

自 2019 年以来，全球生物入侵的年度成本估计超过 4230 亿美元，其中 92%的成本来自外来入侵物种对自然的危害或对人类生活质量的负面影响，只有 8%与生物入侵的管理支出相关。一些外来入侵物种所提供的对人类的好处并不能抵消或消除它们的负面影响，这些负面影响包括对人类健康（如疾病传播）、生计、水安全和食品安全等的影响，其中粮食减产是最常见的影响之一（超过 66%）（IPBES，2023）。近年来，我国已成为世界上遭受生物入侵危害最为严重的国家之一。紫茎泽兰（*Ageratina adenophora*）、加拿大一枝黄花（*Solidago canadensis*）、喜旱莲子草（*Alternanthera philoxeroides*）、刺萼龙葵（*Solanum rostratum*）、烟粉虱（*Bemisia tabaci*）、松材线虫（*Bursaphelenchus xylophilus*）、草地贪夜蛾（*Spodoptera frugiperda*）等外来入侵生物对我国造成了严重的经济、社会和生态危害，并且这些危害随着气候变化、交通和国际贸易等的发展不断加剧（鞠瑞亭等，2012；陈宝雄等，2020）。直接经济损失主要是研究外来入侵物种对国民经济各个行业以及人类健康的不利影响，除损害外，也包括各种预防及保护性支出。间接经济损失则指外来入侵物种对其入侵地的物种多样性或生态系统服务功能造成的损失（徐海根等，2004）。直接经济损失评价指标以吸收及完善前人的研究成果为主，具有全面性、稳定性、科学性等特点。间接经济损失的评价指标则以参考生态系统服务功能指标体系为主（冼晓青等，2007）。外来入侵物种的直接经济损失是指与外来入侵物种为害有直接因果关系，且经济损失发生在即时即地，还便于统计分析；外来入侵物种的间接经济损失成因复杂，且经济损失有滞后性（徐海根等，2004）。根据该定义评估我国的 200 多种外来入侵物种所造成的经济损失，结果显示，外来入侵物种每年对经济和环境造成的损失约 1200 亿元，占当年国内生产总值的 1.36%。其中对我国国民经济有关行业造成的直接经济损失共计 198.59 亿元，包括对农林牧渔业造成的经济损失 160.05 亿元；外来入侵物种对我国生态系统、物种及遗传资源等造成的间接经济损失高达 1000.17 亿元（徐海根等，2004）。

21 世纪以来，我国开始重视外来入侵物种的基础研究。基础研究项目主要由科技部和国家自然科学基金委员会的资助。截至 2015 年，科技部和国家自然科学基金委员会已为基础研究项目提供了约 3000 万美元的资金（Wang et al.，2017）。自 1999 年以来，国家自然科学基金委员会资助了 500 多个项目，累计资金超过 1800 万美元，项目数量和资金都稳步增长。除了用于基础研究的财政支出，不同部委（农业农村部、科技部等）还支持了一系列应用研究项目。自 2006 年以来，科技部支持了 7 个项目，重点是探索潜在入侵物种的风险评估和预警技术，开发入侵物种和潜在入侵物种实时监测技术和快速准确检测系统，建立农业和林业中的入侵物种生物控制体系、中国的外来入侵物种调查和生物安全评估体系等（Wang et al.，2017）。自 2007 年以来，农业农村部和生态环境部资助了 10 多个项目，以开发针对主要入侵物种，如紫茎泽兰（*Ageratina adenophora*）、黄顶菊（*Flaveria bidentis*）、西花蓟马（*Frankliniella occidentalis*）等的新控制技术（Wang et al.，2017）。

（一）外来物种入侵造成的直接经济损失评估

有关全球外来入侵物种经济影响的研究对象主要是估计特定外来入侵物种所造成的特定经济损失，或外来入侵物种对特定国家所造成的经济损失，也有少数对全球经济损失的评估（Pimentel et al.，2001，2005；Hoffmann and Broadhurst，2016；Diagne et al.，2021）。Pimentel 等（2005）经统计发现，美国约有 5 万种外来物种，入侵美国的非土著物种会造成重大的环境破坏和经济损失，每年的经济损失总计约 1200 亿美元，42% 的受威胁或濒危物种与外来物种入侵有关。超过 12 万种非土著植物、动物和微生物入侵了美国、英国、澳大利亚、南非、印度和巴西，许多物种在农业和林业方面造成了重大经济损失，并对生态完整性产生了负面影响（Pimentel et al.，2001）。据估计，6 国的非土著物种入侵每年造成的损失超过 3140 亿美元（Pimentel et al.，2001）。2001~2002 年财政年度（6~7 月）统计结果显示，澳大利亚外来入侵物种的综合经济损失估计为 98 亿美元，2011~2012 年财政年度统计结果显示，经济损失上升至 136 亿美元。在 2001~

2002年，澳大利亚应对外来入侵物种的总支出为23.1亿美元，在2011~2012年上升到37.7亿美元。其中，农业占总经济损失的90%以上。对于2001~2002年和2011~2012年，这些支出数字分别相当于每人每年123美元和197美元，分别占国内生产总值的0.32%和0.29%（Hoffmann and Broadhurst，2016）。全球范围内的统计表明，有害昆虫能使农产品或农作物减产10%~16%（Bebber et al.，2013）。中国和美国作为世界上的粮食生产大国，与其他国家相比，入侵昆虫所带来的潜在损失更大（Paini et al.，2016）。除了对农业的不利影响，有些入侵昆虫也会对物种多样性或生态系统服务造成潜在的经济损失。还有一些昆虫作为某些疾病的媒介，加剧了疾病传播，严重损害了公共健康，并伴随着巨额的医疗支出。据评估，在全球范围内，外来入侵昆虫每年对货物和服务造成的损失至少有700亿美元，对健康造成的损失有69亿美元（Bradshaw et al.，2016）。

（二）外来物种入侵造成的间接经济损失评估

近年来，我国关于外来入侵物种经济影响的相关研究，主要集中在单一或少数几种外来入侵物种对特定区域或特定经济部门造成的经济损失方面，主要采用文献调研、实地调查以及生态或经济模型等相结合的方式方法。相关研究以外来入侵昆虫为主，也涉及外来入侵植物、鱼类、病害等。

入侵昆虫马铃薯甲虫（*Leptinotarsa decemlineata*）是全球毁灭性害虫之一，已入侵到我国的新疆及东北的部分地区，给农业部门等带来了严重的经济损失。Liu等（2010）的研究发现，2010年马铃薯甲虫在我国新疆对马铃薯、茄子和番茄造成的经济损失共计为2184万元，并预测，如果马铃薯甲虫进一步在潜在适生区暴发后，每年的潜在经济损失估计可达16亿元。刘明迪等（2019）则重点评估了马铃薯甲虫对黑龙江省的马铃薯产业造成的经济损失。结果显示，若无任何检验检疫、防治或管理措施，马铃薯甲虫对黑龙江省的马铃薯产业造成的潜在年经济损失约为28亿元，采取防治后，经济损失可降至1.76亿元，对检疫缓冲区进行检疫管理的经济成本为1000万元。入侵昆虫瓜实蝇（*Zeugodacus cucurbitae*）严重危害苦瓜等葫芦科作物，在不防治的情景下，瓜实蝇每年给苦瓜产业带来的直接经济损失总值为440 757.51万~2 348 173.45万元；在防治的情景下，瓜实蝇每年给苦瓜产业带来的直接经济损失总值为133 742.41万~1 416 106.91万元（孙宏禹等，2018）。通过这种方式可以直观地说明外来入侵害虫对不同农业产业的重大不利影响，应积极增强防控力度，以降低其对我国农业造成的潜在经济损失。入侵昆虫草地贪夜蛾（*S. frugiperda*）又称秋黏虫，起源于美洲。自2019年1月入侵我国云南省，目前已蔓延至我国25个省级行政区。有研究表明，草地贪夜蛾的入侵使得云南（83 051亿美元）、广西（34 609万美元）、四川（11 687万美元）和山东（11 643亿美元）4个省（自治区）的总潜在损失均超过$100×10^6$美元。总潜在损失最高的前10个省份中，有6个省份同时属于排名前10位的农业大省。说明农业产量越高的省份可能面临更大的草地贪夜蛾入侵风险，草地贪夜蛾的进一步入侵可能会给农业带来更大的绝对经济损失（Wu et al.，2021）。玉米是草地贪夜蛾的主要危害对象。实地调查发现，2019年草地贪夜蛾对云南德宏傣族景颇族自治州玉米生产所造成的经济损失约为1399.29万元，包括对玉米产量变化造成的直接经济损失366.51万元，以及其他相关支出,如农户防治费用、政府宣传等费用,合计 1032.78 万元(万敏等,2022)。喜超等(2019)运用市场价格法初步建立草地贪夜蛾经济损失模型,预测 2017 年草地贪夜蛾入侵云南后可能造成的经济损失。结果表明,草地贪夜蛾在玉米、烤烟、薯类和甘蔗 4 类主要农作物 10%发生面积水平上可能对云南农业造成的经济损失就高达 3.95 亿~8.94 亿元。有部分研究设置了防治和不防治两种情景,论证了积极防治外来入侵物种的必要性。例如,秦誉嘉等(2020)利用随机模型@RISK 预测了草地贪夜蛾在防治与不防治情景下对我国玉米产业的潜在经济损失。结果显示,不防治的情景下,草地贪夜蛾对我国玉米的潜在经济损失为 375.68 亿~3283.45 亿元;投入防治后可挽回的经济损失为 254.78 亿~2918.93 亿元。类似地,徐艳玲等(2020)利用相同的模型预测了草地贪夜蛾对小麦产业的潜在经济损失。结果表明,在不防治情景下,潜在经济损失总量为 1023.44 亿~5299.79 亿元;在防治情景下,潜在经济损失降至 109.24 亿~631.66 亿元。

入侵植物紫茎泽兰($Ageratina\ adenophora$)是一种菊科紫茎泽兰属的多年生半灌木植物,原产于美洲的墨西哥,现已广泛入侵世界 30 个国家和地区,给入侵地的生态和经济带来巨大的破坏。方焱等(2015)在收集、分析国内外相关资料的基础上,采用@RISK 软件和随机模拟的方法,建立了紫茎泽兰对我国花生产业造成的潜在经济损失评估模型,结果显示,紫茎泽兰对我国花生产业造成的潜在经济损失总值可达 46.49 亿~582.39 亿元,花生产业潜在经济损失的损失率在 11.25%~59.19%。2017 年,中国大陆松材线虫病的灾害经济损失评估显示,松材线虫病造成的总经济损失约为 195 亿元,包括直接经济损失 35 亿元,间接经济损失 160 亿元。仅华东地区的经济损失就占 52%,其中浙江省是松材线虫病危害最严重的省份,总经济损失达到 41 亿元(张旭等,2020)。

也有研究预测了可能但尚未入侵至我国的外来入侵物种的潜在经济损失,主要起到预警的作用。油菜茎基溃疡病($Leptosphaeria\ maculans$)是一种严重威胁油菜生产的植物真菌病害,已经广泛分布于欧洲、加拿大和澳大利亚等地。我国的上海、江苏等口岸也多次在进口油菜籽中截获油菜茎基溃疡病菌。预测结果表明,油菜茎基溃疡病的潜在经济损失高达 96.05 亿元(卢钟山等,2020)。珠江流域是中国鱼类多样性最高的地区,珠江流域有 23 种外来鱼类分布。Xia 等(2019)的研究显示,外来物种生物量百分比每增加 1%,渔民收入就减少 20.19 元/(船·月),这也导致了渔民捕捞更多的鱼以增加他们的收入。

三、外来入侵物种资源化利用的经济效益

外来入侵物种资源化利用能够创造新的经济价值,降低防控成本,促进循环经济发展,从而实现生态与经济的双赢。首先,外来入侵物种资源化利用可以创造新的经济价值。通过科学研究和技术创新,可以将外来入侵物种转化为具有市场需求的新产品,如生物质能源、有机肥料、药用产品等。这些新产品不仅满足了消费者的多元化需求,还为当地产业创造了新的增长点,增加就业机会,促进社会经济发展。其次,外来入侵物种资源化利用可以降低防控成本,提高防控效率。过度使用化学农药进行外来物种防治不仅成本高昂,还可能对环境和非靶标生物造成损害。资源化利用提供了一种环保且经济的替代方案,可以减少对化学防治的依赖,降低化学农药使用量,从而节省了防控成

本并减少了对环境的污染。通过科学合理的开发利用，可以在防控外来入侵物种的同时实现经济收益，提高防控工作的效率和可持续性。最后，外来入侵物种资源化利用可以助力绿色发展。外来入侵物种的资源化利用属于绿色产业的范畴，有助于推动当地产业的绿色转型和升级。通过科学开发和合理利用外来入侵物种，可以实现生态保护与经济发展的平衡，促进区域的可持续发展。以下是外来入侵物种资源化利用的案例。

加拿大一枝黄花（*S. canadensis*）现已入侵至包括中国在内的亚洲大部分国家、欧洲中西部国家，以及澳大利亚和新西兰等地，成为一种世界性入侵杂草，严重影响各区域的生态结构、生态安全和环境。魏丹丹等（2023）在中药资源化学理论指导下，在前人较为系统的研究基础上，针对性地提出采用"化害为利"策略，引导和促进加拿大一枝黄花的有效利用。他综述了加拿大一枝黄花可资源化利用的多个方面，指出加拿大一枝黄花植株含有挥发油类、黄酮类、酚酸类、二萜类、三萜及甾体类、苯丙素类等化学成分，具有抗细菌、抗真菌、抗炎、抗抑郁、治疗外伤、增强肾脏功能、消除疲劳、促进循环等较为多样的生物活性和潜在的资源价值。五爪金龙（*Ipomoea cairica*）原产于北美，20世纪70年代在中国南方作为庭院观赏植物引入，后来逸为野生，在广东、福建、广西等地广泛分布，目前已成为华南地区与"植物杀手"微甘菊相提并论的藤本恶性杂草，对生态系统的生物多样性和稳定性造成了严重危害。余细红和李韶山（2019）综述了对五爪金龙资源化利用的研究进展，指出了五爪金龙中含有大量的次生代谢产物，研究了这些代谢产物的生物活性，分离提取出能够治疗疾病的物质，并开发出有生产价值的药物，且五爪金龙对某些昆虫和软体动物表现出化感效应，如果能分离、纯化这些活性物质，并进一步将其开发为生物农药，具有重要的实践意义。除此之外，五爪金龙中的粗蛋白含量高达30.73%，在叶蛋白的提取及叶蛋白产品的开发利用方面具有良好的前景，可以将其作为饲料蛋白质添加剂。紫茎泽兰（*Ageratina adenophora*）原产于墨西哥，现已成为我国外来入侵物种中危害最为严重的植物之一，广泛分布于我国西南地区，并有向东南部和中南部蔓延的趋势，严重影响农林业生产、威胁生物多样性安全。刘伯言（2017）综述了紫茎泽兰资源化利用的研究进展，并就其利用前景进行了探讨。他在文章中指出紫茎泽兰可用于制备活性炭、饲料，且它的某些化学物质还具有杀虫、抑菌、除草、拒食等作用。

总的来说，外来入侵物种资源化利用在创造新经济价值、降低防控成本、提高防控效率、助力绿色发展等方面展现出巨大的潜力和效益。然而，需要注意的是，在推进资源化利用的过程中，必须遵循生态学原理和市场规律，确保生态安全和产品的市场竞争力，以实现长期可持续的社会和经济效益。

第二节　全球变化背景下的生物入侵经济学

一、基于 InvaCost 数据库的外来入侵物种经济损失核算

InvaCost 是一个全球性的生物入侵经济损失数据库，综合了各种同行评审文章、官方报告和灰色文献中报道的生物入侵经济损失，包含各种外来物种对各种人类活动造成的经济损失（Zenni et al., 2021），是目前全球范围内最全面且稳健的外来入侵经济损失

数据库。近年来的许多生物入侵经济损失评估的研究都是围绕该数据库展开的。Liu 等（2021）整合了生物入侵在亚洲造成经济损失的数据，共得到了包含 22 个国家的 88 种外来入侵物种的 560 条数据。分析指出，亚洲的生物入侵经济损失总量达到了 4326 亿美元，且在 2000~2002 以及 2004 年发生了较大幅度的增长。昆虫纲及哺乳纲这两个生物类群的经济损失最高，印度和中国的经济损失最高。但同时，只有不足 4%的外来物种有经济损失数据，这表明大多数亚洲国家都缺乏生物入侵造成经济损失的数据。

在世界 100 种最恶性的外来入侵物种中，只有 60 个物种的入侵损失记录被认为是高度可靠的（中位数：4300 万美元），40 个物种没有稳健的损失报告。平均而言，这些损失显著高于 InvaCost 中记录的 463 种其他入侵物种（中位数：53 万美元）。最恶性物种产生的所有损失中，环境损失占主导地位，而其他物种则主要是对农业造成的经济损失。损害支出和管理支出的对比表明，尽管最恶性物种的管理开支是其他物种的两倍多，但两个群体的管理支出均偏低。从时间上看，最恶性物种的损失增加得比其他物种更多（Cuthbert et al., 2022）。有记录的水生动植物的全球损失保守估计为 3450 亿美元，其中大多数来自无脊椎动物（62%），其次是脊椎动物（28%），然后是植物（6%）。据报道，北美洲（48%）和亚洲（13%）的损失最高，经济损失主要来自资源的破坏（74%），来自管理方面的支出只有 6%。近几十年来，水生外来入侵物种的经济损失增加了几个数量级，2020 年至少达到 230 亿美元。与陆地外来入侵物种相比，其经济损失严重被低估。据统计，有 26%的已知外来入侵物种是水生生物，但报道的经济损失中只有 5%来自水生物种，只有 1%的水生入侵经济损失来自海洋物种（Cuthbert et al., 2021）。鱼类入侵可能造成全球至少 370.8 亿美元的经济损失，而据报道只有 27 种鱼类。北美报道的经济损失最高（超过总经济损失的 85%），其次是欧洲、大洋洲和亚洲，非洲和南美洲尚未有经济损失的相关报道。在报道的总费用中，只有 6.6%来自外来入侵海鱼，观察到的经济损失为 22.8 亿美元（占 6.1%）。随着时间的推移，与鱼类入侵有关的总经济损失显著增加，从 1960 年的<0.01 万美元/年增加到 2000 年的 10 亿美元/年以上（Haubrock et al., 2022）。

在应对生物入侵问题上，中国已开展了广泛的国际合作。中国积极参与了多项与外来入侵物种有关的国际协议，如 CBD、《国际植物保护公约》（IPPC）等，也积极同周边国家共同制定双边或多边合作的区域战略，如亚太经济合作组织外来入侵生物防治行动计划（Wang et al., 2017）。例如，为应对新冠疫情，需实时监控病毒的传播情况。追踪病毒的踪迹，对阻断病毒的后续传播至关重要。研究人员能通过获取的新冠疫情实时传播数据，对疾病的传播进行数学建模，以预测不同情景下未来的潜在传播（Dong et al., 2020）。在全球化大背景下，入侵早期阶段时空传播数据的获得离不开全球各个国家和地区的重视和精诚合作。当前，在构建世界、区域或国家尺度上的大型入侵物种数据库或数据清单方面已经取得了显著进展，如世界范围内的全球入侵物种数据库（global invasive species database，GISD）或全球引进和入侵物种登记（the Global register of introduced and invasive species，GRIIS）；欧洲的外来入侵物种清单（delivering alien invasive species inventories for Europe，DAISIE）；我国的《中国外来入侵生物（修订版）》等（徐海根和强胜，2018）。处理如此多的数据集也是一项不小的挑战，因为可用信息通常分散在许多不同的信息系统和数据库中。有研究人员提出了欧洲外来物种信息网络（the European alien species information network，EASIN）这一概念，旨在提供一个单一的外来物种数据存储数据库，用于获取有用信息以支持外来物种相关政策决策的制定（Deriu et al.，2017）。来自全球的顶尖科学家还提出了一个国际外来入侵物种开放知识和开放数据协会的概念，称为"INVASIVESNET"。这一新的协会将通过建立有效的知识交流网络，促进对全球外来入侵物种和生物入侵的进一步了解，进而改进管理。该网络将新的和现有的利益相关体连接起来，这些利益相关体包括国际和国家相关专家工作组及其倡议、个人科学家、数据库管理者、开放获取期刊、环境机构、相关从业人员、管理者、相关行业、非政府组织、公民和教育机构等。通过这个动态且持久的知识共享网络，以确保外来入侵物种在实践、科学和管理之间的无缝衔接（Lucy et al.，2016）。此外，环境DNA（eDNA）、遥感等技术的发展，打破了外来入侵物种的早期发现和识别的局限性（Xia et al.，2018）。

外来入侵物种（IAS）被认为是生物多样性的主要威胁之一。尽管如此，对于大多数的外来入侵物种，它们可能未对人类生命健康构成威胁，但仍严重影响了全球的各个行业、生态系统服务等。目前对这类威胁的响应并不尽如人意（Bertelsmeier and Ollier，2020）。过去的众多数据库普遍存在入侵数据的滞后性问题。所有入侵物种均是全球化进程不断推进的结果，因此需要全球一起携手应对。特别是考虑到入侵物种的巨大影响和每年超过数万亿美元的相关经济损失，迫切需要转变过去的入侵数据管理方式（Bertelsmeier and Ollier，2020）。生物入侵的早期预警与快速响应有赖于对外来入侵物种的实时监控与对入侵数据的及时更新。在全球化大背景下，仍需要世界各个国家和地区之间加强合作交流，以共同应对生物安全问题带来的巨大挑战。

总体来说，通过统计分析全球范围内的生物入侵经济损失相关数据，发现目前的经济损失报告存在以下问题：①外来入侵物种的经济损失数据所涵盖的物种数有限。欧洲报告的有经济损失的外来入侵物种数是最多的，有381种，但也仅占已知外来入侵物种总数的10%；中美洲等严重缺乏相应的经济损失数据（Zenni et al.，2021）。IUCN的外来入侵物种库中有86种昆虫，其中81.4%的昆虫没有经济损失估计，12.8%的经济损失估计是无法溯源的无效估计（Invasive Species Specialist Group，2015；Bradshaw et al.，2016）。②外来入侵物种的经济损失数据所涵盖地区或生态系统有限。海洋生态系统的相关数据严重不足。国家或地区更重视生物多样性热点区的物种管理，更多的经济损失发生在生物多样性热点区（Ballesteros-Meji et al.，2021；Watari et al.，2021）。③尽管外来入侵物种被认为是生物多样性的主要威胁之一，但目前大多数的经济损失数据来自农业和卫生部门，很少来自环境部门。外来生物入侵对生物多样性及其保护所造成的经济损失的相关报道很少。④经济支出主要集中在外来入侵物种引入后的管理上，而在预防生物入侵方面的投资相对较少。随着外来入侵物种数量的持续增加，有必要及时记录并公开外来入侵物种对经济的影响，用更全面且可靠的数据来评估外来入侵物种所造成的损害或管理行动的成本（Seebens et al.，2017）。同时，研究人员建议将更多的资金和精力集中在外来入侵物种的前期预防、早期检测和快速响应上，这样才有望将外来入侵生物的经济损失降至最低（Zenni et al.，2021）。

二、外来入侵物种防控的货币化评估体系

Holden 等（2016）从经济角度出发，通过建模制定了一套分三阶段的外来入侵物种管理策略。该策略强调，对于那些并不频繁地被引入管理区域的外来入侵物种，建议在早期部署高强度的监测，直到发现并清除大多数未被发现的种群；其次是中等强度的监测，直到大多数严重的地区已经清除了入侵者；最后进行低强度的长期监测，以发现逃脱监测的那些漏网之鱼，或防范未来可能的引入。相对于其他管理方式，该方法能获得最大的经济效益。有研究表明，彻底清除外来入侵物种可能并非最划算的，但外来入侵物种的早期发现和控制是至关重要的，当入侵面积达到5%时开始控制的经济成本最低（Wang et al., 2012）。Courtois 等（2018）提出了一个在资金有限的情况下，确定优先管控的外来入侵物种的成本-效益框架。该框架特别地考虑到了物种间的相互作用，适用于多种生物入侵的场景。随着一些旨在降低生物入侵风险的法律法规的出台，货币化可以有效地评估这些政策给包括利益相关者在内的各方所带来的影响。特别是，针对减少水生物种入侵的全球压载水管理法规，明确要求采取可能提升运输成本的措施，以降低生物入侵的风险。有研究采用综合航运成本和全球经济建模的方法来调查压载水法规对双边贸易、国家经济和航运模式的影响（Wang et al., 2020）。开发特定的用于处理外来入侵物种问题的经济模型，可以直观反映相关管理者或科研机构对这一问题的认识以及国家或公民的总体支付意愿。这些金融数据可能有助于制定一个衡量外来物种入侵趋势的响应指标，还可能有助于评估外来入侵物种在减少或预防损害影响方面的经济影响，并进一步为政策制定、决策过程及相关的宣传教育活动提供坚实支撑。通过对优先事项进行优先拨款，实现对有限财政资源的有效监督和优化利用（Scalera, 2010）。

第三节 结论与展望

外来物种入侵是全球环境变化和经济活动的不良后果，对经济的影响日益凸显。从农业生产的直接损失到生态系统服务功能的衰退，从生物多样性降低到威胁人类的健康，生物入侵的经济影响广泛且深远。为应对这一挑战，具体建议如下：①设置专项科研基金。政府可以设立专项科研基金，用于支持对外来入侵物种资源化利用的研究。这些资金可以用于资助科研项目，包括入侵物种的生态习性研究、资源化利用技术的开发，以及资源化利用产品的市场潜力评估等。通过科研基金的引导，可以吸引更多的科研机构和研究人员投身到这一领域，推动相关技术的发展和进步。②增加绿色信贷，减免税收。金融机构可以推出绿色信贷产品，为从事入侵生物资源化利用的企业提供优惠贷款。还可以通过减免税收和增加补贴补偿等政策，鼓励更多的企业参与到外来入侵物种的资源化利用中来，激发企业参与资源化利用的积极性。③设立奖励机制。政府可以设立奖励机制，对在外来入侵物种资源化利用方面取得显著成效的科研单位、企业和个人给予奖励，以激励更多的参与者投入到这一工作中来。综上所述，外来入侵物种的经济影响

控制是一个多方面、多层次的工作，需要政府、科研机构、企业和公众的共同努力，兼顾损失控制与新价值转化，推进全球变化下的绿色、可持续发展。

(本章作者：张彦静　王晨彬　施筱迪　陈　菁　马方舟)

参 考 文 献

陈宝雄, 孙玉芳, 韩智华, 等. 2020. 我国外来入侵生物防控现状、问题和对策. 生物安全学报, 29(3): 157-163.

方焱, 秦萌, 李志红, 等. 2015. 紫茎泽兰对我国花生产业造成的潜在经济损失评估. 中国农业大学学报, 20(6): 146-151.

甘泉, 徐海根, 李明阳. 200. 外来入侵物种造成的间接经济损失估算模型. 南京工业大学学报(自然科学版), (5): 78-80.

鞠瑞亭, 李慧, 石正人, 等. 2012. 近十年中国生物入侵研究进展. 生物多样性, 20(5): 581-611.

李明阳, 徐海根. 2005. 生物入侵对物种及遗传资源影响的经济评估. 南京林业大学学报(自然科学版), (2): 98-102.

刘伯言. 2017. 入侵植物紫茎泽兰的资源化利用研究. 中国科学院大学博士学位论文.

刘明迪, 蓝帅, 焦晓丹, 等. 2019. 马铃薯甲虫对黑龙江省马铃薯产业的经济损失浅析. 植物检疫, 33(6): 54-58.

刘婷婷, 张洪军, 马忠玉. 2010. 生物入侵造成经济损失评估的研究进展. 生态经济, (2): 173-175, 178.

卢钟山, 吴新华, 李彬, 等. 2020. 外来生物导致的潜在损失评估方法研究：以外来疫病油菜茎基溃疡病为例. 生态与农村环境学报, 36(9): 1126-1132.

秦誉嘉, 杨冬才, 康德琳, 等. 2020. 草地贪夜蛾对我国玉米产业的潜在经济损失评估. 植物保护, 46(1): 69-73.

孙宏禹, 秦誉嘉, 方焱, 等. 2018. 基于@RISK 的瓜实蝇对我国苦瓜产业的潜在经济损失评估. 植物检疫, 32(6): 64-69.

万方浩, 侯有明, 蒋明星. 2015. 入侵生物学. 北京: 科学出版社.

万敏, 太红坤, 顾蕊, 等. 2022 草地贪夜蛾对云南德宏玉米经济损失评估及防治措施调查. 植物保护, 48(1): 220-226.

魏丹丹, 刘嘉艺, 徐明明, 等. 2023. 外来入侵植物加拿大一枝黄花的研究进展与资源化利用策略. 中国现代中药, 25(9): 1853-1865.

喜超, 姜玉英, 木霖, 等. 2019. 草地贪夜蛾在云南的潜在适生区分析及经济损失预测. 南方农业学报, 50(6): 1226-1233.

冼晓青, 万方浩, 谢明. 2007. 我国外来入侵物种生态经济影响评价体系的构建//中国农业科学院植物保护研究所植物病虫害生物学国家重点实验室. 生物入侵与生态安全——"第一届全国生物入侵学术研讨会"论文摘要集.

辛悦, 邹彩瑜, 王磊, 等. 2021. 崇明东滩互花米草资源化利用生态工程系统生态经济评价. 生态与农村环境学报, 37(11): 1394-1403.

徐海根, 强胜. 2018. 中国外来入侵生物(修订版). 北京: 科学出版社.

徐海根, 王健民, 强胜, 等. 2004. 《生物多样性公约》热点研究：外来物种入侵、生物安全、遗传资源. 北京: 科学出版社.

徐艳玲, 李昭原, 陈杰, 等. 2020. 草地贪夜蛾对我国小麦产业造成的潜在经济损失评估. 植物保护学报, 47(4): 740-746.

杨昌举, 韩蔡峰. 2007. 外来入侵物种造成经济损失的评估. 环境保护, (13): 13-17.

余细红, 李韶山. 2019. 外来入侵植物五爪金龙的防治及其资源化利用展望. 湖北农业科学, 58(4): 5-9.

张旭, 赵京京, 闫峻, 等. 2020. 2017 年中国大陆松材线虫病灾害经济损失评估. 北京林业大学学报, 42(10): 96-106.

Ahmed D A, Hudgins E J, Cuthbert R N, et al. 2022. Modelling the damage costs of invasive alien species. Biological Invasions, 24: 1949-1972.

Ballesteros-Mejia L, Angulo E, Diagne C, et al. 2021. Economic costs of biological invasions in Ecuador: the importance of the Galapagos Islands. NeoBiota, 67: 375-400.

Bebber D P, Holmes T, Gurr S J. 2014. The global spread of crop pests and pathogens. Global Ecology and Biogeography, 23(12): 1398-1407.

Bebber D P, Ramotowski M A, Gurr S J. 2013. Crop pests and pathogens move polewards in a warming world. Nature Climate Change, 3(11): 985-988.

Bertelsmeier C. 2021. Globalization and the anthropogenic spread of invasive social insects. Current Opinion in Insect Science, 46: 16-23.

Bertelsmeier C, Ollier S. 2020. International tracking of the COVID-19 invasion: an amazing example of a globalized scientific coordination effort. Biological Invasions, 22: 2647-2649.

Bertelsmeier C, Ollier S, Liebhold A, et al. 2017. Recent human history governs global ant invasion dynamics. Nature Ecology and Evolution, 1: 0184.

Bradshaw C, Leroy B, Bellard C, et al. 2016. Massive yet grossly underestimated global costs of invasive insects. Nature Communications, 7: 12986.

Courtois P, Figuieres C, Mulier C, et al. 2018. A cost-benefit approach for prioritizing invasive species. Ecological Economics, 146: 607-620.

Cuthbert R N, Bartlett A C, Turbelin A J, et al. 2021. Economic costs of biological invasions in the United Kingdom. NeoBiota, 67: 299-328.

Cuthbert R N, Diagne C, Haubrock P J, et al. 2022. Are the "100 of the world's worst" invasive species also the costliest? Biological Invasions, 24: 1895-1904.

Cuthbert R N, Pattison Z, Taylor N G, et al. 2021. Global economic costs of aquatic invasive alien species. Science of The Total Environment, 775: 145238.

Deriu I, D'Amico F, Tsiamis K, et al. 2017. Handling big data of alien species in Europe: the European alien species information network geodatabase. Frontiers in ICT, 4: 20.

Diagne C, Leroy B, Vaissière A C, et al. 2021. High and rising economic costs of biological invasions worldwide. Nature, 592: 571-576.

Dong E, Du H, Gardner L. 2020. An interactive web-based dashboard to track COVID-19 in real time. The Lancet Infectious Diseases, 20(9): 533-534.

Evans T A, Forschler B T, Grace J K. 2013. Biology of invasive termites: a worldwide review. Annual Review of Entomology, 58: 455-474.

Haubrock P J, Bernery C, Cuthbert R N, et al. 2022. Knowledge gaps in economic costs of invasive alien fish worldwide. Science of The Total Environment, 803: 149875.

Hoffmann B D, Broadhurst L M. 2016. The economic cost of managing invasive species in Australia. NeoBiota, 31: 1-18.

Holden M H, Nyrop J P, Ellner S P. 2016. The economic benefit of time-varying surveillance effort for invasive species management. Journal of Applied Ecology, 53: 712-721.

Hulme P E. 2009. Trade, transport and trouble: managing invasive species pathways in an era of globalization. Journal of Applied Ecology, 46: 10-18.

Invasive Species Specialist Group. 2015. Global Invasive Species Database. www.iucngisd.org/gisd/ [2025-6-1].

IPBES. 2019. Global assessment report on biodiversity and ecosystem services of the Intergovernmental Science-Policy Platform on Biodiversity and Ecosystem Services. Bonn: IPBES Secretariat.

IUCN (International Union for Conservation of Nature). 2000. Guidelines for the Prevention of Biodiversity Loss Caused by Alien Invasive Species. Gland: IUCN.

Liu C, Diagne C, Angulo E, et al. 2021. Economic costs of biological invasions in Asia. NeoBiota, 67: 53-78.

Liu N, Li Y, Zhang R. 2010. Invasion of *Colorado potato beetle*, *Leptinotarsa decemlineata*, in China: dispersal, occurrence, and economic impact. Entomologia Experimentalis et Applicata, 143(3): 207-217.

Lu H, Kang W, Campbell D E, et al. 2009. Emergy and economic evaluations of four fruit production systems on reclaimed wetlands surrounding the Pearl River Estuary, China. Ecological Engineering, 35(12): 1743-1757.

Lucy F E, Roy H, Simpson A, et al. 2016. INVASIVESNET towards an international association for open knowledge on invasive alien species. Management of Biological Invasions, 7(2): 131-139.

Paini D R, Shepparda A W, Cook D C, et al. 2016. Global threat to agriculture from invasive species. Proceedings of the National Academy of Sciences of the United States of America, 113(27): 7575-7579.

Pimentel D, McNair S, Janecka D, et al. 2001. Economic and environmental threats of alien plant, animal, and microbe invasions. Agriculture, Ecosystems and Environment, 84(1): 1-20.

Pimentel D, Zuniga R, Morrison D. 2005. Update on the environmental and economic costs associated with alien-invasive species in the United States. Ecological Economics, 52(3): 273-288.

Pyšek P, Hulme P E, Simberloff D, et al. 2020. Scientists' warning on invasive alien species. Biological Reviews of the Cambridge Philosophical Society, 95: 15111534.

Roy H E, Bacher S, Essl F, et al. 2019. Developing a list of invasive alien species likely to threaten biodiversity and ecosystems in the European Union. Global Change Biology, 25(3): 1032-1048.

Scalera R. 2010. How much is Europe spending on invasive alien species? Biological Invasions, 12: 173-177.

Seebens H, Bacher S, Blackburn T M, et al. 2021. Projecting the continental accumulation of alien species through to 2050. Global Change Biology, 27: 970-982.

Seebens H, Blackburn T M, Dyer E E, et al. 2017. No saturation in the accumulation of alien species worldwide. Nature Communications, 8: 14435.

Seebens H, Blackburn T M, Dyer E E, et al. 2018. Global rise in emerging alien species results from increased accessibility of new source pools. Proceedings of the National Academy of Sciences of the United States of America, 115: E2264-E2273.

Wang H H, Grant W E, Gan J, et al. 2012. Integrating spread dynamics and economics of timber production to manage Chinese tallow invasions in Southern U.S. Forestlands. PLoS ONE, 7(3): e33877.

Wang R, Wan F, Li B. 2017. Roles of Chinese government on prevention and management of invasive alien species//Wan F, Jiang M, Zhan A. Biological Invasions and Its Management in China. Invading Nature-Springer Series in Invasion Ecology, vol. 11. Dordrecht: Springer.

Wang Z, Nong D, Countryman A M, et al. 2020. Potential impacts of ballast water regulations on international trade, shipping patterns, and the global economy: an integrated transportation and economic modeling assessment. Journal of Environmental Management, 275: 110892.

Watari Y, Komine H, Angulo E, et al. 2021. First synthesis of the economic costs of biological invasions in Japan. NeoBiota, 67: 79-101.

Wu P, Wu F, Fan J, et al. 2021. Potential economic impact of invasive fall armyworm on mainly affected crops in China. Journal of Pest Science, 94: 1065-1073.

Xia Y, Zhao W, Xie Y, et al. 2019. Ecological and economic impacts of exotic fish species on fisheries in the Pearl River basin. Management of Biological Invasions, 10(1): 127-138.

Xia Z Q, Zhan A B, Gao Y C, et al. 2018. Early detection of a highly invasive bivalve based on environmental DNA (eDNA). Biological Invasions, 20: 437-447.

Zenni R D, Essl F, García-Berthou E, et al. 2021. The economic costs of biological invasions around the world. NeoBiota, 67: 1-9.

第四篇

全球变化下生物入侵的应对

第二十一章　全球变化背景下生物入侵的应对对策及防控措施

　　由外来物种入侵导致的粮食安全和生态环境危机已成为全人类面临的重大安全威胁之一。在过去几十年里，外来入侵物种在全球导致的经济损失已至少达 1.3 万亿美元（Diagne et al., 2021）。《世界自然保护联盟濒危物种红色名录》中，约有 25%的植物和 33%的动物灭绝与外来入侵物种有关。外来入侵物种还会对家养动物和人类健康产生直接和间接的影响。因此，有效管理外来入侵物种对于限制其扩散并降低经济、环境和社会影响至关重要。特别是中国，鉴于其正在经历前所未有的快速发展，面临的生物入侵形势异常严峻。中国政府一直高度重视外来入侵物种的管理问题，近年陆续出台一系列措施以加强其早期预防、快速反应和有效处置。2020 年 10 月，全国人民代表大会常务委员会通过了《中华人民共和国生物安全法》，将防范外来物种入侵纳入国家生物安全整体框架予以立法。

　　在本书前面的章节中，多位学者已就全球变化背景下生物入侵的态势和危害机制进行了深入探讨，综述了生物入侵与全球变化的关系以及两者间相互作用的格局和后果。通过这些综述，我们可以发现，在全球变化背景下，外来物种入侵导致的全球生物安全形势将日趋复杂严峻，国际化进程加快导致外来物种的传播方式和扩散途径呈现多样化和快速化发展趋势，外来物种在全球入侵扩张的速度正在加剧，这将进一步严重破坏生态环境和降低生物多样性，威胁各国生物安全和可持续发展。就中国而言，基于《中华人民共和国生物安全法》要求，当前应从"总体国家安全观"高度出发，充分全面地认识全球变化背景下生物入侵问题的复杂性、多变性、灾难性等鲜明特征，加强其风险识别和预警防控，构建国家生物安全支撑体系，推动生物入侵应急处置和中长期治理能力的快速提升。为有效应对全球变化背景下的生物入侵问题，降低新外来物种入侵风险，减缓或化解已入侵物种造成的生态或经济危害，构筑国家生物安全体系，本章拟从全球变化应对整体框架出发，从法制建设、管理架构完善、全民防控网络建设、风险分析、预警防控新技术、标准化体系建设、受损生境生态修复、公民生态科学教育等方面，提出全球变化背景下生物入侵的应对对策及防控措施，以期为生物入侵预警防控管理和实践提供参考。

第一节　将生物入侵管理纳入全球变化应对的整体框架

一、生物入侵与全球变化关系

（一）全球变化关键要素对生物入侵的影响

生物入侵不仅会降低地域性动植物区系的独特性,还会打破维持全球生物多样性的地理隔离(Lovei,1997),具有极其显著的全球效应,因此被认为是全球变化的重要组成部分(Cassey et al.,2005)。除了生物入侵,全球变化还体现在全球经济贸易一体化、温度升高、大气 CO_2 浓度增加、海平面上升、环境污染等其他多个方面。基于已经证明的案例研究和综合分析,科学家认为全球变化的大多数要素都有利于外来物种的成功入侵(Walther et al.,2009)。

首先,随着全球气候变暖的进一步加剧,生物入侵的趋势将变得更加复杂。对于植物来说,气候变暖将有利于那些世代周期短、能够迅速改变分布范围、具有高抗逆性的外来植物入侵(郑景明和马克平,2010)。对于动物来说,气候变暖会导致动物分布区的改变,如温度上升会使一些外来昆虫向原本不适宜生存的高海拔和高纬度地区迁移,进而导致其入侵风险区扩大(Dukes and Mooney,1999)。另外,气候变暖还会通过影响竞争、捕食等种间关系或物种自身特性的演变规律来改变外来物种入侵的能力(见第四章);在气候变暖影响下,入侵动植物会发生表型可塑性或遗传适应性进化,增强其与土著物种的竞争能力,建立优势种群并迅速扩张,对本地生态系统造成严重危害(Sexton et al.,2002)。

其次,除了气候变暖,全球变化其他要素对生物入侵也有直接或间接的促进作用。例如,大气 CO_2 浓度升高可能会通过增强植物的光合作用,而导致其生物量、资源利用效率和繁殖力的提高,从而直接促进外来植物的入侵(方精云,2000;Weltzin et al.,2003)。海平面上升可通过潮汐过程、水沙过程、水盐过程、生物互作等的改变来加重湿地外来物种的入侵(Kang et al.,2009)(见第九章)。由于入侵植物一般具有更强的耐污染能力,且污染物可以提高入侵植物的抗虫和抗病性,因此环境污染通常也会增强入侵植物的竞争能力(Hiremath and Agrawal,2010)。土地利用方式变化可将原来不存在的外来物种带入新生境,由于新生境缺乏足够的抗入侵能力,因此也会增加外来物种入侵的机会(郑景明和马克平,2010)。在城市化过程中,人类干扰加剧了外来生物引入频率和数量,减弱了土著群落的抗性,加之热辐射、光辐射、水文状况等非生物因素的影响,生物入侵往往也会更加严重(Stroud et al.,2019)(见第十二章)。另外,随着国际贸易、引种和旅客交流的日益频繁,这也不可避免地加剧了入侵物种的传播和扩张(Xu et al.,2012),特别是近年来,以园林绿化、装饰观赏、宠物饲养等目的有意引进外来物种的频率和规模仍在不断攀升,国际贸易中的货物运输、压载水排放、旅游服务等过程无意引入外来物种的压力也在不断加大(见第十三章)。除了陆生系统,在全球变化背景下,海洋生态系统也在发生剧烈变化,如海洋热浪持续期和频率的增加、海水酸化加剧、海平面上升、海岸带景观变化等,这些变化都会直接或间接地促进海洋外来生物的入侵(Stachowicz et al.,2002)。

(二)全球变化与生物入侵相互作用的后果

作为全球变化的重要组分,生物入侵不仅受到全球变化多个要素的推动(Bradley et al.,2010a),反过来还会加剧全球变化的发生(Dukes and Mooney,1999),这种相互作用严重影响生态系统过程及服务,威胁全球生物多样性,对人类生产生活和生命健康产生严重威胁。

生物入侵正在以前所未有的速度影响全球生态系统过程(陈兵和康乐,2003)。入侵者可改变诸如食物网、生态系统生产力、温室气体排放、凋落物分解、碳循环及氮循环等（方精云，2000）。此外，生物入侵被认为是仅次于栖息地破坏导致全球生物多样性降低的第二大原因（Everett，2000）。在气候变暖、大气 CO_2 浓度升高、环境污染等全球变化背景下，入侵物种可以通过种间竞争排斥甚至完全取代土著物种，在入侵地区常形成单一优势种群，降低土著物种的遗传和物种多样性，导致生态系统结构与功能被破坏、生态系统多样性降低（Prevéy et al.，2010）。在生态系统服务方面，生物入侵会改变土壤形成、养分循环、初级生产等支持性服务（Pimentel et al.，2005），减少森林产品、流域水资源、商品产量等供给性服务（Sharov and Liebhold，1998），弱化水调节、水净化、生物控制等调节性服务（Pimentel et al.，2005），降低城市景观、保护区游憩和美学价值的文化性服务（Gibert et al.，2003）。

在诸多生态系统中，滨海湿地生态系统中的生物入侵影响备受关注（Bradley et al.，2010b）。作为海岸带地区最重要的生态系统之一，滨海湿地生态系统是承受全球变化引起的海平面上升、富营养化、海洋酸化等负面影响最为前沿的缓冲过渡带，但这一生态系统对外来物种入侵具有高度的敏感性（Christian and Mazzilli，2007）。生物入侵不仅会直接改变滨海湿地生态系统的结构与功能，反过来还会对入侵自身和其他全球变化过程产生正反馈作用，从而显著降低滨海湿地在缓解全球变化影响中承担的生态系统服务（邓自发等，2010）。另一种与人类生存息息相关的受影响生态系统类型是农业生态系统。在全球变化背景下，生物入侵对全球农业生产造成的危害日益严重（强胜等，2010）。农业生态系统中，不仅有大量已知的入侵物种在不断扩散和暴发（van Kleunen et al.，2009），新的外来杂交种、抗性种群和生态型也在不断出现，严重威胁农业生态系统健康及粮食安全（Gaskin et al.，2009）。更重要的是，全球变化会加快病原微生物的引入和传播速率（Daszak et al.，2000），不仅会影响全球农林牧渔业生产，还会严重威胁人类的生命健康（Perrings et al.，2002），2019 年开始流行的 COVID-19 疫情已成为 21 世纪以来最大的公共卫生灾难性事件。因此，防范生物入侵、应对全球变化已成为国际社会特别关注和重点解决的公共事务之一。

二、完善生物入侵防控与全球变化应对法制建设

（一）加大全球变化应对与生物入侵防控国际公约履约力度

随着国际社会对全球变化应对工作的重视，外来物种入侵对全球生物多样性、生态系统服务、人类健康等方面的影响越来越受到关注，这些问题的管理已然成为一项重要的国际事务，这就需要有相应的全球性或区域性国际公约、协定、行动建议或指南来规范、约束和指导各成员国的行为（童光法，2008）。

涉及全球变化应对和生物入侵防控的最重要的国际公约是 1992 年在联合国环境与发展大会上订立的《生物多样性公约》（*Convention on Biological Diversity*，CBD）。该公约规定缔约成员国应当对那些威胁当地生态系统的外来生物进行预防、控制以及根除[①]。

---

① 参见《生物多样性公约》第 8 条（h）款

为了对 CBD 作进一步的补充和说明，CBD 缔约方大会陆续通过了《卡塔赫纳生物安全议定书》《关于对生态系统、生境或物种构成威胁的外来物种的预防、引进和减轻其影响问题的指导原则》等指导性文件。2021 年 10 月，CBD 第十五次缔约方大会（CBD COP15，框 21.1）在中国云南省昆明市开幕，保护生物多样性免受外来物种的危害是此次会议的重要内容之一。全球变化应对和生物入侵防控应在 CBD 及相关议定书和指导原则框架的整体指导下进行。

框 21.1　《生物多样性公约》第十五次缔约方大会

《生物多样性公约》第十五次缔约方大会（CBD COP15，图 21-1）于 2021 年 10 月 11～15 日和 2022 年下半年分两阶段举行，第一阶段会议在中国云南省昆明市举行，主题是"生态文明：共建地球生命共同体"，这是联合国首次以生态文明为主题召开的全球性会议[①]。此次会议通过了《昆明宣言》，宣言认识到外来入侵物种是生物多样性丧失的直接驱动因素之一，并呼吁各方采取行动，响应共建地球生命共同体的号召，遏制生物多样性丧失，增进人类福祉，实现可持续发展。此次大会向世界展现了中国在应对全球变化、防控生物入侵、保护生物多样性等多个方面所做的巨大努力和卓越贡献。

图 21-1　CBD COP15 会标（左）和会场（右）（图源：中华人民共和国生态环境部 https://www.mee.gov.cn/ywdt/hjywnews/202110/t20211012_956118.shtml）

除了 CBD 及其缔约方大会上通过的相关法律文件，国际上其他的涉及外来入侵物种防控的管理框架文件主要聚焦于以下两个方面。

第一个方面的文件聚焦于保护特定物种或类群，包括《国际植物保护公约》（*International Plant Protection Convention*，IPPC）、《濒危野生动植物种国际贸易公约》（*Convention on International Trade in Endangered Species of Wild Fauna and Flora*，

[①] 中华人民共和国生态环境部 https://www.mee.gov.cn/xxgk2018/xxgk/xxgk15/201909/t20190903_732168.html

CITES)、《保护野生动物迁徙物种公约》（Convention on the Conservation of Migratory Species of Wild Animals，CMS)、《非洲–欧亚大陆迁徙水鸟保护协定》（Agreement on the Conservation of African-Eurasian Migratory Waterbirds，AEWA）等。这些法律文件为制定和应用统一的动植物保护措施以及制定有关的国际标准提供了框架。值得注意的是，这些国际公约之间、国际公约与成员国国内法之间并不是完美契合、全面覆盖的，由于发布机构、关注重点、评判标准的不同，它们之间经常存在着冲突和遗漏（Osminin，2018）。例如，原产于非洲和东南亚的红领绿鹦鹉（Psittacula krameri）未被列入CITES附录一和附录二所规定的禁止或限制交易的物种名录，但在我国《国家重点保护野生动物名录》中被列为国家二级保护动物，即禁止进出口该物种。各国保护物种的评判标准与国际公约名录的不对称会导致某些国家或地区的珍贵物种不能被纳入国际法律的保护范围，而在那些可以自由交易和买卖这些物种的国家或地区，就很容易导致生物入侵事件的发生。我们建议各国相关机构应积极开展审查工作，解决公约在外来入侵物种管理方面的漏洞，充分考虑国际公约间、国际公约和成员国国内法之间的冲突，以加强相关国际公约的履约力度。

第二个方面的文件侧重于保护那些易受外来物种影响的特定生态系统，如针对海洋生态系统、湿地生态系统等制定的相关协议中，有《联合国海洋法公约》（United Nations Convention on the Law of the Sea，UNCLOS)、《保护东北大西洋海域环境公约》（Convention for the Protection of the Marine Environment of the North-East Atlantic，OSPAR)、《关于特别是作为水禽栖息地的国际重要湿地公约》（Convention on Wetlands of International Importance Especially as Waterfowl Habitat)、《国际水道非航行使用法公约》（Convention on the Law of the Non-Navigation Uses of International Watercourses）等，这些公约对于保护全球敏感、脆弱的生态系统免受外来物种的威胁具有重要意义。但遗憾的是，这些公约的履约力度当前仍有所不足。一方面是因为部分国家在享有权利的同时不想承担额外的义务，如对于内陆水生生态系统来说，处在河流上游的部分国家，他们不愿承担比下游国家更多的义务；而另一方面则是由于部分公约存在争议性条款而不能充分保护成员国的利益。例如，《国际水道非航行使用法公约》中存在强制性事实调查的条款[①]，因此，包括中国在内的部分国家未签署该公约。对此我们建议，各国应进一步研究并积极推动加入全球变化应对和生物入侵防控相关的国际公约、组织或计划。与此同时，有关国际机构在立法与执法时也应该充分考虑到不同国家的实际情况，在充分保障成员国利益的同时，对公约中的争议条款进行补充完善或者解释说明，并及时解决国家间因条款争议而出现的利益矛盾，只有这样才能充分实现国际公约的多边履约、主动履约、常态履约。

（二）提升全球变化应对与生物入侵防控国内法律法规执行效力

随着我国与国际交流的日益频繁和国际贸易的深入发展，外来物种入侵现象愈发普遍和广泛，这不仅对我国经济造成了巨大损失，还严重威胁了公共健康及生态安全（曹坳程和张国良，2010）。在严峻的外来物种入侵形势下，我国政府加强了相关管理。2020

---

① 参见《国际水道非航行使用法公约》第33条第3款

年10月，全国人民代表大会常务委员会通过了《中华人民共和国生物安全法》，通过专门立法将外来入侵物种防控列入章节条款。同年12月，《中华人民共和国刑法修正案（十一）》通过，提出在刑法第三百四十四条后增加对非法引进、释放或者丢弃外来入侵物种行为的处罚规定[①]。2021年1月，农业农村部、自然资源部、生态环境部、海关总署、国家林业和草原局联合印发《进一步加强外来物种入侵防控工作方案》，提出要开展外来入侵物种普查和监测预警，加强外来入侵物种口岸防控，加强农业外来物种入侵治理。2021年3月，第十三届全国人民代表大会第四次会议召开，将"加强外来物种管控"纳入"十四五"规划[②]。总的来看，虽然我国对生物入侵的法律规制起步较晚，但公众和政府对生物入侵防控和生态保护的观念正在不断改变。未来应当继续将生态安全的观念逐步融入我国防治外来物种入侵的立法和执法过程中，形成"法律+国家防治战略"的制度管理模式，将全球变化应对与生物入侵防控制度化、法律化。

除了现行《中华人民共和国刑法》和《中华人民共和国生物安全法》，我国现行的其他法律法规中也有较多涉及防控外来物种入侵的规定（表21-1）。这其中，关于保护环境以及动植物免受外来物种威胁的法律法规有《中华人民共和国海洋环境保护法》《中华人民共和国环境保护法》《中华人民共和国野生动物保护法》《中华人民共和国动物防疫法》《植物检疫条例》等；保障农林牧渔业生产免受外来物种入侵威胁的法律法规有《中华人民共和国农业法》《中华人民共和国森林法》《中华人民共和国种子法》《中华人民共和国畜牧法》《中华人民共和国渔业法》《家畜家禽防疫条例》等。此外，海关检查和检疫是防止外来生物引入我国的主要手段，因此涉及防控生物入侵的法律法规也最多，包括《中华人民共和国国境卫生检疫法》《中华人民共和国海关法》《中华人民共和国进出口商品检验法》《中华人民共和国进出境动植物检疫法》《中华人民共和国对外贸易法》《中华人民共和国出境入境管理法》《国际航行船舶出入境检验检疫管理办法》《关于加强防范外来有害生物传入工作的意见》等。虽然我国现行法律法规中，涉及生物入侵的不乏少数，但目前仍缺乏有针对性地将全球变化应对与外来物种防控放在同一个框架下去执行的法律文件（汪劲等，2009）。同时，我国当前的全球变化应对和入侵物种防控管理在不同部门间仍存在执法职能交叉或空缺、权责模糊等不足（万方浩等，2008）。对此，我们建议，有关部门应考虑出台一部专门的法律法规，来统筹和衔接与全球变化应对及外来物种防控相关的法律法规，并组织协调相关执法机构，明确其职责权限，从国家层面上建立协同高效的执法运行体系，以全面提升全球变化应对与生物入侵防控法律法规的执行效力。

表21-1　我国现行涉及外来物种入侵防控的法律、法规、规章和其他行政文件

发布年份	法律、法规或行政文件	类型	发布机构
1979	《中华人民共和国刑法》	法律	全国人大
1982	《中华人民共和国海洋环境保护法》	法律	全国人大
1983	《植物检疫条例》	法规	国务院

---

① 参见《中华人民共和国刑法修正案（十一）》第四十三条
② 参见《中华人民共和国国民经济和社会发展第十四个五年规划和2035年远景目标纲要》第三十七章第二节

续表

发布年份	法律、法规或行政文件	类型	发布机构
1984	《中华人民共和国森林法》	法律	全国人大
1985	《中华人民共和国草原法》	法律	全国人大
1985	《家畜家禽防疫条例》（现已废止）	法规	国务院
1986	《中华人民共和国国境卫生检疫法》	法律	全国人大
1986	《中华人民共和国渔业法》	法律	全国人大
1987	《中华人民共和国海关法》	法律	全国人大
1988	《中华人民共和国野生动物保护法》	法律	全国人大
1989	《中华人民共和国环境保护法》	法律	全国人大
1989	《中华人民共和国进出口商品检验法》	法律	全国人大
1989	《中华人民共和国国境卫生检疫法实施细则》	规章	卫生部
1989	《中华人民共和国森林病虫害防治条例》	法规	国务院
1991	《中华人民共和国进出境动植物检疫法》	法律	全国人大
1992	《陆生野生动物保护实施条例》	规章	林业部
1993	《中华人民共和国农业法》	法律	全国人大
1994	《中华人民共和国对外贸易法》	法律	全国人大
1994	《植物检疫条例实施细则（林业部分）》	规章	林业部
1995	《植物检疫条例实施细则（农业部分）》	规章	农业部
1995	《国际航行船舶进出中华人民共和国口岸检查办法》	其他行政文件	国务院
1996	《中华人民共和国进出境动植物检疫法实施条例》	法规	国务院
1997	《中华人民共和国动物防疫法》	法律	全国人大
2000	《中华人民共和国种子法》	法律	全国人大
2001	《中华人民共和国货物进出口管理条例》	法规	国务院
2001	《农业转基因生物安全管理条例》	法规	国务院
2002	《国际航行船舶出入境检验检疫管理办法》	规章	国家质检总局
2002	《关于加强外来有害生物防范和管理工作的通知》	其他行政文件	国家林业局
2003	《关于加强防范外来有害生物传入工作的意见》	其他行政文件	国家质检总局
2003~2016	《中国外来入侵物种名单》共计4批	其他行政文件	环境保护部、中国科学院
2004	《关于加强生物物种资源保护和管理的通知》	其他行政文件	国务院
2005	《中华人民共和国畜牧法》	法律	全国人大
2005	《中华人民共和国进出口商品检验法实施条例》	法规	国务院
2005	《水产苗种管理办法》	规章	农业部
2005	《引进陆生野生动物外来物种种类及数量审批管理办法》	规章	国家林业局
2006	《中华人民共和国濒危野生动植物进出口管理条例》	法规	国务院
2007	《中华人民共和国进境植物检疫性有害生物名录》	其他行政文件	农业部、国家质检总局
2010	《关于做好自然保护区管理有关工作的通知》	其他行政文件	国务院
2012	《中华人民共和国出境入境管理法》	法律	全国人大

续表

发布年份	法律、法规或行政文件	类型	发布机构
2012	《中华人民共和国禁止携带、邮寄进境的动植物及其产品名录》	其他行政文件	农业部、国家质检总局
2013	《湿地保护管理规定》	规章	国家林业局
2013	《国家重点管理外来入侵物种名录（第一批）》	其他行政文件	农业部
2013	《全国林业检疫性有害生物名单》	其他行政文件	国家林业局
2013	《全国林业危险性有害生物名单》	其他行政文件	国家林业局
2017	《国家湿地公园管理办法》	规章	国家林业局
2018	《重点流域水生生物多样性保护方案》	规章	生态环境部、农业农村部、水利部
2018	《关于加强长江水生生物保护工作的意见》	其他行政文件	国务院
2019	《关于加快推进水产养殖业绿色发展的若干意见》	其他行政文件	国务院
2020	《中华人民共和国生物安全法》	法律	全国人大
2021	《进一步加强外来物种入侵防控工作方案》	规章	农业农村部、自然资源部、生态环境部、海关总署、国家林业和草原局
2021	《中华人民共和国国民经济和社会发展第十四个五年规划和2035年远景目标纲要》	其他行政文件	全国人大

三、全球变化应对与生物入侵管理架构完善

（一）结合全球变化应对，完善生物入侵国家管理架构

前面提到，生物入侵作为全球变化的重要组成成分，可与全球变化的其他过程形成复杂的相互作用并导致严重后果（Bellard et al., 2012; Landis et al., 2013）。根据生物入侵的链式过程，全球变化的其他过程对生物入侵的影响可能出现在入侵的任何一个环节，这就给生物入侵的管理带来了新的挑战（Weber and Li, 2008）。目前，我国的生物入侵管理架构仍存在一些不足。一是从部门职责来看，应对全球变化和防范生物入侵相关职能分散在国家发展改革委、农业农村部、自然资源部、生态环境部、国家林业和草原局等多个部门。一些问题的管理在各部门间仍然存在交叉现象，也有些问题存在管理上的缺位。二是从中央部署来看，我国虽成立了中国生物多样性保护国家委员会、国家应对气候变化及节能减排工作领导小组及碳达峰碳中和工作领导小组，但以上部门的统筹协调机制还有待进一步细化强化。

为了打破主体分散、部门分割运行体制下存在的价值整合碎片化、资源和权力结构碎片化、政策制定和执行碎片化三个维度的困境（王毅和张蒙，2021），全球变化背景下，我国防范外来物种入侵的国家管理架构需要不断地完善。就这一问题，我们提出以下两点建议：①建立以全球变化应对和生物入侵防范为一体的中央统一领导协调机制，将应对全球变化和防范生物入侵的问题纳入国民经济和社会发展全局进行考虑，特别是要依照《中华人民共和国生物安全法》等法律法规要求，建立全球变化应对、生物多样

性保护和生物入侵防控的统筹机制，制定统一协调的国家应对方案（李海东和高吉喜，2020）。②进一步完善中央各部委以及中央与地方的协调分工机制，按中央事权和地方事权明确主体责任。应基于2021年3月农业农村部、自然资源部、生态环境部、海关总署和国家林业和草原局联合印发的《进一步加强外来物种入侵防控工作方案》提出的外来入侵物种防控部际协调机制，加强农业农村部、自然资源部、生态环境部、海关总署、国家林业和草原局、教育部、科技部、财政部、住房城乡建设部、中国科学院等多部门部际协调机制建设，明确各成员单位部门职责分工，加强联合会商、密切配合、统筹协调解决外来物种入侵防控重大问题，协同抓好风险预警、监测防控等各项工作。应建立外来物种入侵防控专家委员会，加强防控工作政策咨询、技术支撑。应进一步完善落实外来物种入侵防范的属地责任，各省（区、市）人民政府要加强组织领导，完善政策措施，加强经费保障，落实防控要求，并探索建立跨行政区域外来入侵物种防控联动协作机制。

（二）结合全球变化应对，完善生物入侵地方管理架构

在生物入侵防范管理方面，我国各省级行政区地方政府管理体制不一，机构和级别也各不相同，当前仍缺乏健全完善的职能部门协调制度和行政体系（王从彦和刘丽萍，2020）。在这方面，地方管理架构建设可参照2022年2月发布的《外来入侵物种管理办法（征求意见稿）》，进一步明晰地方政府各管理部门的职能。建议确定以省级人民政府农业农村主管部门牵头，结合各地特点，会同发展改革委和其他有关部门，在全球变化应对整体框架下，建立协调管理机制，组织开展本行政区域外来物种防范各项工作。县级以上地方人民政府依法对本行政区域外来入侵物种防控工作负责，组织、协调、督促有关部门依法履行外来入侵物种防控管理职责。县级以上政府农业农村主管部门负责农田、渔业水域等区域外来入侵物种的监督管理；林业草原主管部门负责森林、草原、湿地和自然保护地等区域外来入侵物种的监督管理；生态环境主管部门负责生物多样性保护优先区等区域外来入侵物种的监督管理。下级工作部门应接受上级政府对口管理部门的业务指导，建立结构完整、上下贯通的管理体系。

鉴于各地入侵物种及生态系统类型存在差异，建议按照"属地管理、分工明确"的总体原则，进一步完善外来入侵物种防范决策和实施机制。一是在决策领导上，各地应成立入侵物种防范领导小组，负责制定本辖区内外来入侵物种管理与防治的方针、政策、工作思路和行动计划，加强部门、地区和上级政府的沟通衔接，领导、指挥和协调防范工作。二是在日常管理上，需建立外来入侵物种防范领导小组办公室，具体负责与各部门信息收集、沟通、组织、协调、业务指导、监督检查及处理日常管理等工作；在相关单位协助下，开展本辖区外来入侵物种名录制订，拟定有关技术标准并组织实施，编制日常疫情报告，组织宣传、培训、演练等工作。三是在操作实施上，要建立应急指挥机构，按照突发事件等级，以及属地化管理原则，明确其组成和参加部门的职责与任务。四是在技术咨询上，应广泛吸纳相关高校、科研机构和技术推广部门专家组建专家组，开展外来物种风险分析，提出突发性生物入侵事件预警和应急处置建议，为应急预案的启动、变更和结束提供咨询，并负责应急处置现场的技术指导。

四、全球变化背景下生物入侵全民防控网络建设

(一) 结合全球变化应对,建设生物入侵防控国家执行网络

我国外来物种入侵防控工作虽已取得一些积极成效,但目前仍未形成高效统一的全民防控网络。在全球变化应对的整体需求下,我国生物入侵防控需进一步在生态文明发展模式指引下,以新的科学认知观、安全发展观为指导,建设生物入侵防控国家执行网络,实现城乡二元一体化防控,实现"监测、预警、控制、清除、修复"多节点、全链条系统防控,形成"一张网、多节点、全覆盖"的生物入侵防范体系。为了配合生物入侵防控国家执行网络建设,我们建议开展如下工作:①开展多部门协同推进的全国性外来入侵物种普查,摸清农田、森林、草原、湿地、城市绿化带、水域、入境口岸等重点区域外来入侵物种的种类数量、分布范围及危害程度(见本章第三节)。②完善引种隔离检疫体系,严格把控外来物种引入管理、入境检疫、国内检疫三大关口,强化源头防控。③构建外来入侵物种数据库系统及信息共享平台,通过大数据平台在线共享相关信息;建立生物入侵风险评估制度和监测预警体系,合理布局监测站点形成联网综合监测体系,提升外来入侵物种动态监测预警能力(见本章第二、三节)。④构建外来入侵物种长效治理与修复体系,坚持分类施策,抓住防控关键窗口,协同农艺措施、物理拦截、化学灭除、生物防治等多项措施进行综合治理,建立绿色防控示范区,结合生态保护修复工程建设,促进入侵受损生境生态恢复(见本章第三、四节)。⑤提升生物入侵科研攻关能力,建设国家生物安全科学中心,设置相应分中心,加强生物入侵防控、生物多样性保护和全球变化应对的关键理论和技术攻关。

(二) 结合全球变化应对,构建生物入侵防控全民参与体系

在国家和地方政府部门全力防控生物入侵的同时,普通民众的参与也不能被忽视。防范生物入侵需要打响一场"人民战争",形成对防控入侵物种的天罗地网,才能第一时间阻断外来入侵物种的扩散蔓延。对此,我们建议:①每个公民作为个人应当履行公民义务,遵守生物安全相关法律法规,尤其是未经批准,不得擅自引进、释放或者丢弃外来物种。②每个个人应对身边环境和物种的变化情况保持高度敏感,当发现有疑似的外来物种入侵现象时,应及时向有关部门报告,配合做好生物入侵风险防控和应急处置等工作。③政府、社区应结合全民国家安全教育日、国际生物多样性日、世界环境日等主题日活动,通过现场讲座并结合互联网、移动终端、广播电视等多种媒介,经常性普及生物入侵防控相关知识,强化相关法律法规和政策解读,提高全民防范意识(见本章第五节)。④应重视发挥社会公益组织在生物入侵防控中的作用,进一步推动其参与生物入侵防控的积极性、能动性和创造性,完善并形成"政府部门+公益组织"为一体的生物入侵防控执行机制。

第二节 结合全球变化影响完善生物入侵风险分析体系

一、生物入侵风险分析概述

(一) 风险分析概念

风险：是指某种特定的危险事件发生的可能性与其产生的后果的组合。风险是由两个因素共同作用组合而成的，一是该危险事件发生的可能性，即危险概率；二是该危险事件发生后所产生的后果（李尉民，2003）。风险具有4个主要特征，即未来性、损害性、不确定性和可预测性。风险不可能完全排除，但是风险的发生在一定条件下带有规律性，这种规律性使人类获得了将风险降低到最小限度的可能性（李志红等，2004）。

生物入侵风险分析：是针对某一地区拟引进或输入的动物、植物、微生物及其产品或者分布局限的潜在入侵物种，采用定性或定量方法和技术，开展风险识别（risk identification）、风险评估（risk assessment）和风险管理（risk management）综合分析，确定是否应对分析对象采取防控措施及采取何种措施的过程。生物入侵风险分析结果不但在国际贸易货物的检验检疫方面有重要的实践意义，而且在生物多样性保护、生态环境安全管理等方面也有重要的指导价值，可为政府管理和政策制定提供重要的科学依据。

(二) 风险分析内容

风险识别：是生物入侵风险分析的第一个阶段，主要目的是明确评估对象，即针对特定的动物、植物和微生物，明确是否需要对其进行系统的风险评估。风险识别阶段，应初步估测外来物种传播过程中可能发生的后果，如对其传入能力、定殖扩散能力、危害性、可能发生的变异、费用-收益等进行初步识别。通过识别，选择那些只具有潜在入侵风险的对象进入风险评估。

风险评估：是生物入侵风险分析的第二个阶段，主要目的是明确评估对象在传入、定殖、扩散、暴发等环节中的风险，明确其潜在地理分布、入侵可能性和潜在损失等，以便人类根据自身能够接受的风险水平提出预防和控制的措施，从而达到早期预警的目的。这是风险分析基本程序中最关键的阶段。它可用于评估某一外来物种的引入是否可行、有何风险，同时也可以作为政府管理部门管理已传入的外来物种、进行早期预警、确定重点监测对象，以及宣传教育时的重要依据（万方浩等，2010）。

风险评估的主要原则包括以下几方面：①按阶段评估：按传入风险、适生风险、传播风险等进行有效分类；②方法有效：确定分析方法有效性及使用范围，定性与定量评估相结合；③资料可靠：评估时充分结合现有信息、科技文献、专家意见等；④公平合理：评估方法要具有一致性、可透明性，以确保公平、合理，最终的决策可被各方理解或者接受；⑤补充完善：有新的信息时，可对资料进行补充，重新评估。

风险评估过程中，要考虑的重要因素包括以下几方面：①评估对象的重要性，特别是已发生的危害、地理分布、生物生态学特性和经济重要性等；②危害对象的经济或生态的重要性；③外来物种传播（流行）的特征；④防控措施的有效性；⑤多个过程的危害后果，即需综合评估对象在传入、定殖、潜伏、扩散、暴发过程中存在的风险，以及可能导致的后果。需要强调的是，风险评估过程中必须具有足够的证据来证明以上的各种风险与后果。

风险管理：是生物入侵风险分析的第三个阶段，主要目的是确定控制生物入侵的风险使其达到可接受水平的管理措施，并形成控制预案。在经过系统的风险评估后，在风险管理阶段应形成一套系统全面、操作性强、效果显著的控制预案（万方浩等，2010）。在编制生物入侵控制预案时，需要结合入侵物种不同的风险水平配套不同预防和控制措施。在这些措施中，常见的有四类。一是阻止（interdict），目标是禁止、不允许具有风险的外来物种传入，措施有口岸检疫、国内检疫与除害处理等。二是根除（eradicate），目标是彻底消灭入侵物种的分布种群，如在一定的区域内铲除疫情。三是抑制（restrain），目标是防止入侵物种的种群暴发或扩散，将其限制在一定的地理范围内，如采用各类防控措施控制其种群扩大。四是防止（prevent）再传入，目标是防止入侵事件在那些已经根除了入侵物种的区域再次发生，如通过口岸检疫、国内检疫、除害处理与疫情监测等各种措施进行限制和预防。

二、生物入侵风险分析进展

（一）风险分析技术研究进展

生物入侵风险分析方法可分为定性分析法和定量分析法。定性分析法主要是列出评估的主要要素，采用非概率抽样的方法来研究个别或局部事件的特征和规律，将风险事件分解为多个风险要素，并依据经验对各要素进行分级评估，最后将这些要素按某种方式进行多维向量运算后得到整体风险值（李尉民，2003）。定性风险分析一般对信息的要求比较低，所采用的手段以专家经验和模糊评判为主，评估时要根据各风险要素设置相应等级标准并给出具体分值，最后通过加权、几何平均和其他多维向量运算法则进行综合评价，常见的分析方法有多指标综合评判法、专家打分法和合并矩阵法。

定量分析法主要以系统分析和建立数学模型为手段，以尽可能科学的方法模拟现实情况（Betters and Schaefer，1981；David，2002）。建立的数学模型主要有两类，一类为经验或统计模型，另一类为机制或系统模拟模型。从方法学来看，定量分析更注重风险事件的时空关系，常以模拟的方法来预测风险出现的情况；从结果来看，定量风险分析得出的结果是量化的，一般是概率分布。不确定性是风险的最根本特性，概率分布能够更准确地描述这种不确定性。从这一角度来看，定量方法更为科学合理（李尉民，2003）。定量风险分析时，主要利用途径分析法（@RISK 软件）等将外来物种的传入、定殖、扩散等过程分解为一系列的时间序列，进而利用蒙特卡罗（Monte Carlo）仿真法定量分析外来物种的适生风险，并利用物种分布模型（species distribution model）确定拟评估对象在一定的气候、寄主条件下可能的地理分布范围，以定量评估其入侵风险。

随着风险分析技术的发展，当前生物入侵风险分析的新趋势主要有：①采用入侵地平衡分布数据建立模型，并结合时空扩散特性预测外来物种扩散趋势，该模式是对过去单纯利用原产地数据构建模型预测入侵物种潜在分布区的重要拓展。②许多入侵物种都是在大面积扩散且已造成危害的情况下才引起人们注意。要想控制危害的进一步蔓延，风险分析过程中需要首先了解其扩散历史，通过重建物种潜在地理分布区等技术手段来探讨其扩散特性，并阐明其空间扩散的途径和传播媒介的作用机制，以明确决定外来物种分布格局的关键因子（生物和环境因素）和空间扩散的薄弱环节，为防止入侵物种扩散和种群暴发提供理论指导。③建立入侵物种跨境、适生、扩散的全程驱动定量风险评估模式，从传入、定殖、暴发、生态影响和经济损失 5 个方面，对入侵物种进行全程定量风险评估，阐明多物种混合入侵模型和多因子耦合互作机制。

（二）生物入侵风险分析技术应用进展

我国的生物入侵风险分析研究始于 20 世纪 80 年代，农业部植物检疫实验所彼时提出的多指标综合评判法广受关注。随后，国内学者依据该方法陆续开展了大量的外来物种定性风险分析工作（鞠瑞亭等，2004，2005；杜予州等，2005）。同时，为了满足不同生态系统或引种项目的需求，部分学者对风险分析程序和评估体系进行了补充完善，并制定了新的指标体系。例如，鞠瑞亭和李博（2012）根据 2010 年上海世界博览会（以下简称上海世博会）园区建设的引种需求，构建了涵盖 4 个层次、26 个指标的城市绿地外来物种风险分析体系。此体系囊括了城市绿地外来物种的传入、定殖、扩散、危害等入侵风险形成的基本要素（表 21-2），并规范了风险指数的计算方法。在此基础上，作者以上海世博会引进日本景观苗木可能携带的外来物种为对象，对该体系在生产实践中进行了应用。风险分析结果表明：上海世博会引进日本苗木可能涉及的高风险外来物种有 7 种、中风险外来物种 10 种、低和极低风险物种各 1 种。根据风险分析结果，作者对以上物种提出了有针对性的风险管理措施。实践表明，该风险分析体系实用性强，在上海世博会植物引种过程中为防止外来物种入侵起到了较好的预警效果，为管理者提供了有价值的决策参考，有力保障了上海世博会期间的生态安全。

生物入侵风险分析中最关键的内容是对外来物种的地理适生区进行预测。最近 10 多年来，随着生态位模型的开发和发展，其逐渐成为定量评价物种地理适生区的关键技术。生态位模型的发展始于 BIOCLIM 模型的开发和应用，在此基础上，近年相继涌现了 HABITAT、DOMAIN、生态位因子分析（ecological niche factor analysis，ENFA）模型、马哈拉诺比斯距离（Mahalanobis distance，MD）、边界函数方法（border function，BF）、最大熵（maximum entropy，MAXENT）模型、广义线性模型（generalized linear model，GLM）、CLIMEX 模型、分类与回归树（classification and regression tree，CART）模型、推动回归树（boosted regression tree，BRT）模型、多元适应性回归样条（multivariate adaptive regression splines，MARS）等基于统计和规则集的模型，以及 GARP 模型（genetic algorithm for rule-set prediction，GARP）、人工神经网络（artificial neural network，ANN）等基于人工智能算法的模型（许仲林等，2015）。近年来，利用生态位模型对入侵物种进行风险分析的研究中，最常用的两个模型是 MAXENT 模型和 CLIMEX 模型。

表 21-2 城市绿地外来物种风险分析指标体系及评价标准（鞠瑞亭和李博，2012）

目标层	项目层	因素层	指标层	分值及评价标准				
				1	0.75	0.5	0.25	0
外来物种综合风险 (R)	传入风险 (P)	传入途径 (P1)	可负载体的调运或引种量 (P11)	极大	大	中等	低	极低
			载体的来源地 (P12)	80%以上的引入载体来自被评估物种发生区	50%~80%引入载体来自被评估物种发生区	20%~50%以上引入载体来自被评估物种发生区	0%~20%引入载体来自被评估物种发生区	引入载体来源地未发现过被评估物种
			生物自身传入的可能性 (P13)	能主动传入或通过自然因素被动传入	—	—	—	不能主动传入，也不能通过自然因素被动传入
		运输风险 (P2)	运输途中的存活率 (P21)	50%~100%	20%~50%	10%~20%	0%~10%	0
		屏障作用 (P3)	检疫、检查屏障的阻碍效果，或试验材料的隔离效果 (P31)	无效果，检疫、检查中极易出现疏漏，或隔离容易逃逸	效果不明显，检疫、检查中易出现疏漏，或隔离易逃逸	效果中有，检疫、检查中有时会出现疏漏，或隔离有时会逃逸	效果较明显，检疫、检查中不太可能出现疏漏，或隔离不太可能逃逸	效果极明显，检疫、检查中不会出现疏漏，或隔离不可能逃逸
	定殖扩散风险 (P')	繁殖能力 (P1')	繁殖世代 (P11')	1年4代以上	1年发生3~4代	1年2代	1年1代	1年少于1代
			繁殖方式 (P12')	植物具有无性繁殖特性，或动物具有孤雌生殖特性	—	—	植物不具有无性繁殖特性，或动物不具有孤雌生殖特性	—
			单母体最大产后量 (P13')	>200	100~200	50~100	10~50	<10
		气候条件 (P2')	温度、湿度、光照、降水等因子的适合度 (P21')	非常适合	较适合	中等适合	不太适合	不适合
		基质条件 (P3')	动物食料/微生物寄主范围/土壤对植物生态适合度 (P31')	>80%	50%~80%	10%~50%	0%~10%（不含0%）	0%
		抗性能力 (P4')	对逆境（盐碱、极端温度等）抗性能力 (P41')	极强	强	中等	弱	无
		传播能力 (P5')	生物自身的飞行能力或依靠气流、水流等自然条件传播能力 (P51')	极强	强	中等	弱	无

续表

目标层	项目层	因素层	指标层	分值及评价标准			
				1	0.75	0.5	0.25	0
外来物种综合风险（R）	定殖扩散风险（P'）	传播能力（P5'）	交通、旅游及人类的其他有意或无意传播的频率（P52'）	极高	较高	中等	低	无
		控制作用（P6'）	生物因子的控制作用（P61'）	无	较差	中等	有效	非常有效
			人为管理及控制作用（P62'）	无	较差	中等	有效	非常有效
	危害后果（A）	社会影响（A1）	对城市景观美学价值的影响（A11）	极大	大	中等	低	极低
			对城市政治、文化、宗教等活动的影响（A12）	极大	大	中等	低	极低
			对人类、野生动物、家养动物健康的影响（A13）	极大	大	中等	低	极低
			对居民生活和工作秩序的影响（A14）	极大	大	中等	低	极低
		生态影响（A2）	对城市土壤、空气、地表和地下水、小气候等的影响（A21）	极大	大	中等	低	极低
			对城市土著物种种群的捕食、竞争、抑制作用（A22）	极大	大	中等	低	极低
			对城市生物多样性的影响（A23）	极大	大	中等	低	极低
			成为携带其他重要有害生物载体的能力（A24）	极大	大	中等	低	极低
		经济影响（A3）	给城市绿化、林业、旅游业带来的经济损失（A31）	极大	大	中等	低	极低
			给城郊农产品带来的经济损失（A32）	极大	大	中等	低	极低
			给城市贸易及其他方面带来的经济损失（A33）	极大	大	中等	低	极低

注：对于有意引种为起点，传入风险仅考虑 P2、P3；无意引种为起点，考虑 P1、P2、P3

MAXENT 模型基于热力学第二定理（最大熵原理，maximum entropy principle），利用已知物种分布和环境（通常是气候）变量之间的统计关系，根据其他地点与物种已经存在的区域的相似性来估计其他地点的适宜性。该模型自 2006 年被开发以来，在生物入侵风险分析方面得到了非常广泛的应用（Phillips et al.，2006）。譬如，Ramasamy 等（2022）利用 MAXENT 模型，对气候变化情景下世界性入侵害虫草地贪夜蛾（*Spodoptera frugiperda*）在全球的适生区变化进行了预测。草地贪夜蛾是一种对多种农作物具有高度破坏性的入侵性害虫（图 21-2），对粮食安全有着重大威胁。Ramasamy 等（2022）的预测表明：当前气候条件下，草地贪夜蛾的适生区主要位于非洲、亚洲和北美洲；在 SSP1～2.6 和 SSP5～8.5 情景下，2050 年和 2070 年该虫在全球的适生区面积可分别提高 4.49% 和 8.33%。该预测结果为草地贪夜蛾的入侵预警和制定相关管理政策提供了重要参考。再如，豚草属（*Ambrosia*）植物是全球性的重大入侵植物，对入侵地的生态环境和人类健康可造成重大危害。Rasmussen 等（2017）利用 MAXENT 模型预测了气候变化对欧洲 3 种致敏豚草——豚草（*Ambrosia artemisiifolia*）、三裂叶豚草（*A. trifida*）和多年生豚草（*A. psilostachya*）（图 21-3）分布区的影响，并讨论了与健康相关的潜在影响，量化了"高过敏风险"区域的增加程度。结果发现，在未来气候变化情景下，3 种豚草的适生区都将向北欧和东欧扩张，整个欧洲的适生区范围将扩大 27%～100%，增加的适生区主要出现在丹麦、法国、德国、俄罗斯和波兰等国（图 21-4）；由此作者提出，到 2100 年，受豚草过敏相关问题影响的地区在欧洲可能会大幅增加，影响到数百万人的健康。

图 21-2 入侵害虫草地贪夜蛾各虫态及其危害状

A. 卵（Ronald Smith 提供）；B. 幼虫（美国克莱姆森大学提供）；C. 成虫（Mark Dreiling 提供）；
D. 危害状（美国佐治亚大学提供）

图 21-3　3 种豚草的形态

A. 豚草（Harry Rose 提供）；B. 三裂叶豚草（G.T. Bacchus 提供）；C. 多年生豚草（G.-U. Tolkiehn 提供）

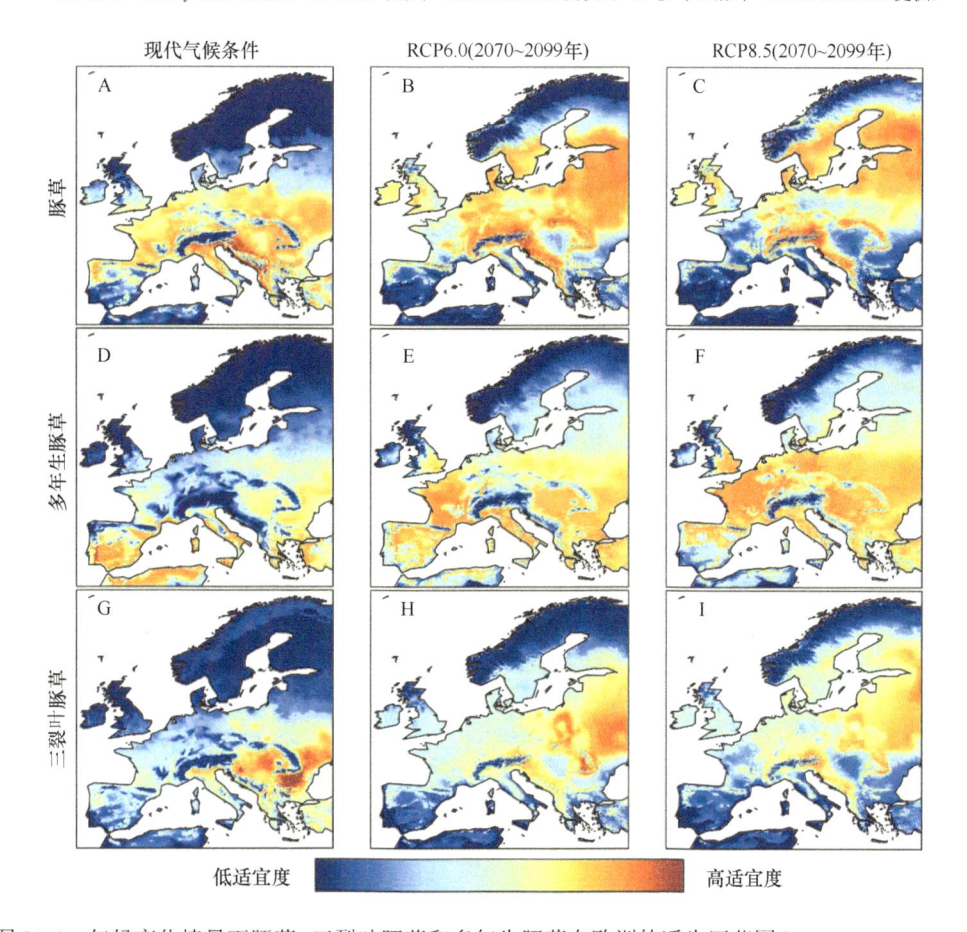

图 21-4　气候变化情景下豚草、三裂叶豚草和多年生豚草在欧洲的适生区范围（Rasmussen et al., 2017）

CLIMEX 模型是一个动态模拟模型，由澳大利亚联邦科学与工业研究组织（Commonwealth Scientific and Industrial Research Organisation，CSIRO）研发。该模型通

过物种在已知地理分布区域的气候参数来预测物种潜在分布区。CLIMEX 模型可根据某物种的已知地理分布及相对丰富度来估计其所需的气候条件，或者可以直接使用物种生长发育的生物学参数，对物种的潜在地理分布区进行预测（Sutherst et al., 2004）。Yonow 等（2018）基于世界性重要蔬菜害虫甜菜夜蛾（*Spodoptera exigua*）（图 21-5）的生物学参数，重新构建了其 CLIMEX 模型，预测了该虫在全球的适生区，发现南美洲、非洲、中东和亚洲大部分地区未来可成为甜菜夜蛾入侵的高风险区，但在当前气候条件下，该虫在欧洲仅能在温暖气候区适生；该研究强调了理解分布记录（如持久性种群与短暂性种群）的意义，以及探索栖息地改变因素（如灌溉）在允许物种于恶劣地区持续存在方面的作用的重要性。另外，CLIMEX 模型在入侵植物适生区预测研究中也常被应用，例如，Kriticos 和 Brunel（2016）使用 CLIMEX 模型模拟和预测了水生入侵杂草凤眼莲（*Eichhornia crassipes*）（图 21-6）在全球的适生区，发现未来气候变化情景下，该植物在欧洲的入侵风险最大，而且凤眼莲的适生区将在阿根廷、澳大利亚和新西兰向南扩展；仅在当前气候条件下，凤眼莲已入侵到非洲南部边界；该研究展示的建模技术是在历史气候和预测未来气候条件下对水生杂草进行生态位建模的首次应用。

图 21-5　甜菜夜蛾幼虫（A）（John Capinera 提供）和成虫（B）（Lyle J. Buss 提供）形态

图 21-6　入侵植物凤眼莲花的形态（Alice Galante 提供）

三、全球变化背景下生物入侵风险分析面临的挑战与对策

生物入侵作为全球变化的一部分，往往受人类活动增强、全球贸易一体化、气候变暖、环境污染、氮沉降等多种因素的独立或共同影响（Visser，2008；Pyšek et al.，2010）。全球变化增加了外来入侵物种扩散和定殖的机会，入侵物种反过来又可通过各种复杂方式与全球变化其他过程发生相互作用，从而引起更加深远的生态和经济影响（Alexander，2013；Moran and Alexander，2014）。在此背景下，生物入侵风险分析面临的挑战主要有以下几方面。

第一，人类活动对入侵物种传播的影响将加剧。有学者提出，当前地球已进入"人类世"时期，在"人类世"情景下，人类活动不仅促进了外来物种的入侵扩张，而且塑造了新的入侵机制（Kueffer，2017）。在此背景下，人类活动加剧形成的各种干扰对生态系统的影响会加重，导致受干扰生态系统的抗入侵能力变弱，从而更有利于外来入侵物种的扩散和暴发（Lazarina et al.，2020）。分析发现，全球 1/6 的陆地表面易受到外来物种入侵，尤其是发展中国家和生物多样性丰富的地区受入侵的风险更大（Early et al.，2016）。另外，"人类世"背景下全球物种大规模再分配的频率将不断上升，使得众多新外来物种传入速度将进一步加快。

第二，全球经济贸易多样性将为外来物种入侵提供更多便捷的途径。自 20 世纪以来，全球经济贸易一体化进程逐渐加快，商品贸易的重要性和数量日益增大。国际贸易运输是外来入侵物种传播的重要途径，商品进口数量是外来入侵物种数量和引入率的决定因素（Westphal et al.，2008；Bradley et al.，2012；Chapman et al.，2017）。自 20 世纪 70 年代以来，全球货船的规模、速度和数量的增加，导致全球商品进口数量增加了 4 倍。与此同时，航空贸易也迅速扩张，这些变化加剧了许多外来物种的全球性入侵（UNCTAD，2007；Hulme，2009）。1984～2000 年，仅美国入境口岸就拦截了 72 万批次的外来入侵物种，但仍有许多"漏网之鱼"成功逃脱拦截而进入新区域形成大规模入侵（McCullough et al.，2006）。原产于北美洲的入侵昆虫三叶斑潜蝇（*Liriomyza trifolii*），又称为三叶草斑潜蝇，在 20 世纪 70 年代以前仅发生于美国东南部和加勒比海地区。由于进出口贸易增多和检疫疏漏，仅 10 年间，其就逐步在世界各地扩散蔓延并暴发成害（Deeming，1992）。此外，国际贸易物流方式的多样化、运输网络的复杂化也为外来入侵物种的传播开辟了新途径，从而进一步推动了外来入侵物种的全球化传播进程。

第三，全球气候变暖将导致外来入侵物种适生区范围进一步扩大。气候变暖往往通过提高外来入侵物种的存活率、改变外来入侵物种的分布格局以及提供空余生态位等方式促进生物入侵（Blumenthal et al.，2016；Lach，2021）。例如，气温升高可使原产于热带地区的入侵植物在传入温带地区后越冬死亡率降低，从而可在温带地区成功定殖并广泛扩散（Walther et al.，2007）。气温升高缩短了外来昆虫的发育历期，使其世代数增加，同时增加了越冬存活率，从而导致入侵种群的暴发规模加大（Kiritani，2011；Skendžić et al.，2021）。同时，随着气候变暖，冰川和极地冰层融化，外来入侵物种有向两极扩散的趋势，从而使高纬度、高海拔地区不再成为抵御入侵的屏障区（Bebber et al.，2013）；

如 20 世纪 90 年代末以来，禾本科入侵植物已传入南极洲并定殖，一种欧洲杂草在澳大利亚赫德岛（Heard Island, Australia）地区定殖，而该地区以前没有外来物种传入的记录（Masters and Norgrove, 2010）。此外，降水格局变化对外来物种入侵也有强烈的干扰作用。由于入侵植物和土著植物间固有的物候差异，降水格局的变化通常更利于外来入侵植物的生长（Walker et al., 2017）；降水格局变化亦会导致径流的变化，从而改变湿地、河流等生态系统的水文条件和植物区系组成，加剧外来水生植物的入侵（Wu and Ding, 2019）。

第四，气候变化背景下极端气候事件发生频率的增加亦会影响外来物种的入侵。气候变化背景下，极端气候事件如飓风、洪水和干旱等发生的频率和规模将进一步加剧，这可将外来入侵物种带到新的地区，并降低生态系统对入侵的抵抗力，从而增加外来物种传入和定殖的风险（Wigginton et al., 2020; Baquero et al., 2021）。气候变化也开辟了外来入侵物种传入的新途径。例如，由于冰盖融化而出现的北极航运通道将大大减少船只从亚洲到欧洲所需的时间，增加货运货船及压舱水携带的外来物种的存活率，从而使其传入新地区的风险上升（Pyke et al., 2008）。

在以上 4 个主要因素的影响下，未来生物入侵风险分析的手段需要不断更新，所考虑的因素也将更加复杂（鞠瑞亭等，2012），这就给生物入侵风险分析带来了更多的不确定性。所以，在全球变化背景下，如何全面量化全球变化要素对外来入侵物种传入、定殖、潜伏进化和扩散的影响，是当前生物入侵风险分析面临的挑战。由此，我们建议，全球变化背景下生物入侵风险分析应重点从以下 3 方面加强改进和完善。

首先，需要建立全程风险驱动综合评估体系。全球变化背景下，应发展更为严格和全面的风险分析程序。这些程序按风险分析步骤应至少包括跨境传入、适生定殖、潜伏变异和扩散灾变等 4 方面。就跨境传入而言，应利用大数据挖掘和风险等级预判以及跨境传入风险模型，从外来入侵物种的传入频率、截获频率、风险特征和繁殖体压力等多方面综合分析其传入风险。在适生定殖方面，要改进现有的生态位模型，针对气候变化等因素的影响，优化预测模型和算法，以高精度预测模型明确外来入侵物种可能定殖、建群并发生危害的区域，以期为外来入侵物种的大尺度监测提供综合指导。从潜伏变异来看，需要从外来入侵物种的生活史特征、表型可塑性、适应性进化、种间作用、化感作用等方面对其传入后的潜在变化进行综合分析。对扩散灾变来说，可基于空间分析的反应-扩散和灾变模型等时空过程模型，判定外来物种扩散路线及途径，评估其潜在的扩张趋势，明确外来入侵物种扩散动态的时空变化特征，提升阻击扩散的早期主动防控应对能力。

其次，应纳入全球变化多个因素综合评估生物入侵的风险影响。一是要考虑生物入侵与全球变化其他因素的相互作用,深入透彻地了解外来入侵物种与全球变化其他因素间的相互作用（如气候变化、人类活动）对外来物种入侵后所可能形成的后果的影响，并将外来物种入侵的不确定性整合到全球变化不同因素的相互作用中。二是要加大定量风险评估的应用力度，采用更加科学的评估模型，将外来入侵物种的危害现状和将来风险后果的变化进行更加科学的量化，并将其整合到全球变化应对的规划中。国际组织及成员国应制定定量风险分析标准，为全面应对生物入侵等全球变化问题提供更精确的依据。

最后，应在更大范围内促进生物入侵风险分析的信息共享。全球外来入侵物种的电子资源信息共享网络应明确拟引入物种的潜在危险性，包括未充分了解的、非广泛分布的和对某些地区适宜的物种，为外来入侵物种风险分析提供更多的信息支撑，包括：①建立包含各种相关信息的外来入侵物种国家数据库信息系统，及时地将外来入侵物种信息提供给相关机构、口岸、植检部门、科研单位和行政管理人员，便于他们及时掌握外来入侵物种的动态、预测其可能的风险，制定相应的法规、采取有效的措施预防和控制外来物种的入侵。②发展全球外来入侵物种早期预警系统（early warning system，EWS）（包括公布的新发外来入侵物种或预报的潜在外来入侵物种）和防控方法数据库（包括失败的和成功的），集成物种全球性发生信息、扩散过程、风险漂移和定殖适生区等信息，为建立外来生物入侵全过程风险综合评估体系提供数据参考，并以此为基础制定更严格的风险管理方案。

第三节　加强全球变化背景下入侵生物预警防控技术研发及应用

一、开展全国性普查，完善国家重点管控对象

2021年5月生态环境部发布的《2020中国生态环境状况公报》显示，全国已发现660多种外来入侵物种（中华人民共和国生态环境部，2021），其中的71种已先后分4批被列入生态环境部和中国科学院联合发布的《中国自然生态系统外来入侵物种名单》，219种外来入侵物种已入侵69个国家级自然保护区，其中48种被列入《中国自然生态系统外来入侵物种名单》。另据中国外来入侵物种数据库统计，截至2022年，我国已甄别外来入侵物种686种，其中植物396种、动物182种、微生物98种。有52种已被列入农业农村部发布的《国家重点管理外来入侵物种名录（第一批）》。值得注意的是，杨博等（2010）研究发现，中国的外来陆生草本植物总数就多达800种，只是其中65%的物种入侵性尚不明确。截至2014年11月，中国科学院上海辰山植物科学研究中心联合全国8家科研单位的调查结果表明，中国外来入侵植物已甄别物种包括72科285属515种（马金双，2014）。同时，在全球变化背景下，我国境内入侵物种发生情况的基础数据也日新月异。据此推测，我国境内入侵物种的实际数量可能远大于目前已列入编目的数量。事实上，鉴于我国幅员辽阔、生态系统类型复杂多样，我国广袤疆域上入侵物种确切数量目前仍缺乏全面的了解。

为防范和应对外来入侵物种危害，保障农林牧渔业可持续发展，保护生物多样性，2021年2月，农业农村部、自然资源部、生态环境部、海关总署、国家林业和草原局联合印发《进一步加强外来物种入侵防控工作方案》。2022年2月，农业农村部发布《外来入侵物种管理办法（征求意见稿）》。根据方案和办法要求，当前急需对我国境内的入侵物种进行全面系统的科学考察，摸清"家底"，完善国家重点管控对象。其任务虽然艰巨，但这是当前我国生物安全和粮食安全保障最重要的基础性工作之一，其实施刻不容缓。在开展全国性普查时，应以我国初步掌握的外来入侵物种为基础，针对农田、渔业水域、森林、草原、湿地等各生态系统类型，通过重点调查和普查相结合，推动多部

门联合，摸清我国外来入侵物种的种类数量、分布范围、危害程度等基础信息。基于这些调查资料，相关部门应根据现有名录进行信息更新，完善重点管控对象，配置最佳人力、物力和财力，有步骤地开展我国外来入侵物种的监测预警、综合治理和生态修复等工作。

二、结合传统技术与新兴技术，加强入侵物种的有效监测

在全球变化背景下，加强外来入侵物种的高效监测是实施有效控制与科学治理的前提。当前，需要在摸清外来入侵物种家底、开展风险评估的基础上，针对重大危险物种，加强精准化动态监测，摸清其传播扩散动态，为防控策略的制定提供第一手资料。各地区、各部门应结合国家总体部署，依托国土空间基础信息平台构建监测网络，在边境及主要入境口岸、粮食主产区、自然保护地等重点区域，以农作物重大病虫、林草外来有害生物为重点，布设监测点，开展常态化监测，强化国家入侵物种监测网络体系建设（中华人民共和国农业农村部，2021）。

在监测方案设计上，应根据不同调查目标，针对关键风险区及重大危害对象，结合特定场地监测法和特定物种监测法设计调查方案。特定场地监测一般针对机场、铁路沿线、港口、集装箱或货运包装区域等外来物种最容易传入的风险点而实施。调查时应根据周围生境、地理环境等背景合理布设监测站，就关键地点的多个危害对象进行重点调查，争取做到"早发现、早隔离、早清除"。特定物种监测是在外来物种入侵后，针对重点危害对象，在对象发生区或潜在传入区开展的以单个对象为目标的专项监测。实施该方法时，监测方案的设计应根据物种的生物学、生态学特点进行合理设计，特别是要充分考虑到不同调查区的地形、环境、气候条件等因素对调查物种的影响差异，以实现对其种群发生动态的科学认识（万方浩等，2015）。

在监测技术应用上，应结合传统技术与新兴技术实施入侵物种的有效监测。如针对重要入侵病虫害，要充分利用信息化手段实现信息化智能监测，有效提高监测的组织化程度和科学化水平。可通过虫情信息的自动采集分析、孢子信息的自动捕捉培养、远程小气候信息自动采集、病虫害远程图像监控、害虫性诱智能测报等设施设备的研发，自动完成虫情信息、病菌孢子、农林气象信息的图像及数据采集，并自动上传至云服务器，用户通过网页、手机即可对作物实时远程监测与诊断，提供智能化、自动化管理决策，为入侵物种精准化管理提供"千里眼""听诊器"。就入侵昆虫的定向监测而言，可合理利用"四诱技术"（光诱、色诱、性诱、食诱）新材料、新方法，提高特定对象的精准化监测效率。光诱技术应优先应用太阳能监测灯进行监测，减少资源能耗；色诱技术可使用新型全降解诱虫板进行监测，在诱捕害虫的同时，降低环境污染（梁小斌等，2021）；性诱技术使用时应优先选择智能自控高剂量信息素喷射装置，综合应用性信息素、报警信息素、空间信息素、产卵信息素等实现害虫的定向诱集；食诱技术使用时可在生物食诱剂中添加高分子缓释载体，持续释放昆虫信息素引诱物质，以集中诱杀替代以往的全田喷洒，有效降低诱集剂量，保护生态环境（祝清光等，2021）。

物种鉴定过程中，可综合应用基于形态学、生物学、生理生化、免疫学及分子生物

学等手段的多种检测技术，实现对不同物种的精准鉴定。例如，针对动植物物种鉴定可利用核酸序列分析（DNA sequence analysis）、DNA 条形码（DNA barcoding）、种特异引物 PCR（SS-PCR）等分子生物学技术；针对病原微生物，除了以上的分子生物学技术，还可结合免疫学手段等其他技术实现快速鉴定（万方浩等，2015）。

为了实现对水体系统中外来入侵物种的监测，可借助环境 DNA-宏条形码等新技术开展高效监测。环境 DNA-宏条形码技术是根据物种的环境 DNA（environmental DNA，eDNA）信息（Taberlet et al., 2012; Rees et al., 2014）实现定向监测的一种方法，具有灵敏度高、特异性强等特点，尤其针对形体微小、入侵初期种群规模极小、隐匿于水下的入侵物种对象具有较好的监测应用前景（Zhan and MacIsaac, 2015; Xiong et al., 2016）。应用该方法可实现针对靶标和非靶标生物的监测。靶标监测是通过检验环境中是否含有目标种释放的 DNA 来判断是否存在靶标入侵物种（李晗溪等，2019）；非靶标监测则是通过设计高灵敏度通用引物，比较群落中物种 eDNA 组成变化达到监测目标物种的目的（Simmons et al., 2015）。非靶标生物监测不仅能够定性监测到入侵生物的存在，还可以定量评估生物入侵的程度（李飞龙等，2018），实现早期预警。值得注意的是，尽管环境 DNA-宏条形码技术在水生物种入侵监测方面具有显著的优势，但该技术在应用层面目前还存在一系列问题（图 21-7）。

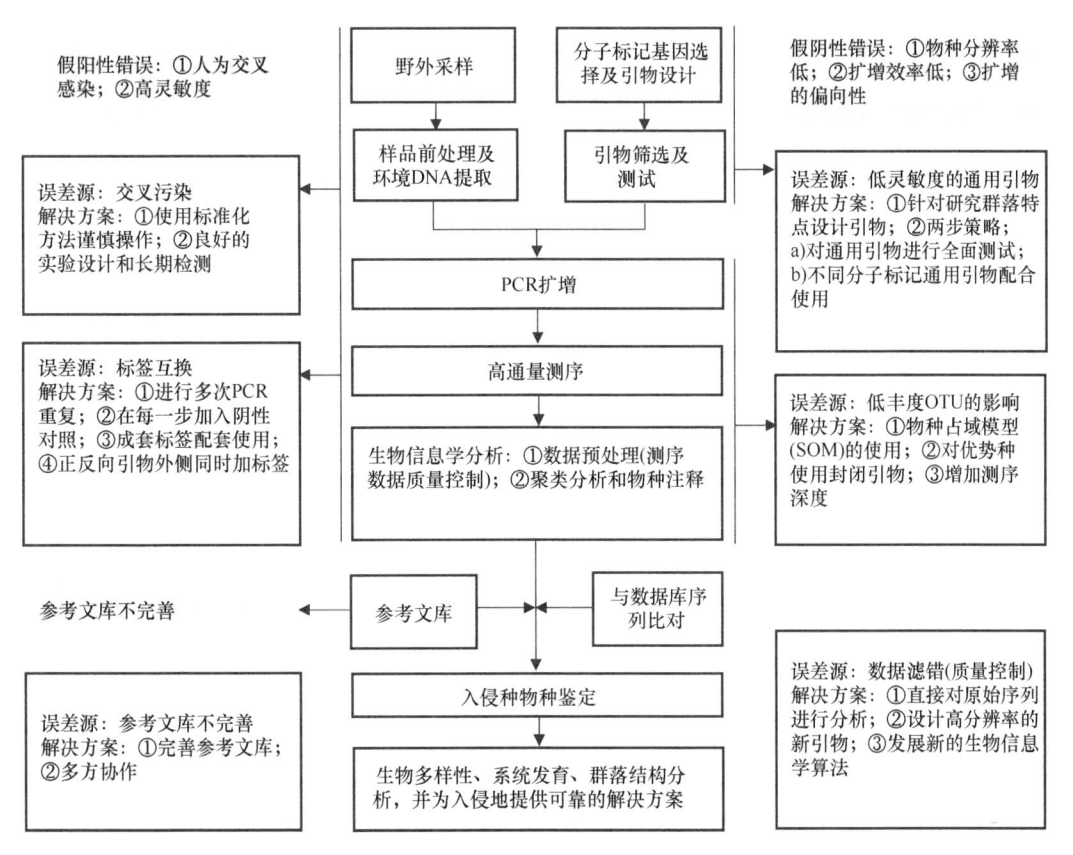

图 21-7 环境 DNA-宏条形码技术监测水生生物存在的问题及解决方案（李晗溪等，2019）

针对大时空尺度上特定入侵植物的专项监测，人工手段耗时耗力且监测精准度不高，遥感监测可作为一种有效的技术补充，在一定程度上弥补了传统监测方法所遇到的时空间隔大、人力成本高、难以大规模应用的缺陷和困难。实施遥感监测时，可根据不同时期的卫星遥感影像，通过图像演变特征，分析出入侵植物分布区域的变化，这在针对连片成灾的入侵植物发生面积监测中是一种非常有效的技术。

在遥感监测中，常见的监测方法有图像识别法、高光谱监测法、雷达数据辅助识别法和中低分辨率时序序列数据分析法等。其中，图像识别法和高光谱监测法应用较多，如 Gavier-Pizarro 等（2012）基于 Landsat TM/ETM 数据监测了 1983～2006 年女贞（*Ligustrum lucidum*）在阿根廷的入侵情况，绘制了不同时期女贞入侵的分布图。Asner 和 Vitousek（2005）利用 AVIRIS 数据和光辐射传输模型监测了火树（*Morella faya*）和红丝姜花（*Hedychium gardnerianum*）在美国夏威夷山地森林的入侵情况。值得注意的是，图像识别法和高光谱监测法虽然能够直接、快速地进行植被分类监测，但其数据来源获取困难，数据处理工作量大，且缺少普适性强的自动解译算法。雷达数据辅助识别法可获取传统光学传感器所无法得到的信息，与其他遥感数据源结合使用，可以获取植被群落高度等信息，因此也可用于入侵物种的监测。该方法不受气候因素影响，在监测时效性上具有显著优势（孙玉芳等，2016），已在夏威夷群岛的火树（Boelman et al.，2007）和其他多种高危入侵树种（Asner et al.，2008）监测中得到成功应用。然而，雷达数据监测作为一种辅助识别法，数据自身空间分辨率较为粗糙，所以在植被监测中往往需配合其他数据源同时分析才能提高精确率。

中低分辨率时序序列数据分析法具有高时间分辨率的特性，其中隐藏了单一时相数据所不具备的大量植被物候参量信息，这些信息可为较大空间尺度上的植被监测提供重要数据源，该法目前已在互花米草（*Spartina alterniflora*）（Zhang et al.，2020）、旱雀麦（*Bromus tectorum*）（Bradley and Mustard，2005）、柽柳（*Tamarix chinensis*）（Morisette et al.，2006）等入侵物种监测中有所应用。但是，中低分辨率时序序列数据分析法也存在一定的局限性，主要体现在该法受遥感图像的分辨率和时效性影响较大，导致监测结果空间定位能力差，很难在小尺度上进行应用。近年来，航空航天和传感器制造技术日新月异，各类新型卫星传感器（高空间、光谱分辨率）不断发射升空，使得遥感数据获取范围进一步拓宽，监测精度也在不断提高，应用尺度不断扩展。同时，新遥感监测技术（如航空三维立体扫描成像）和平台的综合使用（星-机-地），也进一步提升了该方法在外来物种入侵监测应用中的精度和广度。尽管如此，植被生长与气候条件相辅相成，入侵植物高发期内，降雨、多云天气较多，不利于传统光学传感器成像；另外，受传感器结构和造价的影响，高光谱、激光雷达遥感等新型传感器的市场化应用程度还较低，数据价格仍十分高昂。因此，要实现大空间尺度上的外来入侵植物高时效、高精度的遥感监测依然困难重重、任重道远（孙玉芳等，2016）。

三、结合传统技术与新兴技术，加强入侵物种的科学预警及防控

一个新的入侵物种，一旦在某地形成广泛扩散并扎住了根，再想消灭它是很困难的。

应对入侵，预防比控制更为可行也更为经济（Waage and Reaser，2001）。考虑到许多入侵物种在引进后有一个"时滞时期"，在这个时期种群规模较小，如果能建立有效的预警体系，对小种群进行根除或遏制是具有可能性的（李振宇和解焱，2002）。因此，构建入侵物种科学的预警体系是开展防控工作的前提。要构建完善的外来入侵物种预警体系，一是要建立监测网络，通过预警信息发布，让网络成员达到信息共享；二是要基于广泛调查、收集与外来物种相关的数据，建立入侵生物预警信息数据库；三是要充分挖掘入侵物种已有生物学、生态学信息，并利用大数据模型、数学及生态模型等手段预测入侵物种发生分布动态，开展精确的风险分析，确认其到达新区域后能否成功入侵、在哪些地方能够入侵、危害影响如何，并据此提出风险管理对策（见本章第二节）；四是要对危害风险较大的入侵物种编写应急预案，提出分级预警、分级管控的对策及相关技术，在这些物种传入早期或暴发疫情时开展快速根除和有效治理（鞠瑞亭等，2006）。同时，在防控过程中需要强化跨境、跨区域外来物种入侵信息跟踪，强化部门间数据共享，规范信息管理与发布渠道（中华人民共和国农业农村部，2021），要针对重大/新发外来入侵物种，形成快速的系统的联防联控体系（见本章第一节）。

随着全球气候变暖的加剧，外来入侵物种对生态系统的威胁日益加剧。但是不同物种入侵过程和机制各异，且比较复杂，导致其预测预警工作难以逐一有效开展。近年来，各类模型和遥感技术的发展使入侵物种实现科学预测预警成为可能。在这方面，常见的模型有基于生态的机理模型和基于数学的机理模型两种。基于生态的机理模型的预测预警是运用生态学理论，结合 GIS 和遥感技术，以入侵物种的生态、生理、分布特点为基础而建立的模拟模型，如 Doren 等（2009）利用概念模型（CEM）对佛罗里达州南部的五脉白千层（*Melaleuca quinquenervia*）和小叶海金沙（*Lygodium microphyllum*）的入侵行为进行了预测模拟。基于 GIS 和遥感技术的生态学模型预测机理性强、易推广，预警精度较好，具备一定的空间定位能力，适于在宏观区域尺度上应用，但存在部分关键植被生理遥感参数获取困难等问题。基于数学的机理模型的预测预警是利用统计学、微积分等数学方法，辅助空间分析技术，模拟预测植被外来物种入侵过程、趋势和分布，结合多平台（如调查、地面测量、近地面遥感）观测数据，检验模型模拟精度，该方法在量化上海崇明东滩互花米草扩张动态的预测预警中得到成功应用（Zhang et al.，2020）；但是该类模型预测以理论统计为主，只是对外来植物入侵发生的概率进行了估测，对物种或区域环境依赖程度高，普适性较差，遥感参数较少参与模拟过程，空间定位能力不足。

在有效监测和预测预警的基础上，加强外来入侵物种的科学治理是减小其影响的根本途径。入侵物种的治理方法包括物理防治、化学防治、生物防治、生态控制、遗传控制、农业防治以及综合治理等。

物理防治包括两种方法：一是应用各种物理因子如光、色、电等来杀死、驱避或隔离入侵物种，最典型的是利用诱虫灯、色板诱杀入侵昆虫。由于传统物理防治设施设备具有能耗大、环境污染严重等特点，灯诱设备选择时需要大幅度推广应用太阳能、多光谱杀虫灯；色板诱杀设施应用时需要优先考虑可降解环保生物材料（见本章第三节）。二是采用人工措施或机械设备捕捉或清除入侵物种。Weidlich 等（2020）回顾了全球 372

篇在生态修复区控制入侵植物的文章，发现最常用的防控技术就是采用人工刈割和火烧，但这种方法多适用于防治刚传入、处于建群阶段、还没有大面积扩散的入侵植物，对于繁殖力强、扩散面积大或发生生境隐蔽的入侵植物则显得力有未逮（万方浩等，2015）。另外，虽然当前已有较多新研发的设备可用于入侵物种的物理清除，但大规模的市场推广尚未形成规范化局面。

化学防治是使用化学药剂（杀虫剂、杀菌剂、除草剂）来防治病虫草害的方法。因其具有防治速度快、治理效果明显、易于大面积推广等特点，一直是入侵物种防治中最常用的方法。但是，传统化学药剂可对非靶标生物和环境产生不良后果，而且长期使用容易使靶标生物产生抗药性，所以使用该方法时，要优先选择"高效、低毒、低残留"的化学药剂。此外，在施药方式上也需要进行改革，无人机等高效植保药械设备的推广应用，可实现基于化学农药的精准防控。由于其对靶标防治物的定位精确，因此药剂使用量可大大减少，能在提高防治效率的基础上，大幅度减轻环境污染（King，2017）。在新型农药的选择上，在第三次农药革命时代，RNA 农药等新型杀虫剂、杀菌剂、抗病毒制剂、除草剂的应用研发和推广，将给未来入侵物种的高效防治带来福音（Zhang et al.，2011；Fletcher et al.，2020；Hu et al.，2020）。特别是，利用 RNA 干扰机制创制的 RNA 农药，可阻止害虫、病原微生物或杂草的蛋白质翻译和合成，切断其信息传递，在基因层面上杀死靶标对象，具有广阔的应用前景。全球领先的生物工程公司 Renaissance BioScience 宣布，该公司研发的 RNA 生物农药对入侵害虫马铃薯甲虫（*Leptinotarsa decemlineata*）具有 98.3%的杀虫效率（http://www.renaissancebioscience.com）。鉴于马铃薯甲虫是全球马铃薯面临的最具经济破坏性的害虫之一，该产品一旦投入市场，可大大降低马铃薯甲虫对其的损害。除此而外，许多新型的植物免疫调控高效小分子农药、纳米农药、植物源农药等产品目前的开发和推广力度也在逐年增加（Kah and Hofmann，2014），已在红火蚁（*Solenopsis invicta*）等入侵物种的治理中得到应用（Li and Zeng，2013）。因此，未来针对入侵物种的化学防治将出现更多高效、安全、使用量低的备选产品。

生物防治是以一种或一类生物抑制另一种或另一类生物的方法。常见的生物防治途径包括传统生物防治、保护式生物防治和助增式生物防治。传统生物防治是从入侵物种原产地或自然分布区引进其专化天敌，在目标生态系统中释放并使其建立种群，达到部分或完全控制有害生物的目的。保护式生物防治是指通过改变天敌的环境条件来发挥其控害作用。助增式生物防治是指人工大量繁殖天敌，释放到田间以促进已有天敌的控害作用。在入侵物种治理中，传统生物防治和助增式生物防治是两类较常用的生物防治方法。早在 1964 年，就有利用传统生物防治来控制外来入侵植物的案例。当时，美国昆虫学家 Vogt 在阿根廷发现莲草直胸跳甲（*Agasicles hygrophilus*），并将其引入美国来防治水生入侵植物喜旱莲子草（*Alternanthera philoxeroides*），取得了良好效果（Coulson，1977）。1986 年，中国农业科学院生物防治所从美国也引入了莲草直胸跳甲用来防治中国的喜旱莲子草，在很多省份取得了显著成效（Wang，1990）。基于助增式生物防治原理，Vargas 等（2012）在美国佛罗里达每周定量释放前裂长管茧蜂（*Diachasmimorpha longicaudata*）来控制入侵害虫橘小实蝇（*Bactrocera dorsalis*），最终使该地实蝇种群数量下降了95%。除了传统的引进和助增释放天敌进行防治，利用病原生物制剂产品也可实现对入侵物种的生物防治（Sanchis，2011；Jaworski et al.，2015；Wang et al.，2019）。例如，为了有效减轻入侵害虫美国白蛾（*Hyphantria cunea*）和舞毒蛾（*Lymantria dispar*）的危害，美国白蛾核型多角体病毒（HcNPV）、舞毒蛾核型多角体病毒（LdNPV）等昆虫病毒的杀虫剂已形成了一定的应用规模（Charpentier et al.，2003；Sun et al.，2020）。另外，白僵菌（*Beauveria bassiana*）与绿僵菌（*Metarhizium anisopliae*）等微生物的制剂在入侵害虫治理中应用前景也十分广阔（Xia et al.，2013）。值得注意的是，生物防治虽然对环境友好，投入产出比也较高，但时效性较慢，同时存在一些不确定的风险，特别是在传统生物防治中，如果引入的天敌发生控制靶标的偏移，会造成"引狼入室"的后果。如有人曾在太平洋岛屿引入玫瑰蜗牛（*Euglandina rosea*，IUCN 全球 100 种最具威胁入侵物种之一）用来对付入侵物种非洲大蜗牛（*Achatina fulica*），但后来发现玫瑰蜗牛更喜食一些土著小蜗牛，因而对土著无脊椎动物的生存造成了严重威胁（Coote and Loeve，2003；Régnier et al.，2009）。因此，在引入天敌进行生物防治前需要进行严格的风险评估。

生态控制是根据入侵物种的生物学、生态学规律并结合生态系统中植物、微生物和环境要素（图 21-8），利用生态技术手段控制外来入侵植物和病虫害的方法。在入侵植物控制中，生态控制方法得以实施主要是利用了土著植物竞争控制机制、植物-微生物反馈机制、化感作用机制以及生态环境调控机制（廖慧璇等，2021）。土著植物竞争控制是基于植物竞争原理，利用具有生态和经济价值的替代植物控制外来有害植物，该方法曾被用来控制加利福尼亚州海滨草地的入侵杂草，在我国上海崇明东滩的入侵植物互花米草治理中也得到了成功应用；另外，在亚速尔群岛，基于生态替代原理用土著物种火树（*Morella faya*）控制入侵物种岛海桐（*Pittosporum undulatum*）的生态工程也取得了较好效果（Corbin and D'Antonio，2004a；Costa et al.，2012）。植物-微生物反馈控制是基于"天敌逃逸"假说的原理，认为可通过植物病原菌和病毒来控制外来植物入侵。例如，利用一种新的侵染病毒 *Mikania micrantha* wilt virus（MMWV）感染入侵植物微甘菊（*Mikania micrantha*），微甘菊会出现叶片枯萎的症状（Wang et al.，2008）。化感作用控制是基于土著植物化感作用会影响入侵植物生存的原理，利用土著植物防控入侵植物，已在入侵植物黑云杉（*Picea mariana*）防控研究中被发现（Mallik and Pellissier，2000）。生态环境调控就是利用生态学和恢复生态学原理，通过改变群落中非生物因子间的关系防控入侵植物。这种方法需要对生态系统整体有一个宏观把控，才能从长远控制甚至清除外来植物（D'Antonio and Meyerson，2002）；该方法的一个经典应用案例是对美国埃弗格莱兹沼泽外来植物香蒲（*Typha orientalis*）的控制，该地沼泽只简单地通过调控汇入水源做好对入侵地的土壤磷养分控制，就成功控制了香蒲入侵种群的增长（Walker and Salt，2011）；此外，在我国珠海淇澳岛自然保护区，通过改变群落的光照和土壤环境，成功实现了对入侵植物互花米草的有效控制。生态控制由于耗时较长等，目前还未形成非常成熟的防控模式，但是这种防控措施在长远上看较传统防控措施的优势是明显的（廖慧璇等，2021）。在未来的工作中，应该注重生态控制措施机制和模式的研究，从而取得长久有效的入侵物种防控效果。

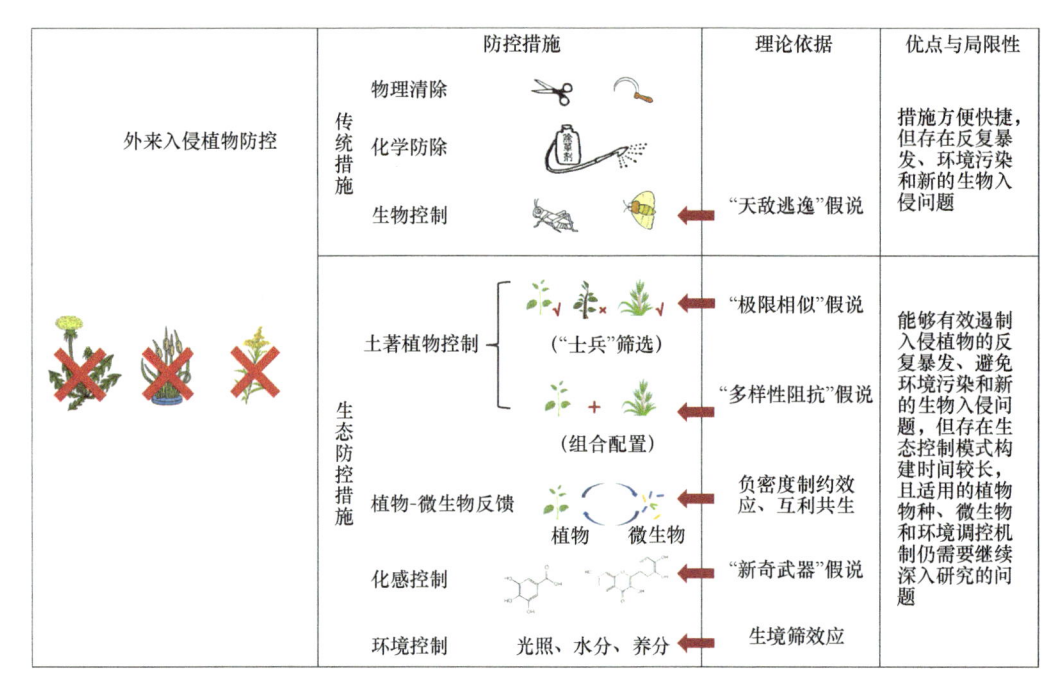

图 21-8　外来入侵植物的主要生态控制措施及其理论依据与优缺点总结（廖慧璇等，2021）

遗传控制即通过改变或移换入侵物种的遗传物质，调控性别比例或种群遗传组成，降低其繁殖势能，达到控制或消灭一个种群的目的。遗传控制技术只针对入侵物种本身发挥作用，所以通常不会对其他物种和环境产生危害，且一旦释放的遗传调控个体成功定居，将会在目标物种群体中长久发挥作用。目前，遗传控制技术主要在害虫种群调控中研究较多，常见的控制途径主要有两种：一是直接释放大量绝育雄虫，使其与自然界的雌虫交配，产生大量不能孵化的卵以压低虫口；二是释放部分绝育或遗传变更的能育害虫（转基因昆虫），以削弱害虫种群的遗传适应性，通过若干代的连续处理，达到消灭害虫的目的。传统的绝育昆虫生产通过化学绝育、杂交绝育、辐射绝育等手段实现，已有较多产品实现了市场化运行和田间应用。为了批量生产含有绝育或致死基因的转基因昆虫，近年来科学家尝试通过基因编辑和基因驱动（gene drive）等技术来达到这一目的。常用的基因编辑技术有锌指核酸酶（zinc finger nuclease，ZFN）技术、转录激活因子样效应物核酸酶（transcription activator-like effector nuclease，TALEN）技术及 RNA 靶向编辑技术成簇规律间隔短回文重复（clustered regulatory interspaced short palindromic repeats/Cas9，CRISPR/Cas9）（Klug，2010；Boch and Bonas，2010）。通过这些技术，可以定点敲除和插入一些基因，从而导致入侵昆虫绝育或致死，进而达到调控种群密度的目的。基因驱动技术是指整合基因组的外源片段，使其基于非孟德尔遗传定律原理快速扩散到目标害虫群体中，从而达到降低害虫种群密度的目的。据此，科学家开发了 mutagenic chain reaction（MCR）系统以实现快速的研究与应用（Gantz et al.，2015）。基因驱动技术由于将致死或者毒素因子快速引入害虫种群中，因此有着巨大的应用潜能，目前已在斯氏按蚊（Subgenus stephensi）、美国白蛾、红铃虫（Pectinophora gossypiella）

等入侵昆虫的防治中有应用案例（Morrison et al.，2012；李芝倩等，2017；李小卫，2020）。值得一提的是，由于基因编辑和基因驱动技术的研究历史并不长，且多局限于害虫控制，因而用这些技术防治数量众多的入侵物种还有很长的路要走，需要不断加强新技术的开发。

农业防治即通过耕作栽培措施或利用抗病、抗虫品种防治入侵物种的方法。该方法不需要为治理入侵物种增加额外成本，且通常对环境较为友好。特别是通过轮作/间作、翻耕、免耕等农业措施布局植物或种植抗虫、抗病植物，可长期保持对入侵物种的抑制（Kumar and Mihm，2002）。但是，农业防治措施也有一些局限性，如轮作/间作等措施常受地区、劳动力和季节的限制，效果不如药剂防治明显易见，有些传统育种选择的抗性品系往往存在应用不久就出现抗性退化的现象。近年来，利用转基因抗性植物防控病虫害已得到较多应用，例如，转苏云金芽孢杆菌（Bt）基因的玉米对草地贪夜蛾（*Spodoptera frugiperda*）具有良好抗性（Armstrong，1995），因此在很多国家得到推广，仅美国就有 Cry1F、Cry1A.105、Cry2Ab2、Cry34Ab1、Cry35Ab1 等多种品系的转基因抗虫玉米已实现田间广泛种植（Siebert et al.，2012；Storer，2012）。这些转基因抗虫玉米的引种或许会为其他草地贪夜蛾入侵严重的国家提供有效的防控方式。值得一提的是，虽然通过转基因植物防治入侵害虫是一种有效途径，但随着转基因植物的大面积推广，害虫抗性问题也时有报道，如墨西哥、哥伦比亚和巴西在应用推广转基因玉米数年之后，草地贪夜蛾种群发生了一定的遗传变异，对抗虫玉米表现出了不同程度的抗性（Monnerat et al.，2006；Omoto et al.，2016）。针对这一问题，有人建议可以通过基因调控手段，提高转基因玉米的蛋白表达量，从而提升对靶标害虫的防治能力（Huang et al.，2016；Gómez et al.，2018；Eghrari et al.，2019）。但是，这又带来另外一些问题，如转基因植物高度表达有害蛋白对非靶标昆虫的影响日益凸显，这些蛋白质会不会给其他植物带来潜在影响，这些问题均未得到解决。总的来说，农业防治措施虽然值得推广，但在使用过程中存在的不足还需要更多深入的研究。

鉴于物理、生物、化学防治等单一的措施均存在一些不足，单独采用任何一种方法都难以同时获得快速且持久的效果，所以针对入侵物种的防控当前提倡综合治理。综合治理指根据生态学和经济学原理，协调运用生物防治、农业防治、化学防治、物理防治等多种技术，对入侵物种进行清除，或者将其数量和危害降低到可接受的水平。综合治理融合了多种防控方法的优势，并弥补单一防控方法的不足，具有速效性、持续性、安全性和经济性的特点（万方浩等，2015）。在入侵物种综合治理中，一个最成功的典型案例是上海崇明东滩的互花米草生态控制工程。该工程所用的措施基于上海市林业局与复旦大学等单位提出的"围堤和水系布置、带水刈割、放水淹地、晒地灭活、种植替代植物、水文调控"等技术组合而成，整个生态工程实施面积为 24.2 km^2，投资总额达 11.4 亿元，取得了满意的生态效果（见第四节）。

在入侵昆虫的治理中，近些年来有一种较为创新的综合治理策略——"推-拉"（push-pull）策略（图 21-9）广受欢迎。"推-拉"策略最初是由 Pyke 等于 1987 年提出的。当时，在澳大利亚，由于长期大量使用杀虫剂，棉铃虫（*Helicoverpa armigera*）等许多害虫产生高度抗药性，给防治带来极大困难。为了减少对杀虫剂的依赖，Pyke 等

(1987)针对害虫防治开展了研究，据此他们提出，一方面可在棉田使用驱避物质将害虫从棉田驱离（推），另一方面可在棉田以外使用引诱物质将害虫从棉田引出来（拉）集中消灭，并将该策略形象地称为"推-拉"策略。"推-拉"策略的基本原理是综合利用昆虫行为调控物质来调控害虫及其天敌的分布，从而降低害虫对被保护作物的危害。该策略主要分为"推"和"拉"两部分，其核心就是利用各种刺激因素对害虫及天敌进行行为调控。在"推"的部分，可用的刺激因素有视觉信号（如寄主植物的颜色、形状、大小等）、人工合成的驱避剂（如驱蚊剂DEET）、非寄主植物气味、寄主植物气味（特别是虫害诱导产生的气味物质）、分散信息素、报警信息素（如蚜虫报警信息素）、拒食剂（如蓼二醛、印楝素）、产卵驱避剂和抑卵信息素等；在"拉"的部分可用的刺激因素有视觉信号（如黄色吸引蚜虫）、寄主植物气味、聚集信息素、性信息素、产卵刺激剂、激食剂等。"推-拉"策略在田间应用的主要作用途径有3种：人工合成嗅觉刺激和昆虫信息素并制成喷雾或设置缓释器、种植驱避和引诱植物、使作物产生虫害诱导挥发物（高建清等，2013）。目前该技术已在橘小实蝇、草地贪夜蛾等入侵昆虫的综合防控中得到规模化应用，今后值得在更多的入侵害虫防控中进一步推广应用。

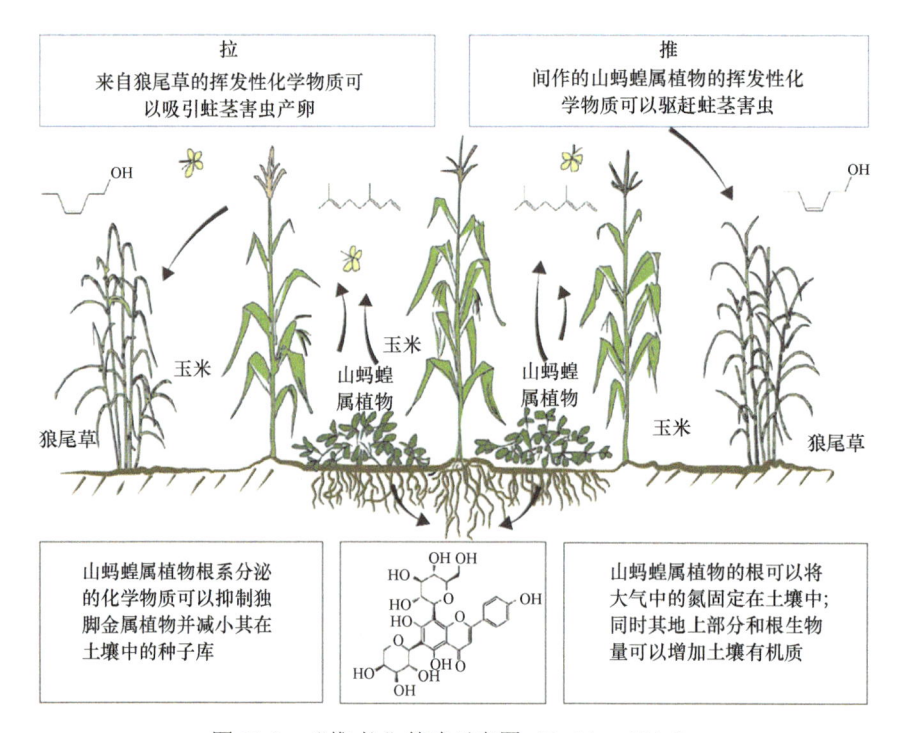

图 21-9 "推-拉"策略示意图（Reddy，2016）

四、结合全球变化框架，建设入侵物种预警防控技术标准化体系

入侵物种预警防控技术标准化体系建设不仅可为入侵物种科学防控提供直接的指导方案，同时还可用作农林产品贸易谈判的筹码（万方浩等，2010；付卫东等，2022）。为保护国家粮食安全及生态安全，我国自2005年以来加大力度重视对外来入侵物种防

控技术标准的制修订工作。据不完全统计，我国现行的与外来入侵物种防控相关的技术标准有620余项，仅"十三五"期间制定的标准就涉及国家标准105项、行业标准118项、地方标准46项。在国家标准中，病原菌/病毒类检疫类国家标准最多，有56项（表21-3）；在行业标准中，也是检验检疫方面的标准占比最多，另外涉及外来物种监测、评估和防控类的标准有22项（表21-4）；在46项地方标准中，检验检疫类标准仍然最多，而涉及监测、评估和防控的只有11项。

表21-3 植物外来病原菌/病毒类检疫类国家标准（付卫东等，2022）

标准名称	标准号	标准名称	标准号
水仙黄条病毒检疫鉴定方法	GB/T 33035—2016	番茄花叶病毒检疫鉴定方法	GB/T 36771—2018
水仙迟季黄化病毒检疫鉴定方法	GB/T 33115—2016	亚洲梨火疫病菌检疫鉴定方法	GB/T 36852—2018
李属坏死环斑病毒检疫鉴定方法	GB/T 33114—2016	黄瓜细菌性角斑病菌检疫鉴定方法	GB/T 36853—2018
梨疱状溃疡类病毒检疫鉴定方法	GB/T 33120—2016	辣椒细菌性斑点病菌检疫鉴定方法	GB/T 36851—2018
甘蔗线条病毒检疫鉴定方法	GB/T 33127—2016	辣椒轻斑驳病毒检疫鉴定方法	GB/T 36780—2018
玉米褐条霜霉病菌检疫鉴定方法	GB/T 33121—2016	兰花褐斑病菌检疫鉴定方法	GB/T 36847—2018
杨树叶锈病菌检疫鉴定方法	GB/T 33124—2016	柑橘顽固病螺原体检疫鉴定方法	GB/T 36845—2018
葡萄藤猝倒病菌检疫鉴定方法	GB/T 33119—2016	十字花科细菌性黑斑病菌检疫鉴定方法	GB/T 36844—2018
桃树细菌性溃疡病菌检疫鉴定方法	GB/T 33019—2016	梨衰退植原体检疫鉴定方法	GB/T 36843—2018
小麦基腐病菌检疫鉴定方法	GB/T 33117—2016	玉米内州萎蔫病菌检疫鉴定方法	GB/T 36840—2018
玉簪属植物X病毒检疫鉴定方法	GB/T 35330—2017	松纺锤瘤锈病菌检疫鉴定方法	GB/T 36831—2018
柑橘黄龙病监测规范	GB/T 35333—2017	松针红斑病菌检疫鉴定方法	GB/T 36824—2018
番茄亚隔孢壳茎腐病菌检疫鉴定方法	GB/T 35331—2017	瓜类果斑病菌检疫鉴定方法	GB/T 36822—2018
苹果皱果类病毒检疫鉴定方法	GB/T 35336—2017	花生黑腐病菌检疫鉴定方法	GB/T 36821—2018
大豆茎褐腐病菌检疫鉴定方法	GB/T 35338—2017	冷杉枯梢病菌检疫鉴定方法	GB/T 36818—2018
苜蓿疫霉根腐病菌检疫鉴定方法	GB/T 35329—2017	蓝莓果腐病菌检疫鉴定方法	GB/T 36815—2018
玉米褪绿矮缩病毒检疫鉴定方法	GB/T 35271—2017	草莓枯萎病菌检疫鉴定方法	GB/T 36810—2018
葡萄A病毒检疫鉴定方法	GB/T 35332—2017	可可丛枝病菌检疫鉴定方法	GB/T 36809—2018
葡萄黄点类病毒检疫鉴定方法	GB/T 35337—2017	木薯细菌性叶斑病菌检疫鉴定方法	GB/T 36808—2018
黄瓜绿斑驳花叶病毒病监测规范	GB/T 35335—2017	榅桲锈病菌检疫鉴定方法	GB/T 36801—2018
柑橘溃疡病监测规范	GB/T 35272—2017	芹菜枯萎病菌检疫鉴定方法	GB/T 36779—2018
香蕉枯萎病监测规范	GB/T 35339—2017	柑橘斑点病菌检疫鉴定方法	GB/T 36775—2018
番茄花叶病毒检疫鉴定方法	GB/T 36771—2018	杨树（细菌性）枯萎病菌检疫鉴定方法	GB/T 36807—2018
燕麦花叶病毒检疫鉴定方法	GB/T 36778—2018	五彩苏类病毒检疫鉴定方法	GB/T 36849—2018
马铃薯Y病毒检疫鉴定方法	GB/T 36816—2018	藜草花叶病毒检疫鉴定方法	GB/T 36752—2018
马铃薯X病毒检疫鉴定方法	GB/T 36833—2018	鳄梨日斑类病毒检疫鉴定方法	GB/T 36848—2018
马铃薯M病毒检疫鉴定方法	GB/T 36846—2018	桃丛簇花叶病毒检疫鉴定方法	GB/T 36841—2018
番茄严重曲叶病毒检疫鉴定方法	GB/T 36850—2018	澳洲葡萄类病毒检疫鉴定方法	GB/T 36770—2018

表21-4　外来入侵物种监测、评估和防控类行业标准（付卫东等，2022）

标准名称	标准号	标准名称	标准号
监测类：10项			
菜豆象监测规范	NY/T 3254－2018	松毛虫监测预报技术规程	LY/T 3030－2018
外来入侵植物监测技术规程　大薸	NY/T 3076－2017	蜜柑大实蝇监测规范	NY/T 3155－2017
口岸外来林木害虫诱捕监测指南	SN/T 4797－2017	外来杂草监测技术指南	SN/T 4981－2017
外来入侵植物监测技术规程　银胶菊	NY/T 3017－2016	马铃薯甲虫检疫监测技术指南	SN/T 4984－2017
舞毒蛾性诱监测技术指南	SN/T 4720－2016	生物多样性观测技术导则　水生维管植物	HJ710.12－2016
评估类：5项			
外来草本植物安全性评估技术规范	NY/T 3669－2020	生态环境健康风险评估技术指南　总纲	HJ 1111－2020
草地植被健康监测评价方法	NY/T 3648－2020	林业有害生物风险分析准则	LY/T 2588－2016
检验检疫实验室病原微生物风险评估指南	SN/T 4494－2016		
防控类：7项			
替代控制外来入侵植物技术规范	NY/T 3668－2020	竹卵圆蝽综合防治技术规程	LY/T 3031－2018
少花蒺藜草综合防治技术规范	NY/T 3077－2017	蔗扁蛾防治技术规程	LY/T 2845－2017
蔬菜蓟马类害虫综合防治技术规程	NY/T 3637－2020	水葫芦综合防治技术规程	NY/T 3019－2016
飞机草综合防治技术规程	NY/T 3018－2016		

　　与外来物种检验检疫相关的技术标准主要内容包括物种生物学特性、地理分布、危害症状、检疫原理与方法、检疫仪器和用具、鉴定方法、标本制作保存等；与外来物种监测相关的标准主要内容为物种形态特征、监测原理、方案、器具与用品、方法、疫情上报等；评估类相关标准涉及外来物种风险预警评估的原则、程序、内容、方法和技术要求等内容；防控类相关标准涉及外来物种的形态特征、防控原则、策略、具体的防治措施及防治效果等内容（付卫东等，2022）。这些标准的应用，可以实现将有些外来物种拦截在国门之外，而对于那些"漏网之鱼"，可以依照相应标准开展其有效监测和早期防控；另外，针对未传入的，或者国内已有且分布未广的外来物种，可以按标准规范实施风险评估和预警，而针对已经造成大规模危害的入侵物种，可根据相关标准开展持续的综合治理。总的来说，外来入侵物种预警防控技术标准的制（修）订，为我国构建生态安全网络打下了坚实的技术保障。

　　需要强调的是，我国虽然已初步构建了外来入侵物种预警防控技术标准化体系的框架，但这方面与欧美发达国家相比还有一些差距，主要表现在相关标准多由农业农村部、国家林业和草原局、海关总署和生态环境部等部门自主发布，而跨部门的团体标准、国家标准则较少。另外，由于我国外来入侵物种预警防控技术标准化管理工作起步晚、基础弱，加之全球气候变化的影响，外来物种入侵危害的后果不断加剧，一部分标准已不再适用或实施效果不如以往。同时，网购热、宠物热以及不规范放生等新情况在我国日益盛行，加大了外来物种预警防控工作的难度。针对这些挑战，我们希望各部门、各地方能在农业农村部、自然资源部、生态环境部、海关总署、国家林业和草原局联合印发的《进一步加强外来物种入侵防控工作方案》指导下，建立跨部门、综合性的专业机构来管理外来入侵物种预警防控技术标准的制修订和应用工作，明确各单位职责分工，加强联合会商，密切配合，统筹构建我国外来入侵物种预警防控标准化体系；建议各部门、各地方在全球变化应对的整体框架下，优先针对重点管控对象开展调查、监测、预警、防控技术标准的制修订和宣贯工作。在方案选择上还需结合我国的地形、现有生态环境状况等信息，规范适合不同地区和生境的技术措施。另外，还需要加强标准实施的绩效评价工作（付卫东等，2022）。

五、制定国家和地方行动计划，推进生物入侵预警防控方案落实

2021年2月，农业农村部、自然资源部、生态环境部、海关总署、国家林业和草原局联合印发《进一步加强外来物种入侵防控工作方案》。2022年2月，农业农村部发布《外来入侵物种管理办法（征求意见稿）》。两份文件中均强调需要整合部门资源，针对重大外来入侵物种，如松材线虫（*Bursaphelenchus xylophilus*）、美国白蛾、草地贪夜蛾、红火蚁、互花米草、凤眼莲、薇甘菊[①]等，制定相应的预警防控行动计划，并将其列入农业生产或生态环境保护与发展规划中，形成重点防控和治理工程，以控制我国入侵物种严重危害的势头（中华人民共和国农业农村部，2021，2022）。另外，国家发展改革委针对全国生态系统保护与修复牵头制定了《全国重要生态系统保护和修复重大工程总体规划（2021—2035年）》，规划中特别强调了要重视海岸带生态系统的生态安全，加强互花米草等外来入侵物种灾害防治，以改善滨海湿地和近岸海域的生态质量，促进生物多样性保护（中华人民共和国国家发展改革委，2020）。除了以上的行动计划，我国科学界也提出了防控生物入侵的4E行动国家方案，即：E1（早期智能预警，包括数据智能预测、定量风险预警、定殖区域评判、早期扩张预警），E2（早期检测与快速检测，包括远程智能监控、分子快速检测、野外实时诊断、区域追踪监测），E3（早期根除与拦截，包括早期根除灭绝、廊道快速拦截、生态屏障建设、疫区源头治理），E4（全域治理，包括生态修复平衡、持久生物控制、跨境协同治理、区域联防联控）。该方案后来又增加了E4+行动计划（包括入侵物种基因组计划以及"一带一路"联合实验室群）（万方浩，2018）。这些重大行动计划或方案如能顺利实施，相信会有效减弱我国外来入侵物种严重危害的势头，有效保护我国的粮食安全和生态安全。

为了更好地落实以上重大行动计划，我们提出四点建议：第一，要依托《中华人民共和国生物安全法》等法律法规开展依法防治，优先推进重点区域、重点物种防控行动计划的有效落实；第二，要充分发挥部际协调机制，开展联合会商，依靠专家力量研究部署外来入侵物种防控重大工程，协调解决防控计划落实中涉及的统筹保障和绩效考核事宜；第三，要落实属地责任，完善配套措施，为重大入侵物种治理计划的落地实施提供坚实的行动保障；第四，要结合入侵物种现有的预警防控技术标准，进一步加强关键技术的研发并补充完善现有标准，坚持分类施策、分级治理的原则，重视绿色防控技术应用，推进精准防控，形成专一高效的具体落实方案。

六、加强国际合作，建设生物入侵防控区域协作网络

当前，全球外来入侵物种防控仍处于国家层面上各自为战的局面为主，各国发展水

---

① 本处"薇甘菊"表述同《进一步加强外来物种入侵防控工作方案》一致，全书其他"微甘菊"表述同《中国植物志》一致。

平不一，许多国家尚不能有效侦测外来物种的入侵，所采用的治理措施基本还局限在物理清除、农药施用、小规模生物防治等传统方式。这种局面导致外来物种在入侵早期难以发现、暴发成灾后难以有效防控，因而难以阻挡入侵物种对各国农林生产、生态环境和人类健康的严重损害。生物入侵防控未来的发展趋势在于加强国际合作，建设生物入侵防控区域协作网络。为构建有效的生物入侵防控国际协作网络，我们建议可从以下两方面努力：第一，国际公约成员国应加大与生物入侵防控相关国际公约的履约和合作力度，成员国网络内应制定一致的目标和相应的国际合作计划，并通过具体的合作行动减弱各国入侵物种严重发生的态势。第二，进一步加强亚太地区森林入侵物种网络（APFISN）、金砖国家（BRICS）生物入侵研究网络、"一带一路"共建国家生物入侵防控合作联盟等合作组织的建设。各国应针对网络联盟内重要的共性入侵物种，开展协作攻关，合作寻找安全有效的防控产品和技术措施，统一协调防控策略，推进信息共享，形成联防联控机制，共同提升网络联盟内重大入侵物种的联合解决能力，为构建人类命运共同体添砖加瓦。

第四节 缓解全球变化对入侵的影响，加强受损生境生态修复与效益评估

一、结合全球变化影响，厘清生态系统入侵受损趋势

在全球变化背景下，不同生态系统遭受外来入侵物种的危害虽存在一定差异，但总体上均产生了严重的生态和经济后果。我们在第一节中提到，农业生态系统是受入侵物种影响最频繁、最直接的生态系统，也更容易受到全球变化其他因素的影响，因此受损失程度也最高（强胜等，2010）。这是因为，农业生态系统往往只种植一种或少数几种优势作物，相比于其他生态系统类型，其植物群落结构单一、稳定性较低，属于典型的脆弱生态系统，其抵御入侵物种和缓冲其他全球变化影响的能力较差，所以遭受外来物种入侵的风险也最高（Williamson and Fitter，1996；Kwon et al.，2012）。评估发现，我国农业生态系统每年遭受入侵物种危害造成的经济损失高达 7000 亿元，位列全球第一（Paini et al.，2016）。

与农业生态系统类似，森林生态系统同样对生物入侵等全球变化的影响非常敏感。生物入侵可直接破坏森林生态系统结构，对森林生态系统气候调节、物质循环及减轻自然灾害等生态系统服务造成极大影响（Liebhold et al.，2017）。受全球变化其他因素的影响，森林生态系统中入侵物种的扩张趋势不断加剧，对森林健康构成严重威胁，生态系统结构和功能完整性遭到破坏，生态系统稳定性和可持续性显著降低（Tang et al.，2021）。研究表明，全球气候变暖会进一步加剧森林入侵物种的传播和扩张，这将极大加剧全球森林生态系统的受损和退化程度（Liebhold et al.，2017；Tang et al.，2021）。

相较于陆地生态系统，湿地和海洋生态系统类型多样、环境复杂，其生物入侵的监测、控制与管理难度也相对更大。由于缺乏相关研究，全球变化背景下生物入侵给湿地

和海洋等水陆过渡或水生系统的生物多样性及生态系统服务带来的损失难以估量。与陆生生态系统类似，外来入侵物种在湿地和海洋等生态系统中，同样可通过竞争、捕食、分解等过程危及土著物种的生存，改变本地生态系统的结构与过程，对入侵地造成无法弥补的损害（Liao et al., 2008; Zhang et al., 2019, 2021; Sun et al., 2020）。特别是，全球气候变暖等全球变化其他因素极大地增强了湿地外来植物的竞争、生长和繁殖能力，互花米草（*Spartina alterniflora*）等入侵植物得益于全球气候变化，不断扩张其入侵区域，严重加剧了湿地植被和海草床的受损和退化（Li et al., 2009）。

随着人们对生态系统健康及其稳定性维持的重视，评价外来物种入侵对生态系统的全面影响已成为当前入侵生物学领域的热点之一。针对当前形势和研究不足，我们建议，今后有必要在全球变化整体框架下，从多尺度、多个生态系统出发，针对多个类型外来物种（包括植物、动物和微生物）入侵对森林、草原、农田、海洋和淡水等生态系统的影响展开更为系统而深入的研究。在陆地生态系统中，尤其要加强外来物种入侵对生态系统的结构和组成（如多尺度生物多样性、种间关系、营养关系、群落演替等）、物质循环（如碳循环、氮循环）以及生态系统服务（如生态系统产品、气候调节、病害防治、传粉、水体的净化、文化和美学价值等）等方面的影响研究。在海洋生态系统中，尤其要加强外来物种入侵对海洋生物多样性、海洋生物灾害及海洋的生态服务功能等影响的研究。在淡水生态系统中，尤其要加强外来物种入侵对淡水生物多样性、养殖业和航运等方面的影响及其机制研究。通过以上研究，进一步厘清全球变化背景下不同生态系统入侵受损趋势，从而为受损系统的生态修复提供科学依据。

二、入侵受损生境生态修复技术及应用

（一）生态修复技术概述

生态修复（ecological restoration）是指辅助退化、受损或被严重破坏的生态系统，通过物理、化学或生物修复等工程技术手段进行人为干预，使其在一定程度上恢复到干扰前的初始状态，从而实现生态系统的健康、完整和可持续发展。生态修复不是生态系统的自然演替，而是人类对退化系统进行的有目的、系统性的改造，也不仅仅是对物种的简单恢复，而是对生态系统结构、功能及生物多样性进行的全面恢复（McDonald et al., 2016）。生态修复技术作为改善退化、受损生态系统及缓解生态系统损失的一种方法，为生物多样性保护及自然资源管理提供了新的思路和机遇。

生态修复技术是建立在恢复生态学理论基础上所进行的实践，其研究起源于20世纪初，最初主要聚焦于矿山废弃后的植被恢复。20世纪80年代以来，随着全球各类生态系统的日益退化及环境问题的不断加剧，针对不同退化程度的生态系统的恢复与重建的研究逐步受到重视（Goodwin et al., 1997）。不同生态系统及不同受损程度的系统有不同的生态修复技术。其中，针对森林、草原、湿地等生态系统的修复技术，主要使用植物修复技术，基于植被自然演替、人工种植或两者兼顾等途径，使受到生物入侵、人为破坏、环境污染或自然毁损而产生的生态脆弱区生态要素有所改善，并重塑可持续、

有活力的植被群落结构,通过生态系统的营养互作效应,逐步恢复消费者和分解者群落,最终恢复生态系统功能(Corbin and D'Antonio, 2004b;任海等,2019)。我国的生态修复研究最早可追溯到 20 世纪 50 年代初,当时的修复目的主要针对人为干扰及不合理利用自然资源所引起的生态系统退化和环境恶化。近年来,入侵物种在世界范围内对自然和人工栖息地的危害不断加剧,已成为生物多样性丧失的主要原因之一(Emanuela et al., 2020)。入侵受损生境的修复显得尤为重要。我国目前已把入侵受损系统的生态修复列为重点战略性问题,国家明确提出要加大外来入侵物种治理力度,结合人工调控措施,实施生态修复,遏制生态退化,做到人与自然和谐相处。

(二)入侵受损生境生态修复技术及应用案例:上海崇明东滩互花米草治理及鸟类栖息地生态修复技术

互花米草原产于北美东海岸,我国于 1979 年从美国引进种植以用于保滩护堤工程,后因人为干扰和自然扩散,已在从辽宁到广西的沿海湿地中形成了极其广泛的扩张格局,成为我国东海岸地区危害最严重的入侵植物之一。上海崇明东滩湿地是世界著名的河口滩涂湿地,位于我国第三大岛崇明岛东端,地处长江口生态敏感区,具有极其重要的生态价值。21 世纪初以来,互花米草在崇明东滩成功定殖并迅速扩散,其竞争优势显著强于芦苇和海三棱藨草等土著植物,因而迅速取代后者而成为湿地中的优势植物。至 2011 年,其在东滩的分布面积达 1487 hm^2,形成了较多大面积的单优物种群落。互花米草在崇明东滩的入侵,侵占了大量的土著植物群落分布区,降低了雁鸭类、鹤类栖息地和觅食地面积,影响了涉禽的栖息觅食;同时,互花米草还堵塞了潮沟,改变了潮滩的微地形以及水文特征,降低了鱼类、底栖动物的物种多样性,严重影响了保护性水鸟的生存状态,保护区内迁徙鸟类的物种数量和种群密度明显下降(陈中义,2004;Li et al., 2009)。

针对崇明东滩保护区面临的互花米草入侵、鸟类栖息地退化和土著植被萎缩等严重生态问题,国家林业局和上海市政府于 2012 年 12 月批准启动"上海崇明东滩鸟类国家级自然保护区互花米草生态控制和鸟类栖息地优化工程"。该工程主要有两大任务:①互花米草生态治理。基于"围、割、淹、晒、种、调"六字方针,先围剿,再割除,然后用水淹残根、太阳暴晒等方法彻底杀灭繁殖体,最后通过复壮土著植物,并调节水系盐度,达到持续控制互花米草的目的。②鸟类栖息地优化。在治理互花米草的基础上,同时进行鸟类栖息地优化,通过生境的水位调控、鸟岛构建、骨干水系调整等措施,为迁徙过境的鸻鹬类和越冬的雁鸭类提供良好的栖息环境。该工程为期 5 年,2017 年主体完工。整个生态工程实施面积为 24.2 km^2,投资总额达 11.4 亿元。工程达到了预期目标,成功控制了东滩保护区范围内 95%以上的互花米草,并恢复了芦苇、海三棱藨草等土著植物群落,重塑了生物栖息地,建成了长达万余米、相互连通的骨干水系,营造了总面积近 18 万 m^2 供鸟类生活的岛屿(图 21-10)。工程实施后,整个保护区内生态质量得到了明显改善,鸟类栖息地得到较好恢复,鸟类物种数和种群数量显著增加(Hu et al., 2015;汤臣栋,2016)。该工程即使在全球范围内也是罕见的特大型生态恢复工程,为滨海湿地入侵植物的治理提供了重要的示范参考。

图 21-10　上海崇明东滩互花米草生态控制工程效果图（崇明东滩保护区提供）

三、制定国家和地方行动计划，持续推进入侵受损系统重大生态修复工程实施

鉴于外来物种入侵后对生态系统造成的严重损伤，在对入侵物种实施有效治理后，对受损系统进行生态修复尤为重要（万方浩等，2008；李博和马克平，2010）。国家发展改革委牵头制定了《全国重要生态系统保护和修复重大工程总体规划（2021—2035年）》，该规划是我国持续推进生态系统保护和修复工程的指导性文件，是编制重大工程专项规划的主要依据。规划中专门强调要重视受外来入侵物种危害的受损系统的生态修复。然而，我国目前虽然实施了受互花米草等少数几个入侵物种影响的生态系统的修复工程，但这些工程相对于我国入侵物种的数量之多，以及被入侵生态系统的受损程度之重，其规模和力度仍显得远远不够。

为了落实总体规划要求，进一步持续推进入侵受损系统生态修复工程的持续实施，我们提出以下建议：①建立自然生态监测监管制度，全面评估重点生态区生物入侵危害和生境受损态势。强化对自然生态系统的监管，构筑国家与地方互联互通的生态系统监测管理平台，提高对各区域自然生态系统生物多样性的保护、调查、评估与监管能力，进一步加强对外来入侵物种的危害预测，科学评估被入侵生态系统的退化或受损程度，开展入侵生态系统恢复力评价，全面落实入侵受损系统生态修复制度。②进一步加大重大入侵物种的治理，在此基础上，通过工程技术手段，调控生境条件，推动生态系统功能稳定性的提升，提高生态系统通过自身免疫调控阻抗外来物种再入侵的能力。尤其要强化人工、物理、生物等多种手段的有机结合，发挥共同优势，弥补单种手段的不足，加大生境调控，通过恢复土著系统生物多样性及其完整的相互作用过程，逐步提高抵御外来有害物种再入侵的能力，力争达到通过生态系统自身能力持久性控制外来物种再入侵的目的。③对于受损特别严重已无法恢复到入侵前健康状态的生态系统，需遵循土著适应性原则，启动生态系统重建工程。严格意义上来说，入侵受损生态系统的恢复策略主要有两种，一是修复，二是重建。修复是对必要生境条件的直接恢复，它适于被小规模干扰的生态系统；重建是重新建立适宜的生境条件，使生态系统重新发育，适合于大规模、严重受损的生态系统。在我国，有许多生态系统受入侵物种严重危害后已发生不可逆转的退化，采用小规模修复的策略已难以恢复系统的功能。这种情况下，对生态系统进行重新建设是一种代价相对较低的手段，通过重建，可使受入侵物种侵袭的生态系统重新建立合理的以土著物种为主的群落结构，这也同样可以发挥较好的生态系统服务。

四、结合全球变化影响，开展生物入侵治理与生态修复工程的效果及效益评估

针对入侵物种治理和生态修复工程实施后的生态、经济及社会效益进行科学、客观和准确的评估，可为生态系统的后续管理提供重要的指导方向。鉴于当前全球变化影响不断加剧，对修复后的生态系统是否达到工程设计的预期目标、未来能否被再次入侵，以及系统是否会沿着有利于生态系统服务提升的方向发展，仍存在较多不确定性。这就需要制定科学的评估体系开展效益评估，这项工作是全球变化背景下生态系统健康管理的重要内容。在评估过程中，应特别重视入侵受损系统生态修复工程实施后，评估系统对外来物种再次入侵以及对全球变化其他过程影响的阻抗效应。在评估过程中，应充分遵循科学性、易操作性、完整性、易比较、代表性、敏感性和独立性等原则，构建科学的评估指标体系，并且相关指标要有有效的参考生态系统作为对照。

开展生物入侵治理与生态修复工程的效果及效益评估，评估体系的指标应主要包括如下内容：①生态效益指标。主要是通过生物多样性指标、植被结构指标和生态过程指标等生态指标对恢复后的生态系统功能进行评估。生物多样性指标是评价生态系统功能的重要指标，是生态修复的基础，生物多样性总体水平的提高是生态恢复的主要目标。植被群落结构的恢复是消费者和分解者群落和生态系统过程恢复的先决条件。土壤性质变化、养分循环和生物相互作用等生态过程指标可反映生态系统的恢复能力。上述三类指标可反映生态系统恢复的变化轨迹和自持能力，从而可科学衡量生态系统功能的恢复情况。在评价过程中，应至少选择两类指标进行评价。②经济、社会效益指标。主要是评估生态系统服务价值，可通过对修复工程实施前后的生态系统服务价值货币化对比而实现。例如，利用市场价值法、造林成本法和生态价值法等方法，对上海崇明东旺沙 B01 号样地的恢复与重建后所产生的功能价值进行了科学估算，发现该湿地恢复后生态系统服务的预期价值为恢复前的 97 倍（赵平等，2005）。值得强调的是，正确评价各因子在生态修复评价体系中的作用，还必须借助一定的概念和数学模型；定量化、模型化是生态系统恢复评估的一个重要发展方向，能否定量化和模型化已成为生态恢复评估方法是否成熟的标志之一，因此需要在今后的生态效益评估中得到充分的重视。

第五节 将全球变化应对和生物入侵防控纳入公民生态科学教育体系

一、结合全球变化与生物入侵科学,加强转化科学家人才培育体系建设

作为全球变化的重要组成部分,生物入侵与几乎所有的全球变化其他过程同时来袭,并发生强烈的相互作用(Mooney and Hobbs,2000;Perrings et al.,2010),从而加剧了生态系统物种组成、结构和功能的改变,严重威胁地球生态系统安全和经济社会的可持续发展(李博和马克平,2010)。将生物入侵防控纳入全球变化整体框架并予以重点考虑,在国际社会已形成普遍共识(Vitousek et al.,1997;Sala et al.,2000)。虽然当前科学界在这一问题上已取得较多突破性研究进展,但由于缺乏有效的知识转化途径,这些科学上的成就在"科学家—决策者—社会公众"之间仍存在信息传递的鸿沟。这需要通过转化生态学家(translational ecologist)的努力,与科研一线人员、政府管理者、公众之间建立有效的沟通和交流,将研究成果以一种便于理解的方式传达给管理者及社会公众,使之成为政策制定的依据和公众行动的指南(Jacobs et al.,2005;Schlesinger,2010;Schwartz et al.,2017)。

我国当前在全球变化和生物入侵领域的知识转化工作者人才稀缺,转化科学家人才培育体系建设显得尤为重要和迫切。为了保障全球变化应对及生物入侵防控工作的有效实施,应让更多的有识之士加入该领域的知识转化中来,推动转化科学家人才队伍的壮大。我们提出以下建议:第一,在国家和地方人才培育体系建设中,加强转化科学家人才队伍培养规划的设计,进一步加大专项经费的投入力度,将转化科学家队伍培养作为其中的重要内容之一,鼓励和吸引广大青年科技工作者专职或兼职加入转化科学家队伍,以持续推进转化科学专门型后续人才培养。第二,进一步改革完善当前的人才和成果评价体系,使知识转化工作者的身份得到科技界、政府和社会的认可,让转化科学家在精神和物质层面都能享有与传统科学家同等重要的地位。第三,生物入侵和全球变化领域的重大科研项目在规划、设立和实施过程中,设计知识转化类专项项目,使知识转化工作的实施途径和模式创新获得足够的研究经费。第四,进一步加强转化科学家与科研人员、政府管理者及社会公众之间的沟通平台的建设,特别是要重视相对稳定、多方参与的融合型研发与转化平台建设,凸显转化科学家在全球变化应对与生物入侵防控政策中谏言献策的作用,实现科技信息的快速转化和多方共享(Enquist et al.,2017)。

二、应对全球变化,防控生物入侵,加强公民生态科学教育

习近平总书记2016年在"科技三会"上指出:"科技创新、科学普及是实现创新发展的两翼,要把科学普及放在与科技创新同等重要的位置"。为贯彻落实习近平总书记的重要指示,生态环境部2021年印发的《"十四五"生态环境科普工作实施方案》明确提出,要积极发挥科技工作者作为科普主力军的作用,承担公民生态科学教育,促

进我国生态环境保护工作的有效推进。在全球变化应对和生物入侵防控领域，如果没有全民生态科学素质的普遍提高，就难以构筑起科技成果转化的快速通道。因此，公民生态科学教育已成为新时代中国特色社会主义建设中生态环境保护领域的一种重要的教育思想。在此背景下，普及全球变化和生物入侵领域内的科学知识，提升全民应对或防控意识，已成为国家构筑生物安全屏障体系、实现"碳达峰、碳中和"目标的重要保障。

公民生态科学教育有着极为丰富的内涵，涵盖决策者、管理者、企业家、科技工作者、普通民众等各个层面；教育方式包括课堂教育、实验演示、媒介宣传、野外体验、典型示范、公众参与等。近年来，我国公民生态科学教育虽然取得长足发展，但在全球变化和生物入侵领域，与欧美发达国家相比，其发展的广度及深度还相对落后，特别是横向互动、上下联动的机制不足，相关知识科普传播的公众影响力和精准性有待提升，城乡、区域的科普体系发展仍不平衡，科普工作的激励机制还不够完善。当前，亟待将全球变化应对和生物入侵防控纳入公民生态科学教育体系，进一步增强生态科学知识的传播和普及效率。在这方面，我们提出四点建议：第一，政府应设立可持续的公民生态科学教育专项项目，通过扩大教育覆盖面、提升科普工作者教育水平、提高榜样示范效应等手段，增加全民受教育的机会。第二，科技人员要充分认识到科普工作的责任感、使命性，自觉对接开展科技成果的转化工作，深入社区、乡村、学校等开展趣味多元、机制长效的教育科普系列行动，普及生物入侵和全球变化的基础知识，提高全民生态意识。第三，网络、电视、报纸等媒体应经常性通过专栏节目对生物入侵和全球变化的社会热点、前沿重大问题进行积极主动、及时准确的发声，让公众有专门渠道获得相关科学知识武装头脑，理性应对全球变化和生物入侵挑战。第四，政府或社会组织应建立多元奖励机制，在社会层面对全球变化应对和生物入侵防控工作中有突出贡献的公民予以物质和精神奖励，通过榜样示范效应，促进公民生态科学素质不断提升。

(本章作者：鞠瑞亭　桂浙婷　赵浩翔　赵玉杰　卢稷楠　郭耀霖

孙可可　冼晓青　李　博)

参 考 文 献

曹坳程, 张国良. 2010. 外来入侵物种法律法规汇编. 北京: 科学出版社.
陈兵, 康乐. 2003. 生物入侵及其与全球变化的关系. 生态学杂志, 22(1): 31-34.
陈中义. 2004. 互花米草入侵国际重要湿地崇明东滩的生态后果. 复旦大学博士学位论文.
邓自发, 欧阳琰, 谢晓玲, 等. 2010. 全球变化主要过程对海滨生态系统生物入侵的影响. 生物多样性, 18(6): 605-614.
杜予州, 戴霖, 鞠瑞亭, 等. 2005. 入侵害虫西花蓟马在中国的风险性初步分析. 中国农业科学, 38(11): 2360-2364.
方精云. 2000. 全球生态学: 气候变化与生态响应. 北京: 高等教育出版社.
付卫东, 黄宏坤, 张宏斌, 等. 2022. 我国外来入侵物种防控标准体系建设现状及建议. 生物安全学报, 31(1): 87-93.
高建清, 王桂平, 董双林. 2013. 害虫推拉防治策略及其新进展. 中国农业信息, 22(11): 23-24.
鞠瑞亭, 杜予州, 施宗伟, 等. 2004. 入侵害虫蔗扁蛾在中国的风险性分析. 植物保护学报, 31(2):

179-184.
鞠瑞亭, 李博. 2012. 城市绿地外来物种风险分析体系构建及其在上海世博会管理中的应用. 生物多样性, 20(1): 12-23.
鞠瑞亭, 李慧, 石正人, 等. 2012. 近十年中国生物入侵研究进展. 生物多样性, 20(5): 581-611.
鞠瑞亭, 李跃忠, 庄景华, 等. 2006. 谈构建上海绿化外来有害生物预警体系. 中国森林病虫, 1: 42-44.
鞠瑞亭, 徐颖, 易建平, 等. 2005. 城市绿地有害生物风险分析体系构建及应用. 植物保护学报, 32(2): 179-184.
李博, 马克平. 2010. 生物入侵: 中国学者面临的转化生态学机遇与挑战. 生物多样性, 18(6): 529-532.
李飞龙, 杨江华, 杨雅楠, 等. 2018. 环境DNA宏条形码监测水生态系统变化与健康状态. 中国环境监测, 34(6): 37-46.
李海东, 高吉喜. 2020. 生物多样性保护适应气候变化的管理策略. 生态学报, 40(11): 3844-3850.
李晗溪, 黄雪娜, 李世国, 等. 2019. 基于环境DNA-宏条形码技术的水生生态系统入侵生物的早期监测与预警. 生物多样性, 27(5): 491-504.
李尉民. 2003. 有害生物风险分析. 北京: 中国农业出版社.
李小卫. 2020. 基于基因组编辑和转基因技术的美国白蛾种群遗传调控研究. 西北农林科技大学博士学位论文.
李振宇, 解焱. 2002. 中国外来入侵物种. 北京: 中国林业出版社.
李芝倩, 陈凯, 杨芳颖, 等. 2017. 适用于入侵害虫治理的遗传调控技术. 中国科学院院刊, 32(8): 836-844.
李志红, 杨汉春, 沈佐锐. 2004. 动植物检疫概论. 北京: 中国农业大学出版社.
梁小斌, 李柏昆, 胡容丽, 等. 2021. 一种可降解诱虫板: 中国, 215224188.
廖慧璇, 周婷, 陈宝明, 等. 2021. 外来入侵植物的生态控制. 中山大学学报(自然科学版), 60(4): 1-11.
马金双. 2014. 中国外来入侵植物调研报告(上、下卷). 北京: 高等教育出版社.
强胜, 陈国奇, 李保平, 等. 2010. 中国农业生态系统外来种入侵及其管理现状. 生物多样性, 18(6): 647-659.
任海, 刘庆, 李凌浩. 2019. 恢复生态学导论. 3版. 北京: 科学出版社: 106-109.
孙玉芳, 姜丽华, 李刚, 等. 2016. 外来植物入侵遥感监测预警研究进展. 中国农业资源与区划, 37(8): 223-229.
汤臣栋. 2016. 上海崇明东滩互花米草生态控制与鸟类栖息地优化工程. 湿地科学与管理, 12(3): 4-8.
童光法. 2008. 我国外来物种入侵的法律对策研究. 北京: 知识产权出版社.
万方浩. 2018. 生物入侵: 中国方案//中国农业科学院植物保护研究所, 中国植物保护学会生物入侵分会. 第五届全国入侵生物学大会——入侵生物与生态安全会议摘要.
万方浩, 侯有明, 蒋明星. 2015. 入侵生物学. 北京: 科学出版社.
万方浩, 彭德良, 王瑞. 2010. 生物入侵: 预警篇. 北京: 科学出版社.
万方浩, 谢丙炎, 褚栋, 等. 2008. 生物入侵: 管理篇. 北京: 科学出版社.
汪劲, 王社坤, 严厚福. 2009. 抵御外来物种入侵: 法律规制模式的比较与选择. 北京: 北京大学出版社.
王从彦, 刘丽萍. 2020. 新时代政府生态职能转变和创新优化路径. 山东行政学院学报, (4): 24-29.
王毅, 张蒙. 2021. 推进应对气候变化与保护生物多样性协同治理. 环境与可持续发展, (6): 19-25.
许仲林, 彭焕华, 彭守璋. 2015. 物种分布模型的发展及评价方法. 生态学报, 35(2): 557-567.
杨博, 央金卓嘎, 潘晓云, 等. 2010. 中国外来陆生草本植物: 多样性和生态学特性. 生物多样性, 18(6): 660-673.
赵平, 夏冬平, 王天厚. 2005. 上海市崇明东滩湿地生态恢复与重建工程中社会经济价值分析. 生态学杂志, 24(1): 75-78.
郑景明, 马克平. 2010. 入侵生态学. 北京: 高等教育出版社.
中华人民共和国国家发展改革委. 2020. 国家发展改革委、自然资源部关于印发《全国重要生态系统保护和修复重大工程总体规划(2021—2035 年)》的通知. https://www.gov.cn/zhengce/zhengceku/2020-06/12/contents_5518982.htm [2025-6-1].

中华人民共和国农业农村部. 2021. 农业农村部、自然资源部、生态环境部、海关总署、国家林草局关于印发进一步加强外来物种入侵防控工作方案的通知. http://www.kjs.moa.gov.cn/hbny/202102/t20210204_6361148.htm [2025-6-1].

中华人民共和国农业农村部. 2022. 外来入侵物种管理办法(征求意见稿). http://www.moa.gov.cn/govpublic/KJJYS/202202/P020220210528238535890.pdf [2025-6-1].

中华人民共和国生态环境部. 2021. 2020 中国生态环境状况公报. https://www.mee.gov.cn/hjzl/sthjzk/zghjzkgb/202105/P020210526572756184785.pdf [2025-6-1].

祝清光, 张淑华, 赵启辉, 等. 2021. 山东德州市农作物病虫害绿色防控重点技术. 农业工程技术, 41(23): 29-30.

Walker B, Salt D. 2011. 弹性思维——不断变化的世界中社会-生态体系的可持续性. 彭少麟, 陈宝明, 赵琼, 等译. 北京: 高等教育出版社.

Alexander J M. 2013. Evolution under changing climates: climatic niche stasis despite rapid evolution in a non-native plant. Proceedings of the Royal Society B, 280(1767): 20131446.

Armstrong C L. 1995. Field evaluation of European corn borer control in progeny of 173 transgenic corn events expressing an insecticidal protein from *Bacillus thuringiensis*. Crop Science, 35(2): 550-557.

Asner G P, Knapp D E, Kennedy-Bowdoin T, et al. 2008. Invasive species detection in Hawaiian rainforests using airborne imaging spectroscopy and LiDAR. Remote Sensing of Environment, 112(5): 1942-1955.

Asner G, Vitousek P M. 2005. Remote analysis of biological invasion and biogeochemical change. Proceedings of the National Academy of Sciences of the United States of America, 102(12): 4383-4386.

Baquero R A, Barbosa A M, Ayllón D, et al. 2021. Potential distributions of invasive vertebrates in the Iberian Peninsula under projected changes in climate extreme events. Diversity and Distributions, 27(11): 2262-2276.

Bebber D P, Ramotowski M A T, Gurr S J. 2013. Crop pests and pathogens move polewards in a warming world. Nature Climate Change, 3(11): 985-988.

Bellard C, Bertelsmeier C, Leadley P, et al. 2012. Impacts of climate change on the future of biodiversity. Ecology Letters, 15(4): 365-377.

Betters D R, Schaefer J C. 1981. A generalized Monte Carlo simulation model for decision risk analysis illustrated with a Dutch elm disease control example. Canadian Journal of Forest Research, 11(2): 343-351.

Blumenthal D M, Kray J A, Ortmans W, et al. 2016. Cheatgrass is favored by warming but not CO_2 enrichment in a semi-arid grassland. Global Change Biology, 22(9): 3026-3038.

Boch J, Bonas U. 2010. *Xanthomonas* AvrBs3 family-type III effectors: discovery and function. Annual Review of Phytopathology, 48: 419-436.

Boelman N T, Asner G P, Hart P J, et al. 2007. Multi-trophic invasion resistance in Hawaii: bioacoustics, field surveys, and airborne remote sensing. Ecological Applications, 17(8): 2137-2144.

Bradley B A, Blumenthal D M, Early R, et al. 2012. Global change, global trade, and the next wave of plant invasions. Frontiers in Ecology and the Environment, 10(1): 20-28.

Bradley B A, Blumenthal D M, Wilcove D S, et al. 2010a. Predicting plant invasions in an era of global change. Trends in Ecology and Evolution, 25(5): 310-318.

Bradley B A, Mustard J F. 2005. Identifying land cover variability distinct from land cover change: cheatgrass in the Great Basin. Remote Sensing of Environment, 94(2): 204-213.

Bradley B A, Wilcove D S, Oppenheimer M. 2010b. Climate change increases risk of plant invasion in the eastern United States. Biological Invasions, 12(6): 1855-1872.

Cassey P, Blackburn T M, Duncan R P, et al. 2005. Concerning invasive species: reply to Brown and Sax. Australian Journal of Ecology, 30(4): 475-480.

Chapman D, Purse B V, Roy H E, et al. 2017. Global trade networks determine the distribution of invasive non-native species. Global Ecology and Biogeography, 26(8): 907-917.

Charpentier G, Desmarteaux J P, Bellon S, et al. 2003. Utilization of the polymerase chain reaction in the diagnosis of nuclear polyhedrosis virus infections of gypsy moth (*Lymantria dispar*, Lep., Lymantriidae) populations. Journal of Applied Entomology, 127(7): 405-412.

Christian R R, Mazzilli S. 2007. Defining the coast and sentinel ecosystems for coastal observations of global change. Hydrobiologia, 577: 55-70.

Coote T, Loeve E. 2003. Form 61 species to five: endemic tree snails of the Society Islands fall prey to an ill-judged biological control programme. Oryx, 37(1): 91-96.

Corbin J D, D'Antonio C M. 2004a. Competition between native perennial and exotic annual grasses: implications for an historical invasion. Ecology, 85(5): 1273-1283.

Corbin J D, D'Antonio C M. 2004b. Can carbon addition increase competitiveness of native grasses? A case study from California. Restoration Ecology, 12(1): 36-43.

Costa H, Aranda S C, Louren O P, et al. 2012. Predicting successful replacement of forest invaders by native species using species distribution models: the case of *Pittosporum undulatum* and *Morella faya* in the Azores. Forest Ecology and Management, 279: 90-96.

Coulson J R. 1977. Biological control of Alligatorweed, 1959-1972: a review and evaluation. U.S. Department of Agriculture Technical Bulletin.

D'Antonio C M, Meyerson L A. 2002. Exotic plant species as problems and solutions in ecological restoration: a synthesis. Restoration Ecology, 10(4): 703-713.

Daszak P, Cunningham A A, Hyatt A D. 2000. Emerging infectious disease of wildlife-threats to biodiversity and human health. Science, 287(5459): 443-449.

David O. 2002. Probabilistic scenario analysis (PSA): a methodology for quantitative risk assessment. NAPPO PRA Symposium.

Deeming J C. 1992. *Liriomyza sativae* Blanchard (Diptera: Agromyzidae) established in the old world. Tropical Pest Management, 38(2): 218-219.

Diagne C, Leroy B, Vaissière A C, et al. 2021. High and rising economic costs of biological invasions worldwide. Nature, 592(7855): 571-576.

Doren R F, Richards J H, Volin J C. 2009. A conceptual ecological model to facilitate understanding the role of invasive species in large-scale ecosystem restoration. Ecological Indicators, 9(6): 150-160.

Dukes J S, Mooney H A. 1999. Does global change increase the success of biological invaders? Trends in Ecology & Evolution, 14(4): 135-139.

Early R, Bradley B, Dukes J, et al. 2016. Global threats from invasive alien species in the twenty-first century and national response capacities. Nature Communication, 7: 12485.

Eghrari K, Brito A H, Baldassi A, et al. 2019. Homozygosis of Bt locus increases Bt protein expression and the control of *Spodoptera frugiperda* in maize hybrids. Crop Protection, 55(4): 67-73.

Emanuela W A W, Flávia G F, Taísi B S, et al. 2020. Controlling invasive plant species in ecological restoration: a global review. Journal of Applied Ecology, 57(9): 1806-1817.

Enquist C A, Jackson S T, Garfin G M, et al. 2017. Foundations of translational ecology. Frontiers in Ecology and the Environment, 15(10): 541-550.

Everett R A. 2000. Patterns and pathways of biological invasions. Trends in Ecology & Evolution, 15(5): 177-178.

Fletcher S J, Reeves P T, Hoang B T, et al. 2020. A perspective on RNAi-based biopesticides. Frontiers in Plant Science, 11: 51.

Gantz V M, Jasinskiene N, Tatarenkova O, et al. 2015. Highly efficient Cas9-mediated gene drive for population modification of the malaria vector mosquito *Anopheles stephensi*. Proceedings of the National Academy of Sciences of the United States of America, 112(49): E6736- E6743.

Gaskin J F, Wheeler G S, Purcell M F, et al. 2009. Molecular evidence of hybridization in Florida's sheoak (*Casuarina* spp.) invasion. Molecular Ecology, 18(15): 3216-3226.

Gavier-Pizarro G I, Kuemmerle T, Hoyos L E, et al. 2012. Monitoring the invasion of an exotic tree (*Ligustrum lucidum*) from 1983 to 2006 with Landsat TM/ETM+ satellite data and Support Vector Machines in Córdoba, Argentina. Remote Sensing of Environment, 122: 134-145.

Gibert M, Svatos A, Lehmann M, et al. 2003. Spatial patterns and infestation processes in the horse chestnut leafminer *Cameraria ohridella*: a tale of two cities. Entomologia Experimentalis et Applicata, 107(1): 25-37.

Gómez I, Ocelotl J, Sánchez J, et al. 2018. Enhancement of *Bacillus thuringiensis* Cry1Ab and Cry1Fa toxicity to *Spodoptera frugiperda* by domain mutations indicates there are two limiting steps in toxicity as defined by receptor binding and protein stability. Applied and Environmental Microbiology, 84(20): 34-37.

Goodwin C N, Hawkins C P, Kershner J L. 1997. Riparian restoration in the western United States: overview and perspective. Restoration Ecology, 5(4): 4-14.

Hiremath A J, Agrawal M. 2010. Plant invasion and environmental pollution: causes of concern. Tropical Ecology, 51(2): 303-304.

Hu D F, Chen Z Y, Zhang C, et al. 2020. Reduction of *Phakopsora pachyrhizi* infection on soybean through host- and spray-induced gene silencing. Molecular Plant Pathology, 21(6): 794-807.

Hu Z J, Ge Z M, Ma Q, et al. 2015. Revegetation of a native species in a newly formed tidal marsh under varying hydrological conditions and planting densities in the Yangtze Estuary. Ecological Engineering, 83: 354-363.

Huang F, Qureshi J A, Head G P, et al. 2016. Frequency of *Bacillus thuringiensis* Cry1A.105 resistance alleles in field populations of the fall armyworm, *Spodoptera frugiperda*, in Louisiana and Florida. Crop Protection, 83(7): 83-89.

Hulme P E. 2009. Trade, transport and trouble: managing invasive species pathways in an era of globalization. Journal of Applied Ecology, 46(1): 10-18.

Jacobs K, Garfin G, Lenart M. 2005. Walking the talk: connecting science with decision making. Environment, 47: 6-21.

Jaworski C C, Chailleux A, Bearez P, et al. 2015. Apparent competition between major pests reduces pest population densities on tomato crop, but not yield loss. Journal of Pest Science, 88(4): 793-803.

Kah M, Hofmann T. 2014. Nanopesticide research: current trends and future priorities. Environment International, 63: 224-235.

Kang J W, Moon S R, Park S J, et al. 2009. Analyzing sea level rise and tide characteristics change driven by coastal construction at Mokpo Coastal Zone in Korea. Ocean Engineering, 36(6-7): 415-425.

King A. 2017. Technology: the future of agriculture. Nature, 544(7651): S21-S23.

Kiritani K. 2011. Impacts of global warming on *Nezara viridula* and its native congeneric species. Journal of Asia-Pacific Entomology, 14(2): 221-226.

Klug A. 2010. The discovery of zinc fingers and their applications in gene regulation and genome manipulation. Annual Review of Biochemistry, 79: 213-231.

Kriticos D J, Brunel S. 2016. Assessing and managing the current and future pest risk from water hyacinth, (*Eichhornia crassipes*), an invasive aquatic plant threatening the environment and water security. PLoS ONE, 11(8): e0120054.

Kueffer C. 2017. Plant invasions in the Anthropocene. Science, 358(6364): 724-725.

Kumar H, Mihm J A. 2002. Fall armyworm (Lepidoptera: Noctuidae), southwestern corn borer (Lepidoptera: Pyralidae) and sugarcane borer (Lepidoptera: Pyralidae) damage and grain yield of four maize hybrids in relation to four tillage systems. Crop Protection, 21(2): 121-128.

Kwon Y S, Chung N, Bae M J, et al. 2012. Effects of meteorological factors and global warming on rice insect pests in Korea. Journal of Asia-Pacific Entomology, 15(3): 507-515.

Lach L. 2021. Invasive ant establishment, spread, and management with changing climate. Current Opinion in Insect Science, 47: 119-124.

Landis W G, Durda J L, Brooks M L, et al. 2013. Ecological risk assessment in the context of global climate change. Environmental Toxicology and Chemistry, 32(1): 79-92.

Lazarina M, Tsianou M A, Boutsis G, et al. 2020. Urbanization and human population favor species richness of alien birds. Diversity, 12(2): 72.

Li B, Liao C H, Zhang X D, et al. 2009. *Spartina alterniflora* invasions in the Yangtze River estuary, China:

an overview of current status and ecosystem effects. Ecological Engineering, 35(4): 511-520.
Li Y, Zeng X. 2013. Effects of periplocoside X on midgut cells and digestive enzymes activity of the soldiers of red imported fire ant. Ecotoxicology and Environmental Safety, 93(4): 1-6.
Liao C Z, Peng R H, Luo Y Q, et al. 2008. Altered ecosystem carbon and nitrogen cycles by plant invasion: a meta-analysis. New Phytologist, 177(3): 706-714.
Liebhold A M, Brockerhoff E G, Nunez M A. 2017. Biological invasions in forest ecosystems: a global problem requiring international and multidisciplinary integration. Biological Invasions, 19(11): 3073-3077.
Lovei G L. 1997. Biodiversity-Global change through invasion. Nature, 388(6643): 627-628.
Mallik A U, Pellissier F. 2000. Effects of *Vaccinium myrtillus* on spruce regeneration: testing the notion of coevolutionary significance of allelopathy. Journal of Chemical Ecology, 26(9): 2197-2209.
Masters G, Norgrove L. 2010. Climate Change and Invasive Alien Species. CABI Working Paper 1, 30.
McCullough D G, Work T T, Cavey J F, et al. 2006. Interceptions of nonindigenous plant pests at US ports of entry and border crossings over a 17-year period. Biological Invasions, 8(4): 611-630.
McDonald T, Gann G D, Jonson J, et al. 2016. International Standards for the Practice of Ecological Restoration Including Principles and Key Concepts. Washington: Society for Ecological Restoration: 1-47.
Monnerat R, Martins E, Queroz P, et al. 2006. Genetic variability of *Spodoptera frugiperda* smith populations from Latin America is associated with variations in susceptibility to *Bacillus thuringiensis* cry toxins. Applied and Environmental Microbiology, 72(11): 7029-7035.
Mooney H A, Hobbs R J. 2000. Invasive Species in a Changing World. Washington DC: Island Press.
Moran E V, Alexander J M. 2014. Evolutionary responses to global change: lessons from invasive species. Ecology Letters, 17(5): 637-649.
Morisette J T, Jarnevich C S, Ullah A, et al. 2006. A tamarisk habitat suitability map for the continental United States. Frontiers in Ecology and the Environment, 4(1): 11-17.
Morrison N I, Simmons G S, Fu G, et al. 2012. Engineered repressible lethality for controlling the pink bollworm, a lepidopteran pest of cotton. PLoS ONE, 7(12): e50922.
Omoto C, Bernardi O, Salmeron E, et al. 2016. Field-evolved resistance to Cry1Ab maize by *Spodoptera frugiperda* in Brazil. Pest Management Science, 72(9): 1727-1736.
Osminin B I. 2018. National and international courts: the dialogue needed. Journal of Russian Law, (9): 131-144.
Paini D R, Sheppard A W, Cook D C, et al. 2016. Global threat to agriculture from invasive species. Proceedings of the National Academy of Sciences of the United States of America, 113(27): 7575-7579.
Perrings C, Mooney H A, Williamson M. 2010. Bioinvasions and Globalization: Ecology, Economics, Management, and Policy. Oxford: Oxford University Press.
Perrings C, Williamson M, Barbier E B, et al. 2002. Biological invasion risks and the public good: an economic perspective. Conservation Ecology, 6(1): 1-3.
Phillips S J, Anderson R P, Schapire R E. 2006. Maximum entropy modeling of species geographic distributions. Ecological Modelling, 190(3-4): 231-259.
Pimentel D, Zuniga R, Morrison D. 2005. Update on the environmental and economic costs associated with alien-invasive species in the United States. Ecological Economics, 52(3): 273-288.
Prevéy J S, Germino M J, Huntly N J, et al. 2010. Exotic plants increase and native plants decrease with loss of foundation species in Sagebrush Steppe. Plant Ecology, 207(1): 39-51.
Pyke B, Rice M, Sabine B, et al. 1987. The push-pull strategy-behavioural control of *Heliothis*. Australian Cotton Grower, (8): 7-9.
Pyke C R, Thomas R D, Porter R D, et al. 2008. Current practices and future opportunities for policy on climate change and invasive species. Conservation Biology, 22(3): 585-592.
Pyšek P, Jarošík V, Hulme P E, et al. 2010. Disentangling the role of environmental and human pressures on biological invasions across Europe. Proceedings of the National Academy of Sciences of the United States of America, 107(27): 12157-12162.

Ramasamy M, Das B, Ramesh R. 2022. Predicting climate change impacts on potential worldwide distribution of fall armyworm based on CMIP6 projections. Journal of Pest Science, 95(2): 841-854.

Rasmussen K, Thyrring J, Muscarella R, et al. 2017. Climate-change-induced range shifts of three allergenic ragweeds (*Ambrosia* L.) in Europe and their potential impact on human health. PeerJ, 5: e3104.

Reddy P P. 2016. Push-pull strategy//Reddy P P. Sustainable Intensification of Crop Production. India Karnataka: Indian Institute of Horticultural Research.

Rees H C, Maddison B C, Middleditch D J, et al. 2014. The detection of aquatic animal species using environmental DNA: a review of eDNA as a survey tool in ecology. Journal of Applied Ecology, 51(5): 1450-1459.

Régnier C, Fontaine B, Bouchet P. 2009. Not knowing, not recording, not listing: numerous unnoticed mollusk extinctions. Conservation Biology, 23(5): 1214-1221.

Sala O E, Chapin F S, Armesto J J, et al. 2000. Biodiversity-Global biodiversity scenarios for the year 2100. Science, 287(5459): 1770-1774.

Sanchis V. 2011. From microbial sprays to insect-resistant transgenic plants: history of the bio pesticide *Bacillus thuringiensis*. A review. Agronomy for Sustainable Development, 31(1): 217-231.

Schlesinger W H. 2010. Translational ecology. Science, 329(5992): 609.

Schwartz M W, Hiers J K, Davis F W, et al. 2017. Developing a translational ecology workforce. Frontiers in Ecology and the Environment, 15(10): 587-596.

Sexton J P, McKay J K, Sala A. 2002. Plasticity and genetic diversity may allow saltcedar to invade cold climates in North America. Ecological Applications, 12(6): 1652-1660.

Sharov A A, Liebhold A M. 1998. Bioeconomics of managing the spread of exotic species with barrier zones. Ecological Applications, 8(3): 833-845.

Siebert M, Leonard S, Stewart J. 2012. Evaluation of corn hybrids expressing Cry1F, cry1A.105, Cry2Ab2, Cry34Ab1/Cry35Ab1, and Cry3Bb1 against southern United States insect pests. Journal of Economic Entomology, 105(5): 1825-1834.

Simmons M, Tucker A, Chadderton W L, et al. 2015. Active and passive environmental DNA surveillance of aquatic invasive species. Canadian Journal of Fisheries and Aquatic Sciences, 73(1): 76-83.

Skendžić S, Zovko M, Živković I P, et al. 2021. The impact of climate change on agricultural insect pests. Insects, 12(5): 440.

Stachowicz J J, Terwin J R, Whitlatch R B. 2002. Linking climate change and biological invasions: ocean warming facilitates non-indigenous species invasions. Proceedings of the National Academy of Sciences of the United States of America, 99(24): 15497-15500.

Storer N P. 2012. Status of resistance to Bt maize in *Spodoptera rugiperda*: lessons from Puerto Rico. Journal of Invertebrate Pathology, 110(3): 294-300.

Stroud J T, Colom M, Ferrer P, et al. 2019. Behavioral shifts with urbanization may facilitate biological invasion of a widespread lizard. Urban Ecosystems, 22(3): 425-434.

Sun K K, Yu W S, Jiang J J, et al. 2020. Mismatches between the resources for adult herbivores and their offspring suggest invasive *Spartina alterniflora* is an ecological trap. Journal of Ecology, 108(2): 719-732.

Sun L L, Yin J J, Du H, et al. 2020. Characterisation of GST genes from the *Hyphantria cunea* and their response to the oxidative stress caused by the infection of *Hyphantria cunea* nucleopolyhedrovirus (HcNPV). Pesticide Biochemistry Physiology, 163: 254-262.

Sutherst R W, Maywald G F, Bottomley W, et al. 2004. CLIMEX v.2, CD and user's guide. Hearne Scientific Software, Melbourne.

Taberlet P, Coissac E, Hajibabaei M, et al. 2012. Environmental DNA. Molecular Ecology, 21(8): 1789-1793.

Tang X G, Yuan Y D, Li X M, et al. 2021. Maximum entropy modeling to predict the impact of climate change on pine wilt disease in China. Frontiers in Plant Science, 12: 652500.

United Nations Conference on Trade and Development (UNCTAD). 2007. Review of maritime transport. Geneva.

van Kleunen M, Weber E, Fischer M. 2009. A meta-analysis of trait differences between invasive and non-invasive plant species. Ecology Letters, 13(2): 235-245.

Vargas R I, Leblanc L, Putoa R. 2012. Population dynamics of three *Bactrocera* spp. fruit flies (Diptera: Tephritidae) and two introduced natural enemies, *Fopius arianus* (Sonan) and *Diachasmimorpha longicaudata* (Ashmead) (Hymenoptera: Braconidae), after an invasion by *Bactrocera dorsalis* (Hendel) in Tahiti. Biological Control, 60(2): 199-206.

Visser M E. 2008. Keeping up with a warming world: assessing the rate of adaptation to climate change. Proceedings of the Royal Society B, 275(1635): 649-659.

Vitousek P M, D'Antonio C M, Loope L L, et al. 1997. Introduced species: a significant component of human-caused global change. New Zealand Journal of Ecology, 21(1): 1-16.

Waage J K, Reaser J K. 2001. A global strategy to defeat invasive species. Science, 292(5521): 1477-1486.

Walker G A, Robertson M P, Gaertner M, et al. 2017. The potential range of *Ailanthus altissima* (tree of heaven) in South Africa: the roles of climate, land use and disturbance. Biological Invasions, 19(12): 3675-3690.

Walther G R, Gritti E S, Berger S, et al. 2007. Palms tracking climate change. Global Ecology and Biogeography, 16(6): 801-809.

Walther G R, Roques A, Hulme P E, et al. 2009. Alien species in a warmer world: risks and opportunities. Trends in Ecology & Evolution, 24(12): 686-693.

Wang R L, Ding L W, Sun Q Y, et al. 2008. Genome sequence and characterization of a new virus infecting *Mikania micrantha* HBK. Archives of Virology, 153(9): 1765-1770.

Wang R. 1990. Biological control of weeds in China: a status report. 7th International Symposium on Biological Control of Weeds: 689-693.

Wang Z Z, Liu Y Q, Shi M, et al. 2019. Parasitoid wasps as effective biological control agents. Journal of Integrative Agriculture, 18(4): 705-715.

Weber E, Li B. 2008. Plant invasions in China: what is to be expected in the wake of economic development? Bioscience, 58(5): 437-444.

Weltzin J F, Belote R T, Sander N J. 2003. Biological invaders in a greenhouse world: will elevated CO_2 fuel plant invasions? Frontiers in Ecology and the Environment, 1(3): 146-153.

Westphal M I, Browne M, MacKinnon K, et al. 2008. The link between international trade and the global distribution of invasive alien species. Biological Invasions, 10(4): 391-398.

Wigginton R D, Kelso M A, Grosholz E D. 2020. Time-lagged impacts of extreme, multi-year drought on tidal salt marsh plant invasion. Ecosphere, 11(6): e03155.

Williamson M H, Fitter A. 1996. The characters of successful invaders. Biological Conservation, 78(1-2): 163-170.

Wu H, Ding J. 2019. Global change sharpens the double-edged sword effect of aquatic alien plants in China and beyond. Frontiers in Plant Science, 10: 787.

Xia J, Zhang C R, Zhang S, et al. 2013. Analysis of whitefly transcriptional responses to *Beauveria bassiana* infection reveals new insights into insect-fungus interactions. PLoS ONE, 8(7): e68185.

Xiong W, Li H, Zhan A. 2016. Early detection of invasive species in marine ecosystems using high-throughput sequencing: technical challenges and possible solutions. Marine Biology, 163(6): 139.

Xu H, Chen K, Ouyang Z Y, et al. 2012. Threats of invasive species for China caused by expanding international trade. Environmental Science and Technology, 46(13): 7063-7064.

Yonow T, Kriticos D J, Kirichenko N, et al. 2018. Considering biology when inferring range-limiting stress mechanisms for agricultural pests: a case study of the beet armyworm. Journal of Pest Science, 91(2): 523-538.

Zhan A, MacIsaac H J. 2015. Rare biosphere exploration using high-throughput sequencing: research progress and perspectives. Conservation Genetics, 16(3): 513-522.

Zhang P, Li B, Wu J H, et al. 2019. Invasive plants differentially affect soil biota through litter and rhizosphere pathways: a meta-analysis. Ecology Letters, 22(1): 200-210.

Zhang X C, Sa T S, Ye X H, et al. 2011. Robust RNAi-based resistance to mixed infection of three viruses in soybean plants expressing separate short hairpins from a single transgene. Phytopathology, 101(11): 1264-1269.

Zhang X, Xiao X, Wang X, et al. 2020. Quantifying expansion and removal of *Spartina alterniflora* on Chongming island, China, using time series Landsat images during 1995-2018. Remote Sensing of Environment, 247(15): 111916.

Zhang Y, Pennings S C, Liu Z X, et al. 2021. Consistent pattern of higher lability of leaves from high latitudes for both native *Phragmites australis* and exotic *Spartina alterniflora*. Functional Ecology, 35(9): 2084-2093.